航天科工出版基金资助出版

# 应用导航算法工程基础

刘　明　穆　杰　李　旦　胡华峰　罗　伟　编著
梁纪秋　主审

中国宇航出版社
·北京·

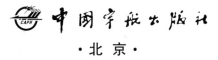

**图书在版编目（CIP）数据**

应用导航算法工程基础 / 刘明等编著. -- 北京 :
中国宇航出版社, 2021.11
ISBN 978-7-5159-1877-8

Ⅰ.①应… Ⅱ.①刘… Ⅲ.①航天导航－传感器－算法 Ⅳ.①V448

中国版本图书馆 CIP 数据核字(2020)第 248916 号

**责任编辑**　张丹丹　　　**封面设计**　宇星文化

| | | | |
|---|---|---|---|
| **出版发行** | 中国宇航出版社 | | |
| **社　址** | 北京市阜成路 8 号　**邮　编**　100830<br>(010)60286808　(010)68768548 | **版　次** | 2021 年 11 月第 1 版<br>2021 年 11 月第 1 次印刷 |
| **网　址** | www.caphbook.com | **规　格** | 787×1092 |
| **经　销** | 新华书店 | **开　本** | 1/16 |
| **发行部** | (010)60286888　(010)68371900<br>(010)60286887　(010)60286804(传真) | **印　张** | 27 |
| | | **字　数** | 657 千字 |
| **零售店** | 读者服务部　(010)68371105 | **书　号** | ISBN 978-7-5159-1877-8 |
| **承　印** | 天津画中画印刷有限公司 | **定　价** | 128.00 元 |

本书如有印装质量问题，可与发行部联系调换

# 序

导航是航天器的核心功能之一，负责确定载体的位置、速度和姿态等运动状态。导航提供的精确运动信息是载体准确到达目标的前提。初期的航天导航方案以惯性导航为主。惯性导航系统在航天领域的应用始于第二次世界大战期间的德国V-2火箭，1950年前后美国空军支持发展了应用于弹道导弹的平台惯性导航系统，1969年阿波罗13号使用了液浮捷联惯性导航系统，从此捷联惯性导航系统逐步得到广泛应用。在捷联惯性导航系统中，算法替代了稳定平台，成为获取载体位置、速度、姿态等导航信息不可或缺的组成部分。惯性导航具备全自主、抗干扰、输出运动信息全面等优点，但由于采用了积分方式获得导航信息，其导航误差随时间发散。随着航天应用对导航系统精度、可靠性、成本等方面的要求日益提高，除惯性导航外，还发展了日益丰富的卫星导航、天文导航等其他导航手段，系统也由单一的惯性导航向组合导航方向发展。其中，卫星导航技术由于具备绝对定位能力，可以很好地抑制惯性导航长时间导航后的误差发散，成为最常用的与惯性导航互补组合的导航手段。随着GPS系统在20世纪90年代全面建成，以及21世纪北斗一号、二号、三号系统的全面建成，卫星导航具备了全球高精度定位能力，应用快速增长。另一种应用前景广阔的导航手段是视觉导航，它具备成本低、无累积误差等优点，也适宜与惯性导航互补组合。随着计算机视觉理论在20世纪90年代趋向成熟，视觉技术在导航领域内的应用日趋广泛。除了上述修正手段外，惯性导航的姿态误差也常使用光学瞄准手段进行修正。

无论哪种导航手段，其传感器的输出往往不能直接用于载体的导航制导与控制，而需要通过算法转换为实际可用的导航信息。对于组合导航系统，还需要通过信息融合算法将各种导航设备的输出信息融合为系统的整体输出，从而实现更高的精度和可靠性。因此，导航算法在导航系统中扮演了重要的角色。导航传感器种类繁多，对应的导航算法原理各异，但导航系统是一个整体，为更好地促进导航算法的应用，需要以系统的视角看待各类导航算法的通用之处与特异之处，并将其有机地融合应用到组合导航系统中。

本书是作者在导航算法研究与工程实践过程中对应用到的算法进行总结的基础上编写而成的。全书系统地说明了航天领域导航技术中常用的惯性导航、卫星导航、视觉导航、光学瞄准及组合导航算法。此外，还归纳了上述各类导航算法涉及的数学、运动学、时空坐标、姿态算法、导航误差参数等方面的通用基础知识。

本书将论述重点集中于导航算法上，并力图将多种导航手段相应的算法融汇在同一个体系架构中。在编写风格上，一方面注重推导及表达的严谨性和清晰性，另一方面注重工程实用性。从整体上看，本书的系统性、专业性、理论性和实用性较强，可供研究院所及高等院校中从事导航算法研发的科研、设计人员参考。

希望本书的出版，能对我国航天导航技术的发展以及相关领域技术人才的培养起到促进作用。

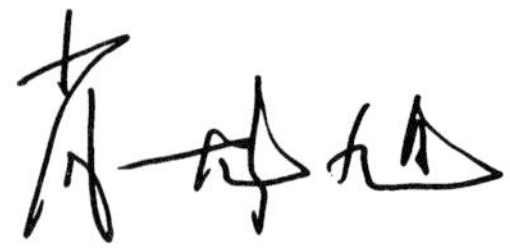

2021年5月

# 前言

导航是航天器所需具备的重要基础功能。导航系统为航天器提供绝对或相对的运动信息，如位置、速度、姿态、角速度等。只有准确地获取了这些运动信息，航天器才能准确地到达目标。导航是一门重要的支撑性学科，同时也是一门复杂的交叉应用学科。在航天应用中，导航手段种类繁多，各类导航传感器之间的技术原理差异较大，涉及工程数学、力学、光学、机械学、电子学、控制理论、计算机等多个基础学科。

导航传感器的输出一般间接反映了载体的运动信息，例如陀螺输出载体角增量、加速度计输出比速度增量、卫星导航接收机输出伪距和伪距率、视觉传感器输出特征点图像坐标等。这些输出信息一般并不能立即用于载体导航，而是需要通过各种导航传感器对应的数学模型及导航算法转换为位置、速度、姿态等直接可用的运动信息。此外，不同种类的导航传感器的输出往往具有互补性，将多类导航传感器的信息融合应用能取得比单独应用某一类传感器更好的效果。这种信息融合算法是组合导航系统的重要组成部分。由此可见，导航算法在导航系统中起着连接顶层导航应用需求与底层导航传感器的关键作用。

基于各类导航传感手段的相关之处，设计完善的导航算法，能充分发挥各类传感器的优势并进行取长补短，以实现更优异的整体应用性能。为此，首先需要了解各类导航手段的通用规律，其次需要认识导航传感器的特性及模型，最后还需要理解系统层次的融合方法。本书希望在这三个方面为读者提供贴近工程应用的体系化参考。本书的主要读者对象为航天领域从事导航算法设计开发的技术人员，也可供其他领域从事导航工作的人员参考。

与上述三方面相对应，本书由三个层次的内容构成：第一层次是导航算法涉及的通用知识，包括第1章及附录B，介绍了作为各类导航算法推演基础的运动学、时空基准、地球模型、姿态算法、导航误差参数以及相关的数学知识；第二层次针对导航系统中常用的几类传感器分别介绍其专门的数学模型及处理算法，包括第2章惯性导航、第3章卫星导航、第4章视觉导航及第5章光学瞄准；第三层次介绍了将上述各类传感器输出进行融合处理的卡尔曼滤波算法以及用于导航系统仿真分析的轨迹生成算法，即第6章。

为了更好地服务于工程应用，本书在编写时遵循了以下原则：

1）聚焦于导航算法，不涉及导航传感器的物理原理，而将其抽象为对应的数学模型。

将与各模型相关的内容纳入通用知识中介绍，并包含完整的数学背景知识，使读者能够增强对导航系统通用原理及数学基础的理解，对各类导航传感器之间的联系有更深的认识，并能更好地从系统视角应用相关技术。

2）注重实用性，例如推导时更多地考虑与工程实际相关的参数以提高应用精度，在必要处说明工程应用要点，主要算法有对应的算法代码（代码库网址为 https：//gitee.com/app-nav-alg/open-navigation-toolbox，或扫描封底二维码，对应的文件路径在脚注中说明），包含分别适合正、逆向设计的轨迹发生器等，便于读者高效、精确地应用于导航产品算法的设计、仿真与开发。

3）完整、清晰、准确地表达物理概念和推导过程，例如推导主线尽量完整，物理量符号尽量规范完整而不简写，尽量采用精确式而非近似式（若采用近似式，用约等号明确标出并说明近似条件）等，使读者更清晰地理解概念、了解近似的由来及应用条件，避免在应用中因混淆符号或不当使用近似式而造成错误或误差。

4）在满足上一条的前提下，采用更简洁的表达方式，例如尽量采用更简明的推导过程，优先使用矢量式而非分量式，使读者能够更快速地把握算法概要。

本书的编写过程是由研制及预研的应用需求驱动的：首先根据需求确定选题，然后由编写人与审校人讨论确定提纲，再经过预审、粗查、中查、细查等步骤确定相关内容。本书由湖北航天技术研究院总体设计所梁纪秋研究员主审，各章节的主要编写者见下表：

| 章 | 节 | 主要编写者 |
| --- | --- | --- |
| 第1章<br>导航系统<br>通用知识 | 运动学 | 刘明、杨元侠、刘源远 |
| | 导航系统常用坐标系、姿态算法 | 穆杰、刘明、杨元侠、胡华峰、刘源远 |
| | 地球模型 | 穆杰、刘明 |
| | 时间系统 | 肖寅、刘明 |
| | 导航误差参数 | 胡华峰、刘明、李旦 |
| 第2章<br>惯性导航 | 捷联惯性导航方程 | 刘明、刘源远、胡华峰 |
| | 捷联惯性导航数值积分算法 | 李旦、胡华峰、刘明 |
| | 捷联惯性导航误差方程 | 胡华峰、刘明、李旦 |
| | 初始对准 | 刘明、罗伟、穆杰 |
| | 惯性传感器模型 | 刘明、武雨霞、穆杰、罗伟 |
| 第3章<br>卫星导航 | GNSS 定位与定速 | 肖寅、刘明 |
| | GNSS 卫星轨道的计算 | 肖寅、刘明 |
| | GNSS 伪距和伪距率的修正 | 肖寅、刘明 |

续表

| 章 | 节 | 主要编写者 |
| --- | --- | --- |
| 第 4 章<br>视觉导航 | 相机模型 | 刘明、游浪 |
| | 双视图三维重构 | 刘明、游浪 |
| | 相机自标定 | 游浪、刘明 |
| 第 5 章<br>光学瞄准 | 基于矩阵光学的反射棱镜成像分析 | 沈小龙、刘明、王安迪、葛仲浩 |
| | 矩阵光学在光学瞄准中的应用 | 刘明、沈小龙、葛仲浩 |
| 第 6 章<br>组合导航 | 卡尔曼滤波 | 罗伟、胡华峰、刘明、施丽娟 |
| | 轨迹发生器 | 刘明、李旦、胡华峰 |
| 附录 | 常数 | 刘明、杨元侠、肖寅 |
| | 数学相关知识 | 刘明、穆杰、王安迪、杨元侠、刘源远、肖寅、游浪 |
| | 符号表、数学标记表、术语表 | 刘明、肖寅、杨元侠、刘源远 |

在本书编写过程中，承蒙火箭军研究院肖龙旭院士审阅本书并作序，北京航空航天大学宋凝芳教授，北京自动化控制设备研究所徐海刚研究员，湖北航天技术研究院总体设计所周海研究员、陆俊清研究员、张义广研究员提出了宝贵的意见。湖北三江航天红峰控制有限公司谌浩然、湖北三江航天万峰科技发展有限公司杜梦珠参与了本书的校阅。北京航天情报与信息研究所林淑明以及湖北航天技术研究院总体设计所实习生武雨霞、金梦、周力璇等做了大量工作。作者谨对以上各位专家及同事的大力支持与帮助表示由衷感谢。同时，对书中所引文献的作者们表示诚挚谢意。

本书的出版得到了中国航天科工集团有限公司科技与质量部、中国航天三江集团有限公司科学技术委员会、湖北航天技术研究院总体设计所的鼓励、支持与资助，作者在此表示衷心感谢。

由于作者水平有限，书中和代码库中的错误和缺陷之处在所难免，恳请读者不吝指正（可通过给邮箱 app_nav_alg@163.com 发送邮件或者在代码库中创建 Issue 来反馈您的意见）。

作　者

2021 年 5 月

# 目　录

# 第1章　导航系统通用知识

## 1.1　运动学

### 1.1.1　伽利略变换与洛伦兹变换

导航领域内的大部分理论可以在经典力学（以牛顿力学为基础，建立在相对低速及宏观的物理经验上）的框架中得到，然而对于某些高速运动的场合，需要考虑相对论效应。这里简要介绍在这些场合下涉及较多的狭义相对论中的洛伦兹变换（Lorentz transformation）。

在介绍洛伦兹变换前，为便于对比，首先介绍经典力学中的伽利略变换（Galilean transformation）。经典力学是建立在“绝对时空观”上的，伽利略变换是这种时空观的一种体现。通常以下面的例子来说明伽利略变换。设在定坐标系 $F$ 及动坐标系 $M$ 下观测某个事件发生的坐标及时间（本大节中定坐标系和动坐标系仅指相对而言，而不是指它们相对惯性空间是固定的或运动的）。$F$、$M$ 系的 $X$、$Y$、$Z$ 轴分别各自平行。在零时刻，$F$、$M$ 系的原点重合。在 $F$ 系中观测，$M$ 系的原点在 $F$ 系的 $X$ 轴上做匀速运动，速率为 $v$（正数表示沿 $X$ 轴正向，负数表示沿 $X$ 轴负向）。在经典力学中，该事件在 $F$ 系中的时空坐标 $(x, y, z, t)$ 与 $M$ 系中的时空坐标 $(x', y', z', t')$ 之间有如下的关系[1]

$$\begin{cases} x' = x - vt \\ y' = y \\ z' = z \\ t' = t \end{cases} \tag{1-1-1}$$

“绝对时间”的具体含义是，如果 $A$、$B$ 两个事件在 $F$ 系中观测分别在 $t_A$ 和 $t_B$ 时刻发生，那么由式（1-1-1）可得 $t'_B - t'_A = t_B - t_A$，即 $A$、$B$ 在 $M$ 系中观测的时间间隔与在 $F$ 系中一样。

“绝对空间”的具体含义是，如果 $A$、$B$ 两个同时发生的事件在 $F$ 系中观测分别在 $x_A$ 和 $x_B$ 处发生，那么由式（1-1-1）可得 $x'_B - x'_A = (x_B - vt_B) - (x_A - vt_A) = x_B - x_A$，即 $A$、$B$ 在 $M$ 系中观测的空间间隔与在 $F$ 系中一样。

在狭义相对论中，存在两条基本假定：

1）相对性原理：物理学定律在所有的保持相对匀速直线运动的参考系中都是相同的；

2）光速不变性原理：在惯性系中，无论光源的速度如何，真空中的光速（群速度）具有相同的量值 $c$。

上述伽利略变换满足相对性原理，但不满足光速不变性原理。为满足后一假定，必须对伽利略变换做出修正，因此产生了洛伦兹变换。仍采用上述例子，根据光速不变性原理，在 $F$、$M$ 系中观测，光速的取值均为 $c$（如果不假定 $F$、$M$ 系为惯性系，则可以将 $c$ 改为其他数值，但只要假定相对匀速直线运动的参考系中光速相同，下述推导仍然成立）。在推导洛伦兹变换时，按照狭义相对论的平直时空观，假定 $F$、$M$ 系中所观察的任一事件的坐标 $(x, y, z, t)$ 与 $(x', y', z', t')$ 之间有线性关系，即存在式（1-1-2）～式（1-1-5）[1]

$$t' = bt + gx \tag{1-1-2}$$

$$x' = ax + ht \tag{1-1-3}$$

$$y' = g_2 y \tag{1-1-4}$$

$$z' = g_3 z \tag{1-1-5}$$

式中，$b$、$g$、$a$、$h$、$g_2$、$g_3$ 等系数均为常数。由于 $F$、$M$ 系的对称性，可得

$$y = g_2 y' \tag{1-1-6}$$

即

$$g_2 = 1 \tag{1-1-7}$$

同理可得

$$g_3 = 1 \tag{1-1-8}$$

以 $M$ 系的原点作为观察对象代入式（1-1-3）有

$$0 = a(vt) + ht \tag{1-1-9}$$

因此

$$h = -av \tag{1-1-10}$$

将式（1-1-10）代入式（1-1-3），并与式（1-1-2）联立，将 $x$ 用 $x'$、$t'$ 表示，有

$$x = \frac{bx' + avt'}{a(b + vg)} \tag{1-1-11}$$

由于 $F$、$M$ 系的对称性，可得

$$a = \frac{b}{a(b + vg)} \tag{1-1-12}$$

对于一束零时刻由 $F$ 系原点发出的沿 $F$ 系 $X$ 轴正向运动的光，$x = ct$，结合式（1-1-10），代入式（1-1-2）及式（1-1-3）可得

$$\begin{cases} t' = bt + gct \\ x' = act - avt \end{cases} \tag{1-1-13}$$

按照狭义相对论的假定，在 $M$ 系中光束的运动速度仍为 $c$，因此 $x' = ct'$，代入式（1-1-13）有

$$a(c - v) = c(b + gc) \tag{1-1-14}$$

同理，考虑一束零时刻由 $F$ 系原点发出的沿 $F$ 系 $X$ 轴负向运动的光，将式（1-1-14）中的 $c$ 替换为 $-c$，则

$$-a(c + v) = -c(b - gc) \tag{1-1-15}$$

联立式（1-1-14）与式（1-1-15），有

$$\begin{cases} a=b \\ g=-\dfrac{av}{c^2} \end{cases} \tag{1-1-16}$$

将式（1－1－16）代入式（1－1－12），有

$$a=b=\gamma,\gamma=\frac{1}{\sqrt{1-\beta^2}},\beta=\frac{v}{c} \tag{1-1-17}$$

将以上求解得到的系数代入式（1－1－2）～式（1－1－5）得到洛伦兹变换式

$$\begin{cases} t'=\gamma\left(t-\dfrac{\beta}{c}x\right) \\ x'=\gamma(x-vt) \\ y'=y \\ z'=z \end{cases} \tag{1-1-18}$$

对比式（1－1－1）及式（1－1－18）可知，当 $\beta$ 接近 0 时，洛伦兹变换接近于伽利略变换。洛伦兹变换有以下性质。

1）洛伦兹变换满足下述等式

$$x^2+y^2+z^2-c^2t^2=x'^2+y'^2+z'^2-c^2t'^2 \tag{1-1-19}$$

2）由洛伦兹变换可以导出长度收缩（Length Contraction）效应，即对于两个与 $M$ 系固连的点（这里固连是指在 $M$ 系中观察点的空间坐标不变）$A$、$B$，设其在 $M$ 系下的时空坐标分别为 $(x'_1, y', z', t'_1)$、$(x'_2, y', z', t'_2)$。在 $M$ 系中观察，这两点的空间距离始终为 $x'_2-x'_1$（即这两点的固有距离）。当转换到 $F$ 系中测量这两点的距离时，需要在同一时刻观察 $A$、$B$ 的坐标，设这一时刻为 $t$，则根据式（1－1－18）第二个子式有

$$\begin{aligned} x'_1&=\gamma(x_1-vt) \\ x'_2&=\gamma(x_2-vt) \end{aligned} \tag{1-1-20}$$

两式相减得

$$x_2-x_1=\sqrt{1-\beta^2}\,(x'_2-x'_1) \tag{1-1-21}$$

上式表明，在 $F$ 系中测量的两点距离比其固有距离小，这就是长度收缩效应。

另一方面，根据式（1－1－18）的第一个子式有

$$\begin{aligned} t'_1&=\gamma\left(t-\frac{\beta}{c}x_1\right) \\ t'_2&=\gamma\left(t-\frac{\beta}{c}x_2\right) \end{aligned} \tag{1-1-22}$$

两式相减得

$$t'_2-t'_1=-\frac{\beta}{c\sqrt{1-\beta^2}}(x_2-x_1)=-\frac{\beta}{c}(x'_2-x'_1) \tag{1-1-23}$$

上式表明，$F$ 系中观察到的 $A$、$B$ 的坐标 $(x_1, y, z, t)$、$(x_2, y, z, t)$ 对应的 $M$ 系的时间坐标是不一样的。

3）由洛伦兹变换还可以导出时间膨胀（Time Dilation）效应，即对于一个与 $M$ 系固

连的钟，在 $M$ 系下观察，该钟指针指向 $A$、$B$ 位置的时刻分别为 $t'_1$、$t'_2$，在 $F$ 系下观察，该钟指针指向 $A$、$B$ 位置的时刻分别为 $t_1$、$t_2$。设钟在 $M$ 系中的空间坐标为 $(x', y', z')$，则根据式（1-1-18）中的第一个子式有（利用对称性将 $F$、$M$ 互换，将 $\beta$ 替换为 $-\beta$）

$$\begin{aligned} t_1 &= \gamma\left(t'_1 + \frac{\beta}{c}x'\right) \\ t_2 &= \gamma\left(t'_2 + \frac{\beta}{c}x'\right) \end{aligned} \tag{1-1-24}$$

两式相减得

$$t_2 - t_1 = \gamma(t'_2 - t'_1) \tag{1-1-25}$$

上式表明，在 $F$ 系中观察到的 $A$、$B$ 事件的时间间隔比 $M$ 系中观察到的要长，这就是时间膨胀效应。

另一方面，根据式（1-1-18）中的第二个子式有（利用对称性将 $F$、$M$ 互换，将 $\beta$ 替换为 $-\beta$，将 $v$ 替换为 $-v$）

$$\begin{aligned} x_1 &= \gamma(x' + vt'_1) \\ x_2 &= \gamma(x' + vt'_2) \end{aligned} \tag{1-1-26}$$

两式相减得

$$x_2 - x_1 = \frac{v}{\sqrt{1-\beta^2}}(t'_2 - t'_1) = v(t_2 - t_1) \tag{1-1-27}$$

上式表明，在 $F$ 系中观察钟的速度为 $v$。

上述例子仅讨论了 $F$、$M$ 系的相对速度沿 $X$ 轴的情形，对于更一般的情形，一种思路是在洛伦兹变换前后通过坐标变换将相对速度转至 $X$ 轴（或从 $X$ 轴转出），具体推导及结果可以参考文献 [1]。

最后需要说明，在本书中，如果没有特别指出，所述的推导及结论都是建立在经典力学框架中的。

### 1.1.2 笛卡儿坐标与齐次坐标的变换

若无特殊说明，本书中涉及的矢量均为自由矢量，即仅具有大小和方向，而不考虑矢量的原点位置。对于三维欧氏空间中的自由矢量（如速度、加速度、角速度等），其笛卡儿坐标变换为一个 3×3 方向余弦矩阵代表的线性变换（参考 B.2.8.1 节）。但对于某些自由矢量如位置矢量（以下简称位矢），在进行通常意义上的参考坐标系转换时，需要考虑两坐标系原点的相对位置，并不能表示为类似于式（B-2-75）的简洁的坐标变换形式。例如，设某质点 $P$ 在正交定坐标系 $F$ 中的位矢为 $\boldsymbol{r}_{O_FP}$（即由 $F$ 系原点 $O_F$ 至 $P$ 的矢量），在正交动坐标系 $M$ 中的位矢为 $\boldsymbol{r}_{O_MP}$，动坐标系 $M$ 原点在 $F$ 系中的位矢为 $\boldsymbol{r}_{O_FO_M}$。如果仍用自由矢量来表示这种变换，则三者的关系为

$$\boldsymbol{r}_{O_FP} = \boldsymbol{r}_{O_MP} + \boldsymbol{r}_{O_FO_M} \tag{1-1-28}$$

在 $M$ 系下表示为

$$\boldsymbol{r}_{O_MP}^{M}=\boldsymbol{C}_F^M(\boldsymbol{r}_{O_FP}^{F}-\boldsymbol{r}_{O_FO_M}^{F}) \tag{1-1-29}$$

为将上式表示为类似于式（B－2－75）的简洁形式，可以采取以下两个步骤：

1）将 $\boldsymbol{r}_{O_MP}^{M}$ 表示为 $\boldsymbol{p}^M$，其中 $\boldsymbol{p}$ 表示点 $P$ 的位矢，上标 $M$ 表示相对于 $M$ 系原点的位矢在 $M$ 系下的投影。对 $\boldsymbol{r}_{O_FP}^{F}$、$\boldsymbol{r}_{O_FO_M}^{F}$ 也采用类似的表示法。采用该表示法后，式（1－1－29）可以写为

$$\boldsymbol{p}^M=\boldsymbol{C}_F^M(\boldsymbol{p}^F-\boldsymbol{O}_M^F) \tag{1-1-30}$$

其中

$$\boldsymbol{p}^M\equiv\boldsymbol{r}_{O_MP}^{M},\boldsymbol{p}^F\equiv\boldsymbol{r}_{O_FP}^{F},\boldsymbol{O}_M^F\equiv\boldsymbol{r}_{O_FO_M}^{F} \tag{1-1-31}$$

2）由于 $\boldsymbol{O}_M^F$ 的存在，式（1－1－30）仍不是 $\boldsymbol{p}^M$ 与 $\boldsymbol{p}^F$ 之间直接的线性变换形式。如果局限于三维空间，不能将 $\boldsymbol{O}_M^F$ 并入线性变换。但如果将 $\boldsymbol{p}^M$ 及 $\boldsymbol{p}^F$ 扩展一维以齐次坐标表示（参考 B.4.1.1 节），则式（1－1－30）可以进一步表示为

$$\underline{\boldsymbol{p}}^M=\boldsymbol{T}_F^M\underline{\boldsymbol{p}}^F \tag{1-1-32}$$

其中

$$\underline{\boldsymbol{p}}^M\equiv\begin{bmatrix}\boldsymbol{p}^M\\1\end{bmatrix},\underline{\boldsymbol{p}}^F\equiv\begin{bmatrix}\boldsymbol{p}^F\\1\end{bmatrix},\boldsymbol{T}_F^M\equiv\begin{bmatrix}\boldsymbol{C}_F^M & -\boldsymbol{C}_F^M\boldsymbol{O}_M^F\\\boldsymbol{0}_{1\times3} & 1\end{bmatrix} \tag{1-1-33}$$

这样，通过扩展自由矢量表示法并使用齐次坐标，就将同时描述位置与姿态变换关系的式（1－1－29）表示为了类似于仅描述姿态变换关系的式（B－2－75）的简洁形式。需要说明的是，式（1－1－31）中定义的类似于 $\boldsymbol{p}^M$ 的表示法不仅包含矢量大小和方向信息，也包含矢量原点位置信息。虽然形式上与自由矢量的表示法相同，但实际并非自由矢量，不能使用类似于式（B－2－75）的形式进行矢量坐标变换，而应使用式（1－1－32）进行齐次坐标变换。在本书中，这种表示法仅应用于位姿变换中的位矢，以简化表示，对于其他情形，若无特殊说明，采用该表示法的矢量均为自由矢量。

### 1.1.3　矢量在不同坐标系下观测的导数的关系

设 $\boldsymbol{v}$ 为矢量，在定坐标系 $F$ 和动坐标系 $M$ 下的分量分别为 $\boldsymbol{v}^F$ 和 $\boldsymbol{v}^M$，则由式（B－2－75）有 $\boldsymbol{v}^F=\boldsymbol{C}_M^F\boldsymbol{v}^M$，对等号两边分别求导数，并根据式（1－5－198）有

$$\dot{\boldsymbol{v}}^F=\dot{\boldsymbol{C}}_M^F\boldsymbol{v}^M+\boldsymbol{C}_M^F\dot{\boldsymbol{v}}^M=(\boldsymbol{\omega}_{FM}^F\times)\boldsymbol{C}_M^F\boldsymbol{v}^M+\boldsymbol{C}_M^F\dot{\boldsymbol{v}}^M=\boldsymbol{\omega}_{FM}^F\times\boldsymbol{v}^F+\boldsymbol{C}_M^F\dot{\boldsymbol{v}}^M \tag{1-1-34}$$

在式（1－1－34）中，需要注意的一点是 $\dot{\boldsymbol{v}}^F$ 记法表示矢量 $\boldsymbol{v}$ 相对于 $F$ 系的变化率在 $F$ 系下的分量。为明确表示这一物理意义，也可以将 $\dot{\boldsymbol{v}}^F$ 记为 $\left(\left.\frac{\mathrm{d}\boldsymbol{v}}{\mathrm{d}t}\right|_F\right)^F$，其中 $|_F$ 表示矢量在 $F$ 系下观测的变化率，$(\ )^F$ 表示矢量投影到 $F$ 系各坐标轴上的分量，即

$$\left(\left.\frac{\mathrm{d}\boldsymbol{v}}{\mathrm{d}t}\right|_F\right)^F\equiv\dot{\boldsymbol{v}}^F=\begin{bmatrix}\dot{v}_x^F\\\dot{v}_y^F\\\dot{v}_z^F\end{bmatrix} \tag{1-1-35}$$

同理，$\dot{\boldsymbol{v}}^M$ 为 $\boldsymbol{v}$ 相对于 $M$ 系的变化率在 $M$ 系下的分量，可记为 $\left(\left.\frac{\mathrm{d}\boldsymbol{v}}{\mathrm{d}t}\right|_M\right)^M$。$\boldsymbol{C}_M^F\dot{\boldsymbol{v}}^M$ 为 $\boldsymbol{v}$ 相对

于$M$系的变化率在$F$系下的分量，可记为$\left(\left.\frac{\mathrm{d}\boldsymbol{v}}{\mathrm{d}t}\right|_M\right)^F$，即

$$\left(\left.\frac{\mathrm{d}\boldsymbol{v}}{\mathrm{d}t}\right|_M\right)^F \equiv \boldsymbol{C}_M^F\,\dot{\boldsymbol{v}}^M = \boldsymbol{C}_M^F\begin{bmatrix}\dot{v}_x^M\\ \dot{v}_y^M\\ \dot{v}_z^M\end{bmatrix} \tag{1-1-36}$$

由此，式（1-1-34）可记为$\left(\left.\frac{\mathrm{d}\boldsymbol{v}}{\mathrm{d}t}\right|_F\right)^F=\boldsymbol{\omega}_{FM}^F\times\boldsymbol{v}^F+\left(\left.\frac{\mathrm{d}\boldsymbol{v}}{\mathrm{d}t}\right|_M\right)^F$。上述矢量均以在$F$系下的分量形式表示，因此可写为与投影坐标系无关的矢量形式

$$\left.\frac{\mathrm{d}\boldsymbol{v}}{\mathrm{d}t}\right|_F=\left.\frac{\mathrm{d}\boldsymbol{v}}{\mathrm{d}t}\right|_M+\boldsymbol{\omega}_{FM}\times\boldsymbol{v} \tag{1-1-37}$$

上式即描述矢量在不同坐标系下的导数之关系的科氏（Coriolis）定理。由该定理可以看出，自由矢量在不同坐标系下观察，其变化率的差别与两坐标系的相对转动角速度相关，与两坐标系的相对平移无关。考虑到自由矢量与原点位置无关，上述特性是自然而然的。

### 1.1.4 矢量在不同坐标系下观测的误差的关系

矢量在不同坐标系下观测的误差的关系可以直接从式（1-1-37）得到（将误差视为微分），但此处还是由公理化方法来分析以获得更严密的推导。设矢量$\boldsymbol{v}$、定坐标系$F$和动坐标系$M$经过微小的扰动得到带有误差的矢量$\hat{\boldsymbol{v}}$、定坐标系$\hat{F}$和动坐标系$\hat{M}$。以坐标系$M$及其扰动坐标系$\hat{M}$为例，在该坐标系下观察，$\boldsymbol{v}$可能有以下几种误差

$$\begin{gathered}\delta\boldsymbol{v}^M=\hat{\boldsymbol{v}}^M-\boldsymbol{v}^M\\ \delta\boldsymbol{v}^{\hat{M}}=\hat{\boldsymbol{v}}^{\hat{M}}-\boldsymbol{v}^{\hat{M}}\\ \delta\boldsymbol{v}^{\overline{M}}-(\delta\boldsymbol{v}\,|_{\overline{M}})^{\overline{M}}\equiv\hat{\boldsymbol{v}}^{\hat{M}}-\boldsymbol{v}^M\end{gathered} \tag{1-1-38}$$

式中，前两项是误差矢量$\delta\boldsymbol{v}=\hat{\boldsymbol{v}}-\boldsymbol{v}$分别在$M$及$\hat{M}$系下的投影，第三项虽然同样由3个元素组成，但并不是严格意义上的矢量，而是两个矢量分别在两个不同坐标系（$M$系和$\hat{M}$系）下的分量之差，也称为分量差误差。因此，采用了$\delta()^{\overline{M}}$及$(\delta()\,|_{\overline{M}})^{\overline{M}}$的记法。前一种记法为简写，$\delta$符号与上标$\overline{M}$共同表示分量差误差，而不是误差矢量在$M$或者$\hat{M}$系下的投影。后一种记法是为了便于与下面将要介绍的坐标系变换中的记法保持一致。虽然$\delta\boldsymbol{v}^{\overline{M}}=(\delta\boldsymbol{v}\,|_{\overline{M}})^{\overline{M}}$并不是严格意义上的矢量，但为了便于描述，采用类似1.1.3节的说法，将其表述为在$\overline{M}$系下观测的误差在$\overline{M}$系下的投影。

对于$\delta\boldsymbol{v}^M$及$\delta\boldsymbol{v}^{\hat{M}}$，由于不涉及坐标系扰动，因此当需要转换到其他坐标系时，直接乘以方向余弦矩阵进行投影变换即可。对于$\delta\boldsymbol{v}^{\overline{M}}$，由于涉及坐标系扰动，因此当需要转换到其他坐标系时，类似于1.1.3节，需要考虑参考坐标系自身的变化。本节以下内容将介绍分量差误差在$\overline{M}$及$\overline{F}$系之间的坐标变换。

对于$F$及$\hat{F}$系，有类似的结果，这里不再赘述。

#### 1.1.4.1　两坐标系下观测的误差在 $\overline{F}$ 系投影的关系

将 $\boldsymbol{v}^F=\boldsymbol{C}_M^F\boldsymbol{v}^M$，$\hat{\boldsymbol{v}}^{\hat{F}}=\boldsymbol{C}_{\hat{M}}^{\hat{F}}\hat{\boldsymbol{v}}^{\hat{M}}$ 代入矢量误差定义式（1-1-38），结合式（1-5-202）并忽略二阶小量有

$$
\begin{aligned}
\delta\boldsymbol{v}^{\overline{F}} &= \hat{\boldsymbol{v}}^{\hat{F}}-\boldsymbol{v}^F=\boldsymbol{C}_{\hat{M}}^{\hat{F}}\hat{\boldsymbol{v}}^{\hat{M}}-\boldsymbol{v}^F \\
&\approx(\boldsymbol{I}-\boldsymbol{\theta}_{MF}^F\times)\boldsymbol{C}_M^F(\boldsymbol{v}^M+\delta\boldsymbol{v}^{\overline{M}})-\boldsymbol{v}^F \\
&=(\boldsymbol{I}-\boldsymbol{\theta}_{MF}^F\times)(\boldsymbol{v}^F+\boldsymbol{C}_M^F\delta\boldsymbol{v}^{\overline{M}})-\boldsymbol{v}^F \\
&\approx\boldsymbol{C}_M^F\delta\boldsymbol{v}^{\overline{M}}+\boldsymbol{v}^F\times\boldsymbol{\theta}_{MF}^F
\end{aligned}
\tag{1-1-39}
$$

式中，$\boldsymbol{\theta}_{MF}$ 为扰动过程中 $F$ 系相对于 $M$ 系转动的旋转矢量（将 $M$ 系视为固定，按 1.5.2.2 节的记法，相当于 $\boldsymbol{\beta}_{MF}$ 或 $\boldsymbol{\alpha}_{FM}$），即 $\boldsymbol{\theta}_{MF}=\boldsymbol{\theta}_{F\hat{F}}-\boldsymbol{\theta}_{M\hat{M}}=\boldsymbol{\theta}_{F\hat{F}}$。为简洁起见，定义

$$
(\delta\boldsymbol{v}|_{\overline{M}})^{\overline{F}}\equiv\boldsymbol{C}_M^F\delta\boldsymbol{v}^{\overline{M}}=\boldsymbol{C}_M^F(\delta\boldsymbol{v}|_{\overline{M}})^{\overline{M}}
\tag{1-1-40}
$$

这里将上式表述为在 $\overline{M}$ 系下观测的误差在 $\overline{F}$ 系下的投影。需要注意的是，由于是分量差误差，因此这里所说的 $\overline{M}$ 系下观测、在 $\overline{F}$ 系下投影只是粗略的说法。根据上述定义有

$$
\delta\boldsymbol{v}^{\overline{F}}\approx(\delta\boldsymbol{v}|_{\overline{M}})^{\overline{F}}+\boldsymbol{v}^F\times\boldsymbol{\theta}_{MF}^F
\tag{1-1-41}
$$

上式即两坐标系下观测的误差在 $\overline{F}$ 系投影的关系。

#### 1.1.4.2　两坐标系下观测的误差在 $\overline{M}$ 系投影的关系

利用对称性原理，在式（1-1-39）中将 $F$ 系、$M$ 系互换可得

$$
\delta\boldsymbol{v}^{\overline{M}}\approx\boldsymbol{C}_F^M\delta\boldsymbol{v}^{\overline{F}}+\boldsymbol{v}^M\times\boldsymbol{\theta}_{FM}^M
\tag{1-1-42}
$$

式中，$\boldsymbol{\theta}_{FM}=-\boldsymbol{\theta}_{MF}$，为扰动过程中 $M$ 系相对于 $F$ 系转动的旋转矢量（将 $F$ 系视为固定，按 1.5.2.2 节的记法，相当于 $\boldsymbol{\beta}_{FM}$ 或 $\boldsymbol{\alpha}_{MF}$），即 $\boldsymbol{\theta}_{FM}=\boldsymbol{\theta}_{M\hat{M}}-\boldsymbol{\theta}_{F\hat{F}}=\boldsymbol{\theta}_{M\hat{M}}$。为简洁起见，定义

$$
(\delta\boldsymbol{v}|_{\overline{F}})^{\overline{M}}\equiv\boldsymbol{C}_F^M\delta\boldsymbol{v}^{\overline{F}}=\boldsymbol{C}_F^M(\delta\boldsymbol{v}|_{\overline{F}})^{\overline{F}}
\tag{1-1-43}
$$

这里将上式表述为在 $\overline{F}$ 系下观测的误差在 $\overline{M}$ 系下的投影。由于是分量差误差，这里所说的在 $\overline{F}$ 系下观测、在 $\overline{M}$ 系下的投影也只是粗略的说法。根据上述定义有

$$
\delta\boldsymbol{v}^{\overline{M}}\approx(\delta\boldsymbol{v}|_{\overline{F}})^{\overline{M}}+\boldsymbol{v}^M\times\boldsymbol{\theta}_{FM}^M
\tag{1-1-44}
$$

上式即两坐标系下观测的误差在 $\overline{M}$ 系投影的关系。

#### 1.1.4.3　投影转换定义的相容性

在使用式（1-1-40）和式（1-1-43）定义分量差误差的投影变换时，必须保证两式是相容的，否则在应用时可能引起混淆。注意到式（1-1-41）和式（1-1-44）是分别根据式（1-1-40）和式（1-1-43）的定义得到的。为检查两种定义的相容性，可以将式（1-1-41）两边同时乘以 $\boldsymbol{C}_F^M$，得到

$$
\boldsymbol{C}_F^M\delta\boldsymbol{v}^{\overline{F}}\approx\boldsymbol{C}_F^M(\delta\boldsymbol{v}|_{\overline{M}})^{\overline{F}}+\boldsymbol{C}_F^M(\boldsymbol{v}^F\times\boldsymbol{\theta}_{MF}^F)
\tag{1-1-45}
$$

根据式（1-1-40）和式（1-1-43）的定义，上式即

$$
(\delta\boldsymbol{v}|_{\overline{F}})^{\overline{M}}\approx\delta\boldsymbol{v}^{\overline{M}}+(\boldsymbol{v}^M\times\boldsymbol{\theta}_{MF}^M)
\tag{1-1-46}
$$

式（1-1-46）与式（1-1-44）等价。注意到式（1-1-44）是单独根据式（1-1-43）的定义得到的，而式（1-1-46）是根据式（1-1-40）和式（1-1-43）两项定义得到的，两者的等价说明了两种定义的相容性。

### 1.1.5 矢量在不同坐标系下投影的积分的关系

记矢量 $\boldsymbol{v}$ 在 $F$ 系下投影的积分为 $s(\boldsymbol{v})\,|_F=\int_0^T \boldsymbol{v}^F \mathrm{d}t$ ，在 $M$ 系下投影的积分为 $s(\boldsymbol{v})\,|_M=\int_0^T \boldsymbol{v}^M \mathrm{d}t$。考虑当 $M$ 系绕 $F$ 系做匀速转动时上述两者的关系。由 $\boldsymbol{v}^F=\boldsymbol{C}_M^F\boldsymbol{v}^M$ 及式（B-2-84）可得

$$
\begin{aligned}
s(\boldsymbol{v})\,|_F &= \int_0^T \boldsymbol{v}^F \mathrm{d}t = \int_0^T \boldsymbol{C}_{M_{End}}^F \boldsymbol{C}_M^{M_{End}} \boldsymbol{v}^M \mathrm{d}t \\
&= \boldsymbol{C}_{M_{End}}^F \int_0^T \{\boldsymbol{I}+\sin(-\omega(T-t))\,(\boldsymbol{u}\times)+[1-\cos(-\omega(T-t))](\boldsymbol{u}\times)\,(\boldsymbol{u}\times)\}\boldsymbol{v}^M \mathrm{d}t \\
&= \boldsymbol{C}_{M_{End}}^F \left\{ s(\boldsymbol{v})\,|_M-(\boldsymbol{u}\times)\int_0^T \sin(\omega(T-t))\,\boldsymbol{v}^M \mathrm{d}t+(\boldsymbol{u}\times)\,(\boldsymbol{u}\times)\int_0^T [1-\cos(\omega(T-t))]\,\boldsymbol{v}^M \mathrm{d}t \right\}
\end{aligned}
\tag{1-1-47}
$$

式中　$\omega$ ——转动角速度；

$\boldsymbol{u}$ ——转动方向上的单位矢量；

$M_{End}$ ——转动结束时刻的 $M$ 系。

需要注意的是，在计算矢量积分时，容易根据直观认识将 $\boldsymbol{v}$ 在 $M$ 系下的积分 $s(\boldsymbol{v})\,|_M$ 直接乘以 $\boldsymbol{C}_{M_{End}}^F$ 转换至 $F$ 系下作为 $s(\boldsymbol{v})\,|_F$。要避免这一错误，需要认识到 $M$ 系相对 $F$ 系是运动的，因此对 $\boldsymbol{v}$ 进行积分时需要考虑其方向的变化，积分的过程是对方向不同的微分矢量进行矢量求和。式（1-1-47）括号中的第 2、3 项对这一效应进行了补偿。

**例 1-1**　速度在不同坐标系下的积分。

如图 1-1 所示，设在 $F$ 系下观测时，有一质点 $P$ 在时间段 $[0,\ T]$ 内沿 $XY$ 平面内曲线 $l$ 的起点移动至终点，该质点相对 $F$ 系原点的位矢为 $\boldsymbol{r}_{O_FP}$ ，在 $F$ 系下观测的速度为 $\boldsymbol{v}_F=\left.\frac{\mathrm{d}\boldsymbol{r}_{O_FP}}{\mathrm{d}t}\right|_F$。又设 $M$ 系的 $X$ 轴始终与 $\boldsymbol{v}_F$ 同向，$Z$ 轴与 $F$ 系 $Z$ 轴平行（即 1.1.9 节中的自然轴系）。考虑 $\boldsymbol{v}_F$ 在 $F$ 系及 $M$ 系下的积分。$\boldsymbol{v}_F$ 在 $F$ 系下的积分有

$$
\int_0^T \boldsymbol{v}_F^F \mathrm{d}t=\int_0^T \left(\left.\frac{\mathrm{d}\boldsymbol{r}_{O_FP}}{\mathrm{d}t}\right|_F\right)^F \mathrm{d}t=\int_0^T \dot{\boldsymbol{r}}_{O_FP}^F \mathrm{d}t=\boldsymbol{r}_{O_FP}^F\,\Big|_0^T=\boldsymbol{r}_{O_FP_T}^F-\boldsymbol{r}_{O_FP_0}^F \tag{1-1-48}
$$

式中，$\boldsymbol{r}_{O_FP_T}$、$\boldsymbol{r}_{O_FP_0}$ 分别为 $l$ 的终点、起点相对 $F$ 系原点的位矢。由于 $M$ 系的 $X$ 轴与 $\boldsymbol{v}_F$ 同向，因此 $\boldsymbol{v}_F^M=[v_F\quad 0\quad 0]^{\mathrm{T}}$。考虑到 $\mathrm{d}s=v_F\mathrm{d}t$（$s$ 为质点经过的 $l$ 弧长），因此 $\boldsymbol{v}_F$ 在 $M$ 系下积分有

$$
\int_0^T \boldsymbol{v}_F^M \mathrm{d}t=\int_0^T [v_F\quad 0\quad 0]^{\mathrm{T}}\mathrm{d}t=[s_T\quad 0\quad 0]^{\mathrm{T}} \tag{1-1-49}
$$

式中，$s_T$ 为 $l$ 的弧长。由式（1-1-48）及式（1-1-49）可以看出，$\boldsymbol{v}_F$ 在 $F$ 系下的积分的

模为 $l$ 的起点至终点连线的长度，而在 $M$ 系下积分的模为 $l$ 的弧长。

另一方面，考察在 $M$ 系下观测的速度。设质点 $P$ 相对于 $M$ 系原点的位矢为 $\boldsymbol{r}_{O_MP}$，则 $\boldsymbol{r}_{O_FP}$ 及 $\boldsymbol{r}_{O_MP}$ 在 $M$ 系下观测的速度分别为

$$\boldsymbol{v}_M=\left.\frac{\mathrm{d}\boldsymbol{r}_{O_FP}}{\mathrm{d}t}\right|_M=\left.\frac{\mathrm{d}\boldsymbol{r}_{O_FP}}{\mathrm{d}t}\right|_F-\boldsymbol{\omega}_{FM}\times\boldsymbol{r}_{O_FP}=\boldsymbol{v}_F-\boldsymbol{\omega}_{FM}\times\boldsymbol{r}_{O_FP} \tag{1-1-50}$$

$$\boldsymbol{v}'_M=\left.\frac{\mathrm{d}\boldsymbol{r}_{O_MP}}{\mathrm{d}t}\right|_M=\boldsymbol{0}$$

因此，$\boldsymbol{v}'_M$ 的积分总是零，而 $\boldsymbol{v}_M$ 的积分为

$$\int_0^T\boldsymbol{v}_M\mathrm{d}t=\int_0^T(\boldsymbol{v}_F-\boldsymbol{\omega}_{FM}\times\boldsymbol{r}_{O_FP})\,\mathrm{d}t=\int_0^T\boldsymbol{v}_F\mathrm{d}t-\int_0^T(\boldsymbol{\omega}_{FM}\times\boldsymbol{r}_{O_FP})\,\mathrm{d}t \tag{1-1-51}$$

上式并无明确的物理意义。

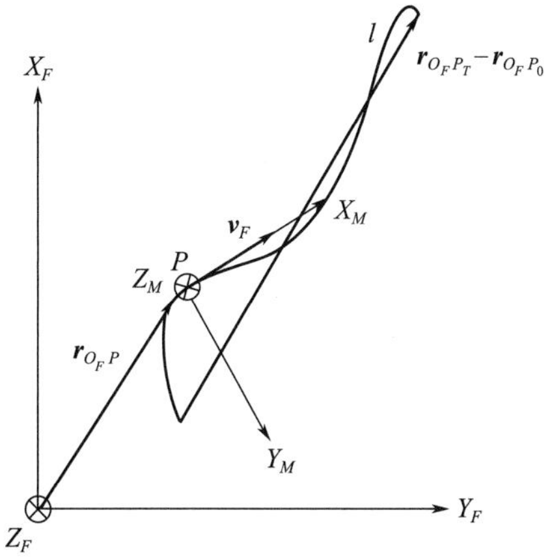


图 1－1　速度在不同坐标系下的积分

### 1.1.6　速度合成定理

对式（1－1－28）等号两边相对 $F$ 系求导，并结合式（1－1－37），得

$$\left.\frac{\mathrm{d}\boldsymbol{r}_{O_FP}}{\mathrm{d}t}\right|_F=\left.\frac{\mathrm{d}\boldsymbol{r}_{O_MP}}{\mathrm{d}t}\right|_F+\left.\frac{\mathrm{d}\boldsymbol{r}_{O_FO_M}}{\mathrm{d}t}\right|_F=\left.\frac{\mathrm{d}\boldsymbol{r}_{O_MP}}{\mathrm{d}t}\right|_M+\boldsymbol{\omega}_{FM}\times\boldsymbol{r}_{O_MP}+\left.\frac{\mathrm{d}\boldsymbol{r}_{O_FO_M}}{\mathrm{d}t}\right|_F \tag{1-1-52}$$

上式即为速度合成定理，可记为

$$\boldsymbol{v}_A=\boldsymbol{v}_R+\boldsymbol{v}_E \tag{1-1-53}$$

其中

$$\begin{cases}\boldsymbol{v}_A=\left.\dfrac{\mathrm{d}\boldsymbol{r}_{O_FP}}{\mathrm{d}t}\right|_F\\ \boldsymbol{v}_R=\left.\dfrac{\mathrm{d}\boldsymbol{r}_{O_MP}}{\mathrm{d}t}\right|_M\\ \boldsymbol{v}_E=\boldsymbol{\omega}_{FM}\times\boldsymbol{r}_{O_MP}+\left.\dfrac{\mathrm{d}\boldsymbol{r}_{O_FO_M}}{\mathrm{d}t}\right|_F\end{cases} \tag{1-1-54}$$

式中 $\boldsymbol{v}_A$ —— $P$ 在 $F$ 系下观测的速度，称为绝对速度；

$\boldsymbol{v}_R$ —— $P$ 在 $M$ 系下观测的速度，称为相对速度；

$\boldsymbol{v}_E$ ——固连于 $M$ 系中并与 $P$ 点重合的点的绝对速度，称为牵连速度。

当 $M$ 系绕通过 $F$ 系原点且相对于 $F$ 系固定的轴转动时，$\left.\dfrac{\mathrm{d}\boldsymbol{r}_{O_FO_M}}{\mathrm{d}t}\right|_F=\boldsymbol{\omega}_{FM}\times\boldsymbol{r}_{O_FO_M}$ ，此时牵连速度可简化为

$$\boldsymbol{v}_E=\boldsymbol{\omega}_{FM}\times\boldsymbol{r}_{O_MP}+\boldsymbol{\omega}_{FM}\times\boldsymbol{r}_{O_FO_M}=\boldsymbol{\omega}_{FM}\times\boldsymbol{r}_{O_FP} \tag{1-1-55}$$

### 1.1.7 加速度合成定理

对式（1－1－52）两边相对 $F$ 系求导得

$$\begin{aligned}\left.\frac{\mathrm{d}^2\boldsymbol{r}_{O_FP}}{\mathrm{d}t^2}\right|_F&=\left.\frac{\mathrm{d}\left(\left.\dfrac{\mathrm{d}\boldsymbol{r}_{O_MP}}{\mathrm{d}t}\right|_M\right)}{\mathrm{d}t}\right|_F+\left.\frac{\mathrm{d}(\boldsymbol{\omega}_{FM}\times\boldsymbol{r}_{O_MP})}{\mathrm{d}t}\right|_F+\left.\frac{\mathrm{d}^2\boldsymbol{r}_{O_FO_M}}{\mathrm{d}t^2}\right|_F\\&=\left.\frac{\mathrm{d}^2\boldsymbol{r}_{O_MP}}{\mathrm{d}t^2}\right|_M+\boldsymbol{\omega}_{FM}\times\left.\frac{\mathrm{d}\boldsymbol{r}_{O_MP}}{\mathrm{d}t}\right|_M+\boldsymbol{\omega}_{FM}\times\left.\frac{\mathrm{d}\boldsymbol{r}_{O_MP}}{\mathrm{d}t}\right|_F+\left.\frac{\mathrm{d}\boldsymbol{\omega}_{FM}}{\mathrm{d}t}\right|_F\times\boldsymbol{r}_{O_MP}+\left.\frac{\mathrm{d}^2\boldsymbol{r}_{O_FO_M}}{\mathrm{d}t^2}\right|_F\\&=\left.\frac{\mathrm{d}^2\boldsymbol{r}_{O_MP}}{\mathrm{d}t^2}\right|_M+2\boldsymbol{\omega}_{FM}\times\left.\frac{\mathrm{d}\boldsymbol{r}_{O_MP}}{\mathrm{d}t}\right|_M+\boldsymbol{\omega}_{FM}\times(\boldsymbol{\omega}_{FM}\times\boldsymbol{r}_{O_MP})+\left.\frac{\mathrm{d}\boldsymbol{\omega}_{FM}}{\mathrm{d}t}\right|_F\times\boldsymbol{r}_{O_MP}+\left.\frac{\mathrm{d}^2\boldsymbol{r}_{O_FO_M}}{\mathrm{d}t^2}\right|_F\end{aligned} \tag{1-1-56}$$

上式即为加速度合成定理，可记为

$$\boldsymbol{a}_A=\boldsymbol{a}_R+\boldsymbol{a}_C+\boldsymbol{a}_E \tag{1-1-57}$$

其中

$$\begin{cases}\boldsymbol{a}_A=\left.\dfrac{\mathrm{d}^2\boldsymbol{r}_{O_FP}}{\mathrm{d}t^2}\right|_F\\[2ex]\boldsymbol{a}_R=\left.\dfrac{\mathrm{d}^2\boldsymbol{r}_{O_MP}}{\mathrm{d}t^2}\right|_M\\[2ex]\boldsymbol{a}_C=2\boldsymbol{\omega}_{FM}\times\left.\dfrac{\mathrm{d}\boldsymbol{r}_{O_MP}}{\mathrm{d}t}\right|_M\\[2ex]\boldsymbol{a}_E=\boldsymbol{\omega}_{FM}\times(\boldsymbol{\omega}_{FM}\times\boldsymbol{r}_{O_MP})+\left.\dfrac{\mathrm{d}\boldsymbol{\omega}_{FM}}{\mathrm{d}t}\right|_F\times\boldsymbol{r}_{O_MP}+\left.\dfrac{\mathrm{d}^2\boldsymbol{r}_{O_FO_M}}{\mathrm{d}t^2}\right|_F\end{cases} \tag{1-1-58}$$

式中 $\boldsymbol{a}_A$ ——绝对加速度；

$\boldsymbol{a}_R$ ——相对加速度；

$\boldsymbol{a}_C$ ——科氏加速度（由牵连转动和相对运动相互影响所产生）；

$\boldsymbol{a}_E$ ——牵连加速度（即固连于 $M$ 系并与 $P$ 点重合的一点的绝对加速度，$\boldsymbol{a}_E$ 中的第一项也称为向心加速度，第二项也称为欧拉加速度）。

当 $M$ 系绕通过 $F$ 系原点且相对于 $F$ 系固定的轴转动时，由式（1－1－55），牵连加速度可简化为

$$
\begin{aligned}
\boldsymbol{a}_E &= \boldsymbol{\omega}_{FM} \times (\boldsymbol{\omega}_{FM} \times \boldsymbol{r}_{O_MP}) + \left.\frac{\mathrm{d}\boldsymbol{\omega}_{FM}}{\mathrm{d}t}\right|_F \times \boldsymbol{r}_{O_MP} + \left.\frac{\mathrm{d}(\boldsymbol{\omega}_{FM} \times \boldsymbol{r}_{O_FO_M})}{\mathrm{d}t}\right|_F \\
&= \boldsymbol{\omega}_{FM} \times (\boldsymbol{\omega}_{FM} \times \boldsymbol{r}_{O_MP}) + \left.\frac{\mathrm{d}\boldsymbol{\omega}_{FM}}{\mathrm{d}t}\right|_F \times \boldsymbol{r}_{O_MP} + \left.\frac{\mathrm{d}\boldsymbol{\omega}_{FM}}{\mathrm{d}t}\right|_F \times \boldsymbol{r}_{O_FO_M} + \boldsymbol{\omega}_{FM} \times (\boldsymbol{\omega}_{FM} \times \boldsymbol{r}_{O_FO_M}) \\
&= \boldsymbol{\omega}_{FM} \times (\boldsymbol{\omega}_{FM} \times \boldsymbol{r}_{O_FP}) + \left.\frac{\mathrm{d}\boldsymbol{\omega}_{FM}}{\mathrm{d}t}\right|_F \times \boldsymbol{r}_{O_FP} \\
&= \boldsymbol{\omega}_{FM} \times \boldsymbol{v}_E + \left.\frac{\mathrm{d}\boldsymbol{\omega}_{FM}}{\mathrm{d}t}\right|_F \times \boldsymbol{r}_{O_FP}
\end{aligned}
\tag{1-1-59}
$$

### 1.1.8　杆臂效应

在导航系统中，各导航传感器一般与载体固连，并分布在载体坐标系（$V$ 系，本节后续使用的坐标系定义可见 1.2.1 节）内不同的空间位置上，它们测量的导航参数均是各自位置上的值。当需要组合利用上述信息时，需要考虑它们之间的相对位置关系对各自位置、速度和加速度测量值的影响，即所谓的杆臂效应。这里以单个导航传感器与 $V$ 系原点的相对位置关系为例，说明杆臂效应对位置、速度和加速度的影响。在 1.1.6 节、1.1.7 节中，设 $P$ 为某导航传感器的测量点，动坐标系 $M$ 系即为 $V$ 系，则 $\boldsymbol{r}_{O_MP}$（即 $\boldsymbol{r}_{O_VP}$）也即为杆臂 $\boldsymbol{l}$。由式（1-1-28），测量点位置与 $V$ 系原点相对于 $F$ 系原点位置的关系为

$$
\boldsymbol{r}_{O_FP} = \boldsymbol{r}_{O_FO_V} + \boldsymbol{l} \tag{1-1-60}
$$

导航传感器相对 $V$ 系固连，在不考虑载体动态变形的情况下，$\boldsymbol{l}$ 在 $V$ 系中为常矢量，因此

$$
\left.\frac{\mathrm{d}\boldsymbol{l}}{\mathrm{d}t}\right|_V = \boldsymbol{0}, \left.\frac{\mathrm{d}^2\boldsymbol{l}}{\mathrm{d}t^2}\right|_V = \boldsymbol{0} \tag{1-1-61}
$$

将式（1-1-61）代入速度合成定理式（1-1-52），可得测量点速度与 $V$ 系原点速度的关系为

$$
\left.\frac{\mathrm{d}\boldsymbol{r}_{O_FP}}{\mathrm{d}t}\right|_F = \boldsymbol{\omega}_{FV} \times \boldsymbol{l} + \left.\frac{\mathrm{d}\boldsymbol{r}_{O_FO_V}}{\mathrm{d}t}\right|_F \tag{1-1-62}
$$

将式（1-1-61）代入加速度合成定理式（1-1-56），可得测量点加速度与 $V$ 系原点加速度的关系为

$$
\left.\frac{\mathrm{d}^2\boldsymbol{r}_{O_FP}}{\mathrm{d}t^2}\right|_F = \boldsymbol{\omega}_{FV} \times (\boldsymbol{\omega}_{FV} \times \boldsymbol{l}) + \left.\frac{\mathrm{d}\boldsymbol{\omega}_{FV}}{\mathrm{d}t}\right|_F \times \boldsymbol{l} + \left.\frac{\mathrm{d}^2\boldsymbol{r}_{O_FO_V}}{\mathrm{d}t^2}\right|_F \tag{1-1-63}
$$

其中，由科氏定理可知

$$
\left.\frac{\mathrm{d}\boldsymbol{\omega}_{FV}}{\mathrm{d}t}\right|_F = \left.\frac{\mathrm{d}\boldsymbol{\omega}_{FV}}{\mathrm{d}t}\right|_V + \boldsymbol{\omega}_{FV} \times \boldsymbol{\omega}_{FV} = \left.\frac{\mathrm{d}\boldsymbol{\omega}_{FV}}{\mathrm{d}t}\right|_V \tag{1-1-64}
$$

需要注意的是，在实际应用中，计算时使用的杆臂常通过设计值或者测量值得到，与实际杆臂存在一定误差。另外，虽然导航传感器固定在载体上，但载体往往不能简单认为是刚体，因此杆臂也包含动态变化的分量，即

$$\hat{\boldsymbol{l}} = \boldsymbol{l} + \delta\boldsymbol{l} = \boldsymbol{l} + \delta\boldsymbol{l}_0 + \delta\boldsymbol{l}_{Rand} \tag{1-1-65}$$

式中 $\hat{\boldsymbol{l}}$ ——计算用的杆臂值；

$\boldsymbol{l}$ ——杆臂真实值；

$\delta\boldsymbol{l}$ ——杆臂误差；

$\delta\boldsymbol{l}_0$ ——固定性的杆臂误差；

$\delta\boldsymbol{l}_{Rand}$ ——随机性的杆臂误差。

杆臂误差同杆臂一样，适合在 $V$ 系下观察，但其他的导航参数如位置、速度等常需要在其他坐标系下进行计算，因此涉及杆臂误差（对应位置）及杆臂导数的误差（对应速度）在不同坐标系下转换的问题。根据式（1-1-41），将 $V$ 系下观察的 $\boldsymbol{l}$ 的误差转换到 $F$ 系下观察，有

$$(\delta\boldsymbol{l}\,|_{\overline{F}})^{\overline{F}} \approx (\delta\boldsymbol{l}\,|_{\overline{V}})^{\overline{F}} + \boldsymbol{\theta}_{FV}^{F} \times \boldsymbol{l}^{F} \tag{1-1-66}$$

式中，$\boldsymbol{\theta}_{FV}^{F}$ 按 1.5.2.2 节的记法，相当于 $\boldsymbol{\beta}_{FV}$ 或 $\boldsymbol{\alpha}_{VF}$。根据式（1-1-37）及式（1-1-41），将 $V$ 系下观察的 $\boldsymbol{l}$ 的导数的误差转换到 $F$ 系下观察有

$$\begin{aligned}(\delta(\dot{\boldsymbol{l}}^{F})\,|_{\overline{F}})^{\overline{F}} &= (\delta(\dot{\boldsymbol{l}}\,|_{F})\,|_{\overline{F}})^{\overline{F}} = (\delta(\dot{\boldsymbol{l}}\,|_{V})\,|_{\overline{F}})^{\overline{F}} + (\delta(\boldsymbol{\omega}_{FV} \times \boldsymbol{l})\,|_{\overline{F}})^{\overline{F}} \\ &\approx (\delta(\dot{\boldsymbol{l}}\,|_{V})\,|_{\overline{V}})^{\overline{F}} + \boldsymbol{\theta}_{FV}^{F} \times (\dot{\boldsymbol{l}}\,|_{V})^{F} + (\delta(\boldsymbol{\omega}_{FV} \times \boldsymbol{l})\,|_{\overline{V}})^{\overline{F}} + \boldsymbol{\theta}_{FV}^{F} \times \boldsymbol{\omega}_{FV}^{F} \times \boldsymbol{l}^{F} \\ &\approx (\delta(\dot{\boldsymbol{l}}\,|_{V})\,|_{\overline{V}})^{\overline{F}} + \boldsymbol{\theta}_{FV}^{F} \times (\dot{\boldsymbol{l}}\,|_{V})^{F} + (\delta\boldsymbol{\omega}_{FV}\,|_{\overline{V}})^{\overline{F}} \times \boldsymbol{l}^{F} + \boldsymbol{\omega}_{FV}^{F} \times (\delta\boldsymbol{l}\,|_{\overline{V}})^{\overline{F}} + \boldsymbol{\theta}_{FV}^{F} \times \boldsymbol{\omega}_{FV}^{F} \times \boldsymbol{l}^{F}\end{aligned} \tag{1-1-67}$$

如果认为杆臂与 $V$ 系理想固连，且载体是刚性的，那么 $\dot{\boldsymbol{l}}^{V}=0$，上式中的前两项可以忽略。

在导航系统中，运动参数通常的参考坐标系为地球系 $E$ 系。下面将 $F$ 系设定为 $E$ 系，介绍在这种情况下位置及速度的杆臂效应。

#### 1.1.8.1 考虑杆臂效应的相对地球的位置

当考虑杆臂时，设杆臂矢量为 $\boldsymbol{l}$，则由式（1-1-60），测量点与 **V** 系原点相对于地心位置矢量的关系为

$$\boldsymbol{r}_{LevArm} = \boldsymbol{r} + \boldsymbol{l} \tag{1-1-68}$$

式中 $\boldsymbol{r}_{LevArm}$ —— $P$ 点相对于地心的位矢；

$\boldsymbol{r}$ —— $V$ 系原点相对于地心的位矢。

投影到 $E$ 系有

$$\boldsymbol{r}_{LevArm}^{E} = \boldsymbol{r}^{E} + \boldsymbol{C}_{V}^{E}\boldsymbol{l}^{V} \tag{1-1-69}$$

上式中的位置为位置矢量形式。在实际应用中，位置可能为经度、纬度、高度形式，也可能为位置矩阵形式。如果需要得到后两种形式下杆臂两端点的位置关系，一种精确但复杂的方法是通过将两者都转换为位置矢量形式并利用式（1-1-69）进行关联，另一种近似但简单的方法是将 $\boldsymbol{l}$ 视为小量进行线性化。根据式（1-6-59）可得（不考虑 $E$ 系的误差）①

① 对应 basic/kinem/levarmcomp_pos.m

$$\begin{bmatrix} L_{LevArm} \\ \lambda_{LevArm} \end{bmatrix} \approx \begin{bmatrix} L \\ \lambda \end{bmatrix} + \frac{1}{r}\begin{bmatrix} \sin\alpha & \cos\alpha \\ \sec L\cos\alpha & -\sec L\sin\alpha \end{bmatrix}\begin{bmatrix} l_x^N \\ l_y^N \end{bmatrix} \tag{1-1-70}$$

$$h_{LevArm} = h + l_z^N$$

式中，$r = \| \boldsymbol{r} \|$。此外，根据式（1－6－41）可得

$$\begin{aligned} \boldsymbol{C}_{N_{LevArm}}^{E} &\approx \boldsymbol{C}_N^E (\boldsymbol{I} + \delta\boldsymbol{\theta}^N \times) \\ \delta\boldsymbol{\theta}^N &= [-l_y^N/r \quad l_x^N/r \quad 0]^{\mathrm{T}} \end{aligned} \tag{1-1-71}$$

1.1.8.2　考虑杆臂效应的地速

由式（1－1－62）（令 $F$ 系为 $E$ 系），杆臂两端点相对于 $E$ 系的速度（一般称为地速）的关系为

$$\boldsymbol{v}_{LevArm} = \boldsymbol{\omega}_{EV} \times \boldsymbol{l} + \boldsymbol{v} \tag{1-1-72}$$

式中　$\boldsymbol{v}_{LevArm}$ —— $P$ 点的地速；

$\boldsymbol{v}$ —— $V$ 系原点的地速。

投影到 $N$ 系有

$$\boldsymbol{v}_{LevArm}^N = \boldsymbol{\omega}_{EV}^N \times (\boldsymbol{C}_V^N \boldsymbol{l}^V) + \boldsymbol{v}^N \tag{1-1-73}$$

### 1.1.9　弧坐标下的点运动

点的运动轨迹是三维空间中的一段弧线。通过在弧线上建立弧坐标及坐标系，可以描述点的运动。运动轨迹形成的空间曲线在 $t$ 时刻的弧长 $s$ 可以作为曲线的弧坐标。为建立坐标系，首先引入密切面（Osculating Plane）、主法线、副法线的概念[2]。设空间曲线上点 $P$ 处的切线为 $PT_1$，其临近点 $P'$ 处的切线为 $P'T'$。过 $P$ 作直线 $PT_2$ 平行于 $P'T'$。当 $P'$ 无限趋近于 $P$ 时，$PT_1$ 与 $PT_2$ 所在的平面将无限趋近于一个固定平面，称该平面为 $P$ 点处的密切面。对于平面曲线，其所在的平面即该曲线各点处的密切面。通过 $P$ 点在密切面内作与 $PT_1$ 垂直的直线 $PN$，称其为 $P$ 点处的主法线，通过 $P$ 点且与 $PT_1$ 及 $PN$ 垂直的直线 $PB$ 称为 $P$ 点处的副法线。

当建立了上述定义后，可在曲线任意一点 $P$ 处定义如下坐标系：沿 $P$ 点处切线取单位矢量 $\boldsymbol{\tau}$（方向沿该点处运动方向），沿主法线取单位矢量 $\boldsymbol{n}$（方向指向 $P$ 点处的曲率中心），沿副法线取单位矢量 $\boldsymbol{b}$（方向由按 $\boldsymbol{\tau}$、$\boldsymbol{n}$、$\boldsymbol{b}$ 顺序的右手定则确定）。称 $\boldsymbol{\tau}$、$\boldsymbol{n}$、$\boldsymbol{b}$ 组成的随 $P$ 的位置而改变方向的正交轴系为自然轴系（Trihedral Axes），这里简记为 $T$ 系，如图 1－2 所示。

在弧坐标下，点 $P$ 处的速度可以表示为

$$\boldsymbol{v} = v\boldsymbol{\tau} = \dot{s}\boldsymbol{\tau} \tag{1-1-74}$$

由上式可知，速度的方向为 $P$ 点切线方向，在主法线与副法线方向上没有投影。对式（1－1－74）两边相对于 $t$ 求导，得到点 $P$ 处的加速度（在定坐标系 $F$ 下观察）为

$$\boldsymbol{a} = \dot{\boldsymbol{v}}\big|_F = \dot{v}\boldsymbol{\tau} + v\dot{\boldsymbol{\tau}}\big|_F \tag{1-1-75}$$

为求解 $\dot{\boldsymbol{\tau}}\big|_F$，这里采用一种利用轨迹切向变化角速度的直观推导方法。设 $P$ 点（对应时刻 $t$）的临近点 $P'$（对应时刻 $t + \mathrm{d}t$）处的单位切矢量为 $\boldsymbol{\tau}'$，则称 $\boldsymbol{\tau}'$ 相对于 $\boldsymbol{\tau}$ 的转角 $\mathrm{d}\theta$

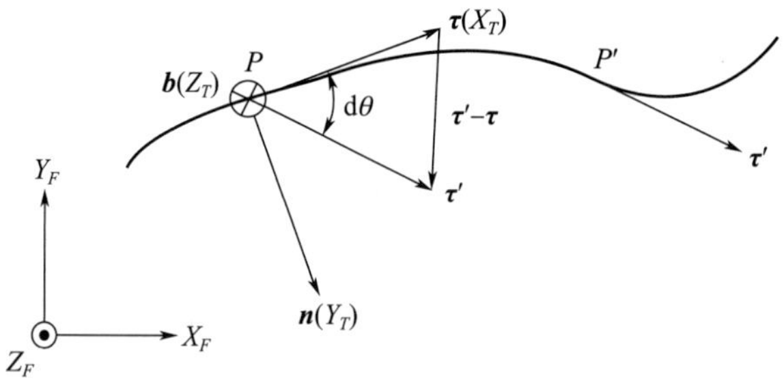


图 1-2 切线单位矢量增量

为轨迹切向变化角，其相对于时间的导数 $\omega=\frac{\mathrm{d}\theta}{\mathrm{d}t}$ 为轨迹切向变化角速率。由于 $\mathrm{d}t$ 趋近于 0 时，$\boldsymbol{\tau}$ 与 $\boldsymbol{\tau}'$ 所在的平面即为 $P$ 点处的密切面，因此 $\boldsymbol{\tau}'$ 相对于 $\boldsymbol{\tau}$ 转动的角速度可以用下述沿副法线方向的矢量表示

$$\boldsymbol{\omega}=\omega\boldsymbol{b}=\dot{\theta}\boldsymbol{b} \tag{1-1-76}$$

在 $F$ 系下观察，当 $\mathrm{d}t$ 趋近于 0 时，$\boldsymbol{\tau}'-\boldsymbol{\tau}$ 沿 $P$ 点处主法线方向并指向曲率中心，因此有

$$\dot{\boldsymbol{\tau}}\big|_F=\dot{\theta}\boldsymbol{n}=\omega\boldsymbol{n} \tag{1-1-77}$$

将式（1-1-76）代入式（1-1-77）得

$$\dot{\boldsymbol{\tau}}\big|_F=\dot{\theta}\boldsymbol{b}\times\boldsymbol{\tau}=\boldsymbol{\omega}\times\boldsymbol{\tau} \tag{1-1-78}$$

此外，$P'$ 点相对于 $P$ 点轨迹切向变化角与弧长增量 $\mathrm{d}s$ 的关系式为

$$\mathrm{d}\theta=\frac{\mathrm{d}s}{\rho} \tag{1-1-79}$$

式中，$\rho$ 为点 $P$ 处的曲率半径。

将式（1-1-79）代入式（1-1-77），可将 $\dot{\boldsymbol{\tau}}$ 用速度及弧长表示为

$$\dot{\boldsymbol{\tau}}\big|_F=\frac{\dot{s}}{\rho}\boldsymbol{n}=\frac{v}{\rho}\boldsymbol{n} \tag{1-1-80}$$

将式（1-1-77）、式（1-1-78）、式（1-1-80）代入式（1-1-75）得

$$\begin{cases}\boldsymbol{a}=\boldsymbol{a}_{Tang}+\boldsymbol{a}_{Norm}\\ \boldsymbol{a}_{Tang}=\dot{v}\boldsymbol{\tau}=\ddot{s}\boldsymbol{\tau}\\ \boldsymbol{a}_{Norm}=v\,\dot{\boldsymbol{\tau}}\big|_F=v\omega\boldsymbol{n}=v\cdot\boldsymbol{\omega}\times\boldsymbol{\tau}=\frac{\dot{s}^2}{\rho}\boldsymbol{n}=\frac{v^2}{\rho}\boldsymbol{n}\end{cases} \tag{1-1-81}$$

式中 $\boldsymbol{a}_{Tang}$ ——切向加速度，沿 $P$ 点切线方向；

$\boldsymbol{a}_{Norm}$ ——法向加速度（对于平面圆周运动，即向心加速度），沿 $P$ 点主法线方向。

由式（1-1-81）可知，加速度在密切面内，在副法线方向上没有投影。这里需要注意的是，式（1-1-81）中的加速度是在 $F$ 系下观察的结果，如果在 $T$ 系下观察，则加速度为

$$\dot{\boldsymbol{v}}\big|_T=\dot{v}\boldsymbol{\tau}+v\,\dot{\boldsymbol{\tau}}\big|_T=\dot{v}\boldsymbol{\tau}=\ddot{s}\boldsymbol{\tau} \tag{1-1-82}$$

即仅包含切向加速度。

### 1.1.10　距离变化率

设空间两点 $A$、$B$ 在 $F$ 系下的坐标为 $\boldsymbol{r}_{O_F A}^F$、$\boldsymbol{r}_{O_F B}^F$，则两点间连线矢量在 $F$ 系下的分量为

$$\boldsymbol{r}_{AB}^F = \boldsymbol{r}_{O_F B}^F - \boldsymbol{r}_{O_F A}^F \tag{1-1-83}$$

$A$、$B$ 两点之间的距离为

$$r_{AB} = \| \boldsymbol{r}_{AB}^F \| = \sqrt{(\boldsymbol{r}_{AB}^F)^{\mathrm{T}} \boldsymbol{r}_{AB}^F} \tag{1-1-84}$$

由于距离与观测的坐标系无关，因此上式中 $r_{AB}$ 未加上标。由式（1-1-83）及式（1-1-84），$A$、$B$ 间的距离随时间的变化率可以表示为

$$\begin{aligned}\frac{\mathrm{d}r_{AB}}{\mathrm{d}t} &= \frac{\mathrm{d}\sqrt{(\boldsymbol{r}_{AB}^F)^{\mathrm{T}} \boldsymbol{r}_{AB}^F}}{\mathrm{d}t} = \frac{\mathrm{d}\sqrt{(\boldsymbol{r}_{AB}^F)^{\mathrm{T}} \boldsymbol{r}_{AB}^F}}{\mathrm{d}((\boldsymbol{r}_{AB}^F)^{\mathrm{T}} \boldsymbol{r}_{AB}^F)} \left[ (\boldsymbol{r}_{AB}^F)^{\mathrm{T}} \frac{\mathrm{d}(\boldsymbol{r}_{AB}^F)}{\mathrm{d}t} + \frac{\mathrm{d}((\boldsymbol{r}_{AB}^F)^{\mathrm{T}})}{\mathrm{d}t} \boldsymbol{r}_{AB}^F \right] \\ &= \frac{1}{2\sqrt{(\boldsymbol{r}_{AB}^F)^{\mathrm{T}} \boldsymbol{r}_{AB}^F}} [(\boldsymbol{r}_{AB}^F)^{\mathrm{T}} (\boldsymbol{v}_{AB}^F) + (\boldsymbol{v}_{AB}^F)^{\mathrm{T}} \boldsymbol{r}_{AB}^F] = \frac{\boldsymbol{v}_{AB}^F \cdot \boldsymbol{r}_{AB}^F}{r_{AB}} = \boldsymbol{v}_{AB}^F \cdot \boldsymbol{u}_{AB}^F\end{aligned} \tag{1-1-85}$$

式中　$\boldsymbol{u}_{AB}^F$ —— $A$ 点至 $B$ 点连线方向上的单位矢量在 $F$ 系下的投影；

$\boldsymbol{v}_{AB}^F$ —— $F$ 系下观测的 $B$ 点相对于 $A$ 点的速度，即

$$\begin{cases} \boldsymbol{v}_{AB}^F = \dfrac{\mathrm{d}(\boldsymbol{r}_{AB}^F)}{\mathrm{d}t} = \boldsymbol{v}_B^F - \boldsymbol{v}_A^F \\ \boldsymbol{v}_B^F = \dfrac{\mathrm{d}(\boldsymbol{r}_{O_F B}^F)}{\mathrm{d}t} \\ \boldsymbol{v}_A^F = \dfrac{\mathrm{d}(\boldsymbol{r}_{O_F A}^F)}{\mathrm{d}t} \end{cases} \tag{1-1-86}$$

式（1-1-85）说明 $A$、$B$ 间的距离变化率为两点相对速度在连线方向上的投影。

如果将式（1-1-85）转换至另一个坐标系 $M$ 系进行观测，则由式（1-1-52）及式（B-2-90）得

$$\begin{aligned}\boldsymbol{v}_{AB}^M \cdot \boldsymbol{u}_{AB}^M &= (\boldsymbol{v}_B^M - \boldsymbol{v}_A^M) \cdot \frac{(\boldsymbol{r}_{O_M B}^M - \boldsymbol{r}_{O_M A}^M)}{r_{AB}} \\ &= [(\boldsymbol{C}_F^M \boldsymbol{v}_B^F - \boldsymbol{\omega}_{FM}^M \times \boldsymbol{r}_{O_M B}^M - \boldsymbol{C}_F^M \dot{\boldsymbol{r}}_{O_F O_M}^F) - (\boldsymbol{C}_F^M \boldsymbol{v}_A^F - \boldsymbol{\omega}_{FM}^M \times \boldsymbol{r}_{O_M A}^M - \boldsymbol{C}_F^M \dot{\boldsymbol{r}}_{O_F O_M}^F)] \cdot \frac{(\boldsymbol{r}_{O_M B}^M - \boldsymbol{r}_{O_M A}^M)}{r_{AB}} \\ &= [\boldsymbol{C}_F^M (\boldsymbol{v}_B^F - \boldsymbol{v}_A^F) - \boldsymbol{\omega}_{FM}^M \times (\boldsymbol{r}_{O_M B}^M - \boldsymbol{r}_{O_M A}^M)] \cdot \frac{(\boldsymbol{r}_{O_M B}^M - \boldsymbol{r}_{O_M A}^M)}{r_{AB}} \\ &= [\boldsymbol{C}_F^M (\boldsymbol{v}_B^F - \boldsymbol{v}_A^F)] \cdot \frac{(\boldsymbol{r}_{O_M B}^M - \boldsymbol{r}_{O_M A}^M)}{r_{AB}} \\ &= (\boldsymbol{v}_B^F - \boldsymbol{v}_A^F) \cdot \frac{(\boldsymbol{r}_{O_F B}^F - \boldsymbol{r}_{O_F A}^F)}{r_{AB}} = \boldsymbol{v}_{AB}^F \cdot \boldsymbol{u}_{AB}^F\end{aligned} \tag{1-1-87}$$

其中

$$\boldsymbol{v}_A^M = \frac{\mathrm{d}(\boldsymbol{r}_{O_M A}^M)}{\mathrm{d}t}$$

$$\boldsymbol{v}_B^M = \frac{\mathrm{d}(\boldsymbol{r}_{O_M B}^M)}{\mathrm{d}t}$$

式（1-1-87）说明距离变化率在不同坐标系下观测的值相同，这符合直观认识。

### 1.1.11 波的相速度及群速度

本节以平面简谐波为例，说明波的相速度及群速度的定义。

为说明相速度，考虑单频率波传播的情况。对于一个沿 $X$ 轴方向传播的平面简谐波，其波函数为

$$A\cos\left(2\pi f\left(t-\frac{x}{v}\right)\right) \tag{1-1-88}$$

式中 $A$ ——幅值；

$f$ ——频率；

$t$ ——时间；

$x$ —— $X$ 轴坐标。

设该波的某一相位在 $t_1$、$t_2$ 时刻的空间坐标分别为 $x_1$、$x_2$，则由两个时空坐标处相位相同可知

$$t_1-\frac{x_1}{v}=t_2-\frac{x_2}{v} \tag{1-1-89}$$

也即

$$v=\frac{x_2-x_1}{t_2-t_1} \tag{1-1-90}$$

因此，$v$ 为该波等相位面沿 $X$ 轴方向的传播速度，即相速度（Phase Velocity）。

此外，式（1-1-88）所示的波的周期为

$$T=\frac{1}{f} \tag{1-1-91}$$

角频率为

$$\omega=2\pi f \tag{1-1-92}$$

波长为

$$\lambda=\frac{v}{f} \tag{1-1-93}$$

波数为

$$k=\frac{2\pi}{\lambda} \tag{1-1-94}$$

为说明群速度，考虑两个不同成分的波一同传播的情况。设有两个沿 $X$ 轴方向传播

的平面简谐波，其幅值均为 $A$，频率分别为 $f_1$、$f_2$，相速度分别为 $v_1$、$v_2$，则其和（称为群波）的波函数为

$$A\cos\left(2\pi f_1\left(t-\frac{x}{v_1}\right)\right)+A\cos\left(2\pi f_2\left(t-\frac{x}{v_2}\right)\right) \tag{1-1-95}$$

将式（1-1-93）代入式（1-1-95），把相速度 $v$ 用频率 $f$ 及波长 $\lambda$ 表示，则式（1-1-95）可以改写为

$$\begin{aligned}&A\cos\left(2\pi\left(f_1t-\frac{x}{\lambda_1}\right)\right)+A\cos\left(2\pi\left(f_2t-\frac{x}{\lambda_2}\right)\right)\\&=2A\cos\left(\pi\left(f_1t-\frac{x}{\lambda_1}\right)+\pi\left(f_2t-\frac{x}{\lambda_2}\right)\right)\cos\left(\pi\left(f_1t-\frac{x}{\lambda_1}\right)-\pi\left(f_2t-\frac{x}{\lambda_2}\right)\right)\\&=2A\cos\left(2\pi\left(\frac{f_1+f_2}{2}t-\frac{\frac{1}{\lambda_1}+\frac{1}{\lambda_2}}{2}x\right)\right)\cos\left(2\pi\left(\frac{f_1-f_2}{2}t-\frac{\frac{1}{\lambda_1}-\frac{1}{\lambda_2}}{2}x\right)\right)\end{aligned} \tag{1-1-96}$$

由上式可知，群波可以用一个高频波（载波）及一个低频波（调制波）的乘积表示。

载波的频率、波长及相速度分别为

$$\begin{cases}f_+=\dfrac{f_1+f_2}{2}\\[2ex]\dfrac{1}{\lambda_+}=\dfrac{1}{2}\left(\dfrac{1}{\lambda_1}+\dfrac{1}{\lambda_2}\right)\\[2ex]v_+=f_+\lambda_+=\dfrac{f_1+f_2}{\dfrac{1}{\lambda_1}+\dfrac{1}{\lambda_2}}=\dfrac{\dfrac{v_1}{\lambda_1}+\dfrac{v_2}{\lambda_2}}{\dfrac{1}{\lambda_1}+\dfrac{1}{\lambda_2}}=\dfrac{\dfrac{v_1}{\lambda_1}+\dfrac{v_1}{\lambda_2}-\dfrac{v_1}{\lambda_2}+\dfrac{v_2}{\lambda_2}}{\dfrac{1}{\lambda_1}+\dfrac{1}{\lambda_2}}=v_1-\lambda_1\dfrac{v_1-v_2}{\lambda_1+\lambda_2}\end{cases} \tag{1-1-97}$$

由上式可知，载波的频率、波长及相速度分别介于两个成分波的频率、波长及相速度之间。

调制波的频率、波长及相速度分别为

$$\begin{cases}f_-=\dfrac{f_1-f_2}{2}\\[2ex]\dfrac{1}{\lambda_-}=\dfrac{1}{2}\left(\dfrac{1}{\lambda_1}-\dfrac{1}{\lambda_2}\right)\\[2ex]v_-=f_-\lambda_-=\dfrac{f_1-f_2}{\dfrac{1}{\lambda_1}-\dfrac{1}{\lambda_2}}=\dfrac{\dfrac{v_1}{\lambda_1}-\dfrac{v_2}{\lambda_2}}{\dfrac{1}{\lambda_1}-\dfrac{1}{\lambda_2}}=\dfrac{\dfrac{v_1}{\lambda_1}-\dfrac{v_1}{\lambda_2}+\dfrac{v_1}{\lambda_2}-\dfrac{v_2}{\lambda_2}}{\dfrac{1}{\lambda_1}-\dfrac{1}{\lambda_2}}=v_1-\lambda_1\dfrac{v_1-v_2}{\lambda_1-\lambda_2}\end{cases} \tag{1-1-98}$$

由上式可知，两个成分波的频率越接近，调制波的频率越低，相速度越慢；两个成分波的波长越接近，调制波的波长越长，相速度越快。由于信号信息常在调制波上传播（如

GNSS 导航信号中的 PRN 码及导航数据），因此称调制波的相速度为波群的群速度（Group Velocity）。

虽然实际的群波一般由多种频率的成分波构成，但在工程上，对于窄带信号，仍可以采用上述分析过程来近似。这时，可以用 $\mathrm{d}f$ 代替 $f_1-f_2$ ，用 $\mathrm{d}\lambda$ 代替 $\lambda_1-\lambda_2$ ，并将群速度 $v_-$ 记为 $v_G$ ，将成分波相速度记为 $v_P$（忽略不同频率之间的差异），则由式（1－1－98）可得群速度与相速度之间的关系为

$$v_G=v_P-\lambda\frac{\mathrm{d}v_P}{\mathrm{d}\lambda} \tag{1-1-99}$$

上式与波长相关，另一方面仍利用式（1－1－98）可以得到与频率相关的表达式

$$\begin{aligned}v_G&=\frac{\mathrm{d}f}{\mathrm{d}\left(\dfrac{1}{\lambda}\right)}=\frac{\mathrm{d}f}{\mathrm{d}\left(\dfrac{f}{v_P}\right)}=\frac{\mathrm{d}f}{f\,\mathrm{d}\left(\dfrac{1}{v_P}\right)+\dfrac{1}{v_P}\mathrm{d}f}\\&=\frac{\mathrm{d}f}{-\dfrac{f}{v_P^2}\mathrm{d}v_P+\dfrac{1}{v_P}\mathrm{d}f}=\frac{v_P^2}{v_P-f\dfrac{\mathrm{d}v_P}{\mathrm{d}f}}\end{aligned} \tag{1-1-100}$$

下面考虑相速度与群速度对应的折射率之间的关系。若定义相速度折射率与群速度折射率分别为

$$n_P\equiv\frac{c}{v_P},n_G\equiv\frac{c}{v_G} \tag{1-1-101}$$

则由式（1－1－99）得

$$v_G=\frac{c}{n_P}-\lambda\frac{\mathrm{d}(c/n_P)}{\mathrm{d}\lambda}=\frac{c}{n_P}\left(1+\frac{\lambda}{n_P}\frac{\mathrm{d}n_P}{\mathrm{d}\lambda}\right) \tag{1-1-102}$$

因此

$$n_G=\frac{c}{v_G}=\frac{c}{\dfrac{c}{n_P}\left(1+\dfrac{\lambda}{n_P}\dfrac{\mathrm{d}n_P}{\mathrm{d}\lambda}\right)}=\frac{n_P^2}{n_P+\lambda\dfrac{\mathrm{d}n_P}{\mathrm{d}\lambda}}\approx n_P-\lambda\frac{\mathrm{d}n_P}{\mathrm{d}\lambda} \tag{1-1-103}$$

上式与波长相关，另一方面利用式（1－1－100）可以得到与频率相关的表达式

$$v_G=\frac{(c/n_P)^2}{\dfrac{c}{n_P}-f\dfrac{\mathrm{d}(c/n_P)}{\mathrm{d}f}}=\frac{c}{n_P+f\dfrac{\mathrm{d}n_P}{\mathrm{d}f}} \tag{1-1-104}$$

因此

$$n_G=\frac{c}{v_G}=n_P+f\frac{\mathrm{d}n_P}{\mathrm{d}f} \tag{1-1-105}$$

由式（1－1－102）及式（1－1－104）可以看出，如果 $\dfrac{\mathrm{d}n_P}{\mathrm{d}\lambda}=0$（$\dfrac{\mathrm{d}n_P}{\mathrm{d}f}=0$，对应于非色散介质中传播的情形），则 $v_G=v_P$ ；如果 $\dfrac{\mathrm{d}n_P}{\mathrm{d}\lambda}<0$（$\dfrac{\mathrm{d}n_P}{\mathrm{d}f}>0$，对应于正常色散情形），则 $v_G<v_P$ ；如果 $\dfrac{\mathrm{d}n_P}{\mathrm{d}\lambda}>0$（$\dfrac{\mathrm{d}n_P}{\mathrm{d}f}<0$，对应于反常色散情形），则 $v_G>v_P$ 。

### 1.1.12　多普勒效应

多普勒效应指由于相对运动导致的接收频率不同于波源振动频率的现象。对于机械波，多普勒效应是由波源和接收器相对传播介质的运动产生的；对于电磁波，由于其不需要传播介质，多普勒效应是由波源和接收器的相对运动产生的。由于两者的产生机理不同，这里分节介绍。

#### 1.1.12.1　机械波的多普勒效应

为便于分析，以平面简谐波为例，在式（1－1－88）的基础上拓展到空间任意方向传播的情况，其波函数为

$$A\cos\left(2\pi f\left(t-\frac{\boldsymbol{n}\cdot\boldsymbol{r}}{v_W}\right)\right) \tag{1-1-106}$$

式中　$\boldsymbol{n}$ ——波的行进方向的单位矢量；

$\boldsymbol{r}$ ——空间坐标 $(x，y，z)$ 。

为了与波源及接收器的相对运动速度区别，这里用 $v_W$ 表示波速，其他参数的含义与式（1－1－88）相同。

机械波的传播需要介质，因此要考虑介质的中间作用。为此，在介质上建立 $F$ 系，并以波源或接收器为原点建立与其固连的 $M$ 系。设零时刻时 $F$ 系与 $M$ 系的原点重合。设 0 时刻 $M$ 系原点位置的波相位为 $\varphi$ ，以此为事件 A，随着波的传播，当 $M$ 系原点位置的波相位为 $\varphi+2\pi$ 或者 $\varphi-2\pi$ 时，以此为事件 B。设在事件 A、B 之间的波源或接收器（即 $M$ 系）相对于介质（即 $F$ 系）进行匀速运动，速率为 $v$。为便于分析，不失一般性，定义 $F$、$M$ 系的 $X$ 轴沿该相对运动方向，$Y$、$Z$ 轴分别平行。设在 $F$ 系中观察，事件 A、B 的时空坐标分别为 $(t_1，\boldsymbol{r}_1)$、$(t_2，\boldsymbol{r}_2)$ ，波速、周期及频率分别为 $v_W$、$T$、$f$。在 $M$ 系中观察，事件 A、B 的时空坐标分别为 $(t'_1，\boldsymbol{r}'_1)$、$(t'_2，\boldsymbol{r}'_2)$ ，波速、周期及频率分别为 $v'_W$、$T'$、$f'$。由于机械波传播速度比光速小得多，因此这里可以用伽利略变换来推导。根据事件 A、B，$F$ 系、$M$ 系的定义及式（1－1－1），$F$ 系、$M$ 系中的事件坐标为

$$\begin{cases}t_1=t'_1=0\\ \boldsymbol{r}_1^F=\boldsymbol{r}'^M_1=\boldsymbol{0}\\ t_2=t'_2=T'\\ \boldsymbol{r}'^M_2=\boldsymbol{0}\\ \boldsymbol{r}_2^F=\boldsymbol{r}'^F_2+v(t_2-t_1)\boldsymbol{u}_{XF}^F=\boldsymbol{r}'^M_2+vT'\boldsymbol{u}_{XF}^F=vT'\boldsymbol{u}_{XF}^F\end{cases} \tag{1-1-107}$$

式中　$\boldsymbol{u}_{XF}^F$ ——沿 $F$ 系 $X$ 轴方向上的单位矢量在 $F$ 系中的投影。

另一方面，如图 1－3 所示，在 $F$ 系中观察，零时刻在原点处相位为 $\varphi$ 的波面，$t_2$ 时刻的方程为 $\boldsymbol{r}^F\cdot\boldsymbol{n}^F=ut_2$ ，其中 $\boldsymbol{r}^F$ 为波面上的点在 $F$ 系下的坐标。因此，相位为 $\varphi+2\pi$ 或者 $\varphi-2\pi$ 的波面在 $t_2$ 时刻的方程为

$$\boldsymbol{r}^F\cdot\boldsymbol{n}^F=v_W(t_2\mp T) \tag{1-1-108}$$

该波面与 $F$ 系 $X$ 轴的交点，即事件 B 在 $F$ 系中的位置为

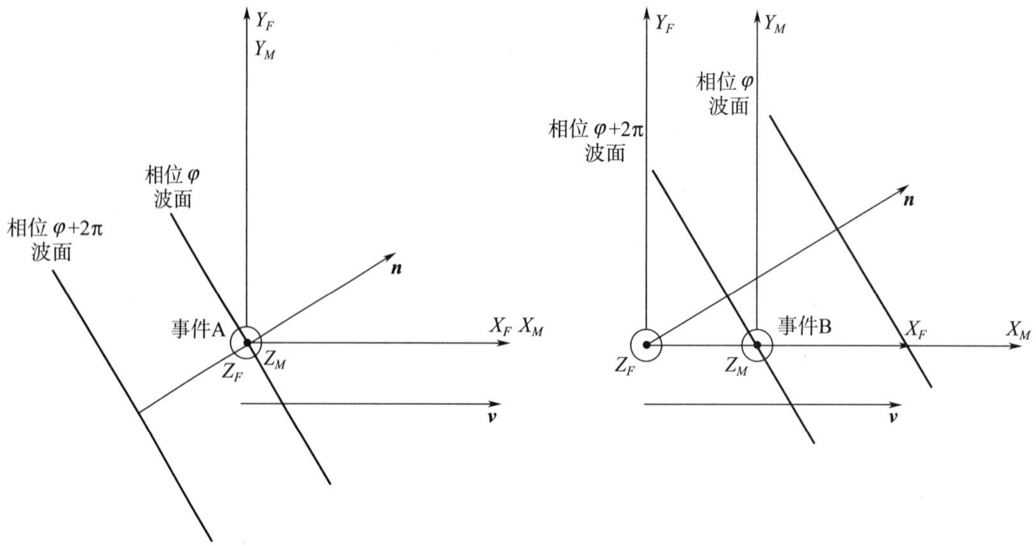


图 1-3　事件 A 与事件 B 时刻的波面

$$\boldsymbol{r}_2^F = \left[ \frac{v_W (t_2 \mp T)}{\boldsymbol{n}^F \cdot \boldsymbol{u}_{XF}^F} \quad 0 \quad 0 \right]^{\mathrm{T}} \tag{1-1-109}$$

对比式（1-1-107）及式（1-1-109），可得

$$vT'\boldsymbol{n}^F \cdot \boldsymbol{u}_{XF}^F = v_W (T' \mp T) \tag{1-1-110}$$

因此机械波的多普勒效应公式为

$$\frac{f'}{f} = \frac{T}{T'} = \pm\left(1 - \frac{v}{v_W}\boldsymbol{n}^F \cdot \boldsymbol{u}_{XF}^F\right) = \pm\left(1 - \frac{\boldsymbol{n}^F \cdot \boldsymbol{v}^F}{v_W}\right) \tag{1-1-111}$$

式中，当 $\boldsymbol{n}^F \cdot \boldsymbol{v}^F < v_W$ 时取正号，此时事件 B 对应 $\varphi + 2\pi$ 相位，当 $\boldsymbol{n}^F \cdot \boldsymbol{v}^F > v_W$ 时取负号，此时事件 B 对应 $\varphi - 2\pi$ 相位，也即

$$\frac{f'}{f} = \frac{T}{T'} = \left| 1 - \frac{\boldsymbol{n}^F \cdot \boldsymbol{v}^F}{v_W} \right| \tag{1-1-112}$$

式（1-1-112）说明，由于波源或接收器相对于介质的运动，在介质中观察到的频率与在波源或接收器上观察到的频率是不同的。对于波源及接收器均应用式（1-1-112）可得波源发射频率与接收器接收频率之间的关系（假设发射和接收之间的过程中介质保持均匀）

$$\frac{f_R}{f_S} = \left| \frac{v_W - \boldsymbol{n}^F \cdot \boldsymbol{v}_R^F}{v_W - \boldsymbol{n}^F \cdot \boldsymbol{v}_S^F} \right| \tag{1-1-113}$$

式中，下标 $S$ 表示波源，下标 $R$ 表示接收器。考虑到波的传播时间，$\boldsymbol{v}_S$ 为波发射时刻波源的速度，$\boldsymbol{v}_R$ 为波接收时刻接收器的速度。

**例 1-2**　$F$ 系及 $M$ 系中观察到的机械波波速的关系。

通过选择不同的事件以推导 $F$ 系及 $M$ 系中观察到的机械波波速的关系。在本例中，事件 A 的选择与上文相同，事件 B 选择在 $F$ 系中观察，当相位为 $\varphi$ 的波面在介质中传播一个周期后，在经过 $F$ 系原点的波线上那一点的时空坐标。沿用上文的其他定义，根据波函数式（1-1-106），对于相位为 $\varphi$ 的波面，该传播周期有

$$\begin{cases} t_2 - t_1 = \dfrac{\boldsymbol{n} \cdot (\boldsymbol{r}_2 - \boldsymbol{r}_1)}{v_W} \\ t'_2 - t'_1 = \dfrac{\boldsymbol{n}' \cdot (\boldsymbol{r}'_2 - \boldsymbol{r}'_1)}{v'_W} \end{cases} \tag{1-1-114}$$

根据事件 A、B，$F$ 系、$M$ 系的定义及式（1-1-1），将 $F$ 系中的事件坐标转换到 $M$ 系中有

$$\begin{cases} t'_1 = t_1 = 0 \\ \boldsymbol{r}'^M_1 = \boldsymbol{r}^F_1 = \boldsymbol{0} \\ t'_2 = t_2 = T \\ \boldsymbol{r}^F_2 = uT\boldsymbol{n}^F \\ \boldsymbol{r}'^M_2 = \boldsymbol{r}^F_2 - vT\boldsymbol{u}^F_{XF} = uT\boldsymbol{n}^F - vT\boldsymbol{u}^F_{XF} \\ \boldsymbol{n}'^M = \boldsymbol{n}^F \end{cases} \tag{1-1-115}$$

将上式代入式（1-1-114）的第二个子式有

$$v'_W T = \boldsymbol{n}'^M \cdot (\boldsymbol{r}'^M_2 - \boldsymbol{r}'^M_1) = \boldsymbol{n}^F \cdot (uT\boldsymbol{n}^F - vT\boldsymbol{u}^F_{XF}) = uT - vT\boldsymbol{n}^F \cdot \boldsymbol{u}^F_{XF} \tag{1-1-116}$$

因此

$$v'_W = v_W - v\boldsymbol{n}^F \cdot \boldsymbol{u}^F_{XF} = v_W - \boldsymbol{n}^F \cdot \boldsymbol{v}^F \tag{1-1-117}$$

#### 1.1.12.2　电磁波的多普勒效应

在推导电磁波的多普勒效应时，除以下区别外，采用与 1.1.12.1 节相同的思路、坐标系定义及事件定义。

1）由于电磁波不需要传播介质，因此以波源为原点建立 $F$ 系，以接收器为原点建立 $M$ 系。在实际应用中，由于波源与接收器存在距离，不一定能满足 1.1.12.1 节中 0 时刻 $F$ 系与 $M$ 系原点重合的条件。在这种情况下，这里的波源可以认为是一个虚拟的波源，该虚拟波源在接收时刻、接收器位置发射的电磁波波形与实际波源在发射时刻、实际波源位置发射的电磁波波形相同。

2）$M$ 系相对于 $F$ 系的速度总是不大于光速，因此事件 B 对应的 $M$ 系原点处的波相位总是 $\varphi + 2\pi$ 。

3）电磁波在 $F$ 系与 $M$ 系中的波速相同，即 $v_W = v'_W = c$ 。

4）需要用洛伦兹变换［式（1-1-18）］而不是伽利略变换来推导。

根据上述区别，将 1.1.12.1 节中的式（1-1-107）变为

$$\begin{cases} t_1 = t'_1 = 0 \\ \boldsymbol{r}_1^F = \boldsymbol{r}'^M_1 = \boldsymbol{0} \\ t'_2 = T' \\ \boldsymbol{r}'^M_2 = \boldsymbol{0} \\ t_2 = \gamma\left(t'_2 + \dfrac{\beta}{c} r'^M_{2x}\right) = \gamma T' \\ \boldsymbol{r}_2^F = \gamma\left(\boldsymbol{r}'^M_2 + v t'_2 \boldsymbol{u}_{XF}^F\right) = \gamma v T' \boldsymbol{u}_{XF}^F \end{cases} \tag{1-1-118}$$

将 1.1.12.1 节中的式（1-1-109）变为

$$\boldsymbol{r}_2^F = \begin{bmatrix} \dfrac{c(t_2 - T)}{\boldsymbol{n}^F \cdot \boldsymbol{u}_{XF}^F} & 0 & 0 \end{bmatrix}^{\mathrm{T}} \tag{1-1-119}$$

对比式（1-1-118）及式（1-1-119），可得

$$\gamma v T' \boldsymbol{n}^F \cdot \boldsymbol{u}_{XF}^F = c(\gamma T' - T) \tag{1-1-120}$$

因此电磁波的多普勒效应公式为

$$\frac{f'}{f} = \frac{T}{T'} = \gamma(1 - \beta \boldsymbol{n}^F \cdot \boldsymbol{u}_{XF}^F) = \gamma\left(1 - \frac{\boldsymbol{n}^F \cdot \boldsymbol{v}^F}{c}\right) \tag{1-1-121}$$

对比式（1-1-121）及式（1-1-111）可以看出，当波源及接收器相对运动速度远小于光速时，$\gamma \approx 1$，此时电磁波的多普勒效应与机械波的多普勒效应有相同的形式。

**例 1-3**　$F$ 系及 $M$ 系中观察到的电磁波波速。

在本示例中，事件的选择与例 1-2 相同。根据 1.1.12.2 节中所述的电磁波多普勒效应与机械波多普勒效应的区别，例 1-2 中的式（1-1-114）保持不变，式（1-1-115）变为

$$\begin{cases} t'_1 = t_1 = 0 \\ \boldsymbol{r}'^M_1 = \boldsymbol{r}_1^F = \boldsymbol{0} \\ t_2 = T \\ \boldsymbol{r}_2^F = cT\boldsymbol{n}^F \\ t'_2 = \gamma\left(t_2 - \dfrac{\beta}{c} r_{2x}^F\right) = \gamma\left(T - \dfrac{\beta}{c} cT\boldsymbol{n}^F \cdot \boldsymbol{u}_{XF}^F\right) = \gamma T(1 - \beta \boldsymbol{n}^F \cdot \boldsymbol{u}_{XF}^F) \\ \boldsymbol{r}'^M_2 = \gamma(\boldsymbol{r}_2^F - v t_2 \boldsymbol{u}_{XF}^F) = \gamma T(c\boldsymbol{n}^F - v\boldsymbol{u}_{XF}^F) \\ \boldsymbol{n}^F = \boldsymbol{n}'^M \end{cases} \tag{1-1-122}$$

将上式代入式（1-1-114）的第二个子式有

$$\gamma T(1 - \beta \boldsymbol{n}^F \cdot \boldsymbol{u}_{XF}^F) = \frac{\gamma T \boldsymbol{n}^F \cdot (c\boldsymbol{n}^F - v\boldsymbol{u}_{XF}^F)}{c} \tag{1-1-123}$$

上式是一个恒等式，这与洛伦兹变换中光速不变性的假设相符合。

#### 1.1.12.3　不同坐标系下的不变性

在式（1-1-111）及式（1-1-121）中，$\boldsymbol{v}^F$ 是在 $F$ 系下观测到的 $M$ 系原点的速度。

但在实际应用中，波源及接收器的速度可能不是在 $F$ 系下观察的，这时需要考虑利用第三坐标系（这里设为 $C$ 系）中观测的 $M$ 系与 $F$ 系的相对速度，式（1-1-111）及式（1-1-121）中的 $\boldsymbol{n}^F \cdot \boldsymbol{v}^F$ 项具有何种形式。

考虑波源发出的波经直线传播至接收器的常见情形，这时波的传播方向为 $\boldsymbol{n} = \dfrac{\boldsymbol{r}_S - \boldsymbol{r}_R}{r}$，其中 $\boldsymbol{r}_S$ 为波发射时刻波源的位置，$\boldsymbol{r}_R$ 为波接收时刻接收器的位置，$r = |\boldsymbol{r}_S - \boldsymbol{r}_R|$ 为波源与接收器之间的距离。此时 $\boldsymbol{n}^F \cdot \boldsymbol{v}^F$ 与式（1-1-85）中的距离变化率有相同形式。在式（1-1-87）中令 $M$ 系为 $C$ 系，$A$ 点为接收器位置，$B$ 点为波源位置，则有 $\boldsymbol{v}^C \cdot \boldsymbol{n}^C = \boldsymbol{v}^F \cdot \boldsymbol{n}^F$。这表明在直线传播情形下，多普勒效应式中的 $\boldsymbol{n} \cdot \boldsymbol{v}$ 项在不同坐标系下是不变的（需要注意的是，计算相对速度时使用的为波发射时刻的波源速度及波接收时刻的接收器速度）。

## 1.2 导航系统常用坐标系

### 1.2.1 坐标系定义

本书中如无特殊说明，均采用如下定义的与导航系统相关的坐标系，如图1-4所示。

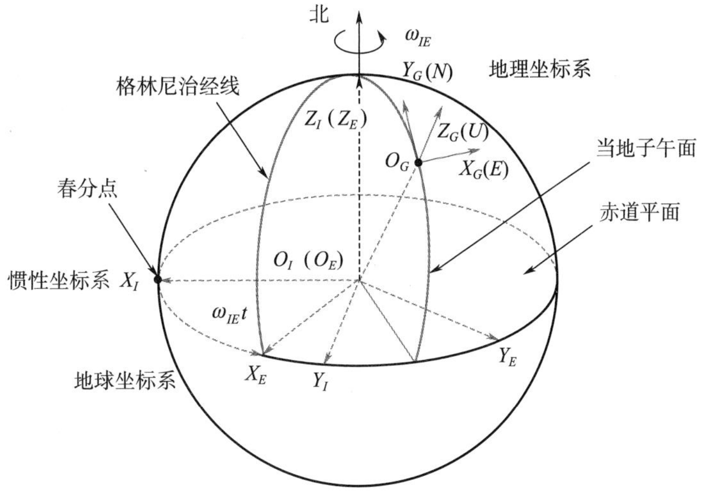


图1-4 坐标系定义

需要说明的是，本节仅介绍了各类导航设备应用中通常用到的坐标系定义，部分导航设备或导航应用场景有自身独特的坐标系定义，如航天发射应用中的发射系及发射惯性系、末制导应用中的目标坐标系[3]、光学瞄准及视觉导航中特有的坐标系等，可参考专门的文献或本书相关章节。

#### 1.2.1.1 惯性坐标系（$I$ 系）

##### 1.2.1.1.1 理想的惯性坐标系

在经典力学中，惯性坐标系（Inertial Coordinate）是指牛顿运动定律在其中有效的参考系。惯性坐标系具有以下性质：

1）合外力为零的物体在惯性系中静止或者做匀速直线运动；

2）相对某一惯性系静止或者做匀速直线运动的参考系均是惯性系。

根据上述性质，相对于某一惯性系做加速运动的参考系为非惯性坐标系。在非惯性坐标系中，牛顿第三定律仍然成立，但牛顿第一定律及第二定律不成立。一个参考系是不是惯性系，只能通过观察和实验来判断。

参考 1.1.7 节，令 $F$ 系为惯性系，$M$ 系为相对于 $F$ 系有转动及平动的非惯性系。设在 $F$ 系中，某质点所受合力为 $\boldsymbol{F}$，质量为 $m$，则牛顿第二定律的形式为

$$\boldsymbol{F}_A = m\boldsymbol{a}_A \tag{1-2-1}$$

这时如果在 $M$ 系中观察物体的运动，需要对上式进行修正。根据加速度合成定理式（1-1-57），得

$$\boldsymbol{F}_A = m(\boldsymbol{a}_R + \boldsymbol{a}_C + \boldsymbol{a}_E) = \boldsymbol{F}_R - \boldsymbol{F}_I \tag{1-2-2}$$

其中

$$\begin{cases} \boldsymbol{F}_R = \boldsymbol{F}_A + \boldsymbol{F}_I = m\boldsymbol{a}_R \\ \boldsymbol{F}_I = -m(\boldsymbol{a}_C + \boldsymbol{a}_E) \end{cases} \tag{1-2-3}$$

式中，$\boldsymbol{F}_R$ 为在 $M$ 系中按牛顿第二定律形式计算的力。上式表明，为了在 $M$ 系中使牛顿第二定律保持惯性系中的形式，需要在质点实际受到的合力 $\boldsymbol{F}_A$ 的基础上，再增加一项虚拟的力，也即惯性力 $\boldsymbol{F}_I$。

另一方面，如果在 1.1.7 节中令 $F$ 系及 $M$ 系为两个没有相对转动及相对加速度的非惯性系，根据加速度合成定理也可知，此时科氏加速度 $\boldsymbol{a}_C$ 与牵连加速度 $\boldsymbol{a}_E$ 为零，两个坐标系中观测到的质点加速度相等。

1.2.1.1.2 近似的惯性坐标系

由于万有引力的存在，理想地分析某个物体的受力是非常复杂的。比如，为了分析地面上某个物体的运动，不仅需要考虑地球对它的引力，还需要考虑其他天体（如月球、太阳、其他行星及恒星等）对它的引力。在实际应用中，为了简化受力分析，常常仅考虑某物体邻近天体对它的作用，这时所取的坐标系常为近似的惯性坐标系。比如，在分析地面小范围内的物体运动时，常取 1.2.1.2 节中定义的 ECEF 坐标系作为惯性系；在分析地表附近或邻近地球的空间运动时，需要考虑地球自转的影响，因此常取下文定义的 ECI 坐标系作为惯性系；在分析行星际的物体运动时，还需要考虑地球公转的影响，因此常取日心坐标系为惯性系；在分析银河系内恒星际的物体运动时，还需要考虑绕银河系中心转动的影响，因此日心坐标系可能仍是不够的。

在导航应用中，常用的惯性坐标系包括以下几种：

1）地心惯性（Earth-Centered Inertial，ECI）坐标系：原点位于地球的中心，坐标轴方向在惯性空间中不变。当算式与坐标系具体方向有关时，定义 $X$ 轴指向春分点方向，$Z$ 轴与地球自转角速度方向平行，$X$、$Y$ 和 $Z$ 三轴构成右手坐标系。

2）日心赤道惯性坐标系：原点位于太阳中心，$X$ 轴指向春分点，$Z$ 轴与地球自转角速

度方向平行，$Y$ 轴与 $X$、$Z$ 轴构成右手坐标系，此坐标系中的经纬度称为赤经、赤纬。

3）日心黄道惯性坐标系：原点位于太阳中心，$X$ 轴指向春分点，$Z$ 轴与黄道平面垂直并与地球自转角速度方向成锐角，$Y$ 轴与 $X$、$Z$ 轴构成右手坐标系，此坐标系中的经纬度称为黄经、黄纬。

4）在某时刻与某非惯性坐标系重合，但随后在惯性空间保持不变的坐标系。

在本书中，主要涉及地表附近或邻近地球的空间运动。因此，如果没有特别说明，本书中的惯性坐标系均为 ECI 坐标系。

ECI 坐标系相对于日心赤道惯性坐标系主要存在以下近似，即地球围绕太阳的运动不是匀速直线运动，而是在椭圆轨道上的运动。根据 1.2.1.1.1 节中关于没有相对转动及相对加速度的非惯性系的结论，当仅考虑地球附近的物体相对于地球的运动时，可以不考虑该物体及地球相对于太阳的共同加速度及相应的引力。具体分析可见例 1－5。

此外，ECI 坐标系相对于理想惯性系还主要存在以下近似，即地球自转轴在空间的方向不是固定不变的，而是受到岁差及章动的影响。解决该项近似的办法是，在特定的时间瞬间或历元上定义各轴的指向。GPS 的 ECI 坐标系用 2000 年 1 月 1 日 UTC 的 12：00h 的赤道面取向作为基础，记为 J2000 系，各坐标轴的定义保持不变，用这个方法定义的 ECI 坐标系对 GPS 来说可认为是惯性的。J2000 系也被广泛地用于其他卫星坐标的计算中。

**例 1－4**　ECEF 系、ECI 系、日心赤道惯性系中的惯性力加速度比较。

对于一个位于赤道地表上的相对于地球静止的质点，分别在 ECEF、ECI、日心赤道惯性坐标系中观察其运动。由于 3 个坐标系都不是理想的惯性系，因此都存在惯性力。这里两两比较其中的惯性力对应的加速度大小。

ECEF 系相对于 ECI 系的惯性力的区别由地球自转引起。由于质点相对于 ECEF 系静止，因此科氏加速度为零，另外认为地球匀速转动，则欧拉加速度也为零，此时惯性力加速度即离心加速度，在赤道上约为

$$\Delta a_I = \omega_{IE}^2 R_E \approx (7.29 \times 10^{-5})^2 \times 6\ 378\ 137\ \text{m/s}^2 \approx 0.034\ \text{m/s}^2 \quad (1-2-4)$$

ECI 系相对于日心赤道惯性系不存在转动，其惯性力的区别由地球在公转轨道上的运动引起。这时科氏加速度、离心加速度、欧拉加速度均为零，惯性力加速度为 ECI 坐标系原点在日心赤道惯性系中运动的加速度，即地球相对于太阳运动的离心加速度（近似认为地球公转为匀速的），约为

$$\Delta a_I = \omega^2 R \approx \left(\frac{2\pi}{365 \times 24 \times 3\ 600}\right)^2 \times 1.5 \times 10^{11}\ \text{m/s}^2 \approx 0.006\ \text{m/s}^2 \quad (1-2-5)$$

式中　$\omega$ ——地球公转平均角速率；

$R$ ——地球公转轨道平均半径。

**例 1－5**　在 ECI 系及日心赤道惯性系中计算相对地心运动的等效性。

在惯性导航系统中，加速度计测量的是非引力加速度[4]。对于在地球附近工作的加速度计，精确地说，测量的引力加速度中不仅包含地球引力，也包含宇宙中其他物体的引力

（主要是月球及太阳的引力）。那么，在进行相对地球的惯性导航时，是否需要把除地球引力外的其他引力也考虑进去？

为简便起见，这里仅考虑太阳系内的影响，将 ECI 系及日心赤道惯性系中的计算进行比较。设地心与地球附近某一质点 $P$ 相对于日心的位矢分别为 $\boldsymbol{r}_O$ 与 $\boldsymbol{r}$，该质点相对于地心的位矢为 $\boldsymbol{r}'=\boldsymbol{r}-\boldsymbol{r}_O$。如果在日心赤道惯性系（这里标识为 $I_S$）中计算，对于 $P$ 点有

$$\left.\frac{\mathrm{d}^2\boldsymbol{r}}{\mathrm{d}t^2}\right|_{I_S}=\boldsymbol{f}+\boldsymbol{G}_E+\boldsymbol{G}_S \tag{1-2-6}$$

式中 $\boldsymbol{f}$ —— $P$ 点所受的非引力加速度，即 $P$ 点处的加速度计所测量到的值；

$\boldsymbol{G}_E$ ——地球在 $P$ 点处产生的引力加速度；

$\boldsymbol{G}_S$ ——太阳系中除地球外其他物体在 $P$ 点处产生的引力加速度。

对于地心有

$$\left.\frac{\mathrm{d}^2\boldsymbol{r}_O}{\mathrm{d}t^2}\right|_{I_S}=\boldsymbol{f}_O+\boldsymbol{G}_{S_O}\approx\boldsymbol{G}_S \tag{1-2-7}$$

式中 $\boldsymbol{f}_O$ ——地心所受的非引力加速度，因为地球绕太阳自由转动，因此可认为 $\boldsymbol{f}_O=\boldsymbol{0}$；

$\boldsymbol{G}_S$ ——太阳系除地球外其他物体在地心处产生的引力加速度［近似等于式（1－2－5）中的惯性力加速度］，可近似认为 $\boldsymbol{G}_{S_O}\approx\boldsymbol{G}_S$。

式（1－2－6）和式（1－2－7）相减得

$$\left.\frac{\mathrm{d}^2\boldsymbol{r}'}{\mathrm{d}t^2}\right|_{I_S}\approx\boldsymbol{f}+\boldsymbol{G}_E \tag{1-2-8}$$

另一方面，如果在 ECI 系（这里标识为 $I_E$）中计算 $P$ 点相对于地心的运动，不考虑太阳系中其他物体的引力，则

$$\left.\frac{\mathrm{d}^2\boldsymbol{r}'}{\mathrm{d}t^2}\right|_{I_E}=\boldsymbol{f}+\boldsymbol{G}_E \tag{1-2-9}$$

比较式（1－2－8）与式（1－2－9）可以看出，在 ECI 系（不考虑太阳系中其他物体的引力）及日心赤道惯性系下，$P$ 点相对于地心的运动有相同的形式。

#### 1.2.1.2 地球坐标系（$E$ 系）

地球坐标系（Earth Coordinate）原点 $O$ 位于地球中心，坐标轴方向与地球固连，简记为 ECEF（Earth－Centered Earth－Fixed）。

当算式与坐标系具体方向有关时，定义 $X$ 轴指向 0°经度（格林尼治所在经度）方向，而 $Y$ 轴指向东经 90°方向，$Z$ 轴选择为与赤道平面垂直而指向地理北极（亦即经线在北半球的汇聚处），这样便形成了右手坐标系。该坐标系可简记为 GwEN。

#### 1.2.1.3 地理坐标系（$G$/$G_L$ 系）

地理坐标系（Geographic Coordinate）原点 $O$ 位于载体重心，随载体位置实时变化，坐标轴指向天、地、东、南、西、北等方向。

当算式与坐标系具体方向有关时，常用到东北天 $G$ 系和北东地 $G_L$ 系两种坐标系。定义 $G$ 系 $Z$ 轴沿地垂线指向天，$XOY$ 在当地水平面内，$X$ 轴指向东，$Y$ 轴指向北（可简

记为 ENU)。定义 $G_L$ 系 $Z$ 轴沿地垂线指向下，$XOY$ 在当地水平面内，$X$ 轴指向北，$Y$ 轴指向东（可简记为 NED)。由于 $Z$ 轴指向下时，根据右手定则，绕 $Z$ 轴旋转的方向为顺时针（从上往下观察），与通常北向方位角的正向定义一致，因此 $G_L$ 系常用作姿态的参考坐标系。$G$ 系常用作速度或位置的参考坐标系。GNSS 导航中也常称 ENU 坐标系为站心坐标系。

#### 1.2.1.4　导航坐标系（$N$ 系）

导航坐标系（Navigation Coordinate）一般有三种选择，分别是地理坐标系 $G$ 、游移方位（wander - azimuth）坐标系和自由方位（free - azimuth）坐标系[②]。这三种坐标系原点 $O$ 均位于载体重心，随载体位置实时变化。三种坐标系的不同之处在于地理坐标系的水平轴指向相对于北向固定，而后两者的水平轴在导航的过程中相对于北向不固定，而是有一个随时间变化的游移方位角。对于游移方位坐标系，游移方位角的变化使得导航坐标系相对地球没有绕导航坐标系垂向轴的运动。对于自由方位坐标系，游移方位角的变化使得导航坐标系相对惯性空间没有绕导航坐标系垂向轴的运动。后两种导航坐标系常用于惯性导航系统，可以避免地理坐标系在极区导航时导航坐标系垂向轴上的位移角速度产生的奇异现象。

当算式与坐标系具体方向有关时，定义 $Z$ 轴沿地垂线指向天，$XOY$ 在当地水平面内。导航初始时 $Y$ 轴指向北，导航过程中 $Y$ 轴相对于北向有游移方位角 $\alpha$（由北向起逆时针方向为正）。根据游移方位角的上述定义，$N$ 系由地理坐标系 $G$ 系绕 $N$ 系 $Z$ 轴旋转游移方位角 $\alpha$ 所得，故

$$\boldsymbol{C}_G^N = (\boldsymbol{C}_N^G)^{\mathrm{T}} = \begin{bmatrix} \cos\alpha & \sin\alpha & 0 \\ -\sin\alpha & \cos\alpha & 0 \\ 0 & 0 & 1 \end{bmatrix} \tag{1-2-10}$$

对于游移方位坐标系，垂向位移角速度 $\omega_{ENz}^N = 0$。对于自由方位坐标系，垂向位移角速度 $\omega_{ENz}^N = -\omega_{IEz}^N$。

#### 1.2.1.5　当地水平坐标系（$L$ 系）

当地水平坐标系（Local Level Coordinate）原点 $O$ 与导航坐标系原点重合，$Z$ 轴与导航坐标系 $Z$ 轴方向相反，$X$、$Y$ 轴分别与导航坐标系 $Y$、$X$ 轴方向相同。当地水平坐标系通常用于描述载体姿态。

当导航坐标系取地理坐标系 $G$ 时，对应的当地水平坐标系为地理坐标系 $G_L$。

#### 1.2.1.6　本体坐标系（$B$ 系）

本体坐标系（Body Coordinate）与导航设备本体固连，原点 $O$ 位于本体中心。

#### 1.2.1.7　载体坐标系（$V$ 系）

载体坐标系（Vehicle Coordinate）与载体固连，原点 $O$ 位于载体重心。当用于描述

---

② 对应 basic/coord/NavCoordType. m

飞机、车辆等载体时，考虑到欧拉角的物理奇异性（参考 1.5.1.3.3 节），通常定义 $X$ 轴沿载体纵轴方向，指向头部，$Z$ 轴在载体纵对称面内，垂直于 $X$ 轴指向下，$Y$ 轴沿载体横向指向右。

#### 1.2.1.8 大地坐标系

大地坐标系（Geodetic Coordinate）是一种应用非常广泛的坐标系，在许多卫星导航接收器的输出协议（如 NMEA 协议）中，都是用这一坐标系下的值（大地纬度、大地经度和大地高度）来表示接收器在地球中的位置。为了给出高度值，大地坐标系首先定义了一个与地球几何最吻合的椭球体来代替表面凹凸不平的地球，这个椭球体被称为参考椭球体（Reference Ellipsoid）。这里所谓的“最吻合”指的是在所有中心与地球质心 $O$ 重合、短轴与协议地球自转轴一致的旋转椭球体中，参考椭球体的表面（即参考椭球面）与大地水准面之间的高度差的平方和最小。大地水准面是假想的无潮汐、无温差、无风、无盐的海平面，习惯上可用平均海拔（MSL）平面来替代。假设点 $P$ 在大地坐标系中的坐标记为 $(L, \lambda, h)$，则：

1）大地纬度（Geodetic Latitude）$L$ 是过 $P$ 点的参考椭球面法线和赤道面（即 ECEF 坐标系的 $XY$ 平面）之间的夹角。纬度 $L$ 的取值范围是 $[-90°, 90°]$，赤道北面为正，赤道南面为负。

2）大地经度 $\lambda$ 是过 $P$ 点的子午面与格林尼治参考子午面之间的夹角。经度 $\lambda$ 的取值范围为 $[-180°, 180°]$（或者 $[0°, 360°]$），格林尼治子午面以东为正，以西为负。

3）大地高度 $h$ 是从 $P$ 点到参考椭球面的法线距离，参考椭球面以外为正，以内为负。

大地坐标系用来描述水面和地面目标时，用经度和纬度就可以描述它在地球上的位置。对于空中目标，把其在地面上的投影点经纬度标出后，再附加上它所处的高度，就可以标出它在空中的位置。大地坐标系适合描述远距离定位系统，但对于活动范围较小的目标不适用，因为整个活动范围未引起大的经纬度变化，使用起来不便。

##### 1.2.1.8.1 84 版世界大地坐标系（WGS84）

由美国国防部下属的国防制图局制定的世界大地坐标系（WGS）是协议地球坐标系的一种近似实现，经过多次的修改和完善，1984 年版的世界大地坐标系（WGS84）已经是一个相当精确的协议地心直角坐标系。WGS84 中的协议地心地固直角坐标系经常被称为 WGS84 地心地固坐标系或者 WGS84 直角坐标系，它对于 GPS 非常重要，因为 GPS 卫星星历参数和历书参数计算得到的卫星位置和速度都直接表达在 WGS84 直角坐标系中。

WGS84 不仅仅是一个地心地固直角坐标系，它还定义了建立相应大地坐标系所需的参考椭球体，描述了与大地水准面相应的地球重力场模型，以及提供了修正后的基本大地参数。WGS84 参考椭球的定义常数见表 1-1[5]。GPS 中使用的常数有细微区别，可见表中说明[6]。

表 1-1　WGS84 参考椭球的定义常数

| 参数名 | 值 | 单位 |
|---|---|---|
| 参考椭球体的长半轴 $a$ | 6 378 137.0 | m |
| 参考椭球体的扁率 $f$ | 1/298.257 223 563 | — |
| 地球自转角速率 $\dot{\Omega}_e$ | $7.292\,115\,0\times10^{-5}$ 或 $7.292\,115\,146\,7\times10^{-5}$ (用于 GPS) | rad/s |
| 地球引力常数 $\mu=GM$ | $3.986\,004\,418\times10^{14}$ 或 $3.986\,005\times10^{14}$ (用于 GPS) | $m^3/s^2$ |

1.2.1.8.2　2000 版中国大地坐标系（CGCS2000）

我国也定义了自己的大地坐标系统标准，称为中国大地坐标系。由于北斗卫星导航系统的卫星星历和历书参数都是在此坐标系统中给出的，因此这一坐标系统对于北斗系统非常重要。CGCS2000 参考椭球的定义常数见表 1-2，对比表 1-1 可知仅扁率与 WGS84 有区别。

表 1-2　CGCS2000 参考椭球的定义常数

| 参数名 | 值 | 单位 |
|---|---|---|
| 参考椭球体的长半轴 $a$ | 6 378 137.0 | m |
| 参考椭球体的扁率 $f$ | 1/298.257 222 101 | — |
| 地球自转角速率 $\dot{\Omega}_e$ | $7.292\,115\,0\times10^{-5}$ | rad/s |
| 地球引力常数 $\mu=GM$ | $3.986\,004\,418\times10^{14}$ | $m^3/s^2$ |

根据文献 [5] 的说明，CGCS2000 与 WGS84 相容至几厘米之内。对于多数实用目的，两个系统可以认为是一致的。

### 1.2.2　坐标系间的常用导航参数转换

1.2.2.1　地球系坐标与经纬高的转换③④

由式（1-3-19）可知，距地球表面高度为 $h$ 的点在 $E$ 系各坐标轴投影可用纬度、经度和高度由下式表示

$$\begin{cases}x=(R_N+h)\cos L\cos\lambda\\ y=(R_N+h)\cos L\sin\lambda\\ z=[R_N(1-f)^2+h]\sin L\end{cases}\tag{1-2-11}$$

由式（1-2-11）可得经度表达式为

$$\lambda=\arctan'\frac{y}{x}\tag{1-2-12}$$

纬度、高度的计算可分为几种情况：

当 $h=0$ 时

③　对应 basic/coord/lla2ecef _ cg. m

④　对应 basic/coord/ecef2lla _ cg. m

$$L=\arctan\left[\frac{1}{(1-f)^2}\cdot\frac{z}{\sqrt{y^2+x^2}}\right]=\arctan\left[\frac{R_E^2}{R_P^2}\cdot\frac{z}{\sqrt{y^2+x^2}}\right] \tag{1-2-13}$$

当 $h$ 已知，且 $h$ 不大时

$$L\approx\arctan\left[\left(\frac{R_E+h}{R_P+h}\right)^2\cdot\frac{z}{\sqrt{y^2+x^2}}\right] \tag{1-2-14}$$

当 $h\neq 0$，且 $h$ 未知时，$L$ 和 $h$ 由迭代公式求出

$$\begin{cases}(R_N+h)_{i+1}=\dfrac{x}{\cos L_i\cos\lambda}\\(R_N)_{i+1}=\dfrac{R_E}{\sqrt{\cos^2 L_i+(1-e^2)\sin^2 L_i}}\\L_{i+1}=\arctan\left[\dfrac{(R_N+h)_{i+1}}{(R_N+h)_{i+1}-(R_N)_{i+1}e^2}\cdot\dfrac{z}{\sqrt{y^2+x^2}}\right]\\L_0=\arctan\left[\dfrac{1}{(1-f)^2}\cdot\dfrac{z}{\sqrt{y^2+x^2}}\right]\end{cases} \tag{1-2-15}$$

式中 $e$ ——偏心率；

$f$ ——扁率。

设经 $k$ 次迭代达到精度要求，则

$$h=(R_N+h)_k-(R_N)_k \tag{1-2-16}$$

### 1.2.2.2 将 $N$ 系下的速度转换为 $G$ 系下的速度⑤

$N$ 系速度分量可转换为沿当地北向、东向、天向分量输出，即载体相对于 $G$ 系的速度

$$\boldsymbol{v}^G=\boldsymbol{C}_N^G\boldsymbol{v}^N \tag{1-2-17}$$

其中，$\boldsymbol{C}_N^G$ 由式（1-2-10）计算。

### 1.2.2.3 天顶角、高度角与方位角

假设 $A$ 点在 ECEF 系中的坐标为 $[x\quad y\quad z]^{\mathrm{T}}$，$B$ 点坐标为 $[x'\quad y'\quad z']^{\mathrm{T}}$，则从 $A$ 到 $B$ 的矢量为

$$\begin{bmatrix}\Delta x\\\Delta y\\\Delta z\end{bmatrix}=\begin{bmatrix}x'\\y'\\z'\end{bmatrix}-\begin{bmatrix}x\\y\\z\end{bmatrix} \tag{1-2-18}$$

矢量 $[\Delta x\quad\Delta y\quad\Delta z]^{\mathrm{T}}$ 可等效地表达为以 $A$ 为原点的 ENU 坐标系中的矢量 $[\Delta e\quad\Delta n\quad\Delta u]^{\mathrm{T}}$，其变换关系为

$$\begin{bmatrix}\Delta e\\\Delta n\\\Delta u\end{bmatrix}=\boldsymbol{C}_E^N\cdot\begin{bmatrix}\Delta x\\\Delta y\\\Delta z\end{bmatrix} \tag{1-2-19}$$

---

⑤ 对应 basic/coord/navvel2geovel.m

式中，$\boldsymbol{C}_E^N$ 为坐标变换矩阵，由式（1-5-50），忽略游移方位角 $\alpha$ 得

$$\boldsymbol{C}_E^N=\begin{bmatrix}-\sin\lambda & \cos\lambda & 0\\ -\sin L\cos\lambda & -\sin L\sin\lambda & \cos L\\ \cos L\cos\lambda & \cos L\sin\lambda & \sin L\end{bmatrix} \tag{1-2-20}$$

通过矢量 $[\Delta e \quad \Delta n \quad \Delta u]^{\mathrm{T}}$ 可以计算出 $B$ 点相对于 $A$ 点的高度角、天顶角及方位角。高度角 $E$ 为 $AB$ 方向矢量与水平面的夹角，计算公式为

$$E\equiv\arcsin\left(\frac{\Delta u}{\sqrt{\Delta e^2+\Delta n^2+\Delta u^2}}\right) \tag{1-2-21}$$

$AB$ 方向矢量与天顶方向的夹角称为天顶角 $\zeta$，它与高度角的关系为

$$\zeta\equiv\frac{\pi}{2}-E \tag{1-2-22}$$

方位角 $azm$ 定义为由真北顺时针转到 $AB$ 方向矢量在水平面内的投影上的角度，即

$$azm\equiv\arctan\left(\frac{\Delta e}{\Delta n}\right) \tag{1-2-23}$$

## 1.3　地球模型

如 1.2.1.8 节所述，地球是一个不规则的球体，其表面无法用数学模型进行精确表达，因此需要引入近似的模型来描述。设想一个以地球赤道半径和极半径为长短轴的椭圆，绕短轴旋转所形成的规则椭球体，称为地球椭球体，此椭球体近似于大地水准面。当载体在地球表面或近地空间进行导航时，如重力加速度、位移角速度、曲率矩阵等导航参数均与地球椭球体模型相关联，本节将进行详细推导和讨论。

在本节内容的基础上，在航天器航迹规划中，还涉及大地主题正解与反解解算，常用的算法有贝塞尔大地投影等，可参考大地测量学相关文献［7］。

在本节中，为简洁起见，在不会造成混淆的前提下，将略去 $E$ 系下各矢量及其分量的上标 $E$。

### 1.3.1　基本常数

位于地球椭球体表面上一个点 $S$ 在 $E$ 系下的坐标 $\boldsymbol{r}_S$（下标 $S$ 表示椭球体表面）满足

$$\frac{r_{S_x}^2}{R_E^2}+\frac{r_{S_y}^2}{R_P^2}+\frac{r_{S_z}^2}{R_E^2}=1 \tag{1-3-1}$$

式中　$R_E$ ——椭球体长半轴（赤道半径，下标 $E$ 表示 Equator）；

$R_P$ ——椭球体短半轴（极半径，下标 $P$ 表示 Pole）。

为了描述椭球体的“扁平程度”，将 B.1.1 节中的长半轴设为 $R_E$、短半轴设为 $R_P$，得到扁率 $f$ 为

$$f=\frac{R_E-R_P}{R_E}=1-\frac{R_P}{R_E} \tag{1-3-2}$$

偏心率 $e$ 为

$$e=\sqrt{1-\left(\frac{R_P}{R_E}\right)^2}=\sqrt{1-(1-f)^2} \tag{1-3-3}$$

由 1.2.1.8.1 节中的 WGS84 模型的参考椭球定义常数导出地球长半轴、短半轴、扁率和偏心率的近似值见表 1-3。由于参考椭球模型中一般将长半轴 $R_E$ 及扁率 $f$ 作为定义常数，其他常数作为导出常数，由定义常数计算而来，因此本节中的各量优先使用定义常数计算。

**表 1-3　WGS84 模型常用几何常数值**

| 参数名 | 近似值 | 单位 |
|---|---|---|
| 长半轴 $R_E$ | 6 378 137 | m |
| 短半轴 $R_P$ | 6 356 752 | m |
| 扁率 $f$ | 1/298.257 223 563 ≈ 0.003 352 811 | — |
| 偏心率平方 $e^2$ | 0.006 694 380 | — |

### 1.3.2　基本几何参数

#### 1.3.2.1　椭球表面点相关参数

如图 1-5 所示，在过 $S$ 点的子午面内计算，定义平面坐标系 $OWZ$，其中原点 $O$ 及 $Z$ 轴与 $E$ 系重合，$W$ 轴在 $E$ 系 $XY$ 平面上。易知 $\boldsymbol{r}_{S_w}^2=\boldsymbol{r}_{S_x}^2+\boldsymbol{r}_{S_y}^2$。则经过 $S$ 点的子午圈的直角坐标及极坐标形式的椭圆方程为

$$\frac{r_{S_w}^2}{R_E^2}+\frac{r_{S_z}^2}{R_P^2}=1 \tag{1-3-4}$$

$$\begin{cases} r_{S_w}=r_S\cos L_{CS} \\ r_{S_z}=r_S\sin L_{CS} \end{cases} \tag{1-3-5}$$

式中　$L_{CS}$ ——地心纬度（Geocentric Latitude）；

$r_S$ ——椭球面上点 $S$ 至椭球中心 $O$ 的距离。

将式（1-3-5）代入式（1-3-4）中可得

$$\frac{(r_S\cos L_{CS})^2}{R_E^2}+\frac{(r_S\sin L_{CS})^2}{R_P^2}=1 \tag{1-3-6}$$

由式（1-3-6）及式（1-3-3）得

$$r_S=\frac{R_E R_P}{\sqrt{R_P^2\cos^2 L_{CS}+R_E^2\sin^2 L_{CS}}}=\frac{R_E(1-f)}{\sqrt{\sin^2 L_{CS}+\cos^2 L_{CS}(1-f)^2}} \tag{1-3-7}$$

将式（1-3-7）代入式（1-3-5）可得

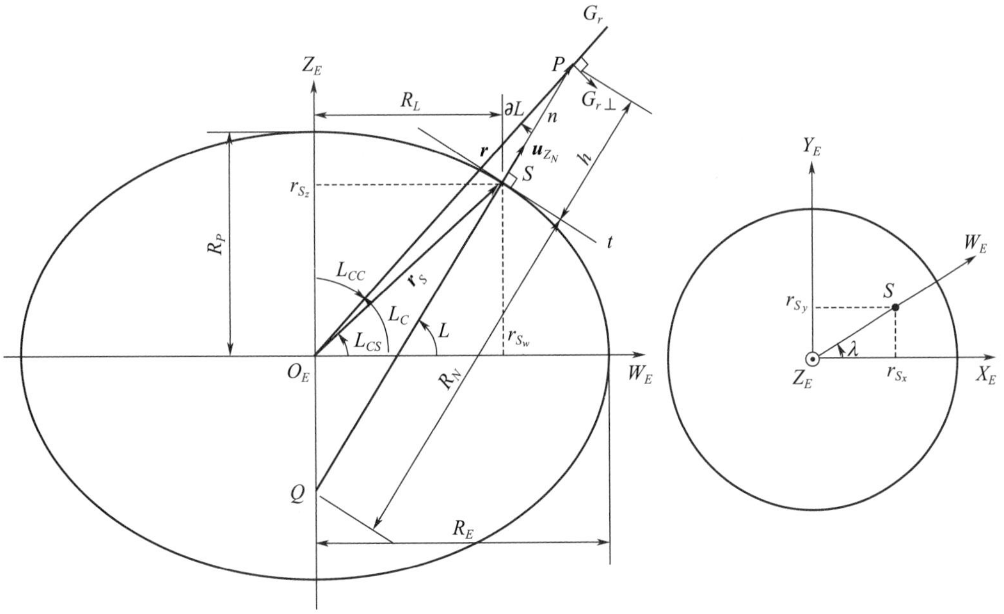


图 1-5　子午面与赤道面内的几何量

$$\begin{cases} r_{S_w} = \dfrac{R_E(1-f)\cos L_{CS}}{\sqrt{\sin^2 L_{CS} + \cos^2 L_{CS}(1-f)^2}} \\ r_{S_z} = \dfrac{R_E(1-f)\sin L_{CS}}{\sqrt{\sin^2 L_{CS} + \cos^2 L_{CS}(1-f)^2}} \end{cases} \tag{1-3-8}$$

式（1-3-8）对 $L_{CS}$ 求导可得

$$\begin{cases} \dfrac{\mathrm{d}r_{S_w}}{\mathrm{d}L_{CS}} = -\dfrac{R_E \sin L_{CS}(1-f)}{[\sin^2 L_{CS} + \cos^2 L_{CS}(1-f)^2]^{\frac{3}{2}}} \\ \dfrac{\mathrm{d}r_{S_z}}{\mathrm{d}L_{CS}} = \dfrac{R_E \cos L_{CS}(1-f)^3}{[\sin^2 L_{CS} + \cos^2 L_{CS}(1-f)^2]^{\frac{3}{2}}} \end{cases} \tag{1-3-9}$$

下面考虑地理纬度（Geodetic Latitude）$L$ 与地心纬度 $L_{CS}$ 的关系。考虑到 $S$ 点的法线 $n$ 与切线 $t$ 相互垂直，因此两条直线的斜率应互为负倒数，即

$$\tan L = -\frac{\mathrm{d}r_{S_w}}{\mathrm{d}r_{S_z}} = \frac{\sin L_{CS}}{\cos L_{CS}(1-f)^2} = \frac{1}{(1-f)^2}\tan L_{CS} \tag{1-3-10}$$

将上式两边求微分得到

$$\frac{\mathrm{d}L}{\cos^2 L} = \frac{1}{(1-f)^2}\frac{\mathrm{d}L_{CS}}{\cos^2 L_{CS}} \tag{1-3-11}$$

由式（1-3-10），根据三角函数性质，易得

$$\begin{cases} \sin^2 L_{CS} = \dfrac{\tan^2 L_{CS}}{1+\tan^2 L_{CS}} = \dfrac{(1-f)^4 \tan^2 L}{1+(1-f)^4 \tan^2 L} \\ \cos^2 L_{CS} = \dfrac{1}{1+\tan^2 L_{CS}} = \dfrac{1}{1+(1-f)^4 \tan^2 L} \end{cases} \tag{1-3-12}$$

将式（1-3-12）及式（1-3-10）代入式（1-3-8），$S$ 的坐标用 $L$ 表示为

$$\begin{cases} r_{S_w} = \dfrac{R_E}{\sqrt{1+(1-f)^2\tan^2 L}} \\ r_{S_z} = \tan L_{CS} r_{S_w} = (1-f)^2 \tan L \cdot r_{S_w} = \dfrac{(1-f)^2 \tan L \cdot R_E}{\sqrt{1+(1-f)^2\tan^2 L}} \end{cases} \tag{1-3-13}$$

由图 1-5 及式（1-3-13）可知，线段 $SQ$ 的长度（由 1.3.3.1 节可知 $SQ$ 长度即卯酉圈曲率半径 $R_N$）与 $S$ 点坐标的关系为

$$\begin{cases} r_{S_w} = R_N \cos L \\ r_{S_z} = R_N (1-f)^2 \sin L \end{cases} \tag{1-3-14}$$

因此 $r_S$ 可用 $R_N$ 表示为

$$r_S^2 = r_{S_w}^2 + r_{S_z}^2 = R_N^2 [\cos^2 L + (1-f)^4 \sin^2 L] = R_N^2 \{1 + [(1-f)^4 - 1] \sin^2 L\} \tag{1-3-15}$$

将式（1-3-14）代入式（1-3-13）可得 $R_N$ 计算式为

$$R_N = \frac{r_{S_w}}{\cos L} = \frac{R_E}{\sqrt{\cos^2 L + (1-f)^2 \sin^2 L}} = \frac{R_E}{\sqrt{1-e^2 \sin^2 L}} \tag{1-3-16}$$

将式（1-3-16）代入式（1-3-15），$r_S$ 用 $R_E$ 表示为

$$r_S = R_E \sqrt{\frac{1+[(1-f)^4-1]\sin^2 L}{1+[(1-f)^2-1]\sin^2 L}} \tag{1-3-17}$$

由式（1-3-54）可知，当知道位置矩阵 $\boldsymbol{C}_N^E$ 时，上面各式中的 $\sin L$ 可由 $\boldsymbol{C}_N^E$ 的第 3 行第 3 列元素代替，避免重复计算。

#### 1.3.2.2 非椭球表面点相关参数

下面讨论更加通用的情况，考虑距离地球椭球体表面高度为 $h$ 的点 $P$，其在椭球体表面的投影点为 $S$，则 $P$ 点相对于球心的位置矢量 $\boldsymbol{r}$ 满足

$$\boldsymbol{r} = \boldsymbol{r}_S + h\,\boldsymbol{u}_{Z_N} \tag{1-3-18}$$

式中，$\boldsymbol{u}_{Z_N}$ 为 $N$ 系 $Z$ 轴方向，即天向上的单位向量。

由图 1-5，将式（1-3-14）代入式（1-3-18）可得点 $P$ 在 $E$ 系下的坐标为

$$\begin{cases} r_w = r_{S_w} + h\cos L = (R_N + h)\cos L \\ r_x = r_w \cos\lambda = (R_N + h)\cos L \cos\lambda \\ r_y = r_w \sin\lambda = (R_N + h)\cos L \sin\lambda \\ r_z = r_{S_z} + h\sin L = [R_N (1-f)^2 + h]\sin L \end{cases} \tag{1-3-19}$$

对式（1-3-18）求模可得

$$r^2 = r_S^2 + h^2 + 2h\boldsymbol{u}_{Z_N} \cdot \boldsymbol{r}_S \tag{1-3-20}$$

根据式（1-3-16），式（1-3-20）中第三项的点积可化简为

$$\boldsymbol{u}_{Z_N} \cdot \boldsymbol{r}_S = [\cos L \quad \sin L] \begin{bmatrix} r_{S_w} \\ r_{S_z} \end{bmatrix} = R_N [\cos^2 L + (1-f)^2 \sin^2 L] = \frac{R_E^2}{R_N} \tag{1-3-21}$$

将式（1-3-21）代入式（1-3-20）后得

$$r^2 = r_S^2 + 2h\frac{R_E^2}{R_N} + h^2 \tag{1-3-22}$$

由图 1-5 可知，$P$ 点与 $S$ 点的地理纬度相同，均为 $L$。$P$ 点的地心纬度仍定义为 $L_{CS}$。将 $PO$ 与 $W_E$ 轴的夹角记为 $L_C$，其余角记为 $L_{CC} \equiv \frac{\pi}{2} - L_C$。由式（1-3-14），$L_{CC}$ 的正余弦为

$$\begin{cases} \sin L_{CC} = \dfrac{r_w}{r} = \dfrac{r_{S_w} + h\cos L}{r} = \dfrac{R_N\cos L + h\cos L}{r} = \dfrac{\cos L\,(R_N + h)}{r} \\ \cos L_{CC} = \dfrac{r_z}{r} = \dfrac{r_{S_z} + h\sin L}{r} = \dfrac{R_N\ (1-f)^2\sin L + h\sin L}{r} = \dfrac{\sin L\,[(1-f)^2 R_N + h]}{r} \end{cases} \tag{1-3-23}$$

为在后续运算中避免 $L_{CC}$ 为 0 或者 π 时产生奇异，将正弦表示为

$$\frac{\sin L_{CC}}{\cos L} = \frac{(R_N + h)}{r} \tag{1-3-24}$$

定义地理纬度 $L$ 与 $L_C$ 的差值为

$$\partial L \equiv L - L_C \tag{1-3-25}$$

由式（1-3-23），$\partial L$ 的余弦为

$$\begin{aligned} \cos\partial L &= \cos L\cos L_C + \sin L\sin L_C \\ &= \cos L\sin L_{CC} + \sin L\cos L_{CC} \\ &= \cos^2 L\,\frac{R_N + h}{r} + \sin^2 L\,\frac{(1-f)^2 R_N + h}{r} \\ &= \frac{\{1 - \sin^2 L\,[1 - (1-f)^2]\}R_N + h}{r} \end{aligned} \tag{1-3-26}$$

$\partial L$ 的正弦为

$$\begin{aligned} \sin\partial L &= \sin L\cos L_C - \cos L\sin L_C \\ &= \sin L\sin L_{CC} - \cos L\cos L_{CC} \\ &= \sin L\cos L\,\frac{R_N + h}{r} - \sin L\cos L\,\frac{(1-f)^2 R_N + h}{r} \\ &= \sin L\cos L\,[1 - (1-f)^2]\,\frac{R_N}{r} \end{aligned} \tag{1-3-27}$$

为避免奇异，表示为

$$\frac{\sin\partial L}{\cos L} = \sin L\,[1 - (1-f)^2]\,\frac{R_N}{r} \tag{1-3-28}$$

### 1.3.3 曲率矩阵

#### 1.3.3.1 主曲率半径⑥

椭球面上 $S$ 点处沿子午圈的曲率半径 $R_M$（下标 $M$ 表示 Meridian）和沿卯酉圈的曲率半径 $R_N$（下标 $N$ 表示 Normal）称为旋转椭球面在 $S$ 点处的主曲率半径。以 1.3.2 节为基础可以计算主曲率半径如下。

（1）计算子午圈曲率半径 $R_M$

根据曲率半径的定义，$R_M$ 为子午面内 $S$ 点处的弧微分 $\mathrm{d}s$ 与角度微分 $\mathrm{d}L$ 的比值。由式（1-3-9），弧微分 $\mathrm{d}s$ 为

$$(\mathrm{d}s)^2=(\mathrm{d}r_{S_w})^2+(\mathrm{d}r_{S_z})^2=\frac{R_E^2[\sin^2 L_{CS}+\cos^2 L_{CS}(1-f)^4](1-f)^2}{[\sin^2 L_{CS}+\cos^2 L_{CS}(1-f)^2]^3}(\mathrm{d}L_{CS})^2 \tag{1-3-29}$$

上式已得到 $\mathrm{d}s$ 与 $\mathrm{d}L_{CS}$ 的关系，将式（1-3-10）～式（1-3-12）代入式（1-3-29），可将 $\mathrm{d}s$ 用 $\mathrm{d}L$ 表示为

$$\begin{aligned}(\mathrm{d}s)^2&=\frac{R_E^2\left[\dfrac{(1-f)^4\tan^2L}{1+(1-f)^4\tan^2L}+\dfrac{(1-f)^4}{1+(1-f)^4\tan^2L}\right](1-f)^2}{\left[\dfrac{(1-f)^4\tan^2L}{1+(1-f)^4\tan^2L}+\dfrac{(1-f)^2}{1+(1-f)^4\tan^2L}\right]^3}\left[\frac{(1-f)^2}{\cos^2L}\cos^2L_{CS}\right]^2(\mathrm{d}L)^2\\&=\frac{R_E^2\left[\dfrac{1+\tan^2L}{1+(1-f)^4\tan^2L}\right]}{\left[\dfrac{1+(1-f)^2\tan^2L}{1+(1-f)^4\tan^2L}\right]^3}\left[\frac{(1-f)^2}{\cos^2L}\frac{1}{1+(1-f)^4\tan^2L}\right]^2(\mathrm{d}L)^2\\&=\frac{R_E^2(1+\tan^2L)}{[1+(1-f)^2\tan^2L]^3}\frac{(1-f)^4}{\cos^4L}(\mathrm{d}L)^2=\frac{R_E^2(1-f)^4}{[\cos^2L+(1-f)^2\sin^2L]^3}(\mathrm{d}L)^2\end{aligned} \tag{1-3-30}$$

因此子午圈曲率半径为

$$R_M=\frac{\mathrm{d}s}{\mathrm{d}L}=\frac{R_E(1-f)^2}{[\cos^2L+(1-f)^2\sin^2L]^{\frac{3}{2}}}=\frac{R_E(1-e^2)}{(1-e^2\sin^2L)^{\frac{3}{2}}} \tag{1-3-31}$$

（2）计算纬线圈半径 $R_L$

过 $S$ 点的纬线圈半径 $R_L$（下标 $L$ 表示 Latitude）即为坐标 $r_{S_w}$ 的值，由式（1-3-13）得

$$R_L=r_{S_w}=\frac{R_E}{\sqrt{1+(1-f)^2\tan^2L}} \tag{1-3-32}$$

（3）计算卯酉圈曲率半径 $R_N$

根据椭球面及卯酉圈的性质，其曲率半径 $R_N$ 等于卯酉面内 $S$ 点处的弧微分与角度微分的比值，即线段 $SQ$ 的长度，可由式（1-3-16）计算。

---

⑥ 对应 basic/earth/earthradiiofcurv.m

在导航应用中，还可能用到子午圈、卯酉圈曲率半径随纬度的变化率，将式（1-3-31）及式（1-3-16）对 $L$ 求导可得

$$\begin{cases}\dfrac{\mathrm{d}R_M}{\mathrm{d}L}=\dfrac{3R_E e^2\cos L\sin L(1-e^2)}{(1-e^2\sin^2 L)^{\frac{5}{2}}}\\[2ex]\dfrac{\mathrm{d}R_N}{\mathrm{d}L}=\dfrac{R_E e^2\sin L\cos L}{(1-e^2\sin^2 L)^{\frac{3}{2}}}\end{cases}\tag{1-3-33}$$

1.3.3.2　$G$ 系下的曲率矩阵

考虑位于地球椭球体表面某载体的位置点 $S$，其在 $E$ 系下相对于球心的位矢为 $\boldsymbol{r}_S^E$。当载体在椭球面上运动时，在 $E$ 系下观察位矢的变化量为 $\mathrm{d}\boldsymbol{r}_S|_E$，运动过程中 $N$ 系（此处取 $G$ 系作为 $N$ 系）轴向随 $S$ 点运动而变化，设其相对于 $E$ 系的转角为 $\boldsymbol{\theta}_{EN}$。由 $R_M$ 与 $R_N$ 的定义，根据角速度方向右手定则，其位置微分与角度微分的东向、北向分量应满足

$$\begin{cases}R_M=-\dfrac{(\mathrm{d}r_S|_E)_y^G}{\theta_{EN_x}^G}\\[2ex]R_N=\dfrac{(\mathrm{d}r_S|_E)_x^G}{\theta_{EN_y}^G}\end{cases}\tag{1-3-34}$$

上式等号右侧分子与分母同除以 $\mathrm{d}t$ 得

$$\begin{cases}R_M=-\dfrac{v_{S_y}^G}{\omega_{EN_x}^G}\\[2ex]R_N=\dfrac{v_{S_x}^G}{\omega_{EN_y}^G}\end{cases}\tag{1-3-35}$$

式中，$\boldsymbol{v}_S=\dfrac{\mathrm{d}\boldsymbol{r}_S|_E}{\mathrm{d}t}$，为 $S$ 点相对于 $E$ 系的速度，即地速；$\boldsymbol{\omega}_{EN}=\dfrac{\boldsymbol{\theta}_{EN}}{\mathrm{d}t}$，为 $N$ 系相对于 $E$ 系的角速度，即位移角速度。写成矩阵分量形式为

$$\boldsymbol{\omega}_{EN_H}^G=\begin{bmatrix}0&\dfrac{1}{-R_M}&0\\\dfrac{1}{R_N}&0&0\\0&0&0\end{bmatrix}\boldsymbol{v}_S^G=\begin{bmatrix}\dfrac{1}{R_M}&0&0\\0&\dfrac{1}{R_N}&0\\0&0&0\end{bmatrix}\begin{bmatrix}0&-1&0\\1&0&0\\0&0&0\end{bmatrix}\boldsymbol{v}_S^G=\boldsymbol{F}_{CS}^G(\boldsymbol{u}_{Z_N}^G\times\boldsymbol{v}_S^G)\tag{1-3-36}$$

式中，下标 $H$ 表示水平分量；$\boldsymbol{F}_{CS}^G$ 称为曲率矩阵，其表达式为

$$\boldsymbol{F}_{CS}^G\equiv\begin{bmatrix}\dfrac{1}{R_M}&0&0\\0&\dfrac{1}{R_N}&0\\0&0&0\end{bmatrix}\tag{1-3-37}$$

其中，下标 $CS$ 表示椭球体表面处的曲率。

下面考虑非椭球表面点的情形。式（1-3-18）在 $E$ 系下投影并微分后得到

$$\boldsymbol{v}_S^E = \boldsymbol{v}^E - \boldsymbol{u}_{Z_N}^E \dot{h} - h\dot{\boldsymbol{u}}_{Z_N}^E = \boldsymbol{v}_H^E - h\dot{\boldsymbol{u}}_{Z_N}^E \tag{1-3-38}$$

式中，$\boldsymbol{v} = \dfrac{\mathrm{d}\boldsymbol{r}|_E}{\mathrm{d}t}$，为 $P$ 点的地速。另一方面，由方向余弦矩阵微分方程式（1－5－198）可得

$$\dot{\boldsymbol{C}}_N^E = (\boldsymbol{\omega}_{EN}^E \times) \boldsymbol{C}_N^E \tag{1-3-39}$$

上式等号两边矩阵的第三列可表示为

$$\dot{\boldsymbol{u}}_{Z_N}^E = (\boldsymbol{\omega}_{EN}^E \times) \boldsymbol{u}_{Z_N}^E \tag{1-3-40}$$

将 $\boldsymbol{\omega}_{EN}^E$ 分解为水平和天向分量

$$\boldsymbol{\omega}_{EN}^E = \boldsymbol{\omega}_{EN_H}^E + \boldsymbol{\omega}_{EN_V}^E \tag{1-3-41}$$

代入式（1－3－40）可得

$$\dot{\boldsymbol{u}}_{Z_N}^E = (\boldsymbol{\omega}_{EN_H}^E + \boldsymbol{\omega}_{EN_V}^E) \times \boldsymbol{u}_{Z_N}^E = \boldsymbol{\omega}_{EN_H}^E \times \boldsymbol{u}_{Z_N}^E \tag{1-3-42}$$

将上式左叉乘 $\boldsymbol{u}_{Z_N}^E$ 并结合式（B－2－5）可得

$$\boldsymbol{u}_{Z_N}^E \times \dot{\boldsymbol{u}}_{Z_N}^E = \boldsymbol{u}_{Z_N}^E \times (\boldsymbol{\omega}_{EN_H}^E \times \boldsymbol{u}_{Z_N}^E) = (\boldsymbol{u}_{Z_N}^E \cdot \boldsymbol{u}_{Z_N}^E)\boldsymbol{\omega}_{EN_H}^E - (\boldsymbol{u}_{Z_N}^E \cdot \boldsymbol{\omega}_{EN_H}^E)\boldsymbol{u}_{Z_N}^E = \boldsymbol{\omega}_{EN_H}^E \tag{1-3-43}$$

投影到 $G$ 系有

$$\boldsymbol{\omega}_{EN_H}^G = \boldsymbol{u}_{Z_N}^G \times (\dot{\boldsymbol{u}}_{Z_N}|_E)^G \tag{1-3-44}$$

将式（1－3－38）在 $G$ 系下的投影代入式（1－3－36），再应用上式的结论，得到

$$\begin{aligned} \boldsymbol{\omega}_{EN_H}^G &= \boldsymbol{F}_{CS}^G \{\boldsymbol{u}_{Z_N}^G \times [\boldsymbol{v}_H^G - h\,(\dot{\boldsymbol{u}}_{Z_N}|_E)^G]\} \\ &= \boldsymbol{F}_{CS}^G (\boldsymbol{u}_{Z_N}^G \times \boldsymbol{v}_H^G - h\boldsymbol{\omega}_{EN_H}^G) \end{aligned} \tag{1-3-45}$$

移项后得到

$$(\boldsymbol{I} + h\boldsymbol{F}_{CS}^G)\boldsymbol{\omega}_{EN_H}^G = \boldsymbol{F}_{CS}^G (\boldsymbol{u}_{Z_N}^G \times \boldsymbol{v}_H^G) \tag{1-3-46}$$

进一步化简得

$$\boldsymbol{\omega}_{EN_H}^G = (\boldsymbol{I} + h\boldsymbol{F}_{CS}^G)^{-1} \boldsymbol{F}_{CS}^G (\boldsymbol{u}_{Z_N}^G \times \boldsymbol{v}_H^G) \tag{1-3-47}$$

引入曲率矩阵

$$\boldsymbol{F}_C^G \equiv (\boldsymbol{I} + h\boldsymbol{F}_{CS}^G)^{-1}\boldsymbol{F}_{CS}^G = \begin{bmatrix} \dfrac{R_M}{R_M+h} & 0 & 0 \\ 0 & \dfrac{R_N}{R_N+h} & 0 \\ 0 & 0 & 1 \end{bmatrix} \begin{bmatrix} \dfrac{1}{R_M} & 0 & 0 \\ 0 & \dfrac{1}{R_N} & 0 \\ 0 & 0 & 0 \end{bmatrix} = \begin{bmatrix} \dfrac{1}{R_M+h} & 0 & 0 \\ 0 & \dfrac{1}{R_N+h} & 0 \\ 0 & 0 & 0 \end{bmatrix} \tag{1-3-48}$$

则式（1－3－47）可化简为

$$\boldsymbol{\omega}_{EN_H}^G = \boldsymbol{F}_C^G (\boldsymbol{u}_{Z_N}^G \times \boldsymbol{v}_H^G) = \boldsymbol{F}_C^G (\boldsymbol{u}_{Z_N}^G \times \boldsymbol{v}^G) \tag{1-3-49}$$

#### 1.3.3.3　$N$ 系下的曲率矩阵⑦

将式（1－3－49）等号两边左乘 $\boldsymbol{C}_G^N$，得到 $N$ 系下位移角速度的水平分量

⑦　对应 basic/earth/curvemat.m

$$\boldsymbol{C}_G^N\boldsymbol{\omega}_{EN_H}^G=\boldsymbol{C}_G^N\boldsymbol{F}_C^G\boldsymbol{C}_N^G\boldsymbol{C}_G^N(\boldsymbol{u}_{Z_N}^G\times\boldsymbol{v}^G)=\boldsymbol{C}_G^N\boldsymbol{F}_C^G\boldsymbol{C}_N^G(\boldsymbol{u}_{Z_N}^N\times\boldsymbol{v}^N)\tag{1-3-50}$$

引入曲率矩阵

$$\boldsymbol{F}_C^N\equiv\boldsymbol{C}_G^N\boldsymbol{F}_C^G\boldsymbol{C}_N^G\tag{1-3-51}$$

则式（1-3-50）可写为

$$\boldsymbol{\omega}_{EN_H}^G=\boldsymbol{F}_C^N(\boldsymbol{u}_{Z_N}^N\times\boldsymbol{v}^N)\tag{1-3-52}$$

下面讨论 $\boldsymbol{F}_C^N$ 的计算。根据 1.2.1 节中 $N$ 系与 $G$ 系的定义，两者相差一个游移方位角 $\alpha$。将式（1-2-10）代入 $\boldsymbol{F}_C^N$ 的定义式（1-3-51），得到

$$\begin{aligned}\boldsymbol{F}_C^N&=\begin{bmatrix}\cos\alpha&\sin\alpha&0\\-\sin\alpha&\cos\alpha&0\\0&0&1\end{bmatrix}\begin{bmatrix}\dfrac{1}{R_M+h}&0&0\\0&\dfrac{1}{R_N+h}&0\\0&0&0\end{bmatrix}\begin{bmatrix}\cos\alpha&-\sin\alpha&0\\\sin\alpha&\cos\alpha&0\\0&0&1\end{bmatrix}\\&=\begin{bmatrix}\dfrac{1}{R_{MH}}\cos^2\alpha+\dfrac{1}{R_{NH}}\sin^2\alpha&\left(\dfrac{1}{R_{NH}}-\dfrac{1}{R_{MH}}\right)\sin\alpha\cos\alpha&0\\\left(\dfrac{1}{R_{NH}}-\dfrac{1}{R_{MH}}\right)\sin\alpha\cos\alpha&\dfrac{1}{R_{MH}}\sin^2\alpha+\dfrac{1}{R_{NH}}\cos^2\alpha&0\\0&0&0\end{bmatrix}\\&=\begin{bmatrix}\dfrac{1}{R_{MH}}+\left(\dfrac{1}{R_{NH}}-\dfrac{1}{R_{MH}}\right)\sin^2\alpha&\left(\dfrac{1}{R_{NH}}-\dfrac{1}{R_{MH}}\right)\sin\alpha\cos\alpha&0\\\left(\dfrac{1}{R_{NH}}-\dfrac{1}{R_{MH}}\right)\sin\alpha\cos\alpha&\dfrac{1}{R_{MH}}+\left(\dfrac{1}{R_{NH}}-\dfrac{1}{R_{MH}}\right)\cos^2\alpha&0\\0&0&0\end{bmatrix}\end{aligned}\tag{1-3-53}$$

其中

$$R_{MH}=R_M+h$$
$$R_{NH}=R_N+h$$

由于位置矩阵 $\boldsymbol{C}_N^E$ 中包含纬度 $L$ 及游移方位角 $\alpha$ 的信息，因此在实际导航计算中，可以由 $\boldsymbol{C}_N^E$ 直接计算 $\boldsymbol{F}_C^N$。根据 $\boldsymbol{C}_N^E$ 的表达式（1-5-50），令

$$\begin{cases}C_{31}\equiv C_{N3,1}^E=\cos L\sin\alpha\\C_{32}\equiv C_{N3,2}^E=\cos L\cos\alpha\\C_{33}\equiv C_{N3,3}^E=\sin L\end{cases}\tag{1-3-54}$$

代入式（1-3-53）可得

$$
\boldsymbol{F}_C^N=\begin{bmatrix}\dfrac{1}{R_{MH}}+\left(\dfrac{1}{R_{NH}}-\dfrac{1}{R_{MH}}\right)\dfrac{C_{31}^2}{\cos^2 L} & \left(\dfrac{1}{R_{NH}}-\dfrac{1}{R_{MH}}\right)\dfrac{C_{31}C_{32}}{\cos^2 L} & 0\\ \left(\dfrac{1}{R_{NH}}-\dfrac{1}{R_{MH}}\right)\dfrac{C_{31}C_{32}}{\cos^2 L} & \dfrac{1}{R_{MH}}+\left(\dfrac{1}{R_{NH}}-\dfrac{1}{R_{MH}}\right)\dfrac{C_{32}^2}{\cos^2 L} & 0\\ 0 & 0 & 0\end{bmatrix}
$$

$$
=\begin{bmatrix}\dfrac{1}{R_{MH}}\left(1+C_{31}^2\dfrac{R_{MH}/R_{NH}-1}{\cos^2 L}\right) & \dfrac{1}{R_{MH}}C_{31}C_{32}\dfrac{R_{MH}/R_{NH}-1}{\cos^2 L} & 0\\ \dfrac{1}{R_{MH}}C_{31}C_{32}\dfrac{R_{MH}/R_{NH}-1}{\cos^2 L} & \dfrac{1}{R_{MH}}\left(1+C_{32}^2\dfrac{R_{MH}/R_{NH}-1}{\cos^2 L}\right) & 0\\ 0 & 0 & 0\end{bmatrix} \tag{1-3-55}
$$

由式（1-3-31）、式（1-3-16）及式（1-3-54），定义中间量 $f_{FH}$

$$
\begin{aligned}
f_{FH}&\equiv\frac{R_{MH}/R_{NH}-1}{\cos^2 L}=\frac{1}{\cos^2 L}\frac{R_M-R_N}{R_N+h}=\frac{1}{\cos^2 L}\frac{R_M/R_N-1}{1+h/R_N}\\
&=\frac{1}{\cos^2 L}\frac{1}{1+h/R_N}\left[\frac{(1-f)^2}{\cos^2 L+(1-f)^2\sin^2 L}-1\right]\\
&=\frac{1}{1+h/R_N}\frac{(1-f)^2-1}{\cos^2 L+(1-f)^2\sin^2 L}\\
&=\frac{1}{1+h/R_N}\frac{(1-f)^2-1}{1+C_{33}^2[(1-f)^2-1]}
\end{aligned} \tag{1-3-56}
$$

式（1-3-53）最终可由 $\boldsymbol{C}_N^E$ 表示为

$$
\boldsymbol{F}_C^N=\begin{bmatrix}\dfrac{1}{R_{MH}}(1+C_{31}^2 f_{FH}) & \dfrac{1}{R_{MH}}C_{31}C_{32}f_{FH} & 0\\ \dfrac{1}{R_{MH}}C_{31}C_{32}f_{FH} & \dfrac{1}{R_{MH}}(1+C_{32}^2 f_{FH}) & 0\\ 0 & 0 & 0\end{bmatrix} \tag{1-3-57}
$$

### 1.3.4 重力模型

本节首先给出 K. R. Britting 引力模型，然后计算 $N$ 系下的引力及重力。本节仅涉及正常重力场，在长航程载体高精度导航应用中，还需要考虑异常位所带来的实际重力场与正常重力场的差异，以及相应的重力异常及垂线偏差。

（1）K. R. Britting 引力模型[8]⑧

当 $h\geqslant 0$ 时，$P$ 点处的地球引力为

⑧ 对应 basic/earth/gravity_krb.m

$$\begin{cases} G_r = -\dfrac{\mu}{r^2}\left[1 - \dfrac{3}{2} J_2 \left(\dfrac{R_E}{r}\right)^2 (3\cos^2 L_{CC} - 1) - 2 J_3 \left(\dfrac{R_E}{r}\right)^3 \cos L_{CC} (5\cos^2 L_{CC} - 3) - \cdots\right] \\ \left(\dfrac{G_{r\perp}}{\sin L_{CC}}\right) = 3\dfrac{\mu}{r^2}\left(\dfrac{R_E}{r}\right)^2 \left[J_2 \cos L_{CC} + \dfrac{1}{2} J_3 \dfrac{R_E}{r}(5\cos^2 L_{CC} - 1) + \cdots\right] \\ G_{M\perp} \approx 0 \end{cases} \tag{1-3-58}$$

式中　$G_r$ ——沿 $\boldsymbol{r}$ 矢量方向的引力分量（为负值）；

$G_{r\perp}$ ——$P$ 点子午面内垂直于 $\boldsymbol{r}$ 矢量方向的引力分量［以 $L_{CC}$ 增大方向为正，$\dfrac{G_{r\perp}}{\sin L_{CC}}$ 的形式能够避免极点（$L_{CC}$ 为 0 或 $\pi$）附近的奇异性］；

$G_{M\perp}$ ——垂直于子午面的引力分量（近似为 0）。

当 $h < 0$ 时，$P$ 点处的地球引力为

$$\begin{cases} G_r = \dfrac{r}{R_S} G_{R_S} \\ \left(\dfrac{G_{r\perp}}{\sin L_{CC}}\right) = \dfrac{r}{R_S}\left(\dfrac{G_{r\perp}}{\sin L_{CC}}\right)_{R_S} \\ G_{M\perp} \approx 0 \end{cases} \tag{1-3-59}$$

式中 $G_{R_S}$ 与 $\left(\dfrac{G_{r\perp}}{\sin L_{CC}}\right)_{R_S}$ 表示对应量在大地椭球体表面（$h = 0$）处的取值。

(2) $G$ 系下的引力矢量

由式（1-3-58）及式（1-3-59）可知，东向引力分量近似为 0

$$G_x^G \approx 0 \tag{1-3-60}$$

如图 1-5 所示，沿北向的引力分量为

$$G_y^G = -G_{r\perp}\cos\partial L - G_r \sin\partial L \tag{1-3-61}$$

等式两边除以 $\cos L$ 得到

$$\frac{G_y^G}{\cos L} = -\frac{G_{r\perp}}{\sin L_{CC}}\frac{\sin L_{CC}}{\cos L}\cos\partial L - G_r \frac{\sin\partial L}{\cos L} \tag{1-3-62}$$

上式中 $\dfrac{G_y^G}{\cos L}$ 的形式能够避免极点附近的奇异性。

沿天向的引力分量为

$$G_z^G = G_r\cos\partial L - G_{r\perp}\sin\partial L = G_r\cos\partial L - \frac{G_{r\perp}}{\sin L_{CC}}\frac{\sin L_{CC}}{\cos L}\frac{\sin\partial L}{\cos L}\cos^2 L \tag{1-3-63}$$

式中，$L_{CC}$ 与 $\partial L$ 的正弦可由 1.3.2.2 节中的公式计算。

(3) $N$ 系下的重力矢量

在地球附近，引力产生维持物体重量的重力加速度及维持物体绕地球自转轴旋转的加速度，因此又可以分解为

$$\boldsymbol{G} = \boldsymbol{g} + \boldsymbol{\omega}_{IE} \times (\boldsymbol{\omega}_{IE} \times \boldsymbol{r}) \tag{1-3-64}$$

式中　$\boldsymbol{g}$ ——重力加速度（沿静止铅垂线方向）；

$\boldsymbol{\omega}_{IE}\times(\boldsymbol{\omega}_{IE}\times\boldsymbol{r})$ ——因地球自转产生的牵连加速度（离心加速度）。

上式中的位矢 $\boldsymbol{r}$ 包含平行于赤道面的分量 $\boldsymbol{r}_E$ 和平行于极轴的分量 $\boldsymbol{r}_P$。由于地球自转角速度 $\boldsymbol{\omega}_{IE}$ 沿极轴方向，因此 $\boldsymbol{r}_E$ 与地球自转 $\boldsymbol{\omega}_{IE}$ 的点积为零，$\boldsymbol{r}_P$ 与 $\boldsymbol{\omega}_{IE}$ 的叉积为零，结合式（B－2－5）可得

$$\begin{aligned}\boldsymbol{\omega}_{IE}\times(\boldsymbol{\omega}_{IE}\times\boldsymbol{r})&=\boldsymbol{\omega}_{IE}\times(\boldsymbol{\omega}_{IE}\times\boldsymbol{r}_E)\\&=(\boldsymbol{\omega}_{IE}\cdot\boldsymbol{r}_E)\boldsymbol{\omega}_{IE}-(\boldsymbol{\omega}_{IE}\cdot\boldsymbol{\omega}_{IE})\boldsymbol{r}_E\\&=-(\boldsymbol{\omega}_{IE}\cdot\boldsymbol{\omega}_{IE})\boldsymbol{r}_E=-\omega_{IE}^2\boldsymbol{r}_E\end{aligned}\tag{1-3-65}$$

由图 1－5 可知 $\boldsymbol{r}_E$ 沿 $W_E$ 轴方向，将式（1－3－18）投影到 $W_E$ 轴，并结合式（1－3－14）得

$$\boldsymbol{r}_E=(r_{S_w}+h\cos L)\boldsymbol{u}_{W_E}=(R_N+h)\cos L\cdot\boldsymbol{u}_{W_E}\tag{1-3-66}$$

式中　$\boldsymbol{u}_{W_E}$ ——沿 $W_E$ 轴方向的单位向量。

将式（1－3－66）代入式（1－3－65）得

$$\boldsymbol{\omega}_{IE}\times(\boldsymbol{\omega}_{IE}\times\boldsymbol{r})=-\omega_{IE}^2(R_N+h)\cos L\cdot\boldsymbol{u}_{W_E}\tag{1-3-67}$$

将上式投影到 $G$ 系得

$$\begin{aligned}[\boldsymbol{\omega}_{IE}\times(\boldsymbol{\omega}_{IE}\times\boldsymbol{r})]^G&=-\omega_{IE}^2(R_N+h)\cos L\left(\boldsymbol{u}_{W_E}\cdot\begin{bmatrix}\boldsymbol{u}_{X_G}\\\boldsymbol{u}_{Y_G}\\\boldsymbol{u}_{Z_G}\end{bmatrix}\right)\\&=\omega_{IE}^2(R_N+h)\cos L\begin{bmatrix}0\\\sin L\\-\cos L\end{bmatrix}\end{aligned}\tag{1-3-68}$$

将式（1－3－68）代入式（1－3－64）并结合式（1－3－60）可得重力加速度 $\boldsymbol{g}$ 在 $G$ 系下的投影

$$\begin{cases}g_x^G\approx 0\\\dfrac{g_y^G}{\cos L}=\dfrac{G_y^G}{\cos L}-\omega_{IE}^2(R_N+h)\sin L\\g_z^G=G_z^G+\omega_{IE}^2(R_N+h)\cos^2L\end{cases}\tag{1-3-69}$$

式中，$\boldsymbol{G}^G$ 的分量可以由式（1－3－62）及式（1－3－63）计算。由式（1－3－69）及式（1－2－10）、式（1－3－54）可知 $\boldsymbol{g}$ 在 $N$ 系下的投影为

$$\boldsymbol{g}^N=\boldsymbol{C}_G^N\boldsymbol{g}^G\approx\begin{bmatrix}g_y^G\sin\alpha\\g_y^G\cos\alpha\\g_z^G\end{bmatrix}=\begin{bmatrix}\dfrac{g_y^G}{\cos L}\cos L\sin\alpha\\\dfrac{g_y^G}{\cos L}\cos L\cos\alpha\\g_z^G\end{bmatrix}=\begin{bmatrix}\dfrac{g_y^G}{\cos L}C_{31}\\\dfrac{g_y^G}{\cos L}C_{32}\\g_z^G\end{bmatrix}\tag{1-3-70}$$

# 1.4　时间系统

## 1.4.1　时间系统的基本概念

时间系统包含“时刻”和“时间间隔”两个概念。所谓时刻是指发生某一事件的瞬间；时间间隔则指发生某一过程所经历的时间段，是这一过程始末的时刻之差。建立时间系统有三个要素：一是明确时间尺度，即时间的单位，比如常用的时、分、秒；二是需要明确时间的原点，即起始历元，比如以公元前 4713 年 1 月 1 日正午 12 点整为计时起点，向后连续计日，每天顺数而下，连续不断，这就是儒略日；三是要确定时间系统所处的空间坐标系，因为时间和空间不是孤立存在的。

在一般情况下，任何一个周期运动，只要具有以下条件，都可以作为确定的时间基准，即

1）运动是连续的、周期性的；

2）运动的周期具有充分的稳定性；

3）运动的周期必须具有复现性，即在任何时间和地点，都可以通过观测和实验复现这种周期运动。

当前，最常采用的时间系统有四大类：世界时、原子时、导航卫星时和坐标时。

本节世界时系统及原子时系统的主要内容引用自文献 [9]。

## 1.4.2　世界时系统

世界时系统是以地球自转及公转运动为基准的时间系统。因为地球自转运动是连续的，而且比较均匀，易于观测，且与人类活动息息相关，所以世界时系统是人类最先建立的时间系统。但由于地球自转及公转运动不是完全恒定的，因此世界时系统的时间并不是严格均匀的。在实际中，由于观察地球自转运动时所选的空间参考点不同，世界时系统又有以下的表述形式。

### 1.4.2.1　恒星时（Sidereal Time，ST）

恒星时以恒星为参考计算地球自转周期，具体以春分点为参考点。春分点连续两次经过某地子午圈上中天所经历的时间称为恒星日，也即某地子午圈连续两次经过同一恒星的时间间隔（忽略岁差及章动）。春分点与该点子午圈间的时角称为该地的恒星时。一个恒星日等于 24 个恒星时，一个恒星时等于 60 个恒星分，一个恒星分等于 60 个恒星秒。显然，恒星时是地方时，在同一瞬间各地的恒星时不同。而春分点的格林尼治时角则称为格林尼治恒星时。

由于岁差、章动的影响，春分点区分为真春分点（True Equinox，考虑岁差和章动的影响）和平春分点（Mean Equinox，只考虑岁差的影响），因此恒星时也区分为真恒星时（或称为视恒星时）和平恒星时。图 1－6 表示了真恒星时与平恒星时之间的关系，同时还给出了格林尼治恒星时和地方恒星时的关系。其中 LAST（Local Apparent Sidereal Time）

为地方真恒星时，LMST（Local Mean Sidereal Time）为地方平恒星时，GAST（Greenwich Apparent Sidereal Time）为格林尼治真恒星时，GMST（Greenwich Mean Sidereal Time）为格林尼治平恒星时。

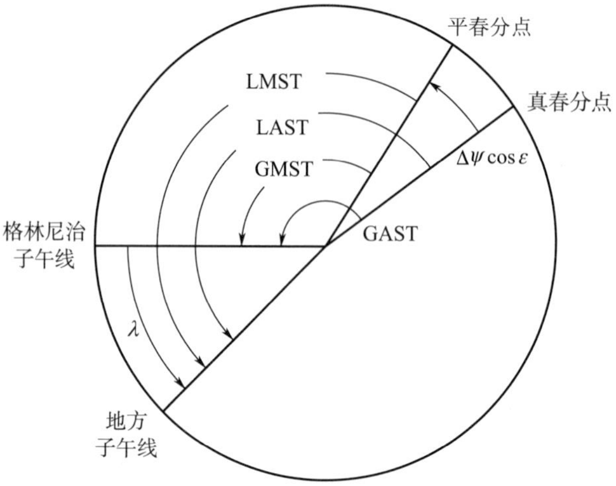


图 1－6　真恒星时和平恒星时的关系

由图 1－6 可得地方恒星时与格林尼治恒星时的关系为

$$\mathrm{LMST}-\mathrm{GMST}=\mathrm{LAST}-\mathrm{GAST}=\lambda \tag{1-4-1}$$

同时也可得到真恒星时和平恒星时的关系为

$$\mathrm{LAST}-\mathrm{LMST}=\mathrm{GAST}-\mathrm{GMST}=\Delta\psi\cos\varepsilon \tag{1-4-2}$$

式中　$\Delta\psi$ ——黄经章动；

$\varepsilon$ ——黄赤交角；

$\lambda$ ——天文经度。

由于平春分点受到岁差的影响，每年约西移 50″，所以一个平恒星日的长度并不是真正等于地球的自转周期，约短 0.008 s。

#### 1.4.2.2　太阳时（Solar Time）

太阳时以太阳为参考计算地球自转周期。太阳圆面中心连续两次经过某地子午圈上中天所经历的时间称为真太阳日，也即地球上的一个固定点连续两次指向太阳的时间间隔。对应的时间称为真太阳时（Apparent Time），或称为视时（也即日晷所指示的时间）。由于太阳运行至近地点时快，运行至远地点时慢，且黄道与赤道之间存在黄赤交角，因此真太阳的视运动是不均匀的，真太阳日存在长短不一的问题。为此，假设一个平太阳作为参考点。该平太阳的视运动速度等于真太阳周年视运动的平均速度，且在天球赤道上做周年视运动。平太阳两次经过某地子午圈下中天所经历的时间段，称为一个平太阳日。一个平太阳日等于 24 小时（h），一个小时等于 60 分（min），一分等于 60 秒（s）。平太阳日以平子夜瞬间为时间零点起始时刻，因此，某地的平太阳时（Mean Time，MT）就等于平太阳的时角 LAMT（Local Angle of Mean Time）与 12 h 之和，即

$$MT = LAMT + 12(h) \qquad (1-4-3)$$

真太阳时与平太阳时的时差在一年中不是一个固定值，而是由－14.3 m 变化到＋16.4 m，并有 4 次过零[10]。

如图 1－7 所示，恒星日稍短于太阳日（差异主要由地球公转引起），一个恒星日约为 23 h 56 m 4 s。

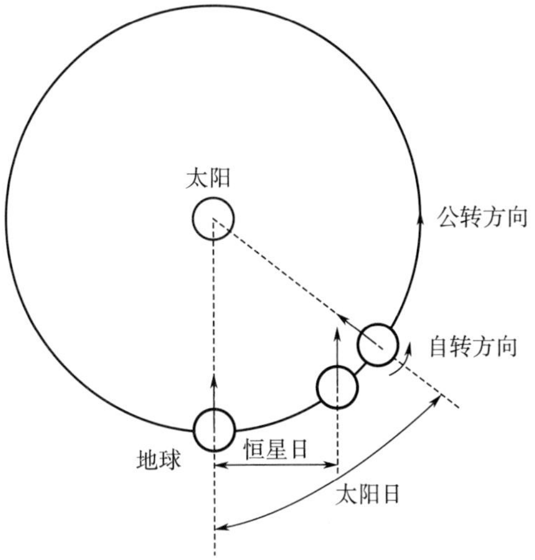


图 1－7　恒星日与太阳日的关系

1.4.2.3　世界时（Universal Time，UT）

格林尼治的平太阳时（Greenwich Mean Time，GMT）称为世界时。这是一个全世界统一的时间系统。如果以 GAMT（Greenwich Angle of Mean Time）来表示平太阳时相对于格林尼治子午圈的时角，则世界时为

$$UT = GAMT + 12(h) \qquad (1-4-4)$$

假设平太阳的赤经为 $\alpha_{MS}$ ，真春分点的格林尼治时角为 GAST（即格林尼治真恒星时），则

$$UT = GAST - \alpha_{MS} + 12(h) \qquad (1-4-5)$$

这就是世界时与真恒星时的关系。

平太阳时是地方时。世界各个地方的平太阳时不同，为了使用方便，将全球按照子午线（经线）划分为 24 个时区，每个时区以中央子午线的平太阳时为该时区的区时，零时区的平太阳时即为世界时。

由于地球自转轴在地球内部的位置不固定，有极移现象，同时，地球自转的角速度也不均匀，不仅有长期减缓的趋势，还有短周期变化、季节性变化和不规则变化，所以世界时也是不均匀的。为了解决这个问题，从 1956 年开始便在世界时中加入了极移改正和地球自转速度的季节改正。由此得到了 UT1 时间和 UT2 时间，而未经改正的世界时用 UT0 表示，它们的关系为

$$UT1 = UT0 + \Delta\lambda \qquad (1-4-6)$$

$$UT2 = UT1 + \Delta T_S \tag{1-4-7}$$

式中　$\Delta\lambda$ ——极移改正；

$\Delta T_S$ ——季节改正。

计算式如下

$$\begin{cases}\Delta\lambda = \dfrac{1}{15}(x_P \sin\lambda - y_P \cos\lambda)\tan L \\ \Delta T_S = 0.022\sin 2\pi t - 0.012\cos 4\pi t - 0.006\sin 4\pi t + 0.007\cos 4\pi t\,(\mathrm{s})\end{cases} \tag{1-4-8}$$

式中　$\lambda$，$L$ ——天文经度、纬度；

$x_P$，$y_P$ ——极移坐标；

$t$ ——从本年 1 月 0 日起算的年小数。

需要注意的是，UT1 与 UT2 仍受到地球自转速率长期变化和不规则变化的影响，因此仍不是一个严格均匀的时间系统。但是它们与地球自转有着密切关系，所以在天文、测绘和空间技术中仍有广泛应用。

### 1.4.3　原子时系统

原子时系统是以物质内部原子运动的特征为基础的时间系统。由于物质内部原子跃迁所辐射和吸收的电磁波频率具有很高的稳定性和可复现性，所以以此为基础建立了原子时系统。

#### 1.4.3.1　原子时（Atomic Time，TA）

原子时系统的定义为：

（1）秒长

铯原子 133（$Cs^{133}$）原子基态两个超精细结构能态跃迁辐射的电磁波振荡 9 192 631 770 周所经历的时间为一个原子秒。

（2）原点

原定义取 1958 年 1 月 1 日 UT2 的 0 h 为原子时的起点。但事后经过国际上多台原子钟对比发现，原定义没有达到，实际的原子时起点为

$$TA = UT2 - 0.003\,9(\mathrm{s}) \tag{1-4-9}$$

原子时用高精度原子钟来维持。国际上通过一百多台原子钟，相互对比，经过数据处理后得到一个统一的原子时，称为国际原子时（International Atomic Time，TAI）。相比世界时（UT）系统，国际原子时是一个高度精确和均匀的时间系统。然而，因为国际原子时与地球自转无关，所以它与 UT 的差距逐年增大，这使得国际原子时不适用于我们在地球上对其他天体进行天文观测。

#### 1.4.3.2　协调世界时（Coordinated Universal Time，UTC）

为了解决原子时与世界时的时差变化的问题，1972 年 1 月 1 日世界时 0 h，开始实施了一种折中的时间系统，称为协调世界时：一方面，协调世界时严格地以精确的国际原子

时秒长作为周期基础；另一方面，当协调世界时与世界时 UT1 的差距超过 0.9 s 时，协调世界时采用跳秒的方式加插一秒（因此 UTC 时间是不连续的），使得协调世界时在时刻上尽量接近世界时，这使得协调世界时与世界时的差异始终在 0.9 s 之内。一般规定，跳秒发生在 6 月或者 12 月的最后一秒，具体的日期由国际时间局（BIH）在两个月之前通知各国。各国播发的时间信号，都是以 UTC 时间为基准的。通常所说的格林尼治时间（GMT）指的就是协调世界时。

### 1.4.4 导航卫星时间系统

导航卫星时间系统（SATNAVT）是用来维持卫星与卫星之间、卫星与地面运控系统之间以及卫星与用户之间时间同步的专用时间系统。从本质上来看，导航卫星的时钟系统也是一种原子时系统，因为每一颗导航卫星的时钟和频率信号都是由卫星携带的原子钟输出后由时频载荷系统分频得到的。时钟是导航卫星的“心脏”，这是由于卫星导航是通过测量用户与卫星之间的距离后进行解算用户的位置实现的。如果要使测距精度保持在 1 m 以内，那么卫星与用户的时间同步偏差就必须在约 3.3 ns 以内。由此可见，精确地产生和测量时间信号是导航卫星系统的关键。

#### 1.4.4.1　GPS 时（GPST）

GPS 建立了其专用的时间系统，称为 GPS 时间系统。它的秒长是根据安装在 GPS 地面监测站上的原子钟和卫星原子钟的观测量综合得出的。GPS 时间是连续的，没有类似于协调世界时的跳秒现象。GPS 时间的最小值为 0，最大值不超过 604 800 s。它在每周六午夜零时（即周日零点）从 0 开始增大，经过一周（即 604 800 s）后被置零，同时星期数（Week Number，WN）增加 1。GPS 的时间原点为 1980 年 1 月 6 日（星期日）的零时刻。GPS 时间比国际原子时要落后 19 s，这个落后的时间差是固定的。美国海军天文台（USNO）定期将其所维持的协调世界时与 GPS 时间相比较，并控制 GPS 时间，使之与国际原子时保持固定的时间差，即

$$\mathrm{TAI} \approx \mathrm{GPST} + 19(\mathrm{s}) \tag{1-4-10}$$

由于 GPS 时间与 TAI 时间保持着固定时差的同步，因此，GPS 时间与协调世界时的差异就会出现随着协调世界时的跳秒而不断变化的现象。在 2015 年 GPS 时间超前 UTC 时间 17 s，即

$$\mathrm{GPST} \approx \mathrm{UTC} + 17(\mathrm{s}) \tag{1-4-11}$$

注意式（1-4-10）和式（1-4-11）都是约等号，这是由于 GPS 时间与协调世界时或者国际原子时存在着小于 1 $\mu$s 的秒内偏差。

另外需要引起注意的是：GPS 时间是一个系统时间，每颗 GPS 卫星都有自己的时钟，这些星载原子钟与 GPS 时间是有差异的，但是 GPS 的地面段会维持每颗卫星的时钟与 GPS 时间的差异在 1 $\mu$s 之内。在卫星播发的导航电文中，除了遥测字和交接字的时间数据是基于卫星的时间外，其余数据均需要以 GPS 时间为基准。

GPS 导航电文的第 4 子帧第 8 页给出了 GPS 时间与 UTC 时间转换关系所需的参数，

见表1-4。转换方法如下[6]：

1）当由参数 $WN_{LSF}$ 和 DN（Day Number）构成的跳秒生效时刻在用户目前时刻的将来，并且用户目前时刻不在跳秒生效时刻发生的前后6个小时内时可以利用表1-4进行UTC时间计算，公式为

$$t_{UTC} = (t_E - \Delta t_{UTC})\ [\text{modulo } 86\,400] \tag{1-4-12}$$

式中 $t_E$ ——用户接收器估计得到的GPS时间，其与 $t_{UTC}$ 的单位均为秒，且

$$\Delta t_{UTC} = \Delta t_{LS} + A_0 + A_1\,[t_E - t_{OT} + 604\,800(WN - WN_t)] \tag{1-4-13}$$

式中 $WN$ ——目前的周计数（由导航电文第1子帧提供）。

2）当用户目前时刻在由参数 $WN_{LSF}$ 和 $DN$ 构成的跳秒生效时刻的前后6个小时之内时，式（1-4-12）要改写为

$$t_{UTC} = W\,[\text{modulo}(86\,400 + \Delta t_{LSF} - \Delta t_{LS})] \tag{1-4-14}$$

其中

$$W = (t_E - \Delta t_{UTC} - 43\,200)\ [\text{modulo } 86\,400] + 43\,200 \tag{1-4-15}$$

3）当由参数 $WN_{LSF}$ 和 $DN$ 构成的跳秒生效时刻在用户目前时刻的过去，并且用户目前时刻不在跳秒生效时刻发生的前后6个小时内时，使用参数 $\Delta t_{LSF}$ 替换式（1-4-13）中的 $\Delta t_{LS}$ 即可。

**表1-4 GPS导航电文中的UTC参数**

| 参数 | 参数意义 | 比特数 | 比例因子(LSB) | 有效范围 | 单位 |
|---|---|---|---|---|---|
| $A_0$ | GPST相对于UTC的钟差 | 32 | $2^{-30}$ | — | s |
| $A_1$ | GPST相对于UTC的钟速 | 24 | $2^{-50}$ | — | s/s |
| $\Delta t_{LS}$ | 跳秒间隔 | 8 | 1 | — | s |
| $t_{OT}$ | UTC参考时间 | 8 | $2^{12}$ | 0～602 112 | s |
| $WN_t$ | UTC参考周计数 | 8 | 1 | — | 星期数 |
| $WN_{LSF}$ | 跳秒生效时刻的周计数 | 8 | 1 | — | 星期数 |
| $DN$ | 跳秒生效时刻的周内天数 | 8 | 1 | 1～7 | 天数 |
| $\Delta t_{LSF}$ | 新的跳秒间隔 | 8 | 1 | — | s |

#### 1.4.4.2 北斗时（BDT）

中国北斗卫星导航系统的时间基准为北斗时（BDT）。和GPS时类似，北斗时的时间间隔基本单位为秒，起始历元为2006年1月1日（星期日）协调世界时（UTC）00时00分00秒，采用周和周内秒计数，连续不跳秒。北斗系统通过中国科学院国家授时中心（原陕西天文台）与国际UTC时间建立联系，北斗时与UTC的偏差保持在100 ns以内（模1 s），BDT和UTC之间的跳秒信息在北斗系统导航电文D1的第5子帧9～10页和导航电文D2的第5子帧101～102页中播发。北斗时与UTC、GPS时、Galileo时和GLONASS时间同步参数见表1-5。表中参数 $A_{0GPS}$、$A_{1GPS}$、$A_{0Gal}$、$A_{1Gal}$、$A_{0GLO}$、$A_{1GLO}$ 尚未播发。

**表1-5　北斗时与其他时间系统同步参数**

| 参数 | 参数意义 | 比特数 | 比例因子 | 有效范围 | 单位 |
|---|---|---|---|---|---|
| $A_{0UTC}$ | BDT相对于UTC的钟差 | 32 | $2^{-30}$ | — | s |
| $A_{1UTC}$ | BDT相对于UTC的钟速 | 24 | $2^{-50}$ | — | s/s |
| $\Delta t_{LS}$ | 跳秒间隔 | 8 | 1 | — | s |
| $WN_{LSF}$ | 跳秒生效时刻的周计数 | 8 | 1 | — | 星期数 |
| $DN$ | 跳秒生效时刻的周内日计数 | 8 | 1 | 0～6 | 天数 |
| $\Delta t_{LSF}$ | 新的跳秒间隔 | 8 | 1 | — | s |
| $A_{0GPS}$ | BDT相对于GPST的钟差 | 14 | 0.1 | — | ns |
| $A_{1GPS}$ | BDT相对于GPST的钟速 | 16 | 0.1 | — | ns/s |
| $A_{0Gal}$ | BDT相对于Galileo时钟差 | 14 | 0.1 | — | ns |
| $A_{1Gal}$ | BDT相对于Galileo时钟速 | 16 | 0.1 | — | ns/s |
| $A_{0GLO}$ | BDT相对于GLONASS时钟差 | 14 | 0.1 | — | ns |
| $A_{1GLO}$ | BDT相对于GLONASS时钟速 | 16 | 0.1 | — | ns/s |

北斗时与UTC的换算方法如下[11]：

1）当指示跳秒生效时刻的周计数 $WN_{LSF}$ 和周内日计数 $DN$ 还未到来时，而且用户当前时刻 $t_E$ 处在 $DN+2/3$ 之前，则UTC与BDT之间的变换关系为

$$t_{UTC}=(t_E-\Delta t_{UTC})\ [\text{modulo } 86\ 400] \tag{1-4-16}$$

其中

$$\Delta t_{UTC}=\Delta t_{LS}+A_{0UTC}+A_{1UTC}\times t_E \tag{1-4-17}$$

式中　$t_E$——用户计算的BDT，取周内秒计数部分。

2）若用户当前时刻 $t_E$ 处在指示跳秒生效时刻的周计数 $WN_{LSF}$ 和周内日计数 $DN+2/3$ 到 $DN+5/4$ 之间，则UTC与BDT之间的变换关系为

$$t_{UTC}=W\ [\text{modulo}(86\ 400+\Delta t_{LSF}-\Delta t_{LS})\ ] \tag{1-4-18}$$

其中

$$W=(t_E-\Delta t_{UTC}-43\ 200)\ [\text{modulo } 86\ 400]+43\ 200 \tag{1-4-19}$$

3）当指示跳秒生效时刻的周计数 $WN_{LSF}$ 和周内日计数 $DN$ 已经过去，且用户当前时刻 $t_E$ 处在 $DN+5/4$ 之后，则使用参数 $\Delta t_{LSF}$ 替换式（1-4-17）中的 $\Delta t_{LS}$ 即可。

北斗时与GPS时的换算公式如下

$$t_{GPS}=t_E-\Delta t_{GPS} \tag{1-4-20}$$

其中

$$\Delta t_{GPS}=A_{0GPS}+A_{1GPS}\times t_E$$

北斗时与Galileo时的换算公式如下

$$t_{Gal}=t_E-\Delta t_{Gal} \tag{1-4-21}$$

其中

$$\Delta t_{Gal}=A_{0Gal}+A_{1Gal}\times t_E$$

北斗时与GLONASS时的换算公式如下

$$t_{GLO}=t_E-\Delta t_{GLO} \tag{1-4-22}$$

其中

$$\Delta t_{GLO}=A_{0GLO}+A_{1GLO}\times t_E$$

### 1.4.5 坐标时系统

坐标时与之前讨论的时间有很大不同。在局域内，时间和空间不但可以分离，而且可以看成是平直的，因此在观测者附近的局域时空范围内可以建立笛卡儿坐标系。该笛卡儿坐标系是与观测者相对静止并且相互垂直的三轴刚架。局域笛卡儿坐标系加上观测者所携带的“钟”，就构成了一个局域参考系。有了这个局域参考系，观测者就可以对其附近所发生的事件进行时间、距离和方向的测量。但是对于发生在大尺度空间中的物质运动，这样一个局域参考系就不适用了，这是由于在相对论框架中两个相对运动的观测者拿着同样的“尺子”和“钟”来测量事件发生的空间距离和时间间隔，得到的结果是不同的。其差异依赖于两个观测者的相对速度，相对速度越大，则差异越大。根据广义相对论，在引力场的作用下，时空并不是一个平直的欧几里得空间，而是一个四维黎曼空间。要描述在大尺度时空中的物质运动，就必须建立与之相适应的全局坐标系。由于时空的非欧性，这种全局性的大尺度坐标系不可能满足笛卡儿坐标条件，同时，由于时空的统一性，时间和空间也不可能绝对分离。因此在广义相对论与狭义相对论中坐标系的概念与之前介绍的时间系统有本质差别。人们很难在一般意义上给全局性的空间坐标和时间以明确的物理含义。这样，在相对论框架中就产生了两类不同性质的“时间”。一类是用于观测者局域参考系并可由观测者所携带的钟实现的时间，另一类是由全局坐标系中的时空度规所确定的、用来作为时间坐标的“类时变量”。其中由观测者所携带的理想钟所计量的时间称为观测者的原时（Proper Time），全局坐标系中的“类时”坐标，称为坐标时（Coordinate Time）。

通过上述定义可知，原时是有明确物理意义的，它有一个可以定义的时间间隔，可以根据“秒长”的定义由一个物理时钟或者天文测量得到。但是坐标时却不具备这样的特性，它只能由时空度规给出的数学关系，根据数学计算由原时得到。时空度规可以通过解爱因斯坦场方程得到，它不但依赖于时空引力场分布，还依赖于时空坐标的选择。在实际应用中所采用的时空度规都是某种条件近似下得到的结果。

#### 1.4.5.1 地球时（Terrestrial Time，TT）

地球时的前身是地球力学时（Terrestrial Dynamical Time，TDT），是相对于地球质心运动方程所采用的时间参数，被用于地表附近的计时。TT被定义为坐标时，并等价于位于大地水准面的时钟所测量的原时。地球时的秒长与原子时相同。根据国际天文联合会的规定，地球时与国际原子时在1977年1月1日零时刻重合，其关系为

$$\mathrm{TT}\approx\mathrm{TAI}+32.184(\mathrm{s}) \tag{1-4-23}$$

#### 1.4.5.2 地心坐标时（Geocentric Coordinate Time，TCG）

地心坐标时为地心坐标系的时间尺度，在计算进动、章动、月球、人造卫星运动时被

用来作为独立的时间变量。TCG 被定义为坐标时，并等价于在与地球固连的坐标系中无限远处、相对该坐标系静止的时钟所测量的原时。受到重力时间膨胀（Gravity Time Dilation）效应的影响，在重力势能较高的地方的时钟运行较快，因此 TCG 比 TT 计时更快，具体关系式为

$$\mathrm{TCG} \approx \mathrm{TT} + 6.969\,29 \times 10^{-10}(\mathrm{JD} - 2\,443\,114.5) \times 86\,400(\mathrm{s}) \quad (1-4-24)$$

式中　JD——从公元前 4713 年 1 月 1 日 12：00 时起始算到指定时刻的儒略日。

1.4.5.3　质心坐标时（Barycentric Coordinate Time，TCB）

质心坐标时为太阳系质心的时间尺度，在计算太阳系中行星、小行星、彗星、星际飞行器轨道时被用来作为独立的时间变量。TCB 被定义为坐标时，并等价于在与太阳系固连的坐标系中无限远处、相对该坐标系静止的时钟所测量的原时。受到重力时间膨胀效应的影响，TCB 比 TCG 计时更快，具体关系式为

$$\mathrm{TCB} \approx \mathrm{TCG} + 1.480\,826\,847 \times 10^{-8}(\mathrm{JD} - 2\,443\,114.5) \times 86\,400 + c^{-2}v_E(x - x_E) + P(\mathrm{s}) \quad (1-4-25)$$

式中　$x_E$，$v_E$——地球质心在 J2000 历元时的位置和速度；

$x$——观测者质心的位置；

$c$——光速；

$P$——周期项，其表达式为

$$\begin{aligned} P =\ & 0.001\,658\,6\sin(35\,999.37T + 357.5^\circ) + 0.000\,022\,4\sin(32\,964.5T + 246^\circ) + \\ & 0.000\,013\,8\sin(71\,998.7T + 355^\circ) + 0.000\,004\,8\sin(3\,034.9T + 25^\circ) + \\ & 0.000\,004\,7\sin(34\,777.3T + 230^\circ) + \cdots \end{aligned} \quad (1-4-26)$$

式中　$T$——从 J2000.0 历元零时刻（2000 年 1 月 1 日 12：00）起算的以儒略世纪（一个儒略世纪为 36 525 个平太阳日）为单位的时间。

在利用脉冲星进行导航时，需要计算 X 射线到达时间，这就需要观测者将自身所处的局域坐标系下的测量得到的到达时间转换到太阳系的质心坐标时。

## 1.5　姿态算法

### 1.5.1　姿态参数

通常使用四种参数描述两个坐标系之间的相对姿态关系：1）方向余弦矩阵；2）等效旋转矢量；3）欧拉角；4）特征四元数。

下面各小节分别对四种参数及其相互转换关系进行讨论。

1.5.1.1　方向余弦矩阵

方向余弦矩阵的优点是将矢量转换坐标系非常便捷，因此得到了广泛的使用。B.2.8.2 节介绍了方向余弦矩阵的性质，本节主要介绍与方向余弦矩阵相关的计算。

1.5.1.1.1　由方向余弦矩阵求体坐标系各轴的北向方位角[9]

以当地水平坐标系 $L$ 系为参考，当已知 $\boldsymbol{C}_B^L$ 时，可采用下述方法计算体坐标系 $B$ 系各轴在水平面上的投影与北向的夹角 $azm$（即北向方位角，一般约定由北向绕顺时针转动到该投影为正）。

由方向余弦的定义可知，$B$ 系 $A$ 轴方向上的单位矢量 $\boldsymbol{u}_{A_B}$（$A$ 可为 $X$、$Y$、$Z$）在 $X_L$（北向）、$Y_L$（东向）上的投影矢量长度为 $C_{1a}$、$C_{2a}$，其中 $C_{ij}$ 为 $\boldsymbol{C}_B^L$ 的第 $i$ 行第 $j$ 列元素，$a=1$，2，3 分别对应 $X_B$、$Y_B$、$Z_B$ 轴。设 $\boldsymbol{u}_{A_B}$ 在水平面上的投影矢量为 $\boldsymbol{u}_{A_{B_H}}$，则由几何关系可知，$\boldsymbol{u}_{A_{B_H}}$ 在 $X_L$、$Y_L$ 上的投影矢量长度与 $\boldsymbol{u}_{A_B}$ 在 $X_L$、$Y_L$ 上的投影矢量长度相等。因此

$$azm=\arctan'\left(\frac{C_{2a}}{C_{1a}}\right) \tag{1-5-1}$$

式中，arctan′ 是考虑了分子与分母极性的反正切函数，对应于 MATLAB 函数 atan2($C_{2a}$，$C_{1a}$)。若参考坐标系的定义不同，只需要将 $C_{1a}$ 中的下标 1 换为参考坐标系北向轴的序号，将 $C_{2a}$ 中的下标 2 换为参考坐标系东向轴的序号即可。

1.5.1.1.2　方向余弦矩阵的积分

设坐标系 $M$ 在初始时刻与坐标系 $F$ 重合，当 $M$ 相对于 $F$ 绕固定轴 $\boldsymbol{u}_{FM}$ 在时间 $T$ 内转动角度 $\theta_{FM}$ 时，利用式（1-5-23）计算方向余弦矩阵 $\boldsymbol{C}_M^F$ 积分的解析形式如下

$$\begin{aligned}\int_0^T \boldsymbol{C}_M^F \mathrm{d}t &= \int_0^T [\boldsymbol{I}+\sin\theta\,(\boldsymbol{u}_{FM}\times)+(1-\cos\theta)\,(\boldsymbol{u}_{FM}\times)^2]\,\mathrm{d}t \\ &= T\boldsymbol{I}+\left(\int_0^T \sin\theta\,\mathrm{d}t\right)(\boldsymbol{u}_{FM}\times)+\left(\int_0^T (1-\cos\theta)\,\mathrm{d}t\right)(\boldsymbol{u}_{FM}\times)^2\end{aligned} \tag{1-5-2}$$

如果将微分自变量改为角度，可以得到更简单的解析形式

$$\begin{aligned}\int_0^T \boldsymbol{C}_M^F\omega\,\mathrm{d}t &= \int_0^{\theta_{FM}} \boldsymbol{C}_M^F\,\mathrm{d}\theta \\ &= \int_0^{\theta_{FM}} [\boldsymbol{I}+\sin\theta\,(\boldsymbol{u}_{FM}\times)+(1-\cos\theta)\,(\boldsymbol{u}_{FM}\times)^2]\,\mathrm{d}\theta \\ &= \theta_{FM}\boldsymbol{I}+(1-\cos\theta_{FM})\,(\boldsymbol{u}_{FM}\times)+(\theta_{FM}-\sin\theta_{FM})\,(\boldsymbol{u}_{FM}\times)^2\end{aligned} \tag{1-5-3}$$

式中　$\omega$ ——角速度。

此外，计算 $\boldsymbol{C}_M^F\theta$ 积分的解析形式如下

$$\begin{aligned}\int_0^{\theta_{FM}} \boldsymbol{C}_M^F\theta\,\mathrm{d}\theta &= \int_0^{\theta_{FM}} [\boldsymbol{I}+\sin\theta\,(\boldsymbol{u}_{FM}\times)+(1-\cos\theta)\,(\boldsymbol{u}_{FM}\times)^2]\,\theta\,\mathrm{d}\theta \\ &= \left\{\frac{\theta_{Rot}^2}{2}\boldsymbol{I}+[\sin(\theta_{FM})-\theta_{FM}\cos(\theta_{FM})]\,(\boldsymbol{u}_{FM}\times)+\right. \\ &\quad \left.\left[\frac{\theta_{Rot}^2}{2}+1-\theta_{FM}\sin(\theta_{FM})-\cos(\theta_{FM})\right](\boldsymbol{u}_{FM}\times)^2\right\}\end{aligned} \tag{1-5-4}$$

1.5.1.1.3　坐标系的两种相对姿态关系

利用方向余弦矩阵表示两个坐标系之间的相对姿态关系，通常用于两种场合，其一是

---

⑨　对应 basic/att/bodyaxisazimuth.m

为了描述同一时刻的不同坐标系之间的相对姿态，其二是为了描述同一坐标系在不同时刻的相对姿态变化。在第一种场合下，同一时刻两个坐标系 $A$ 系与 $B$ 系的相对姿态可以使用类似于 $\boldsymbol{C}_A^B$ 的表示法描述。在第二种场合下，设运动的坐标系 $A$，在 $t_1$ 时刻与坐标系 $A_1$ 重合，在 $t_2$ 时刻与坐标系 $A_2$ 重合，那么在不同的坐标系下观察，$A_2$ 相对于 $A_1$ 的姿态变化是不同的（在不同坐标系下观察 $A$ 系的运动角速度也是不同的）。例如导航系 $N$，当 $t_1$ 至 $t_2$ 时间段内载体相对地球静止时，在 $E$ 系下观察 $N_2$ 与 $N_1$ 姿态是相同的，但在 $I$ 系下观察两者绕地球自转轴相对转动了 $\omega_{IE}(t_2-t_1)$ 角度。这时类似于 $\boldsymbol{C}_{A_1}^{A_2}$ 的表示法无法说明 $A_2$ 相对于 $A_1$ 的姿态变化是在哪个坐标系下观察的。在上述表示法可能引起混淆的情况下，本书采用类似于 $\boldsymbol{C}_{A_{1_B}}^{A_{2_B}}$ 的表示法，说明是在 $B$ 系下观察的 $A_2$ 相对于 $A_1$ 的姿态变化。由于在 $B$ 系下观察，认为 $t_1$ 与 $t_2$ 时刻的 $B$ 系姿态是相同的，可以采用下式计算 $\boldsymbol{C}_{A_{1_B}}^{A_{2_B}}$

$$\boldsymbol{C}_{A_{1_B}}^{A_{2_B}}=\boldsymbol{C}_{B_2}^{A_2}\boldsymbol{C}_{A_1}^{B_1} \tag{1-5-5}$$

式中　$B_1$，$B_2$ ——$t_1$ 时刻与 $t_2$ 时刻的 $B$ 系（在第三个坐标系中观察 $B$ 系可能也是运动的）。

如果已知 $\boldsymbol{C}_{B_1}^{A_1}$，由式（1-5-199），可以采用下式计算 $\boldsymbol{C}_{B_2}^{A_2}$

$$\boldsymbol{C}_{B_2}^{A_2}=\boldsymbol{C}_{B_1}^{A_1}+\int_{t_1}^{t_2}\dot{C}_B^A\,\mathrm{d}t=\boldsymbol{C}_{B_1}^{A_1}+\int_{t_1}^{t_2}(-\boldsymbol{\omega}_{BA}^A\times\boldsymbol{C}_B^A)\,\mathrm{d}t \tag{1-5-6}$$

#### 1.5.1.2　等效旋转矢量

考虑坐标系 $F$ 经过一系列旋转后与坐标系 $M$ 重合。根据欧拉定理，刚体的转动总可等效成绕瞬时转轴 $\boldsymbol{u}_{FM}$（单位矢量）以转角 $\theta_{FM}$ 一次转动完成，此时瞬时转轴 $\boldsymbol{u}_{FM}$ 和角度 $\theta_{FM}$ 唯一确定了 $F$ 系和 $M$ 系之间的相对姿态关系。由定轴旋转的性质可知，$\boldsymbol{u}_{FM}$ 在 $F$ 系及 $M$ 系下投影坐标相同，即

$$\boldsymbol{u}_{FM}^F=\boldsymbol{u}_{FM}^M \tag{1-5-7}$$

由此，本大节下文省略了 $\boldsymbol{u}_{FM}$ 表示坐标系投影的上标。当采取该简记法时，均表示在 $F$ 系或 $M$ 系中的投影。

设 $\boldsymbol{u}_{A_F}^F$ 为沿 $F$ 系坐标轴 $A$ 的单位矢量在 $F$ 系中的投影，$\boldsymbol{u}_{A_M}^F$ 为沿 $M$ 系坐标轴 $A$ 的单位矢量在 $F$ 系中的投影，其中 $A=X$，$Y$，$Z$。$\boldsymbol{u}_{A_F}^F$ 绕瞬时转轴 $\boldsymbol{u}_{FM}$ 转动 $\theta_{FM}$ 后与 $\boldsymbol{u}_{A_M}^F$ 重合，如图 1-8 所示。

下面推导 $\boldsymbol{u}_{A_M}^F$ 与转角 $\theta_{FM}$ 的关系。当转动小角度 $\mathrm{d}\theta$ 时，有 $\|\mathrm{d}\boldsymbol{u}_{A_M}^F\|=\mathrm{d}\theta|\sin\alpha|$，式中 $\alpha$ 为 $\boldsymbol{u}_{FM}$ 与 $\boldsymbol{u}_{A_M}^F$ 的夹角。根据叉积定义可得到（参考文献［12］3.2.2 节）

$$\mathrm{d}\boldsymbol{u}_{A_M}^F=\mathrm{d}\theta\boldsymbol{u}_{FM}\times\boldsymbol{u}_{A_M}^F \tag{1-5-8}$$

上式等价于

$$\frac{\mathrm{d}}{\mathrm{d}\theta}\boldsymbol{u}_{A_M}^F=(\boldsymbol{u}_{FM}\times)\boldsymbol{u}_{A_M}^F \tag{1-5-9}$$

考虑瞬时转轴 $\boldsymbol{u}_{FM}$ 为常量，对上式继续微分可得到

$$\frac{\mathrm{d}^3}{\mathrm{d}\theta^3}\boldsymbol{u}_{A_M}^F=(\boldsymbol{u}_{FM}\times)^3\boldsymbol{u}_{A_M}^F \tag{1-5-10}$$

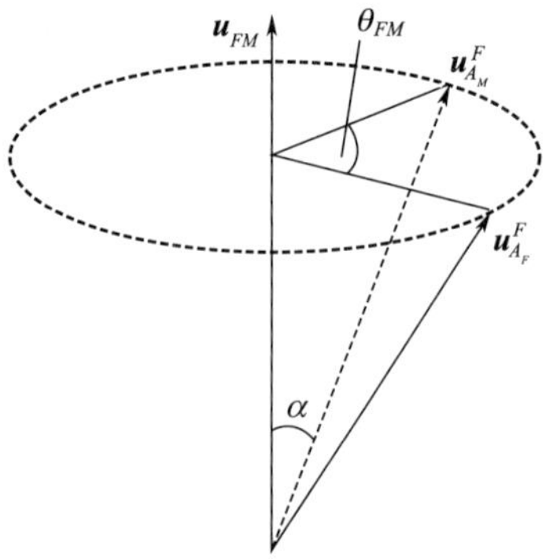


图 1－8　*F* 系旋转到 *M* 系的旋转矢量

将式（B－2－14）代入式（1－5－10）可得到

$$\frac{\mathrm{d}^3}{\mathrm{d}\theta^3}\boldsymbol{u}^F_{A_M}=-(\boldsymbol{u}_{FM}\times)\boldsymbol{u}^F_{A_M}=-\frac{\mathrm{d}}{\mathrm{d}\theta}\boldsymbol{u}^F_{A_M} \tag{1-5-11}$$

式（1－5－11）可进一步写为

$$\frac{\mathrm{d}^3}{\mathrm{d}\theta^3}\boldsymbol{u}^F_{A_M}+\frac{\mathrm{d}}{\mathrm{d}\theta}\boldsymbol{u}^F_{A_M}=0 \tag{1-5-12}$$

上述三阶线性齐次微分方程的通解为三个特解的线性组合

$$\boldsymbol{u}^F_{A_M}=\boldsymbol{B}_0+\boldsymbol{B}_S\sin\theta+\boldsymbol{B}_C\cos\theta \tag{1-5-13}$$

式中　$\boldsymbol{B}_0$，$\boldsymbol{B}_S$，$\boldsymbol{B}_C$——根据初始条件确定的常量。

为了使用初始条件确定常量，对上式求一阶和二阶导数

$$\begin{cases}\dfrac{\mathrm{d}}{\mathrm{d}\theta}\boldsymbol{u}^F_{A_M}=\boldsymbol{B}_S\cos\theta-\boldsymbol{B}_C\sin\theta\\[2ex]\dfrac{\mathrm{d}^2}{\mathrm{d}\theta^2}\boldsymbol{u}^F_{A_M}=-\boldsymbol{B}_S\sin\theta-\boldsymbol{B}_C\cos\theta\end{cases} \tag{1-5-14}$$

将式（1－5－9）代入式（1－5－14），得到

$$\begin{cases}(\boldsymbol{u}_{FM}\times)\boldsymbol{u}^F_{A_M}=\boldsymbol{B}_S\cos\theta-\boldsymbol{B}_C\sin\theta\\(\boldsymbol{u}_{FM}\times)^2\boldsymbol{u}^F_{A_M}=-\boldsymbol{B}_S\sin\theta-\boldsymbol{B}_C\cos\theta\end{cases} \tag{1-5-15}$$

考虑到 $\theta=0$ 时 $\boldsymbol{u}^F_{A_M}=\boldsymbol{u}^F_{A_F}$，式（1－5－13）与式（1－5－15）变为

$$\begin{cases}\boldsymbol{u}^F_{A_F}=\boldsymbol{B}_0+\boldsymbol{B}_C\\(\boldsymbol{u}_{FM}\times)\boldsymbol{u}^F_{A_F}=\boldsymbol{B}_S\\(\boldsymbol{u}_{FM}\times)^2\boldsymbol{u}^F_{A_F}=-\boldsymbol{B}_C\end{cases} \tag{1-5-16}$$

解出常量后代入式（1－5－13）可得到

$$\boldsymbol{u}^F_{A_M}=[\boldsymbol{I}+\sin\theta(\boldsymbol{u}_{FM}\times)+(1-\cos\theta)(\boldsymbol{u}_{FM}\times)^2]\boldsymbol{u}^F_{A_F} \tag{1-5-17}$$

定义 *F* 系到 *M* 系的等效旋转矢量（Rotation Vector）为

$$\boldsymbol{\theta}_{FM}\equiv\theta_{FM}\boldsymbol{u}_{FM} \tag{1-5-18}$$

由式（1－5－7）可知

$$\boldsymbol{\theta}_{FM}^{F}=\boldsymbol{\theta}_{FM}^{M} \tag{1-5-19}$$

由上式，本大节下文也省略了 $\boldsymbol{\theta}_{FM}$ 的上标。当采取该简记法时，均表示在 $F$ 系或 $M$ 系中的投影。由式（1-5-19）及式（B-2-75）可知，$\boldsymbol{\theta}_{FM}$ 为方向余弦矩阵 $\boldsymbol{C}_M^F$ 及 $\boldsymbol{C}_F^M$ 的特征值 1 对应的特征矢量。由式（1-5-18），式（1-5-17）可进一步写为

$$\boldsymbol{u}_{A_M}^{F}=\left[\boldsymbol{I}+\frac{\sin\theta_{FM}}{\theta_{FM}}(\boldsymbol{\theta}_{FM}\times)+\frac{(1-\cos\theta_{FM})}{\theta_{FM}^{2}}(\boldsymbol{\theta}_{FM}\times)^{2}\right]\boldsymbol{u}_{A_F}^{F} \tag{1-5-20}$$

为简洁起见，在不引起歧义的情况下，本大节下文中将转动角度 $\theta_{FM}$ 简记为 $\theta$。

当转角增加 2π 的整数倍时，等效旋转矢量不同，但代表的转动却是相同的。为避免这种周期性，可以采用 Rodrigues 矢量（又称为 Gibbs 矢量），定义如下

$$\boldsymbol{g}_{FM}\equiv\tan\left(\frac{\theta_{FM}}{2}\right)\boldsymbol{u}_{FM} \tag{1-5-21}$$

Rodrigues 矢量的运算及与其他姿态参数的转换可参考文献［13］。

#### 1.5.1.2.1　等效旋转矢量转换为方向余弦矩阵[10]

由于 $[\boldsymbol{u}_{X_F}^{F}\quad \boldsymbol{u}_{Y_F}^{F}\quad \boldsymbol{u}_{Z_F}^{F}]=\boldsymbol{I}$，因此可将式（1-5-20）的三个分量式合并写为

$$[\boldsymbol{u}_{X_M}^{F}\quad \boldsymbol{u}_{Y_M}^{F}\quad \boldsymbol{u}_{Z_M}^{F}]=\left[\boldsymbol{I}+\frac{\sin\theta_{FM}}{\theta_{FM}}(\boldsymbol{\theta}_{FM}\times)+\frac{(1-\cos\theta_{FM})}{\theta_{FM}^{2}}(\boldsymbol{\theta}_{FM}\times)^{2}\right] \tag{1-5-22}$$

应用式（B-2-84），得到

$$\boldsymbol{C}_M^F=\left[\boldsymbol{I}+\frac{\sin\theta_{FM}}{\theta_{FM}}(\boldsymbol{\theta}_{FM}\times)+\frac{(1-\cos\theta_{FM})}{\theta_{FM}^{2}}(\boldsymbol{\theta}_{FM}\times)^{2}\right] \tag{1-5-23}$$

两边求转置，并考虑到 $(\boldsymbol{\theta}_{FM}\times)$ 为反对称矩阵，可得

$$\boldsymbol{C}_F^M=\left[\boldsymbol{I}-\frac{\sin\theta_{FM}}{\theta_{FM}}(\boldsymbol{\theta}_{FM}\times)+\frac{(1-\cos\theta_{FM})}{\theta_{FM}^{2}}(\boldsymbol{\theta}_{FM}\times)^{2}\right] \tag{1-5-24}$$

式（1-5-23）与式（1-5-24）即为等效旋转矢量到方向余弦矩阵的转换式。

由式（1-5-23）与式（1-5-24）可得方向余弦矩阵与对应的等效旋转矢量的一个性质

$$\boldsymbol{C}_M^F\boldsymbol{\theta}_{FM}=\boldsymbol{C}_F^M\boldsymbol{\theta}_{FM}=\boldsymbol{\theta}_{FM} \tag{1-5-25}$$

即 $\boldsymbol{\theta}_{FM}$ 为 $\boldsymbol{C}_M^F$ 及 $\boldsymbol{C}_F^M$ 的特征值 1 对应的特征矢量。上式的物理意义是，等效旋转矢量在对应的方向余弦矩阵所代表的旋转作用下保持不变，与式（1-5-19）的结论相同。

#### 1.5.1.2.2　方向余弦矩阵转换为等效旋转矢量[11]

首先推导等效旋转矢量的角度部分 $\theta_{FM}$ 的计算方法。参考文献［12］3.2.2.2 节，将式（1-5-23）减去式（1-5-24）可得

$$\frac{1}{2}[\boldsymbol{C}_M^F-(\boldsymbol{C}_M^F)^{\mathrm{T}}]=\sin\theta_{FM}(\boldsymbol{u}_{FM}\times) \tag{1-5-26}$$

---

[10] 对应 basic/att/rv2dcm_exact.m

[11] 对应 basic/att/dcm2rv.m

将其写成分量形式

$$\frac{1}{2}\begin{bmatrix} 0 & (C_{12}-C_{21}) & (C_{13}-C_{31}) \\ (C_{21}-C_{12}) & 0 & (C_{23}-C_{32}) \\ (C_{31}-C_{13}) & (C_{32}-C_{23}) & 0 \end{bmatrix} = \sin\theta_{FM}\begin{bmatrix} 0 & -u_3 & u_2 \\ u_3 & 0 & -u_1 \\ -u_2 & u_1 & 0 \end{bmatrix} \tag{1-5-27}$$

式中　$C_{ij}$ —— $\boldsymbol{C}_M^F$ 矩阵第 $i$ 行第 $j$ 列元素；

$u_i$ —— $\boldsymbol{u}_{FM}$ 第 $i$ 个元素。

因为 $\boldsymbol{u}_{FM}$ 是单位矢量，$u_1^2+u_2^2+u_3^2=1$，因此

$$\sin\theta_{FM}=\frac{1}{2}\sqrt{(C_{23}-C_{32})^2+(C_{13}-C_{31})^2+(C_{21}-C_{12})^2} \tag{1-5-28}$$

注意上式已将 $\theta_{FM}$ 的值域限定为 [0，π]。

式（1-5-23）加上式（1-5-24）可得

$$\frac{1}{2}[\boldsymbol{C}_M^F+(\boldsymbol{C}_M^F)^{\mathrm{T}}]=\boldsymbol{I}+(1-\cos\theta_{FM})(\boldsymbol{u}_{FM}\times)(\boldsymbol{u}_{FM}\times) \tag{1-5-29}$$

将其写成分量形式

$$\frac{1}{2}\begin{bmatrix} 2C_{11} & (C_{12}+C_{21}) & (C_{13}+C_{31}) \\ (C_{21}+C_{12}) & 2C_{22} & (C_{23}+C_{32}) \\ (C_{31}+C_{13}) & (C_{32}+C_{23}) & 2C_{33} \end{bmatrix}$$

$$=\begin{bmatrix} 1+(1-\cos\theta_{FM})(u_1^2-1) & (1-\cos\theta_{FM})u_1u_2 & (1-\cos\theta_{FM})u_1u_3 \\ (1-\cos\theta_{FM})u_2u_1 & 1+(1-\cos\theta_{FM})(u_2^2-1) & (1-\cos\theta_{FM})u_2u_3 \\ (1-\cos\theta_{FM})u_3u_1 & (1-\cos\theta_{FM})u_3u_2 & 1+(1-\cos\theta_{FM})(u_3^2-1) \end{bmatrix} \tag{1-5-30}$$

将其对角线元素求和得到

$$\cos\theta_{FM}=\frac{1}{2}(C_{11}+C_{22}+C_{33}-1) \tag{1-5-31}$$

联立式（1-5-28）与式（1-5-31）得到

$$\theta_{FM}=\arctan'\left(\frac{\sqrt{(C_{23}-C_{32})^2+(C_{13}-C_{31})^2+(C_{21}-C_{12})^2}}{C_{11}+C_{22}+C_{33}-1}\right) \tag{1-5-32}$$

接下来需要计算矢量部分。根据 $\theta_{FM}$ 的值域不同，分别使用两种算法计算 $\boldsymbol{\theta}_{FM}$：

1）算法 1（当 $0\leqslant\theta_{FM}\leqslant\pi/2$ 时使用）

$$\boldsymbol{\theta}_{FM}=\frac{\theta_{FM}}{\sin\theta_{FM}}\sin\theta_{FM}\boldsymbol{u}_{FM} \tag{1-5-33}$$

根据式（1-5-27）可得

$$\boldsymbol{\theta}_{FM}=\frac{\theta_{FM}}{\sin\theta_{FM}}\begin{bmatrix}\sin\theta_{FM}u_1\\ \sin\theta_{FM}u_2\\ \sin\theta_{FM}u_3\end{bmatrix}=\frac{\theta_{FM}}{\sin\theta_{FM}}\begin{bmatrix}\frac{1}{2}(C_{32}-C_{23})\\ \frac{1}{2}(C_{13}-C_{31})\\ \frac{1}{2}(C_{21}-C_{12})\end{bmatrix}=\begin{bmatrix}\frac{1}{2}\frac{\theta_{FM}}{\sin\theta_{FM}}(C_{32}-C_{23})\\ \frac{1}{2}\frac{\theta_{FM}}{\sin\theta_{FM}}(C_{13}-C_{31})\\ \frac{1}{2}\frac{\theta_{FM}}{\sin\theta_{FM}}(C_{21}-C_{12})\end{bmatrix} \tag{1-5-34}$$

考虑上式中的 $\frac{\theta_{FM}}{\sin\theta_{FM}}$ 项，定义其倒数为 $f$，并进行泰勒展开如下

$$f\equiv\frac{\sin\theta_{FM}}{\theta_{FM}}=1-\frac{\theta_{FM}^{2}}{3!}+\frac{\theta_{FM}^{4}}{5!}-\frac{\theta_{FM}^{6}}{7!}+\cdots \tag{1-5-35}$$

当 $\theta_{FM}\to 0$ 时，$f\to 1$；而当 $\theta_{FM}\to\pi$ 时，$f\to 0$。本算法对 $\theta_{FM}$ 的值域限制能够保证 $f$ 不会趋于零，从而避免出现奇异解。

2）算法2（当 $\pi/2<\theta_{FM}\leqslant\pi$ 时使用）

$$\boldsymbol{\theta}_{FM}=\theta_{FM}\boldsymbol{u}_{FM} \tag{1-5-36}$$

根据式（1-5-30）可得

$$|u_1|=\sqrt{\frac{C_{11}-1}{1-\cos\theta_{FM}}+1},\ |u_2|=\sqrt{\frac{C_{22}-1}{1-\cos\theta_{FM}}+1},\ |u_3|=\sqrt{\frac{C_{33}-1}{1-\cos\theta_{FM}}+1} \tag{1-5-37}$$

比较 $|u_1|$、$|u_2|$、$|u_3|$ 的大小，当 $|u_1|$ 最大时，由式（1-5-27）和式（1-5-30）的非对角线元素得

$$\begin{cases}u_1=|u_1|\,\mathrm{sign}(C_{32}-C_{23})\\ u_2=\dfrac{1}{2u_1}\dfrac{C_{12}+C_{21}}{1-\cos\theta_{FM}}\\ u_3=\dfrac{1}{2u_1}\dfrac{C_{13}+C_{31}}{1-\cos\theta_{FM}}\end{cases} \tag{1-5-38}$$

其中

$$\mathrm{sign}(x)=\begin{cases}+1 & (x\geqslant 0)\\ -1 & (x<0)\end{cases} \tag{1-5-39}$$

同理，当 $|u_2|$ 最大时

$$\begin{cases}u_1=\dfrac{1}{2u_2}\dfrac{C_{12}+C_{21}}{1-\cos\theta_{FM}}\\ u_2=|u_2|\,\mathrm{sign}(C_{13}-C_{31})\\ u_3=\dfrac{1}{2u_2}\dfrac{C_{23}+C_{32}}{1-\cos\theta_{FM}}\end{cases} \tag{1-5-40}$$

当 $|u_3|$ 最大时

$$\begin{cases} u_1 = \dfrac{1}{2u_3} \dfrac{C_{13} + C_{31}}{1 - \cos\theta_{FM}} \\ u_2 = \dfrac{1}{2u_3} \dfrac{C_{23} + C_{32}}{1 - \cos\theta_{FM}} \\ u_3 = |u_3| \operatorname{sign}(C_{21} - C_{12}) \end{cases} \tag{1-5-41}$$

本算法对 $\theta_{FM}$ 的值域限制能够保证 $(1 - \cos\theta_{FM})$ 不为零，从而避免出现奇异解。

1.5.1.3 欧拉角

描述坐标系 $F$ 到 $M$ 的姿态关系的传统方法是使用欧拉角。欧拉角的定义与各轴的旋转顺序有关，以常用的 $Z \to Y \to X$ 旋转顺序为例，定义如下坐标系：

1) 坐标系 $F$：初始坐标系；

2) 坐标系 $F_1$：坐标系 $F$ 绕 $Z$ 轴旋转角度 $\psi$ 获得，对应旋转矢量 $\psi \boldsymbol{u}_{Z_F}^{F}$；

3) 坐标系 $F_2$：坐标系 $F_1$ 绕 $Y$ 轴旋转角度 $\theta$ 获得，对应旋转矢量 $\theta \boldsymbol{u}_{Y_{F_1}}^{F_1}$；

4) 坐标系 $M$：坐标系 $F_2$ 绕 $X$ 轴旋转角度 $\phi$ 获得，对应旋转矢量 $\phi \boldsymbol{u}_{X_{F_2}}^{F_2}$。

其中，$\psi$、$\theta$、$\phi$ 称为欧拉角。

根据式（1－5－23）分别得到

$$\begin{cases} \boldsymbol{C}_{F_1}^{F} = \boldsymbol{I} + \sin\psi\,(\boldsymbol{u}_{Z_F}^{F}\times) + (1 - \cos\psi)\,(\boldsymbol{u}_{Z_F}^{F}\times)^2 \\ \boldsymbol{C}_{F_2}^{F_1} = \boldsymbol{I} + \sin\theta\,(\boldsymbol{u}_{Y_{F_1}}^{F_1}\times) + (1 - \cos\theta)\,(\boldsymbol{u}_{Y_{F_1}}^{F_1}\times)^2 \\ \boldsymbol{C}_{M}^{F_2} = \boldsymbol{I} + \sin\phi\,(\boldsymbol{u}_{X_{F_2}}^{F_2}\times) + (1 - \cos\phi)\,(\boldsymbol{u}_{X_{F_2}}^{F_2}\times)^2 \end{cases} \tag{1-5-42}$$

由于 $\boldsymbol{u}_{Z_F}^{F} = \begin{bmatrix} 0 \\ 0 \\ 1 \end{bmatrix}$，$\boldsymbol{u}_{Y_{F_1}}^{F_1} = \begin{bmatrix} 0 \\ 1 \\ 0 \end{bmatrix}$，$\boldsymbol{u}_{X_{F_2}}^{F_2} = \begin{bmatrix} 1 \\ 0 \\ 0 \end{bmatrix}$，代入式（1－5－42）得到

$$\boldsymbol{C}_{F_1}^{F} = \begin{bmatrix} \cos\psi & -\sin\psi & 0 \\ \sin\psi & \cos\psi & 0 \\ 0 & 0 & 1 \end{bmatrix} \tag{1-5-43}$$

$$\boldsymbol{C}_{F_2}^{F_1} = \begin{bmatrix} \cos\theta & 0 & \sin\theta \\ 0 & 1 & 0 \\ -\sin\theta & 0 & \cos\theta \end{bmatrix} \tag{1-5-44}$$

$$\boldsymbol{C}_{M}^{F_2} = \begin{bmatrix} 1 & 0 & 0 \\ 0 & \cos\phi & -\sin\phi \\ 0 & \sin\phi & \cos\phi \end{bmatrix} \tag{1-5-45}$$

1.5.1.3.1 欧拉角转换为方向余弦矩阵[12]

根据方向余弦矩阵的链式法则式（B－2－81），由式（1－5－43）、式（1－5－44）和式（1－5－45）可得

---

[12] 对应 basic/att/angle2dcm_cg.m

$$
\boldsymbol{C}_M^F = \boldsymbol{C}_{F_1}^F \boldsymbol{C}_{F_2}^{F_1} \boldsymbol{C}_M^{F_2}
= \begin{bmatrix} \cos\psi\cos\theta & \cos\psi\sin\theta\sin\phi - \sin\psi\cos\phi & \cos\psi\sin\theta\cos\phi + \sin\psi\sin\phi \\ \sin\psi\cos\theta & \sin\psi\sin\theta\sin\phi + \cos\psi\cos\phi & \sin\psi\sin\theta\cos\phi - \cos\psi\sin\phi \\ -\sin\theta & \cos\theta\sin\phi & \cos\theta\cos\phi \end{bmatrix}
\tag{1-5-46}
$$

**Pio 图法**　式（1－5－46）中的方向余弦矩阵可以通过 Pio 图的方式便捷计算。当 $F$ 系绕 $Z$ 轴旋转 $\psi$，再绕 $Y$ 轴旋转 $\theta$，再绕 $X$ 轴旋转 $\phi$ 与 $M$ 系重合时，Pio 图如图 1－9 所示。

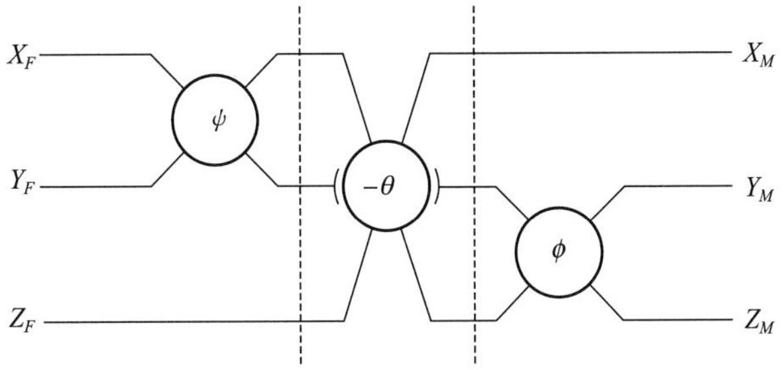


图 1－9　$F$ 系旋转到 $M$ 系的 Pio 图

其中，旋转角 $\psi$、$\theta$、$\phi$ 的正负号定义为：从原点看，沿每根轴的顺时针方向定义为这根轴的正向转动，此时 $\psi$、$\theta$、$\phi$ 的符号为正。负向转动则相反，即逆时针方向旋转时 $\psi$、$\theta$、$\phi$ 的符号为负。

由 Pio 图推导方向余弦矩阵的规则有以下几条：

1）转角用小圆内的符号表示，绕 $Y$ 轴的转角需要加上负号；

2）左方为转动前的坐标，相当于输入，右方为转动后的坐标，相当于输出；

3）通过小圆，从上面输入，从上面输出，或从下面输入，从下面输出，都表示输入乘以 cos 转角；

4）斜线输出时，表示乘以 sin 转角，若斜线的斜率为正，则 sin 为正，若斜线的斜率为负，则 sin 为负；

5）不受转动影响的为一条直线，表示输入输出相等。

根据上述规则，图 1－9 对应的方向余弦矩阵为

$$
\boldsymbol{C}_F^M = \begin{bmatrix} X_F \to X_M & Y_F \to X_M & Z_F \to X_M \\ X_F \to Y_M & Y_F \to Y_M & Z_F \to Y_M \\ X_F \to Z_M & Y_F \to Z_M & Z_F \to Z_M \end{bmatrix}
= \begin{bmatrix} \cos\psi\cos\theta & \sin\psi\cos\theta & -\sin\theta \\ \cos\psi\sin\theta\sin\phi - \sin\psi\cos\phi & \sin\psi\sin\theta\sin\phi + \cos\psi\cos\phi & \cos\theta\sin\phi \\ \cos\psi\sin\theta\cos\phi + \sin\psi\sin\phi & \sin\psi\sin\theta\cos\phi - \cos\psi\sin\phi & \cos\theta\cos\phi \end{bmatrix}
\tag{1-5-47}
$$

上式与式（1－5－46）结果相同。

1.5.1.3.2　方向余弦矩阵转换为欧拉角[13]

如果将 $\theta$ 限制在 $\left(-\frac{\pi}{2},\ \frac{\pi}{2}\right)$ 范围内，则 $\cos\theta>0$，由式（1-5-46）可计算出欧拉角

$$\begin{cases}\theta=\arctan\dfrac{\sin\theta}{\cos\theta}=\arctan\dfrac{-C_{31}}{\sqrt{C_{32}^2+C_{33}^2}}\\ \phi=\arctan'\dfrac{\sin\phi}{\cos\phi}=\arctan'\dfrac{C_{32}}{C_{33}}\\ \psi=\arctan'\dfrac{\sin\psi}{\cos\psi}=\arctan'\dfrac{C_{21}}{C_{11}}\quad(|C_{31}|<1-\varepsilon)\\ \psi-\phi=\arctan'\dfrac{C_{23}-C_{12}}{C_{13}+C_{22}}\quad(C_{31}\leqslant-(1-\varepsilon))\\ \psi+\phi=\arctan'\dfrac{-C_{23}-C_{12}}{-C_{13}+C_{22}}\quad(C_{31}\geqslant1-\varepsilon)\end{cases}\tag{1-5-48}$$

式中　$C_{ij}$ —— $\boldsymbol{C}_M^F$ 的第 $i$ 行第 $j$ 列元素；

$\varepsilon$ ——一个根据计算机数值精度确定的小量。

由于欧拉角的物理奇异性（参考 1.5.1.3.3 节），式中当 $C_{31}$ 绝对值接近 1（即 $\theta$ 绝对值接近 $\frac{\pi}{2}$）时采用了不同的算法，这时只能确定 $\psi-\phi$ 或 $\psi+\phi$，而不能唯一地确定 $\psi$ 及 $\phi$。

如果限定 $\cos\theta<0$，同样可以得到另一组合解

$$\begin{cases}\theta=\arctan\dfrac{\sin\theta}{\cos\theta}=\arctan\dfrac{-C_{31}}{-\sqrt{C_{32}^2+C_{33}^2}}=\pi-\arctan\dfrac{-C_{31}}{\sqrt{C_{32}^2+C_{33}^2}}\\ \phi=\arctan'\dfrac{\sin\phi}{\cos\phi}=\pi+\arctan'\dfrac{\cos\theta\sin\phi}{\cos\theta\cos\phi}=\pi+\arctan'\dfrac{C_{32}}{C_{33}}\\ \psi=\arctan'\dfrac{\sin\psi}{\cos\psi}=\pi+\arctan'\dfrac{\cos\theta\sin\psi}{\cos\theta\cos\psi}=\pi+\arctan'\dfrac{C_{21}}{C_{11}}\end{cases}\tag{1-5-49}$$

可见对于同样的旋转（非奇异），存在两组欧拉角与之对应。这与 1.5.1.5 节中所述的方向余弦矩阵与欧拉角的双重对应关系结论一致。

在导航系统中，常用方向余弦矩阵 $\boldsymbol{C}_N^E$ 表示载体位置，用 $\boldsymbol{C}_V^L$ 表示载体姿态。下面分别介绍这两种特殊的方向余弦矩阵转换为欧拉角的算法。

**将位置矩阵转换为纬度、经度和游移方位角**[14]　设 $E$ 系分别绕 $Z$ 轴旋转 $\lambda$ 角、绕 $Y$ 轴旋转 $-L$ 角、绕 $X$ 轴旋转 $\alpha$ 角后得到 $N'$ 系（其中 $\lambda$、$L$、$\alpha$ 分别为载体的经度、纬度及游移方位角，当游移方位角为零时，$N'$ 系三轴方向为 UEN），那么将 $N'$ 系的 $X$、$Y$、$Z$ 轴分别替换为 $Z$、$X$、$Y$ 轴可得到 $N$ 系。如果令式（1-5-46）中的 $M$ 系为 $N'$ 系，$F$ 系为地球系 $E$ 系，则方向余弦矩阵 $\boldsymbol{C}_{N'}^E$ 代表载体相对于地球的位置。此时式（1-5-46）中的

[13] 对应 basic/att/dcm2angle_cg.m

[14] 对应 basic/att/dcm2latlonwangle.m

$\psi$ 为经度、$\theta$ 为负纬度、$\phi$ 为游移方位角。由式（1-5-46），$\boldsymbol{C}_N^E$ 可表示为

$$
\begin{aligned}
\boldsymbol{C}_N^E &= \boldsymbol{C}_{N'}^E \boldsymbol{C}_N^{N'} \\
&= \begin{bmatrix} \cos L\cos\lambda & -\cos\alpha\sin\lambda-\sin L\cos\lambda\sin\alpha & \sin\alpha\sin\lambda-\sin L\cos\alpha\cos\lambda \\ \cos L\sin\lambda & \cos\alpha\cos\lambda-\sin L\sin\alpha\sin\lambda & -\cos\lambda\sin\alpha-\sin L\cos\alpha\sin\lambda \\ \sin L & \cos L\sin\alpha & \cos L\cos\alpha \end{bmatrix}\begin{bmatrix} 0 & 0 & 1 \\ 1 & 0 & 0 \\ 0 & 1 & 0 \end{bmatrix} \\
&= \begin{bmatrix} -\cos\alpha\sin\lambda-\sin L\cos\lambda\sin\alpha & \sin\alpha\sin\lambda-\sin L\cos\alpha\cos\lambda & \cos L\cos\lambda \\ \cos\alpha\cos\lambda-\sin L\sin\alpha\sin\lambda & -\cos\lambda\sin\alpha-\sin L\cos\alpha\sin\lambda & \cos L\sin\lambda \\ \cos L\sin\alpha & \cos L\cos\alpha & \sin L \end{bmatrix}
\end{aligned} \tag{1-5-50}
$$

在导航系统中，位置矩阵一般由 $\boldsymbol{C}_N^E$ 表示。为将其转换为纬度、经度及游移方位角，可以将 $\boldsymbol{C}_N^E$ 转换为 $\boldsymbol{C}_{N'}^E$（由上述坐标系定义可知，$\boldsymbol{C}_N^E$ 的第 1、2、3 列分别与 $\boldsymbol{C}_{N'}^E$ 的第 2、3、1 列相等），再由式（1-5-48）计算三个欧拉角（因为纬度总在 $\pm\frac{\pi}{2}$ 范围内），并转换为纬度、经度及游移方位角

$$
L=-\theta,\lambda=\psi,\alpha=\phi \tag{1-5-51}
$$

游移方位角 $\alpha$ 可用于将 $N$ 系水平速度分量转换为等价的北向/东向分量形式用于输出，还可以代入计算真北方位角。当纬度 $L$ 等于 $\pm\frac{\pi}{2}$ 时，经度 $\lambda$ 和游移方位角 $\alpha$ 存在奇异。该奇异性是由于 $E$ 系 $Z$ 轴与 $N$ 系 $Z$ 轴平行，这种情况下经度和方位角不能区分，且南北向变得没有意义。从导航角度解决方式是在极区时使用另一种形式的参数来定义地球表面位置和方向参考（例如使用平行和垂直于子午线的网格坐标系来定义位置）[12]。

**将姿态矩阵转换为俯仰、滚动、偏航及真北方位角**⑮　如果令式（1-5-46）中的 $M$ 系为载体系 $V$ 系，$F$ 系为当地水平坐标系 $L$ 系，则方向余弦矩阵 $\boldsymbol{C}_V^L$ 代表载体相对于当地水平面的姿态。式（1-5-46）中的 $\theta$ 为俯仰角，$\phi$ 为滚动角，$\psi$ 为偏航角。$L$ 系通过依次绕 $Z$ 轴旋转 $\psi$ 、绕 $Y$ 轴旋转 $\theta$ 、绕 $X$ 轴旋转 $\phi$ 后与 $V$ 系重合。如果将 $\theta$ 限制在 $\pm\frac{\pi}{2}$ 的范围内（适用于车辆、船舶、飞机等多数载体），可由式（1-5-48）计算欧拉角。此外，按式（1-5-48）计算的 $\psi$ 与 $V$ 系相对于地球自转轴方位的真北方位角 $\psi_{True}$ 之间相差游移方位角。因为游移方位角的测量是以绕垂直朝上方向为正向，而 $\psi$ 的测量是以绕 $L$ 系垂直朝下的 $Z$ 轴为正向，因此修正方程由下式表示

$$
\psi_{True}=\psi-\alpha \tag{1-5-52}
$$

式中　$\psi_{True}$ ——真北方位角；

$\psi$ ——式（1-5-48）计算的偏航角；

$\alpha$ ——游移方位角，通过 $N$ 系相对于地球坐标系 $E$ 系的方向余弦矩阵计算得出，由式（1-5-51）给出。

⑮　对应 basic/att/dcm2rollpityawhead. m

1.5.1.3.3 欧拉角的物理奇异性

按照旋转所绕坐标轴的顺序不同，欧拉角共有 6 种定义方式，即分别绕 $ZYX$、$ZXY$、$YXZ$、$YZX$、$XYZ$、$XZY$ 轴旋转来定义。不论由上述何种方式定义欧拉角，若绕第 2 个轴的旋转角度为 $\pm 90°$，则均存在奇异问题，具体表现在根据旋转后的姿态无法单独确定绕第 1、3 个轴的旋转角度（即另两个欧拉角）。

考虑到 $X$、$Y$、$Z$ 坐标轴的轮换对称性，可以仅考察由 $ZYX$ 和 $YZX$ 转动序列定义的欧拉角。对于前者，在绕 $Y$ 轴旋转角度为 $\pm 90°$时，方向余弦矩阵分别为

$$\begin{bmatrix} 0 & 0 & -1 \\ \sin(\phi-\psi) & \cos(\phi-\psi) & 0 \\ \cos(\phi-\psi) & -\sin(\phi-\psi) & 0 \end{bmatrix},\begin{bmatrix} 0 & 0 & 1 \\ -\sin(\phi+\psi) & \cos(\phi+\psi) & 0 \\ -\cos(\phi+\psi) & -\sin(\phi+\psi) & 0 \end{bmatrix} \tag{1-5-53}$$

对于后者，在绕 $Z$ 轴旋转角度为 $\pm 90°$时，方向余弦矩阵分别为

$$\begin{bmatrix} 0 & 1 & 0 \\ -\cos(\phi+\theta) & 0 & \sin(\phi+\theta) \\ \sin(\phi+\theta) & 0 & \cos(\phi+\theta) \end{bmatrix},\begin{bmatrix} 0 & -1 & 0 \\ \cos(\phi-\theta) & 0 & \sin(\phi-\theta) \\ -\sin(\phi-\theta) & 0 & \cos(\phi-\theta) \end{bmatrix} \tag{1-5-54}$$

式中，$\phi$、$\theta$、$\psi$ 分别为绕 $X$、$Y$、$Z$ 轴的旋转角度（3 个欧拉角）。由此可以看出，在绕第 2 个轴的旋转角度为 $\pm 90°$时，从方向余弦矩阵中无法确定绕第 1、3 个轴的旋转角度，而只能确定它们的和或差。这一结论的物理意义是，当绕第 2 个轴的旋转角度为 $\pm 90°$时，不论绕第 1、3 个轴的旋转角度值如何，只要它们的和或差为一定值，经过旋转后得到的姿态都是相同的。这一现象也表明了用欧拉角描述旋转运动的局限性。

在实际应用时，为避免或减小欧拉角物理奇异性带来的影响，常根据载体运动特性来选取合适的欧拉角定义，将绕其旋转角达到 $\pm 90°$可能性最小的轴作为旋转序列的第 2 个轴。譬如对于飞机，因少有 $\pm 90°$的俯仰角，常采用偏航、俯仰、滚动的转动序列定义欧拉角。

1.5.1.4 特征四元数

等效旋转矢量 $\boldsymbol{\theta}_{FM} \equiv \theta \boldsymbol{u}_{FM}$ 定义了一次旋转，坐标系 $F$ 绕单位矢量 $\boldsymbol{u}_{FM}$ 旋转 $\theta$ 角度与坐标系 $M$ 重合。定义这次旋转的特征四元数为

$$\boldsymbol{q}_M^F = q_0 + \boldsymbol{v}_{\boldsymbol{q}_M^F} \equiv \cos\frac{\theta}{2} + \boldsymbol{u}_{FM}\sin\frac{\theta}{2} = \mathrm{e}^{\frac{1}{2}\boldsymbol{\theta}_{FM}} \tag{1-5-55}$$

其中

$$q_0 = \cos\frac{\theta}{2}$$

$$\boldsymbol{v}_{\boldsymbol{q}_M^F} = \boldsymbol{u}_{FM}\sin\frac{\theta}{2}$$

式中 $q_0$ ——四元数的标量部分；

$\boldsymbol{v}_{\boldsymbol{q}_M^F}$ ——四元数的矢量部分，指数表示参考式（B-3-19）。

将上式写为分量形式，即

$$\boldsymbol{q}_M^F = q_0 + \boldsymbol{v}_{q_M^F} = q_0 + q_1\boldsymbol{i} + q_2\boldsymbol{j} + q_3\boldsymbol{k} = \cos\frac{\theta}{2} + u_{FMx}\sin\frac{\theta}{2}\boldsymbol{i} + u_{FMy}\sin\frac{\theta}{2}\boldsymbol{j} + u_{FMz}\sin\frac{\theta}{2}\boldsymbol{k} \tag{1-5-56}$$

式中　$\boldsymbol{i}$、$\boldsymbol{j}$、$\boldsymbol{k}$ ——虚数表示的正交坐标系中三个坐标轴的单位矢量。

对比式（1－5－55）与式（1－5－21）可知 Rodrigues 矢量与四元数的关系为

$$\boldsymbol{g}_{FM} = \frac{\boldsymbol{v}_{q_M^F}}{q_0} \tag{1-5-57}$$

1.5.1.4.1　特征四元数的性质

①特征四元数为单位四元数

②符号相反代表的相对姿态不变

设四元数 $\boldsymbol{q} = \cos\frac{\theta}{2} + \boldsymbol{u}\sin\frac{\theta}{2}$ ，则

$$\begin{aligned} -\boldsymbol{q} &= -\left(\cos\frac{\theta}{2} + \boldsymbol{u}\sin\frac{\theta}{2}\right) = -\cos\left(-\frac{\theta}{2}\right) + \boldsymbol{u}\sin\left(-\frac{\theta}{2}\right) \\ &= \cos\left(\pi - \frac{\theta}{2}\right) - \boldsymbol{u}\sin\left(\pi - \frac{\theta}{2}\right) = \cos\frac{2\pi-\theta}{2} - \boldsymbol{u}\sin\frac{2\pi-\theta}{2} \end{aligned} \tag{1-5-58}$$

即 $-\boldsymbol{q}$ 表示绕 $-\boldsymbol{u}$ 旋转 $2\pi-\theta$ ，等效于绕 $\boldsymbol{u}$ 旋转 $\theta$ ，即 $\boldsymbol{q}$ 所代表的旋转。

③在旋转前后的坐标系内分量相同

设坐标系 $F$ 经过由特征四元数 $\boldsymbol{q}_M^F$ 确定的旋转后与坐标系 $M$ 重合，$\boldsymbol{q}_M^F$ 在 $F$ 和 $M$ 系中的分量形式为

$$\begin{aligned} \boldsymbol{q}_M^F &= q_0^F + q_1^F\boldsymbol{i}_F + q_2^F\boldsymbol{j}_F + q_3^F\boldsymbol{k}_F \\ &= q_0^M + q_1^M\boldsymbol{i}_M + q_2^M\boldsymbol{j}_M + q_3^M\boldsymbol{k}_M \end{aligned} \tag{1-5-59}$$

设与 $\boldsymbol{q}_M^F$ 等效的旋转矢量为 $\boldsymbol{\theta}_{FM}$ ，则由式（1－5－56）及式（1－5－19）可知 $q_i^F = q_i^M\ (i=0,1,2,3)$ ，即 $\boldsymbol{q}_M^F$ 在 $F$ 系和 $M$ 系中的各分量相等。

④共轭特征四元数

特征四元数 $\boldsymbol{q}_M^F = \cos\frac{\theta}{2} + \boldsymbol{u}\sin\frac{\theta}{2}$ 的共轭特征四元数为 $\boldsymbol{q}_M^{F*} = \cos\frac{\theta}{2} - \boldsymbol{u}\sin\frac{\theta}{2}$。此外有

$$\boldsymbol{q}_M^{F*} = \boldsymbol{q}_F^M \tag{1-5-60}$$

即坐标系 $F$ 旋转变为坐标系 $M$ 的特征四元数的共轭为坐标系 $M$ 旋转变为坐标系 $F$ 的特征四元数。由上式还可知 $\boldsymbol{q}_M^F$、$\boldsymbol{q}_M^{F*}$、$\boldsymbol{q}_F^M$ 的标量部分 $q_0$ 相等，矢量部分关系式如下

$$\boldsymbol{v}_{q_M^{F*}} = \boldsymbol{v}_{q_F^M} = -\boldsymbol{v}_{q_M^F} \tag{1-5-61}$$

1.5.1.4.2　矢量坐标变换的特征四元数描述

考虑任意矢量 $\boldsymbol{v}$ 在坐标系 $F$ 和坐标系 $M$ 中的投影

$$\begin{aligned} \boldsymbol{v}^F &= [v_x^F \quad v_y^F \quad v_z^F]^{\mathrm{T}} \\ \boldsymbol{v}^M &= [v_x^M \quad v_y^M \quad v_z^M]^{\mathrm{T}} \end{aligned} \tag{1-5-62}$$

以标量部分为 0、矢量部分为 $\boldsymbol{v}$ ，构造相应的四元数（下标 $\boldsymbol{v}$ 代表从矢量 $\boldsymbol{v}$ 扩充的四元数，

下同）

$$\begin{aligned}\boldsymbol{q}_{v}^{F} &= [0 \quad v_x^F \quad v_y^F \quad v_z^F]^{\mathrm{T}} \\ \boldsymbol{q}_{v}^{M} &= [0 \quad v_x^M \quad v_y^M \quad v_z^M]^{\mathrm{T}}\end{aligned} \tag{1-5-63}$$

设 $F$ 系旋转变为 $M$ 系的特征四元数为 $\boldsymbol{q}_M^F$，对应的等效旋转矢量为 $\boldsymbol{\theta}_{FM}$，关系为

$$\begin{aligned}\boldsymbol{q}_M^F &= q_0 + \boldsymbol{v}_{\boldsymbol{q}_M^F} = \cos\frac{\theta}{2} + \frac{\boldsymbol{\theta}_{FM}}{\theta}\sin\frac{\theta}{2} \\ &= \begin{bmatrix}\cos\dfrac{\theta}{2} & \dfrac{\theta_x}{\theta}\sin\dfrac{\theta}{2} & \dfrac{\theta_y}{\theta}\sin\dfrac{\theta}{2} & \dfrac{\theta_z}{\theta}\sin\dfrac{\theta}{2}\end{bmatrix}^{\mathrm{T}}\end{aligned} \tag{1-5-64}$$

式中，$\theta_x$、$\theta_y$、$\theta_z$ 分别为 $\boldsymbol{\theta}_{FM}$ 的 $x$、$y$、$z$ 分量。

为简洁起见，在不产生歧义的情况下，本大节下文中均采用上述简记法。考虑下面的四元数乘法

$$\begin{aligned}
&\boldsymbol{q}_M^F \circ \boldsymbol{q}_v^M \circ \boldsymbol{q}_M^{F*} \\
&= (\boldsymbol{q}_M^F \circ)(\boldsymbol{q}_v^M \circ \boldsymbol{q}_M^{F*}) = (\boldsymbol{q}_M^F \circ)(\boldsymbol{q}_M^{F*} \circ^{*})\boldsymbol{q}_v^M \\
&= \begin{bmatrix} q_0 & -q_1 & -q_2 & -q_3 \\ q_1 & q_0 & -q_3 & q_2 \\ q_2 & q_3 & q_0 & -q_1 \\ q_3 & -q_2 & q_1 & q_0 \end{bmatrix}\begin{bmatrix} q_0 & q_1 & q_2 & q_3 \\ -q_1 & q_0 & -q_3 & q_2 \\ -q_2 & q_3 & q_0 & -q_1 \\ -q_3 & -q_2 & q_1 & q_0 \end{bmatrix}\begin{bmatrix} 0 \\ v_x^M \\ v_y^M \\ v_z^M \end{bmatrix} \\
&= \begin{bmatrix} 1 & 0 & 0 & 0 \\ 0 & q_0^2+q_1^2-q_2^2-q_3^2 & 2(q_1q_2-q_0q_3) & 2(q_1q_3+q_0q_2) \\ 0 & 2(q_1q_2+q_0q_3) & q_0^2-q_1^2+q_2^2-q_3^2 & 2(q_2q_3-q_0q_1) \\ 0 & 2(q_1q_3-q_0q_2) & 2(q_2q_3+q_0q_1) & q_0^2-q_1^2-q_2^2+q_3^2 \end{bmatrix}\begin{bmatrix} 0 \\ v_x^M \\ v_y^M \\ v_z^M \end{bmatrix} \\
&= \begin{bmatrix} 1 & 0 & 0 & 0 \\ 0 & 1-(\theta_y^2+\theta_z^2)\dfrac{(1-\cos\theta)}{\theta^2} & -\dfrac{\theta_z}{\theta}\sin\theta+\theta_x\theta_y\dfrac{(1-\cos\theta)}{\theta^2} & \dfrac{\theta_y}{\theta}\sin\theta+\theta_x\theta_z\dfrac{(1-\cos\theta)}{\theta^2} \\ 0 & \dfrac{\theta_z}{\theta}\sin\theta+\theta_x\theta_y\dfrac{(1-\cos\theta)}{\theta^2} & 1-(\theta_x^2+\theta_z^2)\dfrac{(1-\cos\theta)}{\theta^2} & -\dfrac{\theta_x}{\theta}\sin\theta+\theta_y\theta_z\dfrac{(1-\cos\theta)}{\theta^2} \\ 0 & -\dfrac{\theta_y}{\theta}\sin\theta+\theta_x\theta_z\dfrac{(1-\cos\theta)}{\theta^2} & \dfrac{\theta_x}{\theta}\sin\theta+\theta_y\theta_z\dfrac{(1-\cos\theta)}{\theta^2} & 1-(\theta_x^2+\theta_y^2)\dfrac{(1-\cos\theta)}{\theta^2} \end{bmatrix}\begin{bmatrix} 0 \\ v_x^M \\ v_y^M \\ v_z^M \end{bmatrix} \\
&= \begin{bmatrix} 1 & 0 \\ 0 & \boldsymbol{I} + \dfrac{\sin\theta}{\theta}(\boldsymbol{\theta}_{FM}\times) + \dfrac{(1-\cos\theta)}{\theta^2}(\boldsymbol{\theta}_{FM}\times)^2 \end{bmatrix}\begin{bmatrix} 0 \\ \boldsymbol{v}^M \end{bmatrix} \\
&= \begin{bmatrix} 1 & 0 \\ 0 & \boldsymbol{C}_M^F \end{bmatrix}\begin{bmatrix} 0 \\ \boldsymbol{v}^M \end{bmatrix} = \begin{bmatrix} 0 \\ \boldsymbol{v}^F \end{bmatrix} = \boldsymbol{q}_v^F
\end{aligned} \tag{1-5-65}$$

式中，$q_0$、$q_1$、$q_2$、$q_3$ 分别为 $\boldsymbol{q}_M^F$ 的四个元素。因此矢量坐标变换关系可使用四元数描述

$$\boldsymbol{q}_v^F = \boldsymbol{q}_M^F \circ \boldsymbol{q}_v^M \circ \boldsymbol{q}_M^{F*} \tag{1-5-66}$$

使用完全类似的过程可得到

$$\boldsymbol{q}_{\boldsymbol{v}}^{M}=\boldsymbol{q}_{F}^{M}\circ\boldsymbol{q}_{\boldsymbol{v}}^{F}\circ\boldsymbol{q}_{F}^{M*} \tag{1-5-67}$$

考虑矢量 $\boldsymbol{v}$ 在另一坐标系 $R$ 中的投影

$$\begin{cases}\boldsymbol{q}_{\boldsymbol{v}}^{F}=\boldsymbol{q}_{R}^{F}\circ\boldsymbol{q}_{\boldsymbol{v}}^{R}\circ\boldsymbol{q}_{R}^{F*}\\ \boldsymbol{q}_{\boldsymbol{v}}^{M}=\boldsymbol{q}_{R}^{M}\circ\boldsymbol{q}_{\boldsymbol{v}}^{R}\circ\boldsymbol{q}_{R}^{M*}\end{cases} \tag{1-5-68}$$

将上式代入式（1－5－66），易得

$$\boldsymbol{q}_{R}^{F}=\boldsymbol{q}_{M}^{F}\circ\boldsymbol{q}_{R}^{M} \tag{1-5-69}$$

上式即特征四元数乘法的链式法则。

1.5.1.4.3　特征四元数转换为方向余弦矩阵[16]

利用方向余弦矩阵与等效旋转矢量的关系式（1－5－23），结合式（1－5－64），可得 $\boldsymbol{q}_{M}^{F}$ 对应的方向余弦矩阵 $\boldsymbol{C}_{M}^{F}$ 为

$$\begin{aligned}\boldsymbol{C}_{M}^{F}&=\boldsymbol{I}+\frac{\sin\theta}{\theta}(\boldsymbol{\theta}_{FM}\times)+\frac{(1-\cos\theta)}{\theta^{2}}(\boldsymbol{\theta}_{FM}\times)^{2}\\&=\boldsymbol{I}+\frac{\sin\theta}{\theta}\frac{\theta}{\sin\frac{\theta}{2}}(\boldsymbol{v}_{\boldsymbol{q}_{M}^{F}}\times)+\frac{(1-\cos\theta)}{\theta^{2}}\frac{\theta^{2}}{\sin^{2}\frac{\theta}{2}}(\boldsymbol{v}_{\boldsymbol{q}_{M}^{F}}\times)^{2}\\&=\boldsymbol{I}+2q_{0}(\boldsymbol{v}_{\boldsymbol{q}_{M}^{F}}\times)+2(\boldsymbol{v}_{\boldsymbol{q}_{M}^{F}}\times)^{2}\\&=\begin{bmatrix}q_{0}^{2}+q_{1}^{2}-q_{2}^{2}-q_{3}^{2}&2(q_{1}q_{2}-q_{0}q_{3})&2(q_{1}q_{3}+q_{0}q_{2})\\2(q_{1}q_{2}+q_{0}q_{3})&q_{0}^{2}-q_{1}^{2}+q_{2}^{2}-q_{3}^{2}&2(q_{2}q_{3}-q_{0}q_{1})\\2(q_{1}q_{3}-q_{0}q_{2})&2(q_{2}q_{3}+q_{0}q_{1})&q_{0}^{2}-q_{1}^{2}-q_{2}^{2}+q_{3}^{2}\end{bmatrix}\end{aligned} \tag{1-5-70}$$

1.5.1.4.4　方向余弦矩阵转换为特征四元数[17]

由式（1－5－70）中的对角元素可得到

$$\begin{aligned}P_{0}&=4q_{0}^{2}=1+\mathrm{tr}(\boldsymbol{C}_{M}^{F})\\P_{1}&=4q_{1}^{2}=1+2C_{11}-\mathrm{tr}(\boldsymbol{C}_{M}^{F})\\P_{2}&=4q_{2}^{2}=1+2C_{22}-\mathrm{tr}(\boldsymbol{C}_{M}^{F})\\P_{3}&=4q_{3}^{2}=1+2C_{33}-\mathrm{tr}(\boldsymbol{C}_{M}^{F})\end{aligned} \tag{1-5-71}$$

式中，tr 为矩阵的迹。通过上式即可解出四元数的所有分量，但仅用到了方向余弦矩阵对角线上的 3 个元素。下面介绍一种利用更多元素的算法（参考文献［12］3.2.4.3 节）。

由式（1－5－70）中的非对角元素可得到

$$\begin{aligned}q_{1}q_{2}&=\frac{C_{21}+C_{12}}{4},\quad q_{0}q_{3}=\frac{C_{21}-C_{12}}{4}\\q_{1}q_{3}&=\frac{C_{13}+C_{31}}{4},\quad q_{0}q_{2}=\frac{C_{13}-C_{31}}{4}\\q_{2}q_{3}&=\frac{C_{32}+C_{23}}{4},\quad q_{0}q_{1}=\frac{C_{32}-C_{23}}{4}\end{aligned} \tag{1-5-72}$$

---

[16] 对应 basic/att/quat2dcm _ cg. m

[17] 对应 basic/att/dcm2quat _ cg. m

可见只要使用式（1-5-71）中的任意一项解出四元数的某个分量，再使用式（1-5-72）即可解出四元数的其他三个分量。采取如下算法：

1）如 $\max(P_0, P_1, P_2, P_3)=P_0$，则

$$q_0=\frac{\sqrt{P_0}}{2},\quad q_1=\frac{C_{32}-C_{23}}{4q_0},\quad q_2=\frac{C_{13}-C_{31}}{4q_0},\quad q_3=\frac{C_{21}-C_{12}}{4q_0} \tag{1-5-73}$$

2）如 $\max(P_0, P_1, P_2, P_3)=P_1$，则

$$q_1=\frac{\sqrt{P_1}}{2},\quad q_2=\frac{C_{21}+C_{12}}{4q_1},\quad q_3=\frac{C_{13}+C_{31}}{4q_1},\quad q_0=\frac{C_{32}-C_{23}}{4q_1} \tag{1-5-74}$$

3）如 $\max(P_0, P_1, P_2, P_3)=P_2$，则

$$q_2=\frac{\sqrt{P_2}}{2},\quad q_3=\frac{C_{32}+C_{23}}{4q_2},\quad q_0=\frac{C_{13}-C_{31}}{4q_2},\quad q_1=\frac{C_{21}+C_{12}}{4q_2} \tag{1-5-75}$$

4）如 $\max(P_0, P_1, P_2, P_3)=P_3$，则

$$q_3=\frac{\sqrt{P_3}}{2},\quad q_0=\frac{C_{21}-C_{12}}{4q_3},\quad q_1=\frac{C_{13}+C_{31}}{4q_3},\quad q_2=\frac{C_{32}+C_{23}}{4q_3} \tag{1-5-76}$$

得到所有元素后，如 $q_0<0$，则将所有元素反号

$$q_0=-q_0,\quad q_1=-q_1,\quad q_2=-q_2,\quad q_3=-q_3 \tag{1-5-77}$$

由式（1-5-70）可知，四元数所有元素反号后方向余弦矩阵的值不受影响；该操作的数学意义是确保 $q_0$ 始终为非负；由式（1-5-64）可知 $q_0$ 非负等价于 $\cos\frac{\theta}{2}$ 非负，亦即 $\left|\frac{\theta}{2}\right|\leqslant\frac{\pi}{2}$ 或 $|\theta|\leqslant\pi$。

上述算法能够保证各分母不为零，从而不出现奇异解。

1.5.1.4.5 等效旋转矢量转换为特征四元数⑱

由于特征四元数是根据等效旋转矢量定义的，根据定义及式（1-5-64）可得

$$\boldsymbol{q}_M^F=\cos\frac{\theta_{FM}}{2}+\frac{\boldsymbol{\theta}_{FM}}{\theta_{FM}}\sin\frac{\theta_{FM}}{2} \tag{1-5-78}$$

写为分量形式

$$q_0+q_1\boldsymbol{i}+q_2\boldsymbol{j}+q_3\boldsymbol{k}=\cos\frac{\theta_{FM}}{2}+\frac{\theta_x}{\theta_{FM}}\sin\frac{\theta_{FM}}{2}\boldsymbol{i}+\frac{\theta_y}{\theta_{FM}}\sin\frac{\theta_{FM}}{2}\boldsymbol{j}+\frac{\theta_z}{\theta_{FM}}\sin\frac{\theta_{FM}}{2}\boldsymbol{k} \tag{1-5-79}$$

1.5.1.4.6 特征四元数转换为等效旋转矢量⑲

根据式（1-5-79），易得

$$\begin{cases}\cos\dfrac{\theta_{FM}}{2}=q_0\\ \sin\dfrac{\theta_{FM}}{2}=\sqrt{q_1^2+q_2^2+q_3^2}\end{cases} \tag{1-5-80}$$

---

⑱ 对应 basic/att/rv2quat _ exact. m

⑲ 对应 basic/att/quat2rv. m

注意上式已将 $\theta_{FM}$ 的值域限定为 $[0,\ 2\pi]$。如果在 $q_0 < 0$ 时将四元数反号[20]（符号相反的四元数代表的旋转不变），则 $\theta_{FM}$ 的值域进一步限定为 $[0,\ \pi]$。由式（1-5-80）可得

$$\frac{\theta_{FM}}{2}=\arctan\frac{\sqrt{q_1^2+q_2^2+q_3^2}}{q_0} \tag{1-5-81}$$

再由式（1-5-79）可得

$$\begin{cases}\theta_x=\dfrac{\theta_{FM}}{\sin(\theta_{FM}/2)}q_1\\ \theta_y=\dfrac{\theta_{FM}}{\sin(\theta_{FM}/2)}q_2\\ \theta_z=\dfrac{\theta_{FM}}{\sin(\theta_{FM}/2)}q_3\end{cases} \tag{1-5-82}$$

为了避免式（1-5-82）出现奇异，可将 $\dfrac{\sin(\theta_{FM}/2)}{\theta_{FM}}$ 进行泰勒展开

$$f\equiv\frac{\sin(\theta_{FM}/2)}{\theta_{FM}}=\frac{1}{2}\left[1-\frac{(\theta_{FM}/2)^2}{3!}+\frac{(\theta_{FM}/2)^4}{5!}-\frac{(\theta_{FM}/2)^6}{7!}+\cdots\right] \tag{1-5-83}$$

由于 $\theta_{FM}$ 限制在 $0\sim\pi$，可保证 $f$ 不会趋近零，式（1-5-82）始终可计算。

#### 1.5.1.5　方向余弦矩阵、特征四元数、等效旋转矢量和欧拉角之间的双重及多重对应关系

方向余弦矩阵描述了两个坐标系之间的相对姿态，而特征四元数、等效旋转矢量和欧拉角等姿态参数不仅包含相对姿态信息，还包含转动过程的信息。对于相同的相对姿态，可能有多种转动过程来实现，因此这些姿态参数之间存在双重及多重对应关系。

由式（1-5-58）可知，对于 $M$ 系相对于 $F$ 系的姿态，有 $\boldsymbol{q}_M^F$ 和 $-\boldsymbol{q}_M^F$ 两个四元数可以表示，两者分别代表了正向及逆向转动过程；另外，当 $\boldsymbol{q}_M^F$ 改变符号为 $-\boldsymbol{q}_M^F$ 时，$q_i\ (i=1,\ 2,\ 3,\ 4)$ 均改变符号，但根据式（1-5-70）计算得到的方向余弦矩阵相同。此即方向余弦矩阵相对于四元数的双重对应关系。

由式（1-5-78）可知，当等效旋转矢量的角度值 $\theta_{FM}$ 和方向 $\boldsymbol{u}$ 均取反，或者 $\theta_{FM}$ 加减 $2\pi$ 的整数倍时，对应的四元数 $\boldsymbol{q}_M^F$ 不变。此即四元数相对于等效旋转矢量的多重对应关系。

当将 $F$ 系通过绕 $Z$ 轴旋转 $\psi$、绕 $Y$ 轴旋转 $\theta$、绕 $X$ 轴旋转 $\phi$ 的 3 次欧拉角旋转得到 $M$ 系时，方向余弦矩阵如式（1-5-46）所示。容易证明，当 $F$ 系通过绕 $Z$ 轴旋转 $\psi+\pi$、绕 $Y$ 轴旋转 $\pi-\theta$、绕 $X$ 轴旋转 $\phi+\pi$ 的 3 次欧拉角旋转得到 $M$ 系时，通过式（1-5-46）计算的方向余弦矩阵不变（可以证明这样等效的欧拉角仅此一组）。也就是说，对于同样的旋转，有且仅有两组欧拉角可以实现（在非奇异的情况下）。此即方向余弦矩阵相对于欧拉角的双重对应关系。

---

[20] 对应 basic/att/quatwrap.m

由此可知，方向余弦矩阵在表达两个坐标系的相对姿态关系方面具有唯一性，而特征四元数、等效旋转矢量、欧拉角在表达同一姿态关系时都存在多组等效的量。

### 1.5.2　姿态参数的误差特性

对导航系统进行误差分析时，首先需要考虑导航计算机负责计算的姿态参数的误差特性。这些误差可能来自于不正确的初始化参数、数字化采样周期导致的近似、软件设计错误、计算机字长有限导致的舍入误差，以及导航传感器的测量误差。

为了便于分析姿态参数误差，本节使用无上标的 $x$ 表示理想情况下不包含误差的物理量，相应的 $\hat{x}$ 表示实际计算时包含误差的物理量。此时 $\hat{x}$ 与 $x$ 的差值表征了 $\hat{x}$ 中误差的大小。

#### 1.5.2.1　方向余弦矩阵的非正交归一化误差㉑

包含误差的方向余弦矩阵可表示为[12]

$$\hat{\boldsymbol{C}} \equiv (\boldsymbol{I}+\boldsymbol{E})\boldsymbol{C} \tag{1-5-84}$$

式中　$\boldsymbol{I}$ ——单位矩阵；

$\boldsymbol{E}$ ——误差矩阵。

为便于后续分析，将误差矩阵分为两部分

$$\boldsymbol{E}=\frac{1}{2}(\boldsymbol{E}+\boldsymbol{E}^{\mathrm{T}})+\frac{1}{2}(\boldsymbol{E}-\boldsymbol{E}^{\mathrm{T}}) \tag{1-5-85}$$

分别对两部分求转置

$$\begin{cases}\left[\dfrac{1}{2}(\boldsymbol{E}+\boldsymbol{E}^{\mathrm{T}})\right]^{\mathrm{T}}=\dfrac{1}{2}(\boldsymbol{E}+\boldsymbol{E}^{\mathrm{T}})\\ \left[\dfrac{1}{2}(\boldsymbol{E}-\boldsymbol{E}^{\mathrm{T}})\right]^{\mathrm{T}}=-\dfrac{1}{2}(\boldsymbol{E}-\boldsymbol{E}^{\mathrm{T}})\end{cases} \tag{1-5-86}$$

可见这两部分分别为对称矩阵和反对称矩阵。使用 $\boldsymbol{E}_{Sym}$ 表示误差矩阵的对称部分，$\boldsymbol{E}_{SkSym}$ 表示误差矩阵的反对称部分，即

$$\begin{cases}\boldsymbol{E}_{Sym}=\dfrac{1}{2}(\boldsymbol{E}+\boldsymbol{E}^{\mathrm{T}})\\ \boldsymbol{E}_{SkSym}=\dfrac{1}{2}(\boldsymbol{E}-\boldsymbol{E}^{\mathrm{T}})\end{cases} \tag{1-5-87}$$

代入式（1-5-84）得

$$\hat{\boldsymbol{C}}=(\boldsymbol{I}+\boldsymbol{E}_{Sym}+\boldsymbol{E}_{SkSym})\boldsymbol{C} \tag{1-5-88}$$

下面对 $\boldsymbol{E}_{Sym}$ 进行具体分析。计算包含误差的方向余弦矩阵与其转置的乘积

---

㉑　对应 basic/att/dcmdiff.m

$$
\begin{aligned}
\hat{\boldsymbol{C}}\hat{\boldsymbol{C}}^{\mathrm{T}} &= (\boldsymbol{I}+\boldsymbol{E}_{Sym}+\boldsymbol{E}_{SkSym})\boldsymbol{C}\,[(\boldsymbol{I}+\boldsymbol{E}_{Sym}+\boldsymbol{E}_{SkSym})\boldsymbol{C}]^{\mathrm{T}} \\
&= (\boldsymbol{I}+\boldsymbol{E}_{Sym}+\boldsymbol{E}_{SkSym})\boldsymbol{C}\boldsymbol{C}^{\mathrm{T}}(\boldsymbol{I}+\boldsymbol{E}_{Sym}-\boldsymbol{E}_{SkSym}) \\
&= (\boldsymbol{I}+\boldsymbol{E}_{Sym}+\boldsymbol{E}_{SkSym})(\boldsymbol{I}+\boldsymbol{E}_{Sym}-\boldsymbol{E}_{SkSym}) \\
&\approx \boldsymbol{I}+2\boldsymbol{E}_{Sym}
\end{aligned} \tag{1-5-89}
$$

最后一个约等号忽略了二阶小量（在 $\hat{\boldsymbol{C}}$ 相对于 $\boldsymbol{C}$ 的误差较小时，可以忽略），故 $\boldsymbol{E}_{Sym}$ 可使用方向余弦矩阵表示为

$$
\boldsymbol{E}_{Sym} \approx \frac{1}{2}(\hat{\boldsymbol{C}}\hat{\boldsymbol{C}}^{\mathrm{T}}-\boldsymbol{I}) \tag{1-5-90}
$$

将方向余弦矩阵进一步展开为分量形式

$$
\hat{\boldsymbol{C}}^{\mathrm{T}} = [\hat{\boldsymbol{u}}_1 \quad \hat{\boldsymbol{u}}_2 \quad \hat{\boldsymbol{u}}_3],\quad \hat{\boldsymbol{C}} = \begin{bmatrix} \hat{\boldsymbol{u}}_1^{\mathrm{T}} \\ \hat{\boldsymbol{u}}_2^{\mathrm{T}} \\ \hat{\boldsymbol{u}}_3^{\mathrm{T}} \end{bmatrix} \tag{1-5-91}
$$

式中，$\hat{\boldsymbol{u}}_1$、$\hat{\boldsymbol{u}}_2$、$\hat{\boldsymbol{u}}_3$ 为 $\hat{\boldsymbol{C}}^{\mathrm{T}}$ 的列矢量，其转置为 $\hat{\boldsymbol{C}}$ 的行矢量。将式（1－5－91）代入式（1－5－90）得

$$
\begin{aligned}
\boldsymbol{E}_{Sym} &\approx \frac{1}{2}\begin{bmatrix} \hat{\boldsymbol{u}}_1^{\mathrm{T}}\hat{\boldsymbol{u}}_1-1 & \hat{\boldsymbol{u}}_1^{\mathrm{T}}\hat{\boldsymbol{u}}_2 & \hat{\boldsymbol{u}}_1^{\mathrm{T}}\hat{\boldsymbol{u}}_3 \\ \hat{\boldsymbol{u}}_2^{\mathrm{T}}\hat{\boldsymbol{u}}_1 & \hat{\boldsymbol{u}}_2^{\mathrm{T}}\hat{\boldsymbol{u}}_2-1 & \hat{\boldsymbol{u}}_2^{\mathrm{T}}\hat{\boldsymbol{u}}_3 \\ \hat{\boldsymbol{u}}_3^{\mathrm{T}}\hat{\boldsymbol{u}}_1 & \hat{\boldsymbol{u}}_3^{\mathrm{T}}\hat{\boldsymbol{u}}_2 & \hat{\boldsymbol{u}}_3^{\mathrm{T}}\hat{\boldsymbol{u}}_3-1 \end{bmatrix} \\
&= \frac{1}{2}\begin{bmatrix} \hat{\boldsymbol{u}}_1\cdot\hat{\boldsymbol{u}}_1-1 & \hat{\boldsymbol{u}}_1\cdot\hat{\boldsymbol{u}}_2 & \hat{\boldsymbol{u}}_1\cdot\hat{\boldsymbol{u}}_3 \\ \hat{\boldsymbol{u}}_2\cdot\hat{\boldsymbol{u}}_1 & \hat{\boldsymbol{u}}_2\cdot\hat{\boldsymbol{u}}_2-1 & \hat{\boldsymbol{u}}_2\cdot\hat{\boldsymbol{u}}_3 \\ \hat{\boldsymbol{u}}_3\cdot\hat{\boldsymbol{u}}_1 & \hat{\boldsymbol{u}}_3\cdot\hat{\boldsymbol{u}}_2 & \hat{\boldsymbol{u}}_3\cdot\hat{\boldsymbol{u}}_3-1 \end{bmatrix}
\end{aligned} \tag{1-5-92}
$$

理想情况下误差应为零，即 $\boldsymbol{E}_{Sym}$ 的各个元素应为零。观察式（1－5－92）可发现，当且仅当 $\hat{\boldsymbol{C}}$ 的三个行矢量的长度均为 1 时，$\boldsymbol{E}_{Sym}$ 的对角线元素为零；当且仅当 $\hat{\boldsymbol{C}}$ 的三个行矢量两两正交时，$\boldsymbol{E}_{Sym}$ 的非对角线元素为零。换言之，$\boldsymbol{E}_{Sym}$ 表征了 $\hat{\boldsymbol{C}}$ 的非正交归一化误差。

使用 $\delta_{Orth_{ij}}$ 表示 $\boldsymbol{C}$ 的第 $i$ 个行矢量与第 $j$ 个行矢量的非正交误差，使用 $\delta_{Norm_i}$ 表示第 $i$ 个行矢量的非归一化误差，根据定义可得

$$
\begin{cases} \hat{\boldsymbol{u}}_i\cdot\hat{\boldsymbol{u}}_j = \cos\left(\dfrac{\pi}{2}+\delta_{Orth_{ij}}\right) \\ \hat{\boldsymbol{u}}_i = (1+\delta_{Norm_i})\boldsymbol{u}_i \end{cases} \tag{1-5-93}
$$

计算 $\boldsymbol{E}_{Sym}$ 的各元素得到

$$
\begin{aligned}
&E_{Sym_{ij(i\neq j)}} \approx \frac{1}{2}(\hat{\boldsymbol{u}}_i\cdot\hat{\boldsymbol{u}}_j) = \frac{1}{2}\cos\left(\frac{\pi}{2}+\delta_{Orth_{ij}}\right) = \frac{1}{2}\sin\delta_{Orth_{ij}} \approx \frac{1}{2}\delta_{Orth_{ij}} \\
&E_{Sym_{ii}} \approx \frac{1}{2}(\hat{\boldsymbol{u}}_i\cdot\hat{\boldsymbol{u}}_i-1) = \frac{1}{2}[(1+\delta_{Norm_i})^2-1] \approx \delta_{Norm_i}
\end{aligned} \tag{1-5-94}
$$

上式说明 $\boldsymbol{E}_{Sym}$ 的非对角元素约等于 $\hat{\boldsymbol{C}}$ 相应行矢量非正交误差的一半，对角元素约等于 $\hat{\boldsymbol{C}}$ 相应行矢量的非归一化误差。

上面从行矢量的角度分析了 $\hat{\boldsymbol{C}}$ 的非正交归一化误差，另一方面也可从列矢量的角度分析。类似于式（1-5-84），定义误差矩阵 $\boldsymbol{E}'$ 满足

$$\hat{\boldsymbol{C}} \equiv \boldsymbol{C}(\boldsymbol{I}+\boldsymbol{E}') \tag{1-5-95}$$

使用完全类似的推导可得到

$$\boldsymbol{E}'_{Sym} \approx \frac{1}{2}(\hat{\boldsymbol{C}}^{\mathrm{T}}\hat{\boldsymbol{C}}-\boldsymbol{I}) \tag{1-5-96}$$

式中，$\boldsymbol{E}'_{Sym}$ 表示误差矩阵的对称部分。类似地，$\boldsymbol{E}'_{Sym}$ 的非对角元素约等于 $\hat{\boldsymbol{C}}$ 相应列矢量非正交误差的一半，对角元素约等于 $\hat{\boldsymbol{C}}$ 相应列矢量的非归一化误差。

联立式（1-5-90）与式（1-5-96）可得到

$$\boldsymbol{E}_{Sym}\hat{\boldsymbol{C}} \approx \frac{1}{2}(\hat{\boldsymbol{C}}\hat{\boldsymbol{C}}^{\mathrm{T}}-\boldsymbol{I})\hat{\boldsymbol{C}}=\hat{\boldsymbol{C}}\frac{1}{2}(\hat{\boldsymbol{C}}^{\mathrm{T}}\hat{\boldsymbol{C}}-\boldsymbol{I}) \approx \hat{\boldsymbol{C}}\boldsymbol{E}'_{Sym} \tag{1-5-97}$$

上式等价于

$$\boldsymbol{E}_{Sym} \approx \hat{\boldsymbol{C}}\boldsymbol{E}'_{Sym}(\hat{\boldsymbol{C}})^{-1} \tag{1-5-98}$$

下面讨论 $\boldsymbol{E}_{Sym}$ 的动态特性。不失一般性，令 $\boldsymbol{C}=\boldsymbol{C}_M^F$，参考方向余弦矩阵微分方程式（1-5-201），在导航计算机内实际执行的包含误差的方向余弦矩阵微分方程可表示为

$$\dot{\hat{\boldsymbol{C}}}_M^F=\hat{\boldsymbol{C}}_M^F(\hat{\boldsymbol{\omega}}_{IM}^M\times)-(\hat{\boldsymbol{\omega}}_{IF}^F\times)\hat{\boldsymbol{C}}_M^F+\delta\dot{\hat{\boldsymbol{C}}}_M^F \tag{1-5-99}$$

式中，$\delta\dot{\hat{\boldsymbol{C}}}_M^F$ 表示方向余弦矩阵计算误差的导数（由数值积分中的近似、计算机字长有限导致的舍入误差导致）。对式（1-5-99）等号两边求转置，得到

$$(\dot{\hat{\boldsymbol{C}}}_M^F)^{\mathrm{T}}=-(\hat{\boldsymbol{\omega}}_{IM}^M\times)(\hat{\boldsymbol{C}}_M^F)^{\mathrm{T}}+(\hat{\boldsymbol{C}}_M^F)^{\mathrm{T}}(\hat{\boldsymbol{\omega}}_{IF}^F\times)+(\delta\dot{\hat{\boldsymbol{C}}}_M^F)^{\mathrm{T}} \tag{1-5-100}$$

根据式（1-5-90），误差矩阵满足

$$\boldsymbol{E}_{Sym} \approx \frac{1}{2}[\hat{\boldsymbol{C}}_M^F(\hat{\boldsymbol{C}}_M^F)^{\mathrm{T}}-\boldsymbol{I}] \tag{1-5-101}$$

对上式求微分并应用式（1-5-99）与式（1-5-100），得到

$$\begin{aligned}\dot{\boldsymbol{E}}_{Sym} &\approx \frac{1}{2}[\dot{\hat{\boldsymbol{C}}}_M^F(\hat{\boldsymbol{C}}_M^F)^{\mathrm{T}}+\hat{\boldsymbol{C}}_M^F(\dot{\hat{\boldsymbol{C}}}_M^F)^{\mathrm{T}}]\\ &=\frac{1}{2}[\hat{\boldsymbol{C}}_M^F(\hat{\boldsymbol{C}}_M^F)^{\mathrm{T}}(\hat{\boldsymbol{\omega}}_{IF}^F\times)-(\hat{\boldsymbol{\omega}}_{IF}^F\times)\hat{\boldsymbol{C}}_M^F(\hat{\boldsymbol{C}}_M^F)^{\mathrm{T}}+\delta\dot{\hat{\boldsymbol{C}}}_M^F(\hat{\boldsymbol{C}}_M^F)^{\mathrm{T}}+\hat{\boldsymbol{C}}_M^F(\delta\dot{\hat{\boldsymbol{C}}}_M^F)^{\mathrm{T}}]\\ &\approx \boldsymbol{E}_{Sym}(\hat{\boldsymbol{\omega}}_{IF}^F\times)-(\hat{\boldsymbol{\omega}}_{IF}^F\times)\boldsymbol{E}_{Sym}+\frac{1}{2}[\delta\dot{\hat{\boldsymbol{C}}}_M^F(\hat{\boldsymbol{C}}_M^F)^{\mathrm{T}}+\hat{\boldsymbol{C}}_M^F(\delta\dot{\hat{\boldsymbol{C}}}_M^F)^{\mathrm{T}}]\end{aligned} \tag{1-5-102}$$

式（1-5-102）说明，如果没有计算误差（$\delta\dot{\hat{\boldsymbol{C}}}_M^F=0$）且 $\boldsymbol{E}_{Sym}$ 的初值为零（初始时 $\hat{\boldsymbol{C}}_M^F$ 满足正交归一性），则 $\boldsymbol{E}_{Sym}$ 的变化率为零，其值恒为零。因此 $\boldsymbol{E}_{Sym}$ 误差矩阵仅可能来自于计

算误差和方向余弦矩阵的初始非正交归一化误差，而与 $\hat{\boldsymbol{\omega}}_{IF}^{F}$ 和 $\hat{\boldsymbol{\omega}}_{IM}^{M}$ 中包含的角速度误差无关。

使用完全类似的推导过程，可得到误差矩阵 $\boldsymbol{E}'_{Sym}$ 的微分方程

$$\dot{\boldsymbol{E}}'_{Sym}=\boldsymbol{E}'_{Sym}(\hat{\boldsymbol{\omega}}_{IM}^{M}\times)-(\hat{\boldsymbol{\omega}}_{IM}^{M}\times)\boldsymbol{E}'_{Sym}+\frac{1}{2}[(\hat{\boldsymbol{C}}_{M}^{F})^{\mathrm{T}}\delta\dot{\hat{\boldsymbol{C}}}_{M}^{F}+(\delta\dot{\hat{\boldsymbol{C}}}_{M}^{F})^{\mathrm{T}}\hat{\boldsymbol{C}}_{M}^{F}] \tag{1-5-103}$$

对上式进行误差分析可得到与式（1-5-102）相同的结论。

#### 1.5.2.2　方向余弦矩阵的失准角误差[22]

设式（1-5-88）中的 $\boldsymbol{C}$、$\hat{\boldsymbol{C}}$ 分别表示 $M$ 系相对于 $F$ 系姿态的真实方向余弦矩阵及有误差的方向余弦矩阵（认为 $M$ 系有误差），即 $\boldsymbol{C}=\boldsymbol{C}_{F}^{M}$，$\hat{\boldsymbol{C}}=\boldsymbol{C}_{F}^{\hat{M}}$。若忽略非正交归一化误差，可将式（1-5-88）表示为

$$\boldsymbol{I}+\boldsymbol{E}_{SkSym}\approx\hat{\boldsymbol{C}}\boldsymbol{C}^{T}=\boldsymbol{C}_{F}^{\hat{M}}\boldsymbol{C}_{M}^{F}=\boldsymbol{C}_{M}^{\hat{M}} \tag{1-5-104}$$

此外由等效旋转矢量到方向余弦矩阵的转换式（1-5-24），当 $\hat{M}$ 系相对于 $M$ 系的旋转矢量为小量时，转换式可近似为

$$\boldsymbol{C}_{M}^{\hat{M}}\approx\boldsymbol{I}-(\boldsymbol{\theta}_{M\hat{M}}\times) \tag{1-5-105}$$

上式意味着相差小角度的两个坐标系之间的方向余弦矩阵等于单位矩阵与小角度旋转相应的反对称矩阵之和。同理，式（1-5-104）中的反对称矩阵 $\boldsymbol{E}_{SkSym}$ 也等价于一个小角度的旋转，该角度导致 $\hat{M}$ 系与 $M$ 系不再重合，故称为失准角。对比式（1-5-104）及式（1-5-105）可知

$$\boldsymbol{E}_{SkSym}\approx-(\boldsymbol{\theta}_{M\hat{M}}\times) \tag{1-5-106}$$

下面对 $\boldsymbol{E}_{SkSym}$ 进行具体分析。根据式（1-5-84）可得到

$$\boldsymbol{E}=\hat{\boldsymbol{C}}\boldsymbol{C}^{\mathrm{T}}-\boldsymbol{I} \tag{1-5-107}$$

根据 $\boldsymbol{E}_{SkSym}$ 的定义

$$\boldsymbol{E}_{SkSym}=\frac{1}{2}(\boldsymbol{E}-\boldsymbol{E}^{\mathrm{T}})=\frac{1}{2}[\hat{\boldsymbol{C}}\boldsymbol{C}^{\mathrm{T}}-\boldsymbol{C}\hat{\boldsymbol{C}}^{\mathrm{T}}] \tag{1-5-108}$$

不失一般性，将上式中的 $\boldsymbol{C}$ 写为 $\boldsymbol{C}_{M}^{F}$ 并求微分，得到

$$\dot{\boldsymbol{E}}_{SkSym}=\frac{1}{2}[\dot{\hat{\boldsymbol{C}}}_{M}^{F}(\boldsymbol{C}_{M}^{F})^{\mathrm{T}}+\hat{\boldsymbol{C}}_{M}^{F}(\dot{\boldsymbol{C}}_{M}^{F})^{\mathrm{T}}-\dot{\boldsymbol{C}}_{M}^{F}(\hat{\boldsymbol{C}}_{M}^{F})^{\mathrm{T}}-\boldsymbol{C}_{M}^{F}(\dot{\hat{\boldsymbol{C}}}_{M}^{F})^{\mathrm{T}}] \tag{1-5-109}$$

对式（1-5-201）两边求转置，得到

$$(\dot{\boldsymbol{C}}_{M}^{F})^{\mathrm{T}}=-(\boldsymbol{\omega}_{IM}^{M}\times)(\boldsymbol{C}_{M}^{F})^{\mathrm{T}}+(\boldsymbol{C}_{M}^{F})^{\mathrm{T}}(\boldsymbol{\omega}_{IF}^{F}\times) \tag{1-5-110}$$

将式（1-5-201）、式（1-5-110）、式（1-5-99）与式（1-5-100）代入式（1-5-109），得到

---

[22] 对应 basic/att/dcmdiff. m

$$\begin{aligned}\dot{\boldsymbol{E}}_{SkSym}=\frac{1}{2}\{&[\hat{\boldsymbol{C}}_M^F(\hat{\boldsymbol{\omega}}_{IM}^M\times)-(\hat{\boldsymbol{\omega}}_{IF}^F\times)\hat{\boldsymbol{C}}_M^F+\delta\dot{\hat{\boldsymbol{C}}}_M^F](\boldsymbol{C}_M^F)^{\mathrm{T}}+\\&\hat{\boldsymbol{C}}_M^F[-(\boldsymbol{\omega}_{IM}^M\times)(\boldsymbol{C}_M^F)^{\mathrm{T}}+(\boldsymbol{C}_M^F)^{\mathrm{T}}(\boldsymbol{\omega}_{IF}^F\times)]-\\&[\boldsymbol{C}_M^F(\boldsymbol{\omega}_{IM}^M\times)-(\boldsymbol{\omega}_{IF}^F\times)\boldsymbol{C}_M^F](\hat{\boldsymbol{C}}_M^F)^{\mathrm{T}}-\\&\boldsymbol{C}_M^F[-(\hat{\boldsymbol{\omega}}_{IM}^M\times)(\hat{\boldsymbol{C}}_M^F)^{\mathrm{T}}+(\hat{\boldsymbol{C}}_M^F)^{\mathrm{T}}(\hat{\boldsymbol{\omega}}_{IF}^F\times)+(\delta\dot{\hat{\boldsymbol{C}}}_M^F)^{\mathrm{T}}]\}\end{aligned}\tag{1-5-111}$$

定义角速度误差 $\delta\boldsymbol{\omega}_{IM}^M\equiv\hat{\boldsymbol{\omega}}_{IM}^M-\boldsymbol{\omega}_{IM}^M$，$\delta\boldsymbol{\omega}_{IF}^F\equiv\hat{\boldsymbol{\omega}}_{IF}^F-\boldsymbol{\omega}_{IF}^F$，将式（1－5－111）整理后得到

$$\begin{aligned}\dot{\boldsymbol{E}}_{SkSym}&=\frac{1}{2}\begin{bmatrix}\hat{\boldsymbol{C}}_M^F(\hat{\boldsymbol{\omega}}_{IM}^M\times)(\boldsymbol{C}_M^F)^{\mathrm{T}}-(\hat{\boldsymbol{\omega}}_{IF}^F\times)\hat{\boldsymbol{C}}_M^F(\boldsymbol{C}_M^F)^{\mathrm{T}}+\delta\dot{\hat{\boldsymbol{C}}}_M^F(\boldsymbol{C}_M^F)^{\mathrm{T}}\\-\hat{\boldsymbol{C}}_M^F(\boldsymbol{\omega}_{IM}^M\times)(\boldsymbol{C}_M^F)^{\mathrm{T}}+\hat{\boldsymbol{C}}_M^F(\boldsymbol{C}_M^F)^{\mathrm{T}}(\boldsymbol{\omega}_{IF}^F\times)\\-\boldsymbol{C}_M^F(\boldsymbol{\omega}_{IM}^M\times)(\hat{\boldsymbol{C}}_M^F)^{\mathrm{T}}+(\boldsymbol{\omega}_{IF}^F\times)\boldsymbol{C}_M^F(\hat{\boldsymbol{C}}_M^F)^{\mathrm{T}}\\+\boldsymbol{C}_M^F(\hat{\boldsymbol{\omega}}_{IM}^M\times)(\hat{\boldsymbol{C}}_M^F)^{\mathrm{T}}-\boldsymbol{C}_M^F(\hat{\boldsymbol{C}}_M^F)^{\mathrm{T}}(\hat{\boldsymbol{\omega}}_{IF}^F\times)-\boldsymbol{C}_M^F(\delta\dot{\hat{\boldsymbol{C}}}_M^F)^{\mathrm{T}}\end{bmatrix}\\&=\frac{1}{2}\begin{bmatrix}\hat{\boldsymbol{C}}_M^F(\delta\boldsymbol{\omega}_{IM}^M\times)(\boldsymbol{C}_M^F)^{\mathrm{T}}-(\hat{\boldsymbol{\omega}}_{IF}^F\times)\hat{\boldsymbol{C}}_M^F(\boldsymbol{C}_M^F)^{\mathrm{T}}+\delta\dot{\hat{\boldsymbol{C}}}_M^F(\boldsymbol{C}_M^F)^{\mathrm{T}}\\+\hat{\boldsymbol{C}}_M^F(\boldsymbol{C}_M^F)^{\mathrm{T}}(\boldsymbol{\omega}_{IF}^F\times)+(\boldsymbol{\omega}_{IF}^F\times)\boldsymbol{C}_M^F(\hat{\boldsymbol{C}}_M^F)^{\mathrm{T}}\\+\boldsymbol{C}_M^F(\delta\boldsymbol{\omega}_{IM}^M\times)(\hat{\boldsymbol{C}}_M^F)^{\mathrm{T}}-\boldsymbol{C}_M^F(\hat{\boldsymbol{C}}_M^F)^{\mathrm{T}}(\hat{\boldsymbol{\omega}}_{IF}^F\times)-\boldsymbol{C}_M^F(\delta\dot{\hat{\boldsymbol{C}}}_M^F)^{\mathrm{T}}\end{bmatrix}\\&=\boldsymbol{C}_M^F(\delta\boldsymbol{\omega}_{IM}^M\times)(\boldsymbol{C}_M^F)^{\mathrm{T}}+\frac{1}{2}\begin{bmatrix}-(\hat{\boldsymbol{\omega}}_{IF}^F\times)(\hat{\boldsymbol{C}}_M^F(\boldsymbol{C}_M^F)^{\mathrm{T}}-\boldsymbol{C}_M^F(\hat{\boldsymbol{C}}_M^F)^{\mathrm{T}})+\delta\dot{\hat{\boldsymbol{C}}}_M^F(\boldsymbol{C}_M^F)^{\mathrm{T}}\\-\hat{\boldsymbol{C}}_M^F(\boldsymbol{C}_M^F)^{\mathrm{T}}(\delta\boldsymbol{\omega}_{IF}^F\times)-(\delta\boldsymbol{\omega}_{IF}^F\times)\boldsymbol{C}_M^F(\hat{\boldsymbol{C}}_M^F)^{\mathrm{T}}\\+(\hat{\boldsymbol{C}}_M^F(\boldsymbol{C}_M^F)^{\mathrm{T}}-\boldsymbol{C}_M^F(\hat{\boldsymbol{C}}_M^F)^{\mathrm{T}})(\hat{\boldsymbol{\omega}}_{IF}^F\times)-\boldsymbol{C}_M^F(\delta\dot{\hat{\boldsymbol{C}}}_M^F)^{\mathrm{T}}\end{bmatrix}\\&=[(\boldsymbol{C}_M^F\delta\boldsymbol{\omega}_{IM}^M)\times]+\frac{1}{2}\begin{bmatrix}-2(\hat{\boldsymbol{\omega}}_{IF}^F\times)\boldsymbol{E}_{SkSym}+\delta\dot{\hat{\boldsymbol{C}}}_M^F(\boldsymbol{C}_M^F)^{\mathrm{T}}\\-\hat{\boldsymbol{C}}_M^F(\boldsymbol{C}_M^F)^{\mathrm{T}}(\delta\boldsymbol{\omega}_{IF}^F\times)-(\delta\boldsymbol{\omega}_{IF}^F\times)\boldsymbol{C}_M^F(\hat{\boldsymbol{C}}_M^F)^{\mathrm{T}}\\+2\boldsymbol{E}_{SkSym}(\hat{\boldsymbol{\omega}}_{IF}^F\times)-\boldsymbol{C}_M^F(\delta\dot{\hat{\boldsymbol{C}}}_M^F)^{\mathrm{T}}\end{bmatrix}\\&\approx[(\boldsymbol{C}_M^F\delta\boldsymbol{\omega}_{IM}^M)\times]+\boldsymbol{E}_{SkSym}(\hat{\boldsymbol{\omega}}_{IF}^F\times)-(\hat{\boldsymbol{\omega}}_{IF}^F\times)\boldsymbol{E}_{SkSym}-(\delta\boldsymbol{\omega}_{IF}^F\times)+\\&\quad\frac{1}{2}[\delta\dot{\hat{\boldsymbol{C}}}_M^F(\boldsymbol{C}_M^F)^{\mathrm{T}}-\boldsymbol{C}_M^F(\delta\dot{\hat{\boldsymbol{C}}}_M^F)^{\mathrm{T}}]\end{aligned}\tag{1-5-112}$$

式中约等号处忽略了二阶小量（将 $\hat{\boldsymbol{C}}_M^F$ 近似为 $\boldsymbol{C}_M^F$）。式（1－5－112）说明，$\boldsymbol{E}_{SkSym}$ 误差矩阵来自于方向余弦矩阵的初始对准误差以及计算误差，与 $\boldsymbol{E}_{Sym}$ 不同的是，误差矩阵还与 $\hat{\boldsymbol{\omega}}_{IF}^F$ 和 $\hat{\boldsymbol{\omega}}_{IM}^M$ 中包含的角速度误差有关。

通常情况下，适当的软件和算法设计能够忽略算法误差、计算机字长舍入误差，进而保证 $\hat{\boldsymbol{C}}_M^F$ 中的非正交归一化误差为可忽略的小量。在这种情况下可认为在导航系统中的主要误差就是方向余弦矩阵的失准角误差，本节余下的内容将以此为前提进行讨论。

根据式（1-5-101）和前面的假设，有

$$\frac{1}{2}[\hat{\boldsymbol{C}}_M^F(\hat{\boldsymbol{C}}_M^F)^{\mathrm{T}}-\boldsymbol{I}]\approx\boldsymbol{E}_{Sym}=0 \tag{1-5-113}$$

进而容易得到

$$\hat{\boldsymbol{C}}_M^F(\hat{\boldsymbol{C}}_M^F)^{\mathrm{T}}\approx\boldsymbol{I} \tag{1-5-114}$$

式（1-5-114）说明，仅包含失准角误差的方向余弦矩阵仍然满足正交条件。

由于 $\hat{\boldsymbol{C}}_M^F$ 描述了 $F$ 系与 $M$ 系的相对关系，可以认为 $F$ 系失准，也可以认为 $M$ 系失准。对于前一种情况，失准后的 $F$ 系可写为 $\hat{F}$，得到

$$\hat{\boldsymbol{C}}_M^F=\boldsymbol{C}_M^{\hat{F}}=\boldsymbol{C}_F^{\hat{F}}\boldsymbol{C}_M^F \tag{1-5-115}$$

使用由 $F$ 系转动到 $\hat{F}$ 系的等效旋转矢量 $\boldsymbol{\beta}_{MF}^F\equiv\boldsymbol{\theta}_{F\hat{F}}^F$ 表示方向余弦矩阵 $\hat{\boldsymbol{C}}_M^F$ 的失准角误差（下标 $MF$ 表示对应于将矢量由 $M$ 系转至 $F$ 系的方向余弦矩阵，$\beta$ 表示是第二个坐标系，即 $\hat{\boldsymbol{C}}_M^F$ 的上标坐标系失准，根据等效旋转矢量性质，$\boldsymbol{\theta}_{F\hat{F}}$ 在 $F$ 系及 $\hat{F}$ 系下投影相同，这里将 $\boldsymbol{\beta}_{MF}$ 投影在 $F$ 系下）。由于失准角为小角度，式（1-5-23）近似为

$$\boldsymbol{C}_{\hat{F}}^F\approx\boldsymbol{I}+(\boldsymbol{\beta}_{MF}^F\times) \tag{1-5-116}$$

转置后可得到

$$\boldsymbol{C}_F^{\hat{F}}\approx\boldsymbol{I}-(\boldsymbol{\beta}_{MF}^F\times) \tag{1-5-117}$$

将式（1-5-117）代入式（1-5-115），得到

$$(\boldsymbol{\beta}_{MF}^F\times)\approx\boldsymbol{I}-\hat{\boldsymbol{C}}_M^F\boldsymbol{C}_F^M \tag{1-5-118}$$

用 $\delta\boldsymbol{C}_M^F$ 表示 $\hat{\boldsymbol{C}}_M^F$ 中包含的总误差，应用式（1-5-115）与式（1-5-117）得到

$$\delta\boldsymbol{C}_M^F=\hat{\boldsymbol{C}}_M^F-\boldsymbol{C}_M^F\approx-(\boldsymbol{\beta}_{MF}^F\times)\boldsymbol{C}_M^F \tag{1-5-119}$$

同理，也可认为 $M$ 系失准。使用由 $M$ 系转动到 $\hat{M}$ 系的等效旋转矢量 $\boldsymbol{\alpha}_{MF}^M\equiv\boldsymbol{\theta}_{M\hat{M}}^M$ 表示方向余弦矩阵 $\hat{\boldsymbol{C}}_M^F$ 的失准角误差（下标 $MF$ 表示对应于将矢量由 $M$ 系转至 $F$ 系的方向余弦矩阵，$\alpha$ 表示是第一个坐标系，即 $\hat{\boldsymbol{C}}_M^F$ 的下标坐标系失准，根据等效旋转矢量性质，$\boldsymbol{\theta}_{M\hat{M}}$ 在 $M$ 系及 $\hat{M}$ 系下投影相同，这里将 $\boldsymbol{\alpha}_{MF}$ 投影在 $M$ 系下），根据类似的推导得到

$$\hat{\boldsymbol{C}}_M^F=\boldsymbol{C}_{\hat{M}}^F=\boldsymbol{C}_M^F\boldsymbol{C}_{\hat{M}}^M \tag{1-5-120}$$

$$\boldsymbol{C}_{\hat{M}}^M\approx\boldsymbol{I}+(\boldsymbol{\alpha}_{MF}^M\times) \tag{1-5-121}$$

$$(\boldsymbol{\alpha}_{MF}^M\times)\approx\boldsymbol{C}_F^M\hat{\boldsymbol{C}}_M^F-\boldsymbol{I} \tag{1-5-122}$$

$$\delta\boldsymbol{C}_M^F\approx\boldsymbol{C}_M^F(\boldsymbol{\alpha}_{MF}^M\times) \tag{1-5-123}$$

下面分析 $\boldsymbol{\beta}_{MF}^F$ 与 $\boldsymbol{\alpha}_{MF}^M$ 的关系。根据式（1-5-119）与式（1-5-123）易得

$$-(\boldsymbol{\beta}_{MF}^F\times)\boldsymbol{C}_M^F\approx\boldsymbol{C}_M^F(\boldsymbol{\alpha}_{MF}^M\times) \tag{1-5-124}$$

利用方向余弦矩阵的正交性质，以及矩阵在不同坐标系下的变换式（B-2-94），得到

$$(\boldsymbol{\beta}_{MF}^F\times)\approx-\boldsymbol{C}_M^F(\boldsymbol{\alpha}_{MF}^M\times)\boldsymbol{C}_F^M=-[(\boldsymbol{C}_M^F\boldsymbol{\alpha}_{MF}^M)\times] \tag{1-5-125}$$

根据矢量叉积的性质，得到

$$\boldsymbol{\beta}_{MF}^{F} \approx -\boldsymbol{C}_{M}^{F}\boldsymbol{\alpha}_{MF}^{M} = -\boldsymbol{\alpha}_{MF}^{F}$$
$$\boldsymbol{\alpha}_{MF}^{M} \approx -\boldsymbol{C}_{F}^{M}\boldsymbol{\beta}_{MF}^{F} = -\boldsymbol{\beta}_{MF}^{M} \qquad (1-5-126)$$

式（1－5－126）表明，无论在 $F$ 系还是在 $M$ 系，$\boldsymbol{\beta}_{MF}$ 与 $\boldsymbol{\alpha}_{MF}$ 均大小相同、符号相反。

类似地，对 $\hat{\boldsymbol{C}}_{F}^{M}$ 进行分析可得到

$$\hat{\boldsymbol{C}}_{F}^{M} = \boldsymbol{C}_{F}^{M}\boldsymbol{C}_{\hat{F}}^{F} \approx \boldsymbol{C}_{F}^{M}\left[\boldsymbol{I} + (\boldsymbol{\alpha}_{FM}^{F}\times)\right] \qquad (1-5-127)$$

式中，$\boldsymbol{\alpha}_{FM}^{F}$ 表示 $\hat{\boldsymbol{C}}_{F}^{M}$ 中包含的失准角误差在 $F$ 系的投影，且认为 $F$ 系失准。

式（1－5－116）与式（1－5－127）对比，并代入式（1－5－126），易得

$$\boldsymbol{\alpha}_{FM}^{F} \approx \boldsymbol{\beta}_{MF}^{F} \approx -\boldsymbol{\alpha}_{MF}^{F} \qquad (1-5-128)$$

同理，使用 $\boldsymbol{\beta}_{FM}^{M}$ 表示 $\hat{\boldsymbol{C}}_{F}^{M}$ 中包含的失准角误差在 $M$ 系的投影，且认为 $M$ 系失准，可得到

$$\boldsymbol{\beta}_{FM}^{M} \approx \boldsymbol{\alpha}_{MF}^{M} \approx -\boldsymbol{\beta}_{MF}^{M} \qquad (1-5-129)$$

在本节的最后，引入第三个坐标系 $R$ 系。$F$ 系到 $R$ 系的方向余弦矩阵满足链式法则

$$\boldsymbol{C}_{R}^{F} = \boldsymbol{C}_{M}^{F}\boldsymbol{C}_{R}^{M} \qquad (1-5-130)$$

包含误差时，同样有

$$\hat{\boldsymbol{C}}_{R}^{F} = \hat{\boldsymbol{C}}_{M}^{F}\hat{\boldsymbol{C}}_{R}^{M} \qquad (1-5-131)$$

使用等效旋转矢量 $\boldsymbol{\beta}_{RF}^{F}$ 表示 $\hat{\boldsymbol{C}}_{R}^{F}$ 中包含的失准角误差在 $F$ 系中的投影，且认为 $F$ 系失准，参考式（1－5－118）及式（B－2－94）易得

$$\begin{aligned}
(\boldsymbol{\beta}_{RF}^{F}\times) &\approx \boldsymbol{I} - \hat{\boldsymbol{C}}_{R}^{F}\boldsymbol{C}_{F}^{R} \\
&= \boldsymbol{I} - \hat{\boldsymbol{C}}_{M}^{F}\hat{\boldsymbol{C}}_{R}^{M}\boldsymbol{C}_{M}^{R}\boldsymbol{C}_{F}^{M} \\
&\approx \boldsymbol{I} - \hat{\boldsymbol{C}}_{M}^{F}\hat{\boldsymbol{C}}_{R}^{M}\boldsymbol{C}_{M}^{R}\hat{\boldsymbol{C}}_{F}^{M}\hat{\boldsymbol{C}}_{M}^{F}\boldsymbol{C}_{F}^{M} \\
&\approx \boldsymbol{I} - \hat{\boldsymbol{C}}_{M}^{F}\left[\boldsymbol{I} - (\boldsymbol{\beta}_{RM}^{M}\times)\right]\hat{\boldsymbol{C}}_{F}^{M}\left[\boldsymbol{I} - (\boldsymbol{\beta}_{MF}^{F}\times)\right] \\
&= \boldsymbol{I} - \left[\hat{\boldsymbol{C}}_{M}^{F} - \hat{\boldsymbol{C}}_{M}^{F}(\boldsymbol{\beta}_{RM}^{M}\times)\right]\left[\hat{\boldsymbol{C}}_{F}^{M} - \hat{\boldsymbol{C}}_{F}^{M}(\boldsymbol{\beta}_{MF}^{F}\times)\right] \\
&\approx (\boldsymbol{\beta}_{MF}^{F}\times) + \hat{\boldsymbol{C}}_{M}^{F}(\boldsymbol{\beta}_{RM}^{M}\times)\hat{\boldsymbol{C}}_{F}^{M} - \hat{\boldsymbol{C}}_{M}^{F}(\boldsymbol{\beta}_{RM}^{M}\times)\hat{\boldsymbol{C}}_{F}^{M}(\boldsymbol{\beta}_{MF}^{F}\times) \\
&\approx (\boldsymbol{\beta}_{MF}^{F}\times) + \hat{\boldsymbol{C}}_{M}^{F}(\boldsymbol{\beta}_{RM}^{M}\times)\hat{\boldsymbol{C}}_{F}^{M} \\
&= (\boldsymbol{\beta}_{MF}^{F}\times) + (\boldsymbol{\beta}_{RM}^{F}\times)
\end{aligned} \qquad (1-5-132)$$

根据矢量叉积的性质，得到

$$\boldsymbol{\beta}_{RF}^{F} \approx \boldsymbol{\beta}_{MF}^{F} + \boldsymbol{\beta}_{RM}^{F} \qquad (1-5-133)$$

采用类似推导易得到

$$\boldsymbol{\alpha}_{RF}^{R} \approx \boldsymbol{\alpha}_{MF}^{R} + \boldsymbol{\alpha}_{RM}^{R} \qquad (1-5-134)$$

式（1－5－133）与式（1－5－134）说明，根据链式法则得到的方向余弦矩阵的失准角，等于组成该余弦矩阵的两个余弦矩阵失准角之和。

#### 1.5.2.3　使用欧拉角描述方向余弦矩阵失准角误差

方向余弦矩阵中包含的误差不仅可以使用等效旋转矢量来描述，也可以使用欧拉角描

述。设 $F$ 系绕 $A_1$ 轴旋转 $\xi_1$ 角度得到 $F_1$ 系、$F_1$ 系绕 $A_2$ 轴旋转 $\xi_2$ 角度得到 $F_2$ 系、$F_2$ 系再绕 $A_3$ 轴旋转 $\xi_3$ 角度得到 $M$ 系［$(A_1, A_2, A_3)=(X, Y, Z)$］，相应方向余弦矩阵满足[12]

$$\boldsymbol{C}_M^F=\boldsymbol{C}_{F_1}^F\boldsymbol{C}_{F_2}^{F_1}\boldsymbol{C}_M^{F_2} \tag{1-5-135}$$

包含误差时，同样有

$$\hat{\boldsymbol{C}}_M^F=\hat{\boldsymbol{C}}_{F_1}^F\ \hat{\boldsymbol{C}}_{F_2}^{F_1}\ \hat{\boldsymbol{C}}_M^{F_2} \tag{1-5-136}$$

需要注意的是，式（1－5－135）与式（1－5－136）并不依赖于欧拉角旋转顺序的具体定义。

式（1－5－136）也可写为两个方向余弦矩阵相乘的形式

$$\begin{aligned}\hat{\boldsymbol{C}}_M^F&=\hat{\boldsymbol{C}}_{F_2}^F\ \hat{\boldsymbol{C}}_M^{F_2}\\ \hat{\boldsymbol{C}}_{F_2}^F&=\hat{\boldsymbol{C}}_{F_1}^F\ \hat{\boldsymbol{C}}_{F_2}^{F_1}\end{aligned} \tag{1-5-137}$$

使用等效旋转矢量表示误差，根据式（1－5－133）可得到

$$\begin{aligned}\boldsymbol{\beta}_{MF}^F&\approx\boldsymbol{\beta}_{F_2F}^F+\boldsymbol{\beta}_{MF_2}^F\\ \boldsymbol{\beta}_{F_2F}^F&\approx\boldsymbol{\beta}_{F_1F}^F+\boldsymbol{\beta}_{F_2F_1}^F\end{aligned} \tag{1-5-138}$$

联立两式得到

$$\begin{aligned}\boldsymbol{\beta}_{MF}^F&\approx\boldsymbol{\beta}_{F_1F}^F+\boldsymbol{\beta}_{F_2F_1}^F+\boldsymbol{\beta}_{MF_2}^F\\ &=\boldsymbol{\beta}_{F_1F}^F+\boldsymbol{C}_{F_1}^F\boldsymbol{\beta}_{F_2F_1}^{F_1}+\boldsymbol{C}_{F_1}^F\boldsymbol{C}_{F_2}^{F_1}\boldsymbol{\beta}_{MF_2}^{F_2}\end{aligned} \tag{1-5-139}$$

上式第二个等号使用了方向余弦矩阵对等效旋转矢量进行坐标系转换。

将欧拉角与方向余弦矩阵的转换关系式（1－5－42）表示为通用形式得到

$$\boldsymbol{C}_{R_2}^{R_1}=\boldsymbol{I}+\sin\xi\,(\boldsymbol{u}_{A_{R_1}}^{R_1}\times)+(1-\cos\xi)\,(\boldsymbol{u}_{A_{R_1}}^{R_1}\times)^2 \tag{1-5-140}$$

式中 $\xi$ ——某个欧拉角，$\xi=(\xi_1, \xi_2, \xi_3)$；

$\boldsymbol{u}_{A_{R_1}}^{R_1}$ ——相应欧拉角方向［沿 $A$ 轴，$A=(X, Y, Z)$］的单位矢量；

$\boldsymbol{C}_{R_2}^{R_1}$ ——相应欧拉角对应的方向余弦矩阵。

包含误差时，同样有

$$\hat{\boldsymbol{C}}_{R_2}^{R_1}=\boldsymbol{I}+\sin\hat{\xi}\,(\boldsymbol{u}_{A_{R_1}}^{R_1}\times)+(1-\cos\hat{\xi})\,(\boldsymbol{u}_{A_{R_1}}^{R_1}\times)^2 \tag{1-5-141}$$

注意式（1－5－141）中将误差全部归算到欧拉角大小上，而认为欧拉角方向无误差。

为简化推导，定义

$$\begin{cases}f_1\equiv\sin\xi, f_2\equiv1-\cos\xi\\ \hat{f}_1\equiv\sin\hat{\xi}, \hat{f}_2\equiv1-\cos\hat{\xi}\end{cases} \tag{1-5-142}$$

将式（1－5－140）、式（1－5－141）和式（1－5－142）代入式（1－5－118），得到

$$
\begin{aligned}
(\boldsymbol{\beta}_{R_2R_1}^{R_1}\times) &\approx \boldsymbol{I}-\hat{\boldsymbol{C}}_{R_2}^{R_1}\boldsymbol{C}_{R_1}^{R_2}\\
&=\boldsymbol{I}-[\boldsymbol{I}+\hat{f}_1(\boldsymbol{u}_{A_{R_1}}^{R_1}\times)+\hat{f}_2(\boldsymbol{u}_{A_{R_1}}^{R_1}\times)^2][\boldsymbol{I}+f_1(\boldsymbol{u}_{A_{R_1}}^{R_1}\times)+f_2(\boldsymbol{u}_{A_{R_1}}^{R_1}\times)^2]^{\mathrm{T}}\\
&=\boldsymbol{I}-[\boldsymbol{I}+\hat{f}_1(\boldsymbol{u}_{A_{R_1}}^{R_1}\times)+\hat{f}_2(\boldsymbol{u}_{A_{R_1}}^{R_1}\times)^2][\boldsymbol{I}-f_1(\boldsymbol{u}_{A_{R_1}}^{R_1}\times)+f_2(\boldsymbol{u}_{A_{R_1}}^{R_1}\times)^2]\\
&=-[(\hat{f}_1-f_1)(\boldsymbol{u}_{A_{R_1}}^{R_1}\times)+(\hat{f}_2+f_2-\hat{f}_1f_1)(\boldsymbol{u}_{A_{R_1}}^{R_1}\times)^2+(\hat{f}_1f_2-\hat{f}_2f_1)(\boldsymbol{u}_{A_{R_1}}^{R_1}\times)^3+\\
&\qquad\hat{f}_2f_2(\boldsymbol{u}_{A_{R_1}}^{R_1}\times)^4]
\end{aligned}
\tag{1-5-143}
$$

由于 $\boldsymbol{u}_{A_{R_1}}^{R_1}$ 为单位矢量，根据式（B-2-14），得到

$$
\begin{cases}
(\boldsymbol{u}_{A_{R_1}}^{R_1}\times)^3=-(\boldsymbol{u}_{A_{R_1}}^{R_1}\times)\\
(\boldsymbol{u}_{A_{R_1}}^{R_1}\times)^4=-(\boldsymbol{u}_{A_{R_1}}^{R_1}\times)^2
\end{cases}
\tag{1-5-144}
$$

因此，式（1-5-143）可进一步化简为

$$
(\boldsymbol{\beta}_{R_2R_1}^{R_1}\times)\approx-(\hat{f}_1-f_1-\hat{f}_1f_2+\hat{f}_2f_1)(\boldsymbol{u}_{A_{R_1}}^{R_1}\times)-(\hat{f}_2+f_2-\hat{f}_1f_1-\hat{f}_2f_2)(\boldsymbol{u}_{A_{R_1}}^{R_1}\times)^2
\tag{1-5-145}
$$

根据定义式（1-5-142），将上式中的系数项进行整理，得到

$$
\begin{aligned}
\hat{f}_1-f_1-f_1f_2+\hat{f}_2f_1&=\sin\hat{\xi}-\sin\xi-\sin\hat{\xi}(1-\cos\xi)+(1-\cos\hat{\xi})\sin\xi\\
&=\sin\hat{\xi}\cos\xi-\cos\hat{\xi}\sin\xi=\sin(\hat{\xi}-\xi)\\
\hat{f}_2+f_2-\hat{f}_1f_1-\hat{f}_2f_2&=1-\cos\hat{\xi}+1-\cos\xi-\sin\hat{\xi}\sin\xi-(1-\cos\hat{\xi})(1-\cos\xi)\\
&=1-\sin\hat{\xi}\sin\xi-\cos\hat{\xi}\cos\xi=1-\cos(\hat{\xi}-\xi)
\end{aligned}
\tag{1-5-146}
$$

定义欧拉角误差

$$
\delta\xi\equiv\hat{\xi}-\xi
\tag{1-5-147}
$$

应用式（1-5-146）与式（1-5-147），则式（1-5-145）最终化简为

$$
(\boldsymbol{\beta}_{R_2R_1}^{R_1}\times)\approx-\sin(\delta\xi)(\boldsymbol{u}_{A_{R_1}}^{R_1}\times)-(1-\cos(\delta\xi))(\boldsymbol{u}_{A_{R_1}}^{R_1}\times)^2\approx-\delta\xi(\boldsymbol{u}_{A_{R_1}}^{R_1}\times)
\tag{1-5-148}
$$

上式第二个约等号忽略了二阶小量。根据矢量叉积的性质，得到

$$
\boldsymbol{\beta}_{R_2R_1}^{R_1}\approx-\delta\xi\boldsymbol{u}_{A_{R_1}}^{R_1}
\tag{1-5-149}
$$

因此，对于 $\boldsymbol{\beta}_{F_1F}^{F}$、$\boldsymbol{\beta}_{F_2F_1}^{F_1}$ 和 $\boldsymbol{\beta}_{MF_2}^{F_2}$，分别有

$$\begin{cases}\boldsymbol{\beta}_{F_1F}^{F} \approx -\delta\xi_1\boldsymbol{u}_{A_{1_F}}^{F} \\ \boldsymbol{\beta}_{F_2F_1}^{F_1} \approx -\delta\xi_2\boldsymbol{u}_{A_{2_{F_1}}}^{F_1} \\ \boldsymbol{\beta}_{MF_2}^{F_2} \approx -\delta\xi_3\boldsymbol{u}_{A_{3_{F_2}}}^{F_2}\end{cases} \tag{1-5-150}$$

将式（1-5-150）代入式（1-5-139），得到

$$\begin{aligned}\boldsymbol{\beta}_{MF}^{F} &\approx -\delta\xi_1\boldsymbol{u}_{A_{1_F}}^{F} - \delta\xi_2\boldsymbol{C}_{F_1}^{F}\boldsymbol{u}_{A_{2_{F_1}}}^{F_1} - \delta\xi_3\boldsymbol{C}_{F_2}^{F}\boldsymbol{u}_{A_{3_{F_2}}}^{F_2} \\ &= -\delta\xi_1\boldsymbol{u}_{A_{1_F}}^{F} - \delta\xi_2\boldsymbol{u}_{A_{2_{F_1}}}^{F} - \delta\xi_3\boldsymbol{u}_{A_{3F_2}}^{F}\end{aligned} \tag{1-5-151}$$

式（1-5-151）给出了描述方向余弦矩阵 $\hat{\boldsymbol{C}}_M^F$ 中 $F$ 系失准角误差的等效旋转矢量与欧拉角误差的关系。根据式（1-5-126），容易得到 $\boldsymbol{\alpha}_{MF}^{M}$ 的计算式

$$\boldsymbol{\alpha}_{MF}^{M} \approx \delta\xi_1\boldsymbol{u}_{A_{1_F}}^{M} + \delta\xi_2\boldsymbol{u}_{A_{2_{F_1}}}^{M} + \delta\xi_3\boldsymbol{u}_{A_{3_{F_2}}}^{M} \tag{1-5-152}$$

最后需要说明，应注意避免一个容易产生的直观认识，即认为用等效旋转矢量描述的方向余弦矩阵的误差与欧拉角的误差对应的分量相等。由以上分析可以看出上述认识是错误的。

#### 1.5.2.4　特征四元数的失准角误差[23]

类似于1.5.2.2节中的方向余弦矩阵失准角误差，也可以定义特征四元数的失准角误差（本节不考虑特征四元数的非归一化误差）。特征四元数 $\hat{\boldsymbol{q}}_M^F$ 描述了 $F$ 系与 $M$ 系的相对关系。如果认为 $F$ 系失准，将失准后的 $F$ 系表示为 $\hat{F}$，类似于式（1-5-115），由特征四元数乘法链式法则式（1-5-69）可得

$$\hat{\boldsymbol{q}}_M^F = \boldsymbol{q}_M^{\hat{F}} = \boldsymbol{q}_F^{\hat{F}} \circ \boldsymbol{q}_M^F \tag{1-5-153}$$

此外由式（1-5-78）可得

$$\boldsymbol{q}_F^{\hat{F}} = \cos\frac{\theta_{\hat{F}F}}{2} + \frac{\boldsymbol{\theta}_{\hat{F}F}}{\theta_{\hat{F}F}}\sin\frac{\theta_{\hat{F}F}}{2} \approx 1 - \frac{\boldsymbol{\theta}_{F\hat{F}}^{F}}{2} = 1 - \frac{\boldsymbol{\beta}_{MF}^{F}}{2} \tag{1-5-154}$$

式中，$\boldsymbol{\beta}_{MF}^{F}$ 与1.5.2.2节中定义相同（符号的意义也相同，下标 $MF$ 表示对应于将矢量由 $M$ 系转至 $F$ 系的特征四元数，$\beta$ 表示是第二个坐标系，即 $\hat{\boldsymbol{q}}_M^F$ 的上标坐标系失准）。将式（1-5-154）代入式（1-5-153）可得失准角 $\boldsymbol{\beta}_{MF}^{F}$ 与特征四元数误差 $\delta\boldsymbol{q}_M^F$ 的关系为

$$\begin{aligned}\delta\boldsymbol{q}_M^F &= \hat{\boldsymbol{q}}_M^F - \boldsymbol{q}_M^F = \boldsymbol{q}_F^{\hat{F}} \circ \boldsymbol{q}_M^F - \boldsymbol{q}_M^F \\ &\approx \left(1 - \frac{\boldsymbol{\beta}_{MF}^{F}}{2}\right) \circ \boldsymbol{q}_M^F - \boldsymbol{q}_M^F = -\frac{\boldsymbol{\beta}_{MF}^{F}}{2} \circ \boldsymbol{q}_M^F\end{aligned} \tag{1-5-155}$$

因此

$$\begin{bmatrix} 0 \\ \boldsymbol{\beta}_{MF}^{F} \end{bmatrix} \approx -2\delta\boldsymbol{q}_M^F \circ \boldsymbol{q}_M^{F*} \tag{1-5-156}$$

其他方式定义的失准角如 $\boldsymbol{\beta}_{FM}$、$\boldsymbol{\alpha}_{MF}$、$\boldsymbol{\alpha}_{FM}$ 等与特征四元数误差的关系可以由式（1-5-

[23] 对应 basic/att/quatdiff_mult.m

155）及 1.5.2.2 节中的关系式得到，这里不再赘述。

### 1.5.3 姿态参数的规范化处理

根据方向余弦矩阵和特征四元数的定义，方向余弦矩阵应该是正交矩阵，而特征四元数应该是规范化四元数。但是由于数值计算误差等因素，计算过程中方向余弦矩阵会逐渐失去正交性；特征四元数会逐渐失去规范化特性。因此需要在适当时刻对其进行处理。

#### 1.5.3.1 方向余弦矩阵的正交化

下面分别介绍两种正交化算法。

##### 1.5.3.1.1 一次正交化算法

方向余弦矩阵的正交化，实质上是寻找最接近原矩阵的正交矩阵。最接近的标准是正交阵和原矩阵的差值范数最小，即在欧几里得空间中的距离最短。使用 $\boldsymbol{C}$ 表示原方向余弦矩阵，$\boldsymbol{C}_O$ 表示正交化后的方向余弦矩阵，则差值的 Frobenius 范数平方最小化可表示为

$$\begin{cases}\min\limits_{\boldsymbol{C}_O} N(\boldsymbol{C}_O)=\|\boldsymbol{C}_O-\boldsymbol{C}\|_F^2\\ s.t.\ \boldsymbol{C}_O\boldsymbol{C}_O^{\mathrm{T}}=\boldsymbol{I},\det(\boldsymbol{C}_O)=1\end{cases}\tag{1-5-157}$$

由式（B-2-16），$N(\boldsymbol{C}_O)$ 可以简化为

$$\begin{aligned}N(\boldsymbol{C}_O)&=\mathrm{tr}((\boldsymbol{C}_O-\boldsymbol{C})^{\mathrm{T}}(\boldsymbol{C}_O-\boldsymbol{C}))\\&=\mathrm{tr}(\boldsymbol{I}-\boldsymbol{C}_O^{\mathrm{T}}\boldsymbol{C}-\boldsymbol{C}^{\mathrm{T}}\boldsymbol{C}_O+\boldsymbol{C}^{\mathrm{T}}\boldsymbol{C})=3-2\mathrm{tr}(\boldsymbol{C}_O^{\mathrm{T}}\boldsymbol{C})+\mathrm{tr}(\boldsymbol{C}^{\mathrm{T}}\boldsymbol{C})\end{aligned}\tag{1-5-158}$$

式中，$\mathrm{tr}(\boldsymbol{C}^{\mathrm{T}}\boldsymbol{C})$ 为常值，因此式（1-5-157）可以转化为以下带约束最大化问题

$$\begin{cases}\max\limits_{\boldsymbol{C}_O}\ \mathrm{tr}(\boldsymbol{C}_O^{\mathrm{T}}\boldsymbol{C})\\ s.t.\ \boldsymbol{C}_O\boldsymbol{C}_O^{\mathrm{T}}=\boldsymbol{I},\det(\boldsymbol{C}_O)=1\end{cases}\tag{1-5-159}$$

下面分别介绍两种方法求解上述问题。

第一种方法采用最小二乘法求解思路（参考文献［14］6.1 节），其结果为极分解的形式。对式（1-5-159）求导得

$$\frac{\partial\mathrm{tr}(\boldsymbol{C}_O^{\mathrm{T}}\boldsymbol{C})}{\partial\boldsymbol{C}_O}=\frac{1}{2}\frac{\partial\mathrm{tr}(\boldsymbol{C}_O^{\mathrm{T}}\boldsymbol{C}+\boldsymbol{C}^{\mathrm{T}}\boldsymbol{C}_O)}{\partial\boldsymbol{C}_O}=\frac{1}{2}\mathrm{tr}\left(\frac{\partial\boldsymbol{C}_O^{\mathrm{T}}}{\partial\boldsymbol{C}_O}\boldsymbol{C}+\boldsymbol{C}^{\mathrm{T}}\frac{\partial\boldsymbol{C}_O}{\partial\boldsymbol{C}_O}\right)\tag{1-5-160}$$

又由于 $\boldsymbol{C}_O^{\mathrm{T}}\boldsymbol{C}_O=\boldsymbol{I}$，求导得 $\frac{\partial\boldsymbol{C}_O^{\mathrm{T}}}{\partial\boldsymbol{C}_O}\boldsymbol{C}_O+\boldsymbol{C}_O^{\mathrm{T}}\frac{\partial\boldsymbol{C}_O}{\partial\boldsymbol{C}_O}=0$，从而得到

$$\frac{\partial\boldsymbol{C}_O}{\partial\boldsymbol{C}_O}=-\boldsymbol{C}_O\frac{\partial\boldsymbol{C}_O^{\mathrm{T}}}{\partial\boldsymbol{C}_O}\boldsymbol{C}_O\tag{1-5-161}$$

将式（1-5-161）代入式（1-5-160）得

$$\begin{aligned}\frac{\partial\mathrm{tr}(\boldsymbol{C}_O^{\mathrm{T}}\boldsymbol{C})}{\partial\boldsymbol{C}_O}&=\frac{1}{2}\mathrm{tr}\left(\frac{\partial\boldsymbol{C}_O^{\mathrm{T}}}{\partial\boldsymbol{C}_O}\boldsymbol{C}-\boldsymbol{C}^{\mathrm{T}}\boldsymbol{C}_O\frac{\partial\boldsymbol{C}_O^{\mathrm{T}}}{\partial\boldsymbol{C}_O}\boldsymbol{C}_O\right)\\&=\frac{1}{2}\mathrm{tr}\left(\frac{\partial\boldsymbol{C}_O^{\mathrm{T}}}{\partial\boldsymbol{C}_O}\boldsymbol{C}-\frac{\partial\boldsymbol{C}_O^{\mathrm{T}}}{\partial\boldsymbol{C}_O}\boldsymbol{C}_O\boldsymbol{C}^{\mathrm{T}}\boldsymbol{C}_O\right)\\&=\frac{1}{2}\mathrm{tr}\left(\frac{\partial\boldsymbol{C}_O^{\mathrm{T}}}{\partial\boldsymbol{C}_O}(\boldsymbol{C}-\boldsymbol{C}_O\boldsymbol{C}^{\mathrm{T}}\boldsymbol{C}_O)\right)\end{aligned}\tag{1-5-162}$$

式（1-5-162）第 2 处等号利用了式（B-2-16）。令 $\mathrm{tr}(\boldsymbol{C}_O^{\mathrm{T}}\boldsymbol{C})$ 对 $\boldsymbol{C}_O$ 的导数为零，得到

$$\boldsymbol{C}_O\boldsymbol{C}^{\mathrm{T}}\boldsymbol{C}_O-\boldsymbol{C}=\boldsymbol{0} \tag{1-5-163}$$

对该方程进行求解

$$\begin{aligned}&\boldsymbol{C}_O\boldsymbol{C}^{\mathrm{T}}\boldsymbol{C}_O=\boldsymbol{C}\\&\Rightarrow\boldsymbol{C}_O\boldsymbol{C}^{\mathrm{T}}\boldsymbol{C}_O\boldsymbol{C}^{\mathrm{T}}=\boldsymbol{C}\boldsymbol{C}^{\mathrm{T}}\\&\Rightarrow\boldsymbol{C}_O\boldsymbol{C}^{\mathrm{T}}=(\boldsymbol{C}\boldsymbol{C}^{\mathrm{T}})^{\frac{1}{2}}\end{aligned} \tag{1-5-164}$$

满足上式的解为[24]

$$\boldsymbol{C}_O=(\boldsymbol{C}\boldsymbol{C}^{\mathrm{T}})^{\frac{1}{2}}(\boldsymbol{C}^{\mathrm{T}})^{-1}=(\boldsymbol{C}\boldsymbol{C}^{\mathrm{T}})^{-\frac{1}{2}}\boldsymbol{C} \tag{1-5-165}$$

对比式（B-2-32），可见该解为矩阵 $\boldsymbol{C}$ 的左极分解。此外，注意到式（1-5-164）中的 $(\boldsymbol{C}\boldsymbol{C}^{\mathrm{T}})^{\frac{1}{2}}$ 为主平方根，即 $\boldsymbol{C}_O\boldsymbol{C}^{\mathrm{T}}$ 为非负定的，也即 $\det(\boldsymbol{C}_O\boldsymbol{C}^{\mathrm{T}})\geqslant 0$，因此该算法仅在 $\det(\boldsymbol{C})>0$ 时（$\boldsymbol{C}$ 误差不大时一般均能满足）才能满足 $\det(\boldsymbol{C}_O)=1$ 的约束条件。$\det(\boldsymbol{C})<0$ 为负定时的算法可参考文献［15］。在实际应用中，为避免复杂的求逆及矩阵开方运算，可以使用式（1-5-165）的级数形式。定义一个误差阵

$$\boldsymbol{E}=\boldsymbol{C}\boldsymbol{C}^{\mathrm{T}}-\boldsymbol{I} \tag{1-5-166}$$

则式（1-5-165）可以写成

$$\boldsymbol{C}_O=(\boldsymbol{I}+\boldsymbol{E})^{\frac{1}{2}}(\boldsymbol{C}^{\mathrm{T}})^{-1}=(\boldsymbol{I}+\boldsymbol{E})^{-\frac{1}{2}}\boldsymbol{C} \tag{1-5-167}$$

把上式展成级数则有[25]

$$\begin{aligned}\boldsymbol{C}_O&=\left(\boldsymbol{I}+\frac{1}{2}\boldsymbol{E}-\frac{1\times3}{2\times4}\boldsymbol{E}^2+\frac{1\times3\times5}{2\times4\times6}\boldsymbol{E}^3+\cdots\right)(\boldsymbol{C}^{\mathrm{T}})^{-1}\\&=\left(\boldsymbol{I}-\frac{1}{2}\boldsymbol{E}+\frac{1\times3}{2\times4}\boldsymbol{E}^2-\frac{1\times3\times5}{2\times4\times6}\boldsymbol{E}^3+\cdots\right)\boldsymbol{C}\end{aligned} \tag{1-5-168}$$

上式即为最优正交阵的级数形式，实际使用时一般可取三项。如果将方程式（1-5-164）中的右乘 $\boldsymbol{C}^{\mathrm{T}}$ 改为左乘，则方程式（1-5-163）的另外一种求解方法为

$$\begin{aligned}&\boldsymbol{C}_O\boldsymbol{C}^{\mathrm{T}}\boldsymbol{C}_O=\boldsymbol{C}\\&\Rightarrow\boldsymbol{C}^{\mathrm{T}}\boldsymbol{C}_O\boldsymbol{C}^{\mathrm{T}}\boldsymbol{C}_O=\boldsymbol{C}^{\mathrm{T}}\boldsymbol{C}\\&\Rightarrow\boldsymbol{C}^{\mathrm{T}}\boldsymbol{C}_O=(\boldsymbol{C}^{\mathrm{T}}\boldsymbol{C})^{\frac{1}{2}}\end{aligned} \tag{1-5-169}$$

满足上式的解为

$$\boldsymbol{C}_O=(\boldsymbol{C}^{\mathrm{T}})^{-1}(\boldsymbol{C}^{\mathrm{T}}\boldsymbol{C})^{\frac{1}{2}}=\boldsymbol{C}(\boldsymbol{C}^{\mathrm{T}}\boldsymbol{C})^{-\frac{1}{2}} \tag{1-5-170}$$

对比式（B-2-29），可见该解为矩阵 $\boldsymbol{C}$ 的右极分解。定义一个误差阵

$$\boldsymbol{E}=\boldsymbol{C}^{\mathrm{T}}\boldsymbol{C}-\boldsymbol{I} \tag{1-5-171}$$

则式（1-5-170）可以写成

$$\boldsymbol{C}_O=\boldsymbol{C}(\boldsymbol{I}+\boldsymbol{E})^{-\frac{1}{2}} \tag{1-5-172}$$

把上式展成级数则有

---

㉔ 对应 basic/att/dcmnormortho _ optimized. m

㉕ 对应 basic/att/dcmnormortho _ order. m

$$\boldsymbol{C}_O = \boldsymbol{C}\left(\boldsymbol{I} - \frac{1}{2}\boldsymbol{E} + \frac{1\times 3}{2\times 4}\boldsymbol{E}^2 - \frac{1\times 3\times 5}{2\times 4\times 6}\boldsymbol{E}^3 + \cdots\right) \tag{1-5-173}$$

上式即为最优正交阵的级数形式。与式（1-5-168）类似，实际使用时一般可取三项。

第二种方法利用奇异值分解[15]㉖。设 $\boldsymbol{C}$ 的奇异值分解为 $\boldsymbol{C}=\boldsymbol{USV}^{\mathrm{T}}$，那么由式（B-2-16），$\mathrm{tr}(\boldsymbol{C}_O^{\mathrm{T}}\boldsymbol{C})$ 可以表示为

$$\begin{aligned}\mathrm{tr}(\boldsymbol{C}_O^{\mathrm{T}}\boldsymbol{C}) &= \mathrm{tr}(\boldsymbol{C}_O^{\mathrm{T}}\boldsymbol{USV}^{\mathrm{T}}) = \mathrm{tr}(\boldsymbol{V}^{\mathrm{T}}\boldsymbol{C}_O^{\mathrm{T}}\boldsymbol{US}) \\ &= \mathrm{tr}(\boldsymbol{ZS}) = \sum_{i=1}^{3} Z_{ii}S_{ii}\end{aligned} \tag{1-5-174}$$

式中，$\boldsymbol{Z}=\boldsymbol{V}^{\mathrm{T}}\boldsymbol{C}_O^{\mathrm{T}}\boldsymbol{U}$；$Z_{ii}(i=1,2,3)$ 为 $\boldsymbol{Z}$ 的对角线元素；$S_{ii}(i=1,2,3)$ 为 $\boldsymbol{S}$ 的对角线元素，满足 $S_{11}\geqslant S_{22}\geqslant S_{33}\geqslant 0$。由于 $\boldsymbol{C}_O$ 为正交矩阵且行列式为 1，因此 $\boldsymbol{Z}$ 也为正交矩阵，且由式（B-2-15）知 $\det(\boldsymbol{Z})=\det(\boldsymbol{U})\det(\boldsymbol{V})=\pm 1$。因此，式（1-5-174）取得最大值的条件是

$$\boldsymbol{Z} = \mathrm{diag}(\begin{bmatrix}1 & 1 & \det(\boldsymbol{U})\det(\boldsymbol{V})\end{bmatrix}^{\mathrm{T}}) \tag{1-5-175}$$

此时

$$\boldsymbol{C}_O = \boldsymbol{U}\mathrm{diag}(\begin{bmatrix}1 & 1 & \det(\boldsymbol{U})\det(\boldsymbol{V})\end{bmatrix}^{\mathrm{T}})\boldsymbol{V}^{\mathrm{T}} \tag{1-5-176}$$

由式（B-2-33）可知，以上两种方法的结果是等价的，但奇异值分解算法通常更健壮，因此第二种方法有更好的稳定性。

1.5.3.1.2　逐次正交化算法

在 1.5.2.1 节分析了方向余弦矩阵的非正交归一化误差，可知消除误差的过程即为方向余弦矩阵的正交化过程。根据式（1-5-93），非归一化误差可表示为

$$\delta\boldsymbol{u}_i = \hat{\boldsymbol{u}}_i - \boldsymbol{u}_i = (1+\delta_{Norm_i})\boldsymbol{u}_i - \boldsymbol{u}_i = \delta_{Norm_i}\boldsymbol{u}_i = E_{Sym_{ii}}\boldsymbol{u}_i \tag{1-5-177}$$

根据以上分析，以下处理可消除非归一化误差（参考文献［12］7.1.1.3 节）

$$\hat{\boldsymbol{u}}_{i+} = \hat{\boldsymbol{u}}_{i-} - \delta\boldsymbol{u}_i \approx \hat{\boldsymbol{u}}_{i-} - E_{Sym_{ii}}\hat{\boldsymbol{u}}_{i-} = (1-E_{Sym_{ii}})\hat{\boldsymbol{u}}_{i-} \tag{1-5-178}$$

上式中下标使用“+”表示本次迭代，使用“−”表示前次迭代，下文中采用相同的表示方法。

对于 $\hat{\boldsymbol{u}}_i$ 与 $\hat{\boldsymbol{u}}_j$ 之间的非正交误差，在没有更多外部信息的前提下，可以假设误差平均分布在两个矢量之间。为了消除非正交误差，应使 $\hat{\boldsymbol{u}}_i$ 与 $\hat{\boldsymbol{u}}_j$ 各自旋转一个小角度，而该角度的大小应等于非正交误差的一半。考虑到不包含误差时方向余弦矩阵 $\boldsymbol{C}$ 的三个分量两两正交，因此 $\hat{\boldsymbol{u}}_i$ 的旋转应该以 $\hat{\boldsymbol{u}}_k$ 为轴，按以下处理消除非正交误差

$$\begin{aligned}\hat{\boldsymbol{u}}_{i+} &= \left[\boldsymbol{I} - \frac{1}{2}\delta_{Orth_{ij}}(\boldsymbol{u}_k\times)\right]\hat{\boldsymbol{u}}_{i-} \approx [\boldsymbol{I} - E_{Sym_{ij}}(\boldsymbol{u}_k\times)]\hat{\boldsymbol{u}}_{i-} \\ &\approx \hat{\boldsymbol{u}}_{i-} - E_{Sym_{ij}}\hat{\boldsymbol{u}}_{k-}\times\hat{\boldsymbol{u}}_{i-} \approx \hat{\boldsymbol{u}}_{i-} - E_{Sym_{ij}}\hat{\boldsymbol{u}}_{j-}\end{aligned} \tag{1-5-179}$$

对 $\hat{\boldsymbol{u}}_j$ 的处理过程类似 $\hat{\boldsymbol{u}}_i$，可得

$$\hat{\boldsymbol{u}}_{j+} \approx \hat{\boldsymbol{u}}_{j-} + E_{Sym_{ij}}\hat{\boldsymbol{u}}_{k-}\times\hat{\boldsymbol{u}}_{j-} \approx \hat{\boldsymbol{u}}_{j-} - E_{Sym_{ij}}\hat{\boldsymbol{u}}_{i-} \tag{1-5-180}$$

应用式（1-5-178）与式（1-5-179），对非归一化误差和非正交误差进行统一处理，

---

㉖　对应 basic/att/dcmnormortho_direct.m

得到

$$
\begin{cases}
\hat{\boldsymbol{u}}_{1+} = \hat{\boldsymbol{u}}_{1-} - E_{Sym_{11}} \hat{\boldsymbol{u}}_{1-} - E_{Sym_{12}} \hat{\boldsymbol{u}}_{2-} - E_{Sym_{13}} \hat{\boldsymbol{u}}_{3-} \\
\hat{\boldsymbol{u}}_{2+} = \hat{\boldsymbol{u}}_{2-} - E_{Sym_{12}} \hat{\boldsymbol{u}}_{1-} - E_{Sym_{22}} \hat{\boldsymbol{u}}_{2-} - E_{Sym_{23}} \hat{\boldsymbol{u}}_{3-} \\
\hat{\boldsymbol{u}}_{3+} = \hat{\boldsymbol{u}}_{3-} - E_{Sym_{13}} \hat{\boldsymbol{u}}_{1-} - E_{Sym_{23}} \hat{\boldsymbol{u}}_{2-} - E_{Sym_{33}} \hat{\boldsymbol{u}}_{3-}
\end{cases}
\tag{1-5-181}
$$

考虑到 $E_{Sym_{ij}} = E_{Sym_{ji}}$ ，将式（1－5－181）写成矩阵形式，得到

$$
\hat{\boldsymbol{C}}_{+}^{\mathrm{T}} = \hat{\boldsymbol{C}}_{-}^{\mathrm{T}} - \hat{\boldsymbol{C}}_{-}^{\mathrm{T}} \boldsymbol{E}_{Sym} = \hat{\boldsymbol{C}}_{-}^{\mathrm{T}} (\boldsymbol{I} - \boldsymbol{E}_{Sym}) \tag{1-5-182}
$$

两边求转置得到

$$
\hat{\boldsymbol{C}}_{+} = (\boldsymbol{I} - \boldsymbol{E}_{Sym}) \hat{\boldsymbol{C}}_{-} \tag{1-5-183}
$$

上面的分析是基于 $\boldsymbol{E}_{Sym}$ 矩阵，其含义是 $\hat{\boldsymbol{C}}$ 中行矢量的非正交归一化误差；如果使用基于列矢量误差的 $\boldsymbol{E}'_{Sym}$ 矩阵，将式（1－5－98）代入式（1－5－183），可得

$$
\hat{\boldsymbol{C}}_{+} = [\boldsymbol{I} - \hat{\boldsymbol{C}}_{-} \boldsymbol{E}'_{Sym} (\hat{\boldsymbol{C}}_{-})^{-1}] \hat{\boldsymbol{C}}_{-} = \hat{\boldsymbol{C}}_{-} - \hat{\boldsymbol{C}}_{-} \boldsymbol{E}'_{Sym} = \hat{\boldsymbol{C}}_{-} (\boldsymbol{I} - \boldsymbol{E}'_{Sym}) \tag{1-5-184}
$$

在工程应用中，上述处理方式能够方便地在一个解算周期内先后完成 $\boldsymbol{E}_{Sym}$ 或 $\boldsymbol{E}'_{Sym}$ 的计算和 $\hat{\boldsymbol{C}}$ 的修正。在修正了 $\hat{\boldsymbol{C}}$ 之后，$\boldsymbol{E}_{Sym}$ 或 $\boldsymbol{E}'_{Sym}$ 的更新总是要等到下一个周期，因此该算法稳定收敛的前提是 $\boldsymbol{E}_{Sym}$ 或 $\boldsymbol{E}'_{Sym}$ 不能变化得太快。回顾式（1－5－102）与式（1－5－103），并假设实际应用中 $F$ 系为 $L$ 系、$M$ 系为 $B$ 系，则有

$$
\begin{cases}
\dot{\boldsymbol{E}}_{Sym} = \boldsymbol{E}_{Sym} (\hat{\boldsymbol{\omega}}_{IL}^{L} \times) - (\hat{\boldsymbol{\omega}}_{IL}^{L} \times) \boldsymbol{E}_{Sym} + \dfrac{1}{2} [\delta \dot{\hat{\boldsymbol{C}}}_{B}^{L} (\hat{\boldsymbol{C}}_{B}^{L})^{\mathrm{T}} + \hat{\boldsymbol{C}}_{B}^{L} (\delta \dot{\hat{\boldsymbol{C}}}_{B}^{L})^{\mathrm{T}}] \\
\dot{\boldsymbol{E}}'_{Sym} = \boldsymbol{E}'_{Sym} (\hat{\boldsymbol{\omega}}_{IB}^{B} \times) - (\hat{\boldsymbol{\omega}}_{IB}^{B} \times) \boldsymbol{E}'_{Sym} + \dfrac{1}{2} [(\hat{\boldsymbol{C}}_{B}^{L})^{\mathrm{T}} \delta \dot{\hat{\boldsymbol{C}}}_{B}^{L} + (\delta \dot{\hat{\boldsymbol{C}}}_{B}^{L})^{\mathrm{T}} \hat{\boldsymbol{C}}_{B}^{L}]
\end{cases}
\tag{1-5-185}
$$

根据上式，$\boldsymbol{E}_{Sym}$ 的变化率主要取决于其自身与 $\hat{\boldsymbol{\omega}}_{IL}^{L}$ 的叉积。在一般情况下，方位水平坐标系相对惯性系的变化较缓慢，因此相应算法中 $\boldsymbol{E}_{Sym}$ 也不会出现剧烈变化；相比而言，体坐标系相对惯性系可能变化较快（高速机动条件下），相应算法中 $\boldsymbol{E}'_{Sym}$ 也可能出现较大的变化，影响算法收敛性和可靠性。可采用的对策是尽量缩短解算周期，尽快更新 $\boldsymbol{E}'_{Sym}$ 。

对比两种算法可以发现，一次正交化算法的优点是保证一次计算后即实现完全的正交化，缺点是需要执行一次矩阵开方运算；逐次正交化算法的优点是没有开方运算，缺点是一次计算后无法实现完全的正交化。

### 1.5.3.2　特征四元数的规范化

使用 $\hat{\boldsymbol{q}}$ 表示原特征四元数，$\boldsymbol{q}$ 表示规范化后的特征四元数，即

$$
\begin{aligned}
\hat{\boldsymbol{q}} &= \hat{q}_0 + \hat{q}_1 \boldsymbol{i} + \hat{q}_2 \boldsymbol{j} + \hat{q}_3 \boldsymbol{k} \\
\boldsymbol{q} &= q_0 + q_1 \boldsymbol{i} + q_2 \boldsymbol{j} + q_3 \boldsymbol{k}
\end{aligned}
\tag{1-5-186}
$$

下面分别介绍两种规范化方法。

#### 1.5.3.2.1　一次规范化算法

特征四元数的规范化与方向余弦矩阵的情况类似，也是寻找与原四元数的差值模最小的规范化四元数。差值模可表示为（参考文献［14］6.2 节）

$$N = \| \boldsymbol{q} - \hat{\boldsymbol{q}} \|^2 = \sum_{i=0}^{3} (q_i - \hat{q}_i)^2 \tag{1-5-187}$$

考虑约束条件 $\sum_{i=0}^{3} q_i^2 - 1 = 0$，因此可使用拉格朗日乘数法求在约束条件下的极值

$$\phi = \sum_{i=0}^{3} (q_i - \hat{q}_i)^2 + \lambda \left( \sum_{i=0}^{3} q_i^2 - 1 \right) \tag{1-5-188}$$

对上式求导，并令其等于零得

$$\frac{\partial \phi}{\partial q_i} = 2(q_i - \hat{q}_i) + 2\lambda q_i = 0 \tag{1-5-189}$$

求解该方程得到 $q_i = \dfrac{\hat{q}_i}{1+\lambda}$，代入约束条件可得 $\dfrac{1}{1+\lambda} = \dfrac{1}{\sqrt{\hat{q}_0^2 + \hat{q}_1^2 + \hat{q}_2^2 + \hat{q}_3^2}}$，因此规范化后的四元数为

$$\boldsymbol{q} = \frac{\hat{q}_0 + \hat{q}_1 \boldsymbol{i} + \hat{q}_2 \boldsymbol{j} + \hat{q}_3 \boldsymbol{k}}{\sqrt{\hat{q}_0^2 + \hat{q}_1^2 + \hat{q}_2^2 + \hat{q}_3^2}} = \frac{1}{\| \hat{\boldsymbol{q}} \|} \hat{\boldsymbol{q}} \tag{1-5-190}$$

1.5.3.2.2　逐次规范化算法[27]

参考文献［12］7.1.2.3 节中定义 ε 为误差系数，将包含误差的 $\hat{\boldsymbol{q}}$ 表示为

$$\hat{\boldsymbol{q}} \equiv \boldsymbol{q} + \varepsilon \boldsymbol{q} \tag{1-5-191}$$

计算 $\hat{\boldsymbol{q}}$ 的模，得到

$$\begin{aligned} \hat{\boldsymbol{q}} \hat{\boldsymbol{q}}^* &= (\boldsymbol{q} + \varepsilon \boldsymbol{q})(\boldsymbol{q}^* + \varepsilon \boldsymbol{q}^*) \\ &\approx 1 + 2\varepsilon \end{aligned} \tag{1-5-192}$$

将式（1-5-192）代入式（1-5-191）得到

$$\begin{aligned} \boldsymbol{q} &= \hat{\boldsymbol{q}} - \varepsilon \boldsymbol{q} \approx \hat{\boldsymbol{q}} - \varepsilon \hat{\boldsymbol{q}} \\ &= (1-\varepsilon)\hat{\boldsymbol{q}} \approx \frac{1}{2}(3 - \| \hat{\boldsymbol{q}} \|^2) \hat{\boldsymbol{q}} \end{aligned} \tag{1-5-193}$$

对比式（1-5-190）和式（1-5-193）可以发现，当 $\| \hat{\boldsymbol{q}} \| = 1$ 时两式均退化为 $\boldsymbol{q} = \hat{\boldsymbol{q}}$，说明在误差足够小的情况下，两种算法的结果将趋于一致。一次规范化算法的优点是保证一次计算后即实现完全的正交化，缺点是需要执行一次开方运算；逐次规范化算法的优点是没有开方运算，缺点是一次计算后无法实现完全的正交化。

### 1.5.4　姿态参数微分方程

使用姿态参数表示两个坐标系之间的相对姿态关系后，需要进一步考虑当两个坐标系有相对运动时，其相对姿态关系的变化情况。由于运动的相对性，总可以将其中一个坐标系视为静止的（$F$ 系），而另一个坐标系视为运动的（$M$ 系）；又由于只考虑姿态变化，其变化量应与两个坐标系的平移运动无关，而仅与其角运动相关。

下面将推导姿态参数与 $M$ 系相对 $F$ 系角速度的函数关系，其数学形式为姿态参数微

---

[27] 对应 basic/att/quatnormalize_pgs.m

分方程。在此之前，需要首先讨论旋转坐标系中的矢量在静止坐标系中的变化关系。

#### 1.5.4.1　旋转坐标系中常矢量在静止坐标系下的变化率

考虑固连在坐标系 $M$ 系中的任意矢量 $\boldsymbol{v}_{CnstM}$，且 $M$ 系相对 $F$ 系以固定角速度 $\boldsymbol{\omega}_{FM}$ 旋转，如图 1-10 所示。

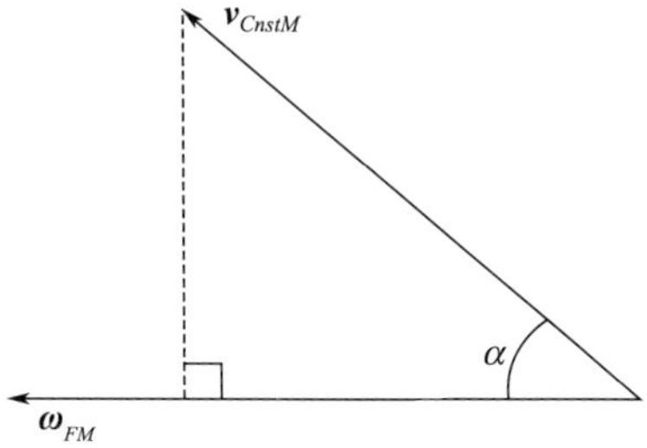


图 1-10　旋转坐标系

图中 $\alpha$ 为矢量 $\boldsymbol{v}_{CnstM}$ 与角速度矢量 $\boldsymbol{\omega}_{FM}$ 之间的夹角。从图中可看出 $\boldsymbol{v}_{CnstM}$ 绕 $\boldsymbol{\omega}_{FM}$ 的旋转将导致 $\boldsymbol{v}_{CnstM}$ 改变，其变化率的值恰好等于 $\boldsymbol{v}_{CnstM}$ 相对 $\boldsymbol{\omega}_{FM}$ 的垂直分量与 $\boldsymbol{\omega}_{FM}$ 的乘积

$$\|\dot{\boldsymbol{v}}_{CnstM}^{F}\| = \|\boldsymbol{\omega}_{FM}^{F}\|\,\|\boldsymbol{v}_{CnstM}^{F}\|\,|\sin\alpha| \tag{1-5-194}$$

根据矢量叉积性质，上式可进一步写为

$$\dot{\boldsymbol{v}}_{CnstM}^{F} = \boldsymbol{\omega}_{FM}^{F} \times \boldsymbol{v}_{CnstM}^{F} \tag{1-5-195}$$

上式即为固连在旋转坐标系中的任意常矢量在静止坐标系中变化率的关系式，可视为式（1-1-34）的特殊情况。

#### 1.5.4.2　方向余弦矩阵微分方程

对式（B-2-85）进行微分，得到

$$\dot{\boldsymbol{C}}_{F}^{M} = \left[\dot{\boldsymbol{u}}_{X_M}^{F} \quad \dot{\boldsymbol{u}}_{Y_M}^{F} \quad \dot{\boldsymbol{u}}_{Z_M}^{F}\right]^{\mathrm{T}} \tag{1-5-196}$$

应用式（1-5-195），易得

$$\begin{aligned}\dot{\boldsymbol{C}}_{F}^{M} &= \left[\boldsymbol{\omega}_{FM}^{F} \times \boldsymbol{u}_{X_M}^{F} \quad \boldsymbol{\omega}_{FM}^{F} \times \boldsymbol{u}_{Y_M}^{F} \quad \boldsymbol{\omega}_{FM}^{F} \times \boldsymbol{u}_{Z_M}^{F}\right]^{\mathrm{T}} \\ &= \left((\boldsymbol{\omega}_{FM}^{F} \times)\left[\boldsymbol{u}_{X_M}^{F} \quad \boldsymbol{u}_{Y_M}^{F} \quad \boldsymbol{u}_{Z_M}^{F}\right]\right)^{\mathrm{T}} \\ &= -\left[\boldsymbol{u}_{X_M}^{F} \quad \boldsymbol{u}_{Y_M}^{F} \quad \boldsymbol{u}_{Z_M}^{F}\right]^{\mathrm{T}}(\boldsymbol{\omega}_{FM}^{F} \times) \\ &= -\boldsymbol{C}_{F}^{M}(\boldsymbol{\omega}_{FM}^{F} \times)\end{aligned} \tag{1-5-197}$$

等号两边转置得

$$\dot{\boldsymbol{C}}_{M}^{F} = (\boldsymbol{\omega}_{FM}^{F} \times)\boldsymbol{C}_{M}^{F} \tag{1-5-198}$$

式（1-5-197）与式（1-5-198）包含的角速度均是在 $F$ 系下的，但有些情况下需要使用在 $M$ 系下的角速度。考虑到 $F$ 系与 $M$ 系实际上是任意坐标系，在式中将 $F$ 系换为 $M$ 系，$M$ 系换为 $F$ 系，公式仍成立，得到

$$\begin{cases}\dot{\boldsymbol{C}}_{M}^{F} = -\boldsymbol{C}_{M}^{F}(\boldsymbol{\omega}_{MF}^{M} \times) = \boldsymbol{C}_{M}^{F}(\boldsymbol{\omega}_{FM}^{M} \times) \\ \dot{\boldsymbol{C}}_{F}^{M} = (\boldsymbol{\omega}_{MF}^{M} \times)\boldsymbol{C}_{F}^{M} = -(\boldsymbol{\omega}_{FM}^{M} \times)\boldsymbol{C}_{F}^{M}\end{cases} \tag{1-5-199}$$

在惯性导航应用中，为了便于使用 $F$ 系和 $M$ 系相对惯性参考系 $I$ 系的角速度，而不是 $M$ 系相对 $F$ 系的角速度，应用方向余弦矩阵的链式法则得到

$$\boldsymbol{C}_M^F=\boldsymbol{C}_I^F\boldsymbol{C}_M^I \tag{1-5-200}$$

对式（1－5－200）进行微分，并应用式（1－5－199），得到

$$\begin{aligned}\dot{\boldsymbol{C}}_M^F&=\boldsymbol{C}_I^F\dot{\boldsymbol{C}}_M^I+\dot{\boldsymbol{C}}_I^F\boldsymbol{C}_M^I\\&=\boldsymbol{C}_I^F\boldsymbol{C}_M^I(\boldsymbol{\omega}_{IM}^M\times)-(\boldsymbol{\omega}_{IF}^F\times)\boldsymbol{C}_I^F\boldsymbol{C}_M^I\\&=\boldsymbol{C}_M^F(\boldsymbol{\omega}_{IM}^M\times)-(\boldsymbol{\omega}_{IF}^F\times)\boldsymbol{C}_M^F\end{aligned} \tag{1-5-201}$$

上式的一个重要特性是，与角速度反对称矩阵相乘的系数矩阵是方向余弦矩阵，其各个分量的绝对值不可能超过 1，只要 $F$ 系和 $M$ 系相对于 $I$ 系是以有限角速度运动，方程（1－5－201）不会出现奇异解。

1.5.4.2.1 小角度旋转的推广

设动坐标系 $M$ 相对于定坐标系 $F$ 的方向余弦矩阵为 $\boldsymbol{C}_F^M$，在此基础上，$M$ 系通过一次小角度旋转与 $\hat{M}$ 系重合。设对应的等效旋转矢量为 $\boldsymbol{\theta}_{M\hat{M}}^M$，旋转后的方向余弦矩阵为 $\boldsymbol{C}_F^{\hat{M}}$。则根据式（1－5－199）对方向余弦矩阵微分方程进行积分。当转角为小量时，忽略角速度方向的变化及方向余弦矩阵因积分产生的变化，则角速度 $\boldsymbol{\omega}_{FM}^M$ 的积分近似等于旋转矢量 $\boldsymbol{\theta}_{M\hat{M}}^M$，可得旋转前和旋转后的方向余弦矩阵的关系为

$$\begin{cases}\boldsymbol{C}_F^{\hat{M}}\approx(\boldsymbol{I}-\boldsymbol{\theta}_{M\hat{M}}^M\times)\boldsymbol{C}_F^M\\\boldsymbol{C}_{\hat{M}}^F\approx\boldsymbol{C}_M^F(\boldsymbol{I}+\boldsymbol{\theta}_{M\hat{M}}^M\times)\end{cases} \tag{1-5-202}$$

上式与式（1－5－121）相同，即通过等效旋转矢量转换与方向余弦矩阵的转换式及方向余弦矩阵微分方程可以导出相同的结论。

1.5.4.2.2 方向余弦矩阵误差旋转矢量微分方程

当实际导航时，计算得到的方向余弦矩阵 $\hat{\boldsymbol{C}}_F^M$ 相对于真实矩阵 $\boldsymbol{C}_F^M$ 可能存在误差。在表示误差时，通常有以下两种方式：

1）使用误差矩阵 $\delta\boldsymbol{C}_F^M=\hat{\boldsymbol{C}}_F^M-\boldsymbol{C}_F^M$ 表示误差；

2）若将 $F$ 系作为参考系，则可以用计算得到的 $\hat{M}$ 系相对于真实 $M$ 系的等效旋转矢量 $\boldsymbol{\theta}_{M\hat{M}}$（对应于方向余弦矩阵 $\boldsymbol{C}_M^{\hat{M}}$）表示误差，称该矢量为误差旋转矢量。

由于误差旋转矢量包含元素较少，因此通常使用误差旋转矢量而不是误差矩阵来表示误差。

本节考虑这样一种情况，即 $\hat{M}$ 系的误差是时变的，而且 $M$ 系与 $F$ 系之间存在相对运动，在上述情况下，需要考察 $\hat{M}$ 系误差旋转矢量随时间的变化。由式（1－5－202）易得

$$\hat{\boldsymbol{C}}_F^M=\boldsymbol{C}_F^{\hat{M}}\approx(\boldsymbol{I}-\boldsymbol{\theta}_{M\hat{M}}^M\times)\boldsymbol{C}_F^M \tag{1-5-203}$$

等式两边取导数得

$$\dot{\boldsymbol{C}}_F^{\hat{M}}\approx-\dot{\boldsymbol{\theta}}_{M\hat{M}}^M\times\boldsymbol{C}_F^M+(\boldsymbol{I}-\boldsymbol{\theta}_{M\hat{M}}^M\times)\dot{\boldsymbol{C}}_F^M \tag{1-5-204}$$

这里将 $\boldsymbol{\theta}_{M\hat{M}}$ 视为一般的矢量（在转动角度较小的情况下近似成立），式中 $\dot{\boldsymbol{\theta}}_{M\hat{M}}^{M}=(\dot{\boldsymbol{\theta}}_{M\hat{M}}|_{M})^{M}$，表示 $\boldsymbol{\theta}_{M\hat{M}}$ 在 $M$ 系下观测到的变化率在 $M$ 系下的投影。由式（1－5－199）有 $\dot{\boldsymbol{C}}_{F}^{M}=(\boldsymbol{\omega}_{MF}^{M}\times)\boldsymbol{C}_{F}^{M}$，代入上式得

$$(\hat{\boldsymbol{\omega}}_{MF}^{\hat{M}}\times)\boldsymbol{C}_{F}^{\hat{M}}\approx-\dot{\boldsymbol{\theta}}_{M\hat{M}}^{M}\times\boldsymbol{C}_{F}^{M}+(\boldsymbol{I}-\boldsymbol{\theta}_{M\hat{M}}^{M}\times)(\boldsymbol{\omega}_{MF}^{M}\times)\boldsymbol{C}_{F}^{M}$$

再将式（1－5－203）代入上式得

$$(\hat{\boldsymbol{\omega}}_{MF}^{\hat{M}}\times)(\boldsymbol{I}-\boldsymbol{\theta}_{M\hat{M}}^{M}\times)\boldsymbol{C}_{F}^{M}\approx-\dot{\boldsymbol{\theta}}_{M\hat{M}}^{M}\times\boldsymbol{C}_{F}^{M}+(\boldsymbol{I}-\boldsymbol{\theta}_{M\hat{M}}^{M}\times)(\boldsymbol{\omega}_{MF}^{M}\times)\boldsymbol{C}_{F}^{M}$$

因此

$$\begin{aligned}(\dot{\boldsymbol{\theta}}_{M\hat{M}}^{M}\times)&\approx(\boldsymbol{I}-\boldsymbol{\theta}_{M\hat{M}}^{M}\times)(\boldsymbol{\omega}_{MF}^{M}\times)-(\hat{\boldsymbol{\omega}}_{MF}^{\hat{M}}\times)(\boldsymbol{I}-\boldsymbol{\theta}_{M\hat{M}}^{M}\times)\\&=(\boldsymbol{\omega}_{MF}^{M}\times)-(\boldsymbol{\theta}_{M\hat{M}}^{M}\times)(\boldsymbol{\omega}_{MF}^{M}\times)-(\hat{\boldsymbol{\omega}}_{MF}^{\hat{M}}\times)+(\hat{\boldsymbol{\omega}}_{MF}^{\hat{M}}\times)(\boldsymbol{\theta}_{M\hat{M}}^{M}\times)\\&\approx(\boldsymbol{\omega}_{MF}^{M}\times)(\boldsymbol{\theta}_{M\hat{M}}^{M}\times)-(\boldsymbol{\theta}_{M\hat{M}}^{M}\times)(\boldsymbol{\omega}_{MF}^{M}\times)-((\hat{\boldsymbol{\omega}}_{MF}^{\hat{M}}-\boldsymbol{\omega}_{MF}^{M})\times)\\&=((\boldsymbol{\omega}_{MF}^{M}\times\boldsymbol{\theta}_{M\hat{M}}^{M})\times)-((\hat{\boldsymbol{\omega}}_{MF}^{\hat{M}}-\boldsymbol{\omega}_{MF}^{M})\times)\end{aligned}$$

上式最后一个等号处应用了式（B－2－58）。由上式可得

$$\dot{\boldsymbol{\theta}}_{M\hat{M}}^{M}\approx\boldsymbol{\omega}_{MF}^{M}\times\boldsymbol{\theta}_{M\hat{M}}^{M}-(\hat{\boldsymbol{\omega}}_{MF}^{\hat{M}}-\boldsymbol{\omega}_{MF}^{M})=\boldsymbol{\omega}_{MF}^{M}\times\boldsymbol{\theta}_{M\hat{M}}^{M}-\delta\boldsymbol{\omega}_{MF}^{\overline{M}}\tag{1－5－205}$$

根据式（1－1－44）得

$$\delta\boldsymbol{\omega}_{MF}^{\overline{M}}\approx(\delta\boldsymbol{\omega}_{MF}|_{\overline{F}})^{\overline{M}}+\boldsymbol{\theta}_{MF}^{M}\times\boldsymbol{\omega}_{MF}^{M}\tag{1－5－206}$$

根据 1.1.4.2 节对 $\boldsymbol{\theta}_{MF}^{M}$ 的定义，式（1－5－206）中

$$\boldsymbol{\theta}_{MF}^{M}=-\boldsymbol{\theta}_{FM}^{M}=-\boldsymbol{\theta}_{M\hat{M}}^{M}\tag{1－5－207}$$

将式（1－5－206）及式（1－5－207）代入式（1－5－205）可得

$$\dot{\boldsymbol{\theta}}_{M\hat{M}}^{M}\approx\boldsymbol{\omega}_{MF}^{M}\times\boldsymbol{\theta}_{M\hat{M}}^{M}-((\delta\boldsymbol{\omega}_{MF}|_{\overline{F}})^{\overline{M}}-\boldsymbol{\theta}_{M\hat{M}}^{M}\times\boldsymbol{\omega}_{MF}^{M})=-(\delta\boldsymbol{\omega}_{MF}|_{\overline{F}})^{\overline{M}}\tag{1－5－208}$$

式（1－5－205）、式（1－5－208）为 $\dot{\boldsymbol{\theta}}_{M\hat{M}}^{M}$ 的计算式。可以看出，$\dot{\boldsymbol{\theta}}_{M\hat{M}}^{M}$ 误差来源于 $\boldsymbol{\omega}_{MF}$ 的误差。当在 $\overline{F}$ 系下观测 $\boldsymbol{\omega}_{MF}$ 误差时，$\dot{\boldsymbol{\theta}}_{M\hat{M}}^{M}$ 有更简单的形式。此外需要注意的是，$\boldsymbol{\theta}_{M\hat{M}}$ 为矢量，因此其导数 $\dot{\boldsymbol{\theta}}_{M\hat{M}}$ 在不同坐标系下观测时，需要参考 1.1.3 节进行科氏变换。

#### 1.5.4.3　欧拉角微分方程

根据欧拉角的定义，坐标系 $M$ 相对坐标系 $F$ 的角速度 $\boldsymbol{\omega}_{FM}$ 可以分解为三个欧拉角旋转方向上的角速度，得到

$$\boldsymbol{\omega}_{FM}=\dot{\psi}\boldsymbol{u}_{Z_F}+\dot{\theta}\boldsymbol{u}_{Y_{F_1}}+\dot{\phi}\boldsymbol{u}_{X_{F_2}}\tag{1－5－209}$$

式（1－5－209）投影到 $M$ 系并应用方向余弦矩阵的链式法则，得到

$$\boldsymbol{\omega}_{FM}^{M}=\dot{\psi}\boldsymbol{C}_{F_2}^{M}\boldsymbol{C}_{F_1}^{F_2}\boldsymbol{u}_{Z_F}^{F_1}+\dot{\theta}\boldsymbol{C}_{F_2}^{M}\boldsymbol{u}_{Y_{F_1}}^{F_2}+\dot{\phi}\boldsymbol{u}_{X_{F_2}}^{M}\tag{1－5－210}$$

需要将上式展开为分量形式。注意到 $\boldsymbol{u}_{Z_F}^{F_1}=\boldsymbol{u}_{Z_F}^{F}$、$\boldsymbol{u}_{Y_{F_1}}^{F_2}=\boldsymbol{u}_{Y_{F_1}}^{F_1}$、$\boldsymbol{u}_{X_{F_2}}^{M}=\boldsymbol{u}_{X_{F_2}}^{F_2}$，并应用式（1－5－43）～式（1－5－45），得到

$$
\begin{aligned}
\omega_{FM_x}^{M} &= \dot{\phi} - \dot{\psi}\sin\theta \\
\omega_{FM_y}^{M} &= \dot{\theta}\cos\phi + \dot{\psi}\cos\theta\sin\phi \\
\omega_{FM_z}^{M} &= -\dot{\theta}\sin\phi + \dot{\psi}\cos\theta\cos\phi
\end{aligned}
\tag{1-5-211}
$$

将上式视为三个欧拉角变化率的三元一次方程组，其解为

$$
\begin{aligned}
\dot{\psi} &= \omega_{FM_y}^{M}\sec\theta\sin\phi + \omega_{FM_z}^{M}\sec\theta\cos\phi \\
\dot{\theta} &= \omega_{FM_y}^{M}\cos\phi - \omega_{FM_z}^{M}\sin\phi \\
\dot{\phi} &= \omega_{FM_x}^{M} + \omega_{FM_y}^{M}\tan\theta\sin\phi + \omega_{FM_z}^{M}\tan\theta\cos\phi
\end{aligned}
\tag{1-5-212}
$$

由于 $\dot{\phi}$ 和 $\dot{\psi}$ 的表达式中包含 $\tan\theta$ 和 $\sec\theta$，因此在 $|\theta|=\pi/2$ 时将出现奇异，从另一个角度解释了欧拉角的物理奇异性。

#### 1.5.4.4　等效旋转矢量微分方程

本节讨论等效旋转矢量的微分方程，推导的基础是等效旋转矢量到方向余弦矩阵的转换式，以及方向余弦矩阵微分方程（参考文献［16］讲义 8）。为简洁起见，本节推导过程中统一使用 $\boldsymbol{C}$ 表示 $\boldsymbol{C}_M^F$、使用 $\boldsymbol{\theta}$ 表示 $\boldsymbol{\theta}_{FM}$、使用 $\boldsymbol{\omega}$ 表示 $\boldsymbol{\omega}_{FM}^M$。

等效旋转矢量到方向余弦矩阵的转换式（1－5－23）可写为

$$
\boldsymbol{C} = \boldsymbol{I} + f_1(\boldsymbol{\theta}\times) + f_2(\boldsymbol{\theta}\times)^2 \tag{1-5-213}
$$

上式中的 $f_1$，$f_2$ 定义为

$$
\begin{cases}
f_1 \equiv \dfrac{\sin\theta}{\theta} \\
f_2 \equiv \dfrac{1-\cos\theta}{\theta^2}
\end{cases}
\tag{1-5-214}
$$

对式（1－5－213）的两边求转置，得到

$$
\boldsymbol{C}^{\mathrm{T}} = \boldsymbol{I} - f_1(\boldsymbol{\theta}\times) + f_2(\boldsymbol{\theta}\times)^2 \tag{1-5-215}
$$

式（1－5－213）与式（1－5－215）相减后得到

$$
\frac{1}{2}(\boldsymbol{C} - \boldsymbol{C}^{\mathrm{T}}) = f_1(\boldsymbol{\theta}\times) \tag{1-5-216}
$$

对上式求微分，可得

$$
\frac{1}{2}(\dot{\boldsymbol{C}} - \dot{\boldsymbol{C}}^{\mathrm{T}}) = \dot{f}_1(\boldsymbol{\theta}\times) + f_1(\dot{\boldsymbol{\theta}}\times) \tag{1-5-217}
$$

另一方面，根据方向余弦矩阵微分方程式（1－5－199），有

$$
\dot{\boldsymbol{C}} = \boldsymbol{C}(\boldsymbol{\omega}\times) \tag{1-5-218}
$$

应用式（1－5－213），得到

$$
\dot{\boldsymbol{C}} = (\boldsymbol{\omega}\times) + f_1(\boldsymbol{\theta}\times)(\boldsymbol{\omega}\times) + f_2(\boldsymbol{\theta}\times)^2(\boldsymbol{\omega}\times) \tag{1-5-219}
$$

对上式等号两边求转置，得到

$$
\dot{\boldsymbol{C}}^{\mathrm{T}} = -(\boldsymbol{\omega}\times) + f_1(\boldsymbol{\omega}\times)(\boldsymbol{\theta}\times) - f_2(\boldsymbol{\omega}\times)(\boldsymbol{\theta}\times)^2 \tag{1-5-220}
$$

式（1-5-219）与式（1-5-220）相减后得到

$$\begin{aligned}\frac{1}{2}(\dot{\boldsymbol{C}}-\dot{\boldsymbol{C}}^{\mathrm{T}})=&(\boldsymbol{\omega}\times)+\frac{1}{2}f_1[(\boldsymbol{\theta}\times)(\boldsymbol{\omega}\times)-(\boldsymbol{\omega}\times)(\boldsymbol{\theta}\times)]+\\&\frac{1}{2}f_2[(\boldsymbol{\theta}\times)^2(\boldsymbol{\omega}\times)+(\boldsymbol{\omega}\times)(\boldsymbol{\theta}\times)^2]\end{aligned}\tag{1-5-221}$$

下面考虑对上式进行化简。根据式（B-2-58），可得

$$(\boldsymbol{\theta}\times)(\boldsymbol{\omega}\times)-(\boldsymbol{\omega}\times)(\boldsymbol{\theta}\times)=((\boldsymbol{\theta}\times\boldsymbol{\omega})\times)\tag{1-5-222}$$

考虑任意矢量 $\boldsymbol{v}$ 与式（1-5-221）最后一项方括号内容的乘积，由式（B-2-5）可得

$$\begin{aligned}&(\boldsymbol{\theta}\times)^2(\boldsymbol{\omega}\times)\boldsymbol{v}+(\boldsymbol{\omega}\times)(\boldsymbol{\theta}\times)^2\boldsymbol{v}\\=&\boldsymbol{\theta}\times[\boldsymbol{\theta}\times(\boldsymbol{\omega}\times\boldsymbol{v})]+\boldsymbol{\omega}\times[\boldsymbol{\theta}\times(\boldsymbol{\theta}\times\boldsymbol{v})]\\=&\boldsymbol{\theta}\times[(\boldsymbol{\theta}\cdot\boldsymbol{v})\boldsymbol{\omega}-(\boldsymbol{\theta}\cdot\boldsymbol{\omega})\boldsymbol{v}]+\boldsymbol{\omega}\times[(\boldsymbol{\theta}\cdot\boldsymbol{v})\boldsymbol{\theta}-(\boldsymbol{\theta}\cdot\boldsymbol{\theta})\boldsymbol{v}]\\=&-(\boldsymbol{\theta}\cdot\boldsymbol{\omega})(\boldsymbol{\theta}\times\boldsymbol{v})-(\boldsymbol{\theta}\cdot\boldsymbol{\theta})(\boldsymbol{\omega}\times\boldsymbol{v})\end{aligned}\tag{1-5-223}$$

由于 $\boldsymbol{v}$ 是任意矢量，可得

$$(\boldsymbol{\theta}\times)^2(\boldsymbol{\omega}\times)+(\boldsymbol{\omega}\times)(\boldsymbol{\theta}\times)^2=-(\boldsymbol{\theta}\cdot\boldsymbol{\omega})(\boldsymbol{\theta}\times)-\theta^2(\boldsymbol{\omega}\times)\tag{1-5-224}$$

将式（1-5-217）、式（1-5-222）及式（1-5-224）代入式（1-5-221），得到

$$\dot{f}_1\boldsymbol{\theta}+f_1\dot{\boldsymbol{\theta}}=\boldsymbol{\omega}+\frac{1}{2}f_1(\boldsymbol{\theta}\times\boldsymbol{\omega})-\frac{1}{2}f_2[(\boldsymbol{\theta}\cdot\boldsymbol{\omega})\boldsymbol{\theta}+\theta^2\boldsymbol{\omega}]\tag{1-5-225}$$

将 $\boldsymbol{\omega}$ 分解为平行于 $\boldsymbol{\theta}$ 的分量 $\boldsymbol{\omega}_{\parallel}$ 和垂直于 $\boldsymbol{\theta}$ 的分量 $\boldsymbol{\omega}_{\perp}$，则上式可进一步写为

$$\begin{aligned}\dot{f}_1\boldsymbol{\theta}+f_1\dot{\boldsymbol{\theta}}&=\boldsymbol{\omega}+\frac{1}{2}f_1(\boldsymbol{\theta}\times\boldsymbol{\omega})-\frac{1}{2}f_2[2\theta^2\boldsymbol{\omega}_{\parallel}+\theta^2\boldsymbol{\omega}_{\perp}]\\&=\boldsymbol{\omega}+\frac{1}{2}f_1(\boldsymbol{\theta}\times\boldsymbol{\omega})-f_2\theta^2\boldsymbol{\omega}_{\parallel}-\frac{1}{2}f_2\theta^2\boldsymbol{\omega}_{\perp}\end{aligned}\tag{1-5-226}$$

下面首先根据上式计算 $\dot{\theta}$。将式（1-5-226）等号两边与 $\boldsymbol{\theta}$ 点乘，得到

$$\dot{f}_1\theta^2+f_1\boldsymbol{\theta}\cdot\dot{\boldsymbol{\theta}}=\omega_{\parallel}\theta-f_2\theta^3\omega_{\parallel}\tag{1-5-227}$$

由于 $\boldsymbol{\theta}\cdot\boldsymbol{\theta}=\theta^2$，等号两边求导可得式（1-5-227）中的 $\boldsymbol{\theta}\cdot\dot{\boldsymbol{\theta}}$ 项为

$$\boldsymbol{\theta}\cdot\dot{\boldsymbol{\theta}}=\theta\dot{\theta}\tag{1-5-228}$$

另由式（1-5-214），式（1-5-227）中 $f_1$ 的导数为

$$\dot{f}_1=\frac{\theta\cos\theta-\sin\theta}{\theta^2}\dot{\theta}\tag{1-5-229}$$

将式（1-5-214）、式（1-5-228）及式（1-5-229）代入式（1-5-227），得到

$$\theta\cos\theta\dot{\theta}=\cos\theta\theta\omega_{\parallel}\tag{1-5-230}$$

当 $\cos\theta\neq 0$ 时

$$\theta\dot{\theta}=\theta\omega_{\parallel}\tag{1-5-231}$$

由上式，当 $\theta\neq 0$ 时（此时可以定义 $\boldsymbol{\omega}_{\parallel}$）可进一步得到

$$\dot{\theta}=\omega_{\parallel}\tag{1-5-232}$$

即 $\theta$ 的导数为 $\boldsymbol{\omega}$ 平行于 $\boldsymbol{\theta}$ 的分量的大小。

然后回到式（1-5-226），移项后得

$$
\begin{aligned}
f_1\dot{\boldsymbol{\theta}} &= \boldsymbol{\omega} + \frac{1}{2}f_1(\boldsymbol{\theta}\times\boldsymbol{\omega}) - f_2\theta^2\boldsymbol{\omega}_{\parallel} - \frac{1}{2}f_2\theta^2\boldsymbol{\omega}_{\perp} - \dot{f}_1\boldsymbol{\theta} \\
&= f_1\boldsymbol{\omega} + (1-f_1)(\boldsymbol{\omega}_{\parallel}+\boldsymbol{\omega}_{\perp}) + \frac{1}{2}f_1(\boldsymbol{\theta}\times\boldsymbol{\omega}) - f_2\theta^2\boldsymbol{\omega}_{\parallel} - \frac{1}{2}f_2\theta^2\boldsymbol{\omega}_{\perp} - \dot{f}_1\boldsymbol{\theta} \\
&= f_1\boldsymbol{\omega} + \frac{1}{2}f_1(\boldsymbol{\theta}\times\boldsymbol{\omega}) + \left(1-f_1-\frac{1}{2}f_2\theta^2\right)\boldsymbol{\omega}_{\perp} + \left[(1-f_1)\boldsymbol{\omega}_{\parallel} - f_2\theta^2\boldsymbol{\omega}_{\parallel} - \dot{f}_1\boldsymbol{\theta}\right]
\end{aligned}
\tag{1-5-233}
$$

上式的最后一项可表示为

$$
\begin{aligned}
&(1-f_1)\boldsymbol{\omega}_{\parallel} - f_2\theta^2\boldsymbol{\omega}_{\parallel} - \dot{f}_1\boldsymbol{\theta} \\
&= \left(1-\frac{\sin\theta}{\theta}\right)\boldsymbol{\omega}_{\parallel} - (1-\cos\theta)\boldsymbol{\omega}_{\parallel} - \frac{\theta\cos\theta-\sin\theta}{\theta^2}\dot{\theta}\boldsymbol{\theta} \\
&= \frac{\theta\cos\theta-\sin\theta}{\theta^2}(\theta\boldsymbol{\omega}_{\parallel} - \dot{\theta}\boldsymbol{\theta})
\end{aligned}
\tag{1-5-234}
$$

应用式（1-5-231）的结论，该项的值为零。因此式（1-5-233）简化为

$$
\dot{\boldsymbol{\theta}} = \boldsymbol{\omega} + \frac{1}{2}(\boldsymbol{\theta}\times\boldsymbol{\omega}) - \left(1-\frac{1}{f_1}+\frac{f_2}{2f_1}\theta^2\right)\boldsymbol{\omega}_{\perp}
\tag{1-5-235}
$$

根据 $f_1$ 与 $f_2$ 的定义式（1-5-214），易得

$$
1-\frac{1}{f_1}+\frac{f_2}{2f_1}\theta^2 = 1-\frac{2-f_2\theta^2}{2f_1} = 1-\frac{(1+\cos\theta)\theta}{2\sin\theta} = 1-\frac{\theta\sin\theta}{2(1-\cos\theta)}
\tag{1-5-236}
$$

此外，在式（B-2-97）中令 $\boldsymbol{v}=\boldsymbol{\omega}$，$\boldsymbol{u}=\dfrac{\boldsymbol{\theta}}{\theta}$ 易得

$$
\boldsymbol{\omega}_{\perp} = -\frac{1}{\theta^2}[\boldsymbol{\theta}\times(\boldsymbol{\theta}\times\boldsymbol{\omega})]
\tag{1-5-237}
$$

将式（1-5-236）与式（1-5-237）代入式（1-5-235），最终得到

$$
\dot{\boldsymbol{\theta}}_{FM} = \boldsymbol{\omega}_{FM}^{M} + \frac{1}{2}(\boldsymbol{\theta}_{FM}\times\boldsymbol{\omega}_{FM}^{M}) + \frac{1}{\theta^2}\left[1-\frac{\theta\sin\theta}{2(1-\cos\theta)}\right]\boldsymbol{\theta}_{FM}\times(\boldsymbol{\theta}_{FM}\times\boldsymbol{\omega}_{FM}^{M})
\tag{1-5-238}
$$

上式即为等效旋转矢量微分方程，也称为 Bortz 方程[17]。由上述推导过程可知，根据式（1-5-238）对 $\boldsymbol{\theta}_{FM}$ 进行积分后，再通过式（1-5-23）转换得到的方向余弦矩阵 $\boldsymbol{C}_M^F$，与通过式（1-5-199）直接积分得到的方向余弦矩阵相同。

#### 1.5.4.5 特征四元数微分方程

为了分析坐标系 $M$ 相对坐标系 $F$ 的特征四元数变化情况，考虑 $M$ 系相对 $F$ 系以角速度 $\boldsymbol{\omega}_{FM}$ 旋转，在一小段时间内可以认为角速度方向不变，此时 $\boldsymbol{\theta}_{FM}\parallel\boldsymbol{\omega}_{FM}$，则 Bortz 方程式（1-5-238）简化为

$$
\dot{\boldsymbol{\theta}}_{FM} = \dot{\theta}\boldsymbol{u}_{FM} \approx \boldsymbol{\omega}_{FM}^{M}
\tag{1-5-239}
$$

应用式（1-5-78）并微分，结合上式得到

$$\begin{aligned}\dot{\boldsymbol{q}}_M^F &= -\frac{1}{2}\sin\frac{\theta}{2}\dot{\theta} + \frac{1}{2}\cos\frac{\theta}{2}\dot{\theta}\boldsymbol{u}_{FM} \\ &= \frac{1}{2}\sin\frac{\theta}{2}\dot{\theta}\left(\begin{bmatrix}0\\ \boldsymbol{u}_{FM}\end{bmatrix}\circ\begin{bmatrix}0\\ \boldsymbol{u}_{FM}\end{bmatrix}\right) + \frac{1}{2}\cos\frac{\theta}{2}\dot{\theta}\boldsymbol{u}_{FM} \\ &= \frac{1}{2}\left(\cos\frac{\theta}{2} + \sin\frac{\theta}{2}\boldsymbol{u}_{FM}\right)\circ\begin{bmatrix}0\\ \dot{\theta}\boldsymbol{u}_{FM}\end{bmatrix} \\ &\approx \frac{1}{2}\boldsymbol{q}_M^F\circ\begin{bmatrix}0\\ \boldsymbol{\omega}_{FM}^M\end{bmatrix}\end{aligned} \tag{1-5-240}$$

引入姿态转动四元数 $\boldsymbol{q}_{\boldsymbol{\omega}_{FM}^M}$ 并定义为

$$\boldsymbol{q}_{\boldsymbol{\omega}_{FM}^M} \equiv \begin{bmatrix}0\\ \boldsymbol{\omega}_{FM}^M\end{bmatrix} \tag{1-5-241}$$

代入式（1-5-240）得到特征四元数微分方程

$$\dot{\boldsymbol{q}}_M^F \approx \frac{1}{2}\boldsymbol{q}_M^F\circ\boldsymbol{q}_{\boldsymbol{\omega}_{FM}^M} \tag{1-5-242}$$

上式等号两边求共轭得

$$\dot{\boldsymbol{q}}_F^M \approx -\frac{1}{2}\boldsymbol{q}_{\boldsymbol{\omega}_{FM}^M}\cdot\boldsymbol{q}_F^M \tag{1-5-243}$$

式（1-5-242）与式（1-5-243）中包含的角速度均是在 $M$ 系下的，但有些情况下需要使用在 $F$ 系下的角速度。考虑到 $F$ 系与 $M$ 系实际上是任意坐标系，在式中将 $F$ 系换为 $M$ 系，$M$ 系换为 $F$ 系，公式仍成立，得到

$$\begin{cases}\dot{\boldsymbol{q}}_F^M \approx \dfrac{1}{2}\boldsymbol{q}_F^M\circ\boldsymbol{q}_{\boldsymbol{\omega}_{MF}^F} = -\dfrac{1}{2}\boldsymbol{q}_F^M\circ\boldsymbol{q}_{\boldsymbol{\omega}_{FM}^F} \\ \dot{\boldsymbol{q}}_M^F \approx -\dfrac{1}{2}\boldsymbol{q}_{\boldsymbol{\omega}_{MF}^F}\circ\boldsymbol{q}_M^F = \dfrac{1}{2}\boldsymbol{q}_{\boldsymbol{\omega}_{FM}^F}\circ\boldsymbol{q}_M^F\end{cases} \tag{1-5-244}$$

在惯性导航应用中，为了便于使用 $F$ 系和 $M$ 系相对惯性参考系 $I$ 系的角速度，而不是 $M$ 系相对 $F$ 系的角速度，应用特征四元数乘法的链式法则得到

$$\boldsymbol{q}_M^F = \boldsymbol{q}_I^F\circ\boldsymbol{q}_M^I \tag{1-5-245}$$

对式（1-5-245）进行微分，并应用式（1-5-244），得到

$$\begin{aligned}\dot{\boldsymbol{q}}_M^F &= \boldsymbol{q}_I^F\circ\dot{\boldsymbol{q}}_M^I + \dot{\boldsymbol{q}}_I^F\circ\boldsymbol{q}_M^I \\ &\approx \frac{1}{2}\boldsymbol{q}_I^F\circ\boldsymbol{q}_M^I\circ\boldsymbol{q}_{\boldsymbol{\omega}_{IM}^M} - \frac{1}{2}\boldsymbol{q}_{\boldsymbol{\omega}_{IF}^F}\circ\boldsymbol{q}_I^F\circ\boldsymbol{q}_M^I \\ &= \frac{1}{2}\boldsymbol{q}_M^F\circ\boldsymbol{q}_{\boldsymbol{\omega}_{IM}^M} - \frac{1}{2}\boldsymbol{q}_{\boldsymbol{\omega}_{IF}^F}\circ\boldsymbol{q}_M^F\end{aligned} \tag{1-5-246}$$

与方向余弦矩阵微分方程类似，上式的一个重要特性是，与姿态转动四元数相乘的是特征四元数，其各个分量的绝对值不可能超过 1，只要 $F$ 系和 $M$ 系是以有限角速度相对 $I$ 系运动，方程（1-5-246）不会出现奇异解。

### 1.5.5 姿态参数微分方程的数值解法

#### 1.5.5.1 龙格-库塔积分算法

采用龙格-库塔（Runge-Kutta）积分算法对方向余弦矩阵微分方程和特征四元数微分方程进行积分，具体可见文献［14］3.3.2节和文献［18］4.4.1节。采用此算法时，根据算法阶数（一般采用1～4阶算法）的不同，需要知道积分区间起点、中点或者终点时刻的角速度值。陀螺是最常用的角速度测量传感器。部分低精度陀螺直接输出角速度，但高精度陀螺通常输出的是采样周期内的角增量，因此需要从中提取角速度信息。角速度提取相当于微分操作，将放大陀螺的噪声。因此虽然理论上该算法可以用于计算方向余弦矩阵或特征四元数，但在工程上一般避免应用于高精度场合。

在采样周期内，角速度的变化通常是不规律的，除方向外，幅值也会发生变化。因此通过角增量提取角速度信息，需要对角速度的变化规律做一定的假设，而在这种条件下获得的特定时刻的角速度必然是真实量的近似值。

通常假设在某个积分区间内，角速度为时间的多项式函数，即

$$\omega(t_0+t)=a_1+a_2t+a_3t^2+\cdots+a_nt^{n-1} \tag{1-5-247}$$

式中，$t_0$ 为积分区间起始时刻；$0\leqslant t\leqslant T$（$T$ 为积分区间时长）。以上式为依据的角速度提取称为 $n$ 阶角速度提取算法。对于 $n$ 阶角速度提取算法，需要对上式进行积分，然后通过连续 $n$ 个采样周期的角增量解算出上式中的 $n$ 个参数 $a_1$，$a_2$，…，$a_n$。得到这 $n$ 个参数后，可以根据数值积分算法的需要计算特定时刻的角速度值。在这种算法中，1个积分区间对应 $n$ 个采样周期。对于4阶龙格-库塔法，通常采用2阶角速度提取算法，具体可见文献［14］3.4.2节和文献［18］4.4.2节。

#### 1.5.5.2 增量算法

高精度陀螺一般输出形式为脉冲数，每一个脉冲代表一定的角增量。在一个采样周期内，用陀螺输出的脉冲数除以标度因子即为采样周期内的角增量。利用这个角增量直接计算姿态矩阵或者特征四元数，则称为增量算法。

##### 1.5.5.2.1 微分方程在角速度方向不变条件下的解析解

方向余弦矩阵微分方程式（1-5-199）和特征四元数微分方程式（1-5-242）均为一阶线性齐次微分方程。经分离变量后，可写为 $\dfrac{\mathrm{d}\boldsymbol{y}}{\boldsymbol{y}}=\boldsymbol{\omega}(t)\mathrm{d}t$ 的形式。通过对等式两边积分，可求得解析解 $\boldsymbol{y}=\boldsymbol{y}_0\,\mathrm{e}^{\int\boldsymbol{\omega}(t)\mathrm{d}t}$，其中 $\boldsymbol{y}_0$ 为 $\boldsymbol{y}$ 的初值［参考文献［19］7.4节，也可由毕卡（Peano-Baker）逼近法求解得到］。对于方向余弦矩阵微分方程和特征四元数微分方程，上述解析解分别对应于

$$\begin{cases}\boldsymbol{C}_M^F(t+\Delta t)=\boldsymbol{C}_M^F(t)\,\mathrm{e}^{\int_t^{t+\Delta t}\boldsymbol{\Omega}_{FM}^M(\tau)\mathrm{d}\tau}\\ \boldsymbol{q}_M^F(t+\Delta t)=\mathrm{e}^{\frac{1}{2}\int_t^{t+\Delta t}(\boldsymbol{q}_{\boldsymbol{\omega}_{FM}^M}(\tau)\circ *)\mathrm{d}\tau}\,\boldsymbol{q}_M^F(t)\end{cases} \tag{1-5-248}$$

式中 $\boldsymbol{\Omega}_{FM}^M$ —— $\boldsymbol{\omega}_{FM}^M$ 的反对称矩阵；

$(\boldsymbol{q}_{\boldsymbol{\omega}_{FM}^{M}}(\tau)\circ^{*})$ —— $\boldsymbol{q}_{\boldsymbol{\omega}_{FM}^{M}}$ 对应的四元数乘法矩阵。

当角速度 $\boldsymbol{\omega}_{FM}$ 在 $[t,\ t+\Delta t]$ 时间内方向不变时，在上式中分别令

$$\begin{cases}\Delta\boldsymbol{\theta}_{C}\equiv\int_{t}^{t+\Delta t}\boldsymbol{\Omega}_{FM}^{M}(\tau)\mathrm{d}\tau=\begin{bmatrix}0 & -\Delta\theta_{z} & \Delta\theta_{y}\\ \Delta\theta_{z} & 0 & -\Delta\theta_{x}\\ -\Delta\theta_{y} & \Delta\theta_{x} & 0\end{bmatrix}\\ \Delta\boldsymbol{\theta}_{q}\equiv\int_{t}^{t+\Delta t}(\boldsymbol{q}_{\boldsymbol{\omega}_{FM}^{M}}(\tau)\circ^{*})\mathrm{d}\tau=\begin{bmatrix}0 & -\Delta\theta_{x} & -\Delta\theta_{y} & -\Delta\theta_{z}\\ \Delta\theta_{x} & 0 & \Delta\theta_{z} & -\Delta\theta_{y}\\ \Delta\theta_{y} & -\Delta\theta_{z} & 0 & \Delta\theta_{x}\\ \Delta\theta_{z} & \Delta\theta_{y} & -\Delta\theta_{x} & 0\end{bmatrix}\end{cases} \tag{1-5-249}$$

其中

$$\Delta\theta_{a}=\int_{t}^{t+\Delta t}\omega_{FM_{a}}^{M}(\tau)\mathrm{d}\tau\ (a=x,y,z)$$

如果 $F$ 为 $I$ 系，$M$ 为 $B$ 系，则 $\Delta\theta_{x}$、$\Delta\theta_{y}$、$\Delta\theta_{z}$ 分别为 $X$、$Y$、$Z$ 陀螺（理想器件）在 $[t,\ t+\Delta t]$ 时间内的角增量输出。根据上述定义，有

$$\begin{cases}\boldsymbol{C}_{M}^{F}(t+\Delta t)=\boldsymbol{C}_{M}^{F}(t)\mathrm{e}^{\Delta\boldsymbol{\theta}_{C}}\\ \boldsymbol{q}_{M}^{F}(t+\Delta t)=\mathrm{e}^{\frac{1}{2}\Delta\boldsymbol{\theta}_{q}}\boldsymbol{q}_{M}^{F}(t)\end{cases} \tag{1-5-250}$$

为便于在计算机上执行计算，对上式中的指数项进行泰勒展开，并展开 $\Delta\boldsymbol{\theta}_{C}$ 和 $\Delta\boldsymbol{\theta}_{q}$ 的 $n$ 次方 ($n=3,\ 4,\ 5,\ \cdots$) 项。由式（B-2-66）及式（B-3-15）（式中令 $\boldsymbol{v}=\frac{1}{2}[\Delta\theta_{x}\quad\Delta\theta_{y}\quad\Delta\theta_{z}]^{\mathrm{T}}$）可得

$$\begin{cases}\mathrm{e}^{\Delta\boldsymbol{\theta}_{C}}=\boldsymbol{I}+\dfrac{\sin(\Delta\theta)}{\Delta\theta}(\Delta\boldsymbol{\theta}_{C})+\dfrac{[1-\cos(\Delta\theta)]}{\Delta\theta^{2}}(\Delta\boldsymbol{\theta}_{C})^{2}\\ \mathrm{e}^{\frac{1}{2}\Delta\boldsymbol{\theta}_{q}}=\cos\left(\dfrac{\Delta\theta}{2}\right)\boldsymbol{I}+\dfrac{\sin\left(\dfrac{\Delta\theta}{2}\right)}{\Delta\theta}\Delta\boldsymbol{\theta}_{q}\end{cases} \tag{1-5-251}$$

其中

$$\Delta\theta=\sqrt{\Delta\theta_{x}^{2}+\Delta\theta_{y}^{2}+\Delta\theta_{z}^{2}}$$

这样就用角增量表示了方向余弦矩阵微分方程和特征四元数微分方程的解析解。可以看出，若将 $\Delta\boldsymbol{\theta}_{C}$ 替换为等效旋转矢量的反对称矩阵 $\boldsymbol{\theta}_{FM}\times$，则 $\mathrm{e}^{\Delta\boldsymbol{\theta}_{C}}$ 与式（1-5-23）中的 $\boldsymbol{C}_{M}^{F}$ 相同。这表明当角速度 $\boldsymbol{\omega}_{FM}$ 在 $[t,\ t+\Delta t]$ 时间内方向不变时，$\Delta\boldsymbol{\theta}_{C}$ 即为等效旋转矢量的反对称矩阵。但一般来说，如果 $\boldsymbol{\omega}_{FM}$ 方向随时间变化，则 $\Delta\boldsymbol{\theta}_{C}$ 不等于等效旋转矢量的反对称矩阵（角速度方向变化情况下的算法可参考 2.2.1.1.1 节）。

#### 1.5.5.2.2　定时增量算法[28]

定时增量算法是指在规定的采样周期 $T$ 内，对陀螺的输出采样一次。如果三个陀螺的

---

[28] 对应 basic/att/dcmincupdate_byref.m

采样角增量分别为 $\Delta\theta_x$、$\Delta\theta_y$、$\Delta\theta_z$，则可以根据方向余弦矩阵微分方程的解来计算姿态矩阵。

将 $\Delta\theta_x$、$\Delta\theta_y$、$\Delta\theta_z$ 代入式（1-5-251）并展开得

$$e^{\Delta\boldsymbol{\theta}_C}=\begin{bmatrix}1-(\Delta\theta_y^2+\Delta\theta_z^2)C & \Delta\theta_x\Delta\theta_yC-\Delta\theta_zS & \Delta\theta_x\Delta\theta_zC+\Delta\theta_yS\\ \Delta\theta_x\Delta\theta_yC+\Delta\theta_zS & 1-(\Delta\theta_x^2+\Delta\theta_z^2)C & \Delta\theta_y\Delta\theta_zC-\Delta\theta_xS\\ \Delta\theta_x\Delta\theta_zC-\Delta\theta_yS & \Delta\theta_y\Delta\theta_zC+\Delta\theta_xS & 1-(\Delta\theta_x^2+\Delta\theta_y^2)C\end{bmatrix} \tag{1-5-252}$$

其中

$$C=\frac{(1-\cos(\Delta\theta))}{\Delta\theta^2}\text{，}S=\frac{\sin(\Delta\theta)}{\Delta\theta}$$

如果用 $\Delta\boldsymbol{C}$ 表示上式，则方向余弦矩阵的微分方程的解可以写成迭代的形式

$$\boldsymbol{C}_{M_{k+1}}^F=\boldsymbol{C}_{M_k}^F\Delta\boldsymbol{C} \tag{1-5-253}$$

在计算机上计算时，为避免奇异，通常将 $C$ 和 $S$ 展开成级数，并用 $C_n$ 和 $S_n$ 表示

$$\begin{cases}S_n=1-\dfrac{\Delta\theta^2}{6}+\dfrac{\Delta\theta^4}{120}-\dfrac{\Delta\theta^6}{5\,040}+\cdots\\ C_n=\dfrac{1}{2}-\dfrac{\Delta\theta^2}{24}+\dfrac{\Delta\theta^4}{720}-\dfrac{\Delta\theta^6}{40\,320}+\cdots\end{cases} \tag{1-5-254}$$

以上各式均展开至第 6 阶。近似算法的阶数为正弦、余弦展开式的阶数，因此对应于 $n$ 阶近似算法，$S_n$ 应展开至第 $n-1$ 阶，$C_n$ 应展开至第 $n-2$ 阶。当 $C_n$ 和 $S_n$ 同时按照不同阶 $n$ 的取值近似时，即按有限项的和作为级数展开无穷项和的近似值，也称为 $n$ 阶算法。将近似的 $C_n$ 和 $S_n$ 值代入式（1-5-252）中的 $e^{\Delta\boldsymbol{\theta}_C}$ 的矩阵，可以得到迭代方程（1-5-253）的具体形式。在给定初值的情况下，可以通过迭代的方法得到每个采样周期的方向余弦矩阵。其中 $C_n$ 和 $S_n$ 的 1～4 阶近似值见表 1-6。

**表 1-6　$C_n$ 和 $S_n$ 的 1～4 阶近似值**

| $n$ | $C_n$ | $S_n$ |
|---|---|---|
| 1 | 0 | 1 |
| 2 | $\frac{1}{2}$ | 1 |
| 3 | $\frac{1}{2}$ | $1-\frac{\Delta\theta^2}{6}$ |
| 4 | $\frac{1}{2}-\frac{\Delta\theta^2}{24}$ | $1-\frac{\Delta\theta^2}{6}$ |

同理，采用特征四元数时，也可以将特征四元数微分方程的解写成迭代的形式

$$\boldsymbol{q}_{M_{k+1}}^F=\left[\cos\left(\frac{\Delta\theta}{2}\right)\boldsymbol{I}+\frac{\sin\left(\frac{\Delta\theta}{2}\right)}{\Delta\theta}\Delta\boldsymbol{\theta}_q\right]\boldsymbol{q}_{M_k}^F \tag{1-5-255}$$

然后将 $C_{qn}=\cos\left(\dfrac{\Delta\theta}{2}\right)$ 和 $S_{qn}=\dfrac{\sin\left(\frac{\Delta\theta}{2}\right)}{\Delta\theta}$ 进行级数展开

$$\begin{cases} C_{qn} = 1 - \dfrac{\Delta\theta^2}{8} + \dfrac{\Delta\theta^4}{384} - \dfrac{\Delta\theta^6}{46\ 080} + \cdots \\ S_{qn} = \dfrac{1}{2} - \dfrac{\Delta\theta^2}{48} + \dfrac{\Delta\theta^4}{3\ 840} - \dfrac{\Delta\theta^6}{645\ 120} + \cdots \end{cases} \tag{1-5-256}$$

以上各式均展开至第 6 阶。对应于 $n$ 阶近似算法，$C_{qn}$ 应展开至第 $n$ 阶，$S_{qn}$ 应展开至第 $n-1$ 阶。根据所取的 $n$ 阶算法进行求和计算，将得到的近似值代入迭代方程（1-5-255）中得到具体形式的解。在给定初值的情况下，可以通过迭代的方法得到每个采样周期的特征四元数。其中 $C_{qn}$ 和 $S_{qn}$ 的 1～4 阶近似值见表 1-7。

**表 1-7　$C_{qn}$ 和 $S_{qn}$ 的 1～4 阶近似值**

| $n$ | $C_{qn}$ | $S_{qn}$ |
|---|---|---|
| 1 | 1 | $\frac{1}{2}$ |
| 2 | $1-\frac{\Delta\theta^2}{8}$ | $\frac{1}{2}$ |
| 3 | $1-\frac{\Delta\theta^2}{8}$ | $\frac{1}{2}-\frac{\Delta\theta^2}{48}$ |
| 4 | $1-\frac{\Delta\theta^2}{8}+\frac{\Delta\theta^4}{384}$ | $\frac{1}{2}-\frac{\Delta\theta^2}{48}$ |

在迭代计算的过程中，方向余弦矩阵需要求解 9 个方程，而特征四元数只需要求解 4 个方程，在计算量上特征四元数方法可大为减小。

### 1.5.6　双矢量定姿算法及其误差

双矢量定姿算法通过两个矢量在两个坐标系内的分量确定两个坐标系的相对姿态。假定两个坐标系为 $F$、$M$，它们之间的坐标变换矩阵为 $\boldsymbol{C}_M^F$，则 $\boldsymbol{C}_M^F$ 可根据空间中两个不平行的参考矢量 $\boldsymbol{v}_1$、$\boldsymbol{v}_2$ 在坐标系 $M$ 和坐标系 $F$ 中的投影求解。由方向余弦的定义可知[20]

$$\begin{cases} \boldsymbol{v}_1^M = \boldsymbol{C}_F^M \boldsymbol{v}_1^F \\ \boldsymbol{v}_2^M = \boldsymbol{C}_F^M \boldsymbol{v}_2^F \end{cases} \tag{1-5-257}$$

将式（B-2-95）与式（1-5-257）联立，得到

$$[\boldsymbol{v}_1^M \quad \boldsymbol{v}_2^M \quad \boldsymbol{v}_1^M \times \boldsymbol{v}_2^M] = \boldsymbol{C}_F^M [\boldsymbol{v}_1^F \quad \boldsymbol{v}_2^F \quad \boldsymbol{v}_1^F \times \boldsymbol{v}_2^F] \tag{1-5-258}$$

由于 $\boldsymbol{v}_1$ 和 $\boldsymbol{v}_2$ 非零且不平行，$[\boldsymbol{v}_1^F \quad \boldsymbol{v}_2^F \quad \boldsymbol{v}_1^F \times \boldsymbol{v}_2^F]$ 为满秩矩阵，右乘其逆矩阵得到㉙

$$\boldsymbol{C}_F^M = [\boldsymbol{v}_1^M \quad \boldsymbol{v}_2^M \quad \boldsymbol{v}_1^M \times \boldsymbol{v}_2^M][\boldsymbol{v}_1^F \quad \boldsymbol{v}_2^F \quad \boldsymbol{v}_1^F \times \boldsymbol{v}_2^F]^{-1} \tag{1-5-259}$$

转置得到

$$\boldsymbol{C}_M^F = [\boldsymbol{v}_1^F \quad \boldsymbol{v}_2^F \quad \boldsymbol{v}_1^F \times \boldsymbol{v}_2^F]^{-\mathrm{T}}[\boldsymbol{v}_1^M \quad \boldsymbol{v}_2^M \quad \boldsymbol{v}_1^M \times \boldsymbol{v}_2^M]^{\mathrm{T}} \tag{1-5-260}$$

---

㉙ 对应 basic/att/dblvecattdet.m

式中 $\boldsymbol{v}_1^F$，$\boldsymbol{v}_2^F$ ——参考矢量 $\boldsymbol{v}_1$ 和 $\boldsymbol{v}_2$ 在 $F$ 系内的投影，一般通过理想值计算得到；

$\boldsymbol{v}_1^M$，$\boldsymbol{v}_2^M$ ——参考矢量 $\boldsymbol{v}_1$ 和 $\boldsymbol{v}_2$ 在 $M$ 系内的投影，一般通过导航传感器测量值计算得到。

由于存在测量误差，因此由式（1-5-259）及式（1-5-260）计算得到的方向余弦矩阵一般不是正交矩阵，需要按 1.5.3.1 节的算法进行正交规范化。

为避免正交规范化，可以使用 $\dfrac{\boldsymbol{v}_1}{\|\boldsymbol{v}_1\|}$、$\dfrac{\boldsymbol{v}_1\times\boldsymbol{v}_2}{\|\boldsymbol{v}_1\times\boldsymbol{v}_2\|}$、$\dfrac{\boldsymbol{v}_1\times(\boldsymbol{v}_1\times\boldsymbol{v}_2)}{\|\boldsymbol{v}_1\|\,\|\boldsymbol{v}_1\times\boldsymbol{v}_2\|}$ 矢量参与计算，此时

$$
\begin{aligned}
\boldsymbol{C}_M^F &= \left[\frac{\boldsymbol{v}_1^F}{\|\boldsymbol{v}_1^F\|}\quad \frac{\boldsymbol{v}_1^F\times\boldsymbol{v}_2^F}{\|\boldsymbol{v}_1^F\times\boldsymbol{v}_2^F\|}\quad \frac{\boldsymbol{v}_1^F\times(\boldsymbol{v}_1^F\times\boldsymbol{v}_2^F)}{\|\boldsymbol{v}_1^F\|\,\|\boldsymbol{v}_1^F\times\boldsymbol{v}_2^F\|}\right]\left[\frac{\boldsymbol{v}_1^M}{\|\boldsymbol{v}_1^M\|}\quad \frac{\boldsymbol{v}_1^M\times\boldsymbol{v}_2^M}{\|\boldsymbol{v}_1^M\times\boldsymbol{v}_2^M\|}\quad \frac{\boldsymbol{v}_1^M\times(\boldsymbol{v}_1^M\times\boldsymbol{v}_2^M)}{\|\boldsymbol{v}_1^M\|\,\|\boldsymbol{v}_1^M\times\boldsymbol{v}_2^M\|}\right]^{-1} \\
&= \left[\frac{\boldsymbol{v}_1^F}{\|\boldsymbol{v}_1^F\|}\quad \frac{\boldsymbol{v}_1^F\times\boldsymbol{v}_2^F}{\|\boldsymbol{v}_1^F\times\boldsymbol{v}_2^F\|}\quad \frac{\boldsymbol{v}_1^F\times(\boldsymbol{v}_1^F\times\boldsymbol{v}_2^F)}{\|\boldsymbol{v}_1^F\|\,\|\boldsymbol{v}_1^F\times\boldsymbol{v}_2^F\|}\right]\left[\frac{\boldsymbol{v}_1^M}{\|\boldsymbol{v}_1^M\|}\quad \frac{\boldsymbol{v}_1^M\times\boldsymbol{v}_2^M}{\|\boldsymbol{v}_1^M\times\boldsymbol{v}_2^M\|}\quad \frac{\boldsymbol{v}_1^M\times(\boldsymbol{v}_1^M\times\boldsymbol{v}_2^M)}{\|\boldsymbol{v}_1^M\|\,\|\boldsymbol{v}_1^M\times\boldsymbol{v}_2^M\|}\right]^{\mathrm{T}}
\end{aligned}
\tag{1-5-261}
$$

式中，第一个等号右式中的第二个矩阵为正交阵，因此其求逆可以用转置代替。上述双矢量定姿算法一般也称为 TRIAD 算法[21]。在式（1-5-261）中，对 $\boldsymbol{v}_1$ 及 $\boldsymbol{v}_2$ 的使用是非对称的，仅使用了部分的 $\boldsymbol{v}_2$ 矢量信息，为此，可以将 $\boldsymbol{v}_1$、$\boldsymbol{v}_2$ 交换代入式（1-5-261），计算得到两个方向余弦矩阵，然后按误差大小对其加权平均并进行正交规范化[22]。

当进行双矢量定姿计算时，由于存在测量误差，因此实际计算得到的方向余弦矩阵 $\boldsymbol{C}_M^{\hat{F}}$ 不等于真实的方向余弦矩阵 $\boldsymbol{C}_M^F$。$\hat{F}$ 相对于 $F$ 系的转角即双矢量定姿的姿态误差 $\boldsymbol{\theta}_{F\hat{F}}^F$。这里以式（1-5-260）的算法为对象分析其误差。双矢量定姿首先根据式（1-5-260）计算初始方向余弦矩阵

$$
\boldsymbol{C}_M^{\hat{F}} = \boldsymbol{M}^F\widetilde{\boldsymbol{M}}^M = \boldsymbol{M}^F(\boldsymbol{M}^M + \delta\boldsymbol{M}^M) \tag{1-5-262}
$$

其中

$$
\begin{cases}
\boldsymbol{M}^F = [\boldsymbol{v}_1^F \quad \boldsymbol{v}_2^F \quad \boldsymbol{v}_1^F\times\boldsymbol{v}_2^F]^{-\mathrm{T}} \\
\boldsymbol{M}^M = [\boldsymbol{v}_1^M \quad \boldsymbol{v}_2^M \quad \boldsymbol{v}_1^M\times\boldsymbol{v}_2^M]^{\mathrm{T}} \\
\widetilde{\boldsymbol{M}}^M = [\tilde{\boldsymbol{v}}_1^M \quad \tilde{\boldsymbol{v}}_2^M \quad \tilde{\boldsymbol{v}}_1^M\times\tilde{\boldsymbol{v}}_2^M]^{\mathrm{T}} \\
\delta\boldsymbol{M}^M = [\delta\boldsymbol{v}_1^M \quad \delta\boldsymbol{v}_2^M \quad \delta(\boldsymbol{v}_1^M\times\boldsymbol{v}_2^M)]^{\mathrm{T}}
\end{cases}
\tag{1-5-263}
$$

式中 $\boldsymbol{M}^F$ ——由参考矢量在 $F$ 系中的投影构成；

$\widetilde{\boldsymbol{M}}^M$ ——由参考矢量（由器件输出得到的估计值）在 $M$ 系中的投影构成；

$\boldsymbol{M}^M$，$\delta\boldsymbol{M}^M$ ——参考矢量在 $M$ 系中的投影的理想值和误差值（由器件误差导致）。

经式（1-5-262）计算后，再按式（1-5-165）进行正交化得到最终结果。为便于分析，将正交化公式中的平方根项按泰勒级数展开至 1 阶可得

$$
\begin{aligned}
\boldsymbol{C}_{M_O}^{\hat{F}} &\approx \left[\boldsymbol{I}-\frac{\boldsymbol{C}_M^{\hat{F}}\,(\boldsymbol{C}_M^{\hat{F}})^{\mathrm{T}}-\boldsymbol{I}}{2}\right]\boldsymbol{C}_M^{\hat{F}} \\
&=\left\{\boldsymbol{I}-\frac{\boldsymbol{M}^F(\boldsymbol{M}^M+\delta\boldsymbol{M}^M)\,[(\boldsymbol{M}^M)^{\mathrm{T}}+(\delta\boldsymbol{M}^M)^{\mathrm{T}}]\,(\boldsymbol{M}^F)^{\mathrm{T}}-\boldsymbol{I}}{2}\right\}\boldsymbol{M}^F(\boldsymbol{M}^M+\delta\boldsymbol{M}^M) \\
&\approx\left\{\boldsymbol{I}-\frac{[\boldsymbol{M}^F\boldsymbol{M}^M\,(\delta\boldsymbol{M}^M)^{\mathrm{T}}\,(\boldsymbol{M}^F)^{\mathrm{T}}+\boldsymbol{M}^F\delta\boldsymbol{M}^M\,(\boldsymbol{M}^M)^{\mathrm{T}}\,(\boldsymbol{M}^F)^{\mathrm{T}}]}{2}\right\}\boldsymbol{M}^F(\boldsymbol{M}^M+\delta\boldsymbol{M}^M) \\
&\approx\left\{\boldsymbol{I}-\frac{[\boldsymbol{M}^F\boldsymbol{M}^M\,(\delta\boldsymbol{M}^M)^{\mathrm{T}}\,(\boldsymbol{M}^F)^{\mathrm{T}}+\boldsymbol{M}^F\delta\boldsymbol{M}^M\,(\boldsymbol{M}^M)^{\mathrm{T}}\,(\boldsymbol{M}^F)^{\mathrm{T}}]}{2}\right\}\boldsymbol{M}^F\boldsymbol{M}^M+\boldsymbol{M}^F\delta\boldsymbol{M}^M \\
&=\left\{\boldsymbol{I}-\frac{[\boldsymbol{C}_M^F\,(\delta\boldsymbol{M}^M)^{\mathrm{T}}\,(\boldsymbol{M}^F)^{\mathrm{T}}-\boldsymbol{M}^F\delta\boldsymbol{M}^M\,(\boldsymbol{C}_M^F)^{\mathrm{T}}]}{2}\right\}\boldsymbol{C}_M^F
\end{aligned}
\tag{1-5-264}
$$

上式中约等号表示忽略了二阶误差。

由式（1－5－202）可知 $\boldsymbol{C}_M^{\hat{F}}\approx(\boldsymbol{I}-\boldsymbol{\theta}_{F\hat{F}}^F\times)\boldsymbol{C}_M^F$ ，与上式对比可得双矢量定姿的姿态误差为㉚

$$
(\boldsymbol{\theta}_{F\hat{F}}^F\times)\approx\frac{\{\boldsymbol{C}_M^F\,(\delta\boldsymbol{M}^M)^{\mathrm{T}}\,(\boldsymbol{M}^F)^{\mathrm{T}}-[\boldsymbol{C}_M^F\,(\delta\boldsymbol{M}^M)^{\mathrm{T}}\,(\boldsymbol{M}^F)^{\mathrm{T}}]^{\mathrm{T}}\}}{2} \tag{1-5-265}
$$

其中

$$
\boldsymbol{C}_M^F\,(\delta\boldsymbol{M}^M)^{\mathrm{T}}\approx[\delta\boldsymbol{v}_1^F\quad\delta\boldsymbol{v}_2^F\quad\delta\boldsymbol{v}_1^F\times\boldsymbol{v}_2^F+\boldsymbol{v}_1^F\times\delta\boldsymbol{v}_2^F] \tag{1-5-266}
$$

式中约等号处忽略了二阶误差。易知式（1－5－265）等号右边为反对称矩阵，因此各元素能与 $(\boldsymbol{\theta}_{F\hat{F}}^F\times)$ 一一对应。

### 1.5.7　多矢量定姿算法及其误差

多矢量定姿算法是双矢量定姿算法的扩展，它通过多个矢量在两个坐标系内的分量确定两个坐标系的相对姿态。多矢量定姿算法主要可分为两类：一类为单帧方法（Single－frame Method），用于处理单时刻的量测数据；另一类为滤波方法，用于处理连续采样时刻的量测数据。本节仅介绍前一种方法，后一种方法的介绍可参考文献［23］。

给定 $n$ 个矢量 $\boldsymbol{v}_k\,(k=1,2,\cdots,n)$ 在 $F$ 系下分量的量测值 $\tilde{\boldsymbol{v}}_k^F$ 及在 $M$ 系下分量的量测值 $\tilde{\boldsymbol{v}}_k^M$ ，那么多矢量定姿即求解以下最小化问题[15]

$$
\begin{cases}
\min\limits_{\hat{\boldsymbol{C}}_F^M} f(\hat{\boldsymbol{C}}_F^M)=\dfrac{1}{2}\sum\limits_{k=1}^{n}a_k\,\|\,\tilde{\boldsymbol{v}}_k^M-\hat{\boldsymbol{C}}_F^M\tilde{\boldsymbol{v}}_k^F\,\|^2 \\
s.t.\ \hat{\boldsymbol{C}}_F^M\,(\hat{\boldsymbol{C}}_F^M)^{\mathrm{T}}=\boldsymbol{I},\det(\hat{\boldsymbol{C}}_F^M)=1
\end{cases}
\tag{1-5-267}
$$

式中　$a_k$ ——非负的权重系数，可以取为量测方差的倒数，或者令 $\sum\limits_{k=1}^{n}a_k=1$。

式（1－5－267）中的问题也被称为 Wahba 问题[24]。

利用式（B－2－16），对式（1－5－267）中的目标函数进行化简可得

---

㉚　对应 basic/att/dblvecattdeterr.m

$$
\begin{aligned}
\mathrm{f}(\hat{\boldsymbol{C}}_F^M) &= \frac{1}{2}\sum_{k=1}^{n} a_k\,(\tilde{\boldsymbol{v}}_k^M - \hat{\boldsymbol{C}}_F^M\tilde{\boldsymbol{v}}_k^F)^{\mathrm{T}}(\tilde{\boldsymbol{v}}_k^M - \hat{\boldsymbol{C}}_F^M\tilde{\boldsymbol{v}}_k^F) \\
&= \frac{1}{2}\sum_{k=1}^{n} a_k\,[\,\|\tilde{\boldsymbol{v}}_k^M\|^2 + \|\tilde{\boldsymbol{v}}_k^F\|^2 - (\hat{\boldsymbol{C}}_F^M\tilde{\boldsymbol{v}}_k^F)^{\mathrm{T}}\tilde{\boldsymbol{v}}_k^M - (\tilde{\boldsymbol{v}}_k^M)^{\mathrm{T}}\hat{\boldsymbol{C}}_F^M\tilde{\boldsymbol{v}}_k^F\,] \\
&= \sum_{k=1}^{n} a_k\left[\frac{\|\tilde{\boldsymbol{v}}_k^M\|^2 + \|\tilde{\boldsymbol{v}}_k^F\|^2}{2} - (\tilde{\boldsymbol{v}}_k^M)^{\mathrm{T}}\hat{\boldsymbol{C}}_F^M\tilde{\boldsymbol{v}}_k^F\right] \\
&= \frac{1}{2}\sum_{k=1}^{n} a_k(\|\tilde{\boldsymbol{v}}_k^M\|^2 + \|\tilde{\boldsymbol{v}}_k^F\|^2) - \sum_{k=1}^{n} a_k\,(\tilde{\boldsymbol{v}}_k^M)^{\mathrm{T}}\hat{\boldsymbol{C}}_F^M\tilde{\boldsymbol{v}}_k^F \\
&= \frac{1}{2}\sum_{k=1}^{n} a_k(\|\tilde{\boldsymbol{v}}_k^M\|^2 + \|\tilde{\boldsymbol{v}}_k^F\|^2) - \sum_{k=1}^{n} a_k\,\mathrm{tr}[\hat{\boldsymbol{C}}_F^M\tilde{\boldsymbol{v}}_k^F\,(\tilde{\boldsymbol{v}}_k^M)^{\mathrm{T}}] \\
&= \frac{1}{2}\sum_{k=1}^{n} a_k(\|\tilde{\boldsymbol{v}}_k^M\|^2 + \|\tilde{\boldsymbol{v}}_k^F\|^2) - \mathrm{tr}\left[\hat{\boldsymbol{C}}_F^M\sum_{k=1}^{n} a_k\tilde{\boldsymbol{v}}_k^F\,(\tilde{\boldsymbol{v}}_k^M)^{\mathrm{T}}\right] \\
&= \frac{1}{2}\sum_{k=1}^{n} a_k(\|\tilde{\boldsymbol{v}}_k^M\|^2 + \|\tilde{\boldsymbol{v}}_k^F\|^2) - \mathrm{tr}(\hat{\boldsymbol{C}}_F^M\boldsymbol{B}^{\mathrm{T}})
\end{aligned}
\tag{1-5-268}
$$

其中

$$
\boldsymbol{B} \equiv \sum_{k=1}^{n} a_k\,\tilde{\boldsymbol{v}}_k^M\,(\tilde{\boldsymbol{v}}_k^F)^{\mathrm{T}} \tag{1-5-269}
$$

当 $a_k = \frac{1}{n}$ 时，$\boldsymbol{B} = \frac{1}{n}\begin{bmatrix}\tilde{\boldsymbol{v}}_1^M & \tilde{\boldsymbol{v}}_2^M & \cdots & \tilde{\boldsymbol{v}}_n^M\end{bmatrix}\begin{bmatrix}\tilde{\boldsymbol{v}}_1^F & \tilde{\boldsymbol{v}}_2^F & \cdots & \tilde{\boldsymbol{v}}_n^F\end{bmatrix}^{\mathrm{T}}$。由式（1-5-268）可知，式（1-5-267）中的最小化问题可以转换为以下最大化问题

$$
\begin{cases}
\max\limits_{\hat{\boldsymbol{C}}_F^M}\mathrm{tr}(\hat{\boldsymbol{C}}_F^M\boldsymbol{B}^{\mathrm{T}}) \\
s.t.\ \hat{\boldsymbol{C}}_F^M\,(\hat{\boldsymbol{C}}_F^M)^{\mathrm{T}} = \boldsymbol{I},\ \det(\hat{\boldsymbol{C}}_F^M) = 1
\end{cases}
\tag{1-5-270}
$$

对比上式与式（1-5-159），由式（B-2-16）可知，上式中的 $\hat{\boldsymbol{C}}_F^M$、$\boldsymbol{B}$ 分别相当于式（1-5-159）中的 $\boldsymbol{C}_O$、$\boldsymbol{C}$。即 Wahba 问题与方向余弦矩阵正交化问题有相同的数学形式。因此，可以采用 1.5.3.1 节中的奇异值分解算法（或与其等价的极分解算法）求解式（1-5-270）。

当采用奇异值分解法[25]㉛时，设 $\boldsymbol{B}$ 的奇异值分解为 $\boldsymbol{B} = \boldsymbol{USV}^{\mathrm{T}}$，类似于式（1-5-176）可得

$$
\hat{\boldsymbol{C}}_F^M = \boldsymbol{U}\mathrm{diag}([1\quad 1\quad \det(\boldsymbol{U})\det(\boldsymbol{V})]^{\mathrm{T}})\boldsymbol{V}^{\mathrm{T}} \tag{1-5-271}
$$

若将求解的 $\hat{\boldsymbol{C}}_F^M$ 中包含的姿态误差归算至 $M$ 系，即

$$
\boldsymbol{C}_{\hat{M}}^M = \boldsymbol{C}_F^M\,(\hat{\boldsymbol{C}}_F^M)^{\mathrm{T}} = \boldsymbol{C}_F^M\,(\boldsymbol{C}_F^{\hat{M}})^{\mathrm{T}} \tag{1-5-272}
$$

那么 $\boldsymbol{C}_{\hat{M}}^M$ 对应的等效旋转矢量 $\boldsymbol{\theta}_{M\hat{M}}$［两者的关系见式（1-5-23）］可视为算法解算的姿态

---

㉛　对应 basic/att/multvecattdet _ svd. m

误差。其中，$\boldsymbol{C}_F^M$ 为真实方向余弦矩阵。

当采用奇异值分解算法时，$\boldsymbol{\theta}_{M\hat{M}}$ 各元素协方差矩阵为[15]

$$\boldsymbol{P}=\boldsymbol{U}\cdot \mathrm{diag}\left(\begin{bmatrix}1/(s_2+s_3)\\1/(s_3+s_1)\\1/(s_1+s_2)\end{bmatrix}\right)\cdot\boldsymbol{U}^{\mathrm{T}} \tag{1-5-273}$$

其中

$$s_1=S_{11},s_2=S_{22},s_3=\det(\boldsymbol{U})\det(\boldsymbol{V})S_{33} \tag{1-5-274}$$

式中，$S_{ii}(i=1，2，3)$ 为 $\boldsymbol{S}$ 的对角线元素。

采用极分解算法的求解过程可参考文献［26］，其结果与奇异值分解算法等价，这里不再赘述。

如果将 $\hat{\boldsymbol{C}}_F^M$ 用四元数表示，可以得到多矢量定姿算法的另一类形式。由式（1-5-61)、式（1-5-70）及式（B-2-11）可得

$$\begin{aligned}\hat{\boldsymbol{C}}_F^M\boldsymbol{B}^{\mathrm{T}}&=[\boldsymbol{I}-2\hat{q}_0(\hat{\boldsymbol{v}}_{\boldsymbol{q}_M^F}\times)+2(\hat{\boldsymbol{v}}_{\boldsymbol{q}_M^F}\times)^2]\boldsymbol{B}^{\mathrm{T}}\\&=[\boldsymbol{I}-2\hat{q}_0(\hat{\boldsymbol{v}}_{\boldsymbol{q}_M^F}\times)+2(\hat{\boldsymbol{v}}_{\boldsymbol{q}_M^F}\hat{\boldsymbol{v}}_{\boldsymbol{q}_M^F}^{\mathrm{T}}-\hat{\boldsymbol{v}}_{\boldsymbol{q}_M^F}^{\mathrm{T}}\hat{\boldsymbol{v}}_{\boldsymbol{q}_M^F}\boldsymbol{I})]\boldsymbol{B}^{\mathrm{T}}\\&=[(\hat{q}_0^2-\hat{\boldsymbol{v}}_{\boldsymbol{q}_M^F}^{\mathrm{T}}\hat{\boldsymbol{v}}_{\boldsymbol{q}_M^F})\boldsymbol{I}-2\hat{q}_0(\hat{\boldsymbol{v}}_{\boldsymbol{q}_M^F}\times)+2\hat{\boldsymbol{v}}_{\boldsymbol{q}_M^F}\hat{\boldsymbol{v}}_{\boldsymbol{q}_M^F}^{\mathrm{T}}]\boldsymbol{B}^{\mathrm{T}}\end{aligned} \tag{1-5-275}$$

式中　$\hat{q}_0$，$\hat{\boldsymbol{v}}_{\boldsymbol{q}_M^F}$ ——四元数 $\hat{\boldsymbol{q}}_M^F$ 的标量部分及矢量部分。

对上式中的各项分别求迹，有

$$\mathrm{tr}((\hat{q}_0^2-\hat{\boldsymbol{v}}_{\boldsymbol{q}_M^F}^{\mathrm{T}}\hat{\boldsymbol{v}}_{\boldsymbol{q}_M^F})\boldsymbol{B}^{\mathrm{T}})=\hat{q}_0^2\mathrm{tr}(\boldsymbol{B})-\hat{\boldsymbol{v}}_{\boldsymbol{q}_M^F}^{\mathrm{T}}\hat{\boldsymbol{v}}_{\boldsymbol{q}_M^F}\mathrm{tr}(\boldsymbol{B}) \tag{1-5-276}$$

由式（B-2-6）及式（B-2-16）可得

$$\begin{aligned}\mathrm{tr}(-2\hat{q}_0(\hat{\boldsymbol{v}}_{\boldsymbol{q}_M^F}\times)\boldsymbol{B}^{\mathrm{T}})&=-2\hat{q}_0\mathrm{tr}\Big((\hat{\boldsymbol{v}}_{\boldsymbol{q}_M^F}\times)\Big(\sum_{k=1}^{n}a_k\tilde{\boldsymbol{v}}_k^F(\tilde{\boldsymbol{v}}_k^M)^{\mathrm{T}}\Big)\Big)\\&=-2\hat{q}_0\mathrm{tr}\Big(\Big(\sum_{k=1}^{n}a_k(\hat{\boldsymbol{v}}_{\boldsymbol{q}_M^F}\times)\tilde{\boldsymbol{v}}_k^F(\tilde{\boldsymbol{v}}_k^M)^{\mathrm{T}}\Big)\Big)\\&=-2\hat{q}_0\sum_{k=1}^{n}a_k\mathrm{tr}((\hat{\boldsymbol{v}}_{\boldsymbol{q}_M^F}\times)\tilde{\boldsymbol{v}}_k^F(\tilde{\boldsymbol{v}}_k^M)^{\mathrm{T}})=-2\hat{q}_0\sum_{k=1}^{n}a_k\mathrm{tr}((\tilde{\boldsymbol{v}}_k^M)^{\mathrm{T}}(\hat{\boldsymbol{v}}_{\boldsymbol{q}_M^F}\times)\tilde{\boldsymbol{v}}_k^F)\\&=-2\hat{q}_0\sum_{k=1}^{n}a_k(\tilde{\boldsymbol{v}}_k^M)^{\mathrm{T}}(\hat{\boldsymbol{v}}_{\boldsymbol{q}_M^F}\times)\tilde{\boldsymbol{v}}_k^F=2\hat{q}_0\hat{\boldsymbol{v}}_{\boldsymbol{q}_M^F}^{\mathrm{T}}\sum_{k=1}^{n}a_k(\tilde{\boldsymbol{v}}_k^M\times\tilde{\boldsymbol{v}}_k^F)=2\hat{q}_0\hat{\boldsymbol{v}}_{\boldsymbol{q}_M^F}^{\mathrm{T}}\boldsymbol{z}\end{aligned} \tag{1-5-277}$$

其中

$$\boldsymbol{z}\equiv\sum_{k=1}^{n}a_k(\tilde{\boldsymbol{v}}_k^M\times\tilde{\boldsymbol{v}}_k^F) \tag{1-5-278}$$

由式（B-2-16）可得

$$\mathrm{tr}(2\hat{\boldsymbol{v}}_{\boldsymbol{q}_M^F}\hat{\boldsymbol{v}}_{\boldsymbol{q}_M^F}^{\mathrm{T}}\boldsymbol{B}^{\mathrm{T}})=2\mathrm{tr}(\hat{\boldsymbol{v}}_{\boldsymbol{q}_M^F}^{\mathrm{T}}\boldsymbol{B}^{\mathrm{T}}\hat{\boldsymbol{v}}_{\boldsymbol{q}_M^F})=2\hat{\boldsymbol{v}}_{\boldsymbol{q}_M^F}^{\mathrm{T}}\boldsymbol{B}^{\mathrm{T}}\hat{\boldsymbol{v}}_{\boldsymbol{q}_M^F}=\hat{\boldsymbol{v}}_{\boldsymbol{q}_M^F}^{\mathrm{T}}\boldsymbol{B}\hat{\boldsymbol{v}}_{\boldsymbol{q}_M^F}+\hat{\boldsymbol{v}}_{\boldsymbol{q}_M^F}^{\mathrm{T}}\boldsymbol{B}^{\mathrm{T}}\hat{\boldsymbol{v}}_{\boldsymbol{q}_M^F} \tag{1-5-279}$$

由式（1-5-275)、式（1-5-276)、式（1-5-277）及式（1-5-279）可得

$$
\begin{aligned}
\operatorname{tr}(\hat{\boldsymbol{C}}_F^M \boldsymbol{B}^{\mathrm{T}}) &= \hat{q}_0^2 \operatorname{tr}(\boldsymbol{B}) + 2\hat{q}_0 \hat{\boldsymbol{v}}_{\boldsymbol{q}_M^F}^{\mathrm{T}} \boldsymbol{z} + \hat{\boldsymbol{v}}_{\boldsymbol{q}_M^F}^{\mathrm{T}} [\boldsymbol{B} + \boldsymbol{B}^{\mathrm{T}} - \operatorname{tr}(\boldsymbol{B})\boldsymbol{I}] \hat{\boldsymbol{v}}_{\boldsymbol{q}_M^F} \\
&= \begin{bmatrix} \hat{q}_0 & \hat{\boldsymbol{v}}_{\boldsymbol{q}_M^F}^{\mathrm{T}} \end{bmatrix} \begin{bmatrix} \operatorname{tr}(\boldsymbol{B}) & \boldsymbol{z}^{\mathrm{T}} \\ \boldsymbol{z} & \boldsymbol{B} + \boldsymbol{B}^{\mathrm{T}} - \operatorname{tr}(\boldsymbol{B})\boldsymbol{I} \end{bmatrix} \begin{bmatrix} \hat{q}_0 \\ \hat{\boldsymbol{v}}_{\boldsymbol{q}_M^F} \end{bmatrix} \\
&= (\hat{\boldsymbol{q}}_M^F)^{\mathrm{T}} \boldsymbol{K} \hat{\boldsymbol{q}}_M^F
\end{aligned} \tag{1-5-280}
$$

其中

$$
\boldsymbol{K} \equiv \begin{bmatrix} \operatorname{tr}(\boldsymbol{B}) & \boldsymbol{z}^{\mathrm{T}} \\ \boldsymbol{z} & \boldsymbol{B} + \boldsymbol{B}^{\mathrm{T}} - \operatorname{tr}(\boldsymbol{B})\boldsymbol{I} \end{bmatrix} \tag{1-5-281}
$$

式中，$\operatorname{tr}(\boldsymbol{B})$ 又可以进一步表示为

$$
\operatorname{tr}(\boldsymbol{B}) = \sum_{k=1}^{n} \left( a_k \sum_{i=1}^{3} \tilde{v}_{ki}^M \tilde{v}_{ki}^F \right) = \sum_{k=1}^{n} a_k (\tilde{\boldsymbol{v}}_k^M)^{\mathrm{T}} \tilde{\boldsymbol{v}}_k^F \tag{1-5-282}
$$

因此，式（1-5-270）可以转化为以下约束最优化问题

$$
\begin{cases} \min\limits_{\hat{\boldsymbol{q}}_M^F} - (\hat{\boldsymbol{q}}_M^F)^{\mathrm{T}} \boldsymbol{K} \hat{\boldsymbol{q}}_M^F \\ s.t.\ \| \hat{\boldsymbol{q}}_M^F \| = 1 \end{cases} \tag{1-5-283}
$$

按照 B.7.1 节的约束优化最优性一阶必要条件，构造拉格朗日函数

$$
\mathrm{L}(\hat{\boldsymbol{q}}_M^F, \lambda) = -(\hat{\boldsymbol{q}}_M^F)^{\mathrm{T}} \boldsymbol{K} \hat{\boldsymbol{q}}_M^F - \lambda (1 - (\hat{\boldsymbol{q}}_M^F)^{\mathrm{T}} \hat{\boldsymbol{q}}_M^F) \tag{1-5-284}
$$

由式（B-7-6）及式（B-2-46），考虑到 $\boldsymbol{K}$ 为对称阵，在最优点处 $\hat{\boldsymbol{q}}_M^F$ 满足

$$
\left. \frac{\partial \mathrm{L}}{\partial \hat{\boldsymbol{q}}_M^F} \right|_{Opt} = -2 (\hat{\boldsymbol{q}}_{M_{Opt}}^F)^{\mathrm{T}} \boldsymbol{K} + 2 (\hat{\boldsymbol{q}}_{M_{Opt}}^F)^{\mathrm{T}} \lambda_{Opt} = \boldsymbol{0} \tag{1-5-285}
$$

即

$$
\boldsymbol{K} \hat{\boldsymbol{q}}_{M_{Opt}}^F = \lambda_{Opt} \hat{\boldsymbol{q}}_{M_{Opt}}^F \tag{1-5-286}
$$

式中，$\lambda_{Opt}$ 为 $\boldsymbol{K}$ 的特征值；$\hat{\boldsymbol{q}}_{M_{Opt}}^F$ 为 $\boldsymbol{K}$ 的特征矢量。$\boldsymbol{K}$ 为 $4\times4$ 矩阵，可能有多个特征值，为确定最优解，将式（1-5-286）代入式（1-5-283）可得

$$
-(\hat{\boldsymbol{q}}_{M_{Opt}}^F)^{\mathrm{T}} \boldsymbol{K} \hat{\boldsymbol{q}}_{M_{Opt}}^F = -(\hat{\boldsymbol{q}}_{M_{Opt}}^F)^{\mathrm{T}} \lambda_{Opt} \hat{\boldsymbol{q}}_{M_{Opt}}^F = -\lambda_{Opt} \tag{1-5-287}
$$

由上式可知最优解对应 $\boldsymbol{K}$ 的最大特征值 $\lambda_{\max}$，$\hat{\boldsymbol{q}}_{M_{Opt}}^F$ 为 $\lambda_{\max}$ 对应的归一化特征矢量。上述方法称为 Davenport 的 q 方法（Davenport's q method）[27]㉜。该方法通过将式（1-5-270）用四元数进行参数化，从而得到更便于利用约束最优化方法的形式。

设 $\boldsymbol{K}$ 的 4 个特征值为 $\lambda_{\max} = \lambda_1 \geqslant \lambda_2 \geqslant \lambda_3 \geqslant \lambda_4 = \lambda_{\min}$，则它们与式（1-5-274）中 $s_1$、$s_2$、$s_3$ 的关系为[28]

$$
\begin{cases} \lambda_1 = s_1 + s_2 + s_3 \\ \lambda_2 = s_1 - s_2 - s_3 \\ \lambda_3 = -s_1 + s_2 - s_3 \\ \lambda_4 = -s_1 - s_2 + s_3 \end{cases} \tag{1-5-288}
$$

㉜ 对应 basic/att/multvecattdet_davq.m

若 $s_2+s_3=0$，则 $\lambda_1=\lambda_2$，此时无法确定唯一的最优解。由式（1-5-273）也可知在此条件下 $\boldsymbol{\theta}_{M\hat{M}}$ 协方差矩阵为无穷大，即此时量测量无法确定唯一的姿态。若 $\boldsymbol{v}_k\ (k=1, 2, \cdots, n)$ 中包含至少两个不共线的矢量，则 $\lambda_{\max}$ 是唯一的。

在 q 方法中，需要计算矩阵 $\boldsymbol{K}$ 的特征值。除了采用通用方法计算外，为减小计算量，有多种基于求解 $\boldsymbol{K}$ 的 4 次特征多项式的方法被提出，如 QUEST（QUaternion ESTimator）[29]㉝、Horn 的闭合解法[30]、FOAM（Fast Optimal Attitude Matrix）[31]、ESOQ（EStimator of the Optimal Quaternion）[32]等。Markley 进行的 MATLAB 仿真表明，奇异值分解算法（使用 MATLAB 的 svd 函数）及 Davenport 的 q 方法（使用 MATLAB 的 eig 函数）最为健壮，FOAM 的健壮性与前两者接近，ESOQ 及 QUEST 次之。在运行速度方面，ESOQ 最快，FOAM 及 QUEST 次之，奇异值分解算法及 Davenport 的 q 方法显著慢于以上算法（两者中奇异值分解算法更慢）[15]。

当进行多矢量定姿计算时，由于存在测量误差，实际计算得到的方向余弦矩阵 $\hat{\boldsymbol{C}}_F^M$ 或四元数 $\hat{\boldsymbol{q}}_M^F$ 不等于真实的方向余弦矩阵 $\boldsymbol{C}_F^M$ 或四元数 $\boldsymbol{q}_M^F$。为简化推导，这里以 Davenport 的 q 方法为对象来进行误差分析。其他算法基于与式（1-5-283）等价的最优化问题，当忽略数值计算误差时，其误差与 Davenport 的 q 方法是相当的。由于 Davenport 的 q 方法的解为式（1-5-281）中矩阵 $\boldsymbol{K}$ 的最大特征值 $\lambda_{\max}$ 对应的归一化特征矢量，因此可以利用 B.2.6 节中特征值与特征矢量的微分式来分析其误差[33]㉞。首先计算由量测值误差 $\delta\boldsymbol{v}_k^M\equiv\tilde{\boldsymbol{v}}_k^M-\boldsymbol{v}_k^M$、$\delta\boldsymbol{v}_k^F\equiv\tilde{\boldsymbol{v}}_k^F-\boldsymbol{v}_k^F$ 导致的矩阵 $\boldsymbol{K}$ 的误差。由式（1-5-281）可得

$$\delta\boldsymbol{K}=\begin{bmatrix}\delta\mathrm{tr}(\boldsymbol{B}) & (\delta\boldsymbol{z})^{\mathrm{T}}\\ \delta\boldsymbol{z} & \delta\boldsymbol{B}+(\delta\boldsymbol{B})^{\mathrm{T}}-\delta\mathrm{tr}(\boldsymbol{B})\boldsymbol{I}\end{bmatrix}\tag{1-5-289}$$

式中，$\delta\boldsymbol{B}$ 可由式（1-5-269）微分得到（由 B.8 节，这里在真值处线性化，本书其他的误差分析类似）

$$\delta\boldsymbol{B}=\sum_{k=1}^{n}a_k\left[\delta\boldsymbol{v}_k^M\ (\boldsymbol{v}_k^F)^{\mathrm{T}}+\boldsymbol{v}_k^M\ (\delta\boldsymbol{v}_k^F)^{\mathrm{T}}\right]\tag{1-5-290}$$

$\delta\mathrm{tr}(\boldsymbol{B})$ 可由式（1-5-282）微分得到

$$\delta\mathrm{tr}(\boldsymbol{B})=\sum_{k=1}^{n}a_k\left[(\delta\boldsymbol{v}_k^M)^{\mathrm{T}}\boldsymbol{v}_k^F+(\boldsymbol{v}_k^M)^{\mathrm{T}}\delta\boldsymbol{v}_k^F\right]\tag{1-5-291}$$

$\delta\boldsymbol{z}$ 可由式（1-5-278）微分得到

$$\delta\boldsymbol{z}=\sum_{k=1}^{n}a_k(\delta\boldsymbol{v}_k^M\times\boldsymbol{v}_k^F+\boldsymbol{v}_k^M\times\delta\boldsymbol{v}_k^F)\tag{1-5-292}$$

将式（1-5-290）～式（1-5-292）代入式（1-5-289）即可得到 $\delta\boldsymbol{K}$ 与 $\delta\boldsymbol{v}_k^M$ 及 $\delta\boldsymbol{v}_k^F$ 的关系式，随后由式（B-2-49）可得

$$\begin{cases}\delta\lambda_{\max}=(\boldsymbol{q}_{M_{Opt}}^F)^{\mathrm{T}}\cdot\delta\boldsymbol{K}\cdot\boldsymbol{q}_{M_{Opt}}^F\\ \delta\boldsymbol{q}_{M_{Opt}}^F=(\lambda_{\max}\boldsymbol{I}_{4\times4}-\boldsymbol{K})^{\dagger}\cdot\delta\boldsymbol{K}\cdot\boldsymbol{q}_{M_{Opt}}^F\end{cases}\tag{1-5-293}$$

---

㉝ 对应 basic/att/multvecattdet_quest.m

㉞ 对应 basic/att/multvecattdeterr.m

当得到 $\delta\boldsymbol{q}_{M_{Opt}}^{F}$（即 Davenport 的 q 方法求解得到的 $\delta\boldsymbol{q}_{M}^{F}$）后，代入式（1-5-156）即可得到对应的失准角 $\boldsymbol{\beta}_{MF}^{F}$。

# 1.6 导航误差参数

本大节将介绍几种常用的姿态、速度、位置、重力误差参数以及不同误差参数之间的对应关系。需要说明的是，在以下导航误差参数各节的推导中，某些节对于 $N$ 系的选择并不限定于 1.2.1 节所述的地理坐标系、游移方位坐标系和自由方位坐标系，而是可以任意选择的。这些节包括 1.6.1、1.6.2.1、1.6.3 节。

## 1.6.1 姿态误差参数

### 1.6.1.1 姿态误差旋转矢量

在导航系统中，姿态信息体现在表示姿态的方向余弦矩阵中。由 1.5.4.2.2 节，姿态误差体现在与上述矩阵关联的误差旋转矢量中，定义这些矢量为姿态误差旋转矢量。根据姿态参考坐标系不同，如导航系、地球系、惯性系和当地水平坐标系，通常包括 $\delta\boldsymbol{C}_B^N$、$\delta\boldsymbol{C}_B^E$、$\delta\boldsymbol{C}_B^I$ 和 $\delta\boldsymbol{C}_B^L$ 四种姿态误差矩阵，分别对应四种不同的姿态误差旋转矢量。

当采用导航系 $N$ 作为姿态参考坐标系时，在 1.5.4.2.1 节中，将 $M$ 系视为导航系 $N$，$F$ 系视为体坐标系 $B$，有 $\boldsymbol{C}_B^{\hat{N}} \approx (\boldsymbol{I}-\boldsymbol{\phi}_{N\hat{N}}^N\times)\boldsymbol{C}_B^N$。若认为 $N$ 系为真实导航坐标系，$\hat{N}$ 系为计算得到的导航坐标系（本大节中均采用在变量上加 ^ 符号表示计算得到的值），则 $\boldsymbol{C}_B^N$ 为导航系统真实姿态矩阵，$\hat{\boldsymbol{C}}_B^N$ 为导航系统计算得到的姿态矩阵（为方便表述，本大节中通常情况下均采用 $\hat{\boldsymbol{C}}_B^N$ 来表示 $\boldsymbol{C}_B^{\hat{N}}$，即认为 $\boldsymbol{C}_B^{\hat{N}}$ 是 $\boldsymbol{C}_B^N$ 在导航系统中的计算值，而不显式地区分具体是 $B$ 系有误差还是 $N$ 系有误差，其他方向余弦矩阵与此类似），$\boldsymbol{\phi}_{N\hat{N}}^N$ 为 $\hat{N}$ 系相对于 $N$ 系的转角在 $N$ 系下的投影，即被定义为姿态误差旋转矢量，简记为 $\boldsymbol{\phi}^N$（按 1.5.2.2 节的标记法，相当于 $\boldsymbol{\beta}_{BN}^N$）。则姿态误差矩阵可表示为

$$\delta\boldsymbol{C}_B^N \equiv \hat{\boldsymbol{C}}_B^N - \boldsymbol{C}_B^N = \boldsymbol{C}_B^{\hat{N}} - \boldsymbol{C}_B^N \approx -\boldsymbol{\phi}^N \times \boldsymbol{C}_B^N \tag{1-6-1}$$

姿态误差旋转矢量可表示为

$$(\boldsymbol{\phi}^N \times) \approx \boldsymbol{I} - \hat{\boldsymbol{C}}_B^N (\boldsymbol{C}_B^N)^{\mathrm{T}} \tag{1-6-2}$$

当采用地球系 $E$ 作为姿态参考坐标系时，在 1.5.4.2.1 节中，将 $M$ 系视为地球系 $E$，$F$ 系视为体坐标系 $B$，则矩阵 $\boldsymbol{C}_B^E$ 中的误差同样可以通过一个等效旋转矢量 $\boldsymbol{\psi}_{E\hat{E}}^E$ 表示，简记为 $\boldsymbol{\psi}^E$（按 1.5.2.2 节的标记法，相当于 $\boldsymbol{\beta}_{BE}^E$）。此时相应的姿态误差矩阵可表示为

$$\delta\boldsymbol{C}_B^E \equiv \hat{\boldsymbol{C}}_B^E - \boldsymbol{C}_B^E = \boldsymbol{C}_B^{\hat{E}} - \boldsymbol{C}_B^E \approx -\boldsymbol{\psi}^E \times \boldsymbol{C}_B^E \tag{1-6-3}$$

相应的姿态误差旋转矢量可表示为

$$(\boldsymbol{\psi}^E \times) \approx \boldsymbol{I} - \hat{\boldsymbol{C}}_B^E (\boldsymbol{C}_B^E)^{\mathrm{T}} \tag{1-6-4}$$

当采用惯性系 $I$ 作为姿态参考坐标系时，在 1.5.4.2.1 节中，将 $M$ 系视为惯性系 $I$，$F$ 系

视为体坐标系 $B$ ，则相应的姿态误差角 $\boldsymbol{\varphi}_{I\hat{I}}^{I}$（简记为 $\boldsymbol{\varphi}^{I}$ ）可表示为

$$(\boldsymbol{\varphi}^{I}\times)\approx\boldsymbol{I}-\hat{\boldsymbol{C}}_{B}^{I}\ (\boldsymbol{C}_{B}^{I})^{\mathrm{T}} \tag{1-6-5}$$

由于地球自转角速度是一个常数，所以有关系式

$$\begin{cases}\hat{\boldsymbol{\omega}}_{IE}^{\hat{E}}=\boldsymbol{\omega}_{IE}^{E}\\ \hat{\boldsymbol{C}}_{E}^{I}=\boldsymbol{C}_{E}^{I}\end{cases} \tag{1-6-6}$$

即可以忽略地球自转角速度的误差，认为式（1－6－6）中的量在导航系统中的计算值与真实值相等。将关系式 $\boldsymbol{C}_{B}^{I}=\boldsymbol{C}_{E}^{I}\boldsymbol{C}_{B}^{E}$、$\hat{\boldsymbol{C}}_{B}^{I}=\hat{\boldsymbol{C}}_{E}^{I}\hat{\boldsymbol{C}}_{B}^{E}$ 和式（1－6－6）代入式（1－6－5）可得

$$(\boldsymbol{\varphi}^{I}\times)\approx\boldsymbol{I}-\boldsymbol{C}_{E}^{I}\hat{\boldsymbol{C}}_{B}^{E}\ (\boldsymbol{C}_{B}^{E})^{\mathrm{T}}\ (\boldsymbol{C}_{E}^{I})^{\mathrm{T}} \tag{1-6-7}$$

等式（1－6－7）两边同时左乘 $(\boldsymbol{C}_{E}^{I})^{\mathrm{T}}$ ，并右乘 $\boldsymbol{C}_{E}^{I}$ ，根据 B.2.8.3 节中反对称矩阵相似变换性质，有

$$(\boldsymbol{C}_{E}^{I})^{\mathrm{T}}(\boldsymbol{\varphi}^{I}\times)\boldsymbol{C}_{E}^{I}=(\boldsymbol{\varphi}^{E}\times)\approx\boldsymbol{I}-\hat{\boldsymbol{C}}_{B}^{E}\ (\boldsymbol{C}_{B}^{E})^{\mathrm{T}} \tag{1-6-8}$$

对比式（1－6－8）和式（1－6－4）可以得到

$$\boldsymbol{\varphi}^{E}=\boldsymbol{\psi}^{E} \tag{1-6-9}$$

式（1－6－9）表明姿态误差旋转矢量 $\boldsymbol{\varphi}$ 与 $\boldsymbol{\psi}$ 在 $E$ 系下的投影相等。

当采用当地水平坐标系 $L$ 系作为姿态参考坐标系时，在 1.5.4.2.1 节中，将 $M$ 系视为当地水平坐标系 $L$ ，$F$ 系视为体坐标系 $B$ ，有 $\boldsymbol{C}_{B}^{\hat{L}}\approx(\boldsymbol{I}-\boldsymbol{\phi}_{L\hat{L}}^{L}\times)\boldsymbol{C}_{B}^{L}$。此时姿态误差旋转矢量 $\boldsymbol{\phi}_{L\hat{L}}^{L}$ 可表示为

$$(\boldsymbol{\phi}_{L\hat{L}}^{L}\times)\approx\boldsymbol{I}-\hat{\boldsymbol{C}}_{B}^{L}\ (\boldsymbol{C}_{B}^{L})^{\mathrm{T}} \tag{1-6-10}$$

由 B.2.8.3 节中反对称矩阵的相似变换性质，有

$$\begin{aligned}(\boldsymbol{\phi}_{L\hat{L}}^{N}\times)&=\boldsymbol{C}_{L}^{N}(\boldsymbol{\phi}_{L\hat{L}}^{L}\times)\ (\boldsymbol{C}_{L}^{N})^{\mathrm{T}}\\ &\approx\boldsymbol{C}_{L}^{N}\ [\boldsymbol{I}-\hat{\boldsymbol{C}}_{B}^{L}\ (\boldsymbol{C}_{B}^{L})^{\mathrm{T}}]\ (\boldsymbol{C}_{L}^{N})^{\mathrm{T}}\\ &=\boldsymbol{C}_{L}^{N}\ (\boldsymbol{C}_{L}^{N})^{\mathrm{T}}-\boldsymbol{C}_{L}^{N}\hat{\boldsymbol{C}}_{B}^{L}\ (\boldsymbol{C}_{B}^{L})^{\mathrm{T}}\ (\boldsymbol{C}_{L}^{N})^{\mathrm{T}}\\ &=\boldsymbol{I}-\boldsymbol{C}_{L}^{N}\hat{\boldsymbol{C}}_{B}^{L}\ (\boldsymbol{C}_{L}^{N}\boldsymbol{C}_{B}^{L})^{\mathrm{T}}\end{aligned} \tag{1-6-11}$$

因为 $\boldsymbol{C}_{L}^{N}$ 是一个常值，所以有 $\boldsymbol{C}_{L}^{N}=\hat{\boldsymbol{C}}_{L}^{N}$ ，因此 $\boldsymbol{C}_{L}^{N}\hat{\boldsymbol{C}}_{B}^{L}=\hat{\boldsymbol{C}}_{B}^{N}$ ，代入式（1－6－11）得

$$(\boldsymbol{\phi}_{L\hat{L}}^{N}\times)\approx\boldsymbol{I}-\hat{\boldsymbol{C}}_{B}^{N}\ (\boldsymbol{C}_{B}^{N})^{\mathrm{T}} \tag{1-6-12}$$

对比式（1－6－12）和式（1－6－2）可以看出

$$\boldsymbol{\phi}_{N\hat{N}}^{N}=\boldsymbol{\phi}_{L\hat{L}}^{N}=\boldsymbol{C}_{L}^{N}\boldsymbol{\phi}_{L\hat{L}}^{L} \tag{1-6-13}$$

由上式可知，$\boldsymbol{\phi}_{N\hat{N}}$ 与 $\boldsymbol{\phi}_{L\hat{L}}$ 是同一等效旋转矢量，因此可将 $\boldsymbol{\phi}_{L\hat{L}}^{L}$ 记为 $\boldsymbol{\phi}^{L}$（按 1.5.2.2 节的标记法，相当于 $\boldsymbol{\beta}_{BL}^{L}$ ）。式（1－6－13）的直观解释是由于 $L$ 系和 $N$ 系固连，因此 $\hat{L}$ 系相对于 $L$ 系的转角自然等于 $\hat{N}$ 系相对于 $N$ 系的转角。

#### 1.6.1.2 欧拉角误差

姿态误差除可以采用姿态误差旋转矢量表示外，还可以采用欧拉角的误差表示。本节

讨论姿态误差旋转矢量与欧拉角误差之间的关系。首先将 $L$ 系相对于 $B$ 系的方向余弦矩阵分解为代表三次连续旋转的方向余弦矩阵的乘积

$$\boldsymbol{C}_B^L = \boldsymbol{C}_{L_1}^L \boldsymbol{C}_{L_2}^{L_1} \boldsymbol{C}_B^{L_2} \tag{1-6-14}$$

式中　$L_1$ 系——由 $L$ 系绕其 $Z$ 轴旋转获得，旋转角为偏航角 $\psi$；

$L_2$ 系——由 $L_1$ 系绕其 $Y$ 轴旋转获得，旋转角为俯仰角 $\theta$；

$B$ 系——体坐标系，由 $L_2$ 系绕其 $X$ 轴旋转获得，旋转角为滚动角 $\phi$。

由式（1-5-151），令 $F$ 系为 $L$ 系，$M$ 系为 $B$ 系，则

$$\boldsymbol{\phi}^L = \boldsymbol{\beta}_{BL}^L \approx -\delta\psi \boldsymbol{u}_{Z_L}^L - \delta\theta \boldsymbol{u}_{Y_{L_1}}^L - \delta\phi \boldsymbol{u}_{X_{L_2}}^L \tag{1-6-15}$$

其中

$$\begin{cases} \delta\psi \equiv \hat{\psi} - \psi \qquad \delta\theta \equiv \hat{\theta} - \theta \qquad \delta\phi \equiv \hat{\phi} - \phi \\ \boldsymbol{u}_{Y_{L_1}}^L = \boldsymbol{C}_{L_1}^L \boldsymbol{u}_{Y_{L_1}}^{L_1} \qquad \boldsymbol{u}_{X_{L_2}}^L = \boldsymbol{C}_{L_1}^L \boldsymbol{C}_{L_2}^{L_1} \boldsymbol{u}_{X_{L_2}}^{L_2} \\ \boldsymbol{u}_{Z_L}^L = [0 \quad 0 \quad 1]^{\mathrm{T}} \qquad \boldsymbol{u}_{Y_{L_1}}^{L_1} = [0 \quad 1 \quad 0]^{\mathrm{T}} \qquad \boldsymbol{u}_{X_{L_2}}^{L_2} = [1 \quad 0 \quad 0]^{\mathrm{T}} \\ \boldsymbol{C}_{L_1}^L = \begin{bmatrix} \cos\psi & -\sin\psi & 0 \\ \sin\psi & \cos\psi & 0 \\ 0 & 0 & 1 \end{bmatrix} \quad \boldsymbol{C}_{L_2}^{L_1} = \begin{bmatrix} \cos\theta & 0 & \sin\theta \\ 0 & 1 & 0 \\ -\sin\theta & 0 & \cos\theta \end{bmatrix} \end{cases} \tag{1-6-16}$$

式中　$\boldsymbol{u}_{Z_L}^L$，$\boldsymbol{u}_{Y_{L_1}}^{L_1}$，$\boldsymbol{u}_{X_{L_2}}^{L_2}$ ——坐标系 $L$、$L_1$、$L_2$ 对应坐标轴上的单位矢量在各自坐标系下的投影；

$\boldsymbol{u}_{Y_{L_1}}^L$，$\boldsymbol{u}_{X_{L_2}}^L$ —— $\boldsymbol{u}_{Y_{L_1}}^{L_1}$、$\boldsymbol{u}_{X_{L_2}}^{L_2}$ 在坐标系 $L$ 下的投影。

将式（1-6-15）转换到 $N$ 系下得

$$\boldsymbol{\phi}^N \approx -\boldsymbol{C}_L^N (\delta\psi \boldsymbol{u}_{Z_L}^L + \delta\theta \boldsymbol{u}_{Y_{L_1}}^L + \delta\phi \boldsymbol{u}_{X_{L_2}}^L) \tag{1-6-17}$$

由 1.2.1 节坐标系的定义可知

$$\boldsymbol{C}_L^N = \begin{bmatrix} 0 & 1 & 0 \\ 1 & 0 & 0 \\ 0 & 0 & -1 \end{bmatrix} \tag{1-6-18}$$

将式（1-6-18）代入式（1-6-17）得到由欧拉角误差计算姿态误差角的公式

$$\begin{aligned} \boldsymbol{\phi}^N &\approx -\begin{bmatrix} 0 & 1 & 0 \\ 1 & 0 & 0 \\ 0 & 0 & -1 \end{bmatrix} \left( \begin{bmatrix} 0 \\ 0 \\ \delta\psi \end{bmatrix} + \delta\theta \begin{bmatrix} -\sin\psi \\ \cos\psi \\ 0 \end{bmatrix} + \delta\phi \begin{bmatrix} \cos\psi\cos\theta \\ \sin\psi\cos\theta \\ -\sin\theta \end{bmatrix} \right) \\ &= \begin{bmatrix} -\delta\theta\cos\psi - \delta\phi\sin\psi\cos\theta \\ \delta\theta\sin\psi - \delta\phi\cos\psi\cos\theta \\ \delta\psi - \delta\phi\sin\theta \end{bmatrix} \\ &= \begin{bmatrix} 0 & -\cos\psi & -\sin\psi\cos\theta \\ 0 & \sin\psi & -\cos\psi\cos\theta \\ 1 & 0 & -\sin\theta \end{bmatrix} \begin{bmatrix} \delta\psi \\ \delta\theta \\ \delta\phi \end{bmatrix} \end{aligned} \tag{1-6-19}$$

利用式（1－6－19）中 $\boldsymbol{\phi}^N$ 的前两个分量式可以获得

$$\begin{cases}\delta\phi\cos\theta \approx -\phi_y^N\cos\psi - \phi_x^N\sin\psi \\ \delta\theta \approx \phi_y^N\sin\psi - \phi_x^N\cos\psi\end{cases} \tag{1-6-20}$$

整理式（1－6－20），同时将式（1－6－20）中的 $\delta\phi$ 代入式（1－6－19）中的第三个分量，得到由姿态误差旋转矢量计算欧拉角误差的公式为

$$\begin{bmatrix}\delta\psi \\ \delta\theta \\ \delta\phi\end{bmatrix} \approx \begin{bmatrix}-\tan\theta\sin\psi & -\tan\theta\cos\psi & 1 \\ -\cos\psi & \sin\psi & 0 \\ -\sec\theta\sin\psi & -\sec\theta\cos\psi & 0\end{bmatrix}\boldsymbol{\phi}^N \tag{1-6-21}$$

### 1.6.1.3　四元数误差

由 1.5.1.4.4 节可知，四元数 $\boldsymbol{q}_B^N$ 可由方向余弦矩阵 $\boldsymbol{C}_B^N$ 表示为

$$4q_0^2 = C_{11} + C_{22} + C_{33} + 1,\quad q_1 = \frac{C_{32} - C_{23}}{4q_0},\quad q_2 = \frac{C_{13} - C_{31}}{4q_0},\quad q_3 = \frac{C_{21} - C_{12}}{4q_0} \tag{1-6-22}$$

式中　$q_i\,(i=0,1,2,3)$ —— $\boldsymbol{q}_B^N$ 的四个元素；

　　$C_{ij}$ —— $\boldsymbol{C}_B^N$ 第 $i$ 行第 $j$ 列的元素。

因此四元数误差可表示为

$$\delta\boldsymbol{q}_B^N \equiv \hat{\boldsymbol{q}}_B^N - \boldsymbol{q}_B^N = \begin{bmatrix}\delta q_0 \\ \delta q_1 \\ \delta q_2 \\ \delta q_3\end{bmatrix} \approx \begin{bmatrix}\dfrac{\delta C_{11} + \delta C_{22} + \delta C_{33}}{8q_0} \\ \dfrac{\delta C_{32} - \delta C_{23}}{4q_0} - \dfrac{q_1}{q_0}\delta q_0 \\ \dfrac{\delta C_{13} - \delta C_{31}}{4q_0} - \dfrac{q_2}{q_0}\delta q_0 \\ \dfrac{\delta C_{21} - \delta C_{12}}{4q_0} - \dfrac{q_3}{q_0}\delta q_0\end{bmatrix} \tag{1-6-23}$$

式中　$\delta C_{ij}$ —— $\delta\boldsymbol{C}_B^N$ 第 $i$ 行第 $j$ 列的元素。

由式（1－6－1）知 $\delta\boldsymbol{C}_B^N \approx -\boldsymbol{\phi}^N \times \boldsymbol{C}_B^N$，展开代入式（1－6－23），并将 $C_{ij}$ 用 $q_i$ 表示，可得

$$\delta\boldsymbol{q}_B^N \approx \begin{bmatrix}\dfrac{\phi_x^N q_1}{2} + \dfrac{\phi_y^N q_2}{2} + \dfrac{\phi_z^N q_3}{2} \\ -\dfrac{\phi_x^N q_0}{2} - \dfrac{\phi_y^N q_3}{2} + \dfrac{\phi_z^N q_2}{2} \\ \dfrac{\phi_x^N q_3}{2} - \dfrac{\phi_y^N q_0}{2} - \dfrac{\phi_z^N q_1}{2} \\ -\dfrac{\phi_x^N q_2}{2} + \dfrac{\phi_y^N q_1}{2} - \dfrac{\phi_z^N q_0}{2}\end{bmatrix} = -\frac{1}{2}\begin{bmatrix}0 & -\phi_x^N & -\phi_y^N & -\phi_z^N \\ \phi_x^N & 0 & -\phi_z^N & \phi_y^N \\ \phi_y^N & \phi_z^N & 0 & -\phi_x^N \\ \phi_z^N & -\phi_y^N & \phi_x^N & 0\end{bmatrix}\begin{bmatrix}q_0 \\ q_1 \\ q_2 \\ q_3\end{bmatrix} = -\frac{1}{2}\boldsymbol{\phi}^N \circ \boldsymbol{q}_B^N \tag{1-6-24}$$

### 1.6.2　位置误差参数

#### 1.6.2.1　位置误差旋转矢量

在导航系统中，位置信息可以体现在表示位置的方向余弦矩阵 $\boldsymbol{C}_E^N$ 中。与姿态误差类似，可以用与该矩阵关联的误差旋转矢量表示位置误差，定义该矢量为位置误差旋转矢量。在 1.5.4.2.1 节中，当 $M$ 系为导航系 $N$，$F$ 系为 $E$ 系时，有 $\boldsymbol{C}_E^{\hat{N}} \approx (\boldsymbol{I} - \delta\boldsymbol{\theta}_{N\hat{N}}^N \times)\boldsymbol{C}_E^N$ 或转置得 $\boldsymbol{C}_{\hat{N}}^E \approx \boldsymbol{C}_N^E(\boldsymbol{I} + \delta\boldsymbol{\theta}_{N\hat{N}}^N \times)$，式中 $N$ 系为真实导航系，$\hat{N}$ 系为计算导航系，因此 $\boldsymbol{C}_E^N$ 为导航系统真实位置矩阵，$\boldsymbol{C}_E^{\hat{N}}$ 为导航系统计算得到的位置矩阵，$\delta\boldsymbol{\theta}_{N\hat{N}}^N$ 为 $\hat{N}$ 系相对于 $N$ 系的转角，即被定义为位置误差旋转矢量，简记为 $\delta\boldsymbol{\theta}^N$（按 1.5.2.2 节的标记法，相当于 $\boldsymbol{\beta}_{EN}^N$）。位置误差矩阵可表示为

$$\delta\boldsymbol{C}_E^N \equiv \hat{\boldsymbol{C}}_E^N - \boldsymbol{C}_E^N = \boldsymbol{C}_E^{\hat{N}} - \boldsymbol{C}_E^N \approx -\delta\boldsymbol{\theta}^N \times \boldsymbol{C}_E^N \tag{1-6-25}$$

考虑在有些情况下位置矩阵也用 $\boldsymbol{C}_N^E$ 表示，所以在此也给出 $\delta\boldsymbol{C}_N^E$ 的表达式

$$\delta\boldsymbol{C}_N^E \equiv \hat{\boldsymbol{C}}_N^E - \boldsymbol{C}_N^E = \boldsymbol{C}_{\hat{N}}^E - \boldsymbol{C}_N^E \approx \boldsymbol{C}_N^E(\delta\boldsymbol{\theta}^N \times) \tag{1-6-26}$$

在真实导航系下有关系式 $\boldsymbol{C}_B^E = \boldsymbol{C}_N^E\boldsymbol{C}_B^N$，则在系统计算中存在关系式 $\hat{\boldsymbol{C}}_B^E = \hat{\boldsymbol{C}}_N^E\hat{\boldsymbol{C}}_B^N$。由式(1-5-133)（在式中令 $F$ 系为 $E$ 系，$M$ 系为 $N$ 系，$R$ 系为 $B$ 系）可得

$$\boldsymbol{\beta}_{BE}^E \approx \boldsymbol{\beta}_{NE}^E + \boldsymbol{\beta}_{BN}^E \tag{1-6-27}$$

即

$$\boldsymbol{\psi}^E \approx -\delta\boldsymbol{\theta}^E + \boldsymbol{\phi}^E \tag{1-6-28}$$

因此，导航系下定义的姿态误差旋转矢量、地球系下定义的姿态误差旋转矢量与位置误差旋转矢量之间有下列关系式

$$\boldsymbol{\psi} \approx \boldsymbol{\phi} - \delta\boldsymbol{\theta} \tag{1-6-29}$$

利用位置误差旋转矢量 $\delta\boldsymbol{\theta}^N$ 表示位置误差时还需要考虑高度误差 $\delta h$。当不使用垂直通道阻尼时，高度的计算式为 $\dot{h} = v_z^N$，因此高度误差为

$$\delta\dot{h} = (\delta v|_{\overline{N}})_z^{\overline{N}} \tag{1-6-30}$$

使用垂直通道阻尼时的高度误差方程将在 2.3.1.1 节介绍。

#### 1.6.2.2　位置矢量误差

导航系统地球系下的位置误差可定义为系统位置相对于地球中心的位置矢量 $\boldsymbol{r}$ 的误差，可用位置矢量计算值与真实值之差表示

$$(\delta\boldsymbol{r}|_{\overline{E}})^{\overline{E}} \equiv \hat{\boldsymbol{r}}^{\hat{E}} - \boldsymbol{r}^E \tag{1-6-31}$$

式中　$(\delta\boldsymbol{r}|_{\overline{E}})^{\overline{E}}$——在地球系下观测的 $\boldsymbol{r}$ 的分量差误差（参见 1.1.4 节，为避免混淆，本大节中对需要在不同坐标系下观测其误差的矢量，均采用了与此类似的较复杂的表示法）；

$\boldsymbol{r}^E$——载体真实位置在真实地球系下的分量；

$\hat{\boldsymbol{r}}^{\hat{E}}$ ——载体位置的计算值在计算地球系下的分量。

在进行误差分析时将地球形状近似看成一个球体（非椭球体）所带来的影响不大。因此可以通过下面的近似等式来分析 $\delta\boldsymbol{r}$ 与 $\delta\boldsymbol{\theta}$ 之间的转换关系。

$$\boldsymbol{r}^E \approx r\boldsymbol{u}_{Z_N}^E \tag{1-6-32}$$

式中　$r$ ——地球中心到导航系统的距离；

$\boldsymbol{u}_{Z_N}^E$ ——沿当地垂线方向向上（ $N$ 系 $Z$ 轴方向）的单位矢量在地球系下的投影。

同时有关系式

$$\boldsymbol{u}_{Z_N}^E = \boldsymbol{C}_N^E \boldsymbol{u}_{Z_N}^N = [C_{13} \quad C_{23} \quad C_{33}]^{\mathrm{T}} \tag{1-6-33}$$

其中

$$\boldsymbol{u}_{Z_N}^N = [0 \quad 0 \quad 1]^{\mathrm{T}}$$

式中　$C_{ij}$ —— $\boldsymbol{C}_N^E$ 中第 $i$ 行第 $j$ 列的元素。

所以有

$$\delta\boldsymbol{u}_{Z_N}^{\overline{E}} = \delta\boldsymbol{C}_N^E \boldsymbol{u}_{Z_N}^N \approx \boldsymbol{C}_N^E(\delta\boldsymbol{\theta}^N \times)\boldsymbol{u}_{Z_N}^N = \boldsymbol{C}_N^E(\delta\boldsymbol{\theta}^N \times \boldsymbol{u}_{Z_N}^N) \tag{1-6-34}$$

对式（1-6-32）进行微分并将式（1-6-34）代入，可将 $\delta\boldsymbol{\theta}^N$ 转换为 $(\delta\boldsymbol{r}|_{\overline{E}})^{\overline{E}}$

$$\begin{aligned}(\delta\boldsymbol{r}|_{\overline{E}})^{\overline{E}} &\approx \delta r\boldsymbol{u}_{Z_N}^E + r\delta\boldsymbol{u}_{Z_N}^{\overline{E}} \\ &\approx \delta r\boldsymbol{u}_{Z_N}^E + r\boldsymbol{C}_N^E(\delta\boldsymbol{\theta}^N \times \boldsymbol{u}_{Z_N}^N)\end{aligned} \tag{1-6-35}$$

上式等号两边同时左乘 $\boldsymbol{C}_E^N$ ，得到在导航系下的形式

$$(\delta\boldsymbol{r}|_{\overline{E}})^{\overline{N}} \approx \delta r\boldsymbol{u}_{Z_N}^N + r(\delta\boldsymbol{\theta}^N \times \boldsymbol{u}_{Z_N}^N) \tag{1-6-36}$$

由式（1-6-35）可得 $(\delta\boldsymbol{r}|_{\overline{E}})^{\overline{E}}$ 的水平分量为

$$(\delta\boldsymbol{r}|_{\overline{E}})_H^{\overline{E}} = (\delta\boldsymbol{r}|_{\overline{E}})^{\overline{E}} - \delta r\boldsymbol{u}_{Z_N}^E \approx r\boldsymbol{C}_N^E(\delta\boldsymbol{\theta}^N \times \boldsymbol{u}_{Z_N}^N) \tag{1-6-37}$$

将上式代入式（1-6-34）得

$$\delta\boldsymbol{u}_{Z_N}^{\overline{E}} \approx \frac{1}{r}(\delta\boldsymbol{r}|_{\overline{E}})_H^{\overline{E}} \tag{1-6-38}$$

为将 $(\delta\boldsymbol{r}|_{\overline{E}})^{\overline{E}}$ 转换为 $\delta\boldsymbol{\theta}^N$ ，将式（1-6-36）等号两边叉乘 $\boldsymbol{u}_{Z_N}^N$ 得

$$\begin{aligned}\boldsymbol{u}_{Z_N}^N \times (\delta\boldsymbol{r}|_{\overline{E}})^{\overline{N}} &\approx r\boldsymbol{u}_{Z_N}^N \times (\delta\boldsymbol{\theta}^N \times \boldsymbol{u}_{Z_N}^N) \\ &= r[(\boldsymbol{u}_{Z_N}^N \cdot \boldsymbol{u}_{Z_N}^N)\delta\boldsymbol{\theta}^N - (\boldsymbol{u}_{Z_N}^N \cdot \delta\boldsymbol{\theta}^N)\boldsymbol{u}_{Z_N}^N] \\ &= r[\delta\boldsymbol{\theta}^N - \delta\theta_z^N \boldsymbol{u}_{Z_N}^N]\end{aligned} \tag{1-6-39}$$

重新整理式（1-6-39）可得

$$\delta\boldsymbol{\theta}^N \approx \frac{1}{r}[\boldsymbol{u}_{Z_N}^N \times (\delta\boldsymbol{r}|_{\overline{E}})^{\overline{N}}] + \delta\theta_z^N \boldsymbol{u}_{Z_N}^N \tag{1-6-40}$$

由上式可以获得分量表达式

$$\begin{cases}\delta\theta_x^N = -(\delta r|_{\overline{E}})_y^{\overline{N}}/r \\ \delta\theta_y^N = (\delta r|_{\overline{E}})_x^{\overline{N}}/r\end{cases} \tag{1-6-41}$$

根据 $r$ 的定义有

$$\boldsymbol{r}^E \cdot \boldsymbol{r}^E = r^2 \tag{1-6-42}$$

对式（1-6-42）微分得

$$2\boldsymbol{r}^{E}\cdot(\delta\boldsymbol{r}|_{\overline{E}})^{\overline{E}}=2r\delta r \tag{1-6-43}$$

将式（1-6-32）代入式（1-6-43）得

$$\delta r\approx\boldsymbol{u}_{Z_N}^{E}\cdot(\delta\boldsymbol{r}|_{\overline{E}})^{\overline{E}} \tag{1-6-44}$$

将式（1-6-44）转换至 $N$ 系及 $I$ 系下有

$$\begin{cases}\delta r\approx\boldsymbol{u}_{Z_N}^{N}\cdot(\delta\boldsymbol{r}|_{\overline{E}})^{\overline{N}}=(\delta r|_{\overline{E}})_{z}^{\overline{N}}\\ \delta r\approx\boldsymbol{u}_{Z_N}^{I}\cdot(\delta\boldsymbol{r}|_{\overline{E}})^{\overline{I}}\end{cases} \tag{1-6-45}$$

将式（1-3-17）及式（1-3-18）取近似可得

$$r\approx r_S+h\approx R_E\sqrt{\frac{1-4f\sin^2L}{1-2f\sin^2L}}+h\approx R_E(1-f\sin^2L)+h=(1-C_{23}^2f)R_E+h \tag{1-6-46}$$

式中，$C_{ij}$ 是 $\boldsymbol{C}_N^E$ 中第 $i$ 行第 $j$ 列的元素，第一个约等号将地球近似为球体，第二个约等号忽略了 $f$ 的二次及以上项，第三个约等号处为线性泰勒展开。

对式（1-6-46）微分得

$$\delta r\approx\delta h-2fC_{23}\delta C_{23}R_E \tag{1-6-47}$$

从式（1-6-26）可以看出 $\delta C_{23}$ 与 $\delta\boldsymbol{\theta}^N$ 的量级相当，同时从式（1-6-40）可以看出 $\delta\boldsymbol{\theta}^N$ 的量级近似等于 $(\delta\boldsymbol{r}|_{\overline{E}})^{\overline{N}}/r$。因此 $\delta C_{23}R_E$ 与 $R_E(\delta\boldsymbol{r}|_{\overline{E}})^{\overline{N}}/r$ 量级相当，将其乘以 $f$ 后对 $\delta r$ 的影响可以忽略，因此有

$$\delta r\approx\delta h \tag{1-6-48}$$

为方便误差分析，有时也用到在惯性系下观测的位置矢量误差，定义为

$$(\delta\boldsymbol{r}|_{\overline{I}})^{\overline{I}}\equiv\hat{\boldsymbol{r}}^{\hat{I}}-\boldsymbol{r}^{I} \tag{1-6-49}$$

将式（1-6-6）代入上式，得到在惯性系下观测的位置矢量误差在地球系下的分量为

$$\begin{aligned}(\delta\boldsymbol{r}|_{\overline{I}})^{\overline{E}}&=\boldsymbol{C}_I^E(\delta\boldsymbol{r}|_{\overline{I}})^{\overline{I}}=\boldsymbol{C}_I^E(\hat{\boldsymbol{r}}^{\hat{I}}-\boldsymbol{r}^{I})\\&=\boldsymbol{C}_I^E\hat{\boldsymbol{r}}^{\hat{I}}-\boldsymbol{r}^E=\hat{\boldsymbol{C}}_I^E\hat{\boldsymbol{r}}^{\hat{I}}-\boldsymbol{r}^E=\hat{\boldsymbol{r}}^{\hat{E}}-\boldsymbol{r}^E\end{aligned} \tag{1-6-50}$$

对比式（1-6-31）和式（1-6-50）可得

$$(\delta\boldsymbol{r}|_{\overline{I}})^{\overline{E}}=(\delta\boldsymbol{r}|_{\overline{E}})^{\overline{E}} \tag{1-6-51}$$

式（1-6-51）说明惯性系下定义的位置矢量误差同地球系定义下的位置矢量误差等价。

#### 1.6.2.3　纬度、经度、游移方位角误差

本节分析位置误差旋转矢量 $\delta\boldsymbol{\theta}^N$ 和地球系下定义的位置矢量误差 $(\delta\boldsymbol{r}|_{\overline{E}})^{\overline{E}}$ 与纬度、经度、游移方位角误差（$\delta L$、$\delta\lambda$、$\delta\alpha$）之间的关系。由 1.5.1.3.2 节，首先列出表示位置的方向余弦矩阵的转换关系式

$$\boldsymbol{C}_N^E=\boldsymbol{C}_{E_1}^E\boldsymbol{C}_{E_2}^{E_1}\boldsymbol{C}_{N'}^{E_2}\boldsymbol{C}_N^{N'} \tag{1-6-52}$$

式中　$E_1$ 系——由 $E$ 系绕其 $Z$ 轴旋转 $\lambda$ 获得；

$E_2$ 系——由 $E_1$ 系绕其 $Y$ 轴旋转 $-L$ 获得；

$N'$ 系——由 $E_2$ 系绕其 $X$ 轴旋转 $\alpha$ 获得；

$N$ 系——导航坐标系，由将 $N'$ 系的 $X$、$Y$、$Z$ 轴分别替换为 $Z$、$X$、$Y$ 轴得到。

由于 $N'$ 系与 $N$ 系固连，类似于 1.6.1.1 节中分析得出的 $\boldsymbol{\phi}_{N\hat{N}}$ 与 $\boldsymbol{\phi}_{L\hat{L}}$ 的等价关系，可知 $\delta\boldsymbol{\theta}_{N\hat{N}}=\delta\boldsymbol{\theta}_{N'\hat{N}'}$，由式（1-5-129）及式（1-5-152），令 $F$ 系为 $E$ 系，$M$ 系为 $N'$ 系，可得

$$\begin{aligned}\delta\boldsymbol{\theta}^{N}&=\delta\boldsymbol{\theta}_{N\hat{N}}^{N}=\delta\boldsymbol{\theta}_{N'\hat{N}'}^{N}=\boldsymbol{C}_{N'}^{N}\boldsymbol{\beta}_{EN'}^{N'}\approx\boldsymbol{C}_{N'}^{N}\boldsymbol{\alpha}_{N'E}^{N'}\\&\approx\boldsymbol{C}_{N'}^{N}(\delta\lambda\boldsymbol{u}_{Z_E}^{N'}-\delta L\boldsymbol{u}_{Y_{E_1}}^{N'}+\delta\alpha\boldsymbol{u}_{X_{E_2}}^{N'})\\&=\delta\lambda\boldsymbol{u}_{Z_E}^{N}-\delta L\boldsymbol{u}_{Y_{E_1}}^{N}+\delta\alpha\boldsymbol{u}_{X_{E_2}}^{N}\end{aligned}\tag{1-6-53}$$

其中

$$\begin{cases}\delta\lambda\equiv\hat{\lambda}-\lambda & \delta L\equiv\hat{L}-L & \delta\alpha\equiv\hat{\alpha}-\alpha\\ \boldsymbol{u}_{Z_E}^{N}=\boldsymbol{C}_{N'}^{N}\boldsymbol{C}_{E_2}^{N'}\boldsymbol{C}_{E_1}^{E_2}\boldsymbol{u}_{Z_E}^{E} & \boldsymbol{u}_{Y_{E_1}}^{N}=\boldsymbol{C}_{N'}^{N}\boldsymbol{C}_{E_2}^{N'}\boldsymbol{u}_{Y_{E_1}}^{E_1} & \boldsymbol{u}_{X_{E_2}}^{N}=\boldsymbol{C}_{N'}^{N}\boldsymbol{u}_{X_{E_2}}^{E_2}\\ \boldsymbol{u}_{Z_E}^{E}=[0\quad 0\quad 1]^{\mathrm{T}} & \boldsymbol{u}_{Y_{E_1}}^{E_1}=[0\quad 1\quad 0]^{\mathrm{T}} & \boldsymbol{u}_{X_{E_2}}^{E_2}=[1\quad 0\quad 0]^{\mathrm{T}}\\ \boldsymbol{C}_{E_1}^{E_2}=\begin{bmatrix}\cos L&0&-\sin L\\0&1&0\\\sin L&0&\cos L\end{bmatrix} & \boldsymbol{C}_{E_2}^{N'}=\begin{bmatrix}1&0&0\\0&\cos\alpha&\sin\alpha\\0&-\sin\alpha&\cos\alpha\end{bmatrix} & \boldsymbol{C}_{N'}^{N}=\begin{bmatrix}0&1&0\\0&0&1\\1&0&0\end{bmatrix}\end{cases}\tag{1-6-54}$$

式中　$\boldsymbol{u}_{Z_E}^{E}$，$\boldsymbol{u}_{Y_{E_1}}^{E_1}$，$\boldsymbol{u}_{X_{E_2}}^{E_2}$——坐标系 $E$、$E_1$、$E_2$ 对应坐标轴上的单位矢量在各自坐标系下的投影；

$\boldsymbol{u}_{Z_E}^{N}$，$\boldsymbol{u}_{Y_{E_1}}^{N}$，$\boldsymbol{u}_{X_{E_2}}^{N}$——$\boldsymbol{u}_{Z_E}^{E}$、$\boldsymbol{u}_{Y_{E_1}}^{E_1}$、$\boldsymbol{u}_{X_{E_2}}^{E_2}$ 在坐标系 $N$ 下的投影。

将式（1-6-54）代入式（1-6-53）得

$$\delta\boldsymbol{\theta}^{N}\approx\delta\lambda\begin{bmatrix}\cos L\sin\alpha\\\cos L\cos\alpha\\-\sin L\end{bmatrix}-\delta L\begin{bmatrix}\cos\alpha\\-\sin\alpha\\0\end{bmatrix}+\delta\alpha\begin{bmatrix}0\\0\\1\end{bmatrix}\tag{1-6-55}$$

进一步整理得[35]

$$\delta\boldsymbol{\theta}^{N}\approx\begin{bmatrix}-\cos\alpha&\cos L\sin\alpha&0\\\sin\alpha&\cos L\cos\alpha&0\\0&-\sin L&1\end{bmatrix}\begin{bmatrix}\delta L\\\delta\lambda\\\delta\alpha\end{bmatrix}\tag{1-6-56}$$

求逆可得[36]

$$\begin{bmatrix}\delta L\\\delta\lambda\\\delta\alpha\end{bmatrix}\approx\begin{bmatrix}-\cos\alpha&\sin\alpha&0\\\sec L\sin\alpha&\sec L\cos\alpha&0\\\tan L\sin\alpha&\tan L\cos\alpha&1\end{bmatrix}\delta\boldsymbol{\theta}^{N}\tag{1-6-57}$$

将式（1-6-41）代入式（1-6-56）和式（1-6-57）可以获得地球系下定义的位

---

[35] 对应 basic/naverr/dllwa2dtheta. m

[36] 对应 basic/naverr/dtheta2dllwa. m

置矢量误差与经纬度和游移方位角误差之间的关系式[37]

$$\begin{bmatrix}(\delta r\,|_{\overline{E}})_{x}^{\overline{N}}\\(\delta r\,|_{\overline{E}})_{y}^{\overline{N}}\end{bmatrix}\approx r\begin{bmatrix}\sin\alpha & \cos L\cos\alpha\\\cos\alpha & -\cos L\sin\alpha\end{bmatrix}\begin{bmatrix}\delta L\\\delta\lambda\end{bmatrix}\tag{1-6-58}$$

$(\delta r\,|_{\overline{E}})_{z}^{\overline{N}}$ 与经纬度误差和游移方位角误差无关，进一步有[38]

$$\begin{bmatrix}\delta L\\\delta\lambda\\\delta\alpha\end{bmatrix}\approx\frac{1}{r}\begin{bmatrix}\sin\alpha & \cos\alpha & 0\\\sec L\cos\alpha & -\sec L\sin\alpha & 0\\\tan L\cos\alpha & -\tan L\sin\alpha & r\end{bmatrix}\begin{bmatrix}(\delta r\,|_{\overline{E}})_{x}^{\overline{N}}\\(\delta r\,|_{\overline{E}})_{y}^{\overline{N}}\\\delta\theta_{z}^{N}\end{bmatrix}\tag{1-6-59}$$

### 1.6.3 速度误差参数

对于在地表附近运行的导航系统，速度误差通常定义为惯导系统计算得到的地速与载体真实地速之差。在导航系 $N$ 下观测速度误差，有

$$(\delta \boldsymbol{v}\,|_{\overline{N}})^{\overline{N}}\equiv\hat{\boldsymbol{v}}^{\hat{N}}-\boldsymbol{v}^{N}\tag{1-6-60}$$

式中 $(\delta \boldsymbol{v}\,|_{\overline{N}})^{\overline{N}}$ ——在导航系下观测的地速的分量差误差（参见 1.1.4 节）；

$\boldsymbol{v}^{N}$ ——载体真实地速在真实导航系 $N$ 下的分量；

$\hat{\boldsymbol{v}}^{\hat{N}}$ ——计算导航系下地速的计算值。

在地球系 $E$ 下观测的地速误差为

$$(\delta \boldsymbol{v}\,|_{\overline{E}})^{\overline{F}}\equiv\hat{\boldsymbol{v}}^{\hat{E}}-\boldsymbol{v}^{E}\tag{1-6-61}$$

在式（1-1-44）中，当 $M$ 系为导航系 $N$，$F$ 系为地球系 $E$ 时，有

$$(\delta \boldsymbol{v}\,|_{\overline{E}})^{\overline{N}}\approx(\delta \boldsymbol{v}\,|_{\overline{N}})^{\overline{N}}+\delta\boldsymbol{\theta}^{N}\times\boldsymbol{v}^{N}\tag{1-6-62}$$

式（1-6-62）给出了地球系和导航系下观测的速度误差之间的关系。

远离地表运行的导航系统通常使用惯性速度，即惯性系 $I$ 下观测的载体位置的变化率，表示为

$$\boldsymbol{v}_{I}^{I}\equiv\dot{\boldsymbol{r}}^{I}\tag{1-6-63}$$

式中，$\boldsymbol{v}_{I}^{I}$ 的下标 $I$ 表示在 $I$ 系下观测的速度，上标 $I$ 表示 $I$ 系下的分量。由地速的定义 $\boldsymbol{v}^{E}\equiv\dot{\boldsymbol{r}}^{E}$ 及科氏定理得

$$\boldsymbol{v}_{I}^{E}=\boldsymbol{v}^{E}+\boldsymbol{\omega}_{IE}^{E}\times\boldsymbol{r}^{E}\tag{1-6-64}$$

惯性系下观测的惯性速度误差为

$$(\delta \boldsymbol{v}_{I}\,|_{\overline{I}})^{\overline{I}}\equiv\hat{\boldsymbol{v}}_{I}^{\hat{I}}-\boldsymbol{v}_{I}^{I}\tag{1-6-65}$$

式中 $(\delta \boldsymbol{v}_{I}\,|_{\overline{I}})^{\overline{I}}$ ——惯性速度在 $I$ 系下观测的分量差误差。

将式（1-6-64）代入式（1-6-65），并利用式（1-6-6）可得

---

[37] 对应 basic/naverr/dll2dposvec. m

[38] 对应 basic/naverr/dposvec2dllwa. m

$$
\begin{aligned}
(\delta \boldsymbol{v}_I|_{\bar{I}})^{\bar{I}} &= \hat{\boldsymbol{C}}_{\hat{E}}^{I}\hat{\boldsymbol{v}}_I^{\hat{E}} - \boldsymbol{C}_E^I \boldsymbol{v}_I^E = \boldsymbol{C}_E^I(\hat{\boldsymbol{v}}_I^{\hat{E}} - \boldsymbol{v}_I^E) \\
&= \boldsymbol{C}_E^I(\hat{\boldsymbol{v}}^{\hat{E}} + \hat{\boldsymbol{\omega}}_{IE}^{\hat{E}} \times \hat{\boldsymbol{r}}^{\hat{E}} - \boldsymbol{v}^E - \boldsymbol{\omega}_{IE}^E \times \boldsymbol{r}^E) \\
&= \boldsymbol{C}_E^I(\hat{\boldsymbol{v}}^{\hat{E}} - \boldsymbol{v}^E + \boldsymbol{\omega}_{IE}^E \times (\hat{\boldsymbol{r}}^{\hat{E}} - \boldsymbol{r}^E)) \\
&= \boldsymbol{C}_E^I[(\delta \boldsymbol{v}|_{\bar{E}})^{\bar{E}} + \boldsymbol{\omega}_{IE}^E \times (\delta \boldsymbol{r}|_{\bar{E}})^{\bar{E}}] \\
&= (\delta \boldsymbol{v}|_{\bar{E}})^{\bar{I}} + \boldsymbol{\omega}_{IE}^I \times (\delta \boldsymbol{r}|_{\bar{E}})^{\bar{I}}
\end{aligned}
\tag{1-6-66}
$$

式（1-6-66）给出了惯性系和地球系下观测的速度误差之间的关系。由式（1-6-66）可以获得惯性系和地球系下观测的速度误差在 $N$ 系下分量的关系式

$$
(\delta \boldsymbol{v}_I|_{\bar{I}})^{\bar{N}} = (\delta \boldsymbol{v}|_{\bar{E}})^{\bar{N}} + \boldsymbol{\omega}_{IE}^N \times (\delta \boldsymbol{r}|_{\bar{E}})^{\bar{N}} \tag{1-6-67}
$$

### 1.6.4 时钟误差

在通过测量时间进行导航参数测量的导航设备中，时钟误差是影响导航精度的重要因素。在这些设备中，时间一般通过计算高频振荡器产生的脉冲数得到，即

$$
\hat{t}_n = \hat{t}_{n-1} + T_{Osc0} = \hat{t}_{n-1} + \frac{1}{f_{Osc0}} \tag{1-6-68}
$$

式中　$\hat{t}_n$，$\hat{t}_{n-1}$ ——本周期及上一周期设备计算的时间；

$T_{Osc0}$ ——高频振荡器产生的脉冲间隔时间的标称值；

$f_{Osc0}$ ——高频振荡器频率的标称值。

将上式等号两边除以高频振荡器产生的脉冲间隔时间的实际值 $\tilde{T}_{Osc}$ 并变形得到

$$
\frac{\hat{t}_n - \hat{t}_{n-1}}{\tilde{T}_{Osc}} = \frac{1}{f_{Osc0}\tilde{T}_{Osc}} = \frac{\tilde{f}_{Osc}}{f_{Osc0}} \tag{1-6-69}
$$

式中，$\tilde{f}_{Osc} = \dfrac{1}{\tilde{T}_{Osc}}$，为高频振荡器的实际频率，当 $\tilde{T}_{Osc}$ 趋近于0时，可得到上式的连续形式

$$
\dot{\hat{t}} = \frac{\tilde{f}_{Osc}}{f_{Osc0}} \tag{1-6-70}
$$

通过对上式取微分并考虑其他随机误差得到时钟误差为

$$
\begin{cases}
\delta t = \delta t_{Osc} + w_t \\
\delta \dot{t}_{Osc} = \dfrac{\delta f_{Osc}}{f_{Osc0}}
\end{cases}
\tag{1-6-71}
$$

式中　$\delta t_{Osc}$ ——因高频振荡器频率偏差导致的时钟误差（不包含随机误差）；

$w_t$ ——时钟随机误差（源于抖动或量化噪声）。

高频振荡器的频率偏差 $\delta f_{Osc}$ 可进一步表示为一个随机常量和一阶马尔可夫过程的和，即

$$\begin{cases}\delta f_{Osc}=\delta f_{Osc/RndCst}+\delta f_{Osc/Markov}\\ \delta f_{Osc/RndCst}=w_{Osc/RndCst}\\ \delta \dot{f}_{Osc/Markov}=-\dfrac{\delta f_{Osc/Markov}}{\tau_{Osc/Markov}}+w_{Osc/Markov}\end{cases} \tag{1-6-72}$$

式中　$\delta f_{Osc/RndCst}$，$\delta f_{Osc/Markov}$ ——随机常量及一阶马尔可夫过程误差；

$w_{Osc/RndCst}$ ——随机常量对应的输入白噪声；

$\tau_{Osc/Markov}$，$w_{Osc/Markov}$ ——马尔可夫过程的相关时间及输入白噪声。

### 1.6.5　重力误差

#### 1.6.5.1　导航系下观测的重力误差

将式（1-3-64）投影到导航系下，沿铅垂线的重力可表示为

$$\boldsymbol{g}^N=\boldsymbol{G}^N-\boldsymbol{\omega}_{IE}^N\times(\boldsymbol{\omega}_{IE}^N\times\boldsymbol{r}^N) \tag{1-6-73}$$

式中　$\boldsymbol{g}$ ——重力加速度；

$\boldsymbol{G}$ ——引力加速度；

$\boldsymbol{\omega}_{IE}^N\times(\boldsymbol{\omega}_{IE}^N\times\boldsymbol{r}^N)$ ——因地球自转产生的牵连加速度（离心加速度）。

$\boldsymbol{g}^N$ 可以线性化表示为（参考文献［12］中式 12.1.1-11）

$$\boldsymbol{g}^N\approx-H(r)\boldsymbol{u}_{Z_N}^N+\partial g_{Up}\boldsymbol{u}_{Z_N}^N+\partial g_{North}\boldsymbol{C}_E^N\boldsymbol{u}_{North}^E \tag{1-6-74}$$

其中

$$\begin{cases}H(r)=\dfrac{\mu}{r^2} & h\geqslant 0\\ H(r)=\dfrac{r\mu}{r_S^3} & h<0\end{cases} \tag{1-6-75}$$

式中　$H(r)$ ——重力参数幅值，表征地表上与地表下重力模型的不同特性；

$\partial g_{Up}$，$\partial g_{North}$ ——因地球的椭球形状，由地球质量分布和地球离心加速度引起重力加速度在垂直方向上和北向的微小变化量（如果地球为球体，则这两项将为零）；

$\boldsymbol{u}_{North}^E$ ——当地北向上的单位矢量在地球系下的投影；

$\mu$ ——地心引力常数；

$r_S$ ——载体位置沿大地垂向在椭球表面上的投影点到地球中心的距离，即图 1-5 中 $S$ 点与 $O_E$ 点之间的距离，假设载体位置在 $P$ 点。

式（1-6-74）等号右边后两项为一阶量，相对于占主要分量且为零阶的第一项，在考虑重力误差时可以忽略。同时，考虑到上述重力表达式（1-6-74）是重力模型通过线性化近似获得的，而重力模型自身也只是真实重力的近似（忽略了由当地地质密度和地形不规则性引起的异常），因此引入一项模型误差 $\delta\boldsymbol{g}_{Mdl}^N$ 表示由上述模型近似、线性化及忽略 $\partial g_{Up}$ 和 $\partial g_{North}$ 所引起的误差，这样重力误差表达式为

$$(\delta\boldsymbol{g}|_{\overline{N}})^{\overline{N}}\approx-\frac{\mathrm{d}H(r)}{\mathrm{d}r}\boldsymbol{u}_{Z_N}^N\delta r+\delta\boldsymbol{g}_{Mdl}^N \tag{1-6-76}$$

其中

$$\begin{cases}\dfrac{\mathrm{d}H(r)}{\mathrm{d}r}=-2\dfrac{\mu}{r^3}=-2\dfrac{H(r)}{r} & h\geqslant 0\\ \dfrac{\mathrm{d}H(r)}{\mathrm{d}r}=\dfrac{\mu}{r_S^3}=\dfrac{H(r)}{r} & h<0\end{cases}\tag{1-6-77}$$

由式（1-6-74）可以看出 $H(r)$ 近似等于 $\boldsymbol{r}^N$ 处的重力幅值 $G$（注意重力和引力的区别在于已经被忽略的 $\partial g_{Up}$ 和 $\partial g_{North}$ 项中），同时将式（1-6-48）代入式（1-6-76）有

$$(\delta\boldsymbol{g}|_{\overline{N}})^{\overline{N}}\approx F(h)\frac{G}{r}\boldsymbol{u}_{Z_N}^N\delta h+\delta\boldsymbol{g}_{Mdl}^N\tag{1-6-78}$$

其中

$$\begin{cases}F(h)=2 & (h\geqslant 0)\\ F(h)=-1 & (h<0)\end{cases}\tag{1-6-79}$$

式中　$F(h)$——表征地表上下重力模型不同特性的重力误差耦合参数。

#### 1.6.5.2　地球系下观测的重力误差

由式（1-6-74）可得地球系下的重力表达式为

$$\boldsymbol{g}^E\approx-H(r)\boldsymbol{u}_{Z_N}^E+\partial g_{Up}\boldsymbol{u}_{Z_N}^E+\partial g_{North}\boldsymbol{u}_{North}^E\tag{1-6-80}$$

采用类似式（1-6-76）的处理方法可以获得地球系下观测的重力误差为

$$(\delta\boldsymbol{g}|_{\overline{E}})^{\overline{E}}\approx-H(r)\delta\boldsymbol{u}_{Z_N}^{\overline{E}}-\frac{\mathrm{d}H(r)}{\mathrm{d}r}\boldsymbol{u}_{Z_N}^E\delta r+\delta\boldsymbol{g}_{Mdl}^N\tag{1-6-81}$$

上式中的 $\delta\boldsymbol{u}_{Z_N}^{\overline{E}}$ 可通过式（1-6-38）计算，将该式代入式（1-6-81）同时考虑类似式（1-6-78）的处理得

$$(\delta\boldsymbol{g}|_{\overline{E}})^{\overline{E}}\approx-\frac{G}{r}(\delta\boldsymbol{r}|_{\overline{E}})_H^{\overline{E}}+F(h)\frac{G}{r}\boldsymbol{u}_{Z_N}^E\delta r+\delta\boldsymbol{g}_{Mdl}^E\tag{1-6-82}$$

对比式（1-6-78）和式（1-6-82）可以发现，$(\delta\boldsymbol{g}|_{\overline{E}})^{\overline{E}}\neq\boldsymbol{C}_N^E(\delta\boldsymbol{g}|_{\overline{N}})^{\overline{N}}$，这是因为 $\boldsymbol{u}_{Z_N}^N$ 为常数，其误差 $\delta\boldsymbol{u}_{Z_N}^N$ 为零，而 $\delta\boldsymbol{u}_{Z_N}^{\overline{E}}$ 不等于零。

在某些导航误差微分方程中，用到的误差参数是 $\delta\boldsymbol{r}|_E$ 而不是 $\delta r$，此时可以用式（1-6-44）或式（1-6-45）进行转换。这里以 $(\delta\boldsymbol{r}|_{\overline{E}})^{\overline{E}}$ 为例，由式（1-6-33）和式（1-6-44）可得

$$\begin{aligned}\delta r\boldsymbol{u}_{Z_N}^E&\approx(\boldsymbol{u}_{Z_N}^E\cdot(\delta\boldsymbol{r}|_{\overline{E}})^{\overline{E}})\boldsymbol{u}_{Z_N}^E=\boldsymbol{u}_{Z_N}^E(\boldsymbol{u}_{Z_N}^E\cdot(\delta\boldsymbol{r}|_{\overline{E}})^{\overline{E}})\\&=\boldsymbol{u}_{Z_N}^E(\boldsymbol{u}_{Z_N}^E)^{\mathrm{T}}(\delta\boldsymbol{r}|_{\overline{E}})^{\overline{E}}=\boldsymbol{F}_U^E(\delta\boldsymbol{r}|_{\overline{E}})^{\overline{E}}\end{aligned}\tag{1-6-83}$$

其中

$$\boldsymbol{F}_U^E=\begin{bmatrix}C_{13}^2 & C_{13}C_{23} & C_{13}C_{33}\\ C_{13}C_{23} & C_{23}^2 & C_{23}C_{33}\\ C_{13}C_{33} & C_{23}C_{33} & C_{33}^2\end{bmatrix}\tag{1-6-84}$$

式中，$C_{ij}$ 是 $\boldsymbol{C}_N^E$ 中第 $i$ 行第 $j$ 列的元素。

将式（1-6-37）及式（1-6-83）代入式（1-6-82），$(\delta\boldsymbol{g}|_{\overline{E}})^{\overline{E}}$ 可以进一步用

$(\delta \boldsymbol{r}|_{\bar{E}})^{\bar{E}}$ 表示为

$$\begin{aligned}(\delta \boldsymbol{g}|_{\bar{E}})^{\bar{E}} &\approx -\frac{G}{r}[(\delta \boldsymbol{r}|_{\bar{E}})^{\bar{E}}-\delta r\boldsymbol{u}_{Z_N}^{E}]+F(h)\frac{G}{r}\delta r\boldsymbol{u}_{Z_N}^{E}+\delta \boldsymbol{g}_{Mdl}^{E}\\ &\approx -\frac{G}{r}(\delta \boldsymbol{r}|_{\bar{E}})^{\bar{E}}+\frac{G}{r}\boldsymbol{F}_U^E(\delta \boldsymbol{r}|_{\bar{E}})^{\bar{E}}+F(h)\frac{G}{r}\boldsymbol{F}_U^E(\delta \boldsymbol{r}|_{\bar{E}})^{\bar{E}}+\delta \boldsymbol{g}_{Mdl}^{E}\\ &=\frac{G}{r}[(1+F(h))\boldsymbol{F}_U^E-\boldsymbol{I}](\delta \boldsymbol{r}|_{\bar{E}})^{\bar{E}}+\delta \boldsymbol{g}_{Mdl}^{E}\end{aligned} \tag{1-6-85}$$

1.6.5.3 惯性系下观测的重力误差

将地球系下的重力表达式（1-6-80）转换到惯性系下可得

$$\boldsymbol{g}^I \approx -H(r)\boldsymbol{u}_{Z_N}^I+\partial g_{Up}\boldsymbol{u}_{Z_N}^I+\partial g_{North}\boldsymbol{u}_{North}^I \tag{1-6-86}$$

采用类似式（1-6-76）的处理方法可以获得地球系下观测的重力误差为

$$(\delta \boldsymbol{g}|_{\bar{I}})^{\bar{I}} \approx -H(r)\delta \boldsymbol{u}_{Z_N}^I-\frac{\mathrm{d}H(r)}{\mathrm{d}r}\boldsymbol{u}_{Z_N}^I\delta r+\delta \boldsymbol{g}_{Mdl}^I \tag{1-6-87}$$

上式中的 $\delta \boldsymbol{u}_{Z_N}^I$ 可通过将式（1-6-38）转换到惯性系下获得，将该式代入式（1-6-87）同时考虑类似式（1-6-78）的处理得

$$(\delta \boldsymbol{g}|_{\bar{I}})^{\bar{I}} \approx -\frac{G}{r}(\delta \boldsymbol{r}|_{\bar{E}})_H^{\bar{I}}+F(h)\frac{G}{r}\boldsymbol{u}_{Z_N}^I\delta r+\delta \boldsymbol{g}_{Mdl}^I \tag{1-6-88}$$

### 1.6.6 导航参数的修正

导航参数 $\boldsymbol{p}$ 的修正量的概念式为 $\delta \boldsymbol{p} \equiv \hat{\boldsymbol{p}}-\boldsymbol{p}$ ，其中 $\hat{\boldsymbol{p}}$ 为计算得到的导航参数，$\boldsymbol{p}$ 为真实导航参数，$\delta \boldsymbol{p}$ 为导航参数误差。因此，导航参数一般的修正公式为

$$\boldsymbol{p}^{(+)}=\boldsymbol{p}^{(-)}-\delta \boldsymbol{p} \tag{1-6-89}$$

式中，$\boldsymbol{p}^{(-)}$，$\boldsymbol{p}^{(+)}$ ——修正前和修正后的导航参数。

由 1.6.1.1 节及 1.6.1.2 节，导航系下姿态、速度、位置的具体修正公式如下

$$\begin{cases}(\boldsymbol{C}_B^L)^{(+)}=(\boldsymbol{C}_B^L)^{(-)}-\delta \boldsymbol{C}_B^L \approx (\boldsymbol{I}+\boldsymbol{\phi}^L\times)(\boldsymbol{C}_B^L)^{(-)}\\ (\boldsymbol{q}_B^L)^{(+)}=(\boldsymbol{q}_B^L)^{(-)}-\delta \boldsymbol{q}_B^L \approx (\boldsymbol{q}_B^L)^{(-)}+\dfrac{1}{2}\boldsymbol{\phi}^L\circ(\boldsymbol{q}_B^L)^{(-)}\\ (\boldsymbol{v}^N)^{(+)}=(\boldsymbol{v}^N)^{(-)}-(\delta \boldsymbol{v}|_{\bar{N}})^{\bar{N}}\\ (\boldsymbol{C}_N^E)^{(+)}=(\boldsymbol{C}_N^E)^{(-)}-\delta \boldsymbol{C}_N^E \approx (\boldsymbol{C}_N^E)^{(-)}(\boldsymbol{I}-\delta \boldsymbol{\theta}^N\times)\\ h^{(+)}=h^{(-)}-\delta h\end{cases} \tag{1-6-90}$$

需要注意的是，姿态误差 $\boldsymbol{\phi}^L=\boldsymbol{C}_N^L\boldsymbol{\phi}^N$ 和位置误差 $\delta \boldsymbol{\theta}^N$ 都是在小角度情况下定义的，它们都是一阶近似量，因此采用上面的式子对姿态和位置进行修正将引入正交性及规范性误差。考虑到 $\boldsymbol{\phi}^L$ 和 $\delta \boldsymbol{\theta}^N$ 相当于 $\hat{L}/\hat{N}$ 系相对于 $L/N$ 系的旋转矢量，因此更精确的姿态和位置修正方法是将 $\boldsymbol{\phi}^L$ 和 $\delta \boldsymbol{\theta}^N$ 按照 1.5.1.2.1 节转换为 $\boldsymbol{C}_{\hat{L}}^L$ 及 $\boldsymbol{C}_{\hat{N}}^N$（或按照 1.5.1.4 节转换为 $\boldsymbol{q}_{\hat{L}}^L$ ），

然后对相应的方向余弦矩阵（或四元数）进行修正，此时有[39][40]

$$\begin{cases}(\boldsymbol{C}_B^L)^{(+)}=\boldsymbol{C}_{\hat{L}}^L(\boldsymbol{C}_B^L)^{(-)}=\left(\boldsymbol{I}+\dfrac{\sin\phi}{\phi}(\boldsymbol{\phi}^L\times)+\dfrac{(1-\cos\phi)}{\phi^2}(\boldsymbol{\phi}^L\times)^2\right)(\boldsymbol{C}_B^L)^{(-)}\\(\boldsymbol{q}_B^L)^{(+)}=\boldsymbol{q}_{\hat{L}}^L\circ(\boldsymbol{q}_B^L)^{(-)}=\left(\cos\dfrac{\phi}{2}+\dfrac{\boldsymbol{\phi}^L}{\phi}\sin\dfrac{\phi}{2}\right)\circ(\boldsymbol{q}_B^L)^{(-)}\\(\boldsymbol{C}_N^E)^{(+)}=(\boldsymbol{C}_N^E)^{(-)}(\boldsymbol{C}_{\hat{N}}^N)^{\mathrm{T}}=(\boldsymbol{C}_N^E)^{(-)}\left(\boldsymbol{I}-\dfrac{\sin\delta\theta}{\delta\theta}(\delta\boldsymbol{\theta}^N\times)+\dfrac{(1-\cos\delta\theta)}{\delta\theta^2}(\delta\boldsymbol{\theta}^N\times)^2\right)\end{cases}\tag{1-6-91}$$

当导航参数组选择不同时，需要根据 1.6.1 节进行不同坐标系下定义参数的转换，然后结合式（1－6－90）和式（1－6－91）进行修正。[41][42]

---

[39] 方向余弦矩阵对应 basic/naverr/cornavparams _ phiform _ dcm. m

[40] 四元数对应 basic/naverr/cornavparams _ phiform _ quat. m

[41] $\psi$ 形式方向余弦矩阵对应 basic/naverr/cornavparams _ psiform _ dcm. m

[42] $\psi$ 形式四元数对应 basic/naverr/cornavparams _ psiform _ quat. m

# 第 2 章　惯性导航

## 2.1　捷联惯性导航方程

捷联惯性导航方程根据陀螺输出的角速度和加速度计输出的比力计算载体的姿态、速度、位置。首先，它根据陀螺输出的角速度积分计算载体姿态，其次利用计算好的姿态将加速度计输出的比力从体系转换到导航系，然后在导航系中将比力进行积分计算载体相对地球的速度，最后将速度积分计算载体位置。

本大节推导了上述计算过程对应的连续形式微分方程，这些方程可视为捷联导航数值积分算法的理论设计基础。2.2 节捷联惯性导航数值积分算法将通过对本大节介绍的微分方程进行数值积分，在导航计算机中计算出姿态、速度和位置数据。

### 2.1.1　姿态微分方程

载体的姿态通常由体坐标系 $B$ 系相对于当地水平坐标系 $L$ 系的方向余弦矩阵或姿态四元数的形式表示，由捷联惯导系统计算得出。在进行姿态计算时，由于欧拉角有奇异性和更复杂的姿态角微分方程形式，因此通常不使用。

由 1.5.4.2 节，姿态可由以下方向余弦矩阵微分方程积分得到

$$\begin{aligned}\dot{\boldsymbol{C}}_B^L &= \frac{\mathrm{d}}{\mathrm{d}t}(\boldsymbol{C}_I^L\boldsymbol{C}_B^I) = \boldsymbol{C}_I^L\dot{\boldsymbol{C}}_B^I + \dot{\boldsymbol{C}}_I^L\boldsymbol{C}_B^I \\ &= \boldsymbol{C}_I^L\boldsymbol{C}_B^I(\boldsymbol{\omega}_{IB}^B\times) - (\boldsymbol{\omega}_{IL}^L\times)\boldsymbol{C}_I^L\boldsymbol{C}_B^I \\ &= \boldsymbol{C}_B^L(\boldsymbol{\omega}_{IB}^B\times) - (\boldsymbol{\omega}_{IL}^L\times)\boldsymbol{C}_B^L\end{aligned} \tag{2-1-1}$$

式中　$\boldsymbol{C}_B^L$ —— $L$ 系相对 $B$ 系的方向余弦矩阵；

$\boldsymbol{\omega}_{IB}^B$ —— $B$ 系相对惯性空间的角速度在 $B$ 系中的投影；

$\boldsymbol{\omega}_{IL}^L$ —— $L$ 系相对惯性空间的角速度在 $L$ 系中的投影。

同理式（2-1-1）也可由姿态四元数表示

$$\dot{\boldsymbol{q}}_B^L = \frac{1}{2}\boldsymbol{q}_B^L \circ \boldsymbol{\omega}_{IB}^B - \frac{1}{2}\boldsymbol{\omega}_{IL}^L \circ \boldsymbol{q}_B^L \tag{2-1-2}$$

式中　$\boldsymbol{q}_B^L$ —— $L$ 系相对 $B$ 系的姿态四元数。

式（2-1-1）及式（2-1-2）中的 $\boldsymbol{\omega}_{IB}^B$ 由陀螺输出计算得到，$\boldsymbol{\omega}_{IL}^L$ 可由下式求得

$$\begin{aligned}\boldsymbol{\omega}_{IL}^L &= \boldsymbol{C}_N^L\boldsymbol{\omega}_{IL}^N \\ &= \boldsymbol{C}_N^L(\boldsymbol{\omega}_{IE}^N + \boldsymbol{\omega}_{EN}^N + \boldsymbol{\omega}_{NL}^N) \\ &= \boldsymbol{C}_N^L(\boldsymbol{\omega}_{IE}^N + \boldsymbol{\omega}_{EN}^N)\end{aligned} \tag{2-1-3}$$

其中

$$\boldsymbol{C}_N^L=\begin{bmatrix}0 & 1 & 0\\1 & 0 & 0\\0 & 0 & -1\end{bmatrix},\ \boldsymbol{\omega}_{IE}^E=[0\quad \omega_{IE}\quad 0]^{\mathrm{T}},\ \boldsymbol{\omega}_{IE}^N=(\boldsymbol{C}_N^E)^{\mathrm{T}}\boldsymbol{\omega}_{IE}^E$$

式中，$\boldsymbol{C}_N^E$ 由式（2－1－14）求得。下面介绍式（2－1－3）中 $N$ 系相对 $E$ 系的角速度（通常称为位移角速度）$\boldsymbol{\omega}_{EN}$ 的计算方法。

#### 2.1.1.1　经向角速度和纬向角速度①

由载体在等经度方向相对地球运动产生的导航坐标系 $N$ 相对于地球坐标系 $E$ 的角速度称为经向角速度，其大小为

$$\dot{L}=\frac{v_{North}}{R_M+h}\tag{2-1-4}$$

其方向指向西（$N$ 系 $X$ 轴方向）。由载体在等纬度方向相对地球运动产生的 $N$ 系相对于 $E$ 系的角速度称为纬向角速度，其大小为

$$\dot{\lambda}=\frac{v_{East}}{(R_N+h)\cos L}\tag{2-1-5}$$

其方向与地球自转轴平行指向北（$E$ 系 $Z$ 轴方向）。式（2－1－4）与式（2－1－5）中 $\lambda$ 和 $L$ 分别为载体所在点的经度和纬度；$v_{North}$ 和 $v_{East}$ 分别为载体沿北向和东向的速度；$R_M$ 和 $R_N$ 分别为载体所在点子午圈和卯酉圈的曲率半径；$h$ 为载体高度。

一个容易产生的错误直观认识是认为纬向角速度的方向是沿当地北向（$G$ 系 $Y$ 轴方向），但通过下述判断动坐标系旋转轴的简单规则可以否定这一认识，即如果动坐标系绕定坐标系中的某一个轴旋转，那么它转过 180°后，旋转前后的动坐标系相对于旋转轴必然是轴对称的。当应用这一规则后，就可以立即看出纬向角速度是沿 $E$ 系 $Z$ 轴方向了。

#### 2.1.1.2　位移角速度

位移角速度主要由 $N$ 系相对于 $E$ 系运动后为保持 $N$ 系 $X$、$Y$ 轴水平而产生。沿水平方向的运动将产生这一角速度，而沿垂直方向的运动则不会。考虑到 $N$ 系沿水平方向的运动速度均可分解为北向速度及东向速度之和，因此位移角速度可视为经向角速度和纬向角速度之和。此外，为避免在极区的奇异性［由式（2－1－5）可知纬度为±90°时无法计算纬向角速度］，当导航坐标系取游移方位坐标系或自由方位坐标系时，还人为在位移角速度中增加了一项垂向分量。因此，若导航坐标系取地理坐标系，则位移角速度 $\boldsymbol{\omega}_{EN}$ 为上述经向角速度和纬向角速度的矢量和；若导航坐标系取游移方位坐标系或自由方位坐标系，则位移角速度 $\boldsymbol{\omega}_{EN}$ 为上述经向角速度、纬向角速度以及导航坐标系绕垂向的角速度的矢量和（对于游移方位坐标系，经第 3 项补偿后，$\omega_{ENz}^N=0$，即 $N$ 系的 $Z$ 轴相对于地球没有转动；对于自由方位坐标系，经第 3 项补偿后，$\omega_{INz}^N=0$，即 $N$ 系的 $Z$ 轴相对于惯性空间没有转动）。

以地理坐标系为例计算位移角速度。在地理坐标系下，经向角速度和纬向角速度的矢

---

① 对应 inertial/nav/latlonrate.m

量和为 $\begin{bmatrix}-\dot{L} & \dot{\lambda}\cos L & \dot{\lambda}\sin L\end{bmatrix}^{\mathrm{T}}$。因 $v_{North}=v_y^G$，$v_{East}=v_x^G$，故[②]

$$\boldsymbol{\omega}_{EN}^{N}=\begin{bmatrix}-\dfrac{v_y^G}{R_M+h}\\ \dfrac{v_x^G}{R_N+h}\\ \dfrac{v_x^G\tan L}{R_N+h}\end{bmatrix}=\begin{bmatrix}\dfrac{1}{R_M+h} & 0 & 0\\ 0 & \dfrac{1}{R_N+h} & 0\\ 0 & 0 & 0\end{bmatrix}\begin{bmatrix}-v_y^G\\ v_x^G\\ 0\end{bmatrix}+\begin{bmatrix}0\\ 0\\ \dfrac{v_x^G\tan L}{R_N+h}\end{bmatrix} \tag{2-1-6}$$

$$=\boldsymbol{F}_C^N(\boldsymbol{u}_{Z_N}^N\times\boldsymbol{v}^N)+\omega_{ENz}^N\boldsymbol{u}_{Z_N}^N$$

式中　$\boldsymbol{F}_C$ ——曲率矩阵；

　　$\boldsymbol{u}_{Z_N}^N$ ——天向的单位矢量。

由 1.3.3.3 节可知，对于游移方位坐标系和自由方位坐标系，位移角速度的计算公式形式与式（2-1-6）相同，仅需要重新定义曲率矩阵 $\boldsymbol{F}_C^N$ 和位移角速度的天向分量 $\omega_{ENz}^N$。导航坐标系下曲率矩阵的通用计算式为 $\boldsymbol{F}_C^N=\boldsymbol{C}_G^N\boldsymbol{F}_C^G(\boldsymbol{C}_G^N)^{\mathrm{T}}$，其中 $\boldsymbol{F}_C^G$ 为地理坐标系下的曲率矩阵，即式（2-1-6）中的值，$\boldsymbol{C}_G^N$ 仅与游移方位角相关。在游移方位坐标系下，$\omega_{ENz}^N=0$；在自由方位坐标系下，为满足 $\omega_{INz}^N=0$ 的条件，设置 $\omega_{ENz}^N=-\omega_{IEz}^N$。[③]由上可知，当速度为零时，在地理坐标系和游移方位坐标系下，位移角速度为零，在自由方位坐标系下，位移角速度的 $X$、$Y$ 分量为零，$Z$ 分量不一定为零。

位移角速度 $\boldsymbol{\omega}_{EN}$ 通常简记为 $\boldsymbol{\rho}$，本书将无区分地使用这两种记法。

### 2.1.2　速度微分方程

本节介绍如何使用经过转换的加速度计数据作为输入，通过对导航坐标系 $N$ 中的微分方程积分计算出速度。

由牛顿第二定理可得

$$\left.\frac{\mathrm{d}^2\boldsymbol{r}}{\mathrm{d}t^2}\right|_I=\boldsymbol{f}+\boldsymbol{G} \tag{2-1-7}$$

式中　$\boldsymbol{r}$ ——载体在 $I$ 系中的位置矢量；

　　$\boldsymbol{f}$ ——加速度计测得的比力（非引力加速度）；

　　$\boldsymbol{G}$ ——引力加速度。

由式（1-3-64），引力加速度为重力加速度及离心加速度之和。由加速度合成定理，在式（1-1-56）中令定坐标系为 $I$ 系，动坐标系为 $E$ 系，考虑到 $\boldsymbol{\omega}_{IE}$ 是常量且 $\boldsymbol{r}_{O_IO_E}=\boldsymbol{0}$，可得

$$\left.\frac{\mathrm{d}^2\boldsymbol{r}}{\mathrm{d}t^2}\right|_I=\left.\frac{\mathrm{d}^2\boldsymbol{r}}{\mathrm{d}t^2}\right|_E+2\boldsymbol{\omega}_{IE}\times\left.\frac{\mathrm{d}\boldsymbol{r}}{\mathrm{d}t}\right|_E+\boldsymbol{\omega}_{IE}\times(\boldsymbol{\omega}_{IE}\times\boldsymbol{r}) \tag{2-1-8}$$

即

---

② 对应 inertial/nav/transrate _ geographic. m

③ 对应 inertial/nav/verttransrate _ freeazm. m

$$\boldsymbol{f}+\boldsymbol{g}=\left.\frac{\mathrm{d}^2\boldsymbol{r}}{\mathrm{d}t^2}\right|_E+2\boldsymbol{\omega}_{IE}\times\left.\frac{\mathrm{d}\boldsymbol{r}}{\mathrm{d}t}\right|_E \tag{2-1-9}$$

式中，$\left.\frac{\mathrm{d}\boldsymbol{r}}{\mathrm{d}t}\right|_E$ 为载体相对于地球坐标系的速度（地速），记为 $\boldsymbol{v}_E$。在地球附近导航时，一般所说的速度均指地速。在不会引起混淆的情况下，可省略下标，简记为 $\boldsymbol{v}$。若无特别说明，本书中的符号 $\boldsymbol{v}$ 均表示地速。由此，上式可表示为

$$\boldsymbol{f}+\boldsymbol{g}=\left.\frac{\mathrm{d}\boldsymbol{v}}{\mathrm{d}t}\right|_E+2\boldsymbol{\omega}_{IE}\times\boldsymbol{v} \tag{2-1-10}$$

为便于在导航系下计算，将 $\frac{\mathrm{d}\boldsymbol{v}}{\mathrm{d}t}$ 的观测坐标系由 $E$ 系转为 $N$ 系，根据科氏定理式（1-1-37）有

$$\boldsymbol{f}+\boldsymbol{g}=\left.\frac{\mathrm{d}\boldsymbol{v}}{\mathrm{d}t}\right|_N+\boldsymbol{\omega}_{EN}\times\boldsymbol{v}+2\boldsymbol{\omega}_{IE}\times\boldsymbol{v} \tag{2-1-11}$$

将上式写为 $N$ 系中的分量形式有

$$\boldsymbol{f}^N+\boldsymbol{g}^N=\left(\left.\frac{\mathrm{d}\boldsymbol{v}}{\mathrm{d}t}\right|_N\right)^N+\boldsymbol{\omega}_{EN}^N\times\boldsymbol{v}^N+2\boldsymbol{\omega}_{IE}^N\times\boldsymbol{v}^N \tag{2-1-12}$$

式中，$\left(\left.\frac{\mathrm{d}\boldsymbol{v}}{\mathrm{d}t}\right|_N\right)^N$ 可以简记为 $\dot{\boldsymbol{v}}^N$，即地速相对于导航坐标系的变化率在导航坐标系下的分量，则式（2-1-12）可记为

$$\dot{\boldsymbol{v}}^N=\boldsymbol{f}^N-(\boldsymbol{\omega}_{EN}^N+2\boldsymbol{\omega}_{IE}^N)\times\boldsymbol{v}^N+\boldsymbol{g}^N \tag{2-1-13}$$

上式即比力方程，式中 $\boldsymbol{f}^N=\boldsymbol{C}_B^N\boldsymbol{f}^B$，由加速度计输出计算 $\boldsymbol{f}^B$ 后经坐标系转换而来，$2\boldsymbol{\omega}_{IE}^N\times\boldsymbol{v}^N$ 为地球自转引起的科氏加速度；$\boldsymbol{\omega}_{EN}^N$ 为位移角速度；$\boldsymbol{\omega}_{EN}^N\times\boldsymbol{v}^N$ 为载体相对地球运动产生的向心加速度。

### 2.1.3　位置的确定

在惯导系统中，位置一般由位置矩阵 $\boldsymbol{C}_N^E$ 及高度 $h$ 共同表示。其中 $\boldsymbol{C}_N^E$ 根据输入的 $\boldsymbol{\omega}_{EN}^N$ 由积分方程获得，高度 $h$ 可由垂向速度积分计算得出，根据这两项可计算出其他位置参数。本节介绍通过积分计算 $\boldsymbol{C}_N^E$ 和 $h$ 的算法。

#### 2.1.3.1　位置微分方程

由 1.5.4.2 节，$\boldsymbol{C}_N^E$ 可由以下方向余弦矩阵微分方程积分得到

$$\dot{\boldsymbol{C}}_N^E=\boldsymbol{C}_N^E(\boldsymbol{\rho}^N\times) \tag{2-1-14}$$

式中，$\boldsymbol{\rho}^N\equiv\boldsymbol{\omega}_{EN}^N=[\boldsymbol{\rho}_x^N\quad\boldsymbol{\rho}_y^N\quad\boldsymbol{\rho}_z^N]^{\mathrm{T}}$，由式（2-1-6）求得。

实际上矢量 $\boldsymbol{u}_{Z_N}$ 在 $E$ 系上的投影可以完全确定载体的地表位置（即经度及纬度）。对该矢量应用科氏定理，在式（1-1-34）中令定坐标系为 $E$ 系，动坐标系为 $N$ 系有

$$\begin{aligned}\dot{\boldsymbol{u}}_{Z_N}^E&=(\dot{\boldsymbol{u}}_{Z_N}|_N)^E+\boldsymbol{\rho}^E\times\boldsymbol{u}_{Z_N}^E=\boldsymbol{\rho}^E\times\boldsymbol{u}_{Z_N}^E\\&=(\boldsymbol{\rho}_H^E+\rho_z^N\boldsymbol{u}_{Z_N}^E)\times\boldsymbol{u}_{Z_N}^E=\boldsymbol{\rho}_H^E\times\boldsymbol{u}_{Z_N}^E\end{aligned} \tag{2-1-15}$$

式中，$\boldsymbol{\rho}_H^E$ 为 $\boldsymbol{\rho}^E$ 的水平分量。由式（2-1-15）可见，$\boldsymbol{\rho}$ 的天向分量 $\rho_z^N$ 对确定载体位置没

有影响，可以任意选择。

惯导系统的高度可按下式计算[12]

$$\begin{cases}\boldsymbol{h}^N = h\boldsymbol{u}_{Z_N}^N \\ h = \boldsymbol{u}_{Z_N}^N \cdot \boldsymbol{h}^N = \boldsymbol{u}_{Z_N}^N \cdot (\boldsymbol{r}^N - \boldsymbol{r}_S^N)\end{cases} \tag{2-1-16}$$

式中 $h$ ——惯导系统高度；

$\boldsymbol{h}^N$ ——由地表投影点（即惯导系统位置沿 $\boldsymbol{u}_{Z_N}^N$ 方向投影在地球表面的点）到惯导系统位置的矢量；

$\boldsymbol{r}^N$ ——从地球中心到惯导系统位置的矢量；

$\boldsymbol{r}_S^N$ ——从地球中心到地表投影点的矢量。

通过对式（2-1-16）求导可得出高度微分方程

$$\dot{h} = \boldsymbol{u}_{Z_N}^N \cdot (\dot{\boldsymbol{r}}^N - \dot{\boldsymbol{r}}_S^N) \tag{2-1-17}$$

对矢量 $\boldsymbol{r}$、$\boldsymbol{r}_S$ 应用科氏定理，在式（1-1-34）中令定坐标系为 $N$ 系，动坐标系为 $E$ 系，有

$$\begin{cases}\dot{\boldsymbol{r}}^N = \boldsymbol{C}_E^N \boldsymbol{v}^E - (\boldsymbol{\omega}_{EN}^N \times) \boldsymbol{C}_E^N \boldsymbol{r}^E = \boldsymbol{v}^N - (\boldsymbol{\omega}_{EN}^N \times) \boldsymbol{r}^N \\ \dot{\boldsymbol{r}}_S^N = \boldsymbol{C}_E^N \dot{\boldsymbol{r}}_S^E - (\boldsymbol{\omega}_{EN}^N \times) \boldsymbol{C}_E^N \boldsymbol{r}_S^E = \boldsymbol{C}_E^N \dot{\boldsymbol{r}}_S^E - (\boldsymbol{\omega}_{EN}^N \times) \boldsymbol{r}_S^N\end{cases} \tag{2-1-18}$$

将式（2-1-18）代入式（2-1-17）可得

$$\begin{aligned}\dot{h} &= \boldsymbol{u}_{Z_N}^N \cdot [\boldsymbol{v}^N - \boldsymbol{C}_E^N \dot{\boldsymbol{r}}_S^E - (\boldsymbol{\omega}_{EN}^N \times)(\boldsymbol{r}^N - \boldsymbol{r}_S^N)] \\ &= \boldsymbol{u}_{Z_N}^N \cdot [\boldsymbol{v}^N - \boldsymbol{C}_E^N \dot{\boldsymbol{r}}_S^E - h(\boldsymbol{\omega}_{EN}^N \times \boldsymbol{u}_{Z_N}^N)] \\ &= \boldsymbol{u}_{Z_N}^N \cdot \boldsymbol{v}^N - \boldsymbol{u}_{Z_N}^N \cdot (\boldsymbol{C}_E^N \dot{\boldsymbol{r}}_S^E)\end{aligned} \tag{2-1-19}$$

根据 $\boldsymbol{r}_S$ 的定义可知，$\dot{\boldsymbol{r}}_S$ 必然位于水平面上，因此 $\boldsymbol{u}_{Z_N}^N \cdot (\boldsymbol{C}_E^N \dot{\boldsymbol{r}}_S^E) = 0$。由此可得高度微分方程最终形式

$$\dot{h} = \boldsymbol{u}_{Z_N}^N \cdot \boldsymbol{v}^N = v_z^N \tag{2-1-20}$$

#### 2.1.3.2 垂直通道控制

式（2-1-13）中的 $\boldsymbol{g}^N$ 由引力和地球自转向心力组成，引力部分在其中起主要影响，它是导航计算机计算的高度函数。对于正高度来说，其大小与载体到地球中心的距离平方成反比。因此，式（2-1-20）的纯惯性高度计算过程中产生的高度误差，会使式（2-1-13）中计算的 $\boldsymbol{g}^N$ 产生误差，又使式（2-1-20）中的天向速度分量产生误差，从而进一步放大高度误差。譬如正的高度误差会产生一个比真实值小的重力值，进而产生比真实值大的天向速度，从而进一步增大正向的高度误差，形成一个正反馈过程。上述效应会导致纯惯导系统垂直通道误差随时间呈指数级发散放大，因此需提供外部输入，以抑制垂直通道速度和高度误差。导航系统通常使用气压高度计比较惯导计算高度和气压高度的差异，该差异经过合适的增益反馈给垂向速度/高度积分器[12]

$$\begin{cases}\dot{\boldsymbol{v}}^N = \boldsymbol{f}^N - (\boldsymbol{\omega}_{EN}^N + 2\boldsymbol{\omega}_{IE}^N) \times \boldsymbol{v}^N + \boldsymbol{g}^N - e_{VC1}\boldsymbol{u}_{Z_N}^N \\ \dot{h} = \boldsymbol{v}_z^N - e_{VC2} \\ \partial h = h - h_{Altm} \\ e_{VC1} = e_{VC3} + C_2 \partial h \\ e_{VC2} = C_3 \partial h \\ \dot{e}_{VC3} = C_1 \partial h \end{cases} \tag{2-1-21}$$

式中　$\boldsymbol{f}^N$ —— $N$ 系下的比力；

$e_{VC1}$，$e_{VC2}$，$e_{VC3}$ ——垂直通道控制信号；

$C_1$，$C_2$，$C_3$ ——垂直通道控制增益；

$h_{Altm}$ ——高度计输出；

$\partial h$ ——高度误差信号。

当 $\partial h = 0$ 时，式（2-1-21）又回到式（2-1-13）比力方程经典形式，反馈仅作用于垂直通道的速度和高度误差，不会影响正确的速度/高度信号。

2.1.3.2.1　积分控制的必要性

$e_{VC3}$ 项作为积分控制器可用于产生一个偏置，以补偿垂直通道加速度计误差（体现在 $\boldsymbol{f}^N$ 中）。若无 $e_{VC3}$，式（2-1-21）的伺服特性将会改变，从而将在 $\partial h$ 中产生偏置，以抵消垂直通道加速度计误差。这点可根据式（2-1-21）垂向分量误差形式看出[12]

$$\begin{cases}\delta \dot{v}_z^N = \delta f_z^N - \delta e_{VC1} + \cdots \\ \delta \dot{h} = \delta v_z^N - \delta e_{VC2} \\ \delta e_{VC1} = \delta e_{VC3} + C_2(\delta h - \delta h_{Altm}) \\ \delta e_{VC2} = C_3(\delta h - \delta h_{Altm}) \\ \delta \dot{e}_{VC3} = C_1(\delta h - \delta h_{Altm}) \end{cases} \tag{2-1-22}$$

上式中忽略了较小的误差项。若不包含积分控制器，即 $C_1 = 0$，在式（2-1-22）中对 $\delta \dot{h}$ 求导并代入 $\delta \dot{v}_z^N$ 有

$$\begin{aligned}\delta \ddot{h} &= \delta \dot{v}_z^N - \delta \dot{e}_{VC2} = \delta f_z^N - \delta e_{VC1} - \delta \dot{e}_{VC2} + \cdots \\ &= \delta f_z^N - C_2(\delta h - \delta h_{Altm}) - C_3(\delta \dot{h} - \delta \dot{h}_{Altm}) + \cdots\end{aligned}$$

即

$$\frac{\mathrm{d}^2}{\mathrm{d}t^2}(\delta h - \delta h_{Altm}) + C_3 \frac{\mathrm{d}}{\mathrm{d}t}(\delta h - \delta h_{Altm}) + C_2(\delta h - \delta h_{Altm}) = \delta f_z^N - \frac{\mathrm{d}^2}{\mathrm{d}t^2}\delta h_{Altm} + \cdots \tag{2-1-23}$$

由上式可见，对于常值的 $C_2$、$C_3$ 与缓变的 $\delta h_{Altm}$，在系统稳定状态（即导数项全为零）下，$C_2(\delta h - \delta h_{Altm})$ 项抵消了 $\delta f_z^N$ 项，即垂直通道加速度计误差将导致 $\delta h$ 中的偏置。

若包含积分控制器，即 $C_1 \neq 0$，在式（2-1-22）中对 $\delta \dot{h}$ 求双重导数并代入 $\delta \dot{v}_z^N$ 有

$$\delta\ddot{h}=\delta\ddot{v}_z^N-\delta\ddot{e}_{VC2}=\delta\dot{f}_z^N-\delta\dot{e}_{VC1}-\delta\ddot{e}_{VC2}+\cdots$$

$$=\delta\dot{f}_z^N-C_1(\delta h-\delta h_{Altm})-C_2(\delta\dot{h}-\delta\dot{h}_{Altm})-C_3(\delta\ddot{h}-\delta\ddot{h}_{Altm})+\cdots$$

即

$$\frac{d^3}{dt^3}(\delta h-\delta h_{Altm})+C_3\frac{d^2}{dt^2}(\delta h-\delta h_{Altm})+C_2\frac{d}{dt}(\delta h-\delta h_{Altm})+C_1(\delta h-\delta h_{Altm})$$

$$=\delta\dot{f}_z^N-\frac{d^3}{dt^3}\delta h_{Altm}+\cdots \tag{2-1-24}$$

由上式可见，对于理想的稳态情况，$C_1(\delta h-\delta h_{Altm})$ 项与 $\delta\dot{f}_z^N$ 项抵消。对于稳定的垂直通道加速度计误差，后者为零，此时 $\delta h$ 趋近于 $\delta h_{Altm}$ ，即预期的稳态条件。更进一步，由稳态情况下 $\delta\dot{v}_z^N=0$ 可知，$\delta f_z^N\approx\delta e_{VC1}=\delta e_{VC3}+C_2(\delta h-\delta h_{Altm})=\delta e_{VC3}$ ，即 $\delta f_z^N$ 误差与 $\delta e_{VC3}$ 相平衡。

2.1.3.2.2　控制增益值的确定

参考 B.9 节，对式（2-1-24）进行拉普拉斯变换可得[12]

$$(s^3+C_3s^2+C_2s+C_1)\,[\delta H(s)-\delta H_{Altm}(s)]=\delta\dot{F}_z^N(s)-s^3\delta H_{Altm}(s)+\cdots \tag{2-1-25}$$

式中　$s$ ——拉普拉斯算子；

$\delta H(s)$、$\delta H_{Altm}(s)$、$\delta\dot{F}_z^N(s)$ —— $\delta h$、$\delta h_{Altm}$、$\delta\dot{f}_z^N$ 相应的拉普拉斯变换。

整理式（2-1-25）可得

$$\delta H(s)=\frac{C_3s^2+C_2s+C_1}{s^3+C_3s^2+C_2s+C_1}\delta H_{Altm}(s)+\frac{1}{s^3+C_3s^2+C_2s+C_1}\delta\dot{F}_z^N(s)+\cdots \tag{2-1-26}$$

结合式（2-1-22）并对 $\delta\dot{v}_z^N$ 求微分可得

$$\delta\ddot{v}_z^N=\delta\dot{f}_z^N-\delta\dot{e}_{VC1}+\cdots=\delta\dot{f}_z^N-\delta\dot{e}_{VC3}-C_2\frac{d}{dt}(\delta h-\delta h_{Altm})+\cdots$$

$$=\delta\dot{f}_z^N-C_1(\delta h-\delta h_{Altm})-C_2\frac{d}{dt}(\delta h-\delta h_{Altm})+\cdots \tag{2-1-27}$$

对上式做拉普拉斯变换可得

$$s^2\delta V_z^N(s)=\delta\dot{F}_z^N(s)-(C_1+C_2s)(\delta H(s)-\delta H_{Altm}(s))+\cdots \tag{2-1-28}$$

式中　$\delta V_z^N(s)$ —— $\delta v_z^N$ 的拉普拉斯变换。

将式（2-1-26）代入式（2-1-28）可得

$$\delta V_z^N(s)=\frac{s(C_2s+C_1)}{s^3+C_3s^2+C_2s+C_1}\delta H_{Altm}(s)+\frac{s+C_3}{s^3+C_3s^2+C_2s+C_1}\delta\dot{F}_z^N(s)+\cdots \tag{2-1-29}$$

式（2-1-26）和式（2-1-29）描述了垂直通道速度和高度误差对高度计误差和垂向加

速度计误差的响应。对零控制增益而言，此两式简化为纯惯性情形，即垂向速度误差等于垂向加速度计误差速率的二重积分（$\frac{1}{s^2}\delta\dot{F}_z^N(s)$），高度误差等于垂向加速度计误差速率的三重积分（$\frac{1}{s^3}\delta\dot{F}_z^N(s)$）。

由式（2-1-26）和式（2-1-29）可知垂直通道的特征方程为

$$\lambda^3+C_3\lambda^2+C_2\lambda+C_1=0 \tag{2-1-30}$$

式（2-1-30）可写为

$$\begin{aligned}\lambda^3+C_3\lambda^2+C_2\lambda+C_1&=\left(\lambda+\frac{1}{\tau}\right)(\lambda^2+2\zeta\omega_N\lambda+\omega_N^2)\\&=\lambda^3+\left(\frac{1}{\tau}+2\zeta\omega_N\right)\lambda^2+\left(\frac{2\zeta\omega_N}{\tau}+\omega_N^2\right)\lambda+\frac{\omega_N^2}{\tau}\end{aligned} \tag{2-1-31}$$

式中　$\tau$——时间常量；

$\zeta$——阻尼系数；

$\omega_N$——特征频率。

由式（2-1-31）可得出

$$C_1=\frac{\omega_N^2}{\tau},\quad C_2=\frac{2\zeta\omega_N}{\tau}+\omega_N^2,\quad C_3=\frac{1}{\tau}+2\zeta\omega_N \tag{2-1-32}$$

式（2-1-32）中控制增益 $C_1$、$C_2$、$C_3$ 的大小（通过选择 $\zeta$、$\omega_N$、$\tau$ 确定）需设置得足够大，以充分减弱加速度计误差，但又足够小，以避免将高频的高度计误差引入惯性垂直通道影响速度和高度。

通过式（2-1-26）和式（2-1-29），既可以看出控制增益 $C_1$、$C_2$、$C_3$ 的选择可直接决定高度计和垂向加速度计分别对垂直通道速度和高度影响的权重，又可以看出其对高度计和垂向加速度计不同频段误差的抑制作用。用 j$\omega$（其中 j 为虚数，$\omega$ 为频率）代替拉普拉斯变换算子 $s$，可以显示出线性系统对正弦输入信号的放大响应。采用该方法，将 j$\omega$ 代入式（2-1-26）和式（2-1-29），$\delta\dot{F}_z^N(s)$ 和 $\delta H_{Altm}(s)$ 中的高频部分可以被所乘因数的分子分母中 $s$ 的最高阶项抑制（此时低阶项量级相对较小），低频部分可以被所乘因数的分子分母中 $s$ 的零阶项抑制（此时高阶项量级相对较小）。由此可以看出 $\delta\dot{F}_z^N(s)$ 中的高频部分分别被式（2-1-29）中的 $\frac{s}{s^3}=\frac{1}{s^2}$ 和式（2-1-26）中的 $\frac{1}{s^3}$ 抑制（与控制增益选择无关）。$\delta\dot{F}_z^N(s)$ 中低频部分分别被式（2-1-29）中的 $\frac{C_3}{C_1}$ 和式（2-1-26）中的 $\frac{1}{C_1}$ 抑制。对于捷联惯导系统，$\delta\dot{F}_z^N(s)$ 中的低频误差主要由改变加速度计误差量级（如标度因数误差导致的误差）的机动条件导致，或者由载体旋转时不同的加速度计误差在垂直通道产生的分量导致。类似的，对于 $\delta H_{Altm}(s)$，我们可以看到其高频部分对速度误差的影响被式（2-1-29）中的 $\frac{sC_2s}{s^3}=\frac{C_2}{s}$ 抑制，对高度误差的影响被式（2-1-26）中的 $\frac{C_3s^2}{s^3}=$

$\frac{C_3}{s}$ 抑制。对于 $\delta H_{Altm}(s)$ 中的低频误差，式（2－1－29）中的 $\frac{s\,C_1}{C_1}=s$ 将使高度计低频噪声导数直接耦合进垂向速度误差，而式（2－1－26）中 $\frac{C_1}{C_1}=1$ 将使高度计低频噪声直接耦合进高度位置误差。两者均与控制增益的选择无关，除非控制增益趋近于零将使 $\delta H_{Altm}(s)$ 的作用趋近于零。

综上所述，控制增益 $C_1$、$C_2$、$C_3$ 的大小对加速度计误差高频部分和高度计误差低频部分不起作用，仅对加速度计误差低频部分和高度计误差高频部分产生影响。因此控制增益的选择将基于在更高的控制增益削弱低频加速度计误差对垂直通道的影响和更低控制增益削弱高频高度计误差对垂直通道的影响之间做权衡。简而言之，为抑制加速度计误差低频部分对垂直通道的影响，可选择更小的 $C_3$ 和更大的 $C_1$（参考 $\frac{C_3}{C_1}$ 和 $\frac{1}{C_1}$ 的抑制作用）；为抑制高度计误差高频部分对垂直通道的影响，可选择较小的 $C_2$ 和 $C_3$（参考 $\frac{C_2}{s}$ 和 $\frac{C_3}{s}$ 的抑制作用）。根据经典控制理论，工程上通常选择阻尼比 $\zeta=\frac{\sqrt{2}}{2}$，选择 $\omega_N=\frac{\sqrt{2}}{\tau}$，并通常取 $\tau=100$（参考文献［34］5.6 节），然后利用式（2－1－32）确定 $C_1$、$C_2$、$C_3$。

### 2.1.3.3 积分计算经纬度

除通过 2.1.3.1 节先积分计算位置矩阵 $\boldsymbol{C}_N^E$ 再计算经纬度的方法外，还可以直接由位移角速度积分计算经纬度。由 2.1.1.2 节可知，在地理坐标系中，位移角速度在各坐标轴上的分量可由下式表示

$$\begin{cases}\omega_{EGx}^G=-\dot{L}\\ \omega_{EGy}^G=\dot{\lambda}\cos L\\ \omega_{EGz}^G=\dot{\lambda}\sin L\end{cases} \tag{2－1－33}$$

上式可重新整理为用 $G$ 系下的位移角速度计算纬度、经度变化率

$$\begin{cases}\dot{L}=-\omega_{EGx}^G\\ \dot{\lambda}=\omega_{EGy}^G\sec L\end{cases} \tag{2－1－34}$$

导航坐标系 $N$ 系相对 $G$ 系绕 $Z$ 轴旋转游移方位角 $\alpha$，则 $N$ 系中 $Z$ 轴角速率可由下式表示

$$\rho_z^N=\omega_{ENz}^N=\omega_{EGz}^G+\dot{\alpha}=\dot{\lambda}\sin L+\dot{\alpha}=\omega_{EGy}^G\tan L+\dot{\alpha} \tag{2－1－35}$$

根据式（2－1－35），游移方位角变化率可由下式表示

$$\dot{\alpha}=\rho_z^N-\omega_{EGy}^G\tan L \tag{2－1－36}$$

可以由式（2－1－34）、式（2－1－36）对位移角速度进行积分直接计算 $\lambda$、$L$ 和 $\alpha$。但在极区时式（2－1－34）中的 $\sec L$ 项及式（2－1－36）中的 $\tan L$ 项趋近于无穷大，这些奇异性导致一般不采用这种方法计算经纬度。

# 2.2　捷联惯性导航数值积分算法

2.1 节介绍的捷联惯性导航方程由姿态、速度、位置导航参数的微分方程组成。在实际应用中，需要对这组微分方程进行数值积分，以求得各个离散的输出时刻上的导航参数。数值积分的输入量除初始条件（初始姿态、速度、位置等）外，还有载体相对于惯性空间的角速度 $\boldsymbol{\omega}_{IB}^{B}$ 及比力 $\boldsymbol{f}^{B}$（分别由陀螺和加速度计测量）。然而，考虑到瞬时值输出可能丢失采样周期内的过程信息并可能引入微分噪声，工程上常用的惯性器件一般采用增量输出方式，即输出的是采样周期内的角度和比速度增量。在这种情况下，若采用一般的数值积分算法如龙格-库塔法或 Adams 法，还需要将增量值进行微分，转为瞬时值后再进行数值积分，这将抵消器件增量输出带来的好处并引入更多误差。为充分利用器件的增量输出值，工程上一般直接由采样周期内的角度和比速度增量计算姿态、速度及位置增量并累加计算这些导航参数在输出时刻的瞬时值，即采用本大节介绍的捷联惯性导航数值积分算法④⑤。

考虑到捷联惯性导航系统可能存在复杂、高带宽的角运动和线运动，本大节介绍的算法将分为高、中、低三种不同的解算速度进行计算。整体而言，高速算法用于计算对高频运动的补偿量，中速算法用于计算载体相对于导航系的运动，低速算法用于计算导航系相对于地球系的运动。在本大节中，分别用 $n$、$m$、$l$ 下标表示低速、中速、高速更新时刻上的导航参数，用 $t_n$、$t_m$、$t_l$ 表示低速、中速、高速更新时刻，用 $T_n$、$T_m$、$T_l$ 表示低速、中速、高速解算周期。一般 $T_n$ 是 $T_m$ 的整数倍，$T_m$ 是 $T_l$ 的整数倍。

## 2.2.1　姿态更新算法

### 2.2.1.1　*方向余弦矩阵姿态更新算法*

在捷联惯性导航系统中，载体姿态体现在方向余弦矩阵 $\boldsymbol{C}_B^L$ 中。惯性导航系统的姿态敏感器件陀螺一般测量的是采样周期内 $B$ 系相对于惯性空间的角度增量。因此，姿态更新算法的主要工作是在上一周期的 $\boldsymbol{C}_B^L$ 矩阵的基础上，结合本解算周期内 $L$ 系和 $B$ 系相对 $I$ 系的变化计算本周期的 $\boldsymbol{C}_B^L$ 矩阵。姿态更新的基本公式即方向余弦矩阵链式相乘法则为

$$\boldsymbol{C}_{B_{(m)}}^{L_{(n)}}=\boldsymbol{C}_{L_{(n-1)}}^{L_{(n)}}\boldsymbol{C}_{B_{(m-1)}}^{L_{(n-1)}}\boldsymbol{C}_{B_{(m)}}^{B_{(m-1)}} \tag{2-2-1}$$

式中　$L_{(n)}$、$L_{(n-1)}$ —— $t_n$、$t_{n-1}$ 时刻的 $L$ 系；

$B_{(m)}$、$B_{(m-1)}$ —— $t_m$、$t_{m-1}$ 时刻的 $B$ 系。

上述坐标系应视为相对 $I$ 系固定的坐标系。下面分别介绍 $\boldsymbol{C}_{B_{(m)}}^{B_{(m-1)}}$ 及 $\boldsymbol{C}_{L_{(n-1)}}^{L_{(n)}}$ 的计算方法。

---

④　对应 inertial/navint/sini _ pgs. m

⑤　对应 inertial/navint/sinistep _ pgs. m

2.2.1.1.1 体坐标系姿态更新⑥

1.5.5.2 节介绍了方向余弦矩阵微分方程的增量算法，但该算法仅适用于解算周期内角速度方向不变的条件下。当存在复杂的角运动时，一般采用等效旋转矢量进行积分操作，以获得更高的精度。

设由 $B_{(m-1)}$ 转动至 $B_{(m)}$ 的等效旋转矢量为 $\boldsymbol{\phi}_m$，则由式（1-5-23）可知

$$\boldsymbol{C}_{B_{(m)}}^{B_{(m-1)}}=\boldsymbol{I}+\frac{\sin\phi_m}{\phi_m}(\boldsymbol{\phi}_m\times)+\frac{(1-\cos\phi_m)}{\phi_m^2}(\boldsymbol{\phi}_m\times)^2 \tag{2-2-2}$$

式中，$\phi_m$ 表示矢量 $\boldsymbol{\phi}_m$ 的幅值。$\phi_m$ 满足 Bortz 方程，即

$$\dot{\boldsymbol{\phi}}=\boldsymbol{\omega}_{IB}^B+\frac{1}{2}\boldsymbol{\phi}\times\boldsymbol{\omega}_{IB}^B+\frac{1}{\phi^2}\left[1-\frac{\phi\sin\phi}{2(1-\cos\phi)}\right]\boldsymbol{\phi}\times(\boldsymbol{\phi}\times\boldsymbol{\omega}_{IB}^B) \tag{2-2-3}$$

为了减少计算量，式（2-2-3）可以进行幂级数简化，其中

$$\frac{1}{\phi^2}\left[1-\frac{\phi\sin\phi}{2(1-\cos\phi)}\right]=\frac{1}{12}\left(1+\frac{1}{60}\phi^2+\cdots\right)\approx\frac{1}{12} \tag{2-2-4}$$

因此式（2-2-3）的二阶精度近似形式为

$$\dot{\boldsymbol{\phi}}\approx\boldsymbol{\omega}_{IB}^B+\frac{1}{2}\boldsymbol{\phi}\times\boldsymbol{\omega}_{IB}^B+\frac{1}{12}\boldsymbol{\phi}\times(\boldsymbol{\phi}\times\boldsymbol{\omega}_{IB}^B) \tag{2-2-5}$$

上式等号右边后两项可以二阶精度近似表示为（参考文献［12］第 7.1.1.1 节）

$$\frac{1}{2}\boldsymbol{\phi}\times\boldsymbol{\omega}_{IB}^B+\frac{1}{12}\boldsymbol{\phi}\times(\boldsymbol{\phi}\times\boldsymbol{\omega}_{IB}^B)\approx\frac{1}{2}\boldsymbol{\alpha}\times\boldsymbol{\omega}_{IB}^B \tag{2-2-6}$$

式中，$\boldsymbol{\alpha}$ 表示陀螺输出的角增量，即

$$\boldsymbol{\alpha}(t)\equiv\int_{t_{m-1}}^{t}\boldsymbol{\omega}_{IB}^B\,\mathrm{d}\tau \tag{2-2-7}$$

根据式（2-2-6），式（2-2-5）可简化为

$$\dot{\boldsymbol{\phi}}\approx\boldsymbol{\omega}_{IB}^B+\frac{1}{2}\boldsymbol{\alpha}\times\boldsymbol{\omega}_{IB}^B \tag{2-2-8}$$

对上式进行积分，有

$$\boldsymbol{\phi}_m=\int_{t_{m-1}}^{t_m}\left[\boldsymbol{\omega}_{IB}^B+\frac{1}{2}(\boldsymbol{\alpha}(t)\times\boldsymbol{\omega}_{IB}^B)\right]\mathrm{d}t \tag{2-2-9}$$

对上式进行展开，并参考式（2-2-7），得到

$$\begin{cases}\boldsymbol{\phi}_m=\boldsymbol{\alpha}_m+\boldsymbol{\beta}_m\\ \boldsymbol{\alpha}_m=\boldsymbol{\alpha}(t_m),\boldsymbol{\beta}_m=\boldsymbol{\beta}(t_m)\\ \boldsymbol{\beta}(t)\equiv\dfrac{1}{2}\displaystyle\int_{t_{m-1}}^{t}(\boldsymbol{\alpha}(\tau)\times\boldsymbol{\omega}_{IB}^B)\,\mathrm{d}\tau\end{cases} \tag{2-2-10}$$

式中，$\boldsymbol{\alpha}_m$ 通过陀螺输出的角增量得到；$\boldsymbol{\beta}_m$ 为姿态更新圆锥效应（coning）补偿项，即由于 $\boldsymbol{\omega}_{IB}^B$ 方向变化所引起的误差。这种运动的典型情况是 $\boldsymbol{\omega}_{IB}^B$ 幅值为常数，但在 $I$ 系中的某个平面内旋转，这时 $B$ 系中与该平面大致垂直的一个固定轴将沿一个圆锥面运动（示意图可

⑥ 对应 inertial/navint/bodycoordattupdstep.m

参考文献［35］第 9.4.1 节），故称为圆锥效应。如果 $\boldsymbol{\omega}_{IB}^{B}$ 方向不变，则 $\boldsymbol{\alpha}(t)$ 与 $\boldsymbol{\omega}_{IB}^{B}$ 方向相同，易知 $\boldsymbol{\beta}_m$ 为零，此时有

$$\boldsymbol{\phi}_m = \int_{t_{m-1}}^{t_m} \boldsymbol{\omega}_{IB}^{B} \mathrm{d}t = \boldsymbol{\alpha}_m \tag{2-2-11}$$

**圆锥效应补偿算法**　由于圆锥效应补偿项包含了高频分量，因此一般采用高速解算周期进行计算。为此，根据式（2－2－10）将圆锥效应补偿项 $\boldsymbol{\beta}(t)$ 表示为如下细分计算形式

$$\begin{cases} \boldsymbol{\beta}(t) = \boldsymbol{\beta}_{l-1} + \Delta\boldsymbol{\beta}(t) \\ \boldsymbol{\beta}_{l-1} = \boldsymbol{\beta}(t_{l-1}) \end{cases} \tag{2-2-12}$$

其中

$$\Delta\boldsymbol{\beta}(t) = \frac{1}{2}\int_{t_{l-1}}^{t} (\boldsymbol{\alpha}(\tau) \times \boldsymbol{\omega}_{IB}^{B}) \mathrm{d}\tau$$

在 $t_l$ 时刻有

$$\begin{cases} \boldsymbol{\beta}_l = \boldsymbol{\beta}_{l-1} + \Delta\boldsymbol{\beta}_l, \quad \Delta\boldsymbol{\beta}_l = \Delta\boldsymbol{\beta}(t_l) \\ \boldsymbol{\beta}_m = \boldsymbol{\beta}_l (t_l = t_m), \quad \boldsymbol{\beta}_l = \boldsymbol{0} (t_l = t_{m-1}) \end{cases} \tag{2-2-13}$$

式（2－2－13）的物理意义是：高速解算周期的 $\boldsymbol{\beta}$ 值在 $t_{m-1}$ 时刻初始化为零，随着高速解算周期计数递增（即时间每增加一个 $T_l$），则累加每个 $T_l$ 间隔内的增量 $\Delta\boldsymbol{\beta}$ 至 $\boldsymbol{\beta}$，直到 $t_m$ 时刻为止，赋予 $t_m$ 时刻高速解算周期值计算得到的 $\boldsymbol{\beta}$ 为中速解算周期的 $\boldsymbol{\beta}$ 更新值。本大节后续类似表示法的物理意义同上。

与式（2－2－12）类似，角增量 $\boldsymbol{\alpha}(t)$ 可以表示为

$$\begin{cases} \boldsymbol{\alpha}(t) = \boldsymbol{\alpha}_{l-1} + \Delta\boldsymbol{\alpha}(t) \\ \boldsymbol{\alpha}_{l-1} = \boldsymbol{\alpha}(t_{l-1}) \end{cases} \tag{2-2-14}$$

其中

$$\Delta\boldsymbol{\alpha}(t) = \int_{t_{l-1}}^{t} \boldsymbol{\omega}_{IB}^{B} \mathrm{d}\tau$$

在 $t_l$ 时刻有

$$\begin{cases} \boldsymbol{\alpha}_l = \boldsymbol{\alpha}_{l-1} + \Delta\boldsymbol{\alpha}_l, \quad \Delta\boldsymbol{\alpha}_l = \Delta\boldsymbol{\alpha}(t_l) \\ \boldsymbol{\alpha}_m = \boldsymbol{\alpha}_l (t_l = t_m), \quad \boldsymbol{\alpha}_l = \boldsymbol{0} (t_l = t_{m-1}) \end{cases} \tag{2-2-15}$$

将式（2－2－12）、式（2－2－14）与式（2－2－15）代入式（2－2－13）得到

$$\begin{aligned} \Delta\boldsymbol{\beta}_l &= \frac{1}{2}\int_{t_{l-1}}^{t_l} (\boldsymbol{\alpha}(t) \times \boldsymbol{\omega}_{IB}^{B}) \mathrm{d}t = \frac{1}{2}\int_{t_{l-1}}^{t_l} [(\boldsymbol{\alpha}_{l-1} + \Delta\boldsymbol{\alpha}(t)) \times \boldsymbol{\omega}_{IB}^{B}] \mathrm{d}t \\ &= \frac{1}{2}(\boldsymbol{\alpha}_{l-1} \times \Delta\boldsymbol{\alpha}_l) + \frac{1}{2}\int_{t_{l-1}}^{t_l} (\Delta\boldsymbol{\alpha}(t) \times \boldsymbol{\omega}_{IB}^{B}) \mathrm{d}t \end{aligned} \tag{2-2-16}$$

通过式（2－2－13）、式（2－2－15）、式（2－2－16）即可完成圆锥效应补偿项 $\boldsymbol{\beta}_m$ 的计算。需要注意的是，通常陀螺输出为角增量，因此式（2－2－16）中的积分项是无法精确计算的。在这种情况下，可以假设载体的角速度 $\boldsymbol{\omega}_{IB}^{B}$ 在 $t_{l-1}$ 至 $t_l$ 时段内以一定的规律变化，从而得到式（2－2－16）中的积分项与角增量 $\Delta\boldsymbol{\alpha}_l$ 之间的关系。常用的变化规律为多项式形式。这里以一阶多项式为例给出计算过程。假设载体角速度 $\boldsymbol{\omega}_{IB}^{B}$ 在 $t_{l-1}$ 时刻附近的变化规律为

$$\boldsymbol{\omega}_{IB}^{B}=\boldsymbol{A}+\boldsymbol{B}(t-t_{l-1}) \tag{2-2-17}$$

其中 $\boldsymbol{A}$、$\boldsymbol{B}$ 为常矢量，得到

$$\Delta\boldsymbol{\alpha}(t)=\int_{t_{l-1}}^{t}\boldsymbol{\omega}_{IB}^{B}\mathrm{d}\tau=\boldsymbol{A}(t-t_{l-1})+\frac{1}{2}\boldsymbol{B}(t-t_{l-1})^{2} \tag{2-2-18}$$

将上式代入式（2－2－16）中的积分项，并根据矢量叉积法则，$\boldsymbol{A}\times\boldsymbol{A}=0$，$\boldsymbol{B}\times\boldsymbol{B}=0$，$\boldsymbol{A}\times\boldsymbol{B}=-\boldsymbol{B}\times\boldsymbol{A}$，得到

$$\frac{1}{2}\int_{t_{l-1}}^{t_l}(\Delta\boldsymbol{\alpha}(t)\times\boldsymbol{\omega}_{IB}^{B})\mathrm{d}t=\frac{1}{4}\int_{t_{l-1}}^{t_l}(\boldsymbol{A}\times\boldsymbol{B})(t-t_{l-1})^{2}\mathrm{d}t=\frac{1}{12}(\boldsymbol{A}\times\boldsymbol{B})T_l^{3} \tag{2-2-19}$$

上式建立了式（2－2－16）中的积分项与 $\boldsymbol{\omega}_{IB}^{B}$ 多项式系数 $\boldsymbol{A}$、$\boldsymbol{B}$ 之间的关系，下面还需要建立后者与角增量 $\Delta\boldsymbol{\alpha}_l$ 之间的关系。由于存在两个系数，因此需要由两个角增量采样来求解。由式（2－2－18）有

$$\begin{cases}\Delta\boldsymbol{\alpha}_l=\int_{t_{l-1}}^{t_l}\boldsymbol{\omega}_{IB}^{B}\mathrm{d}t=\boldsymbol{A}(t_l-t_{l-1})+\frac{1}{2}\boldsymbol{B}(t_l-t_{l-1})^{2}=\boldsymbol{A}T_l+\frac{1}{2}\boldsymbol{B}T_l^{2}\\ \Delta\boldsymbol{\alpha}_{l-1}=\int_{t_{l-2}}^{t_{l-1}}\boldsymbol{\omega}_{IB}^{B}\mathrm{d}t=\boldsymbol{A}(t_{l-1}-t_{l-2})-\frac{1}{2}\boldsymbol{B}(t_{l-2}-t_{l-1})^{2}=\boldsymbol{A}T_l-\frac{1}{2}\boldsymbol{B}T_l^{2}\end{cases} \tag{2-2-20}$$

求解上式可得

$$\begin{cases}\boldsymbol{A}=\frac{1}{2T_l}(\Delta\boldsymbol{\alpha}_l+\Delta\boldsymbol{\alpha}_{l-1})\\ \boldsymbol{B}=\frac{1}{T_l^{2}}(\Delta\boldsymbol{\alpha}_l-\Delta\boldsymbol{\alpha}_{l-1})\end{cases} \tag{2-2-21}$$

将上式代入式（2－2－19）得到

$$\frac{1}{2}\int_{t_{l-1}}^{t_l}(\Delta\boldsymbol{\alpha}(t)\times\boldsymbol{\omega}_{IB}^{B})\mathrm{d}t=\frac{1}{12}(\Delta\boldsymbol{\alpha}_{l-1}\times\Delta\boldsymbol{\alpha}_l) \tag{2-2-22}$$

上式在假设角速度按一阶多项式变化的条件下，给出了由角增量计算式（2－2－16）中的积分项的方法。结合式（2－2－22）及式（2－2－16）得到

$$\Delta\boldsymbol{\beta}_l=\frac{1}{2}\left(\boldsymbol{\alpha}_{l-1}+\frac{1}{6}\Delta\boldsymbol{\alpha}_{l-1}\right)\times\Delta\boldsymbol{\alpha}_l \tag{2-2-23}$$

上式即圆锥效应补偿项的计算式。下面进一步给出与式（2－2－23）等价的另一种算法，即双子样算法。当一个中速解算周期内包含两个高速解算周期，即 $2T_l=T_m$ 时，根据式（2－2－23）有

$$\begin{cases}\boldsymbol{\alpha}_m=\boldsymbol{\alpha}_l=\boldsymbol{\alpha}_{l-1}+\Delta\boldsymbol{\alpha}_l=\Delta\boldsymbol{\alpha}_{l-1}+\Delta\boldsymbol{\alpha}_l\\ \Delta\boldsymbol{\beta}_{l-1}=\frac{1}{12}\Delta\boldsymbol{\alpha}_{l-2}\times\Delta\boldsymbol{\alpha}_{l-1},\quad \boldsymbol{\beta}_{l-1}=\Delta\boldsymbol{\beta}_{l-1}\\ \Delta\boldsymbol{\beta}_l=\frac{7}{12}\Delta\boldsymbol{\alpha}_{l-1}\times\Delta\boldsymbol{\alpha}_l\\ \boldsymbol{\beta}_m=\boldsymbol{\beta}_l=\boldsymbol{\beta}_{l-1}+\Delta\boldsymbol{\beta}_l=\frac{1}{12}\Delta\boldsymbol{\alpha}_{l-2}\times\Delta\boldsymbol{\alpha}_{l-1}+\frac{7}{12}\Delta\boldsymbol{\alpha}_{l-1}\times\Delta\boldsymbol{\alpha}_l\end{cases} \tag{2-2-24}$$

如果将上式中的 $\Delta\boldsymbol{\alpha}_{l-2}$ 用 $\Delta\boldsymbol{\alpha}_{l-1}$ 及 $\Delta\boldsymbol{\alpha}_l$ 表示，这样该中速解算周期内的圆锥效应补偿项 $\boldsymbol{\beta}_m$ 将仅与该周期内的两个陀螺输出采样相关而不涉及该周期外的采样（因此称为双子样算法）。$\Delta\boldsymbol{\alpha}_{l-2}$ 的推导过程同式（2-2-20），可得

$$\Delta\boldsymbol{\alpha}_{l-2}=\boldsymbol{A}T_l-\frac{3}{2}\boldsymbol{B}T_l^2=-\Delta\boldsymbol{\alpha}_l+2\Delta\boldsymbol{\alpha}_{l-1} \tag{2-2-25}$$

将上式代入式（2-2-24）可得

$$\boldsymbol{\beta}_m=\frac{2}{3}\Delta\boldsymbol{\alpha}_{l-1}\times\Delta\boldsymbol{\alpha}_l \tag{2-2-26}$$

上式与文献［35］第 9.3.3 节中采用的双子样圆锥效应补偿算法结果一致。

最后，回顾 1.5.5.2.2 节中的定时增量算法。在 1.5.5.2 节中，该算法是在角速度不变的条件下推导的。根据式（2-2-10）及式（2-2-23），对于 1.5.5.2.2 节中的定时增量算法，为处理在采样周期内 $\boldsymbol{\omega}_{FM}$ 方向随时间变化的情况，可以按下式计算式（1-5-252）及式（1-5-255）中的陀螺输出 $\Delta\boldsymbol{\theta}=[\Delta\theta_x\quad\Delta\theta_y\quad\Delta\theta_z]^{\mathrm{T}}$

$$\Delta\boldsymbol{\theta}_{Compens_k}=\Delta\boldsymbol{\theta}_k+\frac{\Delta\boldsymbol{\theta}_{k-1}\times\Delta\boldsymbol{\theta}_k}{12} \tag{2-2-27}$$

式中　$\Delta\boldsymbol{\theta}_{Compens_k}$ ——经圆锥效应补偿后的等效陀螺输出；

$\Delta\boldsymbol{\theta}_{k-1}$，$\Delta\boldsymbol{\theta}_k$ ——本采样周期及上一个采样周期内陀螺的原始输出。

2.2.1.1.2　当地水平坐标系姿态更新

$\boldsymbol{C}_{L_{(n-1)}}^{L_{(n)}}$ 的计算与地球自转及载体相对于地球的位移相关。记 $\boldsymbol{\zeta}_n$ 为由 $L_{(n-1)}$ 转动至 $L_{(n)}$ 的等效旋转矢量，则由式（1-5-24）可知

$$\begin{aligned}\boldsymbol{C}_{L_{(n-1)}}^{L_{(n)}}&=\boldsymbol{I}-\frac{\sin\zeta_n}{\zeta_n}(\boldsymbol{\zeta}_n\times)+\frac{(1-\cos\zeta_n)}{\zeta_n^2}(\boldsymbol{\zeta}_n\times)^2\\&\approx\boldsymbol{I}-(\boldsymbol{\zeta}_n\times)+\frac{1}{2}(\boldsymbol{\zeta}_n\times)^2\end{aligned} \tag{2-2-28}$$

若近似认为 $\boldsymbol{\omega}_{IL}^L$ 在解算周期内方向不变，并采用梯形积分法，则有

$$\begin{aligned}\boldsymbol{\zeta}_n&\approx\int_{t_{n-1}}^{t_n}\boldsymbol{\omega}_{IL}^L\,\mathrm{d}t=\boldsymbol{C}_N^L\int_{t_{n-1}}^{t_n}\boldsymbol{\omega}_{IN}^N\,\mathrm{d}t=\boldsymbol{C}_N^L\int_{t_{n-1}}^{t_n}(\boldsymbol{\omega}_{IE}^N+\boldsymbol{\omega}_{EN}^N)\,\mathrm{d}t\\&\approx\boldsymbol{C}_N^L\left[\boldsymbol{\omega}_{IE_{n-\frac{1}{2}}}^N T_n+\rho_{z_{n-\frac{1}{2}}}^N\boldsymbol{u}_{Z_N}^N T_n+\boldsymbol{F}_{C_{n-\frac{1}{2}}}^N\left(\boldsymbol{u}_{Z_N}^N\times\sum_j\Delta\boldsymbol{r}_m^N\right)\right]\end{aligned} \tag{2-2-29}$$

式中，$j$ 表示低速解算周期内包含的中速解算周期的个数；下标 $n-\dfrac{1}{2}$ 表示相应量为 $t_n$ 与 $t_{n-1}$ 中点时刻量。为提高姿态解算的精度，低速解算周期的位置解算可先于姿态解算进行。因此在计算式（2-2-29）时，$t_n$ 时刻的 $\boldsymbol{\omega}_{IE}^N$、$\rho_z^N$、$\boldsymbol{F}_C^N$ 已得到，其对应的 $t_{n-\frac{1}{2}}$ 时刻量可采取插值的方法计算，即

$$(\,)_{n-\frac{1}{2}}\approx\frac{1}{2}[(\,)_n+(\,)_{n-1}] \tag{2-2-30}$$

式（2-2-29）中，$\Delta\boldsymbol{r}_m^N$ 为载体相对地球的位移增量，即

$$\Delta\boldsymbol{r}_m^N=\int_{t_{m-1}}^{t_m}\boldsymbol{v}^N\,\mathrm{d}t \tag{2-2-31}$$

$\Delta \boldsymbol{r}_m^N$ 可以采用梯形积分近似计算

$$\Delta \boldsymbol{r}_m^N \approx \frac{T_m}{2}(\boldsymbol{v}_m^N + \boldsymbol{v}_{m-1}^N) \tag{2-2-32}$$

2.2.1.2　姿态四元数更新算法

由四元数链式相乘法则

$$\boldsymbol{q}_{B_{(m)}}^{L_{(n)}} = \boldsymbol{q}_{L_{(n-1)}}^{L_{(n)}} \boldsymbol{q}_{B_{(m-1)}}^{L_{(n-1)}} \boldsymbol{q}_{B_{(m)}}^{B_{(m-1)}} \tag{2-2-33}$$

体坐标系姿态更新的计算式为

$$\boldsymbol{q}_{B_{(m)}}^{B_{(m-1)}} = \begin{bmatrix} \cos 0.5\phi_m \\ \dfrac{\sin 0.5\phi_m}{0.5\phi_m} 0.5\boldsymbol{\phi}_m \end{bmatrix} \tag{2-2-34}$$

当地水平坐标系姿态更新的计算式为

$$\boldsymbol{q}_{L_{(n-1)}}^{L_{(n)}} = \begin{bmatrix} \cos 0.5\zeta_n \\ -\dfrac{\sin 0.5\zeta_n}{0.5\zeta_n} 0.5\boldsymbol{\zeta}_n \end{bmatrix} \tag{2-2-35}$$

式（2-2-34）及式（2-2-35）中，$\boldsymbol{\phi}_m$、$\boldsymbol{\zeta}_n$ 的计算方法与 2.2.1.1 节相同。

2.2.1.3　姿态更新算法框图

姿态更新算法可以用框图表示，如图 2-1 所示。

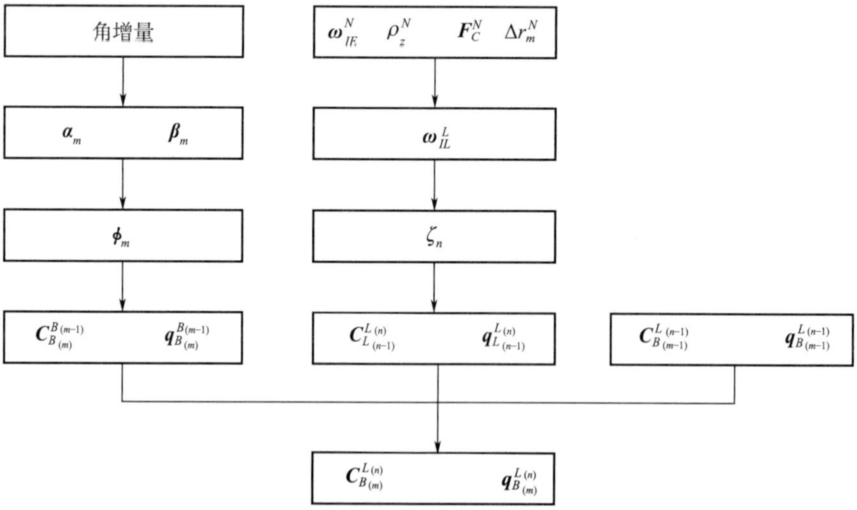


图 2-1　姿态更新算法框图

### 2.2.2　速度更新算法

速度更新算法基于惯导系统比力方程，首先将比力方程列举如下

$$\begin{cases} \dot{\boldsymbol{v}}^N = \boldsymbol{C}_L^N \boldsymbol{C}_B^L \boldsymbol{f}^B + \boldsymbol{g}^N - (\boldsymbol{\omega}_{EN}^N + 2\boldsymbol{\omega}_{IE}^N) \times \boldsymbol{v}^N \\ \boldsymbol{g}^N = \boldsymbol{G}^N - (\boldsymbol{\omega}_{IE}^N \times)(\boldsymbol{\omega}_{IE}^N \times)\boldsymbol{r}^N \end{cases} \tag{2-2-36}$$

对上式进行数值积分可得到速度更新算法为

$$\begin{cases}\boldsymbol{v}_m^N=\boldsymbol{v}_{m-1}^N+\boldsymbol{C}_L^N\Delta\boldsymbol{v}_{SF_m}^L+\Delta\boldsymbol{v}_{G/Cor_m}^N\\ \Delta\boldsymbol{v}_{G/Cor_m}^N=\int_{t_{m-1}}^{t_m}[\boldsymbol{g}^N-(\boldsymbol{\omega}_{EN}^N+2\boldsymbol{\omega}_{IE}^N)\times\boldsymbol{v}^N]\,\mathrm{d}t\\ \Delta\boldsymbol{v}_{SF_m}^L=\int_{t_{m-1}}^{t_m}\boldsymbol{C}_B^L\boldsymbol{f}^B\,\mathrm{d}t\end{cases} \tag{2-2-37}$$

如果引入垂直通道控制，则可以在低速解算周期给式（2－2－37）增加修正运算式（参考 2.1.3.2 节）

$$\boldsymbol{v}_{n+}^N=\boldsymbol{v}_{n-}^N-e_{VC1_n}T_n\boldsymbol{u}_{Z_N}^N \tag{2-2-38}$$

式中，$\boldsymbol{v}_n^N$ 的下标＋（－）表示修正后（前）的值，且有

$$\begin{cases}e_{VC1_n}=e_{VC3_n}+C_2\partial h_n\\ e_{VC3n}=e_{VC3_{n-1}}+C_1\partial h_nT_n\end{cases} \tag{2-2-39}$$

式中，$\partial h_n$ 的计算见式（2－2－73）。

式（2－2－37）中 $\Delta\boldsymbol{v}_{SF_m}^L$ 为比力在 $L$ 系下的投影积分得到的速度增量，$\Delta\boldsymbol{v}_{G/Cor_m}^N$ 表示重力/科氏加速度在 $N$ 系下的投影积分得到的速度增量。下面分别介绍这两项分量的计算方法。

### 2.2.2.1　重力/科氏加速度积分速度增量

由于在速度更新周期 $[t_{m-1},\ t_m]$ 内，重力加速度与科氏加速度变化非常缓慢，因此可用它们的平均值来替代。将 $\boldsymbol{\omega}_{EN}^N$ 展开，得到 $\Delta\boldsymbol{v}_{G/Cor_m}^N$ 的表达式为

$$\Delta\boldsymbol{v}_{G/Cor_m}^N=\{\boldsymbol{g}_{m-\frac{1}{2}}^N-[2\boldsymbol{\omega}_{IEm-\frac{1}{2}}^N+\rho_{z_{m-\frac{1}{2}}}^N\boldsymbol{u}_{Z_N}^N+\boldsymbol{F}_{C_{m-\frac{1}{2}}}^N(\boldsymbol{u}_{Z_N}^N\times\boldsymbol{v}_{m-\frac{1}{2}}^N)]\times\boldsymbol{v}_{m-\frac{1}{2}}^N\}T_m \tag{2-2-40}$$

式中，下标 $m-\dfrac{1}{2}$ 表示 $t_{m-1}$ 与 $t_m$ 中间时刻的值，由于 $t_m$ 时刻的值尚未得到，因此需要外推计算。对于在中速解算周期更新的量（如速度 $\boldsymbol{v}^n$），其线性外推公式为

$$(\,)_{m-\frac{1}{2}}\approx\frac{3}{2}(\,)_{m-1}-\frac{1}{2}(\,)_{m-2} \tag{2-2-41}$$

对于在低速解算周期更新的量（如 $\boldsymbol{g}^N$、$\boldsymbol{\omega}_{IE}^N$、$\rho_z^N$、$\boldsymbol{F}_C^N$ 等），其线性外推公式为

$$(\,)_{m-\frac{1}{2}}\approx(\,)_{n-1}+\frac{r-\dfrac{1}{2}}{j}[(\,)_{n-1}-(\,)_{n-2}] \tag{2-2-42}$$

式中　$j$ ——低速解算周期中包含的中速解算周期个数；

　　　$r$ ——自 $t_{n-1}$ 时刻以来的中速解算周期个数。

### 2.2.2.2　比力积分速度增量

式（2－2－37）中 $\Delta\boldsymbol{v}_{SF_m}^L$ 根据链式乘法及分部积分法则进行如下更新

$$\begin{aligned}\Delta\boldsymbol{v}_{SF_m}^L&=\int_{t_{m-1}}^{t_m}\boldsymbol{C}_{L_{(m-1)}}^{L(t)}\boldsymbol{C}_{L_{(n-1)}}^{L_{(m-1)}}\boldsymbol{C}_{B_{(m-1)}}^{L_{(n-1)}}\boldsymbol{C}_{B(t)}^{B_{(m-1)}}\boldsymbol{f}^B\,\mathrm{d}t\\&=\boldsymbol{C}_{L_{(m-1)}}^{L_{(m)}}\boldsymbol{C}_{L_{(n-1)}}^{L_{(m-1)}}\boldsymbol{C}_{B_{(m-1)}}^{L_{(n-1)}}\int_{t_{m-1}}^{t_m}\boldsymbol{C}_{B(t)}^{B_{(m-1)}}\boldsymbol{f}^B\,\mathrm{d}t-\int_{t_{m-1}}^{t_m}\dot{\boldsymbol{C}}_{L_{(m-1)}}^{L(t)}\boldsymbol{C}_{L_{(n-1)}}^{L_{(m-1)}}\boldsymbol{C}_{B_{(m-1)}}^{L_{(n-1)}}\left(\int_{t_{m-1}}^{t}\boldsymbol{C}_{B(\tau)}^{B_{(m-1)}}\boldsymbol{f}^B\,\mathrm{d}\tau\right)\mathrm{d}t\end{aligned} \tag{2-2-43}$$

假设在解算周期内 $\dot{\boldsymbol{C}}_{L(m-1)}^{L(t)}$ 为常数且 $\int_{t_{m-1}}^{t}\boldsymbol{C}_{B(\tau)}^{B(m-1)}\boldsymbol{f}^{B}\mathrm{d}\tau$ 呈线性变化，则

$$\begin{aligned}
\Delta\boldsymbol{v}_{\mathrm{SF}_m}^{L} &\approx \boldsymbol{C}_{L(m-1)}^{L(m)}\boldsymbol{C}_{L(n-1)}^{L(m-1)}\boldsymbol{C}_{B(m-1)}^{L(n-1)}\int_{t_{m-1}}^{t_m}\boldsymbol{C}_{B(t)}^{B(m-1)}\boldsymbol{f}^{B}\mathrm{d}t - \\
&\quad \int_{t_{m-1}}^{t_m}\frac{1}{T_m}(\boldsymbol{C}_{L(m-1)}^{L(m)}-\boldsymbol{I})\boldsymbol{C}_{L(n-1)}^{L(m-1)}\boldsymbol{C}_{B(m-1)}^{L(n-1)}\frac{t-t_{m-1}}{T_m}\left(\int_{t_{m-1}}^{t_m}\boldsymbol{C}_{B(\tau)}^{B(m-1)}\boldsymbol{f}^{B}\mathrm{d}\tau\right)\mathrm{d}t \\
&= \boldsymbol{C}_{L(m-1)}^{L(m)}\boldsymbol{C}_{L(n-1)}^{L(m-1)}\boldsymbol{C}_{B(m-1)}^{L(n-1)}\int_{t_{m-1}}^{t_m}\boldsymbol{C}_{B(t)}^{B(m-1)}\boldsymbol{f}^{B}\mathrm{d}t - \frac{1}{2}(\boldsymbol{C}_{L(m-1)}^{L(m)}-\boldsymbol{I})\boldsymbol{C}_{L(n-1)}^{L(m-1)}\boldsymbol{C}_{B(m-1)}^{L(n-1)}\int_{t_{m-1}}^{t_m}\boldsymbol{C}_{B(t)}^{B(m-1)}\boldsymbol{f}^{B}\mathrm{d}t \\
&= \frac{1}{2}(\boldsymbol{C}_{L(n-1)}^{L(m)}+\boldsymbol{C}_{L(n-1)}^{L(m-1)})\boldsymbol{C}_{B(m-1)}^{L(n-1)}\int_{t_{m-1}}^{t_m}\boldsymbol{C}_{B(t)}^{B(m-1)}\boldsymbol{f}^{B}\mathrm{d}t
\end{aligned} \tag{2-2-44}$$

在上式中令

$$\int_{t_{m-1}}^{t_m}\boldsymbol{C}_{B(t)}^{B(m-1)}\boldsymbol{f}^{B}\mathrm{d}t \equiv \Delta\boldsymbol{v}_{\mathrm{SF}_m}^{B(m-1)} \tag{2-2-45}$$

则式（2－2－44）可写为

$$\begin{aligned}
\Delta\boldsymbol{v}_{\mathrm{SF}_m}^{L} &\approx \frac{1}{2}(\boldsymbol{C}_{L(n-1)}^{L(m)}+\boldsymbol{C}_{L(n-1)}^{L(m-1)})\boldsymbol{C}_{B(m-1)}^{L(n-1)}\Delta\boldsymbol{v}_{\mathrm{SF}_m}^{B(m-1)} \\
&= \Delta\boldsymbol{v}_{\mathrm{SF}_m}^{L(n-1)}+\frac{1}{2}[(\boldsymbol{C}_{L(n-1)}^{L(m)}-\boldsymbol{I})+(\boldsymbol{C}_{L(n-1)}^{L(m-1)}-\boldsymbol{I})]\boldsymbol{C}_{B(m-1)}^{L(n-1)}\Delta\boldsymbol{v}_{\mathrm{SF}_m}^{B(m-1)}
\end{aligned} \tag{2-2-46}$$

下面分别介绍上式中 $\boldsymbol{C}_{L(n-1)}^{L(m)}$、$\boldsymbol{C}_{L(n-1)}^{L(m-1)}$ 和 $\Delta\boldsymbol{v}_{\mathrm{SF}_m}^{B(m-1)}$ 项的计算方法。

2.2.2.2.1 当地水平坐标系转动的修正

式（2－2－46）中 $\boldsymbol{C}_{L(n-1)}^{L(m)}$ 与 $\boldsymbol{C}_{L(n-1)}^{L(m-1)}$ 项用于修正解算周期内 $L$ 系转动引起比力积分速度增量的变化。下面以 $\boldsymbol{C}_{L(n-1)}^{L(m)}$ 为例介绍其算法。其更新算法总体上类似于 2.2.1.1.2 节。具体来说，类似于式（2－2－28）

$$\boldsymbol{C}_{L(n-1)}^{L(m)} \approx \boldsymbol{I}-(\boldsymbol{\zeta}_{n-1,m}\times)+\frac{1}{2}(\boldsymbol{\zeta}_{n-1,m}\times)^2 \approx \boldsymbol{I}-(\boldsymbol{\zeta}_{n-1,m}\times) \tag{2-2-47}$$

式中，$\boldsymbol{\zeta}_{n-1,m}$ 为由 $L_{(n-1)}$ 转动至 $L_{(m)}$ 的等效旋转矢量。类似于式（2－2－29）有

$$\boldsymbol{\zeta}_{n-1,m} \approx \boldsymbol{C}_N^L[\boldsymbol{\omega}_{IE_{n-1,m}}^N rT_m+\rho_{z_{n-1,m}}^N\boldsymbol{u}_{Z_N}^N rT_m+\boldsymbol{F}_{C_{n-1,m}}^N(\boldsymbol{u}_{Z_N}^N\times\Delta\boldsymbol{r}_{n-1,m}^N)] \tag{2-2-48}$$

式中，下标 $n-1$，$m$ 表示相应量为 $t_{n-1}$ 与 $t_m$ 中点时刻的量。由于在解算时 $t_m$ 时刻的量尚未得到，因此可采取外推的方法计算，即

$$()_{n-1,m} \approx ()_{n-1}+\frac{1}{2}\left(\frac{r}{j}\right)[()_{n-1}-()_{n-2}] \tag{2-2-49}$$

式中 $j$ ——低速解算周期中包含的中速解算周期个数；

$r$ ——自 $t_{n-1}$ 时刻以来的中速解算周期个数。

式（2－2－48）中，$\Delta\boldsymbol{r}_{n-1,m}^N=\int_{t_{n-1}}^{t_m}\boldsymbol{v}^N\mathrm{d}t$，为载体相对地球的位移增量。由于在解算时 $\boldsymbol{v}_m^N$ 尚未得到，因此也可以采用外推的方法计算，即

$$\begin{cases}\Delta \boldsymbol{r}_{n-1,m}^{N} \approx \dfrac{T_m}{2}(3\boldsymbol{v}_{m-1}^{N}-\boldsymbol{v}_{m-2}^{N}) & (r=1)\\ \Delta \boldsymbol{r}_{n-1,m}^{N} \approx \dfrac{T_m}{2}\left(3\boldsymbol{v}_{m-1}^{N}-\boldsymbol{v}_{m-2}^{N}+\sum\limits_{i=m+1-r}^{m-1}(\boldsymbol{v}_{i}^{N}+\boldsymbol{v}_{i-1}^{N})\right) & (r>1)\end{cases} \tag{2-2-50}$$

2.2.2.2.2 体坐标系下的比力积分增量⑦

$\Delta \boldsymbol{v}_{SF_m}^{B_{(m-1)}}$ 的计算需要考虑体坐标系在解算周期内的转动，由 1.5.1.2.1 节可知

$$\boldsymbol{C}_{B(t)}^{B_{(m-1)}}=\boldsymbol{I}+\frac{\sin\phi(t)}{\phi(t)}(\boldsymbol{\phi}(t)\times)+\frac{(1-\cos\phi(t))}{\phi(t)^2}(\boldsymbol{\phi}(t)\times)^2 \tag{2-2-51}$$

式中，$\boldsymbol{\phi}(t)$ 为 $B_{(m-1)}$ 系转动至 $B(t)$ 系的等效旋转矢量。忽略式（2-2-51）等式右侧的二阶小量有

$$\boldsymbol{C}_{B(t)}^{B_{(m-1)}} \approx \boldsymbol{I}+(\boldsymbol{\phi}(t)\times) \tag{2-2-52}$$

此外，根据式（2-2-7）及式（2-2-8），忽略圆锥效应补偿项有

$$\boldsymbol{\phi}(t) \approx \int_{t_{m-1}}^{t}\boldsymbol{\omega}_{IB}^{B}\mathrm{d}\tau=\boldsymbol{\alpha}(t) \tag{2-2-53}$$

将式（2-2-52）及式（2-2-53）代入式（2-2-45），得到

$$\begin{cases}\Delta \boldsymbol{v}_{SF_m}^{B_{(m-1)}} \approx \displaystyle\int_{t_{m-1}}^{t_m}[\boldsymbol{I}+(\boldsymbol{\alpha}(t)\times)]\boldsymbol{f}^{B}\mathrm{d}t=\boldsymbol{\upsilon}_m+\int_{t_{m-1}}^{t_m}(\boldsymbol{\alpha}(t)\times\boldsymbol{f}^{B})\mathrm{d}t\\ \boldsymbol{\upsilon}(t)\equiv\displaystyle\int_{t_{m-1}}^{t}\boldsymbol{f}^{B}\mathrm{d}\tau\end{cases} \tag{2-2-54}$$

其中

$$\boldsymbol{\upsilon}_m=\boldsymbol{\upsilon}(t_m)$$

式中，$\boldsymbol{\upsilon}(t)$ 表示加速度计输出的比速度增量。考虑 $\Delta \boldsymbol{v}_{SF_m}^{B_{(m-1)}}$ 中的第二项分量，由于

$$\begin{aligned}\boldsymbol{\alpha}(t)\times\boldsymbol{f}^{B}&=\boldsymbol{\alpha}(t)\times\dot{\boldsymbol{\upsilon}}(t)=\frac{1}{2}\boldsymbol{\alpha}(t)\times\dot{\boldsymbol{\upsilon}}(t)+\frac{1}{2}\boldsymbol{\alpha}(t)\times\dot{\boldsymbol{\upsilon}}(t)\\&=\frac{1}{2}\boldsymbol{\alpha}(t)\times\dot{\boldsymbol{\upsilon}}(t)+\frac{1}{2}\left\{\frac{\mathrm{d}}{\mathrm{d}t}[\boldsymbol{\alpha}(t)\times\boldsymbol{\upsilon}(t)]-\dot{\boldsymbol{\alpha}}(t)\times\boldsymbol{\upsilon}(t)\right\}\end{aligned} \tag{2-2-55}$$

将上式代入式（2-2-54）可得

$$\Delta \boldsymbol{v}_{SF_m}^{B_{(m-1)}}=\boldsymbol{\upsilon}_m+\frac{1}{2}(\boldsymbol{\alpha}_m\times\boldsymbol{\upsilon}_m)+\frac{1}{2}\int_{t_{m-1}}^{t_m}[\boldsymbol{\alpha}(t)\times\boldsymbol{f}^{B}+\boldsymbol{\upsilon}(t)\times\boldsymbol{\omega}_{IB}^{B}]\mathrm{d}t \tag{2-2-56}$$

式中，等式右边第二项被定义为速度旋转效应（rotating）补偿项，记为 $\Delta \boldsymbol{v}_{Rot_m}$，它代表 $\Delta \boldsymbol{v}_{SF_m}^{B_{(m-1)}}$ 中的低频分量；等式右边第三项被定义为速度划桨效应（sculling）补偿项，记为 $\Delta \boldsymbol{v}_{Scul_m}$，它代表 $\Delta \boldsymbol{v}_{SF_m}^{B_{(m-1)}}$ 中的高频分量。当角速度与比力为常量时，划桨效应补偿项为零，但速度旋转效应补偿项非零。当角速度沿 $B$ 系某个轴，比力沿 $B$ 系另一个轴，且两

⑦ 对应 inertial/navint/bodycoordspecvelupdstep.m

者呈同频率、同相位的正弦函数变化时，划桨效应补偿项达到最大值（该运动方式类似于划桨）。根据上述记法，式（2-2-56）可写为

$$\begin{cases}\Delta \boldsymbol{v}_{SF_m}^{B_{(m-1)}}=\boldsymbol{\upsilon}_m+\Delta \boldsymbol{v}_{Rot_m}+\Delta \boldsymbol{v}_{Scul_m}\\ \Delta \boldsymbol{v}_{Rot_m}\equiv \dfrac{1}{2}\boldsymbol{\alpha}_m\times \boldsymbol{\upsilon}_m\\ \Delta \boldsymbol{v}_{Scul}(t)\equiv \dfrac{1}{2}\displaystyle\int_{t_{m-1}}^{t}[\boldsymbol{\alpha}(\tau)\times \boldsymbol{f}^B+\boldsymbol{\upsilon}(\tau)\times \boldsymbol{\omega}_{IB}^B]\,\mathrm{d}\tau\\ \Delta \boldsymbol{v}_{Scul_m}=\Delta \boldsymbol{v}_{Scul}(t_m)\end{cases} \tag{2-2-57}$$

下面介绍一种更精确的速度旋转效应补偿项算法及具体的划桨效应补偿项算法。

**常量输入条件下精确的速度旋转效应补偿项算法** 注意到式（2-2-57）中的速度旋转效应补偿项 $\Delta \boldsymbol{v}_{Rot_m}$ 是根据式（2-2-54）得来的，后者又由近似式（2-2-52）得来。即使在角速度与比力均为常量的条件下，式（2-2-57）中的速度旋转效应补偿项算法也不是精确的。为了在角速度与比力均为常量的条件下得到更精确的速度旋转效应补偿项算法，本节将根据式（2-2-51）而不是式（2-2-52）推导速度旋转效应补偿项（在其他更一般的条件下难以得到简洁的解析形式结果）。当角速度为常量时，根据式（2-2-53）有

$$\boldsymbol{\phi}(t)=\boldsymbol{\alpha}(t)=\boldsymbol{\omega}_{IB}^B(t-t_{m-1})=\omega\boldsymbol{u}(t-t_{m-1}) \tag{2-2-58}$$

式中 $\boldsymbol{u}$ ——与角速度矢量同向的单位矢量；

$\omega$ ——转动角速率。

注意到当角速度为常量时圆锥补偿项为零，因此式（2-2-58）是精确成立的。将式（2-2-51）及式（2-2-58）代入式（2-2-45），得到

$$\begin{aligned}\Delta \boldsymbol{v}_{SF_m}^{B_{(m-1)}}&=\int_{t_{m-1}}^{t_m}\left[\boldsymbol{I}+\frac{\sin\phi(t)}{\phi(t)}(\boldsymbol{\phi}(t)\times)+\frac{(1-\cos\phi(t))}{\phi(t)^2}(\boldsymbol{\phi}(t)\times)^2\right]\boldsymbol{f}^B\mathrm{d}t\\ &=\int_{t_{m-1}}^{t_m}[\boldsymbol{I}+\sin(\omega(t-t_{m-1}))(\boldsymbol{u}\times)+(1-\cos(\omega(t-t_{m-1})))(\boldsymbol{u}\times)^2]\boldsymbol{f}^B\mathrm{d}t\\ &=\boldsymbol{f}^B\int_{t_{m-1}}^{t_m}\mathrm{d}t+(\boldsymbol{u}\times\boldsymbol{f}^B)\int_0^{T_m}\sin(\omega t)\,\mathrm{d}t+((\boldsymbol{u}\times)^2\boldsymbol{f}^B)\int_0^{T_m}(1-\cos(\omega t))\,\mathrm{d}t\\ &=T_m\boldsymbol{f}^B+\frac{1-\cos(T_m\omega)}{\omega}(\boldsymbol{u}\times\boldsymbol{f}^B)+\frac{T_m\omega-\sin(T_m\omega)}{\omega}((\boldsymbol{u}\times)^2\boldsymbol{f}^B)\\ &=\boldsymbol{\upsilon}_m+\frac{1-\cos\alpha_m}{\alpha_m^2}(\boldsymbol{\alpha}_m\times\boldsymbol{\upsilon}_m)+\frac{\alpha_m-\sin\alpha_m}{\alpha_m^3}((\boldsymbol{\alpha}_m\times)^2\boldsymbol{\upsilon}_m)\end{aligned} \tag{2-2-59}$$

考虑到当角速度与比力为常量时，划桨效应补偿项 $\Delta \boldsymbol{v}_{Scul_m}$ 为零，对比式（2-2-57）可知

$$\Delta \boldsymbol{v}_{Rot_m}=\frac{1-\cos\alpha_m}{\alpha_m^2}(\boldsymbol{\alpha}_m\times\boldsymbol{\upsilon}_m)+\frac{1}{\alpha_m^2}\left(1-\frac{\sin\alpha_m}{\alpha_m}\right)(\boldsymbol{\alpha}_m\times(\boldsymbol{\alpha}_m\times\boldsymbol{\upsilon}_m)) \tag{2-2-60}$$

上式即在角速度与比力均为常量条件下精确的速度旋转效应补偿项计算式，式中的三角函

数项在计算机上执行时可用泰勒级数替代。将式（2－2－60）与式（2－2－57）中的 $\Delta \boldsymbol{v}_{Rot_m}$ 进行对比可以发现，后者是前者的一阶近似。

**划桨效应补偿项算法**　由于划桨效应补偿项包含了高频分量，因此一般采用高速解算周期进行计算。为此，根据式（2－2－57）将划桨效应补偿项 $\Delta \boldsymbol{v}_{Scul}(t)$ 表示为如下细分计算形式

$$\begin{cases}\Delta \boldsymbol{v}_{Scul}(t)=\Delta \boldsymbol{v}_{Scul_{l-1}}+\delta \boldsymbol{v}_{Scul}(t)\\ \Delta \boldsymbol{v}_{Scul_{l-1}}=\Delta \boldsymbol{v}_{Scul}(t_{l-1})\end{cases} \tag{2-2-61}$$

其中

$$\delta \boldsymbol{v}_{Scul}(t)=\frac{1}{2}\int_{t_{l-1}}^{t}[\boldsymbol{\alpha}(\tau)\times \boldsymbol{f}^B+\boldsymbol{\upsilon}(\tau)\times \boldsymbol{\omega}_{IB}^B]\,\mathrm{d}\tau$$

在 $t_l$ 时刻有

$$\begin{cases}\Delta \boldsymbol{v}_{Scul_l}=\Delta \boldsymbol{v}_{Sul_{l-1}}+\delta \boldsymbol{v}_{Scul_l}, & \delta \boldsymbol{v}_{Scul_l}=\delta \boldsymbol{v}_{Scul}(t_l)\\ \Delta \boldsymbol{v}_{Scul_m}=\Delta \boldsymbol{v}_{Scul_l}(t_l=t_m), & \Delta \boldsymbol{v}_{Scul_l}=0(t_l=t_{m-1})\end{cases} \tag{2-2-62}$$

与式（2－2－61）类似，比速度增量 $\boldsymbol{\upsilon}(t)$ 可以表示为

$$\begin{cases}\boldsymbol{\upsilon}(t)=\boldsymbol{\upsilon}_{l-1}+\Delta\boldsymbol{\upsilon}(t)\\ \boldsymbol{\upsilon}_{l-1}=\boldsymbol{\upsilon}(t_{l-1})\end{cases} \tag{2-2-63}$$

其中

$$\Delta\boldsymbol{\upsilon}(t)=\int_{t_{l-1}}^{t}\boldsymbol{f}^B\,\mathrm{d}\tau$$

在 $t_l$ 时刻有

$$\begin{cases}\boldsymbol{\upsilon}_l=\boldsymbol{\upsilon}_{l-1}+\Delta\boldsymbol{\upsilon}_l, & \Delta\boldsymbol{\upsilon}_l=\Delta\boldsymbol{\upsilon}(t_l)\\ \boldsymbol{\upsilon}_m=\boldsymbol{\upsilon}_l(t_l=t_m), & \boldsymbol{\upsilon}_l=\boldsymbol{0}(t_l=t_{m-1})\end{cases} \tag{2-2-64}$$

将式（2－2－61）、式（2－2－63）、式（2－2－64）、式（2－2－14）与式（2－2－15）代入式（2－2－62）得到

$$\begin{aligned}\delta \boldsymbol{v}_{Scul_l}&=\frac{1}{2}\int_{t_{l-1}}^{t_l}[\boldsymbol{\alpha}(t)\times \boldsymbol{f}^B+\boldsymbol{\upsilon}(t)\times \boldsymbol{\omega}_{IB}^B]\,\mathrm{d}t\\ &=\frac{1}{2}\int_{t_{l-1}}^{t_l}[(\boldsymbol{\alpha}_{l-1}+\Delta\boldsymbol{\alpha}(t))\times \boldsymbol{f}^B+(\boldsymbol{\upsilon}_{l-1}+\Delta\boldsymbol{\upsilon}(t))\times \boldsymbol{\omega}_{IB}^B]\,\mathrm{d}t\\ &=\frac{1}{2}(\boldsymbol{\alpha}_{l-1}\times\Delta\boldsymbol{\upsilon}_l+\boldsymbol{\upsilon}_{l-1}\times\Delta\boldsymbol{\alpha}_l)+\frac{1}{2}\int_{t_{l-1}}^{t_l}(\Delta\boldsymbol{\alpha}(t)\times \boldsymbol{f}^B+\Delta\boldsymbol{\upsilon}(t)\times \boldsymbol{\omega}_{IB}^B)\,\mathrm{d}t\end{aligned} \tag{2-2-65}$$

通过式（2－2－62）、式（2－2－15）、式（2－2－64）、式（2－2－65）即可完成划桨效应补偿项 $\Delta \boldsymbol{v}_{Scul_m}$ 的计算。需要注意的是，通常陀螺输出为角增量，加速度计输出为比速度增量，因此式（2－2－65）中的积分项是无法精确计算的。在这种情况下，与圆锥效应补偿项的计算类似，可以假设 $\boldsymbol{\omega}_{IB}^B$、$\boldsymbol{f}^B$ 在 $t_{l-1}$ 至 $t_l$ 时段内呈线性变化，得到 $\delta \boldsymbol{v}_{Scul_l}$ 的计算式为（推导过程参考文献［12］第 7.2.2.2.2 节）

$$\delta \boldsymbol{v}_{Scul_l} = \frac{1}{2}\left[\left(\boldsymbol{\alpha}_{l-1} + \frac{1}{6}\Delta\boldsymbol{\alpha}_{l-1}\right)\times\Delta\boldsymbol{v}_l + \left(\boldsymbol{v}_{l-1} + \frac{1}{6}\Delta\boldsymbol{v}_{l-1}\right)\times\Delta\boldsymbol{\alpha}_l\right] \tag{2-2-66}$$

下面进一步给出与式（2－2－66）等价的双子样算法。当 $2T_l = T_m$ 时，根据式（2－2－66）有

$$\begin{cases}\delta \boldsymbol{v}_{Scul_{l-1}} = \dfrac{1}{12}(\Delta\boldsymbol{\alpha}_{l-2}\times\Delta\boldsymbol{v}_{l-1} + \Delta\boldsymbol{v}_{l-2}\times\Delta\boldsymbol{\alpha}_{l-1}) \\ \delta \boldsymbol{v}_{Scul_l} = \dfrac{1}{2}\left(\dfrac{7}{6}\Delta\boldsymbol{\alpha}_{l-1}\times\Delta\boldsymbol{v}_l + \dfrac{7}{6}\Delta\boldsymbol{v}_{l-1}\times\Delta\boldsymbol{\alpha}_l\right) \\ \Delta\boldsymbol{v}_{Scul_m} = \Delta\boldsymbol{v}_{Scul_l} = \Delta\boldsymbol{v}_{Scul_{l-1}} + \delta\boldsymbol{v}_{Scul_l} = \delta\boldsymbol{v}_{Scul_{l-1}} + \delta\boldsymbol{v}_{Scul_l} \\ \qquad = \dfrac{1}{2}\left(\dfrac{1}{6}(\Delta\boldsymbol{\alpha}_{l-2}\times\Delta\boldsymbol{v}_{l-1} + \Delta\boldsymbol{v}_{l-2}\times\Delta\boldsymbol{\alpha}_{l-1}) + \dfrac{7}{6}(\Delta\boldsymbol{\alpha}_{l-1}\times\Delta\boldsymbol{v}_l + \Delta\boldsymbol{v}_{l-1}\times\Delta\boldsymbol{\alpha}_l)\right)\end{cases} \tag{2-2-67}$$

与 2.2.1.1.1 节类似，在式（2－2－67）中将 $\Delta\boldsymbol{\alpha}_{l-2}$、$\Delta\boldsymbol{v}_{l-2}$ 表示为解算周期内的采样，而不利用周期之外的采样，可以得到

$$\begin{cases}\Delta\boldsymbol{\alpha}_{l-2} = -\Delta\boldsymbol{\alpha}_l + 2\Delta\boldsymbol{\alpha}_{l-1} \\ \Delta\boldsymbol{v}_{l-2} = -\Delta\boldsymbol{v}_l + 2\Delta\boldsymbol{v}_{l-1}\end{cases} \tag{2-2-68}$$

将上式代入式（2－2－67）可得

$$\Delta\boldsymbol{v}_{Scul_m} = \frac{2}{3}(\Delta\boldsymbol{\alpha}_{l-1}\times\Delta\boldsymbol{v}_l + \Delta\boldsymbol{v}_{l-1}\times\Delta\boldsymbol{\alpha}_l) \tag{2-2-69}$$

上式与文献［35］第 9.6.2 节中采用的双子样划桨效应补偿算法结果一致。

#### 2.2.2.3 速度更新算法框图

速度更新算法可以用框图表示，如图 2－2 所示。

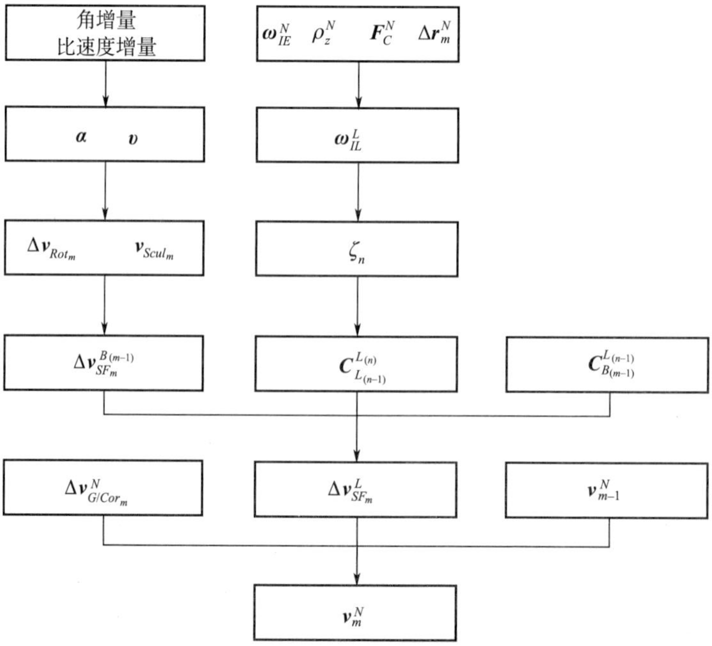


图 2－2 速度更新算法框图

### 2.2.3　位置更新算法

位置更新算法基于以下连续形式的惯性导航微分方程

$$\begin{cases}\dot{h}=\boldsymbol{u}_{Z_N}^{N}\cdot\boldsymbol{v}^{N}\\ \dot{\boldsymbol{C}}_{N}^{E}=\boldsymbol{C}_{N}^{E}(\boldsymbol{\omega}_{EN}^{N}\times)\end{cases}\tag{2-2-70}$$

由式（2-2-70）得到高度通道的更新算法为

$$\begin{cases}h_{n}=h_{n-1}+\Delta h_{n}\\ \Delta h_{n}=\int_{t_{n-1}}^{t_{n}}\boldsymbol{u}_{Z_N}^{N}\cdot\boldsymbol{v}^{N}\mathrm{d}t=\boldsymbol{u}_{Z_N}^{N}\cdot\sum_{m=1}^{j}\Delta\boldsymbol{r}_{m}^{N}\end{cases}\tag{2-2-71}$$

式中　$j$ ——低速解算周期中包含的中速解算周期个数。

如果考虑垂直通道控制，则需要给式（2-2-71）加入如下高度更新式

$$h_{n+}=h_{n-}-e_{VC2_n}T_{n}\tag{2-2-72}$$

式中，$h_n$ 的下标+（-）表示修正后（前）的值，且有

$$\begin{cases}e_{VC2_n}=C_{3}\partial h_{n}\\ \partial h_{n}=h_{n-}-h_{Altm_n}\end{cases}\tag{2-2-73}$$

式中　$h_{Altm_n}$ —— $t_n$ 时刻高度计给出的高度。

由式（2-2-70）可知，位置矩阵 $\boldsymbol{C}_N^E$ 的更新与 $N$ 系相对于 $E$ 系转动相关，根据矩阵的链式相乘法则，位置矩阵更新算法为

$$\boldsymbol{C}_{N_{(n)}}^{E}=\boldsymbol{C}_{N_{(n-1)}}^{E}\boldsymbol{C}_{N_{(n)}}^{N_{(n-1)}}\tag{2-2-74}$$

式中，$N_{(n)}$、$N_{(n-1)}$ 分别表示 $t_n$、$t_{n-1}$ 时刻的 $N$ 系，上述坐标系应视为相对于 $E$ 系固定的坐标系。这样 $\boldsymbol{C}_{N_{(n)}}^{E}$ 表示 $t_n$ 时刻的位置矩阵，$\boldsymbol{C}_{N_{(n-1)}}^{E}$ 表示 $t_{n-1}$ 时刻的位置矩阵，$\boldsymbol{C}_{N_{(n)}}^{N_{(n-1)}}$ 表示从 $t_{n-1}$ 时刻到 $t_n$ 时刻 $N$ 系相对于 $E$ 系旋转的方向余弦矩阵。若 $\boldsymbol{\xi}_n$ 表示 $t_{n-1}$ 时刻到 $t_n$ 时刻 $N$ 系相对于 $E$ 系旋转的等效旋转矢量，可以得到

$$\boldsymbol{C}_{N_{(n)}}^{N_{(n-1)}}=\boldsymbol{I}+\frac{\sin\xi_{n}}{\xi_{n}}(\boldsymbol{\xi}_{n}\times)+\frac{(1-\cos\xi_{n})}{\xi_{n}^{2}}(\boldsymbol{\xi}_{n}\times)(\boldsymbol{\xi}_{n}\times)\tag{2-2-75}$$

由于更新周期 $T_n$ 短，可近似认为 $\boldsymbol{\omega}_{EN}^{N}$ 没有旋转，因此有

$$\begin{aligned}\boldsymbol{\xi}_{n}&\approx\int_{t_{n-1}}^{t_{n}}\boldsymbol{\omega}_{EN}^{N}\mathrm{d}t\approx\int_{t_{n-1}}^{t_{n}}[\rho_{z_{n-\frac{1}{2}}}^{N}\boldsymbol{u}_{Z_N}^{N}+\boldsymbol{F}_{C_{n-\frac{1}{2}}}^{N}(\boldsymbol{u}_{Z_N}^{N}\times\boldsymbol{v}^{N})]\mathrm{d}t\\&=\rho_{z_{n-\frac{1}{2}}}^{N}\boldsymbol{u}_{Z_N}^{N}T_{n}+\boldsymbol{F}_{C_{n-\frac{1}{2}}}^{N}\left(\boldsymbol{u}_{Z_N}^{N}\times\sum_{m=1}^{j}\Delta\boldsymbol{r}_{m}^{N}\right)\end{aligned}\tag{2-2-76}$$

式中，下标 $n-\dfrac{1}{2}$ 表示相应量为 $t_n$ 与 $t_{n-1}$ 中点时刻的量。由于在解算时 $t_n$ 时刻量尚未得到，因此可采用式（2-2-41）中的外推方法计算。式（2-2-71）与式（2-2-76）将位置更新转化为求解位移增量 $\Delta\boldsymbol{r}_m^N$ 的问题。在精度要求不高的场合，可用式（2-2-32）中的梯形积分方法确定 $\Delta\boldsymbol{r}_m^N$。在精度要求高的场合，可采用下面介绍的高精度算法。

#### 2.2.3.1 高精度位移增量算法

式（2-2-32）中的梯形积分法通过解算周期结束时刻上的速度值计算位移增量，属于一种间接的算法。与此相比，高精度位移增量算法的思路是对速度计算式（2-2-37）进行积分，得到由比速度增量和角增量直接计算位移增量的公式，避免了转换为速度值的步骤，从而获得更高的精度。

参考式（2-2-37）的记法，近似认为重力/科氏加速度为常值，对于在中速解算周期 $[t_{m-1}, t_m]$ 内的时刻 $t$，有

$$\begin{cases} \boldsymbol{v}^N(t) = \boldsymbol{v}_{m-1}^N + \boldsymbol{C}_L^N \Delta\boldsymbol{v}_{SF}^L(t) + \Delta\boldsymbol{v}_{G/Cor_m}^N \dfrac{(t - t_{m-1})}{T_m} \\ \Delta\boldsymbol{v}_{SF}^L(t) = \displaystyle\int_{t_{m-1}}^{t} \boldsymbol{C}_B^L \boldsymbol{f}^B \mathrm{d}\tau \end{cases} \tag{2-2-77}$$

将式（2-2-77）代入式（2-2-31）有

$$\begin{cases} \Delta\boldsymbol{r}_m^N = \left(\boldsymbol{v}_{m-1}^N + \dfrac{1}{2}\Delta\boldsymbol{v}_{G/Cor_m}^N\right) T_m + \boldsymbol{C}_L^N \Delta\boldsymbol{r}_{SF_m}^L \\ \Delta\boldsymbol{r}_{SF_m}^L = \displaystyle\int_{t_{m-1}}^{t_m} \Delta\boldsymbol{v}_{SF}^L(t)\mathrm{d}t \end{cases} \tag{2-2-78}$$

式（2-2-77）与式（2-2-78）中 $\Delta\boldsymbol{v}_{SF}^L(t)$ 的推导与 2.2.2.2 节中 $\Delta\boldsymbol{v}_{SF_m}^L$ 的推导类似。这里直接利用 2.2.2.2 节中的结果，将式（2-2-46）中 $t_m$ 时刻量替换为 $t$ 时刻量，则 $\Delta\boldsymbol{v}_{SF}^L(t)$ 可表示为

$$\begin{aligned} \Delta\boldsymbol{v}_{SF}^L(t) &= \frac{1}{2}\left(\boldsymbol{C}_{L_{(n-1)}}^{L(t)} + \boldsymbol{C}_{L_{(n-1)}}^{L_{(m-1)}}\right)\Delta\boldsymbol{v}_{SF}^{L_{(n-1)}}(t) \\ &= \frac{1}{2}\left(\boldsymbol{C}_{L_{(m-1)}}^{L(t)} + \boldsymbol{I}\right)\boldsymbol{C}_{L_{(n-1)}}^{L_{(m-1)}}\Delta\boldsymbol{v}_{SF}^{L_{(n-1)}}(t) \\ &= \frac{1}{2}\left(\boldsymbol{C}_{L_{(m-1)}}^{L(t)} - \boldsymbol{I}\right)\boldsymbol{C}_{L_{(n-1)}}^{L_{(m-1)}}\Delta\boldsymbol{v}_{SF}^{L_{(n-1)}}(t) + \boldsymbol{C}_{L_{(n-1)}}^{L_{(m-1)}}\Delta\boldsymbol{v}_{SF}^{L_{(n-1)}}(t) \\ &\approx \frac{1}{2}\left(\boldsymbol{C}_{L_{(m-1)}}^{L_{(m)}} - \boldsymbol{I}\right)\frac{t - t_{m-1}}{T_m}\boldsymbol{C}_{L_{(n-1)}}^{L_{(m-1)}}\Delta\boldsymbol{v}_{SF_m}^{L_{(n-1)}}\frac{t - t_{m-1}}{T_m} + \boldsymbol{C}_{L_{(n-1)}}^{L_{(m-1)}}\Delta\boldsymbol{v}_{SF}^{L_{(n-1)}}(t) \\ &= \frac{1}{2}\left(\boldsymbol{C}_{L_{(n-1)}}^{L_{(m)}} - \boldsymbol{C}_{L_{(n-1)}}^{L_{(m-1)}}\right)\Delta\boldsymbol{v}_{SF_m}^{L_{(n-1)}}\frac{(t - t_{m-1})^2}{T_m^2} + \boldsymbol{C}_{L_{(n-1)}}^{L_{(m-1)}}\Delta\boldsymbol{v}_{SF}^{L_{(n-1)}}(t) \end{aligned} \tag{2-2-79}$$

式中约等号处近似认为 $\boldsymbol{C}_{L_{(m-1)}}^{L(t)} - \boldsymbol{I}$ 与 $\Delta\boldsymbol{v}_{SF}^{L_{(n-1)}}(t)$ 是线性变化的，此外与式（2-2-45）类似，式（2-2-79）中

$$\begin{cases} \Delta\boldsymbol{v}_{SF}^{L_{(n-1)}}(t) = \boldsymbol{C}_{B_{(m-1)}}^{L_{(n-1)}}\Delta\boldsymbol{v}_{SF}^{B_{(m-1)}}(t) \\ \Delta\boldsymbol{v}_{SF}^{B_{(m-1)}}(t) = \displaystyle\int_{t_{m-1}}^{t} \boldsymbol{C}_{B(\tau)}^{B_{(m-1)}} \boldsymbol{f}^B \mathrm{d}\tau \end{cases} \tag{2-2-80}$$

由式（2-2-79）、式（2-2-80）及式（2-2-47）可以得到式（2-2-78）中 $\Delta\boldsymbol{r}_{SF_m}^L$ 的计算式为

$$
\begin{aligned}
\Delta \boldsymbol{r}_{SF_m}^{L} &\approx \int_{t_{m-1}}^{t_m}\left[\frac{1}{2}\left(\boldsymbol{C}_{L_{(n-1)}}^{L_{(m)}}-\boldsymbol{C}_{L_{(n-1)}}^{L_{(m-1)}}\right)\Delta \boldsymbol{v}_{SF_m}^{L_{(n-1)}}\frac{(t-t_{m-1})^2}{T_m^2}+\boldsymbol{C}_{L_{(n-1)}}^{L_{(m-1)}}\boldsymbol{C}_{B_{(m-1)}}^{L_{(n-1)}}\Delta \boldsymbol{v}_{SF}^{B_{(m-1)}}(t)\right]\mathrm{d}t \\
&=\frac{T_m}{6}\left(\boldsymbol{C}_{L_{(n-1)}}^{L_{(m)}}-\boldsymbol{C}_{L_{(n-1)}}^{L_{(m-1)}}\right)\Delta \boldsymbol{v}_{SF_m}^{L_{(n-1)}}+\boldsymbol{C}_{L_{(n-1)}}^{L_{(m-1)}}\boldsymbol{C}_{B_{(m-1)}}^{L_{(n-1)}}\int_{t_{m-1}}^{t_m}\Delta \boldsymbol{v}_{SF}^{B_{(m-1)}}(t)\mathrm{d}t \\
&\approx -\frac{T_m}{6}\left[(\boldsymbol{\zeta}_{n-1,m}-\boldsymbol{\zeta}_{n-1,m-1})\times\right]\Delta \boldsymbol{v}_{SF_m}^{L_{(n-1)}}+\boldsymbol{C}_{L_{(n-1)}}^{L_{(m-1)}}\boldsymbol{C}_{B_{(m-1)}}^{L_{(n-1)}}\Delta \boldsymbol{r}_{SF_m}^{B}
\end{aligned}
\tag{2-2-81}
$$

式中，$\boldsymbol{\zeta}_{n-1,\,m}$ 为由 $L_{(n-1)}$ 转动至 $L_{(m)}$ 的等效旋转矢量，$\boldsymbol{\zeta}_{n-1,\,m-1}$ 与此类似，此外

$$
\Delta \boldsymbol{r}_{SF_m}^{B}=\int_{t_{m-1}}^{t_m}\Delta \boldsymbol{v}_{SF}^{B_{(m-1)}}(t)\mathrm{d}t \tag{2-2-82}
$$

在 $t_n$ 时刻进行位置更新时，式（2－2－81）中除 $\Delta \boldsymbol{r}_{SF_m}^{B}$ 外均为已知量。下面介绍 $\Delta \boldsymbol{r}_{SF_m}^{B}$ 的求解方法。$\Delta \boldsymbol{r}_{SF_m}^{B}$ 中的被积分量 $\Delta \boldsymbol{v}_{SF}^{B_{(m-1)}}(t)$ 的推导与 2.2.2.2.2 节类似。这里直接利用该节中的结果，将式（2－2－56）中 $t_m$ 时刻量替换为 $t$ 时刻量可得

$$
\Delta \boldsymbol{v}_{SF}^{B_{(m-1)}}(t)=\boldsymbol{\upsilon}(t)+\frac{1}{2}\left[\boldsymbol{\alpha}(t)\times\boldsymbol{\upsilon}(t)\right]+\frac{1}{2}\int_{t_{m-1}}^{t}\left[\boldsymbol{\alpha}(\tau)\times\boldsymbol{f}^{B}+\boldsymbol{\upsilon}(\tau)\times\boldsymbol{\omega}_{IB}^{B}\right]\mathrm{d}\tau \tag{2-2-83}
$$

因此

$$
\begin{aligned}
\Delta \boldsymbol{r}_{SF_m}^{B}&=\int_{t_{m-1}}^{t_m}\left[\boldsymbol{\upsilon}(t)+\frac{1}{2}(\boldsymbol{\alpha}(t)\times\boldsymbol{\upsilon}(t))+\Delta \boldsymbol{v}_{Scul}(t)\right]\mathrm{d}t \\
\Delta \boldsymbol{v}_{Scul}(t)&=\frac{1}{2}\int_{t_{m-1}}^{t}\left[\boldsymbol{\alpha}(\tau)\times\boldsymbol{f}^{B}+\boldsymbol{\upsilon}(\tau)\times\boldsymbol{\omega}_{IB}^{B}\right]\mathrm{d}\tau
\end{aligned}
\tag{2-2-84}
$$

可以证明（参考文献［12］第 7.3.3 节），式（2－2－84）可以写为以下等价形式

$$
\begin{cases}
\Delta \boldsymbol{r}_{SF_m}^{B}=\boldsymbol{s}_{\upsilon_m}+\Delta \boldsymbol{r}_{Rot_m}+\Delta \boldsymbol{r}_{Scrl_m} \\
\Delta \boldsymbol{r}_{Rot_m}\equiv\dfrac{1}{6}(\boldsymbol{s}_{\alpha_m}\times\boldsymbol{\upsilon}_m+\boldsymbol{\alpha}_m\times\boldsymbol{s}_{\upsilon_m}) \\
\Delta \boldsymbol{r}_{Scrl_m}\equiv\dfrac{1}{6}\displaystyle\int_{t_{m-1}}^{t_m}\left[6\Delta \boldsymbol{v}_{Scul}(t)-\boldsymbol{s}_{\alpha}(t)\times\boldsymbol{f}^{B}+\boldsymbol{s}_{\upsilon}(t)\times\boldsymbol{\omega}_{IB}^{B}+\boldsymbol{\alpha}(t)\times\boldsymbol{\upsilon}(t)\right]\mathrm{d}t
\end{cases}
\tag{2-2-85}
$$

其中

$$
\begin{cases}
\boldsymbol{s}_{\alpha}(t)=\displaystyle\int_{t_{m-1}}^{t}\boldsymbol{\alpha}(\tau)\mathrm{d}\tau, \quad \boldsymbol{s}_{\alpha_m}=\boldsymbol{s}_{\alpha}(t_m) \\
\boldsymbol{s}_{\upsilon}(t)=\displaystyle\int_{t_{m-1}}^{t}\boldsymbol{\upsilon}(\tau)\mathrm{d}\tau, \quad \boldsymbol{s}_{\upsilon_m}=\boldsymbol{s}_{\upsilon}(t_m)
\end{cases}
\tag{2-2-86}
$$

式（2－2－85）即为 $\Delta \boldsymbol{r}_{SF_m}^{B}$ 的计算式。与 2.2.2.2.2 节类似，式（2－2－85）中 $\Delta \boldsymbol{r}_{Rot_m}$ 被定义为位置旋转效应（rotating）补偿项，它代表 $\Delta \boldsymbol{r}_{SF_m}^{B}$ 中的低频分量；$\Delta \boldsymbol{r}_{Scrl_m}$ 被定义为位置涡卷效应（scrolling）补偿项（该命名没有特殊含义，仅仅是为了提供一个与划桨效应类似的名称），它代表 $\Delta \boldsymbol{r}_{SF_m}^{B}$ 中的高频分量。当角速度与比力为常量时，涡卷效应补偿项为零，但位置旋转效应补偿项非零。下面分别介绍一种更精确的位置旋转效应补偿项算法

及具体的涡卷效应补偿项算法。

2.2.3.1.1 常量输入条件下精确的位置旋转效应补偿项算法

注意到式（2-2-85）中的位置旋转效应补偿项 $\Delta \boldsymbol{r}_{Rot_m}$ 是根据式（2-2-56）得来的。回顾 2.2.2.2.2 节可知，式（2-2-56）中包含了在常量输入条件下不精确的速度旋转效应补偿项［因为采用了近似式（2-2-52）］。因此在角速度与比力均为常量的条件下，式（2-2-85）中的位置旋转效应补偿项算法也不是精确的。为了在角速度与比力均为常量的条件下得到更精确的位置旋转效应补偿项算法，本节将根据式（2-2-59）而不是式（2-2-56）推导位置旋转效应补偿项。将式（2-2-59）中的 $t_m$ 时刻量替换为 $t$ 时刻量并代入式（2-2-82）可得

$$\begin{aligned}
\Delta \boldsymbol{r}_{SF_m}^{B} &= \int_0^{T_m}\left[\boldsymbol{v}(t+t_{m-1}) + \frac{1-\cos(\omega t)}{\omega}(\boldsymbol{u}\times\boldsymbol{f}^B) + \frac{\omega t-\sin(\omega t)}{\omega}((\boldsymbol{u}\times)^2\boldsymbol{f}^B)\right]\mathrm{d}t \\
&= \int_{t_{m-1}}^{t_m}\boldsymbol{v}(t)\mathrm{d}t + (\boldsymbol{u}\times\boldsymbol{f}^B)\int_0^{T_m}\frac{1-\cos(\omega t)}{\omega}\mathrm{d}t + ((\boldsymbol{u}\times)^2\boldsymbol{f}^B)\int_0^{T_m}\frac{\omega t-\sin(\omega t)}{\omega}\mathrm{d}t \\
&= \boldsymbol{s}_{v_m} + (\boldsymbol{u}\times\boldsymbol{f}^B)\left(\frac{T_m}{\omega} - \frac{\sin(T_m\omega)}{\omega^2}\right) + ((\boldsymbol{u}\times)^2\boldsymbol{f}^B)\left(\frac{T_m^2}{2} - \frac{1-\cos(T_m\omega)}{\omega^2}\right) \\
&= \boldsymbol{s}_{v_m} + (\boldsymbol{u}\times\boldsymbol{f}^B)\frac{T_m^2}{\alpha_m}\left(1-\frac{\sin\alpha_m}{\alpha_m}\right) + ((\boldsymbol{u}\times)^2\boldsymbol{f}^B)T_m^2\left(\frac{1}{2}-\frac{1-\cos\alpha_m}{\alpha_m^2}\right) \\
&= \boldsymbol{s}_{v_m} + \left[\frac{1}{\alpha_m^2}\left(1-\frac{\sin\alpha_m}{\alpha_m}\right)\boldsymbol{I} + \frac{1}{\alpha_m^2}\left(\frac{1}{2}-\frac{1-\cos\alpha_m}{\alpha_m^2}\right)(\boldsymbol{\alpha}_m\times)\right](\boldsymbol{\alpha}_m\times\boldsymbol{v}_m)T_m
\end{aligned} \tag{2-2-87}$$

式中，$\boldsymbol{u}$ 与 $\omega$ 的含义同 2.2.2.2.2 节。考虑到当角速度与比力为常量时涡卷效应补偿项 $\Delta \boldsymbol{r}_{Scrl_m}$ 为零，对比式（2-2-85）可知

$$\Delta \boldsymbol{r}_{Rot_m} = \left[\frac{1}{\alpha_m^2}\left(1-\frac{\sin\alpha_m}{\alpha_m}\right)\boldsymbol{I} + \frac{1}{\alpha_m^2}\left(\frac{1}{2}-\frac{1-\cos\alpha_m}{\alpha_m^2}\right)(\boldsymbol{\alpha}_m\times)\right](\boldsymbol{\alpha}_m\times\boldsymbol{v}_m)T_m \tag{2-2-88}$$

上式即在角速度与比力均为常量条件下精确的位置旋转效应补偿项计算式，式中的三角函数项在计算机上执行时可用泰勒级数替代。为了与式（2-2-85）中的位置旋转效应补偿项计算式比较，通过积分运算可以证明在角速度与比力均为常量的条件下有

$$(\boldsymbol{\alpha}_m\times\boldsymbol{v}_m)T_m = \boldsymbol{s}_{\alpha_m}\times\boldsymbol{v}_m + \boldsymbol{\alpha}_m\times\boldsymbol{s}_{v_m} \tag{2-2-89}$$

代入式（2-2-88）可得

$$\Delta \boldsymbol{r}_{Rot_m} = \left[\frac{1}{\alpha_m^2}\left(1-\frac{\sin\alpha_m}{\alpha_m}\right)\boldsymbol{I} + \frac{1}{\alpha_m^2}\left(\frac{1}{2}-\frac{1-\cos\alpha_m}{\alpha_m^2}\right)(\boldsymbol{\alpha}_m\times)\right](\boldsymbol{s}_{\alpha_m}\times\boldsymbol{v}_m + \boldsymbol{\alpha}_m\times\boldsymbol{s}_{v_m}) \tag{2-2-90}$$

上式的形式使其可与式（2-2-85）中的 $\Delta \boldsymbol{r}_{Rot_m}$ 进行对比，由此可以发现后者是前者的一阶近似。

2.2.3.1.2 涡卷效应补偿算法

由于涡卷效应补偿项包含高频分量，因此一般采用高速解算周期进行计算。为此，根

据式（2-2-85）将涡卷效应补偿项 $\Delta \boldsymbol{r}_{Scrl_m}$ 表示为如下细分计算形式

$$\begin{cases}\Delta \boldsymbol{r}_{Scrl_l} = \Delta \boldsymbol{r}_{Scrl_{l-1}} + \delta \boldsymbol{r}_{Scrl_l} \\ \delta \boldsymbol{r}_{Scrl_l} = \dfrac{1}{6}\displaystyle\int_{t_{l-1}}^{t_l} [6\Delta \boldsymbol{v}_{Scul}(t) - \boldsymbol{s}_\alpha(t) \times \boldsymbol{f}^B + \boldsymbol{s}_\upsilon(t) \times \boldsymbol{\omega}_{IB}^B + \boldsymbol{\alpha}(t) \times \boldsymbol{\upsilon}(t)]\,\mathrm{d}t \\ \Delta \boldsymbol{r}_{Scrl_m} = \Delta \boldsymbol{r}_{Scrl_l}(t_l = t_m), \quad \Delta \boldsymbol{r}_{Scrl_l} = 0(t_l = t_{m-1})\end{cases} \tag{2-2-91}$$

式中，$\Delta \boldsymbol{v}_{Scul}(t)$ 的算法见 2.2.2.2.2 节，$\boldsymbol{s}_\alpha(t)$、$\boldsymbol{s}_\upsilon(t)$ 的算法如下

$$\begin{cases}\boldsymbol{s}_\alpha(t) = \boldsymbol{s}_{\alpha_{l-1}} + \Delta \boldsymbol{s}_\alpha(t), \quad \Delta \boldsymbol{s}_\alpha(t) = \displaystyle\int_{t_{l-1}}^{t} \boldsymbol{\alpha}(\tau)\,\mathrm{d}\tau \\ \boldsymbol{s}_\upsilon(t) = \boldsymbol{s}_{\upsilon_{l-1}} + \Delta \boldsymbol{s}_\upsilon(t), \quad \Delta \boldsymbol{s}_\upsilon(t) = \displaystyle\int_{t_{l-1}}^{t} \boldsymbol{\upsilon}(\tau)\,\mathrm{d}\tau\end{cases} \tag{2-2-92}$$

在 $t_l$ 时刻有

$$\begin{gathered}\begin{cases}\boldsymbol{s}_{\alpha_l} = \boldsymbol{s}_{\alpha_{l-1}} + \Delta \boldsymbol{s}_{\alpha_l}, \quad \Delta \boldsymbol{s}_{\alpha_l} = \Delta \boldsymbol{s}_\alpha(t_l) \\ \boldsymbol{s}_{\alpha_m} = \boldsymbol{s}_{\alpha_l}(t_l = t_m), \quad \boldsymbol{s}_{\alpha_l} = \boldsymbol{0}(t_l = t_{m-1})\end{cases} \\ \begin{cases}\boldsymbol{s}_{\upsilon_l} = \boldsymbol{s}_{\upsilon_{l-1}} + \Delta \boldsymbol{s}_{\upsilon_l}, \quad \Delta \boldsymbol{s}_{\upsilon_l} = \Delta \boldsymbol{s}_\upsilon(t_l) \\ \boldsymbol{s}_{\upsilon_m} = \boldsymbol{s}_{\upsilon_l}(t_l = t_m), \quad \boldsymbol{s}_{\upsilon_l} = \boldsymbol{0}(t_l = t_{m-1})\end{cases}\end{gathered} \tag{2-2-93}$$

需要注意的是，通常陀螺输出为角增量，加速度计输出为比速度增量，因此式（2-2-91）及式（2-2-92）中的积分项是无法精确计算的。在这种情况下，与圆锥效应补偿项和划桨效应补偿项的计算类似，可以假设 $\boldsymbol{\omega}_{IB}^B$、$\boldsymbol{f}^B$ 在 $t_{l-1}$ 至 $t_l$ 时段内呈线性变化，得到 $\delta \boldsymbol{r}_{Scrl_l}$、$\Delta \boldsymbol{s}_{\alpha_l}$、$\Delta \boldsymbol{s}_{\upsilon_l}$ 的计算式为（推导过程参考文献［12］第 7.3.3.2 节）

$$\begin{cases}\Delta \boldsymbol{r}_{Scrl_l} = \Delta \boldsymbol{r}_{Scrl_{l-1}} + \delta \boldsymbol{r}_{ScrlA_l} + \delta \boldsymbol{r}_{ScrlB_l} \\ \delta \boldsymbol{r}_{ScrlA_l} = \Delta \boldsymbol{v}_{Scul_{l-1}} T_l + \dfrac{1}{2}\left[\boldsymbol{\alpha}_{l-1} - \dfrac{1}{12}(\Delta \boldsymbol{\alpha}_l - \Delta \boldsymbol{\alpha}_{l-1})\right] \times (\Delta \boldsymbol{s}_{\upsilon_l} - \boldsymbol{\upsilon}_{l-1} T_l) + \\ \qquad \dfrac{1}{2}\left[\boldsymbol{\upsilon}_{l-1} - \dfrac{1}{12}(\Delta \boldsymbol{\upsilon}_l - \Delta \boldsymbol{\upsilon}_{l-1})\right] \times (\Delta \boldsymbol{s}_{\alpha_l} - \boldsymbol{\alpha}_{l-1} T_l) \\ \delta \boldsymbol{r}_{ScrlB_l} = \dfrac{1}{6}\left[\boldsymbol{s}_{\upsilon_{l-1}} + \dfrac{T_l}{24}(\Delta \boldsymbol{\upsilon}_l - \Delta \boldsymbol{\upsilon}_{l-1})\right] \times \Delta \boldsymbol{\alpha}_l - \dfrac{1}{6}\left[\boldsymbol{s}_{\alpha_{l-1}} + \dfrac{T_l}{24}(\Delta \boldsymbol{\alpha}_l - \Delta \boldsymbol{\alpha}_{l-1})\right] \times \Delta \boldsymbol{\upsilon}_l + \\ \qquad \dfrac{T_l}{6}\left[\boldsymbol{\alpha}_{l-1} - \dfrac{1}{6}(\Delta \boldsymbol{\alpha}_l - \Delta \boldsymbol{\alpha}_{l-1})\right] \times \left[\boldsymbol{\upsilon}_{l-1} - \dfrac{1}{6}(\Delta \boldsymbol{\upsilon}_l - \Delta \boldsymbol{\upsilon}_{l-1})\right] - \\ \qquad \dfrac{T_l}{2\,160}(\Delta \boldsymbol{\alpha}_l - \Delta \boldsymbol{\alpha}_{l-1}) \times (\Delta \boldsymbol{\upsilon}_l - \Delta \boldsymbol{\upsilon}_{l-1})\end{cases} \tag{2-2-94}$$

其中

$$
\begin{cases}
\Delta \boldsymbol{s}_{\alpha_l} = \boldsymbol{\alpha}_{l-1} T_l + \dfrac{T_l}{12}(5\Delta\boldsymbol{\alpha}_l + \Delta\boldsymbol{\alpha}_{l-1}) \\
\Delta \boldsymbol{s}_{\upsilon_l} = \boldsymbol{\upsilon}_{l-1} T_l + \dfrac{T_l}{12}(5\Delta\boldsymbol{\upsilon}_l + \Delta\boldsymbol{\upsilon}_{l-1})
\end{cases}
\tag{2-2-95}
$$

式（2－2－94）中，$\delta \boldsymbol{r}_{ScrlA_l}$ 表示 $\Delta \boldsymbol{r}_{Scrl_l}$ 中由 $\Delta \boldsymbol{v}_{Scul}$ 所引起的误差；$\delta \boldsymbol{r}_{ScrlB_l}$ 表示 $\Delta \boldsymbol{r}_{Scrl_l}$ 中由除 $\Delta \boldsymbol{v}_{Scul}$ 之外其他项所引起的误差。

下面进一步给出与式（2－2－94）及式（2－2－95）等价的双子样算法。当 $2T_l = T_m$ 时，首先推导 $\boldsymbol{s}_{\alpha_m}$、$\boldsymbol{s}_{\upsilon_m}$ 的表达式。根据式（2－2－93）、式（2－2－95），并考虑式（2－2－68），得到

$$
\boldsymbol{s}_{\alpha_m} = \Delta \boldsymbol{s}_{\alpha_{l-1}} + \Delta \boldsymbol{s}_{\alpha_l} = \frac{T_l}{3}(\Delta\boldsymbol{\alpha}_l + 5\Delta\boldsymbol{\alpha}_{l-1}) \tag{2-2-96}
$$

$$
\boldsymbol{s}_{\upsilon_m} = \Delta \boldsymbol{s}_{\upsilon_{l-1}} + \Delta \boldsymbol{s}_{\upsilon_l} = \frac{T_l}{3}(\Delta\boldsymbol{\upsilon}_l + 5\Delta\boldsymbol{\upsilon}_{l-1}) \tag{2-2-97}
$$

根据式（2－2－85）、式（2－2－96）、式（2－2－97）及式（2－2－68）得到旋转效应补偿项 $\Delta \boldsymbol{r}_{Rot_m}$ 双子样算法为

$$
\Delta \boldsymbol{r}_{Rot_m} = T_l\left[\Delta\boldsymbol{\alpha}_l \times \left(\frac{1}{9}\Delta\boldsymbol{\upsilon}_l + \frac{1}{3}\Delta\boldsymbol{\upsilon}_{l-1}\right) + \Delta\boldsymbol{\alpha}_{l-1} \times \left(\frac{1}{3}\Delta\boldsymbol{\upsilon}_l + \frac{5}{9}\Delta\boldsymbol{\upsilon}_{l-1}\right)\right] \tag{2-2-98}
$$

上式与文献［35］第 9.7.3 节中式（9－7－39）一致。

根据式（2－2－94）、式（2－2－96）、式（2－2－97）、式（2－2－68）及式（2－2－69）得到涡卷误差补偿项 $\Delta \boldsymbol{r}_{Scrl_m}$ 的双子样算法为

$$
\begin{cases}
\delta \boldsymbol{r}_{ScrlA_{l-1}} = -\dfrac{T_l}{48}\Delta\boldsymbol{\alpha}_l \times \Delta\boldsymbol{\upsilon}_{l-1} + \dfrac{T_l}{48}\Delta\boldsymbol{\alpha}_{l-1} \times \Delta\boldsymbol{\upsilon}_l \\
\delta \boldsymbol{r}_{ScrlA_l} = -\dfrac{5T_l}{16}\Delta\boldsymbol{\alpha}_l \times \Delta\boldsymbol{\upsilon}_{l-1} + \dfrac{5T_l}{16}\Delta\boldsymbol{\alpha}_{l-1} \times \Delta\boldsymbol{\upsilon}_l \\
\delta \boldsymbol{r}_{ScrlB_{l-1}} = \dfrac{T_l}{240}\Delta\boldsymbol{\alpha}_l \times \Delta\boldsymbol{\upsilon}_l - \dfrac{T_l}{90}\Delta\boldsymbol{\alpha}_l \times \Delta\boldsymbol{\upsilon}_{l-1} - \dfrac{T_l}{90}\Delta\boldsymbol{\alpha}_{l-1} \times \Delta\boldsymbol{\upsilon}_l + \dfrac{13T_l}{720}\Delta\boldsymbol{\alpha}_{l-1} \times \Delta\boldsymbol{\upsilon}_{l-1} \\
\delta \boldsymbol{r}_{ScrlB_l} = \dfrac{13T_l}{720}\Delta\boldsymbol{\alpha}_l \times \Delta\boldsymbol{\upsilon}_l - \dfrac{11T_l}{90}\Delta\boldsymbol{\alpha}_l \times \Delta\boldsymbol{\upsilon}_{l-1} - \dfrac{11T_l}{90}\Delta\boldsymbol{\alpha}_{l-1} \times \Delta\boldsymbol{\upsilon}_l + \dfrac{163T_l}{720}\Delta\boldsymbol{\alpha}_{l-1} \times \Delta\boldsymbol{\upsilon}_{l-1} \\
\Delta \boldsymbol{r}_{Scrl_m} = \Delta \boldsymbol{r}_{Scrl_l} = \Delta \boldsymbol{r}_{Scrl_{l-1}} + \delta \boldsymbol{r}_{ScrlA_l} + \delta \boldsymbol{r}_{ScrlB_l} \\
\qquad = \delta \boldsymbol{r}_{ScrlA_{l-1}} + \delta \boldsymbol{r}_{ScrlB_{l-1}} + \delta \boldsymbol{r}_{ScrlA_l} + \delta \boldsymbol{r}_{ScrlB_l} \\
\qquad = T_l\left(\dfrac{1}{45}\Delta\boldsymbol{\alpha}_l \times \Delta\boldsymbol{\upsilon}_l - \dfrac{7}{15}\Delta\boldsymbol{\alpha}_l \times \Delta\boldsymbol{\upsilon}_{l-1} + \dfrac{1}{5}\Delta\boldsymbol{\alpha}_{l-1} \times \Delta\boldsymbol{\upsilon}_l + \dfrac{11}{45}\Delta\boldsymbol{\alpha}_{l-1} \times \Delta\boldsymbol{\upsilon}_{l-1}\right)
\end{cases}
\tag{2-2-99}
$$

上式与文献［35］第 9.7.3 节中式（9－7－40）一致。

#### 2.2.3.2 位置更新算法框图

位置更新算法可以用框图表示，如图 2－3 所示。

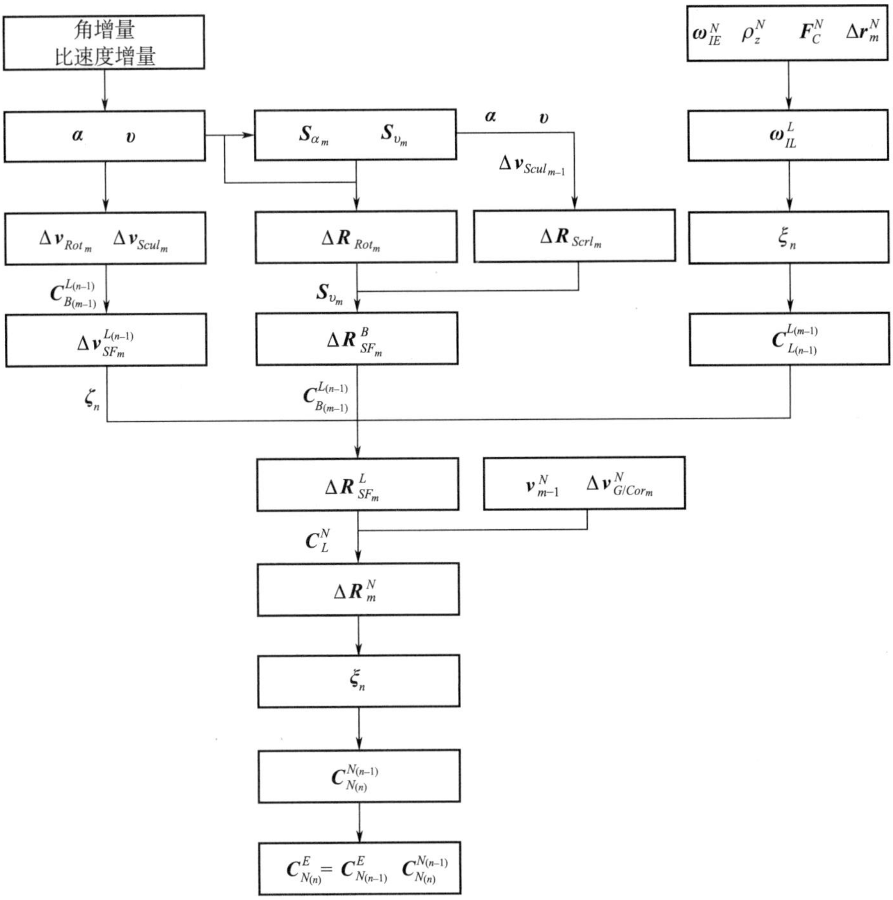


图 2-3　位置更新算法框图

## 2.3　捷联惯性导航误差方程

捷联惯性导航误差方程是关于位置、速度和姿态等导航参数误差动态特性的一组微分方程，它描述了各种误差源在捷联惯性导航系统中的传播规律，是对系统参数进行估计的基础。为便于利用卡尔曼滤波等线性系统估计方法，总是期望误差方程能包含一组封闭的参数，并能表示为线性方程组的形式。因此在推导误差方程时需要用到摄动的方法对方程进行线性化，在这一过程中忽略了二阶及以上的小量。本大节的内容主要引用了文献［12］第 12 章。

### 2.3.1　惯性导航误差参数

本节在 1.6 节的误差参数基础上，介绍与惯性导航相关的垂直通道阻尼项误差、地球自转角速度及位移角速度误差，最后给出常用导航误差参数形式的选择。

#### 2.3.1.1 垂直通道阻尼项误差

纯惯性导航垂直通道是不稳定的，诸如加速度计零偏等误差源引起高度误差随时间的增加而加速增加，因此，不可能用纯惯导的方法在较长的时间内确定高度，通常采用气压高度计或无线电高度计与惯性高度进行组合，构成含阻尼的混合垂直通道。本节给出导航系、地球系、惯性系下垂直通道中阻尼项的误差表达式，完整的垂直通道误差表达式将在后续章节中给出。

需要说明的是在利用卡尔曼滤波进行组合导航时，由于卡尔曼滤波器是一种变增益的反馈控制系统，它从量测中分离出了高度误差，并进行了校正，所以高度误差被限定在一个较小的数值范围内，这相当于给纯惯性垂直通道引入了阻尼。

##### 2.3.1.1.1 导航系下的垂直通道阻尼项误差

由式（2－1－21），导航系下典型的含阻尼垂直通道的实现方式为

$$\begin{cases}\dot{\boldsymbol{v}}^N=\boldsymbol{f}^N-(\boldsymbol{\omega}_{EN}^N+2\boldsymbol{\omega}_{IE}^N)\times\boldsymbol{v}^N+\boldsymbol{g}^N-e_{VC_1}\boldsymbol{u}_{Z_N}^N\\ \dot{h}=\boldsymbol{v}^N\cdot\boldsymbol{u}_{Z_N}^N-e_{VC_2}\end{cases}\tag{2-3-1}$$

其中

$$\begin{cases}\partial h=h-h_{Altm}\\ e_{VC_1}=e_{VC_3}+C_2\partial h\\ e_{VC_2}=C_3\partial h\\ \dot{e}_{VC_3}=C_1\partial h\end{cases}\tag{2-3-2}$$

式中 $C_1$，$C_2$，$C_3$ ——垂直通道控制增益；

$e_{VC_1}$，$e_{VC_2}$，$e_{VC_3}$ ——垂直通道控制信号；

$h_{Altm}$ ——高度计给出的高度；

$\partial h$ ——高度误差信号。

为方便推导式（2－3－1）中阻尼项的误差，可以先找出垂直通道控制信号误差的表达式。而在此之前，先介绍 $\partial h$ 的一个重要特性。将 $\partial h$ 表示为

$$\partial h=\hat{h}-\tilde{h}_{Altm}=(h_{True}+\delta h)-(h_{True}+\delta h_{Altm})=\delta h-\delta h_{Altm}\tag{2-3-3}$$

式中 $\hat{h}$ ——惯导系统计算得到的高度；

$\tilde{h}_{Altm}$ ——高度计给出的高度（上述两项高度都含有误差）；

$h_{True}$ ——真实高度；

$\delta h_{Altm}$ ——高度计测量误差。

另一方面，由式（2－3－2）可知

$$\delta(\partial h)=\delta h-\delta h_{Altm}\tag{2-3-4}$$

由式（2－3－4）与式（2－3－3）可知

$$\delta(\partial h)=\partial h\tag{2-3-5}$$

上式说明 $\partial h$ 是一阶高度误差的直接量测。将式（2－3－5）代入式（2－3－2）可得

$$\delta\dot{e}_{VC_3}=C_1\delta(\partial h)=C_1(\delta h-\delta h_{Altm}) \tag{2-3-6}$$

由上式可知 $\delta\dot{e}_{VC_3}=\dot{e}_{VC_3}$，考虑到 $e_{VC_3}$ 的初值与初始误差均为零，因此有

$$\delta e_{VC_3}=e_{VC_3} \tag{2-3-7}$$

由式（2-3-2）可得

$$\begin{cases}\delta e_{VC_1}=\delta e_{VC_3}+C_2\delta(\partial h)=\delta e_{VC_3}+C_2(\delta h-\delta h_{Altm})=e_{VC_1}\\ \delta e_{VC_2}=C_3\delta(\partial h)=C_3(\delta h-\delta h_{Altm})=e_{VC_2}\end{cases} \tag{2-3-8}$$

由式（2-3-7）及式（2-3-8）可知，与 $\partial h$ 类似，各项垂直通道控制信号的误差等于相应信号。得到了这些信号的表达式后，可以进一步得出式（2-3-1）中阻尼项的误差表达式，由式（2-3-8）可以获得速度阻尼项误差为

$$\delta(e_{VC_1}\boldsymbol{u}_{Z_N}^N)=\delta e_{VC_1}\boldsymbol{u}_{Z_N}^N=[\delta e_{VC_3}+C_2(\delta h-\delta h_{Altm})]\boldsymbol{u}_{Z_N}^N \tag{2-3-9}$$

高度阻尼项误差直接由式（2-3-8）给出。

2.3.1.1.2　地球系下的垂直通道阻尼项误差

采用与导航系相同的垂直通道阻尼，地球系下的速度方程及位置方程为（参考文献[12] 第 12.1.3 节）

$$\begin{cases}\dot{\boldsymbol{v}}^E=\boldsymbol{f}^E-2\boldsymbol{\omega}_{IE}^E\times\boldsymbol{v}^E+\boldsymbol{g}^E-e_{VC_1}\boldsymbol{u}_{Z_N}^E\\ \dot{\boldsymbol{r}}^E=\boldsymbol{v}^E-e_{VC_2}\boldsymbol{u}_{Z_N}^E\end{cases} \tag{2-3-10}$$

其中，速度阻尼项的误差为

$$\delta(e_{VC_1}\boldsymbol{u}_{Z_N}^E)=\delta e_{VC_1}\boldsymbol{u}_{Z_N}^E+e_{VC_1}\delta\boldsymbol{u}_{Z_N}^{\overline{E}} \tag{2-3-11}$$

由于 $\delta e_{VC_1}=e_{VC_1}$，所以 $e_{VC_1}\delta\boldsymbol{u}_{Z_N}^{\overline{E}}$ 相对于 $\delta e_{VC_1}\boldsymbol{u}_{Z_N}^E$ 为高阶小量，忽略该项并代入式（1-6-48）及式（2-3-8）得

$$\delta(e_{VC_1}\boldsymbol{u}_{Z_N}^E)\approx[\delta e_{VC_3}+C_2(\delta h-\delta h_{Altm})]\boldsymbol{u}_{Z_N}^E\approx[\delta e_{VC_3}+C_2(\delta r-\delta h_{Altm})]\boldsymbol{u}_{Z_N}^E \tag{2-3-12}$$

同理可得高度阻尼项的误差为

$$\begin{aligned}\delta(e_{VC_2}\boldsymbol{u}_{Z_N}^E)&=\delta e_{VC_2}\boldsymbol{u}_{Z_N}^E+e_{VC_2}\delta\boldsymbol{u}_{Z_N}^{\overline{E}}\approx\delta e_{VC_2}\boldsymbol{u}_{Z_N}^E\\&=C_3(\delta h-\delta h_{Altm})\boldsymbol{u}_{Z_N}^E\\&\approx C_3(\delta r-\delta h_{Altm})\boldsymbol{u}_{Z_N}^E\end{aligned} \tag{2-3-13}$$

由式（2-3-6）及式（1-6-48）得

$$\delta\dot{e}_{VC_3}\approx C_1(\delta r-\delta h_{Altm}) \tag{2-3-14}$$

在某些导航误差微分方程中，用到的误差参数是 $\delta\boldsymbol{r}|_E$ 而不是 $\delta r$，此时可以用式（1-6-44）或式（1-6-45）进行转换。

2.3.1.1.3　惯性系下的垂直通道阻尼项误差

采用与导航系相同的垂直通道阻尼，惯性系下的速度方程及位置方程为（参考文献[12] 第 12.1.4 节）

$$\begin{cases}\dot{\boldsymbol{v}}_I^I=\boldsymbol{f}^I+\boldsymbol{\omega}_{IE}^I\times(\boldsymbol{\omega}_{IE}^I\times\boldsymbol{r}^I)+\boldsymbol{g}^I-e_{VC_1}\boldsymbol{u}_{Z_N}^I\\ \dot{\boldsymbol{r}}^I=\boldsymbol{v}_I^I-e_{VC_2}\boldsymbol{u}_{Z_N}^I\end{cases}\tag{2-3-15}$$

其中，速度阻尼项的误差为

$$\delta(e_{VC_1}\boldsymbol{u}_{Z_N}^I)=\delta e_{VC_1}\boldsymbol{u}_{Z_N}^I+e_{VC_1}\delta\boldsymbol{u}_{Z_N}^{\bar{I}}\tag{2-3-16}$$

同式（2-3-11），可以看出 $e_{VC_1}\delta\boldsymbol{u}_{Z_N}^{\bar{I}}=\delta e_{VC_1}\delta\boldsymbol{u}_{Z_N}^{\bar{I}}$ 相对于 $\delta e_{VC_1}\boldsymbol{u}_{Z_N}^I$ 为高阶小量，忽略该项并代入式（1-6-48）及式（2-3-8）得

$$\begin{aligned}\delta(e_{VC_1}\boldsymbol{u}_{Z_N}^I)&\approx[\delta e_{VC_3}+C_2(\delta h-\delta h_{Altm})]\boldsymbol{u}_{Z_N}^I\\&\approx[\delta e_{VC_3}+C_2(\delta r-\delta h_{Altm})]\boldsymbol{u}_{Z_N}^I\end{aligned}\tag{2-3-17}$$

同理可得高度阻尼项的误差为

$$\begin{aligned}\delta(e_{VC_2}\boldsymbol{u}_{Z_N}^I)&=\delta e_{VC_2}\boldsymbol{u}_{Z_N}^I+e_{VC_2}\delta\boldsymbol{u}_{Z_N}^{\bar{I}}\approx\delta e_{VC_2}\boldsymbol{u}_{Z_N}^I\\&\approx C_3(\delta h-\delta h_{Altm})\boldsymbol{u}_{Z_N}^I\approx C_3(\delta r-\delta h_{Altm})\boldsymbol{u}_{Z_N}^I\end{aligned}\tag{2-3-18}$$

$\delta e_{VC_3}$ 的计算方法见式（2-3-14）。

#### 2.3.1.2　导航系下地球自转角速度[⑧]及位移角速度误差

本节分析地球自转角速度误差及位移角速度误差，因为这两种误差仅在导航系下存在，因此本节的分析仅针对导航系。

由于地球自转角速度 $\boldsymbol{\omega}_{IE}^N=\boldsymbol{C}_E^N\boldsymbol{\omega}_{IE}^E$，其中 $\boldsymbol{\omega}_{IE}^E$ 为常数，因此由式（1-6-25）可得导航系下的地球自转角速度分量差误差（矢量自身无误差，但观测的坐标系 $N$ 存在误差）为

$$\delta\boldsymbol{\omega}_{IE}^{\bar{N}}=\delta\boldsymbol{C}_E^N\boldsymbol{\omega}_{IE}^E\approx-(\delta\boldsymbol{\theta}^N\times)\boldsymbol{C}_E^N\boldsymbol{\omega}_{IE}^E=\boldsymbol{\omega}_{IE}^N\times\delta\boldsymbol{\theta}^N\tag{2-3-19}$$

某些场合下，需要将 $\delta\boldsymbol{\omega}_{IE}^{\bar{N}}$ 用 $(\delta\boldsymbol{r}|_{\bar{E}})^{\bar{N}}$ 表示。为方便推导，定义 $\boldsymbol{\omega}_{IE}^N$ 和 $(\delta\boldsymbol{r}|_{\bar{E}})^{\bar{N}}$ 为各自水平分量与垂直分量的和，有如下关系式

$$\begin{aligned}\boldsymbol{\omega}_{IE}^N&\equiv\boldsymbol{\omega}_{IE_H}^N+(\boldsymbol{\omega}_{IE}^N\cdot\boldsymbol{u}_{Z_N}^N)\boldsymbol{u}_{Z_N}^N\\(\delta\boldsymbol{r}|_{\bar{E}})^{\bar{N}}&\equiv(\delta\boldsymbol{r}|_{\bar{E}})_H^{\bar{N}}+((\delta\boldsymbol{r}|_{\bar{E}})^{\bar{N}}\cdot\boldsymbol{u}_{Z_N}^N)\boldsymbol{u}_{Z_N}^N\end{aligned}\tag{2-3-20}$$

注意到垂直单位矢量 $\boldsymbol{u}_{Z_N}^N$ 与水平矢量的点积为零，$\boldsymbol{u}_{Z_N}^N$ 与自身的叉积为零，将式（1-6-40）、式（2-3-20）及式（B-2-5）代入式（2-3-19）得

$$\begin{aligned}\delta\boldsymbol{\omega}_{IE}^{\bar{N}}&\approx\boldsymbol{\omega}_{IE}^N\times\left\{\frac{1}{r}[\boldsymbol{u}_{Z_N}^N\times(\delta\boldsymbol{r}|_{\bar{E}})^{\bar{N}}]+\delta\theta_z^N\boldsymbol{u}_{Z_N}^N\right\}\\&=[\boldsymbol{\omega}_{IE_H}^N+(\boldsymbol{\omega}_{IE}^N\cdot\boldsymbol{u}_{Z_N}^N)\boldsymbol{u}_{Z_N}^N]\times\left\{\frac{1}{r}[\boldsymbol{u}_{Z_N}^N\times(\delta\boldsymbol{r}|_{\bar{E}})_H^{\bar{N}}]+\delta\theta_z^N\boldsymbol{u}_{Z_N}^N\right\}\\&=\left\{\boldsymbol{\omega}_{IE_H}^N\times\frac{1}{r}[\boldsymbol{u}_{Z_N}^N\times(\delta\boldsymbol{r}|_{\bar{E}})_H^{\bar{N}}]+\boldsymbol{\omega}_{IE_H}^N\times\delta\theta_z^N\boldsymbol{u}_{Z_N}^N+(\boldsymbol{\omega}_{IE}^N\cdot\boldsymbol{u}_{Z_N}^N)\boldsymbol{u}_{Z_N}^N\times\frac{1}{r}[\boldsymbol{u}_{Z_N}^N\times(\delta\boldsymbol{r}|_{\bar{E}})_H^{\bar{N}}]\right\}\\&=\frac{1}{r}[(\boldsymbol{\omega}_{IE_H}^N\cdot(\delta\boldsymbol{r}|_{\bar{E}})_H^{\bar{N}})\boldsymbol{u}_{Z_N}^N-(\boldsymbol{\omega}_{IE}^N\cdot\boldsymbol{u}_{Z_N}^N)(\delta\boldsymbol{r}|_{\bar{E}})_H^{\bar{N}}]+\delta\theta_z^N\boldsymbol{\omega}_{IE\,H}^N\times\boldsymbol{u}_{Z_N}^N\end{aligned}\tag{2-3-21}$$

---

⑧ 对应 basic/earth/earthrate.m

由 2.1.1.2 节知，位移角速度为

$$\boldsymbol{\omega}_{EN}^{N}=\boldsymbol{F}_{C}^{N}(\boldsymbol{u}_{Z_N}^{N}\times\boldsymbol{v}^{N})+\omega_{EN_z}^{N}\boldsymbol{u}_{Z_N}^{N} \tag{2-3-22}$$

式中，曲率矩阵 $\boldsymbol{F}_C^N$ 与载体纬度、高度及游移方位角相关。与高度相比，载体纬度及游移方位角对 $\boldsymbol{F}_C^N$ 的影响是小量，在进行误差分析时可以忽略。对式（2-3-22）微分得位移角速度分量差误差为

$$\delta\boldsymbol{\omega}_{EN}^{\overline{N}}=\boldsymbol{F}_{C}^{N}(\boldsymbol{u}_{Z_N}^{N}\times(\delta\boldsymbol{v}|_{\overline{N}})^{\overline{N}})+\frac{\mathrm{d}\boldsymbol{F}_{C}^{N}}{\mathrm{d}h}(\boldsymbol{u}_{Z_N}^{N}\times\boldsymbol{v}^{N})\delta h+\delta\omega_{EN_z}^{\overline{N}}\boldsymbol{u}_{Z_N}^{N} \tag{2-3-23}$$

在地理坐标系下，$\boldsymbol{F}_C^N$ 的表达式如式（2-1-6）所示

$$\boldsymbol{F}_{C}^{N}=\mathrm{diag}\left(\begin{bmatrix}\frac{1}{R_M+h} & \frac{1}{R_N+h} & 0\end{bmatrix}\right) \tag{2-3-24}$$

在游移方位坐标系和自由方位坐标系下，为简化分析过程，认为地球是半径为 $R_0$ 的圆球（1′的纬度误差平均导致约 4 m 的参考椭球体表面的曲率半径误差，相比惯性导航一般的高度误差而言是一个小量）。在实际应用中，近似的地球半径 $R_0$ 可以取载体所在纬度上子午圈曲率半径和卯酉圈曲率半径的均值。在这种近似下，$\boldsymbol{F}_C^N$ 就与载体纬度和游移方位角无关了，此时

$$\boldsymbol{F}_{C}^{N}\approx\mathrm{diag}\left(\begin{bmatrix}\frac{1}{R_0+h} & \frac{1}{R_0+h} & 0\end{bmatrix}\right) \tag{2-3-25}$$

在此条件下式（2-3-23）简化为

$$\delta\boldsymbol{\omega}_{EN}^{\overline{N}}\approx\frac{1}{R_0+h}(\boldsymbol{u}_{Z_N}^{N}\times(\delta\boldsymbol{v}|_{\overline{N}})^{\overline{N}})-\frac{1}{(R_0+h)^2}(\boldsymbol{u}_{Z_N}^{N}\times\boldsymbol{v}^{N})\delta h+\delta\omega_{EN_z}^{\overline{N}}\boldsymbol{u}_{Z_N}^{N} \tag{2-3-26}$$

当速度误差在地球系下观测时，将式（1-6-62）代入式（2-3-26）得

$$\delta\boldsymbol{\omega}_{EN}^{\overline{N}}\approx\frac{1}{R_0+h}[\boldsymbol{u}_{Z_N}^{N}\times((\delta\boldsymbol{v}|_{\overline{E}})^{\overline{N}}-\delta\boldsymbol{\theta}^{N}\times\boldsymbol{v}^{N})]-\frac{1}{(R_0+h)^2}(\boldsymbol{u}_{Z_N}^{N}\times\boldsymbol{v}^{N})\delta h+\delta\omega_{EN_z}^{\overline{N}}\boldsymbol{u}_{Z_N}^{N} \tag{2-3-27}$$

式（2-3-26）及式（2-3-27）中天向位移角速度误差 $\delta\omega_{EN_z}^{\overline{N}}$ 需要根据导航坐标系选择的不同确定。归纳地理坐标系、游移方位坐标系和自由方位坐标系 $\omega_{EN_z}^{N}$ 的计算式如下

$$\omega_{EN_z}^{N}=\begin{cases}\omega_{EN_y}^{N}\tan L & (\mathrm{G-RF})\\ 0 & (\mathrm{W-RF})\\ -\omega_{IE_z}^{N} & (\mathrm{F-RF})\end{cases} \tag{2-3-28}$$

式中，G—RF、W—RF、F—RF 分别表示地理坐标系、游移方位坐标系、自由方位坐标系。对式（2-3-28）微分有

$$\delta\omega_{EN_z}^{\overline{N}}=\begin{cases}-\omega_{EN_y}^{N}(\tan^2 L+1)\delta\theta_x^{N}+\tan L\cdot\delta\omega_{EN_y}^{\overline{N}} & (\mathrm{G-RF})\\ 0 & (\mathrm{W-RF})\\ -\delta\omega_{IE_z}^{N} & (\mathrm{F-RF})\end{cases} \tag{2-3-29}$$

某些场合下，需要将 $\delta\omega_{EN_z}^{\overline{N}}$ 用 $(\delta\boldsymbol{r}|_{\overline{E}})^{\overline{N}}$ 表示。下面以自由方位坐标系为例，推导该关系

式。将式（2-3-21）代入式（2-3-29），考虑到 $\boldsymbol{\omega}_{IE_H}^N \times \boldsymbol{u}_{Z_N}^N$ 与 $\boldsymbol{u}_{Z_N}^N$ 垂直，可得

$$\begin{aligned}\delta\omega_{EN_z}^{\overline{N}} &\approx -\left\{\frac{1}{r}\left[(\boldsymbol{\omega}_{IE_H}^N \cdot (\delta\boldsymbol{r}\,|_{\overline{E}})_{\overline{H}}^{\overline{N}})\boldsymbol{u}_{Z_N}^N - (\boldsymbol{\omega}_{IE}^N \cdot \boldsymbol{u}_{Z_N}^N)(\delta\boldsymbol{r}\,|_{\overline{E}})_{\overline{H}}^{\overline{N}}\right] + \delta\theta_z^N \boldsymbol{\omega}_{IE_H}^N \times \boldsymbol{u}_{Z_N}^N\right\} \cdot \boldsymbol{u}_{Z_N}^N \\ &= -\frac{1}{r}\left[\boldsymbol{\omega}_{IE_H}^N \cdot (\delta\boldsymbol{r}\,|_{\overline{E}})_{\overline{H}}^{\overline{N}}\right]\end{aligned} \tag{2-3-30}$$

2.3.1.3 常用导航误差参数选择

本节汇总了捷联惯导系统中常用误差参数的定义。表 2-1 对上述定义中的符号进行了简单汇总。

**表 2-1 导航误差参数定义及符号汇总表**

| 观测/投影坐标系<br>误差参数类别 | 导航系 | 地球系 | 惯性系 | 当地水平系 |
|---|---|---|---|---|
| 姿态 | $\boldsymbol{\phi}^N$ | $\boldsymbol{\psi}^E$ | $\boldsymbol{\varphi}^I$ | $\boldsymbol{\phi}_{L\hat{L}}^L$ |
| 速度 | $(\delta\boldsymbol{v}\,\|_{\overline{N}})^{\overline{N}}$ | $(\delta\boldsymbol{v}\,\|_{\overline{E}})^{\overline{E}}$ | $(\delta\boldsymbol{v}_I\,\|_{\overline{I}})^{\overline{I}}$ | — |
| 位置 | $\delta\boldsymbol{\theta}^N$、$\delta h$ | $(\delta\boldsymbol{r}\,\|_{\overline{E}})^{\overline{E}}$ | $(\delta\boldsymbol{r}\,\|_{\overline{I}})^{\overline{I}}$ | — |

需要注意的是，表 2-1 中存在几对等价关系，即 $\boldsymbol{\varphi}$ 与 $\boldsymbol{\psi}$ 等价［式（1-6-9）］，$\boldsymbol{\phi}_{L\hat{L}}$ 与 $\boldsymbol{\phi}$ 等价［式（1-6-13）］，$\delta\boldsymbol{r}\,|_I$ 与 $\delta\boldsymbol{r}\,|_E$ 等价［式（1-6-51）］。惯性导航系统误差模型可以通过包含上述姿态、速度、位置误差参数的微分方程表示。根据选定的误差参数项及观测或投影坐标系不同，该误差模型表示的方式可以分为多种。选定的误差参数要求是封闭的，即该组误差参数的导数仅与该组误差参数及器件误差参数相关，与其他导航误差参数不相关。常用的误差参数选择包括以下几种：

1）在导航系下观测的误差投影在导航系，如 $[\boldsymbol{\phi}^N,\ (\delta\boldsymbol{v}\,|_{\overline{N}})^{\overline{N}},\ \delta\boldsymbol{\theta}^N,\ \delta h]$（一般也称为 $\phi$ 形式）；

2）在地球系和导航系下观测的误差投影在导航系，如 $[\boldsymbol{\psi}^N,\ (\delta\boldsymbol{v}\,|_{\overline{E}})^{\overline{N}},\ \delta\boldsymbol{\theta}^N,\ \delta h]$（一般也称为 $\psi$ 形式）和 $[\boldsymbol{\phi}^N,\ (\delta\boldsymbol{v}\,|_{\overline{E}})^{\overline{N}},\ (\delta\boldsymbol{r}\,|_{\overline{E}})^{\overline{N}},\ \delta\boldsymbol{\theta}_z^N]$；

3）在地球系下观测的误差投影在地球系，如 $[\boldsymbol{\psi}^E,\ (\delta\boldsymbol{v}\,|_{\overline{E}})^{\overline{E}},\ (\delta\boldsymbol{r}\,|_{\overline{E}})^{\overline{E}}]$；

4）在地球系下观测的误差投影在导航系，如 $[\boldsymbol{\psi}^N,\ (\delta\boldsymbol{v}\,|_{\overline{E}})^{\overline{N}},\ (\delta\boldsymbol{r}\,|_{\overline{E}})^{\overline{N}}]$；

5）在惯性系下观测的误差投影在惯性系（注意表 2-1 中的等价关系），如 $[\boldsymbol{\psi}^I,\ (\delta\boldsymbol{v}_I\,|_{\overline{I}})^{\overline{I}},\ (\delta\boldsymbol{r}\,|_{\overline{E}})^{\overline{I}}]$；

6）在惯性系下观测的误差投影在导航系，如 $[\boldsymbol{\psi}^N,\ (\delta\boldsymbol{v}_I\,|_{\overline{I}})^{\overline{N}},\ (\delta\boldsymbol{r}\,|_{\overline{E}})^{\overline{N}}]$。

惯性导航系统误差模型中，除上述导航误差参数外，其他误差参数还包括加速度计误差、陀螺误差、重力模型误差、高度计误差等。在实际应用中，由于姿态欧拉角误差参数、经纬度误差参数和在地理坐标系下观测的误差参数具有奇异性，因此在误差参数选择时应尽量避免。

下面分节介绍上述误差参数组对应的微分方程。

## 2.3.2　导航误差微分方程

### 2.3.2.1　导航系下观测的误差投影在导航系下的参数组

本节推导在导航系下观测的误差投影在导航系下的参数组（$[\boldsymbol{\phi}^N,\ (\delta\boldsymbol{v}|_{\overline{N}})^{\overline{N}},\ \delta\boldsymbol{\theta}^N,\ \delta h]$）对应的微分方程。

将式（1-5-205）中的 $M$ 系替换为 $N$ 系，$F$ 系替换为 $B$ 系，代入上式可得

$$\begin{aligned}\dot{\boldsymbol{\phi}}^N &\approx \boldsymbol{\omega}_{NB}^N \times \boldsymbol{\phi}^N - (\hat{\boldsymbol{\omega}}_{NB}^{\hat{N}} - \boldsymbol{\omega}_{NB}^N) \\ &= \boldsymbol{\omega}_{NB}^N \times \boldsymbol{\phi}^N - [(\hat{\boldsymbol{\omega}}_{IB}^{\hat{N}} - \boldsymbol{\omega}_{IB}^N) - (\hat{\boldsymbol{\omega}}_{IE}^{\hat{N}} - \boldsymbol{\omega}_{IE}^N) - (\hat{\boldsymbol{\omega}}_{EN}^{\hat{N}} - \boldsymbol{\omega}_{EN}^N)] \\ &= \boldsymbol{\omega}_{NB}^N \times \boldsymbol{\phi}^N - (\delta\boldsymbol{\omega}_{IB}^{\overline{N}} - \delta\boldsymbol{\omega}_{IE}^{\overline{N}} - \delta\boldsymbol{\omega}_{EN}^{\overline{N}})\end{aligned} \tag{2-3-31}$$

将式（1-1-42）中的 $M$ 系替换为 $N$ 系，$F$ 系替换为 $B$ 系并代入上式可得

$$\begin{aligned}\dot{\boldsymbol{\phi}}^N &\approx \boldsymbol{\omega}_{NB}^N \times \boldsymbol{\phi}^N - [(\boldsymbol{\omega}_{IB}^N \times \boldsymbol{\phi}^N + \boldsymbol{C}_B^N \delta\boldsymbol{\omega}_{IB}^B) - \delta\boldsymbol{\omega}_{IE}^{\overline{N}} - \delta\boldsymbol{\omega}_{EN}^{\overline{N}}] \\ &= \boldsymbol{\phi}^N \times \boldsymbol{\omega}_{IN}^N + \delta\boldsymbol{\omega}_{IE}^{\overline{N}} + \delta\boldsymbol{\omega}_{EN}^{\overline{N}} - \boldsymbol{C}_B^N \delta\boldsymbol{\omega}_{IB}^B \\ &= \boldsymbol{\phi}^N \times \boldsymbol{\omega}_{IN}^N + \boldsymbol{\omega}_{IE}^N \times \delta\boldsymbol{\theta}^N + \delta\boldsymbol{\omega}_{EN}^{\overline{N}} - \boldsymbol{C}_B^N \delta\boldsymbol{\omega}_{IB}^B\end{aligned} \tag{2-3-32}$$

式中，$\delta\boldsymbol{\omega}_{IB}^B$ 为在 $B$ 系下观测并投影到 $B$ 系下的载体相对于惯性系的角速度误差（即陀螺误差），$\delta\boldsymbol{\omega}_{EN}^{\overline{N}}$ 的计算方法见 2.3.1.2 节。这里认为计算 $B$ 系即实际 $B$ 系，则 $\delta\boldsymbol{\omega}_{IB}^B$ 不是分量差误差，相应的 $\boldsymbol{C}_B^N \delta\boldsymbol{\omega}_{IB}^B = \hat{\boldsymbol{\omega}}_{IB}^N - \boldsymbol{\omega}_{IB}^N = \delta\boldsymbol{\omega}_{IB}^N$ 也不是分量差误差。考虑垂直通道控制的速度微分方程如下

$$\dot{\boldsymbol{v}}^N = \boldsymbol{C}_B^N \boldsymbol{f}^B - (\boldsymbol{\omega}_{EN}^N + 2\boldsymbol{\omega}_{IE}^N) \times \boldsymbol{v}^N + \boldsymbol{g}^N - e_{VC_1} \boldsymbol{u}_{Z_N}^N \tag{2-3-33}$$

对式（2-3-33）进行微分并代入式（2-3-19）得

$$\begin{aligned}(\delta\dot{\boldsymbol{v}}|_{\overline{N}})^{\overline{N}} \approx{}& \boldsymbol{C}_B^N \delta\boldsymbol{f}^B + \boldsymbol{f}^N \times \boldsymbol{\phi}^N - (\delta\boldsymbol{\omega}_{EN}^{\overline{N}} + 2\boldsymbol{\omega}_{IE}^N \times \delta\boldsymbol{\theta}^N) \times \boldsymbol{v}^N - \\ & (\boldsymbol{\omega}_{EN}^N + 2\boldsymbol{\omega}_{IE}^N) \times (\delta\boldsymbol{v}|_{\overline{N}})^{\overline{N}} + (\delta\boldsymbol{g}|_{\overline{N}})^{\overline{N}} - \delta(e_{VC_1} \boldsymbol{u}_{Z_N}^N)\end{aligned} \tag{2-3-34}$$

式中　$\delta\boldsymbol{f}^B$ ——在 $B$ 系下观测并投影到 $B$ 系下的比力误差（即加速度计误差）；

$(\delta\boldsymbol{g}|_{\overline{N}})^{\overline{N}}$ ——重力误差，参见式（1-6-78）；

$\delta(e_{VC_1} \boldsymbol{u}_{Z_N}^N)$ ——垂直通道阻尼项误差，参见式（2-3-9）。

与 $\delta\boldsymbol{\omega}_{IB}^B$ 类似，认为计算 $B$ 系即实际 $B$ 系，则 $\delta\boldsymbol{f}^B$ 及 $\boldsymbol{C}_B^N \delta\boldsymbol{f}^B = \hat{\boldsymbol{f}}^N - \boldsymbol{f}^N = \delta\boldsymbol{f}^N$ 也不是分量差误差。

由 1.6.2.1 节中位置误差的定义，$\hat{\boldsymbol{C}}_E^N \approx (\boldsymbol{I} - \delta\boldsymbol{\theta}^N \times) \boldsymbol{C}_E^N$。注意到此式与姿态误差的定义式形式相同，只是将 $B$ 系换为 $E$ 系，将姿态误差 $\boldsymbol{\phi}^N$ 换为位置误差 $\delta\boldsymbol{\theta}^N$，因此可以直接借用姿态误差方程的推导结果，在式（2-3-32）的约等号处进行上述替换，可得

$$\begin{aligned}\delta\dot{\boldsymbol{\theta}}^N &\approx \delta\boldsymbol{\theta}^N \times \boldsymbol{\omega}_{EN}^N + (\hat{\boldsymbol{\omega}}_{EN}^{\hat{N}} - \boldsymbol{\omega}_{EN}^N) \\ &= \delta\boldsymbol{\theta}^N \times \boldsymbol{\omega}_{EN}^N + \delta\boldsymbol{\omega}_{EN}^{\overline{N}}\end{aligned} \tag{2-3-35}$$

考虑垂直通道控制的高度微分方程如下

$$\dot{h} = v_z^N - e_{VC_2} \tag{2-3-36}$$

对式（2-3-36）进行微分得

$$\delta\dot{h} = (\delta v|_{\overline{N}})_z^{\overline{N}} - \delta e_{VC_2} \tag{2-3-37}$$

式中　$\delta e_{VC_2}$——垂直通道阻尼项误差，参见式（2-3-8）。

综合式（2-3-32）、式（2-3-34）、式（2-3-35）和式（2-3-37）可以获得微分方程组为

$$\begin{cases}\dot{\boldsymbol{\phi}}^N \approx \boldsymbol{\phi}^N \times \boldsymbol{\omega}_{IN}^N + \boldsymbol{\omega}_{IE}^N \times \delta\boldsymbol{\theta}^N + \delta\boldsymbol{\omega}_{EN}^{\overline{N}} - \boldsymbol{C}_B^N \delta\boldsymbol{\omega}_{IB}^B \\ (\delta\dot{\boldsymbol{v}}|_{\overline{N}})^{\overline{N}} \approx \boldsymbol{C}_B^N \delta \boldsymbol{f}^B + \boldsymbol{f}^N \times \boldsymbol{\phi}^N - (\delta\boldsymbol{\omega}_{EN}^{\overline{N}} + 2\boldsymbol{\omega}_{IE}^N \times \delta\boldsymbol{\theta}^N) \times \boldsymbol{v}^N - \\ \qquad (\boldsymbol{\omega}_{EN}^N + 2\boldsymbol{\omega}_{IE}^N) \times (\delta\boldsymbol{v}|_{\overline{N}})^{\overline{N}} + (\delta\boldsymbol{g}|_{\overline{N}})^{\overline{N}} - \delta(e_{VC_1}\boldsymbol{u}_{Z_N}^N) \\ \delta\dot{\boldsymbol{\theta}}^N \approx \delta\boldsymbol{\theta}^N \times \boldsymbol{\omega}_{EN}^N + \delta\boldsymbol{\omega}_{EN}^{\overline{N}} \\ \delta\dot{h} = (\delta v|_{\overline{N}})_z^{\overline{N}} - \delta e_{VC_2}\end{cases} \tag{2-3-38}$$

式中，重力误差参见 1.6.5.1 节，垂直通道阻尼项误差参见 2.3.1.1.1 节，位移角速度误差参见 2.3.1.2 节。

### 2.3.2.2　地球系下观测的误差投影在地球系下的参数组

本节推导在地球系下观测的误差投影在地球系下的参数组（$[\boldsymbol{\psi}^E,\ (\delta\boldsymbol{v}|_{\overline{E}})^{\overline{E}},\ (\delta\boldsymbol{r}|_{\overline{E}})^{\overline{E}}]$）对应的微分方程。

由 1.6.1.1 节中姿态误差 $\boldsymbol{\psi}^E$ 的定义，$\hat{\boldsymbol{C}}_B^E \approx (\boldsymbol{I} - \boldsymbol{\psi}^E \times)\boldsymbol{C}_B^E$。注意到此式与姿态误差 $\boldsymbol{\phi}^N$ 的定义形式相同，只是将 $N$ 系换为 $E$ 系，将姿态误差 $\boldsymbol{\phi}^N$ 换为 $\boldsymbol{\psi}^E$。考虑到 1.6.1 节中 $N$ 系可任意定义，因此可以直接借用姿态误差方程的推导结果，在式（2-3-32）中倒数第二个等号处进行上述替换，可得

$$\dot{\boldsymbol{\psi}}^E \approx \boldsymbol{\psi}^E \times \boldsymbol{\omega}_{IE}^E - \boldsymbol{C}_B^E \delta\boldsymbol{\omega}_{IB}^B \tag{2-3-39}$$

由式（2-3-10），地球系下的速度微分方程为

$$\dot{\boldsymbol{v}}^E = \boldsymbol{C}_B^E \boldsymbol{f}^B - 2\boldsymbol{\omega}_{IE}^E \times \boldsymbol{v}^E + \boldsymbol{g}^E - e_{VC_1}\boldsymbol{u}_{Z_N}^E \tag{2-3-40}$$

对式（2-3-40）进行微分得

$$(\delta\dot{\boldsymbol{v}}|_{\overline{E}})^{\overline{E}} = \boldsymbol{C}_B^E \delta\boldsymbol{f}^B + \delta\boldsymbol{C}_B^E \boldsymbol{f}^B - 2\boldsymbol{\omega}_{IE}^E \times (\delta\boldsymbol{v}|_{\overline{E}})^{\overline{E}} + (\delta\boldsymbol{g}|_{\overline{E}})^{\overline{E}} - \delta(e_{VC_1}\boldsymbol{u}_{Z_N}^E) \tag{2-3-41}$$

将式（1-6-3）代入式（2-3-41）得

$$(\delta\dot{\boldsymbol{v}}|_{\overline{E}})^{\overline{E}} \approx \boldsymbol{C}_B^E \delta\boldsymbol{f}^B - \boldsymbol{\psi}^E \times \boldsymbol{f}^E - 2\boldsymbol{\omega}_{IE}^E \times (\delta\boldsymbol{v}|_{\overline{E}})^{\overline{E}} + (\delta\boldsymbol{g}|_{\overline{E}})^{\overline{E}} - \delta(e_{VC_1}\boldsymbol{u}_{Z_N}^E) \tag{2-3-42}$$

式中，$(\delta\boldsymbol{g}|_{\overline{E}})^{\overline{E}}$ 的计算参见式（1-6-82），$\delta(e_{VC_1}\boldsymbol{u}_{Z_N}^E)$ 的计算参见式（2-3-12）。对式（2-3-10）中的位置微分方程进行微分得

$$(\delta\dot{\boldsymbol{r}}|_{\overline{E}})^{\overline{E}} = (\delta\boldsymbol{v}|_{\overline{E}})^{\overline{E}} - \delta(e_{VC_2}\boldsymbol{u}_{Z_N}^E) \tag{2-3-43}$$

式中，$\delta(e_{VC_2}\boldsymbol{u}_{Z_N}^E)$ 的计算参见式（2－3－13）。综合式（2－3－39）、式（2－3－42）和式（2－3－43）可以获得微分方程组为

$$\begin{cases}\dot{\boldsymbol{\psi}}^E \approx -\boldsymbol{C}_B^E \delta\boldsymbol{\omega}_{IB}^B + \boldsymbol{\psi}^E \times \boldsymbol{\omega}_{IE}^E \\ (\delta\dot{\boldsymbol{v}}|_{\overline{E}})^{\overline{E}} \approx \boldsymbol{C}_B^E \delta\boldsymbol{f}^B - \boldsymbol{\psi}^E \times \boldsymbol{f}^E - 2\boldsymbol{\omega}_{IE}^E \times (\delta\boldsymbol{v}|_{\overline{E}})^{\overline{E}} + (\delta\boldsymbol{g}|_{\overline{E}})^{\overline{E}} - \delta(e_{VC_1}\boldsymbol{u}_{Z_N}^E) \\ (\delta\dot{\boldsymbol{r}}|_{\overline{E}})^{\overline{E}} = (\delta\boldsymbol{v}|_{\overline{E}})^{\overline{E}} - \delta(e_{VC_2}\boldsymbol{u}_{Z_N}^E)\end{cases} \tag{2-3-44}$$

式中，重力误差参见 1.6.5.2 节，垂直通道阻尼项误差参见 2.3.1.1.2 节。

#### 2.3.2.3　地球系下观测的误差投影在导航系下的参数组

本节推导在地球系下观测的误差投影在导航系下的参数组（$[\boldsymbol{\psi}^N,\ (\delta\boldsymbol{v}|_{\overline{E}})^{\overline{N}},\ (\delta\boldsymbol{r}|_{\overline{E}})^{\overline{N}}]$）对应的微分方程。

对式（1－6－29）求导得

$$\dot{\boldsymbol{\psi}} \approx \dot{\boldsymbol{\phi}} - \delta\dot{\boldsymbol{\theta}}$$

根据上式，将式（2－3－32）和式（2－3－35）相减可得

$$\begin{aligned}\dot{\boldsymbol{\psi}}^N &\approx \boldsymbol{\phi}^N \times \boldsymbol{\omega}_{IN}^N + \boldsymbol{\omega}_{IE}^N \times \delta\boldsymbol{\theta}^N + \delta\boldsymbol{\omega}_{EN}^{\overline{N}} - \boldsymbol{C}_B^N \delta\boldsymbol{\omega}_{IB}^B - \delta\boldsymbol{\theta}^N \times \boldsymbol{\omega}_{EN}^N - \delta\boldsymbol{\omega}_{EN}^{\overline{N}} \\ &= (\boldsymbol{\omega}_{IE}^N + \boldsymbol{\omega}_{EN}^N) \times \delta\boldsymbol{\theta}^N + \boldsymbol{\phi}^N \times \boldsymbol{\omega}_{IN}^N - \boldsymbol{C}_B^N \delta\boldsymbol{\omega}_{IB}^B \\ &= -\delta\boldsymbol{\theta}^N \times \boldsymbol{\omega}_{IN}^N + \boldsymbol{\phi}^N \times \boldsymbol{\omega}_{IN}^N - \boldsymbol{C}_B^N \delta\boldsymbol{\omega}_{IB}^B \\ &= (\boldsymbol{\phi}^N - \delta\boldsymbol{\theta}^N) \times \boldsymbol{\omega}_{IN}^N - \boldsymbol{C}_B^N \delta\boldsymbol{\omega}_{IB}^B \\ &\approx \boldsymbol{\psi}^N \times \boldsymbol{\omega}_{IN}^N - \boldsymbol{C}_B^N \delta\boldsymbol{\omega}_{IB}^B\end{aligned} \tag{2-3-45}$$

当需要将速度误差方程投影在导航系下时，对约等式 $(\delta\boldsymbol{v}|_{\overline{E}})^{\overline{N}} \approx \boldsymbol{C}_E^N (\delta\boldsymbol{v}|_{\overline{E}})^{\overline{E}}$ 求导同时将式（2－3－42）代入得

$$\begin{aligned}(\delta\dot{\boldsymbol{v}}|_{\overline{E}})^{\overline{N}} &\approx \boldsymbol{C}_E^N (\delta\dot{\boldsymbol{v}}|_{\overline{E}})^{\overline{E}} + \dot{\boldsymbol{C}}_E^N (\delta\boldsymbol{v}|_{\overline{E}})^{\overline{E}} \\ &= \boldsymbol{C}_E^N (\delta\dot{\boldsymbol{v}}|_{\overline{E}})^{\overline{E}} - \boldsymbol{\omega}_{EN}^N \times \boldsymbol{C}_E^N (\delta\boldsymbol{v}|_{\overline{E}})^{\overline{E}} \\ &\approx \boldsymbol{C}_E^N \{\boldsymbol{C}_B^E \delta\boldsymbol{f}^B - \boldsymbol{\psi}^E \times \boldsymbol{f}^E - 2\boldsymbol{\omega}_{IE}^E \times (\delta\boldsymbol{v}|_{\overline{E}})^{\overline{E}} + (\delta\boldsymbol{g}|_{\overline{E}})^{\overline{E}} - \delta(e_{VC_1}\boldsymbol{u}_{Z_N}^E)\} - \boldsymbol{\omega}_{EN}^N \times (\delta\boldsymbol{v}|_{\overline{E}})^{\overline{N}} \\ &\approx \boldsymbol{f}^N \times \boldsymbol{\psi}^N + \boldsymbol{C}_B^N \delta\boldsymbol{f}^B - (\boldsymbol{\omega}_{EN}^N + 2\boldsymbol{\omega}_{IE}^N) \times (\delta\boldsymbol{v}|_{\overline{E}})^{\overline{N}} + \boldsymbol{C}_E^N (\delta\boldsymbol{g}|_{\overline{E}})^{\overline{E}} - \boldsymbol{C}_E^N \delta(e_{VC_1}\boldsymbol{u}_{Z_N}^E)\end{aligned} \tag{2-3-46}$$

式中，$(\delta\boldsymbol{g}|_{\overline{E}})^{\overline{E}}$ 的计算参见式（1－6－82），$\delta(e_{VC_1}\boldsymbol{u}_{Z_N}^E)$ 的计算参见式（2－3－12）。需要说明的是，式（2－3－46）中 $(\delta\dot{\boldsymbol{v}}|_{\overline{E}})^{\overline{N}}$ 的物理意义是在 $\overline{E}$ 系下观测的地速分量差误差（视为矢量）即 $\delta\boldsymbol{v}|_{\overline{E}}$ 在 $\overline{N}$ 系下观测的变化率矢量在 $\overline{N}$ 系下的投影，确切的表示法为 $\left(\left.\dfrac{\mathrm{d}(\delta\boldsymbol{v}|_{\overline{E}})}{\mathrm{d}t}\right|_{\overline{N}}\right)^{\overline{N}}$。考虑到这一表示法过于复杂，因此在适用的情况下，本大节还是采用 $(\delta\dot{\boldsymbol{v}}|_{\overline{E}})^{\overline{N}}$ 的简记法，并约定该表示法中求导的观测坐标系由括号外的上标表示，并在该坐标系中投影。其他矢量与此类似。

当需要将位置误差方程投影在导航系下时，对约等式 $(\delta\boldsymbol{r}|_{\overline{E}})^{\overline{N}} \approx \boldsymbol{C}_E^N (\delta\boldsymbol{r}|_{\overline{E}})^{\overline{E}}$ 求导，同时将式（2-3-43）代入得

$$\begin{aligned}(\delta\dot{\boldsymbol{r}}|_{\overline{E}})^{\overline{N}} &\approx \boldsymbol{C}_E^N (\delta\dot{\boldsymbol{r}}|_{\overline{E}})^{\overline{E}} + \dot{\boldsymbol{C}}_E^N (\delta\boldsymbol{r}|_{\overline{E}})^{\overline{E}} \\ &= \boldsymbol{C}_E^N [(\delta\boldsymbol{v}|_{\overline{E}})^{\overline{E}} - \delta(e_{VC_2}\boldsymbol{u}_{Z_N}^E)] - \boldsymbol{\omega}_{EN}^N \times \boldsymbol{C}_E^N (\delta\boldsymbol{r}|_{\overline{E}})^{\overline{E}} \\ &\approx (\delta\boldsymbol{v}|_{\overline{E}})^{\overline{N}} - \boldsymbol{\omega}_{EN}^N \times (\delta\boldsymbol{r}|_{\overline{E}})^{\overline{N}} - \boldsymbol{C}_E^N \delta(e_{VC_2}\boldsymbol{u}_{Z_N}^E)\end{aligned} \quad (2-3-47)$$

式中，$\delta(e_{VC_2}\boldsymbol{u}_{Z_N}^E)$ 的计算参见式（2-3-13）。综合式（2-3-45）、式（2-3-46）和式（2-3-47）可以得到

$$\begin{cases}\dot{\boldsymbol{\psi}}^N \approx \boldsymbol{\psi}^N \times \boldsymbol{\omega}_{IN}^N - \boldsymbol{C}_B^N \delta\boldsymbol{\omega}_{IB}^B \\ (\delta\dot{\boldsymbol{v}}|_{\overline{E}})^{\overline{N}} \approx \boldsymbol{f}^N \times \boldsymbol{\psi}^N + \boldsymbol{C}_B^N \delta\boldsymbol{f}^B - (\boldsymbol{\omega}_{EN}^N + 2\boldsymbol{\omega}_{IE}^N) \times (\delta\boldsymbol{v}|_{\overline{E}})^{\overline{N}} + \boldsymbol{C}_E^N (\delta\boldsymbol{g}|_{\overline{E}})^{\overline{E}} - \boldsymbol{C}_E^N \delta(e_{VC_1}\boldsymbol{u}_{Z_N}^E) \\ (\delta\dot{\boldsymbol{r}}|_{\overline{E}})^{\overline{N}} \approx (\delta\boldsymbol{v}|_{\overline{E}})^{\overline{N}} - \boldsymbol{\omega}_{EN}^N \times (\delta\boldsymbol{r}|_{\overline{E}})^{\overline{N}} - \boldsymbol{C}_E^N \delta(e_{VC_2}\boldsymbol{u}_{Z_N}^E)\end{cases} \quad (2-3-48)$$

式中，重力误差参见 1.6.5.2 节，垂直通道阻尼项误差参见 2.3.1.1.2 节。

#### 2.3.2.4 地球系下观测的姿态、速度误差和导航系下观测的位置误差投影在导航系下的参数组

本节推导在地球系下观测的姿态、速度误差和导航系下观测的位置误差投影在导航系下的参数组（$[\boldsymbol{\psi}^N, (\delta\boldsymbol{v}|_{\overline{E}})^{\overline{N}}, \delta\boldsymbol{\theta}^N, \delta h]$）对应的微分方程。在此种情况下，速度误差微分方程与式（2-3-46）相同，只是需要将其中的 $\boldsymbol{C}_E^N (\delta\boldsymbol{g}|_{\overline{E}})^{\overline{E}}$ 项进行如下变化，将式（1-6-41）、式（1-6-48）和式（1-6-82）代入 $\boldsymbol{C}_E^N (\delta\boldsymbol{g}|_{\overline{E}})^{\overline{E}}$ 得

$$\begin{aligned}\boldsymbol{C}_E^N (\delta\boldsymbol{g}|_{\overline{E}})^{\overline{E}} &\approx -\frac{G}{r}(\delta\boldsymbol{r}|_{\overline{E}})_H^{\overline{N}} + F(h)\frac{G}{r}\boldsymbol{u}_{Z_N}^N \delta r + \delta\boldsymbol{g}_{Mdl}^N \\ &\approx -\boldsymbol{G}^N \times \delta\boldsymbol{\theta}^N + F(h)\frac{G}{r}\boldsymbol{u}_{Z_N}^N \delta h + \delta\boldsymbol{g}_{Mdl}^N\end{aligned} \quad (2-3-49)$$

其中

$$\boldsymbol{G}^N = [0 \quad 0 \quad -G]^{\mathrm{T}}$$

当速度定义在地球系下时，将式（1-6-62）代入式（2-3-37）得

$$\begin{aligned}\delta\dot{h} &= (\delta v|_{\overline{N}})_z^{\overline{N}} - \delta e_{VC_2} \\ &\approx [(\delta\boldsymbol{v}|_{\overline{E}})^{\overline{N}} - (\delta\boldsymbol{\theta}^N \times \boldsymbol{v}^N)]_z - \delta e_{VC_2} \\ &= (\delta v|_{\overline{E}})_z^{\overline{N}} - v_y^N \delta\theta_x + v_x^N \delta\theta_y - \delta e_{VC_2}\end{aligned} \quad (2-3-50)$$

综合式（2-3-45）、式（2-3-46）、式（2-3-35）和式（2-3-50）可以得到

$$\begin{cases}\dot{\boldsymbol{\psi}}^N \approx \boldsymbol{\psi}^N \times \boldsymbol{\omega}_{IN}^N - \boldsymbol{C}_B^N \delta\boldsymbol{\omega}_{IB}^B \\ (\delta\dot{\boldsymbol{v}}|_{\overline{E}})^{\overline{N}} \approx \boldsymbol{f}^N \times \boldsymbol{\psi}^N + \boldsymbol{C}_B^N \delta\boldsymbol{f}^B - (\boldsymbol{\omega}_{EN}^N + 2\boldsymbol{\omega}_{IE}^N) \times (\delta\boldsymbol{v}|_{\overline{E}})^{\overline{N}} + \boldsymbol{C}_E^N (\delta\boldsymbol{g}|_{\overline{E}})^{\overline{E}} - \boldsymbol{C}_E^N \delta(e_{VC_1}\boldsymbol{u}_{Z_N}^E) \\ \delta\dot{\boldsymbol{\theta}}^N \approx \delta\boldsymbol{\theta}^N \times \boldsymbol{\omega}_{EN}^N + \delta\boldsymbol{\omega}_{EN}^{\overline{N}} \\ \delta\dot{h} \approx (\delta v|_{\overline{E}})_z^{\overline{N}} - v_y^N \delta\theta_x + v_x^N \delta\theta_y - \delta e_{VC_2}\end{cases} \tag{2-3-51}$$

式中，重力误差参见式（2－3－49），垂直通道阻尼项误差参见 2.3.1.1.2 节，位移角速度误差参见 2.3.1.2 节［需要利用式（1－6－62）将 $(\delta\boldsymbol{v}|_{\overline{N}})^{\overline{N}}$ 转换为 $(\delta\boldsymbol{v}|_{\overline{E}})^{\overline{N}}$］。

## 2.3.3 导航误差微分方程的线性化表示

2.3.2 节推导出了 2.3.1.3 节提到的误差参数组对应的微分方程。在这些微分方程中，包含且仅包含上述误差参数，其他的量都是各种导航参数真实值的全值。可以看出，上述误差项仅包含各项误差参数的一次项，因此可以用线性方程组来表示上述误差微分方程。下面将详细介绍 2.3.1.3 节中常用的误差参数组对应的微分方程的线性化表示。

### 2.3.3.1 导航系下观测的误差投影在导航系下的参数组[⑨]

将式（2－3－26）及相关分量式代入式（2－3－38）中可以得到

$$\frac{\mathrm{d}}{\mathrm{d}t}\begin{bmatrix}\delta\theta_x^N \\ \delta\theta_y^N \\ \delta h \\ (\delta v|_{\overline{N}})_x^{\overline{N}} \\ (\delta v|_{\overline{N}})_y^{\overline{N}} \\ (\delta v|_{\overline{N}})_z^{\overline{N}} \\ \phi_x^N \\ \phi_y^N \\ \phi_z^N \\ \delta\theta_z^N\end{bmatrix} \approx \begin{bmatrix}0\\0\\0\\ \delta f_x^N \\ \delta f_y^N \\ \delta f_z^N \\ 0\\0\\0\\0\end{bmatrix} + \begin{bmatrix}0\\0\\0\\ \delta g_{Mdl\,x}^N \\ \delta g_{Mdl\,y}^N \\ \delta g_{Mdl\,z}^N \\ 0\\0\\0\\0\end{bmatrix} + \begin{bmatrix}0\\0\\ C_3\delta h_{Altm} \\ 0 \\ 0 \\ C_2\delta h_{Altm} - \delta e_{VC_3} \\ 0\\0\\0\\0\end{bmatrix} - \begin{bmatrix}0\\0\\0\\0\\0\\0\\ \delta\omega_{IB_x}^N \\ \delta\omega_{IB_y}^N \\ \delta\omega_{IB_z}^N \\ 0\end{bmatrix} + \boldsymbol{F}\begin{bmatrix}\delta\theta_x^N \\ \delta\theta_y^N \\ \delta h \\ (\delta v|_{\overline{N}})_x^{\overline{N}} \\ (\delta v|_{\overline{N}})_y^{\overline{N}} \\ (\delta v|_{\overline{N}})_z^{\overline{N}} \\ \phi_x^N \\ \phi_y^N \\ \phi_z^N \\ \delta\theta_z^N\end{bmatrix} \tag{2-3-52}$$

式中，$\delta e_{VC_3}$、$\delta h_{Altm}$ 实际上应包含在误差状态中，前者根据式（2－3－6）计算，后者可视为辅助导航设备误差，为简洁起见没有单独列出，矩阵 $\boldsymbol{F}$ 根据选择的导航坐标系不同而略有差别，下面分别给出导航系选择地理坐标系、游移方位坐标系和自由方位坐标系时 $\boldsymbol{F}$ 的表达式。

---

⑨　对应 inertial/naverr/naverrdynmat _ inssysblk _ phiform. m

2.3.3.1.1　采用地理坐标系

$$
\boldsymbol{F}^{G}=\begin{bmatrix}
0 & \omega_{EN_z}^{N} & \dfrac{v_y^N}{(R_M+h)^2} & 0 & \dfrac{-1}{R_M+h} & 0 & 0 & 0 & 0 & -\omega_{EN_y}^{N} \\
-\omega_{EN_z}^{N} & 0 & -\dfrac{v_x^N}{(R_N+h)^2} & \dfrac{1}{R_N+h} & 0 & 0 & 0 & 0 & 0 & \omega_{EN_x}^{N} \\
0 & 0 & -C_3 & 0 & 0 & 1 & 0 & 0 & 0 & 0 \\
\begin{pmatrix}-2\omega_{IE_y}^{N}v_y^N-2\omega_{IE_z}^{N}v_z^N\\ -v_y^N\omega_{EN_y}^{N}\sec^2 L\end{pmatrix} & 0 & \dfrac{v_z^Nv_x^N-v_y^Nv_x^N\tan L}{(R_N+h)^2} & \dfrac{v_y^N\tan L-v_z^N}{R_N+h} & \begin{pmatrix}2\omega_{IE_z}^{N}\\ +\omega_{EN_z}^{N}\end{pmatrix} & \begin{pmatrix}-2\omega_{IE_y}^{N}\\ -\omega_{EN_y}^{N}\end{pmatrix} & 0 & -f_z^N & f_y^N & 0 \\
\begin{pmatrix}2\omega_{IE_y}^{N}v_x^N\\ +v_x^N\omega_{EN_y}^{N}\sec^2 L\end{pmatrix} & -2\omega_{IE_z}^{N}v_z^N & \dfrac{v_z^Nv_y^N}{(R_M+h)^2}+\dfrac{(v_x^N)^2\tan L}{(R_N+h)^2} & -2\omega_{IE_z}^{N}-2\omega_{EN_z}^{N} & \dfrac{-v_z^N}{R_M+h} & \omega_{EN_x}^{N} & f_z^N & 0 & -f_x^N & 2\omega_{IE_y}^{N}v_z^N \\
2\omega_{IE_z}^{N}v_x^N & 2\omega_{IE_z}^{N}v_y^N & \begin{bmatrix}-\dfrac{(v_x^N)^2}{(R_N+h)^2}-\dfrac{(v_y^N)^2}{(R_M+h)^2}\\ +(F(h)\dfrac{G}{r}-C_2)\end{bmatrix} & 2\omega_{IE_y}^{N}+2\omega_{EN_y}^{N} & \dfrac{2v_y^N}{R_M+h} & 0 & -f_y^N & f_x^N & 0 & -2\omega_{IE_y}^{N}v_y^N \\
0 & -\omega_{IE_z}^{N} & \dfrac{v_y^N}{(R_M+h)^2} & 0 & \dfrac{-1}{R_M+h} & 0 & 0 & \omega_{IN_z}^{N} & -\omega_{IN_y}^{N} & \omega_{IE_y}^{N} \\
\omega_{IE_z}^{N} & 0 & -\dfrac{v_x^N}{(R_N+h)^2} & \dfrac{1}{R_N+h} & 0 & 0 & -\omega_{IN_z}^{N} & 0 & \omega_{EN_x}^{N} & 0 \\
-\omega_{IE_y}^{N}-\omega_{EN_y}^{N}\sec^2 L & 0 & -\dfrac{v_x^N\tan L}{(R_N+h)^2} & \dfrac{\tan L}{R_N+h} & 0 & 0 & \omega_{IN_y}^{N} & -\omega_{EN_x}^{N} & 0 & 0 \\
-\omega_{EN_y}^{N}\tan^2 L & -\omega_{EN_x}^{N} & -\dfrac{v_x^N\tan L}{(R_N+h)^2} & \dfrac{\tan L}{R_N+h} & 0 & 0 & 0 & 0 & 0 & 0
\end{bmatrix}
$$

#### 2.3.3.1.2　采用游移方位坐标系

$$
\boldsymbol{F}^{W}=\begin{bmatrix}
0 & 0 & \dfrac{v_y^N}{(R_0+h)^2} & 0 & \dfrac{-1}{R_0+h} & 0 & 0 & 0 & 0 & -\omega_{\mathrm{EN}y}^N \\
0 & 0 & -\dfrac{v_x^N}{(R_0+h)^2} & \dfrac{1}{R_0+h} & 0 & 0 & 0 & 0 & 0 & \omega_{\mathrm{EN}x}^N \\
0 & 0 & -C_3 & 0 & 0 & 1 & 0 & 0 & 0 & 0 \\
\begin{pmatrix}-2\omega_{\mathrm{IE}_y}^N v_y^N\\ -2\omega_{\mathrm{IE}_z}^N v_z^N\end{pmatrix} & 2\omega_{\mathrm{IE}_x}^N v_y^N & \dfrac{v_x^N v_z^N}{(R_0+h)^2} & \dfrac{-v_z^N}{R_0+h} & 2\omega_{\mathrm{IE}_z}^N & \begin{pmatrix}-2\omega_{\mathrm{IE}_y}^N\\ -\omega_{\mathrm{EN}y}^N\end{pmatrix} & 0 & -f_z^N & f_y^N & 2\omega_{\mathrm{IE}_x}^N v_z^N \\
2\omega_{\mathrm{IE}_y}^N v_x^N & \begin{pmatrix}-2\omega_{\mathrm{IE}_x}^N v_x^N\\ -2\omega_{\mathrm{IE}_z}^N v_z^N\end{pmatrix} & \dfrac{v_y^N v_z^N}{(R_0+h)^2} & -2\omega_{\mathrm{IE}_z}^N & \dfrac{-v_z^N}{R_0+h} & \begin{pmatrix}2\omega_{\mathrm{IE}_x}^N\\ +\omega_{\mathrm{EN}x}^N\end{pmatrix} & f_z^N & 0 & -f_x^N & 2\omega_{\mathrm{IE}_y}^N v_z^N \\
2\omega_{\mathrm{IE}_z}^N v_x^N & 2\omega_{\mathrm{IE}_z}^N v_y^N & \begin{bmatrix}-\dfrac{(v_x^N)^2+(v_y^N)^2}{(R_0+h)^2}\\ +\left(F(h)\dfrac{G}{r}-C_2\right)\end{bmatrix} & \begin{pmatrix}\dfrac{2v_x^N}{R_0+h}\\ +2\omega_{\mathrm{IE}_y}^N\end{pmatrix} & \begin{pmatrix}\dfrac{2v_y^N}{R_0+h}\\ -2\omega_{\mathrm{IE}_x}^N\end{pmatrix} & 0 & -f_y^N & f_x^N & 0 & \begin{pmatrix}-2\omega_{\mathrm{IE}_x}^N v_x^N\\ -2\omega_{\mathrm{IE}_y}^N v_y^N\end{pmatrix} \\
0 & -\omega_{\mathrm{IE}_z}^N & \dfrac{v_y^N}{(R_0+h)^2} & 0 & \dfrac{-1}{R_0+h} & 0 & 0 & \omega_{\mathrm{IE}_z}^N & -\omega_{\mathrm{IN}y}^N & \omega_{\mathrm{IE}y}^N \\
\omega_{\mathrm{IE}_z}^N & 0 & -\dfrac{v_x^N}{(R_0+h)^2} & \dfrac{1}{R_0+h} & 0 & 0 & -\omega_{\mathrm{IE}_z}^N & 0 & \omega_{\mathrm{IN}x}^N & -\omega_{\mathrm{IE}x}^N \\
-\omega_{\mathrm{IE}y}^N & \omega_{\mathrm{IE}x}^N & 0 & 0 & 0 & 0 & \omega_{\mathrm{IN}y}^N & -\omega_{\mathrm{IN}x}^N & 0 & 0 \\
\omega_{\mathrm{EN}y}^N & -\omega_{\mathrm{EN}x}^N & 0 & 0 & 0 & 0 & 0 & 0 & 0 & 0
\end{bmatrix}
$$

3.3.3.1.3　采用自由方位坐标系

$$
\boldsymbol{F}^F=\begin{bmatrix}
0 & -\omega_{IE_z}^N & \dfrac{v_y^N}{(R_0+h)^2} & 0 & \dfrac{-1}{R_0+h} & 0 & 0 & 0 & 0 & -\omega_{EN_y}^N \\
\omega_{IE_z}^N & 0 & -\dfrac{v_x^N}{(R_0+h)^2} & \dfrac{1}{R_0+h} & 0 & 0 & 0 & 0 & 0 & \omega_{EN_x}^N \\
0 & 0 & -C_3 & 0 & 0 & 1 & 0 & 0 & 0 & 0 \\
\begin{pmatrix}-\omega_{IE_y}^N v_y^N \\ -2\omega_{IE_z}^N v_z^N\end{pmatrix} & \omega_{IE_x}^N v_y^N & \dfrac{v_x^N v_z^N}{(R_0+h)^2} & \dfrac{-v_z^N}{R_0+h} & \omega_{IE_z}^N & \begin{pmatrix}-2\omega_{IE_y}^N \\ -\omega_{EN_y}^N\end{pmatrix} & 0 & -f_z^N & f_y^N & 2\omega_{IE_x}^N v_z^N \\
\omega_{IE_y}^N v_x^N & \begin{pmatrix}-\omega_{IE_x}^N v_x^N \\ -2\omega_{IE_z}^N v_z^N\end{pmatrix} & \dfrac{v_y^N v_z^N}{(R_0+h)^2} & -\omega_{IE_z}^N & \dfrac{-v_z^N}{R_0+h} & \begin{pmatrix}2\omega_{IE_x}^N \\ +\omega_{EN_x}^N\end{pmatrix} & f_z^N & 0 & -f_x^N & 2\omega_{IE_y}^N v_z^N \\
2\omega_{IE_z}^N v_x^N & 2\omega_{IE_z}^N v_y^N & \begin{bmatrix}\left(F(h)\dfrac{G}{r}-C_2\right) \\ -\dfrac{(v_x^N)^2+(v_y^N)^2}{(R_0+h)^2}\end{bmatrix} & 2\omega_{IN_y}^N & -2\omega_{IN_x}^N & 0 & -f_y^N & f_x^N & 0 & \begin{pmatrix}-2\omega_{IE_x}^N v_x^N \\ -2\omega_{IE_y}^N v_y^N\end{pmatrix} \\
0 & -\omega_{IE_z}^N & \dfrac{v_y^N}{(R_0+h)^2} & 0 & \dfrac{-1}{R_0+h} & 0 & 0 & 0 & -\omega_{IN_y}^N & \omega_{IE_y}^N \\
\omega_{IE_z}^N & 0 & -\dfrac{v_x^N}{(R_0+h)^2} & \dfrac{1}{R_0+h} & 0 & 0 & 0 & 0 & \omega_{IN_x}^N & -\omega_{IE_x}^N \\
0 & 0 & 0 & 0 & 0 & 0 & \omega_{IN_y}^N & -\omega_{IN_x}^N & 0 & 0 \\
\omega_{IN_y}^N & -\omega_{IN_x}^N & 0 & 0 & 0 & 0 & 0 & 0 & 0 & 0
\end{bmatrix}
$$

### 2.3.3.2　地球系下观测的误差投影在地球系下的参数组

将式（2-3-44）按照分量式展开得

$$
\frac{\mathrm{d}}{\mathrm{d}t}\begin{bmatrix}(\delta r|_{\bar{E}})^{\bar{E}}_x\\(\delta r|_{\bar{E}})^{\bar{E}}_y\\(\delta r|_{\bar{E}})^{\bar{E}}_z\\(\delta v|_{\bar{E}})^{\bar{E}}_x\\(\delta v|_{\bar{E}})^{\bar{E}}_y\\(\delta v|_{\bar{E}})^{\bar{E}}_z\\\psi^E_x\\\psi^E_y\\\psi^E_z\end{bmatrix}\approx\begin{bmatrix}0\\0\\0\\\delta f^E_x\\\delta f^E_y\\\delta f^E_z\\0\\0\\0\end{bmatrix}+\begin{bmatrix}0\\0\\0\\\delta g^E_{Mdl\,x}\\\delta g^E_{Mdl\,y}\\\delta g^E_{Mdl\,z}\\0\\0\\0\end{bmatrix}-\begin{bmatrix}C_3C_{13}\delta h_{Altm}\\C_3C_{23}\delta h_{Altm}\\C_3C_{33}\delta h_{Altm}\\(C_2\delta h_{Altm}-\delta e_{VC_3})C_{13}\\(C_2\delta h_{Altm}-\delta e_{VC_3})C_{23}\\(C_2\delta h_{Altm}-\delta e_{VC_3})C_{33}\\0\\0\\0\end{bmatrix}-\begin{bmatrix}0\\0\\0\\0\\0\\0\\\delta\omega^E_{IBx}\\\delta\omega^E_{IBy}\\\delta\omega^E_{IBz}\end{bmatrix}+\boldsymbol{F}\begin{bmatrix}(\delta r|_{\bar{E}})^{\bar{E}}_x\\(\delta r|_{\bar{E}})^{\bar{E}}_y\\(\delta r|_{\bar{E}})^{\bar{E}}_z\\(\delta v|_{\bar{E}})^{\bar{E}}_x\\(\delta v|_{\bar{E}})^{\bar{E}}_y\\(\delta v|_{\bar{E}})^{\bar{E}}_z\\\psi^E_x\\\psi^E_y\\\psi^E_z\end{bmatrix}
\tag{2-3-53}
$$

式中，$C_{ij}$ 为 $\boldsymbol{C}^E_N$ 第 $i$ 行第 $j$ 列的元素，矩阵 $\boldsymbol{F}$ 可以表示为

$$
\boldsymbol{F}=\left[\begin{array}{c|cccccc}
 & 1 & 0 & 0 & 0 & 0 & 0\\
-C_3\boldsymbol{F}^E_U & 0 & 1 & 0 & 0 & 0 & 0\\
 & 0 & 0 & 1 & 0 & 0 & 0\\
 & 0 & 0 & -2\omega_{IE} & 0 & -f^E_z & f^E_y\\
\dfrac{G}{r}[(1+F(h))\boldsymbol{F}^E_U-\boldsymbol{I}]-C_2\boldsymbol{F}^E_U & 0 & 0 & 0 & f^E_z & 0 & -f^E_x\\
 & 2\omega_{IE} & 0 & 0 & -f^E_y & f^E_x & 0\\
 & 0 & 0 & 0 & 0 & 0 & -\omega_{IE}\\
\boldsymbol{0}_{3\times3} & 0 & 0 & 0 & 0 & 0 & 0\\
 & 0 & 0 & 0 & \omega_{IE} & 0 & 0
\end{array}\right]
$$

式中 $\boldsymbol{F}^E_U$ 的算法见式（1-6-84）。

### 2.3.3.3　地球系下观测的误差投影在导航系下的参数组

将式（2-3-48）按照分量式展开得

$$
\frac{\mathrm{d}}{\mathrm{d}t}\begin{bmatrix}(\delta r|_{\bar{E}})^{\bar{N}}_x\\(\delta r|_{\bar{E}})^{\bar{N}}_y\\(\delta r|_{\bar{E}})^{\bar{N}}_z\\(\delta v|_{\bar{E}})^{\bar{N}}_x\\(\delta v|_{\bar{E}})^{\bar{N}}_y\\(\delta v|_{\bar{E}})^{\bar{N}}_z\\\psi^N_x\\\psi^N_y\\\psi^N_z\end{bmatrix}\approx\begin{bmatrix}0\\0\\0\\\delta f^N_x\\\delta f^N_y\\\delta f^N_z\\0\\0\\0\end{bmatrix}+\begin{bmatrix}0\\0\\0\\\delta g^N_{Mdl\,x}\\\delta g^N_{Mdl\,y}\\\delta g^N_{Mdl\,z}\\0\\0\\0\end{bmatrix}+\begin{bmatrix}0\\0\\C_3\delta h_{Altm}\\0\\0\\C_2\delta h_{Altm}-\delta e_{VC_3}\\0\\0\\0\end{bmatrix}-\begin{bmatrix}0\\0\\0\\0\\0\\0\\\delta\omega^N_{IB_x}\\\delta\omega^N_{IB_y}\\\delta\omega^N_{IB_z}\end{bmatrix}+\boldsymbol{F}\begin{bmatrix}(\delta r|_{\bar{E}})^{\bar{N}}_x\\(\delta r|_{\bar{E}})^{\bar{N}}_y\\(\delta r|_{\bar{E}})^{\bar{N}}_z\\(\delta v|_{\bar{E}})^{\bar{N}}_x\\(\delta v|_{\bar{E}})^{\bar{N}}_y\\(\delta v|_{\bar{E}})^{\bar{N}}_z\\\psi^N_x\\\psi^N_y\\\psi^N_z\end{bmatrix}
\tag{2-3-54}
$$

式中，矩阵 $\boldsymbol{F}$ 可以表示为

$$
\boldsymbol{F}=\begin{bmatrix}
0 & \omega_{EN_z}^{N} & -{}_{EN_y}^{N} & 1 & 0 & 0 & 0 & 0 & 0\\
-\omega_{EN_z}^{N} & 0 & \omega_{EN_x}^{N} & 0 & 1 & 0 & 0 & 0 & 0\\
\omega_{EN_y}^{N} & -\omega_{EN_x}^{N} & -C_3 & 0 & 0 & 1 & 0 & 0 & 0\\
-\dfrac{G}{r} & 0 & 0 & 0 & \begin{pmatrix}2\omega_{IE_z}^{N}\\+\omega_{EN_z}^{N}\end{pmatrix} & \begin{pmatrix}-2\omega_{IE_y}^{N}\\-\omega_{EN_y}^{N}\end{pmatrix} & 0 & -f_z^N & f_y^N\\
0 & -\dfrac{G}{r} & 0 & \begin{pmatrix}-2\omega_{IE_z}^{N}\\-\omega_{EN_z}^{N}\end{pmatrix} & 0 & \begin{pmatrix}2\omega_{IE_x}^{N}\\+\omega_{EN_x}^{N}\end{pmatrix} & f_z^N & 0 & -f_x^N\\
0 & 0 & F(h)\dfrac{G}{r}-C_2 & \begin{pmatrix}2\omega_{IE_y}^{N}\\+\omega_{EN_y}^{N}\end{pmatrix} & \begin{pmatrix}-2\omega_{IE_x}^{N}\\-\omega_{EN_x}^{N}\end{pmatrix} & 0 & -f_y^N & f_x^N & 0\\
0 & 0 & 0 & 0 & 0 & 0 & 0 & \begin{pmatrix}\omega_{IE_z}^{N}\\+\omega_{EN_z}^{N}\end{pmatrix} & \begin{pmatrix}-\omega_{IE_y}^{N}\\-\omega_{EN_y}^{N}\end{pmatrix}\\
0 & 0 & 0 & 0 & 0 & 0 & \begin{pmatrix}-\omega_{IE_z}^{N}\\-\omega_{EN_z}^{N}\end{pmatrix} & 0 & \begin{pmatrix}\omega_{IE_x}^{N}\\+\omega_{EN_x}^{N}\end{pmatrix}\\
0 & 0 & 0 & 0 & 0 & 0 & \begin{pmatrix}\omega_{IE_y}^{N}\\+\omega_{EN_y}^{N}\end{pmatrix} & \begin{pmatrix}-\omega_{IE_x}^{N}\\-\omega_{EN_x}^{N}\end{pmatrix} & 0
\end{bmatrix}
$$

其根据定义的导航坐标系不同而略有差别，当导航系选择地理坐标系时，$\boldsymbol{F}$ 中的 $\omega_{IE_x}^{N}=0$，当导航系选择游移方位坐标系时，$\boldsymbol{F}$ 中的 $\omega_{EN_z}^{N}=0$。

#### 2.3.3.4　地球系下观测的姿态、速度误差和导航系下观测的位置误差投影在导航系下的参数组[10]

将式（2-3-26）及相关分量式代入式（2-3-51）可以得到

$$
\frac{\mathrm{d}}{\mathrm{d}t}\begin{bmatrix}\delta\theta_x^N\\ \delta\theta_y^N\\ \delta h\\ (\delta v\,|_{E})_x^{\overline{N}}\\ (\delta v\,|_{E})_y^{\overline{N}}\\ (\delta v\,|_{E})_z^{\overline{N}}\\ \psi_x^N\\ \psi_y^N\\ \psi_z^N\\ \delta\theta_z^N\end{bmatrix}\approx\begin{bmatrix}0\\0\\0\\ \delta f_x^N\\ \delta f_y^N\\ \delta f_z^N\\0\\0\\0\\0\end{bmatrix}+\begin{bmatrix}0\\0\\0\\ \delta g_{Mdl_x}^N\\ \delta g_{Mdl_y}^N\\ \delta g_{Mdl_z}^N\\0\\0\\0\\0\end{bmatrix}+\begin{bmatrix}0\\0\\ C_3\delta h_{Altm}\\0\\0\\ C_2\delta h_{Altm}-\delta e_{VC_3}\\0\\0\\0\\0\end{bmatrix}-\begin{bmatrix}0\\0\\0\\0\\0\\0\\ \delta\omega_{IB_x}^N\\ \delta\omega_{IB_y}^N\\ \delta\omega_{IB_z}^N\\0\end{bmatrix}+\boldsymbol{F}\begin{bmatrix}\delta\theta_x^N\\ \delta\theta_y^N\\ \delta h\\ (\delta v\,|_{E})_x^{\overline{N}}\\ (\delta v\,|_{E})_y^{\overline{N}}\\ (\delta v\,|_{E})_z^{\overline{N}}\\ \psi_x^N\\ \psi_y^N\\ \psi_z^N\\ \delta\theta_z^N\end{bmatrix}
\tag{2-3-55}
$$

其中，矩阵 $\boldsymbol{F}$ 根据定义的导航坐标系不同而略有差别，下面分别给出导航系选择地理坐标系、游移方位坐标系和自由方位坐标系时 $\boldsymbol{F}$ 的表达式。

---

[10] 对应 inertial/naverr/naverrdynmat _ inssysblk _ psiform. m

2.3.3.4.1　采用地理坐标系

$$
\boldsymbol{F}^G=\begin{bmatrix}
\dfrac{-v_z^N}{R_M+h} & \omega_{EN_z}^N & \dfrac{v_y^N}{(R_M+h)^2} & 0 & \dfrac{-1}{R_M+h} & 0 & 0 & 0 & 0 & \dfrac{v_x^N}{R_M+h}-\omega_{EN_y}^N \\
-\omega_{EN_z}^N & \dfrac{-v_z^N}{R_N+h} & \dfrac{-v_x^N}{(R_N+h)^2} & \dfrac{1}{R_N+h} & 0 & 0 & 0 & 0 & 0 & \dfrac{v_y^N}{R_N+h}+\omega_{EN_x}^N \\
-v_y^N & v_x^N & -C_3 & 0 & 0 & 1 & 0 & 0 & 0 & 0 \\
0 & -G & 0 & 0 & \begin{pmatrix}2\omega_{IE_z}^N\\+\omega_{EN_z}^N\end{pmatrix} & \begin{pmatrix}-2\omega_{IE_y}^N\\-\omega_{EN_y}^N\end{pmatrix} & 0 & -f_z^N & f_y^N & 0 \\
G & 0 & 0 & \begin{pmatrix}-2\omega_{IE_z}^N\\-\omega_{EN_z}^N\end{pmatrix} & 0 & \omega_{EN_x}^N & f_z^N & 0 & -f_x^N & 0 \\
0 & 0 & F(h)\dfrac{G}{r}-C_2 & \begin{pmatrix}2\omega_{IE_y}^N\\+\omega_{EN_y}^N\end{pmatrix} & -\omega_{EN_x}^N & 0 & -f_y^N & f_x^N & 0 & 0 \\
0 & 0 & 0 & 0 & 0 & 0 & 0 & \omega_{IN_z}^N & -\omega_{IN_y}^N & 0 \\
0 & 0 & 0 & 0 & 0 & 0 & -\omega_{IN_z}^N & 0 & \omega_{EN_x}^N & 0 \\
0 & 0 & 0 & 0 & 0 & 0 & \omega_{IN_y}^N & -\omega_{EN_x}^N & 0 & 0 \\
-\omega_{EN_y}^N\tan^2 L & \dfrac{-v_z^N\tan L}{R_N+h}-\omega_{EN_x}^N & \dfrac{-v_x^N\tan L}{(R_N+h)^2} & \dfrac{\tan L}{R_N+h} & 0 & 0 & 0 & 0 & 0 & \dfrac{v_y^N\tan L}{R_N+h}
\end{bmatrix}
$$

2.3.3.4.2 采用游移方位坐标系

$$
\boldsymbol{F}^{W}=\begin{bmatrix}
\frac{-v_z^N}{R_0+h} & 0 & \frac{v_y^N}{(R_0+h)^2} & 0 & -\frac{1}{R_0+h} & 0 & 0 & 0 & 0 & 0\\
0 & \frac{-v_z^N}{R_0+h} & -\frac{v_x^N}{(R_0+h)^2} & \frac{1}{R_0+h} & 0 & 0 & 0 & 0 & 0 & 0\\
-v_y^N & v_x^N & -C_3 & 0 & 0 & 1 & 0 & 0 & 0 & 0\\
0 & -G & 0 & 0 & 2\omega_{IE_z}^N & -2\omega_{IE_y}^N-\omega_{EN_y}^N & 0 & -f_z^N & f_y^N & 0\\
G & 0 & 0 & -2\omega_{IE_z}^N & 0 & 2\omega_{IE_x}^N+\omega_{EN_x}^N & f_z^N & 0 & -f_x^N & 0\\
0 & 0 & F(h)\frac{G}{r}-C_2 & 2\omega_{IE_y}^N+\omega_{EN_y}^N & -2\omega_{IE_x}^N-\omega_{EN_x}^N & 0 & -f_y^N & f_x^N & 0 & 0\\
0 & 0 & 0 & 0 & 0 & 0 & 0 & \omega_{IE_z}^N & -\omega_{IN_y}^N & 0\\
0 & 0 & 0 & 0 & 0 & 0 & -\omega_{IE_z}^N & 0 & \omega_{IN_x}^N & 0\\
0 & 0 & 0 & 0 & 0 & 0 & \omega_{IN_y}^N & -\omega_{IN_x}^N & 0 & 0\\
\omega_{EN_y}^N & -\omega_{EN_x}^N & 0 & 0 & 0 & 0 & 0 & 0 & 0 & 0
\end{bmatrix}
$$

#### 2.3.3.4.3　采用自由方位坐标系

$$
\boldsymbol{F}^{F}=\begin{bmatrix}
\frac{-v_z^N}{R_0+h} & -\omega_{IE_z}^N & \frac{v_y^N}{(R_0+h)^2} & 0 & -\frac{1}{R_0+h} & 0 & 0 & 0 & 0 & 0\\
\omega_{IE_z}^N & \frac{-v_z^N}{R_0+h} & -\frac{v_x^N}{(R_0+h)^2} & \frac{1}{R_0+h} & 0 & 0 & 0 & 0 & 0 & 0\\
-v_y^N & v_x^N & -C_3 & 0 & 0 & 1 & 0 & 0 & 0 & 0\\
0 & -G & 0 & 0 & \omega_{IE_z}^N & \begin{pmatrix}-2\omega_{IE_y}^N\\ -\omega_{EN_y}^N\end{pmatrix} & 0 & -f_z^N & f_y^N & 0\\
G & 0 & 0 & -\omega_{IE_z}^N & 0 & \begin{pmatrix}2\omega_{IE_x}^N\\ +\omega_{EN_x}^N\end{pmatrix} & f_z^N & 0 & -f_x^N & 0\\
0 & 0 & F(h)\frac{G}{r}-C_2 & \begin{pmatrix}2\omega_{IE_y}^N\\ +\omega_{EN_y}^N\end{pmatrix} & \begin{pmatrix}-2\omega_{IE_x}^N\\ -\omega_{EN_x}^N\end{pmatrix} & 0 & -f_y^N & f_x^N & 0 & 0\\
0 & 0 & 0 & 0 & 0 & 0 & 0 & 0 & -\omega_{IN_y}^N & 0\\
0 & 0 & 0 & 0 & 0 & 0 & 0 & 0 & \omega_{IN_x}^N & 0\\
0 & 0 & 0 & 0 & 0 & 0 & \omega_{IN_y}^N & -\omega_{IN_x}^N & 0 & 0\\
\omega_{IN_y}^N & -\omega_{IN_x}^N & 0 & 0 & 0 & 0 & 0 & 0 & 0 & 0
\end{bmatrix}
$$

### 2.3.3.5　考虑惯性器件误差模型的线性化方程组[11]

如果将 2.3.3 节方程组中的加速度计误差和陀螺误差按 2.5.1.8 节的误差模型展开（忽略标度因数非线性误差和二阶误差）并忽略重力加速度误差，可以得到一个更大的线性方程组

$$
\dot{\boldsymbol{x}}=\boldsymbol{F}\boldsymbol{x}=\begin{bmatrix}\boldsymbol{F}_{11} & \boldsymbol{F}_{12}\\ \boldsymbol{0} & \boldsymbol{0}\end{bmatrix}\begin{bmatrix}\boldsymbol{x}_{INSSys}\\ \boldsymbol{x}_{INSSens}\end{bmatrix} \tag{2-3-56}
$$

式中　$\boldsymbol{F}_{11}$——2.3.3 节线性化表示中的系数矩阵；

$\boldsymbol{x}_{INSSys}$——惯性导航参数误差状态矢量；

$\boldsymbol{x}_{INSSens}$——器件误差矢量，通常依次包含加速度计三元组的 3 个零偏误差、3 个标度因数误差零次项误差、6 个失准角误差、3 个标度因数误差一次项误差和陀螺三元组的 3 个零偏误差、3 个标度因数误差零次项误差、6 个失准角误差和个数根据陀螺配置确定的 g 敏感项误差；

$\boldsymbol{F}_{12}$——器件误差状态到惯性导航参数误差状态的转换矩阵。

考虑上述误差项，综合式（2－5－49）及式（2－5－56），并由式（2－5－3）可得

$$
\begin{aligned}
\delta\boldsymbol{v}^B &\approx (\boldsymbol{P}_{S_0}^B)^{-\mathrm{T}}[\delta\boldsymbol{K}_{Scal}\ (\boldsymbol{P}_{S_0}^B)^{\mathrm{T}}\boldsymbol{v}^B+(\delta\boldsymbol{P}_S^B)^{\mathrm{T}}\boldsymbol{v}^B+\delta\boldsymbol{v}_{Bias}^S+\boldsymbol{D}_{GSens1}\boldsymbol{w}^B]\\
&\approx (\boldsymbol{P}_{S_0}^B)^{-\mathrm{T}}\{[\delta\boldsymbol{K}_{Scal0}+\delta\boldsymbol{K}_{Scal1}\mathrm{diag}((\boldsymbol{P}_{S_0}^B)^{\mathrm{T}}\boldsymbol{v}^B)](\boldsymbol{P}_{S_0}^B)^{\mathrm{T}}\boldsymbol{v}^B+(\delta\boldsymbol{P}_S^B)^{\mathrm{T}}\boldsymbol{v}^B+\delta\boldsymbol{v}_{Bias}^S+\boldsymbol{D}_{GSens1}\boldsymbol{w}^B\}\\
&= (\boldsymbol{P}_{S_0}^B)^{-\mathrm{T}}\{[\delta\boldsymbol{K}_{Scal0}+(\delta\boldsymbol{P}_S^{S_0})^{\mathrm{T}}](\boldsymbol{P}_{S_0}^B)^{\mathrm{T}}\boldsymbol{v}^B+\delta\boldsymbol{K}_{Scal1}\ [(\boldsymbol{P}_{S_0}^B)^{\mathrm{T}}\boldsymbol{v}^B]^{\cdot 2}+\delta\boldsymbol{v}_{Bias}^S+\boldsymbol{D}_{GSens1}\boldsymbol{w}^B\}
\end{aligned} \tag{2-3-57}
$$

式中　$\boldsymbol{v}$——比力或角速度；

---

[11] 对应 inertial/naverr/naverrdynmat _ inssens2sysblk. m

$\boldsymbol{w}$ ——比力（仅用于 $\boldsymbol{v}$ 为角速度时）；

$.2$ 上标——按元素进行平方。

增量形式易由上式得到，这里不再赘述。需要说明的是，在 2.5.1.8 节中，上述模型中的各参数为原始误差参数，在将惯组输出数据输入惯性导航程序之前，应该根据上述参数进行补偿。一般来说，本节的导航误差方程中各误差参数是惯组输出经原始误差参数补偿后的残余误差。尽管意义上有所差别，但不影响这里的推导，因此还是采用上述误差模型中的符号。注意到此模型是基于体坐标系 $B$ 下的，为应用到导航误差方程中，需要将其转换到导航坐标系 $N$ 下。下面列出当惯组为正交配置时，式（2-3-57）的线性化表示形式[12]

$$
\begin{aligned}
\delta\boldsymbol{v}^N &\approx \boldsymbol{C}_B^N\{[\delta\boldsymbol{K}_{Scal0}+(\delta\boldsymbol{P}_S^{S_0})^{\mathrm{T}}]\boldsymbol{v}^B+\delta\boldsymbol{K}_{Scal1}(\boldsymbol{v}^B)^{.2}+\delta\boldsymbol{v}_{Bias}^S+\boldsymbol{D}_{GSens1}\boldsymbol{w}^B\} \\
&\approx \boldsymbol{C}_B^N\left(\begin{gathered}
\begin{bmatrix}\delta v_{Bias_x}^S\\ \delta v_{Bias_y}^S\\ \delta v_{Bias_z}^S\end{bmatrix}+\begin{bmatrix}\delta K_{Scal0_x} & \delta P_{S_{2,1}}^{S_0} & \delta P_{S_{3,1}}^{S_0}\\ \delta P_{S_{1,2}}^{S_0} & \delta K_{Scal0_y} & \delta P_{S_{3,2}}^{S_0}\\ \delta P_{S_{1,3}}^{S_0} & \delta P_{S_{2,3}}^{S_0} & \delta K_{Scal0_z}\end{bmatrix}\begin{bmatrix}v_x^B\\ v_y^B\\ v_z^B\end{bmatrix}+\\
\begin{bmatrix}\delta K_{Scal1x} & 0 & 0\\ 0 & \delta K_{Scal1y} & 0\\ 0 & 0 & \delta K_{Scal1z}\end{bmatrix}\begin{bmatrix}(v_x^B)^2\\ (v_y^B)^2\\ (v_z^B)^2\end{bmatrix}+\begin{bmatrix}D'_{xx} & D'_{xy} & D'_{xz}\\ D'_{yx} & D'_{yy} & D'_{yz}\\ D'_{zx} & D'_{zy} & D'_{zz}\end{bmatrix}\begin{bmatrix}w_x^B\\ w_y^B\\ w_z^B\end{bmatrix}
\end{gathered}\right) \\
&= \boldsymbol{C}_B^N\begin{bmatrix}
\delta v_{Bias x}^S+v_x^B\delta K_{Scal0_x}+v_y^B\delta P_{S_{2,1}}^{S_0}+v_z^B\delta P_{S_{3,1}}^{S_0}+(v_x^B)^2\delta K_{Scal1x}+w_x^B D'_{xx}+w_y^B D'_{xy}+w_z^B D'_{xz}\\
\delta v_{Bias y}^S+v_x^B\delta P_{S_{1,2}}^{S_0}+v_y^B\delta K_{Scal0_y}+v_z^B\delta P_{S_{3,2}}^{S_0}+(v_y^B)^2\delta K_{Scal1y}+w_x^B D'_{yx}+w_y^B D'_{yy}+w_z^B D'_{yz}\\
\delta v_{Bias z}^S+v_x^B\delta P_{S_{1,3}}^{S_0}+v_y^B\delta P_{S_{2,3}}^{S_0}+v_z^B\delta K_{Scal0_z}+(v_z^B)^2\delta K_{Scal1z}+w_x^B D'_{zx}+w_y^B D'_{zy}+w_z^B D'_{zz}
\end{bmatrix} \\
&= \boldsymbol{C}_B^N\begin{bmatrix}
1 & & & v_x^B & & & & & & \\
 & 1 & & & v_y^B & & \cdots & & & \\
 & & 1 & & & v_z^B & & & & \\
v_y^B & v_z^B & & & & & (v_x^B)^2 & & & \\
 & & v_x^B & v_z^B & & & & (v_y^B)^2 & & \cdots \\
 & & & & v_x^B & v_y^B & & & (v_z^B)^2 & \\
w_x^B & w_y^B & w_z^B & & & & & & & \\
 & & & w_x^B & w_y^B & w_z^B & & & & \\
 & & & & & & w_x^B & w_y^B & w_z^B &
\end{bmatrix}\boldsymbol{x}'_{INSSens} \\
&= \boldsymbol{F}'_{12}\boldsymbol{x}'_{INSSens}
\end{aligned}
\tag{2-3-58}
$$

式中，… 表示续行；$\boldsymbol{x}'_{INSSens}$ 为某类型器件的误差；$\boldsymbol{F}'_{12}$ 为 $\boldsymbol{F}_{12}$ 矩阵中与相应类型器件对应的块。

[12] 对应 inertial/naverr/naverrdynmat_inssenstriad2sysblk.m

# 2.4　初始对准

## 2.4.1　解析粗对准算法

在解析粗对准中，常采用 1.5.6 节介绍的双矢量定姿算法，其常用的参考矢量有两组，第一组为重力加速度 $\boldsymbol{g}$ 及地球自转角速度 $\boldsymbol{\omega}_{IE}$，第二组为 $\boldsymbol{g}$ 及 $\boldsymbol{g}\times\boldsymbol{\omega}_{IE}$。取 $F$ 系为当地水平坐标系 $L$（NED），$M$ 系为体坐标系 $B$，$B$ 系下的 $\boldsymbol{v}_1$ 和 $\boldsymbol{v}_2$ 由加速度计和陀螺的输出提供。

### 2.4.1.1　两种形式的解析粗对准算法及其等效性

若两个参考矢量在 $F$ 系下均有一个分量为 0（可以看出常用的两组参考矢量均满足这一条件，在分析等效性时，不失一般性，可令第三个分量为 0），则在应用解析粗对准算法时可以有两种形式：第一种形式直接利用式（1－5－260）计算 $\boldsymbol{C}_M^F$；第二种形式利用 $\boldsymbol{v}_1^M=(\hat{\boldsymbol{C}}_M^F)^{\mathrm{T}}\boldsymbol{v}_1^F$、$\boldsymbol{v}_2^M=(\hat{\boldsymbol{C}}_M^F)^{\mathrm{T}}\boldsymbol{v}_2^F$ 联立求解 $\hat{\boldsymbol{C}}_M^F$ 的第一、二行，第三行由前两行叉乘得到。下面说明这两种形式的算法得到的结果是相同的。

设 $\boldsymbol{v}_1^F=[v_{11}^F\quad v_{12}^F\quad 0]^{\mathrm{T}}$，$\boldsymbol{v}_2^F=[v_{21}^F\quad v_{22}^F\quad 0]^{\mathrm{T}}$，$\hat{\boldsymbol{C}}_M^F=[\boldsymbol{C}_{R1}^{\mathrm{T}}\quad \boldsymbol{C}_{R2}^{\mathrm{T}}\quad \boldsymbol{C}_{R3}^{\mathrm{T}}]^{\mathrm{T}}$，则在第二种形式的算法下有

$$\begin{cases}v_{11}^F\boldsymbol{C}_{R1}^{\mathrm{T}}+v_{12}^F\boldsymbol{C}_{R2}^{\mathrm{T}}=\boldsymbol{v}_1^M\\ v_{21}^F\boldsymbol{C}_{R1}^{\mathrm{T}}+v_{22}^F\boldsymbol{C}_{R2}^{\mathrm{T}}=\boldsymbol{v}_2^M\\ \boldsymbol{C}_{R3}=\boldsymbol{C}_{R1}\times\boldsymbol{C}_{R2}\end{cases}\tag{2-4-1}$$

因此

$$\begin{aligned}\boldsymbol{v}_1^M\times\boldsymbol{v}_2^M&=(v_{11}^F\boldsymbol{C}_{R1}^{\mathrm{T}}+v_{12}^F\boldsymbol{C}_{R2}^{\mathrm{T}})\times(v_{21}^F\boldsymbol{C}_{R1}^{\mathrm{T}}+v_{22}^F\boldsymbol{C}_{R2}^{\mathrm{T}})=v_{11}^F\boldsymbol{C}_{R1}^{\mathrm{T}}\times v_{22}^F\boldsymbol{C}_{R2}^{\mathrm{T}}+v_{12}^F\boldsymbol{C}_{R2}^{\mathrm{T}}\times v_{21}^F\boldsymbol{C}_{R1}^{\mathrm{T}}\\&=(v_{11}^Fv_{22}^F-v_{12}^Fv_{21}^F)\boldsymbol{C}_{R3}^{\mathrm{T}}=(\hat{\boldsymbol{C}}_M^F)^{\mathrm{T}}(\boldsymbol{v}_1^F\times\boldsymbol{v}_2^F)\end{aligned}\tag{2-4-2}$$

于是按第二种形式求解的方向余弦矩阵 $\hat{\boldsymbol{C}}_M^F$ 满足式（1－5－260），即与第一种形式的解析粗对准算法结果相同。

### 2.4.1.2　初始方向余弦矩阵正交化的两种算法

在实际进行解析粗对准时，分别将加速度计和陀螺经补偿后的输出 $\hat{\boldsymbol{f}}^B$ 和 $\hat{\boldsymbol{\omega}}_{IB}^B$ 代入 $-\boldsymbol{g}^B$ 和 $\boldsymbol{\omega}_{IE}^B$ 进行计算[13]。在这种情况下，考虑到器件误差，前者与后者不相等。如果仍然用式（1－5－260）进行计算，得到的方向余弦矩阵将不是正交阵。为避免这一问题，通常可采用两种算法。

第一种算法按式（1－5－260）计算出 $\boldsymbol{C}_B^L$ 后对其按式（1－5－165）的最优正交化算法进行正交化。以参考矢量为 $\boldsymbol{g}$ 及 $\boldsymbol{g}\times\boldsymbol{\omega}_{IE}$ 为例，在式（1－5－260）中令 $\boldsymbol{v}_1^F=\boldsymbol{g}^L=$

---

[13] 对应 inertial/initalign/coarsealign _ stat _ rv1. m

$[0\quad 0\quad g]^{\mathrm{T}}$、$\boldsymbol{v}_2^F=\boldsymbol{g}^L\times\boldsymbol{\omega}_{IE}^L=[0\quad g\omega_{IE}\cos L\quad 0]^{\mathrm{T}}$，则有

$$\boldsymbol{C}_B^L=\begin{bmatrix}0 & 0 & -\dfrac{1}{g^2\omega_{IE}\cos L}\\ 0 & \dfrac{1}{g\omega_{IE}\cos L} & 0\\ \dfrac{1}{g} & 0 & 0\end{bmatrix}\begin{bmatrix}-(\hat{\boldsymbol{f}}^B)^{\mathrm{T}}\\ -(\hat{\boldsymbol{f}}^B\times\hat{\boldsymbol{\omega}}_{IB}^B)^{\mathrm{T}}\\ (\hat{\boldsymbol{f}}^B\times(\hat{\boldsymbol{f}}^B\times\hat{\boldsymbol{\omega}}_{IB}^B))^{\mathrm{T}}\end{bmatrix}=\begin{bmatrix}-\dfrac{(\hat{\boldsymbol{f}}^B\times(\hat{\boldsymbol{f}}^B\times\hat{\boldsymbol{\omega}}_{IB}^B))^{\mathrm{T}}}{g^2\omega_{IE}\cos L}\\ -\dfrac{(\hat{\boldsymbol{f}}^B\times\hat{\boldsymbol{\omega}}_{IB}^B)^{\mathrm{T}}}{g\omega_{IE}\cos L}\\ -\dfrac{(\hat{\boldsymbol{f}}^B)^{\mathrm{T}}}{g}\end{bmatrix}\tag{2-4-3}$$

可以看出 $\boldsymbol{C}_B^L$ 各行已经是两两正交的。

第二种算法仅适用于参考矢量为 $\boldsymbol{g}$ 及 $\boldsymbol{g}\times\boldsymbol{\omega}_{IE}$ 的情形。在式（1-5-261）中令 $\boldsymbol{v}_1^F=\boldsymbol{g}^L$、$\boldsymbol{v}_1^F\times\boldsymbol{v}_2^F=\boldsymbol{g}^L\times\boldsymbol{\omega}_{IE}^L$ 可得

$$\boldsymbol{C}_B^L=\begin{bmatrix}0 & 0 & -1\\ 0 & 1 & 0\\ 1 & 0 & 0\end{bmatrix}\begin{bmatrix}-(\hat{\boldsymbol{f}}^B)^{\mathrm{T}}/\|\hat{\boldsymbol{f}}^B\|\\ -(\hat{\boldsymbol{f}}^B\times\hat{\boldsymbol{\omega}}_{IB}^B)^{\mathrm{T}}/\|\hat{\boldsymbol{f}}^B\times\hat{\boldsymbol{\omega}}_{IB}^B\|\\ (\hat{\boldsymbol{f}}^B\times(\hat{\boldsymbol{f}}^B\times\hat{\boldsymbol{\omega}}_{IB}^B))^{\mathrm{T}}/\|\hat{\boldsymbol{f}}^B\|\,\|\hat{\boldsymbol{f}}^B\times\hat{\boldsymbol{\omega}}_{IB}^B\|\end{bmatrix}\tag{2-4-4}$$

因此 $\boldsymbol{C}_B^L$ 可按下式计算[14]

$$[\boldsymbol{C}_B^L]_{R3}=-\frac{(\hat{\boldsymbol{f}}^B)^{\mathrm{T}}}{\|\hat{\boldsymbol{f}}^B\|},\ [\boldsymbol{C}_B^L]_{R2}=-\frac{(\hat{\boldsymbol{f}}^B\times\hat{\boldsymbol{\omega}}_{IB}^B)^{\mathrm{T}}}{\|\hat{\boldsymbol{f}}^B\times\hat{\boldsymbol{\omega}}_{IB}^B\|},\ [\boldsymbol{C}_B^L]_{R1}=[\boldsymbol{C}_B^L]_{R2}\times[\boldsymbol{C}_B^L]_{R3}\tag{2-4-5}$$

按上式计算得到的 $\boldsymbol{C}_B^L$ 为正交矩阵，无须再正交化。

可以证明，当参考矢量为 $\boldsymbol{g}$ 及 $\boldsymbol{g}\times\boldsymbol{\omega}_{IE}$ 时，两种正交化算法是等效的。按照第一种算法，由于式（2-4-3）的结果各行已两两正交，式（1-5-165）的计算仅将各行矢量进行归一化，这样得到的正交化矩阵 $\boldsymbol{C}_{B_O}^L$ 的第 2、3 行与第二种算法相同，考虑到两种算法得到的矩阵都是正交阵，因此两种算法的计算结果相同。

### 2.4.1.3 解析粗对准姿态误差[15]

参考式（1-5-265），当采用 $\boldsymbol{g}$ 及 $\boldsymbol{\omega}_{IE}$ 为参考矢量时有

$$(\boldsymbol{M}_L)^{\mathrm{T}}=\begin{bmatrix}g\tan L & 0 & 1/g\\ 1/(\omega_{IE}\cos L) & 0 & 0\\ 0 & 1/(g\omega_{IE}\cos L) & 0\end{bmatrix}\tag{2-4-6}$$

$$\boldsymbol{C}_B^L\delta(\boldsymbol{M}_B)^{\mathrm{T}}\approx[-\delta\boldsymbol{f}^L\quad\delta\boldsymbol{\omega}_{IB}^L\quad-\delta\boldsymbol{f}^L\times\boldsymbol{\omega}_{IE}^L+\boldsymbol{g}^L\times\delta\boldsymbol{\omega}_{IB}^L]\tag{2-4-7}$$

式中，$\delta\boldsymbol{f}^L$ 和 $\delta\boldsymbol{\omega}_{IB}^L$ 分别为加速度计和陀螺误差在 $L$ 系下的分量。将式（2-4-6）和式（2-4-7）代入式（1-5-265）可得

---

⑭ 对应 inertial/initalign/coarsealign _ stat _ rv2. m

⑮ 对应 inertial/initalign/coarsealignerr _ stat. m

$$\begin{cases}\phi_{L\hat{L}_x}^L \approx \dfrac{\delta f_y^L}{g} \\ \phi_{L\hat{L}_y}^L \approx -\dfrac{1}{2}\left(\dfrac{\delta f_x^L}{g} - \dfrac{\delta f_z^L \tan L}{g} + \dfrac{\delta\omega_{IB_z}^L}{\omega_{IE}\cos L}\right) \\ \phi_{L\hat{L}_z}^L \approx \dfrac{\delta\omega_{IB_y}^L}{\omega_{IE}\cos L} - \dfrac{\delta f_y^L \tan L}{g}\end{cases} \tag{2-4-8}$$

当采用 $\boldsymbol{g}$ 及 $\boldsymbol{g}\times\boldsymbol{\omega}_{IE}$ 为参考矢量时有

$$(\boldsymbol{M}_L)^{\mathrm{T}} = \begin{bmatrix} 0 & 0 & \dfrac{1}{g} \\ 0 & \dfrac{1}{g\omega_{IE}\cos L} & 0 \\ -\dfrac{1}{g^2\omega_{IE}\cos L} & 0 & 0 \end{bmatrix} \tag{2-4-9}$$

$$\boldsymbol{C}_B^L\delta(\boldsymbol{M}_B)^{\mathrm{T}} \approx [-\delta\boldsymbol{f}^L \quad -\delta\boldsymbol{f}^L\times\boldsymbol{\omega}_{IE}^L + \boldsymbol{g}^L\times\delta\boldsymbol{\omega}_{IB}^L \quad -\delta\boldsymbol{f}^L\times(\boldsymbol{g}^L\times\boldsymbol{\omega}_{IE}^L) + \boldsymbol{g}^L\times(-\delta\boldsymbol{f}^L\times\boldsymbol{\omega}_{IE}^L + \boldsymbol{g}^L\times\delta\boldsymbol{\omega}_{IB}^L)] \tag{2-4-10}$$

将式（2-4-9）和式（2-4-10）代入式（1-5-265）可得

$$\begin{cases}\phi_{L\hat{L}_x}^L \approx \dfrac{\delta f_y^L}{g} \\ \phi_{L\hat{L}_y}^L \approx -\dfrac{\delta f_x^L}{g} \\ \phi_{L\hat{L}_z}^L \approx \dfrac{\delta\omega_{IB_y}^L}{\omega_{IE}\cos L} - \dfrac{\delta f_y^L \tan L}{g}\end{cases} \tag{2-4-11}$$

#### 2.4.1.4　引入外部给出的方位基准时的解析粗对准算法[⑯]

外部给出的方位基准可以与加速度计经补偿后的输出 $\hat{\boldsymbol{f}}^B$ 一起确定初始姿态。设 $L$ 系通过绕 $Z$ 轴旋转 $\psi$ → 绕 $Y$ 轴旋转 $\theta$ → 绕 $X$ 轴旋转 $\phi$ 与 $B$ 系重合，则

$$\boldsymbol{C}_B^L = \begin{bmatrix} \cos\psi\cos\theta & \cos\psi\sin\theta\sin\phi - \sin\psi\cos\phi & \cos\psi\sin\theta\cos\phi + \sin\psi\sin\phi \\ \sin\psi\cos\theta & \sin\psi\sin\theta\sin\phi + \cos\psi\cos\phi & \sin\psi\sin\theta\cos\phi - \cos\psi\sin\phi \\ -\sin\theta & \cos\theta\sin\phi & \cos\theta\cos\phi \end{bmatrix} \tag{2-4-12}$$

设外部给出了 $X_B$ 轴在水平面上的投影相对于北向的夹角 $\alpha$（顺时针为正），另设 $X_B$ 轴上有一单位矢量 $\boldsymbol{u}$，则根据方向余弦矩阵的定义有

$$\begin{cases} C_{11} = \|\boldsymbol{u}_H\|\cos\alpha \\ C_{21} = \|\boldsymbol{u}_H\|\sin\alpha \end{cases} \tag{2-4-13}$$

式中　$C_{ij}$ —— $\boldsymbol{C}_B^L$ 第 $i$ 行第 $j$ 列的元素；

$\|\boldsymbol{u}_H\|$ —— $\boldsymbol{u}$ 水平分量的模。

⑯ 对应 inertial/initalign/coarsealign_stat_extazm.m

将式（2－4－13）与 $\boldsymbol{C}_B^L$ 的欧拉角计算式对比可知

$$\psi=\begin{cases}\alpha\,(\cos\theta>0)\\ \alpha+\pi\,(\cos\theta<0)\end{cases} \tag{2-4-14}$$

因此可按如下计算式计算方向余弦矩阵 $\boldsymbol{C}_B^L$

$$\begin{cases}[\boldsymbol{C}_B^L]_{R3}=-\dfrac{(\hat{\boldsymbol{f}}^B)^{\mathrm{T}}}{\|\hat{\boldsymbol{f}}^B\|},q=1-C_{31}^2=\cos^2\theta\\ C_{11}=\cos\alpha\sqrt{q},C_{21}=\sin\alpha\sqrt{q}\\ C_{12}=\dfrac{-C_{11}C_{31}C_{32}-C_{21}C_{33}}{q},C_{13}=\dfrac{-C_{11}C_{31}C_{33}+C_{21}C_{32}}{q}\\ C_{22}=\dfrac{-C_{21}C_{31}C_{32}+C_{11}C_{33}}{q},C_{23}=\dfrac{-C_{21}C_{31}C_{33}-C_{11}C_{32}}{q}\end{cases} \tag{2-4-15}$$

按上式计算的 $\boldsymbol{C}_B^L$ 为正交阵。当 $\cos\theta=0$ 时，$X_B$ 轴处于竖直方向，方位基准无意义，此时无法进行初始对准。

### 2.4.2 惯性系粗对准算法[17]

#### 2.4.2.1 坐标系定义

（1）地球坐标系（$E$ 系）

定义参见 1.2.1.2 节。

（2）初始时刻地球坐标系（$E'$ 系）

原点为地球中心，$X$ 轴在赤道平面内且指向初始对准起始时刻的当地子午线，$Z$ 轴沿地球自转方向，$Y$ 轴与 $X$ 轴、$Z$ 轴构成右手坐标系，$E'$ 系与地球固连。

（3）初始时刻地球惯性坐标系（$E'_{I0}$ 系）

在初始对准起始时刻（即当 $t=t_0=0$ 时），$E'_{I0}$ 系与 $E'$ 系重合，初始对准开始后 $E'_{I0}$ 系三轴方向相对惯性空间保持不动。

（4）初始时刻导航坐标系（$N_{I0}$ 系）

把 $t_0$ 时刻的导航坐标系定义为 $N_{I0}$ 系，它相对惯性空间保持指向不变。

（5）初始时刻捷联惯导惯性坐标系（$B_{I0}$ 系）

在 $t_0$ 时刻 $B_{I0}$ 系重合于 $B$ 系，初始对准开始后 $B_{I0}$ 系不随捷联惯组转动。即在惯性空间中保持指向不变。

#### 2.4.2.2 惯性系下初始对准算法

在动基座初始对准中，捷联姿态矩阵 $\boldsymbol{C}_B^L$ 是一个时变矩阵。$t$ 时刻的姿态矩阵 $\boldsymbol{C}_B^L(t)$ 可用如下两个矩阵相乘形式表述

$$\boldsymbol{C}_B^L(t)=\boldsymbol{C}_N^L\boldsymbol{C}_{E'_{I0}}^N(t)\boldsymbol{C}_B^{E'_{I0}}(t) \tag{2-4-16}$$

---

⑰ 对应 inertial/initalign/icastep.m

其中

$$\boldsymbol{C}_{E'_{I0}}^{N}(t)=\boldsymbol{C}_{E}^{N}(t)\boldsymbol{C}_{E'}^{E}\boldsymbol{C}_{E'_{I0}}^{E'}(t) \tag{2-4-17}$$

式中，$\boldsymbol{C}_{E}^{N}(t)$、$\boldsymbol{C}_{E'}^{E}$ 可由运载体所在的经纬度求得；$\boldsymbol{C}_{E'_{I0}}^{E'}(t)$ 可由初始对准时间 $t$ 实时确定，即

$$\boldsymbol{C}_{E}^{N}(t)=\begin{bmatrix} -\sin\lambda_t & \cos\lambda_t & 0 \\ -\sin L_t\cos\lambda_t & -\sin L_t\sin\lambda_t & \cos L_t \\ \cos L_t\cos\lambda_t & \cos L_t\sin\lambda_t & \sin L_t \end{bmatrix} \tag{2-4-18}$$

$$\boldsymbol{C}_{E'}^{E}=\begin{bmatrix} \cos\lambda_0 & -\sin\lambda_0 & 0 \\ \sin\lambda_0 & \cos\lambda_0 & 0 \\ 0 & 0 & 1 \end{bmatrix} \tag{2-4-19}$$

$$\boldsymbol{C}_{E'_{I0}}^{E'}(t)=\begin{bmatrix} \cos(\omega_{IE}t) & \sin(\omega_{IE}t) & 0 \\ -\sin(\omega_{IE}t) & \cos(\omega_{IE}t) & 0 \\ 0 & 0 & 1 \end{bmatrix} \tag{2-4-20}$$

式中，$\lambda_0$ 和 $L_0$ 分别为对准起始 $t_0$ 时刻（指定为 0）捷联惯组的经度和纬度；$\lambda_t$ 和 $L_t$ 分别为初始对准 $t$ 时刻的捷联惯组实时经度和纬度，将式（2－4－18）、式（2－4－19）、式（2－4－20）代入式（2－4－17）中有

$$\boldsymbol{C}_{E'_{I0}}^{N}(t)=\begin{bmatrix} -\sin(\delta\lambda_t+\omega_{IE}t) & \cos(\delta\lambda_t+\omega_{IE}t) & 0 \\ -\sin L_t\cos(\delta\lambda_t+\omega_{IE}t) & -\sin L_t\sin(\delta\lambda_t+\omega_{IE}t) & \cos L_t \\ \cos L_t\cos(\delta\lambda_t+\omega_{IE}t) & \cos L_t\sin(\delta\lambda_t+\omega_{IE}t) & \sin L_t \end{bmatrix} \tag{2-4-21}$$

其中

$$\delta\lambda_t=\lambda_t-\lambda_0$$

求得矩阵 $\boldsymbol{C}_{E'_{I0}}^{N}(t)$ 之后，姿态矩阵 $\boldsymbol{C}_{B}^{L}(t)$ 的实现就转换为求解 $\boldsymbol{C}_{B}^{E'_{I0}}(t)$，$\boldsymbol{C}_{B}^{E'_{I0}}(t)$ 为捷联惯导相对于初始时刻地球惯性坐标系的变换矩阵。进一步的，可将 $\boldsymbol{C}_{B}^{E'_{I0}}(t)$ 拆写成

$$\boldsymbol{C}_{B}^{E'_{I0}}(t)=\boldsymbol{C}_{B_{I0}}^{E'_{I0}}\boldsymbol{C}_{B}^{B_{I0}}(t) \tag{2-4-22}$$

其中利用陀螺输出的角运动信息，通过捷联惯导姿态更新式可以求得矩阵 $\boldsymbol{C}_{B}^{B_{I0}}(t)$，即

$$\dot{\boldsymbol{C}}_{B}^{B_{I0}}(t)=\boldsymbol{C}_{B}^{B_{I0}}(t)\,[\boldsymbol{\omega}_{B_{I0}B}^{B}(t)\times]=\boldsymbol{C}_{B}^{B_{I0}}(t)\,[\boldsymbol{\omega}_{IB}^{B}(t)\times] \tag{2-4-23}$$

其中

$$\boldsymbol{C}_{B}^{B_{I0}}(t_0)=\boldsymbol{I}_{3\times3}$$

求解式（2－4－22）的关键在于求解变换矩阵 $\boldsymbol{C}_{B_{I0}}^{E'_{I0}}$，易知它是一个常值矩阵，可由捷联惯导比力方程通过适当的变形得到

$$\begin{aligned}\dot{\boldsymbol{v}}^{N}(t)&=\boldsymbol{f}^{N}(t)-[\boldsymbol{\omega}_{EN}^{N}(t)+2\boldsymbol{\omega}_{IE}^{N}(t)]\times\boldsymbol{v}^{N}(t)+\boldsymbol{g}^{N}\\&=\boldsymbol{f}^{N}(t)-[\boldsymbol{\omega}_{IN}^{N}(t)+\boldsymbol{\omega}_{IE}^{N}(t)]\times\boldsymbol{v}^{N}(t)+\boldsymbol{g}^{N}\end{aligned} \tag{2-4-24}$$

将上式改写如下

$$\boldsymbol{f}^{N}(t)=\dot{\boldsymbol{v}}^{N}(t)+[\boldsymbol{\omega}_{IN}^{N}(t)+\boldsymbol{\omega}_{IE}^{N}(t)]\times\boldsymbol{v}^{N}(t)-\boldsymbol{g}^{N} \tag{2-4-25}$$

将式（2-4-25）两边同时左乘 $\boldsymbol{C}_{E'_{I0}}^{B_{I0}}\boldsymbol{C}_{N}^{E'_{I0}}(t)$ 得

$$\boldsymbol{C}_{B}^{B_{I0}}(t)\boldsymbol{f}^{B}(t)=\boldsymbol{C}_{E'_{I0}}^{B_{I0}}\boldsymbol{C}_{N}^{E'_{I0}}(t)\{\dot{\boldsymbol{v}}^{N}(t)+[\boldsymbol{\omega}_{IN}^{N}(t)+\boldsymbol{\omega}_{IE}^{N}(t)]\times\boldsymbol{v}^{N}(t)-\boldsymbol{g}^{N}\} \tag{2-4-26}$$

其中，$\boldsymbol{v}^{N}(t)$ 采用卫星导航实测值，将式（2-4-26）两边从 $t_0$ 时刻到 $t$ 时刻同时积分，可得

$$\boldsymbol{v}_{SF}^{B_{I0}}(t)=\boldsymbol{C}_{E'_{I0}}^{B_{I0}}\boldsymbol{v}_{SF}^{E'_{I0}}(t) \tag{2-4-27}$$

其中

$$\boldsymbol{v}_{SF}^{B_{I0}}(t)=\int_{t_0}^{t}\boldsymbol{C}_{B}^{B_{I0}}(\tau)\boldsymbol{f}^{B}(\tau)\mathrm{d}\tau \tag{2-4-28}$$

$$\boldsymbol{v}_{SF}^{E'_{I0}}(t)=\int_{t_0}^{t}\boldsymbol{C}_{N}^{E'_{I0}}(\tau)\{\dot{\boldsymbol{v}}^{N}(\tau)+[\boldsymbol{\omega}_{IN}^{N}(\tau)+\boldsymbol{\omega}_{IE}^{N}(\tau)]\times\boldsymbol{v}^{N}(\tau)-\boldsymbol{g}^{N}\}\,\mathrm{d}\tau \tag{2-4-29}$$

其中 $\boldsymbol{C}_{N}^{E'_{I0}}(t)$、$\boldsymbol{\omega}_{IN}^{N}(t)$、$\boldsymbol{\omega}_{IE}^{N}(t)$、$\boldsymbol{v}^{N}(t)$、$\boldsymbol{g}^{N}$ 都是已知量，分别取 $t=t_1$ 和 $t=t_2$ 两个对准过程中的不同时刻，根据矩阵构造算法即可求得常值矩阵 $\boldsymbol{C}_{B_{I0}}^{E'_{I0}}$，即

$$\boldsymbol{C}_{B_{I0}}^{E'_{I0}}=\begin{bmatrix}[\boldsymbol{v}_{SF}^{E'_{I0}}(t_1)]^{\mathrm{T}}\\ [\boldsymbol{v}_{SF}^{E'_{I0}}(t_1)\times\boldsymbol{v}_{SF}^{E'_{I0}}(t_2)]^{\mathrm{T}}\\ [\boldsymbol{v}_{SF}^{E'_{I0}}(t_1)\times\boldsymbol{v}_{SF}^{E'_{I0}}(t_2)\times\boldsymbol{v}_{SF}^{E'_{I0}}(t_1)]^{\mathrm{T}}\end{bmatrix}^{-1}\begin{bmatrix}[\boldsymbol{v}_{SF}^{B_{I0}}(t_1)]^{\mathrm{T}}\\ [\boldsymbol{v}_{SF}^{B_{I0}}(t_1)\times\boldsymbol{v}_{SF}^{B_{I0}}(t_2)]^{\mathrm{T}}\\ [\boldsymbol{v}_{SF}^{B_{I0}}(t_1)\times\boldsymbol{v}_{SF}^{B_{I0}}(t_2)\times\boldsymbol{v}_{SF}^{B_{I0}}(t_1)]^{\mathrm{T}}\end{bmatrix} \tag{2-4-30}$$

#### 2.4.2.3　准静基座初始对准

上述惯性系下初始对准属于行进中的动机座对准，且需要 GPS 的辅助信息。本节的准静基座初始对准（载体地速为 **0**）可以看成是上述惯性系下初始对准的一个特例。

在载体地速为 **0** 的情况下，捷联惯组初始对准 $t$ 时刻的实时经度 $\lambda_t$ 和纬度 $L_t$ 一直保持不变，分别等于捷联惯组对准起始 $t_0$ 时刻（指定为 0）的经度 $\lambda_0$ 和纬度 $L_0$，矩阵 $\boldsymbol{C}_{B}^{B_{I0}}(t)$ 求法不变。参见式（2-4-21），矩阵 $\boldsymbol{C}_{E'_{I0}}^{N}(t)$ 的求法可简化如下

$$\boldsymbol{C}_{E'_{I0}}^{N}(t)=\begin{bmatrix}-\sin(\omega_{IE}t) & \cos(\omega_{IE}t) & 0\\ -\sin L_0\cos(\omega_{IE}t) & -\sin L_0\sin(\omega_{IE}t) & \cos L_0\\ \cos L_0\cos(\omega_{IE}t) & \cos L_0\sin(\omega_{IE}t) & \sin L_0\end{bmatrix} \tag{2-4-31}$$

另外参见式（2-4-26），将 N 系对地速度 $\boldsymbol{v}^{N}$ 及加速度 $\dot{\boldsymbol{v}}^{N}$ 置为零，可直接得到准静基座初始对准算法如下

$$\boldsymbol{C}_{B}^{B_{I0}}(t)\boldsymbol{f}^{B}(t)=-\boldsymbol{C}_{E'_{I0}}^{B_{I0}}\boldsymbol{C}_{N}^{E'_{I0}}(t)\boldsymbol{g}^{N} \tag{2-4-32}$$

将上式两边从 $t_0$ 时刻到 $t$ 时刻同时积分，可得

$$\boldsymbol{v}_{SF}^{B_{I0}}(t)=\boldsymbol{C}_{E'_{I0}}^{B_{I0}}\boldsymbol{v}_{SF}^{E'_{I0}}(t) \tag{2-4-33}$$

其中

$$\boldsymbol{v}_{SF}^{B_{I0}}(t)=\int_{t_0}^{t}\boldsymbol{C}_{B}^{B_{I0}}(\tau)\boldsymbol{f}^{B}(\tau)\mathrm{d}\tau \tag{2-4-34}$$

$$\begin{aligned}
\boldsymbol{v}_{SF}^{E'_{I0}}(t)&=-\int_{t_0}^{t}\boldsymbol{C}_{N}^{E'_{I0}}(\tau)\boldsymbol{g}^{N}\mathrm{d}\tau\\
&=-\int_{t_0}^{t}\left(\begin{bmatrix}-\sin(\omega_{IE}\tau) & \cos(\omega_{IE}\tau) & 0\\ -\sin L_0\cos(\omega_{IE}\tau) & -\sin L_0\sin(\omega_{IE}\tau) & \cos L_0\\ \cos L_0\cos(\omega_{IE}\tau) & \cos L_0\sin(\omega_{IE}\tau) & \sin L_0\end{bmatrix}^{\mathrm{T}}\right)\mathrm{d}\tau\boldsymbol{g}^{N}\\
&=-\begin{bmatrix}[\cos(\omega_{IE}t)-1]/\omega_{IE} & \sin(\omega_{IE}t)/\omega_{IE} & 0\\ -\sin L_0\sin(\omega_{IE}t)/\omega_{IE} & \sin L_0[\cos(\omega_{IE}t)-1]/\omega_{IE} & (\cos L_0)t\\ \cos L_0\sin(\omega_{IE}t)/\omega_{IE} & \cos L_0[1-\cos(\omega_{IE}t)]/\omega_{IE} & (\sin L_0)t\end{bmatrix}^{\mathrm{T}}\begin{bmatrix}0\\0\\-g\end{bmatrix}\\
&=g\,[\cos L_0\sin(\omega_{IE}t)/\omega_{IE}\quad \cos L_0[1-\cos(\omega_{IE}t)]/\omega_{IE}\quad (\sin L_0)t]^{\mathrm{T}}
\end{aligned} \tag{2-4-35}$$

同理，选取两个不同的积分时刻，利用式（2－4－30）求得常值矩阵 $\boldsymbol{C}_{B_{I0}}^{E'_{I0}}$，便可实现初始对准。

在实际应用中，在晃动基座条件下，$\boldsymbol{v}_{SF}^{B_{I0}}$ 中常包含有较多噪声，因此只使用两个时刻上的 $\boldsymbol{v}_{SF}^{B_{I0}}$ 可能会引入较大的随机误差。在这种情况下，可以使用拟合或者滤波方法[36]减小随机误差的影响。

#### 2.4.2.4　惯性系粗对准姿态误差

根据式（2－4－16）及式（2－4－22），惯性系粗对准的误差由矩阵 $\boldsymbol{C}_{E'_{I0}}^{N}$、$\boldsymbol{C}_{B_{I0}}^{E'_{I0}}$、$\boldsymbol{C}_{B}^{B_{I0}}$ 中包含的姿态误差构成。其中 $\boldsymbol{C}_{E'_{I0}}^{N}$ 采用理论值或精度较高的导航设备计算，其误差可以忽略。结合式（B－2－94），$\boldsymbol{C}_{B}^{L}$ 的计算值可以写为

$$\begin{aligned}
\boldsymbol{C}_{B}^{\hat{L}}&=\boldsymbol{C}_{N}^{L}\boldsymbol{C}_{E'_{I0}}^{N}\boldsymbol{C}_{B_{I0}}^{\hat{E}'_{I0}}\boldsymbol{C}_{B}^{\hat{B}_{I0}}=\boldsymbol{C}_{E'_{I0}}^{L}[\boldsymbol{I}-(\boldsymbol{\phi}_{E'_{I0}\hat{E}'_{I0}}^{E'_{I0}}\times)]\boldsymbol{C}_{B_{I0}}^{E'_{I0}}[\boldsymbol{I}-(\boldsymbol{\phi}_{B_{I0}\hat{B}_{I0}}^{B_{I0}}\times)]\boldsymbol{C}_{B}^{B_{I0}}\\
&=\boldsymbol{C}_{E'_{I0}}^{L}[\boldsymbol{C}_{B_{I0}}^{E'_{I0}}-(\boldsymbol{\phi}_{E'_{I0}\hat{E}'_{I0}}^{E'_{I0}}\times)\boldsymbol{C}_{B_{I0}}^{E'_{I0}}][\boldsymbol{C}_{B}^{B_{I0}}-(\boldsymbol{\phi}_{B_{I0}\hat{B}_{I0}}^{B_{I0}}\times)\boldsymbol{C}_{B}^{B_{I0}}]\\
&=\boldsymbol{C}_{E'_{I0}}^{L}[\boldsymbol{C}_{B_{I0}}^{E'_{I0}}\boldsymbol{C}_{B}^{B_{I0}}-(\boldsymbol{\phi}_{E'_{I0}\hat{E}'_{I0}}^{E'_{I0}}\times)\boldsymbol{C}_{B_{I0}}^{E'_{I0}}\boldsymbol{C}_{B}^{B_{I0}}-\boldsymbol{C}_{B_{I0}}^{E'_{I0}}(\boldsymbol{\phi}_{B_{I0}\hat{B}_{I0}}^{B_{I0}}\times)\boldsymbol{C}_{B}^{B_{I0}}+(\boldsymbol{\phi}_{E'_{I0}\hat{E}'_{I0}}^{E'_{I0}}\times)\boldsymbol{C}_{B_{I0}}^{E'_{I0}}(\boldsymbol{\phi}_{B_{I0}\hat{B}_{I0}}^{B_{I0}}\times)\boldsymbol{C}_{B}^{B_{I0}}]\\
&\approx\boldsymbol{C}_{E'_{I0}}^{L}[\boldsymbol{C}_{B}^{E'_{I0}}-(\boldsymbol{\phi}_{E'_{I0}\hat{E}'_{I0}}^{E'_{I0}}\times)\boldsymbol{C}_{B}^{E'_{I0}}-\boldsymbol{C}_{B_{I0}}^{E'_{I0}}(\boldsymbol{\phi}_{B_{I0}\hat{B}_{I0}}^{B_{I0}}\times)\boldsymbol{C}_{B}^{B_{I0}}]\\
&=\boldsymbol{C}_{B}^{L}-\boldsymbol{C}_{E'_{I0}}^{L}(\boldsymbol{\phi}_{E'_{I0}\hat{E}'_{I0}}^{E'_{I0}}\times)\boldsymbol{C}_{B}^{E'_{I0}}-\boldsymbol{C}_{B_{I0}}^{L}(\boldsymbol{\phi}_{B_{I0}\hat{B}_{I0}}^{B_{I0}}\times)\boldsymbol{C}_{B}^{B_{I0}}\\
&=[\boldsymbol{I}-\boldsymbol{C}_{E'_{I0}}^{L}(\boldsymbol{\phi}_{E'_{I0}\hat{E}'_{I0}}^{E'_{I0}}\times)\boldsymbol{C}_{L}^{E'_{I0}}-\boldsymbol{C}_{B_{I0}}^{L}(\boldsymbol{\phi}_{B_{I0}\hat{B}_{I0}}^{B_{I0}}\times)\boldsymbol{C}_{L}^{B_{I0}}]\boldsymbol{C}_{B}^{L}\\
&=[\boldsymbol{I}-(\boldsymbol{\phi}_{E'_{I0}\hat{E}'_{I0}}^{L}\times)-(\boldsymbol{\phi}_{B_{I0}\hat{B}_{I0}}^{L}\times)]\boldsymbol{C}_{B}^{L}
\end{aligned} \tag{2-4-36}$$

将上式与式（1－6－10）比较可知惯性系粗对准的姿态误差可写为

$$\boldsymbol{\phi}_{L\hat{L}}^{L} \approx \boldsymbol{\phi}_{E'_{I0}\hat{E}'_{I0}}^{L} + \boldsymbol{\phi}_{B_{I0}\hat{B}_{I0}}^{L} \tag{2-4-37}$$

以下分别分析 $\boldsymbol{C}_{B_{I0}}^{E'_{I0}}$ 的误差 $\boldsymbol{\phi}_{E'_{I0}\hat{E}'_{I0}}^{L}$ 与 $\boldsymbol{C}_{B}^{B_{I0}}$ 的误差 $\boldsymbol{\phi}_{B_{I0}\hat{B}_{I0}}^{L}$。

对矩阵 $\boldsymbol{C}_{B_{I0}}^{E'_{I0}}$ 的计算采用双矢量定姿算法，因此仍可以利用式（1－5－265）分析其误差 $\boldsymbol{\phi}_{E'_{I0}\hat{E}'_{I0}}^{L}$。为使结果有更简单的形式，取参考矢量为 $\boldsymbol{v}_{SF}(t_1)$ 与 $\boldsymbol{v}_{SF}(t_2)$。首先考察 $\boldsymbol{v}_{SF}^{E'_{I0}}(t)$ 的误差。由式（2－4－34），$\boldsymbol{v}_{SF}^{B_{I0}}(t)$ 的计算值为

$$\begin{aligned}\hat{\boldsymbol{v}}_{SF}^{B_{I0}}(t) &= \int_{t_0}^{t} \boldsymbol{C}_{B}^{\hat{B}_{I0}}(\tau)\hat{\boldsymbol{f}}^{B}(\tau)\mathrm{d}\tau \approx \int_{t_0}^{t}[\boldsymbol{I} - \boldsymbol{\phi}_{B_{I0}\hat{B}_{I0}}^{B_{I0}}(\tau)\times]\boldsymbol{C}_{B}^{B_{I0}}(\tau)[\boldsymbol{f}^{B}(\tau)+\delta\boldsymbol{f}^{B}(\tau)]\mathrm{d}\tau \\ &= \int_{t_0}^{t}[\boldsymbol{C}_{B}^{B_{I0}}(\tau) - (\boldsymbol{\phi}_{B_{I0}\hat{B}_{I0}}^{B_{I0}}(\tau)\times)\boldsymbol{C}_{B}^{B_{I0}}(\tau)]\,[\boldsymbol{f}^{B}(\tau)+\delta\boldsymbol{f}^{B}(\tau)]\mathrm{d}\tau\end{aligned} \tag{2-4-38}$$

将上式减去 $\boldsymbol{v}_{SF}^{B_{I0}}(t)$，并忽略二阶小量，可得计算误差为

$$\begin{aligned}\delta\boldsymbol{v}_{SF}^{B_{I0}}(t) &\approx \int_{t_0}^{t}[\boldsymbol{C}_{B}^{B_{I0}}(\tau)\delta\boldsymbol{f}^{B}(\tau) - (\boldsymbol{\phi}_{B_{I0}\hat{B}_{I0}}^{B_{I0}}(\tau)\times)\boldsymbol{C}_{B}^{B_{I0}}(\tau)\boldsymbol{f}^{B}(\tau)]\mathrm{d}\tau \\ &= \int_{t_0}^{t}[\delta\boldsymbol{f}^{B_{I0}}(\tau) - \boldsymbol{\phi}_{B_{I0}\hat{B}_{I0}}^{B_{I0}}(\tau)\times\boldsymbol{f}^{B_{I0}}(\tau)]\mathrm{d}\tau \\ &= \boldsymbol{C}_{N_{I0}}^{B_{I0}}\int_{t_0}^{t}\boldsymbol{C}_{N}^{N_{I0}}(\tau)\{\delta\boldsymbol{f}^{N}(\tau) - [\boldsymbol{\phi}_{B_{I0}\hat{B}_{I0}}^{N}(\tau)\times\boldsymbol{f}^{N}(\tau)]\}\mathrm{d}\tau\end{aligned} \tag{2-4-39}$$

将上式乘以 $\boldsymbol{C}_{B_{I0}}^{E'_{I0}}$ 有

$$(\delta\boldsymbol{v}_{SF}(t)\big|_{B_{I0}})^{\bar{E}'_{I0}} \approx \boldsymbol{C}_{N_{I0}}^{E'_{I0}}\int_{t_0}^{t}\boldsymbol{C}_{N}^{N_{I0}}(\tau)[\delta\boldsymbol{f}^{N}(\tau) - (\boldsymbol{\phi}_{B_{I0}\hat{B}_{I0}}^{N}(\tau)\times\boldsymbol{f}^{N}(\tau))]\mathrm{d}\tau \tag{2-4-40}$$

当载体处于准静止状态时，认为加速度计误差 $\delta\boldsymbol{f}^{N}(\tau)$ 及陀螺误差 $\delta\boldsymbol{\omega}_{IB}^{N}(\tau)$ 在粗对准过程中为常量，并认为粗对准时间很短，根据式（1－5－208）（将 $M$ 系替换为 $B_{I0}$ 系，$F$ 系替换为 $B$ 系）有

$$\dot{\boldsymbol{\phi}}_{B_{I0}\hat{B}_{I0}}^{B_{I0}} \approx \boldsymbol{\omega}_{B_{I0}B}^{B_{I0}} \times \boldsymbol{\phi}_{B_{I0}\hat{B}_{I0}}^{B_{I0}} - \delta\boldsymbol{\omega}_{B_{I0}B}^{B_{I0}} \tag{2-4-41}$$

转换到 $N$ 系下得

$$\dot{\boldsymbol{\phi}}_{B_{I0}\hat{B}_{I0}}^{N} \approx \boldsymbol{\omega}_{IB}^{N}\times\boldsymbol{\phi}_{B_{I0}\hat{B}_{I0}}^{N} - \delta\boldsymbol{\omega}_{IB}^{N} = \boldsymbol{\omega}_{IE}^{N}\times\boldsymbol{\phi}_{B_{I0}\hat{B}_{I0}}^{N} - \delta\boldsymbol{\omega}_{IB}^{N} \tag{2-4-42}$$

对上式进行积分得

$$\begin{aligned}\boldsymbol{\phi}_{B_{I0}\hat{B}_{I0}}^{N}(t) &\approx \int_{t_0}^{t}(\boldsymbol{\omega}_{IE}^{N}\times\boldsymbol{\phi}_{B_{I0}\hat{B}_{I0}}^{N} - \delta\boldsymbol{\omega}_{IB}^{N})\mathrm{d}\tau \approx \int_{t_0}^{t}(-\boldsymbol{\omega}_{IE}^{N}\times\delta\boldsymbol{\omega}_{IB}^{N}\tau - \delta\boldsymbol{\omega}_{IB}^{N})\mathrm{d}\tau \\ &= -\left\{\int_{t_0}^{t}[(\boldsymbol{\omega}_{IE}^{N})\times\tau + \boldsymbol{I}]\mathrm{d}\tau\right\}\delta\boldsymbol{\omega}_{IB}^{N} = -t\left[\frac{t}{2}(\boldsymbol{\omega}_{IE}^{N}\times) + \boldsymbol{I}\right]\delta\boldsymbol{\omega}_{IB}^{N}\end{aligned} \tag{2-4-43}$$

式中第二个约等号处忽略了姿态误差导数中除陀螺误差外的其他分量。将式（2－4－43）

代入式（2-4-40），化简得

$$
\begin{aligned}
(\delta \boldsymbol{v}_{SF}(t)|_{B_{I0}})^{\bar{E}'_{I0}} &\approx \boldsymbol{C}_{N_{I0}}^{E'_{I0}} \int_{t_0}^{t} \boldsymbol{C}_{N}^{N_{I0}}(\tau)\left[\delta \boldsymbol{f}^{N} - \tau \delta \boldsymbol{\omega}_{IB}^{N} \times \boldsymbol{g}^{N} - \frac{\tau^2}{2}(\boldsymbol{\omega}_{IE}^{N} \times \delta \boldsymbol{\omega}_{IB}^{N} \times \boldsymbol{g}^{N})\right] \mathrm{d}\tau \\
&= \boldsymbol{C}_{N_{I0}}^{E'_{I0}}\left(\int_{t_0}^{t} \boldsymbol{C}_{N}^{N_{I0}}(\tau)\mathrm{d}\tau\right)\delta \boldsymbol{f}^{N} - \boldsymbol{C}_{N_{I0}}^{E'_{I0}}\left(\int_{t_0}^{t} \boldsymbol{C}_{N}^{N_{I0}}(\tau)\tau \mathrm{d}\tau\right)(\delta \boldsymbol{\omega}_{IB}^{N} \times \boldsymbol{g}^{N}) - \\
&\quad \frac{\boldsymbol{C}_{N_{I0}}^{E'_{I0}}}{2}\left(\int_{t_0}^{t} \boldsymbol{C}_{N}^{N_{I0}}(\tau)\tau^2 \mathrm{d}\tau\right)(\boldsymbol{\omega}_{IE}^{N} \times \delta \boldsymbol{\omega}_{IB}^{N} \times \boldsymbol{g}^{N})
\end{aligned}
\tag{2-4-44}
$$

其中

$$
\boldsymbol{g}^{N} = [0 \quad 0 \quad -g]^{\mathrm{T}}
$$

此外，在式（1-5-3）及式（1-5-4）中令 $F$ 系为 $N_{I0}$ 系，$M$ 系为 $N$ 系，并考虑到 $\mathrm{d}\theta = \omega_{IE}\mathrm{d}\tau$ 可得

$$
\left\{
\begin{aligned}
\int_{t_0}^{t} \boldsymbol{C}_{N}^{N_{I0}}(\tau)\mathrm{d}\tau &= \int_{t_0}^{t} \{\boldsymbol{I} + \sin(\omega_{IE}\tau)(\boldsymbol{u}_{Z_E}^{N_{I0}} \times) + [1-\cos(\omega_{IE}\tau)](\boldsymbol{u}_{Z_E}^{N_{I0}} \times)^2\}\mathrm{d}\tau \\
&= t\left\{\boldsymbol{I} + \frac{1-\cos(\omega_{IE}t)}{\omega_{IE}t}(\boldsymbol{u}_{Z_E}^{N_{I0}} \times) + \left[1 - \frac{\sin(\omega_{IE}t)}{\omega_{IE}t}\right](\boldsymbol{u}_{Z_E}^{N_{I0}} \times)^2\right\} \\
&\approx t\left[\boldsymbol{I} + \frac{\omega_{IE}t}{2}(\boldsymbol{u}_{Z_E}^{N_{I0}} \times) + \frac{(\omega_{IE}t)^2}{6}(\boldsymbol{u}_{Z_E}^{N_{I0}} \times)^2\right] \\
\int_{t_0}^{t} \boldsymbol{C}_{N}^{N_{I0}}(\tau)\tau \mathrm{d}\tau &= \int_{t_0}^{t} \{\tau \boldsymbol{I} + \sin(\omega_{IE}\tau)\tau(\boldsymbol{u}_{Z_E}^{N_{I0}} \times) + [1-\cos(\omega_{IE}\tau)]\tau(\boldsymbol{u}_{Z_E}^{N_{I0}} \times)^2\}\mathrm{d}\tau \\
&= t^2\left\{\frac{1}{2}\boldsymbol{I} + \left[\frac{\sin(\omega_{IE}t) - \omega_{IE}t\cos(\omega_{IE}t)}{(\omega_{IE}t)^2}\right](\boldsymbol{u}_{Z_E}^{N_{I0}} \times) + \right. \\
&\quad \left. \left[\frac{1}{2} + \frac{1-\cos(\omega_{IE}t) - \omega_{IE}t\sin(\omega_{IE}t)}{(\omega_{IE}t)^2}\right](\boldsymbol{u}_{Z_E}^{N_{I0}} \times)^2\right\} \\
&\approx t^2\left[\frac{1}{2}\boldsymbol{I} + \frac{\omega_{IE}t}{3}(\boldsymbol{u}_{Z_E}^{N_{I0}} \times) + \frac{(\omega_{IE}t)^2}{8}(\boldsymbol{u}_{Z_E}^{N_{I0}} \times)^2\right] \\
\int_{t_0}^{t} \boldsymbol{C}_{N}^{N_{I0}}(\tau)\tau^2 \mathrm{d}\tau &= \int_{t_0}^{t} \{\tau^2 \boldsymbol{I} + \sin(\omega_{IE}\tau)\tau^2(\boldsymbol{u}_{Z_E}^{N_{I0}} \times) + [1-\cos(\omega_{IE}\tau)]\tau^2(\boldsymbol{u}_{Z_E}^{N_{I0}} \times)^2\}\mathrm{d}\tau \\
&= t^3\left\{\frac{1}{3}\boldsymbol{I} + \left[\frac{-2 + 2\omega_{IE}t\sin(\omega_{IE}t) + (2-(\omega_{IE}t)^2)\cos(\omega_{IE}t)}{(\omega_{IE}t)^3}\right](\boldsymbol{u}_{Z_E}^{N_{I0}} \times) + \right. \\
&\quad \left. \left[\frac{1}{3} - \frac{((\omega_{IE}t)^2 - 2)\sin(\omega_{IE}t) + 2\omega_{IE}t\cos(\omega_{IE}t)}{(\omega_{IE}t)^3}\right](\boldsymbol{u}_{Z_E}^{N_{I0}} \times)^2\right\} \\
&\approx t^3\left[\frac{1}{3}\boldsymbol{I} + \frac{\omega_{IE}t}{4}(\boldsymbol{u}_{Z_E}^{N_{I0}} \times) + \frac{(\omega_{IE}t)^2}{10}(\boldsymbol{u}_{Z_E}^{N_{I0}} \times)^2\right]
\end{aligned}
\right.
\tag{2-4-45}
$$

考虑到粗对准时间一般较短，$\omega_{IE}t$ 为小量，因此上式约等号处忽略了最外层括号内的项的三阶以上阶数的分量以简化计算。由式（B-2-94）有

$$\begin{cases}(\boldsymbol{u}_{Z_E}^{N_{I0}}\times)=\boldsymbol{C}_{E'_{I0}}^{N_{I0}}(\boldsymbol{u}_{Z_E}^{E'_{I0}}\times)\boldsymbol{C}_{N_{I0}}^{E'_{I0}}\\(\boldsymbol{u}_{Z_E}^{N_{I0}}\times)^2=\boldsymbol{C}_{E'_{I0}}^{N_{I0}}(\boldsymbol{u}_{Z_E}^{E'_{I0}}\times)^2\boldsymbol{C}_{N_{I0}}^{E'_{I0}}\end{cases}\tag{2-4-46}$$

综合上式及式（2-4-45）得

$$\begin{cases}\boldsymbol{C}_{N_{I0}}^{E'_{I0}}\left(\int_{t_0}^{t}\boldsymbol{C}_N^{N_{I0}}(\tau)\mathrm{d}\tau\right)\approx t\left[\boldsymbol{I}+\dfrac{\omega_{IE}t}{2}(\boldsymbol{u}_{Z_E}^{E'_{I0}}\times)+\dfrac{(\omega_{IE}t)^2}{6}(\boldsymbol{u}_{Z_E}^{E'_{I0}}\times)^2\right]\boldsymbol{C}_{N_{I0}}^{E'_{I0}}\\\boldsymbol{C}_{N_{I0}}^{E'_{I0}}\left(\int_{t_0}^{t}\boldsymbol{C}_N^{N_{I0}}(\tau)\tau\mathrm{d}\tau\right)\approx t^2\left[\dfrac{1}{2}\boldsymbol{I}+\dfrac{\omega_{IE}t}{3}(\boldsymbol{u}_{Z_E}^{E'_{I0}}\times)+\dfrac{(\omega_{IE}t)^2}{8}(\boldsymbol{u}_{Z_E}^{E'_{I0}}\times)^2\right]\boldsymbol{C}_{N_{I0}}^{E'_{I0}}\\\boldsymbol{C}_{N_{I0}}^{E'_{I0}}\left(\int_{t_0}^{t}\boldsymbol{C}_N^{N_{I0}}(\tau)\tau^2\mathrm{d}\tau\right)\approx t^3\left(\dfrac{1}{3}\boldsymbol{I}+\dfrac{\omega_{IE}t}{4}(\boldsymbol{u}_{Z_E}^{E'_{I0}}\times)+\dfrac{(\omega_{IE}t)^2}{10}(\boldsymbol{u}_{Z_E}^{E'_{I0}}\times)^2\right]\boldsymbol{C}_{N_{I0}}^{E'_{I0}}\end{cases}\tag{2-4-47}$$

其中

$$\boldsymbol{u}_{Z_E}^{E'_{I0}}=[0\quad 0\quad 1]^{\mathrm{T}}$$

将式（2-4-47）代入式（2-4-44）并展开得 $(\delta\boldsymbol{v}_{SF}(t)|_{B_{I0}})^{\bar{E}'_{I0}}$ 的计算式为

$$(\delta\boldsymbol{v}_{SF}(t)|_{B_{I0}})^{\bar{E}'_{I0}}\approx t\begin{bmatrix}-\dfrac{\delta f_x^N\omega_{IE}t}{2}-\delta f_y^N\sin(L)+\delta f_z^N\cos(L)+\dfrac{\delta\omega_{IB_x}^N gt\sin(L)}{2}-\dfrac{\delta\omega_{IB_y}^N g\omega_{IE}t^2}{3}\\\delta f_x^N-\dfrac{\delta f_y^N\omega_{IE}t\sin(L)}{2}+\dfrac{\delta f_z^N\omega_{IE}t\cos(L)}{2}+\dfrac{\delta\omega_{IB_x}^N g\omega_{IE}t^2\sin(L)}{3}+\dfrac{\delta\omega_{IB_y}^N gt}{2}\\\delta f_y^N\cos(L)+\delta f_z^N\sin(L)-\dfrac{\delta\omega_{IB_x}^N gt\cos(L)}{2}\end{bmatrix}\tag{2-4-48}$$

式中，$L$ 为纬度。

其次，根据式（2-4-35），$\boldsymbol{v}_{SF}^{E'_{I0}}(t)$ 可以近似为

$$\boldsymbol{v}_{SF}^{E'_{I0}}(t)\approx\begin{bmatrix}gt\cos(L)\\\dfrac{g\omega_{IE}t^2\cos(L)}{2}\\gt\sin(L)\end{bmatrix}\tag{2-4-49}$$

将式（2-4-48）与式（2-4-49）中的 $t$ 替换为 $t_1$ 与 $t_2$，并代入式（1-5-265）可得

$$\boldsymbol{\phi}_{E'_{I0}\hat{E}'_{I0}}^{E'_{I0}}\approx\begin{bmatrix}-\dfrac{\delta\omega_{IB_x}^N}{\omega_{IE}}+\dfrac{\delta\omega_{IB_x}^N\omega_{IE}t_1t_2\sin(L)^2}{6}+\dfrac{\delta\omega_{IB_y}^N(t_1+t_2)\sin(L)}{3}\\-\dfrac{\delta f_y^N}{g}+\dfrac{\delta\omega_{IB_y}^N\omega_{IE}t_1t_2\sin(L)}{3}\\\dfrac{\delta f_x^N}{g\cos(L)}-\dfrac{\delta\omega_{IB_x}^N\tan(L)}{\omega_{IE}}-\dfrac{\delta\omega_{IB_x}^N\omega_{IE}t_1t_2\cos(L)\sin(L)}{6}+\dfrac{2\delta\omega_{IB_y}^N(t_1+t_2)}{3\cos(L)}-\dfrac{\delta\omega_{IB_y}^N(t_1+t_2)\cos(L)}{3}\end{bmatrix}\tag{2-4-50}$$

将上式转换到 $L$ 系下得

$$\boldsymbol{\phi}_{E'_{I0}\hat{E}'_{I0}}^{L}=\boldsymbol{C}_{E'_{I0}}^{L}\boldsymbol{\phi}_{E'_{I0}\hat{E}'_{I0}}^{E'_{I0}}\approx\begin{bmatrix}\dfrac{\delta f_y^L}{g}-\dfrac{\delta\omega_{IB_y}^L\omega_{IE}t_1t_2\sin(L)}{6}+\dfrac{\delta\omega_{IB_x}^L(t_1+t_2)}{3}\\-\dfrac{\delta f_x^L}{g}+\dfrac{\delta\omega_{IB_x}^L\omega_{IE}t_1t_2\sin(L)}{3}\\-\dfrac{\delta f_y^L\tan(L)}{g}+\dfrac{\delta\omega_{IB_y}^L}{\omega_{IE}\cos(L)}-\dfrac{2\delta\omega_{IB_x}^L(t_1+t_2)\tan(L)}{3}\end{bmatrix}\tag{2-4-51}$$

上式在计算 $\boldsymbol{C}_{E'_{I0}}^{L}$ 时忽略了粗对准时间段内的地球自转以获得更简化的结果。可以看出，$\boldsymbol{\phi}_{E'_{I0}\hat{E}'_{I0}}^{L}$ 可以分解为两部分，一部分与 $t_1$、$t_2$ 不相关，另一部分与之相关。前者与式（2－4－11）中的 $\boldsymbol{\phi}_{L\hat{L}}^{L}$ 完全相同，后者是由式（2－4－45）中的 $\dfrac{\omega_{IE}t}{3}(\boldsymbol{u}_{Z_E}^{N_{I0}}\times)$ 项引起的。

$\boldsymbol{C}_{B}^{B_{I0}}$ 中包含的姿态误差 $\boldsymbol{\phi}_{B_{I0}\hat{B}_{I0}}^{L}$ 主要由姿态更新时的陀螺误差引起。由式（2－4－43）可得

$$\boldsymbol{\phi}_{B_{I0}\hat{B}_{I0}}^{E'_{I0}}=\boldsymbol{C}_{N_{I0}}^{E'_{I0}}\int_{t_0}^{t}\boldsymbol{C}_{N}^{N_{I0}}(\tau)\boldsymbol{\phi}_{B_{I0}\hat{B}_{I0}}^{N}\mathrm{d}\tau\approx-\boldsymbol{C}_{N_{I0}}^{E'_{I0}}\left(\int_{t_0}^{t}\boldsymbol{C}_{N}^{N_{I0}}(\tau)\tau\,\mathrm{d}\tau\right)\delta\boldsymbol{\omega}_{IB}^{N}\tag{2-4-52}$$

将式（2－4－47）代入上式并展开可得

$$\boldsymbol{\phi}_{B_{I0}\hat{B}_{I0}}^{L}=\boldsymbol{C}_{E'_{I0}}^{L}\boldsymbol{\phi}_{B_{I0}\hat{B}_{I0}}^{E'_{I0}}\approx\begin{bmatrix}-\delta\omega_{IB_x}^L t-\dfrac{\delta\omega_{IB_y}^L\omega_{IE}\sin(L)t^2}{2}\\-\delta\omega_{IB_y}^L t+\dfrac{\delta\omega_{IB_x}^L\omega_{IE}t^2\sin(L)}{2}+\dfrac{\delta\omega_{IB_z}^L\omega_{IE}t^2\cos(L)}{2}\\-\delta\omega_{IB_z}^L t-\dfrac{\delta\omega_{IB_y}^L\omega_{IE}t^2\cos(L)}{2}\end{bmatrix}\tag{2-4-53}$$

上式在计算 $\boldsymbol{C}_{E'_{I0}}^{L}$ 时忽略了粗对准时间段内的地球自转。

将式（2－4－51）及式（2－4－53）代入式（2－4－37），令式（2－4－51）中 $t_2$ 为当前时刻 $t$，可得惯性系粗对准总姿态误差为

$$\begin{aligned}\boldsymbol{\phi}_{L\hat{L}}^{L}&\approx\begin{bmatrix}\dfrac{\delta f_y^L}{g}+\dfrac{\delta\omega_{IB_x}^L(t_1-2t)}{3}-\dfrac{\delta\omega_{IB_y}^L\omega_{IE}(t_1+3t)t\sin(L)}{6}\\-\dfrac{\delta f_x^L}{g}+\dfrac{\delta\omega_{IB_x}^L\omega_{IE}(2t_1+3t)t\sin(L)}{6}-\delta\omega_{IB_y}^L t+\dfrac{\delta\omega_{IB_z}^L\omega_{IE}t^2\cos(L)}{2}\\-\dfrac{\delta f_y^L\tan(L)}{g}+\dfrac{\delta\omega_{IB_y}^L}{\omega_{IE}\cos(L)}-\dfrac{2\delta\omega_{IB_x}^L(t_1+t)\tan(L)}{3}-\dfrac{\delta\omega_{IB_y}^L\omega_{IE}t^2\cos(L)}{2}-\delta\omega_{IB_z}^L t\end{bmatrix}\\&\approx\begin{bmatrix}\dfrac{\delta f_y^L}{g}+\dfrac{\delta\omega_{IB_x}^L(t_1-2t)}{3}\\-\dfrac{\delta f_x^L}{g}-\delta\omega_{IB_y}^L t\\-\dfrac{\delta f_y^L\tan(L)}{g}+\dfrac{\delta\omega_{IB_y}^L}{\omega_{IE}\cos(L)}-\dfrac{2\delta\omega_{IB_x}^L(t_1+t)\tan(L)}{3}-\delta\omega_{IB_z}^L t\end{bmatrix}\end{aligned}\tag{2-4-54}$$

式中第 2 个约等号处忽略了含有 $\omega_{IE}$ 的时间相关项，当对准时间较短时，这些项的影响相对于其他时间相关项可以忽略。

## 2.5 惯性传感器模型

惯性导航系统的核心传感器是加速度计和陀螺。由于惯性导航系统中的积分运算，微小的惯性传感器测量误差都会随着时间累积，进而引起惯性导航姿态、速度和位置计算误差的不断增长。因此需要通过误差建模和补偿手段提高现有惯性传感器的实际使用精度。惯性传感器根据一切质量物体（包括光波）相对惯性空间具有的基本属性进行测量。惯性传感器的误差可分为两类，即确定性误差和随机误差。2.5.1 节介绍了惯性传感器主要的确定性误差。2.5.2 节介绍了惯性传感器输出的补偿算法，用于补偿 2.5.1 节中的确定性误差。2.5.3 节介绍了惯性传感器主要的随机误差。

### 2.5.1 确定性误差

本节根据产生原因和表现形式，介绍了惯性传感器主要的确定性误差，包括传感器输入轴失准角、零偏、标度因数误差、量化误差、加速度计杆臂效应、加速度计不等惯量误差、陀螺 g 敏感项共七种。2.5.1.9 节介绍了工程应用注意事项。

惯性测量组合（Inertial Measurement Unit，IMU）是构成惯性导航系统的核心硬件基础，它以加速度计和陀螺为基本的惯性测量传感器。如果每个惯性传感器都是单轴的，即只有一个测量输入轴，那么为了实现三维空间中的全方位测量和导航目的，IMU 至少应当包含不共面的三只加速度计和三只陀螺，下面推导的误差都是基于 IMU 的。

#### 2.5.1.1 传感器输入轴失准角

惯性导航解算使用的惯组输出数据通常是在正交坐标系（一般是本体系 $B$ 系）下表示的比力和角速度矢量，而惯性传感器输入轴的配置分为两种：测量轴的正交配置方案和非正交配置方案。在不考虑制造误差的情况下，对于前者，三只加速度计或三只陀螺的理想输入轴组成的坐标系 $S_0$ 是一个正交坐标系；对于后者，$S_0$ 是一个斜交坐标系。然而，即使对于正交配置方案，将惯性传感器安装到 IMU 基座上时，由于基座支架加工的误差，以及惯性传感器的真实输入基准轴与理想输入轴之间存在失准角误差，使得 IMU 中三只加速度计和三只陀螺的实际输入轴组成的坐标系 $S$ 系仍是一个斜交坐标系。为将 $S$ 系下的传感器输出转换为 $B$ 系下的比力和角速度，需要实现从非正交坐标系到正交坐标系的矢量转换。

以加速度计组合为例，设矢量 $\boldsymbol{v}$ 为原点所受的比力，假设有三只加速度计且它们的实际输入轴分别沿斜交坐标系 $S$ 系的三个轴，则当忽略杆臂效应时，这三只加速度计敏感到的比力大小分别是矢量 $\boldsymbol{v}$ 在 $S$ 系的正交投影（不是斜交投影）。该原理同样适用于陀螺。将 B.2.8.5 节中的斜交坐标系 $M$ 系视为传感器坐标系 $S$ 系，正交坐标系 $F$ 系视为本体坐标系 $B$ 系，两坐标系原点重合，则式（B-2-105）及式（B-2-106）中的 $\boldsymbol{v}^M=\boldsymbol{v}^S$ 即惯组敏感的比力和角速度，$\boldsymbol{v}^F=\boldsymbol{v}^B$ 即用于导航解算的本体坐标系下的比力和角速度，式（B-2-115）中矩阵 $\boldsymbol{P}_M^F=\boldsymbol{P}_S^B$ 的每一列对应惯性传感器输入轴在本体系中的投影，列矢量为单位矢量。

考虑到 $S_0$ 系，根据链式运算法则，可以将 $\boldsymbol{P}_S^B$ 进一步分解为 $\boldsymbol{P}_S^B=\boldsymbol{P}_{S_0}^B\boldsymbol{P}_S^{S_0}$。其中 $\boldsymbol{P}_{S_0}^B$ 代表了转换矩阵的标称值，可根据传感器安装角度的设计值得到。对于正交配置的传感器，$\boldsymbol{P}_{S_0}^B=\boldsymbol{I}$。$\boldsymbol{P}_S^{S_0}$ 代表了传感器实际输入轴相对于标称输入轴的误差，其第 $i$ 列为 $S$ 系第 $i$ 个传感器实际输入轴在 $S_0$ 系下的斜交投影分量。由于 $\boldsymbol{P}_S^{S_0}$ 的理想值为单位矩阵，因此可将其误差部分定义为

$$\delta\boldsymbol{P}_S^{S_0}\equiv\boldsymbol{P}_S^{S_0}-\boldsymbol{I} \tag{2-5-1}$$

式中，$\delta\boldsymbol{P}_S^{S_0}$ 代表了由基座支架加工误差、惯性传感器的真实输入轴与理想输入轴不重合等因素引入的传感器输入轴失准角，是对 $\boldsymbol{P}_{S_0}^B$ 矩阵的误差补偿矩阵。因此

$$\boldsymbol{P}_S^B=\boldsymbol{P}_{S_0}^B(\boldsymbol{I}+\delta\boldsymbol{P}_S^{S_0}) \tag{2-5-2}$$

而 $\boldsymbol{P}_S^B$ 的理想值为 $\boldsymbol{P}_{S_0}^B$，结合式（2-5-1），其误差为

$$\delta\boldsymbol{P}_S^B\equiv\boldsymbol{P}_S^B-\boldsymbol{P}_{S_0}^B=\boldsymbol{P}_{S_0}^B\boldsymbol{P}_S^{S_0}-\boldsymbol{P}_{S_0}^B=\boldsymbol{P}_{S_0}^B(\boldsymbol{P}_S^{S_0}-\boldsymbol{I})=\boldsymbol{P}_{S_0}^B\delta\boldsymbol{P}_S^{S_0} \tag{2-5-3}$$

设本体系输入的比力或角速度为 $\boldsymbol{v}^B$，三只陀螺或三只加速度计敏感的比力或角速度为 $\boldsymbol{v}^S$，则由式（B-2-105）有

$$\boldsymbol{v}^S=(\boldsymbol{P}_S^B)^{\mathrm{T}}\boldsymbol{v}^B=(\boldsymbol{P}_{S_0}^B\boldsymbol{P}_S^{S_0})^{\mathrm{T}}\boldsymbol{v}^B \tag{2-5-4}$$

由式（B-2-106）有

$$\boldsymbol{v}^B=(\boldsymbol{P}_B^S)^{\mathrm{T}}\boldsymbol{v}^S=(\boldsymbol{P}_{S_0}^S\boldsymbol{P}_B^{S_0})^{\mathrm{T}}\boldsymbol{v}^S \tag{2-5-5}$$

#### 2.5.1.2　零偏

零偏是加速度计和陀螺都表现出来的常值误差，与载体实际的比力和角速度无关，数值上等于传感器零输入时的输出。$S$ 系下加速度计三元组的零偏矢量记为 $\delta\boldsymbol{f}_{Bias}^S$，陀螺三元组的零偏矢量记为 $\delta\boldsymbol{\omega}_{IB_{Bias}}^S$。

#### 2.5.1.3　标度因数误差

惯性传感器的输出与输入之比称为标度因数。标度因数的真实值 $K_{Scal}$ 可分解为标称值 $K_{Scal0}$ 与误差值 $\delta K_{Scal}$ 两部分。标称值通常由设计或出厂前的标定确定，误差值是标称值的残差。三传感器组的标度因数真实值可用对角矩阵 $\boldsymbol{K}_{Scal}=\boldsymbol{K}_{Scal0}(\boldsymbol{I}+\delta\boldsymbol{K}_{Scal})$ 表示，式中 $\boldsymbol{K}_{Scal0}$ 为标度因数的标称值对角矩阵，$\delta\boldsymbol{K}_{Scal}$ 为标度因数的误差补偿对角矩阵，理想条件下 $\delta\boldsymbol{K}_{Scal}=\boldsymbol{0}_{3\times3}$。

部分惯性传感器采用不同的通道处理正向输入及负向输入，对于这种传感器，正负通道标度因数的真实值是不同的。为保持通用性，这里采用 $\boldsymbol{K}_{Scal+}$ 与 $\boldsymbol{K}_{Scal-}$ 来分别表示正向标度因数与负向标度因数。对于采用同一通道处理正向输入及负向输入的传感器，认为这两个值一样即可。

标度因数标称值 $\boldsymbol{K}_{Scal0}$ 一般为对正负通道都相同的常值。在对精度要求不高的应用中，

标度因数误差值 $\delta\boldsymbol{K}_{Scal}$ 可近似为常值对角阵，即惯性仪器的输出与输入为线性关系。但在高精度应用中，需要考虑 $\delta\boldsymbol{K}_{Scal}$ 中存在的非线性，即其各元素取值与输入的比力或角速度相关，另外还需要考虑 $\delta\boldsymbol{K}_{Scal}$ 的正负通道差异性，即每个通道有不同的标度因数误差值，该误差值与输入量的符号相关。对于正负通道差异性，可以用 $\delta\boldsymbol{K}_{Scal+}$ 与 $\delta\boldsymbol{K}_{Scal-}$ 分别表示正、负输入时对应的标度因数误差。对于非线性，可以将标度因数误差记为输入量的函数。在工程应用时，可以用多项式来逼近这个函数，多项式的零次项即标度因数误差的线性部分，高次项即非线性部分。

由上，设 $\tilde{\boldsymbol{v}}^S_{Scal+}$、$\tilde{\boldsymbol{v}}^S_{Scal-}$ 分别表示进入标度因数缩放环节的三传感器组三个输入轴上的正负向输入［具体包含的项见式（2－5－44）］，则标度因数的误差补偿矩阵可分别表示为[18]

$$\begin{cases}\delta\mathbf{K}_{Scal+}(\tilde{\boldsymbol{v}}^S_{Scal+})\approx\delta\boldsymbol{K}_{Scal+0}+\delta\boldsymbol{K}_{Scal+1}\mathrm{diag}(\tilde{\boldsymbol{v}}^S_{Scal+})+\delta\boldsymbol{K}_{Scal+2}\ [\mathrm{diag}(\tilde{\boldsymbol{v}}^S_{Scal+})]^2+\cdots\\ \delta\mathbf{K}_{Scal-}(\tilde{\boldsymbol{v}}^S_{Scal-})\approx\delta\boldsymbol{K}_{Scal-0}+\delta\boldsymbol{K}_{Scal-1}\mathrm{diag}(\tilde{\boldsymbol{v}}^S_{Scal-})+\delta\boldsymbol{K}_{Scal-2}\ [\mathrm{diag}(\tilde{\boldsymbol{v}}^S_{Scal-})]^2+\cdots\end{cases}\tag{2-5-6}$$

式中，diag 表示将矢量转换为对角阵的操作，此外对标度因数的误差补偿矩阵采用了返回矩阵的函数的标记法。下文为简化表示，在不引起混淆时，也采用不带参数的矩阵标记法，记为 $\delta\boldsymbol{K}_{Scal+}$ 或者 $\delta\boldsymbol{K}_{Scal-}$。在进行误差补偿时，需要计算矩阵 $\delta\boldsymbol{K}_{Scal}$ 相对于矢量 $\tilde{\boldsymbol{v}}^S_{Scal}$ 的导数。由 B.2.6 节，该导数为一个 $9\times3$ 的雅可比矩阵，该矩阵第 $(i-1)\times3+i$ 行，第 $i$ 列（$i=1,2,3$）元素为下式，其余元素均为 0[19]

$$\begin{cases}\delta\dot{\mathrm{K}}_{Scal+}\ (\tilde{\boldsymbol{v}}^S_{Scal+})_{(i-1)\times3+i,i}\approx\delta K_{Scal+1_{i,i}}+2\delta K_{Scal+2_{i,i}}\ \tilde{v}^S_{Scal+_i}+3\delta K_{Scal+3_{i,i}}\ (\tilde{v}^S_{Scal+_i})^2+\cdots\\ \delta\dot{\mathrm{K}}_{Scal-}\ (\tilde{\boldsymbol{v}}^S_{Scal-})_{(i-1)\times3+i,i}\approx\delta K_{Scal-1_{i,i}}+2\delta K_{Scal-2_{i,i}}\ \tilde{v}^S_{Scal-_i}+3\delta K_{Scal-3_{i,i}}\ (\tilde{v}^S_{Scal-_i})^2+\cdots\end{cases}\tag{2-5-7}$$

式中，$\delta K_{Scal+1_{i,i}}$ 为矩阵 $\delta\boldsymbol{K}_{Scal+1}$ 的第 $i$ 个对角线元素，其余参数类似。由式（2－5－6）进而可得标度因数真实值矩阵

$$\begin{cases}\mathbf{K}_{Scal+}(\tilde{\boldsymbol{v}}^S_{Scal+})=\boldsymbol{K}_{Scal0}\ [\boldsymbol{I}+\delta\mathbf{K}_{Scal+}(\tilde{\boldsymbol{v}}^S_{Scal+})]\\ \mathbf{K}_{Scal-}(\tilde{\boldsymbol{v}}^S_{Scal-})=\boldsymbol{K}_{Scal0}\ [\boldsymbol{I}+\delta\mathbf{K}_{Scal-}(\tilde{\boldsymbol{v}}^S_{Scal-})]\end{cases}\tag{2-5-8}$$

若忽略正负通道的差异，标度因数可近似记为

$$\mathbf{K}_{Scal}(\tilde{\boldsymbol{v}}^S_{Scal})\approx\boldsymbol{K}_{Scal0}\ [\boldsymbol{I}+\delta\mathbf{K}_{Scal}(\tilde{\boldsymbol{v}}^S_{Scal})]\tag{2-5-9}$$

其中

$$\delta\mathbf{K}_{Scal}(\tilde{\boldsymbol{v}}^S_{Scal})=\frac{\delta\mathbf{K}_{Scal+}(\tilde{\boldsymbol{v}}^S_{Scal+})+\delta\mathbf{K}_{Scal-}(\tilde{\boldsymbol{v}}^S_{Scal-})}{2}\tag{2-5-10}$$

仅考虑标度因数误差，设传感器正负通道的输出值分别为 $\tilde{\boldsymbol{v}}^S_{Out+}$、$\tilde{\boldsymbol{v}}^S_{Out-}$，其中下标 *Out* 表示经过了标度因数增益放大，则有

---

⑱ 对应 inertial/sensor/polyscalfact.m

⑲ 对应 inertial/sensor/polyscalfacterrrate.m

$$\begin{cases}\tilde{\boldsymbol{v}}_{Out+}^{S}=\mathbf{K}_{Scal+}(\tilde{\boldsymbol{v}}_{Scal+}^{S})\tilde{\boldsymbol{v}}_{Scal+}^{S}\\ \tilde{\boldsymbol{v}}_{Out-}^{S}=\mathbf{K}_{Scal-}(\tilde{\boldsymbol{v}}_{Scal-}^{S})\tilde{\boldsymbol{v}}_{Scal-}^{S}\end{cases}\tag{2-5-11}$$

若传感器正负通道的输出被合并为 $\tilde{\boldsymbol{v}}_{Out}^{S}$ ，则

$$\begin{aligned}\tilde{\boldsymbol{v}}_{Out}^{S}&=\tilde{\boldsymbol{v}}_{Out+}^{S}+\tilde{\boldsymbol{v}}_{Out-}^{S}\\ &=\boldsymbol{K}_{Scal0}\{[\boldsymbol{I}+\delta\mathbf{K}_{Scal+}(\tilde{\boldsymbol{v}}_{Scal+}^{S})]\tilde{\boldsymbol{v}}_{Scal+}^{S}+[\boldsymbol{I}+\delta\mathbf{K}_{Scal-}(\tilde{\boldsymbol{v}}_{Scal-}^{S})]\tilde{\boldsymbol{v}}_{Scal-}^{S}\}\\ &\approx\boldsymbol{K}_{Scal0}[\boldsymbol{I}+\delta\mathbf{K}_{Scal}(\tilde{\boldsymbol{v}}_{Scal}^{S})](\tilde{\boldsymbol{v}}_{Scal+}^{S}+\tilde{\boldsymbol{v}}_{Scal-}^{S})\end{aligned}\tag{2-5-12}$$

式中，约等号处忽略了正负通道标度因数误差的差异。对于有正负双通道测量值输出的传感器，补偿时使用式（2-5-11），而对于不区分正负通道输出的传感器，补偿时可使用式（2-5-11）或式（2-5-12）。当使用式（2-5-11）时，可以根据输出值 $\tilde{\boldsymbol{v}}_{Out}^{S}$ 的正负来判断使用 $\mathbf{K}_{Scal+}(\tilde{\boldsymbol{v}}_{Scal+}^{S})$ 或 $\mathbf{K}_{Scal-}(\tilde{\boldsymbol{v}}_{Scal-}^{S})$ 。

#### 2.5.1.4　量化误差

面向高精度导航应用的惯性传感器一般都采用脉冲输出，一个脉冲代表一定的比速度或角度增量，这样可以保留采样周期内的过程信息。这种传感器及其接口电路一般包含积分函数和脉冲输出函数。当比力或角速度积分增量到达脉冲门限时，脉冲输出函数产生一个逻辑脉冲，逻辑脉冲的正负与积分增量的正负一致。导航计算机在 IMU 采样周期内对正负逻辑脉冲计数，并代入捷联惯性导航算法进行解算。由于脉冲门限的存在，脉冲计数存在误差，即脉冲计数残差，将导致传感器输出中包含量化误差。其产生机理如图 2-4 所示。

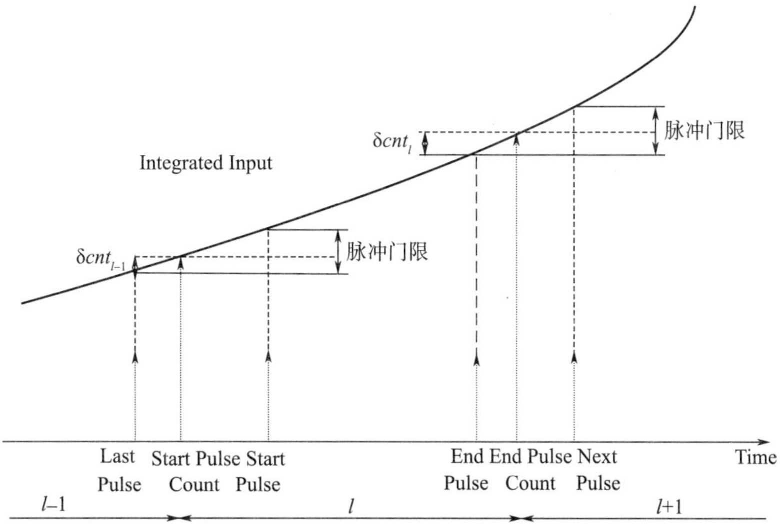


图 2-4　脉冲计数残差产生机理

图中时间轴上的 $l-1$、$l$、$l+1$ 代表采样周期。在采样周期开始和结束时会产生脉冲计数残差。假设积分达到脉冲门限后产生一个上升沿，且脉冲的高电平与低电平时间段内

都在对输入量进行积分。如果采样周期 $l$ 的开始时刻与采样周期 $l-1$ 最后一个脉冲的上升沿时刻存在间隔，则采样周期 $l$ 的第一个脉冲存在误差，即该脉冲包含上一个周期的部分积分增量。如果采样周期 $l$ 的结束时刻与采样周期 $l$ 最后一个脉冲的上升沿时刻存在间隔，则最后一个脉冲产生后的积分增量未被包括在 $l$ 周期内。

设 $\delta cnt_l$ 为属于 $l$ 周期但未包含在该周期脉冲计数中的最后一个脉冲上升沿之后的积分增量部分（见图 2-4）。在某些惯性传感器中，$\delta cnt_l$ 是一个可以测量的值并可作为传感器的附加输出；在另一些惯性传感器中，可以使用图中时间轴上相应时间段的比值进行插值近似。以一个脉冲为单位，$\delta cnt_l$ 在区间 [0, 1) 中取值。

采样周期 $l$ 内的脉冲计数残差 $\delta\Delta cnt_l$ 定义为该周期内实际输出脉冲数减去真实积分增量对应的脉冲数。根据图 2-4 中的关系可得

$$\delta\Delta cnt_l \equiv -(\delta cnt_l - \delta cnt_{l-1}) \tag{2-5-13}$$

因此，采样周期 $l$ 内脉冲计数残差带来的比力和角速度测量量化误差为

$$\delta \boldsymbol{v}_{Quant}^S = -\frac{\boldsymbol{K}_{Scal}^{-1}}{T_l}(\delta \boldsymbol{cnt}_l - \delta \boldsymbol{cnt}_{l-1}) \tag{2-5-14}$$

式中，$T_l$ 为采样周期。

#### 2.5.1.5　加速度计杆臂效应

在实际 IMU 中，陀螺和加速度计是具有一定大小的实体元件，不可能将三只加速度计和三只陀螺都安装在 $B$ 系的原点处。陀螺敏感轴向角速度，测量轴与 $B$ 系轴向一致即可。而加速度计敏感测量点的比力，由于载体转动，测量点比力与 $B$ 系原点的比力不同，该项误差称为加速度计杆臂效应。

设 IMU 中三只加速度计的测量点分别为 $O_X$、$O_Y$、$O_Z$，$B$ 系原点至测量点的连线矢量构成一组杆臂，设为 $\boldsymbol{l}_X$、$\boldsymbol{l}_Y$、$\boldsymbol{l}_Z$。根据 1.1.7 节中加速度合成定理，设定坐标系 $F$ 为惯性系 $I$ 系，动坐标系 $M$ 为本体系 $B$ 系，$P$ 点分别为 $O_k\ (k=X, Y, Z)$，$\boldsymbol{r}_{O_I O_k}$ 为 $I$ 系原点到 $O_k$ 的位矢，$\boldsymbol{r}_{O_I O_B}$ 为 $I$ 系原点到 $B$ 系原点的位矢，位矢 $\boldsymbol{r}_{O_B O_k}$ 对应 $\boldsymbol{l}_k\ (k=X, Y, Z)$。加速度计安装好后，$\boldsymbol{l}_k$ 在 $B$ 系中为常位置矢量，故有

$$\left.\frac{\mathrm{d}\boldsymbol{l}_k}{\mathrm{d}t}\right|_B = \boldsymbol{0}, \left.\frac{\mathrm{d}^2\boldsymbol{l}_k}{\mathrm{d}t^2}\right|_B = \boldsymbol{0} \tag{2-5-15}$$

因此，式 (1-1-56) 可简化为

$$\left.\frac{\mathrm{d}^2\boldsymbol{r}_{O_I O_k}}{\mathrm{d}t^2}\right|_I = \boldsymbol{\omega}_{IB} \times (\boldsymbol{\omega}_{IB} \times \boldsymbol{l}_k) + \left.\frac{\mathrm{d}\boldsymbol{\omega}_{IB}}{\mathrm{d}t}\right|_I \times \boldsymbol{l}_k + \left.\frac{\mathrm{d}^2\boldsymbol{r}_{O_I O_B}}{\mathrm{d}t^2}\right|_I \tag{2-5-16}$$

由角速度矢量的特性可得 $\left.\frac{\mathrm{d}\boldsymbol{\omega}_{IB}}{\mathrm{d}t}\right|_I = \left.\frac{\mathrm{d}\boldsymbol{\omega}_{IB}}{\mathrm{d}t}\right|_B$，将式 (2-5-16) 在 $B$ 系投影可得

$$\left(\left.\frac{\mathrm{d}^2\boldsymbol{r}_{O_I O_k}}{\mathrm{d}t^2}\right|_I\right)^B = \boldsymbol{\omega}_{IB}^B \times (\boldsymbol{\omega}_{IB}^B \times \boldsymbol{l}_k^B) + \frac{\mathrm{d}\boldsymbol{\omega}_{IB}^B}{\mathrm{d}t} \times \boldsymbol{l}_k^B + \left(\left.\frac{\mathrm{d}^2\boldsymbol{r}_{O_I O_B}}{\mathrm{d}t^2}\right|_I\right)^B \tag{2-5-17}$$

式中　$\left(\left.\frac{\mathrm{d}^2\boldsymbol{r}_{O_I O_k}}{\mathrm{d}t^2}\right|_I\right)^B$ ——测量点 $O_k$ 的加速度；

$\left(\left.\dfrac{\mathrm{d}^2 \boldsymbol{r}_{O_I O_B}}{\mathrm{d}t^2}\right|_I\right)^B$ —— $B$ 系原点的加速度。

假设测量点 $O_k$ 与 $B$ 系原点的引力加速度近似相等，则由式（2－1－7）可知式（2－5－17）可变为比力关系式。设 $B$ 系原点的比力为 $\boldsymbol{f}^B$，$(\boldsymbol{P}_S^B)_{Rk}^{\mathrm{T}}$ 表示矩阵 $(\boldsymbol{P}_S^B)^{\mathrm{T}}$ 的第 $k$ 行，则加速度计 $k$ 敏感到的比力值 $f_k^S$ 为

$$f_k^S = (\boldsymbol{P}_S^B)_{Rk}^{\mathrm{T}}\left[\boldsymbol{\omega}_{IB}^B \times (\boldsymbol{\omega}_{IB}^B \times \boldsymbol{l}_k^B) + \frac{\mathrm{d}\boldsymbol{\omega}_{IB}^B}{\mathrm{d}t} \times \boldsymbol{l}_k^B + \boldsymbol{f}^B\right] \tag{2-5-18}$$

而由杆臂效应带来的加速度计三元组的测量误差 $\delta \boldsymbol{f}_{Size}^S$ 为[20]

$$\delta \boldsymbol{f}_{Size}^S = \begin{bmatrix} (\boldsymbol{P}_S^B)_{R1}^{\mathrm{T}}\left(\boldsymbol{\omega}_{IB}^B \times (\boldsymbol{\omega}_{IB}^B \times \boldsymbol{l}_X^B) + \dfrac{\mathrm{d}\boldsymbol{\omega}_{IB}^B}{\mathrm{d}t} \times \boldsymbol{l}_X^B\right) \\ (\boldsymbol{P}_S^B)_{R2}^{\mathrm{T}}\left(\boldsymbol{\omega}_{IB}^B \times (\boldsymbol{\omega}_{IB}^B \times \boldsymbol{l}_Y^B) + \dfrac{\mathrm{d}\boldsymbol{\omega}_{IB}^B}{\mathrm{d}t} \times \boldsymbol{l}_Y^B\right) \\ (\boldsymbol{P}_S^B)_{R3}^{\mathrm{T}}\left(\boldsymbol{\omega}_{IB}^B \times (\boldsymbol{\omega}_{IB}^B \times \boldsymbol{l}_Z^B) + \dfrac{\mathrm{d}\boldsymbol{\omega}_{IB}^B}{\mathrm{d}t} \times \boldsymbol{l}_Z^B\right) \end{bmatrix} \tag{2-5-19}$$

式（2－5－19）为连续形式的模型。实际的惯性传感器常用增量输出，为推导增量模型，假设 $\boldsymbol{\omega}_{IB}^B$ 在由 $t_{l-2}$ 至 $t_l$ 的采样周期内线性变化，即

$$\boldsymbol{\omega}_{IB}^B = \boldsymbol{p}_0 + \boldsymbol{p}_1(t - t_{l-1}) \tag{2-5-20}$$

对上式积分可得

$$\begin{cases} \Delta\boldsymbol{\alpha}_l^B = \displaystyle\int_{t_{l-1}}^{t_l} \boldsymbol{\omega}_{IB}^B \mathrm{d}t = \boldsymbol{p}_0 T_l + \frac{1}{2}\boldsymbol{p}_1 T_l^2 \\ \Delta\boldsymbol{\alpha}_{l-1}^B = \displaystyle\int_{t_{l-2}}^{t_{l-1}} \boldsymbol{\omega}_{IB}^B \mathrm{d}t = \boldsymbol{p}_0 T_l - \frac{1}{2}\boldsymbol{p}_1 T_l^2 \end{cases} \tag{2-5-21}$$

式中　$T_l$ ——采样周期；

$\Delta\boldsymbol{\alpha}_l^B$ —— $t_{l-1}$ 至 $t_l$ 采样周期内的角度增量。

由式（2－5－21）可得

$$\begin{cases} \boldsymbol{p}_0 = \dfrac{1}{2T_l}(\Delta\boldsymbol{\alpha}_l^B + \Delta\boldsymbol{\alpha}_{l-1}^B) \\ \boldsymbol{p}_1 = \dfrac{1}{T_l^2}(\Delta\boldsymbol{\alpha}_l^B - \Delta\boldsymbol{\alpha}_{l-1}^B) \end{cases} \tag{2-5-22}$$

另一方面，对式（2－5－19）按行积分可得

$$\int_{t_{l-1}}^{t_l} \delta f_{Size_k}^S \mathrm{d}t = (\boldsymbol{P}_S^B)_{Rk}^{\mathrm{T}} \int_{t_{l-1}}^{t_l}\left[\boldsymbol{\omega}_{IB}^B \times (\boldsymbol{\omega}_{IB}^B \times \boldsymbol{l}_k^B) + \frac{\mathrm{d}\boldsymbol{\omega}_{IB}^B}{\mathrm{d}t} \times \boldsymbol{l}_k^B\right]\mathrm{d}t \tag{2-5-23}$$

式中，与 $\boldsymbol{\omega}_{IB}^B$ 相关的两项积分可根据式（2－5－20）展开为

[20] 对应 inertial/sensor/acclevarmerr_cont.m

$$\int_{t_{l-1}}^{t_l} \boldsymbol{\omega}_{IB}^B \times (\boldsymbol{\omega}_{IB}^B \times \boldsymbol{l}_k^B)\,\mathrm{d}t = \int_{t_{l-1}}^{t_l} [\boldsymbol{p}_0 + \boldsymbol{p}_1(t - t_{l-1})] \times \{[\boldsymbol{p}_0 + \boldsymbol{p}_1(t - t_{l-1})] \times \boldsymbol{l}_k^B\}\,\mathrm{d}t$$
$$= \int_{t_{l-1}}^{t_l} \boldsymbol{p}_0 \times (\boldsymbol{p}_0 \times \boldsymbol{l}_k^B)\,\mathrm{d}t + \int_{t_{l-1}}^{t_l} \boldsymbol{p}_0 \times [\boldsymbol{p}_1(t - t_{l-1}) \times \boldsymbol{l}_k^B]\,\mathrm{d}t +$$
$$\int_{t_{l-1}}^{t_l} \boldsymbol{p}_1(t - t_{l-1}) \times (\boldsymbol{p}_0 \times \boldsymbol{l}_k^B)\,\mathrm{d}t + \int_{t_{l-1}}^{t_l} \boldsymbol{p}_1\,(t - t_{l-1})^2 \times (\boldsymbol{p}_1 \times \boldsymbol{l}_k^B)\,\mathrm{d}t$$
$$= \boldsymbol{p}_0 \times (\boldsymbol{p}_0 \times \boldsymbol{l}_k^B)\,T_l + \boldsymbol{p}_0 \times (\boldsymbol{p}_1 \times \boldsymbol{l}_k^B)\,\frac{T_l^2}{2} + \boldsymbol{p}_1 \times (\boldsymbol{p}_0 \times \boldsymbol{l}_k^B)\,\frac{T_l^2}{2} + \boldsymbol{p}_1 \times (\boldsymbol{p}_1 \times \boldsymbol{l}_k^B)\,\frac{T_l^3}{3} \tag{2-5-24}$$

$$\int_{t_{l-1}}^{t_l} \frac{\mathrm{d}\boldsymbol{\omega}_{IB}^B}{\mathrm{d}t} \times \boldsymbol{l}_k^B\,\mathrm{d}t = \boldsymbol{\omega}_{IB}^B\Big|_{t_{l-1}}^{t_l} \times \boldsymbol{l}_k^B = \boldsymbol{p}_1 \times \boldsymbol{l}_k^B T_l$$

将上式及式（2-5-22）代入式（2-5-23），即可得到增量形式的误差模型[21]

$$\int_{t_{l-1}}^{t_l} \delta f_{Size_k}^S\,\mathrm{d}t = (\boldsymbol{P}_S^B)_{Rk}^{\mathrm{T}}\Big[\frac{13}{12T_l}\Delta\boldsymbol{\alpha}_l^B \times (\Delta\boldsymbol{\alpha}_l^B \times \boldsymbol{l}_k^B) - \frac{1}{12T_l}\Delta\boldsymbol{\alpha}_l^B \times (\Delta\boldsymbol{\alpha}_{l-1}^B \times \boldsymbol{l}_k^B) -$$
$$\frac{1}{12T_l}\Delta\boldsymbol{\alpha}_{l-1}^B \times (\Delta\boldsymbol{\alpha}_l^B \times \boldsymbol{l}_k^B) + \frac{1}{12T_l}\Delta\boldsymbol{\alpha}_{l-1}^B \times (\Delta\boldsymbol{\alpha}_{l-1}^B \times \boldsymbol{l}_k^B) +$$
$$\frac{1}{T_l}(\Delta\boldsymbol{\alpha}_l^B - \Delta\boldsymbol{\alpha}_{l-1}^B) \times \boldsymbol{l}_k^B\Big] \tag{2-5-25}$$

#### 2.5.1.6 加速度计不等惯量误差

力平衡摆式加速度计是惯性测量组合中应用十分广泛的一种。摆式加速度计根据摆片受力平衡或力矩平衡测量运载体惯性加速度。如图 2-5 所示，对摆式加速度计定义坐标系 $A_k(k = X, Y, Z)$，垂直于摆片平面的输入轴 $I$ 为 $X$ 轴，支撑摆片的输出轴（铰链轴）$O$ 为 $Y$ 轴，摆轴 $P$ 为 $Z$ 轴。摆片关于质心的三轴转动惯量分别为 $J_x$、$J_y$、$J_z$，进而产生与转动惯量相关的干扰力矩，由此带来的误差称为不等惯量（anisoinertia）误差。参考文献[37]第 8.2 节，摆式加速度计的不等惯量误差 $\delta f_{Aniso}$ 为

$$\delta f_{Aniso} = K_{Aniso}\omega_I\omega_P \tag{2-5-26}$$

式中 $\omega_I$，$\omega_P$ ——沿加速度计输入轴和摆轴的角速率；

$K_{Aniso}$ ——加速度计不等惯量误差系数（在 GJB 1037A—2004《单轴摆式伺服线加速度计试验方法》中称为自旋修正系数[38]

$$K_{Aniso} = -\frac{J_z + J_y - J_x}{Q} \tag{2-5-27}$$

式中，$Q$ 为加速度计摆性（pendulosity）值，即

$$Q = m \cdot l_{CG} \tag{2-5-28}$$

式中 $m$ ——摆片质量；

$l_{CG}$ ——摆片质心到铰链轴的距离。

---

㉑ 对应 inertial/sensor/acclevarmerr_inc.m

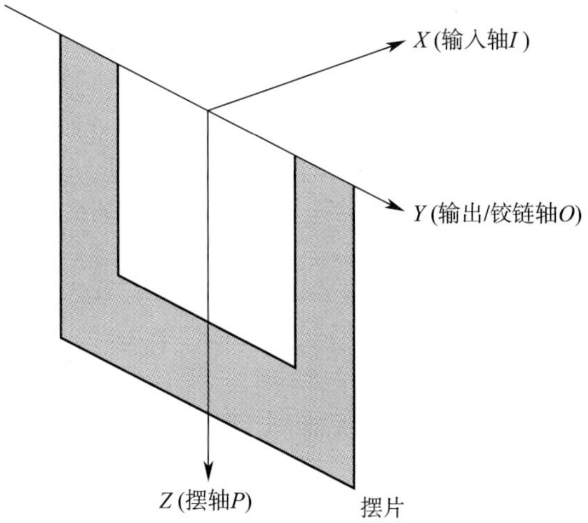


图 2-5　摆式加速度计坐标系

以 $X$ 轴的摆式加速度计为例，忽略加速度计自身三轴的非正交性，设 $A_X$ 为正交坐标系，与本体系的方向余弦矩阵记为 $\boldsymbol{C}_B^{A_X}$（若忽略加速度计失准角，$\boldsymbol{C}_B^{A_X}$ 可由 IMU 结构设计值计算得到）。$X$ 轴加速度计的三轴对应的角速度为 $\boldsymbol{C}_B^{A_X}\boldsymbol{\omega}_{IB}^B$，可得

$$\begin{aligned}\omega_{XI} &\approx (\boldsymbol{C}_B^{A_X}\boldsymbol{\omega}_{IB}^B)_x \\ \omega_{XP} &\approx (\boldsymbol{C}_B^{A_X}\boldsymbol{\omega}_{IB}^B)_z\end{aligned} \tag{2-5-29}$$

将式（2-5-29）代入式（2-5-26），$X$ 轴的摆式加速度计的不等惯量误差为

$$\delta f_{Aniso_X}^S \approx K_{Aniso_X}(\boldsymbol{C}_{BR1}^{A_X}\boldsymbol{\omega}_{IB}^B)(\boldsymbol{C}_{BR3}^{A_X}\boldsymbol{\omega}_{IB}^B) \tag{2-5-30}$$

式中，下标 $R1$，$R3$ 表示矩阵第 1 行和第 3 行。设 $Y$、$Z$ 轴加速度计坐标系与 $B$ 系的方向余弦矩阵分别为 $\boldsymbol{C}_B^{A_Y}$、$\boldsymbol{C}_B^{A_Z}$。根据式（2-5-30）可得加速度计三元组的不等惯量误差为[22]

$$\delta \boldsymbol{f}_{Aniso}^S \approx \begin{bmatrix} K_{Aniso_X}(\boldsymbol{C}_{BR1}^{A_X}\boldsymbol{\omega}_{IB}^B)(\boldsymbol{C}_{BR3}^{A_X}\boldsymbol{\omega}_{IB}^B) \\ K_{Aniso_Y}(\boldsymbol{C}_{BR1}^{A_Y}\boldsymbol{\omega}_{IB}^B)(\boldsymbol{C}_{BR3}^{A_Y}\boldsymbol{\omega}_{IB}^B) \\ K_{Aniso_Z}(\boldsymbol{C}_{BR1}^{A_Z}\boldsymbol{\omega}_{IB}^B)(\boldsymbol{C}_{BR3}^{A_Z}\boldsymbol{\omega}_{IB}^B) \end{bmatrix} \tag{2-5-31}$$

根据 2.5.1.5 节中对角速度的假设式（2-5-20），对式（2-5-31）按行积分，可得

---

㉒ 对应 inertial/sensor/accanisoerr _ cont. m

$$\begin{aligned}
\int_{t_{l-1}}^{t_l}\delta f_{Aniso_k}^{S}\,\mathrm{d}t &= \int_{t_{l-1}}^{t_l}[K_{Aniso_k}(\boldsymbol{C}_{BR1}^{A_k}\boldsymbol{\omega}_{IB}^{B})(\boldsymbol{C}_{BR3}^{A_k}\boldsymbol{\omega}_{IB}^{B})]\,\mathrm{d}t \\
&= \int_{t_{l-1}}^{t_l}\{K_{Aniso_k}[\boldsymbol{C}_{BR1}^{A_k}(\boldsymbol{p}_0+\boldsymbol{p}_1(t-t_{l-1}))][\boldsymbol{C}_{BR3}^{A_k}(\boldsymbol{p}_0+\boldsymbol{p}_1(t-t_{l-1}))]\}\,\mathrm{d}t \\
&= K_{Aniso_k}\int_{t_{l-1}}^{t_l}[(\boldsymbol{C}_{BR1}^{A_k}\boldsymbol{p}_0)(\boldsymbol{C}_{BR3}^{A_k}\boldsymbol{p}_0)+(\boldsymbol{C}_{BR1}^{A_k}\boldsymbol{p}_0)(\boldsymbol{C}_{BR3}^{A_k}\boldsymbol{p}_1)(t-t_{l-1})+ \\
&\quad (\boldsymbol{C}_{BR1}^{A_k}\boldsymbol{p}_1)(\boldsymbol{C}_{BR3}^{A_k}\boldsymbol{p}_0)(t-t_{l-1})+(\boldsymbol{C}_{BR1}^{A_k}\boldsymbol{p}_1)(\boldsymbol{C}_{BR3}^{A_k}\boldsymbol{p}_1)(t-t_{l-1})^2]\mathrm{d}t \\
&= K_{Aniso_k}[T_l(\boldsymbol{C}_{BR1}^{A_k}\boldsymbol{p}_0)(\boldsymbol{C}_{BR3}^{A_k}\boldsymbol{p}_0)+\frac{T_l^2}{2}(\boldsymbol{C}_{BR1}^{A_k}\boldsymbol{p}_0)(\boldsymbol{C}_{BR3}^{A_k}\boldsymbol{p}_1)+ \\
&\quad \frac{T_l^2}{2}(\boldsymbol{C}_{BR1}^{A_k}\boldsymbol{p}_1)(\boldsymbol{C}_{BR3}^{A_k}\boldsymbol{p}_0)+\frac{T_l^3}{3}(\boldsymbol{C}_{BR1}^{A_k}\boldsymbol{p}_1)(\boldsymbol{C}_{BR3}^{A_k}\boldsymbol{p}_1)]
\end{aligned} \tag{2-5-32}$$

将式（2－5－22）代入上式，可得增量形式的误差模型[23]

$$\begin{aligned}
&\int_{t_{l-1}}^{t_l}\delta f_{Aniso_k}^{S}\,\mathrm{d}t \\
&= K_{Aniso_k}[\frac{13}{12T_l}(\boldsymbol{C}_{BR1}^{A_k}\Delta\boldsymbol{\alpha}_l^B)(\boldsymbol{C}_{BR3}^{A_k}\Delta\boldsymbol{\alpha}_l^B)-\frac{1}{12T_l}(\boldsymbol{C}_{BR1}^{A_k}\Delta\boldsymbol{\alpha}_l^B)(\boldsymbol{C}_{BR3}^{A_k}\Delta\boldsymbol{\alpha}_{l-1}^B)- \\
&\quad \frac{1}{12T_l}(\boldsymbol{C}_{BR1}^{A_k}\Delta\boldsymbol{\alpha}_{l-1}^B)(\boldsymbol{C}_{BR3}^{A_k}\Delta\boldsymbol{\alpha}_l^B)+\frac{1}{12T_l}(\boldsymbol{C}_{BR1}^{A_k}\Delta\boldsymbol{\alpha}_{l-1}^B)(\boldsymbol{C}_{BR3}^{A_k}\Delta\boldsymbol{\alpha}_{l-1}^B)]
\end{aligned} \tag{2-5-33}$$

#### 2.5.1.7 陀螺 g 敏感项误差

转子陀螺（又称机电陀螺）是一类常用的陀螺，它利用高速旋转体的陀螺特性制成。陀螺特性是指高速旋转体的定轴性、规则进动及陀螺效应。利用进动定理，陀螺可以精确地测量转动速度或转动角度。对于单自由度转子陀螺，在理想无干扰情况下，测量回路的电流正比于陀螺的输入角速率，但是在实际系统中输出轴的干扰力矩 $M_D$ 会引起陀螺测量误差。参考文献［39］中第 2.2 节，由物理机理分析表明，干扰力矩 $M_D$ 通常可细分为以下三部分

$$M_D = M_{D0} + M_{D1} + M_{D2} \tag{2-5-34}$$

式中 $M_{D0}$ ——与比力无关的干扰力矩，由基座与转子电机之间连接的供电软导线弹性约束、电磁干扰等因素引起；

$M_{D1}$，$M_{D2}$ ——对比力一次方敏感和对比力二次方敏感的干扰力矩。

将陀螺输入轴、输出轴和自转轴分别记为 $I$、$O$、$S$，构成的陀螺坐标系记为 $G$ 系。记误差中各项系数为 $D$，则干扰力矩引起的总漂移误差为

[23] 对应 inertial/sensor/accanisoerr_inc.m

$$\omega_D = D_F + D_I f_i^G + D_O f_o^G + D_S f_s^G + D_{IO} f_i^G f_o^G + D_{OS} f_o^G f_s^G + D_{SI} f_s^G f_i^G + D_{II} (f_i^G)^2 + D_{OO} (f_o^G)^2 + D_{SS} (f_s^G)^2 \tag{2-5-35}$$

式中　$f_i^G$，$f_o^G$，$f_s^G$——比力 $\boldsymbol{f}$ 在陀螺坐标系 $G$ 系的投影分量。

对陀螺三元组假设 $X$ 轴陀螺坐标系为 $G_X$，$Y$ 轴陀螺坐标系为 $G_Y$，$Z$ 轴陀螺坐标系为 $G_Z$，引入姿态变换矩阵 $\boldsymbol{C}_B^{G_k}$，忽略陀螺仪自身三轴的非正交性及忽略杆臂效应引起的陀螺处与 $B$ 系原点处的比力的区别，可得

$$\begin{aligned} f_i^{G_k} &\approx \boldsymbol{C}_{B_{R1}}^{G_k} \boldsymbol{f}^B \\ f_o^{G_k} &\approx \boldsymbol{C}_{B_{R2}}^{G_k} \boldsymbol{f}^B \\ f_s^{G_k} &\approx \boldsymbol{C}_{B_{R3}}^{G_k} \boldsymbol{f}^B \end{aligned} \tag{2-5-36}$$

式中，$f_i^G$，$f_o^G$，$f_s^G$ 分别是比力 $\boldsymbol{f}$ 在本体系 $B$ 的投影 $f_x^B$，$f_y^B$，$f_z^B$ 的一次函数，由于式（2-5-35）中包含比力分量 $f_i^G$，$f_o^G$，$f_s^G$ 的一次项和二次项所有组合，故将式（2-5-36）代入式（2-5-35）中后，也将包含分量 $f_x^B$，$f_y^B$，$f_z^B$ 的一次项和二次项所有组合，只是对后者的系数有变化。将新的各项系数记为 $D'$，可得

$$\omega_D \approx D_F + D'_X f_x^B + D'_Y f_y^B + D'_Z f_z^B + D'_{XY} f_x^B f_y^B + D'_{YZ} f_y^B f_z^B + D'_{ZX} f_z^B f_x^B + D'_{XX} (f_x^B)^2 + D'_{YY} (f_y^B)^2 + D'_{ZZ} (f_z^B)^2 \tag{2-5-37}$$

将式（2-5-37）漂移误差中与比力相关的项称为陀螺的 g 敏感项误差。扩展到陀螺三元组的情况，设其与比力相关的误差项为 $\delta\boldsymbol{\omega}_{IB_{GSens}}^S$，有

$$\delta\boldsymbol{\omega}_{IB_{GSens}}^S \approx \boldsymbol{D}_{GSens1} \boldsymbol{f}^B + \boldsymbol{D}_{GSens2} \begin{bmatrix} f_x^B f_y^B & f_y^B f_z^B & f_z^B f_x^B & (f_x^B)^2 & (f_y^B)^2 & (f_z^B)^2 \end{bmatrix}^{\mathrm{T}} \tag{2-5-38}$$

式中　$\boldsymbol{D}_{GSens1}$——$3\times3$ 比力一次项补偿系数阵；

$\boldsymbol{D}_{GSens2}$——$3\times6$ 比力二次项补偿系数阵。

在工程应用中，常忽略二次项。这时增量形式的误差模型可以写为

$$\int_{t_{l-1}}^{t_l} \delta\boldsymbol{\omega}_{IB_{GSens}}^S \mathrm{d}t \approx \boldsymbol{D}_{GSens1} \Delta\boldsymbol{v}_l^B \tag{2-5-39}$$

其中

$$\Delta\boldsymbol{v}_l^B = \int_{t_{l-1}}^{t_l} \boldsymbol{f}^B \mathrm{d}t \tag{2-5-40}$$

式中，$\Delta\boldsymbol{v}_l^B$ 为 $t_{l-1}$ 至 $t_l$ 采样周期内的比速度增量。

对于双轴挠性陀螺（可测量两个正交轴的角速率）来说，根据其特性，其 g 敏感项补偿矩阵的某些元素理论上应该为 0 或者为对称的。譬如某惯组配置了一个双轴挠性陀螺，其旋转轴沿惯组坐标系 $Z$ 方向，两个输出轴分别沿惯组坐标系 $X$、$Y$ 方向。若仅考虑这一个陀螺，则其对应的 g 敏感项补偿矩阵为

$$\boldsymbol{D}_{GSens1} = \begin{bmatrix} D'_{xx} & D'_{xy} & 0 \\ -D'_{xy} & D'_{xx} & 0 \\ - & - & - \end{bmatrix} \tag{2-5-41}$$

式中，$D'$ 的下标 $xy$ 表示 $X$ 向陀螺输出轴相对于 $B$ 系 $Y$ 轴的 g 敏感项系数（$xx$、$yy$ 同），与式（2-5-37）中的下标含义不同。

### 2.5.1.8　总误差模型

考虑以上七种惯性传感器误差：传感器输入轴失准角、零偏、标度因数误差、量化误差、加速度计杆臂效应、加速度计不等惯量误差和陀螺 g 敏感项误差。

在给出总误差模型前，考虑到标度因数的非线性，需要明确标度因数受哪些误差项影响，即式（2-5-9）中的 $\tilde{\boldsymbol{v}}^S_{Scal}$ 包含哪些误差。这里将影响标度因数的误差记为 $\delta\tilde{\boldsymbol{v}}^S_{Scal}$，不影响标度因数的误差记为 $\delta\tilde{\boldsymbol{v}}^S_{NonScal}$，那么忽略正负通道差异，加速度计或陀螺三元组的输入与输出的关系可以写为

$$\begin{cases}\tilde{\boldsymbol{v}}^S_{Out}=\boldsymbol{K}_{Scal0}\ \tilde{\boldsymbol{v}}^S\\ \tilde{\boldsymbol{v}}^S=[\boldsymbol{I}+\delta\mathbf{K}_{Scal}(\tilde{\boldsymbol{v}}^S_{Scal})]\ (\tilde{\boldsymbol{v}}^S_{Scal}+\delta\boldsymbol{v}^S_{NonScal})\\ \tilde{\boldsymbol{v}}^S_{Scal}=\boldsymbol{v}^S+\delta\tilde{\boldsymbol{v}}^S_{Scal}\\ \boldsymbol{v}^S=(\boldsymbol{P}^B_{S_0}\boldsymbol{P}^{S_0}_S)^{\mathrm{T}}\boldsymbol{v}^B\end{cases}\tag{2-5-42}$$

式中　$\boldsymbol{v}^S$ —— $S$ 系下真实的比力或角速度；

$\tilde{\boldsymbol{v}}^S_{Scal}$ ——进入标度因数缩放环节的器件测量值（含影响标度因数的测量误差）；

$\tilde{\boldsymbol{v}}^S$ ——器件测量值（含所有测量误差）；

$\tilde{\boldsymbol{v}}^S_{Out}$ ——经过标称标度因数缩放后的器件输出值。

在式（2-5-42）中，虽然 $\delta\tilde{\boldsymbol{v}}^S_{NonScal}$ 不影响标度因数，但仍可以将其与 $\tilde{\boldsymbol{v}}^S_{Scal}$ 并列放在括号内与标度因数相乘，这与下式在数学上是等效的，$\delta\tilde{\boldsymbol{v}}^S_{NonScal}$ 与 $\delta\tilde{\boldsymbol{v}}'^S_{NonScal}$ 之间仅相差一个系数

$$\begin{cases}\tilde{\boldsymbol{v}}^S_{Out}=\boldsymbol{K}_{Scal0}\ \tilde{\boldsymbol{v}}^S+\delta\tilde{\boldsymbol{v}}'^S_{NonScal}\\ \tilde{\boldsymbol{v}}^S=[\boldsymbol{I}+\delta\mathbf{K}_{Scal}(\tilde{\boldsymbol{v}}^S_{Scal})]\ \tilde{\boldsymbol{v}}^S_{Scal}\end{cases}\tag{2-5-43}$$

$\tilde{\boldsymbol{v}}^S_{Scal}$ 中具体包含哪些误差项，应根据具体类型的加速度计或陀螺的测量原理确定。对于本大节中列出的确定性误差，考虑到惯性器件通常的测量原理，将零偏、杆臂效应、不等惯量误差、g 敏感项误差计入 $\tilde{\boldsymbol{v}}^S_{Scal}$，量化误差不计入，即

$$\begin{cases}\tilde{\boldsymbol{v}}^S_{Scal}=(\boldsymbol{P}^B_S)^{\mathrm{T}}\boldsymbol{v}^B+\delta\tilde{\boldsymbol{v}}^S_{Scal}\\ \delta\tilde{\boldsymbol{v}}^S_{Scal}=\delta\boldsymbol{v}^S_{Bias}+\delta\boldsymbol{v}^S_{CrsDep}+\delta\boldsymbol{v}^S_{Rand}\\ \delta\tilde{\boldsymbol{v}}^S_{NonScal}=\delta\boldsymbol{v}^S_{Quant}\end{cases}\tag{2-5-44}$$

式中　$\delta\boldsymbol{v}^S_{CrsDep}$ ——一种传感器中与另一种传感器输出相关的误差，对加速度计及陀螺分别为

$$\begin{cases}\delta\boldsymbol{f}^S_{CrsDep}=\delta\boldsymbol{f}^S_{Size}+\delta\boldsymbol{f}^S_{Aniso}\\ \delta\boldsymbol{\omega}^S_{IB_{CrsDep}}=\delta\boldsymbol{\omega}^S_{IB_{GSens}}\end{cases}\tag{2-5-45}$$

由式（2-5-44）可知，$\delta\boldsymbol{K}_{Scal}$ 相对于 $\boldsymbol{v}^B$ 的导数（雅可比矩阵）为

$$\frac{\partial(\delta\boldsymbol{K}_{Scal})}{\partial\boldsymbol{v}^B}=\frac{\partial(\delta\boldsymbol{K}_{Scal})}{\partial\tilde{\boldsymbol{v}}^S_{Scal}}\cdot\frac{\partial\tilde{\boldsymbol{v}}^S_{Scal}}{\partial\boldsymbol{v}^B}=\delta\dot{\mathbf{K}}_{Scal}(\tilde{\boldsymbol{v}}^S_{Scal})\cdot(\boldsymbol{P}^B_S)^{\mathrm{T}}\tag{2-5-46}$$

式中，$\delta\dot{\mathbf{K}}_{Scal}(\tilde{\boldsymbol{v}}_{Scal}^{S})$ 的计算参考式（2-5-7）。

另外需要说明的是，式（2-5-42）没有直接将热、电磁等环境参数纳入该总误差模型。这些环境因素对模型的影响体现在对各误差参数的影响中。在工程应用时，可以进一步对误差参数进行建模，并根据环境参数实时计算误差参数，然后代入式（2-5-42）的总误差模型中。

下面根据式（2-5-42），具体列出加速度计及陀螺三元组连续及增量形式的总误差模型。对于加速度计三元组，忽略正负通道差异，其输入与输出的关系如下

$$\begin{cases}\tilde{\boldsymbol{f}}_{Out}^{S}=\boldsymbol{K}_{Scal0}\tilde{\boldsymbol{f}}^{S}\\ \tilde{\boldsymbol{f}}^{S}=[\boldsymbol{I}+\delta\mathbf{K}_{Scal}(\tilde{\boldsymbol{f}}_{Scal}^{S})][(\boldsymbol{P}_{S_0}^{B}\boldsymbol{P}_{S}^{S_0})^{\mathrm{T}}\boldsymbol{f}^{B}+\delta\boldsymbol{f}_{BiasEx}^{S}]\end{cases}\tag{2-5-47}$$

式中　$\delta\boldsymbol{f}_{BiasEx}^{S}$——类零偏项之和，即

$$\delta\boldsymbol{f}_{BiasEx}^{S}=\delta\boldsymbol{f}_{Bias}^{S}+\delta\boldsymbol{f}_{Size}^{S}+\delta\boldsymbol{f}_{Aniso}^{S}+\delta\boldsymbol{f}_{Quant}^{S}+\delta\boldsymbol{f}_{Rand}^{S}\tag{2-5-48}$$

式（2-5-47）及式（2-5-48）中各项的计算可参考式（2-5-4）、式（2-5-12）、式（2-5-14）、式（2-5-19）及式（2-5-31）。对于连续形式的误差模型，一般没有量化误差，式（2-5-48）中列入仅为了形式的完整性。将式（2-5-47）中的 $\tilde{\boldsymbol{f}}^{S}$ 与 $\boldsymbol{f}^{B}$ 比较，并由式（B-2-109）、式（2-5-1）及式（2-5-3），可以得到加速度计误差为[24]

$$\begin{aligned}\delta\boldsymbol{f}^{B}&=(\boldsymbol{P}_{B}^{S_0})^{\mathrm{T}}\tilde{\boldsymbol{f}}^{S}-\boldsymbol{f}^{B}\\&=(\boldsymbol{P}_{S_0}^{B})^{-\mathrm{T}}(\boldsymbol{I}+\delta\mathbf{K}_{Scal})[(\boldsymbol{P}_{S_0}^{B}\boldsymbol{P}_{S}^{S_0})^{\mathrm{T}}\boldsymbol{f}^{B}+\delta\boldsymbol{f}_{BiasEx}^{S}]-\boldsymbol{f}^{B}\\&=(\boldsymbol{P}_{S_0}^{B})^{-\mathrm{T}}(\boldsymbol{I}+\delta\mathbf{K}_{Scal})\{[\boldsymbol{P}_{S_0}^{B}(\delta\boldsymbol{P}_{S}^{S_0}+\boldsymbol{I})]^{\mathrm{T}}\boldsymbol{f}^{B}+\delta\boldsymbol{f}_{BiasEx}^{S}\}-\boldsymbol{f}^{B}\\&=(\boldsymbol{P}_{S_0}^{B})^{-\mathrm{T}}(\boldsymbol{I}+\delta\mathbf{K}_{Scal})[(\delta\boldsymbol{P}_{S}^{B})^{\mathrm{T}}\boldsymbol{f}^{B}+\delta\boldsymbol{f}_{BiasEx}^{S}]+(\boldsymbol{P}_{S_0}^{B})^{-\mathrm{T}}(\boldsymbol{I}+\delta\mathbf{K}_{Scal})[(\boldsymbol{P}_{S_0}^{B})^{\mathrm{T}}\boldsymbol{f}^{B}]-\boldsymbol{f}^{B}\\&=(\boldsymbol{P}_{S_0}^{B})^{-\mathrm{T}}(\boldsymbol{I}+\delta\mathbf{K}_{Scal})[(\delta\boldsymbol{P}_{S}^{B})^{\mathrm{T}}\boldsymbol{f}^{B}+\delta\boldsymbol{f}_{BiasEx}^{S}]+(\boldsymbol{P}_{S_0}^{B})^{-\mathrm{T}}\delta\boldsymbol{K}_{Scal}(\boldsymbol{P}_{S_0}^{B})^{\mathrm{T}}\boldsymbol{f}^{B}\\&=(\boldsymbol{P}_{S_0}^{B})^{-\mathrm{T}}[\delta\mathbf{K}_{Scal}(\boldsymbol{P}_{S_0}^{B})^{\mathrm{T}}\boldsymbol{f}^{B}+(\delta\boldsymbol{P}_{S}^{B})^{\mathrm{T}}\boldsymbol{f}^{B}+\delta\boldsymbol{f}_{BiasEx}^{S}]+(\boldsymbol{P}_{S_0}^{B})^{-\mathrm{T}}\delta\mathbf{K}_{Scal}[(\delta\boldsymbol{P}_{S}^{B})^{\mathrm{T}}\boldsymbol{f}^{B}+\delta\boldsymbol{f}_{BiasEx}^{S}]\\&\approx(\boldsymbol{P}_{S_0}^{B})^{-\mathrm{T}}[\delta\boldsymbol{K}_{Scal}(\boldsymbol{P}_{S_0}^{B})^{\mathrm{T}}\boldsymbol{f}^{B}+(\delta\boldsymbol{P}_{S}^{B})^{\mathrm{T}}\boldsymbol{f}^{B}+\delta\boldsymbol{f}_{BiasEx}^{S}]\end{aligned}\tag{2-5-49}$$

式中，约等号处忽略了二阶误差。如果将 $\delta\boldsymbol{K}_{Scal}$、$\delta\boldsymbol{P}_{S}^{B}$、$\delta\boldsymbol{f}_{BiasEx}^{S}$ 统一用 $\boldsymbol{p}$ 表示，那么由式（2-5-49）可以看出，当忽略了二阶误差后，$\delta\boldsymbol{f}^{B}$ 有如下性质：

1）$\delta\boldsymbol{f}^{B}$ 为奇函数，即

$$\delta\mathbf{f}^{B}(-\boldsymbol{p})\approx-\delta\mathbf{f}^{B}(\boldsymbol{p})\tag{2-5-50}$$

2）$\delta\boldsymbol{f}^{B}$ 具有线性叠加性质，即

$$\delta\mathbf{f}^{B}(\boldsymbol{p}_1+\boldsymbol{p}_2)\approx\delta\mathbf{f}^{B}(\boldsymbol{p}_1)+\delta\mathbf{f}^{B}(\boldsymbol{p}_2)\tag{2-5-51}$$

若器件输出为增量形式，在采样周期 $t_{l-1}$ 至 $t_l$ 内对式（2-5-47）进行积分，可得输入与输出的关系为[25]

---

㉔ 对应 inertial/sensor/accerror _ cont. m

㉕ 对应 inertial/sensor/accerror _ inc. m

$$\begin{cases}\Delta\tilde{\boldsymbol{\upsilon}}^S_{Out_l}=\boldsymbol{K}_{Scal0}\Delta\tilde{\boldsymbol{\upsilon}}^S_l\\ \Delta\tilde{\boldsymbol{\upsilon}}^S_l=[\boldsymbol{I}+\delta\mathbf{K}_{Scal}(\Delta\tilde{\boldsymbol{\upsilon}}^S_{Scal_l})]\left[(\boldsymbol{P}^B_{S_0}\boldsymbol{P}^{S_0}_S)^{\mathrm{T}}\Delta\boldsymbol{\upsilon}^B_l+\int_{t_{l-1}}^{t_l}\delta\boldsymbol{f}^S_{BiasEx}\,\mathrm{d}t\right]\end{cases}\tag{2-5-52}$$

其中

$$\int_{t_{l-1}}^{t_l}\delta\boldsymbol{f}^S_{BiasEx}\,\mathrm{d}t=\int_{t_{l-1}}^{t_l}\delta\boldsymbol{f}^S_{Bias}\,\mathrm{d}t+\int_{t_{l-1}}^{t_l}\delta\boldsymbol{f}^S_{Size}\,\mathrm{d}t+\int_{t_{l-1}}^{t_l}\delta\boldsymbol{f}^S_{Aniso}\,\mathrm{d}t+\int_{t_{l-1}}^{t_l}\delta\boldsymbol{f}^S_{Quant}\,\mathrm{d}t+\int_{t_{l-1}}^{t_l}\delta\boldsymbol{f}^S_{Rand}\,\mathrm{d}t\tag{2-5-53}$$

此外，$\Delta\boldsymbol{\upsilon}^B_l$ 为第 $l$ 个采样周期内的比速度增量，见式（2－5－40），下标 $l$ 表示第 $l$ 个采样周期内的值。一般情况下 $\Delta\tilde{\boldsymbol{\upsilon}}^S_{Out_l}$ 为脉冲形式的输出，这时 $\boldsymbol{K}_{Scal0}$ 还需要将比速度增量转换为脉冲数。假设 $\boldsymbol{\omega}^B_{IB}$ 在采样周期内呈线性变化，则式（2－5－53）中 $\int_{t_{l-1}}^{t_l}\delta\boldsymbol{f}^S_{Size}\,\mathrm{d}t$ 由式（2－5－25）计算，$\int_{t_{l-1}}^{t_l}\delta\boldsymbol{f}^S_{Aniso}\,\mathrm{d}t$ 由式（2－5－33）计算。若忽略采样周期内的变化，则零偏的积分等于其周期 $l$ 内的常值乘以采样周期 $T_l$。量化误差的积分 $\int_{t_{l-1}}^{t_l}\delta\boldsymbol{f}^S_{Quant}$（实际是离散的量化误差）可由式（2－5－14）乘以 $T_l$ 计算。

对于陀螺三元组，忽略正负通道差异，其输入与输出的关系如下

$$\begin{cases}\tilde{\boldsymbol{\omega}}^S_{IB_{Out}}=\boldsymbol{K}_{Scal0}\tilde{\boldsymbol{\omega}}^S_{IB}\\ \tilde{\boldsymbol{\omega}}^S_{IB}=[\boldsymbol{I}+\delta\mathbf{K}_{Scal}(\tilde{\boldsymbol{\omega}}^S_{IB_{Scal}})][(\boldsymbol{P}^B_{S_0}\boldsymbol{P}^{S_0}_S)^{\mathrm{T}}\boldsymbol{\omega}^B_{IB}+\delta\boldsymbol{\omega}^S_{IB_{BiasEx}}]\end{cases}\tag{2-5-54}$$

式中，$\delta\boldsymbol{\omega}^S_{IB_{BiasEx}}$ 为类零偏项之和，即

$$\delta\boldsymbol{\omega}^S_{IB_{BiasEx}}=\delta\boldsymbol{\omega}^S_{IB_{Bias}}+\delta\boldsymbol{\omega}^S_{IB_{GSens}}+\delta\boldsymbol{\omega}^S_{IB_{Quant}}+\delta\boldsymbol{\omega}^S_{IB_{Rand}}\tag{2-5-55}$$

式（2－5－54）及式（2－5－55）中各项可参考式（2－5－4）、式（2－5－12）、式（2－5－14）及式（2－5－38）。对于连续形式的误差模型，一般没有量化误差，式（2－5－55）中列入仅为了形式的完整性。类似于式（2－5－49）的推导，由式（2－5－54）可以得到陀螺误差为[26]

$$\begin{aligned}\delta\boldsymbol{\omega}^B_{IB}&=(\boldsymbol{P}^{S_0}_B)^{\mathrm{T}}\tilde{\boldsymbol{\omega}}^S_{IB}-\boldsymbol{\omega}^B_{IB}\\&=(\boldsymbol{P}^B_{S_0})^{-\mathrm{T}}[\delta\boldsymbol{K}_{Scal}(\boldsymbol{P}^B_{S_0})^{\mathrm{T}}\boldsymbol{\omega}^B_{IB}+(\delta\boldsymbol{P}^B_S)^{\mathrm{T}}\boldsymbol{\omega}^B_{IB}+\delta\boldsymbol{\omega}^S_{IB_{BiasEx}}]+\\&\quad(\boldsymbol{P}^B_{S_0})^{-\mathrm{T}}(\delta\boldsymbol{K}_{Scal})[(\delta\boldsymbol{P}^B_S)^{\mathrm{T}}\boldsymbol{\omega}^B_{IB}+\delta\boldsymbol{\omega}^S_{IB_{BiasEx}}]\\&\approx(\boldsymbol{P}^B_{S_0})^{-\mathrm{T}}[\delta\boldsymbol{K}_{Scal}(\boldsymbol{P}^B_{S_0})^{\mathrm{T}}\boldsymbol{\omega}^B_{IB}+(\delta\boldsymbol{P}^B_S)^{\mathrm{T}}\boldsymbol{\omega}^B_{IB}+\delta\boldsymbol{\omega}^S_{IB_{BiasEx}}]\end{aligned}\tag{2-5-56}$$

式中，约等号处忽略了二阶误差。

若器件输出为增量形式，在采样周期 $t_{l-1}$ 至 $t_l$ 内对式（2－5－54）进行积分，可得输入与输出的关系为[27]

---

[26] 对应 inertial/sensor/gyroerror _ cont. m

[27] 对应 inertial/sensor/gyroerror _ inc. m

$$\begin{cases}\Delta\widetilde{\boldsymbol{\alpha}}_{Out_l}^{S}=\boldsymbol{K}_{Scal0}\Delta\widetilde{\boldsymbol{\alpha}}_{l}^{S}\\ \Delta\widetilde{\boldsymbol{\alpha}}_{l}^{S}=[\boldsymbol{I}+\delta\mathbf{K}_{Scal}(\Delta\widetilde{\boldsymbol{\alpha}}_{Scal_l}^{S})]\left[(\boldsymbol{P}_{S_0}^{B}\boldsymbol{P}_{S}^{S_0})^{\mathrm{T}}\Delta\boldsymbol{\alpha}_{l}^{B}+\int_{t_{l-1}}^{t_l}\delta\boldsymbol{\omega}_{IB_{BiasEx}}^{S}\mathrm{d}t\right]\end{cases}\tag{2-5-57}$$

其中

$$\int_{t_{l-1}}^{t_l}\delta\boldsymbol{\omega}_{IB_{BiasEx}}^{S}\mathrm{d}t=\int_{t_{l-1}}^{t_l}\delta\boldsymbol{\omega}_{IB_{Bias}}^{S}\mathrm{d}t+\int_{t_{l-1}}^{t_l}\delta\boldsymbol{\omega}_{IB_{GSens}}^{S}\mathrm{d}t+\int_{t_{l-1}}^{t_l}\delta\boldsymbol{\omega}_{IB_{Quant}}^{S}\mathrm{d}t+\int_{t_{l-1}}^{t_l}\delta\boldsymbol{\omega}_{IB_{Rand}}^{S}\mathrm{d}t\tag{2-5-58}$$

式中，$\Delta\boldsymbol{\alpha}_{l}^{B}$ 为第 $l$ 个采样周期内的角度增量，见式（2－5－21），下标 $l$ 表示第 $l$ 个采样周期内的值；一般情况下 $\Delta\widetilde{\boldsymbol{\alpha}}_{Out_l}^{S}$ 为脉冲形式的输出，这时 $\boldsymbol{K}_{Scal0}$ 还需要将角度增量转换为脉冲数；$\int_{t_{l-1}}^{t_l}\delta\boldsymbol{\omega}_{IB_{GSens}}^{S}\mathrm{d}t$ 由式（2－5－39）计算。若忽略采样周期内的变化，则零偏的积分等于其周期 $l$ 内的常值乘以采样周期 $T_l$。量化误差的积分 $\int_{t_{l-1}}^{t_l}\delta\boldsymbol{\omega}_{IB_{Quant}}^{S}\mathrm{d}t$（实际是离散的量化误差）可由式（2－5－14）乘以 $T_l$ 计算。

各参数汇总见表 2－2。

**表 2－2　惯组误差模型中各参数的意义**

| 参数 | 意义 | 数值 |
|---|---|---|
| $\widetilde{\boldsymbol{f}}_{Out}^{S}$ | 加速度计三元组单位时间内的输出 | 3×1 矢量 |
| $\Delta\widetilde{\boldsymbol{v}}_{Out_l}^{S}$ | 加速度计三元组采样周期 $l$ 内输出的脉冲数 | 3×1 矢量 |
| $\widetilde{\boldsymbol{f}}^{S}$ | 加速度计三元组测量的比力 | 3×1 矢量 |
| $\widetilde{\boldsymbol{\omega}}_{IB_{Out}}^{S}$ | 陀螺三元组单位时间内的输出 | 3×1 矢量 |
| $\Delta\widetilde{\boldsymbol{\alpha}}_{Out_l}^{S}$ | 陀螺三元组采样周期 $l$ 内输出的脉冲数 | 3×1 矢量 |
| $\widetilde{\boldsymbol{\omega}}_{IB}^{S}$ | 陀螺三元组测量的角速度 | 3×1 矢量 |
| $\boldsymbol{P}_{S}^{B}$ | 非正交传感器组的实际安装矩阵 | 3×3 矩阵，各列为各惯性传感器实际输入轴在 $B$ 系下的投影，列矢量为单位矢量 |
| $\boldsymbol{P}_{S_0}^{B}$ | 非正交传感器组的标称安装矩阵 | 3×3 矩阵，各列为各惯性传感器标称输入轴在 $B$ 系下的投影，列矢量为单位矢量 |
| $\boldsymbol{P}_{S}^{S_0}$ | 非正交传感器组实际输入轴与标称输入轴的转换矩阵 | 3×3 矩阵，各列为各惯性传感器实际输入轴在 $S_0$ 系下的斜交投影分量 |
| $\delta\boldsymbol{P}_{S}^{S_0}$ | 安装误差（失准角）补偿矩阵（$\boldsymbol{P}_{S}^{S_0}$ 与单位矩阵之差） | 3×3 矩阵，第 $i$ 行第 $j$ 列的非对角线元素为 $S$ 系第 $j$ 个传感器实际输入轴在 $S_0$ 系第 $i$ 轴下的斜交投影分量，对角线元素较小，工程应用中常忽略 |
| $\delta\boldsymbol{f}_{Bias}^{S}$ | 加速度计三元组零偏矢量 | 3×1 矢量 |
| $\delta\boldsymbol{\omega}_{IB_{Bias}}^{S}$ | 陀螺三元组零偏矢量 | 3×1 矢量 |

**续表**

| 参数 | 意义 | 数值 |
|---|---|---|
| $\boldsymbol{K}_{Scal}$ | 标度因数的真实值 | 3×3 对角矩阵，对角元素为单个输出脉冲对应的测量量增量的倒数 |
| $\boldsymbol{K}_{Scal0}$ | 标度因数的标称值 | 3×3 对角矩阵 |
| $\delta\boldsymbol{K}_{Scal}$ | 标度因数误差补偿矩阵 | 3×3 对角矩阵，理想值为 **0**，分为正负两个通道 $\delta\boldsymbol{K}_{Scal+}$，$\delta\boldsymbol{K}_{Scal-}$ |
| $\delta\Delta cnt_l$ | 采样周期 $l$ 内输出的脉冲计数残差 | 3×1 矢量 |
| $T_l$ | 采样周期 $l$ | 标量 |
| $\delta\boldsymbol{f}_{Quant}^{S}$ | 加速度计三元组量化误差矢量 | 3×1 矢量 |
| $\delta\boldsymbol{\omega}_{IB_{Quant}}^{S}$ | 陀螺三元组量化误差矢量 | 3×1 矢量 |
| $\boldsymbol{l}_k^B$ | 第 $k$ 轴加速度计的安装杆臂在本体系 $B$ 系的投影 | 3×1 矢量 |
| $\delta\boldsymbol{f}_{Size}^{S}$ | 加速度计杆臂效应误差 | 3×1 矢量 |
| $\boldsymbol{C}_B^{A_k}$ | $B$ 系到 $k$ 轴加速度计坐标系的方向余弦矩阵 | 3×3 正交矩阵 |
| $K_{Aniso_k}$ | $k$ 轴加速度计不等惯量误差系数 | 标量 |
| $\delta\boldsymbol{f}_{Aniso}^{S}$ | 加速度计的不等惯量误差（一般用于摆式加速度计） | 3×1 矢量 |
| $\delta\boldsymbol{\omega}_{IB_{GSens}}^{S}$ | 陀螺仪的 g 敏感项误差（一般用于转子陀螺） | 3×1 矢量 |
| $\boldsymbol{D}_{GSens1}$ | g 敏感项比力一次方补偿矩阵 | 3×3 对角矩阵，理想值为 **0** |
| $\boldsymbol{D}_{GSens2}$ | g 敏感项比力二次方补偿矩阵 | 3×6 矩阵，理想值为 **0** |
| $\delta\boldsymbol{f}_{Rand}^{S}$ | 加速度计三元组随机误差矢量 | 3×1 矢量 |
| $\delta\boldsymbol{\omega}_{IB_{Rand}}^{S}$ | 陀螺三元组随机误差矢量 | 3×1 矢量 |

#### 2.5.1.9 工程应用注意事项

在工程应用中，应注意以下几点：

1）在工程应用时，由于 $S$ 系与 $S_0$ 系通常相当接近，因此常将 $\boldsymbol{P}_S^{S_0}$ 的对角线元素近似为 1，仅考虑其非对角线元素。以正交配置的三传感器组为例，当某个传感器的输入轴与惯组坐标系相应的轴有小夹角 $\theta$ 时，$\boldsymbol{P}_S^{S_0}$ 对角线上的对应元素与 1 的差值为 $1-\cos\theta=2\sin^2\left(\dfrac{\theta}{2}\right)$，非对角线上的对应元素为 $\sin\theta$，可见对角线上的元素与 1 的差值为二阶小量。因此在精度要求不高的情况下，可以认为 $\boldsymbol{P}_S^{S_0}$ 的对角线元素为 1。此时有

$$\boldsymbol{P}_S^{S_0}\approx\boldsymbol{I}+\boldsymbol{P}_{S_{OD}}^{S_0} \tag{2-5-59}$$

式中，$\boldsymbol{P}_{S_{OD}}^{S_0}$ 为 $\boldsymbol{P}_S^{S_0}$ 的非对角线元素构成的矩阵（即将其对角线元素置为 0 得到）。对式（2－5－59）求逆可得

$$\boldsymbol{P}_{S_0}^{S} = (\boldsymbol{P}_{S}^{S_0})^{-1} \approx (\boldsymbol{I} + \boldsymbol{P}_{S_{OD}}^{S_0})^{-1} \approx \boldsymbol{I} - \boldsymbol{P}_{S_{OD}}^{S_0} \tag{2-5-60}$$

2）在精度要求不高的情况下，$\delta\boldsymbol{P}_{S}^{S_0}$ 对角线元素可以等效为标度因数误差，以加速度计为例，由式（2－5－47）及式（2－5－1），忽略二阶误差可得

$$\begin{aligned}
\tilde{\boldsymbol{f}}^{S} &= (\boldsymbol{I} + \delta\boldsymbol{K}_{Scal})\{[\boldsymbol{P}_{S_0}^{B}(\boldsymbol{I} + \delta\boldsymbol{P}_{S_D}^{S_0} + \delta\boldsymbol{P}_{S_{OD}}^{S_0})]^{\mathrm{T}}\boldsymbol{f}^{B} + \delta\boldsymbol{f}_{BiasEx}^{S}\} \\
&= (\boldsymbol{I} + \delta\boldsymbol{K}_{Scal})\{[\boldsymbol{P}_{S_0}^{B}(\boldsymbol{I} + \delta\boldsymbol{P}_{S_{OD}}^{S_0})]^{\mathrm{T}}\boldsymbol{f}^{B} + \delta\boldsymbol{f}_{BiasEx}^{S}\} + (\boldsymbol{I} + \delta\boldsymbol{K}_{Scal})[(\boldsymbol{P}_{S_0}^{B}\delta\boldsymbol{P}_{S_D}^{S_0})^{\mathrm{T}}\boldsymbol{f}^{B}] \\
&\approx (\boldsymbol{I} + \delta\boldsymbol{K}_{Scal})\{[\boldsymbol{P}_{S_0}^{B}(\boldsymbol{I} + \delta\boldsymbol{P}_{S_{OD}}^{S_0})]^{\mathrm{T}}\boldsymbol{f}^{B} + \delta\boldsymbol{f}_{BiasEx}^{S}\} + (\boldsymbol{P}_{S_0}^{B}\delta\boldsymbol{P}_{S_D}^{S_0})^{\mathrm{T}}(\boldsymbol{P}_{S_0}^{B})^{-\mathrm{T}}(\boldsymbol{P}_{S_0}^{B})^{\mathrm{T}}\boldsymbol{f}^{B} \\
&\approx (\boldsymbol{I} + \delta\boldsymbol{K}_{Scal})\{[\boldsymbol{P}_{S_0}^{B}(\boldsymbol{I} + \delta\boldsymbol{P}_{S_{OD}}^{S_0})]^{\mathrm{T}}\boldsymbol{f}^{B} + \delta\boldsymbol{f}_{BiasEx}^{S}\} + \\
&\quad (\boldsymbol{P}_{S_0}^{B}\delta\boldsymbol{P}_{S_D}^{S_0})^{\mathrm{T}}(\boldsymbol{P}_{S_0}^{B})^{-\mathrm{T}}\{[\boldsymbol{P}_{S_0}^{B}(\boldsymbol{I} + \delta\boldsymbol{P}_{S_{OD}}^{S_0})]^{\mathrm{T}}\boldsymbol{f}^{B} + \delta\boldsymbol{f}_{BiasEx}^{S})\} \\
&= (\boldsymbol{I} + \delta\boldsymbol{K}_{Scal} + \delta\boldsymbol{P}_{S_D}^{S_0})\{[\boldsymbol{P}_{S_0}^{B}(\boldsymbol{I} + \delta\boldsymbol{P}_{S_{OD}}^{S_0})]^{\mathrm{T}}\boldsymbol{f}^{B} + \delta\boldsymbol{f}_{BiasEx}^{S}\}
\end{aligned} \tag{2-5-61}$$

式中　$\delta\boldsymbol{P}_{S_D}^{S_0}$ ——由 $\delta\boldsymbol{P}_{S}^{S_0}$ 对角线元素构成的对角阵；

$\delta\boldsymbol{P}_{S_{OD}}^{S_0}$ ——将 $\delta\boldsymbol{P}_{S}^{S_0}$ 对角线元素置为 0 形成的矩阵。

上式说明 $\delta\boldsymbol{P}_{S_D}^{S_0}$ 近似等效于标度因数误差。

## 2.5.2　误差补偿算法

2.5.1 节介绍了确定性误差模型。在实际应用时，需要根据该模型由惯性传感器输出计算输入值（比力及角速度），2.5.2.1 节介绍了该过程中用到的算法。此外，在某些情况下（例如卡尔曼滤波反馈校正），需要对已有的误差模型中的参数进行修正，并用修正后的参数进行误差补偿，2.5.2.2 节介绍了由误差参数修正量计算等效误差参数值的算法。

### 2.5.2.1　由输出值计算输入值的算法

当得到惯性传感器的输出后，需要根据误差模型式（2－5－47）及式（2－5－54）计算比力和角速度值，以用于导航解算。这个计算过程的前提是知道了式中的各项参数，由输出值 $\tilde{\boldsymbol{f}}_{Out}^{S}$ 及 $\tilde{\boldsymbol{\omega}}_{IB_{Out}}^{S}$ 计算输入值 $\boldsymbol{f}^{B}$ 及 $\boldsymbol{\omega}_{IB}^{B}$。观察式（2－5－47）和式（2－5－54）可以发现，若不考虑随机误差，比力和角速度的误差模型都可以表示为如下形式

$$\tilde{\boldsymbol{v}}_{Out}^{S} = \mathbf{f}(\boldsymbol{v}^{B}, \boldsymbol{p}) + \mathbf{g}(\boldsymbol{v}^{B}, \boldsymbol{w}^{B}, \boldsymbol{p}) \tag{2-5-62}$$

式中　$\boldsymbol{v}$ ——一种量测（譬如比力）；

$\boldsymbol{w}$ ——另一种量测（譬如角速度）；

$\boldsymbol{p}$ ——模型参数；

**f**，**g** ——函数（可能是非线性的）。

为此，可以采用双重迭代算法由输出值计算输入值，基本步骤如下[28][29]：

---

㉘ 对应 inertial/sensor/imuout2in _ cont. m

㉙ 对应 inertial/sensor/imuout2in _ inc. m

1）对输出值按与 $\boldsymbol{v}^B$ 无关的参数进行补偿得到迭代初值 $\boldsymbol{v}_0^B$；

2）采用外层迭代计算式（2-5-62）中的 $\mathbf{g}(\boldsymbol{v}^B, \boldsymbol{w}^B, \boldsymbol{p})$；

3）得到 $\mathbf{g}(\boldsymbol{v}^B, \boldsymbol{w}^B, \boldsymbol{p})$ 后，可以将式（2-5-62）视为关于 $\boldsymbol{v}^B$ 的非线性方程，在外层迭代中嵌入内层迭代以求解该方程；

4）将内层迭代求解得到的 $\boldsymbol{v}^B$、$\boldsymbol{w}^B$ 值代入式（2-5-62）中，重新计算 $\mathbf{g}(\boldsymbol{v}^B, \boldsymbol{w}^B, \boldsymbol{p})$，开始下一次外层迭代。

对惯性传感器的输出值进行误差补偿后，得到用于惯性导航的比力和角速度（连续形式补偿），或者角度增量和比速度增量（增量形式补偿）。

具体来说，首先，对输出值按标度因数（含标度因数误差 0 次项）、零偏、失准角及量化误差（这些误差项为线性的，且与量测值无关）进行补偿得到迭代初值

$$\boldsymbol{v}_0^B = (\boldsymbol{P}_{S_0}^B \boldsymbol{P}_S^{S_0})^{-\mathrm{T}} \{ [\boldsymbol{K}_{Scal0}(\boldsymbol{I} + \delta\boldsymbol{K}_{Scal0})]^{-1} \tilde{\boldsymbol{v}}_{Out}^S - \delta\boldsymbol{v}_{Bias}^S - \delta\boldsymbol{v}_{Quant}^S \} \tag{2-5-63}$$

式中，当传感器输出采用增量形式时，零偏需要乘以采样周期。

随机误差 $\delta\boldsymbol{f}_{Rand}^S$、$\delta\boldsymbol{\omega}_{IB_{Rand}}^S$ 不可预测，补偿中近似为零。对于加速度计三元组，当采用连续形式输出时，将式（2-5-47）表示成式（2-5-62）的形式有

$$\begin{cases} \mathbf{f}(\boldsymbol{v}^B = \boldsymbol{f}^B, \boldsymbol{p}) = \mathbf{K}_{Scal}(\tilde{\boldsymbol{f}}_{Scal}^S)[(\boldsymbol{P}_S^B)^{\mathrm{T}}\boldsymbol{f}^B + \delta\boldsymbol{f}_{Bias}^S + \delta\boldsymbol{f}_{Quant}^S] \\ \mathbf{g}(\boldsymbol{v}^B = \boldsymbol{f}^B, \boldsymbol{w}^B = \boldsymbol{\omega}_{IB}^B, \boldsymbol{p}) = \mathbf{K}_{Scal}(\tilde{\boldsymbol{f}}_{Scal}^S)(\delta\boldsymbol{f}_{Size}^S + \delta\boldsymbol{f}_{Aniso}^S) \end{cases} \tag{2-5-64}$$

当采用增量形式输出时，忽略采样周期内的参数变化，将式（2-5-52）表示为式（2-5-62）的形式有

$$\begin{cases} \mathbf{f}(\boldsymbol{v}^B = \Delta\boldsymbol{v}_l^B, \boldsymbol{p}) = \mathbf{K}_{Scal}(\Delta\tilde{\boldsymbol{v}}_{Scal_l}^S)[(\boldsymbol{P}_S^B)^{\mathrm{T}}\Delta\boldsymbol{v}_l^B + \delta\boldsymbol{f}_{Bias}^S T_l + \delta\boldsymbol{f}_{Quant}^S T_l] \\ \mathbf{g}(\boldsymbol{v}^B = \Delta\boldsymbol{v}_l^B, \boldsymbol{w}^B = \Delta\boldsymbol{\alpha}_l^B, \boldsymbol{p}) = \mathbf{K}_{Scal}(\Delta\tilde{\boldsymbol{v}}_{Scal_l}^S)\left(\int_{t_{l-1}}^{t_l}\delta\boldsymbol{f}_{Size}^S\mathrm{d}t + \int_{t_{l-1}}^{t_l}\delta\boldsymbol{f}_{Aniso}^S\mathrm{d}t\right) \end{cases} \tag{2-5-65}$$

对于陀螺三元组，当采用连续形式输出时，将式（2-5-54）表示成式（2-5-62）的形式有

$$\begin{cases} \mathbf{f}(\boldsymbol{v}^B = \boldsymbol{\omega}_{IB}^B, \boldsymbol{p}) = \mathbf{K}_{Scal}(\tilde{\boldsymbol{\omega}}_{IB_{Scal}}^S)[(\boldsymbol{P}_S^B)^{\mathrm{T}}\boldsymbol{\omega}_{IB}^B + \delta\boldsymbol{\omega}_{IB_{Bias}}^S + \delta\boldsymbol{\omega}_{IB_{Quant}}^S] \\ \mathbf{g}(\boldsymbol{v}^B = \boldsymbol{\omega}_{IB}^B, \boldsymbol{w}^B = \boldsymbol{f}^B, \boldsymbol{p}) = \mathbf{K}_{Scal}(\tilde{\boldsymbol{\omega}}_{IB_{Scal}}^S)(\delta\boldsymbol{\omega}_{IB_{GSens}}^S) \end{cases} \tag{2-5-66}$$

当采用增量形式输出时，忽略采样周期内的参数变化，将式（2-5-57）表示为式（2-5-62）的形式有

$$\begin{cases} \mathbf{f}(\boldsymbol{v}^B = \Delta\boldsymbol{\alpha}_l^B, \boldsymbol{p}) = \mathbf{K}_{Scal}(\Delta\tilde{\boldsymbol{\alpha}}_{Scal_l}^S)[(\boldsymbol{P}_S^B)^{\mathrm{T}}\Delta\boldsymbol{\alpha}_l^B + \delta\boldsymbol{\omega}_{IB_{Bias}}^S T_l + \boldsymbol{\omega}_{IB_{Quant}}^S T_l] \\ \mathbf{g}(\boldsymbol{v}^B = \Delta\boldsymbol{\alpha}_l^B, \boldsymbol{w}^B = \Delta\boldsymbol{v}_l^B, \boldsymbol{p}) = \mathbf{K}_{Scal}(\Delta\tilde{\boldsymbol{\alpha}}_{Scal_l}^S)\left(\int_{t_{l-1}}^{t_l}\delta\boldsymbol{\omega}_{IB_{GSens}}^S\mathrm{d}t\right) \end{cases} \tag{2-5-67}$$

式（2-5-64）～式（2-5-67）中的 $\mathbf{g}(\boldsymbol{v}^B, \boldsymbol{w}^B, \boldsymbol{p})$ 在步骤 2）中代入 $\boldsymbol{v}^B$、$\boldsymbol{w}^B$ 求解函数值可得。由于 $\mathbf{g}(\boldsymbol{v}^B, \boldsymbol{w}^B, \boldsymbol{p})$ 与 $\boldsymbol{v}^B$ 的关系仅体现在 $\boldsymbol{K}_{Scal}$ 中，两者相关性较弱，因此在求解式（2-5-62）时可以将 $\mathbf{g}(\boldsymbol{v}^B, \boldsymbol{w}^B, \boldsymbol{p})$ 视为独立变量。根据式（2-5-62）可得

步骤 3）中的方程

$$\mathbf{f}(\boldsymbol{v}^B,\boldsymbol{p})=\tilde{\boldsymbol{v}}_{Out}^S-\mathbf{g}(\boldsymbol{v}^B,\boldsymbol{w}^B,\boldsymbol{p}) \tag{2-5-68}$$

式中，等号右侧式已知。考虑到标度因数误差可能是 $\boldsymbol{v}^B$ 的非线性函数，因此 $\mathbf{f}$ 也可能是 $\boldsymbol{v}^B$ 的非线性函数。因此式（2－5－68）需要视为关于 $\boldsymbol{v}^B$ 的非线性方程，工程上常采用以下两种方法求解：

（1）线性化法[30]

当式（2－5－68）中的非线性项较小可以忽略时，将其线性化并求逆。将 $\mathbf{f}(\boldsymbol{v}^B,\boldsymbol{p})$ 在 $\boldsymbol{v}_0^B$ 处展开得

$$\mathbf{f}(\boldsymbol{v}^B,\boldsymbol{p})-\mathbf{f}(\boldsymbol{v}_0^B,\boldsymbol{p})\approx\mathbf{J}_f(\boldsymbol{v}^B)(\boldsymbol{v}^B-\boldsymbol{v}_0^B) \tag{2-5-69}$$

将式（2－5－68）代入式（2－5－69）得

$$\begin{aligned}\boldsymbol{v}^B&\approx\boldsymbol{v}_0^B+\mathbf{J}_f^{-1}(\boldsymbol{v}^B)\left[\mathbf{f}(\boldsymbol{v}^B,\boldsymbol{p})-\mathbf{f}(\boldsymbol{v}_0^B,\boldsymbol{p})\right]\\&=\boldsymbol{v}_0^B+\mathbf{J}_f^{-1}(\boldsymbol{v}^B)\left[\tilde{\boldsymbol{v}}_{Out}^S-\mathbf{g}(\boldsymbol{v}^B,\boldsymbol{w}^B,\boldsymbol{p})-\mathbf{f}(\boldsymbol{v}_0^B,\boldsymbol{p})\right]\end{aligned} \tag{2-5-70}$$

式（2－5－69）及式（2－5－70）中的 $\mathbf{J}_f$ 为雅可比矩阵，即

$$\mathbf{J}_f(\boldsymbol{v}^B)=\frac{\partial\mathbf{f}(\boldsymbol{v}^B,\boldsymbol{p})}{\partial\boldsymbol{v}^B} \tag{2-5-71}$$

以连续形式为例，对于加速度计三元组，由式（2－5－64）、式（2－5－46）及式（B－2－46）可得

$$\begin{aligned}&\mathbf{J}_f(\boldsymbol{v}^B=\boldsymbol{f}^B)\\&=\left[(\boldsymbol{P}_S^B)^{\mathrm{T}}\boldsymbol{f}^B+\delta\boldsymbol{f}_{Bias}^S+\delta\boldsymbol{f}_{Quant}^S\right]^{\mathrm{T}}\otimes\boldsymbol{I}_{3\times3}\cdot\frac{\partial\boldsymbol{K}_{Scal}}{\partial\boldsymbol{f}^B}+\boldsymbol{K}_{Scal}\cdot\frac{\partial\left[(\boldsymbol{P}_S^B)^{\mathrm{T}}\boldsymbol{f}^B+\delta\boldsymbol{f}_{Bias}^S+\delta\boldsymbol{f}_{Quant}^S\right]}{\partial\boldsymbol{f}^B}\\&=\left[(\boldsymbol{P}_S^B)^{\mathrm{T}}\boldsymbol{f}^B+\delta\boldsymbol{f}_{Bias}^S+\delta\boldsymbol{f}_{Quant}^S\right]^{\mathrm{T}}\otimes\boldsymbol{I}_{3\times3}\cdot\frac{\partial(\boldsymbol{K}_{Scal0}(\boldsymbol{I}+\delta\boldsymbol{K}_{Scal}))}{\partial\boldsymbol{f}^B}+\boldsymbol{K}_{Scal}(\boldsymbol{P}_S^B)^{\mathrm{T}}\\&=\left[(\boldsymbol{P}_S^B)^{\mathrm{T}}\boldsymbol{f}^B+\delta\boldsymbol{f}_{Bias}^S+\delta\boldsymbol{f}_{Quant}^S\right]^{\mathrm{T}}\otimes\boldsymbol{I}_{3\times3}\cdot\left[\boldsymbol{I}_{3\times3}\otimes\boldsymbol{K}_{Scal0}\cdot\frac{\partial(\delta\boldsymbol{K}_{Scal})}{\partial\boldsymbol{f}^B}\right]+\boldsymbol{K}_{Scal}(\boldsymbol{P}_S^B)^{\mathrm{T}}\\&=\left[(\boldsymbol{P}_S^B)^{\mathrm{T}}\boldsymbol{f}^B+\delta\boldsymbol{f}_{Bias}^S+\delta\boldsymbol{f}_{Quant}^S\right]^{\mathrm{T}}\otimes\boldsymbol{K}_{Scal0}\cdot\frac{\partial(\delta\boldsymbol{K}_{Scal})}{\partial\boldsymbol{f}^B}+\boldsymbol{K}_{Scal}(\boldsymbol{P}_S^B)^{\mathrm{T}}\\&=\left[(\boldsymbol{P}_S^B)^{\mathrm{T}}\boldsymbol{f}^B+\delta\boldsymbol{f}_{Bias}^S+\delta\boldsymbol{f}_{Quant}^S\right]^{\mathrm{T}}\otimes\boldsymbol{K}_{Scal0}\cdot\delta\dot{\mathbf{K}}_{Scal}(\tilde{\boldsymbol{f}}_{Scal}^S)\cdot(\boldsymbol{P}_S^B)^{\mathrm{T}}+\boldsymbol{K}_{Scal}(\boldsymbol{P}_S^B)^{\mathrm{T}}\end{aligned} \tag{2-5-72}$$

式中，$\delta\dot{\mathbf{K}}_{Scal}(\tilde{\boldsymbol{f}}_{Scal}^S)$ 的计算参考式（2－5－7）。

对于陀螺三元组，类似于式（2－5－72）的推导，由式（2－5－66）可得

$$\mathbf{J}_f(\boldsymbol{v}^B=\boldsymbol{\omega}_{IB}^B)=\left[(\boldsymbol{P}_S^B)^{\mathrm{T}}\boldsymbol{\omega}_{IB}^B+\delta\boldsymbol{\omega}_{IB_{Bias}}^S+\delta\boldsymbol{\omega}_{IB_{Quant}}^S\right]^{\mathrm{T}}\otimes\boldsymbol{K}_{Scal0}\cdot\delta\dot{\mathbf{K}}_{Scal}(\tilde{\boldsymbol{\omega}}_{IB_{Scal}}^S)\cdot(\boldsymbol{P}_S^B)^{\mathrm{T}}+\boldsymbol{K}_{Scal}(\boldsymbol{P}_S^B)^{\mathrm{T}} \tag{2-5-73}$$

式中，$\delta\dot{\mathbf{K}}_{Scal}(\tilde{\boldsymbol{\omega}}_{IB_{Scal}}^S)$ 的计算参考式（2－5－7）。

---

[30] 对应 inertial/sensor/sensorout2in _ linear. m

式（2－5－70）中，将 $\boldsymbol{v}^B=\mathbf{0}$ 代入式（2－5－72）及式（2－5－73）即可求得 $\mathbf{J}_f(\mathbf{0})$，代入式（2－5－64）及式（2－5－66）即可求得 $\mathbf{f}(\mathbf{0},\boldsymbol{p})$。

（2）牛顿迭代法[31]

令 $\mathbf{f}'(\boldsymbol{v}^B,\boldsymbol{p})=\mathbf{f}(\boldsymbol{v}^B,\boldsymbol{p})+\mathbf{g}(\boldsymbol{v}^B,\boldsymbol{w}^B,\boldsymbol{p})-\tilde{\boldsymbol{v}}_{Out}^S$，则式（2－5－68）可以转换为 $\mathbf{f}'(\boldsymbol{v}^B,\boldsymbol{p})=\mathbf{0}$。采用牛顿迭代法求此方程组的数值解。将上一次外层迭代的结果作为牛顿迭代初值 $\boldsymbol{v}_0^B$，由式（B－7－70）可得迭代式为

$$\boldsymbol{v}_{k+1}^B=\boldsymbol{v}_k^B-\left[\frac{\partial\mathbf{f}'(\boldsymbol{v}_k^B,\boldsymbol{p})}{\partial\boldsymbol{v}_k^B}\right]^{-1}\mathbf{f}'(\boldsymbol{v}_k^B,\boldsymbol{p}) \tag{2-5-74}$$

其中

$$\frac{\partial\mathbf{f}'(\boldsymbol{v}_k^B,\boldsymbol{p})}{\partial\boldsymbol{v}_k^B}=\mathbf{J}_f(\boldsymbol{v}_k^B)-\mathbf{J}_g(\boldsymbol{v}_k^B) \tag{2-5-75}$$

式中，$\mathbf{J}_f(\boldsymbol{v}_k^B)$ 可按式（2－5－72）及式（2－5－73）计算，$\mathbf{J}_g$ 为雅可比矩阵，即

$$\mathbf{J}_g(\boldsymbol{v}^B)=\frac{\partial\mathbf{g}(\boldsymbol{v}^B,\boldsymbol{w}^B,\boldsymbol{p})}{\partial\boldsymbol{v}^B} \tag{2-5-76}$$

以连续形式为例，对于加速度计三元组，参考式（2－5－72）的推导，由式（2－5－64）、式（2－5－46）及式（B－2－46）有

$$\begin{aligned}\mathbf{J}_g(\boldsymbol{f}^B)&=(\delta\boldsymbol{f}_{Size}^S+\delta\boldsymbol{f}_{Aniso}^S)^{\mathrm{T}}\otimes\boldsymbol{I}_{3\times3}\cdot\frac{\partial\boldsymbol{K}_{Scal}}{\partial\boldsymbol{f}^B}\\&=(\delta\boldsymbol{f}_{Size}^S+\delta\boldsymbol{f}_{Aniso}^S)^{\mathrm{T}}\otimes\boldsymbol{K}_{Scal0}\cdot\delta\dot{\mathbf{K}}_{Scal}(\tilde{\boldsymbol{f}}_{Scal}^S)\cdot(\boldsymbol{P}_S^B)^{\mathrm{T}}\end{aligned} \tag{2-5-77}$$

式中，$\delta\dot{\mathbf{K}}_{Scal}(\tilde{\boldsymbol{f}}_{Scal}^S)$ 的计算参考式（2－5－7）。

类似于上式，对于陀螺三元组，由式（2－5－66）有

$$\mathbf{J}_g(\boldsymbol{\omega}_{IB}^B)=(\delta\boldsymbol{\omega}_{IB_{GSens}}^S)^{\mathrm{T}}\otimes\boldsymbol{K}_{Scal0}\cdot\delta\dot{\mathbf{K}}_{Scal}(\tilde{\boldsymbol{\omega}}_{IB_{Scal}}^S)\cdot(\boldsymbol{P}_S^B)^{\mathrm{T}} \tag{2-5-78}$$

式中，$\delta\dot{\mathbf{K}}_{Scal}(\tilde{\boldsymbol{\omega}}_{IB_{Scal}}^S)$ 的计算参考式（2－5－7）。

#### 2.5.2.2 误差参数残差补偿算法

通常惯组误差经过标定后，由于标定设备及算法的误差，或者惯组误差随通电次数及时间的变化，标定得到的误差参数中还会留有残差。一般可以通过在线估计的手段（如卡尔曼滤波）进一步求解误差残差。这时，希望能够直接由未经过残差补偿的误差参数 $\boldsymbol{p}_{Appr}$（这里称为近似参数）对应的近似输入值 $\boldsymbol{v}_{Appr}^B$ 计算得到经过残差补偿后的误差参数 $\boldsymbol{p}_{True}$（这里称为真实参数）对应的真实输入值 $\boldsymbol{v}_{True}^B$（该方式的计算量相比于将 $\boldsymbol{p}_{Appr}$ 补偿后得到 $\boldsymbol{p}_{True}$ 再使用 2.5.2.1 节的算法计算 $\boldsymbol{v}_{True}^B$ 的方式较小）。考虑在式（2－5－62）中分别用 $\boldsymbol{p}_{True}$ 及 $\boldsymbol{p}_{Appr}$ 参数进行计算，可得

$$\begin{aligned}\tilde{\boldsymbol{v}}_{Out}^S&=\mathbf{f}(\boldsymbol{v}_{True}^B,\boldsymbol{p}_{True})+\mathbf{g}(\boldsymbol{v}_{True}^B,\boldsymbol{w}_{True}^B,\boldsymbol{p}_{True})\\\tilde{\boldsymbol{v}}_{Out}^S&=\mathbf{f}(\boldsymbol{v}_{Appr}^B,\boldsymbol{p}_{Appr})+\mathbf{g}(\boldsymbol{v}_{Appr}^B,\boldsymbol{w}_{Appr}^B,\boldsymbol{p}_{Appr})\end{aligned} \tag{2-5-79}$$

---

[31] 对应 inertial/sensor/sensorout2in _ newton. m

真实输入值/参数与近似输入值/参数之间的差值一般为小量，将式（2-5-79）线性化，由于两种情况下使用的 $\tilde{\boldsymbol{v}}_{Out}^{S}$ 相同，可得

$$\begin{aligned}&\frac{\partial\tilde{\boldsymbol{v}}_{Out}^{S}}{\partial\boldsymbol{v}^{B}}(\boldsymbol{v}_{Appr}^{B}-\boldsymbol{v}_{True}^{B})+\frac{\partial\tilde{\boldsymbol{v}}_{Out}^{S}}{\partial\boldsymbol{w}^{B}}(\boldsymbol{w}_{Appr}^{B}-\boldsymbol{w}_{True}^{B})+\frac{\partial\tilde{\boldsymbol{v}}_{Out}^{S}}{\partial\boldsymbol{p}}(\boldsymbol{p}_{Appr}-\boldsymbol{p}_{True})\\&=\frac{\partial\tilde{\boldsymbol{v}}_{Out}^{S}}{\partial\boldsymbol{v}^{B}}\mathrm{d}\boldsymbol{v}^{B}+\frac{\partial\tilde{\boldsymbol{v}}_{Out}^{S}}{\partial\boldsymbol{w}^{B}}\mathrm{d}\boldsymbol{w}^{B}+\frac{\partial\tilde{\boldsymbol{v}}_{Out}^{S}}{\partial\boldsymbol{p}}\mathrm{d}\boldsymbol{p}=\mathrm{d}\,\tilde{\boldsymbol{v}}_{Out}^{S}=\boldsymbol{0}\end{aligned}\tag{2-5-80}$$

在实际计算时，式中的偏微分在近似点处求取（为简洁起见未明确标注）。分别将 $\boldsymbol{v}=\boldsymbol{f}$，$\boldsymbol{w}=\boldsymbol{\omega}_{IB}$ 及 $\boldsymbol{v}=\boldsymbol{\omega}_{IB}$，$\boldsymbol{w}=\boldsymbol{f}$ 代入式（2-5-80），可以得到由 2 个方程组成的线性方程组，求解此方程组即可得到 $\boldsymbol{f}_{Appr}^{B}-\boldsymbol{f}_{True}^{B}$ 及 $\boldsymbol{\omega}_{IB_{Appr}}^{B}-\boldsymbol{\omega}_{IB_{True}}^{B}$。因此，这里仅需要确定式（2-5-80）中的系数 $\frac{\partial\tilde{\boldsymbol{v}}_{Out}^{S}}{\partial\boldsymbol{v}^{B}}$、$\frac{\partial\tilde{\boldsymbol{v}}_{Out}^{S}}{\partial\boldsymbol{w}^{B}}$、$\frac{\partial\tilde{\boldsymbol{v}}_{Out}^{S}}{\partial\boldsymbol{p}}$，其中

$$\frac{\partial\tilde{\boldsymbol{v}}_{Out}^{S}}{\partial\boldsymbol{v}^{B}}=\frac{\partial\mathbf{f}(\boldsymbol{v}^{B},\boldsymbol{p})}{\partial\boldsymbol{v}^{B}}+\frac{\partial\mathbf{g}(\boldsymbol{v}^{B},\boldsymbol{w}^{B},\boldsymbol{p})}{\partial\boldsymbol{v}^{B}}=\mathbf{J}_{f}(\boldsymbol{v}^{B})+\mathbf{J}_{g}(\boldsymbol{v}^{B})\tag{2-5-81}$$

式中，$\mathbf{J}_{f}(\boldsymbol{v}^{B})$ 可按式（2-5-72）及式（2-5-73）计算，$\mathbf{J}_{g}(\boldsymbol{v}^{B})$ 可按式（2-5-77）及式（2-5-78）计算。此外由式（2-5-64）及式（2-5-66）可得

$$\frac{\partial\tilde{\boldsymbol{v}}_{Out}^{S}}{\partial\boldsymbol{w}^{B}}=\frac{\partial\mathbf{g}(\boldsymbol{v}^{B},\boldsymbol{w}^{B},\boldsymbol{p})}{\partial\boldsymbol{w}^{B}}=\begin{cases}\boldsymbol{K}_{Scal}\dfrac{\partial(\delta\boldsymbol{\omega}_{IB_{GSens}}^{S})}{\partial\boldsymbol{f}^{B}} & (\boldsymbol{w}^{B}=\boldsymbol{f}^{B})\\\boldsymbol{K}_{Scal}\dfrac{\partial(\delta\boldsymbol{f}_{Size}^{S}+\delta\boldsymbol{f}_{Aniso}^{S})}{\partial\boldsymbol{\omega}_{IB}^{B}} & (\boldsymbol{w}^{B}=\boldsymbol{\omega}_{IB}^{B})\end{cases}\tag{2-5-82}$$

$\frac{\partial\tilde{\boldsymbol{v}}_{Out}^{S}}{\partial\boldsymbol{p}}$ 需要按不同的误差参数分别进行计算，以零偏、标度因数误差及失准角为例，由式（2-5-47）及式（2-5-54）有

$$\begin{cases}\dfrac{\partial\tilde{\boldsymbol{v}}_{Out}^{S}}{\partial(\delta\boldsymbol{v}_{Bias}^{S})}=\boldsymbol{K}_{Scal}\\\dfrac{\partial\tilde{\boldsymbol{v}}_{Out}^{S}}{\partial(\mathrm{diag}(\delta\boldsymbol{K}_{Scal}))}=[((\boldsymbol{P}_{S_0}^{B}\boldsymbol{P}_{S}^{S_0})^{\mathrm{T}}\boldsymbol{v}^{B}+\delta\boldsymbol{v}_{BiasEx}^{S})^{\mathrm{T}}\otimes\boldsymbol{K}_{Scal0}]_{C1,5,9}\\\qquad=\boldsymbol{K}_{Scal0}\,\mathrm{diag}((\boldsymbol{P}_{S_0}^{B}\boldsymbol{P}_{S}^{S_0})^{\mathrm{T}}\boldsymbol{v}^{B}+\delta\boldsymbol{v}_{BiasEx}^{S})\\\dfrac{\partial\tilde{\boldsymbol{v}}_{Out}^{S}}{\partial(\delta\boldsymbol{P}_{S}^{S_0})}=(\boldsymbol{v}^{S_0})^{\mathrm{T}}\otimes\boldsymbol{K}_{Scal}\cdot\boldsymbol{K}_{3,3}\end{cases}\tag{2-5-83}$$

式中，diag 表示将对角阵转换为对角线矢量或者将矢量转换为对角阵；$\boldsymbol{K}_{3,3}$ 为交换矩阵。如果需要进一步考虑标度因数误差中的高次项系数，由式（2-5-6）可得 $\tilde{\boldsymbol{v}}_{Out}^{S}$ 对 $k$ 次项系数的偏导数为

$$\begin{aligned}\frac{\partial\tilde{\boldsymbol{v}}_{Out}^{S}}{\partial(\mathrm{diag}(\delta\boldsymbol{K}_{Scal\pm k}))}&=\frac{\partial\tilde{\boldsymbol{v}}_{Out}^{S}}{\partial(\mathrm{diag}(\delta\boldsymbol{K}_{Scal}))}\cdot\frac{\partial(\mathrm{diag}(\delta\boldsymbol{K}_{Scal}))}{\partial(\mathrm{diag}(\delta\boldsymbol{K}_{Scal\pm k}))}\\&=\frac{\partial\tilde{\boldsymbol{v}}_{Out}^{S}}{\partial(\mathrm{diag}(\delta\boldsymbol{K}_{Scal}))}\cdot\mathrm{diag}\,(\tilde{\boldsymbol{v}}_{Scal\pm}^{S})^{k}\end{aligned}\tag{2-5-84}$$

以下忽略式（2-5-80）中的 $\frac{\partial \tilde{\boldsymbol{v}}_{Out}^{S}}{\partial \boldsymbol{w}^{B}}(\boldsymbol{w}_{Appr}^{B}-\boldsymbol{w}_{True}^{B})$ 项，考虑零偏、标度因数误差（0 次与 1 次项）及失准角等误差参数，给出一种简化的误差参数残差补偿算法。在这种情况下，由式（2-5-80）及式（2-5-81）可得

$$[\mathbf{J}_{f}(\boldsymbol{v}^{B})+\mathbf{J}_{g}(\boldsymbol{v}^{B})](\boldsymbol{v}_{True}^{B}-\boldsymbol{v}_{Appr}^{B}) \approx \frac{\partial \tilde{\boldsymbol{v}}_{Out}^{S}}{\partial \boldsymbol{p}}(\mathrm{d}\boldsymbol{p}) \tag{2-5-85}$$

其中

$$\mathrm{d}\boldsymbol{p}=\boldsymbol{p}_{Appr}-\boldsymbol{p}_{True}$$

式中　$\mathrm{d}\boldsymbol{p}$ ——误差参数的残差。

将式（2-5-72）、式（2-5-73）、式（2-5-77）、式（2-5-78）、式（2-5-83）及式（2-5-84）代入式（2-5-85）可得[32][33]

$$\begin{aligned}
\boldsymbol{v}_{True}^{B} &\approx \boldsymbol{v}_{Appr}^{B}+[\mathbf{J}_{f}(\boldsymbol{v}^{B})+\mathbf{J}_{g}(\boldsymbol{v}^{B})]^{-1}\frac{\partial \tilde{\boldsymbol{v}}_{Out}^{S}}{\partial \boldsymbol{p}}(\mathrm{d}\boldsymbol{p}) \\
&=\boldsymbol{v}_{Appr}^{B}+[\mathbf{J}_{f}(\boldsymbol{v}^{B})+\mathbf{J}_{g}(\boldsymbol{v}^{B})]^{-1}
\begin{bmatrix}
\boldsymbol{K}_{Scal} \\
\boldsymbol{K}_{Scal0}\,\mathrm{diag}[(\boldsymbol{P}_{S_0}^{B}\boldsymbol{P}_{S}^{S_0})^{\mathrm{T}}\boldsymbol{v}^{B}+\delta\boldsymbol{v}_{BiasEx}^{S}] \\
\boldsymbol{K}_{Scal0}\,\mathrm{diag}[(\boldsymbol{P}_{S_0}^{B}\boldsymbol{P}_{S}^{S_0})^{\mathrm{T}}\boldsymbol{v}^{B}+\delta\boldsymbol{v}_{BiasEx}^{S}]\,\mathrm{diag}(\tilde{\boldsymbol{v}}_{Scal}^{S}) \\
(\boldsymbol{v}^{S_0})^{\mathrm{T}}\otimes\boldsymbol{K}_{Scal}\cdot\boldsymbol{K}_{3,3}
\end{bmatrix}^{\mathrm{T}}
\begin{bmatrix}
\mathrm{d}\delta\boldsymbol{v}_{Bias}^{S} \\
\mathrm{diag}(\mathrm{d}\delta\boldsymbol{K}_{Scal}) \\
\mathrm{diag}(\mathrm{d}\delta\boldsymbol{K}_{Scal1}) \\
\mathrm{vec}(\mathrm{d}\delta\boldsymbol{P}_{S}^{S_0})
\end{bmatrix} \\
&=\boldsymbol{v}_{Appr}^{B}+[\mathbf{J}_{f}(\boldsymbol{v}^{B})+\mathbf{J}_{g}(\boldsymbol{v}^{B})]^{-1}\{\boldsymbol{K}_{Scal}(\mathrm{d}\delta\boldsymbol{v}_{Bias}^{S})+\boldsymbol{K}_{Scal0}\cdot\mathrm{d}\delta\boldsymbol{K}_{Scal}[(\boldsymbol{P}_{S_0}^{B}\boldsymbol{P}_{S}^{S_0})^{\mathrm{T}}\boldsymbol{v}^{B}+\delta\boldsymbol{v}_{BiasEx}^{S}]+ \\
&\quad \boldsymbol{K}_{Scal0}\cdot\mathrm{d}\delta\boldsymbol{K}_{Scal1}\,\mathrm{diag}(\tilde{\boldsymbol{v}}_{Scal}^{S})\,[(\boldsymbol{P}_{S_0}^{B}\boldsymbol{P}_{S}^{S_0})^{\mathrm{T}}\boldsymbol{v}^{B}+\delta\boldsymbol{v}_{BiasEx}^{S}]+\boldsymbol{K}_{Scal}\,(\mathrm{d}\delta\boldsymbol{P}_{S}^{B})^{\mathrm{T}}\boldsymbol{v}^{B}\} \\
&\approx \boldsymbol{v}_{Appr}^{B}+(\boldsymbol{P}_{S}^{B})^{-\mathrm{T}}\,(\boldsymbol{K}_{Scal})^{-1}\{\boldsymbol{K}_{Scal}(\mathrm{d}\delta\boldsymbol{v}_{Bias}^{S})+\boldsymbol{K}_{Scal0}\cdot\mathrm{d}\delta\boldsymbol{K}_{Scal}[(\boldsymbol{P}_{S_0}^{B}\boldsymbol{P}_{S}^{S_0})^{\mathrm{T}}\boldsymbol{v}^{B}]+ \\
&\quad \boldsymbol{K}_{Scal0}\cdot\mathrm{d}\delta\boldsymbol{K}_{Scal1}\,\mathrm{diag}[(\boldsymbol{P}_{S_0}^{B}\boldsymbol{P}_{S}^{S_0})^{\mathrm{T}}\boldsymbol{v}^{B}]\,[(\boldsymbol{P}_{S_0}^{B}\boldsymbol{P}_{S}^{S_0})^{\mathrm{T}}\boldsymbol{v}^{B}]+\boldsymbol{K}_{Scal}\,(\mathrm{d}\delta\boldsymbol{P}_{S}^{B})^{\mathrm{T}}\boldsymbol{v}^{B}\} \\
&\approx \boldsymbol{v}_{Appr}^{B}+(\boldsymbol{P}_{S_0}^{B})^{-\mathrm{T}}\{\mathrm{d}\delta\boldsymbol{v}_{Bias}^{S}+\mathrm{d}\delta\boldsymbol{K}_{Scal}[(\boldsymbol{P}_{S_0}^{B})^{\mathrm{T}}\boldsymbol{v}^{B}]+\mathrm{d}\delta\boldsymbol{K}_{Scal1}\,\mathrm{diag}[(\boldsymbol{P}_{S_0}^{B})^{\mathrm{T}}\boldsymbol{v}^{B}]\,[(\boldsymbol{P}_{S_0}^{B})^{\mathrm{T}}\boldsymbol{v}^{B}]+(\mathrm{d}\delta\boldsymbol{P}_{S}^{B})^{\mathrm{T}}\boldsymbol{v}^{B}\}
\end{aligned} \tag{2-5-86}$$

式中第 2、3 个约等号处忽略了二阶误差，第 2 个等号处的推导利用了交换矩阵、Kronecker 乘积及 vec 操作符的性质式（B-2-40）及式（B-2-42）

$$\begin{aligned}
&(\boldsymbol{v}^{S_0})^{\mathrm{T}}\otimes\boldsymbol{K}_{Scal}\cdot\boldsymbol{K}_{3,3}\,\mathrm{vec}(\mathrm{d}\delta\boldsymbol{P}_{S}^{S_0})=(\boldsymbol{v}^{S_0})^{\mathrm{T}}\otimes\boldsymbol{K}_{Scal}\cdot\mathrm{vec}[(\mathrm{d}\delta\boldsymbol{P}_{S}^{S_0})^{\mathrm{T}}] \\
&=\boldsymbol{K}_{Scal}\,(\mathrm{d}\delta\boldsymbol{P}_{S}^{S_0})^{\mathrm{T}}\boldsymbol{v}^{S_0}=\boldsymbol{K}_{Scal}\,(\boldsymbol{P}_{S_0}^{B}\cdot\mathrm{d}\delta\boldsymbol{P}_{S}^{S_0})^{\mathrm{T}}\boldsymbol{v}^{B}=\boldsymbol{K}_{Scal}\,(\mathrm{d}\delta\boldsymbol{P}_{S}^{B})^{\mathrm{T}}\boldsymbol{v}^{B}
\end{aligned} \tag{2-5-87}$$

对比式（2-5-86）与式（2-5-49）及式（2-5-56）可以看出，如果将 $\mathrm{d}\boldsymbol{p}$ 视为误差参数，那么式（2-5-86）中的 $\boldsymbol{v}_{True}^{B}-\boldsymbol{v}_{Appr}^{B}$ 近似等于式（2-5-49）及式（2-5-56）中的 $\delta\boldsymbol{f}^{B}$ 及 $\delta\boldsymbol{\omega}_{IB}^{B}$，即

$$\boldsymbol{v}_{True}^{B}-\boldsymbol{v}_{Appr}^{B} \approx \delta\mathbf{v}^{B}(\mathrm{d}\boldsymbol{p})=\delta\mathbf{v}^{B}(\boldsymbol{p}_{Appr}-\boldsymbol{p}_{True}) \approx -\delta\mathbf{v}^{B}(\boldsymbol{p}_{True}-\boldsymbol{p}_{Appr}) \tag{2-5-88}$$

---

[32] 对应 inertial/sensor/imumeascorr _ pdiff _ cont. m

[33] 对应 inertial/sensor/imumeascorr _ pdiff _ inc. m

式中，$\delta \mathbf{v}^B(\mathrm{d}\boldsymbol{p})$ 表示将 $\mathrm{d}\boldsymbol{p}$ 作为误差参数计算得到的 $\delta \boldsymbol{f}^B$ 及 $\delta \boldsymbol{\omega}_{IB}^B$。

最后，需要说明的是，如果在线估计算法通过估计 $\boldsymbol{v}_{Appr}^B - \boldsymbol{v}_{True}^B$ 并由式（2－5－49）及式（2－5－56）来进一步分解估计器件误差参数的残差，那么由式（2－5－88），这些估计值是 $\boldsymbol{p}_{True} - \boldsymbol{p}_{Appr}$（修正量），而不是 $\boldsymbol{p}_{Appr} - \boldsymbol{p}_{True}$（误差量）。

### 2.5.3 随机误差

#### 2.5.3.1 常见随机误差的微分方程模型

本节参考 Allan 方差分析方法给出了惯性传感器的随机误差的微分方程模型。以光纤陀螺为例，参考 IEEE 单轴干涉型光纤陀螺测试标准[40]附录 C，Allan 方差分析通常能够给出的主要随机误差包含量化噪声、角度随机游走、零偏不稳定性、角速度随机游走、角速度斜坡、指数相关噪声（一阶马尔可夫过程）和正弦噪声。上述误差的微分方程、功率谱密度函数和 Allan 方差见表 2－3。更详细的误差项见文献［40］附表 B－1。在表 2－3 中，多数随机误差都是白噪声或者由白噪声驱动的，相关性质可参考 B.6.3.2 节。

#### 2.5.3.2 量化噪声

量化噪声是一种特殊的噪声，在推导其 Allan 方差时，将其视为均匀分布的角度白噪声。以角增量输出的陀螺为例，设理想的角增量输出为 $\theta_i$，实际的角增量输出为 $\theta_r$。当以脉冲为单位计算时，由于角增量以脉冲的形式输出，因此 $\theta_r$ 总是整数，而量化误差 $\delta\theta = \theta_r - \theta_i$ 为在 $(-1, 0]$ 区间均匀分布的随机序列。当转换为角度后，$\delta\theta$ 为在 $\left(-\frac{1}{SF}, 0\right]$ 区间均匀分布的随机序列，其中 $SF$ 为标度因数。该随机序列的方差为 $\sigma^2 = \frac{1}{12 \cdot SF^2}$。

当各采样周期内角增量值的变化远大于标度因数的倒数时，可以近似认为 $\delta\theta$ 的随机序列无时间相关性。这时，与这一随机序列等效的连续白噪声的功率谱密度为

$$q = \sigma^2 T_S = \frac{\tau_0}{12 \cdot SF^2}$$

式中　$\tau_0$——进行量化操作的采样周期（需要与常用的进行累计操作的采样周期加以区分）。

从上式可得到 2 个推论：

1）采样周期 $\tau_0$ 越短，量化噪声的功率谱密度越小，但相关时间越长（即越偏离白噪声的假设），Allan 方差的估计误差越大；

2）结合量化噪声系数与角度白噪声功率谱密度的关系 $q \approx \tau_0 Q^2$，可得

$$Q \approx \frac{1}{\sqrt{12} \cdot SF}$$

#### 2.5.3.3 随机误差仿真要点

在利用上述模型进行随机误差仿真时，需要注意以下几点：

**表 2-3 随机误差类型**

| 误差类型 | 微分方程及差分方程 | 参数及单位 | 角速度功率谱密度函数 | Allan 方差 | 误差来源及表现 |
|---|---|---|---|---|---|
| 量化噪声 | $\theta = w_\theta$<br>式中，$\theta$ 为角度(下同)；$w_\theta$ 为量化噪声等效的均匀分布的角度白噪声 | 量化噪声系数 $Q$ (rad)，量化采样周期 $\tau_0$(s)，当 $f < 1/(2\tau_0)$ 时，两者与 $w_\theta$ 的功率谱密度 $q$ 的关系近似为 $q \approx \tau_0 Q^2$<br>对于采样时间固定的测试，$Q$ 的理论上限为 $S/\sqrt{12}$，其中 $S$ 为陀螺标度因数的倒数(rad/^) | $S_\Omega(f) = \begin{cases} \frac{4Q^2}{\tau_0}\sin^2(\pi f\tau_0) \\ \approx (2\pi f)^2\tau_0 Q^2\left(f < \frac{1}{2\tau_0}\right) \end{cases}$<br>角度功率谱密度函数<br>$S_\theta(f) = \begin{cases} \tau_0 Q^2\left(\frac{\sin^2(\pi f\tau_0)}{(\pi f\tau_0)^2}\right) \\ \approx \tau_0 Q^2\left(f < \frac{1}{2\tau_0}\right) \end{cases}$ | $\sigma^2(\tau) = \frac{3Q^2}{\tau^2}$ | 来源：<br>光纤陀螺的数字输出特性：输出电路仅当陀螺相变达到一定的数值后[譬如 $2\pi/2^n$ ($n=0,1,2,\cdots$)]才增加 1 次计数值 |
| 角度随机游走 | 微分方程为<br>$\dot{\theta}(t) = w_\omega(t)$<br>式中，$w_\omega(t)$ 为角速度白噪声过程<br>差分方程为<br>$\frac{\theta_k - \theta_{k-1}}{T_S} = \frac{\Delta\theta_k}{T_S} = \omega_k = w_{\omega k}$<br>式中，$w_{\omega k}$ 为角速度白噪声序列；$T_S$ 为采样周期 | 角度随机游走系数<br>$N = \sqrt{q(w_\omega(t))} = \sqrt{T_S}\sigma(w_{\omega k})$<br>(单位 rad/$\sqrt{s}$)<br>式中，$q()$ 表示随机过程的功率谱密度；$\sigma()$ 表示随机序列的标准差，本表其他处采用类似记法 | $S_\Omega(f) = N^2$ | $\sigma^2(\tau) = \frac{N^2}{\tau}$ | 来源：<br>1)光源中光子的自发辐射(spontaneous emission)<br>2)角速度信号中其他相关时间远短于采样周期的高频噪声(可以用白噪声描述) |
| 零偏不稳定性 | 无简单形式的微分方程，可以采用小波变换的方法来模拟生成[41] | 零偏不稳定性系数 $B$ (rad/s)，截止频率 $f_0$(Hz) | $S_\Omega(f) = \begin{cases} \frac{B^2}{2\pi f}(f \leqslant f_0) \\ 0(f > f_0) \end{cases}$ | $\sigma^2(\tau) = \frac{2B^2}{\pi}\left[\ln 2 - \frac{\sin^3 x}{2x^2}(\sin x + 4x\cos x) + Ci(2x) - Ci(4x)\right]$<br>式中，$x = \pi f_0\tau$；$Ci$ 为余弦积分方程，可简化为<br>$\sigma^2(\tau) \approx \begin{cases} 0(\tau \ll 1/f_0) \\ \frac{2B^2\ln 2}{\pi}(\tau \gg 1/f_0) \end{cases}$ | 来源：<br>电子传感器或其他组件中的随机闪变(flickering)<br>表现：<br>角速度信号的零偏低频波动 |

**续表**

| 误差类型 | 微分方程及差分方程 | 参数及单位 | 角速度功率谱密度函数 | Allan 方差 | 误差来源及表现 |
|---|---|---|---|---|---|
| 角速度随机游走 | 微分方程为<br>$\dot{\omega}(t)=w_{\dot{\omega}}(t)$<br>式中，$\omega$ 为角速度（下同）；$w_{\dot{\omega}}$ 为角加速度白噪声过程<br>差分方程为<br>$\frac{\theta_k-\theta_{k-2}}{T_S^2}=\frac{\Delta\theta_k-\Delta\theta_{k-1}}{T_S^2}=\frac{\omega_k-\omega_{k-1}}{T_S}=w_{\dot{\omega}k}$<br>式中，$w_{\dot{\omega}k}$ 为角加速度白噪声序列；$T_S$ 为采样周期 | 角速度随机游走系数<br>$K=\sqrt{q(w_{\dot{\omega}}(t))}=\sqrt{T_S}\sigma(w_{\dot{\omega}k})$<br>（单位 rad/$\sqrt{s^3}$） | $S_\Omega(f)=\left(\frac{K}{2\pi f}\right)^2$ | $\sigma^2(\tau)=\frac{K^2\tau}{3}$ | 来源：<br>不明，可能是角速度信号中相关时间很长的指数相关噪声的限制情形 |
| 角速度斜坡系数 | $\omega=Rt$ | 角速度斜坡系数 $R$（可视为常值角加速度误差，rad/s²） | $S_\Omega(f)=\frac{R^2}{(2\pi f)^3}$ | $\sigma^2(\tau)=\frac{R^2\tau^2}{2}$ | 来源：<br>1）光源强度长时间内非常缓慢的单调变化<br>2）测试平台长时间内在同一方向上的小加速度<br>表现：<br>若从长时间看，本噪声在角速度信号中属于确定性误差，而不是随机噪声 |

**续表**

| 误差类型 | 微分方程及差分方程 | 参数及单位 | 角速度功率谱密度函数 | Allan 方差 | 误差来源及表现 |
|---|---|---|---|---|---|
| 指数相关噪声 | 微分方程为<br>$\dot{\omega}(t) = -\frac{\omega(t)}{T_C} + w_{\dot{\omega}}(t)$<br>式中，$w_{\dot{\omega}}$ 为角加速度白噪声过程<br>差分方程为<br>$\left(\frac{1}{T_S^2} + \frac{1}{T_C T_S}\right)\theta_k - \frac{\theta_{k-1}}{T_C T_S} - \frac{\theta_{k-2}}{T_S^2} = \left(\frac{1}{T_S^2} + \frac{1}{T_C T_S}\right)\Delta\theta_k - \frac{\Delta\theta_{k-1}}{T_S^2} = \left(\frac{1}{T_S} + \frac{1}{T_C}\right)\omega_k - \frac{\omega_{k-1}}{T_S} = w_{\dot{\omega}k}$<br>式中，$w_{\dot{\omega}k}$ 为角加速度白噪声序列；$T_S$ 为采样周期 | $w_{\dot{\omega}}$ 的功率谱密度的平方根 $q_C$ $(\mathrm{rad}/\sqrt{\mathrm{s}^3})$，相关时间 $T_C$ (s) | $S_\Omega(f) = \frac{(q_C T_C)^2}{1 + (2\pi f T_C)^2}$ | $\sigma^2(\tau) = \frac{(q_C T_C)^2}{\tau}\left[1 - \frac{T_C}{2\tau}\left(3 - 4e^{-\frac{\tau}{T_C}} + e^{-\frac{2\tau}{T_C}}\right)\right]$<br>可简化为<br>$\sigma^2(\tau) \approx \begin{cases} \frac{q_c^2}{3}\tau\ (\tau \ll T_C) \\ \frac{(q_C T_C)^2}{\tau}\ (\tau \gg T_C) \end{cases}$ | |
| 正弦噪声 | $\omega = \Omega_0 \sin(2\pi f_0 t)$ | 幅值 $\Omega_0$ (rad/s)、频率 $f_0$ (Hz) | $S_\Omega(f) = \frac{\Omega_0^2}{2}\left[\delta(f - f_0) + \delta(f + f_0)\right]$<br>式中，$\delta(x)$ 为狄拉克脉冲函数 | $\sigma^2(\tau) = \Omega_0^2\left(\frac{\sin^2(\pi f_0 \tau)}{\pi f_0 \tau}\right)^2$ | 来源：<br>低频噪声可能来自于测试平台因周期性环境变化导致的缓慢摆动 |

1）根据各种噪声的物理特性，仿真白噪声时，量化噪声应采用均匀分布，其他噪声应采用高斯分布。

2）在验证 Allan 方差算法的场合下，可以采用白噪声模拟量化噪声进行仿真。具体来说，可以生成在 $(-2\sqrt{3}\cdot Q,\ 0]$ 区间内均匀分布的白噪声并加入到角度信号中。为了避免常值偏置，也可以采用 $(-\sqrt{3}\cdot Q,\ \sqrt{3}\cdot Q]$ 区间。对于 Allan 方差分析来说上述两个区间是等效的。

3）由于以下原因，在对实际系统的量化噪声进行仿真时，不宜采用白噪声模拟量化噪声，而应采用对输出的连续值数据按实际传感器的量化操作采样周期进行量化的方法：

a）Allan 方差计算量化噪声时假设其是均匀分布的白噪声，而实际情况下难以满足这一假设；

b）在实际情况下，除量化噪声外，可能还有其他来源的角度白噪声。

#### 2.5.3.4　Allan 方差计算要点㉞

在进行 Allan 方差计算时，需要注意以下几点：

1）采用 IEEE Std 952—1997 标准计算 Allan 方差时，对于输出为角增量的陀螺，可先将角增量累加为角度再进行计算。

2）当测试数据采样数为 $N$ 时，如果进行完整的 Allan 方差计算，需要计算约 $N/2$ 个不同簇时间上的 Allan 方差。这样计算出来的 Allan 方差点在双对数图上呈左稀疏右密集分布，而根据 Allan 方差估计误差的公式[40] $\sigma=1/\sqrt{2\left(\frac{N}{K}-1\right)}$，右侧的点估计精度较差，更密集的右侧点导致拟合后的误差参数精度进一步降低。为此，在实际应用时，可以仅在等比分布的簇时间上计算 Allan 方差，这样数据点在双对数图的时间轴上均匀分布，既降低了计算量，又避免了右侧点密集导致的精度降低。此外，为进一步消除低估计精度的右侧点的影响，可以设置一定的阈值，在拟合时剔除估计误差高于此阈值的数据点。推荐的阈值经验值为 13%[42]。

3）由于各簇时间上的 Allan 方差可能相差几个数量级，因此若采用一般的最小二乘法拟合 Allan 方差数据，高量级数据的小幅误差可能会大幅影响低量级数据。具体表现为量化噪声和角速度斜坡的拟合精度较其他随机误差参数高。为此，文献［42］提出了一种加权最小二乘法（LSNE，Least－Squares Normalized Error），将权重设为 Allan 方差值的倒数，有效避免了上述问题。

**例 2－1**　最小二乘法与 LSNE 法精度比较实例。

为比较两种拟合算法，进行了两组仿真，加入的随机误差参数见表 2－4，得到的结果见表 2－5，Allan 标准差曲线如图 2－6 所示［图（a）为最小二乘计算值，图（b）为 LSNE 计算值，虚线为第 1 组，实线为第 2 组］。从结果中可以看出，当角度随机游走和角速度随机游走相对量级较大时（对应的 Allan 标准差曲线较为平缓），两种方法的拟合

㉞　对应 inertial/sensor/allanvariance. m

精度相当，当上述两者量级相对较小时（对应的 Allan 标准差曲线较为陡峭），LSNE 方法对上述两者的拟合精度比最小二乘法大幅提高，这与理论预期是符合的。

**表 2-4　加入的随机误差参数**

| 参数 | *R* | *K* | *N* | *Q* |
|---|---|---|---|---|
| 第一组 | 1e−4 | 1e−3 | 1e−3 | 1e−4 |
| 第二组 | 1e−3 | 1e−4 | 1e−4 | 1e−3 |

**表 2-5　得到的结果**

| 拟合算法 | 拟合参数相对误差(%) | *R* | *K* | *N* | *Q* |
|---|---|---|---|---|---|
| 最小二乘法 | 第一组 | 10.470 | 0.274 | 0.401 | −0.358 |
| | 第二组 | 0.060 | −302.596 | −283.318 | 0.100 |
| LSNE 法 | 第一组 | 10.316 | 0.548 | 0.715 | −1.305 |
| | 第二组 | 0.024 | −5.252 | 0.451 | −0.026 |

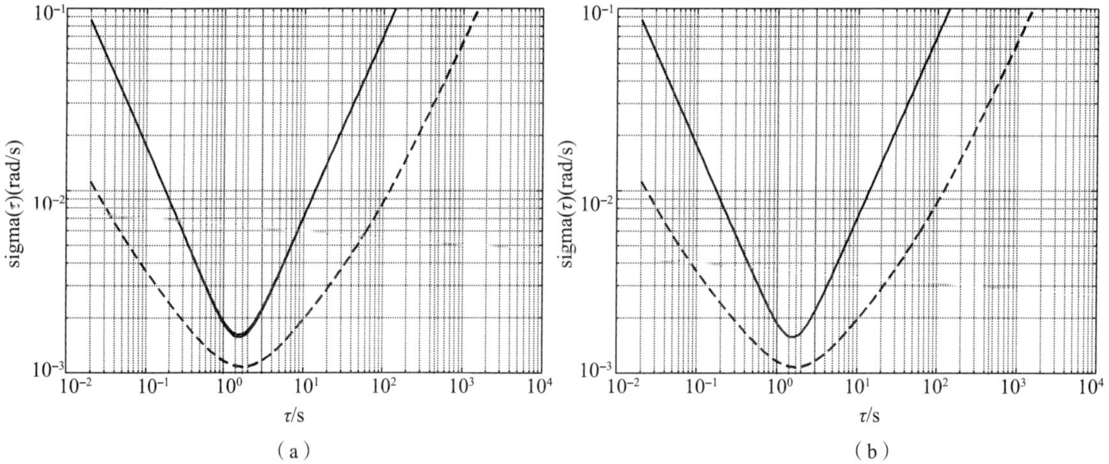


图 2-6　仿真 Allan 标准差曲线

4）采用最小二乘法拟合 Allan 方差数据时，可能出现多项式系数为负数的情况，这是不符合物理意义的。在这种情况下，可以将负系数对应噪声系数置为 0，再拟合多项式去掉该项，并重新拟合。

5）在表 2-3 所列的所有随机误差参数中，仅角速率斜坡系数可以为负值，其他参数均为非负值。但由 Allan 方差的计算方法可知，它不能分辨角速率斜坡系数的正负，仅能求出其绝对值。

6）某些器件输出中含有高频正弦分量，Allan 方差曲线的高频部分受到正弦噪声影响较大。这时需要通过频域分析方法确定正弦噪声的频率，然后代入 Allan 方差算法进行拟合，否则量化噪声及角度随机游走噪声的计算精度将受到较大影响。

### 2.5.3.5　进行随机误差测试时的注意事项

在对惯性传感器进行随机误差测试时，应注意以下事项：

1）测试平台应该稳定，譬如测试零偏稳定性达到 10 $\mu g$ 的加速度计时，测试平台在几个小时内的稳定度应达到 0.2″，测试平台不稳定对 Allan 方差中簇时间较长的部分影响更大。

2）测试温度应保持恒定，测试温度的变化对测试平台稳定性和被测的惯性传感器都会造成影响，对 Allan 方差中簇时间较长的部分影响更大。

3）一般来说，采样频率应不小于系统带宽的 2 倍，但如果系统响应超出带宽后衰减过快，则不宜采用过高的采样频率，否则 Allan 方差曲线的左端将衰减，影响拟合结果。若测试数据为角速度信息，则随着采样周期的缩短，Allan 方差的结果将收敛。若采样周期设置太长，结果可能与收敛值有较大差异。

**例 2－2**　MEMS 陀螺 Allan 标准差曲线。

图 2－7 给出了对一个角速度输出的带宽为 30 Hz 的 MEMS 陀螺的试验结果[43]（体现了上述效应）。

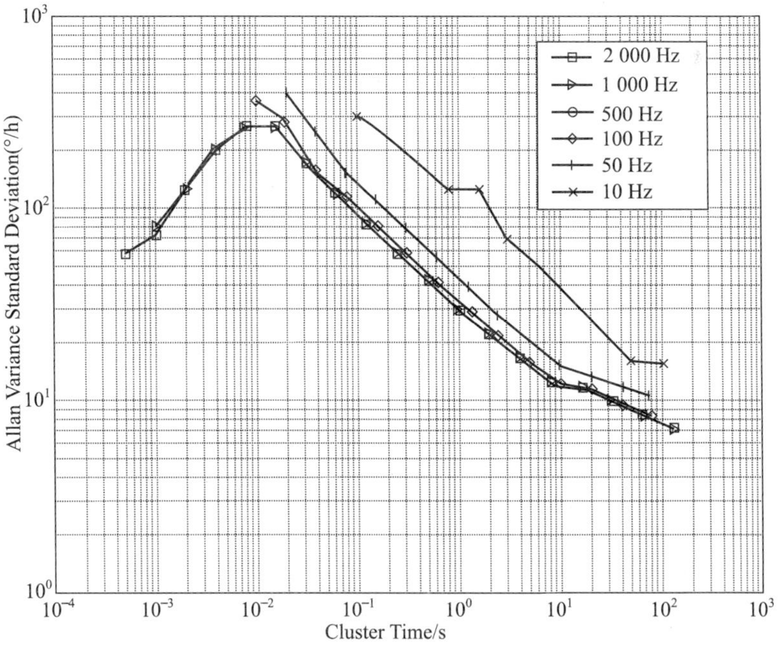


图 2－7　MEMS 陀螺 Allan 标准差曲线

4）对 Allan 方差曲线进行拟合时，应首先根据曲线来判断误差项种类以及是否存在异常（譬如低通滤波造成的曲线高频段衰减），拟合后绘出拟合曲线和原始曲线进行人工核实。

## 2.5.4 分立级惯组标定算法

分立级惯组标定通过高精度的输入比力（通常是重力加速度）及角速度（通常是地球自转角速度）激励第 2.5.1 中列出的惯组误差参数，使其体现在惯组输出中。通过高精度转台改变惯组姿态及角速度产生不同的激励，采集及累计惯组输出，并代入已知的输入，可以计算惯组的误差参数。

### 2.5.4.1 加速度计三元组误差参数标定算法[35]

在分立级标定中，通常仅考虑加速度计三元组的 3 个零偏、3 个标度因数误差零次项、6 个失准角及 3 个标度因数误差一次项，其他误差参数由设计值或通过单独的测试给出，并在惯组输出中预先补偿。本节仅考虑加速度计三元组正交安装的情况。由式（2-5-47）、式（2-5-1）及式（2-5-6），忽略其他误差参数及二阶小量，加速度计三元组的误差模型可写为

$$\begin{aligned}\tilde{\boldsymbol{f}}_{Out}^{S} &\approx \boldsymbol{K}_{Scal0}\left[\boldsymbol{I}+\delta\mathbf{K}_{Scal}(\boldsymbol{f}^{B})\right]\left[(\boldsymbol{I}+\delta\boldsymbol{P}_{S}^{S_0})^{\mathrm{T}}\boldsymbol{f}^{B}+\delta\boldsymbol{f}_{Bias}^{S}\right]\\&\approx \boldsymbol{K}_{Scal0}\left[\boldsymbol{f}^{B}+\delta\mathbf{K}_{Scal}(\boldsymbol{f}^{B})\boldsymbol{f}^{B}+(\delta\boldsymbol{P}_{S}^{S_0})^{\mathrm{T}}\boldsymbol{f}^{B}+\delta\boldsymbol{f}_{Bias}^{S}\right]\\&\approx \boldsymbol{K}_{Scal0}\left\{\boldsymbol{f}^{B}+\left[\delta\mathbf{K}_{Scal0}+(\delta\boldsymbol{P}_{S}^{S_0})^{\mathrm{T}}\right]\boldsymbol{f}^{B}+\delta\boldsymbol{K}_{Scal1}(\boldsymbol{f}^{B})^{.2}+\delta\boldsymbol{f}_{Bias}^{S}\right\}\end{aligned} \tag{2-5-89}$$

式中，上标 .2 表示按元素进行平方。将上式写为分量形式为

$$\begin{cases}\tilde{f}_{Out_x}^{S} \approx K_{Sal0x}\left[1 \quad f_x^B \quad f_y^B \quad f_z^B \quad (f_x^B)^2\right]\left[\delta f_{Bias\,x}^{S} \quad 1+\delta K_{Scal0_x} \quad \delta P_{S_{2,1}}^{S_0} \quad \delta P_{S_{3,1}}^{S_0} \quad \delta K_{Scal1_x}\right]^{\mathrm{T}}\\ \tilde{f}_{Out_y}^{S} \approx K_{Scal0_y}\left[1 \quad f_x^B \quad f_y^B \quad f_z^B \quad (f_y^B)^2\right]\left[\delta f_{Bias\,y}^{S} \quad \delta P_{S_{1,2}}^{S_0} \quad 1+\delta K_{Scal0_y} \quad \delta P_{S_{3,2}}^{S_0} \quad \delta K_{Scal1_y}\right]^{\mathrm{T}}\\ \tilde{f}_{Out_z}^{S} \approx K_{Scal0_z}\left[1 \quad f_x^B \quad f_y^B \quad f_z^B \quad (f_z^B)^2\right]\left[\delta f_{Bias_z}^{S} \quad \delta P_{S_{1,3}}^{S_0} \quad \delta P_{S_{2,3}}^{S_0} \quad 1+\delta K_{Scal0_z} \quad \delta K_{Scal1_z}\right]^{\mathrm{T}}\end{cases} \tag{2-5-90}$$

在静止条件下，加速度计测量值为标定点的负重力加速度 $-g$，通过改变惯组姿态，可以改变上式中 $\boldsymbol{f}^B$ 的各分量，从而使不同的误差参数得到激励。通常将惯组安装于高精度双轴转台上，并定义 $B$ 系的各轴与转台的高精度安装基准面（线）平行或垂直。这样，可以通过改变转台内、外框的转角从而使惯组精确朝向不同的姿态。转台通常水平放置，其转角通常为 90°的倍数（0°、90°、180°、270°），从而使得在所有标定姿态上，惯组本体系 $B$ 系各轴均处于铅垂或水平方向。分立级标定使用的转台精度较高，其转动误差通常可以忽略，但是转台的精确调平误差仍将影响标定结果。以下分转台精确调平及有调平误差两种情况介绍对应的分立级标定算法。

#### 2.5.4.1.1 精确调平的情况

转台精确调平时，$B$ 系各坐标轴均精确处于铅垂或水平方向。设在 $n$ 个姿态上对惯组进行标定，此时将各个姿态上的式（2-5-90）联立为方程组有

---

[35] 对应 inertial/testing/accposcalib.m

$$\begin{bmatrix} c_{x_1}/T_1 \\ c_{x_2}/T_2 \\ \vdots \\ c_{x_n}/T_n \end{bmatrix} \approx \begin{bmatrix} 1 & 0/\pm g & 0/\pm g & 0/\pm g & 0/g^2 \\ 1 & 0/\pm g & 0/\pm g & 0/\pm g & 0/g^2 \\ \vdots & \vdots & \vdots & \vdots & \vdots \\ 1 & 0/\pm g & 0/\pm g & 0/\pm g & 0/g^2 \end{bmatrix} \begin{bmatrix} K_{Scal0_x}\delta f_{Bias\,x}^{S} \\ K_{Scal0_x}(1+\delta K_{Scal0_x}) \\ K_{Scal0_x}\delta P_{S_{2,1}}^{S_0} \\ K_{Scal0_x}\delta P_{S_{3,1}}^{S_0} \\ K_{Scal0_x}\delta K_{Scal1x} \end{bmatrix} \tag{2-5-91}$$

$$\begin{bmatrix} c_{y_1}/T_1 \\ c_{y_2}/T_2 \\ \vdots \\ c_{y_n}/T_n \end{bmatrix} \approx \begin{bmatrix} 1 & 0/\pm g & 0/\pm g & 0/\pm g & 0/g^2 \\ 1 & 0/\pm g & 0/\pm g & 0/\pm g & 0/g^2 \\ \vdots & \vdots & \vdots & \vdots & \vdots \\ 1 & 0/\pm g & 0/\pm g & 0/\pm g & 0/g^2 \end{bmatrix} \begin{bmatrix} K_{Scal0_y}\delta f_{Bias\,y}^{S} \\ K_{Scal0_y}\delta P_{S_{1,2}}^{S_0} \\ K_{Scal0_y}(1+\delta K_{Scal0_y}) \\ K_{Scal0_y}\delta P_{S_{3,2}}^{S_0} \\ K_{Scal0_y}\delta K_{Scal1y} \end{bmatrix} \tag{2-5-92}$$

$$\begin{bmatrix} c_{z_1}/T_1 \\ c_{z_2}/T_2 \\ \vdots \\ c_{z_n}/T_n \end{bmatrix} \approx \begin{bmatrix} 1 & 0/\pm g & 0/\pm g & 0/\pm g & 0/g^2 \\ 1 & 0/\pm g & 0/\pm g & 0/\pm g & 0/g^2 \\ \vdots & \vdots & \vdots & \vdots & \vdots \\ 1 & 0/\pm g & 0/\pm g & 0/\pm g & 0/g^2 \end{bmatrix} \begin{bmatrix} K_{Scal0_z}\delta f_{Bias_z}^{S} \\ K_{Scal0_z}\delta P_{S_{1,3}}^{S_0} \\ K_{Scal0_z}\delta P_{S_{2,3}}^{S_0} \\ K_{Scal0_z}(1+\delta K_{Scal0_z}) \\ K_{Scal0_z}\delta K_{Scal1z} \end{bmatrix} \tag{2-5-93}$$

式中　$c_{x_i}$，$c_{y_i}$，$c_{z_i}$ ——第 $i$ 个姿态上 $X$、$Y$、$Z$ 加速度计的累计输出；

$T_i$ ——第 $i$ 个姿态上加速度计数据的累计时间（$\tilde{\boldsymbol{f}}_{Out_i}^{S}=\dfrac{\boldsymbol{c}_i}{T_i}$）；

$0/\pm g$ ——取 0、$g$ 或 $-g$ 之中的某一个值（具体取值根据标定姿态确定）。

由于 $X$、$Y$、$Z$ 加速度计的误差参数不相关，因此分为 3 个方程组。在实际标定过程中，一般令 $n$ 大于误差参数个数，且由于各种误差的存在，式（2-5-91）～式（2-5-93）通常是不相容方程组，没有精确解，可以采用 B.7.3 节的最小二乘法求解。此外，从式（2-5-91）～式（2-5-93）可以看出，$K_{Scal0_a}$ 与 $\delta K_{Scal0_a}$（$a=x$，$y$，$z$）相互耦合，无法独立求解。因此常将 $K_{Scal0_a}(1+\delta K_{Scal0_a})$ 作为整体求解，然后近似为 $K_{Scal0_a}$ 代入 $K_{Scal0_a}P$ 等其他项求解其他参数 $P$。

2.5.4.1.2　有调平误差的情况

本节分析转台有小角度调平误差的情况。首先基于转台的高精度安装基准面（线）定义转台坐标系 $T$。设 $T$ 系的各轴与转台的高精度安装基准面（线）平行或垂直。因转台的调平误差，当转台内、外框处于零位时，设 $T$ 系的 $X$、$Y$ 轴大致位于水平面方向。定义当地水平坐标系 $L$ 的 $X$ 轴与 $T$ 系 $X$ 轴在水平面上的投影重合，那么 $T$ 系可以由 $L$ 绕 $Y$ 轴

转动 $\theta$ 角，再绕 $X$ 轴转动 $\phi$ 角得到，即

$$\boldsymbol{C}_L^T=\begin{bmatrix}\cos\theta & 0 & -\sin\theta\\ \sin\phi\sin\theta & \cos\phi & \cos\theta\sin\phi\\ \cos\phi\sin\theta & -\sin\phi & \cos\phi\cos\theta\end{bmatrix} \tag{2-5-94}$$

因此 $T$ 系中的比力为

$$\boldsymbol{f}^T=\boldsymbol{C}_L^T\boldsymbol{f}^L=-g\ [-\sin\theta\quad \cos\theta\sin\phi\quad \cos\phi\cos\theta]^{\mathrm{T}} \tag{2-5-95}$$

若标定时转台的转角为 90°的倍数，那么各个姿态上的 $\boldsymbol{f}^B$ 将为 $\boldsymbol{f}^T$ 三个元素（或其负值）的重新排列。此时，仍可以采用类似于 2.5.4.1.1 节的过程得到类似于式（2-5-91）～式（2-5-93）的方程组，但其系数矩阵中的 $0/\pm g$ 系数将被替换为 $\boldsymbol{f}^T$ 的三个元素（或其负值）。如果不采用特定的标定姿态编排以使部分方程的系数能够对消，那么难以将该方程组线性化。因此，需要采用非线性优化的方法进行求解。考虑调平误差，将式（2-5-89）写为

$$\tilde{\boldsymbol{f}}_{Out}^S\approx\boldsymbol{K}_{Scal0}\{\boldsymbol{C}_T^B\boldsymbol{f}^T+[\delta\boldsymbol{K}_{Scal0}+(\delta\boldsymbol{P}_S^{S_0})^{\mathrm{T}}](\boldsymbol{C}_T^B\boldsymbol{f}^T)+\delta\boldsymbol{K}_{Scal1}(\boldsymbol{C}_T^B\boldsymbol{f}^T)^{\cdot 2}+\delta\boldsymbol{f}_{Bias}^S\} \tag{2-5-96}$$

对于每个标定姿态有 3 个方程，将 $n$ 个标定姿态上的 $3n$ 个方程联立表示为无约束非线性优化问题

$$\min_{\boldsymbol{p}}\|\tilde{\boldsymbol{f}}_{Out_{Total}}^S-\boldsymbol{f}_{Total}(\boldsymbol{p})\| \tag{2-5-97}$$

式中 $\boldsymbol{p}$ ——式（2-5-96）中所有的加速度计误差参数以及欧拉角 $\theta$、$\phi$；

$\tilde{\boldsymbol{f}}_{Out_{Total}}^S$ ——各标定姿态上加速度计三元组输出合并得到的 $3n\times 1$ 矢量；

$\boldsymbol{f}_{Total}(\boldsymbol{p})$ ——式（2-5-96）约等号右侧的函数（各标定姿态合并值）。

可采用非线性优化算法求解式（2-5-97），可以用将 $\theta$、$\phi$ 近似为 0 时 2.5.4.1.1 节算法求解的结果作为优化初始值。

#### 2.5.4.2 陀螺三元组误差参数标定算法[36]

在分立级标定中，通常仅考虑陀螺三元组的 3 个零偏、3 个标度因数误差零次项及 6 个失准角，其他误差参数由设计值或通过单独的测试给出，并在惯组输出中预先补偿。本节仅考虑陀螺三元组正交安装的情况。由式（2-5-54）、式（2-5-1）及式（2-5-6），忽略其他误差参数及二阶小量，陀螺三元组的误差模型可写为

$$\begin{aligned}\tilde{\boldsymbol{\omega}}_{IB_{Out}}^S&\approx\boldsymbol{K}_{Scal0}[\boldsymbol{I}+\delta\mathbf{K}_{Scal}(\boldsymbol{\omega}_{IB}^B)][(\boldsymbol{I}+\delta\boldsymbol{P}_S^{S_0})^{\mathrm{T}}\boldsymbol{\omega}_{IB}^B+\delta\boldsymbol{\omega}_{IB_{Bias}}^S]\\&\approx\boldsymbol{K}_{Scal0}[\boldsymbol{\omega}_{IB}^B+\delta\mathbf{K}_{Scal}(\boldsymbol{\omega}_{IB}^B)\boldsymbol{\omega}_{IB}^B+(\delta\boldsymbol{P}_S^{S_0})^{\mathrm{T}}\boldsymbol{\omega}_{IB}^B+\delta\boldsymbol{\omega}_{IB_{Bias}}^S]\\&\approx\boldsymbol{K}_{Scal0}\{\boldsymbol{\omega}_{IB}^B+[\delta\boldsymbol{K}_{Scal0}+(\delta\boldsymbol{P}_S^{S_0})^{\mathrm{T}}]\boldsymbol{\omega}_{IB}^B+\delta\boldsymbol{\omega}_{IB_{Bias}}^S\}\\&=\boldsymbol{K}_{Scal0}\{[\boldsymbol{I}+\delta\boldsymbol{K}_{Scal0}+(\delta\boldsymbol{P}_S^{S_0})^{\mathrm{T}}](\boldsymbol{\omega}_{IE}^B+\boldsymbol{\omega}_{NB}^B)+\delta\boldsymbol{\omega}_{IB_{Bias}}^S\}\end{aligned} \tag{2-5-98}$$

式中，认为 $\boldsymbol{\omega}_{EN}^B=\mathbf{0}$（标定时惯组一般无位移，假设 $N$ 系取地理坐标系或游移方位坐标系）。

---

[36] 对应 inertial/testing/gyrovelposcalib. m

2.5.4.2.1　标度因数及安装误差的标定

在进行陀螺标度因数及安装误差的标定时，通常将惯组放置于静止的转台上，绕相对于转台固定的转轴分别以正、反向旋转惯组，设定一定转角及时间，采集陀螺的输出，并代入模型计算误差参数。根据式（2－5－98）的误差模型，设沿转轴方向的单位矢量为 $\boldsymbol{u}_{Rot}$，惯组在时间 $T$ 内转过角度 $\theta_{Rot}$，则

$$\begin{aligned}\boldsymbol{c} &= \int_0^T \widetilde{\boldsymbol{\omega}}_{IB_{Out}}^{S}\,\mathrm{d}t \approx \int_0^T \boldsymbol{K}_{Scal0}\{[\boldsymbol{I}+\delta\boldsymbol{K}_{Scal0}+(\delta\boldsymbol{P}_S^{S_0})^{\mathrm{T}}][\boldsymbol{C}_N^B\boldsymbol{\omega}_{IE}^N+\omega(t)\boldsymbol{u}_{Rot}^B]+\delta\boldsymbol{\omega}_{IB_{Bias}}^S\}\,\mathrm{d}t \\ &= \boldsymbol{K}_{Scal0}\left\{[\boldsymbol{I}+\delta\boldsymbol{K}_{Scal0}+(\delta\boldsymbol{P}_S^{S_0})^{\mathrm{T}}]\left[\left(\int_0^T \boldsymbol{C}_N^B\,\mathrm{d}t\right)\boldsymbol{\omega}_{IE}^N+\theta_{Rot}\boldsymbol{u}_{Rot}^B\right]+T\delta\boldsymbol{\omega}_{IB_{Bias}}^S\right\}\end{aligned} \tag{2-5-99}$$

式中　$\boldsymbol{c}$ ——陀螺三元组的累计输出；

　　$\omega(t)$ ——转动过程中的角速度。

考察 $\boldsymbol{C}_N^B$ 的积分项，由式（1－5－2）得

$$\begin{aligned}\int_0^T \boldsymbol{C}_N^B\,\mathrm{d}t &= \left(\int_0^T \boldsymbol{C}_{B_0}^B\,\mathrm{d}t\right)\boldsymbol{C}_N^{B_0} \\ &= \left[T\boldsymbol{I}-\left(\int_0^T \sin\theta\,\mathrm{d}t\right)(\boldsymbol{u}_{Rot}^B\times)+\left(\int_0^T(1-\cos\theta)\,\mathrm{d}t\right)(\boldsymbol{u}_{Rot}^B\times)^2\right]\boldsymbol{C}_N^{B_0} \\ &= (\boldsymbol{C}_{Sym}+\boldsymbol{C}_{SkSym})\boldsymbol{C}_N^{B_0}\end{aligned} \tag{2-5-100}$$

式中，$B_0$ 系为转动开始时刻的 $B$ 系；$\boldsymbol{C}_{Sym}$ 为对称矩阵；$\boldsymbol{C}_{SkSym}$ 为反对称矩阵

$$\begin{cases}\boldsymbol{C}_{Sym}=T\boldsymbol{I}+\left[\int_0^T(1-\cos\theta)\,\mathrm{d}t\right](\boldsymbol{u}_{Rot}^B\times)^2 \\ \boldsymbol{C}_{SkSym}=-\left(\int_0^T\sin\theta\,\mathrm{d}t\right)(\boldsymbol{u}_{Rot}^B\times)\end{cases} \tag{2-5-101}$$

将式（2－5－100）代入式（2－5－99），并考虑惯组分别从 $B_{0+}/B_{0-}$ 开始，绕 $\boldsymbol{u}_{Rot}/-\boldsymbol{u}_{Rot}$ 两个方向用时 $T_+/T_-$ 转动 $\theta_{Rot+}/\theta_{Rot-}$ 的情况。为便于分析，认为正负向转动的 $\int_0^T\sin\theta\,\mathrm{d}t$ 及 $\int_0^T\cos\theta\,\mathrm{d}t$ 均相同，此时有

$$\begin{aligned}\boldsymbol{c}_+ &\approx \boldsymbol{K}_{Scal0}\{[\boldsymbol{I}+\delta\boldsymbol{K}_{Scal0}+(\delta\boldsymbol{P}_S^{S_0})^{\mathrm{T}}][(\boldsymbol{C}_{Sym}+\boldsymbol{C}_{SkSym})\boldsymbol{\omega}_{IE}^{B_{0+}}+\theta_{Rot+}\boldsymbol{u}_{Rot}^B]+T_+\delta\boldsymbol{\omega}_{IB_{Bias}}^S\} \\ \boldsymbol{c}_- &\approx \boldsymbol{K}_{Scal0}\{[\boldsymbol{I}+\delta\boldsymbol{K}_{Scal0}+(\delta\boldsymbol{P}_S^{S_0})^{\mathrm{T}}][(\boldsymbol{C}_{Sym}-\boldsymbol{C}_{SkSym})\boldsymbol{\omega}_{IE}^{B_{0-}}-\theta_{Rot-}\boldsymbol{u}_{Rot}^B]+T_-\delta\boldsymbol{\omega}_{IB_{Bias}}^S\}\end{aligned} \tag{2-5-102}$$

将以上两式相减得

$$\begin{aligned}\frac{\overline{\boldsymbol{c}}_+-\overline{\boldsymbol{c}}_-}{2} \approx \boldsymbol{K}_{Scal0}\Bigg\{&[\boldsymbol{I}+\delta\boldsymbol{K}_{Scal0}+(\delta\boldsymbol{P}_S^{S_0})^{\mathrm{T}}]\left(\boldsymbol{C}_{Sym}\frac{\overline{\boldsymbol{\omega}}_{IE}^{B_{0+}}-\overline{\boldsymbol{\omega}}_{IE}^{B_{0-}}}{2}+\boldsymbol{C}_{SkSym}\frac{\overline{\boldsymbol{\omega}}_{IE}^{B_{0+}}+\overline{\boldsymbol{\omega}}_{IE}^{B_{0-}}}{2}+\boldsymbol{u}_{Rot}^B\right)+ \\ &\frac{\overline{T}_+-\overline{T}_-}{2}\delta\boldsymbol{\omega}_{IB_{Bias}}^S\Bigg\}\end{aligned} \tag{2-5-103}$$

式中，$\overline{x}_{+}$ 表示 $x_{+}/\theta_{Rot+}$ ，负向类似。若 $\boldsymbol{C}_{SkSym}=\boldsymbol{0}$、$\overline{\boldsymbol{\varpi}}_{IE}^{B_{0+}}=\overline{\boldsymbol{\varpi}}_{IE}^{B_{0-}}$ 且 $\overline{T}_{+}=\overline{T}_{-}$ ，则

$$\frac{\overline{\boldsymbol{c}}_{+}-\overline{\boldsymbol{c}}_{-}}{2}\approx\boldsymbol{K}_{Scal0}\left[\boldsymbol{I}+\delta\boldsymbol{K}_{Scal0}+(\delta\boldsymbol{P}_{S}^{S_0})^{\mathrm{T}}\right]\boldsymbol{u}_{Rot}^{B}\tag{2-5-104}$$

上式可以表示为方程组 $\overline{\boldsymbol{c}}\approx\boldsymbol{Hp}$ ，其中

$$\begin{cases}\overline{\boldsymbol{c}}=\dfrac{\overline{\boldsymbol{c}}_{+}-\overline{\boldsymbol{c}}_{-}}{2}\\ \boldsymbol{H}=\begin{bmatrix}u_{Rot_x}^{B} & & & u_{Rot_y}^{B} & u_{Rot_z}^{B} & & & & \\ & u_{Rot_y}^{B} & & & & u_{Rot_x}^{B} & u_{Rot_z}^{B} & & \\ & & u_{Rot_z}^{B} & & & & & u_{Rot_x}^{B} & u_{Rot_y}^{B}\end{bmatrix}\\ \boldsymbol{p}=\begin{bmatrix}K_{Scal0_x}(1+\delta K_{Scal0_x}) & K_{Scal0_y}(1+\delta K_{Scal0_y}) & K_{Scal0_z}(1+\delta K_{Scal0_z})\cdots \\ K_{Scal0_x}\delta P_{S_{2,1}}^{S_0} & K_{Scal0_x}\delta P_{S_{3,1}}^{S_0} & K_{Scal0_y}\delta P_{S_{1,2}}^{S_0} & K_{Scal0_y}\delta P_{S_{3,2}}^{S_0} & K_{Scal0_z}\delta P_{S_{1,3}}^{S_0} & K_{Scal0_z}\delta P_{S_{2,3}}^{S_0}\end{bmatrix}^{\mathrm{T}}\end{cases}\tag{2-5-105}$$

从上式可以看出，$K_{Scal0_a}$ 与 $\delta K_{Scal0_a}$（$a=x, y, z$）相互耦合，无法独立求解。因此常将 $K_{Scal0_a}(1+\delta K_{Scal0_a})$ 作为整体求解，然后近似为 $K_{Scal0_a}$ 代入 $K_{Scal0_a}\delta P_{S_{i,j}}^{S_0}$（$i, j=1$，2，3）等其他项求解其他参数 $\delta P_{S_{i,j}}^{S_0}$。通过沿 3 个不同向的转轴进行正负向的转动（一般分别取 $B$ 系的 $X$、$Y$、$Z$ 轴），即可列出 9 个方程，从而可求解 $\boldsymbol{K}_{Scal0}(\delta\boldsymbol{K}_{Scal0})$ 与 $(\delta\boldsymbol{P}_{S}^{S_0})^{\mathrm{T}}$ 中的 9 个误差参数。

式（2－5－104）成立的条件可以具体描述为：

1）正负向转动的 $\int_0^T\sin\theta\,\mathrm{d}t$ 及 $\int_0^T\cos\theta\,\mathrm{d}t$ 均相同。

2）$\boldsymbol{C}_{SkSym}=\boldsymbol{0}$ 即 $\int_0^T\sin\theta\,\mathrm{d}t=0$。若整个转动过程为匀速转动，则有 $\int_0^T\sin\theta\,\mathrm{d}t=\dfrac{2\sin(\theta_{Rot}/2)^2}{\theta_{Rot}/T}=0$，即要求转动角度 $\theta_{Rot}$ 为 $2\pi$ 的整数倍，此时 $\int_0^T\cos\theta\,\mathrm{d}t=\dfrac{\sin\theta_{Rot}}{\theta_{Rot}/T}=0$。

3）由于 $\|\boldsymbol{\omega}_{IE}^{B_{0+}}\|=\|\boldsymbol{\omega}_{IE}^{B_{0-}}\|=\omega_{IE}$ ，因此 $\overline{\boldsymbol{\varpi}}_{IE}^{B_{0+}}=\overline{\boldsymbol{\varpi}}_{IE}^{B_{0-}}$ 等价于 $\boldsymbol{\omega}_{IE}^{B_{0+}}=\boldsymbol{\omega}_{IE}^{B_{0-}}$ 且 $\theta_{Rot+}=\theta_{Rot-}$ ，即地球自转角速度在正负向转动开始时的 $B$ 系下有相同的分量（一般要求正负向转动开始时的惯组姿态相同）且正负向转动角度相同。

4）$\overline{T}_{+}=\overline{T}_{-}$ 即正负向转动时间与转动角度之比相同。

上述条件中，第 3）条是容易保证的，下面分别针对第 2）、4）条无法达到时对标定精度的影响做一估算。

1）假设惯组转动速度为 3（°）/s，此时 $\dfrac{\boldsymbol{C}_{SkSym}\boldsymbol{\omega}_{IE}^{B_0}}{\theta_{Rot}\boldsymbol{u}_{Rot}^{B}}$ 的量级估算为 $1.4\times10^{-3}\dfrac{\int_0^T\sin\theta\,\mathrm{d}t}{T}$。

2）假设惯组转动速度为 3（°）/s，零偏为 10（°）/h，$\dfrac{(T_{+}-T_{-})\delta\boldsymbol{\omega}_{IB_{Bias}}^{S}/2}{\theta_{Rot}\boldsymbol{u}_{Rot}^{B}}$ 的量级

估算为 $4.6296\times10^{-4}\,\dfrac{T_{+}-T_{-}}{T}$。

2.5.4.2.2　零偏的标定

在进行陀螺零偏的标定时，通常将惯组放置于静止的转台上，并将其静置于 $n$ 个不同的姿态上，各姿态上设定相同的采集时间 $T$。根据式（2－5－98），有

$$\begin{aligned}\boldsymbol{c}_i &\approx \boldsymbol{K}_{Scal0}\{\boldsymbol{\omega}_{IB}^{B_i}+[\delta\boldsymbol{K}_{Scal0}+(\delta\boldsymbol{P}_S^{S_0})^{\mathrm{T}}]\boldsymbol{\omega}_{IB}^{B_i}+\delta\boldsymbol{\omega}_{IB_{Bias}}^{S}\}^{\mathrm{T}} \\ &=\boldsymbol{K}_{Scal0}\{[\boldsymbol{I}+\delta\boldsymbol{K}_{Scal0}+(\delta\boldsymbol{P}_S^{S_0})^{\mathrm{T}}]\boldsymbol{C}_N^{B_i}\boldsymbol{\omega}_{IE}^{N}+\delta\boldsymbol{\omega}_{IB_{Bias}}^{S}\}^{\mathrm{T}}\end{aligned} \tag{2-5-106}$$

式中，下标 $i$ 表示第 $i$ 个姿态，并认为 $\boldsymbol{\omega}_{EN}^{B}=\boldsymbol{\omega}_{NB}^{B}=\boldsymbol{0}$（因惯组静止，假设 $N$ 系取地理坐标系或游移方位坐标系）。当 $\sum_{i=1}^{n}\boldsymbol{C}_N^{B_i}=\boldsymbol{0}$ 时，有

$$\sum_{i=1}^{n}\boldsymbol{c}_i \approx n\boldsymbol{K}_{Scal0}\cdot\delta\boldsymbol{\omega}_{IB_{Bias}}^{S}T \tag{2-5-107}$$

当按 2.5.4.2.1 节的方法得到标度因数 $\boldsymbol{K}_{Scal0}$ 后，求解此式即可得陀螺零偏 $\delta\boldsymbol{\omega}_{IB_{Bias}}^{S}$。

# 第3章　卫星导航

## 3.1　GNSS定位与定速

### 3.1.1　卫星导航定位解算和授时基本原理

卫星导航是利用到达时间（Time of Arrival，TOA）测距原理来确定用户位置的。用户接收器通过天线接收到所有可见的导航卫星的信号后，接收器对这些信号进行处理，从而精确地测量出各个卫星信号的发射时间，接着将其自备时钟所显示的信号接收时间与测量所得到的信号发射时间相减后再乘以光速，由此得到接收器与卫星之间的距离。同时，接收器还从卫星信号中解析出卫星的运行轨道参数，并以此准确地计算出卫星在ECEF坐标系中的位置。假设卫星 $n(n=1,2,\cdots,N)$ 在信号发射时刻的空间位置在ECEF坐标系（通常是信号接收时刻的ECEF系）中的坐标表示为 $\boldsymbol{r}_{SV}^{E(n)}$ [可按3.2.4.1节第（12）步计算]，用户在信号接收时刻的坐标为 $\boldsymbol{r}_U^E$，而接收器测量得到用户与卫星的距离（称为伪距）为 $\rho^{(n)}$，那么可以列出如下的方程式

$$r^{(n)}=\|\boldsymbol{r}^{E^{(n)}}\|=\|\boldsymbol{r}_{SV}^{E^{(n)}}-\boldsymbol{r}_U^E\|\approx\rho^{(n)} \tag{3-1-1}$$

其中

$$\boldsymbol{r}^{E^{(n)}}=\boldsymbol{r}_{SV}^{E^{(n)}}-\boldsymbol{r}_U^E$$

式中　$\boldsymbol{r}^{E^{(n)}}$ ——卫星相对于用户的位置矢量在ECEF坐标系 $E$ 系下的投影；

$r^{(n)}$ ——用户接收器至卫星的真实几何距离。

式（3-1-1）中的约等号是由于伪距中实际上包含了卫星钟差、接收器钟差、电离层延迟、对流层延迟、测量噪声等多种误差项，因此在定位解算前还需要将其中的主要误差项进行校正（详见第3.3大节），然后将校正后的伪距 $\rho_C$ 代入定位解算。由式（3-3-6）可知

$$\rho_C^{(n)}=\hat{r}^{(n)}=r^{(n)}+c\delta t_U+\varepsilon^{(n)} \tag{3-1-2}$$

式中　$c$ ——光速；

$\delta t_U$ ——用户接收器钟差；

$\varepsilon^{(n)}$ ——除卫星钟差、接收器钟差、电离层延迟、对流层延迟外的其他误差。

忽略 $\varepsilon^{(n)}$ 可得

$$\rho_C^{(n)}=r^{(n)}+c\delta t_U=\|\boldsymbol{r}_{SV}^{E^{(n)}}-\boldsymbol{r}_U^E\|+c\delta t_U \tag{3-1-3}$$

式中，$\boldsymbol{r}_{SV}^{E(n)}$（由卫星播发的星历计算，详见第3.2大节）及 $\rho_C^{(n)}$ 均为已知量，这样每颗卫星的观测量构成的方程都包含四个未知数（$\boldsymbol{r}_U^E$ 的三个分量以及 $\delta t_U$），也就是说至少需要观

测四颗卫星建立四个方程才能解算出用户位置和钟差的结果。这就是利用导航卫星进行定位和授时的基本原理。

当有 $N$ 颗卫星时，可以得到以下方程组

$$\begin{cases} \| \boldsymbol{r}_{SV}^{E(1)} - \boldsymbol{r}_U^E \| + c\delta t_U = \rho_C^{(1)} \\ \| \boldsymbol{r}_{SV}^{E(2)} - \boldsymbol{r}_U^E \| + c\delta t_U = \rho_C^{(2)} \\ \vdots \\ \| \boldsymbol{r}_{SV}^{E(N)} - \boldsymbol{r}_U^E \| + c\delta t_U = \rho_C^{(N)} \end{cases} \tag{3-1-4}$$

观察方程组（3-1-4），可以发现这是一个非线性的方程组，直接解算较复杂，因此在工程中一般采用牛顿迭代法来求解。另外，当 $n=4$ 时，方程组（3-1-4）是一个正定方程组；当 $n>4$ 时，方程组（3-1-4）是一个超定方程组。对于超定方程组，可以运用最小二乘法来计算。

### 3.1.2　伪距定位算法

本节所介绍的算法即方程组（3-1-4）的详细解法。在每个定位时刻，定位解算可以分为以下几步：

（1）准备数据与设置初始解

这一步骤分为两种情况，一种情况是接收器冷启动，即之前没有进行过定位或者很长时间未进行过定位，接收器中未保留任何关于自己的位置及时间的可用信息，那么在第一次解算时将无法按照第 3.3 大节中的方法对测量到的伪距进行对流层延迟和相对论效应修正，单频情况下也无法利用模型修正电离层延迟，但是此时接收器可以根据导航电文修正卫星时钟偏差。同时，在首次定位前，牛顿迭代法中的初始位置设为地心，初始接收器钟差设为零。有一种情况需要注意，当导航接收器的高度高于导航卫星时，使用地心作为位置解算的初值可能会发生错误，此时需要根据任务中的用户接收器高度进行初值的调整，避免牛顿迭代法收敛到错误的结果上。另一种情况是接收器启动时保留有之前的定位和授时信息，那么在解算时就可以将测量得到的初始伪距进行修正后使用。其初始位置和接收器初始钟差可以使用之前的计算结果。

（2）非线性方程组的线性化

对于非线性方程组（3-1-4），可以按照 B.7.4.2 节中的牛顿迭代法进行求解。对 $N$ 颗卫星的伪距测量，构成了式（B-7-64）中的 $N$ 个方程。对比式（3-1-4）及式（B-7-64）可以看出

$$\begin{cases} \boldsymbol{x} = \begin{bmatrix} \boldsymbol{r}_U^E \\ \delta t_U \end{bmatrix} = [r_{U_x}^E \quad r_{U_y}^E \quad r_{U_z}^E \quad \delta t_U]^{\mathrm{T}} \\ \boldsymbol{u} = [(\boldsymbol{r}_{SV}^{E(1)})^{\mathrm{T}} \quad (\boldsymbol{r}_{SV}^{E(2)})^{\mathrm{T}} \quad \cdots \quad (\boldsymbol{r}_{SV}^{E(N)})^{\mathrm{T}}]^{\mathrm{T}} \\ y_n = \rho_C^{(n)} \\ \mathrm{f}_n(\boldsymbol{x}, \boldsymbol{u}) = \| \boldsymbol{r}_{SV}^{E(n)} - \boldsymbol{r}_U^E \| + c\delta t_U = r^{(n)} + c\delta t_U \end{cases} \tag{3-1-5}$$

由于

$$\frac{\partial r^{(n)}}{\partial r_{U_x}^{E}}=\frac{\partial\sqrt{(\boldsymbol{r}^{E^{(n)}})^{\mathrm{T}}\boldsymbol{r}^{E^{(n)}}}}{\partial r_{U_x}^{E}}=\frac{\mathrm{d}\sqrt{(\boldsymbol{r}^{E^{(n)}})^{\mathrm{T}}\boldsymbol{r}^{E^{(n)}}}}{\mathrm{d}((\boldsymbol{r}^{E^{(n)}})^{\mathrm{T}}\boldsymbol{r}^{E^{(n)}})}\left[(\boldsymbol{r}^{E^{(n)}})^{\mathrm{T}}\frac{\partial(\boldsymbol{r}^{E^{(n)}})}{\partial r_{U_x}^{E}}+\frac{\partial((\boldsymbol{r}^{E^{(n)}})^{\mathrm{T}})}{\partial r_{U_x}^{E}}\boldsymbol{r}^{E^{(n)}}\right]$$

$$=\frac{1}{2\sqrt{(\boldsymbol{r}^{E^{(n)}})^{\mathrm{T}}\boldsymbol{r}^{E^{(n)}}}}\left((\boldsymbol{r}^{E^{(n)}})^{\mathrm{T}}\begin{bmatrix}-1\\0\\0\end{bmatrix}+[-1\quad 0\quad 0]\,\boldsymbol{r}^{E^{(n)}}\right)=-\frac{r_x^{E^{(n)}}}{r^{(n)}}$$

(3－1－6)

对于 $y$、$z$ 分量可以得到类似的结果。因此，式（B－7－65）中 $\mathrm{f}_n$ 对 $\boldsymbol{x}$ 的各分量的偏导数为

$$\begin{cases}\dfrac{\partial \mathrm{f}_n(\boldsymbol{x}_{k-1},\boldsymbol{u})}{\partial x_1}=\dfrac{\partial r_{k-1}^{(n)}}{\partial r_{U_x}^{E}}=-\dfrac{r_{x_{k-1}}^{E^{(n)}}}{r_{k-1}^{(n)}}\\ \dfrac{\partial \mathrm{f}_n(\boldsymbol{x}_{k-1},\boldsymbol{u})}{\partial x_2}=\dfrac{\partial r_{k-1}^{(n)}}{\partial r_{U_y}^{E}}=-\dfrac{r_{y_{k-1}}^{E^{(n)}}}{r_{k-1}^{(n)}}\\ \dfrac{\partial \mathrm{f}_n(\boldsymbol{x}_{k-1},\boldsymbol{u})}{\partial x_3}=\dfrac{\partial r_{k-1}^{(n)}}{\partial r_{U_z}^{E}}=-\dfrac{r_{z_{k-1}}^{E^{(n)}}}{r_{k-1}^{(n)}}\\ \dfrac{\partial \mathrm{f}_n(\boldsymbol{x}_{k-1},\boldsymbol{u})}{\partial x_4}=c\end{cases}\tag{3－1－7}$$

式中，$k-1$ 表示上一次迭代结果。因此，可将式（3－1－3）写为类似于式（B－7－65）的线性化形式，即

$$-\frac{r_{x_{k-1}}^{E^{(n)}}}{r_{k-1}^{(n)}}(r_{U_x}^{E}-r_{U_{x_{k-1}}}^{E})-\frac{r_{y_{k-1}}^{E^{(n)}}}{r_{k-1}^{(n)}}(r_{U_y}^{E}-r_{U_{y_{k-1}}}^{E})-\frac{r_{z_{k-1}}^{E^{(n)}}}{r_{k-1}^{(n)}}(r_{U_z}^{E}-r_{U_{z_{k-1}}}^{E})+c(\delta t_U-\delta t_{U_{k-1}})$$

$$\approx\rho_C^{(n)}-r_{k-1}^{(n)}-c\delta t_{U_{k-1}}$$

(3－1－8)

由式（3－1－8）可知，式（B－7－66）中的雅可比矩阵 $\boldsymbol{J}$ 为

$$\boldsymbol{J}=\begin{bmatrix}-\dfrac{r_{x_{k-1}}^{E^{(1)}}}{r_{k-1}^{(1)}} & -\dfrac{r_{y_{k-1}}^{E^{(1)}}}{r_{k-1}^{(1)}} & -\dfrac{r_{z_{k-1}}^{E^{(1)}}}{r_{k-1}^{(1)}} & c\\ -\dfrac{r_{x_{k-1}}^{E^{(2)}}}{r_{k-1}^{(2)}} & -\dfrac{r_{y_{k-1}}^{E^{(2)}}}{r_{k-1}^{(2)}} & -\dfrac{r_{z_{k-1}}^{E^{(2)}}}{r_{k-1}^{(2)}} & c\\ \vdots & \vdots & \vdots & \vdots\\ -\dfrac{r_{x_{k-1}}^{E^{(N)}}}{r_{k-1}^{(N)}} & -\dfrac{r_{y_{k-1}}^{E^{(N)}}}{r_{k-1}^{(N)}} & -\dfrac{r_{z_{k-1}}^{E^{(N)}}}{r_{k-1}^{(N)}} & c\end{bmatrix}\tag{3－1－9}$$

矢量 $\Delta\boldsymbol{x}$ 为

$$\Delta\boldsymbol{x}=\begin{bmatrix}\boldsymbol{r}_U^E-\boldsymbol{r}_{U_{k-1}}^E\\ \delta t_U-\delta t_{U_{k-1}}\end{bmatrix}\tag{3－1－10}$$

矢量 $\boldsymbol{z}$ 为

$$
\boldsymbol{z}=\begin{bmatrix}\rho_C^{(1)}-r_{k-1}^{(1)}-c\delta t_{U_{k-1}}\\ \rho_C^{(2)}-r_{k-1}^{(2)}-c\delta t_{U_{k-1}}\\ \vdots\\ \rho_C^{(n)}-r_{k-1}^{(n)}-c\delta t_{U_{k-1}}\end{bmatrix} \tag{3-1-11}
$$

由此，可以将式（3－1－9）、式（3－1－10）及式（3－1－11）代入式（B－7－66）求解 $\Delta\boldsymbol{x}$ ，并按 B.7.4 节的方法进行牛顿迭代法下一次迭代的运算。此外，如果希望得到以米为单位的接收器钟差值，那么式（3－1－9）及式（3－1－11）中的 $c$ 需要改为 1。

（3）求解线性方程组

如果考虑到对于不同卫星的信号得到的测距值误差量不同，可以对每一个输出的伪距测量值 $\rho_C^{(n)}$ 设定一个权重 $w_n$ ，并希望权重 $w_n$ 越大的输出值 $\rho_C^{(n)}$ 在最小二乘法的解算中能起到更为重要的作用。如果 $\rho_C^{(n)}$ 的测量误差小，那么对应的权重 $w_n$ 就应当较大。一种取权重值 $w_n$ 的方案为将权重 $w_n$ 设为测量误差方差 $\sigma_n^2$ 的倒数

$$
w_n=\frac{1}{\sigma_n^2} \tag{3-1-12}
$$

并在式（B－7－51）中令 $\boldsymbol{W}$ 为

$$
\boldsymbol{W}=\begin{bmatrix}w_1 & 0 & 0 & 0\\ 0 & w_2 & 0 & 0\\ 0 & 0 & \ddots & 0\\ 0 & 0 & 0 & w_n\end{bmatrix} \tag{3-1-13}
$$

然后使用式（B－7－53）计算 $\Delta\boldsymbol{x}$（令式中 $\hat{x}=\Delta x$ ， $H=J$）。

（4）更新非线性方程组的根

按照式（B－7－70）进行迭代更新

$$
\begin{bmatrix}\boldsymbol{r}_{U_k}^E\\ \delta t_{U_k}\end{bmatrix}=\begin{bmatrix}\boldsymbol{r}_{U_{k-1}}^E\\ \delta t_{U_{k-1}}\end{bmatrix}+\Delta\boldsymbol{x} \tag{3-1-14}
$$

（5）判断牛顿迭代法的收敛性

终止牛顿迭代法的计算循环有两种方式：一种方式是固定好迭代次数，即迭代到一定次数当即终止循环过程，输出定位与授时结果；另一种方式是设定一个误差门限值，如果输出的 $\Delta\boldsymbol{x}$ 小于这个值就终止迭代，输出定位与授时结果。

在该定位算法第（1）步计算的各校正量、校正后的伪距值和卫星的位置坐标等，除了下述项以外在每次迭代中保持不变：

1）当每次迭代更新了接收器的位置和钟差后，大气延迟等误差量需要重新估算。

2）因为 GPS 信号从卫星到接收器的实际传播时间值也得到了更新，所以卫星位置坐标中的地球自转校正量也应当重新予以计算。

由此，迭代计算的计算量将较大。因此，如果在连续定位过程中，当位置偏差和接收器钟差在百米范围内时，接收器不需要重新估算校正量，因为这个量级的误差对伪距校正

量的影响非常小。

最后，上述定位算法隐含的前提是接收器的时钟必须准确到一定程度，一般来说接收的绝对时间误差不能超过 10 ms。这是由于接收时间的绝对误差会造成卫星轨道计算的误差［参考式（3－2－2）与式（3－2－7）］，而这种误差对于不同卫星的影响是不同的，因此计算得到的卫星到用户位置的距离误差增大，并且每颗卫星的测量误差引入了不同大小的误差量（也就是矩阵 $\boldsymbol{z}$ 中的每一个分量的误差量差别过大），这样通过最小二乘法解算得到的误差修正量 $\Delta\boldsymbol{x}$ 不准，进而引起接收器定位结果失准。

### 3.1.3 伪距率定速算法

在式（1－1－85）中令 $A$ 点为接收器位置，$B$ 点为卫星 $n$ 位置，$F$ 系为 $E$ 系，可得用户接收器与卫星 $n$ 的距离对时间的变化率为

$$\frac{\mathrm{d}r^{(n)}}{\mathrm{d}t}=(\boldsymbol{v}_{SV}^{E^{(n)}}-\boldsymbol{v}_U^E)\cdot\boldsymbol{u}^{E^{(n)}} \tag{3-1-15}$$

式中 $\boldsymbol{v}_{SV}^{E^{(n)}}$——信号发射时刻卫星 $n$ 在 $E$ 系下观测的速度［可按 3.2.4.2 节第（10）步计算］；

$\boldsymbol{v}_U^E$——信号接收时刻用户接收器在 $E$ 系下观测的速度；

$\boldsymbol{u}^{E^{(n)}}$——用户与卫星 $n$ 连线方向上的单位矢量在 $E$ 系下的投影，$\boldsymbol{u}^{E^{(n)}}=\dfrac{\boldsymbol{r}^{E^{(n)}}}{r^{(n)}}$。

由式（1－1－87）可知，式（3－1－15）在任意坐标系中均成立，因此，也可以将式中的 $E$ 系上标去掉，即

$$\dot{r}^{(n)}=(\boldsymbol{v}_{SV}^{(n)}-\boldsymbol{v}_U)\cdot\boldsymbol{u}^{(n)} \tag{3-1-16}$$

这里仍在 $E$ 系下进行计算，联立式（3－1－15）及式（3－3－9）可得

$$-\boldsymbol{v}_U^E\cdot\boldsymbol{u}^{E^{(n)}}+c\delta\dot{t}_U=\dot{\rho}_C^{(n)}-\boldsymbol{v}_{SV}^{E^{(n)}}\cdot\boldsymbol{u}^{E^{(n)}}-\delta\dot{r}_{Tropo}^{(n)}-\dot{\varepsilon}^{(n)} \tag{3-1-17}$$

式中 $\dot{\rho}_C^{(n)}$——经过修正后的伪距率；

$\delta\dot{t}_U$——用户接收机的频率偏差率；

$\delta\dot{r}_{Tropo}^{(n)}$——对流层导致的距离变化率误差；

$\dot{\varepsilon}^{(n)}$——测量噪声及其他因素的影响。

忽略掉误差项 $\delta\dot{r}_{Tropo}^{(n)}$ 及 $\dot{\varepsilon}^{(n)}$，将 $N$ 颗卫星的观测量写成方程组的形式，即

$$\begin{cases}-\boldsymbol{v}_U^E\cdot\boldsymbol{u}^{E^{(1)}}+c\delta\dot{t}_U=\dot{\rho}_C^{(1)}-\boldsymbol{v}_{SV}^{E^{(1)}}\cdot\boldsymbol{u}^{E^{(1)}}\\-\boldsymbol{v}_U^E\cdot\boldsymbol{u}^{E^{(2)}}+c\delta\dot{t}_U=\dot{\rho}_C^{(2)}-\boldsymbol{v}_{SV}^{E^{(2)}}\cdot\boldsymbol{u}^{E^{(2)}}\\\quad\vdots\\-\boldsymbol{v}_U^E\cdot\boldsymbol{u}^{E^{(N)}}+c\delta\dot{t}_U=\dot{\rho}_C^{(N)}-\boldsymbol{v}_{SV}^{E^{(N)}}\cdot\boldsymbol{u}^{E^{(N)}}\end{cases} \tag{3-1-18}$$

可以将上式进一步写为线性方程组的形式

$$\boldsymbol{z}=\boldsymbol{H}\boldsymbol{x} \tag{3-1-19}$$

式中，系数矩阵 $\boldsymbol{H}$ 与式（3－1－9）形式相同

$$\boldsymbol{H}=\begin{bmatrix} -\dfrac{r_x^{E(1)}}{r^{(1)}} & -\dfrac{r_y^{E(1)}}{r^{(1)}} & -\dfrac{r_z^{E(1)}}{r^{(1)}} & c \\ -\dfrac{r_x^{E(2)}}{r^{(2)}} & -\dfrac{r_y^{E(2)}}{r^{(2)}} & -\dfrac{r_z^{E(2)}}{r^{(2)}} & c \\ \vdots & \vdots & \vdots & \vdots \\ -\dfrac{r_x^{E(N)}}{r^{(N)}} & -\dfrac{r_y^{E(N)}}{r^{(N)}} & -\dfrac{r_z^{E(N)}}{r^{(N)}} & c \end{bmatrix} \tag{3-1-20}$$

矢量 $\boldsymbol{x}$ 为

$$\boldsymbol{x}=\begin{bmatrix} \boldsymbol{v}_U^E \\ \delta \dot{t}_U \end{bmatrix} \tag{3-1-21}$$

矢量 $\boldsymbol{z}$ 为

$$\boldsymbol{z}=\begin{bmatrix} \dot{\rho}_C^{(1)}-\boldsymbol{v}_{SV}^{E(1)}\cdot\boldsymbol{u}^{E(1)} \\ \dot{\rho}_C^{(2)}-\boldsymbol{v}_{SV}^{E(2)}\cdot\boldsymbol{u}^{E(2)} \\ \vdots \\ \dot{\rho}_C^{(N)}-\boldsymbol{v}_{SV}^{E(N)}\cdot\boldsymbol{u}^{E(N)} \end{bmatrix} \tag{3-1-22}$$

上述线性方程组无须牛顿迭代法解算，只需采用与 3.1.2 节步骤（3）类似的最小二乘法（或加权最小二乘法）进行计算即可。

在具体实现中，伪距率可以通过两种方式得到：一种是相邻时刻伪距测量值的差分，但是由于可能引入较大误差，因此一般不采用这种方法；另一种是利用多普勒频移测量值 $\Delta f_D^{(n)}$ 来计算伪距率 $\dot{\rho}^{(n)}$。联立式（1-1-121）及式（3-1-16）可得（注意到 1.1.12.2 节中虚拟波源的定义与 $\boldsymbol{v}_{SV}^{(n)}$ 的定义相符合，均代表信号发射时刻的卫星速度信息）

$$\frac{f'^{(n)}}{f^{(n)}}\approx 1-\frac{(\boldsymbol{v}_{SV}^{(n)}-\boldsymbol{v}_U)\cdot\boldsymbol{u}^{(n)}}{c}=1-\frac{\dot{r}^{(n)}}{c} \tag{3-1-23}$$

上式中认为式（1-1-121）中的 $\gamma\approx 1$（卫星及用户相对运动速度远小于光速）。由式（3-1-23）可得

$$\dot{\rho}^{(n)}\approx\dot{r}^{(n)}\approx c\left(\frac{f^{(n)}-f'^{(n)}}{f^{(n)}}\right)=-\lambda^{(n)}\Delta f_D^{(n)} \tag{3-1-24}$$

式中　$\lambda^{(n)}$ ——测量时采用的载波波长。

在接收器中，载波跟踪环路一般可分为频率锁定环路（FLL）和相位锁定环路（PLL）[44]：频率锁定环路通过不断地调整复制载波的频率，使其与接收到的卫星信号的载波频率尽量相一致，然后输出多普勒频移测量值；相位锁定环路则通过不断地调整复制载波的相位，使其与接收到的卫星信号的载波相位尽量相一致，然后输出积分多普勒测量值。积分多普勒是多普勒频移对时间的积分，即

$$\mathrm{d}\phi_k\equiv\mathrm{d}\phi(t_k)=-\int_{t_0}^{t_k}\Delta f_D(t)\mathrm{d}t \tag{3-1-25}$$

式中，$\mathrm{d}\phi_k$ 代表接收器在历元 $k$ 时输出的积分多普勒测量值。在载波跟踪环路刚锁定或重

锁载波信号的时刻，接收器一般将积分多普勒值重置为零，式（3－1－25）将这一时刻标记为历元 0。接收器对多普勒频移进行积分相当于对多普勒频移引起的载波相位变化进行以周为单位的计数，因此历元 $k$ 时的积分多普勒 $\mathrm{d}\phi_k$ 就等于从历元 0 到历元 $k$ 这段时间内载波相位测量值的变化量。联立式（3－1－24）及式（3－1－25）有

$$\mathrm{d}\phi_k=\int_{t_0}^{t_k}\frac{\dot{r}}{\lambda}\mathrm{d}t=\frac{\mathrm{d}r_k}{\lambda} \tag{3-1-26}$$

即 $\mathrm{d}\phi_k$ 乘以波长 $\lambda$ 后的值就等于这段时间内卫星与接收器之间的距离变化量，因而积分多普勒又称为积分距离差（ADR）。

## 3.2 GNSS 卫星轨道的计算

### 3.2.1 卫星轨道根数

人造地球卫星在空间围绕地球运行时，主要受到地球引力的影响。假设地球为一个质量均匀的球体，卫星相比地球为一个质点，地球引力为卫星的唯一外力，那么这种理想情况下的卫星运行轨道满足开普勒三大定律：

（1）开普勒第一定律

所有卫星绕地球运行的轨道都呈椭圆，地球位于椭圆的一个焦点上。

（2）开普勒第二定律

连接卫星和地球的直线在相等的时间内扫过的面积相等。

（3）开普勒第三定律

卫星绕地球运动的轨道半长轴的立方与公转周期的平方之比为常量，即

$$\frac{A^3}{(2\pi/n)^2}=\frac{\mu}{4\pi^2} \tag{3-2-1}$$

式中 $\mu$ ——地心引力常数（取值见附录 A）；

$A$ ——轨道半长轴；

$n$ ——卫星平均运动角速率。

开普勒三大定律都可以通过牛顿万有引力定律推导出来，具体推导过程可参阅文献[9]。但 GNSS 接收器并不是直接利用牛顿万有引力来计算卫星的空间位置的，而是通过卫星播发的开普勒轨道参数来计算卫星的位置和速度。基本的开普勒轨道参数有 6 个，又称轨道六根数或者积分常数。对于一颗无摄运动状态下的卫星，它的 6 个轨道根数中有 5 个是常量，此外真近点角是一个关于时间的函数。由于这个函数较为复杂，GNSS 卫星星历不直接给出真近点角，而是给出平近点角。表 3－1 和图 3－1 给出了轨道六根数的内容和意义。在上述表中及本大节后续内容中，对于文献［6］或［11］中存在的符号，将参考该符号名称并按附录 D 中的规范命名。

表 3-1　开普勒轨道根数及其作用

| 序号 | 根数名称 | 符号 | 作用 | 附注 |
|---|---|---|---|---|
| 1 | 轨道半长轴 | $A$ | 描述轨道椭圆大小 | 椭圆轨道 $A>0$ |
| 2 | 轨道偏心率 | $e$ | 描述轨道椭圆形状 | $0\leqslant e\leqslant 1$ |
| 3 | 轨道倾角 | $i$ | 与升交点赤经一起确定轨道平面在空间的定向 | $0°\leqslant i\leqslant 180°$ |
| 4 | 升交点赤经 | $\Omega$ | 与轨道倾角一起确定轨道平面在空间的定向 | $0°\leqslant \Omega\leqslant 360°$ |
| 5 | 近地点幅角 | $\omega$ | 确定轨道在其平面内的定向 | $0°\leqslant \omega\leqslant 360°$ |
| 6 | 真近点角 | $\nu$ | 确定航天器在轨道上的瞬时位置 | 可用平近点角代替 |

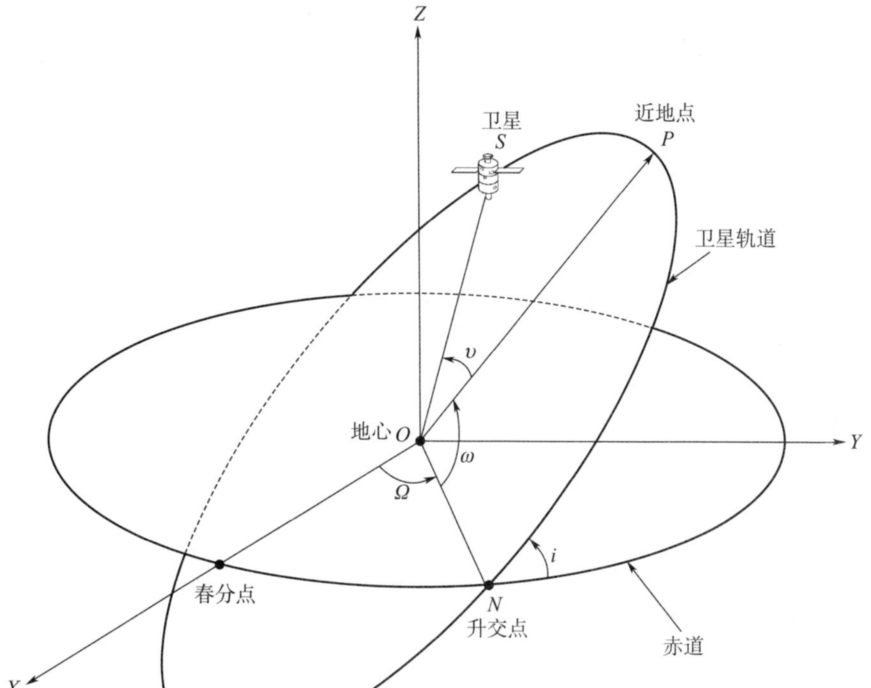


图 3-1　开普勒轨道参数示意图

图 3-1 中的坐标系为地心惯性系（ECI），$X$ 轴指向春分点，$Z$ 轴指向地球自转的北极，$X$、$Y$、$Z$ 三轴构成了右手坐标系。$N$ 点为卫星轨道平面与赤道平面的升交点（ascending node）；$\angle XON$ 被定义为升交点赤经（longitude of ascending node），记为 $\Omega$ ；轨道平面和赤道平面的夹角被称为轨道倾角（inclination angle），记为 $i$ ；$P$ 为近地点（perigee），$\angle NOP$ 构成了近地点幅角（argument of perigee，或称为近地点角距），记为 $\omega$ ；卫星的位置在 $S$ 点，$\angle POS$ 构成了真近点角（true anomaly），记为 $\nu$ ；地心到近地点的距离为 $A(1-e)$。除上述根数外，还将 $\angle NOS$ 称为纬度幅角（argument of latitude，或称为升交点角距[44]）。

除真近点角外，在计算卫星位置、速度的过程中，还用到了平近点角（mean

anomaly）及偏近点角（eccentric anomaly）等中间参数。如图 3-2 所示，$XY$ 平面为卫星轨道所在平面，轨道椭圆中心及一个焦点分别为 $O'$ 及 $O$，椭圆长、短半轴分别在 $O'X$、$O'Y$ 方向，$S$ 点为卫星所在位置，$P$ 点为近地点，由 $S$ 点向 $O'X$ 作垂线，反向交以 $O'$ 为圆心、$O'P$ 为半径的圆于 $S'$ 点，称 $\angle PO'S'$ 为偏近点角，记为 $E$。设卫星的平均运动角速率为 $n$，若有一点以匀角速率 $n$ 绕以 $O'$ 为圆心、$O'P$ 为半径的圆运行，在同一时刻运行到 $A$ 点，则称 $\angle PO'A$ 为平近点角，记为 $M$。

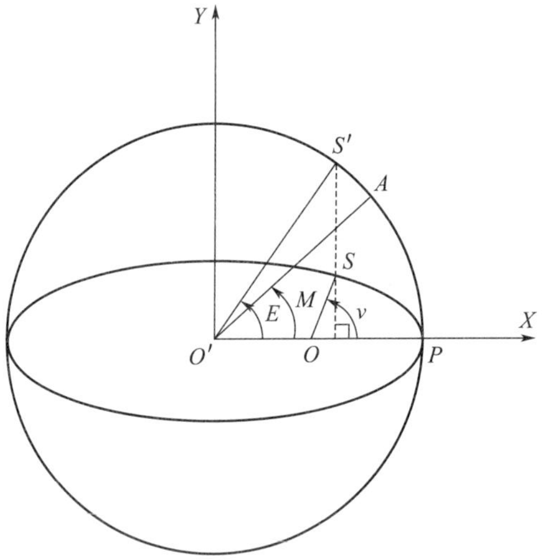


图 3-2 平近点角与偏近点角

### 3.2.2 GPS 卫星星历参数

GPS 接收器定位的基本原理是利用测量到的伪距和卫星的空间位置来计算自身的位置。为了精确描述卫星的实际运行轨道，GPS 采用了一套扩展后的开普勒轨道参数，共计 16 个。这套轨道参数通常称为星历参数，包含在卫星所播发的导航电文的第二数据块中（可参阅文献［6］）。表 3-2（表中单位为 π 的参数在参与计算时需要将单位转换为 rad）中前 7 个参数是星历参考时刻及该时刻的密切轨道根数，后 9 个参数用于在星历参考时刻之后的时刻改正轨道根数。其中 $\Delta n$、$IDOT$ 和 $\dot{\Omega}$ 分别对 $M$、$i$ 和 $\Omega$ 进行线性改正，$C_{uc}$ 和 $C_{us}$ 对升交点角距进行调和改正，$C_{rc}$ 和 $C_{rs}$ 对轨道半径进行调和改正，$C_{ic}$ 和 $C_{is}$ 对轨道倾角进行调和改正。

**表 3-2 GPS 卫星星历参数**

| 序号 | 参数 | 定义 | 导航电文中的单位 |
|---|---|---|---|
| 1 | $t_{OE}$ | 星历数据参考时刻 | s |
| 2 | $\sqrt{A}$ | 卫星轨道半长轴 $A$ 的平方根 | $\sqrt{\text{m}}$ |
| 3 | $e$ | 轨道偏心率 | — |
| 4 | $\omega$ | 轨道近地点幅角 | π |

续表

| 序号 | 参数 | 定义 | 导航电文中的单位 |
|---|---|---|---|
| 5 | $\Delta n$ | 卫星平均运动角速率与计算值之差 | π/s |
| 6 | $M_0$ | $t_{OE}$ 时刻的平近点角 | π |
| 7 | $\Omega_0$ | 周内时等于 0 时的轨道升交点赤经 | π |
| 8 | $\dot{\Omega}$ | 轨道升交点赤经对时间的变化率 | π/s |
| 9 | $i_0$ | $t_{OE}$ 时刻的轨道倾角 | π |
| 10 | $IDOT$ | 轨道倾角对时间的变化率 | π/s |
| 11 | $C_{uc}$ | 纬度幅角余弦调和改正振幅 | rad |
| 12 | $C_{us}$ | 纬度幅角正弦调和改正振幅 | rad |
| 13 | $C_{rc}$ | 轨道半径余弦调和改正振幅 | m |
| 14 | $C_{rs}$ | 轨道半径正弦调和改正振幅 | m |
| 15 | $C_{ic}$ | 轨道倾角余弦调和改正振幅 | rad |
| 16 | $C_{is}$ | 轨道倾角正弦调和改正振幅 | rad |

GPS 的空间星座部分由 21 颗工作卫星和 3 颗备用卫星构成，但是实际上截止到 2008 年 6 月，处于正常运行状态的实际卫星数目为 30 颗左右。这 24 颗卫星分布在 6 个轨道面上，每个轨道面不均匀地分布着 4 颗卫星。每个轨道面与地球赤道面的夹角约为 55°，相邻两个轨道面的升交点赤经相差 60°，而在相邻轨道上的邻近卫星的纬度幅角又相差约 30°。GPS 卫星轨道为中圆地球轨道（Medium Earth Orbit，MEO），其轨道高度约为 20 200 km，额定轨道周期为半个恒星日。

### 3.2.3　北斗卫星星历参数

按照北斗与 GPS 的接口控制文件（参考文献［11］与［6］），北斗卫星的星历参数与 GPS 卫星的星历参数的符号、单位及含义是一致的，仍可参考表 3－2。但是北斗导航系统的空间星座与 GPS 系统有所不同，根据文献［11］，其空间星座由 5 颗地球静止轨道（Geostationary Earth Orbit，GEO）卫星、27 颗中圆地球轨道（MEO）卫星和 3 颗倾斜地球同步轨道（Inclined Geo－Synchronization Orbit，IGSO）卫星构成。GEO 卫星轨道高度为 35 786 km，分别定点于东经 58.75°、80°、110.5°、140°和 160°；MEO 卫星轨道高度为 21 528 km，轨道倾角为 55°；IGSO 卫星轨道高度为 35 786 km，轨道倾角为 55°。

### 3.2.4　GPS 卫星轨道计算方法①

#### 3.2.4.1　根据星历计算卫星在 ECEF 坐标系中的位置

利用星历参数计算出 GPS 卫星在某一时刻的空间位置是接收器为实现定位所需要做的重要一步。这一计算过程需要采用双精度浮点数运算，并且由于卫星位置的计算值对星

① 对应 gnss/svorbit/svposvel_gps.m

历中的角度参数非常敏感，所以圆周率 $\pi$ 取为 3.141 592 653 589 8。计算主要分为三个过程：首先由开普勒方程求解纬度幅角［下述第（1）～（6）步］；其次计算卫星在轨道平面上的位置［下述第（7）～（9）步］；最后计算卫星在 ECEF 坐标系中的位置［下述第（10）～（12）步］[6]。

（1）计算规化时间 $t_k$

卫星星历给出的参考时刻为 $t_{OE}$，而卫星发射信号的时刻为 $t_T$，这中间存在着时间差异，而 GPS 的星历参数是以 $t_{OE}$ 为基准的，因此需要计算一个规化时间 $t_k$

$$t_k = t_T - t_{OE} \tag{3-2-2}$$

其中，卫星发射信号的时刻 $t_T$ 可以通过接收器收到信号的时刻 $t_R$ 减去传播时延 $\tau$ 得到，即

$$t_T = t_R - \tau \tag{3-2-3}$$

其中，$\tau$ 在第一次定位解算前无法精确获得，可以通过接收器测量到的伪距值 $\rho$ 除以光速 $c$ 得到，即

$$\tau = \rho / c \tag{3-2-4}$$

光速 $c$ 的取值见附录 A，GPS 星历参数的有效时段为参考时刻的前后两小时以内，因此计算得到的规化时间 $t_k$ 的绝对值必须小于 7 200 s。由于 GPS 星历中的 $t_{OE}$ 为 GPS 周内秒，在 GPS 周的每周六午夜零时会重新置零。为了处理 $t_{OE}$ 的翻转，当计算得到的 $t_k$ 大于 302 400 s 时，则 $t_k$ 应减去 604 800 s；当计算得到的 $t_k$ 小于 −302 400 s 时，则 $t_k$ 应加上 604 800 s②。此外，如果星历的星期数不等于当前的星期数，那么两者的星期数之差需要转成秒数后加到 $t_k$ 上。在正常情况下，$t_k$ 是一个负数，表示接收器使用的是 GPS 预报星历。在后面的介绍中以下标 $k$ 表示相应量为规化时刻（即信号发射时刻）的值。

（2）计算卫星的平均角速率 $n$

根据式（3-2-1），卫星的平均角速率 $n_0$ 用下式计算

$$n_0 = \sqrt{\frac{\mu}{A^3}} \tag{3-2-5}$$

式中 $A$ ——卫星轨道的半长轴，由星历给出；

$\mu$ ——地心引力常数。

改正后的平均角速率 $n$ 为

$$n = n_0 + \Delta n \tag{3-2-6}$$

式中 $\Delta n$ ——卫星平均运动角速率与计算值之差，由星历给出。

（3）计算信号发射时刻的平近点角 $M_k$

$$M_k = M_0 + n t_k \tag{3-2-7}$$

式中 $M_0$ —— $t_{OE}$ 时刻的平近点角，由星历给出。

② 对应 gnss/accountforweekcrossover.m

如果 $M_k$ 小于 0，则 $M_k$ 需要加上 $2\pi$。

（4）计算信号发射时刻的偏近点角 $E_k$

开普勒偏近点角方程为

$$M_k = E_k - e\sin E_k \tag{3-2-8}$$

式中　$E_k$ ——偏近点角；

$e$ ——由星历给出的轨道偏心率。

上述方程为一个超越方程，因此一般采用迭代法求解。单次迭代公式为

$$E_{k_{j+1}} = M_k + e\sin E_{k_j} \tag{3-2-9}$$

迭代初值为 $E_{k_0} = M_k$。

（5）计算信号发射时刻的真近点角 $v_k$

首先计算 $\sin v_k$ 和 $\cos v_k$

$$\begin{cases} \sin v_k = \dfrac{\sqrt{1-e^2}\sin E_k}{1-e\cos E_k} \\ \cos v_k = \dfrac{\cos E_k - e}{1-e\cos E_k} \end{cases} \tag{3-2-10}$$

然后计算 $v_k$

$$\begin{cases} v_k = \pi/2 & (\sin v_k = 1, \cos v_k = 0) \\ v_k = -\pi/2 & (\sin v_k = -1, \cos v_k = 0) \\ v_k = \arctan(\sin v_k/\cos v_k) + \pi & (\sin v_k > 0, \cos v_k < 0) \\ v_k = \arctan(\sin v_k/\cos v_k) - \pi & (\sin v_k < 0, \cos v_k < 0) \\ v_k = \arctan(\sin v_k/\cos v_k) & (\cos v_k > 0) \end{cases} \tag{3-2-11}$$

最后重新计算 $E_k$

$$E_k = \arccos\left(\frac{e+\cos v_k}{1+e\cos v_k}\right) \tag{3-2-12}$$

（6）计算信号发射时刻的纬度幅角 $\Phi_k$

$$\Phi_k = v_k + \omega \tag{3-2-13}$$

式中　$\omega$ ——近地点幅角，由星历给出。

（7）计算信号发射时刻的二次谐波摄动改正项 $\delta u_k$、$\delta r_k$ 和 $\delta i_k$

纬度幅角改正项 $\delta u_k$、轨道半径改正项 $\delta r_k$ 和轨道倾角改正项 $\delta i_k$ 的计算式如下

$$\begin{cases} \delta u_k = C_{us}\sin(2\Phi_k) + C_{uc}\cos(2\Phi_k) \\ \delta r_k = C_{rs}\sin(2\Phi_k) + C_{rc}\cos(2\Phi_k) \\ \delta i_k = C_{is}\sin(2\Phi_k) + C_{ic}\cos(2\Phi_k) \end{cases} \tag{3-2-14}$$

式中，$C_{us}$、$C_{uc}$、$C_{rs}$、$C_{rc}$、$C_{is}$、$C_{ic}$ 均由卫星星历给出。

（8）计算改正后的纬度幅角 $u_k$，轨道半径 $r_k$ 和轨道倾角 $i_k$

$$\begin{cases} u_k = \Phi_k + \delta u_k \\ r_k = A(1-e\cos E_k) + \delta r_k \\ i_k = i_0 + (IDOT)\cdot t_k + \delta i_k \end{cases} \tag{3-2-15}$$

式中，$A$、$e$、$i_0$ 和 $IDOT$ 均由星历给出。

（9）计算信号发射时刻卫星在轨道平面的位置 $(x'_k, y'_k)$

$$\begin{cases} x'_k = r_k \cos u_k \\ y'_k = r_k \sin u_k \end{cases} \tag{3-2-16}$$

式中，轨道平面坐标系的 $X$ 轴由地心指向升交点。

（10）计算信号发射时刻卫星的升交点赤经 $\Omega_k$

$$\Omega_k = \Omega_0 + (\dot{\Omega} - \dot{\Omega}_e) t_k - \dot{\Omega}_e t_{OE} \tag{3-2-17}$$

式中，$\Omega_0$、$\dot{\Omega}$ 和 $t_{OE}$ 由卫星星历给出；$\dot{\Omega}_e$ 为地球自转角速率，其取值见附录 A。需要说明的是，上式计算的赤经是在 ECEF 坐标系下，即是相对于格林尼治经线而不是春分点的。

（11）计算信号发射时刻卫星在 ECEF 坐标系中的坐标（$x_k$，$y_k$，$z_k$）

如图 3-1 所示，将轨道平面坐标系绕 $X$ 轴旋转 $-i_k$，再绕 $Z$ 轴旋转 $-\Omega_k$，可以与 ECEF 坐标系重合。由上述转换关系可得

$$\begin{cases} x_k = x'_k \cos \Omega_k - y'_k \cos i_k \sin \Omega_k \\ y_k = x'_k \sin \Omega_k + y'_k \cos i_k \cos \Omega_k \\ z_k = y'_k \sin i_k \end{cases} \tag{3-2-18}$$

（12）计算信号发射时刻的卫星位置在信号接收时刻的 ECEF 坐标系中的坐标

在惯性空间中观察，电磁波在真空中是沿直线传播的，用户接收器需要测量的是惯性坐标系 $I$ 下卫星到接收器的几何距离 $r$

$$r = \| \boldsymbol{r}^I_{U_{t_R}} - \boldsymbol{r}^I_{SV_{t_T}} \| \tag{3-2-19}$$

式中 $\boldsymbol{r}^I_{U_{t_R}}$ ——接收器在信号接收时刻在 $I$ 系下的位置坐标；

$\boldsymbol{r}^I_{SV_{t_T}}$ ——卫星在信号发射时刻在 $I$ 系下的位置坐标。

更确切地说，可以将 $t_R$ 时刻的 $E$ 系作为 $I$ 系，并记为 $E_{I_{t_R}}$。这时，几何距离可以表示为

$$r = \| \boldsymbol{r}^{E_{I_{t_R}}}_{U_{t_R}} - \boldsymbol{r}^{E_{I_{t_R}}}_{SV_{t_T}} \| \tag{3-2-20}$$

在上一步骤中，计算了卫星在 $t_T$ 时刻的 ECEF 坐标系（记为 $E_{I_{t_T}}$ 系）中的坐标（$x_k$，$y_k$，$z_k$）。由于地球自转的原因，ECEF 坐标系不是一个惯性系，因此 ECEF 的坐标轴在信号发射时刻和信号接收时刻的位置并不一致。如果不进行地球自转校正，将会引入误差。校正方法是将卫星在 $E_{I_{t_T}}$ 下的坐标转换为 $E_{I_{t_R}}$ 系下的坐标，即

$$\boldsymbol{r}^{E_{I_{t_R}}}_{SV_{t_T}} = \boldsymbol{C}^{E_{I_{t_R}}}_{E_{I_{t_T}}} \boldsymbol{r}^{E_{I_{t_T}}}_{SV_{t_T}} \tag{3-2-21}$$

这时式（3-2-20）变为

$$r = \| \boldsymbol{r}^{E_{I_{t_R}}}_{U_{t_R}} - \boldsymbol{C}^{E_{I_{t_R}}}_{E_{I_{t_T}}} \boldsymbol{r}^{E_{I_{t_T}}}_{SV_{t_T}} \| \tag{3-2-22}$$

其中

$$\boldsymbol{C}_{E_{I_{t_T}}}^{E_{I_{t_R}}}=\begin{bmatrix}\cos\theta & \sin\theta & 0\\ -\sin\theta & \cos\theta & 0\\ 0 & 0 & 1\end{bmatrix} \tag{3-2-23}$$

$$\theta=\dot{\Omega}_e\tau$$

### 3.2.4.2 根据星历计算卫星在 ECEF 坐标系中的速度

卫星在 ECEF 坐标系中的速度值可以用来计算接收器速度。卫星速度由对所在轨道平面直角坐标系的位置进行时间上的求导得到。

(1) 计算信号发射时刻卫星平近点角对时间的导数 $\dot{M}_k$

对式 (3－2－7) 求导可得

$$\dot{M}_k=n \tag{3-2-24}$$

式中，$n$ 由式 (3－2－6) 给出。

(2) 计算信号发射时刻卫星偏近点角对时间的导数 $\dot{E}_k$

对式 (3－2－8) 求导可得

$$\dot{E}_k=\frac{\dot{M}_k}{1-e\cos E_k} \tag{3-2-25}$$

式中，$E_k$ 由式 (3－2－9) 或式 (3－2－12) 给出。

(3) 计算信号发射时刻卫星真近点角对时间的导数 $\dot{v}_k$

对式 (3－2－10) 中的 $\cos v_k$ 求导可得

$$-(\sin v_k)\dot{v}_k=\frac{\sin E_k(e^2-1)}{(e\cos E_k-1)^2}\dot{E}_k=-\frac{\sin^2 v_k}{\sin E_k}\dot{E}_k \tag{3-2-26}$$

因此

$$\dot{v}_k=\frac{\sin v_k}{\sin E_k}\dot{E}_k=\frac{\sqrt{1-e^2}}{1-e\cos E_k}\dot{E}_k \tag{3-2-27}$$

(4) 计算信号发射时刻卫星纬度幅角对时间的导数 $\dot{\Phi}_k$

对式 (3－2－13) 求导可得

$$\dot{\Phi}_k=\dot{v}_k \tag{3-2-28}$$

(5) 计算信号发射时刻卫星的摄动改正项对时间的导数 $\delta\dot{u}_k$、$\delta\dot{r}_k$ 和 $\delta\dot{i}_k$

对式 (3－2－14) 求导可得

$$\begin{cases}\delta\dot{u}_k=2\dot{\Phi}_k[C_{us}\cos(2\Phi_k)-C_{uc}\sin(2\Phi_k)]\\ \delta\dot{r}_k=2\dot{\Phi}_k[C_{rs}\cos(2\Phi_k)-C_{rc}\sin(2\Phi_k)]\\ \delta\dot{i}_k=2\dot{\Phi}_k[C_{is}\cos(2\Phi_k)-C_{ic}\sin(2\Phi_k)]\end{cases} \tag{3-2-29}$$

(6) 计算改正后的纬度幅角、轨道半径和轨道倾角对时间的导数 $\dot{u}_k$、$\dot{r}_k$ 和 $\dot{i}_k$

对式 (3－2－15) 求导可得

$$\begin{cases}\dot{u}_k=\dot{\Phi}_k+\delta\dot{u}_k\\ \dot{r}_k=Ae(\sin E_k)\dot{E}_k+\delta\dot{r}_k\\ \dot{i}_k=IDOT+\delta\dot{i}_k\end{cases}\tag{3-2-30}$$

（7）计算信号发射时刻卫星在轨道平面的位置对时间的导数 $\dot{x}'_k$ 和 $\dot{y}'_k$

对式（3-2-16）求导可得

$$\begin{cases}\dot{x}'_k=\dot{r}_k\cos u_k-r_k\dot{u}_k\sin u_k\\ \dot{y}'_k=\dot{r}_k\sin u_k+r_k\dot{u}_k\cos u_k\end{cases}\tag{3-2-31}$$

式中，$u_k$ 与 $r_k$ 由式（3-2-15）求得。

（8）计算信号发射时刻卫星的升交点赤经对时间的导数 $\dot{\Omega}_k$

对式（3-2-17）求导可得

$$\dot{\Omega}_k=\dot{\Omega}-\dot{\Omega}_e\tag{3-2-32}$$

（9）计算信号发射时刻卫星在 ECEF 坐标系中的速度（$\dot{x}_k$，$\dot{y}_k$，$\dot{z}_k$）

对式（3-2-18）求导可得

$$\begin{cases}\dot{x}_k=\dot{x}'_k\cos\Omega_k-x'_k(\sin\Omega_k)\dot{\Omega}_k-\dot{y}'_k\cos i_k\sin\Omega_k+y'_k(\sin i_k)\dot{i}_k\sin\Omega_k-y'_k\cos i_k(\cos\Omega_k)\dot{\Omega}_k\\ \quad=\dot{x}'_k\cos\Omega_k-y_k\dot{\Omega}_k-(\dot{y}'_k\cos i_k-z_k\dot{i}_k)\sin\Omega_k\\ \dot{y}_k=\dot{x}'_k\sin\Omega_k+x'_k(\cos\Omega_k)\dot{\Omega}_k+\dot{y}'_k\cos i_k\cos\Omega_k-y'_k(\sin i_k)\dot{i}_k\cos\Omega_k-y'_k\cos i_k(\sin\Omega_k)\dot{\Omega}_k\\ \quad=\dot{x}'_k\sin\Omega_k+x_k\dot{\Omega}_k+(\dot{y}'_k\cos i_k-z_k\dot{i}_k)\cos\Omega_k\\ \dot{z}_k=\dot{y}'_k\sin i_k+y'_k(\cos i_k)\dot{i}_k\end{cases}\tag{3-2-33}$$

式中，$x_k$、$y_k$、$z_k$ 由式（3-2-18）计算；$i_k$ 由式（3-2-15）计算；$\Omega_k$ 由式（3-2-17）计算。

（10）计算信号发射时刻的卫星速度在信号接收时刻的 ECEF 坐标系中的分量

对式（3-2-21）求导可得

$$\boldsymbol{v}_{SV_{t_T}}^{E_{I_{t_R}}}=\boldsymbol{C}_{E_{I_{t_T}}}^{E_{I_{t_R}}}\boldsymbol{v}_{SV_{t_T}}^{E_{I_{t_T}}}+\dot{\boldsymbol{C}}_{E_{I_{t_T}}}^{E_{I_{t_R}}}\boldsymbol{r}_{SV_{t_T}}^{E_{I_{t_T}}}=\boldsymbol{C}_{E_{I_{t_T}}}^{E_{I_{t_R}}}\boldsymbol{v}_{SV_{t_T}}^{E_{I_{t_T}}}\tag{3-2-34}$$

式中，$\boldsymbol{v}_{SV_{t_T}}^{E_{I_{t_T}}}$ 为第（9）步所计算的速度（$\dot{x}_k$，$\dot{y}_k$，$\dot{z}_k$）；$\boldsymbol{C}_{E_{I_{t_T}}}^{E_{I_{t_R}}}$ 根据式（3-2-23）计算。

### 3.2.5　北斗卫星轨道计算方法

北斗导航系统的星座与 GPS 系统的星座不同，是由 MEO、IGSO 和 GEO 三种轨道的卫星组合而成的。对于 MEO/IGSO 卫星，其卫星位置和速度的计算方法与 GPS 卫星的计算方法一样，可以完全参照 3.2.4 节的方法。但是 GEO 卫星位置和速度的计算方法却与 GPS 卫星的计算方法有所不同。这是由于 GEO 卫星的轨道倾角接近于 0°，如果按照 GPS 星历的产生方案进行轨道参数的拟合会导致发散，产生发散的原因可以参考文献［45］，

GPS 的 MEO 卫星星历计算方法对此并不合适，因此需要通过坐标转换的方式来求解。另外，计算北斗卫星的位置和速度需要注意的是要采用 CGCS2000 坐标系定义的基本常数，具体数值可以参见表 1-2。

#### 3.2.5.1　根据星历计算 GEO 卫星在 CGCS2000 坐标系中的位置

在 GEO 卫星位置的计算过程中，为了在避免奇异的同时保持与其他卫星广播星历参数的一致性，将 3.2.4.1 节第（10）步中的 ECEF 坐标系绕 $Z$ 轴旋转 $-\dot{\Omega}_e t_k$，然后绕 $X$ 轴旋转 5°（本节中标记为 $G$ 系），因此需要将 3.2.4.1 节中的第（10）、（11）步替换为下述步骤，其他步骤保持不变。

（1）计算 $G$ 系中的历元升交点赤经

$$\Omega_k = \Omega_0 + \dot{\Omega} t_k - \dot{\Omega}_e t_{OE} \tag{3-2-35}$$

（2）计算 GEO 卫星在 $G$ 系中的坐标

$$\begin{cases} x_{GK} = x'_k \cos\Omega_k - y'_k \cos i_k \sin\Omega_k \\ y_{GK} = x'_k \sin\Omega_k + y'_k \cos i_k \cos\Omega_k \\ z_{GK} = y'_k \sin i_k \end{cases} \tag{3-2-36}$$

上式形式与式（3-2-18）类似。

（3）计算 GEO 卫星在 CGCS2000 坐标系中的坐标

$$\begin{bmatrix} x_k \\ y_k \\ z_k \end{bmatrix} = \boldsymbol{R}_Z(\dot{\Omega}_e t_k)\boldsymbol{R}_X(-5°)\begin{bmatrix} x_{GK} \\ y_{GK} \\ z_{GK} \end{bmatrix} \tag{3-2-37}$$

其中

$$\begin{aligned} \boldsymbol{R}_X(\varphi) &= \begin{bmatrix} 1 & 0 & 0 \\ 0 & \cos\varphi & \sin\varphi \\ 0 & -\sin\varphi & \cos\varphi \end{bmatrix} \\ \boldsymbol{R}_Z(\varphi) &= \begin{bmatrix} \cos\varphi & \sin\varphi & 0 \\ -\sin\varphi & \cos\varphi & 0 \\ 0 & 0 & 1 \end{bmatrix} \end{aligned} \tag{3-2-38}$$

即

$$\boldsymbol{R}_Z(\dot{\Omega}_e t_k)\boldsymbol{R}_X(-5°) = \boldsymbol{C}_G^E$$

#### 3.2.5.2　根据星历计算 GEO 卫星在 CGCS2000 坐标系中的速度

GEO 卫星在 CGCS2000 坐标系中速度的计算步骤类似于 GPS，但需要将 3.2.4.2 节中的第（8）步及第（9）步替换为下述步骤，其他步骤保持不变。

（1）计算 GEO 卫星在 $G$ 系中的升交点赤经对时间的导数

对式（3-2-35）求导可得

$$\dot{\Omega}_k = \dot{\Omega} \tag{3-2-39}$$

(2) 计算 GEO 卫星在 $G$ 系中的速度

对式(3-2-36)求导可得[推导与式(3-2-33)类似]

$$\begin{cases}\dot{x}_{GK}=\dot{x}'_k\cos\Omega_k-y_k\dot{\Omega}_k-(\dot{y}'_k\cos i_k-z_k\dot{i}_k)\sin\Omega_k\\ \dot{y}_{GK}=\dot{x}'_k\sin\Omega_k+x_k\dot{\Omega}_k+(\dot{y}'_k\cos i_k-z_k\dot{i}_k)\cos\Omega_k\\ \dot{z}_{GK}=\dot{y}'_k\sin i_k+y'_k(\cos i_k)\dot{i}_k\end{cases} \tag{3-2-40}$$

(3) 计算 GEO 卫星在 CGCS2000 坐标系中的速度

对式(3-2-37)求导可得

$$\begin{bmatrix}\dot{x}_k\\ \dot{y}_k\\ \dot{z}_k\end{bmatrix}=\boldsymbol{R}_z(\dot{\Omega}_e t_k)\boldsymbol{R}_x(-5^\circ)\begin{bmatrix}\dot{x}_{GK}\\ \dot{y}_{GK}\\ \dot{z}_{GK}\end{bmatrix}+\dot{\boldsymbol{R}}_z(\dot{\Omega}_e t_k)\boldsymbol{R}_x(-5^\circ)\begin{bmatrix}x_{GK}\\ y_{GK}\\ z_{GK}\end{bmatrix} \tag{3-2-41}$$

其中

$$\dot{\boldsymbol{R}}_z(\dot{\Omega}_e t_k)=\dot{\Omega}_e\begin{bmatrix}-\sin(\dot{\Omega}_e t_k) & \cos(\dot{\Omega}_e t_k) & 0\\ -\cos(\dot{\Omega}_e t_k) & -\sin(\dot{\Omega}_e t_k) & 0\\ 0 & 0 & 0\end{bmatrix} \tag{3-2-42}$$

## 3.3 GNSS 伪距和伪距率的修正

从“伪距”这个名字可以看出接收器测量时刻得到的距离值并不是当时与导航卫星的真实几何距离。首先，GPS 时(GPST)或北斗时(BDT)指的是一个系统时间，而每颗卫星的时钟和这个系统时间就存在着差异；其次，用户接收器时钟与系统时间也存在钟差；再次，承载着测距信号的电磁波在经过大气层(主要是电离层及对流层)时会产生延迟，使得其测量值大于它在真空中传输的伪距；最后，由于信号的反射、多径以及天线相位中心(包括卫星和接收器)标定的偏差等都可能使得测量值产生误差。

设某卫星在系统时刻 $t$ 发送信号，用户接收器在 $t+\tau$ 系统时刻接收到该信号，那么接收器测量并计算得到的卫星与用户的距离(伪距)为

$$\rho(t)=c(t_U(t)-t_{SV}(t-\tau)) \tag{3-3-1}$$

式中 $\tau$ ——信号由卫星传播至接收器经历的时间；

$t_U(t)$ ——信号接收时刻的接收器时钟读数；

$t_{SV}(t-\tau)$ ——信号发射时刻的卫星时钟读数，被卫星标记在发射的信号中并由接收器读取。

考虑到卫星及接收器的时钟相对于系统时钟均有偏差，即

$$\begin{cases}t_U(t)=t+\delta t_U(t)\\ t_{SV}(t)=t+\delta t_{SV}(t)\end{cases} \tag{3-3-2}$$

将上式代入式(3-3-1)可得

$$\rho(t)=c\tau+c\left(\delta t_U(t)-\delta t_{SV}(t-\tau)\right) \tag{3-3-3}$$

又考虑到信号经过电离层及对流层时产生的延迟，信号传播时间可以表示为

$$\tau=\frac{r}{c}+T_{Iono}+T_{Tropo} \tag{3-3-4}$$

其中

$$r=\left\| \boldsymbol{r}_U(t)-\boldsymbol{r}_{SV}(t-\tau) \right\|$$

式中　$r$ ——信号发射时刻卫星位置与信号接收时刻接收器位置之间的几何距离；

$c$ ——光在真空中的传播速度；

$T_{Iono}$ ——电离层传播延迟；

$T_{Tropo}$ ——对流层传播延迟。

省略时间参数，将式（3－3－4）代入式（3－3－3）可得

$$\begin{cases}\rho=\tilde{r}=r+\delta r \\ \delta r=\delta r_{Iono}+\delta r_{Tropo}+c\left(\delta t_U-\delta t_{SV}\right)+\varepsilon \\ \delta r_{Iono}=cT_{Iono} \\ \delta r_{Tropo}=cT_{Tropo}\end{cases} \tag{3-3-5}$$

式中，将伪距等价为 $r$ 的测量值；$\delta t_{SV}$ 为卫星钟差校正项（可按 3.3.1 节计算）；$\delta t_U$ 为用户接收器的钟差校正项，需要在定位解算（参考 3.1.2 节）之后得到；$\delta r_{Iono}$ 为电离层延迟改正项（可按 3.3.2 节计算）；$\delta r_{Tropo}$ 为对流层延迟改正项（可按 3.3.3 节计算）；$\varepsilon$ 代表除钟差及电离层、对流层延迟外的其他因素所导致的误差。

在上述误差项中，$\delta t_{SV}$、$\delta r_{Iono}$、$\delta r_{Tropo}$ 可以通过卫星播发的导航电文中的信息或模型进行修正，修正后的伪距被用于用户位置解算，即

$$\rho_C=\hat{r}=\rho-\left(\delta r_{Iono}+\delta r_{Tropo}-c\delta t_{SV}\right)=r+c\delta t_U+\varepsilon \tag{3-3-6}$$

上式中将修正后的伪距等价为 $r$ 的计算值。

用户接收器在计算用户位置时，除了受到伪距中包含误差的影响，还受到由卫星星历误差导致的卫星位置误差的影响。其中，卫星与用户连线方向上的卫星位置误差影响最大。GPS 系统在导航电文中播发距离偏差估计（Estimated Range Deviation，ERD）参数。该参数由控制段计算得到，包含了卫星星历误差径向分量，默认仅对授权用户可用，可按照下式使用 ERD 进行伪距修正

$$\rho_{C_{ERD}}=\rho_C-ERD \tag{3-3-7}$$

式中　$\rho_{C_{ERD}}$ ——经过 ERD 修正后的伪距。

对式（3－3－5）求导可得伪距率的修正公式为

$$\begin{cases}\dot{r}=\dot{\rho}-\delta\dot{r} \\ \delta\dot{r}=\delta\dot{r}_{Iono}+\delta\dot{r}_{Tropo}+c\left(\delta\dot{t}_U-\delta\dot{t}_{SV}\right)+\dot{\varepsilon}\end{cases} \tag{3-3-8}$$

式中　$\dot{r}$ ——用户接收器与卫星距离的时间变化率；

$\dot{\rho}$ ——测量得到的伪距率；

$\delta \dot{t}_U$ ——用户接收器的频率偏差率［可按式（3－1－18）计算］；

$\delta \dot{t}_{SV}$ ——卫星时钟频率偏差率（可按 3.3.1.3 节计算）；

$\delta \dot{r}_{Iono}$ ——电离层导致的距离变化率误差（参见 3.3.2 节）；

$\delta \dot{r}_{Tropo}$ ——对流层导致的距离变化率误差（参见 3.3.3 节）；

$\dot{\varepsilon}$ ——测量噪声及其他因素的影响。

从式（3－3－8）中可以看出在进行第一次定位解算前，伪距率无法得到精确的修正。在上述误差中，$\delta \dot{t}_{SV}$、$\delta \dot{r}_{Iono}$ 可以通过卫星播发的导航电文中的信息或模型进行修正，修正后的伪距率被用于用户速度解算，即

$$\dot{\rho}_C = \hat{\dot{r}} = \dot{\rho} - (\delta \dot{r}_{Iono} - c\delta \dot{t}_{SV}) = \dot{r} + \delta \dot{r}_{Tropo} + c\delta \dot{t}_U + \dot{\varepsilon} \tag{3-3-9}$$

式中，将修正后的伪距率等价为 $\dot{r}$ 的计算值。

本大节以文献［6］及［11］为基础，分别介绍各种主要误差来源及修正计算方法。本大节中用到的 GPS 及北斗导航电文中的相关参数见表 3－3 及表 3－4。在上述表中及本大节后续内容中，对于文献［6］或［11］中存在的符号，将参考该符号名称并按附录 D 中的规范命名。

**表 3－3 与伪距及伪距率修正相关的导航电文参数一钟差及星上设备时延差参数**

| 序号 | 参数 | 定义 | 单位 |
|---|---|---|---|
| 1 | $t_{OC}$ | 时钟数据参考时刻 | s |
| 2 | $a_{f0}$（GPS） | 卫星测距码相位时间偏移 0 次项 | s |
| 3 | $a_{f1}$（GPS） | 卫星测距码相位时间偏移 1 次项 | s/s |
| 4 | $a_{f2}$（GPS） | 卫星测距码相位时间偏移 2 次项 | $s/s^2$ |
| 5 | $a_0$（北斗） | 卫星测距码相位时间偏移 0 次项 | s |
| 6 | $a_1$（北斗） | 卫星测距码相位时间偏移 1 次项 | s/s |
| 7 | $a_2$（北斗） | 卫星测距码相位时间偏移 2 次项 | $s/s^2$ |
| 8 | $T_{GD}$（GPS） | 星上设备时延差 | s |
| 9 | $T_{GD1}$ 及 $T_{GD2}$（北斗） | 星上设备时延差 | ns |

**表 3－4 与伪距及伪距率修正相关的导航电文参数-电离层延迟改正模型参数**

| 序号 | 参数 | 定义 | 单位 |
|---|---|---|---|
| 1 | $\alpha_0$ | 电离层延迟改正模型参数-幅值 0 次项 | s |
| 2 | $\alpha_1$ | 电离层延迟改正模型参数-幅值 1 次项 | s/π |
| 3 | $\alpha_2$ | 电离层延迟改正模型参数-幅值 2 次项 | $s/\pi^2$ |
| 4 | $\alpha_3$ | 电离层延迟改正模型参数-幅值 3 次项 | $s/\pi^3$ |
| 5 | $\beta_0$ | 电离层延迟改正模型参数-周期 0 次项 | s |
| 6 | $\beta_1$ | 电离层延迟改正模型参数-周期 1 次项 | s/π |
| 7 | $\beta_2$ | 电离层延迟改正模型参数-周期 2 次项 | $s/\pi^2$ |
| 8 | $\beta_3$ | 电离层延迟改正模型参数-周期 3 次项 | $s/\pi^3$ |

### 3.3.1　卫星时钟校正③

卫星时间与系统时间的偏差主要包含两项：一项是内生性的，卫星的原子钟虽然精度非常高，但是依旧存在一定程度的偏差，这个偏差被称为卫星的钟差，此外还应考虑卫星信号产生到播发出去的时延；另一项是外源性的，是由于相对论效应和椭圆轨道的速率不均性共同引起的。总的来说，卫星时间与系统时间的关系可以表示为

$$t = t_{SV} - \delta t_{SV} \tag{3-3-10}$$

式中　$t$ ——GPS 时或北斗时；

$t_{SV}$ ——消息发送时刻的卫星测距码相位时间（参考位置为卫星天线相位中心）；

$\delta t_{SV}$ ——卫星测距码相位时间偏移。

为了确保每颗卫星的时间与系统时间同步，GPS 或北斗控制段对卫星信号进行监测，并将在系统时间为 $t$ 时的 $\delta t_{SV}$ 描述成如下二次多项式

$$\delta t_{SV} = a_{f0} + a_{f1}(t - t_{OC}) + a_{f2}(t - t_{OC})^2 + \delta t_R \tag{3-3-11}$$

式中，$a_{f0}$、$a_{f1}$、$a_{f2}$ 和 $t_{OC}$ 由 GPS 或北斗卫星导航电文给出；$\delta t_R$ 是相对论效应校正项，可参考 3.3.1.2 节。在计算式（3-3-11）时，可以忽略 $t$ 与 $t_{SV}$ 的区别，将 $t_{SV}$ 作为 $t$ 代入（需要考虑每周的翻转）。式（3-3-11）中，包含了卫星时钟确定性的误差如零偏、漂移与老化等，但该模型并不是卫星时钟真正的运行情况，这其中的原因有很多，比如卫星的原子钟漂移用二次多项式拟合会有高次项误差，卫星天线的相位中心会随着环境温度变化而发生偏移，致使原先标定好的相位中心不再准确。

#### 3.3.1.1　星上设备时延校正

导航信号在卫星钟的驱动下生成后经星上发射链路到达卫星天线相位中心的过程中，会存在时间延迟，即星上设备时延。卫星上各个频点导航信号的发射链路并不完全相同，不同频点的通道时延间存在差值，称为频间偏差。用来描述频间偏差的参数称为差分码偏差参数（Differential Code Bias，DCB）。频间偏差的存在，使得定轨和时间同步过程中利用不同频点导航信号观测值或其组合观测值解算得到的卫星钟差存在差异[46]。

GPS 系统中，用来计算 $L_1$ 与 $L_2$ 频点频间偏差的时间群延迟参数 $T_{GD}$（time group delay）最初由卫星生产商在卫星制造时测得，由控制段计算并定期修正，以反映在轨运行的真实值。由于式（3-3-11）中的 $a_{f0}$ 项是由控制段基于双频（$L_1$ $P(Y)$ 与 $L_2$ $P(Y)$）电离层改正的测距码相位观测得到，因此对于单频（$L_1$ $P(Y)$ 或 $L_2$ $P(Y)$）用户，需要使用 $T_{GD}$ 项对式（3-3-11）中的 $\delta t_{SV}$ 进行进一步修正（对于双频用户，卫星的硬件时延已经包含在钟差参数中）。GPS 系统中将 $L_1$ 天线相位中心与 $L_1/L_2$ $P(Y)$ 码无电离层组合参考点间的时间延迟定义为 $T_{GD}$，并在导航电文中播发。对于单频用户，卫星测距码相位时间偏移在式（3-3-11）的基础上变为

$$(\delta t_{SV})_{L_i P(Y)} = \delta t_{SV} - \gamma_{L_i} T_{GD} \tag{3-3-12}$$

③　对应 gnss/pseudorange/svcodephasetimeoffset.m

式中，下标 $L_i(i=1, 2, 5)$ 表示第 $i$ 个频点；$\gamma_{L_i}$ 为比例因子，因为 $T_{GD}$ 是针对 $L_1$ 频点给出的值，所以如果接收器为 $L_1$ 频点的，那么 $\gamma_{L_1}=1$，对于 $L_2$ 或者 $L_5$ 频点，有 $\gamma_{L_2(L_5)}=(f_{L_1}/f_{L_2(L_5)})^2$。由此可知，$T_{GD}$ 与 $\gamma_{L_i}$ 之间的关系为

$$t_{L_1P(Y)}-t_{L_iP(Y)}=(1-\gamma_{L_i})T_{GD} \tag{3-3-13}$$

式中，$t_{L_iP(Y)}$ 为第 $i$ 个频点的信号（某个特定历元的信号）从卫星天线相位中心上发送对应的 GPS 时。

与 GPS 不同，北斗将 $B_3$ 频点的星上设备时延合并到卫星钟差，导航电文播发的卫星钟差参数参考于 $B_3$ 频点观测值，并定义 2 个 $T_{GD}$ 参数—— $T_{GD1}$ 和 $T_{GD2}$，分别为 $B_1$、$B_2$ 频点相对于 $B_3$ 频点的 DCB。因此对于 $B_1$、$B_2$ 频点的单频用户（对于 $B_3$ 频点单频用户，卫星的硬件时延已经包含在钟差参数中），卫星测距码相位时间偏移在式（3－3－11）的基础上变为

$$(\delta t_{SV})_{B_iI}=\delta t_{SV}-T_{GDi} \tag{3-3-14}$$

式中，下标 $B_iI(i=1, 2)$ 表示第 $i$ 个频点。对于 $B_1$、$B_2$ 双频无电离层组合改正用户，卫星测距码相位时间偏移在式（3－3－11）的基础上变为[46]

$$(\delta t_{SV})_{B_1I/B_2I}=\delta t_{SV}-\frac{f_2^2T_{GD2}-f_1^2T_{GD1}}{f_2^2-f_1^2} \tag{3-3-15}$$

式中，$f_1$、$f_2$ 分别为 $B_1$、$B_2$ 频点频率。

#### 3.3.1.2　相对论效应校正

根据狭义相对论，高速运动的物体存在着时间膨胀现象（参考 1.1.1 节），这里大致估计这一现象的误差量级。假设某 MEO 导航卫星的轨道为正圆，轨道半径约为 26 560 km，根据式（3－2－1），其运行速度约为 3.9 km/s。将这一速度值代入式（1－1－25）（令 $F$ 系与卫星固连，$M$ 系与地球固连）

$$\Delta t=\frac{\Delta t'}{\sqrt{1-\left(\frac{v}{c}\right)^2}} \tag{3-3-16}$$

式中　$\Delta t'$ ——地面观测的时间间隔；

$\Delta t$ ——卫星观测的时间间隔；

$v$ ——卫星相对地球的运动速度；

$c$ ——光速。

式（3－3－16）表明，卫星上的时钟比地面上的时钟走得更慢一些。若将 $v$ 取为 3.9 km/s，$\Delta t'$ 取为 86 400 s，则由式（3－3－16）可以得到卫星的时钟每天要变慢 7.3 μs。

另一方面，卫星在高空运行，相对于地面原子钟，它受到的引力场引起的时空弯曲度小。根据广义相对论的预测，时空弯曲度大的钟走得比时空弯曲度小的钟要慢。因此，在这个效应下，GPS 卫星原子钟又会比地面上一样的原子时钟要快。按照广义相对论，在地球外距地心 $r$ 处观测的时间间隔 $\Delta t$ 与无限远处观测的时间间隔 $\Delta t_\infty$ 的关系为[47]

$$\Delta t=\Delta t_{\infty}\sqrt{1-\frac{2\mu}{rc^{2}}}\approx\Delta t_{\infty}\left(1-\frac{\mu}{rc^{2}}\right) \tag{3-3-17}$$

式中　$\mu$ ——地心引力常数，具体值参考附录 A；

　　$c$ ——光速。

上式约等号处采用了一阶近似。由式（3－3－17），对于卫星及地面上观测的时间间隔 $\Delta t_{SV}$ 及 $\Delta t_E$ 有

$$\frac{\delta t_{SV}}{\Delta t_{E}}\approx\frac{1-\dfrac{\mu}{r_{SV}c^{2}}}{1-\dfrac{\mu}{r_{E}c^{2}}} \tag{3-3-18}$$

式中，$r_{SV}$ 及 $r_E$ 分别为卫星及地表与地心的距离。如果将 $r_{SV}$ 取为 26 560 km，将 $r_E$ 取为 6 400 km，则由式（3－3－18）可以得到卫星时钟相对于地面同样的时钟每天要快约 45 μs。

综合狭义及广义相对论效应的影响，在太空中的卫星时钟要比它们在地面时每天快约 38 μs。为此，GNSS 卫星在发射前会调整时钟基准频率，例如 GPS 卫星将时钟基准频率调整－0.004 57 Hz，使得它的时钟频率看起来正好等于 10.23 MHz。但是，如果注意到之前计算的前提是轨道为正圆就可以知道，地面用户还必须对椭圆轨道造成的相对论效应进行补偿校正。具体来说，当卫星在近地点时，其与地心的距离更近，速度更快，根据式（3－3－16）及式（3－3－18），其时钟的运行速度更快，而当卫星在远地点时，其与地心的距离更远，速度更慢，其时钟的运行速度更慢[48]。校正公式的矢量形式为[6]

$$\delta t_{R}=-\frac{2\boldsymbol{r}\cdot\boldsymbol{v}}{c^{2}} \tag{3-3-19}$$

式中　$\boldsymbol{r}$ ——卫星的位置矢量；

　　$\boldsymbol{v}$ ——卫星的速度矢量。

由式（3－2－15）可知卫星的轨道半径为

$$r=A(1-e\cos E) \tag{3-3-20}$$

式中，$A$、$e$、$E$ 分别为半长轴、偏心率及偏近点角，半长轴和偏心率由导航电文中的卫星星历给出，偏近点角由式（3－2－9）或式（3－2－12）计算。由于式（3－3－19）中的点积与坐标系无关，可以将 $\boldsymbol{r}$ 在轨道平面坐标系内表示为

$$\boldsymbol{r}=r\begin{bmatrix}\sin\nu & \cos\nu\end{bmatrix}^{\mathrm{T}} \tag{3-3-21}$$

式中，$\nu$ 为真近点角。对式（3－3－21）求导可得

$$\begin{aligned}\boldsymbol{v}=\dot{\boldsymbol{r}}&=\dot{r}\begin{bmatrix}\sin\nu & \cos\nu\end{bmatrix}^{\mathrm{T}}+r\dot{\nu}\begin{bmatrix}\cos\nu & -\sin\nu\end{bmatrix}^{\mathrm{T}}\\&=(\dot{E}Ae\sin E)\begin{bmatrix}\sin\nu & \cos\nu\end{bmatrix}^{\mathrm{T}}+r\dot{\nu}\begin{bmatrix}\cos\nu & -\sin\nu\end{bmatrix}^{\mathrm{T}}\end{aligned} \tag{3-3-22}$$

结合式（3－3－21）及式（3－3－22），并代入式（3－2－24）、式（3－2－25）及式（3－2－1）可得

$$\boldsymbol{r}\cdot\boldsymbol{v}=r\dot{E}Ae\sin E=r\frac{n}{1-e\cos E}Ae\sin E=nA^{2}e\sin E=\sqrt{\mu}e\sqrt{A}\sin E \tag{3-3-23}$$

将式（3－3－23）代入式（3－3－19）可得

$$\delta t_R = Fe\sqrt{A}\sin E \tag{3-3-24}$$

式中，$F=\dfrac{-2\sqrt{\mu}}{c^2}$，对 GPS 系统取值为 $-4.442\ 807\ 633\times10^{-10}(\mathrm{s/m^{\frac{1}{2}}})$，北斗系统可根据 $\mu$ 及 $c$ 自行计算。

3.3.1.3　卫星时钟频偏校正[④]

为了使伪距率更加准确，需要对卫星时钟频率偏差进行校正。将式（3－3－10）对时间求导可得

$$\frac{\mathrm{d}\delta t_{SV}}{\mathrm{d}t}=\frac{\mathrm{d}t_{SV}}{\mathrm{d}t}-\frac{\mathrm{d}t}{\mathrm{d}t}=\frac{f_{SV}}{f}-1=\frac{\delta f_{SV}}{f} \tag{3-3-25}$$

上式说明卫星时钟频率偏差率 $\dfrac{\delta f_{SV}}{f}$ 为 $\delta t_{SV}$ 对时间的导数，将式（3－3－11）对时间求导得

$$\frac{\delta f_{SV}}{f}=a_{f1}+2a_{f2}(t-t_{OC})+\delta\dot{t}_R \tag{3-3-26}$$

其中，$\delta\dot{t}_R$ 可以由式（3－3－24）对时间求一次导得到

$$\delta\dot{t}_R = Fe\sqrt{A}\dot{E}\cos E \tag{3-3-27}$$

式中，$\dot{E}$ 参考式（3－2－25）计算，其余参数含义与式（3－3－24）相同。

### 3.3.2　电离层延迟改正

电离层位于离地面 70～1 000 km 的高度（电离层高度的下限有争议，有些学者认为应该为 50 km 以上，也有学者认为是 60 km，但是这一数值不影响讨论改正电离层延迟的方法）。电离层中的大气分子在太阳光的照射下会分解，这一层大气由自由电子、正负离子、中性分子和原子组成，形成一种弥散性介质。当电磁波在电离层中传播时，其速度和方向会发生改变。由于电离层是一种色散介质，因此不同频率的电磁波所受的影响不同，这种不同可以由电离层折射率随频率的变化函数来描述。

忽略电子间的相互作用力及磁场影响，等离子体的色散关系可以用介质的相对介电函数表示为[49]

$$\varepsilon_R = 1-\frac{f_P^2}{f^2} \tag{3-3-28}$$

式中　$f$ ——入射电磁波的频率；

$f_P$ ——等离子体振荡频率，可以表示为

$$f_P=\frac{1}{2\pi}\sqrt{\frac{Ne^2}{m\varepsilon_0}} \tag{3-3-29}$$

④　对应 gnss/pseudorange/svclkfreqoffset.m

式中　$N$ ——该介质单位体积内的电子数；

$e$ ——电子电量；

$m$ ——电子质量；

$\varepsilon_0$ ——真空介电常数。

将上述常数代入式（3-3-29）可得

$$f_P=\frac{1}{2\pi}\sqrt{\frac{N\ (1.602\ 189\times10^{-19}\mathrm{C})^2}{(9.109\ 53\times10^{-31}\mathrm{kg})\times\left(8.854\ 187\ 817\times10^{-12}\ \dfrac{\mathrm{C}^2}{\mathrm{N}\cdot\mathrm{m}^2}\right)}}$$
$$=8.978\ 7\sqrt{N}\ (\mathrm{Hz}) \tag{3-3-30}$$

又由于折射率 $n=\sqrt{\varepsilon_R}$ ，由式（3-3-28）及式（3-3-30），折射率可以表示为

$$n=\sqrt{1-\frac{80.6N}{f^2}}\approx1-\frac{1}{2}\cdot\frac{80.6N}{f^2}=1-\frac{40.3N}{f^2} \tag{3-3-31}$$

式中，对开方取了一阶近似。需要注意的是，式（3-3-31）中的折射率是对应于 $f$ 频率电磁波的相速度折射率 $n_P$ ，根据式（1-1-105），相应的群速度折射率为

$$n_G=n_P+f\ \frac{\mathrm{d}n_P}{\mathrm{d}f}\approx1-\frac{40.3N}{f^2}+2f\ \frac{40.3N}{f^3}=1+\frac{40.3N}{f^2} \tag{3-3-32}$$

仅考虑电离层的影响，用户测得的到卫星的距离为

$$\rho=\int_{SV}^{U_{ser}}n\,\mathrm{d}s \tag{3-3-33}$$

实际的几何距离为

$$r=\int_{SV}^{U_{ser}}\mathrm{d}l \tag{3-3-34}$$

式（3-3-33）减去式（3-3-34）可得电离层导致的测量误差为

$$\begin{aligned}\delta r_{Iono}&=\rho-r=\int_{SV}^{U_{ser}}n\,\mathrm{d}s-\int_{SV}^{U_{ser}}\mathrm{d}l\approx\int_{SV}^{U_{ser}}(n-1)\mathrm{d}l\\&=\int_{SV}^{User}\mp\frac{40.3N}{f^2}\mathrm{d}l=\mp\frac{40.3}{f^2}TEC\end{aligned} \tag{3-3-35}$$

式中，$TEC=\int_{SV}^{U_{ser}}N\mathrm{d}l$ ，为信号传播路径上单位面积内的电子数总量（Total Electron Content），即横截面积为 1 $\mathrm{m}^2$ 的管状通道中的电子数量。式（3-3-35）中的约等号处忽略了实际传播路径与视线路径的差别，结果中的负号对应 $n=n_P$ 的情形，正号对应 $n=n_G$ 的情形。式（3-3-35）表明电离层延迟与单位面积横截面在信号传播途径上所拦截的电子总量 $TEC$ 成正比，并且与载波频率 $f$ 的平方成反比。要改正这一误差有两种方式，一种是利用模型改正，一般应用在只有一个频点的接收器上；另一种是通过双频测量解算出误差后改正误差。

此外，对式（3-3-35）求导可得

$$\delta\dot{r}_{Iono}=\mp\frac{40.3}{f^2}\cdot\frac{\mathrm{d}TEC}{\mathrm{d}t} \tag{3-3-36}$$

可见 $TEC$ 随时间的变化可能影响伪距率。对于 GPS 系统 $L_1$ 频点的静止地面用户，$TEC$ 变化导致的伪距率误差最大可能达到 1.6 cm/s[50]。$TEC$ 的时变规律较为复杂，因此单频接收器一般忽略该误差，双频接收器可通过双频测量解算出误差后进行改正。

#### 3.3.2.1 单频接收器的电离层延迟改正

$TEC$ 对电离层延迟的影响最大，它是电子密度在信号传播路径上的积分。因此，在计算 $TEC$ 导致的误差时，需要考虑电子密度与传播路径两方面的影响。

目前 GPS 及北斗系统均使用 Klobuchar 模型进行改正，该模型使用一个半余弦函数（GPS 系统对该余弦函数进行了 4 阶泰勒展开）来拟合全球范围内天顶方向的月均单日电离层延迟[50]⑤

$$\begin{cases} T_{Iono} = F \cdot T'_{Iono} \\ T'_{Iono} = \begin{cases} DC + A \cdot \cos\left(\dfrac{2\pi(t-\phi)}{P}\right) & \left(|t-\phi| < \dfrac{P}{4}\right) \\ DC & \left(|t-\phi| \geqslant \dfrac{P}{4}\right) \end{cases} \end{cases} \tag{3-3-37}$$

式中 $T'_{Iono}$ ——天顶方向的电离层延迟；

$F$ ——倾斜因子；

$T_{Iono}$ ——信号传播路径上的电离层延迟；

$A$ ——代表白天电离层延迟的余弦函数的幅值；

$P$ ——余弦函数的周期（单位为 s）；

$DC$ ——偏置值；

$\phi$ ——余弦函数最大值对应的相位（相对于当地正午）；

$t$ ——接收器至卫星连线与电离层交点（穿刺点 $M$）处的地方时（取值范围为 0～86 400，单位为 s）。

式（3－3－37）中各参数的计算方法如下：

1）在 GPS 与北斗系统中，$DC$ 及 $\phi$ 均取为常量，分别为

$$DC = 5\times10^{-9}\ \text{s},\ \phi = 50\ 400\ \text{s} \tag{3-3-38}$$

2）在 GPS 系统中，$A$ 与 $P$（GPS 系统中的符号分别为 $AMP$ 与 $PER$）用关于地磁纬度的多项式表示，其系数在导航电文中播发

$$\begin{cases} AMP = \begin{cases} \sum\limits_{n=0}^{3} \alpha_n \phi_m^n & (AMP \geqslant 0) \\ 0 & (AMP < 0) \end{cases} (\text{s}) \\ PER = \begin{cases} \sum\limits_{n=0}^{3} \beta_n \phi_m^n & (PER \geqslant 72\ 000) \\ 72\ 000 & (PER < 72\ 000) \end{cases} (\text{s}) \end{cases} \tag{3-3-39}$$

---

⑤ 对应 gnss/pseudorange/ionogrpdelay_klob.m

式中　$\phi_M$ ——电离层穿刺点 $M$ 在地表投影的地磁纬度（假设电离层平均高度 350 km），单位为 π，计算式为

$$\phi_M = \phi_I + 0.064\cos[(\lambda_I - 1.617)\pi]\ (\pi) \tag{3-3-40}$$

式中　$\phi_I$，$\lambda_I$ —— $M$ 点地表投影的地理纬度及地理经度，单位均为 π，计算式为

$$\begin{cases} \phi_I = \begin{cases} \phi_U + \Psi\cos(A\pi) & (|\phi_I| \leqslant 0.416) \\ 0.416 & (\phi_I > 0.416) \\ -0.416 & (\phi_I < -0.416) \end{cases} (\pi) \\ \lambda_I = \lambda_U + \dfrac{\Psi\sin(A\pi)}{\cos(\phi_I\pi)}(\pi) \end{cases} \tag{3-3-41}$$

式中　$A$ ——卫星方位角［通过定位解算得到，算法参考式（1-2-23），对于单频接收器，在第一次定位解算前无法修正电离层延迟］；

$\phi_U$ ——用户地理纬度；

$\lambda_U$ ——用户地理经度（通过定位解算得到）；

$\Psi$ ——用户和 $M$ 点地表投影的地心张角，单位均为 π，$\Psi$ 的计算公式为

$$\Psi = \frac{0.0137}{E + 0.11} - 0.022(\pi) \tag{3-3-42}$$

式中　$E$ ——卫星高度角［通过定位解算得到，算法参考式（1-2-21）］，单位为 π。

此外，倾斜因子 $F$ 的计算式如下

$$F = 1.0 + 16.0\,(0.53 - E)^3 \tag{3-3-43}$$

3）在北斗系统中，$A$ 与 $P$（北斗系统中的符号分别为 $A_2$ 与 $A_4$）用关于地理纬度的多项式表示，其系数在导航电文中播发

$$\begin{cases} A_2 = \begin{cases} \sum\limits_{n=0}^{3}\alpha_n\,|\phi_M|^n & (A_2 \geqslant 0) \\ 0 & (A_2 < 0) \end{cases} (\mathrm{s}) \\ A_4 = \begin{cases} 172\,800 & (A_4 \geqslant 172\,800) \\ \sum\limits_{n=0}^{3}\beta_n\,|\phi_M|^n & (172\,800 > A_4 \geqslant 72\,000) \\ 72\,000 & (A_4 < 72\,000) \end{cases} (\mathrm{s}) \end{cases} \tag{3-3-44}$$

式中　$\phi_M$ ——电离层穿刺点 $M$ 的地理纬度，单位为 π，其与 $M$ 的地理经度 $\lambda_M$ 的计算公式为

$$\begin{cases} \phi_M = \arcsin(\sin\phi_U\cos\Psi + \cos\phi_U\sin\Psi\cos A) \\ \lambda_M = \lambda_U + \arcsin\left(\dfrac{\sin\Psi\sin A}{\cos\phi_M}\right) \end{cases} \tag{3-3-45}$$

式中　$\phi_U$ ——用户地理纬度；

$\lambda_U$ ——用户地理经度，单位均为弧度；

$A$ ——卫星方位角，单位为弧度；

$\Psi$ ——用户和穿刺点的地心张角，单位为弧度，其计算公式为

$$\Psi = \frac{\pi}{2} - E - \arcsin\left(\frac{R}{R+h}\cos E\right) \tag{3-3-46}$$

式中 $R$ ——地球半径，取值 6 378 km；

$E$ ——卫星高度角，单位为弧度；

$h$ ——电离层单层高度，取值 375 km。

此外，倾斜因子 $F$ 的计算式如下（推导可参考文献［44］）

$$F = \frac{1}{\sqrt{1-\left(\frac{R}{R+h}\cos E\right)^2}} \tag{3-3-47}$$

4）GPS 系统给出的 $t$ 的计算式如下

$$t = 4.32 \times 10^4 \lambda_I + \mathrm{GPST} \tag{3-3-48}$$

式中 GPST ——GPS 周内时，由接收器定位解算得到，由于存在 GPS 时跳周的情况，所以当 $t \geqslant 86\,400$ s 时需要减去 86 400 s；当 $t < 0$ s 时需要加上 86 400 s。

按上述计算步骤得到的式（3－3－37）中的 $T_{Iono}$ 乘以 $c$ 后，即为电离层延迟对应的距离 $\delta r_{Iono}$。此外，需要注意以下两点：

1）上述计算步骤是针对 GPS 的 $L_1$ 频点及北斗的 $B_1$ 频点给出的，根据式（3－3－35），对于其他的频点，需要在此结果上乘以一个与频率有关的因子 $k(f)$

$$k(f) = \frac{f_1^2}{f_i^2} \tag{3-3-49}$$

式中 $f_1$ —— $L_1$ 或 $B_1$ 频点的标称载波频率；

$f_i$ ——其他频点的标称载波频率。

2）根据式（3－3－35），电离层延迟对群速度（伪码测距）的影响是增加了路径长度，对相速度（载波相位测距）的影响是减小了路径长度，即

$$\begin{cases} \delta r_{Iono_P} = -k(f) \cdot cT_{Iono} \\ \delta r_{Iono_G} = k(f) \cdot cT_{Iono} \end{cases} \tag{3-3-50}$$

电离层的变化分为正常变化和非正常变化两种情况。正常变化包括日夜变化、季节变化和太阳黑子周期，非正常变化包括电离层暴和电离层骚扰。利用模型改正的方法只能改正其日夜变化，其他变化很难被改正得很好，因此模型只能改正大约百分之五十的电离层造成的延迟。

#### 3.3.2.2 双频接收器的电离层延迟改正⑥

根据式（3－3－35）分别写出 $f_1$ 频点与 $f_2$ 频点的电离层延迟 $\delta r_{Iono_1}$ 和 $\delta r_{Iono_2}$ 的表达式

⑥ 对应 gnss/pseudorange/ionogrpdelay _ dblfreq. m

$$\begin{cases}\delta r_{Iono_1}=\mp\dfrac{40.3}{f_1^2}TEC\\ \delta r_{Iono_2}=\mp\dfrac{40.3}{f_2^2}TEC\end{cases}\tag{3-3-51}$$

由上式可得

$$\frac{\delta r_{Iono_1}}{\delta r_{Iono_2}}=\frac{f_2^2}{f_1^2}\tag{3-3-52}$$

由于电离层是一种色散介质，而对流层是一种非色散性介质，再加上几何距离、接收器和卫星钟差均为公共误差量，所以在不考虑两个频点的测量噪声的情况下，两个频点测得的伪码伪距 $\rho_1$ 和 $\rho_2$ 之差等于两者之间的电离层延迟之差，即

$$\delta r_{Iono_1}-\delta r_{Iono_2}=\rho_1-\rho_2\tag{3-3-53}$$

联立式（3-3-52）和式（3-3-53）可以求出 $\delta r_{Iono_1}$ 及 $\delta r_{Iono_2}$

$$\begin{cases}\delta r_{Iono_1}=\dfrac{f_2^2}{f_2^2-f_1^2}(\rho_1-\rho_2)\\ \delta r_{Iono_2}=\dfrac{f_1^2}{f_1^2-f_2^2}(\rho_2-\rho_1)\end{cases}\tag{3-3-54}$$

因此，改正后得到的几何距离为（仅考虑电离层对伪距的影响）

$$\begin{aligned}r&=\rho_1-\delta r_{Iono_1}=\rho_1-\frac{f_2^2}{f_2^2-f_1^2}(\rho_1-\rho_2)\\&=\frac{f_2^2\rho_2-f_1^2\rho_1}{f_2^2-f_1^2}\end{aligned}\tag{3-3-55}$$

上式即GPS及北斗系统中的双频接收器修正电离层效应引起的群延迟的公式（文献［11］将式（3-3-15）也归入电离层延迟中）。式（3-3-52）和式（3-3-53）对群速度及相速度均适用，因此式（3-3-55）中的结果对伪码测距及载波相位测距均适用。

此外，将式（3-3-36）代替式（3-3-35）代入上述推导过程可得到与式（3-3-55）类似的适用于伪距率改正的结果

$$\dot{r}=\frac{f_2^2\dot{\rho}_2-f_1^2\dot{\rho}_1}{f_2^2-f_1^2}\tag{3-3-56}$$

### 3.3.3　对流层延迟改正

对流层位于大气层的底部，其顶部距离地面约40 km，各种气象现象基本都出现在这一层。其中的氧气、氮气和水蒸气是造成GNSS信号传播时延的原因。对于15 GHz以下的电磁波，它是非色散的，它造成的延迟随着对流层的折射率而变，而其折射率取决于当地的温度、压力和相对湿度。要准确估算对流层造成的延迟，就需要按照造成延迟的气体分子来源进行分类。将氧气和氮气的延迟归为一类，称之为干分量；将水蒸气造成的延迟归为一类，称之为湿分量，分别估计后进行相加。之所以如此分类，是因为两类分子造成的折射率的改变是不同的。首先估计出两类延迟在天顶方向上的延迟量，然后分别乘以相

应的倾斜率得到在信号传播方向上的延迟。估算对流层延迟的模型有很多，需要的参数也各有不同。这里介绍两种模型，一种是新布伦瑞克大学（University of New Brunswick）的精确建模，另一种是简单模型。之所以介绍这两种模型，是因为它们都不需要气象传感器得到环境的温度、湿度等信息，便于工程应用。

新布伦瑞克大学建立的模型通常被称为 UNB3 模型[51]，干分量和湿分量被视为高度 $h$（平均海平面以上，以米为单位）和 5 个气象参数的函数。这 5 个气象参数并不是通过传感器得到的，而是通过对模型提供的表格（见表 3-5 和表 3-6）中数值进行插值得到的。这 5 个气象参数分别为：压力 $p$(mbar)、温度 $T$(K)、水蒸气压力 $e$(mbar)、温度下降速率 $\beta$(K/m) 和水蒸气下降速率 $\lambda$（无量纲）。

**表 3-5　对流层延迟平均气象参数**

| 参数平均值 | | | | | |
|---|---|---|---|---|---|
| 纬度/(°) | $p_0$/(mbar) | $T_0$/K | $e_0$/mbar | $\beta_0$/(K/m) | $\lambda_0$ |
| ≤15 | 1 013.25 | 299.65 | 26.31 | $6.30\times10^{-3}$ | 2.77 |
| 30 | 1 017.25 | 294.15 | 21.79 | $6.05\times10^{-3}$ | 3.15 |
| 45 | 1 015.75 | 283.15 | 11.66 | $5.58\times10^{-3}$ | 2.57 |
| 60 | 1 011.75 | 272.15 | 6.78 | $5.39\times10^{-3}$ | 1.81 |
| ≥75 | 1013.00 | 263.65 | 4.11 | $4.53\times10^{-3}$ | 1.55 |

**表 3-6　对流层延迟季节性气象参数**

| 参数的季节性变化 | | | | | |
|---|---|---|---|---|---|
| 纬度/(°) | $\Delta p$/mbar | $\Delta T$/K | $\Delta e$/mbar | $\Delta\beta$/(K/m) | $\Delta\lambda$ |
| ≤15 | 0.00 | 0.00 | 0.00 | $0.00\times10^{-3}$ | 0.00 |
| 30 | −3.75 | 7.00 | 8.85 | $0.25\times10^{-3}$ | 0.33 |
| 45 | −2.25 | 11.00 | 7.24 | $0.32\times10^{-3}$ | 0.46 |
| 60 | −1.75 | 15.00 | 5.36 | $0.81\times10^{-3}$ | 0.74 |
| ≥75 | −0.5 | 14.50 | 3.39 | $0.62\times10^{-3}$ | 0.30 |

注：表格中所有参数下标为 0 代表的是在海拔为 0 情况下的平均值。

下面介绍该模型的使用方法[51-52]：

1）通过插值计算海拔为 0 处天顶方向上的平均大气压力 $p_0$、温度 $T_0$、水蒸气压力 $e_0$、温度下降速率 $\beta_0$ 和水蒸气下降速率 $\lambda_0$。

以平均大气压力为例，插值公式如下所示

$$p_0(\phi)=p_0(\phi_i)+[p_0(\phi_{i+1})-p_0(\phi_i)]\frac{\phi-\phi_i}{\phi_{i+1}-\phi_i} \tag{3-3-57}$$

式中，$\phi$ 表示用户接收器的纬度，导航定位解算后可以得到该值；$\phi_i$ 表示表 3-5 中比用户接收器纬度小但是最靠近用户接收器的纬度值；$\phi_{i+1}$ 表示表 3-5 中比用户接收器纬度大但是最靠近用户接收器的纬度值。其余参数的平均值的插值方法与 $p_0$ 的方法一样，不再赘述。如果纬度小于 15°，则直接使用表 3-5 中第一行的数据，无须插值；如果纬度大于

75°，则直接使用表 3-5 中最后一行的数据，也无须插值。

2）通过插值计算海拔为 0 处天顶方向上的季节性变化的大气压力 $\Delta p$、温度 $\Delta T$、水蒸气压力 $\Delta e$、温度下降速率 $\Delta\beta$ 和水蒸气下降速率 $\Delta\lambda$。

以大气压力季节性变化为例，插值公式如下所示

$$\Delta p(\phi)=\Delta p(\phi_i)+[\Delta p(\phi_{i+1})-\Delta p(\phi_i)]\frac{\phi-\phi_i}{\phi_{i+1}-\phi_i} \tag{3-3-58}$$

上式中自变量的含义与式（3-3-57）相同，插值使用表 3-6。

3）计算海拔为 0 处天顶方向上的大气压力 $p$、温度 $T$、水蒸气压力 $e$、温度下降速率 $\beta$ 和水蒸气下降速率 $\lambda$。

还是以大气压力为例，计算公式如下所示

$$p=p_0(\phi)-\Delta p(\phi)\cos\frac{2\pi(D-D_{\min})}{365.25} \tag{3-3-59}$$

其中

$$D_{\min}=\begin{cases}28 & \text{北半球}\\ 210.625 & \text{南半球}\end{cases} \tag{3-3-60}$$

式中，$D$ 为当日所处的一年中的天数，以 1 月 1 日作为第一天计算。南半球和北半球参数 $D_{\min}$ 的不同是因为两者季节正好相差 182.625 天（春秋、冬夏正好反过来）。按照计算压力的方法计算出其余 4 个气象参数，就可以继续计算用户接收器在天顶方向上的干分量和湿分量延迟了。

4）计算天顶方向上的干分量延迟 $d_{\text{Dry}}$ 和湿分量延迟 $d_{\text{Wet}}$。

$$d_{\text{Dry}}=\left(1-\frac{\beta h}{T}\right)^{\frac{g}{R_D\beta}}\cdot\left(\frac{10^{-6}\,k_1R_D}{g_M}\cdot p\right)(\text{m}) \tag{3-3-61}$$

$$d_{\text{Wet}}=\left(1-\frac{\beta h}{T}\right)^{\frac{(\lambda+1)g}{R_D\beta}-1}\cdot\left[\frac{10^{-6}\,k_2R_D}{g_M(\lambda+1)-\beta R_D}\cdot\frac{e}{T}\right](\text{m}) \tag{3-3-62}$$

上述函数在 $\frac{T}{\beta}$ 以下高度有效，更高的位置处延迟为零。式（3-3-61）和式（3-3-62）中的 $k_1=77.604\ \text{K/mbar}$，$k_2=382\ 000\ \text{K}^2/\text{mbar}$，$R_D=287.054\ \text{J/kg/K}$，$g=9.806\ 65\ \text{m/s}^2$，$g_M$ 的计算式如下

$$g_M=9.784[1-2.66\times10^{-3}\cos(2\phi)-2.8\times10^{-7}h](\text{m/s}^2) \tag{3-3-63}$$

5）计算干分量映射函数参数 $a_D$、$b_D$、$c_D$ 和湿分量映射函数参数 $a_W$、$b_W$、$c_W$。

$$\begin{cases}a_D=(1.189\ 72-0.026\ 855h+0.106\ 64\cos\phi)/1\ 000\\ b_D=0.003\ 571\ 6\\ c_D=0.082\ 456\end{cases}$$
$$\begin{cases}a_W=(0.611\ 20-0.035\ 348h+0.015\ 26\cos\phi)/1\ 000\\ b_W=0.001\ 857\ 6\\ c_W=0.062\ 741\end{cases} \tag{3-3-64}$$

式中，$h$ 为用户接收器的海拔；$\phi$ 为用户接收器的纬度。这两个值在导航定位解算时得到。

6）计算干分量映射函数 $m_D$ 和湿分量映射函数 $m_W$。

$$\begin{cases} m_D = \dfrac{1+\dfrac{a_D}{1+\dfrac{b_D}{1+c_D}}}{\sin E+\dfrac{a_D}{\sin E+\dfrac{b_D}{\sin E+c_D}}} \\ m_W = \dfrac{1+\dfrac{a_W}{1+\dfrac{b_W}{1+c_W}}}{\sin E+\dfrac{a_W}{\sin E+\dfrac{b_W}{\sin E+c_W}}} \end{cases} \tag{3-3-65}$$

式中，$E$ 为卫星高度角。

7）计算对流层造成以米为单位的延迟 $\delta r_{Tropo}$。

$$\delta r_{Tropo} = m_D d_{\text{Dry}} + m_W d_{\text{Wet}} \tag{3-3-66}$$

上述模型虽然无需气象传感器，但是需要进行查表和插值计算，因此在精度需求不高的条件下，可以使用更为简化的模型改正公式，以米为单位的改正公式为[50]⑦

$$\delta r_{Tropo} = 2.47/(\sin E + 0.012\,1) \tag{3-3-67}$$

式中，$E$ 为卫星高度角［计算参考式（1-2-21）］，这个值在第一次定位解算前无法得到，因此在第一次定位解算后才能进行对流层误差的改正。在这个模型中，假定了天顶方向上的对流层干分量和湿分量造成的延迟是一个已知的常数。如果没有气象模型，各个方向上测量的均方误差约为 5～6 m，经过这个模型校正得到的天顶方向上的误差约为 0.1～1 m。需要注意的是这个模型只适合在距离地面不高的地方使用，在高海拔地区和高空中（如飞机）该模型估计的延迟可能大于实际延迟量，另外在空间中的接收器（星载接收器或者航天器接收器）将不用改正对流层延迟，因为它们的飞行高度早已超越了对流层。

对流层对伪距率的影响 $\delta \dot{r}_{Tropo}$ 主要来自传播路径上的折射率相对于时间的变化，除非发生极端天气状况（如台风等），否则这一变化率很小，且由于难以建模，一般忽略这一项误差。

⑦ 对应 radio/pseudorange/tropodelay_simp.m

# 第4章　视觉导航

## 4.1　相机模型

### 4.1.1　相关几何光学基础

本节参考文献［53］的第二章、第四章及第七章，简要介绍与摄影光学系统相关的几何光学知识。

#### 4.1.1.1　理想光学系统

在介绍摄影系统前，首先介绍理想光学系统。理想光学系统是将一般仅在光学系统的近轴区存在的完善成像，扩展成在任意大的空间中以任意宽的光束都完善成像的理想模型。在理想光学系统中，任何一个物点发出的光线在系统的作用下所有的出射光线仍然相交于一点，即每一个物点对应于唯一的一个像点。通常将这种物像对应关系称为“共轭”。共轴理想光学系统有以下性质：

1）直线成像为直线，平面成像为平面，位于光轴的某个截面内的物点对应的共轭像点位于该截面的共轭像面内；

2）垂直于光轴的物平面的共轭像平面也垂直于光轴；

3）位于光轴上的物点对应的共轭像点也位于光轴上；

4）垂直于光轴的平面物所成的共轭平面像的几何形状完全与物相似，在整个物平面上的任一部分，像与物的大小比例（称为“垂轴放大率”）为常数；

5）如果已知两对垂轴共轭面的位置和垂轴放大率，或者一对垂轴共轭面的位置和垂轴放大率以及轴上两对共轭点的位置，则其他一切物点的像点都可以根据这些已知的共轭面和共轭点表示。通常将这些已知的共轭面和共轭点称为系统的“基面”和“基点”。

下面根据上述性质引出共轴理想光学系统最常用的一对基面和两对基点。如图4-1所示，与光轴平行的入射光线 $AB$ 可以视为位于光轴上物方无穷远处点发射的光线。设该入射光线经过光学系统（图中以圆角括号表示）后对应的出射光线为 $E'F'$，其中 $F'$ 点位于光轴上。根据上述第3）条性质，$F'$ 点即为与光轴上无穷远处物点共轭的像点，称为像方焦点。以非零角度入射光学系统的平行光可以视为无限远处轴外物点发射的光线，这些光线及与光轴平行的入射光对应的物点均可视为位于与光轴垂直的无穷远处的物平面上。由上述第1）、2）条性质，这些光线经过光学系统后对应的出射光线必然相交于过 $F'$ 点并与光轴垂直的平面上，称该平面为像方焦平面。设入射光线 $AB$ 的延长线与出射光线 $E'F'$ 的反向延长线相交于点 $Q'$，称过 $Q'$ 并与光轴垂直的平面为像方主平面，称该平面与光轴的交点 $H'$ 为像方主点。以 $H'$ 为原点，至 $F'$ 的距离称为像方焦距，通常用 $f'$ 表示。类似地，可以定义物方焦点 $F$ 、物方焦平面、物方主平面、物方主点 $H$ 及物方焦距 $f$。光学系统中符号参量的正负一般按如下约定（即通常所说的符号规则）：

1）沿轴线段：方向与光线传播方向一致的为正，否则为负；

2）垂轴线段：以光轴为基准，在光轴以上为正，在光轴以下为负；

3）光线与光轴的夹角：用由光轴转向光线所成的锐角度量，顺时针为正，逆时针为负。

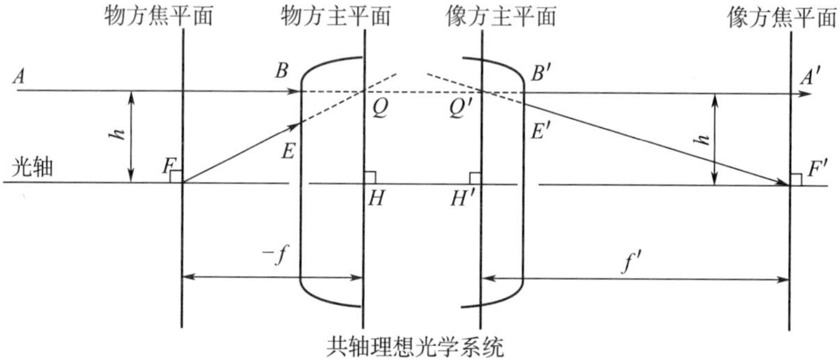


图 4-1 共轴理想光学系统常用基点与基面

根据上述约定，图 4-1 中物方焦距前加上了负号（光路图中标记的长度及角度均为正值）。物方焦距与像方焦距的关系式如下[53]

$$\frac{f'}{f}=-\frac{n'}{n} \tag{4-1-1}$$

式中，$n$、$n'$ 分别为物空间与像空间介质折射率。除眼睛及水底摄影等光学系统外，绝大多数光学系统都是在同一介质（一般为空气）中使用，即 $n'=n$ ，因此这时有 $f'=-f$。

如图 4-1 所示，设入射光线 $AB$ 的投射高度为 $h$。如果过物方焦点 $F$ 作一条入射光线 $FE$ ，使得对应的出射光线 $B'A'$ 的投射高度也为 $h$ ，那么两条入射光线 $AB$、$FE$ 均经过 $Q$ 点，对应的两条出射光线 $E'F'$、$B'A'$ 均经过 $Q'$ 点。因此 $Q$、$Q'$ 为一对共轭点，而由上述第 1)、2) 条性质，物方主平面与像方主平面为一对共轭面。由于 $QH$ 与 $Q'H'$ 长度相等并在光轴的同一侧，因此一对主平面的垂轴放大率为 +1，也即对于任意入射光线，其对应出射光线在像方主平面上的投射高度与入射光线在物方主平面上的投射高度相等。

由上述第 5) 条性质可知，物方主平面与像方主平面、无限远轴上的物点与像方焦点 $F'$ 、物方焦点 $F$ 与无限远轴上的像点，构成了一对垂轴放大率已知的垂轴共轭面及两对轴上共轭点，是共轴理想光学系统最常用的基面与基点。不同的光学系统，仅表现为这些基点的相对位置不同、焦距不等。根据上述基面与基点，可以确定物空间任意物点对应的像点。如果采用解析法计算，一般通过牛顿公式或高斯公式。

如图 4-2 所示，设某垂轴物体 $AB$ ，其高度为 $-y$ ，被某光学系统成一高度为 $y'$ 的像 $A'B'$。根据原点不同，物距有两种定义方式，其中以物方焦点 $F$ 为原点至物点 $A$ 的距离表示为 $-x$ ，以物方主点 $H$ 为原点至物点 $A$ 的距离表示为 $-l$。类似地，可以定义像距 $x'$ 与 $l'$。由相似三角形的性质可得牛顿公式为

$$
\begin{cases}
xx' = ff' \\
\beta \equiv \dfrac{y'}{y} = -\dfrac{f}{x} = -\dfrac{x'}{f'}
\end{cases}
\tag{4-1-2}
$$

式中，$\beta$ 为垂轴放大率。由图 4-2 可知

$$
\begin{cases}
l = x + f \\
l' = x' + f'
\end{cases}
\tag{4-1-3}
$$

由式（4-1-2）及式（4-1-3）可得高斯公式为

$$
\begin{cases}
\dfrac{f'}{l'} + \dfrac{f}{l} = 1 \\
\beta = \dfrac{y'}{y} = -\dfrac{f}{f'}\dfrac{l'}{l}
\end{cases}
\tag{4-1-4}
$$

在物像空间介质折射率相同的情况下，若已知像距 $l$ 及垂轴放大率 $\beta$，由式（4-1-2）及式（4-1-3）可计算焦距为

$$
f = \frac{l}{1 - \dfrac{1}{\beta}}
\tag{4-1-5}
$$

在图 4-2 中，任取过 $A$ 点的入射光线 $AM$ 及共轭的出射光线 $M'A'$，设其与光轴的夹角分别为 $U$ 及 $U'$，将这两个角度的正切之比定义为 $A$ 及 $A'$ 这一对轴上共轭点的角放大率

$$
\gamma \equiv \frac{\tan U'}{\tan U}
\tag{4-1-6}
$$

将式（4-1-4）及式（4-1-1）代入上式可得角放大率与垂轴放大率的关系为

$$
\gamma = \frac{y'/l'}{y'/l} = \frac{l}{l'} = -\frac{1}{\beta}\frac{f}{f'} = \frac{1}{\beta}\frac{n}{n'}
\tag{4-1-7}
$$

将角放大率等于+1 的一对轴上共轭点称为节点。节点也是光学系统常用的基点。由式（4-1-7）可知，对于物像空间介质折射率相同的光学系统，垂轴放大率为+1 的共轭面与光轴的交点即为节点，此时主点即为节点。其物理意义是过主点的入射光线经过系统后出射方向不变。

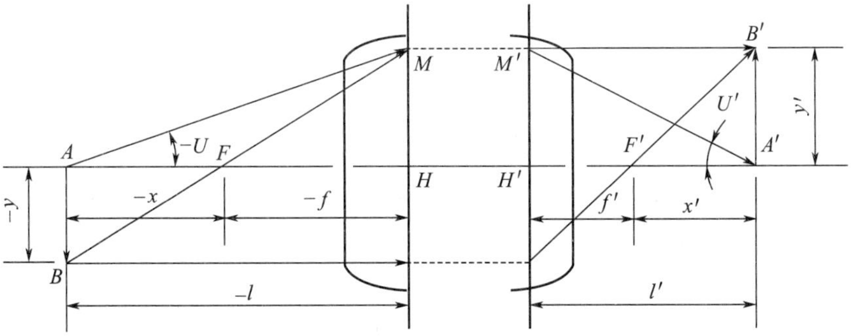


图 4-2　物像对应关系

#### 4.1.1.2 摄影光学系统

摄影光学系统由摄影物镜、感光元（在视觉导航传感器中通常为图像传感器）、孔径光阑（如物镜中的可变光阑）及视场光阑（如感光元界限框）组成。摄影物镜的光学特性由焦距 $f'$ 、相对孔径 $D/f'$（其中 $D$ 为能通过光阑的轴向光束的口径，如图 4－3 所示）和视场角 $2\omega$ 表示。焦距决定成像的大小，相对孔径决定像面照度，视场决定成像的范围。本大节仅讨论物像空间介质折射率相同的摄影光学系统（对于绝大多数视觉导航传感器适用），即其物方焦距与像方焦距大小相等。

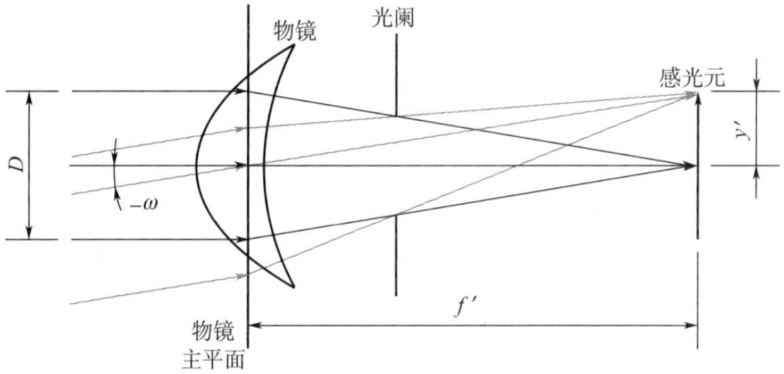


图 4－3 摄影光学系统——拍摄远处物体

摄影光学系统的视场大小由物镜的焦距和接收器的尺寸决定。由图 4－3（由于两个主平面的垂轴放大率及主点的角放大率为＋1，因此图中省略了物方主平面与像方主平面之间的光路，并将这两个主平面统一以物镜主平面表示）可得，在拍摄远处的物体时，像的大小为

$$y' = -f'\tan\omega \tag{4-1-8}$$

由图 4－4 及式（4－1－2）可得，在拍摄近处的物体时，像的大小为

$$y' = \beta y = \frac{f'}{x}y \tag{4-1-9}$$

由式（4－1－8）及式（4－1－9）可知，物镜焦距越长，成像尺寸越大。此外，当感光元的尺寸一定时，物镜焦距越短，其视场角越大；焦距越长，视场角越小，对应这两种情况的物镜分别称为广角物镜及远摄物镜。

摄影光学系统的分辨率由物镜分辨率及感光元分辨率共同决定。分辨率以像平面上单位长度内能分辨开的线对数表示。设物镜的分辨率为 $N_L$ ，感光元的分辨率为 $N_R$ ，由经验公式，系统分辨率 $N$ 有

$$\frac{1}{N} = \frac{1}{N_L} + \frac{1}{N_R} \tag{4-1-10}$$

按瑞利准则，物镜的理论分辨率为

$$N_L = \frac{1}{1.22\lambda F} \tag{4-1-11}$$

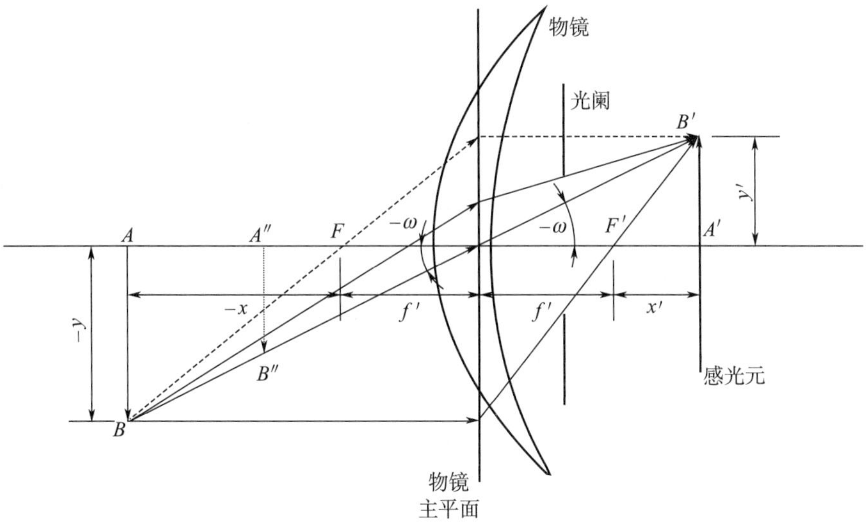


图 4－4　摄影光学系统——拍摄近处物体

式中，$\lambda$ 为波长；$F$ 为物镜的光圈数，是相对孔径的倒数，$F=\dfrac{f'}{D}$。由于像差及衍射效应的影响，物镜的实际分辨率要低于理论分辨率。

理想情况下，对于物空间的一个平面，在像空间仅有一个平面与之共轭。因此，对于与感光元平面共轭的物空间平面（称为对准平面）外的任意一点，在感光元平面上的像将是一个弥散斑。但由于任何实际的感光元及人眼均是不完善的，因此在实际应用中并不要求像点为一个几何点。当弥散斑小于一定限度时，仍可以将其视为一个点。定义入射光瞳（简称入瞳）为孔径光阑经其前面的透镜组在物空间所成的像，出射光瞳（简称出瞳）为孔径光阑经其后面的透镜组在像空间所成的像。由上述定义可知，入瞳为入射光束的入口，出瞳为出射光束的出口，主光线（或其延长线）必通过入瞳、孔径光阑及出瞳的中心。当入瞳直径 $2a$ 为定值时，可以确定成像空间的深度，在此深度范围内的物体经过一定的感光元成像后可得到清晰的图像，称该深度范围为景深（depth of field）。如图 4－5 所示，能成清晰像的最远平面称为远景平面，能成清晰像的最近平面称为近景平面。它们与对准平面的距离分别称为远景深度 $\Delta_1$ 及近景深度 $\Delta_2$。景深 $\Delta=\Delta_1+\Delta_2$。如图 4－5 所示，记对准、远景、近景平面与入瞳的距离分别为 $p$、$p_1$、$p_2$，远景点 $B_1$ 及近景点 $B_2$ 在对准平面上对应的弥散斑直径分别为 $z_1$、$z_2$，像方对应的上述量加“′”标记。为简便起见，下面推导时不考虑图 4－5 中各量的正负。由图中的相似三角形关系可得

$$\frac{z_1}{2a}=\frac{p_1-p}{p_1},\frac{z_2}{2a}=\frac{p-p_2}{p_2} \tag{4-1-12}$$

即

$$p_1=\frac{2ap}{2a-z_1},p_2=\frac{2ap}{2a+z_2} \tag{4-1-13}$$

又由于对准平面与感光元平面共轭，因此 $z_1'=\beta z_1$、$z_2'=\beta z_2$，其中 $\beta$ 为垂轴放大率，联合

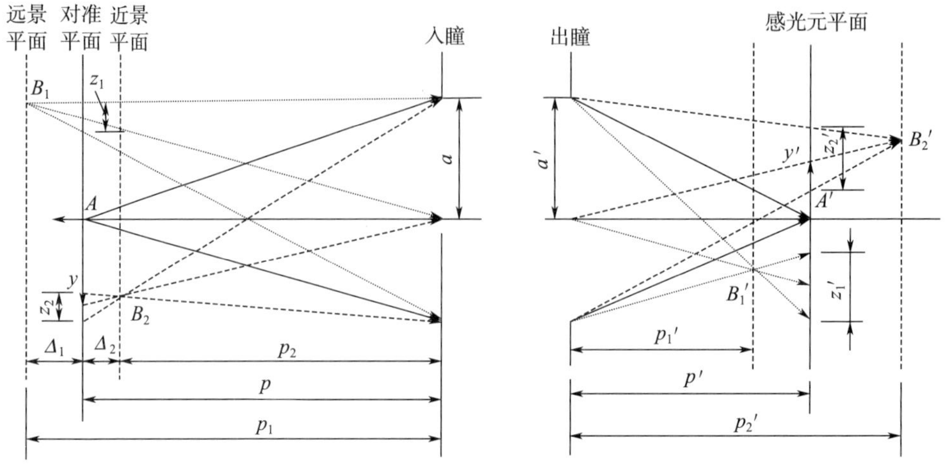


图 4－5　摄影光学系统——景深

上式得到景深与弥散斑直径的关系为

$$\begin{cases}\Delta_1 = p_1 - p = \dfrac{pz_1}{2a - z_1} = \dfrac{pz'_1}{2\beta a - z'_1} \\ \Delta_2 = p - p_2 = \dfrac{pz_2}{2a + z_2} = \dfrac{pz'_2}{2\beta a + z'_2}\end{cases} \tag{4-1-14}$$

对于摄影光学系统，一般焦距 $f'$ 的量值远小于 $p$，因此式（4－1－2）中的 $x \approx p$（不考虑正负），即 $\beta = \dfrac{f}{x} \approx \dfrac{f'}{p}$，代入式（4－1－14）可得

$$\Delta_1 \approx \frac{p^2 z'_1}{2f'a - pz'_1}, \Delta_2 \approx \frac{p^2 z'_2}{2f'a + pz'_2} \tag{4-1-15}$$

由上式可知，焦距越长、入瞳直径越大、拍摄距离越短，景深越小。

像空间弥散斑直径的允许值取决于具体应用。如果感光元上所成的图像用于计算机处理，那么弥散斑直径允许值与像元尺寸及特征点提取算法相关。如果感光元上所成的图像是用于给人眼观察的，那么弥散斑直径的允许值通常取为人观察图像的正确透视距离 $d$（即在该距离上观察图像时，图像上的各像点对眼睛的张角与直接观察该空间物体时各对应点对眼睛的张角相等）与人眼极限分辨角（一般为 $1'$～$2'$）$\varepsilon$ 的乘积，即

$$z' = z'_1 = z'_2 = d\varepsilon \tag{4-1-16}$$

设图 4－5 中对准平面上的物 $y$ 在感光元平面上的像为 $y'$，根据正确透视距离下张角相等的性质可知

$$\frac{y'}{d} = \frac{y}{p} \tag{4-1-17}$$

代入式（4－1－16）可得

$$z' = z'_1 = z'_2 = \frac{y'p}{y}\varepsilon = \beta p\varepsilon \tag{4-1-18}$$

代入式（4－1－14），可将景深用人眼极限分辨角表示为

$$\Delta_1 = \frac{p^2\varepsilon}{2a - p\varepsilon}, \Delta_2 = \frac{p^2\varepsilon}{2a + p\varepsilon} \tag{4-1-19}$$

### 4.1.2　针孔相机模型

由图 4-4 可知，由于主点的角放大率为+1，当摄影光学系统拍摄近处物平面上的物点 $B$ 时，其像点 $B'$ 位于 $B$ 与物镜主点（与主平面类似，这里将忽略物方主点与像方主点的区别，统一称为物镜主点）的连线延长线与像平面的交点上。因此，可以将该光学系统视为一个针孔相机，其针孔位于物镜主点上，入射光线均通过针孔投影在理想状态下位于像平面的感光元上。如图 4-4 所示，摄影光学系统在感光元上成倒像。在计算机视觉领域，为了便于分析，常使用一个虚拟的位于物和物镜之间的像平面，即将原像平面绕光轴旋转 180°后再沿光轴平移至物空间内与物镜主平面等距处（如图 4-4 中 $A''B''$ 所示），这样使得像为正像。按照上述惯例，针孔相机的成像示意图如图 4-6 所示。

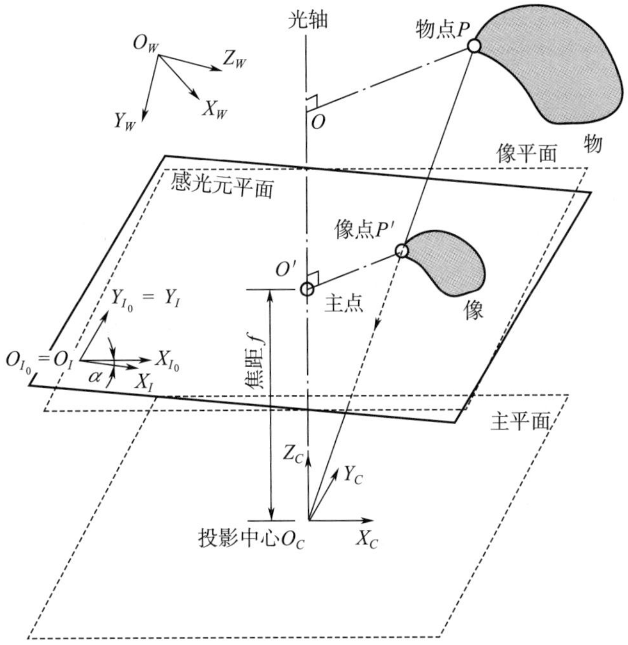


图 4-6　针孔相机成像示意图

需要注意的是，图 4-6 中的主点、焦距按计算机视觉领域中进行定义，与 4.1.1 节中几何光学领域的定义有区别。在图 4-6 中，主点（principal point）是指光轴与像平面的交点，而 4.1.1 节中的主点相当于图 4-6 中的投影中心（projection center）；在图 4-6 中，焦距（focal length）$f$ 是指主点与投影中心的距离，相当于 4.1.1 节中的像距 $l'$ [由式（4-1-2）及式（4-1-3），当垂轴放大率 $\beta$ 较小时，略大于像方焦距 $f'$ ]。除上述区别外，图 4-6 中的主平面指相机坐标系的 $O_C X_C Y_C$ 平面，与 4.1.1 节的主平面相同。此外，针孔相机模型也忽略了景深的影响，认为所有物距上的物点在像平面上的成像均为一个几何点。在本大节下文中，如无特殊说明，均采用图 4-6 中的术语及定义。

图 4－6 中示出了世界坐标系、相机坐标系、理想图像坐标系、图像坐标系等坐标系，相关坐标系定义如下[54]：

1）世界坐标系 $W$ ：相当于 4.1.1 节中的物空间的正交坐标系。原点及坐标轴朝向根据具体应用定义。在视觉导航应用中，常与 1.2.1 节中的地球坐标系 $E$ 固连或者与某个拍摄目标固连。

2）相机坐标系 $C$ ：与相机固连的正交坐标系。原点 $O_C$ 位于相机投影中心，$Z_C$ 轴与光轴平行并朝向物空间，另两个坐标轴 $X_C$ 及 $Y_C$ 分别与位于像平面内的 $X_{I_0}$ 及 $Y_{I_0}$ 轴平行（像平面与光轴垂直）。

3）归一化坐标系 $C_N$ ：与相机固连的正交坐标系。点 $P$ 的归一化坐标 $\boldsymbol{p}^{C_N}$ 与其在相机坐标系下的坐标 $\boldsymbol{p}^C$（本大节采用了 1.1.2 节引入的位矢表示法）之间的关系为 $\boldsymbol{p}^{C_N}=\begin{bmatrix}\dfrac{p_x^C}{p_z^C} & \dfrac{p_y^C}{p_z^C} & 1\end{bmatrix}^{\mathrm{T}}$。相机畸变通常在 $C_N$ 系中引入。

4）理想图像坐标系 $I_0$ ：与相机固连的、与感光元平面平行的平面正交坐标系。原点 $O_{I_0}$ 位于像平面内，与图像坐标系原点 $O_I$ 重合（见图 4－7），两个坐标轴 $X_{I_0}$ 及 $Y_{I_0}$ 位于像平面内。

5）图像坐标系 $I$ ：与相机固连的、以像素点为度量单位的、与感光元平面平行的平面斜交坐标系。$Y_I$ 轴与 $Y_{I_0}$ 轴重合，$X_I$ 轴与 $X_{I_0}$ 轴的夹角 $\alpha$ 可能非零。该坐标系可以考虑感光元的制造误差导致的图像剪切，以及感光元像素横向、纵向尺寸的区别。因此，该坐标系相当于感光元实际输出图像的坐标系。一般定义 $X_I$ 轴沿图像横向向右，$Y_I$ 轴沿图像纵向向下。该坐标系与图像各像素点之间的关系如图 4－7 所示。图中以一个 5×4 像素的图像为例示出了图像坐标系原点 $O_I$（与图像左上角距离 0.5 像素）及主点 $O'$（位于图像正中）与图像之间的关系，括号内是各点对应的 $I$ 系坐标，各像素中心点的坐标为整数值。

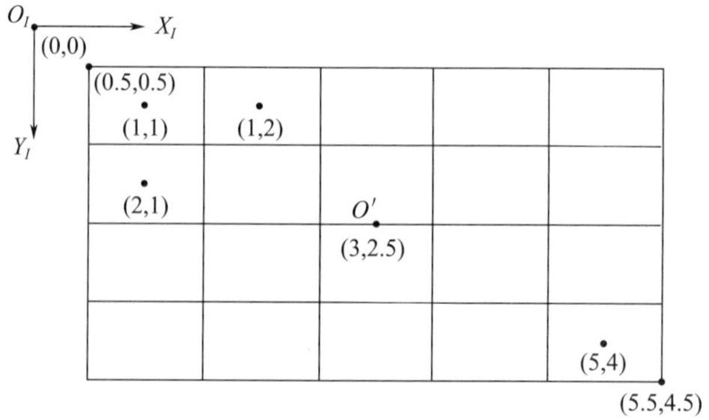


图 4－7　图像坐标系与图像的关系

针孔相机模型描述了由 $W$ 系中的物点 $P$ 坐标到 $I$ 系中的像点 $P'$ 坐标的变换关系。该变换可以分解为上述 4 个坐标系之间如下的 3 次齐次变换。

(1) $W$ 系下的物点坐标变换为 $C$ 系下的物点坐标

设 $C$ 系原点相对于 $W$ 系原点的位矢为 $\boldsymbol{r}_{O_W O_C}$，物点 $P$ 相对于 $W$ 系原点的位矢在 $W$ 系中的投影为 $\boldsymbol{p}^W$，相对于 $C$ 系原点的位矢在 $C$ 系中的投影为 $\boldsymbol{p}^C$，则由式（1-1-32）（式中令 $M$ 系为 $C$ 系，$F$ 系为 $W$ 系）可得

$$\begin{bmatrix} \boldsymbol{p}^C \\ 1 \end{bmatrix} = \begin{bmatrix} \boldsymbol{C}_W^C & -\boldsymbol{C}_W^C \boldsymbol{o}_C^W \\ \boldsymbol{0}_{1\times 3} & 1 \end{bmatrix} \begin{bmatrix} \boldsymbol{p}^W \\ 1 \end{bmatrix} \tag{4-1-20}$$

式中，$\boldsymbol{o}_C^W$ 为 $\boldsymbol{r}_{O_W O_C}$ 在 $W$ 系下的投影的简化表示。

(2) $C$ 系下的物点坐标变换为 $C_N$ 系下的物点坐标

将 $C$ 系下的物点坐标 $\boldsymbol{p}^C$ 深度方向坐标进行归一化处理可得

$$\boldsymbol{p}^{C_N} = \frac{1}{p_z^C} \boldsymbol{p}^C \tag{4-1-21}$$

根据 4.1.2.3 节相机畸变模型，假设点 $\boldsymbol{p}^{C_N}$ 在 $x$、$y$ 方向上的畸变分别为 $\delta p_x^{C_N}$、$\delta p_y^{C_N}$，引入畸变后，物点归一化坐标 $\boldsymbol{p}_D^{C_N}$ 为

$$\begin{cases} \boldsymbol{p}_D^{C_N} = \boldsymbol{p}^{C_N} + \delta \boldsymbol{p}^{C_N} \\ \delta \boldsymbol{p}^{C_N} = \begin{bmatrix} \delta p_x^{C_N} \\ \delta p_y^{C_N} \\ 0 \end{bmatrix} \end{cases} \tag{4-1-22}$$

(3) $C_N$ 系下的物点坐标变换为 $I_0$ 系下的像点坐标

如图 4-6 所示，由物点 $P$ 向光轴作垂线，设垂足为点 $O$；由像点 $P'$ 向光轴作垂线，由于 $P'$ 点在像平面上，因此垂足即为主点，命名为点 $O'$。在相机没有畸变的理想条件下，由 $\triangle O_C P'O'$ 与 $\triangle O_C PO$ 相似及式（4-1-21）可得

$$\begin{cases} p'^{I_0}_x = \dfrac{f}{p_z^C} p_x^C + o'^{I_0}_x = f p_x^{C_N} + o'^{I_0}_x \\ p'^{I_0}_y = \dfrac{f}{p_z^C} p_y^C + o'^{I_0}_y = f p_y^{C_N} + o'^{I_0}_y \end{cases} \tag{4-1-23}$$

式中，$x_a^C$ 表示矢量 $\boldsymbol{x}$ 在坐标系 $C$ 下的投影 $\boldsymbol{x}^C$ 沿 $A$ 轴分量。表示为齐次变换的形式为

$$\begin{bmatrix} \boldsymbol{p}'^{I_0} \\ 1 \end{bmatrix} = \begin{bmatrix} f & 0 & o'^{I_0}_x & 0 \\ 0 & f & o'^{I_0}_y & 0 \\ 0 & 0 & 1 & 0 \end{bmatrix} \begin{bmatrix} \boldsymbol{p}^{C_N} \\ 1 \end{bmatrix} \tag{4-1-24}$$

在包含相机畸变的实际情况下，上式中的理想归一化坐标 $\boldsymbol{p}^{C_N}$ 需要被替换为含畸变的归一化坐标 $\boldsymbol{p}_D^{C_N}$。由上式及式（4-1-22）可得含畸变的像点坐标为

$$\begin{cases} p'^{I_0}_{D_x} = f p^{C_N}_{D_x} + o'^{I_0}_x = f(p_x^{C_N} + \delta p_x^{C_N}) + o'^{I_0}_x \\ p'^{I_0}_{D_y} = f p^{C_N}_{D_y} + o'^{I_0}_y = f(p_y^{C_N} + \delta p_y^{C_N}) + o'^{I_0}_y \end{cases} \tag{4-1-25}$$

表示为齐次变换的形式为

$$\begin{bmatrix} \boldsymbol{p}'^{I_0}_D \\ 1 \end{bmatrix} = \begin{bmatrix} f & 0 & o'^{I_0}_x & 0 \\ 0 & f & o'^{I_0}_y & 0 \\ 0 & 0 & 1 & 0 \end{bmatrix} \begin{bmatrix} \boldsymbol{p}^{C_N}_D \\ 1 \end{bmatrix} = \begin{bmatrix} f & 0 & o'^{I_0}_x & 0 \\ 0 & f & o'^{I_0}_y & 0 \\ 0 & 0 & 1 & 0 \end{bmatrix} \begin{bmatrix} \boldsymbol{p}^{C_N} + \delta \boldsymbol{p}^{C_N} \\ 1 \end{bmatrix} \tag{4-1-26}$$

(4) $I_0$ 系下的像点坐标变换为 $I$ 系下的像点坐标

设感光元 $X$、$Y$ 方向上的像素尺寸分别为 $p_x$、$p_y$，考虑到 $X_I$ 轴与 $X_{I_0}$ 轴的夹角 $\alpha$，将以世界坐标系下的单位度量的 $\boldsymbol{p}'^{I_0}$ 坐标转换为以像素度量的 $\boldsymbol{p}'^{I}$ 有

$$\begin{bmatrix} \boldsymbol{p}'^{I} \\ 1 \end{bmatrix} \approx \begin{bmatrix} 1/p_x & \alpha/p_y & 0 \\ 0 & 1/p_y & 0 \\ 0 & 0 & 1 \end{bmatrix} \begin{bmatrix} \boldsymbol{p}'^{I_0} \\ 1 \end{bmatrix} \tag{4-1-27}$$

考虑到 $\alpha$ 为小角度，式中的约等号处忽略了 $p'^{I}_x$ 中的二阶小量。

结合式（4-1-20）～式（4-1-22)、式（4-1-24）与式（4-1-27)，可得由 $W$ 系中的物点 $P$ 坐标到 $I$ 系中的像点 $P'$ 坐标的变换关系式为（由于相机畸变包含非线性项，为简化计算，这里忽略了相机畸变）

$$\begin{aligned} \begin{bmatrix} \boldsymbol{p}'^{I} \\ 1 \end{bmatrix} &\approx \frac{1}{p^C_z} \begin{bmatrix} 1/p_x & \alpha/p_y & 0 \\ 0 & 1/p_y & 0 \\ 0 & 0 & 1 \end{bmatrix} \begin{bmatrix} f & 0 & o'^{I_0}_x & 0 \\ 0 & f & o'^{I_0}_y & 0 \\ 0 & 0 & 1 & 0 \end{bmatrix} \begin{bmatrix} \boldsymbol{C}^C_W & -\boldsymbol{C}^C_W \boldsymbol{o}^W_C \\ \boldsymbol{0}_{1\times 3} & 1 \end{bmatrix} \begin{bmatrix} \boldsymbol{p}^W \\ 1 \end{bmatrix} \\ &= \frac{1}{p^C_z} \begin{bmatrix} \dfrac{f}{p_x} & \dfrac{f\alpha}{p_y} & \dfrac{o'^{I_0}_x}{p_x} + \dfrac{\alpha\, o'^{I_0}_y}{p_y} & 0 \\ 0 & \dfrac{f}{p_y} & \dfrac{o'^{I_0}_y}{p_y} & 0 \\ 0 & 0 & 1 & 0 \end{bmatrix} \begin{bmatrix} \boldsymbol{C}^C_W & -\boldsymbol{C}^C_W \boldsymbol{o}^W_C \\ \boldsymbol{0}_{1\times 3} & 1 \end{bmatrix} \begin{bmatrix} \boldsymbol{p}^W \\ 1 \end{bmatrix} \\ &= \frac{1}{p^C_z} \boldsymbol{K} [\boldsymbol{I}_{3\times 3} \quad \boldsymbol{0}_{3\times 1}] \begin{bmatrix} \boldsymbol{C}^C_W & -\boldsymbol{C}^C_W \boldsymbol{o}^W_C \\ \boldsymbol{0}_{1\times 3} & 1 \end{bmatrix} \begin{bmatrix} \boldsymbol{p}^W \\ 1 \end{bmatrix} \\ &= \frac{1}{p^C_z} \boldsymbol{K} [\boldsymbol{C}^C_W \quad -\boldsymbol{C}^C_W \boldsymbol{o}^W_C] \begin{bmatrix} \boldsymbol{p}^W \\ 1 \end{bmatrix} = \frac{1}{p^C_z} \boldsymbol{M} \begin{bmatrix} \boldsymbol{p}^W \\ 1 \end{bmatrix} \end{aligned} \tag{4-1-28}$$

式中，$[\boldsymbol{C}^C_W \quad -\boldsymbol{C}^C_W \boldsymbol{o}^W_C]$ 称为相机的外参矩阵（camera extrinsic matrix)，代表相机与世界坐标系的关系，此外

$$\boldsymbol{K} \equiv \begin{bmatrix} \dfrac{f}{p_x} & \dfrac{f\alpha}{p_y} & \dfrac{o'^{I_0}_x}{p_x} + \dfrac{\alpha\, o'^{I_0}_y}{p_y} \\ 0 & \dfrac{f}{p_y} & \dfrac{o'^{I_0}_y}{p_y} \\ 0 & 0 & 1 \end{bmatrix} \tag{4-1-29}$$

称为相机的内参矩阵（camera intrinsic matrix)，代表相机自身的参数，最后

$$\boldsymbol{M} \equiv \boldsymbol{K}\left[\boldsymbol{C}_W^C \quad -\boldsymbol{C}_W^C \boldsymbol{o}_C^W\right] \tag{4-1-30}$$

称为相机矩阵（camera matrix）。由式（4－1－20），可将式（4－1－28）的主要步骤用齐次坐标简记为

$$\underline{\boldsymbol{p}}'^I \approx \frac{1}{p_z^C}\boldsymbol{K}\left[\boldsymbol{I}_{3\times3} \quad \boldsymbol{0}_{3\times1}\right]\underline{\boldsymbol{p}}^C = \frac{1}{p_z^C}\boldsymbol{K}\boldsymbol{p}^C = \frac{1}{p_z^C}\boldsymbol{M}\underline{\boldsymbol{p}}^W \propto \boldsymbol{M}\underline{\boldsymbol{p}}^W \tag{4-1-31}$$

4.1.2.1　相机矩阵的性质

相机矩阵有如下性质[55]：

1）相机矩阵 $\boldsymbol{M}$ 是一个 3×4 矩阵。由于 $\boldsymbol{K}$ 及 $\boldsymbol{C}_W^C$ 为可逆矩阵，而 $-\boldsymbol{C}_W^C\boldsymbol{o}_C^W$ 与 $\boldsymbol{C}_W^C$ 的各列线性相关，因此 $\boldsymbol{M}$ 的秩为 3，其前三列所构成的子矩阵是一个可逆矩阵。考虑到齐次性，$\boldsymbol{M}$ 有 11 个独立元素。

2）若已知 $\boldsymbol{M}$，可以由式（4－1－30）计算内参及外参。其中 $\boldsymbol{o}_C^W = -\boldsymbol{M}_{C1\sim3}^{-1}\boldsymbol{M}_{C4}$，而 $\boldsymbol{K}$ 及 $\boldsymbol{C}_W^C$ 可以通过对 $\boldsymbol{M}_{C1\sim3}$ 进行 B.2.3 节中的 RQ 分解得到。

3）由于

$$\boldsymbol{M}\underline{\boldsymbol{o}}_C^W = \boldsymbol{K}\left[\boldsymbol{C}_W^C \quad -\boldsymbol{C}_W^C\boldsymbol{o}_C^W\right]\begin{bmatrix}\boldsymbol{o}_C^W \\ 1\end{bmatrix} = \boldsymbol{K}\boldsymbol{0}_{3\times1} = \boldsymbol{0}_{3\times1} \tag{4-1-32}$$

而 $\boldsymbol{M}$ 右零空间维数为 1，因此投影中心 $O_C$ 在 $W$ 系下的齐次坐标 $\underline{\boldsymbol{o}}_C^W$ 为 $\boldsymbol{M}$ 右零空间的唯一基向量。另外，如果将 $\boldsymbol{M}$ 的各行作为 $W$ 系下的平面坐标，那么 $\underline{\boldsymbol{o}}_C^W$ 位于这三个平面上，是三个平面的交点。最后，由相机矩阵第 2）条性质可知

$$\underline{\boldsymbol{o}}_C^W = \begin{bmatrix}\boldsymbol{o}_C^W \\ 1\end{bmatrix} = \begin{bmatrix}-\boldsymbol{M}_{C1\sim3}^{-1}\boldsymbol{M}_{C4} \\ 1\end{bmatrix} \tag{4-1-33}$$

4）由于 $W$ 系沿 $X$、$Y$、$Z$ 轴方向的无穷远点 $X_W$、$Y_W$、$Z_W$ 及原点 $O_W$ 在 $W$ 系下的齐次坐标分别为

$$\underline{\boldsymbol{x}}_W^W = [1 \quad 0 \quad 0 \quad 0]^{\mathrm{T}}, \underline{\boldsymbol{y}}_W^W = [0 \quad 1 \quad 0 \quad 0]^{\mathrm{T}}, \underline{\boldsymbol{z}}_W^W = [0 \quad 0 \quad 1 \quad 0]^{\mathrm{T}}, \underline{\boldsymbol{o}}_W^W = [0 \quad 0 \quad 0 \quad 1]^{\mathrm{T}} \tag{4-1-34}$$

由式（4－1－31）可知，$\boldsymbol{M}$ 矩阵的第 1～4 列分别对应 $W$ 系三个坐标轴方向及原点的像点的齐次图像坐标。

5）将相机矩阵 $\boldsymbol{M}$ 分为 3 行表示，由式（4－1－31）有

$$\underline{\boldsymbol{p}}'^I \propto \begin{bmatrix}\boldsymbol{M}_{R1}\underline{\boldsymbol{p}}^W \\ \boldsymbol{M}_{R2}\underline{\boldsymbol{p}}^W \\ \boldsymbol{M}_{R3}\underline{\boldsymbol{p}}^W\end{bmatrix} \tag{4-1-35}$$

因此 $\underline{p}'^I_i \propto \boldsymbol{M}_{Ri}\underline{\boldsymbol{p}}^W (i=1, 2, 3)$。如果令 $\underline{p}'^I_i = 0$，则由式（B－4－14）可知对应的 $\boldsymbol{M}_{Ri}$ 可视为 $W$ 系下的平面齐次坐标。下面分别讨论 $i=1, 2, 3$ 对应的情况。

若 $\underline{p}'^I_1 = 0$，那么点 $P$ 的像点 $P'$ 位于 $I$ 系的 $Y$ 轴上，即点 $P$ 位于 $Y_I$ 轴与投影中心 $O_C$ 所在的轴平面上，因此 $\boldsymbol{M}_{R1}$ 即为该轴平面的齐次坐标。类似地，若 $\underline{\boldsymbol{p}}'^I_2 = 0$，$\boldsymbol{M}_{R2}$ 为 $X_I$ 轴

与投影中心 $O_C$ 所在的轴平面的坐标。

若 $\underline{p}'^I_3=0$，那么点 $P$ 的像点 $P'$ 为像平面上的无穷远点。由于投影中心位于主平面上，且主平面与像平面平行，因此主平面上的任意点的像点为像平面上的无穷远点，反之亦然。因此 $\boldsymbol{M}_{R3}$ 为主平面在 $W$ 系下的齐次坐标。

6）由于光轴沿主平面的法向，由 B.4.1.2 节可知以下矢量

$$\boldsymbol{n}^W_{\pm ZC}=[M_{31}\quad M_{32}\quad M_{33}]^{\mathrm{T}} \tag{4-1-36}$$

沿光轴方向。如果 $\boldsymbol{M}$ 为如式（4-1-30）的标准形式，那么 $\boldsymbol{n}^W_{\pm ZC}=[\boldsymbol{C}^C_W]^{\mathrm{T}}_{R3}=\boldsymbol{u}^W_{Z_C}$ 为 $C$ 系 $Z$ 轴方向（即光轴出射方向）上的单位矢量。但考虑到齐次因子可能为负值，按式（4-1-36）计算的 $\boldsymbol{n}^W$ 可能沿光轴出射方向。若齐次因子为负值，则 $\boldsymbol{M}_{C1\sim3}=[\boldsymbol{M}_{C1}\quad \boldsymbol{M}_{C2}\quad \boldsymbol{M}_{C3}]$ 的行列式为负数，否则为正数，因此出射方向的矢量可如下计算

$$\boldsymbol{n}^W_{Z_C}=\det(\boldsymbol{M}_{C1\sim3})\,\boldsymbol{n}^W_{\pm ZC} \tag{4-1-37}$$

由于主点是光轴方向矢量在像平面上的投影，因此主点在 $I$ 系下的齐次坐标为

$$\underline{\boldsymbol{o}}'^I=\begin{bmatrix}\boldsymbol{o}'^I\\1\end{bmatrix}\propto \boldsymbol{M}\begin{bmatrix}\boldsymbol{n}^W_{\pm ZC}\\0\end{bmatrix}=\boldsymbol{M}_{C1\sim3}\boldsymbol{n}^W_{\pm ZC} \tag{4-1-38}$$

4.1.2.2　相机矩阵的估计

如果知道 $W$ 系中物点 $P$ 的坐标 $\underline{\boldsymbol{p}}^W$ 及对应的像点坐标 $\underline{\boldsymbol{p}}'^I$，那么代入式（4-1-31）可得到以下方程组

$$s\underline{\boldsymbol{p}}'^I=\boldsymbol{M}\underline{\boldsymbol{p}}^W \tag{4-1-39}$$

式中，$s=p^C_z$，表示齐次因子。

上式是一个包含比例关系的线性方程组，可以利用 B.7.3.2 节中的直接线性变换法求解。此时式（B-7-56）中 $\boldsymbol{z}=\underline{\boldsymbol{p}}'^I$，$\boldsymbol{x}=\underline{\boldsymbol{p}}^W$，$\boldsymbol{H}=\boldsymbol{M}$，并令 $\boldsymbol{G}$ 为

$$\boldsymbol{G}=\begin{bmatrix}1 & 0 & -p'^I_x\\0 & 1 & -p'^I_y\end{bmatrix} \tag{4-1-40}$$

易知 $\boldsymbol{G}\underline{\boldsymbol{p}}'^I=\boldsymbol{0}$，代入式（B-7-57）可得

$$\boldsymbol{G}\boldsymbol{M}\underline{\boldsymbol{p}}^W=\boldsymbol{G}\begin{bmatrix}\boldsymbol{M}_{R1}\underline{\boldsymbol{p}}^W\\\boldsymbol{M}_{R2}\underline{\boldsymbol{p}}^W\\\boldsymbol{M}_{R3}\underline{\boldsymbol{p}}^W\end{bmatrix}=\begin{bmatrix}\boldsymbol{M}_{R1}\underline{\boldsymbol{p}}^W-\boldsymbol{M}_{R3}\underline{\boldsymbol{p}}^W p'^I_x\\\boldsymbol{M}_{R2}\underline{\boldsymbol{p}}^W-\boldsymbol{M}_{R3}\underline{\boldsymbol{p}}^W p'^I_y\end{bmatrix}=\boldsymbol{0} \tag{4-1-41}$$

表示为关于 $\boldsymbol{M}$ 的齐次线性方程组形式有

$$\begin{bmatrix}(\underline{\boldsymbol{p}}^W)^{\mathrm{T}} & \boldsymbol{0} & -p'^I_x(\underline{\boldsymbol{p}}^W)^{\mathrm{T}}\\\boldsymbol{0} & (\underline{\boldsymbol{p}}^W)^{\mathrm{T}} & -p'^I_y(\underline{\boldsymbol{p}}^W)^{\mathrm{T}}\end{bmatrix}\begin{bmatrix}\boldsymbol{M}^{\mathrm{T}}_{R1}\\\boldsymbol{M}^{\mathrm{T}}_{R2}\\\boldsymbol{M}^{\mathrm{T}}_{R3}\end{bmatrix}=\boldsymbol{0}_{2\times1} \tag{4-1-42}$$

可见每个已知的物点－像点对包含两个独立的方程。这样 $n$ 个点对可以构成包含 $2n$ 个方程的方程组。由于相机矩阵包含 11 个独立元素，因此 $n\geqslant 6$ 时，可以求解得到相机矩阵。工程应用中点对数一般较多，构成超定线性齐次方程组，可采用奇异值分解法求解 $\boldsymbol{M}$，

并将其作为初始值，进一步采用 B.6.2.3 节中的最大似然估计方法精确估计 $\boldsymbol{M}$。在式（B－6－32）中令

$$\begin{cases} \boldsymbol{z}_i = \boldsymbol{p}'^{I}_i \\ \mathbf{f}_i(\boldsymbol{x}) = \mathbf{f}_i([\boldsymbol{M}_{R1} \quad \boldsymbol{M}_{R2} \quad \boldsymbol{M}_{R3}]^{\mathrm{T}}) = \dfrac{1}{\boldsymbol{M}_{R3}\underline{\boldsymbol{p}}_i^W}\begin{bmatrix} \boldsymbol{M}_{R1}\underline{\boldsymbol{p}}_i^W \\ \boldsymbol{M}_{R2}\underline{\boldsymbol{p}}_i^W \end{bmatrix} \\ \boldsymbol{Q}_{Di} = \sigma^2 \boldsymbol{I}_{2\times 2} \end{cases} \tag{4-1-43}$$

式中，下标 $i(i=1, 2, \cdots, n)$ 表示第 $i$ 个点对；$\sigma$ 为像点定位误差的标准差（假设高斯分布）。该算法使投影后像平面上点坐标整体误差最小化。

如果 $W$ 系中的物点均在同一平面上，那么由 4.1.3.1 节第（3）条，可以将 $W$ 系的 $XY$ 平面定义为与所有物点所在平面重合，这时 $\underline{\boldsymbol{p}}^W$ 可简化为 $3\times 1$ 的列向量，$\boldsymbol{M}$ 可简化为 $3\times 3$ 的单应矩阵 $\boldsymbol{H}$，并可采用 B.4.3.3 节的算法对其进行估计。由于单应矩阵有 8 个独立元素，因此需要 $n \geqslant 4$ 个点对求解[56]。

#### 4.1.2.3　相机畸变模型①

在实际光学系统中，光线并非按 4.1.1.1 节中介绍的理想方式传播且感光元平面与光轴并不理想垂直，这时相机的成像存在畸变。畸变会导致成像系统误差，图像与实际景象不能严格满足针孔成像模型。相机畸变主要分为镜头透镜非理想光学特性导致的径向畸变以及感光元平面与像平面不平行导致的切向畸变。

（1）径向畸变

径向畸变是一种中心对称性畸变。相机镜头透镜由凸透镜或者凹透镜构成，使得光线通过透镜时发生聚集或发散。由于镜头是中心对称的，因此径向畸变是一种中心对称性畸变，对称中心是透镜中心。非平面镜的透视原理使得一对共轭物面上的放大率不为常数，从而使通过针孔的入射光线发生弯曲，导致物体和图像之间失去相似性，一般在镜头边缘处畸变系数更大。径向畸变分为正畸变和负畸变两种，分别对应枕形畸变和桶形畸变，其中枕形畸变指入射光线远离光轴方向弯曲，桶形畸变指入射光线靠近光轴方向弯曲。

对于归一化平面上的一点 $\boldsymbol{p}^{C_N}$，只考虑 $x$ 和 $y$ 方向，归一化后的坐标表示为 $(p_x^{C_N}, p_y^{C_N})$，经径向畸变后的坐标表示为 $(p_{Dx}^{C_N}, p_{Dy}^{C_N})$，由于径向畸变的对称性，引入畸变参数 $[k_1, k_2, k_3]$，可以表示为[57]

$$\begin{cases} p_{D_x}^{C_N} \approx p_x^{C_N}(1 + k_1 r^2 + k_2 r^4 + k_3 r^6) \\ p_{D_y}^{C_N} \approx p_y^{C_N}(1 + k_1 r^2 + k_2 r^4 + k_3 r^6) \end{cases} \tag{4-1-44}$$

其中

$$r^2 = (p_x^{C_N})^2 + (p_y^{C_N})^2$$

（2）切向畸变

切向畸变是一种非对称性畸变，是由于相机在装配过程中，感光元平面与透镜没有完

---

① 对应 util/vision/distortimage.m

全平行，从而使感光元与像平面不平行、与光轴不垂直，影响图像的几何位置误差。

对于归一化平面上的一点 $\boldsymbol{p}^{C_N}$ ，经切向畸变后坐标表示为 $(p_{D_x}^{C_N}, p_{D_y}^{C_N})$ ，引入切向畸变参数 $[p_1, p_2]$ ，可以表示为[57]

$$\begin{cases} p_{D_x}^{C_N} \approx p_x^{C_N} + [2p_1 p_x^{C_N} p_y^{C_N} + p_2(r^2 + 2(p_x^{C_N})^2)] \\ p_{D_y}^{C_N} \approx p_y^{C_N} + [2p_2 p_x^{C_N} p_y^{C_N} + p_1(r^2 + 2(p_y^{C_N})^2)] \end{cases} \tag{4-1-45}$$

其中

$$r^2 = (p_x^{C_N})^2 + (p_y^{C_N})^2$$

联立式（4-1-44）和式（4-1-45），忽略交叉耦合项后得到归一化平面畸变后坐标为

$$\begin{cases} p_{D_x}^{C_N} \approx p_x^{C_N}(1 + k_1 r^2 + k_2 r^4 + k_3 r^6) + 2p_1 p_x^{C_N} p_y^{C_N} + p_2[r^2 + 2(p_x^{C_N})^2] \\ p_{D_y}^{C_N} \approx p_y^{C_N}(1 + k_1 r^2 + k_2 r^4 + k_3 r^6) + 2p_2 p_x^{C_N} p_y^{C_N} + p_1[r^2 + 2(p_y^{C_N})^2] \end{cases} \tag{4-1-46}$$

引入畸变后，$I_0$ 系下像素坐标可以表示为

$$\begin{bmatrix} \boldsymbol{p}'^{I_0}_D \\ 1 \end{bmatrix} = \boldsymbol{K} \begin{bmatrix} p_{D_x}^{C_N} \\ p_{D_y}^{C_N} \\ 1 \end{bmatrix} \tag{4-1-47}$$

式中，$\boldsymbol{K}$ 表示相机内参矩阵。在去畸变过程中，将式（4-1-47）左乘 $\boldsymbol{K}^{-1}$ 将含畸变的像素坐标 $\boldsymbol{p}'^{I_0}_D$ 转换为含畸变的归一化坐标 $\boldsymbol{p}_D^{C_N}$ ，然后在此基础上由式（4-1-46）去畸变得到不含畸变的归一化坐标 $\boldsymbol{p}^{C_N}$ ，最后左乘内参矩阵 $\boldsymbol{K}$ 将 $\boldsymbol{p}^{C_N}$ 转换为不含畸变的像素坐标 $\boldsymbol{p}'^{I_0}$ 。

### 4.1.3 针孔相机的投影与反投影

投影是指将空间中的三维几何形状通过相机矩阵 $\boldsymbol{M}$ 变换至像平面上的二维几何形状的过程，反投影是指与上述相反的过程，即将像平面上的二维几何形状变换至空间中的三维几何形状的过程。

#### 4.1.3.1 基本几何形状的投影

（1）空间点

空间点的投影由式（4-1-31）给出。这里进一步考虑无穷远点这种特殊情况。对于空间齐次坐标为 $\underline{\boldsymbol{p}}_{\infty}^{W} = [(\underline{\boldsymbol{p}}_{\infty_{1\sim3}}^{W})^{\mathrm{T}} \quad 0]^{\mathrm{T}}$ 的无穷远点，由式（4-1-28），其像点在像平面上的齐次坐标为

$$\underline{\boldsymbol{p}}'^{I}_{\infty} \propto \boldsymbol{M}\underline{\boldsymbol{p}}_{\infty}^{W} = [\boldsymbol{M}_{C1\sim3} \quad \boldsymbol{M}_{C4}] \begin{bmatrix} \underline{\boldsymbol{p}}_{\infty_{1\sim3}}^{W} \\ 0 \end{bmatrix} = \boldsymbol{H}_{\infty} \underline{\boldsymbol{p}}_{\infty_{1\sim3}}^{W} \tag{4-1-48}$$

由式（4-1-30），可知上式中

$$\boldsymbol{H}_{\infty}=\boldsymbol{M}_{C1\sim 3}=\boldsymbol{K}\boldsymbol{C}_{W}^{C} \tag{4-1-49}$$

类似于本小节第（3）条中的单应矩阵 $\boldsymbol{H}$ ，称 $\boldsymbol{H}_{\infty}$ 为无穷远单应矩阵，即无穷远平面到像平面的单应矩阵。由上式易知无穷远单应矩阵满足

$$\boldsymbol{H}_{\infty}\boldsymbol{H}_{\infty}^{\mathrm{T}}=\boldsymbol{K}\boldsymbol{K}^{\mathrm{T}} \tag{4-1-50}$$

此外，设过空间点 $Q$ 向空间点 $P$ 与投影中心 $O_C$ 的连线作垂线，垂足为 $Q_{\perp}$，则由式（B－2－4），$\boldsymbol{q}^C$ 到 $\boldsymbol{q}_{\perp}^C$ 的变换为

$$\boldsymbol{q}_{\perp}^{C}=\left(\boldsymbol{q}^{C}\cdot\frac{\boldsymbol{p}^{C}}{\|\boldsymbol{p}^{C}\|}\right)\frac{\boldsymbol{p}^{C}}{\|\boldsymbol{p}^{C}\|}=\frac{\boldsymbol{p}^{C}(\boldsymbol{p}^{C})^{\mathrm{T}}\boldsymbol{q}^{C}}{\|\boldsymbol{p}^{C}\|^{2}}=\frac{\boldsymbol{p}^{C}(\boldsymbol{p}^{C})^{\mathrm{T}}}{(\boldsymbol{p}^{C})^{\mathrm{T}}\boldsymbol{p}^{C}}\boldsymbol{q}^{C}=\boldsymbol{P}_{LoS}\boldsymbol{q}^{C} \tag{4-1-51}$$

其中

$$\boldsymbol{P}_{LoS}\equiv\frac{\boldsymbol{p}^{C}(\boldsymbol{p}^{C})^{\mathrm{T}}}{(\boldsymbol{p}^{C})^{\mathrm{T}}\boldsymbol{p}^{C}}=\frac{\boldsymbol{p}^{C_N}(\boldsymbol{p}^{C_N})^{\mathrm{T}}}{(\boldsymbol{p}^{C_N})^{\mathrm{T}}\boldsymbol{p}^{C_N}} \tag{4-1-52}$$

称为视线射影变换矩阵（line－of－sight projection matrix）。由上可见 $Q$ 点在直线 $PO_C$ 上的充要条件为

$$\boldsymbol{P}_{LoS}\boldsymbol{q}^{C}=\boldsymbol{q}^{C} \tag{4-1-53}$$

（2）空间直线

当采用 B.4.1.3 节中的点集形式时，空间直线 $l$ 的投影可以由 $l$ 上任意两点 $P_1$、$P_2$（对应 $W$ 系坐标 $\underline{\boldsymbol{p}}_1^W$、$\underline{\boldsymbol{p}}_2^W$）的投影点 $I$ 系坐标 $\underline{\boldsymbol{p}}_1'^I$、$\underline{\boldsymbol{p}}_2'^I$ 的线性组合表示

$$\{\underline{\boldsymbol{p}}'^{I}=\alpha\underline{\boldsymbol{p}}_1'^{I}+\beta\underline{\boldsymbol{p}}_2'^{I}\mid\alpha,\beta\in\mathbb{R}\} \tag{4-1-54}$$

当空间直线 $l$ 采用 B.4.1.3 节中基于点坐标的 Plücker 矩阵表示时，由式（B－4－17），其 Plücker 矩阵为

$$\boldsymbol{L}^{W}=\underline{\boldsymbol{p}}_1^{W}(\underline{\boldsymbol{p}}_2^{W})^{\mathrm{T}}-\underline{\boldsymbol{p}}_2^{W}(\underline{\boldsymbol{p}}_1^{W})^{\mathrm{T}} \tag{4-1-55}$$

由上式及式（B－4－42）、式（B－2－58）、式（4－1－31）可知 $l$ 的像直线 $l'$ 坐标的反对称矩阵满足

$$\begin{aligned}(\underline{\boldsymbol{l}}'^{I}\times)&=(\underline{\boldsymbol{p}}_1'^{I}\times\underline{\boldsymbol{p}}_2'^{I})\times=\underline{\boldsymbol{p}}_2'^{I}(\underline{\boldsymbol{p}}_1'^{I})^{\mathrm{T}}-\underline{\boldsymbol{p}}_1'^{I}(\underline{\boldsymbol{p}}_2'^{I})^{\mathrm{T}}\\&\propto\boldsymbol{M}\underline{\boldsymbol{p}}_1^{W}(\boldsymbol{M}\underline{\boldsymbol{p}}_2^{W})^{\mathrm{T}}-\boldsymbol{M}\underline{\boldsymbol{p}}_2^{W}(\boldsymbol{M}\underline{\boldsymbol{p}}_1^{W})^{\mathrm{T}}=\boldsymbol{M}\boldsymbol{L}^{W}\boldsymbol{M}^{\mathrm{T}}\end{aligned} \tag{4-1-56}$$

（3）空间平面

当考虑空间平面 $\pi$ 的投影时，为简化结果形式，通常将世界坐标系的 $XY$ 平面定义为与 $\pi$ 重合，例如使用平面标定板进行相机标定的场景。此时对于 $\pi$ 上任意一点 $P$ 有 $p_z^W=0$，代入式（4－1－31）可得

$$\underline{\boldsymbol{p}}'^{I}\approx\frac{1}{p_z^C}\boldsymbol{M}\begin{bmatrix}p_x^W\\p_y^W\\0\\1\end{bmatrix}=\frac{1}{p_z^C}\boldsymbol{H}\begin{bmatrix}\boldsymbol{p}_{1,2}^{W}\\1\end{bmatrix}\propto\boldsymbol{H}\begin{bmatrix}\boldsymbol{p}_{1,2}^{W}\\1\end{bmatrix} \tag{4-1-57}$$

式中，$\boldsymbol{H}=\boldsymbol{M}_{C1,2,4}$，称为物平面至像平面的单应矩阵。

由式（4－1－30），$\boldsymbol{H}$ 可进一步表示为

$$\boldsymbol{H}=\boldsymbol{K}\begin{bmatrix}\boldsymbol{C}_{W_{C1}}^{C} & \boldsymbol{C}_{W_{C2}}^{C} & \boldsymbol{r}_{O_CO_W}^{C}\end{bmatrix} \tag{4-1-58}$$

由上式可知，$\boldsymbol{H}$ 的秩至少为 2。当其秩为 2 时，$\boldsymbol{r}_{O_CO_W}$ 可以表示为 $W$ 系 $X$、$Y$ 轴的线性组合，即相机投影中心 $O_C$ 位于平面 $\pi$ 上。此外，由于 $\boldsymbol{H}$ 是齐次的，因此其有 8 个独立元素。

(4) 二次曲线

设二次曲线 $C$ 在其支撑平面 $\pi$ 上的方程有式（B-4-47）的形式，平面 $\pi$ 对应的单应矩阵为 $\boldsymbol{H}$，那么将式（4-1-57）代入式（B-4-47）可得，对 $C$ 上的任意一点 $P$，其对应的像点 $P'$ 的坐标 $\underline{\boldsymbol{p}}'^{I}$ 满足

$$0=\begin{bmatrix}\boldsymbol{p}_{1,2}^{W}\\1\end{bmatrix}^{\mathrm{T}}\boldsymbol{C}\begin{bmatrix}\boldsymbol{p}_{1,2}^{W}\\1\end{bmatrix}\propto(\boldsymbol{H}^{-1}\underline{\boldsymbol{p}}'^{I})^{\mathrm{T}}\boldsymbol{C}(\boldsymbol{H}^{-1}\underline{\boldsymbol{p}}'^{I})=(\underline{\boldsymbol{p}}'^{I})^{\mathrm{T}}(\boldsymbol{H}^{-\mathrm{T}}\boldsymbol{C}\boldsymbol{H}^{-1})\underline{\boldsymbol{p}}'^{I} \tag{4-1-59}$$

即 $C$ 在像平面上的投影 $C'$ 仍为一条二次曲线，其矩阵为

$$\boldsymbol{C}'=\boldsymbol{H}^{-\mathrm{T}}\boldsymbol{C}\boldsymbol{H}^{-1} \tag{4-1-60}$$

另外考虑一种特殊情况，即绝对二次曲线 $\Omega_{\infty}$ 的投影。由于 $\Omega_{\infty}$ 的支撑平面为无穷远平面 $\pi_{\infty}$，因此将式（4-1-48）及式（4-1-50）代入式（B-4-33），可得绝对二次曲线上任一点 $P$ 的像点 $P'$ 的坐标 $\underline{\boldsymbol{p}}'^{I}_{\infty}$ 满足

$$\begin{aligned}0&=(\underline{\boldsymbol{p}}^{W}_{\infty_{1\sim3}})^{\mathrm{T}}\boldsymbol{I}_{3\times3}\underline{\boldsymbol{p}}^{W}_{\infty_{1\sim3}}\propto(\boldsymbol{H}_{\infty}^{-1}\underline{\boldsymbol{p}}'^{I}_{\infty})^{\mathrm{T}}(\boldsymbol{H}_{\infty}^{-1}\underline{\boldsymbol{p}}'^{I}_{\infty})\\&=(\underline{\boldsymbol{p}}'^{I}_{\infty})^{\mathrm{T}}(\boldsymbol{H}_{\infty}^{-\mathrm{T}}\boldsymbol{H}_{\infty}^{-1})(\underline{\boldsymbol{p}}'^{I}_{\infty})=(\underline{\boldsymbol{p}}'^{I}_{\infty})^{\mathrm{T}}(\boldsymbol{K}\boldsymbol{K}^{\mathrm{T}})^{-1}(\underline{\boldsymbol{p}}'^{I}_{\infty})\end{aligned} \tag{4-1-61}$$

即 $\Omega_{\infty}$ 在像平面上的投影二次曲线 $\Omega'_{\infty}$ 的矩阵为

$$\boldsymbol{\Omega}'_{\infty}=(\boldsymbol{K}\boldsymbol{K}^{\mathrm{T}})^{-1} \tag{4-1-62}$$

由上式可知绝对二次曲线的图像（IAC，Image of Absolute Conic）仅与相机内参有关，而与相机外参无关。

(5) 二次曲面

称以投影中心 $O_C$ 为顶点的锥面与非退化二次曲面 $Q$ 的切点的集合构成的二次曲线 $C$ 为 $Q$ 的轮廓线。由 B.4.1.4 节可知 $C$ 在 $O_C$ 关于 $Q$ 的极平面上。二次曲面 $Q$ 的投影是轮廓线 $C$ 的投影二次曲线 $C'$ 所包围的区域，称 $C'$ 为二次曲面 $Q$ 的图像。为便于推导，考虑物空间中的对偶二次曲面 $Q^{*}$ 与其在像平面上的投影对偶二次曲线 $C'^{*}$ 之间的关系。设 $l'$ 为 $C'^{*}$ 的任意一条切线，由式（B-4-48）有

$$(\underline{\boldsymbol{l}}'^{I})^{\mathrm{T}}\boldsymbol{C}'^{*}\underline{\boldsymbol{l}}'^{I}=0 \tag{4-1-63}$$

设 $l'$ 的反投影为平面 $\pi$，则 $\pi$ 与 $Q^{*}$ 相切，由式（B-4-23）有

$$(\underline{\boldsymbol{\pi}}^{W})^{\mathrm{T}}\boldsymbol{Q}^{*}\underline{\boldsymbol{\pi}}^{W}=0 \tag{4-1-64}$$

将式（4-1-70）代入式（4-1-64）可得

$$(\underline{\boldsymbol{l}}'^{I})^{\mathrm{T}}\boldsymbol{M}\boldsymbol{Q}^{*}\boldsymbol{M}^{\mathrm{T}}\underline{\boldsymbol{l}}'^{I}=0 \tag{4-1-65}$$

由于上式及式（4-1-63）对任意切线 $l'$ 成立，因此

$$\boldsymbol{C}'^{*}=\boldsymbol{M}\boldsymbol{Q}^{*}\boldsymbol{M}^{\mathrm{T}} \tag{4-1-66}$$

仍考虑一种特殊情况，即绝对对偶二次曲面 $\boldsymbol{Q}_{\infty}^{*}$ 的投影对偶二次曲线 $\boldsymbol{Q}'^{*}_{\infty}$。将式（B-4-35）及式（4-1-30）代入上式可得 $\boldsymbol{Q}'^{*}_{\infty}$ 的矩阵（在某些参考文献中也记为 $\boldsymbol{W}'$）为

$$\begin{aligned}\boldsymbol{Q}'^{*}_{\infty}&=\boldsymbol{M}\boldsymbol{Q}_{\infty}^{*}\boldsymbol{M}^{\mathrm{T}}=[\boldsymbol{M}_{C1\sim3}\quad \boldsymbol{M}_{C4}]\begin{bmatrix}\boldsymbol{I}_{3\times3} & \boldsymbol{0}_{3\times1}\\ \boldsymbol{0}_{1\times3} & 0\end{bmatrix}\begin{bmatrix}\boldsymbol{M}_{C1\sim3}^{\mathrm{T}}\\ \boldsymbol{M}_{C4}^{\mathrm{T}}\end{bmatrix}\\ &=\boldsymbol{M}_{C1\sim3}\boldsymbol{M}_{C1\sim3}^{\mathrm{T}}=\boldsymbol{K}\boldsymbol{C}_{W}^{C}(\boldsymbol{K}\boldsymbol{C}_{W}^{C})^{\mathrm{T}}=\boldsymbol{K}\boldsymbol{K}^{\mathrm{T}}\end{aligned} \tag{4-1-67}$$

对比上式与式（4-1-62），由式（B-4-55）可知绝对对偶二次曲面的投影 $\boldsymbol{Q}'^{*}_{\infty}$ 与绝对二次曲线的投影 $\Omega'_{\infty}$ 互为对偶，因此也将 $\boldsymbol{Q}'^{*}_{\infty}$ 称为绝对二次曲线的对偶图像（DIAC，Dual Image of Absolute Conic）。与 $\Omega'_{\infty}$ 类似，$\boldsymbol{Q}'^{*}_{\infty}$ 也仅与相机内参有关，而与相机外参无关。

#### 4.1.3.2　基本几何形状的反投影

（1）平面点

由图 4-6 可知，平面坐标为 $\underline{\boldsymbol{p}}'^{I}$ 的像点 $P'$ 在空间中的反投影为一条经过投影中心 $O_C$ 及 $P'$ 的直线 $l$。如果知道 $l$ 上两点的空间坐标，即可确定 $l$ 的坐标。其中一点 $O_C$ 的空间坐标可由式（4-1-33）确定。另一点的空间坐标可取为 $\underline{\boldsymbol{p}}^{W}=\boldsymbol{M}^{\dagger}\underline{\boldsymbol{p}}'^{I}$（由于 $\boldsymbol{M}\boldsymbol{M}^{\dagger}=\boldsymbol{I}$），也可取为 $l$ 上的无穷远点 $\underline{\boldsymbol{p}}_{\infty}^{W}=\begin{bmatrix}\underline{\boldsymbol{p}}_{\infty_{1\sim3}}^{W} & 0\end{bmatrix}^{\mathrm{T}}$［由式（4-1-48）可知 $\underline{\boldsymbol{p}}_{\infty_{1\sim3}}^{W}\propto\boldsymbol{M}_{C1\sim3}^{-1}\underline{\boldsymbol{p}}'^{I}$］。以取无穷远点为例，参考 B.4.1.3 节可得平面点 $P'$ 反投影所得空间直线以点集表示的坐标为

$$\left\{\alpha\begin{bmatrix}\boldsymbol{M}_{C1\sim3}^{-1}\underline{\boldsymbol{p}}'^{I}\\ 0\end{bmatrix}+\beta\begin{bmatrix}-\boldsymbol{M}_{C1\sim3}^{-1}\boldsymbol{M}_{C4}\\ 1\end{bmatrix}\middle|\,\alpha,\beta\in\mathbb{R}\right\}=\left\{\begin{bmatrix}\boldsymbol{M}_{C1\sim3}^{-1}(\alpha\underline{\boldsymbol{p}}'^{I}-\beta\boldsymbol{M}_{C4})\\ \beta\end{bmatrix}\middle|\,\alpha,\beta\in\mathbb{R}\right\} \tag{4-1-68}$$

（2）平面直线

在像平面上的直线 $l'$ 的反投影是物空间中的一个平面 $\pi$。对于 $\pi$ 上任意一点 $P$，由于其投影点 $P'$ 在 $l'$ 上，因此由式（B-4-41）可得

$$0=(\underline{\boldsymbol{l}}'^{I})^{\mathrm{T}}\underline{\boldsymbol{p}}'^{I}\propto(\underline{\boldsymbol{l}}'^{I})^{\mathrm{T}}\boldsymbol{M}\underline{\boldsymbol{p}}^{W}=(\boldsymbol{M}^{\mathrm{T}}\underline{\boldsymbol{l}}'^{I})^{\mathrm{T}}\underline{\boldsymbol{p}}^{W}=(\underline{\boldsymbol{p}}^{W})^{\mathrm{T}}(\boldsymbol{M}^{\mathrm{T}}\underline{\boldsymbol{l}}'^{I}) \tag{4-1-69}$$

由上式可知平面 $\pi$ 的坐标为

$$\underline{\boldsymbol{\pi}}^{W}=\boldsymbol{M}^{\mathrm{T}}\underline{\boldsymbol{l}}'^{I} \tag{4-1-70}$$

（3）二次曲线

由式（B-4-47）及式（4-1-31），像平面上二次曲线 $C'$ 上任一点 $P'$ 对应的物点 $P$ 的坐标 $\underline{\boldsymbol{p}}^{W}$ 满足

$$0=(\underline{\boldsymbol{p}}'^{I})^{\mathrm{T}}\boldsymbol{C}'\underline{\boldsymbol{p}}'^{I}\propto(\boldsymbol{M}\underline{\boldsymbol{p}}^{W})^{\mathrm{T}}\boldsymbol{C}'(\boldsymbol{M}\underline{\boldsymbol{p}}^{W})=(\underline{\boldsymbol{p}}^{W})^{\mathrm{T}}\boldsymbol{Q}\underline{\boldsymbol{p}}^{W} \tag{4-1-71}$$

式中，$\boldsymbol{Q}=\boldsymbol{M}^{\mathrm{T}}\boldsymbol{C}'\boldsymbol{M}$，是秩为 3 的 $4\times4$ 对称矩阵，由 B.4.1.4 节可知，$C'$ 的反投影是以 $\boldsymbol{Q}$ 为矩阵的锥面 $Q$。

## 4.2 双视图三维重构

在视觉导航应用中，经常针对同一目标（如作为地理标志物的视觉靶标或带有特征点的场景）从不同视角拍摄多幅图像，以确定目标及载体间的相对位姿关系，这一过程通常称为多视图三维重构（multiple view 3D reconstruction）。这些图像可能是多个相机在同一时刻拍摄以确定载体与目标的相对位姿，也可能是同一相机在不同时刻拍摄以确定载体的运动参数。本节主要介绍多视图三维重构中最常见的情形，即双视图三维重构，更多视图的情形可参考文献［58］。

为实现三维重构的目标，通常需要首先在某幅图像中提取出特征点并与另一幅图像中对应的特征点进行匹配，以建立两幅图像间的关系。当知道这些匹配像点对的图像坐标后，可求解目标上对应的物点在相机坐标系下的坐标，从而得到目标及载体之间的相对位姿。在一般的三维重构情形下，并不知道相机内外参及物点的任何信息，这时将只能得到射影等价的相机对的相机矩阵以及物点坐标。然而在导航应用中，根据不同的应用条件，可以预先知道相机或目标的某些信息（譬如相机通常是事先标定过的），这时可以确定目标物点在欧氏坐标系下的笛卡儿坐标。本节首先介绍射影等价及射影重构的概念，然后推导双视图条件下两幅图像的匹配像点之间应满足的约束关系，最后说明在相机矩阵已知的情况下，由匹配像点对求解物点坐标的方法，即三角法（triangulation method）。

### 4.2.1 射影等价与射影重构

在双视图三维重构中，使用一对相机（对同一相机在两个不同时刻的测量，这里仍认为是一对相机）进行测量，称其为相机对，并记为 $\langle \boldsymbol{M}^1, \boldsymbol{M}^2 \rangle$。设 $\langle \boldsymbol{M}_1^1, \boldsymbol{M}_1^2 \rangle$、$\langle \boldsymbol{M}_2^1, \boldsymbol{M}_2^2 \rangle$ 是两个相机对（其中上标表示相机序号，下标表示相机对序号），若有 $4\times4$ 可逆矩阵 $\boldsymbol{H}$ 使得下式成立

$$\boldsymbol{M}_2^1 = \boldsymbol{M}_1^1 \boldsymbol{H}, \boldsymbol{M}_2^2 = \boldsymbol{M}_1^2 \boldsymbol{H} \tag{4-2-1}$$

则称 $\langle \boldsymbol{M}_1^1, \boldsymbol{M}_1^2 \rangle$、$\langle \boldsymbol{M}_2^1, \boldsymbol{M}_2^2 \rangle$ 是两个射影等价（projectively equivalent）的相机对[55]。由于矩阵 $\boldsymbol{H}$ 可代表三维空间的射影变换，因此射影等价实际是指相机对之间可以通过射影变换达到相等。

若令 $\boldsymbol{H} = \left[ (\boldsymbol{M}_1^1)^{\dagger} \quad \underline{\boldsymbol{o}}_{C_1}^{W} \right]$，则由式（4-1-32）可得

$$\boldsymbol{M}_2^1 = \boldsymbol{M}_1^1 \left[ (\boldsymbol{M}_1^1)^{\dagger} \quad \underline{\boldsymbol{o}}_{C_1}^{W} \right] = [\boldsymbol{I}_{3\times3} \quad \boldsymbol{0}_{3\times1}] \tag{4-2-2}$$

因此，相机矩阵总可以通过射影变换转换为 $[\boldsymbol{I} \quad \boldsymbol{0}]$ 的形式。将含有该形式相机矩阵相机的相机对称为典型相机对（canonical cameral pair）。与同一相机对射影等价的典型相机对不是唯一的，若有两个射影等价的典型相机对 $\langle \boldsymbol{M}_1^1 = [\boldsymbol{I} \quad \boldsymbol{0}], \boldsymbol{M}_1^2 = [\boldsymbol{M}_{1C1\sim3}^2 \quad \boldsymbol{M}_{1C4}^2] \rangle$、$\langle \boldsymbol{M}_2^1 = [\boldsymbol{I} \quad \boldsymbol{0}], \boldsymbol{M}_2^2 = [\boldsymbol{M}_{2C1\sim3}^2 \quad \boldsymbol{M}_{2C4}^2] \rangle$，由式（4-2-1）可知

$$[\boldsymbol{I}_{3\times3} \quad \boldsymbol{0}_{3\times1}] = [\boldsymbol{I}_{3\times3} \quad \boldsymbol{0}_{3\times1}]\boldsymbol{H} = [\boldsymbol{I}_{3\times3} \quad \boldsymbol{0}_{3\times1}]\begin{bmatrix}\boldsymbol{H}_{11} & \boldsymbol{H}_{12}\\ \boldsymbol{H}_{21} & \boldsymbol{H}_{22}\end{bmatrix} \tag{4-2-3}$$

因此射影变换矩阵 $\boldsymbol{H}$ 必然有以下形式

$$\boldsymbol{H} = \begin{bmatrix}\boldsymbol{I}_{3\times3} & \boldsymbol{0}_{3\times1}\\ \boldsymbol{h}^{\mathrm{T}} & h_{4,4}\end{bmatrix} \tag{4-2-4}$$

此时 $\boldsymbol{M}_2^2$ 与 $\boldsymbol{M}_1^2$ 的关系为

$$\begin{cases}\boldsymbol{M}_{2C1\sim3}^2 = \boldsymbol{M}_{1C1\sim3}^2 + \boldsymbol{M}_{1C4}^2\boldsymbol{h}^{\mathrm{T}}\\ \boldsymbol{M}_{2C4}^2 = h_{4,4}\boldsymbol{M}_{1C4}^2\end{cases} \tag{4-2-5}$$

另外还可以证明，若两个典型相机对的非 $[\boldsymbol{I} \quad \boldsymbol{0}]$ 相机矩阵之间的关系满足上式，那么这两个典型相机对为射影等价的[55]。

在以上相机对射影等价的基础上，进一步考虑物点与相机对的组合，即三维重构所要计算的对象。将一对相机对 $\langle\boldsymbol{M}^1, \boldsymbol{M}^2\rangle$ 与 $m$ 个 $W$ 系下坐标为 $\underline{\boldsymbol{p}}_i^W$ 的物点 $P_i(i=1, 2, \cdots, m)$ 的组合记为 $(\langle\boldsymbol{M}^1, \boldsymbol{M}^2\rangle, \{\underline{\boldsymbol{p}}_i^W\})$。设有两组这样的组合 $(\langle\boldsymbol{M}_1^1, \boldsymbol{M}_1^2\rangle, \{\underline{\boldsymbol{p}}_{1_i}^W\})$ 与 $(\langle\boldsymbol{M}_2^1, \boldsymbol{M}_2^2\rangle, \{\underline{\boldsymbol{p}}_{2_i}^W\})$，若其满足条件：

1）$\langle\boldsymbol{M}_1^1, \boldsymbol{M}_1^2\rangle$、$\langle\boldsymbol{M}_2^1, \boldsymbol{M}_2^2\rangle$ 为射影等价的相机对；

2）两组物点的坐标满足

$$\underline{\boldsymbol{p}}_{2_i}^W = \boldsymbol{H}^{-1}\underline{\boldsymbol{p}}_{1_i}^W \tag{4-2-6}$$

式中，$\boldsymbol{H}$ 为由相机对 1 到相机对 2 的射影变换矩阵。

则称上述两个组合为射影等价的。由式（4－1－31）、式（4－2－1）及式（4－2－6），这两个组合对应的在两个相机下的第 $i$ 个像点坐标满足

$$\begin{cases}\underline{\boldsymbol{p}}_{2_i}^{\prime I_1} \propto \boldsymbol{M}_2^1\underline{\boldsymbol{p}}_{2_i}^W = \boldsymbol{M}_1^1\boldsymbol{H}\boldsymbol{H}^{-1}\underline{\boldsymbol{p}}_{1_i}^W \propto \underline{\boldsymbol{p}}_{1_i}^{\prime I_1}\\ \underline{\boldsymbol{p}}_{2_i}^{\prime I_2} \propto \boldsymbol{M}_2^2\underline{\boldsymbol{p}}_{2_i}^W = \boldsymbol{M}_1^2\boldsymbol{H}\boldsymbol{H}^{-1}\underline{\boldsymbol{p}}_{1_i}^W \propto \underline{\boldsymbol{p}}_{1_i}^{\prime I_2}\end{cases} \tag{4-2-7}$$

式中，像点坐标上标中的数字表示相机序号，下标中的数字表示组合序号。上式说明对于射影等价的两个组合，相同物点在相同序号相机下对应的像点坐标相同。另一方面，由文献［58］中的射影重构定理，若给出两个相机下相匹配的足够多的像点坐标（足以确定 4.2.2 节中的基本矩阵），那么除物点在两相机投影中心连线即基线上的特殊情况外，计算得到的任意三维重构结果（相机对及物点的组合）都是射影等价的。综上可知，如果不给定相机内外参及物点的任何约束条件，仅给出在两个相机下相匹配的足够多的像点坐标，那么将不能求得真实的相机对相机矩阵及物点坐标，但能够且仅能得到与真实结果射影等价的一组三维重构结果，这一性质也称为三维重构的射影模糊性（projective ambiguity），称这种条件下的三维重构为射影重构（projective reconstruction）。如果知道相机内外参及物点的更多约束条件，那么各个可能的三维重构结果之间将有更明确的约束关系，这时式（4－2－1）及式（4－2－6）中的可逆矩阵 $\boldsymbol{H}$ 也将归属于表 B－1 中射影变换群的各个子群。在这些条件下，以 $\boldsymbol{H}$ 归属的子群名称来命名重构类型，如仿射重构、

相似重构、等距重构、欧氏重构等。例如，如果相机的内参已知，那么可以证明，$\boldsymbol{H}$ 必然为相似变换矩阵，相应的三维重构可变为相似重构[59]。

### 4.2.2 双视图匹配约束

匹配约束（matching constraints）是指各幅图像中相匹配的像点坐标所应满足的几何约束关系，该关系是建立正确图像匹配的前提。在双视图中，有两幅图像及其对应的一对相机。这里的相机对可能为两个不同的相机，也可能为在两个不同时刻拍摄的同一相机。两相机的投影中心连线称为基线（baseline）。基线与两幅图像的像平面交点称为极点（epipoles），记为 $E'^1$ 与 $E'^2$（如图 4－8 所示，本节以下标区分不同的物空间几何量，用上标区分同一物空间几何量在两个视图对应的像）。视场中任意物点 $P$ 与两相机投影中心 $O_{C_1}$、$O_{C_2}$ 所共同确定的平面称为极平面（epipolar plane），极平面与两个像平面相交于极线（epipolar line）$l'^1$、$l'^2$。由上述定义可知，对不同的物点可以定义不同的极平面与极线，但所有的极线都交汇于极点上。设两个相机的相机矩阵分别为 $\boldsymbol{M}^1$、$\boldsymbol{M}^2$，物点 $P$ 在两个像平面上对应的像点分别为 $P'^1$、$P'^2$。这两个像点为匹配点，需要确定它们之间的约束关系。观察图 4－8，在双视图中，存在以下几何关系：

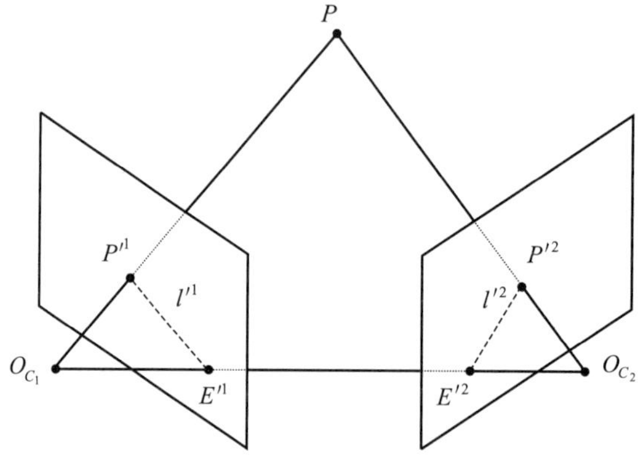


图 4－8　双视图几何约束

1）相机 2 的投影中心 $O_{C_2}$ 在相机 1 的像平面上成像于极点 $E'^1$，反之亦然，因此由式（4－1－31）有

$$\begin{cases}\underline{\boldsymbol{e}}'^{I_1} \propto \boldsymbol{M}^1 \underline{\boldsymbol{o}}_{C_2}^{W} \\ \underline{\boldsymbol{e}}'^{I_2} \propto \boldsymbol{M}^2 \underline{\boldsymbol{o}}_{C_1}^{W}\end{cases} \tag{4-2-8}$$

2）$P$ 的像点 $P'^1$、$P'^2$ 分别位于极线 $l'^1$、$l'^2$ 上，因此由式（B－4－41）有

$$\begin{cases}(\boldsymbol{l}'^{I_1})^{\mathrm{T}} \underline{\boldsymbol{p}}'^{I_1} = 0 \\ (\boldsymbol{l}'^{I_2})^{\mathrm{T}} \underline{\boldsymbol{p}}'^{I_2} = 0\end{cases} \tag{4-2-9}$$

3）设像点 $P'^1$ 相对于相机 1 的反投影直线为 $\boldsymbol{l}_1$，而像点 $P'^2$ 位于 $\boldsymbol{l}_1$ 在相机 2 中的投影，即极线 $l'^2$ 上，反之亦然。该关系确定了两像点之间的几何约束，称为极几何约束（epipolar constraint），也可简化表述为与某像点匹配的另一像点必然在前一像点对应的极线

上。由 4.1.3.2 节第（1）条可知，$l_1$ 可以用 $O_{C_1}$ 及 $(\boldsymbol{M}^1)^{\dagger}\underline{\boldsymbol{p}}'^{I_1}$ 这两点的线性组合表示。其中 $O_{C_1}$ 在相机 2 中的投影为极点 $E'^2$，而另一点在相机 2 中投影的坐标为 $\boldsymbol{M}^2(\boldsymbol{M}^1)^{\dagger}\underline{\boldsymbol{p}}'^{I_1}$。由于这两点的投影均位于极线 $l'^2$ 上，因此由式（B-4-42）可以确定 $l'^2$ 的坐标为

$$\boldsymbol{l}'^{I_2}=\underline{\boldsymbol{e}}'^{I_2}\times(\boldsymbol{M}^2(\boldsymbol{M}^1)^{\dagger}\underline{\boldsymbol{p}}'^{I_1})=(\underline{\boldsymbol{e}}'^{I_2}\times)\boldsymbol{M}^2(\boldsymbol{M}^1)^{\dagger}\underline{\boldsymbol{p}}'^{I_1}=\boldsymbol{F}^1\underline{\boldsymbol{p}}'^{I_1} \tag{4-2-10}$$

其中

$$\boldsymbol{F}^1\equiv(\underline{\boldsymbol{e}}'^{I_2}\times)\boldsymbol{M}^2(\boldsymbol{M}^1)^{\dagger} \tag{4-2-11}$$

称为基本矩阵（fundamental matrix）或双焦矩阵（bifocal matrix）。式（4-2-10）描述了像点 $P'^1$ 与其对应的极线 $l'^2$ 的关系。将式（4-2-8）代入上式，$\boldsymbol{F}^1$ 可进一步表示为

$$\boldsymbol{F}^1\propto[(\boldsymbol{M}^2\underline{\boldsymbol{o}}_{C_1}^{W})\times]\boldsymbol{M}^2(\boldsymbol{M}^1)^{\dagger} \tag{4-2-12}$$

最后，由于 $P'^2$ 位于 $l'^2$ 上，将式（4-2-10）代入式（4-2-9）可得

$$(\underline{\boldsymbol{p}}'^{I_2})^{\mathrm{T}}\boldsymbol{F}^1\underline{\boldsymbol{p}}'^{I_1}=0 \tag{4-2-13}$$

上式即极几何约束的代数形式。根据上述推导过程，由对称性可知

$$\begin{cases}\boldsymbol{l}'^{I_1}=\boldsymbol{F}^2\underline{\boldsymbol{p}}'^{I_2}\\(\underline{\boldsymbol{p}}'^{I_1})^{\mathrm{T}}\boldsymbol{F}^2\underline{\boldsymbol{p}}'^{I_2}=0\end{cases} \tag{4-2-14}$$

式中的基本矩阵 $\boldsymbol{F}^2$ 为

$$\boldsymbol{F}^2\equiv(\underline{\boldsymbol{e}}'^{I_1}\times)\boldsymbol{M}^1(\boldsymbol{M}^2)^{\dagger}\propto[(\boldsymbol{M}^1\underline{\boldsymbol{o}}_{C_2}^{W})\times]\boldsymbol{M}^1(\boldsymbol{M}^2)^{\dagger} \tag{4-2-15}$$

由于式（4-2-13）与式（4-2-14）对任意物点 $P$ 的像点 $P'^1$ 及 $P'^2$ 均成立，因此可知

$$\boldsymbol{F}^1\propto(\boldsymbol{F}^2)^{\mathrm{T}} \tag{4-2-16}$$

4）考虑两条极线之间的关系，即极线 $l'^1$ 上除极点 $E'^1$ 外任意一个像点 $Q'^1$（像点为极点时无法建立唯一的极平面）对应的极线为 $l'^2$，反之亦然。由式（B-4-45），$\boldsymbol{Q}'^1$ 的坐标可以由像平面 1 上任意一条不通过极点 $E'^1$ 的直线 $m'^1$ 与 $l'^1$ 叉乘得到，因此由式（4-2-10）可得

$$\boldsymbol{l}'^{I_2}=\boldsymbol{F}^1\underline{\boldsymbol{q}}'^{I_1}\propto\boldsymbol{F}^1(\underline{\boldsymbol{m}}'^{I_1}\times)\underline{\boldsymbol{l}}'^{I_1} \tag{4-2-17}$$

由于 $(\underline{\boldsymbol{e}}'^{I_1})^{\mathrm{T}}\underline{\boldsymbol{e}}'^{I_1}\neq0$，为满足 $m'^1$ 不通过 $E'^1$ 的要求，可以取 $\underline{\boldsymbol{m}}'^{I_1}=\underline{\boldsymbol{e}}'^{I_1}$。由对称性有

$$\boldsymbol{l}'^{I_1}\propto\boldsymbol{F}^2(\underline{\boldsymbol{m}}'^{I_2}\times)\underline{\boldsymbol{l}}'^{I_2} \tag{4-2-18}$$

由于 $\boldsymbol{F}^2$ 仅是 $\boldsymbol{F}^1$ 的转置，为简洁起见，下文中若未明确说明，基本矩阵均指式（4-2-11）及式（4-2-13）中的 $\boldsymbol{F}^1$ 形式，并简记为 $\boldsymbol{F}$。基本矩阵 $\boldsymbol{F}$ 有如下性质：

1）$\boldsymbol{F}$ 与物点及像点无关，描述了相机对自身的性质；

2）由式（4-2-11）可知，$\boldsymbol{F}$ 为 $3\times3$ 的矩阵，由于反对称矩阵秩为 2，$\boldsymbol{M}^1$、$\boldsymbol{M}^2$ 秩为 3，因此 $\boldsymbol{F}$ 的秩为 2，其为奇异矩阵，其行列式为 0。考虑上述约束及齐次因子，$\boldsymbol{F}$ 有 7 个自由度；

3）由式（4-2-11）、式（4-2-15）及式（B-2-56）可知

$$\begin{cases}(\underline{e}'^{I_2})^{\mathrm{T}}\boldsymbol{F}=\boldsymbol{0}_{1\times 3}\\ \boldsymbol{F}\underline{e}'^{I_1}=((\underline{e}'^{I_1})^{\mathrm{T}}\boldsymbol{F}^2)^{\mathrm{T}}=\boldsymbol{0}_{3\times 1}\end{cases}\tag{4-2-19}$$

即极点 $E'^1$、$E'^2$ 分别为 $\boldsymbol{F}$ 右零空间及左零空间的基向量；

4）考虑一对相机 $\langle \boldsymbol{M}_1^1,\boldsymbol{M}_1^2\rangle$ 及与其射影等价的另一对相机 $\langle \boldsymbol{M}_2^1,\boldsymbol{M}_2^2\rangle$ 之间基本矩阵的关系。若某对像点 $P'^1_1$、$P'^2_1$（其中上标表示相机序号，下标表示相机对序号）在第一对相机下满足极几何约束，即存在物点 $P_1$ 使得

$$\underline{\boldsymbol{p}}'^{I_1}_1=\boldsymbol{M}_1^1\underline{\boldsymbol{p}}^W_1,\underline{\boldsymbol{p}}'^{I_2}_1=\boldsymbol{M}_1^2\underline{\boldsymbol{p}}^W_1\tag{4-2-20}$$

由式（4－2－6）及式（4－2－7）可知，在第二个相机对下，$W$ 系坐标为 $\underline{\boldsymbol{p}}^W_2=\boldsymbol{H}^{-1}\underline{\boldsymbol{p}}^W_1$ 的物点 $P_2$ 对应的像点坐标也为 $\underline{\boldsymbol{p}}'^{I_1}_1$、$\underline{\boldsymbol{p}}'^{I_2}_1$。由式（4－2－13），$P_1$ 点在第一个相机对下的极几何约束与 $P_2$ 点在第二个相机对下的极几何约束有相同的形式，又由于 $P_1$ 点的选取是任意的，因此射影等价的两个相机对有相同的基本矩阵（计入齐次因子）。此外还可以证明[55]，有相同基本矩阵的两个相机对是射影等价的。因此，两个相机对射影等价，即等价于它们有相同的基本矩阵。

基本矩阵给出了两个像点 $P'^1$、$P'^2$ 坐标之间需要满足的约束条件，但并未直接给出两像点坐标之间的关系。假设物点 $P$ 在某空间平面 $\pi$ 上，由 4.1.3.1 节第（3）条可知，$\pi$ 到两个像平面的投影可以用式（4－1－58）中的 $3\times 3$ 单应矩阵表示，这里记为 $\boldsymbol{H}^1$ 与 $\boldsymbol{H}^2$，即

$$\underline{\boldsymbol{p}}'^{I_1}\propto\boldsymbol{H}^1\begin{bmatrix}\boldsymbol{p}^W_{1,2}\\1\end{bmatrix},\underline{\boldsymbol{p}}'^{I_2}\propto\boldsymbol{H}^2\begin{bmatrix}\boldsymbol{p}^W_{1,2}\\1\end{bmatrix}\tag{4-2-21}$$

由上式可得像平面 1 到像平面 2 的射影变换

$$\underline{\boldsymbol{p}}'^{I_2}=\boldsymbol{H}^2(\boldsymbol{H}^1)^{-1}\underline{\boldsymbol{p}}'^{I_1}=\boldsymbol{H}\underline{\boldsymbol{p}}'^{I_1}\tag{4-2-22}$$

式中，$\boldsymbol{H}\equiv\boldsymbol{H}^2(\boldsymbol{H}^1)^{-1}$，为由平面 $\pi$ 诱导的由像平面 1 到像平面 2 的单应矩阵。该矩阵与平面 $\pi$ 的选取相关，因此不是唯一的。特别地，当 $\pi$ 为无穷远平面 $\pi_\infty$ 时，记对应的单应矩阵为 $\boldsymbol{H}_\infty$。由对称性可得像平面 2 到像平面 1 的射影变换

$$\underline{\boldsymbol{p}}'^{I_1}=\boldsymbol{H}^1(\boldsymbol{H}^2)^{-1}\underline{\boldsymbol{p}}'^{I_2}=\boldsymbol{H}^{-1}\underline{\boldsymbol{p}}'^{I_2}\tag{4-2-23}$$

下面给出单应矩阵与基本矩阵的关系。由于极点 $E'^2$ 及像点 $P'^2$ 均在极线 $l'^2$ 上，因此由式（B－4－42）及式（4－2－22）有

$$\boldsymbol{l}'^{I_2}=\underline{\boldsymbol{e}}'^{I_2}\times\underline{\boldsymbol{p}}'^{I_2}\propto(\underline{\boldsymbol{e}}'^{I_2}\times)\boldsymbol{H}\underline{\boldsymbol{p}}'^{I_1}\tag{4-2-24}$$

将上式与式（4－2－10）对比，由于两式对任意匹配像点对 $P'^1$、$P'^2$ 均成立，因此

$$\boldsymbol{F}\propto(\underline{\boldsymbol{e}}'^{I_2}\times)\boldsymbol{H}\tag{4-2-25}$$

同理，由式（B－4－42）及式（4－2－23）有

$$\boldsymbol{l}'^{I_1}=\underline{\boldsymbol{e}}'^{I_1}\times\underline{\boldsymbol{p}}'^{I_1}\propto(\underline{\boldsymbol{e}}'^{I_1}\times)\boldsymbol{H}^{-1}\underline{\boldsymbol{p}}'^{I_2}\tag{4-2-26}$$

将上式与式（4－2－14）对比，有

$$\boldsymbol{F}^2 \propto (\underline{\boldsymbol{e}}'^{I_1} \times) \boldsymbol{H}^{-1} \tag{4-2-27}$$

代入式（4－2－16）可知

$$\boldsymbol{F} \propto [(\underline{\boldsymbol{e}}'^{I_1} \times) \boldsymbol{H}^{-1}]^{\mathrm{T}} \propto \boldsymbol{H}^{-\mathrm{T}} (\underline{\boldsymbol{e}}'^{I_1} \times) \tag{4-2-28}$$

可以证明，对任意可逆矩阵 $\boldsymbol{H}$，$\boldsymbol{H}$ 满足 $(\underline{\boldsymbol{e}}'^{I_2} \times) \boldsymbol{H}$ 或 $\boldsymbol{H}^{-\mathrm{T}} (\underline{\boldsymbol{e}}'^{I_1} \times)$ 为基本矩阵的充要条件是 $\boldsymbol{H}$ 为与某个平面 $\pi$ 对应的像平面 1 到像平面 2 的单应矩阵。

#### 4.2.2.1　简化条件下的基本矩阵及单应矩阵

在某些条件下，可以对相机矩阵进行简化，从而使基本矩阵有更简单的形式：

(1) 世界坐标系与相机 1 坐标系重合时

由于世界坐标系 $W$ 可以自由定义，因此通常将其定义为与相机 1 的坐标系 $C_1$ 重合，此时基本矩阵有较简单的形式。这里首先计算单应矩阵 $\boldsymbol{H}$，然后进一步计算基本矩阵 $\boldsymbol{F}$，并引出本质矩阵的定义。式（4－2－22）中的 $\boldsymbol{H}$ 是基于 $W$ 系定义在平面 $\pi$ 上导出的，其推导过程不适用于 $W$ 系定义在 $C_1$ 系的情况，这里直接以物点 $P$ 为中介来计算 $\boldsymbol{H}$。由式（4－1－30），当 $W$ 系与 $C_1$ 系重合时，由式（4－2－8）可得

$$\begin{cases} \underline{\boldsymbol{o}}_{C_1}^{W} = \begin{bmatrix} \boldsymbol{0}_{3\times1} \\ 1 \end{bmatrix}, \boldsymbol{M}^1 = \boldsymbol{K}^1 [\boldsymbol{I} \quad \boldsymbol{0}_{3\times1}], \boldsymbol{M}^2 = \boldsymbol{K}^2 \begin{bmatrix} \boldsymbol{C}_{C_1}^{C_2} & -\boldsymbol{r}_{O_{C_1}O_{C_2}}^{C_2} \end{bmatrix} \\ \underline{\boldsymbol{e}}'^{I_2} \propto \boldsymbol{M}^2 \underline{\boldsymbol{o}}_{C_1}^{W} = \boldsymbol{K}^2 \begin{bmatrix} \boldsymbol{C}_{C_1}^{C_2} & -\boldsymbol{r}_{O_{C_1}O_{C_2}}^{C_2} \end{bmatrix} \begin{bmatrix} \boldsymbol{0}_{3\times1} \\ 1 \end{bmatrix} = -\boldsymbol{K}^2 \boldsymbol{r}_{O_{C_1}O_{C_2}}^{C_2} \end{cases} \tag{4-2-29}$$

代入式（4－1－31）得到像点 $P'^1$、$P'^2$ 的坐标为

$$\begin{cases} \underline{\boldsymbol{p}}'^{I_1} \propto \boldsymbol{M}^1 \underline{\boldsymbol{p}}^{W} = \boldsymbol{K}^1 [\boldsymbol{I} \quad \boldsymbol{0}_{3\times1}] \begin{bmatrix} \boldsymbol{p}^{W} \\ 1 \end{bmatrix} = \boldsymbol{K}^1 \boldsymbol{p}^{W} \\ \underline{\boldsymbol{p}}'^{I_2} \propto \boldsymbol{M}^2 \underline{\boldsymbol{p}}^{W} = \boldsymbol{K}^2 \begin{bmatrix} \boldsymbol{C}_{C_1}^{C_2} & -\boldsymbol{r}_{O_{C_1}O_{C_2}}^{C_2} \end{bmatrix} \begin{bmatrix} \boldsymbol{p}^{W} \\ 1 \end{bmatrix} = \boldsymbol{K}^2 (\boldsymbol{C}_{C_1}^{C_2} \boldsymbol{p}^{W} - \boldsymbol{r}_{O_{C_1}O_{C_2}}^{C_2}) \end{cases} \tag{4-2-30}$$

为得到 $P'^1$ 到 $P'^2$ 单应矩阵，需要将 $\underline{\boldsymbol{p}}'^{I_2}$ 表示为 $\boldsymbol{p}^{W}$ 的线性变换，设某 3×1 向量 $\boldsymbol{\pi}$ 在 $\boldsymbol{p}^{W}$ 上的投影为－1，即

$$\boldsymbol{\pi}^{\mathrm{T}} \boldsymbol{p}^{W} = -1 \tag{4-2-31}$$

由式（B－4－13）可知 $[\boldsymbol{\pi}^{\mathrm{T}} \quad 1]^{\mathrm{T}}$ 为通过物点 $P$ 的空间平面 $\pi$ 的齐次坐标。将上式代入式（4－2－30）可得

$$\begin{aligned} \underline{\boldsymbol{p}}'^{I_2} &\propto \boldsymbol{K}^2 (\boldsymbol{C}_{C_1}^{C_2} \boldsymbol{p}^{W} + \boldsymbol{r}_{O_{C_1}O_{C_2}}^{C_2} \boldsymbol{\pi}^{\mathrm{T}} \boldsymbol{p}^{W}) \\ &= \boldsymbol{K}^2 (\boldsymbol{C}_{C_1}^{C_2} + \boldsymbol{r}_{O_{C_1}O_{C_2}}^{C_2} \boldsymbol{\pi}^{\mathrm{T}}) \boldsymbol{p}^{W} \propto \boldsymbol{K}^2 (\boldsymbol{C}_{C_1}^{C_2} + \boldsymbol{r}_{O_{C_1}O_{C_2}}^{C_2} \boldsymbol{\pi}^{\mathrm{T}}) (\boldsymbol{K}^1)^{-1} \underline{\boldsymbol{p}}'^{I_1} \end{aligned} \tag{4-2-32}$$

即单应矩阵为

$$\boldsymbol{H} \propto \boldsymbol{K}^2 (\boldsymbol{C}_{C_1}^{C_2} + \boldsymbol{r}_{O_{C_1}O_{C_2}}^{C_2} \boldsymbol{\pi}^{\mathrm{T}}) (\boldsymbol{K}^1)^{-1} \tag{4-2-33}$$

特别地，由上式可知无穷远平面 $\pi_{\infty}$ 诱导的由像平面 1 到像平面 2 的单应矩阵 $\boldsymbol{H}_{\infty}$ 为

$$\boldsymbol{H}_{\infty} \propto \boldsymbol{K}^2 (\boldsymbol{C}_{C_1}^{C_2} + \boldsymbol{r}_{O_{C_1} O_{C_2}}^{C_2} \boldsymbol{\pi}_{\infty}^{\mathrm{T}}) (\boldsymbol{K}^1)^{-1} = \boldsymbol{K}^2 \boldsymbol{C}_{C_1}^{C_2} (\boldsymbol{K}^1)^{-1} \tag{4-2-34}$$

式中 $\boldsymbol{\pi}_{\infty}^{\mathrm{T}} = \boldsymbol{0}_{3\times1}$ 为无穷远平面齐次坐标的前三个分量。将式（4－2－33）代入式（4－2－25），并利用式（4－2－29）及式（B－2－59）有

$$\begin{aligned}
\boldsymbol{F} &\propto (\underline{\boldsymbol{e}}^{\prime I_2} \times) \boldsymbol{H} \propto (\underline{\boldsymbol{e}}^{\prime I_2} \times) \boldsymbol{K}^2 (\boldsymbol{C}_{C_1}^{C_2} + \boldsymbol{r}_{O_{C_1} O_{C_2}}^{C_2} \boldsymbol{\pi}^{\mathrm{T}}) (\boldsymbol{K}^1)^{-1} \\
&\propto - (\boldsymbol{K}^2 \boldsymbol{r}_{O_{C_1} O_{C_2}}^{C_2} \times) \boldsymbol{K}^2 (\boldsymbol{C}_{C_1}^{C_2} + \boldsymbol{r}_{O_{C_1} O_{C_2}}^{C_2} \boldsymbol{\pi}^{\mathrm{T}}) (\boldsymbol{K}^1)^{-1} \\
&= - [\det(\boldsymbol{K}^2) (\boldsymbol{K}^2)^{-\mathrm{T}} (\boldsymbol{r}_{O_{C_1} O_{C_2}}^{C_2} \times) (\boldsymbol{K}^2)^{-1}] \boldsymbol{K}^2 (\boldsymbol{C}_{C_1}^{C_2} + \boldsymbol{r}_{O_{C_1} O_{C_2}}^{C_2} \boldsymbol{\pi}^{\mathrm{T}}) (\boldsymbol{K}^1)^{-1} \\
&\propto (\boldsymbol{K}^2)^{-\mathrm{T}} (\boldsymbol{r}_{O_{C_1} O_{C_2}}^{C_2} \times) (\boldsymbol{C}_{C_1}^{C_2} + \boldsymbol{r}_{O_{C_1} O_{C_2}}^{C_2} \boldsymbol{\pi}^{\mathrm{T}}) (\boldsymbol{K}^1)^{-1} \\
&= (\boldsymbol{K}^2)^{-\mathrm{T}} (\boldsymbol{r}_{O_{C_1} O_{C_2}}^{C_2} \times) \boldsymbol{C}_{C_1}^{C_2} (\boldsymbol{K}^1)^{-1} = (\boldsymbol{K}^2)^{-\mathrm{T}} \boldsymbol{C}_{C_1}^{C_2} (\boldsymbol{r}_{O_{C_1} O_{C_2}}^{C_1} \times) (\boldsymbol{K}^1)^{-1}
\end{aligned} \tag{4-2-35}$$

也可以将式（4－2－29）代入式（4－2－12）直接计算 $\boldsymbol{F}$，得到的结果将与式（4－2－35）相同。将式（4－2－35）代入式（4－2－13），可得 $W$ 系定义在 $C_1$ 系上时的极几何约束式

$$((\boldsymbol{K}^2)^{-1} \underline{\boldsymbol{p}}^{\prime I_2})^{\mathrm{T}} \boldsymbol{C}_{C_1}^{C_2} (\boldsymbol{r}_{O_{C_1} O_{C_2}}^{C_1} \times) (\boldsymbol{K}^1)^{-1} \underline{\boldsymbol{p}}^{\prime I_1} = 0 \tag{4-2-36}$$

又由上式及式（4－1－31）可得

$$(\boldsymbol{r}_{O_{C_2} P}^{C_1})^{\mathrm{T}} (\boldsymbol{r}_{O_{C_1} O_{C_2}}^{C_1} \times \boldsymbol{r}_{O_{C_1} P}^{C_1}) = (\boldsymbol{p}^{C_2})^{\mathrm{T}} \boldsymbol{C}_{C_1}^{C_2} (\boldsymbol{r}_{O_{C_1} O_{C_2}}^{C_1} \times) \boldsymbol{p}^{C_1} = (\boldsymbol{p}^{C_2})^{\mathrm{T}} \boldsymbol{E} \boldsymbol{p}^{C_1} = 0 \tag{4-2-37}$$

其中

$$\boldsymbol{E} = \boldsymbol{C}_{C_1}^{C_2} (\boldsymbol{r}_{O_{C_1} O_{C_2}}^{C_1} \times) = (\boldsymbol{r}_{O_{C_1} O_{C_2}}^{C_2} \times) \boldsymbol{C}_{C_1}^{C_2} \tag{4-2-38}$$

称为本质矩阵（essential matrix）。由式（4－2－35）及式（4－2－38）可知基本矩阵与本质矩阵的关系为

$$\boldsymbol{F} \propto (\boldsymbol{K}^2)^{-\mathrm{T}} \boldsymbol{E} \boldsymbol{K}_1^{-1} \tag{4-2-39}$$

由式（4－2－37）可知，极几何约束的几何解释是 $P$、$O_{C_1}$、$O_{C_2}$ 之间的相对位矢在同一平面上，即这三点共面。由式（4－2－38）可知，本质矩阵 $\boldsymbol{E}$ 仅与两相机之间相对位姿相关，与两相机内参无关。由于正交变换为满秩且不改变奇异值，由 B.2.7.1 节可知，$\boldsymbol{E}$ 的秩为 2，两个非零奇异值均为 $\| \boldsymbol{r}_{O_{C_1} O_{C_2}} \|$（不考虑齐次因子）。

（2）典型相机对

由 4.2.1 节，任意相机对均可与典型相机对射影等价，而射影等价的相机对有相同的基本矩阵。因此这里考虑在射影等价的相机对中形式最简单的典型相机对的基本矩阵形式。对于典型相机对 $\langle \boldsymbol{M}^1 = [\boldsymbol{I} \quad \boldsymbol{0}], \boldsymbol{M}^2 = [\boldsymbol{M}_{C1\sim3}^2 \quad \boldsymbol{M}_{C4}^2] \rangle$，由式（4－1－30），相机 1 的内参及外参满足

$$\boldsymbol{K}^1 \boldsymbol{C}_W^{C_1} = \boldsymbol{I}, \boldsymbol{o}_{C_1}^W = \boldsymbol{0}_{3\times1} \tag{4-2-40}$$

即相机 1 的投影中心 $O_{C_1}$ 与 $W$ 系原点重合，而 $O_{C_1}$ 在相机 2 的像平面上成像于极点 $E^{\prime 2}$，

将上式代入式（4－2－8）有

$$\underline{\boldsymbol{e}}'^{I_2} \propto \boldsymbol{M}^2 \begin{bmatrix} \boldsymbol{0}_{3\times1} \\ 1 \end{bmatrix} = \boldsymbol{M}^2_{C4} \tag{4-2-41}$$

因此 $\boldsymbol{M}^2$ 的第 4 列即极点 $E'^2$ 的坐标（计入齐次因子）。代入式（4－2－11）可得

$$\boldsymbol{F} \propto (\boldsymbol{M}^2_{C4} \times) \boldsymbol{M}^2 \begin{bmatrix} \boldsymbol{I}_{3\times3} \\ \boldsymbol{0}_{1\times3} \end{bmatrix} = (\boldsymbol{M}^2_{C4} \times) \boldsymbol{M}^2_{C1\sim3} \tag{4-2-42}$$

#### 4.2.2.2　基本矩阵的估计

如果知道相机对的匹配像点 $P'^1$、$P'^2$ 的坐标 $\underline{\boldsymbol{p}}'^{I_1}$ 及 $\underline{\boldsymbol{p}}'^{I_2}$，那么代入式（4－2－13）可得方程

$$(\underline{\boldsymbol{p}}'^{I_2})^{\mathrm{T}} \boldsymbol{F} \underline{\boldsymbol{p}}'^{I_1} = 0 \tag{4-2-43}$$

上式与 B.7.3.2 节直接线性变换法中的式（B－7－57）具有类似的形式，因此也可以采用类似的方法处理。首先利用式（B－2－40）将上式转换为关于 $\boldsymbol{F}$ 的齐次线性方程组

$$[(\underline{\boldsymbol{p}}'^{I_1})^{\mathrm{T}} \otimes (\underline{\boldsymbol{p}}'^{I_2})^{\mathrm{T}}]\, \mathrm{vec}(\boldsymbol{F}) = 0 \tag{4-2-44}$$

实际应用中一般在两图片中提取多个匹配点，然后将各匹配点对应的上式联立为超定方程组，使用奇异值分解法求解 $\boldsymbol{F}$。由于 $\boldsymbol{F}$ 有 7 个自由度，但上面的直接线性变换法没有考虑行列式为 0 的约束，因此需要至少 8 个点对来计算 $\boldsymbol{F}$。由于实测数据存在误差，因此由上式计算的 $\boldsymbol{F}$ 可能不满足行列式为 0 的约束条件，在此情况下，可首先将求得的 $\boldsymbol{F}$ 进行奇异值分解得到 $\boldsymbol{F} = \boldsymbol{U}\boldsymbol{S}\boldsymbol{V}^{\mathrm{T}}$，然后将 $\boldsymbol{S}$ 中最小的特征值置为 0 得到 $\boldsymbol{S}'$，将 $\boldsymbol{U}\boldsymbol{S}'\boldsymbol{V}^{\mathrm{T}}$ 作为基本矩阵的计算值。如果需要更精确的估计，也可以在此基础上使用最大似然估计方法。

#### 4.2.2.3　基本矩阵与本质矩阵的分解

由式（4－2－12）可知，基本矩阵 $\boldsymbol{F}$ 由相机对的两个相机矩阵构成。由于射影等价的相机对有相同的基本矩阵，因此已知基本矩阵后，无法分解得到两个相机矩阵 $\boldsymbol{M}^1$、$\boldsymbol{M}^2$ 的具体值，只能得到一组射影等价的相机对的相机矩阵，该过程称为相机矩阵的射影重构。为简便起见，一般将基本矩阵分解为典型相机对的相机矩阵。这时 $\boldsymbol{M}^1 = [\boldsymbol{I} \quad \boldsymbol{0}]$，仅需要分步确定 $\boldsymbol{M}^2_{C1\sim3}$ 及 $\boldsymbol{M}^2_{C4}$。对于典型相机对，由式（4－2－41）可知 $\boldsymbol{M}^2_{C4}$ 即极点 $E'^2$ 的坐标 $\underline{\boldsymbol{e}}'^{I_2}$，代入式（4－2－42）得到基本矩阵 $\boldsymbol{F}$ 与 $\boldsymbol{M}^2_{C1\sim3}$ 的关系为

$$\boldsymbol{F}_{Ci} \propto \underline{\boldsymbol{e}}'^{I_2} \times \boldsymbol{M}^2_{Ci} \; (i = 1,2,3) \tag{4-2-45}$$

因此 $\boldsymbol{F}$ 的各列均与 $\underline{\boldsymbol{e}}'^{I_2}$ 垂直。由于 $\boldsymbol{F}$ 的秩为 2，因此其各列在同一平面上，而 $\underline{\boldsymbol{e}}'^{I_2}$ 与此平面垂直，因此应按下式计算 $\boldsymbol{M}^2_{C4}$

$$\hat{\boldsymbol{M}}^2_{C4} \propto \underline{\boldsymbol{e}}'^{I_2} \propto \boldsymbol{F}_{Ci} \times \boldsymbol{F}_{Cj} \; (i,j = 1,2,3; i \neq j) \tag{4-2-46}$$

即由 $\boldsymbol{F}$ 任意两列的叉积来计算 $\boldsymbol{M}^2_{C4}$。当确定 $\hat{\boldsymbol{M}}^2_{C4}$ 后，由 B.2.1.1 节叉积的性质可知，满足式（4－2－42）的 $\boldsymbol{M}^2_{C1\sim3}$ 有多种选择，因此仍不能根据基本矩阵完全确定典型相机对的相机矩阵。一种简便的计算 $\boldsymbol{M}^2_{C1\sim3}$ 的算法是[54]

$$\hat{\boldsymbol{M}}^2_{C1\sim3} = (\underline{\boldsymbol{e}}'^{I_2} \times) \boldsymbol{F} \tag{4-2-47}$$

为说明按上式设置的 $\hat{\boldsymbol{M}}_{C1\sim3}^{2}$ 计算得到的基本矩阵 $\hat{\boldsymbol{F}}$ 即待分解的原始基本矩阵 $\boldsymbol{F}$ ，设 $\boldsymbol{M}^2$ 为满足式（4－2－42）的与 $\boldsymbol{F}$ 对应的一个典型相机对相机 2 的相机矩阵，则由式（4－2－41）及式（4－2－46）可知

$$\hat{\boldsymbol{M}}_{C4}^{2} \propto \boldsymbol{M}_{C4}^{2} \propto \underline{\boldsymbol{e}}'^{I_2} \tag{4－2－48}$$

即所有与基本矩阵 $\boldsymbol{F}$ 对应的典型相机对都有相同的极点 $E'^2$。由上式及式（4－2－42）、式（4－2－47）可知

$$\hat{\boldsymbol{M}}_{C1\sim3}^{2} = (\underline{\boldsymbol{e}}'^{I_2}\times)\boldsymbol{F} \propto (\underline{\boldsymbol{e}}'^{I_2}\times)(\boldsymbol{M}_{C4}^{2}\times)\boldsymbol{M}_{C1\sim3}^{2} \propto (\underline{\boldsymbol{e}}'^{I_2}\times)^2\boldsymbol{M}_{C1\sim3}^{2} \tag{4－2－49}$$

由上式及式（4－2－42）、式（4－2－48）、式（B－2－13），按 $\hat{\boldsymbol{M}}_{C1\sim3}^{2}$ 计算得到的基本矩阵 $\hat{\boldsymbol{F}}$ 满足

$$\hat{\boldsymbol{F}} \propto (\hat{\boldsymbol{M}}_{C4}^{2}\times)\hat{\boldsymbol{M}}_{C1\sim3}^{2} \propto (\underline{\boldsymbol{e}}'^{I_2}\times)^3\boldsymbol{M}_{C1\sim3}^{2} = -\|\underline{\boldsymbol{e}}'^{I_2}\|^2(\underline{\boldsymbol{e}}'^{I_2}\times)\boldsymbol{M}_{C1\sim3}^{2} \propto \boldsymbol{F} \tag{4－2－50}$$

即两矩阵在齐次意义上是相等的。

由式（4－2－38）可知，当得到基本矩阵 $\boldsymbol{F}$ 后，如果知道相机对的内参矩阵 $\boldsymbol{K}^1$ 与 $\boldsymbol{K}^2$ ，则可计算本质矩阵 $\boldsymbol{E}$。本质矩阵包含两相机之间的相对位姿信息，可以进一步将其分解为相对旋转 $\boldsymbol{C}_{C_1}^{C_2}$ 与相对平移 $\boldsymbol{r}_{O_{C_1}O_{C_2}}^{C_1}$。由式（4－2－38）可知，需要将 $\boldsymbol{E}$ 分解为一个正交矩阵和一个反对称矩阵的乘积。设 $\boldsymbol{E}$ 的奇异值分解为

$$\boldsymbol{E} = \boldsymbol{USV}^{\mathrm{T}} \tag{4－2－51}$$

由本质矩阵的性质，$\boldsymbol{E}$ 有两个相等的非零特征值，因此

$$\boldsymbol{S} \propto \mathrm{diag}([1\quad 1\quad 0]^{\mathrm{T}}) \tag{4－2－52}$$

若能将 $\mathrm{diag}([1\quad 1\quad 0]^{\mathrm{T}})$ 分解为正交矩阵 $\boldsymbol{C}$ 和反对称矩阵 $\boldsymbol{r}\times$ 的乘积，则

$$\boldsymbol{E} \propto \boldsymbol{UC}(\boldsymbol{r}\times)\boldsymbol{V}^{\mathrm{T}} = (\boldsymbol{UCV}^{\mathrm{T}})(\boldsymbol{V}(\boldsymbol{r}\times)\boldsymbol{V}^{\mathrm{T}}) \tag{4－2－53}$$

易知式中 $\boldsymbol{UCV}^{\mathrm{T}}$ 为正交阵，$\boldsymbol{V}(\boldsymbol{r}\times)\boldsymbol{V}^{\mathrm{T}}$ 为反对称阵，因此就可按下式求解相对旋转矩阵及平移向量

$$\begin{cases}\boldsymbol{C}_{C_1}^{C_2} = \boldsymbol{UCV}^{\mathrm{T}} \\ (\boldsymbol{r}_{O_{C_1}O_{C_2}}^{C_1}\times) = \boldsymbol{V}(\boldsymbol{r}\times)\boldsymbol{V}^{\mathrm{T}}\end{cases} \tag{4－2－54}$$

若令

$$\boldsymbol{C}' = \begin{bmatrix} 0 & 1 & 0 \\ -1 & 0 & 0 \\ 0 & 0 & 1 \end{bmatrix}, \boldsymbol{r}' = \begin{bmatrix} 0 \\ 0 \\ 1 \end{bmatrix} \tag{4－2－55}$$

易知

$$\boldsymbol{C}'(\boldsymbol{r}'\times) = \boldsymbol{C}'^{\mathrm{T}}(-\boldsymbol{r}'\times) = -[\boldsymbol{C}'(-\boldsymbol{r}'\times)] = -[\boldsymbol{C}'^{\mathrm{T}}(\boldsymbol{r}'\times)] = \mathrm{diag}([1\quad 1\quad 0]^{\mathrm{T}}) \tag{4－2－56}$$

因此可将 $\boldsymbol{C}'$ 或 $\boldsymbol{C}'^{\mathrm{T}}$ 作为 $\boldsymbol{C}$、$\boldsymbol{r}'$ 或 $-\boldsymbol{r}'$ 作为 $\boldsymbol{r}$ 代入式（4－2－54）中，得到相对旋转矩阵及

平移向量。这样 $\boldsymbol{E}$ 可以分解为 4 组不同的相对位姿。可以证明，对同一正齐次因子，有且仅有这 4 组分解[60]。

### 4.2.3　三角法

三角法指在不同位置对空间中同一个目标点进行观测，通过目标点在两个不同位置的相机平面上的成像坐标估算目标点的实际空间位置。

如图 4-8 所示，假设空间中的一点 $P$ 在两个相机中的成像点分别为 $P'^1$ 和 $P'^2$，由针孔相机的反投影可知，平面点 $P'^1$ 的反投影在由 $O_{C_1}$ 和 $P'^1$ 确定的射线上，平面点 $P'^2$ 的反投影在由 $O_{C_2}$ 和 $P'^2$ 确定的射线上，又由于 $P'^1$ 和 $P'^2$ 是空间点 $P$ 在两个相机的像平面上的投影，因此理论上 $O_{C_1}P'^1$ 和 $O_{C_2}P'^2$ 在空间中相交于点 $P$，通过方程组求解即可获取点 $P$ 的空间位置。实际中，由于测量误差的存在，空间中这两条直线无法相交，因此可以通过最小二乘法进行求解。

不妨假设左侧相机的相机坐标系 $C_1$ 与世界坐标系 $W$ 重合，那么 $P$ 点在世界坐标系下坐标 $\underline{\boldsymbol{p}}^W$ 与在相机坐标系 $C_1$ 下坐标 $\underline{\boldsymbol{p}}^{C_1}$ 相同，左侧相机的相机矩阵 $\boldsymbol{M}^1$ 为

$$\boldsymbol{M}^1=\boldsymbol{K}^1\left[\boldsymbol{I}_{3\times3}\quad \boldsymbol{0}_{3\times1}\right] \tag{4-2-57}$$

$C_1$ 系到 $C_2$ 系的方向余弦矩阵为 $\boldsymbol{C}_{C_1}^{C_2}$，$C_2$ 系原点相对于 $C_1$ 系原点的位矢为 $\boldsymbol{r}_{O_{C_1}O_{C_2}}$，由式（4-1-30）得，右侧相机的相机矩阵 $\boldsymbol{M}^2$ 为

$$\boldsymbol{M}^2=\boldsymbol{K}^2\left[\boldsymbol{C}_{C_1}^{C_2}\quad -\boldsymbol{C}_{C_1}^{C_2}\boldsymbol{r}_{O_{C_1}O_{C_2}}^{C_1}\right] \tag{4-2-58}$$

由式（4-1-31）可知，空间坐标点 $P$ 投影到图像点 $P'^1$、$P'^2$ 的坐标 $\underline{\boldsymbol{p}}'^{I_1}$ 和 $\underline{\boldsymbol{p}}'^{I_2}$ 满足

$$\begin{cases}\underline{\boldsymbol{p}}'^{I_1}\propto \boldsymbol{M}^1\underline{\boldsymbol{p}}^W\\ \underline{\boldsymbol{p}}'^{I_2}\propto \boldsymbol{M}^2\underline{\boldsymbol{p}}^W\end{cases} \tag{4-2-59}$$

因此满足等式：$(\underline{\boldsymbol{p}}'^{I_1}\times)(\boldsymbol{M}^1\underline{\boldsymbol{p}}^W)=\boldsymbol{0}$，$(\underline{\boldsymbol{p}}'^{I_2}\times)(\boldsymbol{M}^2\underline{\boldsymbol{p}}^W)=\boldsymbol{0}$，展开得

$$\begin{cases}p'^{I_1}_{x^1}(\boldsymbol{M}_{R3}^1\underline{\boldsymbol{p}}^W)-(\boldsymbol{M}_{R1}^1\underline{\boldsymbol{p}}^W)=0\\ p'^{I_1}_{y^1}(\boldsymbol{M}_{R3}^1\underline{\boldsymbol{p}}^W)-(\boldsymbol{M}_{R2}^1\underline{\boldsymbol{p}}^W)=0\\ p'^{I_2}_{x^2}(\boldsymbol{M}_{R3}^2\underline{\boldsymbol{p}}^W)-(\boldsymbol{M}_{R1}^2\underline{\boldsymbol{p}}^W)=0\\ p'^{I_2}_{y^2}(\boldsymbol{M}_{R3}^2\underline{\boldsymbol{p}}^W)-(\boldsymbol{M}_{R2}^2\underline{\boldsymbol{p}}^W)=0\end{cases} \tag{4-2-60}$$

式中，$\boldsymbol{M}_{Rj}^i$ 表示相机矩阵 $\boldsymbol{M}^i$ 的第 $j$ 行。

式（4-2-60）可以写成 $\boldsymbol{Ax}=\boldsymbol{0}$ 的形式，其中 $\boldsymbol{A}=\begin{bmatrix}p'^{I_1}_{x^1}\boldsymbol{M}_{R3}^1-\boldsymbol{M}_{R1}^1\\ p'^{I_1}_{y^1}\boldsymbol{M}_{R3}^1-\boldsymbol{M}_{R2}^1\\ p'^{I_2}_{x^2}\boldsymbol{M}_{R3}^2-\boldsymbol{M}_{R1}^2\\ p'^{I_2}_{y^2}\boldsymbol{M}_{R3}^2-\boldsymbol{M}_{R2}^2\end{bmatrix}$，为 4×4 矩阵，通过求解该齐次线性方程可以确定空间点 $\underline{\boldsymbol{p}}^W$。两种常用解法如下：

(1) 奇异值分解 (SVD)

由式 (B-2-26) 可知，齐次线性方程组的非零解可以通过 SVD 分解的方法进行求解，假设矩阵 $\boldsymbol{A}$ 的 SVD 分解的结果为 $\boldsymbol{A}=\boldsymbol{USV}^{\mathrm{T}}$，$\boldsymbol{Ax}=\boldsymbol{0}$ 的解为最小奇异值对应的矩阵 $\boldsymbol{V}$ 的列。

(2) 非齐次解法 (Inhomogeneous solution)

由于 $\underline{\boldsymbol{p}}^W$ 是点 $P$ 在世界坐标系下的齐次坐标，因此 $\underline{\boldsymbol{p}}^W=[p_x^W \quad p_y^W \quad p_z^W \quad 1]^{\mathrm{T}}$，$\boldsymbol{Ax}=\boldsymbol{0}$ 可以写成 $\boldsymbol{A}_{C1\sim3}\boldsymbol{x}_{1\sim3}=-\boldsymbol{A}_{C4}$，那么 $\boldsymbol{x}_{1\sim3}=-(\boldsymbol{A}_{C1\sim3})^{\dagger}\boldsymbol{A}_{C4}$。

## 4.3 相机自标定

本书 4.1.2 节介绍了针孔相机模型，将世界坐标和图像坐标通过相机矩阵建立连接，相机矩阵包括相机内参矩阵和外参矩阵，相机外参矩阵表示相机和世界坐标系的关系，相机内参矩阵表示相机自身参数。自标定是从一系列图像中获取相机内参的过程。传统标定方法是使用精密加工的标定设备，在已知标定设备三维坐标和对应的图像点坐标的情况下计算相机矩阵，然后将相机矩阵分解得到内参和外参。本节介绍的相机自标定方法不需要精密加工的标定设备，仅仅在场景中的多幅图像中，利用针对针孔相机的射影几何理论，对相机内参进行求解。

相机自标定的输入为多幅视图中对应的匹配像点以及各视图对应的相机内参的约束信息。设有 $n$ 个视图 (对应 $n$ 个相机矩阵) 及 $m$ 组匹配像点 (对应 $m$ 个物点)，相机自标定的基本计算步骤如下：

1) 首先进行多视图射影重构，即利用光束平差 (bundle adjustment) 算法[58]，由 $n$ 幅图像中的 $m$ 组匹配像点计算对应物点 $P_i$ ($W$ 系下坐标为 $\underline{\boldsymbol{p}}_i^W$) 与相机矩阵 $\boldsymbol{M}^j$ 的组合 $(\{\boldsymbol{M}_P^j\}, \{\underline{\boldsymbol{p}}_{P_i}^W\})$，其中 $1\leqslant i\leqslant m$，$1\leqslant j\leqslant n$。类似 4.2.1 节可知这样的组合不是唯一的，它们之间相互射影等价，因此括号中的符号带有下标 $P$，以与欧氏空间中真实的相机矩阵 $\boldsymbol{M}^j$ 及物点坐标 $\underline{\boldsymbol{p}}_i^W$ 区分。除直接计算物点与相机的组合外，在部分算法中，也可以计算相机对之间的基本矩阵 $\boldsymbol{F}$ 或无穷远平面诱导的单应矩阵 $\boldsymbol{H}_\infty$。

2) 为进一步得到各相机的相机矩阵，利用相机内参的约束信息 (如感光元 $X$、$Y$ 方向上像素尺寸相等，$X_I$、$Y_I$ 轴正交，各视图对应的相机内参相等等) 及本节介绍的约束条件，计算绝对二次曲线和绝对对偶二次曲面的投影 IAC 及 DIAC，并分解得到内参矩阵 $\boldsymbol{K}^j$ (由 4.1.3.1 节，IAC 及 DIAC 仅与相机内参相关，与相机外参无关)。

3) 由于计算相机矩阵等价于得到多视图的欧氏重构，因此在上一步中，也可以利用约束条件计算射影等价中的射影变换矩阵 $\boldsymbol{H}$，进而间接计算相机内参。

由 4.2.1 节，射影重构计算得到的射影等价相机矩阵及物点坐标 $(\{\boldsymbol{M}_P^j\}, \{\underline{\boldsymbol{p}}_{P_i}^W\})$ 可以通过 $4\times4$ 可逆射影变换矩阵 $\boldsymbol{H}$ 转换为真实相机矩阵及物点坐标 $(\{\boldsymbol{M}^j\}, \{\underline{\boldsymbol{p}}_i^W\})$

$$\begin{cases}\boldsymbol{M}^j=\boldsymbol{M}_P^j\boldsymbol{H}\\ \underline{\boldsymbol{p}}_i^W=\boldsymbol{H}^{-1}\underline{\boldsymbol{p}}_{P_i}^W\end{cases} \tag{4-3-1}$$

由于相机标定与 $W$ 系的选择无关，为简化分析，在本节中定义 $W$ 系与视图 1 中的相机坐标系 $C_1$ 重合，由式（4-1-30）可得

$$\boldsymbol{M}^1=\boldsymbol{K}^1\left[\boldsymbol{I}\quad \boldsymbol{0}_{3\times1}\right],\boldsymbol{M}^{j(j\neq1)}=\boldsymbol{K}^j\left[\boldsymbol{C}_{C_1}^{C_j}\quad -\boldsymbol{C}_{C_1}^{C_j}\boldsymbol{o}_{C_j}^{C_1}\right] \tag{4-3-2}$$

此外，还可以将射影重构的结果转换为典型相机对，即令 $\boldsymbol{M}_P^1=\left[\boldsymbol{I}\quad \boldsymbol{0}_{3\times1}\right]$，此时由式（4-2-41）及式（4-2-42）可知

$$\boldsymbol{M}_P^1=\left[\boldsymbol{I}\quad \boldsymbol{0}_{3\times1}\right],\boldsymbol{M}_P^{j(j\neq1)}\propto\left[\boldsymbol{M}_{P_{C1\sim3}}^j\quad \underline{\boldsymbol{e}}'^{I_j}\right] \tag{4-3-3}$$

式中，$\underline{\boldsymbol{e}}'^{I_j}$ 为第一个相机的投影中心在第 $j$ 个相机中的像，即极点，$\boldsymbol{M}_{P_{C1\sim3}}^j$ 满足 $\boldsymbol{F}\propto(\underline{\boldsymbol{e}}'^{I_j}\times)\boldsymbol{M}_{P_{C1\sim3}}^j$，其中 $\boldsymbol{F}$ 为典型相机对 $\langle\boldsymbol{M}_P^1, \boldsymbol{M}_P^{j(j\neq1)}\rangle$ 的基本矩阵。由式（4-3-1）可知，存在射影变换矩阵 $\boldsymbol{H}$，将典型相机对 $\langle\boldsymbol{M}_P^1, \boldsymbol{M}_P^{j(j\neq1)}\rangle$ 转换为欧氏空间下的真实相机对 $\langle\boldsymbol{M}^1, \boldsymbol{M}^{j(j\neq1)}\rangle$，转换关系为

$$\boldsymbol{M}^1=\boldsymbol{M}_P^1\boldsymbol{H},\boldsymbol{M}^{j(j\neq1)}=\boldsymbol{M}_P^{j(j\neq1)}\boldsymbol{H} \tag{4-3-4}$$

此外，记点 $\underline{\boldsymbol{p}}'^{I_1}_i$、$\underline{\boldsymbol{p}}'^{I_j}_i$ 为欧氏空间下的物点 $\underline{\boldsymbol{p}}_i^W$ 在对应相机对 $\langle\boldsymbol{M}^1, \boldsymbol{M}^j\rangle$ 上的像点坐标，那么 $\underline{\boldsymbol{p}}'^{I_1}_i$、$\underline{\boldsymbol{p}}'^{I_j}_i$ 在相机对 $\langle\boldsymbol{M}_P^1, \boldsymbol{M}_P^j\rangle$ 对应的物点坐标为 $\underline{\boldsymbol{p}}_{P_i}^W=\boldsymbol{H}\underline{\boldsymbol{p}}_i^W$。

### 4.3.1 由射影变换建立的约束条件

对 $j=1$，由式（4-3-2）、式（4-3-3）及式（4-3-4）有

$$\boldsymbol{K}^1\left[\boldsymbol{I}\quad \boldsymbol{0}_{3\times1}\right]=\left[\boldsymbol{I}\quad \boldsymbol{0}_{3\times1}\right]\boldsymbol{H} \tag{4-3-5}$$

因此可以将 $\boldsymbol{H}$ 写为

$$\boldsymbol{H}=\begin{bmatrix}\boldsymbol{K}^1 & \boldsymbol{0}_{3\times1}\\ \boldsymbol{v}^{\mathrm{T}} & s\end{bmatrix} \tag{4-3-6}$$

式中，$\boldsymbol{v}$ 为任意 $3\times1$ 矢量；$s$ 为任意标量。由于 $\boldsymbol{H}$ 必须是非奇异矩阵，因此 $s\neq0$，由齐次性不妨设 $s=1$，那么可以将 $\boldsymbol{H}$ 写为

$$\boldsymbol{H}\propto\begin{bmatrix}\boldsymbol{K}^1 & \boldsymbol{0}_{3\times1}\\ \boldsymbol{v}^{\mathrm{T}} & 1\end{bmatrix} \tag{4-3-7}$$

由上式可知，射影变换矩阵 $\boldsymbol{H}$ 包含 8 个独立参数，其中 $\boldsymbol{v}$ 包含 3 个独立参数，由式（4-1-29）可知 $\boldsymbol{K}^1$ 包含 5 个独立参数。

下面说明 $\boldsymbol{v}$ 与射影重构下无穷远平面坐标的关系。由 B.4.1.2 节，欧氏空间中无穷远平面的齐次坐标为 $\underline{\boldsymbol{\pi}}_\infty=\left[0\quad 0\quad 0\quad 1\right]^{\mathrm{T}}$。由式（B-4-63），射影重构下无穷远平面坐标为

$$\underline{\boldsymbol{\pi}}_{\infty_P}=\boldsymbol{H}^{-\mathrm{T}}\underline{\boldsymbol{\pi}}_\infty\propto\begin{bmatrix}(\boldsymbol{K}^1)^{-\mathrm{T}} & -(\boldsymbol{K}^1)^{-\mathrm{T}}\boldsymbol{v}\\ \boldsymbol{0}_{1\times3} & 1\end{bmatrix}\begin{bmatrix}\boldsymbol{0}_{3\times1}\\ 1\end{bmatrix}=\begin{bmatrix}-(\boldsymbol{K}^1)^{-\mathrm{T}}\boldsymbol{v}\\ 1\end{bmatrix} \tag{4-3-8}$$

记 $\underline{\boldsymbol{\pi}}_{\infty_P}\propto\begin{bmatrix}\boldsymbol{\pi}_{\infty_P}\\ 1\end{bmatrix}$，即 $\boldsymbol{\pi}_{\infty_P}=-(\boldsymbol{K}^1)^{-\mathrm{T}}\boldsymbol{v}$。将上式代入式（4-3-7），可得射影变换矩阵 $\boldsymbol{H}$ 为

$$\boldsymbol{H} \propto \begin{bmatrix} \boldsymbol{K}^1 & \boldsymbol{0}_{3\times1} \\ -\boldsymbol{\pi}_{\infty_P}^{\mathrm{T}}\boldsymbol{K}^1 & 1 \end{bmatrix} \tag{4-3-9}$$

由上，可以继续建立对 DIAC 与 IAC 的约束条件。对 $j \neq 1$，由式（4-3-2）、式（4-3-3）、式（4-3-4）及式（4-3-9）有

$$\boldsymbol{K}^j \begin{bmatrix} \boldsymbol{C}_{C_1}^{C_j} & -\boldsymbol{C}_{C_1}^{C_j}\boldsymbol{o}_{C_j}^{C_1} \end{bmatrix} \propto \begin{bmatrix} \boldsymbol{M}_{P_{C1\sim3}}^j & \underline{\boldsymbol{e}}'^{I_j} \end{bmatrix} \begin{bmatrix} \boldsymbol{K}^1 & \boldsymbol{0}_{3\times1} \\ -\boldsymbol{\pi}_{\infty_P}^{\mathrm{T}}\boldsymbol{K}^1 & 1 \end{bmatrix} = \begin{bmatrix} (\boldsymbol{M}_{P_{C1\sim3}}^j - \underline{\boldsymbol{e}}'^{I_j}\boldsymbol{\pi}_{\infty_P}^{\mathrm{T}})\boldsymbol{K}^1 & \underline{\boldsymbol{e}}'^{I_j} \end{bmatrix} \tag{4-3-10}$$

由式（4-2-8）可知上式分块矩阵第二列的块恒等，因此将第一列的块提取出来得

$$\boldsymbol{K}^j\boldsymbol{C}_{C_1}^{C_j} \propto (\boldsymbol{M}_{P_{C1\sim3}}^j - \underline{\boldsymbol{e}}'^{I_j}\boldsymbol{\pi}_{\infty_P}^{\mathrm{T}})\boldsymbol{K}^1 \tag{4-3-11}$$

由 $\boldsymbol{C}_{C_1}^{C_j}$ 的正交性，将式（4-3-11）两边与自身转置相乘得

$$\boldsymbol{K}^j\boldsymbol{C}_{C_1}^{C_j}(\boldsymbol{K}^j\boldsymbol{C}_{C_1}^{C_j})^{\mathrm{T}} = \boldsymbol{K}^j(\boldsymbol{K}^j)^{\mathrm{T}} \propto (\boldsymbol{M}_{P_{C1\sim3}}^j - \underline{\boldsymbol{e}}'^{I_j}\boldsymbol{\pi}_{\infty_P}^{\mathrm{T}})\boldsymbol{K}^1(\boldsymbol{K}^1)^{\mathrm{T}}(\boldsymbol{M}_{P_{C1\sim3}}^j - \underline{\boldsymbol{e}}'^{I_j}\boldsymbol{\pi}_{\infty_P}^{\mathrm{T}})^{\mathrm{T}} \tag{4-3-12}$$

由式（4-1-62）及式（4-1-67），也可以将（4-3-12）写成用 DIAC 或 IAC 表示的形式

$$\boldsymbol{Q}'^{*j}_{\infty} \propto (\boldsymbol{M}_{P_{C1\sim3}}^j - \underline{\boldsymbol{e}}'^{I_j}\boldsymbol{\pi}_{\infty_P}^{\mathrm{T}})\boldsymbol{Q}'^{*1}_{\infty}(\boldsymbol{M}_{P_{C1\sim3}}^j - \underline{\boldsymbol{e}}'^{I_j}\boldsymbol{\pi}_{\infty_P}^{\mathrm{T}})^{\mathrm{T}} \tag{4-3-13}$$

$$\boldsymbol{\Omega}'^{j}_{\infty} \propto (\boldsymbol{M}_{P_{C1\sim3}}^j - \underline{\boldsymbol{e}}'^{I_j}\boldsymbol{\pi}_{\infty_P}^{\mathrm{T}})^{-\mathrm{T}}\boldsymbol{\Omega}'^{1}_{\infty}(\boldsymbol{M}_{P_{C1\sim3}}^j - \underline{\boldsymbol{e}}'^{I_j}\boldsymbol{\pi}_{\infty_P}^{\mathrm{T}})^{-1} \tag{4-3-14}$$

因此，可以利用式（4-3-12）、式（4-3-13）或式（4-3-14）中的约束建立方程组进行求解。例如，如果自标定过程中相机内参固定不变，即各视图的内参矩阵相同，$\boldsymbol{K}^j = \boldsymbol{K}(j=1, \cdots, n)$，那么式（4-3-12）可以写为

$$\boldsymbol{K}\boldsymbol{K}^{\mathrm{T}} \propto (\boldsymbol{M}_{P_{C1\sim3}}^j - \underline{\boldsymbol{e}}'^{I_j}\boldsymbol{\pi}_{\infty_P}^{\mathrm{T}})\boldsymbol{K}\boldsymbol{K}^{\mathrm{T}}(\boldsymbol{M}_{P_{C1\sim3}}^j - \underline{\boldsymbol{e}}'^{I_j}\boldsymbol{\pi}_{\infty_P}^{\mathrm{T}})^{\mathrm{T}} \tag{4-3-15}$$

根据上式等号左侧 $\boldsymbol{K}\boldsymbol{K}^{\mathrm{T}}$ 的对称性和齐次性，除第一个视图外的每个视图可以产生 5 个约束方程，由于需要求解关于 $\boldsymbol{K}$ 和 $\boldsymbol{\pi}_{\infty_P}$ 的 8 个参数，那么只需要满足 $n \geqslant 3$，即可从得到的约束方程中求解未知的 8 个参数。实际应用中，视图数量一般远大于 3，关于 8 个未知参数的方程是超定方程。

### 4.3.2　由射影变换及相机投影建立的绝对对偶二次曲面约束条件

射影重构下的绝对对偶二次曲面 $\boldsymbol{Q}_{\infty_P}^{*}$ 由欧氏空间中的绝对对偶二次曲面 $\boldsymbol{Q}_{\infty}^{*}$ 经射影变换而来，由式（B-4-70）可知，$\boldsymbol{Q}_{\infty_P}^{*}$ 的矩阵表示为

$$\boldsymbol{Q}_{\infty_P}^{*} = \boldsymbol{H}\boldsymbol{Q}_{\infty}^{*}\boldsymbol{H}^{\mathrm{T}} \tag{4-3-16}$$

由上式及式（4-1-67）、式（4-3-1）可知，射影重构下绝对对偶二次曲面在像平面上的投影 DIAC 为

$$\boldsymbol{Q}'^{*}_{\infty_P} = \boldsymbol{M}_P\boldsymbol{Q}_{\infty_P}^{*}\boldsymbol{M}_P^{\mathrm{T}} = (\boldsymbol{M}\boldsymbol{H}^{-1})(\boldsymbol{H}\boldsymbol{Q}_{\infty}^{*}\boldsymbol{H}^{\mathrm{T}})(\boldsymbol{H}^{-\mathrm{T}}\boldsymbol{M}^{\mathrm{T}}) = \boldsymbol{M}\boldsymbol{Q}_{\infty}^{*}\boldsymbol{M}^{\mathrm{T}} = \boldsymbol{Q}'^{*}_{\infty} = \boldsymbol{K}\boldsymbol{K}^{\mathrm{T}} \tag{4-3-17}$$

由上式可知，射影重构下 DIAC 与欧氏重构下的 DIAC 相等，均仅与相机内参相关。上式

简化表示为约束式为

$$\boldsymbol{M}_P\boldsymbol{Q}^*_{\infty_P}\boldsymbol{M}_P^{\mathrm{T}}=\boldsymbol{Q}'^*_{\infty}=\boldsymbol{K}\boldsymbol{K}^{\mathrm{T}} \tag{4-3-18}$$

此外，由式（B－4－35），欧氏空间中绝对对偶二次曲面矩阵可表示为 $\boldsymbol{Q}^*_{\infty}=\mathrm{diag}([1\quad 1\quad 1\quad 0])$，代入式（4－3－16）可得

$$\boldsymbol{Q}^*_{\infty_P}=\boldsymbol{H}\boldsymbol{Q}^*_{\infty}\ \boldsymbol{H}^{\mathrm{T}}=\boldsymbol{H}\begin{bmatrix}\boldsymbol{I}_{3\times3} & \boldsymbol{0}_{3\times1}\\ \boldsymbol{0}_{1\times3} & 0\end{bmatrix}\boldsymbol{H}^{\mathrm{T}} \tag{4-3-19}$$

因此，当通过射影重构求得 $\boldsymbol{M}_P$ 后，可以根据式（4－3－18）中的约束条件，以及对内参矩阵 $\boldsymbol{K}$ 的约束信息，建立方程求解 $\boldsymbol{Q}^*_{\infty_P}$ 。当确定了 $\boldsymbol{Q}^*_{\infty_P}$ 后，可以通过式（4－3－18）分解得到相机内参矩阵 $\boldsymbol{K}$，或由式（4－3－19）分解得到 $\boldsymbol{H}$ 从而求得欧氏重构。由式（4－3－7)，$\boldsymbol{H}$ 有 8 个独立参数，进而由式（4－3－16）可知 $\boldsymbol{Q}^*_{\infty_P}$ 也有 8 个独立参数，因此求解 $\boldsymbol{Q}^*_{\infty_P}$ 至少需要 8 个独立的线性约束方程。

参考式（4－1－29)，将相机内参矩阵简记为

$$\boldsymbol{K}=\begin{bmatrix}f_x & s & x_0\\ 0 & f_y & y_0\\ 0 & 0 & 1\end{bmatrix} \tag{4-3-20}$$

由式（4－1－67)，对应的 DIAC 为

$$\boldsymbol{Q}'^*_{\infty}=\boldsymbol{K}\boldsymbol{K}^{\mathrm{T}}=\begin{bmatrix}f_x & s & x_0\\ 0 & f_y & y_0\\ 0 & 0 & 1\end{bmatrix}\begin{bmatrix}f_x & 0 & 0\\ s & f_y & 0\\ x_0 & y_0 & 1\end{bmatrix}=\begin{bmatrix}f_x^2+s^2+x_0^2 & sf_y+x_0y_0 & x_0\\ sf_y+x_0y_0 & f_y^2+y_0^2 & y_0\\ x_0 & y_0 & 1\end{bmatrix} \tag{4-3-21}$$

常用内参约束信息的应用举例如下：

1）如果式（4－3－21）中 $s=0$，那么由约束式（4－3－18)，对于第 $j$ 个视图有

$$(\boldsymbol{M}_P^j\boldsymbol{Q}^*_{\infty_P}(\boldsymbol{M}_P^j)^{\mathrm{T}})_{12}(\boldsymbol{M}_P^j\boldsymbol{Q}^*_{\infty_P}(\boldsymbol{M}_P^j)^{\mathrm{T}})_{33}=(\boldsymbol{M}_P^j\boldsymbol{Q}^*_{\infty_P}(\boldsymbol{M}_P^j)^{\mathrm{T}})_{13}(\boldsymbol{M}_P^j\boldsymbol{Q}^*_{\infty_P}(\boldsymbol{M}_P^j)^{\mathrm{T}})_{23} \tag{4-3-22}$$

即每个视图可以得到一个二次方程约束。

2）如果式（4－3－21）中 $x_0=y_0=0$，那么由约束式（4－3－18)，对于第 $j$ 个视图有

$$(\boldsymbol{M}_P^j\boldsymbol{Q}^*_{\infty_P}(\boldsymbol{M}_P^j)^{\mathrm{T}})_{13}=(\boldsymbol{M}_P^j\boldsymbol{Q}^*_{\infty_P}(\boldsymbol{M}_P^j)^{\mathrm{T}})_{23}=0 \tag{4-3-23}$$

即每个视图可以得到两个线性约束。如果采用 SVD 分解方法求解上述约束联立的齐次线性方程组，需要 5 个视图以求解 $\boldsymbol{Q}^*_{\infty_P}$ 的 10 个上三角元素。

最后，可以证明式（4－3－18）中的约束与 4.3.1 节中的约束是等价的。将式（4－3－9）代入式（4－3－19)，并结合式（4－1－67）可得

$$
\begin{aligned}
\boldsymbol{Q}_{\infty_P}^{*} &\propto \begin{bmatrix} \boldsymbol{K}^{1} & \boldsymbol{0}_{3\times1} \\ -\boldsymbol{\pi}_{\infty_P}^{\mathrm{T}}\boldsymbol{K}^{1} & 1 \end{bmatrix} \begin{bmatrix} \boldsymbol{I}_{3\times3} & \boldsymbol{0}_{3\times1} \\ \boldsymbol{0}_{1\times3} & 0 \end{bmatrix} \begin{bmatrix} (\boldsymbol{K}^{1})^{\mathrm{T}} & -(\boldsymbol{K}^{1})^{\mathrm{T}}\boldsymbol{\pi}_{\infty_P} \\ \boldsymbol{0}_{1\times3} & 1 \end{bmatrix} \\
&= \begin{bmatrix} \boldsymbol{K}^{1}(\boldsymbol{K}^{1})^{\mathrm{T}} & -\boldsymbol{K}^{1}(\boldsymbol{K}^{1})^{\mathrm{T}}\boldsymbol{\pi}_{\infty_P} \\ -\boldsymbol{\pi}_{\infty_P}^{\mathrm{T}}\boldsymbol{K}^{1}(\boldsymbol{K}^{1})^{\mathrm{T}} & \boldsymbol{\pi}_{\infty_P}^{\mathrm{T}}\boldsymbol{K}^{1}(\boldsymbol{K}^{1})^{\mathrm{T}}\boldsymbol{\pi}_{\infty_P} \end{bmatrix} \\
&= \begin{bmatrix} \boldsymbol{Q}'^{*1}_{\infty} & -\boldsymbol{Q}'^{*1}_{\infty}\boldsymbol{\pi}_{\infty_P} \\ -\boldsymbol{\pi}_{\infty_P}^{\mathrm{T}}\boldsymbol{Q}'^{*1}_{\infty} & \boldsymbol{\pi}_{\infty_P}^{\mathrm{T}}\boldsymbol{Q}'^{*1}_{\infty}\boldsymbol{\pi}_{\infty_P} \end{bmatrix}
\end{aligned} \tag{4-3-24}
$$

代入式（4-3-17）可得

$$
\begin{aligned}
\boldsymbol{Q}'^{*j}_{\infty} = \boldsymbol{Q}'^{*j}_{\infty_P} &= \boldsymbol{M}_P^j\boldsymbol{Q}_{\infty_P}^{*}(\boldsymbol{M}_P^j)^{\mathrm{T}} \propto \begin{bmatrix} \boldsymbol{M}^j_{P_{C1\sim3}} & \underline{\boldsymbol{e}}'^{I_j} \end{bmatrix} \begin{bmatrix} \boldsymbol{Q}'^{*1}_{\infty} & -\boldsymbol{Q}'^{*1}_{\infty}\boldsymbol{\pi}_{\infty_P} \\ -\boldsymbol{\pi}_{\infty_P}^{\mathrm{T}}\boldsymbol{Q}'^{*1}_{\infty} & \boldsymbol{\pi}_{\infty_P}^{\mathrm{T}}\boldsymbol{Q}'^{*1}_{\infty}\boldsymbol{\pi}_{\infty_P} \end{bmatrix} \begin{bmatrix} \boldsymbol{M}^j_{P_{C1\sim3}} & \underline{\boldsymbol{e}}'^{I_j} \end{bmatrix}^{\mathrm{T}} \\
&= \boldsymbol{M}^j_{P_{C1\sim3}}\boldsymbol{Q}'^{*1}_{\infty}(\boldsymbol{M}^j_{P_{C1\sim3}})^{\mathrm{T}} - \underline{\boldsymbol{e}}'^{I_j}\boldsymbol{\pi}_{\infty_P}^{\mathrm{T}}\boldsymbol{Q}'^{*1}_{\infty}(\boldsymbol{M}^j_{P_{C1\sim3}})^{\mathrm{T}} - \boldsymbol{M}^j_{P_{C1\sim3}}\boldsymbol{Q}'^{*1}_{\infty}\boldsymbol{\pi}_{\infty_P}(\underline{\boldsymbol{e}}'^{I_j})^{\mathrm{T}} + \\
&\quad \underline{\boldsymbol{e}}'^{I_j}\boldsymbol{\pi}_{\infty_P}^{\mathrm{T}}\boldsymbol{Q}'^{*1}_{\infty}\boldsymbol{\pi}_{\infty_P}(\underline{\boldsymbol{e}}'^{I_j})^{\mathrm{T}} \\
&= (\boldsymbol{M}^j_{P_{C1\sim3}} - \underline{\boldsymbol{e}}'^{I_j}\boldsymbol{\pi}_{\infty_P}^{\mathrm{T}})\boldsymbol{Q}'^{*1}_{\infty}(\boldsymbol{M}^j_{P_{C1\sim3}} - \underline{\boldsymbol{e}}'^{I_j}\boldsymbol{\pi}_{\infty_P}^{\mathrm{T}})^{\mathrm{T}}
\end{aligned} \tag{4-3-25}
$$

上式即与 4.3.1 节中的约束式（4-3-13）等价。

### 4.3.3 由无穷远平面诱导的单应矩阵建立的约束条件

由式（4-1-62）可知，绝对二次曲线的图像 IAC 仅与相机内参有关。由式（B-4-71）可知，绝对二次曲线在二维射影变换规则下仍是绝对二次曲线，可以利用这一属性，建立关于相机内参的绝对二次曲线约束方程。由于绝对二次曲线 $\Omega_\infty$ 在无穷远平面 $\pi_\infty$ 上，因此它在相机对 $\langle \boldsymbol{M}^1, \boldsymbol{M}^j \rangle$ 中的图像 IAC 或对偶图像 DIAC 通过无穷远平面诱导的由像平面 1 到像平面 $j$ 的 $3\times3$ 单应矩阵 $\boldsymbol{H}_\infty$ 关联。由式（B-4-71）可知，两个相机下的 IAC 和 DIAC 满足

$$
\begin{cases} \boldsymbol{\Omega}'^{j}_{\infty} \propto \boldsymbol{H}_{\infty}^{-\mathrm{T}}\boldsymbol{\Omega}'^{1}_{\infty}\boldsymbol{H}_{\infty}^{-1} \\ \boldsymbol{Q}'^{*j}_{\infty} \propto \boldsymbol{H}_{\infty}\boldsymbol{Q}'^{*1}_{\infty}\boldsymbol{H}_{\infty}^{\mathrm{T}} \end{cases} \tag{4-3-26}
$$

由式（4-1-62）及式（4-1-67）可知，以上 IAC 和 DIAC 约束条件均等价于

$$
\boldsymbol{K}^{j}(\boldsymbol{K}^{j})^{\mathrm{T}} \propto \boldsymbol{H}_{\infty}(\boldsymbol{K}^{1}(\boldsymbol{K}^{1})^{\mathrm{T}})\boldsymbol{H}_{\infty}^{\mathrm{T}} \tag{4-3-27}
$$

根据式（4-3-26）中两个视图 IAC 和 DIAC 之间的约束关系，可以建立关于相机内参的约束方程。由于 IAC 和 DIAC 矩阵 $\boldsymbol{\Omega}'_\infty$ 及 $\boldsymbol{Q}'^{*}_{\infty}$ 的对称性和齐次性，除第一个视图外的其他每个视图至多可以提供 5 个约束方程，具体约束方程的数量根据内参约束信息确定。如果没有任何相机内参的约束信息，那么无法建立 IAC 或 DIAC 约束方程，也不能确定相机内参。由于 DIAC 约束条件形式更简单，因此后续介绍主要基于 DIAC。常用内参约束信息的应用举例如下：

1）如果 $X_I$ 轴和 $X_{I_0}$ 轴的夹角 $\alpha=0$，即式（4-3-21）中 $s=0$，那么 $Q'^{*}_{\infty_{12}} * Q'^{*}_{\infty_{33}} = Q'^{*}_{\infty_{13}} * Q'^{*}_{\infty_{23}}$，除第一个视图外的每个视图可以建立一个二次约束方程。

2）如果主点在原点，即式（4-3-21）中 $x_0=y_0=0$，那么 $Q'^*_{\infty_{13}}=Q'^*_{\infty_{23}}=0$，除第一个视图外的每个视图可以建立两个线性约束方程。

3）如果每个视图中相机内参保持不变，那么式（4-3-26）变为

$$Q'^*_\infty \propto H_\infty Q'^*_\infty H_\infty^{\mathrm{T}} \tag{4-3-28}$$

若将单应矩阵 $H_\infty$ 预先归一化为 $\det(H_\infty)=1$，那么式（4-3-28）变为

$$Q'^*_\infty = H_\infty Q'^*_\infty H_\infty^{\mathrm{T}} \tag{4-3-29}$$

由于 $Q'^*_\infty$ 为 $3\times3$ 对称矩阵，因此可将式（4-3-29）写成如下齐次线性方程的形式

$$\boldsymbol{A}\boldsymbol{x}=\boldsymbol{0} \tag{4-3-30}$$

式中，$\boldsymbol{A}$ 为由 $H_\infty$ 各个元素组成的 $6\times6$ 矩阵；$\boldsymbol{x}$ 为关于 $Q'^*_\infty$ 的 $6\times1$ 列向量。由于 $\boldsymbol{A}$ 的秩最多为 4，因此除第一个视图外至少需要两个视图才能求解 $Q'^*_\infty$ [55]。

### 4.3.4 Kruppa 方程

如图 4-9 所示，假设 $\langle M^1, M^2\rangle$ 是双视图中的相机对，平面 $\pi$ 到两个像平面的单应矩阵分别为 $H^1$ 和 $H^2$。由 4.2.2 节，由平面 $\pi$ 诱导的由像平面 1 到像平面 2 的单应矩阵为 $H=H^2(H^1)^{-1}$。对于世界坐标系下的平面 $\pi$，平面上的二次曲线 $C$ 在两个视图下成像分别为二次曲线 $C'^1$、$C'^2$，两个视图对应的相机矩阵分别为 $M^1$、$M^2$，$C'^1$ 的两条切线 $l'^1_a$ 与 $l'^1_b$ 相交于点 $E'^1$，$C'^2$ 的两条切线 $l'^2_a$ 与 $l'^2_b$ 相交于点 $E'^2$，其中 $E'^1$ 和 $E'^2$ 为一对极点，$l'^1_a$ 与 $l'^2_a$、$l'^1_b$ 与 $l'^2_b$ 为两对对应的极线。

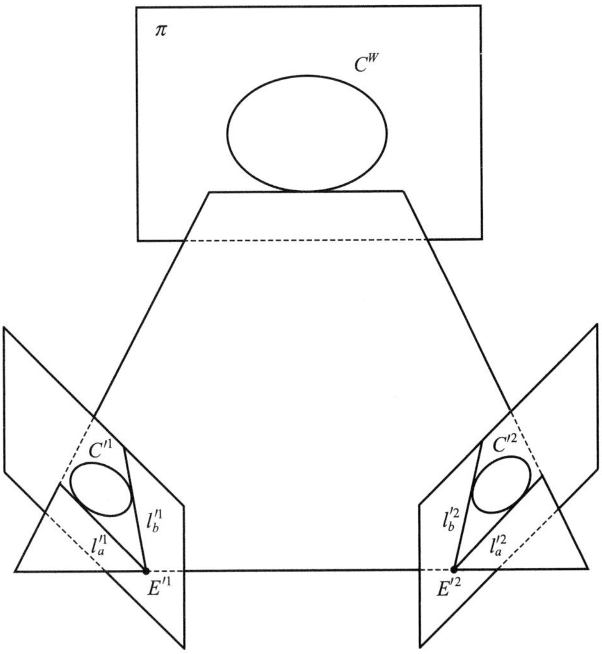


图 4-9 Kruppa 方程示意图

由于 $l'^1_a$ 与 $l'^1_b$ 是 $C'^1$ 的两条切线，并且相交于极点 $E'^1$，由式（B-4-56）可知，由

$l'^1_a$ 和 $l'^1_b$ 确定的退化二次曲线为 $\boldsymbol{T}'^1=(\underline{\boldsymbol{e}}'^1\times)(\boldsymbol{C}'^1)^{-1}(\underline{\boldsymbol{e}}'^1\times)^{\mathrm{T}}$（为简洁起见这里省略了图像坐标系符号），同理，由 $l'^2_a$ 和 $l'^2_b$ 确定的退化二次曲线为 $\boldsymbol{T}'^2=(\underline{\boldsymbol{e}}'^2\times)(\boldsymbol{C}'^2)^{-1}(\underline{\boldsymbol{e}}'^2\times)^{\mathrm{T}}$。根据式（B-4-71）的平面二次曲线射影变换，$\boldsymbol{T}'^1$ 和 $\boldsymbol{T}'^2$ 满足如下关系

$$\boldsymbol{T}'^2=\boldsymbol{H}^{-\mathrm{T}}\boldsymbol{T}'^1\boldsymbol{H}^{-1}\tag{4-3-31}$$

因此有

$$\boldsymbol{T}'^2=\boldsymbol{H}^{-\mathrm{T}}\boldsymbol{T}'^1\boldsymbol{H}^{-1}=\boldsymbol{H}^{-\mathrm{T}}(\underline{\boldsymbol{e}}'^1\times)(\boldsymbol{C}'^1)^{-1}(\underline{\boldsymbol{e}}'^1\times)^{\mathrm{T}}\boldsymbol{H}^{-1}\tag{4-3-32}$$

由式（4-2-28）可知，两个视图之间的基本矩阵满足 $\boldsymbol{F}\propto\boldsymbol{H}^{-\mathrm{T}}(\underline{\boldsymbol{e}}'^1\times)$，代入上式并由二次曲线 $\boldsymbol{T}'^2$ 计算式可得

$$(\underline{\boldsymbol{e}}'^2\times)(\boldsymbol{C}'^2)^{-1}(\underline{\boldsymbol{e}}'^2\times)^{\mathrm{T}}=\boldsymbol{T}'^2\propto\boldsymbol{F}(\boldsymbol{C}'^1)^{-1}\boldsymbol{F}^{\mathrm{T}}\tag{4-3-33}$$

对于世界坐标系下任意二次曲线 $C$，式（4-3-33）均成立，因此可以将其推广到绝对二次曲线，此时式（4-3-33）可以写成包含 IAC 的形式

$$(\underline{\boldsymbol{e}}'^2\times)(\boldsymbol{\Omega}'^2_\infty)^{-1}(\underline{\boldsymbol{e}}'^2\times)^{\mathrm{T}}\propto\boldsymbol{F}(\boldsymbol{\Omega}'^1_\infty)^{-1}\boldsymbol{F}^{\mathrm{T}}\tag{4-3-34}$$

由于 $\boldsymbol{\Omega}'_\infty$ 与 $\boldsymbol{Q}'^*_\infty$ 互为逆［可由定义式或式（B-4-55）得出］，因此上式可用 DIAC 表示为

$$(\underline{\boldsymbol{e}}'^2\times)\boldsymbol{Q}'^{*2}_\infty(\underline{\boldsymbol{e}}'^2\times)^{\mathrm{T}}\propto\boldsymbol{F}\boldsymbol{Q}'^{*1}_\infty\boldsymbol{F}^{\mathrm{T}}\tag{4-3-35}$$

式（4-3-35）被称为 Kruppa 方程。如果两个相机内参矩阵相同，即 $\boldsymbol{Q}'^{*1}_\infty=\boldsymbol{Q}'^{*2}_\infty=\boldsymbol{Q}'^*_\infty$，那么 Kruppa 方程可以写为 $(\underline{\boldsymbol{e}}'^2\times)\boldsymbol{Q}'^*_\infty(\underline{\boldsymbol{e}}'^2\times)^{\mathrm{T}}\propto\boldsymbol{F}\boldsymbol{Q}'^*_\infty\boldsymbol{F}^{\mathrm{T}}$。

式（4-3-35）可转换为更便于计算的形式。由 4.2.2 节中基本矩阵的性质可知 $\boldsymbol{F}$ 的秩为 2，因此可以将 $\boldsymbol{F}$ 通过 SVD 分解展开为

$$\boldsymbol{F}=\boldsymbol{U}\boldsymbol{S}\boldsymbol{V}^{\mathrm{T}}=\boldsymbol{U}\begin{bmatrix}\sigma_1&&\\&\sigma_2&\\&&0\end{bmatrix}\boldsymbol{V}^{\mathrm{T}}\tag{4-3-36}$$

由式（B-2-26）可知，$\boldsymbol{F}\boldsymbol{V}_{C3}=\boldsymbol{0}$ 且 $\boldsymbol{F}^{\mathrm{T}}\boldsymbol{U}_{C3}=\boldsymbol{0}$，其中 $\boldsymbol{V}_{C3}$ 和 $\boldsymbol{U}_{C3}$ 分别为 $\boldsymbol{V}$ 和 $\boldsymbol{U}$ 的第三列。此外由式（4-2-19）可知，$\boldsymbol{F}\underline{\boldsymbol{e}}'^1=\boldsymbol{0}$，$\boldsymbol{F}^{\mathrm{T}}\underline{\boldsymbol{e}}'^2=\boldsymbol{0}$。由于 $\boldsymbol{F}$ 的秩为 2，所以 $\boldsymbol{F}$ 和 $\boldsymbol{F}^{\mathrm{T}}$ 的右零空间是一维的，即 $\underline{\boldsymbol{e}}'^1$ 和 $\underline{\boldsymbol{e}}'^2$ 可以分别作为 $\boldsymbol{F}$ 和 $\boldsymbol{F}^{\mathrm{T}}$ 的右零空间的基向量，因此 $\boldsymbol{V}_{C3}\propto\underline{\boldsymbol{e}}'^1$，$\boldsymbol{U}_{C3}\propto\underline{\boldsymbol{e}}'^2$。将式（4-3-36）代入式（4-3-35），可以展开为

$$(\boldsymbol{U}_{C3}\times)\boldsymbol{Q}'^{*2}_\infty(\boldsymbol{U}_{C3}\times)^{\mathrm{T}}\propto\boldsymbol{U}\boldsymbol{S}\boldsymbol{V}^{\mathrm{T}}\boldsymbol{Q}'^{*1}_\infty(\boldsymbol{U}\boldsymbol{S}\boldsymbol{V}^{\mathrm{T}})^{\mathrm{T}}\tag{4-3-37}$$

利用矩阵 $\boldsymbol{U}$ 是正交矩阵的性质，将等式（4-3-37）两边分别左乘 $\boldsymbol{U}^{\mathrm{T}}$ 且右乘 $\boldsymbol{U}$，则式（4-3-37）左边可以化简为

$$\begin{aligned}\boldsymbol{U}^{\mathrm{T}}(\boldsymbol{U}_{C3}\times)\boldsymbol{Q}'^{*2}_\infty(\boldsymbol{U}_{C3}\times)^{\mathrm{T}}\boldsymbol{U}&=[\boldsymbol{U}_{C2}\quad -\boldsymbol{U}_{C1}\quad \boldsymbol{0}]^{\mathrm{T}}\boldsymbol{Q}'^{*2}_\infty[\boldsymbol{U}_{C2}\quad -\boldsymbol{U}_{C1}\quad \boldsymbol{0}]\\&=\begin{bmatrix}\boldsymbol{U}_{C2}^{\mathrm{T}}\boldsymbol{Q}'^{*2}_\infty\boldsymbol{U}_{C2}&-\boldsymbol{U}_{C2}^{\mathrm{T}}\boldsymbol{Q}'^{*2}_\infty\boldsymbol{U}_{C1}&0\\-\boldsymbol{U}_{C1}^{\mathrm{T}}\boldsymbol{Q}'^{*2}_\infty\boldsymbol{U}_{C2}&\boldsymbol{U}_{C1}^{\mathrm{T}}\boldsymbol{Q}'^{*2}_\infty\boldsymbol{U}_{C1}&0\\0&0&0\end{bmatrix}\end{aligned}\tag{4-3-38}$$

式（4-3-37）右边可以化简为

$$
\begin{aligned}
\boldsymbol{S}\boldsymbol{V}^{\mathrm{T}}\boldsymbol{Q}'^{*1}_{\infty}\boldsymbol{V}\boldsymbol{S} &= \begin{bmatrix} \sigma_1 & & \\ & \sigma_2 & \\ & & 0 \end{bmatrix} \boldsymbol{V}^{\mathrm{T}}\boldsymbol{Q}'^{*1}_{\infty}\boldsymbol{V} \begin{bmatrix} \sigma_1 & & \\ & \sigma_2 & \\ & & 0 \end{bmatrix} \\
&= \begin{bmatrix} \sigma_1^2\boldsymbol{V}_{C1}^{\mathrm{T}}\boldsymbol{Q}'^{*1}_{\infty}\boldsymbol{V}_{C1} & \sigma_1\sigma_2\boldsymbol{V}_{C1}^{\mathrm{T}}\boldsymbol{Q}'^{*1}_{\infty}\boldsymbol{V}_{C2} & 0 \\ \sigma_1\sigma_2\boldsymbol{V}_{C2}^{\mathrm{T}}\boldsymbol{Q}'^{*1}_{\infty}\boldsymbol{V}_{C1} & \sigma_2^2\boldsymbol{V}_{C2}^{\mathrm{T}}\boldsymbol{Q}'^{*1}_{\infty}\boldsymbol{V}_{C2} & 0 \\ 0 & 0 & 0 \end{bmatrix}
\end{aligned}
\tag{4-3-39}
$$

由于式（4－3－38）和式（4－3－39）满足式（4－3－37），每个元素对应相等，因此

$$
\begin{bmatrix} \boldsymbol{U}_{C2}^{\mathrm{T}}\boldsymbol{Q}'^{*2}_{\infty}\boldsymbol{U}_{C2} \\ -\boldsymbol{U}_{C1}^{\mathrm{T}}\boldsymbol{Q}'^{*2}_{\infty}\boldsymbol{U}_{C2} \\ \boldsymbol{U}_{C1}^{\mathrm{T}}\boldsymbol{Q}'^{*2}_{\infty}\boldsymbol{U}_{C1} \end{bmatrix} \propto \begin{bmatrix} \sigma_1^2\boldsymbol{V}_{C1}^{\mathrm{T}}\boldsymbol{Q}'^{*1}_{\infty}\boldsymbol{V}_{C1} \\ \sigma_1\sigma_2\boldsymbol{V}_{C2}^{\mathrm{T}}\boldsymbol{Q}'^{*1}_{\infty}\boldsymbol{V}_{C1} \\ \sigma_2^2\boldsymbol{V}_{C2}^{\mathrm{T}}\boldsymbol{Q}'^{*1}_{\infty}\boldsymbol{V}_{C2} \end{bmatrix}
\tag{4-3-40}
$$

式（4－3－40）可以通过两边相除消除比例因子写为等式形式

$$
\frac{\boldsymbol{U}_{C2}^{\mathrm{T}}\boldsymbol{Q}'^{*2}_{\infty}\boldsymbol{U}_{C2}}{\sigma_1^2\boldsymbol{V}_{C1}^{\mathrm{T}}\boldsymbol{Q}'^{*1}_{\infty}\boldsymbol{V}_{C1}} = \frac{-\boldsymbol{U}_{C1}^{\mathrm{T}}\boldsymbol{Q}'^{*2}_{\infty}\boldsymbol{U}_{C2}}{\sigma_1\sigma_2\boldsymbol{V}_{C2}^{\mathrm{T}}\boldsymbol{Q}'^{*1}_{\infty}\boldsymbol{V}_{C1}} = \frac{\boldsymbol{U}_{C1}^{\mathrm{T}}\boldsymbol{Q}'^{*2}_{\infty}\boldsymbol{U}_{C1}}{\sigma_2^2\boldsymbol{V}_{C2}^{\mathrm{T}}\boldsymbol{Q}'^{*1}_{\infty}\boldsymbol{V}_{C2}}
\tag{4-3-41}
$$

由式（4－3－41）可知，双视图的 Kruppa 方程可以提供关于 DIAC 的两个独立约束等式。需要注意的是，在纯平移的两个视图中，$\boldsymbol{H}=\boldsymbol{I}$，$\boldsymbol{F}=\underline{\boldsymbol{e}}'^{2}\times$，式（4－3－33）可以写成 $(\underline{\boldsymbol{e}}'^{2}\times)\boldsymbol{Q}'^{*}_{\infty}(\underline{\boldsymbol{e}}'^{2}\times)^{\mathrm{T}} \propto (\underline{\boldsymbol{e}}'^{2}\times)\boldsymbol{Q}'^{*}_{\infty}(\underline{\boldsymbol{e}}'^{2}\times)^{\mathrm{T}}$，为恒等式，因此平移运动的 Kruppa 方程不能提供约束方程。若各视图中相机内参不变，则 DIAC 包含 5 个独立的未知参数，因此需要三张视图并且已知两两之间的基本矩阵，以得到 6 个独立约束等式进行求解。

# 第 5 章　光学瞄准

## 5.1　基于矩阵光学的反射棱镜成像分析

### 5.1.1　术语

（1）反射棱镜的光学共轭

反射棱镜物像空间一一对应的关系。

（2）反射棱镜的线性变换

依据反射棱镜的光学共轭关系，可将反射棱镜看成一个物像线性变换系统，“物”为输入量，“像”为输出量。

（3）角矢量

对于角度值比较小的角量，在工程上可近似为矢量，矢量方向为角量所在平面的法向，模为角量的角度值大小。不同平面的角矢量可按矢量的运算法则进行运算。

（4）像位移

反射棱镜的实际成像位置相对理想成像位置的偏移，如图 5－1 所示。像位移在反射棱镜出射光轴方向上的分量，称为像位离焦量（或视差），在反射棱镜出射光轴垂直方向上的分量，称为像位离轴量。

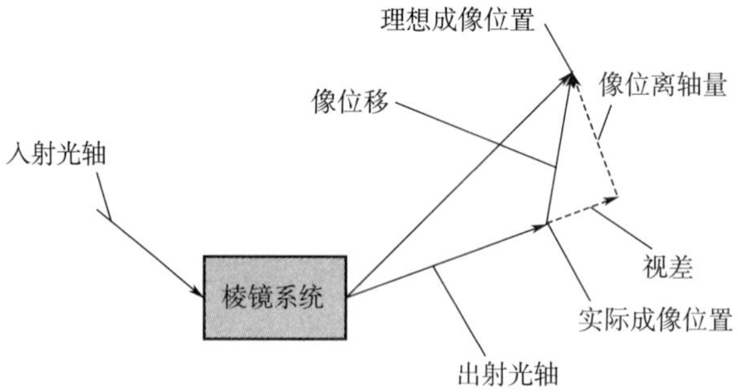


图 5－1　像位移矢量

（5）像偏转

反射棱镜实际成像方向相对理想成像方向的微量偏转角矢量，如图 5－2 所示。像偏转矢量在反射棱镜出射光轴方向上的分量，称为像倾斜，在反射棱镜出射光轴垂直方向上的分量，称为像面偏。

（6）光轴截面

在反射棱镜中，如果入射光轴和出射光轴位于同一个平面内，则称此平面为光轴截

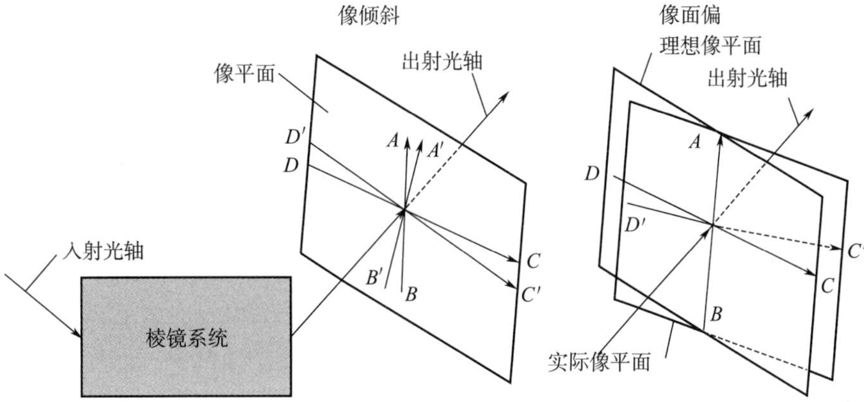


图 5 - 2　像偏转矢量

面，如图 5 - 3 所示。由于入射光的方向不定，一个棱镜系统中可能存在多个光轴截面，实际分析过程中以准直光组成的光轴截面为主。

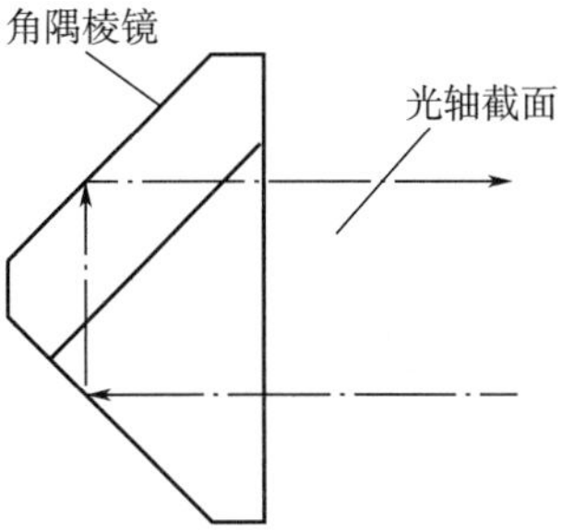


图 5 - 3　光轴截面

(7) 主截面 (principal section)

与棱镜多条棱线垂直的光轴截面称为主截面，如图 5 - 4 (a) 所示。具有单一主截面的棱镜称为平面棱镜，具有多个主截面的棱镜称为空间棱镜。

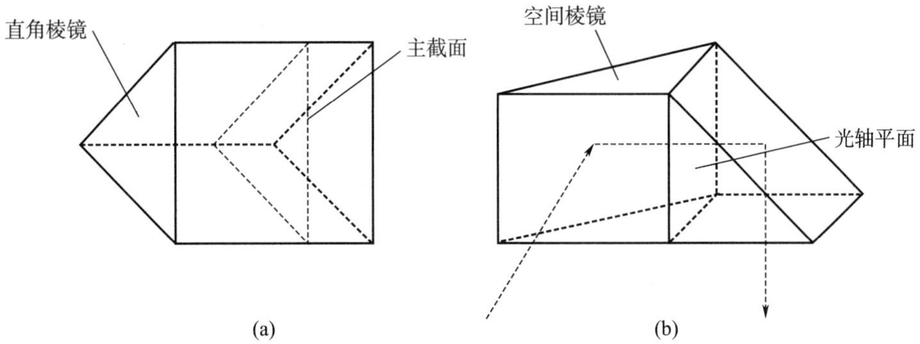


图 5 - 4　主截面和光轴平面

（8）光轴平面

在反射棱镜中，同时平行于棱镜的入射光轴和出射光轴的平面，称为光轴平面，如图 5-4（b）所示。据此定义可知，光轴平面不会单个出现，而是方向相同的一族光轴平面。对于平面棱镜来说，光轴平面与光轴截面为同一平面。

### 5.1.2　坐标系定义

（1）物空间坐标系 $XYZ$（用 $O$ 系表示）

$X$ 轴与反射棱镜入射光轴平行同向，$Z$ 轴垂直于反射棱镜光轴平面（实际研究过程中，以准直光产生的入射光轴为准），$X$ 轴与 $Y$ 轴、$Z$ 轴构成右手坐标系。

（2）像空间坐标系 $X'Y'Z'$（用 $O'$ 系表示）

$X'$ 轴与反射棱镜出射光轴平行同向，$Z'$ 轴垂直于反射棱镜光轴平面，$X'$ 轴与 $Y'$ 轴、$Z'$ 轴构成右手坐标系。

为便于坐标系的转换，约定同一反射棱镜的物空间坐标系 $Z$ 轴与像空间坐标系 $Z'$ 轴同向，所以 $X'Y'Z'$ 与 $XYZ$ 是两个独立的坐标系，不一定存在光学共轭关系。

### 5.1.3　反射棱镜成像的特点

反射棱镜的共轭物像彼此大小相等，物的成像方向与物的成像位置无关，因此可将物像方向共轭关系和位置共轭关系分别单独研究。由于在光学瞄准应用中，只需要获取物像方向上的偏转关系，因此这里仅研究物像方向共轭。反射棱镜物像方向共轭关系研究可归结为确定物像结构的异同、物像面法向的相对旋转及物像方向相对扭转的过程。

此外，反射棱镜像位移和像偏转对光学仪器的影响因棱镜工作在平行光路或工作在汇聚光路中而有区别。光学瞄准应用中常用的是平行光路。平行光路的基本特征是共轭物平面和像平面都位于无限远，轴向出射光束的方向即代表像面的法向。实际应用中，一般将系统的轴向平行光束方向作为系统的光轴方向。通常将工作在平行光路中的反射棱镜的像面偏称为光轴偏。工作在平行光路中的反射棱镜的轴向像位移分量，即离焦量，由于它发生在无限远处，不产生任何影响；而反射棱镜的垂轴像位移分量，即离轴量，意味着出射光轴发生平移，但光束方向不发生变化。

### 5.1.4　反射棱镜的成像作用矩阵

#### 5.1.4.1　物像空间变换矩阵

物像空间变换矩阵表达了反射棱镜物光轴夹角对成像方向的影响。

同一矢量 $\boldsymbol{v}$ 由像空间坐标系向物空间坐标系的转换关系如下[61]

$$\begin{bmatrix} v_x \\ v_y \\ v_z \end{bmatrix} = \begin{bmatrix} \cos\lambda & -\sin\lambda & 0 \\ \sin\lambda & \cos\lambda & 0 \\ 0 & 0 & 1 \end{bmatrix} \begin{bmatrix} v_{x'} \\ v_{y'} \\ v_{z'} \end{bmatrix} \tag{5-1-1}$$

上式可简化为 $\boldsymbol{v}^{O} = \boldsymbol{N}\boldsymbol{v}^{O'}$，其中 $\boldsymbol{N}$ 为

$$\boldsymbol{N} \equiv \begin{bmatrix} \cos\lambda & -\sin\lambda & 0 \\ \sin\lambda & \cos\lambda & 0 \\ 0 & 0 & 1 \end{bmatrix} \tag{5-1-2}$$

式中，$\lambda$ 为光轴夹角（反射棱镜出射光轴相对于入射光轴的转角，其正负由绕 $Z$ 轴右手定则确定，如图 5－5 所示，图中的 $\lambda$ 为正）。

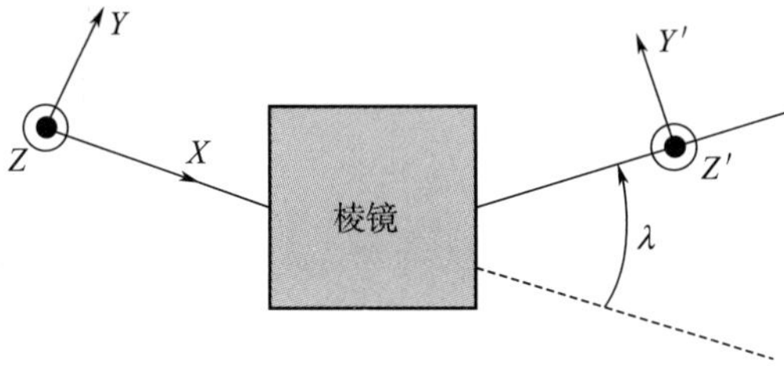


图 5－5　光轴夹角示意图

#### 5.1.4.2　物像结构变换矩阵

物像结构变换矩阵代表了反射棱镜反射次数对成像方向的影响。

物矢量 $\boldsymbol{v}$ 在物空间坐标系下观测，像矢量 $\boldsymbol{v}'$ 在像空间坐标系下观测，关系如下

$$\begin{bmatrix} v'_{x'} \\ v'_{y'} \\ v'_{z'} \end{bmatrix} = \begin{bmatrix} 1 & 0 & 0 \\ 0 & (-1)^t & 0 \\ 0 & 0 & 1 \end{bmatrix} \begin{bmatrix} v_x \\ v_y \\ v_z \end{bmatrix} \tag{5-1-3}$$

式中，$t$ 为反射棱镜的总反射次数，上式可简化为 $\boldsymbol{v}'^{O'} = \boldsymbol{M}_t \boldsymbol{v}^O$。

#### 5.1.4.3　物像扭转变换矩阵

物像扭转变换矩阵表达了反射棱镜物像扭转角对成像方向的影响。

物矢量 $\boldsymbol{v}$ 在物空间坐标系下观测，像矢量 $\boldsymbol{v}'$ 在像空间坐标系下观测，关系如下

$$\begin{bmatrix} v'_{x'} \\ v'_{y'} \\ v'_{z'} \end{bmatrix} = \begin{bmatrix} 1 & 0 & 0 \\ 0 & \cos\omega & -\sin\omega \\ 0 & \sin\omega & \cos\omega \end{bmatrix} \begin{bmatrix} v_x \\ v_y \\ v_z \end{bmatrix} \tag{5-1-4}$$

式中，$\omega$ 为反射棱镜的物像相对扭转角，上式可简化为 $\boldsymbol{v}'^{O'} = \boldsymbol{M}_\omega \boldsymbol{v}^O$。

#### 5.1.4.4　线放大变换矩阵

反射棱镜的总反射次数 $t$ 和物像相对扭转角 $\omega$ 对成像方向的影响总是同时存在的。因此，物矢量 $\boldsymbol{v}$ 在物空间坐标系下观测，像矢量 $\boldsymbol{v}'$ 在像空间坐标系下观测，有

$$\boldsymbol{v}'^{O'} = \boldsymbol{M}_t \boldsymbol{M}_\omega \boldsymbol{v}^O \tag{5-1-5}$$

式（5－1－5）中使用 $\boldsymbol{M}_t\boldsymbol{M}_\omega$ 而不是 $\boldsymbol{M}_\omega\boldsymbol{M}_t$，可以简单理解为反射棱镜的固有特性，根据反射棱镜的性质，反射面为奇数时，成镜像，物像结构相异，所以 $\boldsymbol{M}_t$ 需要在最后乘。

当 $t$ 为偶数时，$\boldsymbol{M}_t\boldsymbol{M}_\omega = \boldsymbol{M}_\omega\boldsymbol{M}_t$；当 $t$ 为奇数时，通过展开矩阵可知，$\boldsymbol{M}_t\boldsymbol{M}_\omega$ 表示成镜像，物像扭转角为 $\omega$，$\boldsymbol{M}_\omega\boldsymbol{M}_t$ 表示成镜像，物像扭转角为 $-\omega$。

令 $\boldsymbol{M} \equiv \boldsymbol{M}_t \boldsymbol{M}_\omega$ ，则由式（5-1-3）及式（5-1-4）可知

$$\boldsymbol{M} = \begin{bmatrix} 1 & 0 & 0 \\ 0 & (-1)^t \cos\omega & (-1)^{t+1} \sin\omega \\ 0 & \sin\omega & \cos\omega \end{bmatrix} \tag{5-1-6}$$

$$\boldsymbol{v}'^{O'} = \boldsymbol{M}\boldsymbol{v}^{O} \tag{5-1-7}$$

矩阵 $\boldsymbol{M}$ 的作用与共轴球面系统的线放大作用矩阵相似，所以定义为反射棱镜的线放大变换矩阵。

#### 5.1.4.5 反射棱镜成像矩阵方程与成像作用矩阵

由物像空间变换矩阵可得

$$\begin{aligned} \boldsymbol{v}^{O} &= \boldsymbol{N}\boldsymbol{v}^{O'} \\ \boldsymbol{v}'^{O} &= \boldsymbol{N}\boldsymbol{v}'^{O'} \end{aligned} \tag{5-1-8}$$

由式（5-1-7）及式（5-1-8）可得

$$\boldsymbol{v}'^{O'} = \boldsymbol{M}\boldsymbol{v}^{O} = \boldsymbol{M}\boldsymbol{N}\boldsymbol{v}^{O'} \tag{5-1-9}$$

$$\boldsymbol{v}'^{O} = \boldsymbol{N}\boldsymbol{v}'^{O'} = \boldsymbol{N}\boldsymbol{M}\boldsymbol{v}^{O} \tag{5-1-10}$$

定义反射棱镜的成像作用矩阵为

$$\boldsymbol{Q}^{O} \equiv \boldsymbol{N}\boldsymbol{M} = \begin{bmatrix} \cos\lambda & (-1)^{t+1}\cos\omega\sin\lambda & (-1)^t \sin\omega\sin\lambda \\ \sin\lambda & (-1)^t \cos\omega\cos\lambda & (-1)^{t+1}\sin\omega\cos\lambda \\ 0 & \sin\omega & \cos\omega \end{bmatrix} \tag{5-1-11}$$

$$\boldsymbol{Q}^{O'} \equiv \boldsymbol{M}\boldsymbol{N} = \begin{bmatrix} \cos\lambda & -\sin\lambda & 0 \\ (-1)^t \cos\omega\sin\lambda & (-1)^t \cos\omega\cos\lambda & (-1)^{t+1}\sin\omega \\ \sin\omega\sin\lambda & \sin\omega\cos\lambda & \cos\omega \end{bmatrix} \tag{5-1-12}$$

则在像空间坐标系中观测有

$$\boldsymbol{v}'^{O'} = \boldsymbol{Q}^{O'}\boldsymbol{v}^{O'} \tag{5-1-13}$$

在物空间坐标系中观测有

$$\boldsymbol{v}'^{O} = \boldsymbol{Q}^{O}\boldsymbol{v}^{O} \tag{5-1-14}$$

### 5.1.5 反射棱镜基本参数的确定

反射棱镜的光轴夹角 $\lambda$ 和总反射次数 $t$ 为棱镜的基本参数，比较直观，通过简单分析就能确定，而物像扭转角 $\omega$ 不直观，相对难确定。

光学仪器使用的棱镜按其物像扭转角 $\omega$ 可分为两类，一类是平面棱镜（$\omega = 0°$ 或 $180°$），另一类是空间棱镜（$\omega \neq 0°$ 且 $\omega \neq 180°$）。

平面棱镜的特点是平行于光轴平面的物平面与像平面必共轭，那么与垂直于该光轴平面的物矢量共轭的像矢量必垂直于该光轴平面（在同一坐标系下，大小相同，以坐标原点呈镜面对称的两个矢量共轭）[61]。平面棱镜的物像扭转角计算如下

$$\omega = j\,180° \tag{5-1-15}$$

式中，$\omega$ 为平面棱镜的物像相对扭转角；$j$ 为平行于光轴平面的屋脊棱（或等效屋脊棱）数。

将式（5-1-15）分别代入式（5-1-6）、式（5-1-11）、式（5-1-12），可得平面棱镜的线放大变换矩阵 $\boldsymbol{M}$ 及成像矩阵 $\boldsymbol{Q}^{O}$、$\boldsymbol{Q}^{O'}$ 的表达式。

$$\boldsymbol{M} = \begin{bmatrix} 1 & 0 & 0 \\ 0 & (-1)^{t+j} & 0 \\ 0 & 0 & (-1)^{j} \end{bmatrix} \tag{5-1-16}$$

$$\boldsymbol{Q}^{O} = \begin{bmatrix} \cos\lambda & (-1)^{t+j+1}\sin\lambda & 0 \\ \sin\lambda & (-1)^{t+j}\cos\lambda & 0 \\ 0 & 0 & (-1)^{j} \end{bmatrix} \tag{5-1-17}$$

$$\boldsymbol{Q}^{O'} = \begin{bmatrix} \cos\lambda & -\sin\lambda & 0 \\ (-1)^{t+j}\sin\lambda & (-1)^{t+j}\cos\lambda & 0 \\ 0 & 0 & (-1)^{j} \end{bmatrix} \tag{5-1-18}$$

式中　$j$ ——平行于光轴平面的屋脊棱（或等效屋脊棱）数；

$\lambda$ ——光轴夹角；

$t$ ——反射棱镜的总反射次数。

目前实用的空间棱镜只有 $\boldsymbol{K}_{\mathrm{II}}$ 型空间棱镜，其成像作用矩阵的计算参照文献［61］中第 6.3.3 节。

### 5.1.6　反射棱镜成像作用矩阵的性质及几何意义

由反射棱镜成像作用矩阵的定义式，可以证明 $\boldsymbol{Q}^{O}$ 和 $\boldsymbol{Q}^{O'}$ 为正交矩阵

$$(\boldsymbol{Q}^{O})^{-1} = (\boldsymbol{Q}^{O})^{\mathrm{T}} \qquad (\boldsymbol{Q}^{O'})^{-1} = (\boldsymbol{Q}^{O'})^{\mathrm{T}} \tag{5-1-19}$$

由式（5-1-14）可知矩阵 $\boldsymbol{Q}^{O}$ 的列依次为物空间坐标系基矢量的共轭矢量在该坐标系的投影。

由式（5-1-13）及式（5-1-19）可得

$$\boldsymbol{v}^{O'} = (\boldsymbol{Q}^{O'})^{-1}\boldsymbol{v}'^{O'} = (\boldsymbol{Q}^{O'})^{\mathrm{T}}\boldsymbol{v}'^{O'} \tag{5-1-20}$$

由式（5-1-20）可知矩阵 $\boldsymbol{Q}^{O'}$ 的行依次为像空间坐标系基矢量的共轭矢量在该坐标系下的投影。

### 5.1.7　反射棱镜成像作用矩阵的图解求法

图解求法依据 5.1.6 节的以下两点：

1）$\boldsymbol{Q}^{O}$ 的列依次为物空间坐标系 $XYZ$ 基矢量的共轭矢量在该坐标系的投影；

2）$\boldsymbol{Q}^{O'}$ 的行依次为像空间坐标系 $X'Y'Z'$ 基矢量的共轭矢量在该坐标系的投影。

设物空间坐标系 $O$ 的基矢量为 $\boldsymbol{i}$，$\boldsymbol{j}$，$\boldsymbol{k}$，其共轭矢量为 $\boldsymbol{i}'$，$\boldsymbol{j}'$，$\boldsymbol{k}'$，则

$$\boldsymbol{Q}^{O}=\begin{bmatrix} i'_x & j'_x & k'_x \\ i'_y & j'_y & k'_y \\ i'_z & j'_z & k'_z \end{bmatrix}=\begin{bmatrix} \boldsymbol{i}'\cdot\boldsymbol{i} & \boldsymbol{j}'\cdot\boldsymbol{i} & \boldsymbol{k}'\cdot\boldsymbol{i} \\ \boldsymbol{i}'\cdot\boldsymbol{j} & \boldsymbol{j}'\cdot\boldsymbol{j} & \boldsymbol{k}'\cdot\boldsymbol{j} \\ \boldsymbol{i}'\cdot\boldsymbol{k} & \boldsymbol{j}'\cdot\boldsymbol{k} & \boldsymbol{k}'\cdot\boldsymbol{k} \end{bmatrix} \tag{5-1-21}$$

设像空间坐标系 $O'$ 的基矢量为 $\boldsymbol{l}'$，$\boldsymbol{m}'$，$\boldsymbol{n}'$，其共轭矢量为 $\boldsymbol{l}$，$\boldsymbol{m}$，$\boldsymbol{n}$，则

$$\boldsymbol{Q}^{O'}=\begin{bmatrix} l'_x & l'_y & l'_z \\ m'_x & m'_y & m'_z \\ n'_x & n'_y & n'_z \end{bmatrix}=\begin{bmatrix} \boldsymbol{l}'\cdot\boldsymbol{l} & \boldsymbol{m}'\cdot\boldsymbol{l} & \boldsymbol{n}'\cdot\boldsymbol{l} \\ \boldsymbol{l}'\cdot\boldsymbol{m} & \boldsymbol{m}'\cdot\boldsymbol{m} & \boldsymbol{n}'\cdot\boldsymbol{m} \\ \boldsymbol{l}'\cdot\boldsymbol{n} & \boldsymbol{m}'\cdot\boldsymbol{n} & \boldsymbol{n}'\cdot\boldsymbol{n} \end{bmatrix} \tag{5-1-22}$$

根据 5.1.5 节，可以按如下方法确定坐标系基矢量（物矢量）对应共轭矢量（像矢量）：

1）沿光轴方向的坐标轴（如 $O$ 系的 $X$ 轴）的基矢量：共轭矢量仍沿光轴方向，相对于光行进的方向保持不变；

2）垂直于光轴主截面的坐标轴（如 $O$ 系的 $Z$ 轴）的基矢量：根据棱镜屋脊的数量判断，数量为偶数时共轭矢量与基矢量方向相同，数量为奇数时共轭矢量与基矢量方向相反；

3）平行于光轴主截面的坐标轴（如 $O$ 系的 $Y$ 轴）的基矢量：根据反射面的数量判断（1 个屋脊认为是 1 个反射面），数量为偶数时右手系保持右手系（左手系亦然），数量为奇数时右手系变为左手系（反之亦然）。

上述说明中以 $O$ 系为例，实际上该方法可以应用于以其他方式定义的坐标系。

## 5.2 矩阵光学在光学瞄准中的应用

光学瞄准是进行高精度姿态传递的重要手段，以往常用于航天发射应用中的惯性导航初始对准，可以将基准姿态通过光路高精度地传递至载体惯组上。随着基于天文导航及卫星导航等的在线姿态修正技术的发展，放宽了对惯性导航初始对准的精度要求，而自对准、传递对准等技术使得初始对准可以自主实现，从而减少了对光学瞄准的需求。

目前，光学瞄准主要用于导航设备的姿态校验，以及对精度和速度有较高要求的初始对准场合。矩阵光学可以使用解析方式分析各姿态角之间的关系，具有精确、简洁的特点，是光学瞄准的主要分析手段。

### 5.2.1 坐标系定义

光学瞄准中常用的坐标系定义如下：

1）$B$ 系：棱镜所安装的载体的坐标系。

2）$L$ 系：水平坐标系。$X$、$Y$ 轴在水平面内，方向根据应用场合确定（一般定义 $X$ 轴朝北或者与 $T$ 系或 $C$ 系 $X$ 轴在水平面上的投影重合），$Z$ 轴铅垂朝下。

3）$P_0$ 系：棱镜（本大节中如无特别说明，棱镜均指在光学瞄准中最常用的 DⅡ－180°直角棱镜，本大节中也称为瞄准棱镜）理论坐标系。通常与 $B$ 系固连，并与 $B$ 系有已

知的相对姿态关系（可根据设计值确定）。$X$ 轴垂直于反射棱镜通光面向外，$Y$ 轴沿棱脊方向，在棱线处于大致水平时，$Z$ 轴向下。如果棱镜标定时采用的 $P_0$ 系定义在实际瞄准时使得 $Z$ 轴朝上，可以重新定义 $P_0$ 系使得 $Y$、$Z$ 轴反向，并将 $Z_0$、$Y_0$ 取反（参考 $P$ 系定义中的介绍），因此定义 $Z$ 轴向下并不失一般性。

由 $L$ 系依次沿 $Z$、$Y$、$X$ 轴转动到 $P_0$ 系的三个欧拉角记为 $\psi_{P_0}$、$\theta_{P_0}$、$\phi_{P_0}$。根据这一定义，当 $L$ 系 $X$ 轴指北时，$\psi_{P_0}$ 即为 $P_0$ 系 $X$ 轴的北向方位角，记为 $\psi_{P_{0_{True}}}$，当 $L$ 系 $X$ 轴为 $T$ 系或 $C$ 系 $X$ 轴在水平面上的投影时，$\psi_{P_0}$ 即为 $P_0$ 系 $X$ 轴北向方位角与 $T$ 系或 $C$ 系 $X$ 轴北向方位角之差。此外，$\theta_{P_0}$ 及 $\phi_{P_0}$ 的值不受 $L$ 系 $X$ 轴方向定义的影响。

4）$P$ 系：棱镜实际坐标系。棱镜无安装误差的理想情况下，$P$ 系与 $P_0$ 系重合。由 $P_0$ 系依次沿 $Z$、$Y$、$X$ 轴转动到 $P$ 系的三个欧拉角记为 $Z_0$、$Y_0$、$X_0$。由 $L$ 系依次沿 $Z$、$Y$、$X$ 轴转动到 $P$ 系的三个欧拉角记为 $\psi_P$、$\theta_P$、$\phi_P$。当 $L$ 系 $X$ 轴指北时，对应的 $\psi_P$ 记为 $\psi_{P_{True}}$。

考虑这样一种情况，即在原来定义的 $P$ 系及 $P_0$ 系的基础上重新定义了新的棱镜坐标系 $P'$ 及 $P'_0$，其中 $P'$ 的 $Y$、$Z$ 轴分别与 $P$ 的 $Y$、$Z$ 轴反向，$P'_0$ 类似。定义 $P'$ 相对于 $P'_0$ 绕 $Z$、$Y$、$X$ 轴转动的三个欧拉角分别为 $Z'_0$、$Y'_0$、$X'_0$，则

$$\boldsymbol{C}^{P'}_{P'_0}=\boldsymbol{C}^{P'}_{P}\boldsymbol{C}^{P}_{P_0}\boldsymbol{C}^{P_0}_{P'_0}=\mathrm{diag}([1\quad -1\quad -1])\boldsymbol{C}^{P}_{P_0}\mathrm{diag}([1\quad -1\quad -1]) \tag{5-2-1}$$

由上式分别计算 $\boldsymbol{C}^{P'}_{P'_0}$ 及 $\boldsymbol{C}^{P}_{P_0}$ 对应的欧拉角，可以证明 $Z'_0=-Z_0$、$Y'_0=-Y_0$、$X'_0=X_0$。

5）$T$ 系：经纬仪坐标系，与经纬仪准直光路固连。正镜位置时，$X$ 轴沿视准轴由物镜指向目镜方向，$Y$ 轴平行于经纬仪横轴，$Z$ 轴朝下。一般定义 $L$ 系 $X$ 轴与 $T$ 系 $X$ 轴在水平面上的投影重合，当经纬仪理想调平并且没有误差时，$L$ 系绕 $Y$ 轴转动 $\theta_T$ 与 $T$ 系重合。

6）$C$ 系：CCD 测量头坐标系。$X_C$ 与出射光束的方向相反，$Y_C$ 平行于线阵 CCD，$Z_C$ 向下（这里忽略测量头内部安装误差，认为光轴、分划板与线阵 CCD 之间理想垂直或平行）。$L$ 系到 $C$ 系的姿态矩阵 $\boldsymbol{C}^{C}_{L}$ 对应的欧拉角为 0、$\theta_C$、$\phi_C$，旋转顺序：$Z$、$Y$、$X$。

图 5－6 为使用经纬仪进行光学瞄准时的坐标系示意图，图 5－7 为使用 CCD 测量头进行光学瞄准时的坐标系示意图。

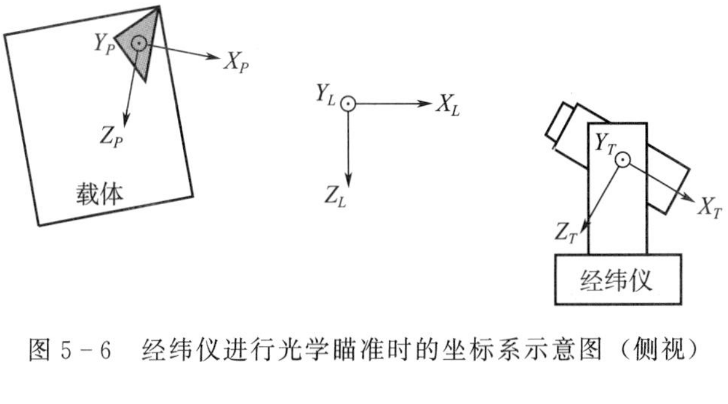


图 5－6　经纬仪进行光学瞄准时的坐标系示意图（侧视）

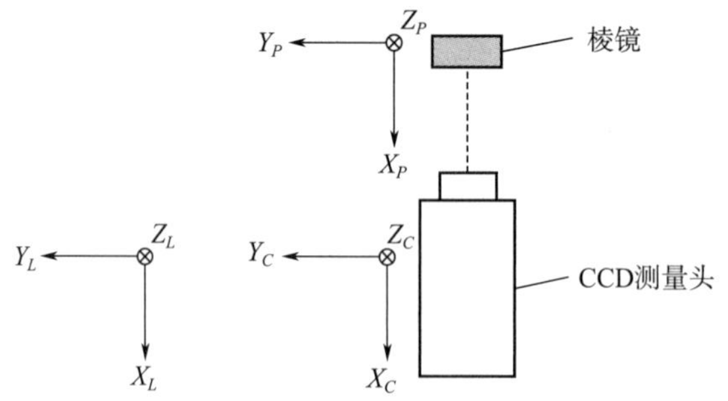


图 5-7　CCD 测量头进行光学瞄准时的坐标系示意图（俯视）

### 5.2.2　术语

（1）瞄准棱镜安装误差

将由 $P_0$ 系旋转到 $P$ 系的 3 个欧拉角 $Z_0$、$Y_0$、$X_0$ 定义为瞄准棱镜的安装误差。在瞄准棱镜无安装误差时，$P_0$ 系与 $P$ 系重合。

（2）失准角

准直测量过程中，CCD 测量头准直光出射光束与入射光束在 $C$ 系 $XOY$ 平面投影的夹角的一半，即图 5-9 中的 $\varepsilon$。由上向下俯视，入射光束在出射光束的左边，失准角为正，反之为负（图 5-9 中的失准角为正）。根据文献［62］中的分析，棱线倾斜后产生像旋对方位角影响较小（由文献［62］中式（18）可得倾斜 1°时约 0.08″，倾斜 3°时约 6″），实际应用中的调平误差约 20′，因此棱线倾斜后产生像旋对方位角的影响可以忽略，这时测量头的 CCD 读数即 $2\varepsilon$（部分 CCD 测量头输出读数做了除 2 处理）。

（3）矢量的北向方位角

矢量在水平面上的投影与北向的夹角，由北向顺时针转动至投影方向为正。

（4）仪器常数

在瞄准仪上安装两个 CCD 测量头时，一般使两者的 $Z$ 轴平行。忽略相对安装误差，仪器常数指两个测量头 $C_0$ 与 $C_1$ 的 $X$ 轴之间的夹角，即 $C_0$ 出射光束绕 $-Z_C$ 轴旋转到测量头 $C_1$ 出射光束所转过的角度。

### 5.2.3　直角棱镜（DⅡ－180°）的成像作用矩阵

#### 5.2.3.1　作图法求解

由 5.1.7 节中确定坐标系基矢量（物矢量）对应共轭矢量（像矢量）的方法，可以确定 DⅡ－180°棱镜物空间坐标系（$O$ 系）、像空间坐标系（$O'$ 系）及按 5.2.1 所定义的 $P$ 系各基矢量对应的共轭矢量如图 5-8 所示（图中 $\boldsymbol{i}_P$、$\boldsymbol{j}_P$、$\boldsymbol{k}_P$ 分别为 $P$ 系的基矢量）。根据图 5-8 可以确定各坐标系下的成像作用矩阵为

$$Q^{O}=\begin{bmatrix} i'\cdot i & j'\cdot i & k'\cdot i \\ i'\cdot j & j'\cdot j & k'\cdot j \\ i'\cdot k & j'\cdot k & k'\cdot k \end{bmatrix}=\begin{bmatrix} -1 & 0 & 0 \\ 0 & -1 & 0 \\ 0 & 0 & 1 \end{bmatrix}$$

$$Q^{O'}=\begin{bmatrix} l'\cdot l & m'\cdot l & n'\cdot l \\ l'\cdot m & m'\cdot m & n'\cdot m \\ l'\cdot n & m'\cdot n & n'\cdot n \end{bmatrix}=\begin{bmatrix} -1 & 0 & 0 \\ 0 & -1 & 0 \\ 0 & 0 & 1 \end{bmatrix} \tag{5-2-2}$$

$$Q^{P}=\begin{bmatrix} i'_P\cdot i_P & j'_P\cdot i_P & k'_P\cdot i_P \\ i'_P\cdot j_P & j'_P\cdot j_P & k'_P\cdot j_P \\ i'_P\cdot k_P & j'_P\cdot k_P & k'_P\cdot k_P \end{bmatrix}=\begin{bmatrix} -1 & 0 & 0 \\ 0 & 1 & 0 \\ 0 & 0 & -1 \end{bmatrix}$$

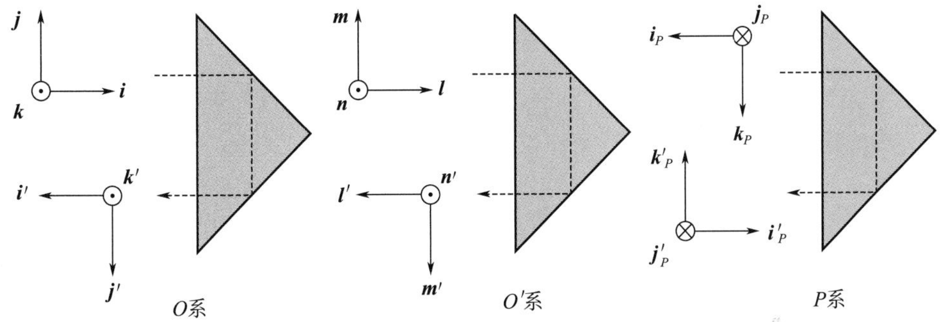


图 5-8　直角棱镜成像矩阵图解示意图

### 5.2.3.2　解析法求解

瞄准棱镜 DⅡ-180°的参数如下：总反射次数 $t=2$，光轴夹角 $\lambda=180°$，屋脊棱数 $j=0$，根据式（5-1-17）、式（5-1-18）计算得

$$Q^{O}=\begin{bmatrix} \cos\pi & (-1)^3\sin\pi & 0 \\ \sin\pi & (-1)^2\cos\pi & 0 \\ 0 & 0 & (-1)^0 \end{bmatrix}=\begin{bmatrix} -1 & 0 & 0 \\ 0 & -1 & 0 \\ 0 & 0 & 1 \end{bmatrix} \tag{5-2-3}$$

$$Q^{O'}=\begin{bmatrix} \cos\pi & -\sin\pi & 0 \\ (-1)^2\sin\pi & (-1)^2\cos\pi & 0 \\ 0 & 0 & (-1)^0 \end{bmatrix}=\begin{bmatrix} -1 & 0 & 0 \\ 0 & -1 & 0 \\ 0 & 0 & 1 \end{bmatrix}$$

式中，$Q^{O}$、$Q^{O'}$ 分别为物空间坐标系 $O$ 系及像空间坐标系 $O'$ 系下的成像作用矩阵。

为方便后续的计算，需要进一步求解 $P$ 系下的成像作用矩阵。根据 5.1.2 节及 5.2.1 节的定义，$P$ 系相对于 $O'$ 系的方向余弦矩阵为

$$C_{O'}^{P}=\begin{bmatrix} 1 & 0 & 0 \\ 0 & 0 & -1 \\ 0 & 1 & 0 \end{bmatrix} \tag{5-2-4}$$

由式（5-1-13）可得

$$v'^{P}=C_{O'}^{P}v'^{O'}=C_{O'}^{P}Q^{O'}v^{O'}=C_{O'}^{P}Q^{O'}C_{P}^{O'}v^{P} \tag{5-2-5}$$

类似于式（5－1－13），将上式记为

$$\boldsymbol{v}'^{P}=\boldsymbol{Q}^{P}\boldsymbol{v}^{P} \tag{5-2-6}$$

式中，$\boldsymbol{Q}^{P}$ 为 $P$ 系下的成像作用矩阵。将式（5－2－4）及式（5－2－3）代入式（5－2－5）可得 $\boldsymbol{Q}^{P}$ 为

$$\boldsymbol{Q}^{P}=\boldsymbol{C}_{O'}^{P}\boldsymbol{Q}^{O'}\boldsymbol{C}_{P}^{O'}=\begin{bmatrix}1&0&0\\0&0&-1\\0&1&0\end{bmatrix}\begin{bmatrix}-1&0&0\\0&-1&0\\0&0&1\end{bmatrix}\begin{bmatrix}1&0&0\\0&0&1\\0&-1&0\end{bmatrix}=\begin{bmatrix}-1&0&0\\0&1&0\\0&0&-1\end{bmatrix} \tag{5-2-7}$$

可以看出，式（5－2－3）、式（5－2－7）与式（5－2－2）相同，说明两种方法是等价的。

### 5.2.4 理想准直情况下的瞄准方位补偿

当经纬仪与瞄准棱镜理想准直时，经纬仪分划板的横狭缝和竖狭缝的像经棱镜反射后，其交点成像在视场中心（忽略经纬仪自身的误差）。也就是说，沿经纬仪光轴方向的单位物矢量 $\boldsymbol{u}$ 经过棱镜反射后，其像矢量 $\boldsymbol{u}'$ 方向与物矢量方向相反。由式（5－2－6）得

$$\boldsymbol{u}'^{P}=\boldsymbol{Q}^{P}\boldsymbol{u}^{P} \tag{5-2-8}$$

将式（5－2－7）代入上式可得

$$\begin{bmatrix}u'^{P}_{x}\\u'^{P}_{y}\\u'^{P}_{z}\end{bmatrix}=\begin{bmatrix}-1&0&0\\0&1&0\\0&0&-1\end{bmatrix}\begin{bmatrix}u^{P}_{x}\\u^{P}_{y}\\u^{P}_{z}\end{bmatrix}=\begin{bmatrix}-u^{P}_{x}\\u^{P}_{y}\\-u^{P}_{z}\end{bmatrix} \tag{5-2-9}$$

由准直约束条件 $\boldsymbol{u}'=-\boldsymbol{u}$ 及上式可知，理想准直的充要条件即 $u_{y}^{P}=0$。此外

$$\boldsymbol{u}^{P}=\boldsymbol{C}_{P_0}^{P}\boldsymbol{C}_{L}^{P_0}\boldsymbol{C}_{T}^{L}\boldsymbol{u}^{T}=\boldsymbol{C}_{P_0}^{P}\boldsymbol{C}_{L}^{P_0}\boldsymbol{C}_{T}^{L}\ [-1\quad 0\quad 0]^{\mathrm{T}} \tag{5-2-10}$$

由上式，根据 5.2.1 节的坐标系及欧拉角定义（为简化计算，$L$ 系 $X$ 轴定义为 $T$ 系 $X$ 轴在水平面内的投影），$u_{y}^{P}$ 计算式如下

$$\begin{aligned}u_{y}^{P}=&\sin\theta_{T}[\sin\theta_{P_0}(\cos X_0\sin Z_0-\cos Z_0\sin X_0\sin Y_0)+\cos\theta_{P_0}\sin\phi_{P_0}(\cos X_0\cos Z_0+\\&\sin X_0\sin Y_0\sin Z_0)+\cos Y_0\sin X_0\cos\phi_{P_0}\cos\theta_{P_0}]+\cos\theta_{T}[(\cos\phi_{P_0}\sin\psi_{P_0}-\\&\cos\psi_{P_0}\sin\phi_{P_0}\sin\theta_{P_0})(\cos X_0\cos Z_0+\sin X_0\sin Y_0\sin Z_0)+\cos\psi_{P_0}\cos\theta_{P_0}\\&(\cos X_0\sin Z_0-\cos Z_0\sin X_0\sin Y_0)-\cos Y_0\sin X_0(\sin\phi_{P_0}\sin\psi_{P_0}+\\&\cos\phi_{P_0}\cos\psi_{P_0}\sin\theta_{P_0})]\end{aligned} \tag{5-2-11}$$

一般情况下，棱镜安装误差 $X_0$、$Y_0$、$Z_0$ 为小角度，将其正弦及余弦值取一阶近似（即 $\cos X_0\approx 1$，$\sin X_0\approx X_0$，$Y_0$、$Z_0$ 类似），并忽略 $X_0$、$Y_0$、$Z_0$ 的二次项，则式（5－2－11）可简化如下

$$\begin{aligned}u_{y}^{P}\approx&\sin\theta_{T}(Z_0\sin\theta_{P_0}+\cos\theta_{P_0}\sin\phi_{P_0}+X_0\cos\phi_{P_0}\cos\theta_{P_0})+\cos\theta_{T}[\cos\phi_{P_0}\sin\psi_{P_0}-\\&\cos\psi_{P_0}\sin\phi_{P_0}\sin\theta_{P_0}+Z_0\cos\psi_{P_0}\cos\theta_{P_0}-X_0(\sin\phi_{P_0}\sin\psi_{P_0}+\cos\phi_{P_0}\cos\psi_{P_0}\sin\theta_{P_0})]\end{aligned} \tag{5-2-12}$$

### 5.2.5　有失准角情况下的瞄准方位补偿

当经纬仪与瞄准棱镜没有理想准直时，瞄准棱镜入射光与出射光不平行，而是存在一定的失准角，这时经纬仪分划板狭缝成像不在视场中心。部分经纬仪使用 CCD 测角技术测量失准角，从而实现对瞄准方位的补偿。在这种情况下，通常在经纬仪物镜焦平面上安装线阵 CCD，并布置于与目标瞄准棱镜棱线大致平行的方向，如图 5-9 所示。通常称这类经纬仪为 CCD 自准直经纬仪。

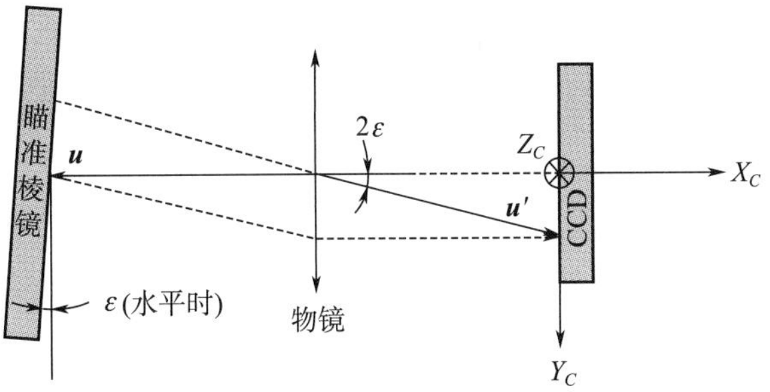


图 5-9　有失准角情况下的瞄准俯视图

在某些应用中，需要在多个安装有瞄准棱镜的设备之间传递方位基准。这些棱镜的相对位置是固定的。这时常将 CCD 自准直经纬仪中的自准直光路部分单独提取出来，封装组成独立的 CCD 测量头。根据瞄准棱镜的个数，在机械结构件上安装相应数量的 CCD 测量镜头构成瞄准仪，各 CCD 测量头分别对准要瞄准的目标。CCD 测量头光轴之间的夹角为一个常数值，命名为仪器常数。仪器常数在使用前标定，瞄准时，获得两个 CCD 测量头测得的失准角后，结合两个 CCD 测量头之间的仪器常数即可计算出两个 CCD 测量头对应目标棱镜的方位夹角。由于目标棱镜和瞄准仪均存在调平误差，会传递到目标棱镜的方位夹角中，需对方位夹角进行补偿。

为通用起见，本节针对 CCD 测量头分析其方位补偿算法。对于 CCD 自准直经纬仪，可以将其自准直光路视为一个 CCD 测量头，仍可应用本节的结论。在单 CCD 测量头准直单个棱镜的基础上，本节还将分析双 CCD 测量头分别准直对应的棱镜时，两个棱镜方位角之间的转换关系。对于多个测量头，可以按上述关系分别进行转换。本节与 5.2.4 节的主要区别在于：准直时，存在失准角，并且 CCD 测量头可能不是调平的。

#### 5.2.5.1　单 CCD 测量头准直单棱镜的瞄准方位补偿

在目标棱镜和 CCD 测量头均调平的状态下，失准角即测量头出射光束与目标棱镜主截面的方位夹角（也即 $P$ 系与 $C$ 系 $X$ 轴北向方位角之差 $\psi_P$）。但当处于倾斜状态时，$\varepsilon$ 与 $\psi_P$ 并不相等，需要对其进行补偿。此外，考虑到方位基准传递到 $P_0$ 系上的需要，需要进一步计算 $\varepsilon$ 与 $P_0$ 系/ $C$ 系 $X$ 轴北向方位角之差 $\psi_{P_0}$ 之间的关系。

失准角的计算过程如下：已知准直出射光轴的单位矢量 $\boldsymbol{u}^C=[-1\quad 0\quad 0]^{\mathrm{T}}$，计算经棱镜反射回的光轴矢量 $\boldsymbol{u}'^C$。根据式（5-2-6）有

$$\begin{aligned}\boldsymbol{u}'^{P} &= \boldsymbol{Q}^{P}\boldsymbol{u}^{P} = \boldsymbol{Q}^{P}\boldsymbol{C}_{P_0}^{P}\boldsymbol{C}_{L}^{P_0}\boldsymbol{C}_{C}^{L}\boldsymbol{u}^{C} \\ \boldsymbol{u}'^{C} &= \boldsymbol{C}_{L}^{C}\boldsymbol{C}_{P_0}^{L}\boldsymbol{C}_{P}^{P_0}\boldsymbol{u}'^{P}\end{aligned} \tag{5-2-13}$$

因 $\boldsymbol{u}'^{C}$ 的表达式复杂，这里不列出。考虑到棱镜安装误差一般较小，忽略 $X_0$、$Y_0$、$Z_0$ 的二次及以上项，并将其余弦值近似为 1，将其正弦值近似为一次项；考虑到瞄准时失准角较小，棱线及测量头 $Y$ 轴基本水平，因此对 $\psi_{P_0}$、$\phi_{P_0}$、$\phi_C$ 也采用类似的近似处理方法（考虑到瞄准时可能有较大的俯仰角，因此这里不近似处理 $\theta_{P_0}$ 及 $\theta_C$），可将 $\boldsymbol{u}'^{C}$ 的 $Y$ 分量简化为

$$u'^{C}_{y} \approx 2\left[\psi_{P_0}\cos\theta_C + Z_0\cos(\theta_C - \theta_{P_0}) + (X_0 + \phi_{P_0})\sin(\theta_C - \theta_{P_0})\right] \tag{5-2-14}$$

根据图 5－9，由于 $\boldsymbol{u}'^{C}$ 为单位矢量，因此可以得出

$$u'^{C}_{y} = \sin(2\varepsilon) \approx 2\sin\varepsilon \tag{5-2-15}$$

将式（5－2－14）代入式（5－2－15）得

$$\psi_{P_0} \approx \frac{\sin\varepsilon - Z_0\cos(\theta_C - \theta_{P_0}) - (X_0 + \phi_{P_0})\sin(\theta_C - \theta_{P_0})}{\cos\theta_C} \tag{5-2-16}$$

上式说明了失准角与 $P_0$ 系/$C$ 系 $X$ 轴北向方位角之差的关系。某些情况下，如果需要计算 $P$ 系/$C$ 系 $X$ 轴北向方位角之差，只需在式（5－2－16）中将 $Z_0$、$X_0$ 设置为 0，将 $P_0$ 系的欧拉角替换为 $P$ 系的欧拉角即可。

#### 5.2.5.2 双 CCD 测量头准直双棱镜的方位转换

双 CCD 测量头一般用于测量对应棱镜理论坐标系北向方位角的差值。设方位测量通过两个 CCD 测量头 $C_1$、$C_2$ 实现，则方位转换可分为以下 3 步：

1）计算 $C_1$ 光轴相对于第 1 个棱镜理论坐标系 $X$ 轴的方位差值 $-\psi_{P_{0_2}}$，可根据式（5－2－16）计算；

2）计算 $C_2$ 光轴相对于 $C_1$ 光轴的方位差值 $\alpha'$，通过 $C_2$ 系 $X$ 轴相对于 $C_1$ 系 $X$ 轴的夹角计算并补偿；

3）计算第 2 个棱镜理论坐标系 $X$ 轴相对于 $C_2$ 光轴的方位差值 $\psi_{P_{0_2}}$，可根据式（5－2－16）计算。

其中第 1）、3）步通过 5.2.5.1 节介绍的算法计算，这里不再赘述，本节仅说明第 2）步的计算方法。

近似认为 2 个测量头的 $Z$ 轴同向（忽略 $Z$ 方向的安装误差），设 $C_2$ 系 $X$ 轴相对于 $C_1$ 系 $X$ 轴的夹角为 $\alpha$。该角度通常是在仪器调平的状态下完成标定，其标定结果适用于调平状态。而实际应用时，仪器调平精度不高，因此 $\alpha$ 并不等于 $C_2$ 光轴相对于 $C_1$ 光轴的方位差值 $\alpha'$，需要进行补偿。

定义 $L$ 系 $X$ 轴与 $C_1$ 系 $X$ 轴水平投影同向。设 $L$ 系转动到 $C_1$ 系对应的欧拉角为 0、$\theta_{C_1}$、$\phi_{C_1}$（旋转顺序 $Z$、$Y$、$X$），并设 $C_2$ 系 $X$ 轴单位矢量在 $C_1$ 系下的投影为

$$\boldsymbol{u}_{XC_2}^{C_1} = [\cos\alpha \quad \sin\alpha \quad 0]^{\mathrm{T}} \tag{5-2-17}$$

通过方向余弦矩阵解算 $\boldsymbol{u}_{XC_2}^{L}$ 得

$$\boldsymbol{u}_{XC_2}^{L}=\boldsymbol{C}_{C_1}^{L}\boldsymbol{u}_{XC_2}^{C_1}=\begin{bmatrix}\cos\alpha\cos\theta_{C_1}+\sin\alpha\sin\phi_{C_1}\sin\theta_{C_1}\\ \cos\phi_{C_1}\sin\alpha\\ \sin\alpha\cos\theta_{C_1}\sin\phi_{C_1}-\cos\alpha\sin\theta_{C_1}\end{bmatrix} \tag{5-2-18}$$

因此

$$\alpha'=\begin{cases}\arctan(u_{XC2y}^{L}/u_{XC2x}^{L}) & (u_{XC2x}^{L}>0)\\ \arctan(u_{XC2y}^{L}/u_{XC2x}^{L})+\pi & (u_{XC2x}^{L}<0)\\ \pi/2 & (u_{XC2x}^{L}=0,u_{XC2y}^{L}>0)\\ -\pi/2 & (u_{XC2x}^{L}=0,u_{XC2y}^{L}<0)\end{cases} \tag{5-2-19}$$

由上面的分析可知，第 2 个棱镜 $P_0$ 系 $X$ 轴相对于第 1 个棱镜 $P_0$ 系 $X$ 轴北向方位角之差的计算如下

$$\Delta\psi_{P_0}=\psi_{P_{0_{2_{True}}}}-\psi_{P_{0_{1_{True}}}}=\psi_{P_{0_2}}+\alpha'-\psi_{P_{0_1}} \tag{5-2-20}$$

式中，$\alpha'$ 为 $C_2$ 光轴相对于 $C_1$ 光轴的方位差值；$\psi_{P_{0_2}}$ 为第 2 个棱镜理论坐标系 $X$ 轴相对于 $C_2$ 光轴的方位差值；$\psi_{P_{0_1}}$ 为第 1 个棱镜理论坐标系 $X$ 轴相对于 $C_1$ 光轴的方位差值。

# 第 6 章　组合导航

## 6.1　卡尔曼滤波

卡尔曼滤波是卡尔曼（Kalman）于 1960 年提出的从与被提取信号有关的量测中通过算法估计出所需信号的一种滤波方法[63]。它将状态空间的概念引入随机估计理论中，将动态过程视为白噪声作用下的一个线性系统的输出，并用状态方程来描述这种输入输出关系。估计过程中利用系统状态方程、量测方程和白噪声激励（系统过程噪声和量测噪声）的统计特性构成滤波算法。

实际上，卡尔曼滤波是一种最优状态估计方法，且具有连续型和离散型两类算法。其中离散型算法是一套由计算机实现的实时递推算法，它所处理的对象是随机信号，利用过程噪声和量测噪声的统计特性，以系统的量测作为滤波器的输入，以系统状态的估计值作为滤波器的输出。即卡尔曼滤波器由实时获得的受噪声污染的离散量测数据对系统状态进行线性无偏最小方差估计。目前，该算法已经广泛应用于各种领域，组合导航系统的设计是其成功应用的一个重要方面。

### 6.1.1　状态和量测的选取——直接滤波法与间接滤波法

当设计组合导航系统的卡尔曼滤波器时，首先必须写出描述系统动态特性的状态方程和反映量测与状态关系的量测方程。而物理系统一般并不都是线性的，比如惯性导航系统、GNSS 导航系统、多普勒雷达导航系统等都是非线性系统。若直接以导航参数作为状态，则对应的状态方程和量测方程都是非线性方程，必须采用非线性滤波方法。若以导航参数的误差作为状态，而误差相对真实参数是小量，二阶及二阶以上的误差量可视为高阶小量而忽略掉，这样，状态方程和量测方程都成为线性方程，滤波问题也就成为线性系统的滤波问题了。

为了区分上述两种情况，引入定义：如果直接以各子系统的导航参数作为状态，即直接以导航参数作为估计对象，则称实现组合导航的滤波处理方法为直接法滤波。如果以各子系统导航参数的误差量作为状态，即以导航参数的误差量作为估计对象，则称实现组合导航的滤波处理方法为间接滤波法。

参考文献［63］第 8.2.1 节直接滤波法中，卡尔曼滤波器接收导航系统的导航参数，经过滤波计算，得到导航参数的最优估计，如图 6－1 所示。

间接滤波法中，卡尔曼滤波器以惯导系统和辅助导航设备对同一导航参数之差作为输入，经过滤波计算，估计出各误差量。用惯导系统误差的估计值去校正惯导系统输出的导

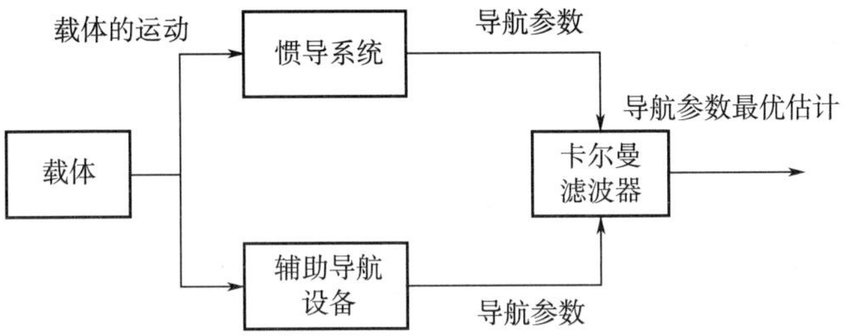


图 6-1　直接法滤波示意图

航参数，以得到导航参数的最优估计；或者用惯导系统误差的估计值去校正惯导系统力学编排中的相应导航参数，即将误差估计值反馈到惯导系统的内部。前者称为输出校正，后者称为反馈校正，如图 6-2 所示。

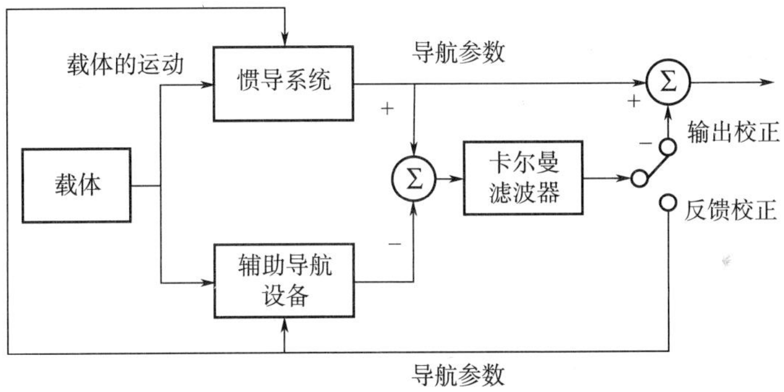


图 6-2　间接法滤波示意图

使用反馈校正的系统状态变量比使用输出校正的系统状态变量绝对值要小，对于经过一阶近似的状态方程来讲，状态变量（即导航参数误差）越小，则近似的准确性就越高。因此使用反馈校正更能接近反映系统状态的真实动态过程。在一般情况下，输出校正要得到与反馈校正相同的估计精度，需要采用较为复杂的模型系统方程。基于以上原因，组合导航系统通常采用反馈校正。

直接法滤波和间接法滤波各有优缺点，综合起来主要体现在以下几个方面：

1）直接法的模型系统方程直接描述系统导航参数的动态过程，它能较准确地反映真实状态的演变情况；间接法的模型系统方程是误差方程，它是按一阶近似推导出来的，有一定的近似性。

2）直接法的系统方程一般都是非线性方程，必须对卡尔曼滤波进行非线性扩展。而间接法的系统方程都是线性方程，可以采用基本卡尔曼滤波方程。

综上所述，虽然直接法能直接反映出系统的动态过程，但在实际应用中却需要复杂的非线性滤波方法，因此在组合导航系统中一般都采用间接法的卡尔曼滤波。本大节介绍了基本卡尔曼滤波方程，适用于间接滤波法。

### 6.1.2 连续时间线性随机系统的离散化

一般来说，卡尔曼滤波器可以通过输入的量测信息间接估计出不能直接获取的系统状态。在组合导航系统应用方面，卡尔曼滤波器通常将惯导系统输出参数与辅助导航系统对应输出参数做对比（譬如惯导系统位置输出与 GNSS 位置输出的对比），并将对比结果作为量测信息来估计和校正不能直接观测的惯导系统误差（譬如姿态误差、惯性器件误差）。惯导系统的输出参数与辅助导航系统对应输出参数对比的过程将产生一个误差信息（即组合导航系统的量测信息，其包含惯导系统及辅助导航系统的误差）。利用卡尔曼滤波器对上述量测信息进行处理，就可以独立地估计出所有显著影响量测信息的惯导系统误差及辅助导航系统误差。另外，控制环节作为采用反馈校正方式的卡尔曼滤波器的一部分经常被用来持续校正惯导系统的误差。

为了便于分析，首先介绍线性随机系统模型。实际应用中给出的线性随机系统模型多数是连续型的，动态特性用连续微分方程描述。

描述线性随机系统的状态方程为

$$\dot{\boldsymbol{x}}(t)=\boldsymbol{F}(t)\boldsymbol{x}(t)+\boldsymbol{G}_P(t)\boldsymbol{w}(t)+\boldsymbol{L}(t)\boldsymbol{u}(t) \tag{6-1-1}$$

式中 $\boldsymbol{x}(t)$ ——状态矢量（列矢量）；

$\boldsymbol{F}(t)$ ——动态矩阵；

$\boldsymbol{w}(t)$ ——过程噪声矢量（列矢量），其各元素均为零均值白噪声过程；

$\boldsymbol{G}_P(t)$ ——过程噪声耦合矩阵；

$\boldsymbol{u}(t)$ ——输入矢量（列矢量），在卡尔曼滤波器中一般为计算机生成的用于校正系统误差的控制矢量 $\boldsymbol{u}_C$ ；

$\boldsymbol{L}(t)$ ——输入耦合矩阵。

为了让卡尔曼滤波器在数字计算机中运行，必须对式（6-1-1）进行离散化处理。在计算机上执行卡尔曼滤波算法时，输入矢量（即控制矢量）一般由计算机在离散时刻上生成，因此不需要离散化。令输入 $\boldsymbol{u}(t)=\boldsymbol{0}$，根据线性系统的叠加性质，可以将式（6-1-1）的解 $\boldsymbol{x}(t)$ 分解为两部分

$$\boldsymbol{x}(t)=\boldsymbol{x}_{ZI}(t,t_0)+\boldsymbol{x}_{ZS}(t,t_0) \tag{6-1-2}$$

式中 $\boldsymbol{x}_{ZI}(t,\ t_0)$ ——零输入响应，表示在初始状态 $\boldsymbol{x}(t_0)\neq\boldsymbol{0}$ 和输入噪声驱动 $\boldsymbol{w}(t)=\boldsymbol{0}$ 的条件下，系统在 $t$ 时刻的状态；

$\boldsymbol{x}_{ZS}(t,\ t_0)$ ——零状态响应，表示在初始状态 $\boldsymbol{x}(t_0)=\boldsymbol{0}$ 和输入噪声驱动 $\boldsymbol{w}(t)\neq\boldsymbol{0}$ 的条件下，系统在 $t$ 时刻的状态。

零输入响应满足齐次线性方程 $\dot{\boldsymbol{x}}_{ZI}(t,\ t_0)=\boldsymbol{F}(t)\boldsymbol{x}_{ZI}(t,\ t_0)$ ，其解析解为

$$\boldsymbol{x}_{ZI}(t,t_0)=\boldsymbol{\Phi}(t,t_0)\boldsymbol{x}(t_0) \tag{6-1-3}$$

式中，$\boldsymbol{\Phi}(t,\ t_0)$ 为状态转移矩阵，其满足如下性质

$$\begin{cases}\boldsymbol{\Phi}(t_0,t_0)=\boldsymbol{I}\\ \dot{\boldsymbol{\Phi}}(t,t_0)=\boldsymbol{F}(t)\boldsymbol{\Phi}(t,t_0)\\ \boldsymbol{\Phi}(t,t_0)=\boldsymbol{I}+\int_{t_0}^{t}\boldsymbol{F}(\tau)\boldsymbol{\Phi}(\tau,t_0)\,\mathrm{d}\tau\\ \boldsymbol{\Phi}(t,t_0)=\boldsymbol{\Phi}(t,t_1)\boldsymbol{\Phi}(t_1,t_0)\end{cases} \tag{6-1-4}$$

根据文献［39］第 9.1.1 节的结论，零状态响应的解析解为

$$\boldsymbol{x}_{ZS}(t,t_0)=\int_{t_0}^{t}\boldsymbol{\Phi}(t,\tau)\boldsymbol{G}_P(\tau)\boldsymbol{w}(\tau)\mathrm{d}\tau \tag{6-1-5}$$

综合式（6－1－2）、式（6－1－3）、式（6－1－5）得

$$\boldsymbol{x}(t)=\boldsymbol{\Phi}(t,t_0)\boldsymbol{x}(t_0)+\int_{t_0}^{t}\boldsymbol{\Phi}(t,\tau)\boldsymbol{G}_P(\tau)\boldsymbol{w}(\tau)\mathrm{d}\tau \tag{6-1-6}$$

如果将 $\boldsymbol{x}(t_0)$ 认为是 $t_{n-1}$ 时刻的状态 $\boldsymbol{x}_{n-1}$，则经过一个时间间隔之后的 $t_n$ 时刻系统的状态 $\boldsymbol{x}(t_n)$ 为

$$\boldsymbol{x}(t_n)=\boldsymbol{\Phi}(t_n,t_{n-1})\boldsymbol{x}(t_{n-1})+\int_{t_{n-1}}^{t_n}\boldsymbol{\Phi}(t_n,\tau)\boldsymbol{G}_P(\tau)\boldsymbol{w}(\tau)\mathrm{d}\tau \tag{6-1-7}$$

其中

$$\boldsymbol{\Phi}(t_n,t_{n-1})=\boldsymbol{I}+\int_{t_{n-1}}^{t_n}\boldsymbol{F}(\tau)\boldsymbol{\Phi}(\tau,t_{n-1})\,\mathrm{d}\tau$$

又令

$$\begin{cases}\boldsymbol{\Phi}_{n,n-1}=\boldsymbol{\Phi}(t_n,t_{n-1})\\ \boldsymbol{x}_n=\boldsymbol{x}(t_n)\\ \boldsymbol{x}_{n-1}=\boldsymbol{x}(t_{n-1})\\ \boldsymbol{\Gamma}_{P_n}\boldsymbol{w}_n=\int_{t_{n-1}}^{t_n}\boldsymbol{\Phi}(t_n,\tau)\boldsymbol{G}_P(\tau)\boldsymbol{w}(\tau)\mathrm{d}\tau\end{cases} \tag{6-1-8}$$

则式（6－1－7）可以简化为

$$\boldsymbol{x}_n=\boldsymbol{\Phi}_{n,n-1}\boldsymbol{x}_{n-1}+\boldsymbol{\Gamma}_{P_n}\boldsymbol{w}_n \tag{6-1-9}$$

需要说明的是，当在采样间隔 $t_{n-1}$ 与 $t_n$ 之间 $\boldsymbol{w}(\tau)$ 不为常值时，无法分别计算 $\boldsymbol{\Gamma}_{P_n}$ 或 $\boldsymbol{w}_n$，此时上式中 $\boldsymbol{\Gamma}_{P_n}\boldsymbol{w}_n$ 为一个整体的符号；若认为 $\boldsymbol{w}(\tau)$ 为常值，则 $\boldsymbol{\Gamma}_{P_n}=\int_{t_{n-1}}^{t_n}\boldsymbol{\Phi}(t_n,\tau)\boldsymbol{G}_P(\tau)\mathrm{d}\tau$，$\boldsymbol{w}_n=\boldsymbol{w}(\tau)$。

### 6.1.3　离散型卡尔曼滤波[①]

本大节介绍的卡尔曼滤波算法将以低速、高速两种不同的解算速度进行计算。低速解算的周期为更新周期（即引入量测量进行状态更新的解算周期），高速解算的周期为外推周期（即仅进行状态外推的解算周期）。分别用下标 $n$、$m$ 表示更新时刻点、外推时刻点的导航参数，用 $t_n$、$t_m$ 表示更新、外推时刻，用 $T_n$、$T_m$ 表示更新周期、外推周期。通常

① 对应 util/control/kalmfiltstep.m

更新周期为外推周期的整数倍，即

$$N=\frac{T_n}{T_m} \tag{6-1-10}$$

6.1.3.1　离散系统的数学描述（包含反馈校正环节）

将连续时间线性随机系统离散化以后，外加非线性观测方程、线性量测方程、控制方程就可以构成离散系统的数学描述，作为后续离散卡尔曼滤波方程的基础。

观测方程作为卡尔曼滤波器的实际输入，一般为非线性形式

$$\boldsymbol{z}_{Obs_n}=\mathrm{f}(\boldsymbol{\xi}_{INS_n}^{(-)},\boldsymbol{\xi}_{Aid_n}^{(-)}) \tag{6-1-11}$$

式中，下标 $n$ 代表更新周期的序号；上标 (−) 表示校正及估计之前，指定参数在指定时刻（此处为 $t_n$ 时刻）的值；$\boldsymbol{\xi}_{INS}$ 为惯导系统的导航参数；$\boldsymbol{\xi}_{Aid}$ 为辅助导航系统的导航参数；f() 为函数符号，它的功能是将 $\boldsymbol{\xi}_{INS}$ 和 $\boldsymbol{\xi}_{Aid}$ 中对应导航参数进行对比，并将误差输出，对于无误差的理想惯导系统与辅助导航系统，该函数的输出应为零；$\boldsymbol{z}_{Obs_n}$ 表示 $t_n$ 时刻的观测矢量，为函数 f 的输出。

由式（6-1-9）可知离散时间线性随机系统状态方程为

$$\boldsymbol{x}_n^{(-)}=\boldsymbol{\Phi}_{n,n-1}\,\boldsymbol{x}_{n-1}^{(+C)}+\boldsymbol{\Gamma}_{P_n}\boldsymbol{w}_n \tag{6-1-12}$$

式中，上标 (+C) 表示指定参数经过控制矢量 $\boldsymbol{u}_C$ 校正之后在指定时刻（此处为 $t_n$ 时刻）的值；$\boldsymbol{\Phi}_{n,\,n-1}$ 为 $t_{n-1}$ 时刻至 $t_n$ 时刻的状态转移矩阵；$\boldsymbol{\Gamma}_P$ 为过程噪声耦合矩阵；$\boldsymbol{w}$ 为过程噪声序列，卡尔曼滤波算法要求 $\boldsymbol{w}$ 各元素均为零均值白噪声序列，且任两个不同时刻上的 $\boldsymbol{w}$ 互不相关（即 $E[\boldsymbol{w}_k]=\boldsymbol{0}$ 且 $E[\boldsymbol{w}_k\boldsymbol{w}_j^{\mathrm{T}}]=\boldsymbol{Q}_k\delta_{kj}$）；$\boldsymbol{x}$ 为状态矢量（在间接法中由导航参数误差构成）。

将式（6-1-11）所示的观测方程线性化后得到量测方程如下

$$\boldsymbol{z}_n=\boldsymbol{H}_n\boldsymbol{x}_n^{(-)}+\boldsymbol{\Gamma}_{M_n}\boldsymbol{v}_n \tag{6-1-13}$$

式中，$\boldsymbol{\Gamma}_M$ 为量测噪声耦合矩阵；$\boldsymbol{v}$ 为量测噪声序列，卡尔曼滤波算法要求 $\boldsymbol{v}$ 各元素均为零均值白噪声序列，任两个不同时刻上的 $\boldsymbol{v}$ 互不相关，且 $\boldsymbol{v}$ 与过程噪声序列 $\boldsymbol{w}$ 互不相关（即 $E[\boldsymbol{v}_k]=\boldsymbol{0}$，$E[\boldsymbol{v}_k\boldsymbol{v}_j^{\mathrm{T}}]=\boldsymbol{R}_k\delta_{kj}$ 且 $E[\boldsymbol{w}_k\boldsymbol{v}_j^{\mathrm{T}}]=\boldsymbol{0}$）；$\boldsymbol{H}$ 为量测矩阵；$\boldsymbol{z}_n$ 为 $t_n$ 时刻的量测矢量。

引入控制量校正环节的控制方程如下

$$\boldsymbol{\xi}_{INS_n}^{(+C)}=\boldsymbol{\xi}_{INS_n}^{(-)}+\mathrm{g}_{INS}(\boldsymbol{\xi}_{INS_n}^{(-)},\boldsymbol{u}_{C_n}) \tag{6-1-14}$$

$$\boldsymbol{\xi}_{Aid_n}^{(+C)}=\boldsymbol{\xi}_{Aid_n}^{(-)}+\mathrm{g}_{Aid}(\boldsymbol{\xi}_{INS_n}^{(-)},\boldsymbol{u}_{C_n}) \tag{6-1-15}$$

$$\boldsymbol{x}_n^{(+C)}=\boldsymbol{x}_n^{(-)}+\boldsymbol{u}_{C_n} \tag{6-1-16}$$

式中　$\boldsymbol{u}_C$ ——控制矢量，用来对 $\boldsymbol{x}$、$\boldsymbol{\xi}_{INS}$ 及 $\boldsymbol{\xi}_{Aid}$ 参数进行校正；

$\boldsymbol{\xi}_{INS}^{(-)}$ ——校正及估计之前惯导系统的导航参数；

$\boldsymbol{\xi}_{Aid}^{(-)}$ ——校正及估计之前辅助导航系统的导航参数；

$\mathrm{g}_{INS}()$，$\mathrm{g}_{Aid}()$ ——非线性函数符号，功能是在 $t_n$ 时刻用 $\boldsymbol{u}_{C_n}$ 来对 $\boldsymbol{\xi}_{INS}$ 和 $\boldsymbol{\xi}_{Aid}$ 参数进行校正。

### 6.1.3.2　离散型卡尔曼滤波基本方程

式（6-1-11）～式（6-1-16）描述了实际导航参数（$\xi_{INS}$ 和 $\xi_{Aid}$）、卡尔曼滤波器输入观测矢量 $z_{Obs}$、控制矢量 $u_C$、状态矢量 $x$ 之间的关系。导航参数 $\xi_{INS}$ 和 $\xi_{Aid}$ 可以通过导航计算机直接获取，并可计算出 $z_{Obs}$，同时导航计算机通过计算输出控制矢量 $u_C$。依上所述，卡尔曼滤波器设计需要做的是：将 $z_{Obs}$ 作为输入，同时式（6-1-12）、式（6-1-13）和式（6-1-16）分别作为状态矢量 $x$ 外推、更新、校正的线性模型，估计出状态矢量 $x$，然后通过 $x$ 的估计值计算并输出控制矢量 $u_C$。通过上述分析可以得出一系列离散型卡尔曼滤波基本方程，在导航计算机中实现这些方程就可以实现卡尔曼滤波的功能。

离散型卡尔曼滤波基本方程如下：

初始条件

$$\hat{\boldsymbol{x}}_0 = \boldsymbol{0} \tag{6-1-17}$$

状态矢量外推

$$\hat{\boldsymbol{x}}_n^{(-)} = \boldsymbol{\Phi}_{n,n-1}\hat{\boldsymbol{x}}_{n-1}^{(+C)} \tag{6-1-18}$$

观测方程

$$\boldsymbol{z}_{Obs\,n} = \mathrm{f}(\boldsymbol{\xi}_{INS_n}^{(-)}, \boldsymbol{\xi}_{Aid_n}^{(-)}) \tag{6-1-19}$$

量测矢量

$$\hat{\boldsymbol{z}}_n = \boldsymbol{H}_n\hat{\boldsymbol{x}}_n^{(-)} \tag{6-1-20}$$

状态矢量更新

$$\hat{\boldsymbol{x}}_n^{(+E)} = \hat{\boldsymbol{x}}_n^{(-)} + \boldsymbol{K}_n(\boldsymbol{z}_{Obs_n} - \hat{\boldsymbol{z}}_n) \tag{6-1-21}$$

控制矢量的计算

$$\boldsymbol{u}_{C_n} = \mathrm{h}(\hat{\boldsymbol{x}}_n^{(+E)}) \tag{6-1-22}$$

导航参数的校正

$$\begin{cases} \boldsymbol{\xi}_{INS_n}^{(+C)} = \boldsymbol{\xi}_{INS_n}^{(-)} + \mathrm{g}_{INS}(\boldsymbol{\xi}_{INS_n}^{(-)}, \boldsymbol{u}_{C_n}) \\ \boldsymbol{\xi}_{Aid_n}^{(+C)} = \boldsymbol{\xi}_{Aid_n}^{(-)} + \mathrm{g}_{Aid}(\boldsymbol{\xi}_{INS_n}^{(-)}, \boldsymbol{u}_{C_n}) \end{cases} \tag{6-1-23}$$

状态矢量的校正

$$\hat{\boldsymbol{x}}_n^{(+C)} = \hat{\boldsymbol{x}}_n^{(+E)} + \boldsymbol{u}_{C_n} \tag{6-1-24}$$

式中　$\hat{}$ ——卡尔曼滤波器对参数的估计值；

上标 $(+E)$ ——经过离散型卡尔曼滤波基本方程中的状态更新式（6-1-21）之后，指定参数在指定时刻（此处为 $t_n$ 时刻）的值；

上标 $(+C)$ ——经过离散型卡尔曼滤波基本方程中的控制式（6-1-23）、式（6-1-24）之后，指定参数在指定时刻（此处为 $t_n$ 时刻）的值；

上标 $(-)$ ——在状态更新式（6-1-21）以及控制式（6-1-23）、式（6-1-24）发挥作用以前，指定参数在指定时刻（此处为 $t_n$ 时刻）的值；

$\boldsymbol{K}$ ——滤波增益矩阵；

$\boldsymbol{z}$ ——量测矢量，即观测矢量 $\boldsymbol{z}_{Obs}$ 的线性形式；

h() ——函数符号。

方程（6－1－18）为状态外推，可以通过 $t_{n-1}$ 时刻的 $\hat{\boldsymbol{x}}_{n-1}^{(+C)}$ 计算 $t_n$ 时刻的状态矢量估计 $\hat{\boldsymbol{x}}_n^{(-)}$。在过程噪声未知的情况下，按照方程（6－1－18）计算 $\boldsymbol{x}_n$ 的估计值是最“合适”的。式（6－1－20）计算 $t_n$ 时刻的量测估计 $\hat{\boldsymbol{z}}_n$。式（6－1－21）中 $\boldsymbol{z}_{Obs_n}-\hat{\boldsymbol{z}}_n$ 为量测残差，可以通过滤波增益矩阵 $\boldsymbol{K}_n$ 的反馈对 $\hat{\boldsymbol{x}}_n^{(-)}$ 做更新，得到 $t_n$ 时刻状态矢量的最优估计值 $\hat{\boldsymbol{x}}_n^{(+E)}$。经过足够多离散时间点的滤波之后，$\hat{\boldsymbol{x}}_n^{(+E)}$ 会逐渐收敛到状态矢量的真值 $\boldsymbol{x}_n$。另外使用间接滤波法时，一般情况下无法确定导航参数误差的初始值，所以直接将 $\hat{\boldsymbol{x}}$ 的初始值设置为 $\mathbf{0}$。

采用反馈校正法时，为了将估计得到的导航误差（由 $\hat{\boldsymbol{x}}$ 表征）全部用于对导航参数的校正，同时使校正后对应的状态矢量为 $\mathbf{0}$，理想控制矢量 $\boldsymbol{u}_C$ 应该设置为给定滤波时刻状态矢量 $\hat{\boldsymbol{x}}$ 的负值（即 $\boldsymbol{u}_{C_n}=-\hat{\boldsymbol{x}}_n^{(+E)}$）。如果状态矢量的校正式（6－1－24）能够在状态矢量更新式（6－1－21）之后立即执行（即校正具有实时性），则 $\hat{\boldsymbol{x}}_n^{(+C)}=\boldsymbol{u}_{C_n}+\hat{\boldsymbol{x}}_n^{(+E)}=\mathbf{0}$ 且 $\hat{\boldsymbol{x}}_{n+1}^{(-)}=\boldsymbol{\Phi}_n\hat{\boldsymbol{x}}_n^{(+C)}=\mathbf{0}$，即在状态更新式（6－1－21）的前后，状态矢量的外推值和校正值都为 $\mathbf{0}$。

### 6.1.3.3 滤波增益矩阵的计算

卡尔曼滤波算法中滤波增益矩阵 $\boldsymbol{K}_n$ 的计算方法是该算法区别于其他最优估计算法的典型标志，其选取准则是将滤波增益矩阵 $\boldsymbol{K}_n$ 代入式（6－1－21）后，使得状态矢量估计误差的方差达到最小。为了推导滤波增益矩阵，做如下定义

$$\tilde{\boldsymbol{x}}\equiv\hat{\boldsymbol{x}}-\boldsymbol{x} \tag{6-1-25}$$

式中 $\tilde{\boldsymbol{x}}$ ——状态矢量的估计误差；

$\hat{\boldsymbol{x}}$ ——状态矢量的估计值；

$\boldsymbol{x}$ ——状态矢量的真值。

在 $t_n$ 时刻，估计误差如下

$$\begin{cases}\tilde{\boldsymbol{x}}_n^{(-)}=\hat{\boldsymbol{x}}_n^{(-)}-\boldsymbol{x}_n^{(-)}\\ \tilde{\boldsymbol{x}}_n^{(+E)}=\hat{\boldsymbol{x}}_n^{(+E)}-\boldsymbol{x}_n^{(-)}\\ \tilde{\boldsymbol{x}}_n^{(+C)}=\hat{\boldsymbol{x}}_n^{(+C)}-\boldsymbol{x}_n^{(+C)}\end{cases} \tag{6-1-26}$$

注意在上述 $\tilde{\boldsymbol{x}}_n^{(+E)}$ 表达式中，用 $\boldsymbol{x}_n^{(-)}$ 表示在 $t_n$ 时刻状态矢量的真值，这是因为对于理想的滤波器，式（6－1－21）对应的状态矢量更新所需时间可以忽略，更新前后状态矢量真值不变，且状态矢量更新在式（6－1－24）对应的控制校正之前，故 $\tilde{\boldsymbol{x}}_n^{(+E)}$ 是对 $\boldsymbol{x}_n^{(-)}$ 的估计。

下面通过 $\tilde{\boldsymbol{x}}$ 定义误差协方差矩阵

$$\boldsymbol{P}\equiv E(\tilde{\boldsymbol{x}}\tilde{\boldsymbol{x}}^{\mathrm{T}}) \tag{6-1-27}$$

式中 $\boldsymbol{P}$ ——状态矢量估计的误差协方差矩阵；

$E()$——求数学期望的数学运算符。

将上式展开有

$$\boldsymbol{P}=\begin{bmatrix} E(\tilde{x}_1^2) & E(\tilde{x}_1\tilde{x}_2) & E(\tilde{x}_1\tilde{x}_3) & \cdots \\ E(\tilde{x}_2\tilde{x}_1) & E(\tilde{x}_2^2) & E(\tilde{x}_2\tilde{x}_3) & \cdots \\ E(\tilde{x}_3\tilde{x}_1) & E(\tilde{x}_3\tilde{x}_2) & E(\tilde{x}_3^2) & \cdots \\ \vdots & \vdots & \vdots & \ddots \end{bmatrix} \tag{6-1-28}$$

式中，$\tilde{x}_1$，$\tilde{x}_2$，$\tilde{x}_3\cdots$ 为矢量 $\tilde{\boldsymbol{x}}$ 的第 1、2、3…个元素。

由展开式发现，$\boldsymbol{P}$ 阵对角线上的元素为矢量 $\tilde{\boldsymbol{x}}$ 对应元素的方差，非对角线元素为矢量 $\tilde{\boldsymbol{x}}$ 对应元素的协方差。另外可以发现 $\boldsymbol{P}$ 阵为对称矩阵，即 $\boldsymbol{P}$ 阵和它的转置矩阵相等

$$\boldsymbol{P}=\boldsymbol{P}^{\mathrm{T}} \tag{6-1-29}$$

状态矢量的估计误差 $\tilde{\boldsymbol{x}}$ 可以通过误差协方差矩阵 $\boldsymbol{P}$ 来衡量。在离散卡尔曼滤波算法中，滤波增益矩阵 $\boldsymbol{K}_n$ 的选取原则为：$\boldsymbol{K}_n$ 使得状态估计 $\hat{\boldsymbol{x}}_n^{(+E)}$ 的误差协方差矩阵 $\boldsymbol{P}$ 达到最小，更确切地说是所有的对角线元素最小。

下面将式（6-1-21）的两边都减去 $\boldsymbol{x}_n^{(-)}$，并将 $\boldsymbol{z}_{Obs_n}$ 的线性形式 $\boldsymbol{z}_n$［式（6-1-13）］以及式（6-1-20）代入式（6-1-21），得到如下结论

$$\begin{aligned} \tilde{\boldsymbol{x}}_n^{(+E)} &= \hat{\boldsymbol{x}}_n^{(+E)}-\boldsymbol{x}_n^{(-)}=\hat{\boldsymbol{x}}_n^{(-)}+\boldsymbol{K}_n(\boldsymbol{z}_n-\hat{\boldsymbol{z}}_n)-\boldsymbol{x}_n^{(-)} \\ &= \hat{\boldsymbol{x}}_n^{(-)}-\boldsymbol{x}_n^{(-)}+\boldsymbol{K}_n\boldsymbol{H}_n(\boldsymbol{x}_n^{(-)}-\hat{\boldsymbol{x}}_n^{(-)})+\boldsymbol{K}_n\boldsymbol{\Gamma}_{M_n}\boldsymbol{v}_n \\ &= (\boldsymbol{I}-\boldsymbol{K}_n\boldsymbol{H}_n)(\hat{\boldsymbol{x}}_n^{(-)}-\boldsymbol{x}_n^{(-)})+\boldsymbol{K}_n\boldsymbol{\Gamma}_{M_n}\boldsymbol{v}_n \\ &= (\boldsymbol{I}-\boldsymbol{K}_n\boldsymbol{H}_n)\tilde{\boldsymbol{x}}_n^{(-)}+\boldsymbol{K}_n\boldsymbol{\Gamma}_{M_n}\boldsymbol{v}_n \end{aligned} \tag{6-1-30}$$

将式（6-1-30）代入式（6-1-27）中得到状态矢量估计误差的协方差矩阵为

$$\begin{aligned} \boldsymbol{P}_n^{(+E)} &= E\{[(\boldsymbol{I}-\boldsymbol{K}_n\boldsymbol{H}_n)\tilde{\boldsymbol{x}}_n^{(-)}+\boldsymbol{K}_n\boldsymbol{\Gamma}_{M_n}\boldsymbol{v}_n][(\boldsymbol{I}-\boldsymbol{K}_n\boldsymbol{H}_n)\tilde{\boldsymbol{x}}_n^{(-)}+\boldsymbol{K}_n\boldsymbol{\Gamma}_{M_n}\boldsymbol{v}_n]^{\mathrm{T}}\} \\ &= E[(\boldsymbol{I}-\boldsymbol{K}_n\boldsymbol{H}_n)\tilde{\boldsymbol{x}}_n^{(-)}(\tilde{\boldsymbol{x}}_n^{(-)})^{\mathrm{T}}(\boldsymbol{I}-\boldsymbol{K}_n\boldsymbol{H}_n)^{\mathrm{T}}]+E(\boldsymbol{K}_n\boldsymbol{\Gamma}_{M_n}\boldsymbol{v}_n\boldsymbol{v}_n^{\mathrm{T}}\boldsymbol{\Gamma}_{M_n}^{\mathrm{T}}\boldsymbol{K}_n^{\mathrm{T}})+ \\ &\quad E[(\boldsymbol{I}-\boldsymbol{K}_n\boldsymbol{H}_n)\tilde{\boldsymbol{x}}_n^{(-)}\boldsymbol{v}_n^{\mathrm{T}}\boldsymbol{\Gamma}_{M_n}^{\mathrm{T}}\boldsymbol{K}_n^{\mathrm{T}}]+E[\boldsymbol{K}_n\boldsymbol{\Gamma}_{M_n}\boldsymbol{v}_n(\tilde{\boldsymbol{x}}_n^{(-)})^{\mathrm{T}}(\boldsymbol{I}-\boldsymbol{K}_n\boldsymbol{H}_n)^{\mathrm{T}}] \\ &= (\boldsymbol{I}-\boldsymbol{K}_n\boldsymbol{H}_n)E(\tilde{\boldsymbol{x}}_n^{(-)}(\tilde{\boldsymbol{x}}_n^{(-)})^{\mathrm{T}})(\boldsymbol{I}-\boldsymbol{K}_n\boldsymbol{H}_n)^{\mathrm{T}}+\boldsymbol{K}_n\boldsymbol{\Gamma}_{M_n}E(\boldsymbol{v}_n\boldsymbol{v}_n^{\mathrm{T}})\boldsymbol{\Gamma}_{M_n}^{\mathrm{T}}\boldsymbol{K}_n^{\mathrm{T}}+ \\ &\quad (\boldsymbol{I}-\boldsymbol{K}_n\boldsymbol{H}_n)E(\tilde{\boldsymbol{x}}_n^{(-)}\boldsymbol{v}_n^{\mathrm{T}})\boldsymbol{\Gamma}_{M_n}^{\mathrm{T}}\boldsymbol{K}_n^{\mathrm{T}}+\boldsymbol{K}_n\boldsymbol{\Gamma}_{M_n}E(\boldsymbol{v}_n(\tilde{\boldsymbol{x}}_n^{(-)})^{\mathrm{T}})(\boldsymbol{I}-\boldsymbol{K}_n\boldsymbol{H}_n)^{\mathrm{T}} \end{aligned} \tag{6-1-31}$$

根据误差协方差矩阵的定义，式（6-1-31）中 $E(\tilde{\boldsymbol{x}}_n^{(-)}(\tilde{\boldsymbol{x}}_n^{(-)})^{\mathrm{T}})$ 项为外推状态 $\hat{\boldsymbol{x}}_n^{(-)}$ 的误差协方差矩阵 $\boldsymbol{P}_n^{(-)}$，$E(\boldsymbol{v}_n\boldsymbol{v}_n^{\mathrm{T}})$ 可以定义为量测噪声序列的协方差矩阵 $\boldsymbol{R}_n$，即

$$\boldsymbol{P}_n^{(-)}=E(\tilde{\boldsymbol{x}}_n^{(-)}(\tilde{\boldsymbol{x}}_n^{(-)})^{\mathrm{T}}) \tag{6-1-32}$$

$$\boldsymbol{R}_n\equiv E(\boldsymbol{v}_n\boldsymbol{v}_n^{\mathrm{T}}) \tag{6-1-33}$$

由式（6-1-33）知 $\boldsymbol{R}_n$ 为对称矩阵，且 $\boldsymbol{R}_n$ 对角线元素为 $\boldsymbol{v}_n$ 对应元素的方差。

由 6.1.3.1 节中的约定，$\boldsymbol{v}_n$ 与 $t_n$ 时刻前的 $\boldsymbol{v}$ 互不相关，即也和 $t_n$ 时刻前的量测 $\boldsymbol{z}$（包含 $t_n$ 时刻前的 $\boldsymbol{v}$）互不相关。又 $\boldsymbol{v}$ 与过程噪声序列 $\boldsymbol{w}$ 互不相关，故 $\boldsymbol{v}_n$ 与 $\hat{\boldsymbol{x}}_n^{(-)}$ 及 $\boldsymbol{x}_n^{(-)}$（由 $t_n$ 时

刻及之前的 $\boldsymbol{w}$ 和 $t_n$ 时刻前的 $\boldsymbol{z}$ 生成）互不相关。因此 $\boldsymbol{v}_n$ 与 $\tilde{\boldsymbol{x}}_n^{(-)}=\hat{\boldsymbol{x}}_n^{(-)}-\boldsymbol{x}_n^{(-)}$ 互不相关，又 $\boldsymbol{v}$ 各元素为零均值，故

$$E(\tilde{\boldsymbol{x}}_n^{(-)}\boldsymbol{v}_n^{\mathrm{T}})=\boldsymbol{0},\quad E(\boldsymbol{v}_n(\tilde{\boldsymbol{x}}_n^{(-)})^{\mathrm{T}})=\boldsymbol{0} \tag{6-1-34}$$

根据式（6-1-32）、式（6-1-33）、式（6-1-34）的结论，式（6-1-31）可以变为如下形式

$$\boldsymbol{P}_n^{(+E)}=(\boldsymbol{I}-\boldsymbol{K}_n\boldsymbol{H}_n)\boldsymbol{P}_n^{(-)}(\boldsymbol{I}-\boldsymbol{K}_n\boldsymbol{H}_n)^{\mathrm{T}}+\boldsymbol{K}_n\boldsymbol{\Gamma}_{M_n}\boldsymbol{R}_n\boldsymbol{\Gamma}_{M_n}^{\mathrm{T}}\boldsymbol{K}_n^{\mathrm{T}} \tag{6-1-35}$$

一般称式（6-1-35）为约瑟夫型（Joseph's form）误差协方差矩阵更新算法②。

参考文献［12］第 15.1.2.1 节，为了求得最优的滤波增益矩阵 $\boldsymbol{K}_n$，使得误差协方差矩阵 $\boldsymbol{P}_n^{(+E)}$ 的对角线元素最小，分四步进行推导：

（1）引理：一个恒等式

对任意方阵 $\boldsymbol{K}_n$、$\boldsymbol{C}_n$、$\boldsymbol{D}_n$，其中 $\boldsymbol{C}_n$ 为对称阵，有

$$\begin{aligned}(\boldsymbol{K}_n-\boldsymbol{D}_n)\boldsymbol{C}_n(\boldsymbol{K}_n-\boldsymbol{D}_n)^{\mathrm{T}}&=\boldsymbol{K}_n\boldsymbol{C}_n\boldsymbol{K}_n^{\mathrm{T}}-\boldsymbol{K}_n\boldsymbol{C}_n\boldsymbol{D}_n^{\mathrm{T}}-\boldsymbol{D}_n\boldsymbol{C}_n\boldsymbol{K}_n^{\mathrm{T}}+\boldsymbol{D}_n\boldsymbol{C}_n\boldsymbol{D}_n^{\mathrm{T}}\\&=\boldsymbol{K}_n\boldsymbol{C}_n\boldsymbol{K}_n^{\mathrm{T}}-\boldsymbol{K}_n(\boldsymbol{D}_n\boldsymbol{C}_n)^{\mathrm{T}}-(\boldsymbol{D}_n\boldsymbol{C}_n)\boldsymbol{K}_n^{\mathrm{T}}+\boldsymbol{D}_n\boldsymbol{C}_n\boldsymbol{D}_n^{\mathrm{T}}\end{aligned} \tag{6-1-36}$$

将上式变形可得

$$\boldsymbol{K}_n\boldsymbol{C}_n\boldsymbol{K}_n^{\mathrm{T}}-\boldsymbol{K}_n(\boldsymbol{D}_n\boldsymbol{C}_n)^{\mathrm{T}}-(\boldsymbol{D}_n\boldsymbol{C}_n)\boldsymbol{K}_n^{\mathrm{T}}=(\boldsymbol{K}_n-\boldsymbol{D}_n)\boldsymbol{C}_n(\boldsymbol{K}_n-\boldsymbol{D}_n)^{\mathrm{T}}-\boldsymbol{D}_n\boldsymbol{C}_n\boldsymbol{D}_n^{\mathrm{T}} \tag{6-1-37}$$

（2）对 $\boldsymbol{P}_n^{(+E)}$ 进行化简

将式（6-1-35）展开，并考虑到 $\boldsymbol{P}_n^{(-)}$ 为对称阵有

$$\begin{aligned}\boldsymbol{P}_n^{(+E)}&=\boldsymbol{P}_n^{(-)}-\boldsymbol{K}_n\boldsymbol{H}_n\boldsymbol{P}_n^{(-)}-\boldsymbol{P}_n^{(-)}(\boldsymbol{K}_n\boldsymbol{H}_n)^{\mathrm{T}}+\boldsymbol{K}_n\boldsymbol{H}_n\boldsymbol{P}_n^{(-)}(\boldsymbol{K}_n\boldsymbol{H}_n)^{\mathrm{T}}+\boldsymbol{K}_n\boldsymbol{\Gamma}_{M_n}\boldsymbol{R}_n\boldsymbol{\Gamma}_{M_n}^{\mathrm{T}}\boldsymbol{K}_n^{\mathrm{T}}\\&=\boldsymbol{P}_n^{(-)}+\boldsymbol{K}_n(\boldsymbol{H}_n\boldsymbol{P}_n^{(-)}\boldsymbol{H}_n^{\mathrm{T}}+\boldsymbol{\Gamma}_{M_n}\boldsymbol{R}_n\boldsymbol{\Gamma}_{M_n}^{\mathrm{T}})\boldsymbol{K}_n^{\mathrm{T}}-\boldsymbol{K}_n\boldsymbol{H}_n(\boldsymbol{P}_n^{(-)})^{\mathrm{T}}-\boldsymbol{P}_n^{(-)}\boldsymbol{H}_n^{\mathrm{T}}\boldsymbol{K}_n^{\mathrm{T}}\\&=\boldsymbol{P}_n^{(-)}+\boldsymbol{K}_n(\boldsymbol{H}_n\boldsymbol{P}_n^{(-)}\boldsymbol{H}_n^{\mathrm{T}}+\boldsymbol{\Gamma}_{M_n}\boldsymbol{R}_n\boldsymbol{\Gamma}_{M_n}^{\mathrm{T}})\boldsymbol{K}_n^{\mathrm{T}}-\boldsymbol{K}_n(\boldsymbol{P}_n^{(-)}\boldsymbol{H}_n^{\mathrm{T}})^{\mathrm{T}}-(\boldsymbol{P}_n^{(-)}\boldsymbol{H}_n^{\mathrm{T}})\boldsymbol{K}_n^{\mathrm{T}}\end{aligned} \tag{6-1-38}$$

若定义

$$\boldsymbol{A}_n\equiv\boldsymbol{H}_n\boldsymbol{P}_n^{(-)}\boldsymbol{H}_n^{\mathrm{T}}+\boldsymbol{\Gamma}_{M_n}\boldsymbol{R}_n\boldsymbol{\Gamma}_{M_n}^{\mathrm{T}},\ \boldsymbol{B}_n\equiv\boldsymbol{P}_n^{(-)}\boldsymbol{H}_n^{\mathrm{T}} \tag{6-1-39}$$

并定义

$$\boldsymbol{C}_n\equiv\boldsymbol{A}_n,\ \boldsymbol{D}_n\boldsymbol{C}_n\equiv\boldsymbol{B}_n \tag{6-1-40}$$

即

$$\boldsymbol{D}_n=\boldsymbol{B}_n\boldsymbol{C}_n^{-1}=\boldsymbol{B}_n\boldsymbol{A}_n^{-1} \tag{6-1-41}$$

则根据上述定义，式（6-1-38）可以化为

$$\begin{aligned}\boldsymbol{P}_n^{(+E)}&=\boldsymbol{P}_n^{(-)}+\boldsymbol{K}_n\boldsymbol{A}_n\boldsymbol{K}_n^{\mathrm{T}}-\boldsymbol{K}_n\boldsymbol{B}_n^{\mathrm{T}}-\boldsymbol{B}_n\boldsymbol{K}_n^{\mathrm{T}}\\&=\boldsymbol{P}_n^{(-)}+\boldsymbol{K}_n\boldsymbol{C}_n\boldsymbol{K}_n^{\mathrm{T}}-\boldsymbol{K}_n(\boldsymbol{D}_n\boldsymbol{C}_n)^{\mathrm{T}}-\boldsymbol{D}_n\boldsymbol{C}_n\boldsymbol{K}_n^{\mathrm{T}}\end{aligned} \tag{6-1-42}$$

② 对应 util/control/kalmfiltupd_joseph.m

由于 $\boldsymbol{P}_n^{(-)}$ 和 $\boldsymbol{R}_n$ 都是对称阵，所以很容易得出 $\boldsymbol{H}_n\boldsymbol{P}_n^{(-)}\boldsymbol{H}_n^{\mathrm{T}}$ 和 $\boldsymbol{\Gamma}_{M_n}\boldsymbol{R}_n\boldsymbol{\Gamma}_{M_n}^{\mathrm{T}}$ 都是对称阵的结论，即 $\boldsymbol{C}_n=\boldsymbol{A}_n=\boldsymbol{H}_n\boldsymbol{P}_n^{(-)}\boldsymbol{H}_n^{\mathrm{T}}+\boldsymbol{\Gamma}_{M_n}\boldsymbol{R}_n\boldsymbol{\Gamma}_{M_n}^{\mathrm{T}}$ 为对称阵，因此可在式（6－1－42）中应用第（1）步的结论即式（6－1－37），有

$$\boldsymbol{P}_n^{(+E)}=\boldsymbol{P}_n^{(-)}+(\boldsymbol{K}_n-\boldsymbol{D}_n)\boldsymbol{C}_n(\boldsymbol{K}_n-\boldsymbol{D}_n)^{\mathrm{T}}-\boldsymbol{D}_n\boldsymbol{C}_n\boldsymbol{D}_n^{\mathrm{T}} \tag{6-1-43}$$

将上式中的 $\boldsymbol{D}_n$ 用式（6－1－41）代替，$\boldsymbol{D}_n\boldsymbol{C}_n$ 用式（6－1－40）代替，则式（6－1－43）变为

$$\boldsymbol{P}_n^{(+E)}=\boldsymbol{P}_n^{(-)}-\boldsymbol{B}_n(\boldsymbol{B}_n\boldsymbol{A}_n^{-1})^{\mathrm{T}}+(\boldsymbol{K}_n-\boldsymbol{B}_n\boldsymbol{A}_n^{-1})\boldsymbol{A}_n(\boldsymbol{K}_n-\boldsymbol{B}_n\boldsymbol{A}_n^{-1})^{\mathrm{T}} \tag{6-1-44}$$

（3）证明 $(\boldsymbol{K}_n-\boldsymbol{B}_n\boldsymbol{A}_n^{-1})\boldsymbol{A}_n(\boldsymbol{K}_n-\boldsymbol{B}_n\boldsymbol{A}_n^{-1})^{\mathrm{T}}$ 的对角线元素始终为非负

令 $\boldsymbol{L}_n=\boldsymbol{K}_n-\boldsymbol{B}_n\boldsymbol{A}_n^{-1}$，同时引入式（6－1－39）中 $\boldsymbol{A}_n=\boldsymbol{H}_n\boldsymbol{P}_n^{(-)}\boldsymbol{H}_n^{\mathrm{T}}+\boldsymbol{\Gamma}_{M_n}\boldsymbol{R}_n\boldsymbol{\Gamma}_{M_n}^{\mathrm{T}}$，则

$$\begin{aligned}(\boldsymbol{K}_n-\boldsymbol{B}_n\boldsymbol{A}_n^{-1})\boldsymbol{A}_n(\boldsymbol{K}_n-\boldsymbol{B}_n\boldsymbol{A}_n^{-1})^{\mathrm{T}}&=\boldsymbol{L}_n\boldsymbol{A}_n\boldsymbol{L}_n^{\mathrm{T}}\\&=\boldsymbol{L}_n(\boldsymbol{H}_n\boldsymbol{P}_n^{(-)}\boldsymbol{H}_n^{\mathrm{T}}+\boldsymbol{\Gamma}_{M_n}\boldsymbol{R}_n\boldsymbol{\Gamma}_{M_n}^{\mathrm{T}})\boldsymbol{L}_n^{\mathrm{T}}\\&=(\boldsymbol{L}_n\boldsymbol{H}_n)\boldsymbol{P}_n^{(-)}(\boldsymbol{L}_n\boldsymbol{H}_n)^{\mathrm{T}}+(\boldsymbol{L}_n\boldsymbol{\Gamma}_{M_n})\boldsymbol{R}_n(\boldsymbol{L}_n\boldsymbol{\Gamma}_{M_n})^{\mathrm{T}}\end{aligned} \tag{6-1-45}$$

式（6－1－45）中的两项具有相同的形式，即在协方差矩阵 $\boldsymbol{P}_n^{(-)}$ 或 $\boldsymbol{R}_n$ 之前乘以一个矩阵，之后乘以同一矩阵的转置。以式（6－1－45）第二项 $(\boldsymbol{L}_n\boldsymbol{\Gamma}_{M_n})\boldsymbol{R}_n(\boldsymbol{L}_n\boldsymbol{\Gamma}_{M_n})^{\mathrm{T}}$ 为例并引入式（6－1－33）有

$$\begin{aligned}(\boldsymbol{L}_n\boldsymbol{\Gamma}_{M_n})\boldsymbol{R}_n(\boldsymbol{L}_n\boldsymbol{\Gamma}_{M_n})^{\mathrm{T}}&=(\boldsymbol{L}_n\boldsymbol{\Gamma}_{M_n})E(\boldsymbol{v}_n\boldsymbol{v}_n^{\mathrm{T}})(\boldsymbol{L}_n\boldsymbol{\Gamma}_{M_n})^{\mathrm{T}}\\&=E[(\boldsymbol{L}_n\boldsymbol{\Gamma}_{M_n}\boldsymbol{v}_n)(\boldsymbol{L}_n\boldsymbol{\Gamma}_{M_n}\boldsymbol{v}_n)^{\mathrm{T}}]\end{aligned} \tag{6-1-46}$$

由上式可知 $(\boldsymbol{L}_n\boldsymbol{\Gamma}_{M_n})\boldsymbol{R}_n(\boldsymbol{L}_n\boldsymbol{\Gamma}_{M_n})^{\mathrm{T}}$ 对角线元素为 $\boldsymbol{L}_n\boldsymbol{\Gamma}_{M_n}\boldsymbol{v}_n$ 对应元素的方差，因此对角线元素为非负。同理式（6－1－45）中第一项 $(\boldsymbol{L}_n\boldsymbol{H}_n)\boldsymbol{P}_n^{(-)}(\boldsymbol{L}_n\boldsymbol{H}_n)^{\mathrm{T}}$ 对角线元素也为非负。故式（6－1－45）两项的对角线元素都为非负，即 $(\boldsymbol{K}_n-\boldsymbol{B}_n\boldsymbol{A}_n^{-1})\boldsymbol{A}_n(\boldsymbol{K}_n-\boldsymbol{B}_n\boldsymbol{A}_n^{-1})^{\mathrm{T}}$ 的对角线元素为非负。

（4）求取最优的滤波增益矩阵 $\boldsymbol{K}_n$

由于式（6－1－44）中 $(\boldsymbol{K}_n-\boldsymbol{B}_n\boldsymbol{A}_n^{-1})\boldsymbol{A}_n(\boldsymbol{K}_n-\boldsymbol{B}_n\boldsymbol{A}_n^{-1})^{\mathrm{T}}$ 项的对角线元素为非负，故它的存在使 $\boldsymbol{P}_n^{(+E)}$ 阵的对角线元素（代表状态 $\hat{\boldsymbol{x}}$ 各元素估计误差的方差）变大。而一般希望滤波之后，$\boldsymbol{P}_n^{(+E)}$ 的对角线元素越小越好。又增益矩阵 $\boldsymbol{K}_n$ 只出现在式（6－1－44）中最后一项，故使 $(\boldsymbol{K}_n-\boldsymbol{B}_n\boldsymbol{A}_n^{-1})\boldsymbol{A}_n(\boldsymbol{K}_n-\boldsymbol{B}_n\boldsymbol{A}_n^{-1})^{\mathrm{T}}$ 项为 $\mathbf{0}$ 的增益矩阵 $\boldsymbol{K}_n$ 就是最优增益矩阵，即

$$\boldsymbol{K}_n=\boldsymbol{B}_n\boldsymbol{A}_n^{-1}=\boldsymbol{P}_n^{(-)}\boldsymbol{H}_n^{\mathrm{T}}(\boldsymbol{H}_n\boldsymbol{P}_n^{(-)}\boldsymbol{H}_n^{\mathrm{T}}+\boldsymbol{\Gamma}_{M_n}\boldsymbol{R}_n\boldsymbol{\Gamma}_{M_n}^{\mathrm{T}})^{-1} \tag{6-1-47}$$

式（6－1－47）为卡尔曼滤波增益矩阵的求取方法，它可以使得 $\hat{\boldsymbol{x}}$ 估计误差的方差最小。6.1.3.7 节将说明，式（6－1－47）中的 $\boldsymbol{A}_n$ 为观测残差的协方差矩阵。

此外，参考文献［63］第 2.2.4 节，增益矩阵有如下等价形式（信息滤波形式）

$$\boldsymbol{K}_n=(\boldsymbol{I}_n^{(+E)})^{-1}\boldsymbol{H}_n^{\mathrm{T}}(\boldsymbol{\Gamma}_{M_n}\boldsymbol{R}_n\boldsymbol{\Gamma}_{M_n}^{\mathrm{T}})^{-1} \tag{6-1-48}$$

其中

$$\boldsymbol{I}_n^{(+E)} = (\boldsymbol{P}_n^{(+E)})^{-1}$$

式中，$\boldsymbol{I}_n$ 称为信息矩阵（该矩阵越大，状态矢量估计值中包含的真实信息越多，故名）。

6.1.3.4　误差协方差矩阵的计算

从式（6－1－47）可以看出要计算滤波增益矩阵 $\boldsymbol{K}_n$，必须先计算出状态矢量估计的误差协方差矩阵 $\boldsymbol{P}_n^{(-)}$。在一个完整的卡尔曼更新周期内，$\boldsymbol{P}$ 的计算一般包括两个部分：误差协方差矩阵的外推算法和误差协方差矩阵的更新算法。

6.1.3.4.1　误差协方差矩阵的更新算法

约瑟夫型误差协方差矩阵更新算法在式（6－1－35）中已涉及，如下所示

$$\boldsymbol{P}_n^{(+E)} = (\boldsymbol{I} - \boldsymbol{K}_n\boldsymbol{H}_n)\boldsymbol{P}_n^{(-)}(\boldsymbol{I} - \boldsymbol{K}_n\boldsymbol{H}_n)^{\mathrm{T}} + \boldsymbol{K}_n\boldsymbol{\Gamma}_{M_n}\boldsymbol{R}_n\boldsymbol{\Gamma}_{M_n}^{\mathrm{T}}\boldsymbol{K}_n^{\mathrm{T}} \tag{6-1-49}$$

假如上式中的 $\boldsymbol{K}_n$ 通过式（6－1－47）来求取，考虑到 $\boldsymbol{P}_n^{(-)}$ 为对称阵，有

$$\begin{aligned}\boldsymbol{P}_n^{(+E)} &= \boldsymbol{P}_n^{(-)} - \boldsymbol{P}_n^{(-)}\boldsymbol{H}_n^{\mathrm{T}}\boldsymbol{K}_n^{\mathrm{T}} \\ &= \boldsymbol{P}_n^{(-)} - (\boldsymbol{K}_n\boldsymbol{H}_n(\boldsymbol{P}_n^{(-)})^{\mathrm{T}})^{\mathrm{T}} \\ &= \boldsymbol{P}_n^{(-)} - (\boldsymbol{K}_n\boldsymbol{H}_n\boldsymbol{P}_n^{(-)})^{\mathrm{T}}\end{aligned} \tag{6-1-50}$$

又 $\boldsymbol{P}_n^{(+E)} = (\boldsymbol{P}_n^{(+E)})^{\mathrm{T}}$，将式（6－1－50）两边转置得

$$\begin{aligned}\boldsymbol{P}_n^{(+E)} &= (\boldsymbol{P}_n^{(+E)})^{\mathrm{T}} = (\boldsymbol{P}_n^{(-)} - (\boldsymbol{K}_n\boldsymbol{H}_n\boldsymbol{P}_n^{(-)})^{\mathrm{T}})^{\mathrm{T}} = \boldsymbol{P}_n^{(-)} - \boldsymbol{K}_n\boldsymbol{H}_n\boldsymbol{P}_n^{(-)} \\ &= (\boldsymbol{I} - \boldsymbol{K}_n\boldsymbol{H}_n)\boldsymbol{P}_n^{(-)}\end{aligned} \tag{6-1-51}$$

上式就是误差协方差矩阵 $\boldsymbol{P}_n^{(+E)}$ 的计算方法③，当 $\boldsymbol{K}_n$ 满足式（6－1－47）时，式（6－1－51）与式（6－1－49）是等价的。此外，参考文献［63］第 2.2.4 节，误差协方差矩阵更新还有如下等价形式（信息滤波形式）④

$$\boldsymbol{I}_n^{(+E)} = \boldsymbol{I}_n^{(-)} + \boldsymbol{H}_n^{\mathrm{T}}(\boldsymbol{\Gamma}_{M_n}\boldsymbol{R}_n\boldsymbol{\Gamma}_{M_n}^{\mathrm{T}})^{-1}\boldsymbol{H}_n \tag{6-1-52}$$

其中

$$\boldsymbol{I}_n^{(-)} = (\boldsymbol{P}_n^{(-)})^{-1}$$

在应用式（6－1－51）时，需要意识到式（6－1－51）建立在 $\boldsymbol{K}_n$ 精确计算的基础上，而 $\boldsymbol{K}_n$ 被用在式（6－1－21）中。假如 $\boldsymbol{K}_n$ 计算不够精确或者精确计算的 $\boldsymbol{K}_n$ 没有被精确地用到式（6－1－21）中时，式（6－1－51）是不能应用的，此时应该使用式（6－1－49）来计算 $\boldsymbol{P}_n^{(+E)}$。举例来说，某些情况下，状态矢量中某一特定状态的动态模型不确定，但该状态的统计特性仍需要被纳入计算误差协方差矩阵和滤波增益矩阵的过程中。在这种情况下，可能不需要对该状态进行更新，但该状态的统计特性依然在误差协方差矩阵中计算，即将 $\boldsymbol{K}_n$ 中与该状态相关的行置零。这样 $\boldsymbol{K}_n$ 就不是最优增益矩阵，即 $\boldsymbol{K}_n$ 不满足式（6－1－47）。在这种情况下，应该使用式（6－1－49）来计算误差协方差矩阵 $\boldsymbol{P}_n^{(+E)}$ 才能反映实际情况。这种处理具有不确定动态特性状态的方法称为考虑变量法（considered variable approach，参考文献［12］第 15.1.2.1.1 节）。

③　对应 util/control/kalmfiltupd.m

④　对应 util/control/kalmfiltupd_infmat.m

#### 6.1.3.4.2　误差协方差矩阵的外推算法

从式（6-1-51）可以看出，要计算 $\boldsymbol{P}_n^{(+E)}$ 必须首先计算出 $\boldsymbol{P}_n^{(-)}$，而误差协方差矩阵的外推算法可以利用前一时刻的 $\boldsymbol{P}_{n-1}^{(+E)}$ 来计算当前时刻的 $\boldsymbol{P}_n^{(-)}$。

对比式（6-1-12）和式（6-1-18），同时引入式（6-1-26）可得

$$\begin{aligned}\widetilde{\boldsymbol{x}}_n^{(-)} &= \hat{\boldsymbol{x}}_n^{(-)} - \boldsymbol{x}_n^{(-)} = \boldsymbol{\Phi}_{n,n-1}\hat{\boldsymbol{x}}_{n-1}^{(+C)} - (\boldsymbol{\Phi}_{n,n-1}\boldsymbol{x}_{n-1}^{(+C)} + \boldsymbol{\Gamma}_{P_n}\boldsymbol{w}_n) \\ &= \boldsymbol{\Phi}_{n,n-1}(\hat{\boldsymbol{x}}_{n-1}^{(+C)} - \boldsymbol{x}_{n-1}^{(+C)}) - \boldsymbol{\Gamma}_{P_n}\boldsymbol{w}_n \\ &= \boldsymbol{\Phi}_{n,n-1}\widetilde{\boldsymbol{x}}_{n-1}^{(+C)} - \boldsymbol{\Gamma}_{P_n}\boldsymbol{w}_n\end{aligned} \tag{6-1-53}$$

又由式（6-1-26）可知

$$\begin{aligned}\widetilde{\boldsymbol{x}}_n^{(+C)} &= \hat{\boldsymbol{x}}_n^{(+C)} - \boldsymbol{x}_n^{(+C)} = \hat{\boldsymbol{x}}_n^{(+E)} + \boldsymbol{u}_{C_n} - (\boldsymbol{x}_n^{(-)} + \boldsymbol{u}_{C_n}) \\ &= \hat{\boldsymbol{x}}_n^{(+E)} - \boldsymbol{x}_n^{(-)} = \widetilde{\boldsymbol{x}}_n^{(+E)}\end{aligned} \tag{6-1-54}$$

即状态误差不受控制矢量反馈的影响，将上式代入式（6-1-53）得

$$\widetilde{\boldsymbol{x}}_n^{(-)} = \boldsymbol{\Phi}_{n,n-1}\widetilde{\boldsymbol{x}}_{n-1}^{(+E)} - \boldsymbol{\Gamma}_{P_n}\boldsymbol{w}_n \tag{6-1-55}$$

根据式（6-1-27）计算 $\widetilde{\boldsymbol{x}}_n^{(-)}$ 的误差协方差矩阵得

$$\begin{aligned}\boldsymbol{P}_n^{(-)} &= E(\widetilde{\boldsymbol{x}}_n^{(-)}(\widetilde{\boldsymbol{x}}_n^{(-)})^{\mathrm{T}}) \\ &= E[(\boldsymbol{\Phi}_{n,n-1}\widetilde{\boldsymbol{x}}_{n-1}^{(+E)} - \boldsymbol{\Gamma}_{P_n}\boldsymbol{w}_n)(\boldsymbol{\Phi}_{n,n-1}\widetilde{\boldsymbol{x}}_{n-1}^{(+E)} - \boldsymbol{\Gamma}_{P_n}\boldsymbol{w}_n)^{\mathrm{T}}] \\ &= \boldsymbol{\Phi}_{n,n-1}E(\widetilde{\boldsymbol{x}}_{n-1}^{(+E)}(\widetilde{\boldsymbol{x}}_{n-1}^{(+E)})^{\mathrm{T}})\boldsymbol{\Phi}_{n,n-1}^{\mathrm{T}} + \boldsymbol{\Gamma}_{P_n}E(\boldsymbol{w}_n\boldsymbol{w}_n^{\mathrm{T}})\boldsymbol{\Gamma}_{P_n}^{\mathrm{T}} - \\ &\quad \boldsymbol{\Phi}_{n,n-1}E(\widetilde{\boldsymbol{x}}_{n-1}^{(+E)}\boldsymbol{w}_n^{\mathrm{T}})\boldsymbol{\Gamma}_{P_n}^{\mathrm{T}} - \boldsymbol{\Gamma}_{P_n}E(\boldsymbol{w}_n(\widetilde{\boldsymbol{x}}_{n-1}^{(+E)})^{\mathrm{T}})\boldsymbol{\Phi}_{n,n-1}^{\mathrm{T}}\end{aligned} \tag{6-1-56}$$

式中，$E(\widetilde{\boldsymbol{x}}_{n-1}^{(+E)}(\widetilde{\boldsymbol{x}}_{n-1}^{(+E)})^{\mathrm{T}})$ 可以看成是上一更新周期（$t_{n-1}$ 时刻）的状态估计误差协方差矩阵 $\boldsymbol{P}_{n-1}^{(+E)}$。定义过程噪声序列 $\boldsymbol{w}_n$ 的协方差矩阵为

$$\boldsymbol{Q}_n \equiv E(\boldsymbol{w}_n\boldsymbol{w}_n^{\mathrm{T}}) \tag{6-1-57}$$

由式（6-1-57）知 $\boldsymbol{Q}_n$ 为对称矩阵，且 $\boldsymbol{Q}_n$ 对角线元素为 $\boldsymbol{w}_n$ 对应元素的方差。由 6.1.3.1 节中的约定，不同时刻的 $\boldsymbol{w}$ 互不相关且 $\boldsymbol{w}$ 与 $\boldsymbol{v}$ 互不相关。由于 $\widetilde{\boldsymbol{x}}_{n-1}^{(+E)} = \hat{\boldsymbol{x}}_{n-1}^{(+E)} - \boldsymbol{x}_{n-1}^{(-)}$，$\boldsymbol{x}_n^{(-)} = \boldsymbol{\Phi}_{n,n-1}\boldsymbol{x}_{n-1}^{(+C)} + \boldsymbol{\Gamma}_{P_n}\boldsymbol{w}_n$，则 $\boldsymbol{w}_n$ 只影响 $\boldsymbol{x}_n^{(-)}$，不影响 $\boldsymbol{x}_{n-1}^{(-)}$，所以 $\boldsymbol{w}_n$ 与 $\widetilde{\boldsymbol{x}}_{n-1}^{(+E)}$ 不相关，又 $\boldsymbol{w}$ 各元素为零均值，故

$$E(\widetilde{\boldsymbol{x}}_{n-1}^{(+E)}\boldsymbol{w}_n^{\mathrm{T}}) = \boldsymbol{0},\ E(\boldsymbol{w}_n(\widetilde{\boldsymbol{x}}_{n-1}^{(+E)})^{\mathrm{T}}) = \boldsymbol{0} \tag{6-1-58}$$

将式（6-1-58）和式（6-1-57）代入式（6-1-56）得⑤

$$\boldsymbol{P}_n^{(-)} = \boldsymbol{\Phi}_{n,n-1}\boldsymbol{P}_{n-1}^{(+E)}\boldsymbol{\Phi}_{n,n-1}^{\mathrm{T}} + \boldsymbol{\Gamma}_{P_n}\boldsymbol{Q}_n\boldsymbol{\Gamma}_{P_n}^{\mathrm{T}} \tag{6-1-59}$$

将式（6-1-59）、式（6-1-51）或式（6-1-47）结合起来就可以计算出滤波增益矩阵 $\boldsymbol{K}_n$。式（6-1-59）中状态转移矩阵 $\boldsymbol{\Phi}_{n,n-1}$ 和过程噪声协方差矩阵 $\boldsymbol{Q}_n$ 的计算方法将分别在 6.1.3.5 节和 6.1.3.6 节中介绍。

此外，参考文献［63］第 3.4 节，误差协方差矩阵外推还有如下等价形式（信息滤波

---

⑤　对应 util/control/kalmfiltextrap.m

形式）

$$\boldsymbol{I}_n^{(-)}=(\boldsymbol{\Gamma}_{P_n}\boldsymbol{Q}_n\boldsymbol{\Gamma}_{P_n}^{\mathrm{T}})^{-1}-(\boldsymbol{\Gamma}_{P_n}\boldsymbol{Q}_n\boldsymbol{\Gamma}_{P_n}^{\mathrm{T}})^{-1}\boldsymbol{\Phi}_{n,n-1}\left[\boldsymbol{I}_{n-1}^{(+E)}+\boldsymbol{\Phi}_{n,n-1}^{\mathrm{T}}(\boldsymbol{\Gamma}_{P_n}\boldsymbol{Q}_n\boldsymbol{\Gamma}_{P_n}^{\mathrm{T}})^{-1}\boldsymbol{\Phi}_{n,n-1}\right]^{-1}\boldsymbol{\Phi}_{n,n-1}^{\mathrm{T}}(\boldsymbol{\Gamma}_{P_n}\boldsymbol{Q}_n\boldsymbol{\Gamma}_{P_n}^{\mathrm{T}})^{-1} \tag{6-1-60}$$

从式（6－1－59）、式（6－1－51）以及式（6－1－47）中可以发现滤波增益矩阵 $\boldsymbol{K}_n$ 的计算需要外推之后的误差协方差矩阵 $\boldsymbol{P}_n^{(-)}$，而 $\boldsymbol{P}_n^{(-)}$ 的计算需要上一个卡尔曼更新周期的输出结果 $\boldsymbol{P}_{n-1}^{(+E)}$。整个更新流程需要在滤波之初进行初始化，即需要确定误差协方差矩阵的初值 $\boldsymbol{P}_0$（与初始状态 $\boldsymbol{x}_0$ 的估计值 $\hat{\boldsymbol{x}}_0$ 的误差有关）。卡尔曼滤波器的效果好坏取决于对滤波之初状态 $\boldsymbol{x}_0$ 估计值 $\hat{\boldsymbol{x}}_0$ 不确定性的了解程度（通过误差协方差矩阵 $\boldsymbol{P}_0$ 来量化）。另外，还需要了解过程噪声协方差矩阵 $\boldsymbol{Q}_n$ 和量测噪声协方差矩阵 $\boldsymbol{R}_n$ 的统计特性。如果这些统计特性可以提前得知（事实往往如此），求得的滤波增益矩阵 $\boldsymbol{K}$ 将产生非常好的滤波效果。相反，如果对 $\boldsymbol{P}_0$、$\boldsymbol{Q}_n$ 和 $\boldsymbol{R}_n$ 了解不够，滤波效果就会变差。

6.1.3.4.3　连续型误差协方差矩阵的外推算法

参考文献［12］第 15.1.2.1.1 节，本小节主要介绍连续形式的误差协方差矩阵外推算法，该算法将在 6.1.3.6 节中用到。外推算法的计算区间选择 $t_{n-1}$ 时刻和 $t_n$ 时刻之间的任意两个时刻：$t$ 时刻及其后的 $t_1$ 时刻。由式（6－1－4）、式（6－1－8）及式（6－1－59）有

$$\begin{cases}\boldsymbol{P}(t_1)=\boldsymbol{\Phi}(t_1,t)\boldsymbol{P}(t)\boldsymbol{\Phi}(t_1,t)^{\mathrm{T}}+\boldsymbol{Q}(t_1,t)\\ \boldsymbol{Q}(t_1,t)=E\left[\left(\int_t^{t_1}\boldsymbol{\Phi}(t_1,\tau)\boldsymbol{G}_P(\tau)\boldsymbol{w}(\tau)\mathrm{d}\tau\right)\left(\int_t^{t_1}\boldsymbol{\Phi}(t_1,\tau)\boldsymbol{G}_P(\tau)\boldsymbol{w}(\tau)\mathrm{d}\tau\right)^{\mathrm{T}}\right]\\ \boldsymbol{\Phi}(t_1,t)=\boldsymbol{I}+\int_t^{t_1}\boldsymbol{F}(\tau)\boldsymbol{\Phi}(\tau,t)\,\mathrm{d}\tau\end{cases} \tag{6-1-61}$$

式中，$\boldsymbol{P}(t_1)$、$\boldsymbol{P}(t)$ 为 $\boldsymbol{P}$ 在 $t_1$ 时刻、$t$ 时刻时的值。

当 $t$ 时刻及 $t_1$ 时刻之间的间隔很小时，上式可以做如下近似

$$\begin{cases}\boldsymbol{Q}(t_1,t)\approx E\left[\left(\boldsymbol{G}_P(t)\int_t^{t_1}\boldsymbol{w}(\tau)\mathrm{d}\tau\right)\left(\boldsymbol{G}_P(t)\int_t^{t_1}\boldsymbol{w}(\tau)\mathrm{d}\tau\right)^{\mathrm{T}}\right]\\ \boldsymbol{\Phi}(t_1,t)\approx\boldsymbol{I}+\boldsymbol{F}(t)\Delta t\end{cases} \tag{6-1-62}$$

其中

$$\Delta t=t_1-t$$

将式（6－1－62）代入式（6－1－61）得到

$$\frac{\boldsymbol{P}(t+\Delta t)-\boldsymbol{P}(t)}{\Delta t}\approx\boldsymbol{F}(t)\boldsymbol{P}(t)+\boldsymbol{P}(t)\boldsymbol{F}(t)^{\mathrm{T}}+\frac{1}{\Delta t}\boldsymbol{Q}(t+\Delta t,t) \tag{6-1-63}$$

$$\boldsymbol{Q}(t+\Delta t,t)\approx\boldsymbol{G}_P(t)E\left(\int_t^{t+\Delta t}\boldsymbol{w}(\tau)\mathrm{d}\tau\int_t^{t+\Delta t}\boldsymbol{w}(\tau)^{\mathrm{T}}\mathrm{d}\tau\right)\boldsymbol{G}_P(t)^{\mathrm{T}} \tag{6-1-64}$$

式（6－1－64）中求数学期望的部分可以做如下等效变型

$$
\begin{aligned}
& E\left(\int_t^{t+\Delta t} \boldsymbol{w}(\tau)\mathrm{d}\tau \int_t^{t+\Delta t} \boldsymbol{w}(\tau)^{\mathrm{T}}\mathrm{d}\tau\right) \\
=& E\left(\int_t^{t+\Delta t} \boldsymbol{w}(\tau_\alpha)\mathrm{d}\tau_\alpha \int_t^{t+\Delta t} \boldsymbol{w}(\tau_\beta)^{\mathrm{T}}\mathrm{d}\tau_\beta\right) \\
=& E\left[\int_t^{t+\Delta t}\left(\int_t^{t+\Delta t} \boldsymbol{w}(\tau_\alpha)\boldsymbol{w}(\tau_\beta)^{\mathrm{T}}\mathrm{d}\tau_\alpha\right)\mathrm{d}\tau_\beta\right] \\
=& \int_t^{t+\Delta t}\left[\int_t^{t+\Delta t} E(\boldsymbol{w}(\tau_\alpha)\boldsymbol{w}(\tau_\beta)^{\mathrm{T}})\mathrm{d}\tau_\alpha\right]\mathrm{d}\tau_\beta
\end{aligned}
$$

式中，$\tau_\alpha$、$\tau_\beta$ 在 $t$ 到 $t+\Delta t$ 时刻之间。

为了推导 $\boldsymbol{P}$ 对时间的微分，让 $\Delta t$ 无限趋近于 0，这样式（6－1－63）和式（6－1－64）变为

$$
\left[\frac{\boldsymbol{P}(t+\Delta t)-\boldsymbol{P}(t)}{\Delta t}\right]_{\lim\Delta t\to 0} = \dot{\boldsymbol{P}}(t) = \boldsymbol{F}(t)\boldsymbol{P}(t)+\boldsymbol{P}(t)\boldsymbol{F}(t)^{\mathrm{T}}+\boldsymbol{G}_P(t)\boldsymbol{Q}_0(t)\boldsymbol{G}_P(t)^{\mathrm{T}} \tag{6-1-65}
$$

其中

$$
\boldsymbol{Q}_0(t)=\left\{\frac{1}{\Delta t}\int_t^{t+\Delta t}\left[\int_t^{t+\Delta t} E(\boldsymbol{w}(\tau_\alpha)\boldsymbol{w}(\tau_\beta)^{\mathrm{T}})\mathrm{d}\tau_\alpha\right]\mathrm{d}\tau_\beta\right\}_{\lim\Delta t\to 0} \tag{6-1-66}
$$

矢量 $\boldsymbol{w}(t)$ 为白噪声，因此满足如下性质

$$
\begin{cases}
E[w_i(\tau_\alpha)w_i(\tau_\beta)]=q_i(\tau_\beta)\delta(\tau_\alpha-\tau_\beta) \\
E[\boldsymbol{w}(\tau_\alpha)\boldsymbol{w}(\tau_\beta)^{\mathrm{T}}]=\boldsymbol{Q}(\tau_\beta)\delta(\tau_\alpha-\tau_\beta) \\
\delta(\tau_\alpha-\tau_\beta)=0(\tau_\alpha\neq\tau_\beta) \\
\int_{\tau_\alpha<\tau_\beta}^{\tau_\alpha>\tau_\beta}\delta(\tau_\alpha-\tau_\beta)\mathrm{d}\tau_\alpha=1
\end{cases} \tag{6-1-67}
$$

式中　$w_i(t)$ ——矢量 $\boldsymbol{w}(t)$ 中任一元素；

$q_i(\tau_\beta)$ —— $w_i(t)$ 在 $\tau_\beta$ 时刻的功率谱密度；

$\delta(\tau_\alpha-\tau_\beta)$ ——狄拉克函数；

$\boldsymbol{Q}(\tau_\beta)$ ——$\boldsymbol{w}(t)$ 在 $\tau_\beta$ 时刻的功率谱密度矩阵，$\boldsymbol{Q}(\tau_\beta)$ 为对称矩阵，其每个对角线元素与对应的 $q_i(\tau_\beta)$ 相等。

需要注意的是，$\boldsymbol{Q}(\tau_\beta)$ 与式（6－1－57）中的 $\boldsymbol{Q}_n$ 的物理意义是有区别的。前者为连续的噪声过程 $\boldsymbol{w}(t)$ 的功率谱密度矩阵，后者为离散的噪声序列 $\boldsymbol{w}_n$ 的协方差矩阵。它们之间的关系可见 B.6.3.2 节的说明。需要注意的是，$\boldsymbol{w}_n$ 与 $\boldsymbol{w}(t)$ 的积分（而不是它自身）等效。

将式（6－1－67）代入式（6－1－66）中的积分块有

$$
\int_t^{t+\Delta t} E(\boldsymbol{w}(\tau_\alpha)\boldsymbol{w}(\tau_\beta)^{\mathrm{T}})\mathrm{d}\tau_\alpha=\boldsymbol{Q}(\tau_\beta) \tag{6-1-68}
$$

将式（6－1－68）代入式（6－1－66）有

$$
\boldsymbol{Q}_0(t)=\left\{\frac{1}{\Delta t}\int_t^{t+\Delta t}\boldsymbol{Q}(\tau_\beta)\mathrm{d}\tau_\beta\right\}_{\lim\Delta t\to 0}=\boldsymbol{Q}(t) \tag{6-1-69}
$$

然后将式（6－1－69）代入式（6－1－65）得到连续型误差协方差矩阵的微分方程

$$\dot{\boldsymbol{P}}(t)=\boldsymbol{F}(t)\boldsymbol{P}(t)+\boldsymbol{P}(t)\boldsymbol{F}(t)^{\mathrm{T}}+\boldsymbol{G}_P(t)\boldsymbol{Q}(t)\boldsymbol{G}_P(t)^{\mathrm{T}} \tag{6-1-70}$$

以 $\boldsymbol{P}(t)$ 在 $t_{n-1}$ 时刻的值 $\boldsymbol{P}_{n-1}^{(+E)}$ 为初始条件，将式（6－1－70）在区间 $t_{n-1}$ 和 $t_n$ 上进行积分，得到的结果将与离散型协方差外推方程（6－1－59）一致（其中 $\boldsymbol{P}(t_n)=\boldsymbol{P}_n^{(-)}$）。

#### 6.1.3.5　状态转移矩阵和过程噪声协方差矩阵的计算

参考式（6－1－7）知 $\boldsymbol{\Phi}_{n,n-1}$ 可以通过下式计算

$$\boldsymbol{\Phi}_{n,n-1}=\boldsymbol{\Phi}(t_n,t_{n-1})=\boldsymbol{I}+\int_{t_{n-1}}^{t_n}\boldsymbol{F}(\tau)\boldsymbol{\Phi}(\tau,t_{n-1})\,\mathrm{d}\tau \tag{6-1-71}$$

如果更新周期 $T_n$ 较长，且动态矩阵 $\boldsymbol{F}(t)$ 随时间变化较剧烈，而 $\boldsymbol{F}(t)$ 在一个外推周期 $T_m$ 就可获得一次采样［即 $\boldsymbol{F}(t)$ 在一个更新周期内能得到 $N$ 个采样值］，则可利用这些采样值来提高状态转移矩阵 $\boldsymbol{\Phi}_{n,n-1}$ 的计算精度。

由式（6－1－4）知状态转移矩阵 $\boldsymbol{\Phi}$ 具有如下性质

$$\begin{cases}\boldsymbol{\Phi}(t,t)=\boldsymbol{I}\\ \boldsymbol{\Phi}(t,t_0)=\boldsymbol{\Phi}(t,t_1)\boldsymbol{\Phi}(t_1,t_0)\end{cases}$$

利用上述性质可以简化 $\boldsymbol{\Phi}_{n,n-1}$ 算法。设更新周期 $T_n=t_n-t_{n-1}$，在区间［$t_{n-1}$，$t_n$］上每隔 $T_m=\dfrac{T_n}{N}$ 就能得到对应时刻的系统采样值 $\boldsymbol{F}(t)$，从而计算出每个外推周期对应的 $\boldsymbol{\Phi}$，将每个外推周期对应的 $\boldsymbol{\Phi}$ 连乘就可以得到一个更新周期对应的 $\boldsymbol{\Phi}_{n,n-1}$，即

$$\begin{aligned}\boldsymbol{\Phi}_{n,n-1}&=\boldsymbol{\Phi}(t_n,t_{n-1})\\&=\boldsymbol{\Phi}(t_n,t_{n-1}+(N-1)T_m)\cdots\boldsymbol{\Phi}(t_{n-1}+2T_m,t_{n-1}+T_m)\boldsymbol{\Phi}(t_{n-1}+T_m,t_{n-1})\end{aligned} \tag{6-1-72}$$

以区间［$t_{m-1}$，$t_m$］为例说明计算每个外推周期对应的 $\boldsymbol{\Phi}$ 的算法。将式（6－1－71）中 $\boldsymbol{\Phi}$ 的积分区间改为［$t_{m-1}$，$t_m$］有

$$\boldsymbol{\Phi}_{m,m-1}=\boldsymbol{\Phi}(t_m,t_{m-1})=\boldsymbol{I}+\int_{t_{m-1}}^{t_m}\boldsymbol{F}(t)\boldsymbol{\Phi}(t,t_{m-1})\,\mathrm{d}t \tag{6-1-73}$$

一般情况下无法获得上式的解析解，但是若外推周期 $T_m$ 很短，可近似认为矩阵 $\boldsymbol{F}(t)$ 为常值，这时可获得 $\boldsymbol{\Phi}_{m,m-1}$ 的解析解。设 $\boldsymbol{F}(t)=\boldsymbol{F}$，则 $\boldsymbol{\Phi}_{m,m-1}$ 可按线性时不变系统状态转移矩阵的计算方法计算（参考文献［63］第 2.2.4 节），即

$$\boldsymbol{\Phi}_{m,m-1}=\boldsymbol{\Phi}(t_m,t_{m-1})=\mathrm{e}^{\Delta\boldsymbol{\Phi}}=\boldsymbol{I}+\Delta\boldsymbol{\Phi}+\frac{1}{2!}\Delta\boldsymbol{\Phi}^2+\frac{1}{3!}\Delta\boldsymbol{\Phi}^3+\cdots \tag{6-1-74}$$

其中

$$\Delta\boldsymbol{\Phi}=\boldsymbol{F}T_m$$

在考虑到计算机吞吐量的基础上，外推周期时间间隔 $T_m$ 的选取应该确保截断误差在一个合理的水平上。实际计算 $\boldsymbol{F}$ 时，考虑到 $\boldsymbol{F}(t)$ 中大部分元素为 0，因此 $\boldsymbol{F}$ 中其相应的元素也为 0；且 $\boldsymbol{F}(t)$ 中其他元素在 $t_{m-1}$ 到 $t_m$ 的时间间隔内变化很小，因此可以将这些元素在 $t_{m-1}$ 和 $t_m$ 两个时刻的值求平均来计算 $\boldsymbol{F}$ 中相应的元素。通过以上手段，在保证实时计算的基础上，对计算机吞吐量的需求能降低到一个可以接受的程度。

根据 6.1.2 节，这里不单独计算过程噪声协方差矩阵 $\boldsymbol{Q}_n$，而是整体计算 $\boldsymbol{\Gamma}_{P_n}\boldsymbol{Q}_n\boldsymbol{\Gamma}_{P_n}^{\mathrm{T}}$。

由式（6－1－8）有[64]

$$
\begin{aligned}
\boldsymbol{\Gamma}_{P_n}\boldsymbol{Q}_n\boldsymbol{\Gamma}_{P_n}^{\mathrm{T}} &= E\left[(\boldsymbol{\Gamma}_{P_n}\boldsymbol{w}_n)(\boldsymbol{\Gamma}_{P_n}\boldsymbol{w}_n)^{\mathrm{T}}\right] \\
&= E\left[\left(\int_{t_{n-1}}^{t_n}\int_{t_{n-1}}^{t_n}\boldsymbol{\Phi}(t_n,\tau)\boldsymbol{G}_P(\tau)\boldsymbol{w}(\tau)\boldsymbol{w}^{\mathrm{T}}(\alpha)\boldsymbol{G}_P^{\mathrm{T}}(\alpha)\boldsymbol{\Phi}^{\mathrm{T}}(t_n,\alpha)\,\mathrm{d}\tau\,\mathrm{d}\alpha\right)\right] \\
&= \int_{t_{n-1}}^{t_n}\int_{t_{n-1}}^{t_n}\boldsymbol{\Phi}(t_n,\tau)\boldsymbol{G}_P(\tau)E\left[\boldsymbol{w}(\tau)\boldsymbol{w}^{\mathrm{T}}(\alpha)\right]\boldsymbol{G}_P^{\mathrm{T}}(\alpha)\boldsymbol{\Phi}^{\mathrm{T}}(t_n,\alpha)\,\mathrm{d}\tau\,\mathrm{d}\alpha \\
&= \int_{t_{n-1}}^{t_n}\int_{t_{n-1}}^{t_n}\boldsymbol{\Phi}(t_n,\tau)\boldsymbol{G}_P(\tau)\boldsymbol{Q}(\tau)\delta(\tau-\alpha)\boldsymbol{G}_P^{\mathrm{T}}(\alpha)\boldsymbol{\Phi}^{\mathrm{T}}(t_n,\alpha)\,\mathrm{d}\tau\,\mathrm{d}\alpha \\
&= \int_{t_{n-1}}^{t_n}\boldsymbol{\Phi}(t_n,\tau)\boldsymbol{G}_P(\tau)\boldsymbol{Q}(\tau)\boldsymbol{G}_P^{\mathrm{T}}(\tau)\boldsymbol{\Phi}^{\mathrm{T}}(t_n,\tau)\,\mathrm{d}\tau
\end{aligned}
\tag{6-1-75}
$$

上式实际上是对 $\boldsymbol{G}_P(\tau)\boldsymbol{Q}(\tau)\boldsymbol{G}_P^{\mathrm{T}}(\tau)$ 的离散化过程，式中 $\delta(\tau-\alpha)$ 为狄拉克脉冲函数，$\boldsymbol{Q}(\tau)$ 满足下式

$$
E\left[\boldsymbol{w}(\tau)\boldsymbol{w}^{\mathrm{T}}(\alpha)\right]=\boldsymbol{Q}(\tau)\delta(\tau-\alpha) \tag{6-1-76}
$$

对比上式及式（B－6－44）可知 $\boldsymbol{Q}(\tau)$ 为过程噪声（视为连续随机过程）的功率谱密度矩阵。

如果噪声 $\boldsymbol{w}$ 的单位为 U，则由式（6－1－76）及 $\delta(\tau-\alpha)$ 的单位为 1/s 可知 $\boldsymbol{Q}(\tau)$ 的单位为 $\mathrm{U}^2\cdot\mathrm{s}=\mathrm{U}^2/\mathrm{Hz}$，而由 $\boldsymbol{Q}_n=E\left[\boldsymbol{w}_n\boldsymbol{w}_n^{\mathrm{T}}\right]$ 可知 $\boldsymbol{Q}_n$ 的单位为 $\mathrm{U}^2\cdot\mathrm{s}^2$。考虑到这里 $\boldsymbol{w}_n$ 为 $\boldsymbol{w}(\tau)$ 的积分，因此上述量纲与式（B－6－45）是符合的。

如果忽略 $t_{n-1}$ 到 $t_n$ 之间的系统变化，即认为 $\boldsymbol{G}_P(\tau)$、$\boldsymbol{Q}(\tau)$ 为常量，$\boldsymbol{\Phi}(t_n,\tau)=\boldsymbol{I}$，则式（6－1－75）可以简化为

$$
\boldsymbol{\Gamma}_{P_n}\boldsymbol{Q}_n\boldsymbol{\Gamma}_{P_n}^{\mathrm{T}} \approx T_n\boldsymbol{G}_P\boldsymbol{Q}\boldsymbol{G}_P^{\mathrm{T}} \tag{6-1-77}
$$

更精确的离散化算法可参考文献［39］。

如果更新周期 $T_n$ 较长，可以按以上的方法在每个外推周期 $T_m$ 内计算一次 $\boldsymbol{\Gamma}_{P_m}\boldsymbol{Q}_m\boldsymbol{\Gamma}_{P_m}^{\mathrm{T}}$，然后累加计算 $\boldsymbol{\Gamma}_{P_n}\boldsymbol{Q}_n\boldsymbol{\Gamma}_{P_n}^{\mathrm{T}}$。

#### 6.1.3.6　迭代型误差协方差矩阵和状态矢量的外推算法⑥

由文献［12］第 15.1.2.1.1.3 节可知，对于高频动态的环境，卡尔曼滤波器更新周期相对较长。为了保证滤波的精度，有必要在一个更新周期内运用迭代算法将误差协方差矩阵和状态矢量进行多次外推（即 $\dfrac{T_n}{T_m}>1$）。6.1.3.4.2 节中介绍的误差协方差矩阵外推算法中，外推周期与更新周期相同。与之相比，本节将介绍一种嵌入到更新周期中的迭代型外推算法。在推导迭代型误差协方差矩阵以及状态外推算法的同时，还将同时推导过程噪声协方差矩阵 $\boldsymbol{Q}_n$ 的计算方法。

⑥　对应 util/control/kalmfiltextrap_iter.m

（1）误差协方差矩阵 $\boldsymbol{P}_m$ 的推导

利用连续型误差协方差矩阵微分方程（6－1－70）在区间 $[t_{m-1}, t_m]$ 上的积分可以推导出误差协方差矩阵的外推算法，首先定义转换变量 $\boldsymbol{\lambda}(t)$ 和 $\boldsymbol{y}(t)$

$$\boldsymbol{\lambda}(t) \equiv \boldsymbol{P}(t)\boldsymbol{y}(t) \tag{6-1-78}$$

$$\dot{\boldsymbol{y}}(t) = -\boldsymbol{F}(t)^{\mathrm{T}}\boldsymbol{y}(t) \tag{6-1-79}$$

将式（6－1－78）进行微分，并引入式（6－1－70）和式（6－1－79）有

$$\begin{aligned}\dot{\boldsymbol{\lambda}}(t) &= \dot{\boldsymbol{P}}(t)\boldsymbol{y}(t) + \boldsymbol{P}(t)\dot{\boldsymbol{y}}(t)\\ &= (\boldsymbol{F}(t)\boldsymbol{P}(t) + \boldsymbol{P}(t)\boldsymbol{F}(t)^{\mathrm{T}} + \boldsymbol{G}_P(t)\boldsymbol{Q}(t)\boldsymbol{G}_P(t)^{\mathrm{T}})\boldsymbol{y}(t) - \boldsymbol{P}(t)\boldsymbol{F}(t)^{\mathrm{T}}\boldsymbol{y}(t)\\ &= \boldsymbol{F}(t)\boldsymbol{P}(t)\boldsymbol{y}(t) + \boldsymbol{G}_P(t)\boldsymbol{Q}(t)\boldsymbol{G}_P(t)^{\mathrm{T}}\boldsymbol{y}(t)\\ &= \boldsymbol{F}(t)\boldsymbol{\lambda}(t) + \boldsymbol{G}_P(t)\boldsymbol{Q}(t)\boldsymbol{G}_P(t)^{\mathrm{T}}\boldsymbol{y}(t)\end{aligned} \tag{6-1-80}$$

将式（6－1－80）与式（6－1－79）联立写成矩阵形式

$$\begin{bmatrix}\dot{\boldsymbol{y}}(t)\\ \dot{\boldsymbol{\lambda}}(t)\end{bmatrix} = \begin{bmatrix}-\boldsymbol{F}(t)^{\mathrm{T}} & \boldsymbol{0}\\ \boldsymbol{G}_P(t)\boldsymbol{Q}(t)\boldsymbol{G}_P(t)^{\mathrm{T}} & \boldsymbol{F}(t)\end{bmatrix}\begin{bmatrix}\boldsymbol{y}(t)\\ \boldsymbol{\lambda}(t)\end{bmatrix} \tag{6-1-81}$$

式（6－1－81）为齐次线性微分方程，在 $t_{m-1}$ 到 $t_m$ 周期内的解为

$$\begin{bmatrix}\boldsymbol{y}_m\\ \boldsymbol{\lambda}_m\end{bmatrix} = \boldsymbol{\Phi}_{Ex_{m,m-1}}\begin{bmatrix}\boldsymbol{y}_{m-1}\\ \boldsymbol{\lambda}_{m-1}\end{bmatrix} = \begin{bmatrix}\boldsymbol{\Phi}_{yy_{m,m-1}} & \boldsymbol{0}\\ \boldsymbol{\Phi}_{\lambda y_{m,m-1}} & \boldsymbol{\Phi}_{\lambda\lambda_{m,m-1}}\end{bmatrix}\begin{bmatrix}\boldsymbol{y}_{m-1}\\ \boldsymbol{\lambda}_{m-1}\end{bmatrix} \tag{6-1-82}$$

式中，$\boldsymbol{\Phi}_{yy_{m,m-1}}$、$\boldsymbol{\Phi}_{\lambda y_{m,m-1}}$、$\boldsymbol{\Phi}_{\lambda\lambda m,m-1}$ 为增广的状态转移矩阵 $\boldsymbol{\Phi}_{Ex_{m,m-1}}$［即式（6－1－82）系统对应的状态转移矩阵］中的矩阵块。因为 $\boldsymbol{y}$ 与 $\boldsymbol{\lambda}$ 无关，所以 $\boldsymbol{\Phi}_{Ex_{m,m-1}}$ 右上角的矩阵块为 $\boldsymbol{0}$。

将式（6－1－82）展开有

$$\begin{cases}\boldsymbol{y}_m = \boldsymbol{\Phi}_{yy_{m,m-1}}\boldsymbol{y}_{m-1}\\ \boldsymbol{\lambda}_m = \boldsymbol{\Phi}_{\lambda y_{m,m-1}}\boldsymbol{y}_{m-1} + \boldsymbol{\Phi}_{\lambda\lambda_{m,m-1}}\boldsymbol{\lambda}_{m-1}\end{cases} \tag{6-1-83}$$

在 $t_{m-1}$ 和 $t_m$ 时刻应用式（6－1－78）可以得到

$$\begin{cases}\boldsymbol{\lambda}_{m-1} = \boldsymbol{P}_{m-1}\boldsymbol{y}_{m-1}\\ \boldsymbol{\lambda}_m = \boldsymbol{P}_m\boldsymbol{y}_m\end{cases} \tag{6-1-84}$$

将式（6－1－83）和式（6－1－84）联立有

$$\boldsymbol{\lambda}_m = \boldsymbol{P}_m\boldsymbol{y}_m = \boldsymbol{P}_m\boldsymbol{\Phi}_{yy_{m,m-1}}\boldsymbol{y}_{m-1} = \boldsymbol{\Phi}_{\lambda y_{m,m-1}}\boldsymbol{y}_{m-1} + \boldsymbol{\Phi}_{\lambda\lambda_{m,m-1}}\boldsymbol{P}_{m-1}\boldsymbol{y}_{m-1} \tag{6-1-85}$$

因为式（6－1－85）对任意的 $\boldsymbol{y}_{m-1}$ 都成立，因此

$$\boldsymbol{P}_m\boldsymbol{\Phi}_{yy_{m,m-1}} = \boldsymbol{\Phi}_{\lambda y_{m,m-1}} + \boldsymbol{\Phi}_{\lambda\lambda_{m,m-1}}\boldsymbol{P}_{m-1} \tag{6-1-86}$$

即

$$\boldsymbol{P}_m = \boldsymbol{\Phi}_{yy_{m,m-1}}\boldsymbol{P}_{m-1}\boldsymbol{\Phi}_{yy_{m,m-1}}^{-1} + \boldsymbol{\Phi}_{\lambda y_{m,m-1}}\boldsymbol{\Phi}_{yy_{m,m-1}}^{-1} \tag{6-1-87}$$

（2）误差协方差矩阵 $\boldsymbol{P}_m$ 的化简

式（6－1－87）中的 $\boldsymbol{\Phi}_{Ex}$ 各子块可以通过式（6－1－81）来求解

$$\begin{cases}\dot{\boldsymbol{\Phi}}_{Ex}(t)=\boldsymbol{F}_{Ex}(t)\boldsymbol{\Phi}_{Ex}(t) \quad \boldsymbol{\Phi}_{Ex}(t_{m-1})=\boldsymbol{I}\\ \boldsymbol{F}_{Ex}(t)=\begin{bmatrix}-\boldsymbol{F}(t)^{\mathrm{T}} & \boldsymbol{0}\\ \boldsymbol{G}_P(t)\boldsymbol{Q}(t)\boldsymbol{G}_P(t)^{\mathrm{T}} & \boldsymbol{F}(t)\end{bmatrix}\\ \boldsymbol{\Phi}_{Ex}(t)=\begin{bmatrix}\boldsymbol{\Phi}_{yy}(t) & \boldsymbol{\Phi}_{y\lambda}(t)\\ \boldsymbol{\Phi}_{\lambda y}(t) & \boldsymbol{\Phi}_{\lambda\lambda}(t)\end{bmatrix}\end{cases} \tag{6-1-88}$$

式（6－1－88）中 $\boldsymbol{\Phi}_{Ex}(t)$ 右上角的矩阵块 $\boldsymbol{\Phi}_{y\lambda}(t)$ 满足如下等式

$$\dot{\boldsymbol{\Phi}}_{y\lambda}(t)=-\boldsymbol{F}(t)^{\mathrm{T}}\boldsymbol{\Phi}_{y\lambda}(t) \quad \boldsymbol{\Phi}_{y\lambda}(t_{m-1})=\boldsymbol{0} \tag{6-1-89}$$

因此 $\boldsymbol{\Phi}_{y\lambda}(t)$ 的解析解为

$$\boldsymbol{\Phi}_{y\lambda}(t)=\boldsymbol{0} \tag{6-1-90}$$

式（6－1－88）中 $\boldsymbol{\Phi}_{Ex}(t)$ 的剩余三个矩阵块满足如下等式

$$\begin{cases}\dot{\boldsymbol{\Phi}}_{yy}(t)=-\boldsymbol{F}(t)^{\mathrm{T}}\boldsymbol{\Phi}_{yy}(t) & \boldsymbol{\Phi}_{yy}(t_{m-1})=\boldsymbol{I}\\ \dot{\boldsymbol{\Phi}}_{\lambda\lambda}(t)=\boldsymbol{F}(t)\boldsymbol{\Phi}_{\lambda\lambda}(t) & \boldsymbol{\Phi}_{\lambda\lambda}(t_{m-1})=\boldsymbol{I}\\ \dot{\boldsymbol{\Phi}}_{\lambda y}(t)=\boldsymbol{G}_P(t)\boldsymbol{Q}(t)\boldsymbol{G}_P(t)^{\mathrm{T}}\boldsymbol{\Phi}_{yy}(t)+\boldsymbol{F}(t)\boldsymbol{\Phi}_{\lambda y}(t) & \boldsymbol{\Phi}_{\lambda y}(t_{m-1})=\boldsymbol{0}\end{cases} \tag{6-1-91}$$

将上式中的 $\boldsymbol{\Phi}_{yy}(t)$ 项求转置有

$$\dot{\boldsymbol{\Phi}}_{yy}(t)^{\mathrm{T}}=-\boldsymbol{\Phi}_{yy}(t)^{\mathrm{T}}\boldsymbol{F}(t) \quad \boldsymbol{\Phi}_{yy}(t_{m-1})^{\mathrm{T}}=\boldsymbol{I} \tag{6-1-92}$$

对 $\boldsymbol{\Phi}_{yy}(t)^{\mathrm{T}}\boldsymbol{\Phi}_{\lambda\lambda}(t)$ 进行求导，然后将式（6－1－92）和式（6－1－91）代入得到

$$\begin{aligned}\frac{\mathrm{d}}{\mathrm{d}t}[\boldsymbol{\Phi}_{yy}(t)^{\mathrm{T}}\boldsymbol{\Phi}_{\lambda\lambda}(t)]&=\dot{\boldsymbol{\Phi}}_{yy}(t)^{\mathrm{T}}\boldsymbol{\Phi}_{\lambda\lambda}(t)+\boldsymbol{\Phi}_{yy}(t)^{\mathrm{T}}\dot{\boldsymbol{\Phi}}_{\lambda\lambda}(t)\\ &=-\boldsymbol{\Phi}_{yy}(t)^{\mathrm{T}}\boldsymbol{F}(t)\boldsymbol{\Phi}_{\lambda\lambda}(t)+\boldsymbol{\Phi}_{yy}(t)^{\mathrm{T}}\boldsymbol{F}(t)\boldsymbol{\Phi}_{\lambda\lambda}(t)\\ &=\boldsymbol{0}\end{aligned} \tag{6-1-93}$$

又 $\boldsymbol{\Phi}_{yy}(t_{m-1})^{\mathrm{T}}\boldsymbol{\Phi}_{\lambda\lambda}(t_{m-1})=\boldsymbol{I}$，结合式（6－1－93），容易发现 $\boldsymbol{\Phi}_{yy}(t)^{\mathrm{T}}\boldsymbol{\Phi}_{\lambda\lambda}(t)$ 的解析解为

$$\boldsymbol{\Phi}_{yy}(t)^{\mathrm{T}}\boldsymbol{\Phi}_{\lambda\lambda}(t)=\boldsymbol{I} \tag{6-1-94}$$

将上式求转置，然后两边乘以 $\boldsymbol{\Phi}_{yy}(t)$ 的逆矩阵得

$$\boldsymbol{\Phi}_{yy}(t)^{-1}=\boldsymbol{\Phi}_{\lambda\lambda}(t)^{\mathrm{T}} \tag{6-1-95}$$

将式（6－1－95）在 $t_m$ 时刻的取值代入式（6－1－87）有

$$\boldsymbol{P}_m=\boldsymbol{\Phi}_{\lambda\lambda_{m,m-1}}\boldsymbol{P}_{m-1}\boldsymbol{\Phi}_{\lambda\lambda m,m-1}^{\mathrm{T}}+\boldsymbol{\Phi}_{\lambda y_{m,m-1}}\boldsymbol{\Phi}_{\lambda\lambda m,m-1}^{\mathrm{T}} \tag{6-1-96}$$

这样就将 $\boldsymbol{P}_m$ 简化为了仅包含 $\boldsymbol{\Phi}_{\lambda\lambda_{m,m-1}}$ 及 $\boldsymbol{\Phi}_{\lambda y_{m,m-1}}$ 的形式。

(3) $\boldsymbol{\Phi}_{Exm,m-1}$ 阵各块的求解

式（6－1－96）中的 $\boldsymbol{\Phi}_{\lambda\lambda_{m,m-1}}$、$\boldsymbol{\Phi}_{\lambda y_{m,m-1}}$ 可以通过对式（6－1－88）的积分得到

$$\begin{bmatrix}\boldsymbol{\Phi}_{yy_{m,m-1}} & \boldsymbol{\Phi}_{y\lambda m,m-1}\\ \boldsymbol{\Phi}_{\lambda y_{m,m-1}} & \boldsymbol{\Phi}_{\lambda\lambda_{m,m-1}}\end{bmatrix}=\boldsymbol{I}+\int_{t_{m-1}}^{t_m}\boldsymbol{F}_{Ex}(t)\begin{bmatrix}\boldsymbol{\Phi}_{yy}(t) & \boldsymbol{\Phi}_{y\lambda}(t)\\ \boldsymbol{\Phi}_{\lambda y}(t) & \boldsymbol{\Phi}_{\lambda\lambda}(t)\end{bmatrix}\mathrm{d}t \tag{6-1-97}$$

一般情况下无法获得上式的解析解。若外推周期 $T_m$ 很短，$\boldsymbol{F}(t)$ 和 $\boldsymbol{G}_P(t)\boldsymbol{Q}(t)\boldsymbol{G}_P(t)^{\mathrm{T}}$ 在区间 $[t_{m-1},\ t_m]$ 上可认为是常量矩阵，则式（6－1－88）中 $\boldsymbol{F}_{Ex}(t)$ 也可认为是常量矩阵 $\boldsymbol{F}_{Ex}$。类似 6.1.3.5 节，按线性时不变系统状态转移矩阵的计算方法对式（6－1－88）进行求解，从求解的结果中可以直接得到 $\boldsymbol{\Phi}_{\lambda\lambda_{m,\ m-1}}$，$\boldsymbol{\Phi}_{\lambda y_{m,\ m-1}}$

$$\begin{cases}\begin{bmatrix}\boldsymbol{\Phi}_{yy_{m,m-1}} & \boldsymbol{\Phi}_{y\lambda_{m,m-1}}\\ \boldsymbol{\Phi}_{\lambda y_{m,m-1}} & \boldsymbol{\Phi}_{\lambda\lambda_{m,m-1}}\end{bmatrix}=\mathrm{e}^{\Delta\boldsymbol{\Phi}_{Ex}}\\ \Delta\boldsymbol{\Phi}_{Ex}=\boldsymbol{F}_{Ex}T_m\end{cases}\tag{6-1-98}$$

当 $\boldsymbol{G}_P(t)\boldsymbol{Q}(t)\boldsymbol{G}_P(t)^{\mathrm{T}}$ 和 $\boldsymbol{F}(t)$ 为时变矩阵时，通过式（6－1－98）计算得到的 $\boldsymbol{\Phi}_{\lambda\lambda_{m,\ m-1}}$、$\boldsymbol{\Phi}_{\lambda y_{m,\ m-1}}$ 为由式（6－1－97）计算结果的一阶近似；当 $\boldsymbol{G}_P(t)\boldsymbol{Q}(t)\boldsymbol{G}_P(t)^{\mathrm{T}}$ 和 $\boldsymbol{F}(t)$ 为常量矩阵时，两式计算的结果相同，均为精确结果。

（4）迭代型外推算法

式（6－1－98）的计算可以用一种基于 $\mathrm{e}^{\Delta\boldsymbol{\Phi}_{Ex}}$ 的泰勒级数展开的迭代算法

$$\begin{cases}\mathrm{e}_j^{\Delta\boldsymbol{\Phi}_{Ex}}=\mathrm{e}_{j-1}^{\Delta\boldsymbol{\Phi}_{Ex}}+\dfrac{1}{j\,!}\Delta\boldsymbol{\Phi}_{Ex}^{j}\\ \mathrm{e}_0^{\Delta\boldsymbol{\Phi}_{Ex}}=\boldsymbol{I}\end{cases}\tag{6-1-99}$$

式中 $j$ ——从 $\mathrm{e}^{\Delta\boldsymbol{\Phi}_{Ex}}$ 展开式中截取的元素的个数；

$\Delta\boldsymbol{\Phi}_{Ex}^{j}$ —— $\Delta\boldsymbol{\Phi}_{Ex}$ 阵的 $j$ 次方；

$\mathrm{e}_j^{\Delta\boldsymbol{\Phi}_{Ex}}$ ——截取 $\mathrm{e}^{\Delta\boldsymbol{\Phi}_{Ex}}$ 展开式中 $\dfrac{1}{j\,!}\Delta\boldsymbol{\Phi}_{Ex}^{j}$ 处以前所有项的和。

同时根据式（6－1－88）及式（6－1－98）可定义

$$\Delta\boldsymbol{\Phi}_{Ex}\equiv\begin{bmatrix}-\Delta\boldsymbol{\Phi}_{\lambda\lambda}^{\mathrm{T}} & \boldsymbol{0}\\ \Delta\boldsymbol{\Phi}_{\lambda y} & \Delta\boldsymbol{\Phi}_{\lambda\lambda}\end{bmatrix}\quad \Delta\boldsymbol{\Phi}_{Ex}^{j}\equiv\begin{bmatrix}\cdots & \cdots\\ \Delta\boldsymbol{\Phi}_{\lambda y}^{(j)} & \Delta\boldsymbol{\Phi}_{\lambda\lambda}^{(j)}\end{bmatrix}\tag{6-1-100}$$

即 $\Delta\boldsymbol{\Phi}_{\lambda y}^{(j)}$、$\Delta\boldsymbol{\Phi}_{\lambda\lambda}^{(j)}$ 为 $\Delta\boldsymbol{\Phi}_{Ex}^{j}$ 靠下方的子块（注意非 $\Delta\boldsymbol{\Phi}_{\lambda y}$ 或 $\Delta\boldsymbol{\Phi}_{\lambda\lambda}$ 的 $j$ 次幂）。通过以上定义，式（6－1－96）离散协方差外推算法变为一个迭代的过程，整个过程用伪代码描述如下：

//参数初始化

将 $\boldsymbol{\Phi}_{\lambda\lambda_{m,\ m-1}}$ 的展开阶数设置为 $n_{\boldsymbol{\Phi}\lambda\lambda}$，$\boldsymbol{\Phi}_{\lambda y_{m,\ m-1}}$ 的展开阶数设置为 $n_{\boldsymbol{\Phi}\lambda y}$。

$$\Delta\boldsymbol{\Phi}_{\lambda\lambda}^{(0)}=\boldsymbol{I},\quad \Delta\boldsymbol{\Phi}_{\lambda y}^{(0)}=\boldsymbol{0},\quad (\boldsymbol{\Phi}_{\lambda\lambda_{m,m-1}})_0=\boldsymbol{I},\quad (\boldsymbol{\Phi}_{\lambda y_{m,m-1}})_0=\boldsymbol{0}$$

//输入

$\Delta\boldsymbol{\Phi}_{\lambda\lambda}=\int_{t_{m-1}}^{t_m}\boldsymbol{F}(t)\mathrm{d}t$，$\Delta\boldsymbol{\Phi}_{\lambda y}=\int_{t_{m-1}}^{t_m}\boldsymbol{G}_P(t)\boldsymbol{Q}(t)\boldsymbol{G}_P(t)^{\mathrm{T}}\mathrm{d}t$ 可采用梯形积分求解。

//迭代计算

for（$j=1$；$j\leqslant n_{\boldsymbol{\Phi}\lambda\lambda}$；$j++$）

{

if（$j<n_{\boldsymbol{\Phi}\lambda y}$）

{

$$\Delta\boldsymbol{\Phi}_{\lambda y}^{(j)} = -\Delta\boldsymbol{\Phi}_{\lambda y}^{(j-1)}\Delta\boldsymbol{\Phi}_{\lambda\lambda}^{\mathrm{T}} + \Delta\boldsymbol{\Phi}_{\lambda\lambda}^{(j-1)}\Delta\boldsymbol{\Phi}_{\lambda y}$$

$$(\boldsymbol{\Phi}_{\lambda y_{m,m-1}})_j = (\boldsymbol{\Phi}_{\lambda y_{m,m-1}})_{j-1} + \frac{1}{j!}\Delta\boldsymbol{\Phi}_{\lambda y}^{(j)} \qquad (6-1-101)$$

}

$$\Delta\boldsymbol{\Phi}_{\lambda\lambda}^{(j)} = \Delta\boldsymbol{\Phi}_{\lambda\lambda}^{(j-1)}\Delta\boldsymbol{\Phi}_{\lambda\lambda}$$

$$(\boldsymbol{\Phi}_{\lambda\lambda_{m,m-1}})_j = (\boldsymbol{\Phi}_{\lambda\lambda_{m,m-1}})_{j-1} + \frac{1}{j!}\Delta\boldsymbol{\Phi}_{\lambda\lambda}^{(j)}$$

if ( $j = n_{\boldsymbol{\Phi}_{\lambda y}}$ )

{

$$\boldsymbol{B} = \boldsymbol{\Phi}_{\lambda y_{m,m-1}}\boldsymbol{\Phi}_{\lambda\lambda m,m-1}^{\mathrm{T}}$$

}

}

由式（6－1－96）

$$\boldsymbol{\Phi}_{m,m-1} = \boldsymbol{\Phi}_{\lambda\lambda_{m,m-1}} \qquad \boldsymbol{Q}_m = \frac{1}{2}(\boldsymbol{B} + \boldsymbol{B}^{\mathrm{T}})$$

$$\boldsymbol{P}_m = \boldsymbol{\Phi}_{m,m-1}\boldsymbol{P}_{m-1}\boldsymbol{\Phi}_{m,m-1}^{\mathrm{T}} + \boldsymbol{Q}_m$$

式中　$(\boldsymbol{\Phi}_{\lambda\lambda_{m,\,m-1}})_j$，$(\boldsymbol{\Phi}_{\lambda y_{m,\,m-1}})_j$ ——$\mathrm{e}_j^{\Delta\boldsymbol{\Phi}_{Ex}}$ 中第二行的矩阵块，即 $\mathrm{e}_j^{\Delta\boldsymbol{\Phi}_{Ex}} = \begin{bmatrix} (\boldsymbol{\Phi}_{yy_{m,\,m-1}})_j & (\boldsymbol{\Phi}_{y\lambda m,\,m-1})_j \\ (\boldsymbol{\Phi}_{\lambda y_{m,\,m-1}})_j & (\boldsymbol{\Phi}_{\lambda\lambda_{m,\,m-1}})_j \end{bmatrix}$；

$\boldsymbol{\Phi}_{m,\,m-1}$ ——从 $t_{m-1}$ 时刻到 $t_m$ 时刻的状态转移矩阵，由 $\dot{\boldsymbol{\Phi}}_{\lambda\lambda}(t) = \boldsymbol{F}(t)\boldsymbol{\Phi}_{\lambda\lambda}(t)$，式（6－1－4）、式（6－1－73）可知 $\boldsymbol{\Phi}_{m,\,m-1} = \boldsymbol{\Phi}_{\lambda\lambda_{m,\,m-1}}$；

$\boldsymbol{B}$ ——中间参量，用来确保 $\boldsymbol{Q}_m$ 始终为对称阵（理论上 $\boldsymbol{Q}_m$ 应为对称阵，但由于截断误差，按上述算法计算得到的 $\boldsymbol{B}$ 可能不对称）。

在上述伪代码中，假设 $\boldsymbol{\Phi}_{\lambda y_{m,\,m-1}}$ 的泰勒展开级数不大于 $\boldsymbol{\Phi}_{\lambda\lambda_{m,\,m-1}}$ 的泰勒展开级数。这是因为在很多应用中，需要 $\boldsymbol{\Phi}_{\lambda\lambda_{m,\,m-1}}$ 的泰勒展开级数大一些，以确保状态矢量的外推尽可能准确。

另外，一般将上一滤波更新周期得到的 $\boldsymbol{P}_{n-1}^{(+E)}$ 设置为迭代型外推算法中误差协方差矩阵的初始值。然后通过迭代型外推算法计算下一滤波更新周期内的 $\boldsymbol{P}_n^{(-)}$（可以用来计算增益矩阵 $\boldsymbol{K}_n$），因此外推算法的初始条件和输出为

$$\begin{cases} \boldsymbol{P}_m = \boldsymbol{P}_{n-1}^{(+E)} & (t = t_{n-1}) \\ \boldsymbol{P}_n^{(-)} = \boldsymbol{P}_m & (t = t_n) \end{cases} \qquad (6-1-102)$$

联立式（6－1－18）、式（6－1－72）、式（6－1－101）可得状态的外推算法，$\boldsymbol{\Phi}_{m,\,m-1}$ 由式（6－1－101）中迭代型外推算法求得

$$\begin{cases} \hat{\boldsymbol{x}}_m = \boldsymbol{\Phi}_{m,m-1}\hat{\boldsymbol{x}}_{m-1} \\ \hat{\boldsymbol{x}}_m = \hat{\boldsymbol{x}}_{n-1}^{(+C)} & (t = t_{n-1}) \\ \hat{\boldsymbol{x}}_n^{(-)} = \hat{\boldsymbol{x}}_m & (t = t_n) \end{cases} \qquad (6-1-103)$$

式（6-1-101）～式（6-1-103）描述了误差协方差矩阵和状态矢量的外推算法，外推算法对应外推周期。在 $t_{n-1}$ 时刻和 $t_n$ 时刻之间（即一个更新周期），外推算法可能要进行很多次。式（6-1-101）中 $j$ 值的大小依赖外推周期的长度。仿真研究通常需要验证式（6-1-101）中泰勒级数展开式的阶数是否可以保证 $\boldsymbol{\Phi}_{m,\ m-1}$ 和 $\boldsymbol{Q}_m$ 的精度。

（5）迭代算法的二阶特例

纵观整节发现协方差外推算法均以 $\boldsymbol{\Phi}_{\lambda y_{m,\ m-1}}$ 和 $\boldsymbol{\Phi}_{\lambda\lambda_{m,\ m-1}}$ 的泰勒展开级数为基础进行，当运用上述伪代码中的迭代算法计算 $\boldsymbol{\Phi}_{\lambda y_{m,\ m-1}}$ 和 $\boldsymbol{\Phi}_{\lambda\lambda_{m,\ m-1}}$ 并展开至二阶时，可以得到如下的计算式

$$\begin{cases}\boldsymbol{\Phi}_{\lambda\lambda_{m,m-1}} \approx \boldsymbol{I} + \Delta\boldsymbol{\Phi}_{\lambda\lambda} + \dfrac{1}{2}\Delta\boldsymbol{\Phi}_{\lambda\lambda}^2 \\ \boldsymbol{\Phi}_{\lambda y_{m,m-1}} \approx \Delta\boldsymbol{\Phi}_{\lambda y} - \dfrac{1}{2}\Delta\boldsymbol{\Phi}_{\lambda y}\Delta\boldsymbol{\Phi}_{\lambda\lambda}^{\mathrm{T}} + \dfrac{1}{2}\Delta\boldsymbol{\Phi}_{\lambda\lambda}\Delta\boldsymbol{\Phi}_{\lambda y} \\ \boldsymbol{B} = \boldsymbol{\Phi}_{\lambda y_{m,m-1}}\boldsymbol{\Phi}_{\lambda\lambda_{m,m-1}}^{\mathrm{T}} \\ \quad \approx \left(\Delta\boldsymbol{\Phi}_{\lambda y} - \dfrac{1}{2}\Delta\boldsymbol{\Phi}_{\lambda y}\Delta\boldsymbol{\Phi}_{\lambda\lambda}^{\mathrm{T}} + \dfrac{1}{2}\Delta\boldsymbol{\Phi}_{\lambda\lambda}\Delta\boldsymbol{\Phi}_{\lambda y}\right)\left(\boldsymbol{I} + \Delta\boldsymbol{\Phi}_{\lambda\lambda} + \dfrac{1}{2}\Delta\boldsymbol{\Phi}_{\lambda\lambda}^2\right)^{\mathrm{T}} \\ \quad = \Delta\boldsymbol{\Phi}_{\lambda y} + \dfrac{1}{2}\Delta\boldsymbol{\Phi}_{\lambda y}\Delta\boldsymbol{\Phi}_{\lambda\lambda}^{\mathrm{T}} + \dfrac{1}{2}\Delta\boldsymbol{\Phi}_{\lambda\lambda}\Delta\boldsymbol{\Phi}_{\lambda y} \\ \quad = \dfrac{1}{2}\Delta\boldsymbol{\Phi}_{\lambda y} + \dfrac{1}{2}(\boldsymbol{I} + \Delta\boldsymbol{\Phi}_{\lambda\lambda})\Delta\boldsymbol{\Phi}_{\lambda y}(\boldsymbol{I} + \Delta\boldsymbol{\Phi}_{\lambda\lambda})^{\mathrm{T}} \\ \quad = \dfrac{1}{2}\Delta\boldsymbol{\Phi}_{\lambda y} + \dfrac{1}{2}\boldsymbol{\Phi}_{\lambda\lambda_{m,m-1}}\Delta\boldsymbol{\Phi}_{\lambda y}\boldsymbol{\Phi}_{\lambda\lambda_{m,m-1}}^{\mathrm{T}}\end{cases} \tag{6-1-104}$$

又从式（6-1-101）可知 $\Delta\boldsymbol{\Phi}_{\lambda y}$ 为对称阵，故

$$\begin{cases}\boldsymbol{B} = \boldsymbol{B}^{\mathrm{T}} \\ \boldsymbol{Q}_m = \dfrac{1}{2}(\boldsymbol{B} + \boldsymbol{B}^{\mathrm{T}}) = \boldsymbol{B} \\ \quad\quad \approx \dfrac{1}{2}\Delta\boldsymbol{\Phi}_{\lambda y} + \dfrac{1}{2}\boldsymbol{\Phi}_{\lambda\lambda_{m,m-1}}\Delta\boldsymbol{\Phi}_{\lambda y}\boldsymbol{\Phi}_{\lambda\lambda_{m,m-1}}^{\mathrm{T}} \\ \quad\quad = \dfrac{1}{2}\Delta\boldsymbol{\Phi}_{\lambda y} + \dfrac{1}{2}\boldsymbol{\Phi}_{m,m-1}\Delta\boldsymbol{\Phi}_{\lambda y}\boldsymbol{\Phi}_{m,m-1}^{\mathrm{T}}\end{cases} \tag{6-1-105}$$

注意上式中 $\boldsymbol{Q}_m$ 与常用的将 $\boldsymbol{\Phi}_{\lambda y_{m,\ m-1}}$ 展开至一阶的算法（$\boldsymbol{Q}_m = \Delta\boldsymbol{\Phi}_{\lambda y}$）的区别。将式（6-1-105）中 $\boldsymbol{Q}_m$ 项代入 $\boldsymbol{P}_m = \boldsymbol{\Phi}_{m,\ m-1}\boldsymbol{P}_{m-1}\boldsymbol{\Phi}_{m,\ m-1}^{\mathrm{T}} + \boldsymbol{Q}_m$ 中有

$$\boldsymbol{P}_m \approx \boldsymbol{\Phi}_{m,m-1}\left(\boldsymbol{P}_{m-1} + \frac{1}{2}\Delta\boldsymbol{\Phi}_{\lambda y}\right)\boldsymbol{\Phi}_{m,m-1}^{\mathrm{T}} + \frac{1}{2}\Delta\boldsymbol{\Phi}_{\lambda y} \tag{6-1-106}$$

#### 6.1.3.7 粗大量测误差的检验[7]

辅助导航设备的输出可能出现粗大误差，为检验这些异常观测量，可以对量测残差

---

[7] 对应 util/control/chkmeaserr.m

$\boldsymbol{r}=\boldsymbol{z}_{Obs}-\hat{\boldsymbol{z}}$ 的大小进行判断。由式（6-1-13）及式（6-1-20）

$$\boldsymbol{r}\approx(\boldsymbol{H}\boldsymbol{x}^{(-)}+\boldsymbol{\Gamma}_M\boldsymbol{v})-(\boldsymbol{H}\hat{\boldsymbol{x}}^{(-)})=\boldsymbol{\Gamma}_M\boldsymbol{v}-\boldsymbol{H}\tilde{\boldsymbol{x}}^{(-)} \tag{6-1-107}$$

式中省略了表示序号的下标，约等号处忽略了观测方程线性化引入的误差。式（6-1-107）结合式（6-1-32）、式（6-1-33）及式（6-1-34）可得量测残差的协方差矩阵为

$$\begin{aligned}\boldsymbol{A}&=E[\boldsymbol{r}\boldsymbol{r}^{\mathrm{T}}]=E[(\boldsymbol{z}_{Obs}-\hat{\boldsymbol{z}})(\boldsymbol{z}_{Obs}-\hat{\boldsymbol{z}})^{\mathrm{T}}]\\&\approx E[(\boldsymbol{\Gamma}_M\boldsymbol{v}-\boldsymbol{H}\tilde{\boldsymbol{x}}^{(-)})(\boldsymbol{\Gamma}_M\boldsymbol{v}-\boldsymbol{H}\tilde{\boldsymbol{x}}^{(-)})^{\mathrm{T}}]=\boldsymbol{\Gamma}_M\boldsymbol{R}\boldsymbol{\Gamma}_M^{\mathrm{T}}+\boldsymbol{H}\boldsymbol{P}^{(-)}\boldsymbol{H}^{\mathrm{T}}\end{aligned} \tag{6-1-108}$$

由上式可知，如果系统模型和参数是准确的，那么量测残差主要来源于观测量的误差。

基于量测残差有两种检验方法。第一种方法直接对量测残差进行检验，即比较 $\boldsymbol{r}$ 的绝对值是否不大于3倍标准差［即式（6-1-108）的对角线元素的平方根］。如果大于，则判定该观测量存在粗大误差。第二种方法是残差 $\chi^2$ 检验法。该方法依据下述定理，即当随机变量 $X_1$，$X_2$，…，$X_n$ 相互独立，并都具有分布 $N(0,1)$，其平方和 $\lambda=\sum_{i=1}^{n}X_i^2$ 服从具有 $n$ 个自由度的中心 $\chi^2$ 分布，其概率密度函数为

$$\chi^2(\lambda,n)=\begin{cases}\left(2^{\frac{n}{2}}\int_0^{\infty}\lambda^{\frac{n}{2}-1}\mathrm{e}^{-\lambda}\mathrm{d}\lambda\right)^{-1}\lambda^{\frac{n}{2}-1}\mathrm{e}^{-\frac{\lambda}{2}}(\lambda>0)\\0(\lambda\leqslant 0)\end{cases} \tag{6-1-109}$$

可以证明（参考文献［63］第7.3.1节），以下检验指标值

$$\lambda=\boldsymbol{r}^{\mathrm{T}}\boldsymbol{A}^{-1}\boldsymbol{r} \tag{6-1-110}$$

服从自由度为 $m$ 的 $\chi^2$ 分布，其中 $m$ 为量测矢量的长度。因此，根据给定的误警率 $P_f$，可以设置一个检验阈值 $T_D$，使得 $\lambda>T_D$ 的概率为 $P_f$，即

$$P_f=P[\lambda>T_D]=\int_{T_D}^{\infty}\chi^2(\lambda,n)\,\mathrm{d}\lambda=1-\int_0^{T_D}\chi^2(\lambda,n)\,\mathrm{d}\lambda \tag{6-1-111}$$

这样，当 $\lambda>T_D$ 时，即判定未通过检验，存在粗大误差，否则通过检验。

#### 6.1.3.8　控制量的选取及应用

控制量 $\boldsymbol{u}_C$ 主要应用于采取反馈校正的间接滤波法中。它的构建是为了将计算机可控制的那部分状态矢量（即导航参数误差）置 $\boldsymbol{0}$。这样带来的最大好处是对应的状态可以始终保持在很小的量级上，因此忽略二阶误差所带来的影响就会减弱。这一点对于应用卡尔曼滤波算法来说是很重要的，因为采用间接滤波法的卡尔曼滤波算法构建在线性化的忽略系统二阶误差的模型基础上。在此基础上，减小卡尔曼更新周期中状态估计和控制校正之间的时间间隔会使控制量的校正效果更好（理想情况下这两项操作应该是无间隔的）。

但在某些应用中，基于安全性及计算机可操作性方面的考虑，往往不允许修改导航参数，以防引入的错误数据导致导航参数的污染。在这种情况下，将控制量 $\boldsymbol{u}_C$ 置 $\boldsymbol{0}$ 并用状态矢量更新值来校正惯性导航系统的输出量（即图6-2间接法滤波示意图中的输出校正）。但由于用于校正的状态矢量（由卡尔曼滤波器估计得到）只精确到一阶，采用输出

校正方法得到的导航参数输出中将留有二阶误差。不仅如此，由于卡尔曼滤波外推算法中用到了这些导航参数（体现在状态转移矩阵及过程噪声耦合矩阵中），因此这些二阶误差也将传播到外推结果中，进一步降低滤波精度。而反馈校正直接使用控制量 $\boldsymbol{u}_C$ 更新基本导航参数，使得状态逼近于 $\mathbf{0}$，这样其二阶误差就可以忽略不计。综上所述，反馈校正的精度比输出校正高，但存在风险。

在采取反馈校正的间接滤波法中，控制量 $\boldsymbol{u}_C$ 的选取是为了将计算机可控制的那部分状态矢量置 $\mathbf{0}$。这样，式（6-1-22）可具体化为如下形式

$$\boldsymbol{u}_{C_n} = -\hat{\boldsymbol{x}}_{C_n}^{(+E)} \tag{6-1-112}$$

式中 $\hat{\boldsymbol{x}}_{C_n}^{(+E)}$ ——状态矢量 $\hat{\boldsymbol{x}}_n^{(+E)}$ 更新值，但需将 $\hat{\boldsymbol{x}}_n^{(+E)}$ 中不可控元素置 0。

计算得到控制量 $\boldsymbol{u}_C$ 后，可参考 1.6.6 节对导航参数进行修正。

#### 6.1.3.9 误差协方差矩阵的数值条件控制[⑧]

由文献［12］第 15.1.2.1.1.4 节可知，误差协方差矩阵 $\boldsymbol{P}$ 具有如下固有特性：对角线元素为正、对称性、非负定性。矩阵非负定性在数学上定义为：设 $\boldsymbol{P}$ 为 $n$ 阶实对称矩阵，如果对任一非 $\mathbf{0}$ 实矢量 $\boldsymbol{v}$，都使得二次型 $\boldsymbol{v}^{\mathrm{T}}\boldsymbol{P}\boldsymbol{v}$ 大于等于 $\mathbf{0}$，则 $\boldsymbol{P}$ 为非负定阵（相反，如果二次型 $\boldsymbol{v}^{\mathrm{T}}\boldsymbol{P}\boldsymbol{v}$ 小于等于 $\mathbf{0}$，则 $\boldsymbol{P}$ 为非正定阵）。由于误差协方差矩阵 $\boldsymbol{P}$ 为非负定阵，其对角线元素满足 $p_{i,i}p_{j,j}$ 不小于 $|p_{i,j}p_{j,i}|$ 的条件（$p_{i,j}$ 为误差协方差矩阵 $\boldsymbol{P}$ 中第 $i$ 行第 $j$ 列元素）。

卡尔曼滤波算法是递推过程，随着滤波步数增加，舍入误差逐渐累积。如果计算机字长不够长，这种累积误差有可能使误差协方差矩阵失去非负定性，甚至失去对称性，使增益阵的计算值逐渐失去合适的加权作用而导致发散。为了抑制这种由舍入误差导致的发散，在计算误差协方差矩阵 $\boldsymbol{P}$ 的时候还需执行一套控制算法，该控制算法可以使误差协方差矩阵 $\boldsymbol{P}$ 保持非负定性，同时起到抑制卡尔曼滤波器发散的作用。下面就 $\boldsymbol{P}$ 阵非负定性的保持及发散的抑制两方面来介绍该控制算法。

##### 6.1.3.9.1 非负定性的保持

保持 $\boldsymbol{P}$ 的对称性很容易办到，只需要周期性地将 $\boldsymbol{P}$ 中非对角线元素设置为 $\frac{1}{2}(\boldsymbol{P}+\boldsymbol{P}^{\mathrm{T}})$ 中对应元素即可。下面介绍一种简单的算法，该算法可以确保 $\boldsymbol{P}$ 的对角线元素为正且大于设计者选定的合理最小值

$$\text{if } (p_{i,i} < p_{i,i_{\min}}) \text{ then } p_{i,i} = p_{i,i_{\min}} \tag{6-1-113}$$

式中 $p_{i,i}$ ——误差协方差矩阵 $\boldsymbol{P}$ 第 $i$ 行第 $i$ 列的对角线元素；

$p_{i,i_{\min}}$ ——设计者基于卡尔曼滤波分析模型的不确定性判断之后选定的 $p_{i,i}$ 合理最小值。

一个更高级的算法可以增强 $\boldsymbol{P}$ 的非负定性，其在式（6-1-113）的基础上增加了一个关于 $\boldsymbol{P}$ 的校正

---

⑧ 对应 util/control/covmatnumcondctrl.m

$$|p_{i,j}p_{j,i}| \leqslant p_{i,i}p_{j,j} \tag{6-1-114}$$

下面的控制算法可以实现式（6－1－114）

$$\begin{aligned}&\text{if } \{|p_{i,j}^{(-)}p_{j,i}^{(-)}| > p_{i,i}p_{j,j}\} \text{ then}\\&p_{i,j}^{(+)} = p_{j,i}^{(+)} = \sqrt{p_{i,i}p_{j,j}}\,\mathrm{sign}(p_{i,j}^{(-)} + p_{j,i}^{(-)})\end{aligned} \tag{6-1-115}$$

式中　上标 (−)，(+) ——相应元素校正之前和校正之后的值；

sign() ——符号函数，当括号内变量值为非负时，函数结果为 1；括号内变量值为负时，函数结果为−1。

6.1.3.9.2　发散的抑制

当 $\boldsymbol{P}$ 阵的对角线元素大于设计者选定的合理最大值时，可以通过将式（6－1－59）中 $\boldsymbol{\Gamma}_{P_{n-1}}\boldsymbol{Q}_{n-1}\boldsymbol{\Gamma}_{P_{n-1}}^{\mathrm{T}}$ 项的某些行和列置 0 来改变这种状况

$$\begin{aligned}&\text{if } (p_{i,i} > p_{i,i_{\max}}) \text{ then}\\&q_{i,j} = q_{j,i} = 0 (\text{for all } j)\end{aligned} \tag{6-1-116}$$

式中　$p_{i,i_{\max}}$ ——设计者选定的 $p_{i,i}$ 合理最大值；

$q_{i,j}$ ——矩阵 $\boldsymbol{\Gamma}_{P_{n-1}}\boldsymbol{Q}_{n-1}\boldsymbol{\Gamma}_{P_{n-1}}^{\mathrm{T}}$ 中第 $i$ 行第 $j$ 列元素。

一个更高级的算法使用式（6－1－49）中约瑟夫型误差协方差矩阵更新算法的简化形式将 $\boldsymbol{P}$ 的对角线元素控制在上限 $p_{i,i_{\max}}$ 以内

$$\boldsymbol{P}^{(+)} = \boldsymbol{J}\boldsymbol{P}^{(-)}\boldsymbol{J}^{\mathrm{T}} \tag{6-1-117}$$

式中　$\boldsymbol{J}$ ——对角阵，用来将 $\boldsymbol{P}$ 阵的对角线元素控制在上限 $p_{i,i_{\max}}$ 以内。

通过式（6－1－117）中 $\boldsymbol{P}^{(+)}$ 的对角线元素可以推导出 $\boldsymbol{J}$ 阵的计算方法

$$p_{i,i}^{(+)} = j_{i,i}^{2}p_{i,i}^{(-)} \tag{6-1-118}$$

式中　$j_{i,i}$ ——对角阵 $\boldsymbol{J}$ 中第 $i$ 行第 $i$ 列的对角线元素。

如果 $p_{i,i}^{(-)}$ 大于或等于 $p_{i,i_{\max}}$，通过设置式（6－1－117）中 $j_{i,i}$ 可使 $p_{i,i}^{(+)}$ 等于 $p_{i,i_{\max}}$

$$\begin{aligned}&\text{if } (p_{i,i}^{(-)} > p_{i,i_{\max}}) \text{ then}\\&j_{i,i} = \sqrt{\frac{p_{i,i_{\max}}}{p_{i,i}^{(-)}}}\\&\text{else}\\&j_{i,i} = 1\\&\text{end if}\end{aligned} \tag{6-1-119}$$

按式（6－1－119）计算出对角阵 $\boldsymbol{J}$，然后代入式（6－1－117）校正 $\boldsymbol{P}$ 阵，这样 $\boldsymbol{P}$ 阵对角线元素 $p_{i,i}$ 就被限制在 $p_{i,i_{\max}}$ 以内。需要注意的是，必须使用式（6－1－117）描述的校正方法，以确保校正以后 $\boldsymbol{P}$ 阵仍保持非负定性。另一种简单的方法，即仅仅减小 $\boldsymbol{P}$ 阵的对角线元素是一个危险的选择，因为这样可能会导致 $\boldsymbol{P}$ 阵负定。而式（6－1－113）介绍的算法虽然简单，但是合理，因为增加 $\boldsymbol{P}$ 阵对角线元素使得 $\boldsymbol{P}$ 阵更加正定。

### 6.1.4 Sage－Husa 自适应滤波

#### 6.1.4.1 量测噪声估计⑨

量测噪声均值的次优估计为[65]

$$\hat{\boldsymbol{r}}_n = \frac{1}{n}\sum_{k=1}^{n}(\boldsymbol{z}_k - \boldsymbol{H}_k \hat{\boldsymbol{x}}_k^{(-)}) \tag{6-1-120}$$

写成递推形式为

$$\hat{\boldsymbol{r}}_n = (1-d_n)\hat{\boldsymbol{r}}_{n-1} + d_n(\boldsymbol{z}_n - \boldsymbol{H}_n \hat{\boldsymbol{x}}_n^{(-)})\ (n \geqslant 1) \tag{6-1-121}$$

式中，$d_n = 1/n$，为比例因子；$\hat{\boldsymbol{r}}_n$ 为最新量测噪声均值的估计值，比例因子 $d_n$ 控制着新均值估计的权重；$\hat{\boldsymbol{r}}_{n-1}$ 为前一时刻量测噪声均值的估计值［当 $n$ 为 1 时，$(1-d_n)$ 为零，该值的取值对 $\hat{\boldsymbol{r}}_n$ 无影响，从这里可以看出自适应滤波不需要提供预设的量测噪声统计特性］；$\boldsymbol{z}_n$ 为测量值；$\boldsymbol{H}_n$ 为量测矩阵；$\hat{\boldsymbol{x}}_n^{(-)}$ 为当前滤波状态估计值。上标 (—) 表示在状态更新以及控制发挥作用以前，指定参数在指定时刻的值。

计算式 $\boldsymbol{H}_n \hat{\boldsymbol{x}}_n^{(-)}$ 表示期待的测量值，用实际测量值减去期待的测量值得到测量残差或是期待测量值的误差，用测量残差的均值来估计量测噪声的均值。

$d_n$ 的一种推广算法为[66]

$$d_n = \frac{(1-b)}{(1-b^n)}, 0 < b < 1 \tag{6-1-122}$$

式中，$b$ 为遗忘因子，通常取 0.95～0.99。两种比例因子 $d_n$ 的计算方法对比如图 6－3 所示，从图中可以看出，当 $b$ 取 0.99 时，其值与 $d_n = 1/n$ 的计算值非常接近。

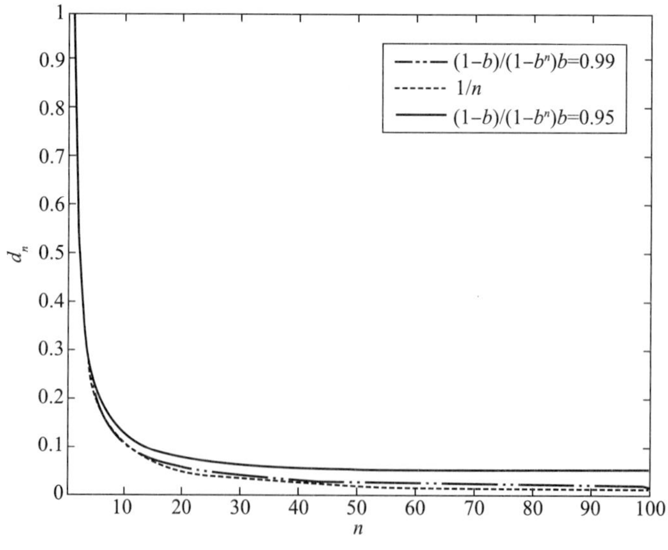


图 6－3 比例因子计算对比

---

⑨ 对应 util/control/adaptmeasnoiseupd _ sagehusa. m

估计量测噪声的方差或获得下一时刻量测噪声测量残差分为两步：首先从量测残差中减去估计均值，即（以下仅介绍递推形式的计算式）

$$\tilde{\boldsymbol{z}}_n = \boldsymbol{z}_n - \boldsymbol{H}_n \hat{\boldsymbol{x}}_n^{(-)} - \hat{\boldsymbol{r}}_n \tag{6-1-123}$$

式中，$\tilde{\boldsymbol{z}}_n$ 是零均值量测残差的估计。

然后计算量测噪声的方差

$$\hat{\boldsymbol{R}}_n = (1-d_n)\hat{\boldsymbol{R}}_{n-1} + d_n(\tilde{\boldsymbol{z}}_n\tilde{\boldsymbol{z}}_n^{\mathrm{T}} - \boldsymbol{H}_n\boldsymbol{P}_n^{(-)}\boldsymbol{H}_n^{\mathrm{T}}) \tag{6-1-124}$$

式中，$\hat{\boldsymbol{R}}_n$ 为最新量测噪声方差的估计值；$\hat{\boldsymbol{R}}_{n-1}$ 为前一时刻量测噪声方差的估计值；$\boldsymbol{P}_n^{(-)}$ 为当前时刻外推计算的误差协方差矩阵。

### 6.1.4.2　系统噪声估计[10]

对于系统动态模型，$\hat{\boldsymbol{q}}_n$ 表示系统噪声均值的估计，$\hat{\boldsymbol{Q}}_n$ 表示系统噪声方差的估计，均值的估计可以表示为

$$\hat{\boldsymbol{q}}_n = (1-d_n)\hat{\boldsymbol{q}}_{n-1} + d_n(\hat{\boldsymbol{x}}_n^{(+E)} - \boldsymbol{\Phi}_{n,n-1}\hat{\boldsymbol{x}}_{n-1}^{(+E)}) \tag{6-1-125}$$

式中，$\hat{\boldsymbol{q}}_n$ 表示最新系统噪声均值的估计；$\hat{\boldsymbol{q}}_{n-1}$ 表示前一时刻系统噪声均值的估计；$\hat{\boldsymbol{x}}_n^{(+E)}$ 表示当前滤波状态估计值；上标 $(+E)$ 表示在状态更新后指定参数在指定时刻的值；$\boldsymbol{\Phi}_{n,n-1}$ 为状态转移矩阵；$\hat{\boldsymbol{x}}_n^{(+E)} - \boldsymbol{\Phi}_{n,n-1}\hat{\boldsymbol{x}}_{n-1}^{(+E)}$ 表示状态估计之间的微小变化。

系统动态模型误差方差的估计值表示为如下形式

$$\hat{\boldsymbol{Q}}_n = (1-d_n)\hat{\boldsymbol{Q}}_{n-1} + d_n(\boldsymbol{K}_n\tilde{\boldsymbol{z}}_n\tilde{\boldsymbol{z}}_n^{\mathrm{T}}\boldsymbol{K}_n^{\mathrm{T}} + \boldsymbol{P}_n^{(+E)} - \boldsymbol{\Phi}_{n,n-1}\boldsymbol{P}_{n-1}^{(+E)}\boldsymbol{\Phi}_{n,n-1}^{\mathrm{T}}) \tag{6-1-126}$$

式中，$\hat{\boldsymbol{Q}}_n$ 表示最新系统噪声方差的估计；$\hat{\boldsymbol{Q}}_{n-1}$ 表示前一时刻系统噪声方差的估计；$\boldsymbol{K}_n$ 表示滤波增益；$\boldsymbol{P}_n^{(+E)}$ 表示更新计算后的误差协方差矩阵；量测残差方差 $\tilde{\boldsymbol{z}}_n\tilde{\boldsymbol{z}}_n^{\mathrm{T}}$ 前后乘以滤波增益获得由量测扰动引起的状态协方差矩阵；$\boldsymbol{P}_n^{(+E)} - \boldsymbol{\Phi}_{n,n-1}\boldsymbol{P}_{n-1}^{(+E)}\boldsymbol{\Phi}_{n,n-1}^{\mathrm{T}}$ 表示系统噪声方差的期待值，前一时刻系统噪声方差的估计减去上述两者的和获得前一时刻系统噪声方差估计值的误差，用该误差估计当前时刻的系统噪声方差。

### 6.1.4.3　卡尔曼滤波的实现

上述介绍了系统噪声和量测噪声的估计方法，下面将介绍如何在卡尔曼滤波中实现，分外推和更新两个部分。

外推周期包括：

1）状态矢量外推

$$\hat{\boldsymbol{x}}_n^{(-)} = \boldsymbol{\Phi}_{n,n-1}\hat{\boldsymbol{x}}_{n-1}^{(+C)} + \hat{\boldsymbol{q}}_{n-1} \tag{6-1-127}$$

2）误差协方差矩阵的外推解算

$$\boldsymbol{P}_n^{(-)} = \boldsymbol{\Phi}_{n,n-1}\boldsymbol{P}_{n-1}^{(+E)}\boldsymbol{\Phi}_{n,n-1}^{\mathrm{T}} + \boldsymbol{\Gamma}_{\mathrm{P}_{n-1}}\hat{\boldsymbol{Q}}_{n-1}\boldsymbol{\Gamma}_{\mathrm{P}_{n-1}}^{\mathrm{T}} \tag{6-1-128}$$

---

[10] 对应 util/control/adaptprocnoiseupd _ sagehusa. m

更新周期包括：

1）量测噪声均值

$$\hat{\boldsymbol{r}}_n = (1-d_n)\hat{\boldsymbol{r}}_{n-1} + d_n(\boldsymbol{z}_n - \boldsymbol{H}_n\hat{\boldsymbol{x}}_n^{(-)})$$

其中

$$d_n = \frac{(1-b)}{(1-b^n)}, 0<b<1$$

需要注意的是在进行自适应滤波比例因子 $d_n$ 计算时的 $n$ 应该是更新的次数，而不是外推的次数。

2）量测噪声方差

$$\hat{\boldsymbol{R}}_n = (1-d_n)\hat{\boldsymbol{R}}_{n-1} + d_n(\tilde{\boldsymbol{z}}_n\tilde{\boldsymbol{z}}_n^{\mathrm{T}} - \boldsymbol{H}_n\boldsymbol{P}_n^{(-)}\boldsymbol{H}_n^{\mathrm{T}})$$

其中

$$\tilde{\boldsymbol{z}}_n = \boldsymbol{z}_n - \boldsymbol{H}_n\hat{\boldsymbol{x}}_n^{(-)} - \hat{\boldsymbol{r}}_n$$

3）滤波增益的计算

$$\boldsymbol{K}_n = \boldsymbol{P}_n^{(-)}\boldsymbol{H}_n^{\mathrm{T}}(\boldsymbol{H}_n\boldsymbol{P}_n^{(-)}\boldsymbol{H}_n^{\mathrm{T}} + \hat{\boldsymbol{R}}_n)^{-1} \tag{6-1-129}$$

4）状态矢量更新

$$\hat{\boldsymbol{x}}_n^{(+E)} = \hat{\boldsymbol{x}}_n^{(-)} + \boldsymbol{K}_n(\boldsymbol{z}_n - \boldsymbol{H}_n\hat{\boldsymbol{x}}_n^{(-)} - \hat{\boldsymbol{r}}_n) \tag{6-1-130}$$

5）误差协方差矩阵的更新解算

$$\boldsymbol{P}_n^{(+E)} = \boldsymbol{P}_n^{(-)} - \boldsymbol{K}_n\boldsymbol{H}_n\boldsymbol{P}_n^{(-)} \tag{6-1-131}$$

6）系统噪声均值

$$\hat{\boldsymbol{q}}_n = (1-d_n)\hat{\boldsymbol{q}}_{n-1} + d_n(\hat{\boldsymbol{x}}_n^{(+E)} - \boldsymbol{\Phi}_{n,n-1}\hat{\boldsymbol{x}}_{n-1}^{(+E)}) \tag{6-1-132}$$

7）系统噪声方差

$$\hat{\boldsymbol{Q}}_n = (1-d_n)\hat{\boldsymbol{Q}}_{n-1} + d_n(\boldsymbol{K}_n\tilde{\boldsymbol{z}}_n\tilde{\boldsymbol{z}}_n^{\mathrm{T}}\boldsymbol{K}_n^{\mathrm{T}} + \boldsymbol{P}_n^{(+E)} - \boldsymbol{\Phi}_{n,n-1}\boldsymbol{P}_{n-1}^{(+E)}\boldsymbol{\Phi}_{n,n-1}^{\mathrm{T}}) \tag{6-1-133}$$

当认为量测噪声或系统噪声均值为零时，自适应滤波可以得到简化，即将 $\hat{\boldsymbol{r}}_n=\boldsymbol{0}$ 或 $\hat{\boldsymbol{q}}_n=\boldsymbol{0}$ 代入上述计算式[11]。

#### 6.1.4.4 实际应用问题

在进行第一次更新时，由于 $d_1=1, \hat{\boldsymbol{x}}_1^{(-)}=\boldsymbol{0}$，有 $\hat{\boldsymbol{r}}_1=(1-d_1)\hat{\boldsymbol{r}}_0+d_1(\boldsymbol{z}_1-\boldsymbol{H}_1\hat{\boldsymbol{x}}_1^{(-)})=\boldsymbol{z}_1$，从而 $\tilde{\boldsymbol{z}}_1=\boldsymbol{z}_1-\boldsymbol{H}_1\hat{\boldsymbol{x}}_1^{(-)}-\hat{\boldsymbol{r}}_1=\boldsymbol{0}$，进而 $\hat{\boldsymbol{R}}_1=(1-d_1)\hat{\boldsymbol{R}}_0+d_1(\tilde{\boldsymbol{z}}_1\tilde{\boldsymbol{z}}_1^{\mathrm{T}}-\boldsymbol{H}_1\boldsymbol{P}_1^{(-)}\boldsymbol{H}_1^{\mathrm{T}})=-\boldsymbol{H}_1\boldsymbol{P}_1^{(-)}\boldsymbol{H}_1^{\mathrm{T}}$，这将导致求 $\boldsymbol{K}_k$ 时出现奇异。

在实际滤波解算中，会因为式（6-1-124）和式（6-1-126）中的减法运算使得矩阵 $\hat{\boldsymbol{R}}_n$ 和 $\hat{\boldsymbol{Q}}_n$ 的主对角线元素出现负数的情况，这与标准卡尔曼滤波要求的 $\hat{\boldsymbol{R}}_n$ 和 $\hat{\boldsymbol{Q}}_n$ 为非负定对角阵相矛盾，造成滤波不稳定。实际滤波过程中，避免 $\hat{\boldsymbol{R}}_n$ 和 $\hat{\boldsymbol{Q}}_n$ 为负定的方法有如下

[11] 对应 util/control/adaptnoisepsdmatupd_sagehusa_simple.m

三种：

（1）删除法

当滤波收敛进入稳态时，$\boldsymbol{H}_n\boldsymbol{P}_n^{(-)}\boldsymbol{H}_n^{\mathrm{T}}$ 及 $\boldsymbol{P}_n^{(+E)}-\boldsymbol{\Phi}_{n,\,n-1}\boldsymbol{P}_{n-1}^{(+E)}\boldsymbol{\Phi}_{n,\,n-1}^{\mathrm{T}}$ 很小，因此可以将式（6-1-124）和式（6-1-126）中的这部分内容删除，得如下近似式计算式[67-68]

$$\hat{\boldsymbol{R}}_n \approx (1-d_n)\hat{\boldsymbol{R}}_{n-1}+d_n(\tilde{\boldsymbol{z}}_n\tilde{\boldsymbol{z}}_n^{\mathrm{T}}) \tag{6-1-134}$$

$$\hat{\boldsymbol{Q}}_n \approx (1-d_n)\hat{\boldsymbol{Q}}_{n-1}+d_n(\boldsymbol{K}_n\tilde{\boldsymbol{z}}_n\tilde{\boldsymbol{z}}_n^{\mathrm{T}}\boldsymbol{K}_n^{\mathrm{T}}) \tag{6-1-135}$$

此外，也可以只删去式（6-1-126）中的 $\boldsymbol{P}_n^{(+E)}-\boldsymbol{\Phi}_{n,\,n-1}\boldsymbol{P}_{n-1}^{(+E)}\boldsymbol{\Phi}_{n,\,n-1}^{\mathrm{T}}$ 项的自协方差（对角线）信息，保留互协方差（非对角线）信息[69]。

（2）绝对值法

文献［69］提出将式（6-1-124）和式（6-1-126）的等式右边第2项（注意不是等式右边的全部，否则偏差较大）处理结果的对角线元素取绝对值，非对角线元素取零。这样可以避免式（6-1-124）中 $-\boldsymbol{H}_n\boldsymbol{P}_n^{(-)}\boldsymbol{H}_n^{\mathrm{T}}$ 项影响 $\hat{\boldsymbol{R}}_n$ 的正定性。

（3）负定舍去法

此外，另一种避免负定的方法是，仍采用原始计算式更新 $\hat{\boldsymbol{R}}_n$ 和 $\hat{\boldsymbol{Q}}_n$ ，但仅当它们非负定时才代入其他计算式，否则采用上一个非负定的 $\hat{\boldsymbol{R}}_n$ 和 $\hat{\boldsymbol{Q}}_n$ 值。

从 Sage-Husa 递推式可以看出，在系统噪声 $\hat{\boldsymbol{Q}}_n$ 和量测噪声 $\hat{\boldsymbol{R}}_n$ 均未知的情况下，通过该算法能把 $\hat{\boldsymbol{R}}_n$ 和 $\hat{\boldsymbol{Q}}_n$ 同时估计出来。文献［70］证明了 Sage-Husa 自适应滤波算法不能同时估计 $\hat{\boldsymbol{R}}_n$ 和 $\hat{\boldsymbol{Q}}_n$ ，但文献［69］提出同时对 $\hat{\boldsymbol{R}}_n$ 和 $\hat{\boldsymbol{Q}}_n$ 做自适应估计可以减少振荡，有效抵抗数据扰动。

此外，文献［69］还提出计算 $\hat{\boldsymbol{r}}_n$ 和 $\hat{\boldsymbol{q}}_n$ 时，其计算误差会导致 $\hat{\boldsymbol{R}}_n$ 和 $\hat{\boldsymbol{Q}}_n$ 的估计误差增大，因此建议不计算 $\hat{\boldsymbol{r}}_n$ 和 $\hat{\boldsymbol{q}}_n$ 值。

### 6.1.5　卡尔曼滤波算法的验证

由文献［12］第15.1.4节可知，虽然由式（6-1-17）～式（6-1-24）定义的卡尔曼滤波算法比较复杂，但其验证过程却很简单。因为基于卡尔曼滤波算法的固有特性，其特性可以单独进行验证。举例来说，可以通过某些专门的测试模拟器来验证卡尔曼滤波算法。下面介绍这些测试模拟器涉及的操作：

1）通过模拟器产生 $\boldsymbol{\xi}_{INS_n}$ 、$\boldsymbol{\xi}_{Aid_n}$ 参数，并将滤波增益矩阵 $\boldsymbol{K}_n$ 及控制矢量 $\boldsymbol{u}_C$ 置 $\boldsymbol{0}$（此时卡尔曼滤波器变为开环），在此基础上可以验证状态转移矩阵 $\boldsymbol{\Phi}_{n,\,n-1}$ 、量测矢量 $\boldsymbol{z}_n$ 及观测矢量 $\boldsymbol{z}_{Obs_n}$ 算法。$\boldsymbol{\xi}_{INS_n}$ 参数及 $\boldsymbol{\xi}_{Aid_n}$ 参数可以通过轨迹发生器得到。通过 $\boldsymbol{\xi}_{INS_n}$ 参数可以进一步计算出 $\boldsymbol{\Phi}_{n,\,n-1}$。卡尔曼滤波器中状态矢量 $\hat{\boldsymbol{x}}_n$ 可以初始化为任意一个非零矢量，并将相同的误差值引入到 $\boldsymbol{\xi}_{INS_n}$ 、$\boldsymbol{\xi}_{Aid_n}$ 参数中去。在上述条件下，由式（6-1-20）计算的量测矢量 $\hat{\boldsymbol{z}}_n$ 将跟踪由式（6-1-19）计算的 $\boldsymbol{z}_{Obs_n}$ ，导致量测残差 $\boldsymbol{z}_{Obs_n}-\hat{\boldsymbol{z}}_n$ 趋于 $\boldsymbol{0}$（在观测方程的线性化误差范围内）。零量测残差验证了状态转移矩阵 $\boldsymbol{\Phi}_{n,\,n-1}$ 、量测矢量 $\boldsymbol{z}_n$ 及观测

矢量 $z_{Obs_n}$ 算法及相关的时序编排。

2）误差协方差矩阵的外推算法（过程噪声为 **0** 条件下）可以作为上一验证过程的一部分。将误差协方差矩阵初始化为状态矢量初值 $\hat{x}_n$ 与其转置的乘积，然后使用式（6-1-59）或 6.1.3.6 节中迭代型误差协方差矩阵外推算法将误差协方差矩阵进行外推（不做更新）。经过外推计算的误差协方差矩阵应等于对应时刻上经过外推计算的状态矢量与其转置的乘积。

3）误差协方差矩阵更新算法有两种形式：一种是由式（6-1-49）定义的约瑟夫型误差协方差矩阵更新算法；另一种是由式（6-1-51）定义的最优型误差协方差矩阵更新算法。通过对比两种更新算法的结果（两种算法结果应相同）就可以验证滤波增益矩阵 $\boldsymbol{K}_n$ 及误差协方差矩阵更新算法。

4）卡尔曼滤波器的基本估计能力可以进行如下验证：事先给定状态矢量初值，并将相同的误差值引入到 $\boldsymbol{\xi}_{INS_n}$、$\boldsymbol{\xi}_{Aid_n}$ 参数中，然后将控制矢量 $\boldsymbol{u}_C$ 置 **0**，并比较滤波器估计的状态矢量值与真实模型下的状态矢量是否吻合。在这项测试中，将误差协方差矩阵外推算法、更新算法中的过程噪声序列协方差矩阵及量测噪声序列协方差矩阵置 **0** 可以增强验证的敏感度。

5）有噪声情况下卡尔曼滤波器的估计能力可以通过重复上一验证过程并引入过程噪声和量测噪声（通过噪声发生器产生卡尔曼滤波器指定的白噪声）来实现。其中过程噪声被适当地引入到 $\boldsymbol{\xi}_{INS_n}$、$\boldsymbol{\xi}_{Aid_n}$ 参数中，量测噪声被适当地引入到 $z_{Obs_n}$ 中。过程噪声序列协方差矩阵及量测噪声序列协方差矩阵均设为与噪声强度对应的值。同时，将相同的噪声和初始条件代入到式（6-1-1）中可以得出真实模型（独立于卡尔曼滤波器运行）下各时刻上的状态矢量。通过真实模型下的状态矢量和卡尔曼滤波器估计出的状态矢量的对比可以得到状态矢量估计的不确定性。用噪声生成器在不同的初始种子下产生不同的噪声，然后重复执行上述验证过程，可以了解状态矢量估计不确定性的总体变化情况。各组验证中状态矢量估计不确定性的总体均值乘以其转置得到的结果应该与滤波器相应的误差协方差矩阵一致。

6）控制量 $\boldsymbol{u}_C$ 对式（6-1-23）及式（6-1-24）的作用可以通过赋给 $\boldsymbol{u}_C$ 任一值并将其代入到上述两式中进行验证。如果式（6-1-23）、式（6-1-24）及量测、观测方程保持一致，则量测残差 $z_{Obs_n} - \hat{z}_n$ 将不受上述操作的影响。

## 6.2 轨迹发生器

在导航应用中，载体的运动轨迹是影响导航精度的重要因素，相同精度的导航设备在不同运动轨迹下可能表现出不同的导航精度，因此针对不同轨迹进行仿真是导航算法设计中的重要环节。在组合导航系统仿真软件中，轨迹发生器的任务是根据特定的轨迹参数输入，输出轨迹的完整参数并模拟安装于载体上的导航传感器的输出。它是组合导航仿真研究的基础。一方面为导航相关算法提供输入值：陀螺、加速度计及其他导航传感器的输出；另一方面为相关算法的仿真结果提供一个分析基准：它输出载体真实的位置、速度和姿态等导航参数，用来检验惯性导航算法、组合导航算法或信息融合算法等的正确性、优劣性和误差大小。

### 6.2.1　轨迹发生流程

轨迹发生通常有两种方式，其一是由理论推导或设计得到的载体运动学或动力学方程求解生成，其二是由实测或设计给出的一组航路点（包括载体在特定时刻的位置、速度、姿态等）插值得到。前一种称为运动学轨迹（kinematic trajectory）[12][13]，后一种称为航路点轨迹（waypoint trajectory）。

对于运动学轨迹，由于实际载体的运动轨迹千变万化，因此载体的运动学或动力学方程的形式及参数也千差万别，为能够以一套相对固定的流程生成各种轨迹，需要采取以下手段：

1）选择一套通用的中间参数作为轨迹发生器的输入，这套参数是连接运动学输入与轨迹发生器输出的桥梁，具有以下特点：

a）便于通过运动学或动力学方程求解；

b）能够直观地描述载体的运动；

c）能够代入导航方程进行数值积分并转换为完整的导航参数及导航传感器输出。

2）一条完整的轨迹通常过于复杂，因此可由多个轨迹段拼接而成，每段轨迹的运动学输入有相对简单的形式。

以轨迹发生器输入参数为枢纽，运动学轨迹的发生流程包含以下步骤：

1）将整段轨迹拆分为相对简单的轨迹段，并指定整段轨迹的初始条件；

2）根据各个轨迹段的特点，指定各段轨迹的运动学或动力学方程及参数；

3）由运动学或动力学方程计算各段轨迹上的轨迹发生器输入，常用基本运动类型的算法见 6.2.2 节；

4）将各段轨迹的轨迹发生器输入合并，并由导航方程数值积分得到轨迹发生器输出，包含载体导航参数及与特定传感器相关的导航参数，详见 6.2.3 节；

5）在轨迹发生器输出的基础上，根据传感器模型计算含误差的传感器输出，详见相关传感器模型章节；

6）如果需要，调用导航算法对轨迹发生器的输出进行计算，验证导航传感器输出与导航参数的一致性，详见 6.2.5 节。

对于航路点轨迹，由于可以直接给出完整轨迹在特定时刻的导航参数，因此可以直接计算轨迹发生器输出量，并根据传感器模型计算含误差的传感器输出，相当于运动学轨迹发生流程的第 4）步及第 5）步，但有以下区别：

1）航路点轨迹采用插值方式计算各输出采样时刻上的轨迹发生器输出量（载体导航

---

[12] 对应 integrated/trajgen/KinemTraj. m

[13] 对应 integrated/trajgen/gentrajectory. m

参数及与特定传感器相关的导航参数)，常用的插值方法见 6.2.4 节；

2）由于插值得到的导航参数均为瞬时值，对于采用增量输出的传感器（如高精度的加速度计及陀螺)，需要由瞬时值逆推增量输出，方法详见 6.2.6 节。

综上，轨迹发生流程示意图如图 6－4 所示。

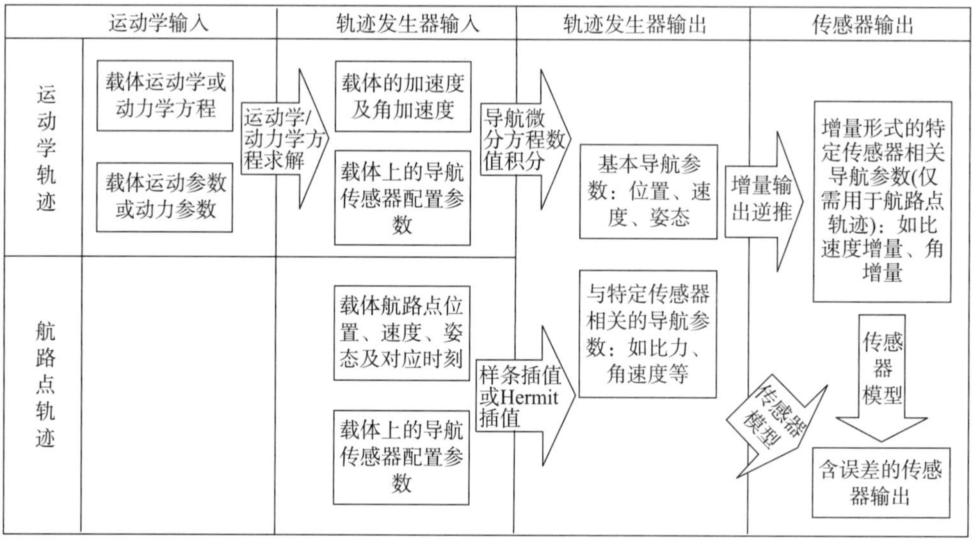


图 6－4　轨迹发生流程

### 6.2.2　运动学轨迹的输入计算

运动学轨迹发生器的输入参数可以根据应用的实际需要来确定。考虑用户输入直观方便和内部设计简洁等方面的因素，这里选择载体坐标系 $V$ 下的地速导数 $\dot{\boldsymbol{v}}^V = \left(\left.\dfrac{\mathrm{d}\boldsymbol{v}}{\mathrm{d}t}\right|_V\right)^V$ 、载体坐标系相对于地理坐标系 $G_L$ 的角速度在载体系下的投影 $\boldsymbol{\omega}_{G_L V}^V$ 和传感器本体坐标系 $B$ 相对于载体坐标系的角速度在本体坐标系下的投影 $\boldsymbol{\omega}_{VB}^B$ 为轨迹发生器的输入参数。前两者定义了载体的运动轨迹，后者相对于前两者是独立的，它定义了传感器本体相对于载体的转动（对于传感器与载体并不固连的系统如旋转调制惯导系统，这一项输入是必要的)。对于每一段轨迹，需要单独确定上述输入参数。此外，还需要注意相邻轨迹段输入参数之间的匹配，否则可能出现轨迹参数不连续的情况。除了设置上述轨迹参数外，对于整段轨迹，还需要给定载体的初始位置、初始速度、初始姿态、初始游移方位角、传感器本体相对于载体的初始姿态和地球模型相关常值及导航坐标系类型等。

(1) 输入参数说明

①载体坐标系下的地速导数 $\dot{\boldsymbol{v}}^V$

一般来说，载体坐标系的 $X$ 轴与 1.1.9 节中 $T$ 系的 $X$ 轴（即载体速度方向）是不重合的。但是对于大多数载体，可以忽略两者之间的夹角（攻角与侧滑角)，这时，$V$ 系的 $X$ 轴与 $T$ 系的 $X$ 轴重合，由科氏定理有

$$\dot{\boldsymbol{v}}\big|_V = \dot{\boldsymbol{v}}\big|_T + \boldsymbol{\omega}_{VT} \times \boldsymbol{v} = \dot{\boldsymbol{v}}\big|_T \tag{6-2-1}$$

式中，$\boldsymbol{\omega}_{VT} \times \boldsymbol{v} = \boldsymbol{0}$，是因为两者方向相同（均沿 $X$ 轴方向）。

由上式及式（1-1-82）可知这种情况下 $\dot{\boldsymbol{v}}^V$ 可简化为

$$\dot{\boldsymbol{v}}^V = (\dot{\boldsymbol{v}}\big|_V)^V = [\boldsymbol{a}_{Tang} \quad 0 \quad 0]^{\mathrm{T}} \tag{6-2-2}$$

②载体相对于地理坐标系的角速度在载体系下的投影 $\boldsymbol{\omega}_{G_L V}^V$

由 1.2.1 节的定义，可得地理系 $G_L$ 到载体系 $V$ 的转换关系

$$X_{G_L} Y_{G_L} Z_{G_L} \rightarrow \frac{\psi_{True}}{Z} \rightarrow \frac{\theta}{Y} \rightarrow \frac{\phi}{X} \rightarrow X_V Y_V Z_V \tag{6-2-3}$$

设真北方位、俯仰和滚动角的变化率为 $\dot{\psi}_{True}$、$\dot{\theta}$ 和 $\dot{\phi}$，则将 $\dot{\psi}_{True}$、$\dot{\theta}$ 和 $\dot{\phi}$ 映射到载体系并相加可得

$$\begin{aligned}
\boldsymbol{\omega}_{G_L V}^V &= \begin{bmatrix} 1 & 0 & 0 \\ 0 & \cos\phi & \sin\phi \\ 0 & -\sin\phi & \cos\phi \end{bmatrix} \begin{bmatrix} \cos\theta & 0 & -\sin\theta \\ 0 & 1 & 0 \\ \sin\theta & 0 & \cos\theta \end{bmatrix} \begin{bmatrix} 0 \\ 0 \\ \dot{\psi}_{True} \end{bmatrix} + \\
&\quad \begin{bmatrix} 1 & 0 & 0 \\ 0 & \cos\phi & \sin\phi \\ 0 & -\sin\phi & \cos\phi \end{bmatrix} \begin{bmatrix} 0 \\ \dot{\theta} \\ 0 \end{bmatrix} + \begin{bmatrix} \dot{\phi} \\ 0 \\ 0 \end{bmatrix} \\
&= \begin{bmatrix} \dot{\phi} - \dot{\psi}_{True}\sin\theta \\ \dot{\theta}\cos\phi + \dot{\psi}_{True}\cos\theta\sin\phi \\ \dot{\psi}_{True}\cos\phi\cos\theta - \dot{\theta}\sin\phi \end{bmatrix} = \begin{bmatrix} 1 & 0 & -\sin\theta \\ 0 & \cos\phi & \cos\theta\sin\phi \\ 0 & -\sin\phi & \cos\phi\cos\theta \end{bmatrix} \begin{bmatrix} \dot{\phi} \\ \dot{\theta} \\ \dot{\psi}_{True} \end{bmatrix}
\end{aligned} \tag{6-2-4}$$

③传感器本体坐标系相对于载体坐标系的角速度在本体坐标系下的投影 $\boldsymbol{\omega}_{VB}^B$

若传感器与载体固连，则 $\boldsymbol{\omega}_{VB}^B = \boldsymbol{0}$；若传感器以一定的角速度绕载体坐标系旋转，即旋转调制式惯性导航方案，$\boldsymbol{\omega}_{VB}^B$ 的值由用户直接给定。

（2）输入参数的计算方法

对于运动学轨迹，通常采用运动学或动力学方程来计算轨迹发生器输入。当轨迹段的运动参数或动力参数可以用函数或微分方程表示时，可给定该函数或微分方程，根据这些函数或微分方程计算轨迹发生器的输入量。对于基本的运动类型，这些函数或微分方程可以由用户给定的少数几个特征运动参数来构造。此外，如果已知某些时刻上的输入参数（$\dot{\boldsymbol{v}}^V$、$\boldsymbol{\omega}_{G_L V}^V$、$\boldsymbol{\omega}_{VB}^B$），也可以通过类似于 6.2.4 节的插值方法获取给定时间间隔的轨迹发生器输入量。

以下给出几种常见的基本运动类型轨迹段的轨迹发生器输入参数 $\dot{\boldsymbol{v}}^V$、$\boldsymbol{\omega}_{G_L V}^V$ 的计算方法。$\boldsymbol{\omega}_{VB}^B$ 相对独立，可参考 $\boldsymbol{\omega}_{G_L V}^V$ 的计算方法。需要说明的是，轨迹发生器输入参数中加速度以及角速度的不连续性会给数值积分带来误差，需要特别处理，因此本节中对各轨迹段内上述参数不连续的情况（如果有的话）进行了特别说明（根据用户给定的特征运动参数值，各轨迹段开始与结束时刻加速度以及角速度可能不连续，本节不再赘述）。

6.2.2.1　静止或匀速直线运动[14]

6.2.2.1.1　特征运动参数及运动过程

无特征运动参数。本轨迹段载体为静止或匀速直线运动。

6.2.2.1.2　初始条件

无。

6.2.2.1.3　计算方法

在本轨迹段内，姿态角速度、加速度均为 0，即 $\boldsymbol{\omega}_{G_L V}^{V}=\mathbf{0}$，$\dot{\boldsymbol{v}}^{V}=\mathbf{0}$。

6.2.2.2　绕 $V$ 系固定轴转动指定角度[15]

6.2.2.2.1　特征运动参数及运动过程

用户给定 $V$ 系下的旋转矢量 $\boldsymbol{\theta}^{V}$ 、目标角速度 $\omega_{Targ}$ 、加速时间 $t_{Acc}$ 、减速时间 $t_{Dec}$ 。

本轨迹段包括以下运动过程：绕 $\boldsymbol{\theta}^{V}$ 的方向在 $t_{Acc}$ 时间内匀加速到 $\omega_{Targ}$ ，然后做匀角速度运动，最后在 $t_{Dec}$ 时间内匀减速到 0，转动角度总共为 $\theta=\|\boldsymbol{\theta}^{V}\|$ 。

6.2.2.2.2　初始条件

轨迹段开始时刻角速度 $\boldsymbol{\omega}_{G_L V}^{V}$ 为零。

6.2.2.2.3　计算方法

为保证转动角度为 $\theta$ ，匀速段的运行时间为

$$t_{Uni}=\frac{\theta-\dfrac{\omega_{Targ}t_{Acc}}{2}-\dfrac{\omega_{Targ}t_{Dec}}{2}}{\omega_{Targ}} \tag{6-2-5}$$

由此，$\boldsymbol{\omega}_{G_L V}^{V}$ 的计算式为

$$\boldsymbol{\omega}_{G_L V}^{V}=\begin{cases}\dfrac{\omega_{Targ}t}{t_{Acc}}\cdot\dfrac{\boldsymbol{\theta}^{V}}{\theta} & (t_{Bgn}\leqslant t<t_{Bgn}+t_{Acc})\\ \omega_{Targ}\cdot\dfrac{\boldsymbol{\theta}^{V}}{\theta} & (t_{Bgn}+t_{Acc}\leqslant t\leqslant t_{Bgn}+t_{Acc}+t_{Uni})\\ \dfrac{\omega_{Targ}(t_{Acc}+t_{Uni}+t_{Dec}-t)}{t_{Dec}}\cdot\dfrac{\boldsymbol{\theta}^{V}}{\theta} & (t_{Bgn}+t_{Acc}+t_{Uni}<t\leqslant t_{Bgn}+t_{Acc}+t_{Uni}+t_{Dec})\end{cases} \tag{6-2-6}$$

式中，$t_{Bgn}$ 为轨迹段开始时刻。由于仅涉及转动，因此 $\dot{\boldsymbol{v}}^{V}=\mathbf{0}$。

6.2.2.3　沿 $V$ 系固定轴平移至指定速率增量[16]

6.2.2.3.1　特征运动参数及运动过程

用户给定 $V$ 系下平移方向的单位矢量 $\boldsymbol{u}^{V}$ 、目标速率增量 $\Delta v$ 、目标加速度 $a_{Targ}$ 、加加速时间 $t_{Acc}$ 、减加速时间 $t_{Dec}$ 。

本轨迹段包括以下运动过程：沿 $\boldsymbol{u}^{V}$ 方向，在 $t_{Acc}$ 时间内加速度线性增加到 $a_{Targ}$ ，然

---

⑭ 对应 integrated/trajgen/geneletgi _ static. m

⑮ 对应 integrated/trajgen/geneletgi _ rotabtbdfixaxis. m

⑯ 对应 integrated/trajgen/geneletgi _ transalgbdfixaxis _ targvel. m

后做匀加速度运动，最后在 $t_{Dec}$ 时间内加速度线性减小到 0，整个过程中速率增加 $\Delta v$。

6.2.2.3.2　初始条件

轨迹段开始时刻角速度 $\boldsymbol{\omega}_{G_L V}^{V}$ 为零。

6.2.2.3.3　计算方法

类似于 6.2.2.2 节，为保证速率增量为 $\Delta v$ ，匀加速段的运行时间为

$$t_{Uni}=\frac{\Delta v-\dfrac{a_{Targ}t_{Acc}}{2}-\dfrac{a_{Targ}t_{Dec}}{2}}{a_{Targ}} \tag{6-2-7}$$

由此，$\dot{\boldsymbol{v}}^{V}$ 的计算式为

$$\dot{\boldsymbol{v}}^{V}=\begin{cases}\dfrac{a_{Targ}t}{t_{Acc}}\cdot\boldsymbol{u}^{V} & (t_{Bgn}\leqslant t<t_{Bgn}+t_{Acc})\\ a_{Targ}\cdot\boldsymbol{u}^{V} & (t_{Bgn}+t_{Acc}\leqslant t\leqslant t_{Bgn}+t_{Acc}+t_{Uni})\\ \dfrac{a_{Targ}(t_{Acc}+t_{Uni}+t_{Dec}-t)}{t_{Dec}}\cdot\boldsymbol{u}^{V} & (t_{Bgn}+t_{Acc}+t_{Uni}<t\leqslant t_{Bgn}+t_{Acc}+t_{Uni}+t_{Dec})\end{cases} \tag{6-2-8}$$

由于仅涉及平移，因此 $\boldsymbol{\omega}_{G_L V}^{V}=\mathbf{0}$。

6.2.2.4　沿 $V$ 系固定轴平移至指定位移距离[17]

6.2.2.4.1　特征运动参数及运动过程

用户给定 $V$ 系下平移方向的单位矢量 $\boldsymbol{u}^{V}$ 、目标位移距离 $\Delta p$ 、目标速度 $v_{Targ}$ 、加速时间 $t_{Acc}$ 、减速时间 $t_{Dec}$ 。

本轨迹段包括以下运动过程：沿 $\boldsymbol{u}^{V}$ 方向，在 $t_{Acc}$ 时间内匀加速到 $v_{Targ}$ ，然后做匀速运动，最后在 $t_{Dec}$ 时间内匀减速到 0，整个过程中位移距离为 $\Delta p$ 。

6.2.2.4.2　初始条件

轨迹段开始时刻角速度 $\boldsymbol{\omega}_{G_L V}^{V}$ 为零、速度 $\boldsymbol{v}^{V}$ 为零。

6.2.2.4.3　计算方法

类似于 6.2.2.2 节，为保证位移距离为 $\Delta p$ ，匀速段的运行时间为

$$t_{Uni}=\frac{\Delta p-\dfrac{v_{Targ}t_{Acc}}{2}-\dfrac{v_{Targ}t_{Dec}}{2}}{v_{Targ}} \tag{6-2-9}$$

由此，$\dot{\boldsymbol{v}}^{V}$ 的计算式为

$$\dot{\boldsymbol{v}}^{V}=\begin{cases}\dfrac{v_{Targ}}{t_{Acc}}\cdot\boldsymbol{u}^{V} & (t_{Bgn}\leqslant t<t_{Bgn}+t_{Acc})\\ \mathbf{0} & (t_{Bgn}+t_{Acc}\leqslant t\leqslant t_{Bgn}+t_{Acc}+t_{Uni})\\ -\dfrac{v_{Targ}}{t_{Dec}}\cdot\boldsymbol{u}^{V} & (t_{Bgn}+t_{Acc}+t_{Uni}<t\leqslant t_{Bgn}+t_{Acc}+t_{Uni}+t_{Dec})\end{cases} \tag{6-2-10}$$

---

[17] 对应 integrated/trajgen/geneletgi_transalgbdfixaxis_targdisp.m

由于仅涉及平移，因此 $\boldsymbol{\omega}_{G_L V}^{V}=\mathbf{0}$。

6.2.2.4.4 不连续性

在 $t_{Bgn}+t_{Acc}$、$t_{Bgn}+t_{Acc}+t_{Uni}$ 时刻，$\dot{\boldsymbol{v}}^V$ 不连续。

### 6.2.2.5 垂直转弯

6.2.2.5.1 特征运动参数及运动过程

垂直转弯是改变载体俯仰角的一种运动方式。用户给定俯仰角的变化量 $\Delta\theta$、法向加速度（俯仰角增大时为正）绝对值 $|a_{Norm}|$、初始速率 $v_{Bgn}$、切向加速度 $a_{Tang}$、轨迹段结束时刻 $t_{End}$。

本轨迹段包括以下运动过程：轨迹段开始时，载体速率为 $v_{Bgn}$、滚动角为 0。然后载体在垂直平面内进行上下俯仰运动，滚动角保持为 0，真北方位角不变，过程中在切向上以 $a_{Tang}$ 加速，在法向上法向加速度绝对值为 $|a_{Norm}|$。俯仰角变化量到达 $\Delta\theta$ 后（对应图 6-5 中 $t_{Done}$ 时刻），切向加速度及法向加速度变为 0，载体做匀速直线运动直至 $t_{End}$ 时刻。图 6-5 所示是垂直转弯中俯仰角的变化情况（$a_{Tang}=0$ 时）。

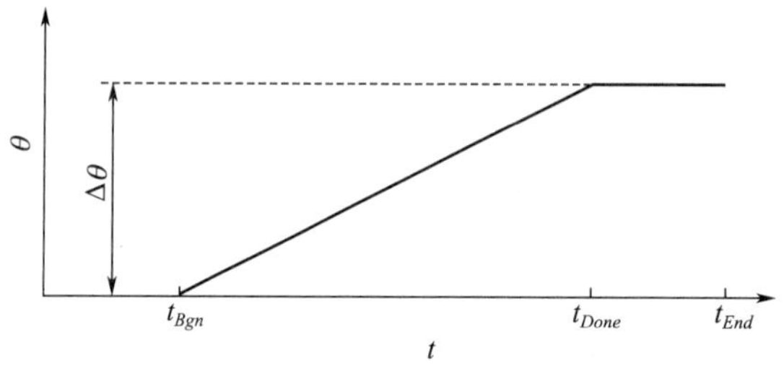


图 6-5 垂直转弯俯仰角变化情况

6.2.2.5.2 初始条件

轨迹段开始时刻 $\phi=0$、地速 $\boldsymbol{v}^V$ 沿 V 系 X 轴方向。

6.2.2.5.3 计算方法

该轨迹段需要计算满足上述运动控制要求的 $\boldsymbol{\omega}_{G_L V}^{V}$、$\dot{\boldsymbol{v}}^V$ 以及时间点 $t_{Done}$。

这里忽略载体的攻角与侧滑角，由式（6-2-2）可得 $\dot{\boldsymbol{v}}^V$ 为

$$\dot{\boldsymbol{v}}^V=\begin{cases}[a_{Tang} \quad 0 \quad 0]^{\mathrm{T}} & (t_{Bgn}<t<t_{Done}) \\ \mathbf{0} & (t_{Done}\leqslant t<t_{End})\end{cases} \tag{6-2-11}$$

由于滚动角、滚动角速率及真北方位角速率为 0，将 $\phi=0$、$\dot{\phi}=0$、$\dot{\psi}_{True}=0$ 代入式（6-2-4）可得 $\boldsymbol{\omega}_{G_L V}^{V}$ 为

$$\boldsymbol{\omega}_{G_L V}^{V}=\begin{bmatrix}1 & 0 & -\sin\theta \\ 0 & 1 & 0 \\ 0 & 0 & \cos\theta\end{bmatrix}\begin{bmatrix}0 \\ \dot{\theta} \\ 0\end{bmatrix}=\begin{bmatrix}0 \\ \dot{\theta} \\ 0\end{bmatrix} \tag{6-2-12}$$

式中，$\dot{\theta}$ 可由法向加速度计算式（1-1-81）得到

$$\dot{\theta}=\begin{cases}\dfrac{a_{Norm}}{v} & (t_{Bgn}<t<t_{Done})\\ 0 & (t_{Done}\leqslant t<t_{End})\end{cases} \tag{6-2-13}$$

其中

$$a_{Norm}=|a_{Norm}|\cdot \mathrm{sign}(\Delta\theta)$$

$$v=v_{Bgn}+(t-t_{Bgn})a_{Tang}$$

对式（6－2－13）积分，得 $\theta$ 的变化量 $\Delta\theta$ 为

$$\Delta\theta(t)=\int_{t_{Bgn}}^{t}\frac{a_{Norm}}{v}\mathrm{d}t=\int_{t_{Bgn}}^{t}\frac{a_{Norm}}{v_{Bgn}+(t-t_{Bgn})a_{Tang}}\mathrm{d}t$$

$$=\begin{cases}\dfrac{a_{Norm}}{a_{Tang}}\ln\left[1+\dfrac{a_{Tang}}{v_{Bgn}}(t-t_{Bgn})\right] & (a_{Tang}\neq 0)\\ \dfrac{a_{Norm}}{v_{Bgn}}(t-t_{Bgn}) & (a_{Tang}=0)\end{cases} \tag{6-2-14}$$

通过式（6－2－14）可以得到时间点 $t_{Done}$ 使得 $|\Delta\theta(t_{Done})|=|\Delta\theta|$

$$t_{Done}=\begin{cases}t_{Bgn}+\dfrac{v_{Bgn}}{a_{Tang}}\left[\exp\left(\dfrac{a_{Tang}\Delta\theta}{a_{Norm}}\right)-1\right] & (a_{Tang}\neq 0)\\ t_{Bgn}+\dfrac{\Delta\theta}{a_{Norm}}v_{Bgn} & (a_{Tang}=0)\end{cases} \tag{6-2-15}$$

#### 6.2.2.5.4　不连续性

在 $t_{Done}$ 时刻，$\dot{\theta}$ 及 $\dot{\boldsymbol{v}}^{V}$ 不连续。

### 6.2.2.6　水平转弯

#### 6.2.2.6.1　特征运动参数及运动过程

水平转弯是改变载体真北方位角的一种运动方式。一般要求水平转弯按协调转弯（coordinated turn）方式进行机动，它的优点是保证空气动力载体的侧滑角为 0，减小空气阻力，有利于机动性。用户给定真北方位角的变化量 $\Delta\psi_{True}$ 、最大法向加速度（真北方位角增大时为正）绝对值 $|a_{Norm\max}|$ 、滚动角速率绝对值 $|\dot{\phi}|$ 、初始俯仰角 $\theta$ 、初始速率 $v_{Bgn}$ 、切向加速度 $a_{Tang}$ 、轨迹段结束时刻 $t_{End}$ 。

本轨迹段包括以下运动过程：在开始时刻，载体滚动角为 0、俯仰角为 $\theta$ 、速率为 $v_{Bgn}$ 。然后载体开始进行水平转弯，转弯时载体的滚动角和真北方位角同时变化以满足协调转弯条件。仅考虑在结束时刻之前已经完成了转弯运动，滚动角有如图 6－6 所示的两种变化情况，均包含了由 0 匀速增大至最大值然后再匀速减小到 0 的过程。其中，$t_{On}$、$t_{Off}$ 是 $\dot{\phi}$ 的开关时刻，即 $t_{Off}$ 时刻及以后 $\dot{\phi}=0$，$t_{On}$ 时刻及以后 $\dot{\phi}\neq 0$。伴随滚动角的变化，真北方位角也相应变化，到 $t_{Done}$ 时刻，真北方位角的变化达到目标值 $\Delta\psi_{True}$ ，载体做匀速直线运动直至 $t_{End}$ 时刻。水平转弯中俯仰角保持不变，真北方位角的变化与图 6－5 类似。

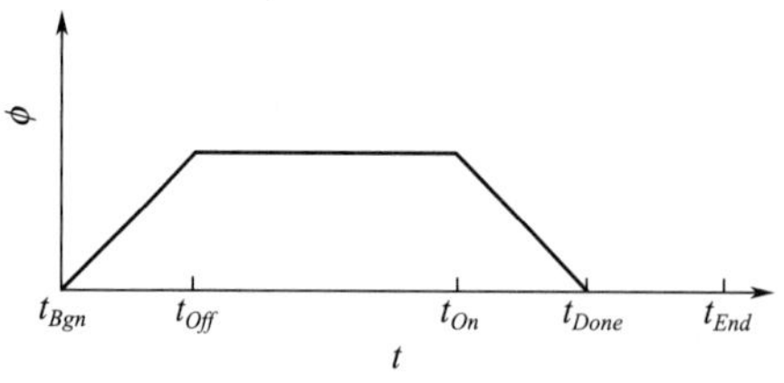


情况1——达到最大滚转角

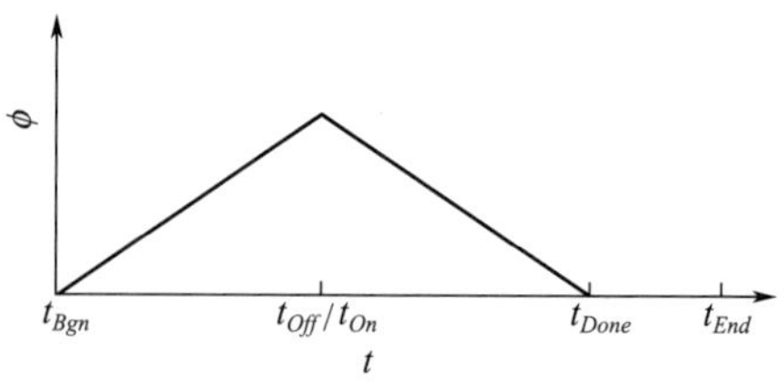


情况2——未达到最大滚转角

图 6-6　水平转弯时滚动角变化情况

6.2.2.6.2　初始条件

轨迹段开始时刻 $\phi=0$、$\theta\neq\pm\dfrac{\pi}{2}$、地速 $\boldsymbol{v}^V$ 沿 $V$ 系 $X$ 轴方向。

6.2.2.6.3　计算方法

该轨迹段需要计算满足上述运动控制要求的 $\boldsymbol{\omega}_{G_LV}^V$、$\dot{\boldsymbol{v}}^V$ 以及时间点 $t_{Off}$、$t_{On}$、$t_{Done}$。其中 $\dot{\boldsymbol{v}}^V$ 的计算式与垂直转弯类似，可参考式（6-2-11）。下面介绍其他参数的计算方法。

在水平转弯中，俯仰角保持不变，即 $\dot{\theta}=0$，所以式（6-2-4）变为

$$\boldsymbol{\omega}_{G_LV}^V=\begin{bmatrix}1&0&0\\0&\cos\phi&\sin\phi\\0&-\sin\phi&\cos\phi\end{bmatrix}\begin{bmatrix}\cos\theta&0&-\sin\theta\\0&1&0\\\sin\theta&0&\cos\theta\end{bmatrix}\begin{bmatrix}0\\0\\\dot{\psi}_{True}\end{bmatrix}+\begin{bmatrix}\dot{\phi}\\0\\0\end{bmatrix}\tag{6-2-16}$$

其中，$\dot{\phi}=\pm|\dot{\phi}|$，为用户输入滚动角速率。

为确定 $\boldsymbol{\omega}_{G_LV}^V$，需要确定滚动角 $\phi$ 以及北向方位角速度 $\dot{\psi}_{True}$。

按照协调转弯要求，载体需要控制滚动角变化以使法向加速度矢量 $\boldsymbol{a}_{Norm}$ 与重力加速度矢量 $\boldsymbol{g}$ 在 $V$ 系 $Y$、$Z$ 平面内分量之和与载体高度方向平行（对飞机来说即垂直于翼面），因此有[71]

$$a_{Norm}=g\cdot\cos\theta\cdot\tan\phi\tag{6-2-17}$$

例如，航线右偏时需要正滚动角。

另一方面，将法向加速度计算式（1-1-81）投影到水平面可以得到[71]

$$\dot{\psi}_{True}=\frac{a_{Norm}}{v\cos\theta}\tag{6-2-18}$$

结合式（6-2-18）与式（6-2-17）可得偏航角速率

$$\dot{\psi}_{True}=\frac{g\cdot\cos\theta\cdot\tan\phi}{v\cdot\cos\theta}=\frac{g\cdot\tan\phi}{v}=\frac{g\cdot\tan\phi}{v_{Bgn}+(t-t_{Bgn})a_{Tang}}\tag{6-2-19}$$

对式（6-2-19）积分得

$$\Delta\psi_{True}=g\left[\int_{t_{Bgn}}^{t_{Off}}\frac{\tan\phi}{v}\mathrm{d}t+\int_{t_{Off}}^{t_{On}}\frac{\tan\phi_{\max}}{v}\mathrm{d}t+\int_{t_{On}}^{t_{Done}}\frac{\tan\phi}{v}\mathrm{d}t\right]\tag{6-2-20}$$

由式（6-2-17）可知式中

$$\phi_{\max}=\arctan\left(\frac{a_{Norm\max}}{g\cos\theta}\right)\tag{6-2-21}$$

水平转弯最常见的情况为图 6-6 中的情况 1，在此仅对该情况进行讨论。该情况下，需要确定 $t_{Off}$、$t_{On}$ 及 $t_{Done}$ 等时间点。根据滚动角匀速变化特性，$t_{Off}$、$t_{Done}$ 的计算式为

$$
\begin{aligned}
t_{Off} &= t_{Bgn} + \frac{\phi_{\max}}{\dot{\phi}} \\
t_{Done} &= t_{On} + \frac{\phi_{\max}}{\dot{\phi}}
\end{aligned}
\tag{6-2-22}
$$

式中，$\phi_{\max}$ 可按式（6-2-21）计算。为计算 $t_{On}$，分别对式（6-2-20）中各个积分项进行分析。为简化起见，假设 $t_{Bgn}=0$，则式（6-2-20）中第一项有

$$
\begin{aligned}
\int_0^{t_{Off}} \frac{\tan\phi}{v}\mathrm{d}t &\approx \frac{1}{\bar{v}_{T_1}}\int_0^{t_{Off}} \tan\phi\,\mathrm{d}t \\
&= \frac{1}{\bar{v}_{T_1}}\int_0^{t_{Off}} \tan(\dot{\phi}\cdot t)\,\mathrm{d}t = \frac{-\ln\cos(\dot{\phi}\cdot t_{Off})}{\bar{v}_{T_1}\cdot\dot{\phi}}
\end{aligned}
\tag{6-2-23}
$$

其中

$$
\bar{v}_{T_1} = \frac{v_{Bgn} + v(t_{Off})}{2} = v_{Bgn} + \frac{t_{Off}\cdot a_{Tang}}{2} \tag{6-2-24}
$$

式（6-2-20）中第二项有

$$
\int_{t_{Off}}^{t_{On}} \frac{\tan\phi_{\max}}{v}\mathrm{d}t = \begin{cases} \dfrac{a_{Norm\max}}{g\cos\theta\cdot a_{Tang}}\ln\left[1+\dfrac{(t_{On}-t_{Off})a_{Tang}}{v(t_{Off})}\right] & (a_{Tang}\neq 0) \\ \dfrac{a_{Norm\max}}{g\cos\theta\cdot v}(t_{On}-t_{Off}) & (a_{Tang}=0) \end{cases}
\tag{6-2-25}
$$

类似第一项，并考虑时间的对称性，即 $t_{Off}-t_{Bgn}=t_{Done}-t_{On}$，则式（6-2-20）中第三项有

$$
\int_{t_{On}}^{t_{Done}} \frac{\tan\phi}{v}\mathrm{d}t \approx \frac{-\ln\cos(\dot{\phi}\cdot t_{Off})}{\bar{v}_{T_2}\dot{\phi}} \tag{6-2-26}
$$

其中

$$
\bar{v}_{T_2} = \frac{v(t_{On})+v(t_{Done})}{2} = v_{Bgn} + \left(t_{On}+\frac{t_{Off}}{2}\right)a_{Tang} \tag{6-2-27}
$$

将式（6-2-23）、式（6-2-25）和式（6-2-26）代入式（6-2-20）得

$$
\Delta\psi_{True} \approx \begin{cases} \dfrac{-g}{\dot{\phi}}\left[\dfrac{\ln\cos(\dot{\phi}t_{Off})}{v_{Bgn}+\dfrac{t_{Off}a_{Tang}}{2}} + \dfrac{\ln\cos(\dot{\phi}t_{Off})}{v_{Bgn}+\left(t_{On}+\dfrac{t_{Off}}{2}\right)a_{Tang}}\right] + \dfrac{a_{Norm\max}\ln\left[1+\dfrac{(t_{On}-t_{Off})a_{Tang}}{v(t_{Off})}\right]}{a_{Tang}\cos\theta} & (a_{Tang}\neq 0) \\ \dfrac{-2g}{\dot{\phi}}\left[\dfrac{\ln\cos(\dot{\phi}t_{Off})}{v_{Bgn}}\right] + \dfrac{a_{Norm\max}}{v\cos\theta}(t_{On}-t_{Off}) & (a_{Tang}=0) \end{cases}
\tag{6-2-28}
$$

在式（6-2-28）中，令 $t_{Done}=t_{End}$，$t_{Off}$、$t_{On}$ 按式（6-2-22）计算，即可得到在 $t_{Done}$ 不晚于 $t_{End}$ 的约束条件下，北向方位角变化最大的可能值 $\Delta\psi_{True_{\max}}$。若 $|\Delta\psi_{True_{\max}}|\geqslant$

$|\Delta\psi_{True}|$，则说明在 $t_{End}$ 结束时刻前，北向方位角变化量能够满足用户给定值，这时可以继续计算 $t_{On}$。

为计算 $t_{On}$，式（6-2-28）仍显复杂，将式（6-2-20）中的第二项按照类似于第一项的方式近似处理，有

$$\int_{t_{Off}}^{t_{On}} \frac{\tan\phi_{\max}}{v}\mathrm{d}t \approx \frac{1}{\bar{v}_{T3}}\int_{t_{Off}}^{t_{On}} \tan\phi_{\max}\mathrm{d}t = \frac{a_{Norm\max}}{\bar{v}_{T3}\, g\cos\theta}(t_{On}-t_{Off}) \tag{6-2-29}$$

其中

$$\bar{v}_{T3} = \frac{v(t_{Off})+v(t_{On})}{2} = v_{Bgn} + \frac{t_{Off}+t_{On}}{2}a_{Tang} \tag{6-2-30}$$

将式（6-2-29）和式（6-2-30）代替式（6-2-28）中的最后一项，并设

$$\begin{aligned} b_0 &= \frac{g\cos\theta\ln\cos(\dot{\phi}t_{Off})}{\dot{\phi}} \\ b_1 &= \Delta\psi_{True}\cos\theta \\ b_2 &= v_{Bgn} + \frac{t_{Off}}{2}a_{Tang} \end{aligned} \tag{6-2-31}$$

则式（6-2-28）可化简为以下一元二次方程

$$c_1 t_{On}^2 + c_2 t_{On} + c_3 = 0 \tag{6-2-32}$$

其中

$$\begin{aligned} c_1 &= \left(0.5\, b_1 a_{Tang} + \frac{0.5\, b_0 a_{Tang}}{b_2} - a_{Norm\max}\right)a_{Tang} \\ c_2 &= 1.5\, b_1\, b_2 a_{Tang} + 2\, b_0 a_{Tang} - a_{Norm\max}\, b_2 + a_{Norm\max}t_{Off}a_{Tang} \\ c_3 &= b_2(b_1\, b_2 + 2\, b_0 + a_{Norm\max}t_{Off}) \end{aligned}$$

上式中 $t_{Off}$ 已知，除 $t_{On}$ 外，其他量均为用户给定值。解该一元二次方程即可得到 $t_{On}$。此外，当 $a_{Tang}=0$ 时，可直接从式（6-2-28）获得 $t_{On}$。

综合上述分析可得各个时间段的滚动角速度及滚动角

$$\begin{cases} \dot{\phi} = |\dot{\phi}| & \phi = |\dot{\phi}|\cdot t & t_{Bgn} < t < t_{Off} \\ \dot{\phi} = 0 & \phi = |\dot{\phi}|\cdot t_{Off} & t_{Off} \leqslant t < t_{On} \\ \dot{\phi} = -|\dot{\phi}| & \phi = |\dot{\phi}|\cdot t_{Off} - |\dot{\phi}|\cdot(t-t_{On}) & t_{On} \leqslant t < t_{Done} \\ \dot{\phi} = 0 & \phi = 0 & t_{Done} \leqslant t < t_{End} \end{cases} \tag{6-2-33}$$

将式（6-2-33）及式（6-2-19）代入式（6-2-16），即可得到 $\boldsymbol{\omega}_{G_L V}^V$ 的计算式。

6.2.2.6.4 不连续性

在 $t_{Off}$、$t_{On}$ 及 $t_{Done}$ 时刻，$\dot{\phi}$ 不连续。在 $t_{Done}$ 时刻，$\dot{\boldsymbol{v}}^V$ 不连续。

#### 6.2.2.7 正弦机动

6.2.2.7.1 特征运动参数及运动过程

载体正弦机动时航线在地面上的投影如图 6-7 所示。用户给定机动周期 $T_P$、真北方

位角变化量的最大幅值 $\Delta\psi_{True}$ 、初始俯仰角 $\theta$ 、初始速率 $v_{Bgn}$ 、轨迹段结束时刻 $t_{End}$ （$t_{End}-t_{Bgn}$ 为 $\frac{T_P}{4}$ 的整数倍）。

本轨迹段包括以下运动过程：在开始时刻，载体滚动角为 0、俯仰角为 $\theta$ 、速率为 $v_{Bgn}$。然后载体开始进行正弦机动直至 $t_{End}$ 时刻。机动时载体的滚动角和真北方位角同时变化以满足协调转弯条件，速率和俯仰角保持不变。

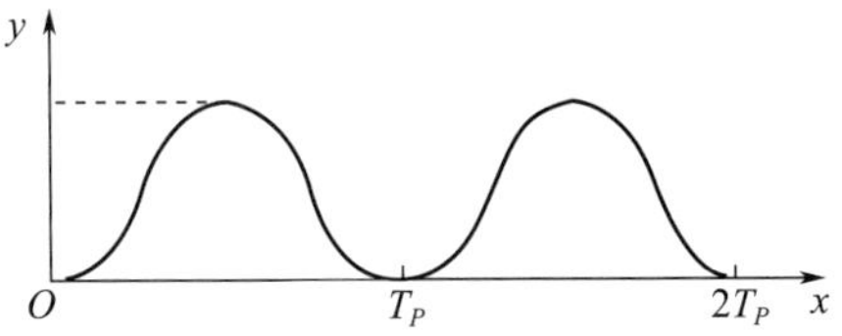


图 6-7　正弦机动地面投影图

6.2.2.7.2　初始条件

轨迹段开始时刻 $\phi=0$、$\theta\neq\pm\frac{\pi}{2}$ 、地速 $\boldsymbol{v}^V$ 沿 $V$ 系 $X$ 轴方向。

6.2.2.7.3　计算方法

该轨迹段需要计算满足上述运动控制要求的 $\boldsymbol{\omega}_{G_LV}^V$、$\dot{\boldsymbol{v}}^V$。这里忽略攻角与侧滑角，$\dot{\boldsymbol{v}}^V$ 的算法可参考式（6-2-2）。与水平转弯类似，在正弦机动中，俯仰角保持不变，因此 $\boldsymbol{\omega}_{G_LV}^V$ 的算法与式（6-2-16）相同。下面分别介绍如何计算 $\dot{\psi}_{True}$ 和 $\dot{\phi}$。

载体在进行正弦机动时，$\psi_{True}$ 在第一个周期内需要按照下式变化[71]

$$\psi_{True}=\begin{cases}\Delta\psi_{True}\sin^2(\omega t) & t_{Bgn}\leqslant t<\dfrac{T_P}{2}\\ -\Delta\psi_{True}\sin^2(\omega t) & \dfrac{T_P}{2}\leqslant t<T_P\end{cases}\tag{6-2-34}$$

式中，$\omega=\frac{2\pi}{T_P}$ 为角频率。在后续周期内，$\psi_{True}$ 按式（6-2-34）的规律以 $T_P$ 为周期变化。对式（6-2-34）微分可得

$$\begin{gathered}\dot{\psi}_{True}=\begin{cases}\Delta\psi_{True}\omega\sin(2\omega t) & t_{Bgn}\leqslant t<\dfrac{T_P}{2}\\ -\Delta\psi_{True}\omega\sin(2\omega t) & \dfrac{T_P}{2}\leqslant t<T_P\end{cases}\\ \ddot{\psi}_{True}=\begin{cases}2\Delta\psi_{True}\omega^2\cos(2\omega t) & t_{Bgn}\leqslant t<\dfrac{T_P}{2}\\ -2\Delta\psi_{True}\omega^2\cos(2\omega t) & \dfrac{T_P}{2}\leqslant t<T_P\end{cases}\end{gathered}\tag{6-2-35}$$

在正弦机动中，载体仍按照协调转弯方式运动，仍存在关系式（6-2-17）和式（6-2-18），因此仍有

$$\dot{\psi}_{True} = \frac{g \cdot \tan\phi}{v_{Bgn}} \tag{6-2-36}$$

由式（6－2－36）可得

$$\phi = \arctan\left(\frac{v_{Bgn}\dot{\psi}_{True}}{g}\right) \tag{6-2-37}$$

对式（6－2－37）微分得

$$\dot{\phi} = \frac{g v_{Bgn} \ddot{\psi}_{True}}{\mathbf{g}^2 + (v_{Bgn}\dot{\psi}_{True})^2} \tag{6-2-38}$$

将式（6－2－36）及式（6－2－38）代入式（6－2－16），即可得到 $\boldsymbol{\omega}_{G_L V}^V$ 的计算式。

以 $T_P = 10$ s、$\Delta\psi_{True} = 20°$、$v_{Bgn} = 500$ km/h、$g = 9.8$ m/s$^2$ 为例，其真北方位角和滚动角变化如图 6－8 所示。

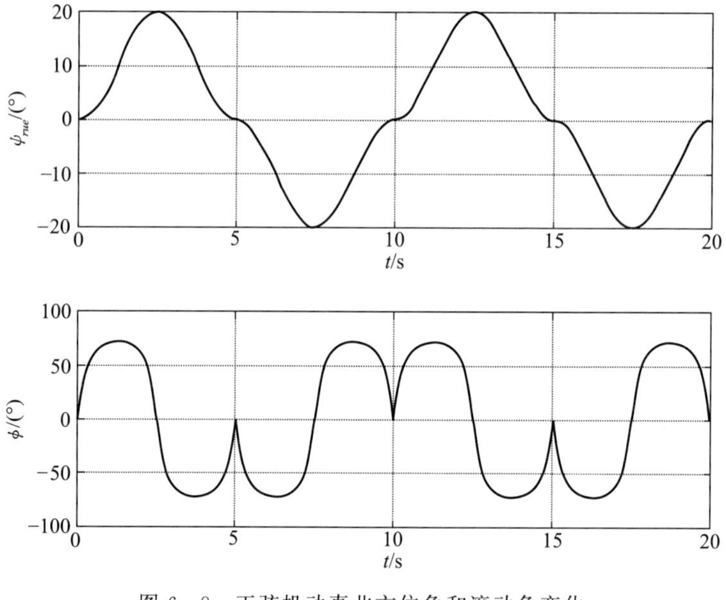


图 6－8　正弦机动真北方位角和滚动角变化

从图 6－8 中滚动角的变化可以看出在经过 $\frac{T_P}{4}$ 的整数倍时，$\phi = 0$，因此要求用户设置的正弦机动段时间为 $\frac{T_P}{4}$ 的整数倍。除此以外，该运动的各欧拉角按照规律联系变化，所以不需要计算关键时间点。

### 6.2.3　运动学轨迹的输出计算

当得到各个轨迹段上各输入时刻的输入参数（包括 $\dot{\boldsymbol{v}}^V$、$\boldsymbol{\omega}_{G_L V}^V$、$\boldsymbol{\omega}_{VB}^B$）后，可以将这些数据拼接起来，并同初始条件（包括初始姿态矩阵 $\boldsymbol{C}_{V_0}^{G_L}$、$\boldsymbol{C}_{B_0}^V$、$V$ 系原点初始速度 $\boldsymbol{v}_0^G$、$V$ 系原点初始纬度 $L_0$、经度 $\lambda_0$、高度 $h_0$）及导航传感器配置参数（如 $V$ 系下各传感器本体

坐标系原点相对于 $V$ 系原点的位置，即杆臂 $\boldsymbol{l}_{Body}^{V}=\boldsymbol{r}_{O_VO_B}^{V}$ 等）一起，根据本节所述的算法，利用数值积分工具（如 Simulink）求解各输出时刻的以下轨迹输出参数。

### 6.2.3.1　基本导航参数

导航参数包括仿真时间段内各个输出时刻的表 6－1 所列出的参数（本节位置、速度、加速度量中带 $Body$ 下标的为 $B$ 系原点处的量，不带该下标的为 $V$ 系原点处的量）。

**表 6－1　导航参数**

| 类型 | 原生参数 | 衍生参数 | 辅助输出参数 |
|---|---|---|---|
| 姿态 | $V$ 系姿态矩阵 $\boldsymbol{C}_V^{G_L}$，$B$ 系姿态矩阵 $\boldsymbol{C}_B^{G_L}$，$V$ 系相对于 $B$ 系的姿态矩阵 $\boldsymbol{C}_B^V$ | $V$ 系姿态矩阵 $\boldsymbol{C}_V^L$、$\boldsymbol{C}_V^N$，$V$ 系欧拉角，$B$ 系姿态矩阵 $\boldsymbol{C}_B^L$、$\boldsymbol{C}_B^N$，$B$ 系欧拉角 | |
| 速度 | $V$ 系原点的速度 $\boldsymbol{v}^G$ | $V$ 系原点的速度 $\boldsymbol{v}^N$，$B$ 系原点的速度 $\boldsymbol{v}_{Body}^G$、$\boldsymbol{v}_{Body}^N$，$B$ 系原点的加速度 $\dot{\boldsymbol{v}}_{Body}^G$，位移距离 $s_{Body}$ | |
| 位置 | $V$ 系原点的位置矩阵 $\boldsymbol{C}_N^E$、高度 $h$、曲率矩阵 $\boldsymbol{F}_C^N$、位移角速度 $\boldsymbol{\omega}_{EG}^G$、$\boldsymbol{\omega}_{EN}^N$ | $V$ 系原点的游移方位角 $\alpha$、真北方位角 $\psi_{True}$，$B$ 系原点的位置 $\boldsymbol{r}_{Body}^E$、纬度 $L_{Body}$、经度 $\lambda_{Body}$、高度 $h_{Body}$ | 位移角加速度 $\dot{\boldsymbol{\omega}}_{EG}^G$ |

#### 6.2.3.1.1　姿态

以 $V$ 系姿态为例，姿态更新可以通过方向余弦矩阵微分方程或者等效旋转矢量微分方程（Bortz 方程）计算。当采用前者时，由式（1－5－199），有

$$\dot{\boldsymbol{C}}_V^{G_L}=\boldsymbol{C}_V^{G_L}(\boldsymbol{\omega}_{G_LV}^V\times) \tag{6-2-39}$$

将输入参数 $\boldsymbol{\omega}_{G_LV}^V$ 代入上式，以初始条件 $\boldsymbol{C}_V^{G_L}=\boldsymbol{C}_{V0}^{G_L}$ 进行积分，即可得到各输出时刻的 $\boldsymbol{C}_V^{G_L}$。当采用后者时，设在 $G_L$ 系下观察，$V$ 系相对于 $V_0$ 系的等效旋转矢量为 $\boldsymbol{\phi}$，则由式（1－5－238），$\boldsymbol{\phi}$ 的导数为

$$\dot{\boldsymbol{\phi}}=\boldsymbol{\omega}_{G_LV}^V+\frac{1}{2}\boldsymbol{\phi}\times\boldsymbol{\omega}_{G_LV}^V+\frac{1}{\phi^2}\left(1-\frac{\phi\sin\phi}{2(1-\cos\phi)}\right)\boldsymbol{\phi}\times(\boldsymbol{\phi}\times\boldsymbol{\omega}_{G_LV}^V) \tag{6-2-40}$$

将输入参数 $\boldsymbol{\omega}_{G_LV}^V$ 代入上式，以初始条件 $\boldsymbol{\phi}=\boldsymbol{0}$ 进行积分，然后按照下式计算各输出时刻的 $\boldsymbol{C}_V^{G_L}$

$$\begin{aligned}\boldsymbol{C}_V^{G_L}&=\boldsymbol{C}_{V0}^{G_L}\boldsymbol{C}_V^{V0}\\ \boldsymbol{C}_V^{V0}&=\boldsymbol{I}+\frac{\sin\phi}{\phi}(\boldsymbol{\phi}\times)+\frac{(1-\cos\phi)}{\phi^2}(\boldsymbol{\phi}\times)^2\end{aligned} \tag{6-2-41}$$

将式（6－2－39）或式（6－2－41）中的 $G_L$ 系和 $V$ 系分别替换为 $V$ 系和 $B$ 系，即可得到 $\boldsymbol{C}_B^V$ 的计算式。当得到 $\boldsymbol{C}_B^V$ 及 $\boldsymbol{C}_V^{G_L}$ 后，可计算 $B$ 系的姿态

$$\boldsymbol{C}_B^{G_L}=\boldsymbol{C}_V^{G_L}\boldsymbol{C}_B^V \tag{6-2-42}$$

当得到 $\boldsymbol{C}_V^{G_L}$、$\boldsymbol{C}_B^{G_L}$ 后，可根据 6.2.3.1.3 节计算得到的游移方位角 $\alpha$，参考 1.5.1.3.2 节计算 $\boldsymbol{C}_V^L$、$\boldsymbol{C}_V^N$、$\boldsymbol{C}_B^L$、$\boldsymbol{C}_B^N$ 及相应欧拉角。

6.2.3.1.2　速度

对于速度有

$$\boldsymbol{v}^{G} = \boldsymbol{C}_{V}^{G}\boldsymbol{v}^{V} \tag{6-2-43}$$

对上式两边求导得

$$\begin{aligned}\dot{\boldsymbol{v}}^{G} &= \dot{\boldsymbol{C}}_{V}^{G}\boldsymbol{v}^{V} + \boldsymbol{C}_{V}^{G}\dot{\boldsymbol{v}}^{V} \\ &= (\boldsymbol{\omega}_{GV}^{G}\times)\boldsymbol{C}_{V}^{G}\boldsymbol{v}^{V} + \boldsymbol{C}_{V}^{G}\dot{\boldsymbol{v}}^{V} \\ &= [(\boldsymbol{C}_{V}^{G}\boldsymbol{\omega}_{G_LV}^{V})\times]\boldsymbol{v}^{G} + \boldsymbol{C}_{V}^{G}\dot{\boldsymbol{v}}^{V}\end{aligned} \tag{6-2-44}$$

其中

$$\boldsymbol{C}_{V}^{G} = \boldsymbol{C}_{G_L}^{G}\boldsymbol{C}_{V}^{G_L}$$

$$\boldsymbol{C}_{G_L}^{G} = \begin{bmatrix} 0 & 1 & 0 \\ 1 & 0 & 0 \\ 0 & 0 & -1 \end{bmatrix}$$

将输入参数 $\dot{\boldsymbol{v}}^{V}$ 、$\boldsymbol{\omega}_{G_LV}^{V}$ 及 6.2.3.1.1 节计算得到的 $\boldsymbol{C}_{V}^{G_L}$ 代入式（6－2－44），以初始条件 $\boldsymbol{v}_0^{G}$ 进行积分，即可得到各输出时刻 $V$ 系原点的速度 $\boldsymbol{v}^{G}$ 。

当得到 $\boldsymbol{v}^{G}$ 后，可根据 6.2.3.1.3 节计算得到的游移方位角 $\alpha$ ，参考 1.2.2.2 节计算 $\boldsymbol{v}^{N}$ 。为得到 $B$ 系原点的速度，根据式（1－1－72），可将 $\boldsymbol{v}^{G}$ 、$\boldsymbol{\omega}_{G_LV}^{V}$ 、6.2.3.1.1 节计算的姿态矩阵 $\boldsymbol{C}_{V}^{G_L}$ 、6.2.3.1.3 节计算的位移角速度 $\boldsymbol{\omega}_{EG}^{G}$ 、杆臂 $\boldsymbol{l}_{Body}^{V}$ 代入下式计算 $\boldsymbol{v}_{Body}^{G}$

$$\begin{aligned}\boldsymbol{v}_{Body}^{G} &= \boldsymbol{\omega}_{EV}^{G}\times(\boldsymbol{C}_{V}^{G}\boldsymbol{l}_{Body}^{V}) + \boldsymbol{v}^{G} \\ &= (\boldsymbol{\omega}_{EG}^{G} + \boldsymbol{C}_{G_L}^{G}\boldsymbol{C}_{V}^{G_L}\boldsymbol{\omega}_{G_LV}^{V})\times(\boldsymbol{C}_{G_L}^{G}\boldsymbol{C}_{V}^{G_L}\boldsymbol{l}_{Body}^{V}) + \boldsymbol{v}^{G}\end{aligned} \tag{6-2-45}$$

得到 $\boldsymbol{v}_{Body}^{G}$ 后，可根据游移方位角 $\alpha$ 计算 $\boldsymbol{v}_{Body}^{N}$ 。需要说明的是，这里 $N$ 系、$G$ 系的原点都是与 $V$ 系原点重合，而不是与 $B$ 系原点重合，因此它们的水平轴位于 $V$ 系原点所在的水平面上，而不是 $B$ 系原点所在的水平面上。这通常与导航应用中的定义一致。由式（1－6－63）（令 $F$ 系为 $E$ 系并投影到 $G$ 系下）可得 $B$ 系原点加速度 $\dot{\boldsymbol{v}}_{Body}^{G}$ 的计算方法

$$\begin{aligned}\dot{\boldsymbol{v}}_{Body}^{G} &= \boldsymbol{\omega}_{EV}^{G}\times(\boldsymbol{\omega}_{EV}^{G}\times\boldsymbol{l}_{Body}^{G}) + \left(\left.\frac{\mathrm{d}\boldsymbol{\omega}_{EV}}{\mathrm{d}t}\right|_{V}\right)^{G}\times\boldsymbol{l}_{Body}^{G} + \dot{\boldsymbol{v}}^{G} \\ &= \boldsymbol{\omega}_{EV}^{G}\times(\boldsymbol{\omega}_{EV}^{G}\times\boldsymbol{l}_{Body}^{G}) + (\boldsymbol{C}_{V}^{G}\dot{\boldsymbol{\omega}}_{EV}^{V})\times\boldsymbol{l}_{Body}^{G} + \dot{\boldsymbol{v}}^{G}\end{aligned} \tag{6-2-46}$$

其中

$$\begin{cases}\boldsymbol{\omega}_{EV}^{G} = \boldsymbol{\omega}_{EG}^{G} + \boldsymbol{C}_{G_L}^{G}\boldsymbol{C}_{V}^{G_L}\boldsymbol{\omega}_{G_LV}^{V} \\ \dot{\boldsymbol{\omega}}_{EV}^{V} = \dot{\boldsymbol{\omega}}_{EG}^{V} + \dot{\boldsymbol{\omega}}_{G_LV}^{V} = \boldsymbol{C}_{G}^{V}\dot{\boldsymbol{\omega}}_{EG}^{G} + \dot{\boldsymbol{C}}_{G}^{V}\boldsymbol{\omega}_{EG}^{G} + \dot{\boldsymbol{\omega}}_{G_LV}^{V} \\ \qquad = (\boldsymbol{C}_{V}^{G})^{\mathrm{T}}\dot{\boldsymbol{\omega}}_{EG}^{G} - (\boldsymbol{\omega}_{G_LV}^{V}\times)(\boldsymbol{C}_{V}^{G})^{\mathrm{T}}\boldsymbol{\omega}_{EG}^{G} + \dot{\boldsymbol{\omega}}_{G_LV}^{V} \\ \boldsymbol{l}_{Body}^{G} = \boldsymbol{C}_{G_L}^{G}\boldsymbol{C}_{V}^{G_L}\boldsymbol{l}_{Body}^{V}\end{cases} \tag{6-2-47}$$

式中，$\dot{\boldsymbol{\omega}}_{EG}^{G}$ 由式（6－2－58）计算，$\dot{\boldsymbol{\omega}}_{G_LV}^{V}$ 由 $\boldsymbol{\omega}_{G_LV}^{V}$ 微分计算，其他量的计算方法可参考 $\boldsymbol{v}_{Body}^{G}$ 的计算过程。

最后，$B$ 系原点相对 $E$ 系的位移距离 $s_{Body}$ 可通过对 $\boldsymbol{v}_{Body}^{G}$ 的模进行积分得到，即

$$s_{Body} = \int_{\tau=0}^{t}\|\boldsymbol{v}_{Body}^{G}\|\,\mathrm{d}\tau \tag{6-2-48}$$

6.2.3.1.3　位置

虽然可以通过直接计算经向角速度及纬向角速度并积分来计算经度、纬度，但这种方法无法为使用游移方位坐标系及自由方位坐标系的导航算法提供游移方位角基准值，因此这里通过计算位置矩阵 $\boldsymbol{C}_N^E$ 及高度 $h$ 来确定位置。其中 $\boldsymbol{C}_N^E$ 根据输入的 $\boldsymbol{\omega}_{EN}^N$ 由积分方程获得，高度可由垂向速度积分计算得出，根据这两项可计算出其他位置参数。

由式（2－1－14）位置微分方程，有

$$\dot{\boldsymbol{C}}_N^E = \boldsymbol{C}_N^E(\boldsymbol{\omega}_{EN}^N \times) \tag{6-2-49}$$

其中，$\boldsymbol{\omega}_{EN}^N$ 由式（2－1－6）获得，即

$$\boldsymbol{\omega}_{EN}^N = \boldsymbol{F}_C^N(\boldsymbol{u}_{Z_N}^N \times \boldsymbol{v}^N) + \omega_{ENz}^N \boldsymbol{u}_{Z_N}^N \tag{6-2-50}$$

式中，$\boldsymbol{u}_{Z_N}^N$ 为天向的单位矢量；$\omega_{ENz}^N$ 与导航坐标系的选择有关，有

$$\omega_{ENz}^N = \begin{cases} \omega_{ENy}^N \tan L & (\mathrm{G-RF}) \\ 0 & (\mathrm{W-RF}) \\ -\omega_{IEz}^N & (\mathrm{F-RF}) \end{cases} \tag{6-2-51}$$

式（6－2－50）中，$\boldsymbol{F}_C^N$ 为曲率矩阵，参考 2.1.1.2 节，有

$$\boldsymbol{F}_C^N = \boldsymbol{C}_G^N \boldsymbol{F}_C^G (\boldsymbol{C}_G^N)^{\mathrm{T}} \tag{6-2-52}$$

其中，$\boldsymbol{C}_G^N$ 仅与游移方位角相关，有

$$\boldsymbol{C}_G^N = \begin{bmatrix} \cos\alpha & \sin\alpha & 0 \\ -\sin\alpha & \cos\alpha & 0 \\ 0 & 0 & 1 \end{bmatrix} \tag{6-2-53}$$

$\boldsymbol{F}_C^G$ 为地理坐标系下的曲率矩阵，有

$$\boldsymbol{F}_C^G = \mathrm{diag}\left(\begin{bmatrix} \dfrac{1}{R_M+h} & \dfrac{1}{R_N+h} & 0 \end{bmatrix}\right) \tag{6-2-54}$$

其中，$R_M$ 和 $R_N$ 分别为子午圈曲率半径和卯酉圈曲率半径，计算式见 1.3.3.1 节。

对于高度，由式（2－1－20）有

$$\dot{h} = v_z^N = v_z^G \tag{6-2-55}$$

当得到 $V$ 系原点的 $\boldsymbol{C}_N^E$ 及 $h$ 后，可将 $\boldsymbol{C}_N^E$ 代入式（1－5－51）计算 $V$ 系原点的纬度 $L$ 、经度 $\lambda$ 、游移方位角 $\alpha$ 、真北方位角 $\psi_{True}$ ，然后同 $h$ 一起代入式（1－2－11）计算位置 $\boldsymbol{r}^E$ 。为得到 $B$ 系原点的位置，根据式（1－1－68），可将 $\boldsymbol{r}^E$ 、$\boldsymbol{C}_N^E$ 、6.2.3.1.1 节计算的 $\boldsymbol{C}_V^N$ 、杆臂 $\boldsymbol{l}_{Body}^V$ 代入下式计算 $B$ 系原点的 $\boldsymbol{r}_{Body}^E$

$$\boldsymbol{r}_{Body}^E = \boldsymbol{r}^E + \boldsymbol{C}_N^E \boldsymbol{C}_V^N \boldsymbol{l}_{Body}^V \tag{6-2-56}$$

得到 $\boldsymbol{r}_{Body}^E$ 后，代入式（1－2－12）、式（1－2－15）、式（1－2－16）可计算 $B$ 系原点的纬度 $L_{Body}$ 、经度 $\lambda_{Body}$ 、高度 $h_{Body}$ 。

**辅助输出**　在计算 $B$ 系原点加速度等过程中需要用到位移角加速度 $\dot{\boldsymbol{\omega}}_{EG}^G$ ，这里说明计算方法。根据 2.1.1.2 节，$G$ 系下位移角速度为

$$\boldsymbol{\omega}_{EG}^G = \begin{bmatrix} -\dot{L} & \dot{\lambda}\cos L & \dot{\lambda}\sin L \end{bmatrix}^{\mathrm{T}} \tag{6-2-57}$$

因此

$$\dot{\boldsymbol{\omega}}_{EG}^{G}=\begin{bmatrix}-\ddot{L} & (\ddot{\lambda}\cos L-\dot{\lambda}\sin L\cdot\dot{L}) & (\ddot{\lambda}\sin L+\dot{\lambda}\cos L\cdot\dot{L})\end{bmatrix}^{\mathrm{T}} \tag{6-2-58}$$

式中，$\dot{L}$ 可按照式（2－1－4）计算；$\dot{\lambda}$ 可按照式（2－1－5）计算。由这两个计算式，式（6－2－58）中 $\ddot{L}$、$\ddot{\lambda}$ 的计算方法如下

$$\begin{cases}\ddot{L}=\dfrac{\dot{v}_y^G}{R_M+h}-\dfrac{v_y^G(\dot{R}_M+v_z^G)}{(R_M+h)^2}\\ \ddot{\lambda}=\dfrac{\dot{v}_x^G}{(R_N+h)\cos L}-\dfrac{v_x^G[(\dot{R}_N+v_z^G)\cos L-(R_N+h)\sin L\cdot\dot{L}]}{[(R_N+h)\cos L]^2}\end{cases} \tag{6-2-59}$$

式中，$\dot{\boldsymbol{v}}^G$ 按照式（6－2－44）计算；$R_M$、$R_N$、$\dot{R}_M$ 及 $\dot{R}_N$ 根据 1.3.3.1 节计算。

#### 6.2.3.2　与特定传感器相关的导航参数

##### 6.2.3.2.1　与加速度计相关的比力

加速度计是敏感载体线运动的元件，仿真时间段内各个输出时刻 $B$ 系下的比力 $\boldsymbol{f}^B$，可以代表加速度计的理想输出[72]。

如果 $B$ 系原点杆臂为零，即与 $V$ 系原点重合，则由式（2－1－13）的比力方程，将 $N$ 系替换为 $G$ 系可得

$$\boldsymbol{f}_{Body}^{B}=\boldsymbol{C}_G^B[\dot{\boldsymbol{v}}^G+(\boldsymbol{\omega}_{EG}^G+2\boldsymbol{\omega}_{IE}^G)\times\boldsymbol{v}^G-\boldsymbol{g}^G] \tag{6-2-60}$$

式中，$\dot{\boldsymbol{v}}^G$ 可根据式（6－2－44）计算；重力加速度 $\boldsymbol{g}^G$ 可根据重力模型计算或通过外部给出（在验证导航算法时，需要保证轨迹发生器所用的重力模型与导航算法一致），其他值是 6.2.3.1 节的输出。

如果 $B$ 系原点杆臂 $\boldsymbol{l}_{Body}^V$ 不为零，则式（6－2－60）中的 $\dot{\boldsymbol{v}}^G$、$\boldsymbol{\omega}_{EG}^G$、$\boldsymbol{v}^G$、$\boldsymbol{g}^G$ 均需要被替换为杆臂处的值，即

$$\boldsymbol{f}_{Body}^{B}=\boldsymbol{C}_G^B[\dot{\boldsymbol{v}}_{Body}^G+(\boldsymbol{\omega}_{EGBody}^G+2\boldsymbol{\omega}_{IE}^G)\times\boldsymbol{v}_{Body}^G-\boldsymbol{g}_{Body}^G] \tag{6-2-61}$$

式中，$\boldsymbol{v}_{Body}^G$、$\dot{\boldsymbol{v}}_{Body}^G$ 可以分别由式（6－2－45）、式（6－2－46）计算；$\boldsymbol{\omega}_{EGBody}^G$ 可通过将杆臂处的速度及位置代入式（6－2－50）计算；$\boldsymbol{g}_{Body}^G$ 可通过将杆臂处的位置代入重力模型计算。

由于 $B$ 系原点相对于 $V$ 系的杆臂类似于 2.5.1.5 节中加速度计测量点相对于 $B$ 系的杆臂，因此也可以采用类似该节的算法。在式（2－5－16）中将 $B$ 系替换为 $V$ 系，将 $O_k$ 替换为 $B$ 系原点 $O_B$ 可得

$$\left.\frac{\mathrm{d}^2\boldsymbol{r}_{O_IO_B}}{\mathrm{d}t^2}\right|_I=\boldsymbol{\omega}_{IV}\times(\boldsymbol{\omega}_{IV}\times\boldsymbol{l}_{Body})+\left.\frac{\mathrm{d}\boldsymbol{\omega}_{IV}}{\mathrm{d}t}\right|_I\times\boldsymbol{l}_{Body}+\left.\frac{\mathrm{d}^2\boldsymbol{r}_{O_IO_V}}{\mathrm{d}t^2}\right|_I \tag{6-2-62}$$

将上式投影到 $B$ 系下，并由式（1－1－64）可得

$$\left(\left.\frac{\mathrm{d}^2\boldsymbol{r}_{O_IO_B}}{\mathrm{d}t^2}\right|_I\right)^B=\boldsymbol{\omega}_{IV}^B\times(\boldsymbol{\omega}_{IV}^B\times\boldsymbol{l}_{Body}^B)+(\boldsymbol{C}_V^B\dot{\boldsymbol{\omega}}_{IV}^V)\times\boldsymbol{l}_{Body}^B+\left(\left.\frac{\mathrm{d}^2\boldsymbol{r}_{O_IO_V}}{\mathrm{d}t^2}\right|_I\right)^B \tag{6-2-63}$$

认为测量点 $B$ 系与 $V$ 系原点的引力加速度近似相等，则由式（2－1－7）可知上式可变为

比力关系式

$$\boldsymbol{f}_{Body}^{B} \approx \boldsymbol{\omega}_{IV}^{B} \times (\boldsymbol{\omega}_{IV}^{B} \times \boldsymbol{l}_{Body}^{B}) + (\boldsymbol{C}_{V}^{B} \dot{\boldsymbol{\omega}}_{IV}^{V}) \times \boldsymbol{l}_{Body}^{B} + \boldsymbol{f}^{B} \tag{6-2-64}$$

由式（1－5－199），式中

$$\begin{cases} \boldsymbol{\omega}_{IV}^{B} = \boldsymbol{\omega}_{IB}^{B} - \boldsymbol{\omega}_{VB}^{B} \\ \dot{\boldsymbol{\omega}}_{IV}^{V} = \dot{\boldsymbol{\omega}}_{IE}^{V} + \dot{\boldsymbol{\omega}}_{EV}^{V} = \dot{\boldsymbol{C}}_{E}^{V} \boldsymbol{\omega}_{IE}^{E} + \dot{\boldsymbol{\omega}}_{EV}^{V} = -(\boldsymbol{\omega}_{EV}^{V} \times) \boldsymbol{C}_{E}^{V} \boldsymbol{\omega}_{IE}^{E} + \dot{\boldsymbol{\omega}}_{EV}^{V} \\ \quad = -[(\boldsymbol{C}_{G}^{V} \boldsymbol{\omega}_{EG}^{G} + \boldsymbol{\omega}_{G_L V}^{V}) \times] (\boldsymbol{C}_{N}^{E} \boldsymbol{C}_{V}^{N})^{\mathrm{T}} \boldsymbol{\omega}_{IE}^{E} + \dot{\boldsymbol{\omega}}_{EV}^{V} \end{cases} \tag{6-2-65}$$

式中，$\boldsymbol{\omega}_{G_L V}^{V}$、$\boldsymbol{\omega}_{VB}^{B}$ 为运动学轨迹的输入；$\boldsymbol{\omega}_{IB}^{B}$ 可由式（6－2－67）计算；$\dot{\boldsymbol{\omega}}_{EV}^{V}$ 可由式（6－2－47）计算；其他量为基本导航参数输出，可参考 6.2.3.1 节计算。

由于加速度计本身存在误差，因此加速度计的实际输出为

$$\tilde{\boldsymbol{f}}^{B} = \boldsymbol{f}^{B} + \delta \boldsymbol{f}^{B} \tag{6-2-66}$$

式中　$\tilde{\boldsymbol{f}}^{B}$ ——加速度计实际测得的比力；

$\delta \boldsymbol{f}^{B}$ ——加速度计的误差。

加速度计的误差介绍参考 2.5 大节。

6.2.3.2.2　与陀螺相关的角速度

陀螺是敏感载体角速度运动的元件，仿真时间段内各个输出时刻惯组相对于惯性系的角速度 $\boldsymbol{\omega}_{IB}^{B}$，可以代表陀螺的理想输出[72]。角速度与杆臂无关，其计算式如下

$$\begin{aligned} \boldsymbol{\omega}_{IB}^{B} &= \boldsymbol{\omega}_{IG_L}^{B} + \boldsymbol{\omega}_{G_L V}^{B} + \boldsymbol{\omega}_{VB}^{B} \\ &= \boldsymbol{C}_{V}^{B} \boldsymbol{C}_{G_L}^{V} \boldsymbol{\omega}_{IG_L}^{G_L} + \boldsymbol{C}_{V}^{B} \boldsymbol{\omega}_{G_L V}^{V} + \boldsymbol{\omega}_{VB}^{B} \\ &= \boldsymbol{C}_{V}^{B} \boldsymbol{C}_{G_L}^{V} (\boldsymbol{\omega}_{IE}^{G_L} + \boldsymbol{C}_{G}^{G_L} \boldsymbol{\omega}_{EG}^{G}) + \boldsymbol{C}_{V}^{B} \boldsymbol{\omega}_{G_L V}^{V} + \boldsymbol{\omega}_{VB}^{B} \end{aligned} \tag{6-2-67}$$

式中各量可根据 6.2.3.1 节计算。

由于陀螺本身存在误差，因此陀螺的实际输出为

$$\tilde{\boldsymbol{\omega}}_{IB}^{B} = \boldsymbol{\omega}_{IB}^{B} + \delta \boldsymbol{\omega}_{IB}^{B} \tag{6-2-68}$$

式中　$\tilde{\boldsymbol{\omega}}_{IB}^{B}$ ——陀螺实际测得的角速度；

$\delta \boldsymbol{\omega}_{IB}^{B}$ ——陀螺的误差，陀螺的误差介绍参考 2.5 大节。

6.2.3.2.3　与里程计相关的位移

$B$ 系原点的地速在 $V$ 系下的累积值 $\boldsymbol{s}_{Body}^{V}$ 可以用下式计算

$$\boldsymbol{s}_{Body}^{V} = \int_{\tau=0}^{t} (\boldsymbol{C}_{V}^{G})^{\mathrm{T}} \boldsymbol{v}_{Body}^{G} \mathrm{d}\tau \tag{6-2-69}$$

如果在载体上安装一个三轴位移计，轴向与 $V$ 系轴向重合，则上式计算的 $\boldsymbol{s}_{Body}^{V}$ 为该位移计的理想输出值。里程计是实际常用的一种位移计，但它仅测量载车的纵向位移，其他两轴的输出由载车运动约束保证为 0。

### 6.2.3.3　增量输出

6.2.3.2 节所介绍的导航传感器输出值是各输出时刻点上的瞬时值，譬如以 20 ms 为间隔设置输出时刻点，则输出的为 0 s，0.02 s，0.04 s，…时刻上的比力 $\boldsymbol{f}^{B}$ 或角速度 $\boldsymbol{\omega}_{IB}^{B}$

等。实际中，传感器的输出可能是输出周期内的累积增量。为模拟增量输出方式，以加速度计为例，需要对 $\boldsymbol{f}^B$ 进行积分，以输出周期等间隔输出其积分值后，再对相邻的积分值作差，得到在各个输出周期内的传感器输出。若认为输出周期内的比力呈线性变化，则这样的输出值表征了输出周期内各时刻输出的均值。

### 6.2.4　航路点轨迹的输出计算

在这种方式下，用户给定已知时间点上的轨迹参数值，通过插值的方式获取轨迹发生器输入量。给定的轨迹参数一般需要能够完全定义载体的平移及转动的 6 个自由度，譬如可以给定位置＋姿态。如果仅给定平移相关的轨迹参数，则需要根据载体的运动特性逆推出姿态（如对于地面车辆可假设其始终保持在水平面内运动，其车头沿速度方向）。

插值函数一般选用分段插值函数，常用的如三阶 Hermite 插值函数、三次样条插值函数、回旋线样条函数等。三次样条插值函数的优点是二阶导数是连续的，曲线比三阶 Hermite 插值函数更为平滑。如果数据是一个光滑的函数值，则样条插值函数更加精确。但如果数据不是光滑的，则三阶 Hermite 插值函数会更合适，因为这种函数通过在给定点上选择合适的导数，可以保持曲线的极值与单调性，而样条插值函数可能会有过冲或振荡。回旋线样条的曲率随弧长线性变化，常用于地面车辆的水平轨迹插值。可以根据用户对轨迹的设计要求，选择不同的插值函数。

参考 B.5.2 节，如果选择三阶 Hermite 插值，则该节中的 $x$ 为时间，$f$ 为轨迹的位置、速度、姿态、角速度等。可以通过 MATLAB 函数 pchip 得到各时刻上的位置、速度、姿态、角速度值，通过对基函数求导获得各时刻上这些参数的导数（速度、加速度、角速度、角加速度）值。当给定值为位置时，为求得加速度，需要求取二阶导数。

### 6.2.5　轨迹发生器的验证

轨迹发生器输出的数据包括导航参数及导航传感器输出。对这些数据进行验证的过程实质上是一个导航解算的过程，以导航传感器的理想输出值为输入，计算得到与之对应的载体经度、纬度、高度、速度、滚动角、偏航角和俯仰角等导航参数。将惯导解算得到的导航参数与轨迹发生器输出的相应导航参数进行比较，它们之间的大小反映了轨迹发生器输出数据的一致性。由于计算存在舍入误差等因素，该误差不可避免地会存在，误差越小，一致性越高。需要注意的是，验证所用的导航算法需要与轨迹发生器运行在同一平台上，使用相同的数值积分方法。例如，如果在 Simulink 下运行轨迹发生器，则导航算法应在同一个 Simulink 模型中运行，以尽量减小非算法因素对验证精度的影响。

### 6.2.6　导航参数逆推导航传感器输出[18]

在导航系统实际测试数据的分析过程中，常需要复现与实际轨迹接近的一条理想轨迹

---

⑱　对应 integrated/trajgen/navpar2imuout_inc.m

（包括导航参数及相应的导航传感器输出）。如果在测试中包含一套作为测试基准的高精度导航系统［如 POS（Position and Orientation System）］，则可以利用该高精度导航系统的输出逆推出理想的导航传感器输出。本节根据实际高精度导航参数（姿态、速度、位置）逆推，得到陀螺、加速度计增量输出。

#### 6.2.6.1　算法输入

首先根据高精度导航系统数据得到姿态矩阵 $\boldsymbol{C}_{B_k}^{L_k}$ ，导航系下的速度 $\boldsymbol{v}_k^N$ ，经纬度及高程 $L_k$、$\lambda_k$、$h_k$。上述导航参数数据采样频率与需要生成的陀螺加速度计采样频率一致。如果不一致，可以采用类似于 6.2.4 节的插值方法先对上述导航参数进行超采样后再计算。部分分段插值方法在得到分段插值函数的解析形式后，可以对其求导直接计算加速度和角速度的瞬时值，与上述方法不同，本节介绍的是比速度增量及角增量输出的计算方法。

#### 6.2.6.2　陀螺增量输出逆推

##### 6.2.6.2.1　基本公式

根据姿态更新的基本公式及方向余弦矩阵链式相乘法则

$$\boldsymbol{C}_{B_{(k)}}^{L_{(k)}}=\boldsymbol{C}_{L_{(k-1)}}^{L_{(k)}}\boldsymbol{C}_{B_{(k-1)}}^{L_{(k-1)}}\boldsymbol{C}_{B_{(k)}}^{B_{(k-1)}} \tag{6-2-70}$$

对上式进行公式变化，得到

$$\boldsymbol{C}_{B_{(k)}}^{B_{(k-1)}}=(\boldsymbol{C}_{L_{(k-1)}}^{L_{(k)}}\boldsymbol{C}_{B_{(k-1)}}^{L_{(k-1)}})^{-1}\boldsymbol{C}_{B_{(k)}}^{L_{(k)}} \tag{6-2-71}$$

式中，$\boldsymbol{C}_{B_{(k)}}^{L_{(k)}}$、$\boldsymbol{C}_{B_{(k-1)}}^{L_{(k-1)}}$ 为当前时刻及前一时刻的姿态矩阵，体坐标系姿态矩阵 $\boldsymbol{C}_{B_{(k)}}^{B_{(k-1)}}$ 的更新根据等效旋转矢量 $\boldsymbol{\phi}_k$ 得到，由式（2-2-2）（本节忽略 2.2 节中的高、中、低速解算周期，将导航参数下标统一记为 $k$ ）可得

$$\boldsymbol{C}_{B_{(k)}}^{B_{(k-1)}}=\boldsymbol{I}+\frac{\sin\phi_k}{\phi_k}(\boldsymbol{\phi}_k\times)+\frac{(1-\cos\phi_k)}{\phi_k^2}(\boldsymbol{\phi}_k\times)^2 \tag{6-2-72}$$

对上式进行反演逆推得到等效旋转矢量 $\boldsymbol{\phi}_k$ ，参考公式详见 1.5.1.2.2 节。等效旋转矢量采用式（2-2-10）及式（2-2-23）的形式补偿圆锥误差（由于不区分高、中、低速解算周期，因此 $\boldsymbol{\alpha}_{l-1}=\boldsymbol{0}$、$\boldsymbol{\alpha}_m=\Delta\boldsymbol{\alpha}_k$ ），公式如下

$$\boldsymbol{\phi}_k=\Delta\boldsymbol{\alpha}_k+\frac{1}{12}(\Delta\boldsymbol{\alpha}_{k-1}\times\Delta\boldsymbol{\alpha}_k) \tag{6-2-73}$$

在得到等效旋转矢量 $\boldsymbol{\phi}_k$ 后，逆推计算得到陀螺增量

$$\Delta\boldsymbol{\alpha}_k=\left[\boldsymbol{I}+\frac{1}{12}(\Delta\boldsymbol{\alpha}_{k-1}\times)\right]^{-1}\boldsymbol{\phi}_k \tag{6-2-74}$$

式中，$\Delta\boldsymbol{\alpha}_{k-1}$ 为前一时刻陀螺增量，初始化时刻按 $\Delta\boldsymbol{\alpha}_{k-1}=\Delta\boldsymbol{\alpha}_k$ 计算。

##### 6.2.6.2.2　当地水平坐标系姿态更新

根据式（6-2-71）进行逆推式需要用到水平姿态坐标系姿态矩阵 $\boldsymbol{C}_{L_{(k-1)}}^{L_{(k)}}$ ，其相关计算公式如式（2-2-28）

$$C_{L_{(k-1)}}^{L_{(k)}} = I - \frac{\sin\zeta_k}{\zeta_k}(\zeta_k \times) + \frac{(1-\cos\zeta_k)}{\zeta_k^2}(\zeta_k \times)^2 \tag{6-2-75}$$

式中，$\zeta_k$ 为由 $L_{(k-1)}$ 转至 $L_{(k)}$ 的等效旋转矢量，计算公式如式（2-2-29）

$$\zeta_k \approx C_N^L \left[\omega_{IE k-\frac{1}{2}}^N T_k + \rho_{z_{k-\frac{1}{2}}}^N u_{ZN}^N T_k + F_{C_{k-\frac{1}{2}}}^N \left(u_{ZN}^N \times \sum_j \Delta r_k^N\right)\right] \tag{6-2-76}$$

式中，$\omega_{IE}^N$、$\rho_z^N$、$F_C^N$ 为地球相关参数，计算公式见式（2-3-22）、式（2-3-24）及式（2-3-28）。下标 $k-\frac{1}{2}$ 表示相应量为 $t_k$ 与 $t_{k-1}$ 中点时刻量，对应的 $t_{k-\frac{1}{2}}$ 时刻量采用如式（2-2-30）的插值方法计算得到

$$()_{k-\frac{1}{2}} \approx \frac{1}{2}[()_k + ()_{k-1}] \tag{6-2-77}$$

式（6-2-76）中 $\Delta r_k^N$ 为载体相对地球的位移增量，可采用如式（2-2-32）的梯形积分近似计算

$$\Delta r_k^N \approx \frac{T_k}{2}(v_k^N + v_{k-1}^N) \tag{6-2-78}$$

另外，在逆推过程中，由于位置为已知值，因而 $C_{L_{(k-1)}}^{L_{(k)}}$ 也可以通过 $t_k$ 与 $t_{k-1}$ 时刻的位置矩阵直接求解得到

$$C_{L_{(k-1)}}^{L_{(k)}} = (C_{N_{(k)}}^E C_L^N)^{\mathrm{T}} (C_{N_{(k-1)}}^E C_L^N) \tag{6-2-79}$$

6.2.6.3 *加速度计增量逆推*

根据速度更新积分算法相关公式（2-2-37）、式（2-2-46）、式（2-2-57）有

$$\begin{cases} v_k^N = v_{k-1}^N + C_L^N \Delta v_{SF_k}^L + \Delta v_{G/Cor_k}^N \\ \Delta v_{SF_k}^L \approx \dfrac{1}{2}(C_{L_{(k-1)}}^{L_{(k)}} + I) C_{B_{(k-1)}}^{L_{(k-1)}} \Delta v_{SF_k}^{B_{(k-1)}} \\ \Delta v_{SF_k}^{B_{(k-1)}} = \upsilon_k + \Delta v_{Rot_k} + \Delta v_{Scul_k} \end{cases} \tag{6-2-80}$$

式中，$\upsilon_k$ 为速度增量；$\Delta v_{Rot_k}$ 为速度旋转效应补偿项；$\Delta v_{Scul_k}$ 为速度划桨效应补偿项。

首先根据速度积分公式逆推得到比力积分增量

$$\Delta v_{SF_k}^L = C_N^L (v_k^N - v_{k-1}^N - \Delta v_{G/Cor_k}^N) \tag{6-2-81}$$

式中，$\Delta v_{G/Cor_k}^N$ 为重力/科氏加速度积分速度增量，计算公式如式（2-2-40）

$$\Delta v_{G/Cor_k}^N = \{g_{k-\frac{1}{2}}^N - [2\omega_{IE_{k-\frac{1}{2}}}^N + \rho_{z_{k-\frac{1}{2}}}^N u_{ZN}^N + F_{C_{k-\frac{1}{2}}}^N (u_{ZN}^N \times v_{k-\frac{1}{2}}^N)] \times v_{k-\frac{1}{2}}^N\} T_k \tag{6-2-82}$$

式中，下标 $k-\frac{1}{2}$ 表示 $t_{k-1}$ 与 $t_k$ 中间时刻的值，采用插值的方法得到，从而得到体坐标系下的比力积分增量

$$\Delta v_{SF_k}^{B_{(k-1)}} = 2\left[(C_{L_{(k-1)}}^{L_{(k)}} + C_{L_{(k-1)}}^{L_{(k-1)}}) C_{B_{(k-1)}}^{L_{(k-1)}}\right]^{-1} \Delta v_{SF_k}^L \tag{6-2-83}$$

再根据速度旋转效应补偿项和划桨效应补偿项公式（2-2-57）、式（2-2-66）（由于不

区分高、中、低速解算周期，因此 $\boldsymbol{\alpha}_{l-1}=\boldsymbol{v}_{l-1}=\mathbf{0}$，$\boldsymbol{\alpha}_m=\Delta\boldsymbol{\alpha}_k$，$\boldsymbol{v}_m=\Delta\boldsymbol{v}_k$）

$$\begin{cases}\Delta\boldsymbol{v}_{SF_k}^{B_{(k-1)}}=\boldsymbol{v}_k+\Delta\boldsymbol{v}_{Rot_k}+\Delta\boldsymbol{v}_{Scul_k}\\ \Delta\boldsymbol{v}_{Rot_k}=\dfrac{1}{2}\Delta\boldsymbol{\alpha}_k\times\Delta\boldsymbol{v}_k\\ \Delta\boldsymbol{v}_{Scul_k}=\dfrac{1}{12}(\Delta\boldsymbol{\alpha}_{k-1}\times\Delta\boldsymbol{v}_k+\Delta\boldsymbol{v}_{k-1}\times\Delta\boldsymbol{\alpha}_k)\end{cases}\tag{6-2-84}$$

从而得到加速度计速度增量的反演公式

$$\Delta\boldsymbol{v}_k=\left[\boldsymbol{I}+\frac{1}{2}(\Delta\boldsymbol{\alpha}_k\times)+\frac{1}{12}(\Delta\boldsymbol{\alpha}_{k-1}\times)\right]^{-1}\left(\Delta\boldsymbol{v}_{SF_k}^{B_{(k-1)}}-\frac{1}{12}\Delta\boldsymbol{v}_{k-1}\times\Delta\boldsymbol{\alpha}_k\right)\tag{6-2-85}$$

式中，$\Delta\boldsymbol{v}_{k-1}$ 为前一时刻的速度增量，初始化时刻设置 $k-1$ 周期值等于 $k$ 周期值。

# 附录A 常 数

（1）弧度化为度

$1\ \text{rad}=\frac{180°}{\pi}\approx 57.295\ 779\ 513\ 082\ 320\ 876\ 798\ 154\ 814\ 105°$，简记为 $1\ \text{rad}\approx 57.3°$。

（2）弧度化为角秒

$10^{-5}\ \text{rad}=\frac{10^{-5}\times 180\times 3\ 600''}{\pi}\approx 2.062\ 648\ 062\ 470\ 963\ 551\ 564\ 733\ 573\ 307\ 8''$，简记为 $1\ \text{rad}\approx 2.06\times 10^{5}{}''$ 或 $1''\approx 4.85\times 10^{-6}\ \text{rad}$。

（3）地球自转角速率

参考 1.4.2.2 节，地球每一个恒星日相对于惯性空间旋转一圈，其相对于惯性坐标系的旋转角速率（包含相对于太阳的公转）为

$$\omega_{IE}\approx\frac{360\times 3\ 600''}{(23\times 3\ 600+56\times 60+4)\ \text{s}}\approx 15.041(°)/\text{h} \qquad (\text{A}-0-1)$$

WGS84 及 CGCS2000 中使用的地球自转角速率精确值是 $7.292\ 115\ 0\times 10^{-5}\ \text{rad/s}$[11, 5]，GPS 系统中使用的精确值是 $7.292\ 115\ 146\ 7\times 10^{-5}\ \text{rad/s}$[6]。

（4）真空中的光速

真空中的光速即电磁波在真空中的传播速度，通常用 $c$ 表示。真空中的光速是目前所发现的自然界物体运动的最大速度。它与观测者相对于光源的运动速度无关，即相对于光源静止和运动的惯性系中测到的光速是相同的。GPS 的控制段规定使用的光速为 $c=2.997\ 924\ 58\times 10^{8}\ \text{m/s}$[6]①，与 WGS84 规定的基本大地参数保持一致，北斗系统也采用这一数值[11]。

（5）万有引力常数

万有引力常数是一个实验物理常数，用于计算两个物体之间的引力大小。通常出现在牛顿万有引力方程和爱因斯坦的广义相对论中，通常用 $G$ 来表示，其数值仍在不断地测量中。根据国际科技数据委员会（CODATA）基础物理常数推荐值 2014 版，其数值为 $G=6.674\ 08\pm 0.000\ 31\times 10^{-11}\ \text{m}^{3}/(\text{kg}\cdot\text{s}^{2})$②。

万有引力常数与地球质量的乘积称为地心引力常数③，常用 $\mu$ 表示。在 WGS84 中，地心引力常数值原为 $\mu=3.986\ 005\times 10^{14}\ \text{m}^{3}/\text{s}^{2}$，后来修正为 $\mu=3.986\ 004\ 418\times 10^{14}\ \text{m}^{3}/\text{s}^{2}$。在 GPS 系统中仍使用前一值[6]，CGCS2000 及北斗系统使用后一值[11]。

---

① 对应 basic/constant/lightspeed.m

② 对应 basic/constant/gravconst.m

③ 对应 basic/constant/geogravconst.m

# 附录 B　数学相关知识

## B.1　初等数学

### B.1.1　椭圆

在导航系统中，地球的几何形状常用椭球体来近似，其通过地球自转轴的截面为椭圆。椭圆上任意一点到两个焦点的距离之和等于长轴长度，并有以下性质：

1）扁率（flattening）为

$$f=\frac{a-b}{a}=1-\frac{b}{a}$$

2）椭圆焦点至中心点的距离为 $\sqrt{a^2-b^2}$ ；

3）偏心率（eccentricity）或椭圆度（ellipticity）为

$$e=\frac{\sqrt{a^2-b^2}}{a}=\sqrt{1-\frac{b^2}{a^2}}$$

即椭圆焦点至中心点的距离与半长轴长度之比；

4）扁率与偏心率的关系为

$$\begin{cases}f=1-\sqrt{1-e^2}\\ e=\sqrt{1-(1-f)^2}=\sqrt{f(2-f)}\end{cases} \tag{B-1-1}$$

式中，$a$ 为椭圆半长轴；$b$ 为椭圆半短轴。

### B.1.2　部分分式展开

对于两个多项式的分式

$$F(x)=\frac{N(x)}{D(x)}=\frac{b_0x^n+b_1x^{n-1}+\cdots+b_{n-1}x+b_n}{a_0x^m+a_1x^{m-1}+\cdots+a_{m-1}x+a_m} \tag{B-1-2}$$

可以展开为以下形式

$$F(x)=\frac{b_0x^n+b_1x^{n-1}+\cdots+b_{n-1}x+b_n}{a_0\sum_{i=1}^{m}(x-p_i)}=\sum_{i=1}^{m}\frac{r_i}{x-p_i}+K(x) \tag{B-1-3}$$

上式的形式称为部分分式展开（partial fraction expansion）。式中，$p_i$ 为分母多项式 $D(x)$ 的 $m$ 个根，称为 $F(x)$ 的极点（pole）；$r_i$ 称为留数（residue）；$K(x)$ 称为直项（direct term）。当 $n<m$ 时，直项为零。将上式等号两边同时乘以 $x-p_i$ 项，并将 $x$ 以 $p_i$ 值代入可得

$$r_i=\frac{N(p_i)}{a_0\sum\limits_{j=1,j\neq i}^{m}(p_i-p_j)} \tag{B-1-4}$$

又由于

$$\dot{D}(p_i)=\left.\frac{\mathrm{d}D(x)}{\mathrm{d}x}\right|_{x=p_i}=\left.\frac{a_0\mathrm{d}\sum\limits_{j=1}^{m}(x-p_j)}{\mathrm{d}x}\right|_{x=p_i}=a_0\sum_{j=1,j\neq i}^{m}(x-p_j)\Big|_{x=p_i}=a_0\sum_{j=1,j\neq i}^{m}(p_i-p_j) \tag{B-1-5}$$

因此式（B-1-4）也可以表示为

$$r_i=\frac{N(p_i)}{\dot{D}(p_i)} \tag{B-1-6}$$

特别地，当 $D(x)$ 有重根时，例如设 $p_i$ 为 $k$ 重根，这时相应的部分分式展开项为

$$\frac{r_i}{s-p_i}+\frac{r_{i+1}}{(s-p_i)^2}+\cdots+\frac{r_{i+k-1}}{(s-p_i)^k}$$

## B.2　矢量与矩阵

### B.2.1　矢量乘法

本节介绍三维空间中的矢量乘法。在本书中，若无特别说明，所有的矢量均为列矢量。

#### B.2.1.1　矢量乘法的一般性质

（1）点积

$$\boldsymbol{a}\cdot\boldsymbol{b}=a_x b_x+a_y b_y+a_z b_z=\|\boldsymbol{a}\|\,\|\boldsymbol{b}\|\cos\phi \tag{B-2-1}$$

式中，$\phi$ 为矢量 $\boldsymbol{a}$ 和 $\boldsymbol{b}$ 的夹角；$\|\ \|$ 表示矢量的模。

由式（B-2-1），点积的结果是标量，且若 $\boldsymbol{a}$ 与 $\boldsymbol{b}$ 垂直，则 $\boldsymbol{a}\cdot\boldsymbol{b}=0$。

（2）叉积

$$\begin{aligned}\boldsymbol{a}\times\boldsymbol{b}&=\det\left(\begin{bmatrix}\boldsymbol{i} & \boldsymbol{j} & \boldsymbol{k}\\ a_x & a_y & a_z\\ b_x & b_y & b_z\end{bmatrix}\right)\\&=(a_y b_z-a_z b_y)\boldsymbol{i}+(a_z b_x-a_x b_z)\boldsymbol{j}+(a_x b_y-a_y b_x)\boldsymbol{k}\\&=\boldsymbol{n}\,\|\boldsymbol{a}\|\,\|\boldsymbol{b}\|\sin\phi\end{aligned} \tag{B-2-2}$$

式中，$\phi$ 为矢量 $\boldsymbol{a}$ 和 $\boldsymbol{b}$ 的夹角；$\boldsymbol{i}$、$\boldsymbol{j}$、$\boldsymbol{k}$ 为三维空间的正交基矢量；$\boldsymbol{n}$ 为单位矢量，与 $\boldsymbol{a}$、$\boldsymbol{b}$ 互相垂直并满足右手定则。由式（B-2-2），叉积的结果是矢量，且若 $\boldsymbol{a}$ 与 $\boldsymbol{b}$ 平行，则 $\boldsymbol{a}\times\boldsymbol{b}=\boldsymbol{0}$。由上述定义可知 $\boldsymbol{a}\times\boldsymbol{b}$ 的模为 $\boldsymbol{a}$ 与 $\boldsymbol{b}$ 构成的平行四边形的面积。若已知 $\boldsymbol{a}\times\boldsymbol{b}$ 及 $\boldsymbol{a}$，则 $\boldsymbol{b}$ 可取与 $\boldsymbol{a}\times\boldsymbol{b}$ 垂直且其与 $\boldsymbol{a}$ 构成的平行四边形面积为 $\|\boldsymbol{a}\times\boldsymbol{b}\|$ 的任意矢量。

（3）交换律

$$\begin{cases}(\boldsymbol{a}\cdot\boldsymbol{b})\boldsymbol{c}\neq\boldsymbol{a}(\boldsymbol{b}\cdot\boldsymbol{c})\\(\boldsymbol{a}\cdot\boldsymbol{b})\boldsymbol{c}=\boldsymbol{c}(\boldsymbol{a}\cdot\boldsymbol{b})=\boldsymbol{c}\boldsymbol{a}^{\mathrm{T}}\boldsymbol{b}=\boldsymbol{c}\boldsymbol{b}^{\mathrm{T}}\boldsymbol{a}\end{cases}\tag{B-2-3}$$

### B.2.1.2 矢量三重积

（1）三重点积

$$\begin{cases}(\boldsymbol{a}\cdot\boldsymbol{b})\boldsymbol{c}\neq\boldsymbol{a}(\boldsymbol{b}\cdot\boldsymbol{c})\\(\boldsymbol{a}\cdot\boldsymbol{b})\boldsymbol{c}=\boldsymbol{c}(\boldsymbol{a}\cdot\boldsymbol{b})=\boldsymbol{c}\boldsymbol{a}^{\mathrm{T}}\boldsymbol{b}\end{cases}\tag{B-2-4}$$

（2）三重叉积

$$\begin{cases}\boldsymbol{a}\times(\boldsymbol{b}\times\boldsymbol{c})=(\boldsymbol{a}\cdot\boldsymbol{c})\boldsymbol{b}-(\boldsymbol{a}\cdot\boldsymbol{b})\boldsymbol{c}\\(\boldsymbol{a}\times\boldsymbol{b})\times\boldsymbol{c}=(\boldsymbol{a}\cdot\boldsymbol{c})\boldsymbol{b}-(\boldsymbol{b}\cdot\boldsymbol{c})\boldsymbol{a}\\\boldsymbol{a}\times(\boldsymbol{b}\times\boldsymbol{c})\neq(\boldsymbol{a}\times\boldsymbol{b})\times\boldsymbol{c}\end{cases}\tag{B-2-5}$$

（3）混合积

$$\boldsymbol{a}\cdot(\boldsymbol{b}\times\boldsymbol{c})=\boldsymbol{b}\cdot(\boldsymbol{c}\times\boldsymbol{a})=\boldsymbol{c}\cdot(\boldsymbol{a}\times\boldsymbol{b})\tag{B-2-6}$$

**三重积展开为系数矩阵形式** 在线性化过程中，常需要将以下形式的三重积展开为一个系数矩阵与最后一项乘数矢量相乘的形式，即

$$\begin{cases}\boldsymbol{a}\times(\boldsymbol{b}\times\boldsymbol{c})=\mathbf{M}_{VV}(\boldsymbol{a},\boldsymbol{b})\cdot\boldsymbol{c}\\\boldsymbol{a}\times(\boldsymbol{B}\cdot\boldsymbol{c})=\mathbf{M}_{VM}(\boldsymbol{a},\boldsymbol{B})\cdot\boldsymbol{c}\end{cases}\tag{B-2-7}$$

式中，$\mathbf{M}_{VV}(\boldsymbol{a},\boldsymbol{b})$ 表示与 $\boldsymbol{a}$、$\boldsymbol{b}$ 相关的矩阵；$\mathbf{M}_{VM}(\boldsymbol{a},\boldsymbol{B})$ 表示与 $\boldsymbol{a}$、$\boldsymbol{B}$ 相关的矩阵，由式（B-2-5），容易证明[①]

$$\begin{cases}\mathbf{M}_{VV}(\boldsymbol{a},\boldsymbol{b})=[\boldsymbol{b}\quad\boldsymbol{b}\quad\boldsymbol{b}]\,\mathrm{diag}(\boldsymbol{a})-(\boldsymbol{a}\cdot\boldsymbol{b})\boldsymbol{I}\\\qquad\qquad=\mathrm{diag}(\boldsymbol{b})\,[\boldsymbol{a}\quad\boldsymbol{a}\quad\boldsymbol{a}]^{\mathrm{T}}-(\boldsymbol{a}\cdot\boldsymbol{b})\boldsymbol{I}\\\mathbf{M}_{VM}(\boldsymbol{a},\boldsymbol{B})=(\boldsymbol{a}\times)\cdot\boldsymbol{B}\end{cases}\tag{B-2-8}$$

式中，$\mathrm{diag}(\boldsymbol{x})$ 表示由 $\boldsymbol{x}$ 的元素构成的对角阵；$(\boldsymbol{a}\times)$ 表示 $\boldsymbol{a}$ 的反对称矩阵。

### B.2.1.3 矢量的高次叉积

根据矢量叉积算符的性质式（B-2-5），对任意矢量 $\boldsymbol{v}_1$、$\boldsymbol{v}_2$、$\boldsymbol{v}_3$ 有

$$(\boldsymbol{v}_1\times)(\boldsymbol{v}_2\times)\boldsymbol{v}_3=\boldsymbol{v}_1\times(\boldsymbol{v}_2\times\boldsymbol{v}_3)=(\boldsymbol{v}_1\cdot\boldsymbol{v}_3)\boldsymbol{v}_2-(\boldsymbol{v}_1\cdot\boldsymbol{v}_2)\boldsymbol{v}_3\tag{B-2-9}$$

式中，令 $\boldsymbol{v}_1=\boldsymbol{v}_2=\boldsymbol{v}$ 可得

$$(\boldsymbol{v}\times)^2\boldsymbol{v}_3=(\boldsymbol{v}^{\mathrm{T}}\boldsymbol{v}_3)\boldsymbol{v}-(\boldsymbol{v}^{\mathrm{T}}\boldsymbol{v})\boldsymbol{v}_3=\boldsymbol{v}(\boldsymbol{v}^{\mathrm{T}}\boldsymbol{v}_3)-\boldsymbol{v}^{\mathrm{T}}\boldsymbol{v}\boldsymbol{v}_3=(\boldsymbol{v}\boldsymbol{v}^{\mathrm{T}}-\boldsymbol{v}^{\mathrm{T}}\boldsymbol{v}\boldsymbol{I})\boldsymbol{v}_3\tag{B-2-10}$$

由于 $\boldsymbol{v}_3$ 是任意矢量，因而有

$$(\boldsymbol{v}\times)^2=\boldsymbol{v}\boldsymbol{v}^{\mathrm{T}}-\boldsymbol{v}^{\mathrm{T}}\boldsymbol{v}\boldsymbol{I}=\boldsymbol{v}\boldsymbol{v}^{\mathrm{T}}-\|\boldsymbol{v}\|^2\boldsymbol{I}\tag{B-2-11}$$

令 $\boldsymbol{v}_1=\boldsymbol{v}_2=\boldsymbol{v}$，式（B-2-9）两边叉乘 $\boldsymbol{v}$ 得到

---

① $\mathbf{M}_{VV}(\boldsymbol{a},\boldsymbol{b})$ 对应 util/matlab/elmat/veccrossvec2coefmat.m

$$(\boldsymbol{v}\times)\left[(\boldsymbol{v}\times)^2\boldsymbol{v}_3\right]=-\|\boldsymbol{v}\|^2(\boldsymbol{v}\times)\boldsymbol{v}_3 \tag{B-2-12}$$

由于 $\boldsymbol{v}_3$ 是任意矢量，因而有

$$(\boldsymbol{v}\times)^3=-\|\boldsymbol{v}\|^2(\boldsymbol{v}\times) \tag{B-2-13}$$

特别地，设 $\boldsymbol{u}$ 为单位矢量，则其二次及三次叉积可表示为

$$\begin{cases}(\boldsymbol{u}\times)^2=(\boldsymbol{u}\times)(\boldsymbol{u}\times)=\boldsymbol{u}\boldsymbol{u}^{\mathrm{T}}-\boldsymbol{I}\\(\boldsymbol{u}\times)^3=(\boldsymbol{u}\times)(\boldsymbol{u}\times)(\boldsymbol{u}\times)=-(\boldsymbol{u}\times)\end{cases} \tag{B-2-14}$$

可利用上式化简单位矢量的高次叉积。

### B.2.2 矩阵基本恒等式

本节中 $\boldsymbol{A}$、$\boldsymbol{B}$、$\boldsymbol{C}$ 为任意矩阵，$\lambda_i$ 为 $\boldsymbol{A}$ 的特征值，$\boldsymbol{a}$、$\boldsymbol{b}$、$\boldsymbol{c}$ 为任意列向量。

（1）矩阵的行列式[73]

$$\begin{cases}\det(\boldsymbol{A})=\prod\limits_i\lambda_i\\\det(c\boldsymbol{A})=c^n\det(\boldsymbol{A})(\boldsymbol{A}\in\mathbb{R}^{n\times n})\\\det(\boldsymbol{A}^{\mathrm{T}})=\det(\boldsymbol{A})\\\det(\boldsymbol{A}\boldsymbol{B})=\det(\boldsymbol{A})\det(\boldsymbol{B})\\\det(\boldsymbol{A}^{-1})=1/\det(\boldsymbol{A})\\\det(\boldsymbol{A}^n)=\det(\boldsymbol{A})^n\\\det(\boldsymbol{I}+\boldsymbol{a}\boldsymbol{b}^{\mathrm{T}})=1+\boldsymbol{a}^{\mathrm{T}}\boldsymbol{b}\\\det([\boldsymbol{a}\quad\boldsymbol{b}\quad\boldsymbol{c}])=\boldsymbol{a}^{\mathrm{T}}(\boldsymbol{b}\times\boldsymbol{c})\end{cases} \tag{B-2-15}$$

上式最后一个子式中，矢量 $\boldsymbol{a}$、$\boldsymbol{b}$、$\boldsymbol{c}$ 的长度为 3。此外，当 $\boldsymbol{a}$、$\boldsymbol{b}$ 的长度大于 1 时，因为 $\mathrm{rank}(\boldsymbol{a}\boldsymbol{b}^{\mathrm{T}})\leqslant 1$，因此 $\det(\boldsymbol{a}\boldsymbol{b}^{\mathrm{T}})=0$。

（2）矩阵的迹[73]

$$\begin{cases}\mathrm{tr}(\boldsymbol{A})=\sum\limits_i\lambda_i\\\mathrm{tr}(\boldsymbol{A})=\mathrm{tr}(\boldsymbol{A}^{\mathrm{T}})\\\mathrm{tr}(\boldsymbol{A}\boldsymbol{B})=\mathrm{tr}(\boldsymbol{B}\boldsymbol{A})\\\mathrm{tr}(\boldsymbol{A}+\boldsymbol{B})=\mathrm{tr}(\boldsymbol{A})+\mathrm{tr}(\boldsymbol{B})\\\mathrm{tr}(\boldsymbol{A}\boldsymbol{B}\boldsymbol{C})=\mathrm{tr}(\boldsymbol{B}\boldsymbol{C}\boldsymbol{A})=\mathrm{tr}(\boldsymbol{C}\boldsymbol{A}\boldsymbol{B})\\\boldsymbol{a}^{\mathrm{T}}\boldsymbol{b}=\mathrm{tr}(\boldsymbol{b}(\boldsymbol{a}^{\mathrm{T}}))\end{cases} \tag{B-2-16}$$

### B.2.3 矩阵的分解

（1）QR 分解（QR decomposition）及 RQ 分解

对 $m\times n$ 矩阵 $\boldsymbol{A}$，QR 分解将 $\boldsymbol{A}$ 分解为 $m\times m$ 正交阵 $\boldsymbol{Q}$ 及 $m\times n$ 上三角阵 $\boldsymbol{R}$ 的乘积，即[74]

$$\boldsymbol{A}=\boldsymbol{Q}\cdot\boldsymbol{R} \tag{B-2-17}$$

$\boldsymbol{Q}$ 一般通过一系列 Householder 矩阵的乘积计算。其中 Householder 矩阵可以表示为

$$\boldsymbol{H}=\boldsymbol{I}-2\boldsymbol{u}\cdot\boldsymbol{u}^{\mathrm{T}} \tag{B-2-18}$$

式中，$\boldsymbol{u}$ 为单位向量。

$\boldsymbol{H}$ 具有以下性质：

1）$\boldsymbol{H}$ 为正交阵；

2）对于任意 $m\times 1$ 列向量 $\boldsymbol{x}$ ，存在单位向量 $\boldsymbol{u}$ 使得对应的 Householder 矩阵 $\boldsymbol{H}_i$ 满足

$$\boldsymbol{H}_i\cdot\boldsymbol{x}=\boldsymbol{x}_{0i} \tag{B-2-19}$$

式中，$\boldsymbol{x}_{0i}$ 为前 $i\,(i=1,\ 2,\ \cdots,\ m-1)$ 个元素非零，其他元素为 0，模与 $\boldsymbol{x}$ 相同的向量。

这样，令

$$\begin{cases}\boldsymbol{Q}=\boldsymbol{H}_1^{\mathrm{T}}\boldsymbol{H}_2^{\mathrm{T}}\cdots\boldsymbol{H}_{m-1}^{\mathrm{T}}\\ \boldsymbol{R}=\boldsymbol{Q}^{-1}\boldsymbol{A}=\boldsymbol{H}_{m-1}\boldsymbol{H}_{m-2}\cdots\boldsymbol{H}_1\boldsymbol{A}\end{cases} \tag{B-2-20}$$

即可得到正交阵 $\boldsymbol{Q}$ 及上三角阵 $\boldsymbol{R}$。

当得到 QR 分解后，可以借助 B. 2. 7. 2 节中的 $\boldsymbol{I}'$ 矩阵得到 RQ 分解。对任意矩阵 $\boldsymbol{A}$ ，设 $\boldsymbol{A}'=\boldsymbol{I}'\boldsymbol{A}$ 的转置的 QR 分解为

$$\boldsymbol{A}'^{\mathrm{T}}=\boldsymbol{Q}'\boldsymbol{R}' \tag{B-2-21}$$

则 $\boldsymbol{A}$ 可表示为

$$\boldsymbol{A}=\boldsymbol{I}'\boldsymbol{A}'=\boldsymbol{I}'(\boldsymbol{Q}'\boldsymbol{R}')^{\mathrm{T}}=(\boldsymbol{I}'(\boldsymbol{R}')^{\mathrm{T}}\boldsymbol{I}')(\boldsymbol{I}'(\boldsymbol{Q}')^{\mathrm{T}}) \tag{B-2-22}$$

令

$$\begin{cases}\boldsymbol{R}=\boldsymbol{I}'(\boldsymbol{R}')^{\mathrm{T}}\boldsymbol{I}'\\ \boldsymbol{Q}=\boldsymbol{I}'(\boldsymbol{Q}')^{\mathrm{T}}\end{cases} \tag{B-2-23}$$

易知 $\boldsymbol{R}$ 为上三角阵，$\boldsymbol{Q}$ 为正交阵，上式即为 $\boldsymbol{A}$ 的 RQ 分解。

（2）奇异值分解（singular value decomposition）

$m\times n$ 矩阵 $\boldsymbol{A}$ 的奇异值分解可以表示为[73]

$$\boldsymbol{A}=\boldsymbol{U}\boldsymbol{S}\boldsymbol{V}^{\mathrm{T}} \tag{B-2-24}$$

式中，$\boldsymbol{U}$ 为 $m\times m$ 正交矩阵，各列为 $\boldsymbol{A}\boldsymbol{A}^{\mathrm{T}}$ 的特征矢量；$\boldsymbol{V}$ 为 $n\times n$ 正交矩阵，各列为 $\boldsymbol{A}^{\mathrm{T}}\boldsymbol{A}$ 的特征矢量；$\boldsymbol{S}$ 为 $m\times n$ 对角矩阵，对角线各元素 $\sigma_1\geqslant\sigma_2\geqslant\cdots\geqslant\sigma_p>\sigma_{p+1}=\cdots=\sigma_q=0$（其中 $q=\min(m,\ n)$）称为 $\boldsymbol{A}$ 的奇异值，为 $\boldsymbol{A}\boldsymbol{A}^{\mathrm{T}}$ 及 $\boldsymbol{A}^{\mathrm{T}}\boldsymbol{A}$ 的特征值（两者的特征值仅相差零元素，排序与 $\boldsymbol{U}$、$\boldsymbol{V}$ 中特征矢量排序相对应）的平方根。特别地，当 $\boldsymbol{A}$ 为对称矩阵时，$\boldsymbol{S}$ 的对角线元素为 $\boldsymbol{A}$ 的特征值，$\boldsymbol{U}=\boldsymbol{V}$。

由于对于任意列向量 $\boldsymbol{x}$ 有

$$\begin{aligned}\boldsymbol{A}\boldsymbol{x}&=\boldsymbol{U}\boldsymbol{S}\boldsymbol{V}^{\mathrm{T}}\boldsymbol{x}=[\boldsymbol{U}_{C1\sim p}\quad \boldsymbol{U}_{Cp+1\sim q}]\begin{bmatrix}\boldsymbol{S}_{R1\sim p}\\ \boldsymbol{S}_{Rp+1\sim q}\end{bmatrix}\boldsymbol{V}^{\mathrm{T}}\boldsymbol{x}\\ &=\boldsymbol{U}_{C1\sim p}\boldsymbol{S}_{R1\sim p}\boldsymbol{V}^{\mathrm{T}}\boldsymbol{x}\end{aligned} \tag{B-2-25}$$

而 $\boldsymbol{S}_{R1\sim p}\boldsymbol{V}^{\mathrm{T}}$ 为可逆矩阵，因此 $\boldsymbol{A}$ 的列空间与 $\boldsymbol{U}_{C1\sim p}$ 的列空间相同，即 $\boldsymbol{U}$ 中与 $\boldsymbol{A}$ 的非零奇异值对应的列构成 $\boldsymbol{A}$ 的列空间的基。

设 $\boldsymbol{V}_{Cj}$ $(p < j \leqslant q)$ 为 $\boldsymbol{V}$ 中与零奇异值对应的某一列，由于 $\boldsymbol{V}$ 为正交矩阵，因此

$$\boldsymbol{AV}_{Cj} = \boldsymbol{USV}^{\mathrm{T}}\boldsymbol{V}_{Cj} = \boldsymbol{USe}_j = \boldsymbol{0} \tag{B-2-26}$$

式中，$\boldsymbol{e}_j$ 为第 $j$ 个元素为 1，其他元素为零的单位列向量。

由式（B-2-26）可知 $\boldsymbol{V}$ 中与 $\boldsymbol{A}$ 的零奇异值对应的列构成 $\boldsymbol{A}$ 的零空间的基。因此，奇异值分解可被用来计算齐次线性方程组 $\boldsymbol{Ax} = \boldsymbol{0}$ 的非零解。在实际应用中，由于矩阵 $\boldsymbol{A}$ 存在误差，因此可能不存在精确为 0 的奇异值，这时通常将最小奇异值对应的 $\boldsymbol{V}$ 的列 $\boldsymbol{V}_{C\sigma_{\min}}$ 作为方程组的解。可以证明 $\boldsymbol{V}_{C\sigma_{\min}}$ 为以下最优化问题的解[54]

$$\begin{cases} \min\limits_{x} \| \boldsymbol{Ax} \| \\ s.t. \ \| \boldsymbol{x} \| = 1 \end{cases} \tag{B-2-27}$$

此外，与上述方法等价的另一种方式是求解与 $\boldsymbol{A}^{\mathrm{T}}\boldsymbol{A}$ 最小特征值关联的特征向量。

（3）极分解（polar decomposition）

方阵 $\boldsymbol{A}$ 的右极分解可以表示为[75]

$$\boldsymbol{A} = \boldsymbol{WP} \tag{B-2-28}$$

式中，$\boldsymbol{W}$ 为正交矩阵；$\boldsymbol{P}$ 为非负定对称阵。直观上看，由于上式将 $\boldsymbol{A}$ 分解为代表空间中一组基的 $\boldsymbol{P}$ 以及代表转动的 $\boldsymbol{W}$，类似于极坐标的形式，因此称为极分解。右极分解中 $\boldsymbol{P}$、$\boldsymbol{W}$ 矩阵还可以表示为

$$\boldsymbol{P} = (\boldsymbol{A}^{\mathrm{T}}\boldsymbol{A})^{\frac{1}{2}}, \boldsymbol{W} = \boldsymbol{AP}^{-1} = \boldsymbol{A}\ (\boldsymbol{A}^{\mathrm{T}}\boldsymbol{A})^{-\frac{1}{2}} \tag{B-2-29}$$

式中，$\boldsymbol{P}$ 为非负定矩阵 $\boldsymbol{A}^{\mathrm{T}}\boldsymbol{A}$ 的唯一一个非负定平方根（主平方根）[76]。将式（B-2-24）代入上式，可得右极分解与奇异值分解的关系为

$$\begin{aligned} \boldsymbol{P} &= (\boldsymbol{VSU}^{\mathrm{T}}\boldsymbol{USV}^{\mathrm{T}})^{\frac{1}{2}} = (\boldsymbol{VS}^2\boldsymbol{V}^{\mathrm{T}})^{\frac{1}{2}} = \boldsymbol{VSV}^{\mathrm{T}} \\ \boldsymbol{W} &= \boldsymbol{USV}^{\mathrm{T}}\ (\boldsymbol{VSV}^{\mathrm{T}})^{-1} = \boldsymbol{USV}^{\mathrm{T}}\boldsymbol{VS}^{-1}\boldsymbol{V}^{\mathrm{T}} = \boldsymbol{UV}^{\mathrm{T}} \end{aligned} \tag{B-2-30}$$

方阵 $\boldsymbol{A}$ 的左极分解可以表示为

$$\boldsymbol{A} = \boldsymbol{P}'\boldsymbol{W} \tag{B-2-31}$$

式中，$\boldsymbol{W}$ 为与右极分解相同的正交矩阵，$\boldsymbol{P}'$ 为非负定对称阵。左极分解中 $\boldsymbol{P}'$、$\boldsymbol{W}$ 矩阵还可以表示为

$$\boldsymbol{P}' = (\boldsymbol{AA}^{\mathrm{T}})^{\frac{1}{2}}, \boldsymbol{W} = \boldsymbol{P}'^{-1}\boldsymbol{A} = (\boldsymbol{AA}^{\mathrm{T}})^{-\frac{1}{2}}\boldsymbol{A} \tag{B-2-32}$$

将式（B-2-24）代入上式，可得左极分解与奇异值分解的关系为

$$\begin{aligned} \boldsymbol{P}' &= (\boldsymbol{USV}^{\mathrm{T}}\boldsymbol{VSU}^{\mathrm{T}})^{\frac{1}{2}} = (\boldsymbol{US}^2\boldsymbol{U}^{\mathrm{T}})^{\frac{1}{2}} = \boldsymbol{USU}^{\mathrm{T}} \\ \boldsymbol{W} &= (\boldsymbol{USU}^{\mathrm{T}})^{-1}\boldsymbol{USV}^{\mathrm{T}} = \boldsymbol{US}^{-1}\boldsymbol{U}^{\mathrm{T}}\boldsymbol{USV}^{\mathrm{T}} = \boldsymbol{UV}^{\mathrm{T}} \end{aligned} \tag{B-2-33}$$

### B.2.4 由无穷幂级数定义的方阵函数

设一维函数 $\mathrm{f}(\lambda)$ 可以表示为收敛半径为 $\rho$ 的无穷幂级数形式 $\mathrm{f}(\lambda) = \sum\limits_{i=0}^{\infty}\beta_i\lambda^i$，若方阵 $\boldsymbol{A}$ 的谱半径小于 $\rho$，则定义 $\mathrm{f}(\boldsymbol{A})$ 为[77]

$$f(\boldsymbol{A}) \equiv \sum_{i=0}^{\infty} \beta_i \boldsymbol{A}^i \tag{B-2-34}$$

方阵函数中最常用的为指数函数，根据上述定义，$e^{\boldsymbol{A}}$ 可以表示为

$$e^{\boldsymbol{A}} = \sum_{k=0}^{\infty} \frac{1}{k!} \boldsymbol{A}^k \tag{B-2-35}$$

将上式推广，在收敛的条件下，也可以对任意定义了封闭性乘法的数学量定义其指数，如四元数及四元数乘法等。

### B. 2. 5　矩阵的 Kronecker 乘积、向量化处理（vec 操作符）及交换矩阵

Kronecker 乘积是任意大小的矩阵间的运算，$m \times n$ 矩阵 $\boldsymbol{A}$ 与 $p \times q$ 矩阵 $\boldsymbol{B}$ 的 Kronecker 乘积 $\boldsymbol{A} \otimes \boldsymbol{B}$ 为一个 $mp \times nq$ 的矩阵，即

$$\boldsymbol{A} \otimes \boldsymbol{B} \equiv \begin{bmatrix} a_{11}\boldsymbol{B} & a_{12}\boldsymbol{B} & \cdots & a_{1n}\boldsymbol{B} \\ a_{21}\boldsymbol{B} & a_{22}\boldsymbol{B} & \cdots & a_{2n}\boldsymbol{B} \\ \vdots & \vdots & \ddots & \vdots \\ a_{m1}\boldsymbol{B} & a_{m2}\boldsymbol{B} & \cdots & a_{mn}\boldsymbol{B} \end{bmatrix} \tag{B-2-36}$$

式中，$a_{ij}$ 为 $\boldsymbol{A}$ 的第 $i$ 行第 $j$ 列的元素。

Kronecker 乘积有以下性质[73]

$$\begin{aligned} &\boldsymbol{A} \otimes (\boldsymbol{B} + \boldsymbol{C}) = \boldsymbol{A} \otimes \boldsymbol{B} + \boldsymbol{A} \otimes \boldsymbol{C} \\ &\boldsymbol{A} \otimes \boldsymbol{B} \neq \boldsymbol{B} \otimes \boldsymbol{A} \\ &\boldsymbol{A} \otimes (\boldsymbol{B} \otimes \boldsymbol{C}) = (\boldsymbol{A} \otimes \boldsymbol{B}) \otimes \boldsymbol{C} \\ &a_A\boldsymbol{A} \otimes a_B\boldsymbol{B} = a_A a_B (\boldsymbol{A} \otimes \boldsymbol{B}) \\ &(\boldsymbol{A} \otimes \boldsymbol{B})^{\mathrm{T}} = \boldsymbol{A}^{\mathrm{T}} \otimes \boldsymbol{B}^{\mathrm{T}} \\ &(\boldsymbol{A} \otimes \boldsymbol{B})(\boldsymbol{C} \otimes \boldsymbol{D}) = \boldsymbol{AC} \otimes \boldsymbol{BD} \\ &(\boldsymbol{A} \otimes \boldsymbol{B})^{-1} = \boldsymbol{A}^{-1} \otimes \boldsymbol{B}^{-1} \\ &(\boldsymbol{A} \otimes \boldsymbol{B})^{\dagger} = \boldsymbol{A}^{\dagger} \otimes \boldsymbol{B}^{\dagger} \\ &\mathrm{rank}(\boldsymbol{A} \otimes \boldsymbol{B}) = \mathrm{rank}(\boldsymbol{A})\mathrm{rank}(\boldsymbol{B}) \\ &\mathrm{tr}(\boldsymbol{A} \otimes \boldsymbol{B}) = \mathrm{tr}(\boldsymbol{A})\mathrm{tr}(\boldsymbol{B}) \end{aligned} \tag{B-2-37}$$

式中，$a_A$ 及 $a_B$ 为标量；$\boldsymbol{A}^{\dagger}$ 为矩阵 $\boldsymbol{A}$ 的伪逆矩阵。

vec 操作符应用于 $m \times n$ 的矩阵 $\boldsymbol{A}$ 上得到的是一个 $mn \times 1$ 的列矢量，该矢量通过将 $\boldsymbol{A}$ 的各列依次堆叠而来组成一个长向量，也称作矩阵的向量化运算，即如果将 $\boldsymbol{A}$ 按列表示为

$$\boldsymbol{A} = [\boldsymbol{A}_{C1} \quad \boldsymbol{A}_{C2} \quad \cdots \quad \boldsymbol{A}_{Cn}] \tag{B-2-38}$$

那么

$$\mathrm{vec}(\boldsymbol{A}) \equiv \begin{bmatrix} \boldsymbol{A}_{C1} \\ \boldsymbol{A}_{C2} \\ \vdots \\ \boldsymbol{A}_{Cn} \end{bmatrix} \tag{B-2-39}$$

vec 操作符有以下性质[73]

$$
\begin{aligned}
&\operatorname{vec}(\boldsymbol{AXB})=(\boldsymbol{B}^{\mathrm{T}}\otimes\boldsymbol{A})\operatorname{vec}(\boldsymbol{X})\\
&\operatorname{tr}(\boldsymbol{A}^{\mathrm{T}}\boldsymbol{B})=\operatorname{vec}(\boldsymbol{A})^{\mathrm{T}}\operatorname{vec}(\boldsymbol{B})\\
&\operatorname{vec}(\boldsymbol{A}+\boldsymbol{B})=\operatorname{vec}(\boldsymbol{A})+\operatorname{vec}(\boldsymbol{B})\\
&\operatorname{vec}(a\boldsymbol{A})=a\cdot\operatorname{vec}(\boldsymbol{A})\\
&\boldsymbol{a}^{\mathrm{T}}\boldsymbol{XBX}^{\mathrm{T}}\boldsymbol{c}=\operatorname{vec}(\boldsymbol{X})^{\mathrm{T}}(\boldsymbol{B}\otimes\boldsymbol{ca}^{\mathrm{T}})\operatorname{vec}(\boldsymbol{X})
\end{aligned}
\tag{B-2-40}
$$

式中，$a$ 为标量；$\boldsymbol{a}$、$\boldsymbol{c}$ 为列矢量。

$pm\times pm$ 交换矩阵（commutation matrix）$\boldsymbol{K}_{p,m}$ 按下式计算[78]②

$$
\boldsymbol{K}_{p,m}=\sum_{i=1}^{p}\sum_{j=1}^{m}(\boldsymbol{e}_{p,i}\boldsymbol{e}_{m,j}^{\mathrm{T}})\otimes(\boldsymbol{e}_{m,j}\boldsymbol{e}_{p,i}^{\mathrm{T}})
\tag{B-2-41}
$$

式中，$\boldsymbol{e}_{p,i}$ 为长度为 $p$ 的列矢量；除第 $i$ 个元素为 1 外，其他元素为 0，$\boldsymbol{e}_{m,j}$ 类似。

交换矩阵具有如下性质

$$
\begin{aligned}
&\boldsymbol{K}_{m,n}\cdot\operatorname{vec}(\boldsymbol{A})=\operatorname{vec}(\boldsymbol{A}^{\mathrm{T}})\\
&\boldsymbol{K}_{p,m}(\boldsymbol{A}\otimes\boldsymbol{B})\boldsymbol{K}_{n,q}=\boldsymbol{B}\otimes\boldsymbol{A}
\end{aligned}
\tag{B-2-42}
$$

式中，$\boldsymbol{A}$ 为 $m\times n$ 矩阵；$\boldsymbol{B}$ 为 $p\times q$ 矩阵。

### B.2.6　矩阵微分

$m\times 1$ 矢量函数 $\mathbf{f}(\boldsymbol{x})$ 对 $n\times 1$ 矢量 $\boldsymbol{x}$ 的导数通常用 $m\times n$ 雅可比矩阵 $\mathbf{J}(\boldsymbol{x})$ 表示，即

$$
\mathbf{J}(\boldsymbol{x})=\frac{\mathrm{d}\mathbf{f}}{\mathrm{d}\boldsymbol{x}}=\begin{bmatrix}
\dfrac{\partial f_1}{\partial x_1} & \dfrac{\partial f_1}{\partial x_2} & \cdots & \dfrac{\partial f_1}{\partial x_n}\\
\dfrac{\partial f_2}{\partial x_1} & \dfrac{\partial f_2}{\partial x_2} & \cdots & \dfrac{\partial f_2}{\partial x_n}\\
\vdots & \vdots & \ddots & \vdots\\
\dfrac{\partial f_m}{\partial x_1} & \dfrac{\partial f_m}{\partial x_2} & \cdots & \dfrac{\partial f_m}{\partial x_n}
\end{bmatrix}
\tag{B-2-43}
$$

将上述定义拓展到 $m\times p$ 矩阵函数 $\mathbf{F}(\boldsymbol{X})$ 对 $n\times q$ 矩阵 $\boldsymbol{X}$ 的导数，定义

$$
\frac{\mathrm{d}\mathbf{F}}{\mathrm{d}\boldsymbol{X}}\equiv\frac{\mathrm{dvec}(\mathbf{F})}{\mathrm{dvec}(\boldsymbol{X})}
\tag{B-2-44}
$$

这样，式（B-2-44）将矩阵函数 $\mathbf{F}(\boldsymbol{X})$ 对矩阵 $\boldsymbol{X}$ 的导数转换为式（B-2-43）中的雅可比矩阵形式，即 $\dfrac{\mathrm{d}\mathbf{F}}{\mathrm{d}\boldsymbol{X}}$ 为一个 $mp\times nq$ 的雅可比矩阵。

矩阵的微分及导数有以下性质[79]：

（1）微分基本性质

设 $\mathbf{U}$、$\mathbf{V}$、$\mathbf{W}$ 为矩阵 $\boldsymbol{X}$ 的矩阵函数，$\boldsymbol{A}$、$\boldsymbol{B}$ 为与 $\boldsymbol{X}$ 无关的矩阵，$a$ 为标量，则

② 对应 util/matlab/elmat/commutmat.m

$$
\begin{cases}
\mathrm{d}\boldsymbol{A}=\boldsymbol{0} \\
\mathrm{d}(a\mathbf{U})=a\cdot\mathrm{d}\mathbf{U} \\
\mathrm{d}(\mathbf{U}\pm\mathbf{V})=\mathrm{d}\mathbf{U}\pm\mathrm{d}\mathbf{V} \\
\mathrm{d}(\mathbf{U}\mathbf{V})=(\mathrm{d}\mathbf{U})\mathbf{V}+\mathbf{U}(\mathrm{d}\mathbf{V}) \\
\mathrm{d}(\mathbf{U}\mathbf{V}\mathbf{W})=(\mathrm{d}\mathbf{U})\mathbf{V}\mathbf{W}+\mathbf{U}(\mathrm{d}\mathbf{V})\mathbf{W}+\mathbf{U}\mathbf{V}(\mathrm{d}\mathbf{W}) \\
\mathrm{d}(\boldsymbol{AXB})=\boldsymbol{A}(\mathrm{d}\boldsymbol{X})\boldsymbol{B} \\
\mathrm{d}(\mathbf{U}^{\mathrm{T}})=(\mathrm{d}\mathbf{U})^{\mathrm{T}} \\
\mathrm{d}(\mathrm{vec}(\mathbf{U}))=\mathrm{vec}(\mathrm{d}\mathbf{U}) \\
\mathrm{d}(\mathrm{tr}(\mathbf{U}))=\mathrm{tr}(\mathrm{d}\mathbf{U}) \\
\mathrm{d}(\mathrm{tr}(\boldsymbol{AX}))=\mathrm{tr}(\boldsymbol{A})\mathrm{d}\boldsymbol{X} \\
\mathrm{d}(\mathrm{tr}(\boldsymbol{XAX}^{\mathrm{T}}\boldsymbol{B}))=\mathrm{tr}(\boldsymbol{AX}^{\mathrm{T}}\boldsymbol{B}+\boldsymbol{A}^{\mathrm{T}}\boldsymbol{X}^{\mathrm{T}}\boldsymbol{B}^{\mathrm{T}})\mathrm{d}\boldsymbol{X} \\
\mathrm{d}(\mathrm{tr}(\boldsymbol{XAXB}))=\mathrm{tr}(\boldsymbol{AXB}+\boldsymbol{BXA})\mathrm{d}\boldsymbol{X}
\end{cases}
\tag{B-2-45}
$$

(2) 导数基本性质

对微分式取 vec 操作，并利用其性质可以得到

$$
\begin{cases}
\dfrac{\mathrm{d}\boldsymbol{X}}{\mathrm{d}\boldsymbol{X}}=\boldsymbol{I}_{nq} \\
\dfrac{\mathrm{d}\boldsymbol{X}^{\mathrm{T}}}{\mathrm{d}\boldsymbol{X}}=\boldsymbol{K}_{n,q} \\
\dfrac{\mathrm{d}\boldsymbol{X}^{-1}}{\mathrm{d}\boldsymbol{X}}=-\boldsymbol{X}^{-\mathrm{T}}\otimes\boldsymbol{X}^{-1} \\
\dfrac{\mathrm{d}\boldsymbol{X}^{p}}{\mathrm{d}\boldsymbol{X}}=\sum_{j=1}^{p}(\boldsymbol{X}^{\mathrm{T}})^{p-j}\otimes\boldsymbol{X}^{j-1} \\
\dfrac{\mathrm{d}(\boldsymbol{XX}^{\mathrm{T}})}{\mathrm{d}\boldsymbol{X}}=2\boldsymbol{N}_{n}(\boldsymbol{X}\otimes\boldsymbol{I}_{n}) \\
\dfrac{\mathrm{d}(\boldsymbol{X}^{\mathrm{T}}\boldsymbol{X})}{\mathrm{d}\boldsymbol{X}}=2\boldsymbol{N}_{q}(\boldsymbol{I}_{q}\otimes\boldsymbol{X}^{\mathrm{T}}) \\
\dfrac{\mathrm{d}(\boldsymbol{AXB})}{\mathrm{d}\boldsymbol{X}}=\boldsymbol{B}^{\mathrm{T}}\otimes\boldsymbol{A} \\
\dfrac{\mathrm{d}(\mathbf{U}\mathbf{V})}{\mathrm{d}\boldsymbol{X}}=\mathbf{V}^{\mathrm{T}}\otimes\boldsymbol{I}\cdot\dfrac{\mathrm{d}\mathbf{U}}{\mathrm{d}\boldsymbol{X}}+\boldsymbol{I}\otimes\mathbf{U}\cdot\dfrac{\mathrm{d}\mathbf{V}}{\mathrm{d}\boldsymbol{X}} \\
\dfrac{\mathrm{d}(\mathrm{tr}(\boldsymbol{AX}))}{\mathrm{d}\boldsymbol{X}}=(\mathrm{vec}(\boldsymbol{A}^{\mathrm{T}}))^{\mathrm{T}} \\
\dfrac{\mathrm{d}(\mathrm{tr}(\boldsymbol{XAX}^{\mathrm{T}}\boldsymbol{B}))}{\mathrm{d}\boldsymbol{X}}=(\mathrm{vec}(\boldsymbol{B}^{\mathrm{T}}\boldsymbol{XA}^{\mathrm{T}}+\boldsymbol{BXA}))^{\mathrm{T}} \\
\dfrac{\mathrm{d}(\mathrm{tr}(\boldsymbol{XAXB}))}{\mathrm{d}\boldsymbol{X}}=(\mathrm{vec}(\boldsymbol{B}^{\mathrm{T}}\boldsymbol{X}^{\mathrm{T}}\boldsymbol{A}^{\mathrm{T}}+\boldsymbol{A}^{\mathrm{T}}\boldsymbol{X}^{\mathrm{T}}\boldsymbol{B}^{\mathrm{T}}))^{\mathrm{T}} \\
\dfrac{\mathrm{d}\boldsymbol{x}^{\mathrm{T}}\boldsymbol{Ax}}{\mathrm{d}\boldsymbol{x}}=\boldsymbol{x}^{\mathrm{T}}(\boldsymbol{A}^{\mathrm{T}}+\boldsymbol{A})
\end{cases}
\tag{B-2-46}
$$

式中，$\boldsymbol{X}$ 为 $n\times q$ 的矩阵；$\boldsymbol{x}$ 为 $n\times 1$ 的向量；$\otimes$ 表示 Kronecker 矩阵乘积；$\boldsymbol{K}_{n,q}$ 为交换矩阵；$\boldsymbol{N}_n=\dfrac{1}{2}(\boldsymbol{I}_{n^2}+\boldsymbol{K}_{n,n})$。

(3) 链式法则

复合函数 $\mathbf{H}(\boldsymbol{X})=\mathbf{G}(\mathbf{F}(\boldsymbol{X}))$ 的导数可表示为

$$\frac{\mathrm{d}\mathbf{H}(\boldsymbol{X})}{\mathrm{d}\boldsymbol{X}}=\frac{\mathrm{d}\mathbf{G}(\boldsymbol{F})}{\mathrm{d}\boldsymbol{F}}\frac{\mathrm{d}\mathbf{F}(\boldsymbol{X})}{\mathrm{d}\boldsymbol{X}} \tag{B-2-47}$$

(4) 特征值与特征矢量的微分

设 $\boldsymbol{X}_0\in\mathbb{R}^{n\times n}$ 为一个 $n\times n$ 的实对称矩阵，$\lambda_0$ 为其一个不重复的特征值，$\boldsymbol{u}_0$ 为对应于 $\lambda_0$ 的单位特征矢量，则可以在 $\boldsymbol{X}_0$ 邻域 $\mathcal{N}(\boldsymbol{X}_0)\subset\mathbb{R}^{n\times n}$ 上定义实函数 $\lambda(\boldsymbol{X})$ 及 $\mathbf{u}(\boldsymbol{X})$（$\boldsymbol{X}\in\mathcal{N}(\boldsymbol{X}_0)$），使得

$$\begin{cases}\lambda(\boldsymbol{X}_0)=\lambda_0,\mathbf{u}(\boldsymbol{X}_0)=\boldsymbol{u}_0\\ \boldsymbol{X}\cdot\mathbf{u}(\boldsymbol{X})=\lambda(\boldsymbol{X})\mathbf{u}(\boldsymbol{X}),\mathbf{u}^{\mathrm{T}}(\boldsymbol{X})\mathbf{u}(\boldsymbol{X})=1\end{cases} \tag{B-2-48}$$

此外，函数 $\lambda(\boldsymbol{X})$ 及 $\mathbf{u}(\boldsymbol{X})$ 在 $\mathcal{N}(\boldsymbol{X}_0)$ 上无穷阶可微，其在 $\boldsymbol{X}_0$ 处的微分为

$$\begin{cases}\mathrm{d}\lambda(\boldsymbol{X})\big|_{\boldsymbol{X}_0}=\boldsymbol{u}_0^{\mathrm{T}}\cdot\mathrm{d}\boldsymbol{X}\cdot\boldsymbol{u}_0\\ \mathrm{d}\mathbf{u}(\boldsymbol{X})\big|_{\boldsymbol{X}_0}=(\lambda_0\boldsymbol{I}_{n\times n}-\boldsymbol{X}_0)^{\dagger}\cdot\mathrm{d}\boldsymbol{X}\cdot\boldsymbol{u}_0\end{cases} \tag{B-2-49}$$

(5) 矢量函数的二阶导数

标量函数 $\mathrm{f}(\boldsymbol{x})$ 对 $n\times 1$ 矢量 $\boldsymbol{x}$ 的二阶导数通常用 $n\times n$ 海森矩阵 (Hessian matrix) $\mathbf{H}(\boldsymbol{x})$ 表示，即

$$\mathbf{H}(\boldsymbol{x})=\frac{\partial(\nabla\mathrm{f}(\boldsymbol{x}))}{\partial\boldsymbol{x}},H_{i,j}=\frac{\partial^2\mathrm{f}(\boldsymbol{x})}{\partial x_i\partial x_j} \tag{B-2-50}$$

式中，$H_{i,j}$ 为 $\mathbf{H}(\boldsymbol{x})$ 的第 $i$ 行第 $j$ 列元素；$\nabla\mathrm{f}(\boldsymbol{x})$ 为 $\mathrm{f}(\boldsymbol{x})$ 在 $\boldsymbol{x}$ 处的梯度 (gradient)

$$\nabla\mathrm{f}(\boldsymbol{x})=\left(\frac{\partial(\mathrm{f}(\boldsymbol{x}))}{\partial\boldsymbol{x}}\right)^{\mathrm{T}}=\begin{bmatrix}\dfrac{\partial\mathrm{f}(\boldsymbol{x})}{\partial x_1} & \dfrac{\partial\mathrm{f}(\boldsymbol{x})}{\partial x_2} & \cdots & \dfrac{\partial\mathrm{f}(\boldsymbol{x})}{\partial x_n}\end{bmatrix}^{\mathrm{T}} \tag{B-2-51}$$

海森矩阵对于二阶连续的 $\mathrm{f}(\boldsymbol{x})$ 为对称矩阵。将海森矩阵的定义拓展到 $m\times 1$ 矢量函数 $\mathrm{f}(\boldsymbol{x})$ 对 $n\times 1$ 矢量 $\boldsymbol{x}$ 的二阶导数，定义

$$\mathbf{H}(\boldsymbol{x})\equiv\mathbf{H}(\mathbf{f}(\boldsymbol{x}))\equiv[\mathbf{H}(\mathrm{f}_1(\boldsymbol{x}))\quad\mathbf{H}(\mathrm{f}_2(\boldsymbol{x}))\quad\cdots\quad\mathbf{H}(\mathrm{f}_m(\boldsymbol{x}))]^{\mathrm{T}} \tag{B-2-52}$$

式中，$\mathbf{H}(\mathrm{f}_i(\boldsymbol{x}))$ 为由式 (B-2-50) 定义的 $\mathbf{f}(\boldsymbol{x})$ 第 $i$ 个分量相对于 $\boldsymbol{x}$ 的海森矩阵，可见 $\mathbf{H}(\mathbf{f}(\boldsymbol{x}))$ 为 $mn\times n$ 矩阵。由上述定义，如果 $\mathbf{f}(\boldsymbol{x})$ 在 $\boldsymbol{x}$ 处二阶可微，可以得到 $\mathbf{f}(\boldsymbol{x})$ 的二阶泰勒展开式

$$\mathbf{f}(\boldsymbol{x}+\mathrm{d}\boldsymbol{x})=\mathbf{f}(\boldsymbol{x})+\mathbf{J}(\boldsymbol{x})\mathrm{d}\boldsymbol{x}+(\boldsymbol{I}_m\otimes\mathrm{d}\boldsymbol{x}^{\mathrm{T}})\mathbf{H}(\boldsymbol{x})\mathrm{d}\boldsymbol{x}+\boldsymbol{r} \tag{B-2-53}$$

其中

$$\lim_{\mathrm{d}\boldsymbol{x}\to\boldsymbol{0}}\frac{\boldsymbol{r}}{\|\mathrm{d}\boldsymbol{x}\|^2}=\boldsymbol{0}$$

### B.2.7 特殊矩阵

#### B.2.7.1 反对称矩阵

反对称矩阵常用于简化三维空间中的矢量叉积运算。矢量 $\boldsymbol{a}=[a_1 \quad a_2 \quad a_3]^{\mathrm{T}}$ 的反对称矩阵定义为

$$\boldsymbol{A}\equiv\begin{bmatrix}0 & -a_3 & a_2\\ a_3 & 0 & -a_1\\ -a_2 & a_1 & 0\end{bmatrix} \tag{B-2-54}$$

也可以记为 $\boldsymbol{a}\times$。

反对称矩阵有以下性质：

（1）反对称性

$$(\boldsymbol{A})^{\mathrm{T}}=-\boldsymbol{A} \tag{B-2-55}$$

（2）反对称矩阵的秩与奇异值

对任意非零向量 $\boldsymbol{a}$，反对称矩阵 $\boldsymbol{A}$ 的秩为 2。$\boldsymbol{A}$ 有两个相同的非零奇异值，均为 $\|\boldsymbol{a}\|$。

（3）左乘原向量转置

$$\boldsymbol{a}^{\mathrm{T}}(\boldsymbol{a}\times)=-((\boldsymbol{a}\times)\boldsymbol{a})^{\mathrm{T}}=\boldsymbol{0}_{1\times3} \tag{B-2-56}$$

（4）矢量叉积的反对称矩阵表示

$$\boldsymbol{a}_1\times\boldsymbol{a}_2=(\boldsymbol{a}_1\times)\boldsymbol{a}_2=\boldsymbol{A}_1\boldsymbol{a}_2 \tag{B-2-57}$$

（5）矢量叉积反对称矩阵的展开

$$(\boldsymbol{a}_1\times\boldsymbol{a}_2)\times=(\boldsymbol{a}_1\times)(\boldsymbol{a}_2\times)-(\boldsymbol{a}_2\times)(\boldsymbol{a}_1\times)=\boldsymbol{a}_2\boldsymbol{a}_1^{\mathrm{T}}-\boldsymbol{a}_1\boldsymbol{a}_2^{\mathrm{T}} \tag{B-2-58}$$

（6）矩阵与矢量乘积的反对称矩阵

对于任意 3×3 非奇异矩阵 $\boldsymbol{M}$ 及 3×1 矢量 $\boldsymbol{a}$ 有

$$[(\boldsymbol{M}\boldsymbol{a})\times]=\det(\boldsymbol{M})\boldsymbol{M}^{-\mathrm{T}}(\boldsymbol{a}\times)\boldsymbol{M}^{-1} \tag{B-2-59}$$

（7）反对称矩阵的二次型

对于任意矢量 $\boldsymbol{x}$，由于

$$-\boldsymbol{x}^{\mathrm{T}}\boldsymbol{A}\boldsymbol{x}=\boldsymbol{x}^{\mathrm{T}}\boldsymbol{A}^{\mathrm{T}}\boldsymbol{x}=(\boldsymbol{x}^{\mathrm{T}}\boldsymbol{A}\boldsymbol{x})^{\mathrm{T}}=\boldsymbol{x}^{\mathrm{T}}\boldsymbol{A}\boldsymbol{x} \tag{B-2-60}$$

因此

$$\boldsymbol{x}^{\mathrm{T}}\boldsymbol{A}\boldsymbol{x}=0 \tag{B-2-61}$$

即反对称矩阵的二次型为 0。另一方面，如果某矩阵 $\boldsymbol{A}$ 的二次型对所有的矢量 $\boldsymbol{x}$ 均为 0，即

$$\boldsymbol{x}^{\mathrm{T}}\boldsymbol{A}\boldsymbol{x}=\sum_i A_{i,i}x_i^2+\sum_{i<j}(A_{i,j}+A_{j,i})x_ix_j=0 \tag{B-2-62}$$

由于 $\boldsymbol{x}$ 可取任意值，因此必然有

$$A_{i,i}=0, A_{i,j}=-A_{j,i} \tag{B-2-63}$$

即 $\boldsymbol{A}$ 是反对称矩阵。

(8) 反对称矩阵指数的三角函数表示

由式 (B-2-35)，反对称矩阵的指数可以表示为

$$\mathrm{e}^{\boldsymbol{A}}=\mathrm{e}^{(\boldsymbol{a}\times)}=\sum_{k=0}^{\infty}\frac{1}{k!}(\boldsymbol{a}\times)^{k} \tag{B-2-64}$$

又由式 (B-2-13) 有

$$\begin{cases}(\boldsymbol{a}\times)^{3}=-a^{2}(\boldsymbol{a}\times)\\(\boldsymbol{a}\times)^{4}=-a^{2}(\boldsymbol{a}\times)^{2}\end{cases} \tag{B-2-65}$$

式中，$a=\|\boldsymbol{a}\|$。将上式代入式 (B-2-64) 可得

$$\begin{aligned}\mathrm{e}^{\boldsymbol{A}}&=\boldsymbol{I}+\left(1-\frac{a^{2}}{3!}+\frac{a^{4}}{5!}-\cdots\right)(\boldsymbol{a}\times)+\left(\frac{1}{2!}-\frac{a^{2}}{4!}+\frac{a^{4}}{6!}-\cdots\right)(\boldsymbol{a}\times)^{2}\\&=\boldsymbol{I}+\frac{\sin a}{a}(\boldsymbol{a}\times)+\frac{1-\cos a}{a^{2}}(\boldsymbol{a}\times)^{2}\\&=\boldsymbol{I}+\frac{\sin a}{a}\boldsymbol{A}+\frac{1-\cos a}{a^{2}}\boldsymbol{A}^{2}\end{aligned} \tag{B-2-66}$$

B.2.7.2 正交矩阵

对于 $n$ 阶方阵 $\boldsymbol{C}$，若有 $\boldsymbol{C}\boldsymbol{C}^{\mathrm{T}}=\boldsymbol{I}$，其中 $\boldsymbol{I}$ 为 $n$ 阶单位矩阵，则称 $\boldsymbol{C}$ 为 $n$ 阶正交矩阵。正交矩阵有以下性质：

1) 正交矩阵的逆矩阵等于其转置矩阵：$\boldsymbol{C}^{\mathrm{T}}=\boldsymbol{C}^{-1}$；

2) $\boldsymbol{C}^{\mathrm{T}}\boldsymbol{C}=\boldsymbol{C}\boldsymbol{C}^{\mathrm{T}}=\boldsymbol{I}$；

3) $\boldsymbol{C}^{\mathrm{T}}$ 或 $\boldsymbol{C}^{-1}$ 也为正交矩阵；

4) 若 $\boldsymbol{A}$、$\boldsymbol{B}$ 为正交矩阵，则 $\boldsymbol{AB}$ 亦是正交矩阵；

5) 正交矩阵 $\boldsymbol{C}$ 行列式的值为 $\det(\boldsymbol{C})=1$ 或 $\det(\boldsymbol{C})=-1$。其中，行列式为 1 的正交矩阵可以代表转动（见 B.2.8.2 节），称为特别正交矩阵（special orthogonal matrix）。

一个常用的正交矩阵为单位矩阵的变形体，即

$$\boldsymbol{I}'=\begin{bmatrix} & & & 1\\ & & 1 & \\ & \cdots & & \\ 1 & & & \end{bmatrix} \tag{B-2-67}$$

易知 $\boldsymbol{I}'$ 为对称正交阵，且 $\boldsymbol{I}'$ 左乘任意矩阵相当于将该矩阵上下颠倒，$\boldsymbol{I}'$ 右乘任意矩阵相当于将该矩阵左右颠倒。

### B.2.8 矢量的坐标变换

B.2.8.1 正交坐标系下的矢量坐标变换

考虑任意矢量 $\boldsymbol{v}$ 在正交坐标系 $F$（代表 Fixed）中的投影

$$\boldsymbol{v}=v_x^F\boldsymbol{u}_{X_F}+v_y^F\boldsymbol{u}_{Y_F}+v_z^F\boldsymbol{u}_{Z_F} \tag{B-2-68}$$

式中，$\boldsymbol{u}_{X_F}$、$\boldsymbol{u}_{Y_F}$、$\boldsymbol{u}_{Z_F}$ 为坐标系 $F$ 中沿三个坐标轴方向的单位矢量；$v_x^F$、$v_y^F$、$v_z^F$ 为矢量 $\boldsymbol{v}$ 在相应坐标轴上的投影值。

考虑该矢量在另一正交坐标系 $M$（代表 Moving）中的投影，同理有

$$\boldsymbol{v}=v_x^M\boldsymbol{u}_{X_M}+v_y^M\boldsymbol{u}_{Y_M}+v_z^M\boldsymbol{u}_{Z_M} \tag{B-2-69}$$

联立上式与式（B-2-68），并在两边同时点乘 $\boldsymbol{u}_{X_F}$，得到

$$v_x^F=v_x^M\boldsymbol{u}_{X_F}\cdot\boldsymbol{u}_{X_M}+v_y^M\boldsymbol{u}_{X_F}\cdot\boldsymbol{u}_{Y_M}+v_z^M\boldsymbol{u}_{X_F}\cdot\boldsymbol{u}_{Z_M} \tag{B-2-70}$$

采用类似方式可得到 $v_y^F$ 与 $v_z^F$ 的表达式，合写为

$$\begin{cases}v_x^F=v_x^M\boldsymbol{u}_{X_F}\cdot\boldsymbol{u}_{X_M}+v_y^M\boldsymbol{u}_{X_F}\cdot\boldsymbol{u}_{Y_M}+v_z^M\boldsymbol{u}_{X_F}\cdot\boldsymbol{u}_{Z_M}\\ v_y^F=v_x^M\boldsymbol{u}_{Y_F}\cdot\boldsymbol{u}_{X_M}+v_y^M\boldsymbol{u}_{Y_F}\cdot\boldsymbol{u}_{Y_M}+v_z^M\boldsymbol{u}_{Y_F}\cdot\boldsymbol{u}_{Z_M}\\ v_z^F=v_x^M\boldsymbol{u}_{Z_F}\cdot\boldsymbol{u}_{X_M}+v_y^M\boldsymbol{u}_{Z_F}\cdot\boldsymbol{u}_{Y_M}+v_z^M\boldsymbol{u}_{Z_F}\cdot\boldsymbol{u}_{Z_M}\end{cases} \tag{B-2-71}$$

将上式中 $F$ 系与 $M$ 系互换，公式应仍成立，故有

$$\begin{cases}v_x^M=v_x^F\boldsymbol{u}_{X_M}\cdot\boldsymbol{u}_{X_F}+v_y^F\boldsymbol{u}_{X_M}\cdot\boldsymbol{u}_{Y_F}+v_z^F\boldsymbol{u}_{X_M}\cdot\boldsymbol{u}_{Z_F}\\ v_y^M=v_x^F\boldsymbol{u}_{Y_M}\cdot\boldsymbol{u}_{X_F}+v_y^F\boldsymbol{u}_{Y_M}\cdot\boldsymbol{u}_{Y_F}+v_z^F\boldsymbol{u}_{Y_M}\cdot\boldsymbol{u}_{Z_F}\\ v_z^M=v_x^F\boldsymbol{u}_{Z_M}\cdot\boldsymbol{u}_{X_F}+v_y^F\boldsymbol{u}_{Z_M}\cdot\boldsymbol{u}_{Y_F}+v_z^F\boldsymbol{u}_{Z_M}\cdot\boldsymbol{u}_{Z_F}\end{cases} \tag{B-2-72}$$

引入 $F$ 系 $A$ 轴与 $M$ 系 $B$ 轴之间的方向余弦

$$C_{ab}\equiv\boldsymbol{u}_{A_F}\cdot\boldsymbol{u}_{B_M}=\boldsymbol{u}_{B_M}\cdot\boldsymbol{u}_{A_F} \tag{B-2-73}$$

式中，$a$，$b=x$，$y$，$z$。将其代入式（B-2-71）与式（B-2-72），可得

$$\begin{cases}v_x^F=C_{xx}v_x^M+C_{xy}v_y^M+C_{xz}v_z^M\\ v_y^F=C_{yx}v_x^M+C_{yy}v_y^M+C_{yz}v_z^M\\ v_z^F=C_{zx}v_x^M+C_{zy}v_y^M+C_{zz}v_z^M\\ v_x^M=C_{xx}v_x^F+C_{yx}v_y^F+C_{zx}v_z^F\\ v_y^M=C_{xy}v_x^F+C_{yy}v_y^F+C_{zy}v_z^F\\ v_z^M=C_{xz}v_x^F+C_{yz}v_y^F+C_{zz}v_z^F\end{cases} \tag{B-2-74}$$

定义 $M$ 系到 $F$ 系的方向余弦矩阵（Direction Cosine Matrix，DCM）$\boldsymbol{C}_M^F$，其 $a$ 行 $b$ 列元素为 $C_{ab}$；定义 $F$ 系到 $M$ 系的方向余弦矩阵 $\boldsymbol{C}_F^M$，其 $b$ 行 $a$ 列元素为 $C_{ab}$，则可将上式改写为矩阵形式

$$\begin{cases}\boldsymbol{v}^F=\boldsymbol{C}_M^F\boldsymbol{v}^M\\ \boldsymbol{v}^M=\boldsymbol{C}_F^M\boldsymbol{v}^F\end{cases} \tag{B-2-75}$$

上式即为使用方向余弦矩阵对矢量进行坐标变换的通用关系式。

### B.2.8.2 方向余弦矩阵的性质

(1) 正交性

根据方向余弦矩阵的定义，容易得到

$$\begin{cases} \boldsymbol{C}_M^F = (\boldsymbol{C}_F^M)^{\mathrm{T}} \\ \boldsymbol{C}_F^M = (\boldsymbol{C}_M^F)^{\mathrm{T}} \end{cases} \tag{B-2-76}$$

进一步整理式（B-2-75），得到

$$\boldsymbol{v}^M = \boldsymbol{C}_F^M \boldsymbol{C}_M^F \boldsymbol{v}^M = \boldsymbol{C}_F^M (\boldsymbol{C}_F^M)^{\mathrm{T}} \boldsymbol{v}^M \tag{B-2-77}$$

由于 $\boldsymbol{v}$ 是任意矢量，因而有 $\boldsymbol{C}_F^M (\boldsymbol{C}_F^M)^{\mathrm{T}} = \boldsymbol{I}$，左乘 $\boldsymbol{C}_F^M$ 的逆矩阵可得

$$(\boldsymbol{C}_F^M)^{\mathrm{T}} = (\boldsymbol{C}_F^M)^{-1} \tag{B-2-78}$$

上式说明方向余弦矩阵是正交矩阵。当将 $F$ 系及 $M$ 系同为右手系或左手系时，$\boldsymbol{C}_F^M$ 及 $\boldsymbol{C}_M^F$ 的行列式为1，否则为−1。前者通常称为旋转矩阵（rotation matrix）。在本文中，若无特殊说明，方向余弦矩阵均特指旋转矩阵。

(2) 链式法则

考虑矢量 $\boldsymbol{v}$ 在另一坐标系 $R$ 中的投影

$$\begin{cases} \boldsymbol{v}^M = \boldsymbol{C}_R^M \boldsymbol{v}^R \\ \boldsymbol{v}^F = \boldsymbol{C}_R^F \boldsymbol{v}^R \end{cases} \tag{B-2-79}$$

应用式（B-2-75），易得

$$\boldsymbol{v}^M = \boldsymbol{C}_F^M \boldsymbol{v}^F = \boldsymbol{C}_F^M \boldsymbol{C}_R^F \boldsymbol{v}^R \tag{B-2-80}$$

结合式（B-2-79）与式（B-2-80）有

$$\boldsymbol{C}_F^M \boldsymbol{C}_R^F = \boldsymbol{C}_R^M \tag{B-2-81}$$

上式即方向余弦矩阵乘法的链式法则。

(3) 分量形式

方向余弦矩阵的分量形式如下

$$\boldsymbol{C}_M^F \equiv \begin{bmatrix} C_{xx} & C_{xy} & C_{xz} \\ C_{yx} & C_{yy} & C_{yz} \\ C_{zx} & C_{zy} & C_{zz} \end{bmatrix} \tag{B-2-82}$$

考虑坐标系 $M$ 中沿坐标轴 $A$ 的单位矢量在坐标系 $F$ 中的投影 $\boldsymbol{u}_{A_M}^F$，可得

$$\boldsymbol{u}_{A_M}^F = \boldsymbol{C}_M^F \boldsymbol{u}_{A_M}^M = \begin{bmatrix} C_{xa} \\ C_{ya} \\ C_{za} \end{bmatrix} \tag{B-2-83}$$

式中，$a = x，y，z$。上式说明 $\boldsymbol{C}_M^F$ 各列矢量即为 $M$ 系各坐标轴单位矢量在 $F$ 系中的投影。因此可将方向余弦矩阵写成列矢量形式

$$\boldsymbol{C}_M^F = [\boldsymbol{u}_{X_M}^F \quad \boldsymbol{u}_{Y_M}^F \quad \boldsymbol{u}_{Z_M}^F] \tag{B-2-84}$$

对式（B－2－84）两边求转置，可得

$$\boldsymbol{C}_F^M=\left[\boldsymbol{u}_{X_M}^F\quad \boldsymbol{u}_{Y_M}^F\quad \boldsymbol{u}_{Z_M}^F\right]^{\mathrm{T}}=\begin{bmatrix}(\boldsymbol{u}_{X_M}^F)^{\mathrm{T}}\\(\boldsymbol{u}_{Y_M}^F)^{\mathrm{T}}\\(\boldsymbol{u}_{Z_M}^F)^{\mathrm{T}}\end{bmatrix}\tag{B-2-85}$$

上式说明 $\boldsymbol{C}_F^M$ 各行矢量即为 $M$ 系各坐标轴单位矢量在 $F$ 系中的投影。

### B.2.8.3　矢量点积与叉积在不同正交坐标系中的转换

考虑任意两个矢量 $\boldsymbol{v}$ 和 $\boldsymbol{w}$ 的点积和叉积。将式（B－2－1）中的 $\boldsymbol{a}$、$\boldsymbol{b}$ 分别替换为 $\boldsymbol{v}$、$\boldsymbol{w}$，将右边整理成矩阵形式，可得

$$\boldsymbol{v}\cdot\boldsymbol{w}=\boldsymbol{v}^{\mathrm{T}}\boldsymbol{w}\tag{B-2-86}$$

因此可定义矢量点积算符（使用矩阵乘法等效相应矢量点积）

$$(\boldsymbol{v}\ \cdot)\equiv\boldsymbol{v}^{\mathrm{T}}\tag{B-2-87}$$

考虑式（B－2－75）的转置

$$(\boldsymbol{v}^M)^{\mathrm{T}}=(\boldsymbol{C}_F^M\boldsymbol{v}^F)^{\mathrm{T}}=(\boldsymbol{v}^F)^{\mathrm{T}}(\boldsymbol{C}_F^M)^{\mathrm{T}}=(\boldsymbol{v}^F)^{\mathrm{T}}\boldsymbol{C}_M^F\tag{B-2-88}$$

整理成点积算符的形式，得到

$$(\boldsymbol{v}^M\ \cdot)=(\boldsymbol{v}^F\ \cdot)\,\boldsymbol{C}_M^F\tag{B-2-89}$$

上式描述了点积算符在不同坐标系中的转换关系。

考虑矢量 $\boldsymbol{v}$ 和 $\boldsymbol{w}$ 的点积在坐标系 $M$ 和坐标系 $F$ 中的投影，可得

$$\boldsymbol{v}^M\cdot\boldsymbol{w}^M=(\boldsymbol{C}_F^M\boldsymbol{v}^F)^{\mathrm{T}}(\boldsymbol{C}_F^M\boldsymbol{w}^F)=(\boldsymbol{v}^F)^{\mathrm{T}}\boldsymbol{C}_M^F\boldsymbol{C}_F^M\boldsymbol{w}^F=\boldsymbol{v}^F\cdot\boldsymbol{w}^F\tag{B-2-90}$$

上式说明任意两个矢量的点积在不同坐标系中的值保持不变，考虑到两矢量在不同坐标系中的点积实际上是同一个标量，上述结果是合理的。

类似地，通过整理式（B－2－2）可定义矢量叉积算符（使用反对称矩阵等效相应矢量叉积）

$$(\boldsymbol{v}\times)\equiv\begin{bmatrix}0&-v_z&v_y\\v_z&0&-v_x\\-v_y&v_x&0\end{bmatrix}\tag{B-2-91}$$

应用式（B－2－85），将方向余弦矩阵写成分量形式

$$\boldsymbol{C}_F^M\boldsymbol{v}^F=\begin{bmatrix}(\boldsymbol{u}_{X_M}^F)^{\mathrm{T}}\boldsymbol{v}^F\\(\boldsymbol{u}_{Y_M}^F)^{\mathrm{T}}\boldsymbol{v}^F\\(\boldsymbol{u}_{Z_M}^F)^{\mathrm{T}}\boldsymbol{v}^F\end{bmatrix}=\begin{bmatrix}\boldsymbol{u}_{X_M}^F\cdot\boldsymbol{v}^F\\\boldsymbol{u}_{Y_M}^F\cdot\boldsymbol{v}^F\\\boldsymbol{u}_{Z_M}^F\cdot\boldsymbol{v}^F\end{bmatrix}\tag{B-2-92}$$

应用式（B－2－91），并应用矢量混合积的性质式（B－2－6），易得

$$
\begin{aligned}
[(\boldsymbol{C}_F^M\boldsymbol{v}^F)\times] &= \begin{bmatrix} \boldsymbol{u}_{X_M}^F \cdot \boldsymbol{v}^F \\ \boldsymbol{u}_{Y_M}^F \cdot \boldsymbol{v}^F \\ \boldsymbol{u}_{Z_M}^F \cdot \boldsymbol{v}^F \end{bmatrix}\times = \begin{bmatrix} 0 & -\boldsymbol{u}_{Z_M}^F \cdot \boldsymbol{v}^F & \boldsymbol{u}_{Y_M}^F \cdot \boldsymbol{v}^F \\ \boldsymbol{u}_{Z_M}^F \cdot \boldsymbol{v}^F & 0 & -\boldsymbol{u}_{X_M}^F \cdot \boldsymbol{v}^F \\ -\boldsymbol{u}_{Y_M}^F \cdot \boldsymbol{v}^F & \boldsymbol{u}_{X_M}^F \cdot \boldsymbol{v}^F & 0 \end{bmatrix} \\
&= \begin{bmatrix} (\boldsymbol{u}_{X_M}^F \times \boldsymbol{u}_{X_M}^F)\cdot \boldsymbol{v}^F & (\boldsymbol{u}_{Y_M}^F \times \boldsymbol{u}_{X_M}^F)\cdot \boldsymbol{v}^F & (\boldsymbol{u}_{Z_M}^F \times \boldsymbol{u}_{X_M}^F)\cdot \boldsymbol{v}^F \\ (\boldsymbol{u}_{X_M}^F \times \boldsymbol{u}_{Y_M}^F)\cdot \boldsymbol{v}^F & (\boldsymbol{u}_{Y_M}^F \times \boldsymbol{u}_{Y_M}^F)\cdot \boldsymbol{v}^F & (\boldsymbol{u}_{Z_M}^F \times \boldsymbol{u}_{Y_M}^F)\cdot \boldsymbol{v}^F \\ (\boldsymbol{u}_{X_M}^F \times \boldsymbol{u}_{Z_M}^F)\cdot \boldsymbol{v}^F & (\boldsymbol{u}_{Y_M}^F \times \boldsymbol{u}_{Z_M}^F)\cdot \boldsymbol{v}^F & (\boldsymbol{u}_{Z_M}^F \times \boldsymbol{u}_{Z_M}^F)\cdot \boldsymbol{v}^F \end{bmatrix} \\
&= \begin{bmatrix} \boldsymbol{u}_{X_M}^F \cdot (\boldsymbol{v}^F \times \boldsymbol{u}_{X_M}^F) & \boldsymbol{u}_{X_M}^F \cdot (\boldsymbol{v}^F \times \boldsymbol{u}_{Y_M}^F) & \boldsymbol{u}_{X_M}^F \cdot (\boldsymbol{v}^F \times \boldsymbol{u}_{Z_M}^F) \\ \boldsymbol{u}_{Y_M}^F \cdot (\boldsymbol{v}^F \times \boldsymbol{u}_{X_M}^F) & \boldsymbol{u}_{Y_M}^F \cdot (\boldsymbol{v}^F \times \boldsymbol{u}_{Y_M}^F) & \boldsymbol{u}_{Y_M}^F \cdot (\boldsymbol{v}^F \times \boldsymbol{u}_{Z_M}^F) \\ \boldsymbol{u}_{Z_M}^F \cdot (\boldsymbol{v}^F \times \boldsymbol{u}_{X_M}^F) & \boldsymbol{u}_{Z_M}^F \cdot (\boldsymbol{v}^F \times \boldsymbol{u}_{Y_M}^F) & \boldsymbol{u}_{Z_M}^F \cdot (\boldsymbol{v}^F \times \boldsymbol{u}_{Z_M}^F) \end{bmatrix} \\
&= \begin{bmatrix} (\boldsymbol{u}_{X_M}^F)^{\mathrm{T}}(\boldsymbol{v}^F\times)\boldsymbol{u}_{X_M}^F & (\boldsymbol{u}_{X_M}^F)^{\mathrm{T}}(\boldsymbol{v}^F\times)\boldsymbol{u}_{Y_M}^F & (\boldsymbol{u}_{X_M}^F)^{\mathrm{T}}(\boldsymbol{v}^F\times)\boldsymbol{u}_{Z_M}^F \\ (\boldsymbol{u}_{Y_M}^F)^{\mathrm{T}}(\boldsymbol{v}^F\times)\boldsymbol{u}_{X_M}^F & (\boldsymbol{u}_{Y_M}^F)^{\mathrm{T}}(\boldsymbol{v}^F\times)\boldsymbol{u}_{Y_M}^F & (\boldsymbol{u}_{Y_M}^F)^{\mathrm{T}}(\boldsymbol{v}^F\times)\boldsymbol{u}_{Z_M}^F \\ (\boldsymbol{u}_{Z_M}^F)^{\mathrm{T}}(\boldsymbol{v}^F\times)\boldsymbol{u}_{X_M}^F & (\boldsymbol{u}_{Z_M}^F)^{\mathrm{T}}(\boldsymbol{v}^F\times)\boldsymbol{u}_{Y_M}^F & (\boldsymbol{u}_{Z_M}^F)^{\mathrm{T}}(\boldsymbol{v}^F\times)\boldsymbol{u}_{Z_M}^F \end{bmatrix}
\end{aligned}
\tag{B-2-93}
$$

整理后得到

$$(\boldsymbol{v}^M \times) = \boldsymbol{C}_F^M (\boldsymbol{v}^F \times) \boldsymbol{C}_M^F \tag{B-2-94}$$

上式描述了叉积算符在不同坐标系中的转换关系，称为反对称矩阵的相似变换性质。

考虑矢量 $\boldsymbol{v}$ 和 $\boldsymbol{w}$ 的叉积在坐标系 $M$ 和坐标系 $F$ 中的投影，可得

$$\boldsymbol{v}^M \times \boldsymbol{w}^M = \boldsymbol{C}_F^M (\boldsymbol{v}^F \times) \boldsymbol{C}_M^F \boldsymbol{w}^M = \boldsymbol{C}_F^M (\boldsymbol{v}^F \times) \boldsymbol{w}^F = \boldsymbol{C}_F^M (\boldsymbol{v}^F \times \boldsymbol{w}^F) \tag{B-2-95}$$

上式说明任意两个矢量的叉积在不同坐标系中的值满足投影关系，考虑到两矢量在不同坐标系中的叉积实际上是同一个矢量，上述结果是合理的。

#### B.2.8.4　矢量的平行分量与垂直分量

考虑任意矢量 $\boldsymbol{v}$ 和单位矢量 $\boldsymbol{u}$。根据矢量点积的性质易得矢量 $\boldsymbol{v}$ 平行于 $\boldsymbol{u}$ 的分量为

$$\boldsymbol{v}_{\parallel} = (\boldsymbol{v} \cdot \boldsymbol{u})\boldsymbol{u} \tag{B-2-96}$$

由上式及式（B-2-5），矢量 $\boldsymbol{v}$ 垂直于 $\boldsymbol{u}$ 的分量为

$$\boldsymbol{v}_{\perp} = \boldsymbol{v} - (\boldsymbol{v} \cdot \boldsymbol{u})\boldsymbol{u} = -\boldsymbol{u} \times (\boldsymbol{u} \times \boldsymbol{v}) \tag{B-2-97}$$

考虑坐标系 $F$ 中的矢量垂直分量在坐标系 $M$ 中的投影，可得

$$
\begin{aligned}
\boldsymbol{C}_F^M \boldsymbol{v}_{\perp}^F &= \boldsymbol{C}_F^M [\boldsymbol{v}^F - (\boldsymbol{v}^F \cdot \boldsymbol{u}^F)\boldsymbol{u}^F] \\
&= \boldsymbol{v}^M - (\boldsymbol{v}^F \cdot \boldsymbol{u}^F)\boldsymbol{u}^M \\
&= \boldsymbol{v}^M - (\boldsymbol{v}^M \cdot \boldsymbol{u}^M)\boldsymbol{u}^M = \boldsymbol{v}_{\perp}^M \\
&= (\boldsymbol{C}_F^M \boldsymbol{v}^F)_{\perp}
\end{aligned}
\tag{B-2-98}
$$

上式说明坐标系 $F$ 中的矢量垂直分量在坐标系 $M$ 中的投影，等价于该矢量在坐标系 $M$ 中投影的垂直分量。亦即先求垂直分量再投影，与先投影再求垂直分量完全等价。

B.2.8.5　斜交坐标系下的矢量坐标变换

以上讨论的矢量坐标变换均是相对于正交坐标系的，但在导航系统中，可能遇到传感器非正交安装的情况，因此本节进一步讨论斜交坐标系下的情形。设三维空间中有斜交坐标系 $OX_MY_MZ_M$（简记为 $M$ 系）和 $OX_FY_FZ_F$（简记为 $F$ 系），假设两坐标系原点相同。用 $\boldsymbol{i}_M$，$\boldsymbol{j}_M$，$\boldsymbol{k}_M$ 表示 $M$ 系轴向的单位矢量（即 $M$ 系的基矢量），用 $\boldsymbol{i}_F$，$\boldsymbol{j}_F$，$\boldsymbol{k}_F$ 表示 $F$ 系轴向的单位矢量（即 $F$ 系的基矢量）。设 $M$ 系的基矢量可以用 $F$ 系的基矢量表示为

$$\begin{cases}\boldsymbol{i}_M=p_{11}\boldsymbol{i}_F+p_{21}\boldsymbol{j}_F+p_{31}\boldsymbol{k}_F\\ \boldsymbol{j}_M=p_{12}\boldsymbol{i}_F+p_{22}\boldsymbol{j}_F+p_{32}\boldsymbol{k}_F\\ \boldsymbol{k}_M=p_{13}\boldsymbol{i}_F+p_{23}\boldsymbol{j}_F+p_{33}\boldsymbol{k}_F\end{cases}\tag{B-2-99}$$

将式（B-2-99）写成矩阵的形式

$$[\boldsymbol{i}_M\quad \boldsymbol{j}_M\quad \boldsymbol{k}_M]=[\boldsymbol{i}_F\quad \boldsymbol{j}_F\quad \boldsymbol{k}_F]\begin{bmatrix}p_{11}&p_{12}&p_{13}\\p_{21}&p_{22}&p_{23}\\p_{31}&p_{32}&p_{33}\end{bmatrix}\tag{B-2-100}$$

根据线性代数知识，式（B-2-100）是从 $F$ 系到 $M$ 系的基变换公式，若记 $\boldsymbol{P}_M^F$ 为过渡矩阵（采用符号 $\boldsymbol{P}$，以与正交坐标系之间的方向余弦矩阵符号 $\boldsymbol{C}$ 区分），则式（B-2-100）可写为

$$\begin{gathered}[\boldsymbol{i}_M\quad \boldsymbol{j}_M\quad \boldsymbol{k}_M]=[\boldsymbol{i}_F\quad \boldsymbol{j}_F\quad \boldsymbol{k}_F]\boldsymbol{P}_M^F\\ \boldsymbol{P}_M^F=\begin{bmatrix}p_{11}&p_{12}&p_{13}\\p_{21}&p_{22}&p_{23}\\p_{31}&p_{32}&p_{33}\end{bmatrix}\end{gathered}\tag{B-2-101}$$

可见 $\boldsymbol{P}_M^F$ 的第 $i$ 列为 $M$ 系第 $i$ 个基矢量在 $F$ 系下的斜交投影分量（斜交投影满足平行四边形合成法则，当坐标系为正交坐标系时，斜交投影与正交投影相同）。

假设有一矢量 $\boldsymbol{v}$，在 $M$ 系下的坐标为 $\hat{v}_x^M$，$\hat{v}_y^M$，$\hat{v}_z^M$，在 $F$ 系下的坐标为 $\hat{v}_x^F$，$\hat{v}_y^F$，$\hat{v}_z^F$，这里用“ˆ”符号表示斜交投影，以与正交投影区别，则由式（B-2-101）有

$$\boldsymbol{v}=[\boldsymbol{i}_F\quad \boldsymbol{j}_F\quad \boldsymbol{k}_F]\begin{bmatrix}\hat{v}_x^F\\ \hat{v}_y^F\\ \hat{v}_z^F\end{bmatrix}=[\boldsymbol{i}_M\quad \boldsymbol{j}_M\quad \boldsymbol{k}_M]\begin{bmatrix}\hat{v}_x^M\\ \hat{v}_y^M\\ \hat{v}_z^M\end{bmatrix}=[\boldsymbol{i}_F\quad \boldsymbol{j}_F\quad \boldsymbol{k}_F]\boldsymbol{P}_M^F\begin{bmatrix}\hat{v}_x^M\\ \hat{v}_y^M\\ \hat{v}_z^M\end{bmatrix}\tag{B-2-102}$$

若记坐标矢量 $\hat{\boldsymbol{v}}^F=[\hat{v}_x^F\quad \hat{v}_y^F\quad \hat{v}_z^F]^{\mathrm{T}}$，$\hat{\boldsymbol{v}}^M=[\hat{v}_x^M\quad \hat{v}_y^M\quad \hat{v}_z^M]^{\mathrm{T}}$，由式（B-2-102）可得

$$\begin{cases}\hat{\boldsymbol{v}}^F=\boldsymbol{P}_M^F\hat{\boldsymbol{v}}^M\\ \hat{\boldsymbol{v}}^M=(\boldsymbol{P}_M^F)^{-1}\hat{\boldsymbol{v}}^F\end{cases}\tag{B-2-103}$$

进一步考察矢量 $\boldsymbol{v}$ 在 $M$ 系下的正交投影 $\boldsymbol{v}^M=[\boldsymbol{v}_x^M\quad \boldsymbol{v}_y^M\quad \boldsymbol{v}_z^M]^{\mathrm{T}}$ 及 $F$ 系下的正交投影 $\boldsymbol{v}^F=[v_x^F\quad v_y^F\quad v_z^F]^{\mathrm{T}}$ 的关系。由正交投影定义及式（B-2-99）有

$$\begin{cases}v_x^M=\boldsymbol{i}_M\cdot\boldsymbol{v}=(p_{11}\boldsymbol{i}_F+p_{21}\boldsymbol{j}_F+p_{31}\boldsymbol{k}_F)\cdot\boldsymbol{v}=p_{11}v_x^F+p_{21}v_y^F+p_{31}v_z^F\\v_y^M=\boldsymbol{j}_M\cdot\boldsymbol{v}=(p_{12}\boldsymbol{i}_F+p_{22}\boldsymbol{j}_F+p_{32}\boldsymbol{k}_F)\cdot\boldsymbol{v}=p_{12}v_x^F+p_{22}v_y^F+p_{32}v_z^F\\v_z^M=\boldsymbol{k}_M\cdot\boldsymbol{v}=(p_{13}\boldsymbol{i}_F+p_{23}\boldsymbol{j}_F+p_{33}\boldsymbol{k}_F)\cdot\boldsymbol{v}=p_{13}v_x^F+p_{23}v_y^F+p_{33}v_z^F\end{cases}\tag{B-2-104}$$

合并上式中三个分量等式为矩阵形式并与式（B-2-101）比较可得

$$\boldsymbol{v}^M=(\boldsymbol{P}_M^F)^{\mathrm{T}}\boldsymbol{v}^F\tag{B-2-105}$$

由上式及式（B-2-110）可得

$$\boldsymbol{v}^F=(\boldsymbol{P}_M^F)^{-\mathrm{T}}\boldsymbol{v}^M=(\boldsymbol{P}_F^M)^{\mathrm{T}}\boldsymbol{v}^M\tag{B-2-106}$$

式（B-2-103）、式（B-2-105）及式（B-2-106）即在不同的基下的矢量坐标变换公式。

过渡矩阵 $\boldsymbol{P}_M^F$ 有以下性质：

1）由式（B-2-101），根据对称性原理可知

$$[\boldsymbol{i}_F\quad\boldsymbol{j}_F\quad\boldsymbol{k}_F]=[\boldsymbol{i}_M\quad\boldsymbol{j}_M\quad\boldsymbol{k}_M]\boldsymbol{P}_F^M\tag{B-2-107}$$

代入式（B-2-101）有

$$[\boldsymbol{i}_M\quad\boldsymbol{j}_M\quad\boldsymbol{k}_M]=[\boldsymbol{i}_F\quad\boldsymbol{j}_F\quad\boldsymbol{k}_F]\boldsymbol{P}_M^F=[\boldsymbol{i}_M\quad\boldsymbol{j}_M\quad\boldsymbol{k}_M]\boldsymbol{P}_F^M\boldsymbol{P}_M^F\tag{B-2-108}$$

因此

$$\boldsymbol{P}_F^M\boldsymbol{P}_M^F=\boldsymbol{I}\tag{B-2-109}$$

即

$$(\boldsymbol{P}_M^F)^{-1}=\boldsymbol{P}_F^M\tag{B-2-110}$$

2）由于 $M$ 系与 $F$ 系是斜交坐标系，因此 $\boldsymbol{P}_M^F$ 一般不是正交矩阵，即

$$(\boldsymbol{P}_M^F)^{-1}\neq(\boldsymbol{P}_M^F)^{\mathrm{T}}\tag{B-2-111}$$

3）过渡矩阵 $\boldsymbol{P}_M^F$ 满足链式运算法则，即若有斜交坐标系 $R$ ，则矢量 $\boldsymbol{v}$ 在 $R$ 下的斜交投影满足

$$\hat{\boldsymbol{v}}^R=\boldsymbol{P}_F^R\hat{\boldsymbol{v}}^F=\boldsymbol{P}_F^R\boldsymbol{P}_M^F\hat{\boldsymbol{v}}^M\tag{B-2-112}$$

因此

$$\boldsymbol{P}_M^R=\boldsymbol{P}_F^R\boldsymbol{P}_M^F\tag{B-2-113}$$

下面考虑 $F$ 系为正交坐标系的特殊情况，此时 $M$ 系的基矢量在 $F$ 系坐标轴上的斜交投影与正交投影相同，式（B-2-99）可以写为

$$\begin{cases}\boldsymbol{i}_M=(\boldsymbol{i}_M\cdot\boldsymbol{i}_F)\boldsymbol{i}_F+(\boldsymbol{i}_M\cdot\boldsymbol{j}_F)\boldsymbol{j}_F+(\boldsymbol{i}_M\cdot\boldsymbol{k}_F)\boldsymbol{k}_F\\\boldsymbol{j}_M=(\boldsymbol{j}_M\cdot\boldsymbol{i}_F)\boldsymbol{i}_F+(\boldsymbol{j}_M\cdot\boldsymbol{j}_F)\boldsymbol{j}_F+(\boldsymbol{j}_M\cdot\boldsymbol{k}_F)\boldsymbol{k}_F\\\boldsymbol{k}_M=(\boldsymbol{k}_M\cdot\boldsymbol{i}_F)\boldsymbol{i}_F+(\boldsymbol{k}_M\cdot\boldsymbol{j}_F)\boldsymbol{j}_F+(\boldsymbol{k}_M\cdot\boldsymbol{k}_F)\boldsymbol{k}_F\end{cases}\tag{B-2-114}$$

将式（B-2-114）写成类似式（B-2-101）的矩阵的形式

$$
\begin{gathered}
[\boldsymbol{i}_M \quad \boldsymbol{j}_M \quad \boldsymbol{k}_M] = [\boldsymbol{i}_F \quad \boldsymbol{j}_F \quad \boldsymbol{k}_F]\boldsymbol{P}_M^F \\
\boldsymbol{P}_M^F = \begin{bmatrix} \boldsymbol{i}_M \cdot \boldsymbol{i}_F & \boldsymbol{j}_M \cdot \boldsymbol{i}_F & \boldsymbol{k}_M \cdot \boldsymbol{i}_F \\ \boldsymbol{i}_M \cdot \boldsymbol{j}_F & \boldsymbol{j}_M \cdot \boldsymbol{j}_F & \boldsymbol{k}_M \cdot \boldsymbol{j}_F \\ \boldsymbol{i}_M \cdot \boldsymbol{k}_F & \boldsymbol{j}_M \cdot \boldsymbol{k}_F & \boldsymbol{k}_M \cdot \boldsymbol{k}_F \end{bmatrix}
\end{gathered} \tag{B-2-115}
$$

由于 $F$ 系是正交坐标系，因此由 $\boldsymbol{P}_M^F$ 每一列构成的矢量是单位矢量，这从 $\boldsymbol{P}_M^F$ 阵各元素可得。需要注意的是，此时 $\boldsymbol{P}_F^M$ 不能写为与式（B-2-115）类似的点积的形式，因为 $M$ 系不是正交坐标系。当 $F$ 为正交坐标系时，$\boldsymbol{v}^F$ 与 $\hat{\boldsymbol{v}}^F$ 相同，式（B-2-103）及式（B-2-105）、式（B-2-106）分别为 $\boldsymbol{v}^F$ 与 $\hat{\boldsymbol{v}}^M/\boldsymbol{v}^M$ 的转换公式。当 $M$ 系也为正交坐标系时，$\boldsymbol{P}_M^F$ 及 $\boldsymbol{P}_F^M$ 均为正交矩阵，$(\boldsymbol{P}_M^F)^{\mathrm{T}} = (\boldsymbol{P}_M^F)^{-1} = \boldsymbol{P}_F^M$，式（B-2-103）及式（B-2-105）、式（B-2-106）等价。

## B.3 四元数

四元数可视为对复数的扩展。复数集合可用于代表一个平面，它具有两个重要的特性，即封闭性（两个复数的乘积仍为复数）及完备性（给定任一非零复数后，总存在其他的复数与该复数相乘的乘积可遍历整个复数平面）。但在三维空间内，难以找到一个“三维数”及其对应的乘法用于代表整个三维空间并具有封闭性及完备性（三维矢量的点积不满足封闭性，叉积不满足完备性）。而在更高的维度上，Hamilton 在 1843 年发明的四元数及其乘法可以满足封闭性及完备性，可用于代表一个四维空间。四元数可表示为如下形式

$$
\boldsymbol{q} = q_0 + \boldsymbol{v}_q = q_0 + q_1\boldsymbol{i} + q_2\boldsymbol{j} + q_3\boldsymbol{k} \tag{B-3-1}
$$

式中，$\boldsymbol{i}$、$\boldsymbol{j}$、$\boldsymbol{k}$ 为四元数的单位矢量，是三维空间中三个互相垂直且方向固定的矢量；$\boldsymbol{v}_q$ 称为四元数 $\boldsymbol{q}$ 的矢量部分；$q_0$ 称为 $\boldsymbol{q}$ 的标量部分。由式（B-3-1）可知，四元数是由四个基 1、$\boldsymbol{i}$、$\boldsymbol{j}$、$\boldsymbol{k}$ 的线性组合构成的。因此，如果需要将一个三维矢量 $\boldsymbol{v}$ 扩展成为一个四元数 $\boldsymbol{q}_v$，仅需要将其矢量部分设为 $\boldsymbol{v}$，将其标量部分设为 0；如果需要将一个标量 $s$ 扩展成为一个四元数 $\boldsymbol{q}_s$，仅需要将其矢量部分设为 $\boldsymbol{0}_{3\times1}$，将其标量部分设为 $s$。在本书中，如果四元数运算中涉及三维矢量或标量符号，均表示按上述方式扩展得到的四元数。

对于四元数，定义了相等、加法、乘法、共轭、模、逆等代数运算。其中，相等即四个分量相等，加法即四个分量相加，其他运算的定义介绍如下。

### B.3.1 四元数乘法及其性质

在介绍四元数乘法之前，首先定义式（B-3-1）中单位矢量 $\boldsymbol{i}$、$\boldsymbol{j}$、$\boldsymbol{k}$ 的乘法。使用 $\circ$ 符号表示四元数乘法，由于这三个单位矢量同时具有虚数和正交的性质，因此定义它们之间的乘法关系如下

$$
\begin{cases}
\boldsymbol{i} \circ \boldsymbol{i} = -1 & \boldsymbol{i} \circ \boldsymbol{j} = \boldsymbol{k} & \boldsymbol{i} \circ \boldsymbol{k} = -\boldsymbol{j} \\
\boldsymbol{j} \circ \boldsymbol{i} = -\boldsymbol{k} & \boldsymbol{j} \circ \boldsymbol{j} = -1 & \boldsymbol{j} \circ \boldsymbol{k} = \boldsymbol{i} \\
\boldsymbol{k} \circ \boldsymbol{i} = \boldsymbol{j} & \boldsymbol{k} \circ \boldsymbol{j} = -\boldsymbol{i} & \boldsymbol{k} \circ \boldsymbol{k} = -1
\end{cases} \tag{B-3-2}
$$

由式（B－3－2），两个三维矢量 $\boldsymbol{v}$、$\boldsymbol{w}$ 扩展得到的四元数的乘积可表示为

$$\begin{aligned}\boldsymbol{v}\circ\boldsymbol{w}&=\boldsymbol{q}_v\circ\boldsymbol{q}_w=(v_1\boldsymbol{i}+v_2\boldsymbol{j}+v_3\boldsymbol{k})(w_1\boldsymbol{i}+w_2\boldsymbol{j}+w_3\boldsymbol{k})\\&=(v_2w_3-v_3w_2)\boldsymbol{i}+(v_3w_1-v_1w_3)\boldsymbol{j}+(v_1w_2-v_2w_1)\boldsymbol{k}-\sum_{i=1}^{3}v_iw_i\\&=\boldsymbol{v}\times\boldsymbol{w}-\boldsymbol{v}\cdot\boldsymbol{w}\end{aligned}\tag{B-3-3}$$

设有两个四元数 $\boldsymbol{p}=p_0+\boldsymbol{v}_p=p_0+p_1\boldsymbol{i}+p_2\boldsymbol{j}+p_3\boldsymbol{k}$，$\boldsymbol{q}=q_0+\boldsymbol{v}_q=q_0+q_1\boldsymbol{i}+q_2\boldsymbol{j}+q_3\boldsymbol{k}$，则两个四元数的乘积 $\boldsymbol{n}=\boldsymbol{p}\circ\boldsymbol{q}$ 有 3 种表示形式。由式（B－3－3）可得四元数乘法的矢量形式

$$\begin{aligned}\boldsymbol{n}&=p_0q_0+p_0\boldsymbol{v}_q+q_0\boldsymbol{v}_p+\boldsymbol{v}_p\circ\boldsymbol{v}_q\\&=p_0q_0+p_0\boldsymbol{v}_q+q_0\boldsymbol{v}_p+\boldsymbol{v}_p\times\boldsymbol{v}_q-\boldsymbol{v}_p\cdot\boldsymbol{v}_q\\&=(p_0q_0-\boldsymbol{v}_p\cdot\boldsymbol{v}_q)+(p_0\boldsymbol{v}_q+q_0\boldsymbol{v}_p+\boldsymbol{v}_p\times\boldsymbol{v}_q)\end{aligned}\tag{B-3-4}$$

将式（B－3－4）展开可得四元数乘法的分量形式

$$\begin{cases}n_0=p_0q_0-p_1q_1-p_2q_2-p_3q_3\\n_1=p_0q_1+p_1q_0+p_2q_3-p_3q_2\\n_2=p_0q_2+p_2q_0+p_3q_1-p_1q_3\\n_3=p_0q_3+p_3q_0+p_1q_2-p_2q_1\end{cases}\tag{B-3-5}$$

与矢量叉乘用反对称矩阵表示类似，由式（B－3－5）可以得到四元数乘法的矩阵形式

$$\boldsymbol{n}=(\boldsymbol{p}\circ)\boldsymbol{q}=(\boldsymbol{q}\circ^*)\boldsymbol{p}\tag{B-3-6}$$

其中[③]

$$(\boldsymbol{p}\circ)\equiv\begin{bmatrix}p_0&-p_1&-p_2&-p_3\\p_1&p_0&-p_3&p_2\\p_2&p_3&p_0&-p_1\\p_3&-p_2&p_1&p_0\end{bmatrix}=\begin{bmatrix}p_0&-\boldsymbol{v}_p^{\mathrm{T}}\\\boldsymbol{v}_p&p_0\boldsymbol{I}_{3\times3}+(\boldsymbol{v}_p\times)\end{bmatrix}=p_0\boldsymbol{I}_{4\times4}+(\boldsymbol{v}_p\circ)\tag{B-3-7}$$

此外

$$(\boldsymbol{q}\circ^*)\equiv\begin{bmatrix}q_0&-q_1&-q_2&-q_3\\q_1&q_0&q_3&-q_2\\q_2&-q_3&q_0&q_1\\q_3&q_2&-q_1&q_0\end{bmatrix}=\begin{bmatrix}q_0&-\boldsymbol{v}_q^{\mathrm{T}}\\\boldsymbol{v}_q&q_0\boldsymbol{I}_{3\times3}-(\boldsymbol{v}_q\times)\end{bmatrix}=q_0\boldsymbol{I}_{4\times4}+(\boldsymbol{v}_q\circ^*)\tag{B-3-8}$$

四元数乘法有以下性质：

（1）分配律

$$\boldsymbol{p}\circ(\boldsymbol{q}+\boldsymbol{r})=\boldsymbol{p}\circ\boldsymbol{q}+\boldsymbol{p}\circ\boldsymbol{r}\tag{B-3-9}$$

---

③　对应 util/matlab/elmat/quatmultmat.m

（2）结合律

$$\boldsymbol{p}\circ\boldsymbol{q}\circ\boldsymbol{r}=(\boldsymbol{p}\circ\boldsymbol{q})\circ\boldsymbol{r}=\boldsymbol{p}\circ(\boldsymbol{q}\circ\boldsymbol{r}) \tag{B-3-10}$$

（3）无交换律

特别强调的是，四元数的乘法无交换律，即 $\boldsymbol{p}\circ\boldsymbol{q}\neq\boldsymbol{q}\circ\boldsymbol{p}$ ，但其标量部分与相乘的顺序无关，即 $(\boldsymbol{p}\circ\boldsymbol{q})_0=(\boldsymbol{q}\circ\boldsymbol{p})_0$ ，其中 $()_0$ 表示四元数的标量部分。特殊情况下，当四元数的矢量部分方向相同（或相反）时有 $\boldsymbol{p}\circ\boldsymbol{q}=\boldsymbol{q}\circ\boldsymbol{p}$。

在四元数乘法的矩阵形式中，对于四元数 $\boldsymbol{q}$ ，定义了 $(\boldsymbol{q}\circ)$ 与 $(\boldsymbol{q}\circ^*)$ 矩阵。对于这两个乘法矩阵，去掉第一行和第一列，剩下的 3×3 矩阵称为该矩阵的核。四元数乘法矩阵 $(\boldsymbol{q}\circ)$ 与 $(\boldsymbol{q}\circ^*)$ 有以下性质：

（1）基本性质

$$\begin{cases}(\boldsymbol{p}\circ^*)(\boldsymbol{q}\circ)=(\boldsymbol{q}\circ)(\boldsymbol{p}\circ^*)\\ [(\boldsymbol{p}\circ\boldsymbol{q})\circ]=(\boldsymbol{p}\circ)(\boldsymbol{q}\circ)\\ [(\boldsymbol{p}\circ\boldsymbol{q})\circ^*]=(\boldsymbol{q}\circ^*)(\boldsymbol{p}\circ^*)\\ \dfrac{(\boldsymbol{q}\circ)}{\|\boldsymbol{q}\|}\left(\dfrac{(\boldsymbol{q}\circ)}{\|\boldsymbol{q}\|}\right)^{\mathrm{T}}=\boldsymbol{I},\dfrac{(\boldsymbol{q}\circ^*)}{\|\boldsymbol{q}\|}\left(\dfrac{(\boldsymbol{q}\circ^*)}{\|\boldsymbol{q}\|}\right)^{\mathrm{T}}=\boldsymbol{I}\end{cases} \tag{B-3-11}$$

（2）由矢量扩展的四元数的乘法矩阵指数的三角函数表示

对于由任意矢量 $\boldsymbol{v}$、$\boldsymbol{w}$ 扩展成的四元数 $\boldsymbol{q}_v$、$\boldsymbol{q}_w$ ，由式（B－3－3）有

$$\begin{cases}(\boldsymbol{q}_v\circ)^2\boldsymbol{q}_w=(\boldsymbol{v}\circ\boldsymbol{v})\circ\boldsymbol{w}=\begin{bmatrix}-\|\boldsymbol{v}\|^2\\ \boldsymbol{0}\end{bmatrix}\circ\boldsymbol{w}=-\|\boldsymbol{v}\|^2\boldsymbol{q}_w\\ (\boldsymbol{q}_v\circ^*)^2\boldsymbol{q}_w=(\boldsymbol{v}\circ^*\boldsymbol{v})\circ^*\boldsymbol{w}=\boldsymbol{w}\circ(\boldsymbol{v}\circ\boldsymbol{v})=\boldsymbol{w}\circ\begin{bmatrix}-\|\boldsymbol{v}\|^2\\ \boldsymbol{0}\end{bmatrix}=-\|\boldsymbol{v}\|^2\boldsymbol{q}_w\end{cases} \tag{B-3-12}$$

由于 $\boldsymbol{w}$ 为任意矢量，因此可知

$$(\boldsymbol{q}_v\circ)^2=(\boldsymbol{q}_v\circ^*)^2=-\|\boldsymbol{v}\|^2\boldsymbol{I}_{4\times4} \tag{B-3-13}$$

将上式代入式（B－2－35）并由式（B－3－7）可得

$$\begin{aligned}\mathrm{e}^{(\boldsymbol{q}_v\circ)}&=\sum_{k=0}^{\infty}\frac{1}{k!}(\boldsymbol{q}_v\circ)^k=\sum_{k=0}^{\infty}\frac{(\boldsymbol{q}_v\circ)^{2k}}{(2k)!}+\sum_{k=0}^{\infty}\frac{(\boldsymbol{q}_v\circ)^{2k+1}}{(2k+1)!}\\ &=\left(\sum_{k=0}^{\infty}\frac{(-1)^k\|\boldsymbol{v}\|^{2k}}{(2k)!}\right)\boldsymbol{I}_{4\times4}+\left(\sum_{k=0}^{\infty}\frac{(-1)^k\|\boldsymbol{v}\|^{2k}}{(2k+1)!}\right)(\boldsymbol{q}_v\circ)\\ &=\cos\|\boldsymbol{v}\|\boldsymbol{I}_{4\times4}+\frac{\sin\|\boldsymbol{v}\|}{\|\boldsymbol{v}\|}(\boldsymbol{q}_v\circ)=\left(\begin{bmatrix}\cos\|\boldsymbol{v}\|\\ \dfrac{\sin\|\boldsymbol{v}\|}{\|\boldsymbol{v}\|}\boldsymbol{v}\end{bmatrix}\circ\right)\end{aligned} \tag{B-3-14}$$

采用类似的推导过程可得

$$\mathrm{e}^{(\boldsymbol{q}_v\circ^*)}=\cos\|\boldsymbol{v}\|\boldsymbol{I}_{4\times4}+\frac{\sin\|\boldsymbol{v}\|}{\|\boldsymbol{v}\|}(\boldsymbol{q}_v\circ^*)=\left(\begin{bmatrix}\cos\|\boldsymbol{v}\|\\ \dfrac{\sin\|\boldsymbol{v}\|}{\|\boldsymbol{v}\|}\boldsymbol{v}\end{bmatrix}\circ^*\right) \tag{B-3-15}$$

(3) 由第 2～第 4 列构成的子矩阵的性质[13]

$$\begin{cases}(\boldsymbol{q}\circ)_{C2\sim4}^{\mathrm{T}}(\boldsymbol{q}\circ)_{C2\sim4}=(\boldsymbol{q}\circ^{*})_{C2\sim4}^{\mathrm{T}}(\boldsymbol{q}\circ^{*})_{C2\sim4}=\|\boldsymbol{q}\|^{2}\boldsymbol{I}_{3\times3}\\(\boldsymbol{q}\circ)_{C2\sim4}(\boldsymbol{q}\circ)_{C2\sim4}^{\mathrm{T}}=(\boldsymbol{q}\circ^{*})_{C2\sim4}(\boldsymbol{q}\circ^{*})_{C2\sim4}^{\mathrm{T}}=\|\boldsymbol{q}\|^{2}\boldsymbol{I}_{4\times4}-\boldsymbol{q}\boldsymbol{q}^{\mathrm{T}}\\(\boldsymbol{q}\circ)_{C2\sim4}^{\mathrm{T}}\boldsymbol{q}=(\boldsymbol{q}\circ^{*})_{C2\sim4}^{\mathrm{T}}\boldsymbol{q}=\boldsymbol{0}_{3\times1}\end{cases}\tag{B-3-16}$$

### B.3.2　四元数的共轭、模和逆及其性质

四元数 $\boldsymbol{q}=q_0+\boldsymbol{v}_q=q_0+q_1\boldsymbol{i}+q_2\boldsymbol{j}+q_3\boldsymbol{k}$ 的共轭四元数为 $\boldsymbol{q}^{*}\equiv q_0-\boldsymbol{v}_q=q_0-q_1\boldsymbol{i}-q_2\boldsymbol{j}-q_3\boldsymbol{k}$。

四元数 $\boldsymbol{q}$ 的模为 $\|\boldsymbol{q}\|\equiv\sqrt{\boldsymbol{q}\circ\boldsymbol{q}^{*}}=\sqrt{\boldsymbol{q}^{*}\circ\boldsymbol{q}}=\sqrt{q_0^2+q_1^2+q_2^2+q_3^2}$。

四元数 $\boldsymbol{q}$ 的逆为 $\boldsymbol{q}^{-1}\equiv\dfrac{\boldsymbol{q}^{*}}{\|\boldsymbol{q}\|^{2}}$。

上述量有如下性质[13,80]：

1) $(\boldsymbol{p}\circ\boldsymbol{q})^{*}=\boldsymbol{q}^{*}\circ\boldsymbol{p}^{*}$；

2) $(\boldsymbol{q}^{*}\circ)=(\boldsymbol{q}\circ)^{\mathrm{T}}$，$(\boldsymbol{q}^{*}\circ^{*})=(\boldsymbol{q}\circ^{*})^{\mathrm{T}}$；

3) $\|\boldsymbol{p}\circ\boldsymbol{q}\|=\|\boldsymbol{p}\|\cdot\|\boldsymbol{q}\|=\|\boldsymbol{q}\|\cdot\|\boldsymbol{p}\|$；

4) $(\boldsymbol{p}\circ\boldsymbol{q})^{-1}=\boldsymbol{q}^{-1}\circ\boldsymbol{p}^{-1}$；

5) $\boldsymbol{q}\circ\boldsymbol{q}^{-1}=\boldsymbol{q}^{-1}\circ\boldsymbol{q}=1$；

6) $\|\boldsymbol{q}^{-1}\|=\dfrac{1}{\|\boldsymbol{q}\|}$；

7) 若四元数 $\boldsymbol{q}$ 的模为零，则 $q_0=q_1=q_2=q_3=0$；

8) 若 $\boldsymbol{q}$ 为非零四元数，则 $\|\boldsymbol{q}\|\neq0$，且存在其逆；

9) 若四元数 $\boldsymbol{q}$ 的模为 1，则 $\boldsymbol{q}$ 称为单位四元数；

10) 单位四元数的逆等于其共轭四元数，即 $\boldsymbol{q}^{-1}=\boldsymbol{q}^{*}$。

### B.3.3　四元数的指数表示

如果将式（B-2-35）中矩阵指数函数的定义进行拓展，将矩阵替换为四元数，将矩阵乘法替换为四元数乘法，则可以类似于该式定义四元数的指数函数。设某四元数 $\boldsymbol{q}_{\alpha}$ 由三维矢量 $\boldsymbol{\alpha}=\alpha\boldsymbol{u}$ 拓展而来，其中 $\alpha=\|\boldsymbol{\alpha}\|$，$\boldsymbol{u}$ 为单位矢量，则由式（B-2-35）有

$$q\mathrm{e}^{\boldsymbol{\alpha}}=q\mathrm{e}^{\alpha\boldsymbol{u}}\equiv q\mathrm{e}^{\boldsymbol{q}_{\alpha}}=q\mathrm{e}^{\alpha\boldsymbol{q}_{u}}=q\sum_{k=0}^{\infty}\left[\frac{1}{k!}(\alpha\boldsymbol{q}_{u})^{k}\right]\tag{B-3-17}$$

式中，$q$ 为标量；$(\alpha\boldsymbol{q}_u)^k$ 为 $k$ 个 $\boldsymbol{q}_{\alpha}$ 的连乘积（四元数乘法）。由式（B-3-3）可知

$$\begin{cases}\boldsymbol{q}_u^2\equiv\boldsymbol{q}_u\circ\boldsymbol{q}_u=\boldsymbol{u}\circ\boldsymbol{u}=-1\\\boldsymbol{q}_u^3\equiv\boldsymbol{q}_u^2\circ\boldsymbol{q}_u=-\boldsymbol{u}\\\boldsymbol{q}_u^4\equiv\boldsymbol{q}_u^3\circ\boldsymbol{q}_u=\boldsymbol{q}_u^2\circ\boldsymbol{q}_u^2=1\end{cases}\tag{B-3-18}$$

代入式（B-3-17）可得

$$q\mathrm{e}^{\boldsymbol{\alpha}} \equiv q\mathrm{e}^{\boldsymbol{q}_{\alpha}} = q\left(\sum_{k=0}^{\infty}\frac{(\alpha\boldsymbol{q}_u)^{2k}}{(2k)!}+\sum_{k=0}^{\infty}\frac{(\alpha\boldsymbol{q}_u)^{2k+1}}{(2k+1)!}\right)$$

$$= q\left(\sum_{k=0}^{\infty}\frac{(-1)^k\alpha^{2k}}{(2k)!}+\sum_{k=0}^{\infty}\frac{(-1)^k\alpha^{2k+1}}{(2k+1)!}\boldsymbol{u}\right) = q(\cos\alpha+\sin\alpha\boldsymbol{u}) \tag{B-3-19}$$

上式说明模为 $q$ 的四元数 $q(\cos\alpha+\sin\alpha\boldsymbol{u})$ 可以用指数形式表示为 $q\mathrm{e}^{\boldsymbol{q}_{\alpha}}$ 或 $q\mathrm{e}^{\boldsymbol{\alpha}}$。

此外，由式（B-3-18）可知

$$\begin{aligned}\mathrm{e}^{\alpha\boldsymbol{u}}\mathrm{e}^{\alpha'\boldsymbol{u}} &= (\cos\alpha+\sin\alpha\boldsymbol{u})\circ(\cos\alpha'+\sin\alpha'\boldsymbol{u})\\ &= (\cos\alpha\cos\alpha'-\sin\alpha\sin\alpha')+(\sin\alpha\cos\alpha'+\cos\alpha\sin\alpha')\boldsymbol{u}\\ &= \cos(\alpha+\alpha')+\sin(\alpha+\alpha')\boldsymbol{u}\\ &= \mathrm{e}^{(\alpha+\alpha')\boldsymbol{u}}\end{aligned} \tag{B-3-20}$$

上式说明，两个模为 1，矢量方向相同的四元数 $\mathrm{e}^{\alpha\boldsymbol{u}}$、$\mathrm{e}^{\alpha'\boldsymbol{u}}$ 的乘积可以用指数相加表示。

## B.4　射影几何

本节主要参考文献［55］，简要介绍空间射影几何相关知识。

### B.4.1　三维射影空间

#### B.4.1.1　空间点

对于三维欧氏空间（Euclidean space）中的任意点 $P$，总可以表示为三个线性无关的非零基 $\boldsymbol{e}_X$、$\boldsymbol{e}_Y$、$\boldsymbol{e}_Z$ 的线性组合，即

$$\boldsymbol{p} = p_x\boldsymbol{e}_X + p_y\boldsymbol{e}_Y + p_z\boldsymbol{e}_Z \tag{B-4-1}$$

将 $\boldsymbol{p}$ 表示成坐标形式为

$$\boldsymbol{p} = [p_x \quad p_y \quad p_z]^{\mathrm{T}} \tag{B-4-2}$$

当 $\boldsymbol{e}_X$、$\boldsymbol{e}_Y$、$\boldsymbol{e}_Z$ 为相互垂直的单位基时，$\boldsymbol{p}$ 为点 $P$ 的笛卡儿坐标（Cartesian coordinate，即直角坐标）；而在一般情形下，则称 $\boldsymbol{p}$ 为点 $P$ 的仿射坐标（affine coordinate）。无论对笛卡儿坐标或仿射坐标，均可定义点 $P$ 的齐次坐标（homogeneous coordinate）为

$$\underline{\boldsymbol{p}} \equiv [\underline{p}_x \quad \underline{p}_y \quad \underline{p}_z \quad \underline{p}_w]^{\mathrm{T}} \tag{B-4-3}$$

其中

$$\frac{\underline{p}_x}{\underline{p}_w} = p_x, \frac{\underline{p}_y}{\underline{p}_w} = p_y, \frac{\underline{p}_z}{\underline{p}_w} = p_z, \underline{p}_w \neq 0 \tag{B-4-4}$$

由式（B-4-4）可知，当标量 $s\neq 0$ 时，$s\underline{\boldsymbol{p}} \propto \underline{\boldsymbol{p}}$（$\propto$ 表示成比例），$s\underline{\boldsymbol{p}}$ 与 $\underline{\boldsymbol{p}}$ 表示同一个欧氏空间点。本书称标量 $s$ 为齐次因子。当 $\underline{p}_w = 0$ 时，$P$ 点为无穷远点，其坐标记为 $\underline{\boldsymbol{p}}_{\infty}$。考虑到齐次因子，无穷远点有两个自由度，代表了空间中的一个方向。称齐次坐标所在的扩展的三维空间为三维射影空间（projective space）。齐次坐标之于射影空间就如笛卡儿坐标之于欧氏空间。相对于前者，它可以使射影变换公式的形式更简化。

对于不表示无穷远点的齐次坐标，本书中若无特别说明，当用于与 $\underline{p}_w$ 具体取值相关的场合时，$\underline{p}_w=1$，即 $\underline{\boldsymbol{p}}=\begin{bmatrix}\boldsymbol{p}\\1\end{bmatrix}$；当用于其他场合（如比例式或隐含齐次因子的等式）时，$\underline{p}_w$ 可以为任意非零值。

**射影坐标系** 将齐次坐标 $\underline{\boldsymbol{p}}$ 表示为类似式（B-4-1）的线性组合形式，即

$$\underline{\boldsymbol{p}}=\underline{p}_x\underline{\boldsymbol{e}}_x+\underline{p}_y\underline{\boldsymbol{e}}_y+\underline{p}_z\underline{\boldsymbol{e}}_z+\underline{p}_w\underline{\boldsymbol{e}}_w \tag{B-4-5}$$

考虑齐次因子，上式等价于

$$\underline{\boldsymbol{p}}=\frac{\underline{p}_x}{s_x}s_x\underline{\boldsymbol{e}}_x+\frac{\underline{p}_y}{s_y}s_y\underline{\boldsymbol{e}}_y+\frac{\underline{p}_z}{s_z}s_z\underline{\boldsymbol{e}}_z+\frac{\underline{p}_w}{s_w}s_w\underline{\boldsymbol{e}}_w \tag{B-4-6}$$

由于在射影空间中，不同的齐次因子代表相同的几何形状，因此由式（B-4-5）及式（B-4-6），点 $P$ 的齐次坐标既可表示为 $\underline{\boldsymbol{p}}=[\underline{p}_x\quad\underline{p}_y\quad\underline{p}_z\quad\underline{p}_w]^{\mathrm{T}}$，也可以表示为 $\underline{\boldsymbol{p}}=\begin{bmatrix}\dfrac{\underline{p}_x}{s_x} & \dfrac{\underline{p}_y}{s_y} & \dfrac{\underline{p}_z}{s_z} & \dfrac{\underline{p}_w}{s_w}\end{bmatrix}^{\mathrm{T}}$，两者的分量并非相差相同的齐次因子。这样，在同样一组基下，点 $P$ 的齐次坐标并不唯一。为避免这一问题，增加第 5 个基作为约束

$$\underline{\boldsymbol{e}}_u=\underline{e}_{u_x}\underline{\boldsymbol{e}}_x+\underline{e}_{u_y}\underline{\boldsymbol{e}}_y+\underline{e}_{u_z}\underline{\boldsymbol{e}}_z+\underline{e}_{u_w}\underline{\boldsymbol{e}}_w \tag{B-4-7}$$

在 $\underline{\boldsymbol{e}}_u$ 的约束下，$\underline{\boldsymbol{e}}_i\ (i=x,\ y,\ z,\ w)$ 的齐次因子被固定为 $\underline{e}_{u_i}$，这样点 $P$ 可以表示为

$$\underline{\boldsymbol{p}}=\frac{\underline{p}_x}{\underline{e}_{u_x}}(\underline{e}_{u_x}\underline{\boldsymbol{e}}_x)+\frac{\underline{p}_y}{\underline{e}_{u_y}}(\underline{e}_{u_y}\underline{\boldsymbol{e}}_y)+\frac{\underline{p}_z}{\underline{e}_{u_z}}(\underline{e}_{u_z}\underline{\boldsymbol{e}}_z)+\frac{\underline{p}_w}{\underline{e}_{u_w}}(\underline{e}_{u_w}\underline{\boldsymbol{e}}_w) \tag{B-4-8}$$

即 $P$ 的齐次坐标为唯一值 $\underline{\boldsymbol{p}}=\begin{bmatrix}\dfrac{\underline{p}_x}{\underline{e}_{u_x}} & \dfrac{\underline{p}_y}{\underline{e}_{u_y}} & \dfrac{\underline{p}_z}{\underline{e}_{u_z}} & \dfrac{\underline{p}_w}{\underline{e}_{u_w}}\end{bmatrix}^{\mathrm{T}}$。称按上述方式建立的坐标系为射影坐标系（projective coordinate），称 $\underline{\boldsymbol{e}}_i\ (i=x,\ y,\ z,\ w)$ 为射影坐标系的四面形，称 $\underline{\boldsymbol{e}}_u$ 为单位点。在射影坐标系下，各个基的齐次坐标为

$$\begin{cases}\underline{\boldsymbol{e}}_x\propto[1\quad 0\quad 0\quad 0]^{\mathrm{T}},\underline{\boldsymbol{e}}_y\propto[0\quad 1\quad 0\quad 0]^{\mathrm{T}}\\ \underline{\boldsymbol{e}}_z\propto[0\quad 0\quad 1\quad 0]^{\mathrm{T}},\underline{\boldsymbol{e}}_w\propto[0\quad 0\quad 0\quad 1]^{\mathrm{T}}\\ \underline{\boldsymbol{e}}_u\propto[1\quad 1\quad 1\quad 1]^{\mathrm{T}}\end{cases} \tag{B-4-9}$$

可见四面形的四个顶点分别为仿射坐标系（或笛卡儿坐标系）三个坐标轴的无穷远点及坐标原点，单位点为仿射坐标（或笛卡儿坐标）为 $[1\quad 1\quad 1]^{\mathrm{T}}$ 的空间点。

### B.4.1.2 空间平面

空间平面可以用该平面上所有点的集合的形式表示。三维欧氏空间中的平面 $\pi$ 的方程可以表示为

$$\underline{\pi}_x p_x+\underline{\pi}_y p_y+\underline{\pi}_z p_z+\underline{\pi}_w=0 \tag{B-4-10}$$

式中，$p_x$、$p_y$、$p_z$ 为平面上任意点 $P$ 的笛卡儿坐标。在式（B-4-10）等号两边同时乘以非零标量 $s$ 有

$$\underline{\pi}_x p_x s+\underline{\pi}_y p_y s+\underline{\pi}_z p_z s+\underline{\pi}_w s=0 \tag{B-4-11}$$

式（B-4-10）与式（B-4-11）表示同一平面。将 $P$ 的齐次坐标表示为

$$\underline{p}_x = p_x s, \underline{p}_y = p_y s, \underline{p}_z = p_z s, \underline{p}_w = s \tag{B-4-12}$$

代入式（B-4-11）可得

$$\underline{\pi}_x \underline{p}_x + \underline{\pi}_y \underline{p}_y + \underline{\pi}_z \underline{p}_z + \underline{\pi}_w \underline{p}_w = 0 \tag{B-4-13}$$

如果将 $\underline{\boldsymbol{\pi}} = [\underline{\pi}_x \quad \underline{\pi}_y \quad \underline{\pi}_z \quad \underline{\pi}_w]^{\mathrm{T}}$ 作为平面 $\pi$ 的坐标，则该坐标乘以任意标量后仍代表同一平面，称该坐标为平面 $\pi$ 的齐次坐标。这样式（B-4-13）可简记为

$$\underline{\boldsymbol{\pi}}^{\mathrm{T}} \underline{\boldsymbol{p}} = 0 \tag{B-4-14}$$

可见 $\underline{\boldsymbol{\pi}}^{\mathrm{T}}$ 的右零空间（三维）为平面 $\pi$ 上所有点的集合。由于坐标 $\underline{\boldsymbol{\pi}}$ 仅依赖于三对独立的比值，因此平面在三维空间中的自由度为3。

此外，若令 $\underline{\boldsymbol{\pi}}_{1\sim3} = [\underline{\pi}_x \quad \underline{\pi}_y \quad \underline{\pi}_z]^{\mathrm{T}}$，则式（B-4-10）可写为

$$\underline{\boldsymbol{\pi}}_{1\sim3} \cdot \boldsymbol{p} = -\underline{\pi}_w \tag{B-4-15}$$

由上式可知，对于平面 $\pi$ 上任意两点 $P_1$、$P_2$，有 $\underline{\boldsymbol{\pi}}_{1\sim3} \cdot (\boldsymbol{p}_1 - \boldsymbol{p}_2) = 0$，因此 $\underline{\boldsymbol{\pi}}_{1\sim3}$ 为平面 $\pi$ 的法线所在方向。平面 $\pi$ 上任意一点 $P$ 相对于原点的矢量在平面法向单位向量上的投影为 $\dfrac{\underline{\boldsymbol{\pi}}_{1\sim3}}{\|\underline{\boldsymbol{\pi}}_{1\sim3}\|} \cdot \boldsymbol{p} = -\dfrac{\underline{\pi}_w}{\|\underline{\boldsymbol{\pi}}_{1\sim3}\|}$，因此平面 $\pi$ 与原点的距离为 $\dfrac{\underline{\pi}_w}{\|\underline{\boldsymbol{\pi}}_{1\sim3}\|}$。

在三维射影空间中，点与平面是一对互为对偶的元素，并有下述对偶原理，即在包含“点”和“平面”元素的命题中，如果将两个元素的角色互换，则对应的命题也成立，并称它们是一对互为对偶命题。

**无穷远平面** 由式（B-4-13）可知，$\underline{\boldsymbol{\pi}}_{\infty} = [0 \quad 0 \quad 0 \quad 1]^{\mathrm{T}}$ 为所有无穷远点所在的平面，记为 $\pi_{\infty}$ 平面。由B.4.1.1节可知，无穷远点坐标的第4个元素恒为0，因此可以将其前三个元素提取出来，作为该点在无穷远平面上的齐次坐标（这里记为 $\underline{\boldsymbol{p}}_{\infty 1\sim3}$），这时将该点视为在无穷远平面上的平面点。

考察任一平面 $\pi$ 与无穷远平面 $\pi_{\infty}$ 的交线。采用上文的定义，将平面 $\pi$ 的坐标记为 $\underline{\boldsymbol{\pi}} = \begin{bmatrix} \underline{\boldsymbol{\pi}}_{1\sim3} \\ \underline{\pi}_w \end{bmatrix}$，那么无穷远点 $P_{\infty}$ 在平面 $\pi$ 上即等价于

$$\underline{\boldsymbol{\pi}}^{\mathrm{T}} \underline{\boldsymbol{p}}_{\infty} = \underline{\boldsymbol{\pi}}_{1\sim3}^{\mathrm{T}} \underline{\boldsymbol{p}}_{\infty_{1\sim3}} = 0 \tag{B-4-16}$$

由式（B-4-41），上式说明 $\pi$ 与 $\pi_{\infty}$ 的交线在 $\pi_{\infty}$ 平面上的坐标为 $\underline{\boldsymbol{\pi}}_{1\sim3}$。

#### B.4.1.3 空间直线

空间直线可以用该直线上所有点的集合的形式表示，也可以用通过该直线的所有平面的集合的形式表示。设直线 $l$ 上不重合的任意两点为 $P_1$、$P_2$（坐标分别为 $\underline{\boldsymbol{p}}_1$、$\underline{\boldsymbol{p}}_2$），通过直线 $l$ 的任意不重合的两个平面为 $\pi_1$、$\pi_2$（坐标分别为 $\underline{\pi}_1$、$\underline{\pi}_2$），则直线 $l$ 可以表示为以下形式：

1）点集 $\left\{\underline{\boldsymbol{p}} = \boldsymbol{P}^{\mathrm{T}} \begin{bmatrix} \alpha \\ \beta \end{bmatrix} \middle| \alpha, \beta \in \mathbb{R} \right\}$，其中 $\boldsymbol{P} = \begin{bmatrix} \underline{\boldsymbol{p}}_1^{\mathrm{T}} \\ \underline{\boldsymbol{p}}_2^{\mathrm{T}} \end{bmatrix}$。由式（B-4-14），$2\times4$ 矩阵 $\boldsymbol{P}$

的右零空间（二维）为通过直线 $l$ 的所有平面的集合。

2）平面集 $\left\{\underline{\boldsymbol{\pi}}=(\boldsymbol{\Pi})^{\mathrm{T}}\begin{bmatrix}\alpha\\ \beta\end{bmatrix}\middle|\alpha,\beta\in\mathbb{R}\right\}$，其中 $\boldsymbol{\Pi}=\begin{bmatrix}\underline{\boldsymbol{\pi}}_1^{\mathrm{T}}\\ \underline{\boldsymbol{\pi}}_2^{\mathrm{T}}\end{bmatrix}$。由式（B-4-14），$2\times4$ 矩阵 $\boldsymbol{\Pi}$ 的右零空间（二维）为直线 $l$ 上所有点的集合。

3）基于点坐标的 Plücker 矩阵

$$\boldsymbol{L}\equiv\underline{\boldsymbol{p}}_1\underline{\boldsymbol{p}}_2^{\mathrm{T}}-\underline{\boldsymbol{p}}_2\underline{\boldsymbol{p}}_1^{\mathrm{T}}\tag{B-4-17}$$

对于任意平面 $\pi$（坐标为 $\underline{\boldsymbol{\pi}}$），如果 $P_1$，$P_2\in\pi$，那么由式（B-4-14）可知 $\underline{\boldsymbol{p}}_1^{\mathrm{T}}\underline{\boldsymbol{\pi}}=\underline{\boldsymbol{p}}_2^{\mathrm{T}}\underline{\boldsymbol{\pi}}=0$，即 $\boldsymbol{L}\underline{\boldsymbol{\pi}}=\boldsymbol{0}$；另一方面，如果 $\boldsymbol{L}\underline{\boldsymbol{\pi}}=\boldsymbol{0}$，那么 $\underline{\boldsymbol{p}}_1(\underline{\boldsymbol{p}}_2^{\mathrm{T}}\underline{\boldsymbol{\pi}})-\underline{\boldsymbol{p}}_2(\underline{\boldsymbol{p}}_1^{\mathrm{T}}\underline{\boldsymbol{\pi}})=\boldsymbol{0}$，由于 $\underline{\boldsymbol{p}}_1$、$\underline{\boldsymbol{p}}_2$ 是两个不同点的齐次坐标，因此必然有 $\underline{\boldsymbol{p}}_1^{\mathrm{T}}\underline{\boldsymbol{\pi}}=\underline{\boldsymbol{p}}_2^{\mathrm{T}}\underline{\boldsymbol{\pi}}=0$，即 $P_1$，$P_2\in\pi$。由上可知，$\boldsymbol{L}$ 的右零空间即为通过直线 $l$ 的所有平面的集合。

4）基于平面坐标的 Plücker 矩阵

$$\boldsymbol{L}^*\equiv\underline{\boldsymbol{\pi}}_1\underline{\boldsymbol{\pi}}_2^{\mathrm{T}}-\underline{\boldsymbol{\pi}}_2\underline{\boldsymbol{\pi}}_1^{\mathrm{T}}\tag{B-4-18}$$

类似于 3）中的 $\boldsymbol{L}$ 矩阵，$\boldsymbol{L}^*$ 的右零空间为直线 $l$ 上所有点的集合。

Plücker 矩阵有如下性质：

1）$L$ 的值与直线 $l$ 上点的选取无关。设选取 $P_1$ 与 $l$ 上另外一点 $P_3$ 构成 Plücker 矩阵 $\boldsymbol{L}'$，由于 $P_3$ 的齐次坐标可以表示为 $\underline{\boldsymbol{p}}_3=s_1\underline{\boldsymbol{p}}_1+s_2\underline{\boldsymbol{p}}_2$（其中 $s_1$、$s_2$ 为标量），因此

$$\begin{aligned}\boldsymbol{L}'&=\underline{\boldsymbol{p}}_1\underline{\boldsymbol{p}}_3^{\mathrm{T}}-\underline{\boldsymbol{p}}_3\underline{\boldsymbol{p}}_1^{\mathrm{T}}=\underline{\boldsymbol{p}}_1(s_1\underline{\boldsymbol{p}}_1^{\mathrm{T}}+s_2\underline{\boldsymbol{p}}_2^{\mathrm{T}})-(s_1\underline{\boldsymbol{p}}_1+s_2\underline{\boldsymbol{p}}_2)\underline{\boldsymbol{p}}_1^{\mathrm{T}}\\&=s_2(\underline{\boldsymbol{p}}_1\underline{\boldsymbol{p}}_2^{\mathrm{T}}-\underline{\boldsymbol{p}}_2\underline{\boldsymbol{p}}_1^{\mathrm{T}})=s_2\boldsymbol{L}\end{aligned}\tag{B-4-19}$$

即 $\boldsymbol{L}'$ 与 $\boldsymbol{L}$ 仅相差齐次因子 $s_2$，代表同一直线。类似地，$\boldsymbol{L}^*$ 与通过直线 $l$ 的平面的选取无关。

2）由定义式（B-4-17）可知，$\boldsymbol{L}/\boldsymbol{L}^*$ 为 $4\times4$ 的反对称矩阵，其列空间维数为 2（两个基向量为 $\underline{\boldsymbol{p}}_1/\underline{\boldsymbol{\pi}}_1$、$\underline{\boldsymbol{p}}_2/\underline{\boldsymbol{\pi}}_2$），因此其右零空间维数为 2。由于其非满秩，因此 $\det(\boldsymbol{L})=0$。

3）由第 2）条性质，$\boldsymbol{L}$ 有 6 个非零元素，可将这 6 个元素作为直线的坐标，称为 Plücker 坐标。Plücker 直线坐标是 6 维齐次向量，因此是 5 维射影空间中的元素。考虑到齐次因子及行列式为零的约束，Plücker 坐标中 4 个元素是独立的，因此直线的自由度为 4。

4）由于点 $P_1$、$P_2$ 在 $\pi_1$、$\pi_2$ 平面上，因此

$$\boldsymbol{L}^*\boldsymbol{L}=(\underline{\boldsymbol{\pi}}_1\underline{\boldsymbol{\pi}}_2^{\mathrm{T}}-\underline{\boldsymbol{\pi}}_2\underline{\boldsymbol{\pi}}_1^{\mathrm{T}})(\underline{\boldsymbol{p}}_1\underline{\boldsymbol{p}}_2^{\mathrm{T}}-\underline{\boldsymbol{p}}_2\underline{\boldsymbol{p}}_1^{\mathrm{T}})=\boldsymbol{0}\tag{B-4-20}$$

类似地

$$\boldsymbol{L}\boldsymbol{L}^*=\boldsymbol{0}\tag{B-4-21}$$

5）设某平面 $\pi$ 的坐标为 $\underline{\boldsymbol{\pi}}$，某点 $P$ 的坐标为 $\boldsymbol{L}\underline{\boldsymbol{\pi}}$，由式（B-4-20）可知 $\boldsymbol{L}^*\underline{\boldsymbol{p}}=\boldsymbol{0}$，即点 $P$ 在直线 $l$ 上，又由式（B-2-61）可知 $\underline{\boldsymbol{\pi}}^{\mathrm{T}}\underline{\boldsymbol{p}}=\underline{\boldsymbol{\pi}}^{\mathrm{T}}\boldsymbol{L}\underline{\boldsymbol{\pi}}=0$，即点 $P$ 在平面 $\pi$ 上，因此点 $P$ 为直线 $l$ 与平面 $\pi$ 的交点。类似地，直线 $l$ 与点 $P$（坐标为 $\underline{\boldsymbol{p}}$）所在平面的坐标为 $\underline{\boldsymbol{\pi}}=\boldsymbol{L}^*\underline{\boldsymbol{p}}$。

### B.4.1.4　空间二次曲面

与直线类似，空间二次曲面可以用曲面上的点表示，也可以用与曲面相切的平面表示。设 $\boldsymbol{Q}$ 为 $4\times 4$ 的对称矩阵，则将满足方程

$$\underline{\boldsymbol{p}}^{\mathrm{T}}\boldsymbol{Q}\underline{\boldsymbol{p}}=0 \tag{B-4-22}$$

的点 $P$ 构成的点集定义为空间二次曲面（quadric）$Q$。与此对应，设 $\boldsymbol{Q}^*$ 为 $4\times 4$ 的对称矩阵，则将满足方程

$$\underline{\boldsymbol{\pi}}^{\mathrm{T}}\boldsymbol{Q}^*\underline{\boldsymbol{\pi}}=0 \tag{B-4-23}$$

的平面 $\pi$ 构成的平面集所形成的包络定义为对偶二次曲面（dual quadric）$Q^*$。若 $\boldsymbol{Q}/\boldsymbol{Q}^*$ 非满秩，则（对偶）二次曲面 $Q/Q^*$ 为退化的（degenerate）。当其秩为 3 时，二次曲面退化为锥面；当其秩为 2 时，二次曲面退化为两张不重合的平面；当其秩为 1 时，二次曲面退化为两张重合的平面。

（对偶）二次曲面有以下相关定义及性质：

1）$\boldsymbol{Q}/\boldsymbol{Q}^*$ 有 10 个独立元素，考虑到齐次因子，非退化的（对偶）二次曲面有 9 个自由度。

2）直线与二次曲面交于两个点。

3）平面与二次曲面的交集为一条二次曲线。

4）对于非退化二次曲面 $Q$，由于 $\boldsymbol{Q}$ 满秩，因此对于 $Q$ 上的任意点 $P$，$\underline{\boldsymbol{\pi}}=\boldsymbol{Q}\underline{\boldsymbol{p}}$ 非零，可以作为平面坐标，由式（B-4-22）可知，坐标为 $\underline{\boldsymbol{\pi}}$ 的平面 $\pi$ 通过 $P$ 点；另一方面，由于 $\boldsymbol{Q}$ 满秩，因此如果对两点 $P_1$、$P_2$ 有 $\boldsymbol{Q}\underline{\boldsymbol{p}}_1=\boldsymbol{Q}\underline{\boldsymbol{p}}_2$，那么必然有 $\underline{\boldsymbol{p}}_1=\underline{\boldsymbol{p}}_2$。综上，非退化二次曲面 $Q$ 上任一点 $P$ 都存在切平面 $\pi$，其与 $Q$ 仅相切于点 $P$，且其坐标为

$$\underline{\boldsymbol{\pi}}=\boldsymbol{Q}\underline{\boldsymbol{p}} \tag{B-4-24}$$

反之，如果已知切平面的坐标 $\underline{\boldsymbol{\pi}}$，那么切点的坐标为

$$\underline{\boldsymbol{p}}=\boldsymbol{Q}^{-1}\underline{\boldsymbol{\pi}} \tag{B-4-25}$$

5）对于一般二次曲面 $Q$，如果某平面 $\pi$ 与 $Q$ 相切于不止一点，假设其中两个切点为 $P_1$、$P_2$，即 $\underline{\boldsymbol{\pi}}=\boldsymbol{Q}\underline{\boldsymbol{p}}_1=\boldsymbol{Q}\underline{\boldsymbol{p}}_2$，由式（B-4-22）可知 $\underline{\boldsymbol{p}}_1^{\mathrm{T}}\boldsymbol{Q}\underline{\boldsymbol{p}}_2=\underline{\boldsymbol{p}}_2^{\mathrm{T}}\boldsymbol{Q}\underline{\boldsymbol{p}}_1=0$。设另一点 $\underline{\boldsymbol{p}}_3=s_1\underline{\boldsymbol{p}}_1+s_2\underline{\boldsymbol{p}}_1$（$s_1$、$s_2$ 为标量），那么有

$$\begin{aligned}\underline{\boldsymbol{p}}_3^{\mathrm{T}}\boldsymbol{Q}\underline{\boldsymbol{p}}_3&=(s_1\underline{\boldsymbol{p}}_1^{\mathrm{T}}+s_2\underline{\boldsymbol{p}}_2^{\mathrm{T}})\boldsymbol{Q}(s_1\underline{\boldsymbol{p}}_1+s_2\underline{\boldsymbol{p}}_2)\\&=s_1s_2\underline{\boldsymbol{p}}_1^{\mathrm{T}}\boldsymbol{Q}\underline{\boldsymbol{p}}_2+s_1s_2\underline{\boldsymbol{p}}_2^{\mathrm{T}}\boldsymbol{Q}\underline{\boldsymbol{p}}_1=0\end{aligned} \tag{B-4-26}$$

即通过点 $P_1$、$P_2$ 的直线上的任意一点均位于二次曲面 $Q$ 上。这样，平面 $\pi$ 与 $Q$ 至少相切于一条直线。例如锥面 $Q$ 在顶点处不存在切平面，在其他任意点处有切平面 $\underline{\boldsymbol{\pi}}=\boldsymbol{Q}\underline{\boldsymbol{p}}$，且同一母线上的点有相同的切平面。

6）对于非退化二次曲面 $Q$ 上的任意点 $P$，设 $\pi$ 为 $P$ 点处的切面，则将式（B-4-24）代入式（B-4-22）可得

$$\underline{\boldsymbol{\pi}}^{\mathrm{T}}\boldsymbol{Q}^{-1}\underline{\boldsymbol{\pi}}=\underline{\boldsymbol{p}}^{\mathrm{T}}\boldsymbol{Q}\boldsymbol{Q}^{-1}\boldsymbol{Q}\underline{\boldsymbol{p}}=0 \tag{B-4-27}$$

上式说明二次曲面 $Q$ 上各点的切面形成的对偶二次曲面的矩阵为

$$\boldsymbol{Q}^{*}=\boldsymbol{Q}^{-1} \tag{B-4-28}$$

另一方面，如果平面 $\pi$ 的坐标满足上式，将式（B-4-23）代入式（B-4-27）可得

$$\underline{\boldsymbol{p}}^{\mathrm{T}}\boldsymbol{Q}\underline{\boldsymbol{p}}=\underline{\boldsymbol{\pi}}^{\mathrm{T}}\boldsymbol{Q}^{-\mathrm{T}}\boldsymbol{Q}\boldsymbol{Q}^{-1}\underline{\boldsymbol{\pi}}=\underline{\boldsymbol{\pi}}^{\mathrm{T}}\boldsymbol{Q}^{-1}\underline{\boldsymbol{\pi}}=0 \tag{B-4-29}$$

上式说明对偶二次曲面 $Q^{*}$ 的各切面对应的切点形成的二次曲面的矩阵为 $\boldsymbol{Q}$。式（B-4-27）及式（B-4-29）说明 $Q$ 与 $Q^{*}$ 互为对偶。

7）给定一个二次曲面 $Q$ 及任意空间点 $P$，称坐标为 $\underline{\boldsymbol{\pi}}=\boldsymbol{Q}\underline{\boldsymbol{p}}$ 的平面 $\pi$ 为点 $P$ 关于 $Q$ 的极平面，而称点 $P$ 为平面 $\pi$ 关于 $Q$ 的极点，称点 $P$ 与平面 $\pi$ 的对应关系为二次曲面 $Q$ 的配极对应。如果二次曲面 $Q$ 是非退化的，则其配极对应是点与平面之间的一一对应。如果点 $P$ 在二次曲面 $Q$ 上，则它的极平面是点 $P$ 处的切平面；如果点 $P$ 不在（非退化）二次曲面 $Q$ 上，则它的极平面是以 $P$ 为顶点的锥面与 $Q$ 的切点所在的平面。

B. 4. 1. 4. 1　绝对二次曲线

绝对二次曲线（absolute conic）是任意球面与无穷远平面的交线。球心为 $C$、半径为 $r$ 的球面方程可以表示为

$$(p_x-c_x)^2+(p_y-c_y)^2+(p_z-c_z)^2=r^2 \tag{B-4-30}$$

式中，$p_x$、$p_y$、$p_z$ 为球面上任意一点 $P$ 的笛卡儿坐标；$c_x$、$c_y$、$c_z$ 为球心的笛卡儿坐标。

将上式以齐次坐标表示并转换为二次型有

$$\begin{bmatrix}\underline{p}_x & \underline{p}_y & \underline{p}_z & \underline{p}_w\end{bmatrix}\begin{bmatrix}1 & & & -c_x\\ & 1 & & -c_y\\ & & 1 & -c_z\\ -c_x & -c_y & -c_z & c_x^2+c_y^2+c_z^2-r^2\end{bmatrix}\begin{bmatrix}\underline{p}_x\\ \underline{p}_y\\ \underline{p}_z\\ \underline{p}_w\end{bmatrix}=0 \tag{B-4-31}$$

另一方面，设点 $P$ 同时在无穷远平面上，则点 $P$ 为无穷远点，由 B. 4. 1. 1 节可知点 $P$ 的坐标满足 $\underline{p}_w=0$，代入上式可得绝对二次曲线（记为 $\Omega_\infty$）的方程为

$$\begin{cases}\underline{p}_x^2+\underline{p}_y^2+\underline{p}_z^2=0\\ \underline{p}_w=0\end{cases} \tag{B-4-32}$$

由上式可知绝对二次曲线是一条虚曲线。在三维空间中，绝对二次曲线不能用单个方程表示，但在无穷远平面上，可以用以下二次型表示

$$\begin{cases}\underline{\boldsymbol{p}}_{\infty 1\sim 3}^{\mathrm{T}}\boldsymbol{\Omega}_\infty\underline{\boldsymbol{p}}_{\infty 1\sim 3}=0\\ \boldsymbol{\Omega}_\infty=\boldsymbol{I}_{3\times 3}\end{cases} \tag{B-4-33}$$

式中，$\underline{\boldsymbol{p}}_{\infty 1\sim 3}$ 为无穷远平面上点的平面坐标（见 B. 4. 1. 2 节）。

B. 4. 1. 4. 2　绝对对偶二次曲面

绝对对偶二次曲面（absolute dual quadric）$\boldsymbol{Q}_\infty^{*}$ 是绝对二次曲线 $\Omega_\infty$ 的对偶，它是三维

空间中的退化对偶二次曲面。这里采用找绝对二次曲线切面的方式求绝对对偶二次曲面。由于绝对二次曲线 $\Omega_{\infty}$ 在无穷远平面上，因此平面 $\pi$ 与 $\Omega_{\infty}$ 相切等价于 $\pi$ 与无穷远平面 $\pi_{\infty}$ 的交线与 $\Omega_{\infty}$ 相切。由 B.4.1.2 节可知，$\pi$ 与 $\pi_{\infty}$ 的交线在 $\pi_{\infty}$ 上的坐标为 $\underline{\boldsymbol{\pi}}_{1\sim3}$ ，由式（B－4－54）及式（B－4－33），该交线与 $\Omega_{\infty}$ 相切的充要条件是

$$\underline{\boldsymbol{\pi}}_{1\sim3}^{\mathrm{T}}\boldsymbol{\omega}_{\infty}^{-1}\underline{\boldsymbol{\pi}}_{1\sim3}=\underline{\boldsymbol{\pi}}_{1\sim3}^{\mathrm{T}}\underline{\boldsymbol{\pi}}_{1\sim3}=0 \tag{B－4－34}$$

满足上式的坐标 $\underline{\boldsymbol{\pi}}$ 的二次型形式为

$$\begin{cases}\underline{\boldsymbol{\pi}}^{\mathrm{T}}\boldsymbol{Q}_{\infty}^{*}\underline{\boldsymbol{\pi}}=0\\ \boldsymbol{Q}_{\infty}^{*}=\begin{bmatrix}\boldsymbol{I}_{3\times3} & \boldsymbol{0}_{3\times1}\\ \boldsymbol{0}_{1\times3} & 0\end{bmatrix}\end{cases} \tag{B－4－35}$$

式中，$\boldsymbol{Q}_{\infty}^{*}$ 为绝对对偶二次曲面 $Q_{\infty}^{*}$ 对应二次型的矩阵。

绝对二次曲线与绝对对偶二次曲面有如下性质：

1）无穷远直线交绝对二次曲线于两点，这两个点是通过该无穷远直线的平面上的两个圆环点；

2）绝对二次曲线是空间中所有平面的圆环点所构成的集合，因而任意一个圆与绝对二次曲线相交于两个圆环点；

3）由式（B－4－31），圆心在原点，半径为 $r$ 的球面 $Q_r$ 的二次型矩阵为

$$\boldsymbol{Q}_r=\mathrm{diag}([1\quad 1\quad 1\quad -r^2]) \tag{B－4－36}$$

由式（B－4－28），球面 $Q_r$ 的对偶二次曲面 $Q_r^{*}$ 的二次型矩阵为

$$\boldsymbol{Q}_r^{*}=\mathrm{diag}\left(\begin{bmatrix}1 & 1 & 1 & -\dfrac{1}{r^2}\end{bmatrix}\right) \tag{B－4－37}$$

对比式（B－4－32）、式（B－4－35）与式（B－4－36）、式（B－4－37）可知，当球半径 $r$ 趋近于无穷大时，$Q_r$ 与 $Q_r^{*}$ 分别趋近于绝对二次曲线与绝对对偶二次曲面。

### B.4.2　射影平面（二维射影空间）

射影平面中概念的定义及性质与三维射影空间有对应关系，其性质证明过程也与三维射影空间类似，因此这里仅介绍射影平面的概念及重要性质，不再详述与三维射影空间类似的性质及推导过程。

#### B.4.2.1　平面点

类似于空间点，对于欧氏平面中笛卡儿坐标为 $\boldsymbol{p}=[p_x\quad p_y]^{\mathrm{T}}$ 的点 $P$ ，其齐次坐标为

$$\underline{\boldsymbol{p}}=[\underline{p}_x\quad \underline{p}_y\quad \underline{p}_w]^{\mathrm{T}} \tag{B－4－38}$$

其中

$$\frac{\underline{p}_x}{\underline{p}_w}=p_x,\frac{\underline{p}_y}{\underline{p}_w}=p_y,\underline{p}_w\neq0 \tag{B－4－39}$$

当 $\underline{p}_w=0$ 时，$P$ 点为无穷远点。考虑到齐次因子，无穷远点有一个自由度，代表了平面中

的一个方向。称齐次坐标所在的扩展的二维空间为射影平面，也称为二维射影空间。

B.4.2.2 平面直线

平面直线可以用该直线上所有点的集合的形式表示。类似于空间平面，欧氏平面中直线 $l$ 的方程可以表示为

$$\underline{l}_x p_x + \underline{l}_y p_y + \underline{l}_w = 0 \tag{B-4-40}$$

式中，$p_x$、$p_y$ 为直线上任意点 $P$ 的笛卡儿坐标。因此，可以将 $\underline{\boldsymbol{l}} = [\underline{l}_x \quad \underline{l}_y \quad \underline{l}_w]^{\mathrm{T}}$ 作为直线 $l$ 的齐次坐标。这样式（B-4-40）可简记为

$$\underline{\boldsymbol{l}}^{\mathrm{T}} \underline{\boldsymbol{p}} = 0 \tag{B-4-41}$$

直线在二维平面上的自由度为 2。$\underline{\boldsymbol{l}} = [0 \quad 0 \quad 1]^{\mathrm{T}}$ 为所有无穷远点所在的直线，记为 $\underline{\boldsymbol{l}}_{\infty}$。

设 $P_1$、$P_2$ 是射影平面上的两点，则通过这两点的直线 $l$ 的齐次坐标为

$$\underline{\boldsymbol{l}} = \underline{\boldsymbol{p}}_1 \times \underline{\boldsymbol{p}}_2 \tag{B-4-42}$$

这是因为直线 $l$ 上任意一点 $P$ 的齐次坐标可以表示为 $\underline{\boldsymbol{p}} = s_1 \underline{\boldsymbol{p}}_1 + s_2 \underline{\boldsymbol{p}}_2$，由式（B-2-6）有

$$\begin{aligned}\underline{\boldsymbol{l}}^{\mathrm{T}} \underline{\boldsymbol{p}} &= s_1 \underline{\boldsymbol{p}}_1 \cdot (\underline{\boldsymbol{p}}_1 \times \underline{\boldsymbol{p}}_2) + s_2 \underline{\boldsymbol{p}}_2 \cdot (\underline{\boldsymbol{p}}_1 \times \underline{\boldsymbol{p}}_2) \\ &= s_1 \underline{\boldsymbol{p}}_2 \cdot (\underline{\boldsymbol{p}}_1 \times \underline{\boldsymbol{p}}_1) + s_2 \underline{\boldsymbol{p}}_1 \cdot (\underline{\boldsymbol{p}}_2 \times \underline{\boldsymbol{p}}_2) = 0\end{aligned} \tag{B-4-43}$$

即 $P$、$l$ 满足方程式（B-4-41）。由式（B-4-42）可知三点 $P_1$、$P_2$、$P_3$ 共线的充要条件是

$$(\underline{\boldsymbol{p}}_1 \times \underline{\boldsymbol{p}}_2)^{\mathrm{T}} \underline{\boldsymbol{p}}_3 = 0 \tag{B-4-44}$$

在射影平面内，点与直线是一对互为对偶的元素。由对偶原理可知两直线 $l_1$、$l_2$ 交点 $P$ 的坐标为

$$\underline{\boldsymbol{p}} = \underline{\boldsymbol{l}}_1 \times \underline{\boldsymbol{l}}_2 \tag{B-4-45}$$

三直线 $l_1$、$l_2$、$l_3$ 共交点的充要条件是

$$(\underline{\boldsymbol{l}}_1 \times \underline{\boldsymbol{l}}_2)^{\mathrm{T}} \underline{\boldsymbol{l}}_3 = 0 \tag{B-4-46}$$

B.4.2.3 平面二次曲线

类似于空间二次曲面，平面二次曲线可以用曲线上的点表示，也可以用与曲线相切的直线表示。设 $\boldsymbol{C}$ 为 $3 \times 3$ 的对称矩阵，则将满足以下方程的点 $P$ 构成的点集定义为平面二次曲线（conic）$C$

$$\underline{\boldsymbol{p}}^{\mathrm{T}} \boldsymbol{C} \underline{\boldsymbol{p}} = 0 \tag{B-4-47}$$

与此对应，设 $\boldsymbol{C}^*$ 为 $3 \times 3$ 的对称矩阵，则将满足以下方程的直线 $l$ 构成的直线集所形成的包络定义为对偶二次曲线（dual conic）$C^*$

$$\underline{\boldsymbol{l}}^{\mathrm{T}} \boldsymbol{C}^* \underline{\boldsymbol{l}} = 0 \tag{B-4-48}$$

若 $\boldsymbol{C}/\boldsymbol{C}^*$ 非满秩，则（对偶）二次曲线 $C/C^*$ 为退化的。退化的二次曲线由两条直线（此

时矩阵秩为 2）或两条重合的直线（此时矩阵秩为 1）构成。如果二次曲线 $C$ 退化为两条直线 $l$ 及 $m$，则其矩阵表示为

$$\boldsymbol{C}=\underline{\boldsymbol{l}}\,\underline{\boldsymbol{m}}^{\mathrm{T}}+\underline{\boldsymbol{m}}\,\underline{\boldsymbol{l}}^{\mathrm{T}} \qquad (\mathrm{B}-4-49)$$

这是因为，如果点 $P$ 在直线 $l$ 或 $m$ 上，由式（B－4－41）可知

$$\underline{\boldsymbol{p}}^{\mathrm{T}}\boldsymbol{C}\underline{\boldsymbol{p}}=\underline{\boldsymbol{p}}^{\mathrm{T}}(\underline{\boldsymbol{l}}\,\underline{\boldsymbol{m}}^{\mathrm{T}}+\underline{\boldsymbol{m}}\,\underline{\boldsymbol{l}}^{\mathrm{T}})\underline{\boldsymbol{p}}=2(\underline{\boldsymbol{l}}^{\mathrm{T}}\underline{\boldsymbol{p}})(\underline{\boldsymbol{m}}^{\mathrm{T}}\underline{\boldsymbol{p}})=0 \qquad (\mathrm{B}-4-50)$$

另一方面，如果 $\underline{\boldsymbol{p}}^{\mathrm{T}}\boldsymbol{C}\underline{\boldsymbol{p}}=0$，那么由上式可知 $\underline{\boldsymbol{l}}^{\mathrm{T}}\underline{\boldsymbol{p}}=0$ 或 $\underline{\boldsymbol{m}}^{\mathrm{T}}\underline{\boldsymbol{p}}=0$，即点 $P$ 在直线 $l$ 或 $m$ 上。由式（B－4－49）及对偶原理，退化的对偶二次曲线 $C^*$ 包含两个点 $P$、$Q$（包络直线过点 $P$ 或点 $Q$），其矩阵可以表示为

$$\boldsymbol{C}^*=\underline{\boldsymbol{p}}\,\underline{\boldsymbol{q}}^{\mathrm{T}}+\underline{\boldsymbol{q}}\,\underline{\boldsymbol{p}}^{\mathrm{T}} \qquad (\mathrm{B}-4-51)$$

（对偶）二次曲线有以下相关定义及性质（前 4 条类似于空间二次曲面）：

1）非退化的（对偶）二次曲线有 5 个自由度。

2）非退化二次曲线 $C$ 上任一点 $P$ 都存在切线 $l$，其与 $C$ 仅相切于点 $P$，其坐标为

$$\underline{\boldsymbol{l}}=\boldsymbol{C}\underline{\boldsymbol{p}} \qquad (\mathrm{B}-4-52)$$

反之，如果已知切线的坐标 $\underline{\boldsymbol{l}}$，那么切点的坐标为

$$\underline{\boldsymbol{p}}=\boldsymbol{C}^{-1}\underline{\boldsymbol{l}} \qquad (\mathrm{B}-4-53)$$

3）对于非退化二次曲线 $C$ 上的任意点 $P$，设 $l$ 为 $P$ 点处的切线，则有

$$\underline{\boldsymbol{l}}^{\mathrm{T}}\boldsymbol{C}^{-1}\underline{\boldsymbol{l}}=0 \qquad (\mathrm{B}-4-54)$$

由上，非退化二次曲线 $C$ 与其对偶二次曲线 $C^*$ 的矩阵的关系为

$$\boldsymbol{C}^*=\boldsymbol{C}^{-1} \qquad (\mathrm{B}-4-55)$$

4）给定一个二次曲线 $C$ 及任意空间点 $P$，称坐标为 $\underline{\boldsymbol{l}}=\boldsymbol{C}\underline{\boldsymbol{p}}$ 的直线 $l$ 为点 $P$ 关于 $C$ 的极线，而称点 $P$ 为直线 $l$ 关于 $C$ 的极点，称点 $P$ 与直线 $l$ 的对应关系为二次曲线 $C$ 的配极对应。如果二次曲线 $C$ 是非退化的，则其配极对应是点与直线之间的一一对应。如果点 $P$ 在二次曲线 $C$ 上，则它的极线是点 $P$ 处的切线；如果点 $P$ 不在（非退化）二次曲线 $C$ 上，则它的极线交 $C$ 于两点，$C$ 在这两点的切线交于点 $P$。

5）对于非退化二次曲线 $C$ 外任一点 $P$，过点 $P$ 与 $C$ 相切的两条直线 $l$ 与 $m$ 构成的退化二次曲线 $T$ 的矩阵为

$$\boldsymbol{T}=(\underline{\boldsymbol{p}}\times)\boldsymbol{C}^{-1}(\underline{\boldsymbol{p}}\times)^{\mathrm{T}}=(\underline{\boldsymbol{p}}\times)^{\mathrm{T}}\boldsymbol{C}^{-1}(\underline{\boldsymbol{p}}\times) \qquad (\mathrm{B}-4-56)$$

这是因为，如果点 $Q$ 是 $T$ 上的一点，例如它在 $l$ 上，那么由式（B－4－42）有 $\underline{\boldsymbol{l}}=\underline{\boldsymbol{p}}\times\underline{\boldsymbol{q}}$，因此由对偶二次曲线的性质有

$$\underline{\boldsymbol{q}}^{\mathrm{T}}\boldsymbol{T}\underline{\boldsymbol{q}}=(\underline{\boldsymbol{p}}\times\underline{\boldsymbol{q}})^{\mathrm{T}}\boldsymbol{C}^{-1}(\underline{\boldsymbol{p}}\times\underline{\boldsymbol{q}})=\underline{\boldsymbol{l}}^{\mathrm{T}}\boldsymbol{C}^{-1}\underline{\boldsymbol{l}}=\underline{\boldsymbol{l}}^{\mathrm{T}}\boldsymbol{C}^*\underline{\boldsymbol{l}}=0 \qquad (\mathrm{B}-4-57)$$

另一方面，如果点 $Q$ 满足方程 $\underline{\boldsymbol{q}}^{\mathrm{T}}\boldsymbol{T}\underline{\boldsymbol{q}}=0$，即 $(\underline{\boldsymbol{p}}\times\underline{\boldsymbol{q}})^{\mathrm{T}}\boldsymbol{C}^{-1}(\underline{\boldsymbol{p}}\times\underline{\boldsymbol{q}})=0$，那么 $\underline{\boldsymbol{p}}\times\underline{\boldsymbol{q}}$ 为过点 $P$ 的切线的坐标，即 $Q$ 在切线 $l$ 或 $m$ 上。

6）如果两点 $P$、$Q$ 使得 $\underline{\boldsymbol{p}}^{\mathrm{T}}\boldsymbol{C}\underline{\boldsymbol{q}}=0$，则称 $P$、$Q$ 关于 $C$ 互为共轭。易知点 $P$ 关于 $C$ 的所有共轭点的集合为 $P$ 关于 $C$ 的极线。

7）如果一个三角形的三个顶点都是其对边关于二次曲线 $C$ 的极点，则称它为 $C$ 的自极三角形。

**圆环点及其对偶**　类似于三维射影空间中的绝对二次曲线，圆环点（circular points）是任意圆与无穷远直线的交线，其方程为

$$\begin{cases}\underline{p}_x^2+\underline{p}_y^2=0\\ \underline{p}_w=0\end{cases} \tag{B-4-58}$$

由上式可知圆环点为一对虚点，其齐次坐标为

$$\begin{cases}\underline{\boldsymbol{p}}_C=[1\quad i\quad 0]^{\mathrm{T}}\\ \underline{\boldsymbol{p}}'_C=[1\quad -i\quad 0]^{\mathrm{T}}\end{cases} \tag{B-4-59}$$

类似于三维射影空间中的绝对对偶二次曲面，圆环点有对偶二次曲线 $C_\infty^*$。$C_\infty^*$ 由以圆环点为中心的虚直线集合构成，由式（B-4-51），其矩阵表示为

$$\boldsymbol{C}_\infty^*=\underline{\boldsymbol{p}}_C\underline{\boldsymbol{p}}'^{\mathrm{T}}_C+\underline{\boldsymbol{p}}'_C\underline{\boldsymbol{p}}^{\mathrm{T}}_C\propto\begin{bmatrix}1&0&0\\0&1&0\\0&0&0\end{bmatrix} \tag{B-4-60}$$

式中，$\boldsymbol{C}_\infty^*$ 即为 $C_\infty^*$ 对应二次型的矩阵。

### B.4.3　射影变换群及其子群

#### B.4.3.1　射影变换

二维/三维射影变换（projective transformation），又称单应（homography）或直射（collineation），是二维/三维射影空间上的可逆齐次线性变换，可用 $3\times3/4\times4$ 可逆矩阵 $\boldsymbol{H}$ 描述

$$\underline{\boldsymbol{p}}'\propto s\underline{\boldsymbol{p}}'=\boldsymbol{H}\underline{\boldsymbol{p}} \tag{B-4-61}$$

式中，$\underline{\boldsymbol{p}}$、$\underline{\boldsymbol{p}}'$ 为变换前后二维/三维空间点的齐次坐标，$s$ 为齐次因子。矩阵 $\boldsymbol{H}$ 也被称为射影变换矩阵或单应矩阵。

射影变换有以下性质：

1）由于相差非零常数齐次因子的单应矩阵代表相同的射影变换，因此二维/三维射影变换有 8/15 个自由度。对于二维/三维齐次变换，由于式（B-4-61）消去齐次因子后有 2/3 个线性方程，因此一般情况下 4/5 点可以唯一确定一个二维/三维射影变换。

2）易知两个相同维数的射影变换的合成（即单应矩阵的乘积）满足封闭性、结合律、幺元、可逆性等性质，因此射影变换集合及其合成运算构成了一个群[81]，称为射影变换群。

基本几何形状的射影变换形式如下：

(1) 空间平面

设坐标为 $\underline{\boldsymbol{\pi}}$ 的平面 $\pi$ 经过三维射影变换 $\boldsymbol{H}$ 后坐标变为 $\underline{\boldsymbol{\pi}}'$，由于 $\pi$ 上任意点 $P$ 的坐标经过三维射影变换后由 $\underline{\boldsymbol{p}}$ 变为 $\underline{\boldsymbol{p}}'$，由式（B-4-61）有

$$\underline{\boldsymbol{p}}'^{\mathrm{T}}\underline{\boldsymbol{\pi}}'=\underline{\boldsymbol{p}}^{\mathrm{T}}\boldsymbol{H}^{\mathrm{T}}\underline{\boldsymbol{\pi}}'=0 \tag{B-4-62}$$

对比式（B-4-14）可得平面的三维射影变换规则

$$\underline{\boldsymbol{\pi}}'=\boldsymbol{H}^{-\mathrm{T}}\underline{\boldsymbol{\pi}} \tag{B-4-63}$$

(2) 平面直线

采用与上一条类似的推导过程可以得到平面直线 $l$ 的二维射影变换规则

$$\underline{\boldsymbol{l}}'=\boldsymbol{H}^{-\mathrm{T}}\underline{\boldsymbol{l}} \tag{B-4-64}$$

(3) 空间直线

设 Plücker 矩阵为 $\boldsymbol{L}/\boldsymbol{L}^*$ 的空间直线 $l$ 经过三维射影变换 $\boldsymbol{H}$ 后 Plücker 矩阵变为 $\boldsymbol{L}'/\boldsymbol{L}^{*\prime}$，由式（B-4-17）及式（B-4-61）可得

$$\boldsymbol{L}'=\underline{\boldsymbol{p}}_1'\underline{\boldsymbol{p}}_2'^{\mathrm{T}}-\underline{\boldsymbol{p}}_2'\underline{\boldsymbol{p}}_1'^{\mathrm{T}}=\boldsymbol{H}\underline{\boldsymbol{p}}_1(\boldsymbol{H}\underline{\boldsymbol{p}}_2)^{\mathrm{T}}-\boldsymbol{H}\underline{\boldsymbol{p}}_2(\boldsymbol{H}\underline{\boldsymbol{p}}_1)^{\mathrm{T}}=\boldsymbol{HLH}^{\mathrm{T}} \tag{B-4-65}$$

类似地，由式（B-4-18）及式（B-4-63）有

$$\boldsymbol{L}^{*\prime}=\underline{\boldsymbol{\pi}}_1'\underline{\boldsymbol{\pi}}_2'^{\mathrm{T}}-\underline{\boldsymbol{\pi}}_2'\underline{\boldsymbol{\pi}}_1'^{\mathrm{T}}=\boldsymbol{H}^{-\mathrm{T}}\underline{\boldsymbol{\pi}}_1(\boldsymbol{H}^{-\mathrm{T}}\underline{\boldsymbol{\pi}}_2)^{\mathrm{T}}-\boldsymbol{H}^{-\mathrm{T}}\underline{\boldsymbol{\pi}}_2(\boldsymbol{H}^{-\mathrm{T}}\underline{\boldsymbol{\pi}}_1)^{\mathrm{T}}=\boldsymbol{H}^{-\mathrm{T}}\boldsymbol{L}^*\boldsymbol{H}^{-1} \tag{B-4-66}$$

(4) 空间二次曲面及对偶二次曲面

设由矩阵 $\boldsymbol{Q}$ 确定的空间二次曲面 $Q$ 经过三维射影变换 $\boldsymbol{H}$ 后矩阵变为 $\boldsymbol{Q}'$，将式（B-4-61）代入变换后的二次曲面方程 $\underline{\boldsymbol{p}}'^{\mathrm{T}}\boldsymbol{Q}'\underline{\boldsymbol{p}}'=0$ 可得

$$\underline{\boldsymbol{p}}^{\mathrm{T}}\boldsymbol{H}^{\mathrm{T}}\boldsymbol{Q}'\boldsymbol{H}\underline{\boldsymbol{p}}=0 \tag{B-4-67}$$

将上式与式（B-4-22）对比可知

$$\boldsymbol{Q}'=\boldsymbol{H}^{-\mathrm{T}}\boldsymbol{Q}\boldsymbol{H}^{-1} \tag{B-4-68}$$

设由矩阵 $\boldsymbol{Q}^*$ 确定的空间对偶二次曲面 $Q^*$ 经过三维射影变换 $\boldsymbol{H}$ 后矩阵变为 $\boldsymbol{Q}^{*\prime}$，将式（B-4-63）代入变换后的对偶二次曲面方程 $\underline{\boldsymbol{\pi}}'^{\mathrm{T}}\boldsymbol{Q}^{*\prime}\underline{\boldsymbol{\pi}}'=0$ 可得

$$\underline{\boldsymbol{\pi}}^{\mathrm{T}}\boldsymbol{H}^{-1}\boldsymbol{Q}^{*\prime}\boldsymbol{H}^{-\mathrm{T}}\underline{\boldsymbol{\pi}}=0 \tag{B-4-69}$$

将上式与式（B-4-23）对比可知

$$\boldsymbol{Q}^{*\prime}=\boldsymbol{H}\boldsymbol{Q}^*\boldsymbol{H}^{\mathrm{T}} \tag{B-4-70}$$

(5) 平面二次曲线及对偶二次曲线

采用与上两条类似的推导可以得到平面二次曲线 $C$ 与平面对偶二次曲线 $\boldsymbol{C}^*$ 的二维射影变换规则

$$\begin{cases}\boldsymbol{C}'=\boldsymbol{H}^{-\mathrm{T}}\boldsymbol{C}\boldsymbol{H}^{-1}\\ \boldsymbol{C}^{*\prime}=\boldsymbol{H}\boldsymbol{C}^*\boldsymbol{H}^{\mathrm{T}}\end{cases} \tag{B-4-71}$$

在射影变换的作用下保持不变的几何量称为射影变换不变量（invariant），例如：

1）共线性及相切性。

2）给定直线 $l$ 上两个不同点的齐次坐标 $\underline{\boldsymbol{p}}$、$\underline{\boldsymbol{p}}'$，则直线上任意一点的坐标均可以表示为 $u\underline{\boldsymbol{p}}+v\underline{\boldsymbol{p}}'$。将 $[u \quad v]^{\mathrm{T}}$ 记为该点在 $l$ 上的参数化坐标。设 $l$ 上四个空间点 $P_1$、$P_2$、$P_3$、$P_4$ 的参数化坐标为 $\boldsymbol{p}_{P_i}=[u_i \quad v_i]^{\mathrm{T}}(i=1,2,3,4)$，定义这 4 点的交比（cross-ratio）为

$$(P_1,P_2;P_3,P_4)=\frac{\det([\boldsymbol{p}_{P_1} \quad \boldsymbol{p}_{P_3}])}{\det([\boldsymbol{p}_{P_2} \quad \boldsymbol{p}_{P_3}])}:\frac{\det([\boldsymbol{p}_{P_1} \quad \boldsymbol{p}_{P_4}])}{\det([\boldsymbol{p}_{P_2} \quad \boldsymbol{p}_{P_4}])} \tag{B-4-72}$$

参数化坐标为齐次坐标，因此可以令 $u_i=0$，此时交比可表示为

$$(P_1,P_2;P_3,P_4)=\frac{v_1-v_3}{v_2-v_3}:\frac{v_1-v_4}{v_2-v_4} \tag{B-4-73}$$

对于共点平面 4 直线与共线空间 4 平面，也可以采用类似于共线点的方式定义其交比。射影变换保持这些交比的值不变。若 $(P_1, P_2; P_3, P_4)=-1$，则称 $P_1$、$P_2$ 与 $P_3$、$P_4$ 成调和共轭。

3）在射影变换的作用下保持不变的空间点称为射影变换的不动点。在代数上，坐标为 $\underline{\boldsymbol{p}}$ 的空间点为射影变换 $\boldsymbol{H}$ 的不动点的充要条件是 $\boldsymbol{H}\underline{\boldsymbol{p}}=\underline{\boldsymbol{p}}$，即 $\underline{\boldsymbol{p}}$ 为 $\boldsymbol{H}$ 的特征矢量（对应特征值为 1）。

### B.4.3.2 射影变换群的子群

射影变换群的子群见表 B-1。表中 $n=2$ 或 3，分别对应二维及三维射影变换。表中上一行的变换为下一行的变换的子群，且上一行变换的不变量包含下一行变换的不变量。

**表 B-1 射影变换群的子群**

| 变换 | 单应矩阵 | 单应矩阵特性 | 自由度 | 不变量 |
|---|---|---|---|---|
| 等距(isometric)变换 | $\boldsymbol{H}_I=\begin{bmatrix}\boldsymbol{C}_{n\times n} & \boldsymbol{r}_{n\times 1}\\ \boldsymbol{0}_{1\times n} & 1\end{bmatrix}$ | $\boldsymbol{C}$ 为正交矩阵。当 $\det(\boldsymbol{C})=1$ 时称为欧氏变换，当 $\det(\boldsymbol{C})=-1$ 时称为反射变换。欧氏变换构成等距变换的子群。反射变换不能构成子群，因为两个反射变换的合成为欧氏变换 | 6(三维)/3(二维) | 1. 保持长度、面积、体积不变；<br>2. 一般三维欧氏变换的不动点包括正交于旋转轴的平面上的两个圆环点及旋转轴与无穷远平面的交点，二维欧氏变换保持圆环点及无穷远直线不变；<br>3. 欧氏变换为保向变换，即保持点顺序不变，反射变换为逆向变换，即点的顺序反向 |
| 相似(similarity)变换 | $\boldsymbol{H}_S=\begin{bmatrix}s\boldsymbol{C}_{n\times n} & \boldsymbol{r}_{n\times 1}\\ \boldsymbol{0}_{1\times n} & 1\end{bmatrix}$ | $\boldsymbol{C}$ 为正交矩阵，$s$ 为相似比例因子。如果限制 $\boldsymbol{C}$ 为旋转矩阵，则称为旋转相似变换 | 7(三维)/4(二维) | 1. 保持夹角不变；<br>2. 保持长度、面积、体积比值不变；<br>3. 三维相似变换保持绝对二次曲线与绝对对偶二次曲面不变，二维相似变换保持圆环点及其对偶二次曲线不变 |

**续表**

| 变换 | 单应矩阵 | 单应矩阵特性 | 自由度 | 不变量 |
|---|---|---|---|---|
| 仿射(affine)变换 | $\boldsymbol{H}_A=\begin{bmatrix}\boldsymbol{A}_{n\times n} & \boldsymbol{r}_{n\times 1}\\ \boldsymbol{0}_{1\times n} & 1\end{bmatrix}$ | $\boldsymbol{A}$ 为可逆矩阵。当 $\det(\boldsymbol{A})>0$ 时为保向变换，否则为逆向变换。与相似变换的区别在于各轴向的缩放比例是不相等的 | 12(三维)/6(二维) | 1. 保持无穷远平面、无穷远直线不变，即将无穷远点变换到无穷远点；<br>2. 保持直线与直线、直线与平面以及平面与平面之间的平行性；<br>3. 保持体积比、面积比不变；<br>4. 保持平行图形(或在同一平面上的图形)的面积比、平行线段(或在同一直线上的线段)的长度比不变 |
| 射影变换 | $\boldsymbol{H}_P=\begin{bmatrix}\boldsymbol{A}_{n\times n} & \boldsymbol{r}_{n\times 1}\\ \boldsymbol{a}_{n\times 1}^{\mathrm{T}} & v\end{bmatrix}$ | $\boldsymbol{H}_P$ 为可逆矩阵 | 15(三维)/8(二维) | 1. 点、线、面变换到点、线、面；<br>2. 保持点的共线(面)性、线的共面性；<br>3. 保持相切性；<br>4. 保持共线点、共点平面直线、共线空间平面交比不变 |

任意射影变换的单应矩阵 $\boldsymbol{H}$ 均可以被分解为三个矩阵的乘积[54]，即 $\boldsymbol{H}=\boldsymbol{H}_P\boldsymbol{H}_A\boldsymbol{H}_I$ ，其中

$$\boldsymbol{H}_P=\begin{bmatrix}\boldsymbol{I}_{n\times n} & \boldsymbol{0}_{n\times 1}\\ \boldsymbol{a}_{n\times 1}^{\mathrm{T}} & v\end{bmatrix},\boldsymbol{H}_A=\begin{bmatrix}\boldsymbol{A}_{n\times n} & \boldsymbol{0}_{n\times 1}\\ \boldsymbol{0}_{1\times n} & 1\end{bmatrix},\boldsymbol{H}_I=\begin{bmatrix}\boldsymbol{C}_{n\times n} & \boldsymbol{r}_{n\times 1}\\ \boldsymbol{0}_{1\times n} & 1\end{bmatrix} \tag{B-4-74}$$

式中，$\boldsymbol{H}_I$ 表示等距变换部分；$\boldsymbol{H}_A$ 表示纯仿射变换部分；$\boldsymbol{H}_P$ 表示纯射影变换部分。

### B.4.3.3　单应矩阵的估计

在工程上，常遇到已知式（B-4-61）中 $m$ 个点对射影变换前后的齐次坐标 $\underline{\boldsymbol{p}}_i$ 及 $\underline{\boldsymbol{p}}'_i\,(i=1,2,\cdots,m)$ ，需要估计单应矩阵 $\boldsymbol{H}$ 的问题。由式（B-4-61），对每个点对可以列出如下方程组

$$s_i\underline{\boldsymbol{p}}'_i=\boldsymbol{H}\underline{\boldsymbol{p}}_i \tag{B-4-75}$$

上式为一个包含比例关系的线性方程组，可以利用 B.7.3.2 节中的直接线性变换法求解。此时式（B-7-56）中 $\boldsymbol{z}=\underline{\boldsymbol{p}}'_i$、$\boldsymbol{x}=\underline{\boldsymbol{p}}_i$ ，并令 $\boldsymbol{G}$ 为

$$\boldsymbol{G}=[\boldsymbol{I}\quad -\boldsymbol{p}'_i] \tag{B-4-76}$$

这样

$$\boldsymbol{G}\underline{\boldsymbol{p}}'_i=[\boldsymbol{I}\quad -\boldsymbol{p}'_i]\begin{bmatrix}\boldsymbol{p}'_i\\ 1\end{bmatrix}=\boldsymbol{0} \tag{B-4-77}$$

若向量 $\underline{\boldsymbol{p}}'_i$ 的长度为 3，$\boldsymbol{G}$ 也可取为反对称矩阵 $\underline{\boldsymbol{p}}'_i\times$。确定 $\boldsymbol{G}$ 后，即可利用 B.7.3.2 节中的算法求解单应矩阵 $\boldsymbol{H}$。若采用最大似然估计方法精确估计 $\boldsymbol{H}$ ，可在式（B-6-32）中令

$$\begin{cases} \boldsymbol{z}_i = \boldsymbol{p}'_i \\ \mathrm{f}_i(\boldsymbol{x}) = \mathrm{f}_i([\boldsymbol{H}_{R1} \quad \boldsymbol{H}_{R2} \quad \cdots \quad \boldsymbol{H}_{Rn}]^{\mathrm{T}}) = \dfrac{1}{\boldsymbol{H}_{Rn}\underline{\boldsymbol{p}}_i}\begin{bmatrix} \boldsymbol{H}_{R1}\underline{\boldsymbol{p}}_i \\ \boldsymbol{H}_{R2}\underline{\boldsymbol{p}}_i \\ \vdots \\ \boldsymbol{H}_{R(n-1)}\underline{\boldsymbol{p}}_i \end{bmatrix} \\ \boldsymbol{Q}_{Di} = \sigma^2 \boldsymbol{I}_{n\times n} \end{cases} \tag{B-4-78}$$

式中，$n$ 为矩阵 $\boldsymbol{H}$ 的尺寸；下标 $i\,(i=1,\ 2,\ \cdots,\ m)$ 表示第 $i$ 个点对；$\sigma$ 为像点定位误差的标准差（假设高斯分布）。该算法使射影变换后点坐标整体误差最小化。此外，也可以将 $\underline{\boldsymbol{p}}_i\,(i=1,\ 2,\ \cdots,\ m)$ 一同作为目标变量，对射影变换前后的点坐标误差进行整体优化。

## B.5　常用插值函数

插值是估计离散的已知数据点之间的数据值的过程。插值方法可以按插值条件分为指定函数值或指定函数导数值，可以按插值方式分为整段、分段或周期性，也可以按插值函数类型分类。本节仅介绍本书其他部分中用到的插值函数。

### B.5.1　拉格朗日插值函数

$n$ 阶拉格朗日（Lagrange）插值法的计算式如下④

$$\boldsymbol{Y}(x) = \sum_{i=0}^{n} l_i(x)\boldsymbol{Y}_i \tag{B-5-1}$$

$l_i(x)\,(i=0,\ 1,\ \cdots,\ n)$ 是基函数，形式为

$$l_i(x) = \frac{(x-x_0)\cdots(x-x_{i-1})(x-x_{i+1})\cdots(x-x_n)}{(x_i-x_0)\cdots(x_i-x_{i-1})(x_i-x_{i+1})\cdots(x_i-x_n)} \tag{B-5-2}$$

式中，$x_i$、$\boldsymbol{Y}_i$ 为已知数据点；$x$、$\boldsymbol{Y}$ 为插值点。

### B.5.2　分段三次 Hermite 插值函数

设已知节点 $a=x_0<x_1<\cdots<x_n=b$ 上的函数值和导数值

$$f_k = f(x_k),\ d_k = f'(x_k) \quad (k=0,1,\cdots,n) \tag{B-5-3}$$

如果函数 $I_n(x)$ 满足以下条件：

1）$I_n(x) \in C^1[a,\ b]$；

2）$I_n(x_k)=f_k$，$I'_n(x_k)=d_k$，$k=0,\ 1,\ \cdots,\ n$；

3）在每个小区间 $[x_k,\ x_{k+1}]\,(k=0,\ 1,\ \cdots,\ n-1)$ 上，$I_n(x)$ 是三次多项式，则称 $I_n(x)$ 为分段三次插值函数。

---

④　对应 util/polyfun/lagrangeinterpolation.m

分段三次 Hermite 插值函数是满足上述要求的一种常用插值函数。它可以用插值基函数表示，在整个区间 [$a$，$b$] 上，分段三次 Hermite 插值函数 $I_n(x)$ 的表达式为

$$I_n(x)=\sum_{i=0}^{n}\left[f_i\alpha_i(x)+d_i\beta_i(x)\right] \tag{B-5-4}$$

式中，插值基函数 $\alpha_i(x)$ 和 $\beta_i(x)$ 的形式分别是

$$\alpha_i(x)=\begin{cases}\left(1+2\dfrac{x-x_i}{x_{i-1}-x_i}\right)\left(\dfrac{x-x_{i-1}}{x_i-x_{i-1}}\right)^2 & x\in[x_{i-1},x_i]\\ \left(1+2\dfrac{x-x_i}{x_{i+1}-x_i}\right)\left(\dfrac{x-x_{i+1}}{x_i-x_{i+1}}\right)^2 & x\in[x_i,x_{i+1}]\\ 0 & \text{其他}\end{cases} \tag{B-5-5}$$

$$\beta_i(x)=\begin{cases}(x-x_i)\left(\dfrac{x-x_{i-1}}{x_i-x_{i-1}}\right)^2 & x\in[x_{i-1},x_i]\\ (x-x_i)\left(\dfrac{x-x_{i+1}}{x_i-x_{i+1}}\right)^2 & x\in[x_i,x_{i+1}]\\ 0 & \text{其他}\end{cases} \tag{B-5-6}$$

其中，当 $i=0$ 时，上述两个分段函数没有第一式，当 $i=n$ 时，上述两个分段函数没有第二式。由上述分段三次 Hermite 插值函数的定义可知，三次 Hermite 插值的一阶导数在区间 [$a$，$b$] 上是连续的，但是其二阶导数可能不是连续的。

在实际应用中，可以通过指定特定的导数值 $d_k(k=0, 1, \cdots, n)$，使得三次 Hermite 插值函数满足保凸性、保形性、保单调性等条件[82]，MATLAB 函数 pchip 即可满足这类条件。

## B.6　概率、随机变量与随机过程

### B.6.1　概率

本节主要参考文献［83］及［84］，对本书中涉及的概率论知识做简要介绍。

#### B.6.1.1　概率空间与概率公理

传统上，概率有三种定义方式，即基于数学公理的公理化定义，基于实践的相对频率定义以及基于事先假设的古典定义。当需要严格的理论推导时，通常采用公理化的定义方式。首先介绍概率空间（probability space）的定义。一个概率空间包含以下三个要素：

1）样本空间（sample space）$\Omega$，即某项试验（experiment，用来表示真实世界中的过程）的所有可能的输出（outcome）的集合，其元素为对应单次试验（trial）的单个输出 $\omega$。

2）事件的集合 $\mathcal{F}$，其元素事件（event）$A$ 为零个或更多输出的集合。$A$ 为 $\Omega$ 的子集，其中确定性事件（certain event）$\Omega$ 包含所有输出，基本事件（elementary event）$\{\omega\}$ 包含单个输出，空事件（impossible event）$\varnothing$ 不包含任何输出。如果某次试验的输出为 $\omega$，那么所有包含 $\omega$ 的事件被称为发生（occur）了。

3）每个事件 $A$ 对应的概率（probability）函数 $\mathrm{P}(A)$，该函数将事件的集合$\mathcal{F}$映射到实数域 $\mathbb{R}$。

由上述定义，并集 $A+B$ 表示$A$ 发生或$B$ 发生或两个事件均发生，交集$AB$ 表示两个事件均发生。

在上述定义基础上，Kolmogoroff 提出了三条概率公理[85]以定义概率，包括：

1）任一事件 $A$ 的概率非负，即 $\mathrm{P}(A)\geqslant 0$；

2）确定性事件的概率为 1，即 $\mathrm{P}(\Omega)=1$；

3）若 $AB=\varnothing$（即事件 $A$、$B$ 互不相容），则 $\mathrm{P}(A+B)=\mathrm{P}(A)+\mathrm{P}(B)$。

概率有以下性质：

1）$\mathrm{P}(\varnothing)=0$；

2）若事件 $A_i\,(i=1,\ 2,\ \cdots,\ n)$ 互不相容，则 $\mathrm{P}(\bigcup_{i=1}^{n} A_i)=\sum_{i=1}^{n}\mathrm{P}(A_i)$ ；

3）$\mathrm{P}(A)+\mathrm{P}(\overline{A})=1$；

4）若事件 $A\subseteq B$ ，则 $\mathrm{P}(A)\leqslant \mathrm{P}(B)$ ，且 $\mathrm{P}(B-A)=\mathrm{P}(B)-\mathrm{P}(A)$ ；

5）$\mathrm{P}(A\cup B)=\mathrm{P}(A)+\mathrm{P}(B)-\mathrm{P}(AB)$。

### B.6.1.2 条件概率

已知在事件 $B$ 发生的条件下，事件 $A$ 的发生概率称为条件概率，记为 $\mathrm{P}(A|B)$ 。按上述定义，条件概率的计算式为

$$\mathrm{P}(A|B)=\frac{\mathrm{P}(AB)}{\mathrm{P}(B)} \tag{B-6-1}$$

上式中假设 $\mathrm{P}(B)>0$。

条件概率有以下性质：

1）$0\leqslant \mathrm{P}(A|B)\leqslant 1$；

2）$\mathrm{P}(\Omega|B)=1$；

3）若事件 $A_i\,(i=1,\ 2,\ \cdots,\ n)$ 互不相容，则 $\mathrm{P}(\bigcup_{i=1}^{n} A_i|B)=\sum_{i=1}^{n}\mathrm{P}(A_i|B)$ ；

4）乘法公式：设 $\mathrm{P}(A)>0$ 且 $\mathrm{P}(B)>0$，则由式（B-6-1）及对称性原理可知

$$\mathrm{P}(AB)=\mathrm{P}(A|B)\,\mathrm{P}(B)=\mathrm{P}(B|A)\,\mathrm{P}(A) \tag{B-6-2}$$

5）全概率公式（total probability theorem）：设事件 $A_1$，$A_2$，…，$A_n$ 为 $\Omega$ 的一个有限划分（即各事件互不相容且并集为 $\Omega$），且 $\mathrm{P}(A_i)>0$，则

$$\mathrm{P}(B)=\sum_{i=1}^{n}\mathrm{P}(B|A_i)\,\mathrm{P}(A_i) \tag{B-6-3}$$

6）贝叶斯公式（Bayes' theorem）：由乘法公式及全概率公式易得

$$\mathrm{P}(A_j|B)=\frac{\mathrm{P}(B|A_j)\,\mathrm{P}(A_j)}{\sum_{i=1}^{n}\mathrm{P}(B|A_i)\,\mathrm{P}(A_i)} \tag{B-6-4}$$

如果将事件 $B$ 视为结果，事件 $A_1$，$A_2$，…，$A_n$ 视为导致该结果的可能原因，那么

结果发生后，由原因 $A_j$ 导致 $B$ 发生的概率即 $\mathrm{P}(A_j|B)$。因此，式中 $\mathrm{P}(A_j)$ 常被称为先验（a priori）概率，$\mathrm{P}(A_j|B)$ 常被称为后验（a posteriori）概率，$\mathrm{P}(B|A_i)$ 称为似然（likelihood）概率。

从条件概率定义式（B-6-1）可知，如果 $\mathrm{P}(A|B)=\mathrm{P}(A)$，即 $A$ 事件发生的概率与 $B$ 事件是否发生无关，那么

$$\mathrm{P}(AB)=\mathrm{P}(A)\mathrm{P}(B) \tag{B-6-5}$$

此时称事件 $A$、$B$ 相互独立（independent）。对于 $n$ 个事件，如果任取其中 $m(1<m\leqslant n)$ 个事件均满足与式（B-6-5）类似的连乘式，那么称这 $n$ 个事件相互独立。

### B.6.2　随机变量

本节主要参考文献［83］及［84］，对本书中涉及的随机变量（random variable）知识做简要介绍。

#### B.6.2.1　一维及多维随机变量的分布

若对于样本空间 $\Omega$ 的每一个输出 $\omega\in\Omega$，有唯一实数 $x(\omega)$ 与之对应，且对于任意实数 $\xi$，有确定的概率 $\mathrm{P}\{x(\omega)\leqslant\xi\}$ 与之对应，则称 $x(\omega)$ 为随机变量，简记为 $x$。称函数

$$\mathrm{D}_x(\xi)\equiv\mathrm{P}\{x\leqslant\xi\}\equiv\mathrm{P}\{\omega:x(\omega)\leqslant\xi\} \tag{B-6-6}$$

为随机变量 $x$ 的概率分布函数（probability distribution function）。如果 $\mathrm{D}_x(\xi)$ 为连续函数，则称 $x$ 为连续随机变量，这时还可以进一步定义 $\mathrm{D}_x(\xi)$ 相对于 $\xi$ 的导数为概率密度函数（probability density function）

$$\mathrm{P}_x(\xi)\equiv\frac{\mathrm{dD}_x(\xi)}{\mathrm{d}\xi} \tag{B-6-7}$$

由于连续随机变量的概率密度类似于样本空间输出（基本事件）的概率，因此这里采用了同样的符号表示。

将上述概念扩展到多维的情况，如果样本空间 $\Omega$ 的每一个输出 $\omega\in\Omega$，有 $n$ 个实数 $x_1(\omega)$，$x_2(\omega)$，…，$x_n(\omega)$ 与之对应，每个实数都定义了分布函数，则称有序组 $\boldsymbol{x}=[x_1,\ x_2,\ \cdots,\ x_n]^{\mathrm{T}}$ 为 $n$ 维随机变量或 $n$ 维随机矢量。为描述随机矢量的分布，不仅需要其各分量的分布函数，还需要其联合分布函数（joint distribution function）。$n$ 维随机矢量的联合分布函数为

$$\begin{aligned}\mathrm{D}_{\boldsymbol{x}}(\boldsymbol{\xi})&\equiv\mathrm{D}_{x_1,x_2,\cdots,x_n}(\xi_1,\xi_2,\cdots,\xi_n)\\&\equiv\mathrm{P}(\{x_1\leqslant\xi_1\}\cap\{x_2\leqslant\xi_2\}\cap\cdots\cap\{x_n\leqslant\xi_n\})\\&\equiv\mathrm{P}\{x_1\leqslant\xi_1,x_2\leqslant\xi_2,\cdots,x_n\leqslant\xi_n\}\end{aligned} \tag{B-6-8}$$

由上述联合分布函数可以计算其中任意 $k(1\leqslant k\leqslant n)$ 个分量的联合分布函数，称为 $k$ 维边缘分布函数（marginal distribution function），如

$$\begin{aligned} D_{x_1}(\xi_1) &= D_{x_1,x_2,\cdots,x_n}(\xi_1,+\infty,\cdots,+\infty) \\ D_{x_1,x_2}(\xi_1,\xi_2) &= D_{x_1,x_2,\cdots,x_n}(\xi_1,\xi_2,\cdots,+\infty) \end{aligned} \tag{B-6-9}$$

分别为随机矢量 $\boldsymbol{x}$ 关于 $x_1$ 、$[x_1,\ x_2]^{\mathrm{T}}$ 的边缘分布函数。其中前者即随机变量 $x_1$ 自身的分布函数。如果 $D_{\boldsymbol{x}}(\boldsymbol{\xi})$ 关于各分量均连续，则称 $\boldsymbol{x}$ 为连续随机矢量，并可以进一步定义联合概率密度函数（joint density function）

$$P_{\boldsymbol{x}}(\boldsymbol{\xi}) \equiv P_{x_1,x_2,\cdots,x_n}(\xi_1,\xi_2,\cdots,\xi_n) \equiv \frac{\partial^n D_{x_1,x_2,\cdots,x_n}(\xi_1,\xi_2,\cdots,\xi_n)}{\partial\xi_1\partial\xi_2\cdots\partial\xi_n} \tag{B-6-10}$$

也即

$$\begin{aligned} D_{\boldsymbol{x}}(\boldsymbol{\xi}) &= \int_{-\infty}^{\xi_1}\int_{-\infty}^{\xi_2}\cdots\int_{-\infty}^{\xi_n} P_{\boldsymbol{x}}(\boldsymbol{\xi}')\,d\xi'_1 d\xi'_2\cdots d\xi'_n \\ &= \int_{-\infty}^{\xi_1}\int_{-\infty}^{\xi_2}\cdots\int_{-\infty}^{\xi_n} P_{x_1,x_2,\cdots,x_n}(\xi'_1,\xi'_2,\cdots,\xi'_n)\,d\xi'_1 d\xi'_2\cdots d\xi'_n \end{aligned} \tag{B-6-11}$$

由联合分布函数可以导出随机矢量各分量独立的定义。由事件独立的条件式（B-6-5）及联合分布函数的定义式（B-6-8），对于 $n$ 维随机变量 $\boldsymbol{x}=[x_1,\ x_2,\ \cdots,\ x_n]^{\mathrm{T}}$，若对任意实矢量 $\boldsymbol{\xi}=[\xi_1,\ \xi_2,\ \cdots,\ \xi_n]^{\mathrm{T}}$ 均有

$$D_{\boldsymbol{x}}(\boldsymbol{\xi}) = D_{x_1}(\xi_1)D_{x_2}(\xi_2)\cdots D_{x_n}(\xi_n) \tag{B-6-12}$$

则称 $x_1,\ x_2,\ \cdots,\ x_n$ 相互独立（注意与 $\boldsymbol{x}$ 中的两个元素两两独立相区分）。若 $\boldsymbol{x}$ 为连续随机矢量，则相互独立的条件也可用联合概率密度函数表示

$$P_{\boldsymbol{x}}(\boldsymbol{\xi}) = P_{x_1}(\xi_1)P_{x_2}(\xi_2)\cdots P_{x_n}(\xi_n) \tag{B-6-13}$$

#### B. 6. 2. 2　条件分布与条件概率密度

对于连续随机变量，一般不能保证 $P\{x=\xi\}\neq 0$，因此在定义与条件概率类似的条件分布函数时，需要采用取极限的方式，定义条件分布函数 $D_{x|y}(\xi|\psi)$ 为

$$\begin{aligned} D_{x|y}(\xi|\psi) &\equiv \lim_{\Delta\psi\to 0^+} P\{x\leqslant\xi|\psi<y\leqslant\psi+\Delta\psi\} \\ &= \lim_{\Delta\psi\to 0^+}\frac{P\{x\leqslant\xi,\psi<y\leqslant\psi+\Delta\psi\}}{P\{\psi<y\leqslant\psi+\Delta\psi\}} \\ &= \lim_{\Delta\psi\to 0^+}\frac{D_{x,y}(\xi,\psi+\Delta\psi)-D_{x,y}(\xi,\psi)}{D_y(\psi+\Delta\psi)-D_y(\psi)} \end{aligned} \tag{B-6-14}$$

条件概率密度函数 $P_{x|y}(\xi|\psi)$ 定义为 $D_{x|y}(\xi|\psi)$ 相对于 $\xi$ 的导数

$$\begin{aligned} P_{x|y}(\xi|\psi) &\equiv \frac{\partial D_{x|y}(\xi|\psi)}{\partial\xi} = \lim_{\Delta\psi\to 0^+}\frac{\int_{\psi}^{\psi+\Delta\psi} P_{x,y}(\xi,\psi)\,d\psi}{D_y(\psi+\Delta\psi)-D_y(\psi)} \\ &= \lim_{\Delta\psi\to 0^+}\frac{P_{x,y}(\xi,\psi)\Delta\psi}{P_y(\psi)\Delta\psi} = \frac{P_{x,y}(\xi,\psi)}{P_y(\psi)} \end{aligned} \tag{B-6-15}$$

式中第二个等号处利用了式（B-6-11）［二维随机矢量的形式为 $\frac{\partial D_{x,y}(\xi,\ \psi)}{\partial\xi}=$

$\int_{-\infty}^{\psi} \mathrm{P}_{x,y}(\xi, \psi)\,\mathrm{d}\psi$ ]。

条件概率密度有以下性质：

1）由式（B-6-8）及对称性原理可得

$$\mathrm{P}_{x,y}(\xi,\psi)=\mathrm{P}_{x|y}(\xi|\psi)\,\mathrm{P}_{y}(\psi)=\mathrm{P}_{y|x}(\psi|\xi)\,\mathrm{P}_{x}(\xi) \tag{B-6-16}$$

上式是乘法公式（B-6-2）的概率密度版本；

2）由式（B-6-16）可得

$$\mathrm{P}_{y}(\psi)=\int_{-\infty}^{+\infty}\mathrm{P}_{x,y}(\xi,\psi)\,\mathrm{d}\xi=\int_{-\infty}^{+\infty}\mathrm{P}_{y|x}(\psi|\xi)\,\mathrm{P}_{x}(\xi)\,\mathrm{d}\xi \tag{B-6-17}$$

上式是全概率公式（B-6-3）的概率密度版本；

3）由式（B-6-16）及式（B-6-17）易得

$$\mathrm{P}_{x|y}(\xi|\psi)=\frac{\mathrm{P}_{y|x}(\psi|\xi)\,\mathrm{P}_{x}(\xi)}{\int_{-\infty}^{+\infty}\mathrm{P}_{y|x}(\psi|\xi)\,\mathrm{P}_{x}(\xi)\,\mathrm{d}\xi} \tag{B-6-18}$$

上式是贝叶斯公式（B-6-4）的概率密度版本；

4）对于特定的 $\xi=\xi'$，概率密度函数 $\mathrm{P}_{x,y}(\xi', \psi)$ 等于曲面 $\mathrm{P}_{x,y}(\xi, \psi)$ 与平面 $\xi=\xi'$ 的交线，而条件概率密度函数 $\mathrm{P}_{y|x}(\psi|\xi')$ 为该交线除以规范化因子 $\dfrac{1}{\mathrm{P}_{x}(\xi')}$ [为使 $\psi$ 从 $-\infty$ 到 $+\infty$ 积分后 $\mathrm{P}_{y|x}(\psi|\xi')$ 为 1]。

由式（B-6-13）及式（B-6-16），随机变量 $x$、$y$ 相互独立的条件也可以写为

$$\mathrm{P}_{x|y}(\xi|\psi)=\mathrm{P}_{x}(\xi),\ \mathrm{P}_{y|x}(\psi|\xi)=\mathrm{P}_{y}(\psi) \tag{B-6-19}$$

将上述两随机变量条件分布与条件概率密度的定义扩展至连续随机矢量，定义矢量 $\boldsymbol{x}$ 相对于 $\boldsymbol{y}$ 的条件分布函数为[86]

$$\mathrm{D}_{\boldsymbol{x}|\boldsymbol{\psi}}(\boldsymbol{\xi}|\boldsymbol{\psi})\equiv\lim_{\Delta\boldsymbol{\psi}\to\boldsymbol{0}^{+}}\frac{\mathrm{P}\{\boldsymbol{x}\leqslant\boldsymbol{\xi},\boldsymbol{\psi}<\boldsymbol{y}\leqslant\boldsymbol{\psi}+\Delta\boldsymbol{\psi}\}}{\mathrm{P}\{\boldsymbol{\psi}<\boldsymbol{y}\leqslant\boldsymbol{\psi}+\Delta\boldsymbol{\psi}\}}=\frac{\mathrm{P}\{\boldsymbol{x}\leqslant\boldsymbol{\xi},\boldsymbol{y}=\boldsymbol{\psi}\}}{\mathrm{P}_{\boldsymbol{y}}(\boldsymbol{\psi})} \tag{B-6-20}$$

条件概率密度函数为

$$\mathrm{P}_{\boldsymbol{x}|\boldsymbol{y}}(\boldsymbol{\xi}|\boldsymbol{\psi})\equiv\frac{\partial^{n}\mathrm{D}_{\boldsymbol{x}|\boldsymbol{y}}(\boldsymbol{\xi}|\boldsymbol{\psi})}{\partial\xi_{1}\partial\xi_{2}\cdots\partial\xi_{n}}=\frac{\mathrm{P}_{\boldsymbol{x},\boldsymbol{y}}(\boldsymbol{\xi},\boldsymbol{\psi})}{\mathrm{P}_{\boldsymbol{y}}(\boldsymbol{\psi})} \tag{B-6-21}$$

类似的有乘法公式

$$\mathrm{P}_{\boldsymbol{x},\boldsymbol{y}}(\boldsymbol{\xi},\boldsymbol{\psi})=\mathrm{P}_{\boldsymbol{x}|\boldsymbol{y}}(\boldsymbol{\xi}|\boldsymbol{\psi})\,\mathrm{P}_{\boldsymbol{y}}(\boldsymbol{\psi})=\mathrm{P}_{\boldsymbol{y}|\boldsymbol{x}}(\boldsymbol{\psi}|\boldsymbol{\xi})\,\mathrm{P}_{\boldsymbol{x}}(\boldsymbol{\xi}) \tag{B-6-22}$$

及

$$\begin{aligned}\mathrm{P}_{\boldsymbol{x}}(\boldsymbol{\xi})&=\mathrm{P}_{\boldsymbol{x}_{\neq i}}(\boldsymbol{\xi}_{\neq i})\,\mathrm{P}_{x_{i}|\boldsymbol{x}_{\neq i}}(\xi_{i}|\boldsymbol{\xi}_{\neq i})\\&=\mathrm{P}_{x_{1}}(\xi_{1})\,\mathrm{P}_{x_{2}|x_{1}}(\xi_{2}|\xi_{1})\cdots\mathrm{P}_{x_{n-1}|\boldsymbol{x}_{\neq n-1,n}}(\xi_{n-1}|\boldsymbol{\xi}_{\neq n-1,n})\,\mathrm{P}_{x_{n}|\boldsymbol{x}_{\neq n}}(\xi_{n}|\boldsymbol{\xi}_{\neq n})\end{aligned} \tag{B-6-23}$$

式中，下标 $\neq n-1$，$n$ 表示去除第 $n-1$ 和第 $n$ 个元素后得到的矢量，$\neq i$ 及 $\neq n$ 类似，式中的下标顺序可以任意排列。第二个等号右式由将第一个等号右式连续应用得到。

### B.6.2.3 最大似然估计与最大后验估计

设 $\boldsymbol{x}$、$\boldsymbol{z}$ 分别为长度为 $m$、$n$ 的随机矢量，由式（B-6-22）（为简洁起见，采用了将表示随机矢量名的下标作为函数参数的简记形式）

$$\mathrm{P}(\boldsymbol{x}|\boldsymbol{z})=\frac{\mathrm{P}(\boldsymbol{z}|\boldsymbol{x})\mathrm{P}(\boldsymbol{x})}{\mathrm{P}(\boldsymbol{z})}\propto \mathrm{P}(\boldsymbol{z}|\boldsymbol{x})\mathrm{P}(\boldsymbol{x}) \tag{B-6-24}$$

在工程应用中，常将上式中的 $\boldsymbol{z}$ 作为观测样本，将 $\boldsymbol{x}$ 作为与观测样本相关的参数。这样，类似于式（B-6-4），式（B-6-24）中的 $\mathrm{P}(\boldsymbol{x})$ 称为先验概率，$\mathrm{P}(\boldsymbol{x}|\boldsymbol{z})$ 称为后验概率，$\mathrm{P}(\boldsymbol{z}|\boldsymbol{x})$ 称为似然概率。在应用中常遇到的一类问题是，给定观测样本 $\boldsymbol{z}$，求解样本参数 $\boldsymbol{x}$。这时，根据是否具有先验信息，可以采取两种求解方法。

当没有先验信息，即 $\mathrm{P}(\boldsymbol{x})$ 未知时，采用最大化式（B-6-24）中的似然概率 $\mathrm{P}(\boldsymbol{z}|\boldsymbol{x})$ 的方式，即

$$\boldsymbol{x}^*=\operatorname{argmax}\ \mathrm{P}(\boldsymbol{z}|\boldsymbol{x}) \tag{B-6-25}$$

式中，$\boldsymbol{x}^*$ 为使目标概率最大化的参数。该方法称为最大似然估计（Maximum Likelihood Estimation，MLE），直观理解即在怎样的参数 $\boldsymbol{x}$ 下，最可能产生已知的观测样本 $\boldsymbol{z}$。

当有先验信息，即 $\mathrm{P}(\boldsymbol{x})$ 已知时，采用最大化式（B-6-24）中的后验概率 $\mathrm{P}(\boldsymbol{x}|\boldsymbol{z})$ 的方式，即

$$\boldsymbol{x}^*=\operatorname{argmax}\ \mathrm{P}(\boldsymbol{x}|\boldsymbol{z})=\operatorname{argmax}\ \mathrm{P}(\boldsymbol{z}|\boldsymbol{x})\mathrm{P}(\boldsymbol{x}) \tag{B-6-26}$$

式中，第二个等号是由于 $\mathrm{P}(\boldsymbol{z})$ 与待估计的参数 $\boldsymbol{x}$ 无关。该方法称为最大后验估计（Maximum A Posteriori estimation，MAP），直观理解即在怎样的参数 $\boldsymbol{x}$ 下，既能符合参数的已知先验信息，又能符合观测样本 $\boldsymbol{z}$ 提供的信息，使两者综合产生的可能性最大。

在工程应用中，观测样本 $\boldsymbol{z}$ 通常为系统［系统模型以函数 $\mathbf{f}()$ 表示］的输出，参数 $\boldsymbol{x}$ 为系统的状态。两者之间的关系可以表示为

$$\boldsymbol{z}=\mathbf{f}(\boldsymbol{x})+\boldsymbol{v} \tag{B-6-27}$$

式中，$\boldsymbol{v}$ 为观测噪声。假设噪声服从 $n$ 维高斯分布，即

$$\mathrm{P}(\boldsymbol{v})=\mathrm{N}(\mathbf{0}_{n\times 1},\boldsymbol{Q}) \tag{B-6-28}$$

那么由上式及式（B-6-27）可得

$$\mathrm{P}(\boldsymbol{z}|\boldsymbol{x})=\mathrm{N}(\mathbf{f}(\boldsymbol{x}),\boldsymbol{Q})=\frac{1}{\sqrt{(2\pi)^n\det(\boldsymbol{Q})}}\mathrm{e}^{-\frac{1}{2}[\boldsymbol{z}-\mathbf{f}(\boldsymbol{x})]^{\mathrm{T}}\boldsymbol{Q}^{-1}[\boldsymbol{z}-\mathbf{f}(\boldsymbol{x})]} \tag{B-6-29}$$

对上式取负对数，由于 $\boldsymbol{Q}$ 为对称正定阵，因此式（B-6-25）中的最大似然估计等价于

$$\begin{aligned}\boldsymbol{x}^*&=\operatorname{argmin}[\boldsymbol{z}-\mathbf{f}(\boldsymbol{x})]^{\mathrm{T}}\boldsymbol{Q}^{-1}[\boldsymbol{z}-\mathbf{f}(\boldsymbol{x})]\\&=\operatorname{argmin}\ \|\boldsymbol{Q}^{-\frac{1}{2}}[\boldsymbol{z}-\mathbf{f}(\boldsymbol{x})]\|^2\end{aligned} \tag{B-6-30}$$

由 B.7.2 节可知，上式为一个非线性最小二乘问题。这样就将最大似然估计问题转换为了最优化问题。更进一步，如果 $\boldsymbol{v}$ 可以分解为 $k$ 个互不相关的部分 $\boldsymbol{v}_1$，$\boldsymbol{v}_2$，…，$\boldsymbol{v}_k$，则式（B-6-30）中的 $\boldsymbol{Q}$ 为对角块矩阵，即可以表示为

$$\boldsymbol{Q}=\operatorname{diag}([\boldsymbol{Q}_{D1}\quad \boldsymbol{Q}_{D2}\quad \cdots\quad \boldsymbol{Q}_{Dk}]) \tag{B-6-31}$$

这样式（B-6-30）可以表示为

$$\begin{aligned}\boldsymbol{x}^{*} &= \operatorname{argmin}\sum_{i=1}^{k}[\boldsymbol{z}_i-\mathbf{f}_i(\boldsymbol{x})]^{\mathrm{T}}\boldsymbol{Q}_{Di}^{-1}[\boldsymbol{z}_i-\mathbf{f}_i(\boldsymbol{x})] \\ &= \operatorname{argmin}\sum_{i=1}^{k}\left\|\boldsymbol{Q}_{Di}^{-\frac{1}{2}}[\boldsymbol{z}_i-\mathbf{f}_i(\boldsymbol{x})]\right\|^2\end{aligned} \tag{B-6-32}$$

### B.6.3　随机过程

本节主要参考文献［87］，对本书中涉及的随机过程（stochastic process）知识做简要介绍。

设 $t_1$，$t_2$，…，$t_n$（$t_i \in T$）是随机过程 $x(t)$ 在时间区间 $T$ 上的 $n$ 个时刻。对于某确定的时刻 $t_i$，$x(t_i)$ 为一维随机变量。对于所有的 $t_i$（$i=1$，2，…，$n$），可得到长度为 $n$ 的随机矢量 $[x(t_1), x(t_2), \cdots, x(t_n)]^{\mathrm{T}}$。如果 $n$ 足够大，所取的时间间隔充分小，则可以用长度为 $n$ 的随机矢量来近似代表一个随机过程。这样，就可以将对随机矢量的研究方法应用到对随机过程的研究中。类似于随机矢量的联合概率分布函数式（B-6-8），定义随机过程 $x(t)$ 的 $n$ 维概率分布函数（由于是单随机过程，因此这里不称为联合）为

$$\mathrm{D}_x(\xi_1,\xi_2,\cdots,\xi_n;t_1,t_2,\cdots,t_n) \equiv \mathrm{P}\{x(t_1)\leqslant\xi_1,x(t_2)\leqslant\xi_2,\cdots,x(t_n)\leqslant\xi_n\} \tag{B-6-33}$$

$n$ 维概率密度函数为

$$\mathrm{P}_x(\xi_1,\xi_2,\cdots,\xi_n;t_1,t_2,\cdots,t_n) \equiv \frac{\partial^n \mathrm{D}_{x_1,x_2,\cdots,x_n}(\xi_1,\xi_2,\cdots,\xi_n;t_1,t_2,\cdots,t_n)}{\partial\xi_1\partial\xi_2\cdots\partial\xi_n} \tag{B-6-34}$$

#### B.6.3.1　平稳随机过程

（1）平稳随机过程

平稳随机过程分为严平稳随机过程及宽平稳随机过程。

对于任意的 $\tau$，如果随机过程 $x(t)$ 的任意 $n$ 维概率密度满足

$$\mathrm{P}_x(\xi_1,\xi_2,\cdots,\xi_n;t_1,t_2,\cdots,t_n)=\mathrm{P}_x(\xi_1,\xi_2,\cdots,\xi_n;t_1+\tau,t_2+\tau,\cdots,t_n+\tau) \tag{B-6-35}$$

则称该随机过程为严平稳随机过程。如果上式仅在 $n\leqslant N$ 时对某随机过程成立，则称该随机过程为 $N$ 阶平稳随机过程。由式（B-6-35）可知一阶平稳随机过程的一维概率密度与时间无关，二阶平稳随机过程的一维概率密度与时间无关，且二维概率密度与时间间隔有关，与时间起点无关。

将满足以下 3 个条件的随机过程称为宽平稳随机过程（广义平稳随机过程）

$$\begin{cases}E[x(t)]=\eta_x \\ \mathrm{R}_{xx}(t_1,t_2)=\mathrm{R}_{xx}(\tau) \\ E[x^2(t)]<\infty\end{cases} \tag{B-6-36}$$

式中，$E[\,]$ 表示数学期望；$\mathrm{R}_{xx}$ 表示自相关函数。如果二阶平稳随机过程满足上式中的第 3

个子式，则必为宽平稳随机过程，而宽平稳随机过程不一定满足二阶平稳条件。本书中所说的随机过程，如无特别说明，均指宽平稳随机过程。

（2）各态历经随机过程

如果对平稳随机过程的一个样本函数取各种时间平均值，在观察的时间充分长时，以概率 1 收敛于其统计平均值，则称该过程为各态历经随机过程。各态历经随机过程的每一个样本都经历了随机过程的各种可能状态，任何一个样本都能充分地代表随机过程的统计特性。

（3）平稳随机过程的自相关函数

非周期性的平稳随机过程的自相关函数与均值的关系为

$$R_{xx}(\infty)=\eta_x^2=\{E[x(t)]\}^2 \tag{B-6-37}$$

与方差的关系为

$$R_{xx}(0)-R_{xx}(\infty)=\sigma_x^2=E\left[(x(t)-\eta_x)^2\right] \tag{B-6-38}$$

如果 $x(t)$ 为实平稳随机过程，则 $R_{xx}$ 为偶实函数。

（4）平稳随机过程的功率谱密度函数

在满足 $R_{xx}(\tau)$、$S_{xx}(\omega)$ 绝对可积的条件下，平稳随机过程自相关函数与功率谱密度函数之间的关系为（维纳—辛钦定理）

$$\begin{cases} S_{xx}(\omega)=\int_{-\infty}^{\infty}R_{xx}(\tau)e^{-j\omega\tau}d\tau & \left(\int_{-\infty}^{\infty}|R_{xx}(\tau)|d\tau<\infty\right) \\ R_{xx}(\tau)=\dfrac{1}{2\pi}\int_{-\infty}^{\infty}S_{xx}(\omega)e^{j\omega\tau}d\omega & \left(\int_{-\infty}^{\infty}S_{xx}(\omega)d\omega<\infty\right) \end{cases} \tag{B-6-39}$$

根据式（B-6-39），如果 $S_{xx}(\omega)=1$，则 $R_{xx}(\tau)=\frac{1}{2\pi}\int_{-\infty}^{\infty}e^{j\omega\tau}d\omega=\delta(\tau)$；如果 $R_{xx}(\tau)=1$，则 $S_{xx}(\omega)=\int_{-\infty}^{\infty}e^{-j\omega\tau}d\tau=2\pi\delta(\omega)$ [83][其中 $\delta(\tau)$ 为狄拉克脉冲函数]。

此外，由式（B-6-39）可得

$$E[x^2(t)]=R_{xx}(0)=\frac{1}{2\pi}\int_{-\infty}^{\infty}S_{xx}(\omega)d\omega \tag{B-6-40}$$

即平稳随机过程的均方值等于功率谱密度在整个频域上的积分，上式也称为该随机过程的平均功率。

最后，如果 $x(t)$ 为实平稳随机过程，则 $S_{xx}$ 为偶实函数，这时式（B-6-39）可以写为[83]

$$\begin{cases} S_x(\omega)=\int_{-\infty}^{\infty}R_{xx}(\tau)\cos\omega\tau\, d\tau \\ R_{xx}(\tau)=\dfrac{1}{2\pi}\int_{-\infty}^{\infty}S_x(\omega)\cos\omega\tau\, d\omega \end{cases} \tag{B-6-41}$$

B.6.3.2　白噪声驱动的随机过程

理想的白噪声被定义为功率谱密度为常数的随机过程，它具有以下几点性质：

1）从定义来看，并不能明确白噪声是平稳随机过程。实际上。白噪声的定义只能保证式（B-6-36）中的第2个子式，可能满足第1个子式，而无法满足第3个子式，因此白噪声不是宽平稳随机过程。但由于严平稳随机过程不要求 $E[x^2(t)]$ 有限，因此白噪声有可能是严平稳随机过程。

2）设白噪声 $x(t)$ 的功率谱密度为 $S_{xx}(\omega)=q$，则由维纳一辛钦定理，其自相关函数为

$$R_{xx}(\tau)=\frac{1}{2\pi}\int_{-\infty}^{\infty}q\mathrm{e}^{\mathrm{j}\omega\tau}\mathrm{d}\omega=q\delta(\tau) \tag{B-6-42}$$

3）如果白噪声 $x(t)$ 为二阶平稳随机过程，则由式（B-6-37）可知 $x(t)$ 均值的平方为

$$\eta_x^2=\{E[x(t)]\}^2=R_{xx}(\infty)=0 \tag{B-6-43}$$

由式（B-6-38）及式（B-6-42）可知其方差为

$$\begin{aligned}\sigma_x^2&=E[(x(t)-\eta_x)^2]=E[x^2(t)]\\&=R_{xx}(0)-R_{xx}(\infty)=q\delta(0)\end{aligned} \tag{B-6-44}$$

可见理想的平稳白噪声的均值为0，方差为无穷大，这在现实中是无法产生的。

4）工程上常用离散的随机序列来仿真白噪声，这时离散随机序列的方差 $Q$ 与等效的理想白噪声功率谱密度 $q$ 之间的关系为

$$Q=q/T_S \tag{B-6-45}$$

其中，$T_S$ 为离散序列的采样周期。将理想白噪声进行离散化的方法可参考6.1.3.5节，需要注意该节中离散随机序列等效于白噪声的积分，因此关系式与上式有所区别。

下面根据线性方差方程，给出工程中常见的由白噪声驱动的噪声的方差随时间的变化规律。线性系统

$$\dot{\boldsymbol{x}}(t)=\boldsymbol{F}(t)\boldsymbol{x}(t)+\boldsymbol{G}(t)\boldsymbol{w}(t) \tag{B-6-46}$$

有如下的线性方差方程[12]

$$\dot{\boldsymbol{P}}(t)=\boldsymbol{F}(t)\boldsymbol{P}(t)+\boldsymbol{P}(t)\boldsymbol{F}^{\mathrm{T}}(t)+\boldsymbol{G}(t)\boldsymbol{Q}(t)\boldsymbol{G}^{\mathrm{T}}(t) \tag{B-6-47}$$

式中，$\boldsymbol{P}$ 为状态矢量 $\boldsymbol{x}$ 的协方差矩阵；$\boldsymbol{Q}$ 与白噪声 $\boldsymbol{w}$ 的关系为

$$E[(\boldsymbol{G}(t)\boldsymbol{w}(t))(\boldsymbol{G}(\tau)\boldsymbol{w}(\tau))^{\mathrm{T}}]=\boldsymbol{G}(t)\boldsymbol{Q}(t)\boldsymbol{G}^{\mathrm{T}}(t)\delta(t-\tau) \tag{B-6-48}$$

假设噪声均为初始状态为0的标量，且白噪声为平稳随机过程，令 $\boldsymbol{F}=f$、$\boldsymbol{G}=1$，则上述方程简化为

$$\begin{cases}\dot{x}=fx+w\\ \dot{p}(t)=2fp(t)+q\end{cases} \tag{B-6-49}$$

式中，$p$ 为随机变量 $x$ 的方差；$q$ 为白噪声 $w$ 的功率谱密度（当 $x$ 单位为unit时，$w$ 的单位为unit/s，$q$ 的单位为 $(\text{unit/s})^2/\text{Hz}=\text{unit}^2/\text{s}$）。

对于随机游走，令 $f=0$，可得 $\dot{p}(t)=q$，故

$$p(t)=p(0)+qt \tag{B-6-50}$$

即随机游走的方差随时间呈线性增长趋势，通常将 $\sqrt{q}$ 称为随机游走系数，其单位为 unit/$\sqrt{\mathrm{s}}$。由此可见随机游走不是平稳随机过程，关于随机游走更直观的认识可参考文献［88］。

对于一阶马尔可夫过程，令 $f=-1/T_C$ ，可得 $\dot{p}(t)=-\dfrac{2}{T_C}p+q$ ，即

$$p(t)=p(0)\mathrm{e}^{-\frac{2t}{T_C}}+\frac{T_C q}{2}(1-\mathrm{e}^{-\frac{2t}{T_C}}) \tag{B-6-51}$$

可见一阶马尔可夫过程的方差随时间增长趋近于 $\dfrac{T_C q}{2}$，工程上常将此稳态方差作为衡量该过程方差大小的指标。一阶马尔可夫过程趋近稳态后可近似为平稳随机过程。

最后考虑一种过程，即随机游走的积分。在式（B-6-46）及式（B-6-47）中令 $\boldsymbol{F}=\begin{bmatrix}0 & 1\\ 0 & 0\end{bmatrix}$、$\boldsymbol{G}=\boldsymbol{I}$、$\boldsymbol{w}=\begin{bmatrix}0\\ w\end{bmatrix}$，则有

$$\begin{cases}\dot{\boldsymbol{x}}(t)=\begin{bmatrix}0 & 1\\ 0 & 0\end{bmatrix}\boldsymbol{x}(t)+\begin{bmatrix}0\\ w\end{bmatrix}\\ \dot{\boldsymbol{P}}(t)=\begin{bmatrix}0 & 1\\ 0 & 0\end{bmatrix}\boldsymbol{P}(t)+\boldsymbol{P}(t)\begin{bmatrix}0 & 0\\ 1 & 0\end{bmatrix}+\begin{bmatrix}0 & 0\\ 0 & q\end{bmatrix}\end{cases} \tag{B-6-52}$$

式中，$x_1(t)$ 为随机游走的积分；$x_2(t)$ 为随机游走。求解上述微分方程可得

$$\boldsymbol{P}(t)=\begin{bmatrix}\mathrm{P}_{11}(0)+\mathrm{P}_{22}(0)t^2-\dfrac{qt^3}{3} & \mathrm{P}_{22}(0)t+\dfrac{t^2}{2}q\\ \mathrm{P}_{22}(0)t+\dfrac{t^2}{2}q & \mathrm{P}_{22}(0)+qt\end{bmatrix} \tag{B-6-53}$$

**例 B-1**　随机游走及一阶马尔可夫过程示例。

图 B-1 示意性并列绘出了 100 组驱动白噪声功率谱密度为 1 的随机游走曲线（左侧）和 100 组相关时间为 50 s，驱动白噪声功率谱密度为 1 的一阶马尔可夫过程曲线（右侧）。两种曲线的时间长度均为 100 s。对比后可以看出，随机游走的方差随时间线性增长，而一阶马尔可夫过程的方差随时间增长趋于稳定。

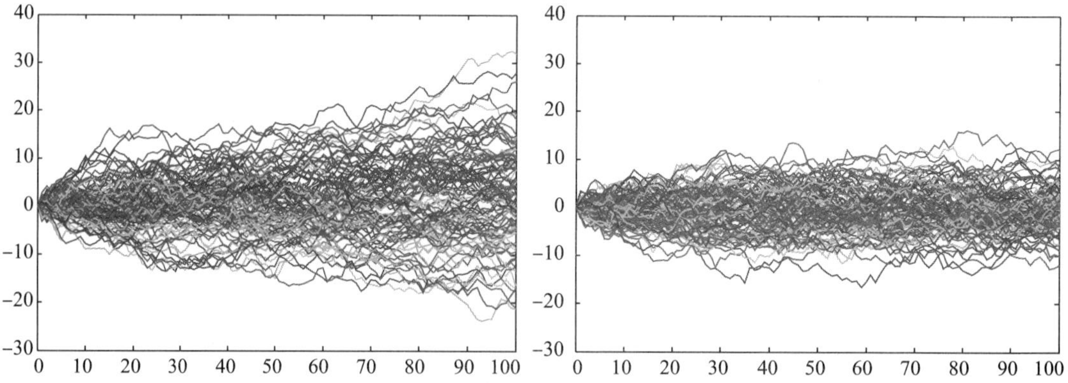


图 B-1　随机游走和一阶马尔可夫过程示意图

## B.7　最优化

在数学上，最优化（optimization）通常定义为寻找使目标函数（objective function，通常为标量）$f(\boldsymbol{x})$ 取值最小化的 $n \times 1$ 参数矢量 $\boldsymbol{x}$。其中对 $\boldsymbol{x}$ 可能有约束条件（constraint），例如等式约束、不等式约束及上下限约束（可转换为不等式约束）等。最优化可以表示为如下形式

$$\begin{cases} \min\limits_{x} f(\boldsymbol{x}) \\ s.t. \begin{cases} g_i(\boldsymbol{x}) \geqslant 0 (i=1,2,\cdots,p) \\ h_j(\boldsymbol{x}) = 0 (j=1,2,\cdots,q) \end{cases} \end{cases} \tag{B-7-1}$$

在导航算法应用中，常见的目标函数可能有表 B-2 中的几种形式（含对应的 MATLAB 函数）。表中将线性及非线性方程组列入，因为这两类问题可以在最小二乘意义上求解，从而转换为线性最小二乘拟合及非线性最小二乘形式。

**表 B-2　最优化常用目标函数形式**

| 形式 | 表达式 | 对应 MATLAB 函数 |
|---|---|---|
| 通用非线性 | $\min\limits_{x} f(\boldsymbol{x})$ | fmin＊、fseminf |
| 非线性最小二乘 | $\min\limits_{x} \Vert \mathbf{f}(\boldsymbol{x}) \Vert^2$ | lsqnonlin |
| 非线性最小二乘拟合 | $\min\limits_{x} \Vert \boldsymbol{z} - \mathbf{h}(\boldsymbol{x},\boldsymbol{y}) \Vert^2$ | lsqcurvefit |
| 线性最小二乘拟合 | $\min\limits_{x} \Vert \boldsymbol{z} - \boldsymbol{H}\boldsymbol{x} \Vert^2$ | lsqlin、lsqnonneg |
| 线性方程组 | $\boldsymbol{H}\boldsymbol{x} = \boldsymbol{z}$（可转化为 $\min\limits_{x} \Vert \boldsymbol{z} - \boldsymbol{H}\boldsymbol{x} \Vert^2$） | mldivide |
| 非线性方程组 | $\mathbf{f}(\boldsymbol{x}) = \mathbf{0}$（可转化为 $\min\limits_{x} \Vert \mathbf{f}(\boldsymbol{x}) \Vert^2$） | fsolve、fzero |

本节从最优化最基础的形式，即通用非线性最优化开始，依次介绍上述最优化形式中常用的算法。

### B.7.1　通用非线性最优化

将函数 $f(\boldsymbol{x})$ 在 $\boldsymbol{x}$ 处进行泰勒展开，保留前两阶有

$$f(\boldsymbol{x} + \Delta\boldsymbol{x}) \approx f(\boldsymbol{x}) + \nabla f(\boldsymbol{x})^{\mathrm{T}} \Delta\boldsymbol{x} + \frac{1}{2}\Delta\boldsymbol{x}^{\mathrm{T}} \boldsymbol{H} \Delta\boldsymbol{x} \tag{B-7-2}$$

式中，$\nabla f(\boldsymbol{x})$ 为 $f(\boldsymbol{x})$ 在 $\boldsymbol{x}$ 处的梯度［参考式（B-2-51）］；$\boldsymbol{H}$ 为式（B-2-50）中的海森矩阵。

由微积分知识可知，无约束优化最优性二阶充分条件为：当 $f(\boldsymbol{x})$ 二阶连续时，若在某一点 $\boldsymbol{x}^* \in \mathbb{R}^n$ 上 $\nabla f(\boldsymbol{x}^*) = \mathbf{0}$ 且 $\boldsymbol{H}$ 正定，那么 $\boldsymbol{x}^*$ 为严格局部最小值点[89]。

对于约束优化，可以用以下例子说明求解思路。

**例 B-2**　以在 $h(x, y)=0$ 的约束条件下求解二元函数 $f(x, y)$ 的最小值为例，为

直观说明求解思路，将 $f(x, y)$ 的等高线及方程 $h(x, y)=0$ 对应的曲线绘制在 $XY$ 平面内，如图 B-2 所示。图 B-2 中虚线曲线为 $f(x, y)$ 在 $f_1$、$f_2$、$f_3$ 等值上的等高线，实曲线为约束条件对应的曲线，虚线箭头为 $f(x, y)$ 的梯度，实线箭头为 $h(x, y)$ 的梯度。由图 B-2，该约束优化问题可以转换为寻找 $h(x, y)=0$ 曲线与 $f(x, y)$ 等高线相切的点（如图中点 $P^*$），因为沿 $h(x, y)=0$ 曲线行进时，只有在该切点处 $f(x, y)$ 的值保持不变，即该点为满足约束条件的驻点（stationary point，是否为最小值点需要根据最优性条件进一步判断）。相切条件可以进一步用 $P^*$ 点处函数 $f(x, y)$ 与 $h(x, y)$ 的梯度共线表示，即

$$\nabla f(x^*, y^*)=\lambda^* \nabla h(x^*, y^*) \tag{B-7-3}$$

式中，标量 $\lambda^*$ 称为拉格朗日算子（Lagrange multiplier）。定义拉格朗日函数

$$L(x, y, \lambda) \equiv f(x, y)-\lambda h(x, y) \tag{B-7-4}$$

则式（B-7-3）与约束条件式可以合并表示为

$$\begin{aligned}\nabla L(x^*, y^*, \lambda^*) &= \left(\frac{\partial L(x, y, \lambda)}{\partial\, [x \quad y \quad \lambda]^{\mathrm{T}}}\right)^{\mathrm{T}}\Bigg|_{x^*, y^*, \lambda^*}=\mathbf{0} \\ &\Rightarrow \begin{bmatrix}\nabla f(x^*, y^*)-\lambda^* \nabla h(x^*, y^*) \\ h(x^*, y^*)\end{bmatrix}=\mathbf{0}\end{aligned} \tag{B-7-5}$$

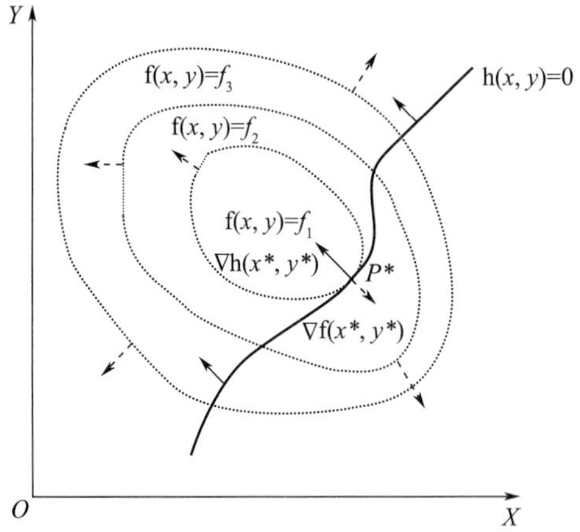


图 B-2　二元函数单等式约束优化

将例 B-2 推广至式（B-7-1）的普遍情形，可得到以下约束优化最优性一阶必要条件，即若 $\boldsymbol{x}^*$ 为问题（B-7-1）的局部解，且在 $\boldsymbol{x}^*$ 处正则性假设成立[89]，则存在拉格朗日乘子 $\boldsymbol{\mu}^* \in \mathbb{R}^p$、$\boldsymbol{\lambda}^* \in \mathbb{R}^q$，使得 $\boldsymbol{x}^*$、$\boldsymbol{\mu}^*$、$\boldsymbol{\lambda}^*$ 满足

$$\begin{cases}\nabla_x L(\boldsymbol{x}^*, \boldsymbol{\mu}^*, \boldsymbol{\lambda}^*) = \left(\dfrac{\partial L(\boldsymbol{x}, \boldsymbol{\mu}, \boldsymbol{\lambda})}{\partial \boldsymbol{x}}\right)^{\mathrm{T}}\Bigg|_{\boldsymbol{x}^*} = \nabla f(\boldsymbol{x}^*) - \displaystyle\sum_{i=1}^{p} \mu_i^* \nabla g_i(\boldsymbol{x}^*) - \sum_{i=1}^{q} \lambda_i^* \nabla h_i(\boldsymbol{x}^*) = \mathbf{0} \\ g_i(\boldsymbol{x}^*) \geqslant 0, \mu_i^* \geqslant 0, \mu_i^* g_i(\boldsymbol{x}^*) = 0 \,(1 \leqslant i \leqslant p) \\ h_i(\boldsymbol{x}^*) = 0\end{cases} \tag{B-7-6}$$

其中

$$L(\boldsymbol{x},\boldsymbol{\mu},\boldsymbol{\lambda})=f(\boldsymbol{x})-\sum_{i=1}^{p}\mu_i g_i(\boldsymbol{x})-\sum_{i=1}^{q}\lambda_i h_i(\boldsymbol{x}) \tag{B-7-7}$$

为拉格朗日函数。式（B－7－6）称为 Karush－Kuhn－Tucker 条件，一般简称 KKT 条件。其他最优性一阶及二阶充分、必要条件可参考文献［89］。

在实际应用中，$\nabla f(\boldsymbol{x}^*)=\boldsymbol{0}$ 或 $\nabla_x L(\boldsymbol{x}^*,\boldsymbol{\mu}^*,\boldsymbol{\lambda}^*)=\boldsymbol{0}$ 一般没有解析解。因此，非线性优化通常采用迭代方法求解。迭代的基本步骤如下：

1）选取迭代初始点 $\boldsymbol{x}_0$（一般为与 $\boldsymbol{x}^*$ 较接近的点）；

2）确定迭代修正量 $\Delta\boldsymbol{x}_k=\alpha_k\boldsymbol{d}_k$，其中 $\alpha_k=\|\Delta\boldsymbol{x}_k\|$ 为修正量步长，$\boldsymbol{d}_k$ 为修正方向；

3）令 $\boldsymbol{x}_{k+1}=\boldsymbol{x}_k+\Delta\boldsymbol{x}_k$；

4）检验 $\boldsymbol{x}_{k+1}$ 是否满足指定的终止条件。若满足，则停止迭代，输出结果 $\boldsymbol{x}_{k+1}$，否则重复步骤 2）～4）。

在上述步骤中，最关键的是步骤 2）。在这一步骤，有两种常用的算法框架方案，即直线搜索（line search）方案及信赖域（trust region）方案。前者采取了先确定方向后确定步长的方案；后者采取了先确定步长后确定方向（或两者同时确定）的方案。在这两种方案中，有一些常用的用于计算方向或步长的具体算法。下面首先介绍常用的方向及步长算法，然后分别介绍直线搜索及信赖域方案的算法框架。

#### B.7.1.1　方向及步长算法

##### B.7.1.1.1　最速下降法

忽略式（B－7－2）中二阶及以上项，有

$$f(\boldsymbol{x}+\Delta\boldsymbol{x})\approx f(\boldsymbol{x})+\nabla f(\boldsymbol{x})\cdot\Delta\boldsymbol{x} \tag{B-7-8}$$

式中，· 表示点积。因此，对于一定的步长 $\alpha$，当 $\Delta\boldsymbol{x}=-\alpha\dfrac{\nabla f(\boldsymbol{x})}{\|\nabla f(\boldsymbol{x})\|}$ 时，式（B－7－8）取最小值。即如果将 $f(\boldsymbol{x})$ 在 $\boldsymbol{x}$ 处线性展开，那么最快趋近于最小值（即最速下降，steepest descent）的方向是 $\boldsymbol{d}=-\dfrac{\nabla f(\boldsymbol{x})}{\|\nabla f(\boldsymbol{x})\|}$，即负梯度所在的方向。

##### B.7.1.1.2　牛顿法与拟牛顿法

按式（B－7－2）取 $f(\boldsymbol{x})$ 的二阶泰勒展开，这时求解式（B－7－2）的最小值可转化为求解以下函数的最小值的问题

$$q(\Delta\boldsymbol{x})=\nabla f(\boldsymbol{x})^{\mathrm{T}}\Delta\boldsymbol{x}+\frac{1}{2}\Delta\boldsymbol{x}^{\mathrm{T}}\boldsymbol{H}\Delta\boldsymbol{x} \tag{B-7-9}$$

将上式对 $\Delta\boldsymbol{x}$ 求导，由式（B－2－46）及式（B－2－42）有

$$\begin{aligned}\frac{\partial q(\Delta\boldsymbol{x})}{\partial\Delta\boldsymbol{x}}&=\nabla f(\boldsymbol{x})^{\mathrm{T}}+\frac{1}{2}[(\boldsymbol{H}\Delta\boldsymbol{x})^{\mathrm{T}}\otimes\boldsymbol{I}_{1\times1}\cdot\boldsymbol{K}_{n,1}+\boldsymbol{I}_{1\times1}\otimes\Delta\boldsymbol{x}^{\mathrm{T}}\cdot\boldsymbol{H}]\\&=\nabla f(\boldsymbol{x})^{\mathrm{T}}+\frac{1}{2}[(\boldsymbol{K}_{1,1})^{-1}(\boldsymbol{I}_{1\times1}\otimes(\boldsymbol{H}\Delta\boldsymbol{x})^{\mathrm{T}})+\boldsymbol{I}_{1\times1}\otimes\Delta\boldsymbol{x}^{\mathrm{T}}\cdot\boldsymbol{H}]\\&=\nabla f(\boldsymbol{x})^{\mathrm{T}}+\Delta\boldsymbol{x}^{\mathrm{T}}\cdot\boldsymbol{H}\end{aligned} \tag{B-7-10}$$

令上式为零，考虑到 $\boldsymbol{H}$ 为对称矩阵，可得 $q(\Delta\boldsymbol{x})$ 的驻点对应的 $\Delta\boldsymbol{x}$ 满足

$$\boldsymbol{H}\Delta\boldsymbol{x}=-\nabla f(\boldsymbol{x}) \tag{B-7-11}$$

通过求解上式的线性方程组进行最优化的方法称为牛顿法（Newton's method），其解 $\Delta\boldsymbol{x}=-\boldsymbol{H}^{-1}\cdot\nabla f(\boldsymbol{x})$ 称为牛顿步（Newton step），对应的新的迭代点称为牛顿点（Newton point），其所在的方向称为牛顿方向（Newton direction）。该线性方程组通常用 PCG（Preconditioned Conjugate Gradients）这种数值迭代算法求解。如果 $\boldsymbol{H}$ 为稀疏矩阵，也可以用稀疏 Cholesky 分解求解[90]。

牛顿法需要计算海森矩阵 $\boldsymbol{H}$。在实际应用中，该矩阵通常难以给出解析形式，而由数值方法计算运算量较大。因此，自 20 世纪 50 年代起，研究者陆续提出了一系列通过各次迭代的目标函数及其梯度信息来近似计算海森矩阵的方法，称为拟牛顿法（quasi-Newton method）。除了可以不用计算海森矩阵外，这些方法还可以直接计算其逆 $\boldsymbol{H}^{-1}$，从而免去了求解式（B-7-11）的过程。在这些方法中，最常用的是 SR1、BHHH 及 BFGS 方法[91]。

B. 7. 1. 1. 3　柯西点法

柯西点（Cauchy point）是在负梯度方向上使式（B-7-2）及式（B-7-9）取最小值的点。设按第 B. 7. 1. 1. 1 节计算的迭代修正量为

$$\Delta\boldsymbol{x}_S=-\Delta\frac{\nabla f(\boldsymbol{x})}{\|\nabla f(\boldsymbol{x})\|} \tag{B-7-12}$$

式中，下标 $S$ 表示按最速下降法计算的结果；$\Delta$ 为最大步长值（例如信赖域方案中的区间半径）。因此，按柯西点法计算的结果可以表示为

$$\Delta\boldsymbol{x}_C=\tau\Delta\boldsymbol{x}_S \tag{B-7-13}$$

式中，下标 $C$ 表示按柯西点法计算的结果；$\tau$ 为待定的系数。将上式代入式（B-7-9）可得

$$q(\Delta\boldsymbol{x}_C)=q(\tau\Delta\boldsymbol{x}_S)=\tau\nabla f(\boldsymbol{x})^{\mathrm{T}}\Delta\boldsymbol{x}_S+\frac{\tau^2}{2}\Delta\boldsymbol{x}_S^{\mathrm{T}}\boldsymbol{H}\Delta\boldsymbol{x}_S \tag{B-7-14}$$

将上式对 $\tau$ 求导可得

$$\frac{dq(\tau\Delta\boldsymbol{x}_S)}{d\tau}=\nabla f(\boldsymbol{x})^{\mathrm{T}}\Delta\boldsymbol{x}_S+\tau\Delta\boldsymbol{x}_S^{\mathrm{T}}\boldsymbol{H}\Delta\boldsymbol{x}_S \tag{B-7-15}$$

令上式为零，可得 $q(\tau)$ 的驻点对应的 $\tau$ 为

$$\tau=-\frac{\nabla f(\boldsymbol{x})^{\mathrm{T}}\Delta\boldsymbol{x}_S}{\Delta\boldsymbol{x}_S^{\mathrm{T}}\boldsymbol{H}\Delta\boldsymbol{x}_S}=\frac{\|\nabla f(\boldsymbol{x})\|^3}{\Delta(\nabla f(\boldsymbol{x})^{\mathrm{T}}\boldsymbol{H}\nabla f(\boldsymbol{x}))} \tag{B-7-16}$$

考虑到 $\tau$ 的有效区间为 $(0,1]$，否则可能向目标函数增大方向迭代或超过迭代步长限制，因此需要限制 $\tau$ 的范围

$$\tau=\begin{cases}1 & (\nabla f(\boldsymbol{x})^{\mathrm{T}}\boldsymbol{H}\nabla f(\boldsymbol{x})\leqslant 0)\\ \min\left\{\dfrac{\|\nabla f(\boldsymbol{x})\|^3}{\Delta(\nabla f(\boldsymbol{x})^{\mathrm{T}}\boldsymbol{H}\nabla f(\boldsymbol{x}))},1\right\} & (\nabla f(\boldsymbol{x})^{\mathrm{T}}\boldsymbol{H}\nabla f(\boldsymbol{x})>0)\end{cases} \tag{B-7-17}$$

将式（B-7-17）及式（B-7-12）代入式（B-7-13），即可得到按柯西点法计算的步

长，称为柯西步（Cauchy step），对应的新的迭代点称为柯西点。

B.7.1.1.4　狗腿法

狗腿法（dog－leg method）分段结合了柯西点法与牛顿法的结果。当式（B－7－16）中的 $\tau$ 较小时，线性展开的精度可以接受，此时使用柯西点法的结果；当 $\tau$ 较大时，则使用二阶展开的牛顿法的结果。具体来说，使用如下分段计算式

$$\Delta \boldsymbol{x}=\begin{cases}\tau \Delta \boldsymbol{x}_{C_U} & (0 \leqslant \tau<1) \\ \Delta \boldsymbol{x}_{C_U}+(\tau-1)(\Delta \boldsymbol{x}_N-\Delta \boldsymbol{x}_{C_U}) & (1 \leqslant \tau \leqslant 2)\end{cases} \tag{B-7-18}$$

式中，$\Delta \boldsymbol{x}_N$ 为由式（B－7－11）计算的牛顿步；$\Delta \boldsymbol{x}_{C_U}$ 为将式（B－7－16）代入式（B－7－13）后得到的未经范围限制的柯西步

$$\Delta \boldsymbol{x}_{C_U}=-\Delta \frac{\nabla \mathrm{f}(\boldsymbol{x})}{\|\nabla \mathrm{f}(\boldsymbol{x})\|} \frac{\|\nabla \mathrm{f}(\boldsymbol{x})\|^3}{\Delta(\nabla \mathrm{f}(\boldsymbol{x})^{\mathrm{T}} \boldsymbol{H} \nabla \mathrm{f}(\boldsymbol{x}))}=-\frac{\nabla \mathrm{f}(\boldsymbol{x})^{\mathrm{T}} \nabla \mathrm{f}(\boldsymbol{x})}{\nabla \mathrm{f}(\boldsymbol{x})^{\mathrm{T}} \boldsymbol{H} \nabla \mathrm{f}(\boldsymbol{x})} \nabla \mathrm{f}(\boldsymbol{x}) \tag{B-7-19}$$

由于按式（B－7－18）计算 $\boldsymbol{x}+\Delta \boldsymbol{x}$ 的取值范围为依次连接 $\boldsymbol{x}$、$\boldsymbol{x}+\Delta \boldsymbol{x}_{C_U}$、$\boldsymbol{x}+\Delta \boldsymbol{x}_N$ 三点的折线，形似狗腿，因此称为狗腿法。

B.7.1.1.5　共轭梯度法

设 $\boldsymbol{H}$ 为 $n$ 阶实对称矩阵，对任意 $n\times 1$ 非零实向量 $\boldsymbol{p}$、$\boldsymbol{q}$，若 $\boldsymbol{p}^{\mathrm{T}}\boldsymbol{H}\boldsymbol{q}=0$，则称 $\boldsymbol{p}$、$\boldsymbol{q}$ 共轭；对任意 $n\times 1$ 非零实向量组 $\boldsymbol{p}_i\,(i=1,2,\cdots,n)$，若 $i\neq j$ 时有 $\boldsymbol{p}_i^{\mathrm{T}}\boldsymbol{H}\boldsymbol{p}_j=0$，则称其为 $\boldsymbol{H}$ 的共轭方向组。

对于式（B－7－9）中 $\mathrm{q}(\Delta \boldsymbol{x})$ 函数最优化的问题，若 $\boldsymbol{p}_i\,(i=1,2,\cdots,n)$ 为式中海森矩阵 $\boldsymbol{H}$ 的任一组共轭方向，则从任意初值 $\boldsymbol{x}_0$ 出发，依次沿共轭方向 $\boldsymbol{p}_1$，$\boldsymbol{p}_2$，…，$\boldsymbol{p}_n$ 按一定步长进行迭代修正，至多经过 $n$ 次迭代即可得到最优解。不同的共轭方向组的选择对应不同的求解最优解的路径，其中最常用的选择是以迭代点处的负梯度向量为基础产生的一组共轭方向组，对应的算法称为共轭梯度法（conjugate gradient method）。该方法采用直线搜索框架，首次迭代时，使用的方向为迭代初始点处的负梯度方向，即[55]

$$\boldsymbol{d}_0=-\nabla \mathrm{f}(\boldsymbol{x}_0) \tag{B-7-20}$$

后续迭代时，按下式确定搜索方向

$$\begin{cases}\boldsymbol{d}_{k+1}=-\nabla \mathrm{f}(\boldsymbol{x}_k)+\beta_k \boldsymbol{d}_k \\ \beta_k=\dfrac{\|\nabla \mathrm{f}(\boldsymbol{x}_{k+1})\|^2}{\|\nabla \mathrm{f}(\boldsymbol{x}_k)\|^2}\end{cases} \tag{B-7-21}$$

式中，$\nabla \mathrm{f}(\boldsymbol{x}_k)$ 为 $\boldsymbol{x}_k$ 处函数 f 的梯度，在得到 $\boldsymbol{x}_k$ 后计算。为避免搜索方向失去共轭性，每 $n$ 次迭代后搜索方向应重置为迭代点处的负梯度方向。当 $\nabla \mathrm{f}(\boldsymbol{x}_k)$ 的模小于一定的阈值后，可终止迭代。

共轭梯度法不需要计算海森矩阵，对于式（B－7－9）的优化，其迭代次数比牛顿法及拟牛顿法多，但每次迭代的计算量小。

#### B.7.1.2 算法框架

##### B.7.1.2.1 直线搜索方案

直线搜索方案首先根据 B.7.1.1 节中的算法确定搜索方向。在确定方向后，式（B-7-2）的最优化问题就转化为以下问题

$$\min_{\alpha_k(0\leqslant\alpha_k\leqslant\alpha_{k_{\max}})} \mathrm{f}(\boldsymbol{x}_k+\alpha_k\boldsymbol{d}_k) \tag{B-7-22}$$

按照求解原则，上述问题的解法可分为精确搜索及非精确搜索两类。前者根据目标函数在迭代点附近的近似展开形式精确计算最小值；后者通常包含两部分，即确定搜索步长应符合的条件及求解步长。常用的条件如下：

（1）Goldstein 条件

$$c_2\alpha_k\boldsymbol{d}_k^{\mathrm{T}}\nabla\mathrm{f}(\boldsymbol{x}_k)\leqslant\mathrm{f}(\boldsymbol{x}_k+\alpha_k\boldsymbol{d}_k)-\mathrm{f}(\boldsymbol{x}_k)\leqslant c_1\alpha_k\boldsymbol{d}_k^{\mathrm{T}}\nabla\mathrm{f}(\boldsymbol{x}_k) \tag{B-7-23}$$

式中，$c_1$、$c_2$ 为根据不同的步长求解算法所设定的参数，满足 $0<c_1<c_2<1$ 的条件。式（B-7-23）中的第二个不等式也被称为 Armijo 条件。由于 $\alpha_k\boldsymbol{d}_k^{\mathrm{T}}\nabla\mathrm{f}(\boldsymbol{x}_k)$ 为 f 在 $\boldsymbol{x}_k$ 点处沿 $\boldsymbol{d}_k$ 方向前进 $\alpha_k$ 步长预计减小的幅度（由于 $\boldsymbol{d}_k$ 为下降方向，因此 $\boldsymbol{d}_k^{\mathrm{T}}\nabla\mathrm{f}(\boldsymbol{x}_k)<0$），因此式（B-7-23）表示经过迭代后 f 的实际减小幅度既不应太小，也不应太大。

（2）Wolfe 条件

$$\begin{cases}\mathrm{f}(\boldsymbol{x}_k+\alpha_k\boldsymbol{d}_k)-\mathrm{f}(\boldsymbol{x}_k)\leqslant c_1\alpha_k\boldsymbol{d}_k^{\mathrm{T}}\nabla\mathrm{f}(\boldsymbol{x}_k)\\-\boldsymbol{d}_k^{\mathrm{T}}\nabla\mathrm{f}(\boldsymbol{x}_k+\alpha_k\boldsymbol{d}_k)\leqslant-c_2\boldsymbol{d}_k^{\mathrm{T}}\nabla\mathrm{f}(\boldsymbol{x}_k)\end{cases} \tag{B-7-24}$$

式中，参数 $c_1$、$c_2$ 应满足 $0<c_1<c_2<1$。式（B-7-24）中第一个条件为 Armijo 条件，是为了保证 f 有足够的减小量。由于最优化需要寻找 $\nabla\mathrm{f}(\boldsymbol{x})=\boldsymbol{0}$ 的驻点，因此在 $\boldsymbol{d}_k$ 搜索方向上，希望 $\boldsymbol{d}_k^{\mathrm{T}}\nabla\mathrm{f}(\boldsymbol{x})$ 经过迭代后更趋近于 0，即保证 $\boldsymbol{d}_k$ 方向上 f 的斜率绝对值有足够的减小量（考虑到 $\boldsymbol{d}_k^{\mathrm{T}}\nabla\mathrm{f}(\boldsymbol{x})<0$），此即为第二个条件的目的。

求解步长的常用方法有 0.618（黄金分割比）法[55]、回溯法（backtracking method）[92]等。

##### B.7.1.2.2 信赖域方案

信赖域方案将目标函数 $\mathrm{f}(\boldsymbol{x})$ 在 $\boldsymbol{x}_k$ 附近的区间（即信赖域）近似为一个简单的模型函数（model function），并通过解析方式求得其最小值点，从而确定迭代修正量。信赖域通常定义为一个 $n$ 维椭球体，可以表示为 $\|\boldsymbol{D}\cdot\Delta\boldsymbol{x}\|\leqslant\Delta$，其中 $\boldsymbol{D}$ 为代表各分量缩放系数的矩阵（通常为对角阵），$\Delta$ 为代表区间大小的正实数。模型函数通常取 $\mathrm{f}(\boldsymbol{x})$ 在 $\boldsymbol{x}_k$ 处的泰勒展开低阶项，例如式（B-7-9）。具体来说，上面迭代中的步骤 2）被展开为以下子步骤[93]：

1）构造模型函数 $m_k(\Delta\boldsymbol{x})$，设置信赖域大小 $\Delta_k$ 及各分量缩放系数 $\boldsymbol{D}_k$，设置参数 $0<\tau_3<\tau_4<1<\tau_1$，$0\leqslant\tau_0\leqslant\tau_2<1$，$\tau_2>0$；

2）在当前信赖域内计算 $m_k(\Delta\boldsymbol{x})$ 的最小值及其对应的 $\Delta\boldsymbol{x}$，即求解以下信赖域子问题

$$\min_{\Delta\boldsymbol{x}(\|\boldsymbol{D}_k\cdot\Delta\boldsymbol{x}\|\leqslant\Delta_k)} m_k(\Delta\boldsymbol{x}) \tag{B-7-25}$$

3）计算迭代 $\Delta\boldsymbol{x}$ 后模型函数的预测减小量与目标函数的实际减小量的比值

$$r_k=\frac{\mathrm{f}(\boldsymbol{x}_k)-\mathrm{f}(\boldsymbol{x}_k+\Delta\boldsymbol{x}_k)}{\mathrm{m}_k(\mathbf{0})-\mathrm{m}_k(\Delta\boldsymbol{x}_k)} \tag{B-7-26}$$

根据上述比值计算 $\boldsymbol{x}_{k+1}$

$$\boldsymbol{x}_{k+1}=\begin{cases}\boldsymbol{x}_k & (r_k\leqslant\tau_0)\\ \boldsymbol{x}_k+\Delta\boldsymbol{x} & (r_k>\tau_0)\end{cases} \tag{B-7-27}$$

并按以下条件确定 $\Delta_{k+1}$

$$\Delta_{k+1}\in\begin{cases}[\tau_3\|\Delta\boldsymbol{x}\|,\tau_4\Delta_k] & (r_k<\tau_2)\\ [\Delta_k,\tau_1\Delta_k] & (r_k\geqslant\tau_2)\end{cases} \tag{B-7-28}$$

当模型函数为式（B-7-9）中的二阶泰勒展开函数 $\mathrm{q}(\Delta\boldsymbol{x})$ 时，对于信赖域子问题的求解，有以下重要定理，即 $\Delta\boldsymbol{x}^*$ 为信赖域子问题

$$\min_{\Delta\boldsymbol{x}(\|\boldsymbol{D}\cdot\Delta\boldsymbol{x}\|\leqslant\Delta)}\left(\nabla\mathrm{f}(\boldsymbol{x})^{\mathrm{T}}\Delta\boldsymbol{x}+\frac{1}{2}\Delta\boldsymbol{x}^{\mathrm{T}}\boldsymbol{H}\Delta\boldsymbol{x}\right) \tag{B-7-29}$$

的解的充要条件为存在实数 $\lambda^*\geqslant0$，且[94]

$$\begin{cases}(\boldsymbol{H}+\lambda^*\boldsymbol{D}^{\mathrm{T}}\boldsymbol{D})\Delta\boldsymbol{x}^*=-\nabla\mathrm{f}(\boldsymbol{x})\\ \lambda^*(\Delta-\|\boldsymbol{D}\cdot\Delta\boldsymbol{x}^*\|)=0\end{cases} \tag{B-7-30}$$

其中，$\boldsymbol{H}+\lambda^*\boldsymbol{D}^{\mathrm{T}}\boldsymbol{D}$ 为非负定矩阵。

文献［93］、［95］综述了信赖域子问题的多种解法，这里不再赘述。

## B.7.2 非线性最小二乘

非线性最小二乘的目标函数是 $\|\mathbf{f}(\boldsymbol{x})\|^2$，其中 $\mathbf{f}(\boldsymbol{x})$ 为 $m\times1$ 矢量。求解非线性最小二乘问题有以下两种途径：

1）将目标函数视为一般函数求解最小值。令标量函数 $\mathrm{F}(\boldsymbol{x})=\|\mathbf{f}(\boldsymbol{x})\|^2$。则由式（B-2-46），$\mathrm{F}(\boldsymbol{x})$ 在 $\boldsymbol{x}$ 处的梯度为

$$\begin{aligned}\nabla\mathrm{F}(\boldsymbol{x})&=\left(\frac{\partial\|\mathbf{f}(\boldsymbol{x})\|^2}{\partial\boldsymbol{x}}\right)^{\mathrm{T}}=\left[\frac{\partial(\mathbf{f}(\boldsymbol{x})^{\mathrm{T}}\mathbf{f}(\boldsymbol{x}))}{\partial\boldsymbol{x}}\right]^{\mathrm{T}}\\&=\left[\mathbf{f}(\boldsymbol{x})^{\mathrm{T}}\otimes\boldsymbol{I}_{1\times1}\cdot\frac{\partial\mathbf{f}(\boldsymbol{x})^{\mathrm{T}}}{\partial\boldsymbol{x}}+\boldsymbol{I}_{1\times1}\otimes\mathbf{f}(\boldsymbol{x})^{\mathrm{T}}\cdot\frac{\partial\mathbf{f}(\boldsymbol{x})}{\partial\boldsymbol{x}}\right]^{\mathrm{T}}\\&=\left[2\mathbf{f}(\boldsymbol{x})^{\mathrm{T}}\frac{\partial\mathbf{f}(\boldsymbol{x})}{\partial\boldsymbol{x}}\right]^{\mathrm{T}}=2\mathbf{J}(\boldsymbol{x})^{\mathrm{T}}\mathbf{f}(\boldsymbol{x})\end{aligned} \tag{B-7-31}$$

式中，$\mathbf{J}(\boldsymbol{x})$ 为 $\mathbf{f}(\boldsymbol{x})$ 相对于 $\boldsymbol{x}$ 的 $m\times n$ 雅可比矩阵。再由式（B-2-50），$\mathrm{F}(\boldsymbol{x})$ 在 $\boldsymbol{x}$ 处的海森矩阵为

$$\begin{aligned}\boldsymbol{H}&=\frac{\partial\nabla\mathrm{F}(\boldsymbol{x})}{\partial\Delta\boldsymbol{x}}=2\frac{\partial(\mathbf{J}(\boldsymbol{x})^{\mathrm{T}}\mathbf{f}(\boldsymbol{x}))}{\partial\boldsymbol{x}}\\&=2\left[\mathbf{f}(\boldsymbol{x})^{\mathrm{T}}\otimes\boldsymbol{I}_{n\times n}\cdot\frac{\partial\mathbf{J}(\boldsymbol{x})^{\mathrm{T}}}{\partial\boldsymbol{x}}+\boldsymbol{I}_{1\times1}\otimes\mathbf{J}(\boldsymbol{x})^{\mathrm{T}}\cdot\frac{\partial\mathbf{f}(\boldsymbol{x})}{\partial\boldsymbol{x}}\right]\end{aligned} \tag{B-7-32}$$

又由于

$$\mathbf{f}(\boldsymbol{x})^{\mathrm{T}} \otimes \boldsymbol{I}_{n\times n} = [\mathrm{f}_1(\boldsymbol{x})\boldsymbol{I}_{n\times n} \quad \mathrm{f}_2(\boldsymbol{x})\boldsymbol{I}_{n\times n} \quad \cdots \quad \mathrm{f}_m(\boldsymbol{x})\boldsymbol{I}_{n\times n}]$$
$$\mathbf{J}(\boldsymbol{x})^{\mathrm{T}} = [\nabla \mathrm{f}_1(\boldsymbol{x}) \quad \nabla \mathrm{f}_2(\boldsymbol{x}) \quad \cdots \quad \nabla \mathrm{f}_m(\boldsymbol{x})]$$
$$\frac{\partial \mathbf{J}(\boldsymbol{x})^{\mathrm{T}}}{\partial \boldsymbol{x}} = \begin{bmatrix} \partial(\nabla \mathrm{f}_1(\boldsymbol{x}))/\partial \boldsymbol{x} \\ \partial(\nabla \mathrm{f}_2(\boldsymbol{x}))/\partial \boldsymbol{x} \\ \vdots \\ \partial(\nabla \mathrm{f}_m(\boldsymbol{x}))/\partial \boldsymbol{x} \end{bmatrix} = \begin{bmatrix} \boldsymbol{H}_1 \\ \boldsymbol{H}_2 \\ \vdots \\ \boldsymbol{H}_m \end{bmatrix} \tag{B-7-33}$$

式中，$\mathrm{f}_i(\boldsymbol{x})(i=1, 2, \cdots, m)$ 为 $\mathbf{f}(\boldsymbol{x})$ 的第 $i$ 个元素；$\boldsymbol{H}_i$ 为 $\mathrm{f}_i(\boldsymbol{x})$ 相对于 $\boldsymbol{x}$ 的海森矩阵。

将上式代入式（B-7-32）可得

$$\boldsymbol{H} = 2\left[\sum_{i=1}^{m} \mathrm{f}_i(\boldsymbol{x})\boldsymbol{H}_i + \mathbf{J}(\boldsymbol{x})^{\mathrm{T}} \cdot \mathbf{J}(\boldsymbol{x})\right] \tag{B-7-34}$$

当由式（B-7-31）及式（B-7-34）得到 $\mathrm{F}(\boldsymbol{x})$ 的梯度和海森矩阵后，可以代入式（B-7-2），将 $\mathrm{F}(\boldsymbol{x})$ 在 $\boldsymbol{x}$ 处二阶展开，并沿用 B.7.1 节的算法求解其最优化问题。

2）由于目标函数形式的特殊性，可以使用更具有针对性的方法。在算法框架方案上，与 B.7.1 节的通用非线性优化问题一样，非线性最小二乘也可采用直线搜索及信赖域两种方案，这里不再赘述。本节以下主要说明常用的针对非线性最小二乘的方向及步长算法。

#### B.7.2.1 高斯-牛顿法

将函数 $\mathbf{f}$ 在 $\boldsymbol{x}$ 附近线性展开为

$$\mathbf{f}(\boldsymbol{x}+\Delta\boldsymbol{x}) \approx \mathbf{f}(\boldsymbol{x}) + \mathbf{J}(\boldsymbol{x})\Delta\boldsymbol{x} \tag{B-7-35}$$

将上式代入目标函数可得

$$\begin{aligned} \|\mathbf{f}(\boldsymbol{x}+\Delta\boldsymbol{x})\|^2 &\approx (\mathbf{f}(\boldsymbol{x}) + \mathbf{J}(\boldsymbol{x})\Delta\boldsymbol{x})^{\mathrm{T}}(\mathbf{f}(\boldsymbol{x}) + \mathbf{J}(\boldsymbol{x})\Delta\boldsymbol{x}) \\ &= \mathbf{f}(\boldsymbol{x})^{\mathrm{T}}\mathbf{f}(\boldsymbol{x}) + \Delta\boldsymbol{x}^{\mathrm{T}}\mathbf{J}(\boldsymbol{x})^{\mathrm{T}}\mathbf{f}(\boldsymbol{x}) + \mathbf{f}(\boldsymbol{x})^{\mathrm{T}}\mathbf{J}(\boldsymbol{x})\Delta\boldsymbol{x} + \Delta\boldsymbol{x}^{\mathrm{T}}\mathbf{J}(\boldsymbol{x})^{\mathrm{T}}\mathbf{J}(\boldsymbol{x})\Delta\boldsymbol{x} \\ &= \|\mathbf{f}(\boldsymbol{x})\|^2 + 2\mathbf{f}(\boldsymbol{x})^{\mathrm{T}}\mathbf{J}(\boldsymbol{x})\Delta\boldsymbol{x} + \frac{1}{2}\Delta\boldsymbol{x}^{\mathrm{T}}(2\mathbf{J}(\boldsymbol{x})^{\mathrm{T}}\mathbf{J}(\boldsymbol{x}))\Delta\boldsymbol{x} \end{aligned} \tag{B-7-36}$$

比较上式、式（B-7-31）及式（B-7-34），可以看出，一次项系数 $2\mathbf{f}(\boldsymbol{x})^{\mathrm{T}}\mathbf{J}(\boldsymbol{x})$ 为 $\nabla \mathrm{F}(\boldsymbol{x})^{\mathrm{T}}$，二次项系数 $2\mathbf{J}(\boldsymbol{x})^{\mathrm{T}}\mathbf{J}(\boldsymbol{x})$ 为 $\mathrm{F}(\boldsymbol{x})$ 海森矩阵的近似值，即省略了 $2\sum_{i=1}^{m}\mathrm{f}_i(\boldsymbol{x})\boldsymbol{H}_i$ 项。因此，式（B-7-34）可视为 $\|\mathbf{f}(\boldsymbol{x}+\Delta\boldsymbol{x})\|^2$ 的近似二阶泰勒展开（其优点是不用求海森矩阵）。类似于式（B-7-10）的推导可以得到

$$\frac{\partial\|\mathbf{f}(\boldsymbol{x}+\Delta\boldsymbol{x})\|^2}{\partial\Delta\boldsymbol{x}} \approx 2\mathbf{f}(\boldsymbol{x})^{\mathrm{T}}\mathbf{J}(\boldsymbol{x}) + 2\Delta\boldsymbol{x}^{\mathrm{T}}\mathbf{J}(\boldsymbol{x})^{\mathrm{T}}\mathbf{J}(\boldsymbol{x}) \tag{B-7-37}$$

令上式为零，可得 $\|\mathbf{f}(\boldsymbol{x}+\Delta\boldsymbol{x})\|^2$ 的驻点对应的 $\Delta\boldsymbol{x}$ 满足

$$\mathbf{J}(\boldsymbol{x})^{\mathrm{T}}\mathbf{J}(\boldsymbol{x})\Delta\boldsymbol{x} = -\mathbf{J}(\boldsymbol{x})^{\mathrm{T}}\mathbf{f}(\boldsymbol{x}) \tag{B-7-38}$$

上式具有与式（B-7-11）类似的形式，称为高斯-牛顿方程（Gauss-Newton equation）或正规方程（normal equation）。通过求解上式的线性方程组进行非线性最小二乘的方法称为高斯-牛顿法（Gauss-Newton method），其解所在的方向称为高斯-牛顿方向

(Gauss - Newton direction)。类似于牛顿法，该线性方程组也通常用 PCG 法或稀疏 Cholesky 分解求解。当 $\|\mathbf{f}(\boldsymbol{x})\|$ 趋近于0时，海森矩阵中的忽略项 $2\sum_{i=1}^{m}\mathrm{f}_i(\boldsymbol{x})\boldsymbol{H}_i$ 也趋近于 $\mathbf{0}$，这时高斯-牛顿法的结果趋近于牛顿法的结果。然而，如果忽略项较大，高斯-牛顿法可能会遇到问题，这时宜于使用下节中的列文伯格-马夸尔特法。

B.7.2.2 列文伯格-马夸尔特法

列文伯格-马夸尔特法（Levenberg - Marquardt method）可以视为高斯-牛顿法在信赖域算法框架中的应用。将式（B-7-36）作为模型函数代入式（B-7-29）中的信赖域子问题，由式（B-7-30）可得解 $\Delta\boldsymbol{x}$ 满足

$$\begin{cases}\left(\mathbf{J}(\boldsymbol{x})^{\mathrm{T}}\cdot\mathbf{J}(\boldsymbol{x})+\dfrac{\lambda}{2}\boldsymbol{D}^{\mathrm{T}}\boldsymbol{D}\right)\Delta\boldsymbol{x}=-\mathbf{J}(\boldsymbol{x})^{\mathrm{T}}\mathbf{f}(\boldsymbol{x})\\ \lambda\left(\Delta-\|\boldsymbol{D}\cdot\Delta\boldsymbol{x}\|\right)=0\end{cases} \tag{B-7-39}$$

式中，$\lambda$ 为非负实数；$\mathbf{J}(\boldsymbol{x})^{\mathrm{T}}\cdot\mathbf{J}(\boldsymbol{x})+\dfrac{\lambda}{2}\boldsymbol{D}^{\mathrm{T}}\boldsymbol{D}$ 为非负定矩阵。式（B-7-39）称为列文伯格一马夸尔特方程。可以看出，相对于式（B-7-38），式（B-7-39）中 $\Delta\boldsymbol{x}$ 的系数矩阵增加了 $\dfrac{\lambda}{2}\boldsymbol{D}^{\mathrm{T}}\boldsymbol{D}$ 项，增强了系数矩阵的正定性。实际应用中，常将 $\boldsymbol{D}$ 取为 $\boldsymbol{I}$ 或 $\mathbf{J}(\boldsymbol{x})^{\mathrm{T}}\cdot\mathbf{J}(\boldsymbol{x})$ 对角线元素的平方根。当 $\lambda$ 较小时，列文伯格-马夸尔特法接近于高斯-牛顿法，当 $\lambda$ 较大时，若取 $\boldsymbol{D}=\boldsymbol{I}$，那么列文伯格-马夸尔特法接近于最速下降法。在某些情况下，列文伯格-马夸尔特法的迭代步数大于高斯-牛顿法，但通常比后者更健壮。

由式（B-7-39）可知，$\lambda$ 可以控制求解的 $\Delta\boldsymbol{x}$ 的模大小。当 $\lambda$ 变大时，$\|\Delta\boldsymbol{x}\|$ 变小，反之亦然。因此，当代入 B.7.1.2.2 节中信赖域方案的子步骤中时，列文伯格-马夸尔特法通过改变 $\lambda$ 的取值而非 $\Delta$ 来控制信赖域的大小。即如果 $r_k$ 较小，则增大 $\lambda$；如果 $r_k$ 较大，则减小 $\lambda$。

## B.7.3 线性方程组（线性最小二乘拟合）

设 $\boldsymbol{x}$ 为 $n\times 1$ 的待估计矢量；$\boldsymbol{z}$ 为 $m\times 1$ 的量测列矢量，它们之间存在如下关系

$$\boldsymbol{z}=\boldsymbol{H}\boldsymbol{x}+\boldsymbol{v} \tag{B-7-40}$$

式中，$\boldsymbol{H}$ 为 $m\times n\,(m\geqslant n)$ 的列满秩量测矩阵；$\boldsymbol{v}$ 为 $m\times 1$ 随机量测噪声矢量。$\boldsymbol{x}$ 的估计值 $\hat{\boldsymbol{x}}$ 可通过线性最小二乘估计（linear least square estimation）方法由 $\boldsymbol{z}$ 估计得到。设量测残差（measurement residual）为

$$\boldsymbol{r}=\boldsymbol{z}-\boldsymbol{H}\hat{\boldsymbol{x}} \tag{B-7-41}$$

线性最小二乘估计的指标是量测残差的模值，即

$$\boldsymbol{J}=\boldsymbol{r}^{\mathrm{T}}\boldsymbol{r} \tag{B-7-42}$$

估计的准则是上述指标量最小化。最小化的解可以通过求解下述方程得到

$$\left.\frac{\partial\boldsymbol{J}}{\partial\boldsymbol{x}}\right|_{\boldsymbol{x}=\hat{\boldsymbol{x}}}=\mathbf{0} \tag{B-7-43}$$

由于

$$
\begin{aligned}
\boldsymbol{J} &= (\boldsymbol{z}-\boldsymbol{H}\hat{\boldsymbol{x}})^{\mathrm{T}}(\boldsymbol{z}-\boldsymbol{H}\hat{\boldsymbol{x}}) \\
&= \hat{\boldsymbol{x}}^{\mathrm{T}}\boldsymbol{H}^{\mathrm{T}}\boldsymbol{H}\hat{\boldsymbol{x}}-\hat{\boldsymbol{x}}^{\mathrm{T}}\boldsymbol{H}^{\mathrm{T}}\boldsymbol{z}-\boldsymbol{z}^{\mathrm{T}}\boldsymbol{H}\hat{\boldsymbol{x}}+\boldsymbol{z}^{\mathrm{T}}\boldsymbol{z} \\
&= \hat{\boldsymbol{x}}^{\mathrm{T}}\boldsymbol{H}^{\mathrm{T}}\boldsymbol{H}\hat{\boldsymbol{x}}-2\hat{\boldsymbol{x}}^{\mathrm{T}}\boldsymbol{H}^{\mathrm{T}}\boldsymbol{z}+\boldsymbol{z}^{\mathrm{T}}\boldsymbol{z}
\end{aligned}
\tag{B-7-44}
$$

将方程左右两边对 $\hat{\boldsymbol{x}}$ 求导得到

$$
\left.\frac{\partial \boldsymbol{J}}{\partial \boldsymbol{x}}\right|_{x=\hat{x}} = 2\boldsymbol{H}^{\mathrm{T}}\boldsymbol{H}\hat{\boldsymbol{x}}-2\boldsymbol{H}^{\mathrm{T}}\boldsymbol{z}
\tag{B-7-45}
$$

当式（B-7-45）为 0 时，$\boldsymbol{J}$ 达到最小值，所以其解为（参考文献［32］第 2.2 节）

$$
\begin{cases}
\hat{\boldsymbol{x}} = \boldsymbol{G}\boldsymbol{z} \\
\boldsymbol{G} = (\boldsymbol{H}^{\mathrm{T}}\boldsymbol{H})^{-1}\boldsymbol{H}^{\mathrm{T}}
\end{cases}
\tag{B-7-46}
$$

注意 $\boldsymbol{H}$ 矩阵的列满秩保证了 $\boldsymbol{H}^{\mathrm{T}}\boldsymbol{H}$ 是可逆的，且 $\boldsymbol{G}\boldsymbol{H}=\boldsymbol{I}$ ，即 $\boldsymbol{G}$ 为 $\boldsymbol{H}$ 的左逆矩阵。

若将 $\boldsymbol{H}$ 的奇异值分解 $\boldsymbol{H}=\boldsymbol{U}\boldsymbol{S}\boldsymbol{V}^{\mathrm{T}}$ 代入式（B-7-46），可得

$$
\begin{aligned}
\boldsymbol{G} &= (\boldsymbol{H}^{\mathrm{T}}\boldsymbol{H})^{-1}\boldsymbol{H}^{\mathrm{T}} = (\boldsymbol{V}\boldsymbol{S}^{\mathrm{T}}\boldsymbol{U}^{\mathrm{T}}\boldsymbol{U}\boldsymbol{S}\boldsymbol{V}^{\mathrm{T}})^{-1}(\boldsymbol{V}\boldsymbol{S}^{\mathrm{T}}\boldsymbol{U}^{\mathrm{T}}) = (\boldsymbol{V}\boldsymbol{S}^{\mathrm{T}}S\boldsymbol{V}^{\mathrm{T}})^{-1}(\boldsymbol{V}\boldsymbol{S}^{\mathrm{T}}\boldsymbol{U}^{\mathrm{T}}) \\
&= (\boldsymbol{V}\boldsymbol{S}_{p\times p}^{2}\boldsymbol{V}^{\mathrm{T}})^{-1}(\boldsymbol{V}\boldsymbol{S}^{\mathrm{T}}\boldsymbol{U}^{\mathrm{T}}) = \boldsymbol{V}\boldsymbol{S}_{p\times p}^{-2}\boldsymbol{V}^{\mathrm{T}}\boldsymbol{V}\boldsymbol{S}^{\mathrm{T}}\boldsymbol{U}^{\mathrm{T}} = \boldsymbol{V}\boldsymbol{S}_{p\times p}^{-2}\,\boldsymbol{S}^{\mathrm{T}}\boldsymbol{U}^{\mathrm{T}} = \boldsymbol{V}\left[\boldsymbol{S}_{p\times p}^{-1} \quad \boldsymbol{0}_{p\times(m-p)}\right]\boldsymbol{U}^{\mathrm{T}}
\end{aligned}
\tag{B-7-47}
$$

式中，$\boldsymbol{S}_{p\times p}$ 为包含 $\boldsymbol{S}$ 的非零奇异值的矩阵块，即

$$
\begin{cases}
\boldsymbol{S} = \begin{bmatrix} \boldsymbol{S}_{p\times p} & \boldsymbol{0}_{p\times(n-p)} \\ \boldsymbol{0}_{(m-p)\times p} & \boldsymbol{0}_{(m-p)\times(n-p)} \end{bmatrix} \\
\boldsymbol{S}^{\mathrm{T}} = \begin{bmatrix} \boldsymbol{S}_{p\times p} & \boldsymbol{0}_{p\times(m-p)} \\ \boldsymbol{0}_{(n-p)\times p} & \boldsymbol{0}_{(n-p)\times(m-p)} \end{bmatrix}
\end{cases}
\tag{B-7-48}
$$

这里假设 $\boldsymbol{S}$ 为 $m\times n$ 矩阵，有 $p$ 个非零奇异值。当已知 $\boldsymbol{H}$ 的奇异值分解时，可以按式（B-7-47）计算 $\boldsymbol{H}$ 的左逆矩阵 $\boldsymbol{a}$ 。

#### B.7.3.1 线性加权最小二乘估计

B.7.3 节的算法对量测矢量的每个元素都同等对待，但当量测矢量各个元素的噪声方差不同时，更好的方法是更多地利用噪声较小的元素，更少地利用噪声较大的元素，以得到更优的估计。因此，有必要进行加权。第一种方法是直接对量测矢量进行加权，第二种方法是对估计指标进行加权。

对量测矢量进行加权是较直观的方法。即在设置好各个测量值的权重之后，将式（B-7-40）左右两边左乘相应的权重矩阵 $\boldsymbol{W}'$ 得到下式

$$
\boldsymbol{W}'\boldsymbol{z} = \boldsymbol{W}'\boldsymbol{H}\boldsymbol{x} + \boldsymbol{W}'\boldsymbol{v}
\tag{B-7-49}
$$

对上式按非加权的最小二乘法进行处理，由式（B-7-46），式（B-7-49）的最小二乘解为

$$
\hat{\boldsymbol{x}} = (\boldsymbol{H}^{\mathrm{T}}\boldsymbol{W}'^{\mathrm{T}}\boldsymbol{W}'\boldsymbol{H})^{-1}\boldsymbol{H}^{\mathrm{T}}\boldsymbol{W}'^{\mathrm{T}}\boldsymbol{W}'\boldsymbol{z}
\tag{B-7-50}
$$

对加权指标进行加权即将式（B-7-42）中的指标改为

$$
\boldsymbol{J} = \boldsymbol{r}^{\mathrm{T}}\boldsymbol{W}\boldsymbol{r}
\tag{B-7-51}
$$

式中，$\boldsymbol{W}$ 为 $m \times m$ 正定加权矩阵。类似于 B.7.3 节，求解式（B-7-43）可得线性加权最小二乘估计（weighted linear least square estimation）值为（参考文献［63］第 2.1.1 节）

$$\hat{\boldsymbol{x}} = [\boldsymbol{H}^{\mathrm{T}}(\boldsymbol{W}+\boldsymbol{W}^{\mathrm{T}})\boldsymbol{H}]^{-1}\boldsymbol{H}^{\mathrm{T}}(\boldsymbol{W}+\boldsymbol{W}^{\mathrm{T}})\boldsymbol{z} \tag{B-7-52}$$

注意 $\boldsymbol{H}$ 矩阵的列满秩及 $\boldsymbol{W}$ 的正定性保证了 $\boldsymbol{H}^{\mathrm{T}}\boldsymbol{W}\boldsymbol{H}$ 是可逆的，且 $\boldsymbol{G}\boldsymbol{H}=\boldsymbol{I}$。一般情况下 $\boldsymbol{W}$ 取为对称阵，这时上式简化为

$$\begin{cases}\hat{\boldsymbol{x}} = \boldsymbol{G}\boldsymbol{z} \\ \boldsymbol{G} = (\boldsymbol{H}^{\mathrm{T}}\boldsymbol{W}\boldsymbol{H})^{-1}\boldsymbol{H}^{\mathrm{T}}\boldsymbol{W}\end{cases} \tag{B-7-53}$$

对比式（B-7-50）与式（B-7-53）可知，当 $\boldsymbol{W}=\boldsymbol{W}'^{\mathrm{T}}\boldsymbol{W}'$ 时，两种加权方法的结果相同。

当 $\boldsymbol{W}$ 为对称阵时，线性加权最小二乘估计具有以下性质：

1）估计误差（estimation error）为

$$\tilde{\boldsymbol{x}} = \hat{\boldsymbol{x}} - \boldsymbol{x} = \boldsymbol{G}(\boldsymbol{H}\boldsymbol{x}+\boldsymbol{v}) - \boldsymbol{x} = \boldsymbol{G}\boldsymbol{v}$$

2）量测残差为

$$\boldsymbol{r} = \boldsymbol{H}\boldsymbol{x} + \boldsymbol{v} - \boldsymbol{H}\hat{\boldsymbol{x}} = -\boldsymbol{H}\tilde{\boldsymbol{x}} + \boldsymbol{v} = (\boldsymbol{I}-\boldsymbol{H}\boldsymbol{G})\boldsymbol{v}$$

3）估计误差的数学期望为

$$E[\tilde{\boldsymbol{x}}] = \boldsymbol{G}E[\boldsymbol{v}]$$

4）估计误差的协方差矩阵为

$$E[\tilde{\boldsymbol{x}}\tilde{\boldsymbol{x}}^{\mathrm{T}}] = \boldsymbol{G}\boldsymbol{R}\boldsymbol{G}^{\mathrm{T}}$$

其中

$$\boldsymbol{G}^{\mathrm{T}} = \boldsymbol{W}\boldsymbol{H}(\boldsymbol{H}^{\mathrm{T}}\boldsymbol{W}\boldsymbol{H})^{-1}$$

$$\boldsymbol{R} = E[\boldsymbol{v}\boldsymbol{v}^{\mathrm{T}}]$$

式中，$\boldsymbol{R}$ 为 $\boldsymbol{v}$ 的协方差矩阵；

5）量测残差的协方差矩阵为

$$E[\boldsymbol{r}\boldsymbol{r}^{\mathrm{T}}] = (\boldsymbol{I}-\boldsymbol{G})\boldsymbol{R}(\boldsymbol{I}-\boldsymbol{G}^{\mathrm{T}})$$

可以证明[63]，当 $\boldsymbol{W}=\boldsymbol{R}^{-1}$ 时，$E[\tilde{\boldsymbol{x}}\tilde{\boldsymbol{x}}^{\mathrm{T}}]$ 取最小值（即 $E[\tilde{\boldsymbol{x}}\tilde{\boldsymbol{x}}^{\mathrm{T}}]\big|_{\boldsymbol{W}=\boldsymbol{R}^{-1}}$ 与 $\boldsymbol{W}$ 取任何其他值时的 $E[\tilde{\boldsymbol{x}}\tilde{\boldsymbol{x}}^{\mathrm{T}}]$ 的差为半正定矩阵）。此时的估计在线性加权最小二乘估计中是最优的，称这种估计为马尔可夫估计（Markov estimation），此时估计值与估计误差的协方差矩阵为

$$\begin{aligned}\hat{\boldsymbol{x}} &= (\boldsymbol{H}^{\mathrm{T}}\boldsymbol{R}^{-1}\boldsymbol{H})^{-1}\boldsymbol{H}^{\mathrm{T}}\boldsymbol{R}^{-1}\boldsymbol{z} \\ E[\tilde{\boldsymbol{x}}\tilde{\boldsymbol{x}}^{\mathrm{T}}] &= (\boldsymbol{H}^{\mathrm{T}}\boldsymbol{R}^{-1}\boldsymbol{H})^{-1}\end{aligned} \tag{B-7-54}$$

有时残差 $\boldsymbol{r}$ 中某个元素可能较其他元素明显偏大，这时希望考察该元素残差对应的 $\boldsymbol{x}$ 各元素量级。考虑到式（B-7-53）可以表示为

$$\hat{\boldsymbol{x}} = \sum_{i=1}^{n}\boldsymbol{g}_{Ci}z_i \tag{B-7-55}$$

式中，$\boldsymbol{g}_{Ci}$ 为矩阵 $\boldsymbol{G}$ 的第 $i$ 列；$z_i$ 为 $\boldsymbol{z}$ 的第 $i$ 个元素；$n$ 为 $\boldsymbol{z}$ 元素个数。

因此 $\boldsymbol{g}_{Ci}$ 可以理解为对 $z_i$ 的加权。类似地，当考察 $\boldsymbol{r}$ 的第 $i$ 个元素对应的 $\boldsymbol{x}$ 各元素量

级时，可以计算 $\boldsymbol{g}_{Ci}r_i$。由于 $\boldsymbol{G}$ 受到加权矩阵的影响，因此这种方法只是大致的估计，用于辅助判断造成残差的原因。

B. 7. 3. 2　直接线性变换法

直接线性变换（Direct Linear Transformation，DLT）法通常用于求解一组包含比例关系（如视觉导航中的射影变换）而非相等关系的线性方程的系数矩阵，即

$$\boldsymbol{z} \propto s\boldsymbol{z} = \boldsymbol{H}\boldsymbol{x} \tag{B-7-56}$$

式中，$\boldsymbol{z}$、$\boldsymbol{x}$ 分别为已知的观测向量及状态向量，需要求解矩阵 $\boldsymbol{H}$。该方法首先在比例式两边乘以满足 $\boldsymbol{G}\boldsymbol{z}=\boldsymbol{0}$ 条件的矩阵 $\boldsymbol{G}$（即向量 $\boldsymbol{z}$ 处于 $\boldsymbol{G}$ 的零空间内），以消去比例因子 $s$

$$\boldsymbol{G}\boldsymbol{H}\boldsymbol{x} = s\boldsymbol{G}\boldsymbol{z} = \boldsymbol{0} \tag{B-7-57}$$

然后利用式（B-2-40）将上式转换为关于 $\boldsymbol{H}$ 的齐次线性方程组

$$(\boldsymbol{x}^{\mathrm{T}} \otimes \boldsymbol{G})\,\mathrm{vec}(\boldsymbol{H}) = \boldsymbol{0} \tag{B-7-58}$$

在实际应用中，常包含多次观测，对每次观测均可列出如式（B-7-56）的线性方程组，将各次观测转换后的齐次线性方程组（B-7-58）联立有

$$\begin{bmatrix} \boldsymbol{x}_1^{\mathrm{T}} \otimes \boldsymbol{G}_1 \\ \boldsymbol{x}_2^{\mathrm{T}} \otimes \boldsymbol{G}_2 \\ \vdots \\ \boldsymbol{x}_n^{\mathrm{T}} \otimes \boldsymbol{G}_n \end{bmatrix} \mathrm{vec}(\boldsymbol{H}) = \boldsymbol{0} \tag{B-7-59}$$

观测次数 $n$ 通常需要保证上式构成一个超定方程组，此时可以利用 B. 2. 3 节中的奇异值分解法求解，将上式中系数矩阵最小奇异值对应的 $\boldsymbol{V}$ 矩阵的列作为最小二乘意义上的解。如果需要更精确的估计，还可以采用 B. 6. 2. 3 节中的最大似然估计方法，并将直接线性变换法的结果作为最优化的初始值。

### B. 7. 4　非线性方程组

B. 7. 4. 1　一元非线性方程的牛顿迭代法计算方法

对于一个一元非线性方程

$$\mathrm{f}(x) = 0 \tag{B-7-60}$$

式中，$\mathrm{f}(x)$ 是一个关于未知数 $x$ 的非线性函数。

该方程采用牛顿迭代法的步骤如下：

1）给定一个估计值 $x_{k-1}$，如果 $\mathrm{f}(x)$ 在点 $x_{k-1}$ 附近连续可导，那么 $\mathrm{f}(x)$ 在点 $x_{k-1}$ 处的一阶泰勒级数展开式为

$$\mathrm{f}(x) = \mathrm{f}(x_{k-1}) + \mathrm{f}'(x_{k-1}) \cdot (x - x_{x-1}) + o(x) \tag{B-7-61}$$

式中，$\mathrm{f}'(x_{k-1})$ 为 $\mathrm{f}(x)$ 的一阶导数在 $x_{k-1}$ 处的值；$o(x)$ 为展开式的高阶误差项。

2）如果忽略高阶误差 $o(x)$，那么非线性方程（B-7-60）可以近似化为以下线性方程

$$\mathrm{f}(x_{k-1})+\mathrm{f}'(x_{k-1})\cdot(x_k-x_{k-1})=0 \tag{B-7-62}$$

如果 $\mathrm{f}'(x_{k-1})\neq 0$，那么上述线性方程就可以直接解出。

3）接下来，我们再把线性方程（B-7-62）的解 $x$ 作为原非线性方程（B-7-60）解的更新值，即

$$x_k=x_{k-1}-\frac{\mathrm{f}(x_{k-1})}{\mathrm{f}'(x_{k-1})} \tag{B-7-63}$$

4）有了更新的解之后，方程（B-7-60）就又可以在点 $x_k$ 处线性化，之后重复步骤1）～3）就又可以得到更新的解 $x_{k+1}$。

上述步骤的不断重复就是牛顿法的迭代过程，其计算的收敛速度与 $\mathrm{f}(x)$ 的特点有关。同样地，如果是一个非线性方程组，也可以先给出一组解的估计值，按照上述方法对每一个方程在估计值处进行线性化，然后求解线性化的方程组得到更新解，接着重复这些步骤，直到得到满足精度的解为止。详见B.7.4.2节。

此外，可以看出，本节中的单步迭代相当于B.7.1.1.2节中牛顿法的一维降阶形式(B.7.1.1.2节对二阶可导的函数 q 求一阶导 $q'=0$ 的解，本节对一阶可导的函数 f 求 $\mathrm{f}=0$ 的解)，因此也称为牛顿迭代法。

### B.7.4.2　多元非线性方程组的牛顿迭代法计算方法

将B.7.4.1节中的算法扩展为多元的情况。设有一个多元非线性方程组

$$\mathbf{f}(\boldsymbol{x},\boldsymbol{u})=\boldsymbol{y} \tag{B-7-64}$$

式中，$\boldsymbol{x}$ 为 $M\times 1$ 未知数列矢量；$\boldsymbol{u}$ 为非线性函数 $\mathbf{f}$ 已知的参数矢量；$\boldsymbol{y}$ 为已知的 $N\times 1$ 值矢量。

在牛顿迭代法求解方程组（B-7-64）未知矢量 $\boldsymbol{x}$ 的第 $k$ 次迭代中，假设解 $\boldsymbol{x}$ 的初始值为 $\boldsymbol{x}_{k-1}$，那么式（B-7-64）中 $N$ 个方程式中的每一个均可在 $\boldsymbol{x}_{k-1}$ 点处线性化。以方程组中的第 $n(1\leqslant n\leqslant N)$ 个方程为例，忽略二阶及以上项，该方程的泰勒展开式为

$$y_n\approx \mathrm{f}_n(\boldsymbol{x}_{k-1},\boldsymbol{u})+\frac{\partial \mathrm{f}_n(\boldsymbol{x}_{k-1},\boldsymbol{u})}{\partial x_1}(x_1-x_{1_{k-1}})+\frac{\partial \mathrm{f}_n(\boldsymbol{x}_{k-1},\boldsymbol{u})}{\partial x_2}(x_2-x_{2_{k-1}})+\cdots+\frac{\partial \mathrm{f}_n(\boldsymbol{x}_{k-1},\boldsymbol{u})}{\partial x_M}(x_M-x_{M_{k-1}}) \tag{B-7-65}$$

式中，$x_i$ 表示 $\boldsymbol{x}$ 的第 $i$ 个元素。

这样，非线性方程组（B-7-64）就近似地转化为以下的线性方程组

$$\boldsymbol{J}\cdot\Delta\boldsymbol{x}=\boldsymbol{z} \tag{B-7-66}$$

其中

$$\boldsymbol{J}=\frac{\partial \mathbf{f}(\boldsymbol{x}_{k-1},\boldsymbol{u})}{\partial \boldsymbol{x}}=\begin{bmatrix} \frac{\partial \mathrm{f}_1(\boldsymbol{x}_{k-1},\boldsymbol{u})}{\partial x_1} & \frac{\partial \mathrm{f}_1(\boldsymbol{x}_{k-1},\boldsymbol{u})}{\partial x_2} & \cdots & \frac{\partial \mathrm{f}_1(\boldsymbol{x}_{k-1},\boldsymbol{u})}{\partial x_M} \\ \frac{\partial \mathrm{f}_2(\boldsymbol{x}_{k-1},\boldsymbol{u})}{\partial x_1} & \frac{\partial \mathrm{f}_2(\boldsymbol{x}_{k-1},\boldsymbol{u})}{\partial x_2} & \cdots & \frac{\partial \mathrm{f}_2(\boldsymbol{x}_{k-1},\boldsymbol{u})}{\partial x_M} \\ \vdots & \vdots & \ddots & \vdots \\ \frac{\partial \mathrm{f}_N(\boldsymbol{x}_{k-1},\boldsymbol{u})}{\partial x_1} & \frac{\partial \mathrm{f}_N(\boldsymbol{x}_{k-1},\boldsymbol{u})}{\partial x_2} & \cdots & \frac{\partial \mathrm{f}_N(\boldsymbol{x}_{k-1},\boldsymbol{u})}{\partial x_M} \end{bmatrix} \tag{B-7-67}$$

式中，$\boldsymbol{J}$ 为 $\mathbf{f}(\boldsymbol{x}_{k-1},\ \boldsymbol{u})$ 相对于 $\boldsymbol{x}$ 的雅可比矩阵，此外

$$\Delta\boldsymbol{x}=\boldsymbol{x}-\boldsymbol{x}_{k-1} \tag{B-7-68}$$

$$\boldsymbol{z}=\boldsymbol{y}-\mathbf{f}(\boldsymbol{x}_{k-1},\boldsymbol{u})=\begin{bmatrix} y_1-\mathrm{f}_1(\boldsymbol{x}_{k-1},\boldsymbol{u}) \\ y_2-\mathrm{f}_2(\boldsymbol{x}_{k-1},\boldsymbol{u}) \\ \vdots \\ y_N-\mathrm{f}_N(\boldsymbol{x}_{k-1},\boldsymbol{u}) \end{bmatrix} \tag{B-7-69}$$

当求得 $\Delta\boldsymbol{x}$ 后，非线性方程组（B-7-64）的解就可以从 $\boldsymbol{x}_{k-1}$ 更新为 $\boldsymbol{x}_k$，即

$$\boldsymbol{x}_k=\boldsymbol{x}_{k-1}+\Delta\boldsymbol{x}=\boldsymbol{x}_{k-1}+\boldsymbol{J}^{-1}(\boldsymbol{y}-\mathbf{f}(\boldsymbol{x}_{k-1},\boldsymbol{u})) \tag{B-7-70}$$

若式（B-7-66）为超定方程组，则上式中的 $\boldsymbol{J}^{-1}$ 需要替换为 Moore - Penrose 逆矩阵。若更新后的解 $\boldsymbol{x}_k$ 尚未达到求解精度，则 $\boldsymbol{x}_k$ 可以作为第 $k+1$ 次迭代的起点，继续进行上述牛顿迭代运算。

## B.8 非线性函数误差方程的线性化

设某定义域在 $\mathbb{R}^n$ 上，值域在 $\mathbb{R}^m$ 上的非线性函数 $\mathbf{f}(\boldsymbol{x})$，当输入量中包含误差 $\delta\boldsymbol{x}$ 使得实际输入值为 $\tilde{\boldsymbol{x}}=\boldsymbol{x}+\delta\boldsymbol{x}$ 时，实际输出值 $\mathbf{f}(\tilde{\boldsymbol{x}})=\mathbf{f}(\boldsymbol{x}+\delta\boldsymbol{x})$ 中必然也包含误差 $\delta\mathbf{f}(\boldsymbol{x})=\mathbf{f}(\tilde{\boldsymbol{x}})-\mathbf{f}(\boldsymbol{x})$。在工程应用中，当误差 $\delta\boldsymbol{x}$ 相比于 $\boldsymbol{x}$ 为小量时，可以将 $\delta\mathbf{f}(\boldsymbol{x})$ 表示为 $\delta\boldsymbol{x}$ 的线性函数形式，从而便于利用各种线性方法进行处理。

通常有两种线性化方法：其一将 $\tilde{\boldsymbol{x}}=\boldsymbol{x}+\delta\boldsymbol{x}$ 代入 $\mathbf{f}$ 并展开计算 $\mathbf{f}(\boldsymbol{x}+\delta\boldsymbol{x})-\mathbf{f}(\boldsymbol{x})$，然后舍去含有 $\delta\boldsymbol{x}$ 二次及以上幂的二阶及以上误差项；其二将 $\mathbf{f}(\boldsymbol{x})$ 在 $\boldsymbol{x}$ 处做一阶泰勒展开

$$\mathbf{f}(\boldsymbol{x}+\delta\boldsymbol{x})\approx\mathbf{f}(\boldsymbol{x})+\mathbf{J}(\boldsymbol{x})\delta\boldsymbol{x} \tag{B-8-1}$$

式中，$\mathbf{J}(\boldsymbol{x})$ 为 $\boldsymbol{x}$ 处的雅可比矩阵，由上式可直接得到

$$\delta\mathbf{f}(\boldsymbol{x})\approx\mathbf{J}(\boldsymbol{x})\delta\boldsymbol{x} \tag{B-8-2}$$

两种线性化方法的结果是相同的，第一种方法可以得到高阶误差的详细形式，第二种计算更简单。

在上述步骤中，两种方法均在 $\boldsymbol{x}$ 处进行线性化。在实际应用中，常无法确定输入量的真值 $\boldsymbol{x}$，仅知道包含误差的实际值 $\tilde{\boldsymbol{x}}$。为此，可以在 $\tilde{\boldsymbol{x}}$ 处进行线性化。对于第一种方法，

可以将 $\boldsymbol{x}=\tilde{\boldsymbol{x}}-\delta\boldsymbol{x}$ 代入 $\mathbf{f}$ 并展开计算 $\mathbf{f}(\tilde{\boldsymbol{x}})-\mathbf{f}(\tilde{\boldsymbol{x}}-\delta\boldsymbol{x})$ 。对于第二种方法，可以将 $\mathbf{f}(\boldsymbol{x})$ 在 $\tilde{\boldsymbol{x}}$ 处做一阶泰勒展开

$$\mathbf{f}(\boldsymbol{x})\approx\mathbf{f}(\boldsymbol{x}+\delta\boldsymbol{x})+\mathbf{J}(\boldsymbol{x}+\delta\boldsymbol{x})(-\delta\boldsymbol{x}) \tag{B-8-3}$$

由上式可直接得到

$$\delta\mathbf{f}(\boldsymbol{x})\approx\mathbf{J}(\boldsymbol{x}+\delta\boldsymbol{x})\delta\boldsymbol{x} \tag{B-8-4}$$

对比式（B-8-2）及式（B-8-4）可知，仅考虑一阶误差时，在 $\boldsymbol{x}$ 及 $\tilde{\boldsymbol{x}}$ 处展开的结果是相同的。为使表达式更简洁，本书在进行误差方程线性化时一般采用在真值 $\boldsymbol{x}$ 处展开的形式。在实际应用时，将线性化误差方程中的 $\boldsymbol{x}$ 替换为 $\tilde{\boldsymbol{x}}$ 即可。

**例 B-3**　为说明在 $\boldsymbol{x}$ 及 $\tilde{\boldsymbol{x}}$ 处展开的区别，以直接泰勒展开方法为例，并将展开阶数增加至二阶。当在 $\boldsymbol{x}$ 处展开时，由式（B-2-53）有

$$\mathbf{f}(\boldsymbol{x}+\delta\boldsymbol{x})\approx\mathbf{f}(\boldsymbol{x})+\mathbf{J}(\boldsymbol{x})\delta\boldsymbol{x}+(\boldsymbol{I}_m\otimes\delta\boldsymbol{x}^{\mathrm{T}})\mathbf{H}(\boldsymbol{x})\delta\boldsymbol{x} \tag{B-8-5}$$

即

$$\delta\mathbf{f}(\boldsymbol{x})\approx\mathbf{J}(\boldsymbol{x})\delta\boldsymbol{x}+(\boldsymbol{I}_m\otimes\delta\boldsymbol{x}^{\mathrm{T}})\mathbf{H}(\boldsymbol{x})\delta\boldsymbol{x} \tag{B-8-6}$$

当在 $\tilde{\boldsymbol{x}}$ 处展开时有

$$\mathbf{f}(\boldsymbol{x})\approx\mathbf{f}(\boldsymbol{x}+\delta\boldsymbol{x})+\mathbf{J}(\boldsymbol{x}+\delta\boldsymbol{x})(-\delta\boldsymbol{x})+(\boldsymbol{I}_m\otimes(-\delta\boldsymbol{x})^{\mathrm{T}})\mathbf{H}(\boldsymbol{x}+\delta\boldsymbol{x})(-\delta\boldsymbol{x}) \tag{B-8-7}$$

即

$$\delta\mathbf{f}(\boldsymbol{x})\approx\mathbf{J}(\boldsymbol{x}+\delta\boldsymbol{x})\delta\boldsymbol{x}-(\boldsymbol{I}_m\otimes\delta\boldsymbol{x}^{\mathrm{T}})\mathbf{H}(\boldsymbol{x}+\delta\boldsymbol{x})\delta\boldsymbol{x} \tag{B-8-8}$$

对比式（B-8-6）及式（B-8-8）可知，在 $\boldsymbol{x}$ 及 $\tilde{\boldsymbol{x}}$ 处展开的二阶误差项是相反的。因此，当需要考虑二阶及更高阶数的误差时，需要注意在不同输入量处展开的区别。

## B.9　拉普拉斯变换与 $z$ 变换

利用拉普拉斯变换，可以将连续系统的微分方程转换为代数方程；利用 $z$ 变换，可以将离散系统的差分方程转换为代数方程。

为便于对比，在介绍拉普拉斯变换之前，先介绍连续时间函数的傅里叶变换。对于连续时间函数 $x(t)$，如果满足下列条件：

1）$x(t)$ 与 $\dot{x}(t)$ 分段连续；

2）$x(t)$ 在 $(-\infty,\ +\infty)$ 区间绝对可积，即 $\int_{-\infty}^{+\infty}|x(t)|\mathrm{d}t$ 存在。

则可以定义 $x(t)$ 的傅里叶变换 $X(\omega)$ 如下

$$X(\omega)\equiv\int_{-\infty}^{+\infty}x(t)\mathrm{e}^{-\mathrm{j}\omega t}\mathrm{d}t \tag{B-9-1}$$

另外定义傅里叶反变换如下

$$x(t)\equiv\frac{1}{2\pi}\int_{-\infty}^{+\infty}X(\omega)\mathrm{e}^{\mathrm{j}\omega t}\mathrm{d}\omega \tag{B-9-2}$$

对于连续时间函数 $x(t)$，如果满足下列条件：

1）当 $t<0$ 时，$x(t)=0$；当 $t>0$ 时，$x(t)$ 在每个有限区间上分段连续；

2）存在正实数 $a$，有 $\int_0^{\infty} x(t)\mathrm{e}^{-at}\mathrm{d}t<\infty$，即 $x(t)$ 为指数级的。

则可以定义 $x(t)$ 的拉普拉斯变换 $X(s)$ 如下

$$X(s)=L\,[x(t)]\equiv\int_0^{\infty} x(t)\mathrm{e}^{-st}\mathrm{d}t \tag{B-9-3}$$

式中，$s$ 为复变量（量纲为时间的倒数），且 $\mathrm{Re}(s)=\sigma>a$；$x(t)$ 为原函数，$X(s)$ 为像函数（量纲为 $x(t)$ 的量纲与时间的乘积）。另外定义 $X(s)$ 的拉普拉斯反变换 $x(t)$ 如下

$$x(t)=L^{-1}\,[X(s)]\equiv\frac{1}{2\pi\mathrm{j}}\int_{\sigma-\mathrm{j}\infty}^{\sigma+\mathrm{j}\infty} X(s)\mathrm{e}^{st}\mathrm{d}s \tag{B-9-4}$$

对比式（B-9-1）与式（B-9-3）可以发现，拉普拉斯变换与傅里叶变换之间有以下区别：

1）拉普拉斯变换的积分下限为 0，傅里叶变换的积分下限为 $-\infty$；

2）拉普拉斯变换中的复变量为傅里叶变换中频率变量的推广，如果令

$$s=\sigma+\mathrm{j}\omega \tag{B-9-5}$$

那么式（B-9-3）可以表示为

$$L\,[x(t)]=\int_0^{\infty} x(t)\mathrm{e}^{-(\sigma+\mathrm{j}\omega)t}\mathrm{d}t=\int_0^{\infty}\mathrm{e}^{-\sigma t}\,[x(t)\mathrm{e}^{-\mathrm{j}\omega t}]\,\mathrm{d}t \tag{B-9-6}$$

即拉普拉斯变换可以视为进行了指数衰减的单边傅里叶变换，因此拉普拉斯变换相比傅里叶变换适应的原函数范围更广。

这里直接给出拉普拉斯变换的一些性质，证明可参考文献［96］：

（1）线性性质

$$L\,[ax_1(t)+bx_2(t)]=aX_1(s)+bX_2(s) \tag{B-9-7}$$

（2）初值定理

$$\lim_{t\to 0}x(t)=\lim_{s\to\infty}sX(s) \tag{B-9-8}$$

（3）终值定理

若 $x(t)$ 存在终值，则

$$\lim_{t\to\infty}x(t)=\lim_{s\to 0}sX(s) \tag{B-9-9}$$

（4）延时定理

$$L\,[x(t-a)\cdot 1(t-a)]=\mathrm{e}^{-as}X(s) \tag{B-9-10}$$

式中，$1(t)$ 为单位阶跃函数（$t=$零时刻阶跃）。

（5）衰减定理（像函数位移）

$$L\,[\mathrm{e}^{-at}x(t)]=X(s+a) \tag{B-9-11}$$

（6）时间比例尺改变

$$L\left[x\left(\frac{t}{a}\right)\right]=aX(as) \tag{B-9-12}$$

（7）时间 $t$ 乘以函数后的拉普拉斯变换（像函数微分）

$$L[t\cdot x(t)]=-\frac{\mathrm{d}X(s)}{\mathrm{d}s} \tag{B-9-13}$$

（8）微分定理

$$\begin{aligned}L\left[\frac{\mathrm{d}^n x(t)}{\mathrm{d}t^n}\right]&=s^nX(s)-\sum_{i=0}^{n-1}s^{n-1-i}x^{(i)}(0)\\&=s^nX(s)-s^{n-1}x(0)-s^{n-2}\dot{x}(0)-\cdots-sx^{(n-2)}(0)-x^{(n-1)}(0)\end{aligned} \tag{B-9-14}$$

式中，上标（$n$）表示 $n$ 阶导数。

（9）积分定理

$$\begin{aligned}L\left[\int^{(n)}x(t)\ (\mathrm{d}t)^n\right]&=\frac{X(s)}{s^n}+\sum_{i=1}^{n}\frac{\int^{(i)}x(0)\ (\mathrm{d}t)^i}{s^{n+1-i}}\\&=\frac{X(s)}{s^n}+\frac{\int x(0)\mathrm{d}t}{s^n}+\frac{\int^{(2)}x(0)\ (\mathrm{d}t)^2}{s^{n-1}}+\cdots+\frac{\int^{(n)}x(0)\ (\mathrm{d}t)^n}{s}\end{aligned} \tag{B-9-15}$$

式中，$\int^{(n)}$ 表示 $n$ 重积分。

（10）卷积分的拉普拉斯变换

$$L[x(t)*y(t)]=X(s)Y(s) \tag{B-9-16}$$

式中，$x(t)*y(t)\equiv\int_0^t x(t-\tau)y(\tau)\mathrm{d}\tau$，为卷积分。

设某连续线性系统输入量 $u(t)$ 与输出量 $y(t)$ 之间的关系可以用微分方程描述为

$$\begin{aligned}&a_0y^{(m)}(t)+a_1y^{(m-1)}(t)+\cdots+a_{m-1}\dot{y}(t)+a_my(t)\\&=b_0u^{(n)}(t)+b_1u^{(n-1)}(t)+\cdots+b_{n-1}\dot{u}(t)+b_nu(t)\end{aligned} \tag{B-9-17}$$

式中，$a_i$、$b_i$（$i=0，1，2，\cdots$）为实数。

设 $u(t)$、$y(t)$ 及其各阶导数初始值均为 0，那么由拉普拉斯变换微分定理式（B-9-14），对式（B-9-17）进行拉普拉斯变换可以得到对应的代数方程为

$$(a_0s^m+a_1s^{m-1}+\cdots+a_{m-1}s+a_m)Y(s)=(b_0s^n+b_1s^{n-1}+\cdots+b_{n-1}s+b_n)U(s) \tag{B-9-18}$$

因此，该系统的传递函数（即输出像函数与输入像函数之比）为

$$\frac{Y(s)}{U(s)}=\frac{b_0s^n+b_1s^{n-1}+\cdots+b_{n-1}s+b_n}{a_0s^m+a_1s^{m-1}+\cdots+a_{m-1}s+a_m}=\frac{N(s)}{D(s)} \tag{B-9-19}$$

式中，$D(s)$ 及 $N(s)$ 分别表示分母及分子多项式。对于实际的系统一般有 $n<m$，这时当

输入为单位脉冲函数 $\delta(t)$ 时，由式（B-1-3）及表 B-3，输出的拉普拉斯变换可以部分分式展开为

$$Y(s)=\sum_{i=1}^{m}\frac{r_i}{s-p_i} \tag{B-9-20}$$

式中，$p_i$ 为 $\dfrac{N(s)}{D(s)}$ 的极点；$r_i$ 为对应的留数，可由式（B-1-4）计算。由拉普拉斯变换线性性质式（B-9-7）及表 B-3 可得时域上的输出为

$$y(t)=\sum_{i=1}^{m}r_i\mathrm{e}^{p_i t} \tag{B-9-21}$$

可以看到，为使系统的单位脉冲响应收敛到零，所有极点的实部均应为负，即位于 $s$ 平面的左半平面内。

对于离散系统，可以由拉普拉斯变换导出 $z$ 变换。对连续时间函数 $x_C(t)$ 按周期 $T$ 进行离散采样可以得到离散时间函数

$$x_D(k)=\sum_{k=-\infty}^{+\infty}x_C(kT)\delta(t-kT) \tag{B-9-22}$$

这里以下标 $D$、$C$ 分别表示离散及连续时间函数。由拉普拉斯变换线性性质式（B-9-7）及延时定理式（B-9-10），当 $k\geqslant 0$ 时，对上式进行拉普拉斯变换得

$$L[x_D(k)]=\sum_{k=0}^{+\infty}x_C(kT)L[\delta(t-kT)]=\sum_{k=0}^{+\infty}x_C(kT)\mathrm{e}^{-kTs} \tag{B-9-23}$$

定义复变量

$$z\equiv \mathrm{e}^{Ts}=\mathrm{e}^{T(\sigma+\mathrm{j}\omega)}=\mathrm{e}^{T\sigma}\cdot\mathrm{e}^{\mathrm{j}T\omega} \tag{B-9-24}$$

由上式可知 $z$ 的幅值为 $|z|=\mathrm{e}^{T\sigma}$，相位为 $\angle z=T\omega$。当 $\sigma<0$ 时（对应 $s$ 左半平面），$z$ 位于单位圆内，当 $\sigma>0$ 时（对应 $s$ 右半平面），$z$ 位于单位圆外。将式（B-9-24）代入式（B-9-23），定义连续时间函数 $x_C(t)$（周期 $T$ 采样）及离散时间函数 $x_D(k)$ 的 $z$ 变换如下

$$X(z)=Z[x_C(t)]=Z[x_D(k)]\equiv\sum_{k=0}^{+\infty}x_C(kT)z^{-k} \tag{B-9-25}$$

另外定义 $z$ 反变换如下

$$x_D(k)=Z^{-1}[X(z)]\equiv\frac{1}{2\pi\mathrm{j}}\oint X(z)z^{k-1}\mathrm{d}z \tag{B-9-26}$$

这里给出 $z$ 变换的一些性质（为简便起见省略了表示离散时间的 $D$ 下标），未附证明的可参考文献［96］

（1）线性性质

$$Z[ax_1(k)+bx_2(k)]=aX_1(z)+bX_2(z) \tag{B-9-27}$$

（2）初值定理

$$x(0)=\lim_{z\to\infty}X(z) \tag{B-9-28}$$

(3) 终值定理

若 $x(k)$ 存在终值，则

$$x(\infty)=\lim_{z\to 1}(X(z)(z-1)) \tag{B-9-29}$$

(4) 延时定理

$$\begin{cases} Z[x(k+m)]=z^{m}X(z)-\sum_{i=0}^{m-1}z^{m-i}x(i) \\ \qquad =z^{m}X(z)-z^{m}x(0)-z^{m-1}x(1)-\cdots-zx(m-1) \\ Z[x(k-m)]=z^{-m}X(z) \end{cases} \tag{B-9-30}$$

(5) 像函数位移定理

$$Z[\mathrm{e}^{-ak}x(k)]=X(z\mathrm{e}^{a}) \tag{B-9-31}$$

(6) 脉冲序列加权定理

$$Z[a^{k}x(k)]=X\left(\frac{z}{a}\right) \tag{B-9-32}$$

(7) 像函数微分定理

$$Z[k\cdot x(k)]=-z\frac{\mathrm{d}X(z)}{\mathrm{d}z} \tag{B-9-33}$$

(8) 差分定理

$$Z[\Delta^{(n)}x(k)]=(z-1)^{n}X(z)-\sum_{i=0}^{n-1}z(z-1)^{n-1-i}\Delta^{(i)}x(0) \tag{B-9-34}$$

式中，$\Delta^{(n)}$ 表示 $n$ 阶差分。

式（B-9-34）证明如下：

对于1阶差分，由延时定理式（B-9-30）可知

$$Z[\Delta x(k)]=Z[x(k+1)-x(k)]=[zX(z)-zx(0)]-X(z)=(z-1)X(z)-zx(0) \tag{B-9-35}$$

上式说明式（B-9-34）对1阶差分成立。下面证明当式（B-9-34）对 $n$ 阶差分成立时，其对 $n+1$ 阶差分也成立。将 $\Delta^{(n)}x(k)$ 视为离散时间函数，由式（B-9-34）及延时定理式（B-9-30）可知

$$Z[\Delta^{(n)}x(k+1)]=z\left((z-1)^{n}X(z)-\sum_{i=0}^{n-1}z(z-1)^{n-1-i}\Delta^{(i)}x(0)\right)-z\Delta^{(n)}x(0) \tag{B-9-36}$$

由式（B-9-34）及式（B-9-36）有

$$
\begin{aligned}
Z[\Delta^{(n+1)}x(k)] &= Z[\Delta^{(n)}x(k+1)-\Delta^{(n)}x(k)] \\
&= \Big(z\Big((z-1)^{n}X(z)-\sum_{i=0}^{n-1}z\,(z-1)^{n-1-i}\,\Delta^{(i)}x(0)\Big)-z\,\Delta^{(n)}x(0)\Big)- \\
&\quad \Big((z-1)^{n}X(z)-\sum_{i=0}^{n-1}z\,(z-1)^{n-1-i}\,\Delta^{(i)}x(0)\Big) \\
&= (z-1)^{n+1}X(z)-\sum_{i=0}^{n-1}z\,(z-1)^{n-i}\,\Delta^{(i)}x(0)-z\,\Delta^{(n)}x(0) \\
&= (z-1)^{n+1}X(z)-\sum_{i=0}^{n}z\,(z-1)^{n-i}\,\Delta^{(i)}x(0)
\end{aligned}
\tag{B-9-37}
$$

上式说明式（B-9-34）对 $n+1$ 阶差分也成立，因此对所有的阶数均成立。

（9）求和定理

$$
Z\Big[\sum_{i=0}^{k-1}x(i)\Big]=\frac{Z[x(k)]+zx(0)}{z-1} \tag{B-9-38}
$$

（10）卷积定理

$$
Z[x(k)*y(k)]=X(z)Y(z) \tag{B-9-39}
$$

式中，$x(k)*y(k)\equiv\sum_{i=0}^{k}x(i)y(k-i)$ 为卷积。

设某离散线性系统输入量 $u(k)$ 与输出量 $y(k)$ 之间的关系可以用差分方程描述为

$$
\begin{aligned}
&a_0y(k)+a_1y(k-1)+a_2y(k-2)+\cdots+a_my(k-m) \\
&=b_0u(k)+b_1u(k-1)+b_2u(k-2)+\cdots+b_nu(k-n)
\end{aligned}
\tag{B-9-40}
$$

式中，$a_i$、$b_i$（$i=0$，1，2，…）为实数（通常令 $a_0=1$）。

由 $z$ 变换延时定理式（B-9-30），对式（B-9-40）进行 $z$ 变换可以得到对应的代数方程为

$$
(a_0+a_1z^{-1}+a_2z^{-2}+\cdots+a_mz^{-m})Y(z)=(b_0+b_1z^{-1}+b_2z^{-2}+\cdots+b_nz^{-n})U(z) \tag{B-9-41}
$$

因此，该系统的传递函数为

$$
\frac{Y(z)}{U(z)}=\frac{b_0+b_1z^{-1}+b_2z^{-2}+\cdots+b_nz^{-n}}{a_0+a_1z^{-1}+a_2z^{-2}+\cdots+a_mz^{-m}}=\frac{N(z)}{D(z)} \tag{B-9-42}
$$

式中，$D(z)$ 及 $N(z)$ 分别表示分母及分子多项式。类似于连续系统，当 $n<m$ 且输入为单位脉冲函数时，由式（B-1-3）及表 B-3，输出的 $z$ 变换可以部分分式展开为

$$
Y(z)=\sum_{i=1}^{m}\frac{r_i}{z-p_i} \tag{B-9-43}
$$

式中，$p_i$ 为极点；$r_i$ 为对应的留数。

由 $z$ 变换线性性质式（B-9-27）、延时定理式（B-9-30）及表 B-3 可得时域上的输出为

$$y(k)=\sum_{i=1}^{m} r_i p_i^{k-1} \qquad (B-9-44)$$

可以看到，为使系统的单位脉冲响应收敛到零，所有极点的模均应小于 1，即位于 $z$ 平面的单位圆内。部分应用中求取的是 $z^{-1}$ 项的极点 $p_i'=\frac{1}{p_i}$，此时系统的单位脉冲响应收敛到零等价于极点位于 $z$ 平面的单位圆外。

常用函数的拉普拉斯变换及 $z$ 变换见表 B－3[96]。

**表 B－3　常用函数的拉普拉斯变换及 $z$ 变换**

| 序号 | $X(s)$ | $x(t)$ 或 $x(k)$ | $X(z)$ |
|---|---|---|---|
| 1 | $1$ | $\delta(t)$ | $1$ |
| 2 | $e^{-kTs}$ | $\delta(t-kT)$ | $z^{-k}$ |
| 3 | $\frac{1}{s}$ | $1(t)$ | $\frac{z}{z-1}$ |
| 4 | $\frac{1}{s^2}$ | $t$ | $\frac{Tz}{(z-1)^2}$ |
| 5 | $\frac{1}{s+a}$ | $e^{-at}$ | $\frac{z}{z-e^{-aT}}$ |
| 6 | $\frac{a}{s(s+a)}$ | $1-e^{-at}$ | $\frac{(1-e^{-aT})z}{(z-1)(z-e^{-aT})}$ |
| 7 | $\frac{\omega}{s^2+\omega^2}$ | $\sin\omega t$ | $\frac{z\sin\omega T}{z^2-2z\cos\omega T+1}$ |
| 8 | $\frac{\omega}{s^2+\omega^2}$ | $\cos\omega t$ | $\frac{z(z-\cos\omega T)}{z^2-2z\cos\omega T+1}$ |
| 9 | $\frac{1}{(s+a)^2}$ | $te^{-at}$ | $\frac{Tze^{-aT}}{(z-e^{-aT})^2}$ |
| 10 | $\frac{\omega}{(s+a)^2+\omega^2}$ | $e^{-at}\sin\omega t$ | $\frac{ze^{-aT}\sin\omega T}{z^2-2ze^{-aT}\cos\omega T+e^{-2aT}}$ |
| 11 | $\frac{s+a}{(s+a)^2+\omega^2}$ | $e^{-at}\cos\omega t$ | $\frac{z^2-ze^{-aT}\cos\omega T}{z^2-2ze^{-aT}\cos\omega T+e^{-2aT}}$ |
| 12 | $\frac{2}{s^2}$ | $t^2$ | $\frac{T^2z(z+1)}{(z-1)^3}$ |
| 13 |  | $a^k$ | $\frac{z}{z-a}$ |
| 14 |  | $a^k\cos k\pi$ | $\frac{z}{z+a}$ |

# 附录 C 符号表

**表 C-1 通用导航符号表**

| 符号 | 含义 |
|---|---|
| $f$ | 参考椭球体扁率 |
| $e$ | 参考椭球体偏心率 |
| $R_E$、$a$（用于 GNSS 导航） | 参考椭球体长半径 |
| $R_P$ | 参考椭球体短半径 |
| $R_M$ | 子午圈曲率半径 |
| $R_N$ | 卯酉圈曲率半径 |
| $R_0$ | 地球近似为圆球时的半径 |
| $\omega_{IE}$、$\dot{\Omega}_e$（用于 GNSS 导航） | 地球自转角速率 |
| $G$ | 万有引力常数 |
| $M$ | 地球质量 |
| $\mu$ | 地心引力常数(地球质量与万有引力常数的乘积) |
| $L$、$\phi$（用于 GNSS 导航） | 纬度 |
| $\lambda$ | 经度 |
| $h$ | 高度 |

**表 C-2 惯性导航符号表**

| 符号 | 含义 |
|---|---|
| $\psi$ | 偏航角 |
| $\psi_{True}$ | 真北方位角 |
| $\theta$ | 俯仰角 |
| $\phi$ | 滚动角 |
| $\alpha$ | 游移方位角 |
| $\boldsymbol{\phi}$ | 姿态误差 |
| $\delta\boldsymbol{\theta}$ | 位置误差 |
| $\boldsymbol{G}$ | 引力加速度 |
| $\boldsymbol{g}$ | 重力加速度(沿铅垂线方向) |
| $\boldsymbol{F}_C$ | 曲率矩阵 |

续表

| 符号 | 含义 |
|---|---|
| $\boldsymbol{\rho}$ | 位移角速度 $\boldsymbol{\omega}_{EN}$ 的简写 |
| $\boldsymbol{f}$ | 比力 |

**表 C-3 GNSS 导航符号表**

| 符号 | 含义 |
|---|---|
| $r$ | 用户接收器与卫星的几何距离 |
| $\rho$ | 伪距 |
| $\dot{\rho}$ | 伪距随时间的变化率 |
| $T_{Tropo}$ | 对流层延迟时间 |
| $T_{Iono}$ | 电离层延迟时间 |
| $T_{GD}$ | 波群时延校正项 |
| $\delta t_R$ | 卫星时钟相对论效应校正项 |
| $\delta t_{SV}$ | 卫星时钟钟差 |
| $\delta t_U$ | 用户接收器钟差 |
| $\delta f_{SV}$ | 卫星时钟频偏 |
| $\delta f_U$ | 用户接收器时钟频偏 |
| $f$ | 载波频率 |
| $\Omega$ | 轨道升交点赤经 |
| $i$ | 轨道倾角 |
| $\omega$ | 近地点角距 |
| $A$ | 轨道长半轴 |
| $M$ | 平近点角 |
| $n$ | 卫星运动平均角速度 |
| $\tau$ | 信号传播时延 |
| $t_{OE}$ | 导航卫星星历数据参考时刻 |
| $t_{OC}$ | 导航卫星时钟数据参考时刻 |

# 附录 D 数学标记表

表 D-1 数学标记表

| 标记 | 含义 |
|---|---|
| $s$、$S$ | 细斜体字母表示标量，在视觉导航中，用小写字母表示直线，大写字母表示点或者曲线或曲面 |
| $\mathrm{f}()$、$\mathrm{F}()$ | 细正体字母表示返回标量的函数 |
| $\boldsymbol{v}$、$\boldsymbol{q}$ | 小写粗斜体字母表示矢量或四元数（在没有特别说明的情况下均为列矢量） |
| $\underline{\boldsymbol{p}}$、$\underline{\boldsymbol{l}}$、$\underline{\boldsymbol{\pi}}$ | 点、直线、平面的齐次坐标。对于笛卡儿坐标为 $\boldsymbol{p}$ 的点 $P$，$\underline{\boldsymbol{p}} \equiv s\begin{bmatrix}\boldsymbol{p}\\1\end{bmatrix}$，其中 $s$ 为标量。对于不表示无穷远点的齐次坐标，若无特别说明，当用于与 $s$ 具体取值相关的场合时，$s=1$，当用于其他场合时，$s$ 可以为任意非零值 |
| $\boldsymbol{M}$ | 大写粗斜体字母表示矩阵 |
| $\boldsymbol{v}_q$ | 四元数 $\boldsymbol{q}$ 的矢量部分 |
| $\boldsymbol{q}_v$、$\boldsymbol{q}_s$ | 由矢量 $\boldsymbol{v}$ 或者标量 $s$ 构成的四元数（在不引起混淆的情况下也可直接写为 $\boldsymbol{v}$、$s$） |
| $\mathbf{f}()$ | 小写粗正体字母表示返回矢量的函数 |
| $\mathbf{F}()$ | 大写粗正体字母表示返回矩阵的函数 |
| $\boldsymbol{x}^R$ | 矢量 $\boldsymbol{x}$ 在 $R$ 系下的投影构成的列矢量；在不引起混淆的情况下，也可以表示点 $X$ 相对于 $R$ 系原点 $O_R$ 的位矢 $\boldsymbol{r}_{O_R X}$ 在 $R$ 系下的投影构成的列矢量 |
| $\mathbf{f}(\boldsymbol{x})\|_R$ | 在 $R$ 系下观测到的矢量 $\boldsymbol{x}$ 的函数 $\mathbf{f}$（通常为导数、积分或误差） |
| $(\mathrm{d}\boldsymbol{x}\|_F)^M$ | 矢量 $\boldsymbol{x}$ 在 $F$ 系下观察的微分在 $M$ 系下的投影（当 $F$、$M$ 相同时，也可以简记为 $\mathrm{d}\boldsymbol{x}^F$ 或 $\mathrm{d}\boldsymbol{x}^M$） |
| $(\dot{\boldsymbol{x}}\|_F)^M$ | 矢量 $\boldsymbol{x}$ 在 $F$ 系下观察的导数在 $M$ 系下的投影（当 $F$、$M$ 相同时，也可以简记为 $\dot{\boldsymbol{x}}^F$ 或 $\dot{\boldsymbol{x}}^M$） |
| $\dot{\boldsymbol{x}}^R$ | 矢量 $\boldsymbol{x}$ 在 $R$ 系下观察的导数在 $R$ 系下的投影（即 $\boldsymbol{x}^R$ 的导数） |
| $(\delta\boldsymbol{x}\|_{\overline{F}})^{\overline{M}}$ | 矢量 $\boldsymbol{x}$ 在 $F$ 系下观测的分量差误差转换至 $M$ 系下的分量（当 $F$、$M$ 相同时，也可以简记为 $\delta\boldsymbol{x}^{\overline{F}}$ 或 $\delta\boldsymbol{x}^{\overline{M}}$，在与非分量差误差不引起混淆的情况下，可进一步简记为 $\delta\boldsymbol{x}^F$ 或 $\delta\boldsymbol{x}^M$） |
| $\delta\boldsymbol{x}^R$ | 矢量 $\boldsymbol{x}$ 在 $R$ 系下观测的误差或分量差误差 |
| $\boldsymbol{u}_{A_R}$ | 沿 $R$ 系 $A$ 轴（譬如 $X$、$Y$ 或 $Z$ 轴）的单位矢量 |
| $\boldsymbol{\omega}_{FM}$ | $M$ 系相对于 $F$ 系的角速度 |

**续表**

| 标记 | 含义 |
|---|---|
| $\boldsymbol{\Omega}_{FM}$（或 $\boldsymbol{\omega}_{FM}\times$） | $\boldsymbol{\omega}_{FM}$ 的反对称矩阵 |
| $\boldsymbol{C}_F^M$ | $M$ 系相对于 $F$ 系的方向余弦矩阵（按 $\boldsymbol{x}^M=\boldsymbol{C}_F^M\boldsymbol{x}^F$ 将 $F$ 系内的矢量投影转换为 $M$ 系内的矢量投影） |
| $\boldsymbol{q}_M^F$ | $M$ 系相对于 $F$ 系的旋转对应的特征四元数（按 $\boldsymbol{x}^F=\boldsymbol{q}_M^F\circ\boldsymbol{x}^M\circ\boldsymbol{q}_M^{F*}$ 将 $M$ 系内的矢量投影转换为 $F$ 系内的矢量投影） |
| $\boldsymbol{C}_{M(t_1)_F}^{M(t_2)_F}$、$\boldsymbol{q}_{M(t_2)_F}^{M(t_1)_F}$ | 在 $F$ 系下观察，$t_2$ 时刻的 $M$ 系相对于 $t_1$ 时刻的 $M$ 系的方向余弦矩阵或特征四元数（对应于由角速度 $\boldsymbol{\omega}_{FM}$ 引起的 $M$ 系相对于 $F$ 系的姿态变化） |
| $\hat{x}$ | $x$ 的计算值（包含计算误差） |
| $\tilde{x}$ | $x$ 的量测值（包含量测误差）或 $x$ 的估计误差（用于估计理论相关内容） |
| $\delta\hat{x}/\delta\tilde{x}$ | 计算误差/量测误差的完整记法，即 $\hat{x}/\tilde{x}$ 相对于真实值的误差（在不引起混淆的情况下，也可简化记为 $\delta x$） |
| $\delta x$ | $x$ 的误差 |
| $\Delta x$ | $x$ 的增量 |
| $t$ | 时刻 |
| $T$ | 时间段长度 |
| $\boldsymbol{M}_{Ri}$、$\boldsymbol{M}_{Ri,j}$、$\boldsymbol{M}_{Ri\sim j}$ | 分别为矩阵 $\boldsymbol{M}$ 的第 $i$ 行、第 $i$ 及 $j$ 行、第 $i$ 到 $j$ 行 |
| $\boldsymbol{M}_{Ci}$、$\boldsymbol{M}_{Ci,j}$、$\boldsymbol{M}_{Ci\sim j}$ | 分别为矩阵 $\boldsymbol{M}$ 的第 $i$ 列、第 $i$ 及 $j$ 列、第 $i$ 到 $j$ 列 |
| $M_{i,j}$ | 矩阵 $\boldsymbol{M}$ 第 $i$ 行第 $j$ 列的元素（在不引起混淆的情况下，也可简化记为 $M_{ij}$） |
| $M_{Di}$ | 矩阵 $\boldsymbol{M}$ 对角线第 $i$ 个元素，即 $M_{i,i}$ |
| $v_i$ | 矢量 $\boldsymbol{v}$ 的第 $i$ 个元素 |
| $\det(\boldsymbol{M})$ | 矩阵 $\boldsymbol{M}$ 的行列式 |
| $\mathrm{tr}(\boldsymbol{M})$ | 矩阵 $\boldsymbol{M}$ 的迹 |
| $\mathrm{diag}(\boldsymbol{v})$、$\mathrm{diag}(\boldsymbol{M})$ | 以向量 $\boldsymbol{v}$ 为对角线元素构成的对角阵、矩阵 $\boldsymbol{M}$ 的对角线元素构成的列向量 |
| $\Vert\boldsymbol{v}\Vert$、$\Vert\boldsymbol{M}\Vert$ | 向量 $\boldsymbol{v}$ 的模、矩阵 $\boldsymbol{M}$ 的范数（若无下标标识，默认为向量的欧氏模或矩阵的 2－范数） |
| $\vert\boldsymbol{v}\vert$、$\vert\boldsymbol{M}\vert$ | 对向量 $\boldsymbol{v}$、矩阵 $\boldsymbol{M}$ 的各元素取绝对值 |
| $\mathcal{S}$ | 手写体大写字母表示集合 |
| $\boldsymbol{M}^{\dagger}$ | 矩阵 $\boldsymbol{M}$ 的伪逆矩阵（Moore－Penrose 逆矩阵） |

# 附录E　术语表

**春分点**　从地球上看，太阳沿黄道逆时针运动，黄道和天球赤道存在两个相距180°的交点。当太阳沿黄道从天球赤道以南向北通过天球赤道的那一点，称为春分点（vernal equinox），如图E-1所示。

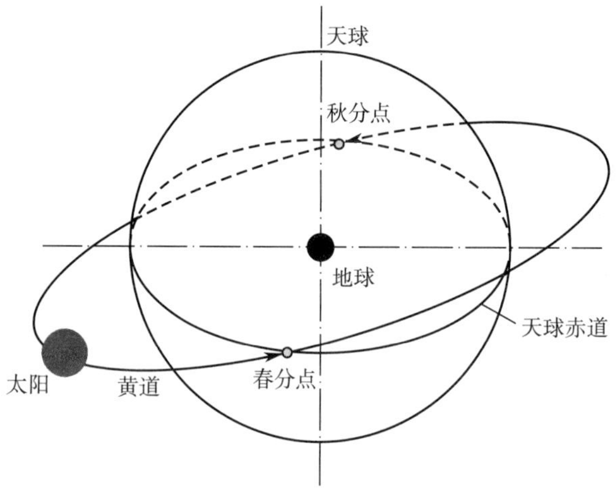


图E-1　春分点和秋分点的关系

**度规**　又称度规张量（metric tensor），是给定坐标系的选择后，由坐标系性质构成的一个张量。这个张量描述了空间的性质，如果这个张量是常量，那么这个空间就是平直空间，如果这个张量是和坐标相关的变量，那么这个空间是弯曲的。爱因斯坦提出，物理空间不是一种抽象空间，而是受物质能量所制约的，即被度规张量所规定的几何。

**卯酉圈**　如图E-2所示，设$P$点为椭球体表面上某一点，$n$为$P$点处的法线，$NS$为椭球面的对称轴，过$P$作$NS$的垂直平面，截椭球面所得的平面曲线$l$称为$P$点处的纬线圈，过$P$点和直线$NS$作平面截椭球面所得的平面曲线$m$称为子午圈（meridian circle），过$P$点作纬线圈$l$的切线$t$，用$t$和法线$n$形成的平面截椭球面所得的平面曲线$r$称为$P$点处的卯酉圈（prime vertical）。可见卯酉圈与子午圈互相垂直。

**岁差**　岁差（precession）是由于月球、太阳和行星对地球的吸引造成的。岁差分为两种，即赤道岁差（日月岁差，precession of the ecliptic）和黄道岁差（行星岁差，precession of the equator）。

赤道岁差是由太阳和月球引起的地球自转轴的长期运动。由于月球和太阳的轨道面不重合，因此月球和太阳对地球的引力就使地球自转轴产生了进动力矩，使地球自转轴绕着黄极进动，进动角为23.5°，进动方向和地球自转方向相反，周期约为26 000年。它使春分点每年沿黄道西退50.37″[97]。

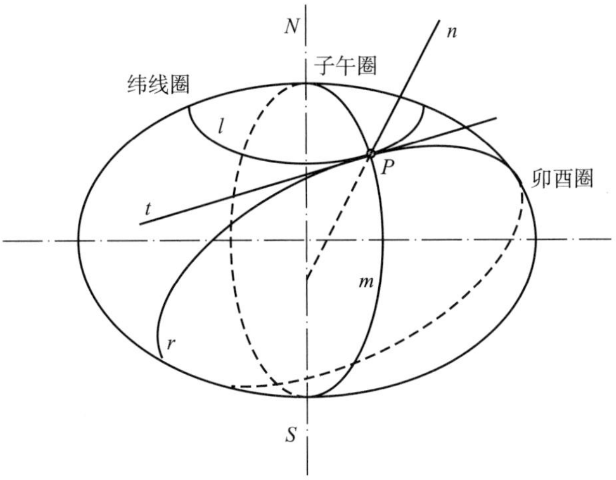


图 E-2 卯酉圈与子午圈的关系

黄道岁差是由太阳系内行星引起的黄道面位置的不断变化。行星对地球的引力会造成地球轨道面的旋转，也会引起春分点的移动（但不引起地球自转轴的进动），使春分点每年沿赤道移动 0.13″[97]。

**章动** 由于月球和太阳的轨道面与赤道面不重合，它们有时在赤道面之上，有时在赤道面之下。另外，月地和日地距离也在不断变化，这些因素都使得地球自转轴的进动力矩不断变化，这就使得地球自转轴的进动变得极为复杂，进动轨迹可以看成是在平均位置附近做短周期的微小摆动。这种微小摆动称为章动（nutation）。章动的半振幅约为 9.2″，周期约为 18.6 年[97]。章动在黄道上的投影分量称为黄经章动。岁差和章动示意图如图 E-3 所示。

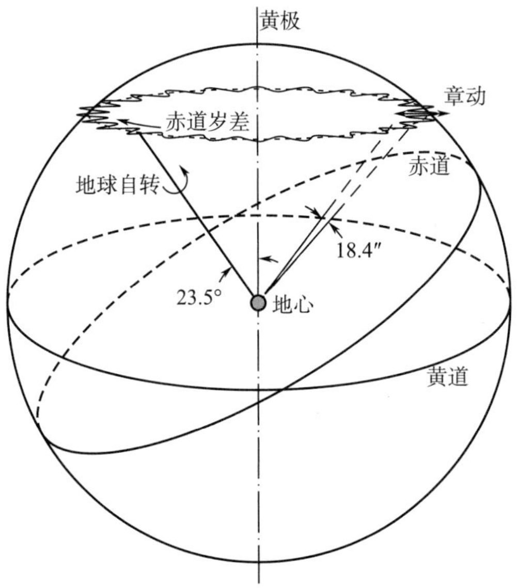


图 E-3 章动与岁差

**中天** 天体过子午圈称为中天（meridian passage），地平位置最高时称为上中天，地平位置最低时称为下中天。

# 参考文献


［1］ 张宗燧．电动力学及狭义相对论［M］．2版．北京：北京大学出版社，2013.

［2］ 范钦珊．工程力学教程［M］．北京：高等教育出版社，1998.

［3］ 张毅，肖龙旭，王顺宏．弹道导弹［M］．2版．长沙：国防科技大学出版社，2005.

［4］ PAUL G SAVAGE. What do accelerometers measure. Technical report，Strapdown Associates，Inc.，Maple Plain，2005.

［5］ 魏子卿．2000中国大地坐标系及其与WGS84的比较［J］．大地测量与地球动力学，2008，28（5）：1－5.

［6］ Global Positioning System Directorate Systems Engineering & Integration. Navstar GPS space segment/navigation user interfaces. Standard Interface Specification IS－GPS－200H，Global Positioning System Directorate Systems Engineering & Integration，2013.

［7］ 田桂娥．大地测量学基础［M］．武汉：武汉大学出版社，2010.

［8］ K R BRITTING. Inertial Navigation System Analysis［M］. New York：John Wiley and Sons，1971.

［9］ 夏南银．航天测控系统［M］．北京：国防工业出版社，2002.

［10］ 房建成，宁晓琳，田玉龙．航天器自主天文导航原理与方法［M］．北京：国防工业出版社，2006.

［11］ 中国卫星导航系统管理办公室．北斗卫星导航系统空间信号接口控制文件公开服务信号．Standard BDS－SIS－ICD－2.0，2013.

［12］ PAUL G SAVAGE. Strapdown Analytics. Strapdown Associates，Inc.，Maple Plain，2000.

［13］ F LANDIS MARKLEY，JOHN L CRASSIDIS. Fundamentals of Spacecraft Attitude Determination and Control［M］New York：Springer，2014.

［14］ 袁信，郑谔．捷联式惯性导航原理［M］．北京：航空专业教材编审室，1985.

［15］ F LANDIS MARKLEY，DANIELE MORTARI. Quaternion attitude estimation using vector obser－vations［J］. Journal of Astronautical Sciences，2000，48（2－3）：280－359.

［16］ PAUL G SAVAGE. Lecture 8. In Strapdown Inertial Navigation Lecture Notes. Strapdown Associates，Inc.，Maple Plain，2010.

［17］ JOHN E BORTZ. A new mathematical formulation for strapdown inertial navigation. IEEE Transactions on Aerospace and Electronic Systems，1971，AES－7（1）：61－66.

［18］ 以光衢．惯性导航原理［M］．北京：航空工业出版社，1987.

［19］ 同济大学数学系．高等数学（上册）［M］．北京：高等教育出版社，2007.

［20］ HAROLD D BLACK. A passive system for determining the attitude of a satellite［J］. AIAA Journal，1964，2（7）：1350－1351.

［21］ G M LERNER. "Three－Axis Attitude Determination" Spacecraft Attitude Determination and Control. D. Reidel Publishing Co.，Dordrecht，The Netherlands，1978.

［22］ ITZHACK Y BAR－ITZHACK，RICHARD R HARMAN. Optimized triad algorithm for attitude deter－mination［J］. Journal of Guidance Control and Dynamics，1997，20（1）：208－211.

[23] JOHN L CRASSIDIS, F LANDIS MARKLEY, YANG CHENG. Survey of nonlinear attitude estimation methods [J]. Journal of Guidance, Control and Dynamics, 2007, 30 (1): 12 - 28.

[24] GRACE WAHBA. A least - squares estimate of satellite attitude [J]. SIAM Review, 1965, 7 (3): 409.

[25] F LANDIS MARKLEY. Attitude determination using vector observations and the singular value decomposition [J]. Journal of Astronautical Sciences, 1988, 36 (3): 245 - 258.

[26] BERTHOLD K P HORN, HUGH M HILDEN, SHAHRIAR NEGAHDARIPOUR. Closed - form solution of absolute orientation using orthonormal matrices [J]. Journal of the Optical Society of America A, 1988, 5 (7): 1127 - 1135.

[27] PAUL B DAVENPORT. A vector approach to the algebra of rotations with applications. National Aeronautics and Space Administration, 4696, 1968.

[28] J KEAT. Analysis of least - squares attitude determination routine doaop. Technical Report CSC/TM - 77/6034, Computer Sciences Corporation, 1977.

[29] M D SHUSTER, S D OH. Three - axis attitude determination from vector observations [J]. Journal of Guidance and Control, 1981, 4 (1): 70 - 77.

[30] BERTHOLD K P HORN. Closed - form solution of absolute orientation using unit quaternions [J]. Journal of the Optical Society of America A, 1987, 4: 629 - 642.

[31] F LANDIS MARKLEY. Attitude determination using vector observations: A fast optimal matrix algorithm [J]. Journal of Astronautical Sciences, 1993, 41 (2): 261 - 280.

[32] D MORTARI. Esoq: A closed - form solution to the wahba problem [J]. Journal of Astronautical Sciences, 1997, 45 (2): 195 - 205.

[33] GUOBIN CHANG, TIANHE XU, QIANXIN WANG. Error analysis of davenport's q method [J]. Automatica, 2017, 75: 217 - 220.

[34] ROBERT M ROGERS. Applied Mathematics in Integrated Navigation Systems. American Insti - tute of Aeronautics and Astronautics, Inc., Reston, second edition, 2003.

[35] 秦永元．惯性导航 [M]. 北京：科学出版社，2006.

[36] 孙伟，李松，李瑞豹．带有转动机构的捷联惯导初始对准方法分析 [J]. 传感技术学报，2014，27 (8)：1082 - 1087.

[37] PAUL G SAVAGE. Strapdown sensors. NATO AGAARD Lecture Series, 95, 1978.

[38] 中国航天科技集团公司第十研究院．单轴摆式伺服线加速度计试验方法．Standard GJB 1037A—2004，国防科学技术工业委员会，北京，2004.

[39] 严恭敏，李四海，秦永元．惯性仪器测试与数据分析 [M]. 北京：国防工业出版社，2012.

[40] Gyro, Accelerometer Panel of the IEEE Aerospace, and Electronic Systems Society. IEEE standard specification format guide and test procedure for single - axis interferometric fiber optic gyros. Standard IEEE Std 952 - 1997, Institute of Electrical and Electronics Engineers, Inc., New York, 1998.

[41] 韩军良，葛升民，沈毅．数字闭环光纤陀螺建模与仿真研究 [J]. 系统仿真学报，2008，20 (4)：833 - 881.

[42] E BRIAN, P E GRANTHAM, MARK A BAILEY. A least - squares normalized error regression algorithm with application to the allan variance noise analysis method. Navigation and Control

Technology Division，pages 750 - 756，2006.

[43] HAIYING HOU. Modeling Inertial Sensors Errors Using Allan Variance. PhD thesis，Department of Geomatics Engineering，University of Calgary，Calgary，2004.

[44] 谢钢．GPS 原理与接收机设计［M］. 北京：电子工业出版社，2014.

[45] 黄勇，胡小工，等．中高轨卫星广播星历精度分析［J］. 天文学进展，2006，24（1）：81 - 87.

[46] 王彬，刘经南，隋心. BDS 与 GPS 群延迟的异同分析与应用［J］. 测绘科学，2015，40（10）：142 - 145.

[47] 赵凯华，罗蔚茵．新概念物理教程：力学［M］. 2 版．北京：高等教育出版社，2004.

[48] R HATCH. Relativity and GPS：Parts Ⅰ Ⅱ. Galilean Electrodynamics，6，1995.

[49] 尹真．电动力学［M］. 3 版．北京：科学出版社，2010.

[50] BRADFORD PARKINSON，JAMES SPILKER JR，PENINA AXELRAD，et al. Global Positioning System Theory and Applications，volume Ⅰ. American Institute of Aeronautics and Astro - nautics，Inc.，Washington，DC，1996.

[51] JOHN PAUL COLLINS. Assessment and development of a tropospheric delay model for aircraft users of the global positioning system. Technical Report 203，Department of Geodesy and Geomatics Engineering，University of New Brunswick，Fredericton，1999.

[52] ELLIOTT D KAPLAN，CHRISTOPHER J HEGARTY. Understanding GPS：Principles and Applications. Artech House，Inc.，Norwood，second edition，2006.

[53] 郁道银，谈恒英．工程光学［M］. 北京：机械工业出版社，1999.

[54] MILAN SONKA，VACLAV HLAVAC，ROGER BOYLE. Image Processing，Analysis，and Machine Vision. Thomson Learning，Toronto，thrid edition，2008.

[55] 吴福朝．计算机视觉中的数学方法［M］. 北京：科学出版社，2008.

[56] ZHENGYOU ZHANG. A flexible new technique for camera calibration. IEEE Transactions on Pattern Analysis and Machine Intelligence，2000，22（11）：1330 - 1334.

[57] J HEIKKILA，O SILVEN. A four - step camera calibration procedure with implicit image cor - rection. IEEE International Conference on Computer Vision and Pattern Recognition，pages 1106 - 1112，1997.

[58] R I HARTLEY，A ZISSERMAN. Multiple View Geometry in Computer Vision. Cambridge University Press，Cambridge，England，second edition，2004.

[59] H C LONGUET - HIGGINS. A computer algorithm for reconstructing a scene from two projec - tions. Nature，293：133 - 135，1981.

[60] R I HARTLEY. Self - calibration from multiple views with a rotating camera. In 3rd European Conference on Computer Vision，pages 471 - 478，Stockholm，Sweden，1994.

[61] 魏光辉．矩阵光学［M］. 北京：兵器工业出版社，1995.

[62] 高立民，陈良益．直角棱镜脊倾斜对方位瞄准的影响［J］. 光子学报，2002，31.

[63] 秦永元，张洪钺，汪叔华．卡尔曼滤波与组合导航原理［M］. 西安：西北工业大学出版社，2012.

[64] ARTHUR GELB，JOSEPH F KASPER JR，RAYMOD A NASH JR，et al. Sutherland Jr Applied Optimal Estimation. The M. I. T. Press，Cambridge，2001.

[65] A P SAGE，G W HUSA. Algorithm for sequential adaptive estimation of prior statistics.

[66] LIN ZHAO，CHEN HUANG，XINZHE WANG，et al. Research on satellite attitude determination

with adaptive filter. In IEEE International Conference on Information and Automation, pages 1045 - 1048, 07, 2010.

[67] 范科，赵伟，陈达立．自适应滤波算法在捷联惯导初始对准中的应用研究 [J]. 战术导弹技术，2009.

[68] 范科，赵伟，刘建业．自适应滤波算法在 SINS/GPS 组合导航系统中的应用研究 [J]. 航空电子技术，2008.

[69] 魏伟，秦永元，张晓冬．对 Sage/Husa 算法的改进 [J]. 中国惯性技术学报，2012，20（6）.

[70] 张常云．自适应滤波方法研究 [J]. 航空学报，1998，19（7）.

[71] STANTON H MUSICK. PROFGEN - a computer program for generating flight profiles. Technical report, Air Force Avionics Laboratory, Ohio, 1976.

[72] 王新龙．惯性导航基础 [M]. 西安：西北工业大学出版社，2012.

[73] KAARE BRANDT PETERSEN, MICHAEL SYSKIND PEDERSEN. The matrix cookbook. http://matrixcookbook.com.

[74] W H PRESS, S A TEUKOLSKY, W T VETTERLING, et al. Numerical Recipes in C. Cambridge University Press, Cambridge, England, second edition, 1992.

[75] Polar decomposition. https://en.wikipedia.org/wiki/Polar_decomposition.

[76] Square root of a matrix. https://en.wikipedia.org/wiki/Square_root_of_a_matrix.

[77] CHI - TSANG CHEN. Linear System Theory and Design [M]. 3rd ed. Oxford : Oxford University Press, 1999.

[78] Commutation matrix. https://en.wikipedia.org/wiki/Commutation_matrix.

[79] JAN MAGNUS, HEINZ NEUDECKER. Matrix Differential Calculus with Applications in Statistics and Econometrics. John Wiley & Sons Ltd, Chichester, thrid edition, 2007.

[80] 许方官．四元数物理学 [M]. 北京：北京大学出版社，2012.

[81] Group. http://mathworld.wolfram.com/Group.html.

[82] 方逵．分段三次保形插值法 [J]. 高等学校计算数学学报，1996，2：104 - 113.

[83] ATHANASIOS PAPOULIS. Probability, Random Variables, and Stochastic Processes. McGraw - Hill, Inc., thrid edition, 1991.

[84] 孟晗．概率论和数理统计 [M]. 上海：同济大学出版社，2005.

[85] A KOLMOGOROFF. Grundbegriffe der wahrscheinlichkeits rechnung. Ergeb. Math und ihrer Grensg, 2, 1933.

[86] The analysis of data volume 1: Probability. http://theanalysisofdata.com/probability/4_5.html.

[87] 赵淑清，郑薇．随机信号分析 [M]. 哈尔滨：哈尔滨工业大学出版社，1999.

[88] 杨俊峰，谢天怀，雷旭亮．激光陀螺角随机游走建模与仿真研究 [J]. 导航与控制，2009，8（4）：55 - 60.

[89] 高力．数值最优化方法 [M]. 北京：北京大学出版社，2014.

[90] GIORGIO GRISETTI, RAINER KUMMERLE, HAUKE STRASDAT, et al. g2o: A general framework for (hyper) graph optimization. In IEEE International Conference on Robotics and Automation, Shanghai, 2011.

[91] Quasi - newton method. https://en.wikipedia.org/wiki/Quasi - Newton_method.

[92] JORGE NOCEDAL, STEPHEN J WRIGHT. Numerical Optimization [M]. 2nd ed. New York:

Springer Science+Business Media, LLC., 2006.

[93] YAXIANG YUAN. A review of trust region algorithms for optimization. Springer Science+Business Media, LLC., New York, Second edition, 2006.

[94] 谢政，李建平，陈挚．非线性最优化理论与方法［M］. 北京：高等教育出版社，2010.

[95] YAXIANG YUAN. Recent advances in trust region algorithms［J］. Math. Program., Ser. B, 2015, 151: 249-281.

[96] 董景新，赵长德．控制工程基础［M］. 北京：清华大学出版社，1992.

[97] 李济生．人造卫星精密轨道确定［M］. 北京：解放军出版社，1995.